H.-D. Försterling   H. Kuhn

Moleküle und Molekülanhäufungen

Eine Einführung in die physikalische Chemie

Mit 340 Abbildungen

Springer-Verlag Berlin Heidelberg New York 1983

Professor Dr. *Horst-Dieter Försterling*
Fachbereich Physikalische Chemie, Philipps-Universität Marburg
D-3550 Marburg

Professor Dr. *Hans Kuhn*
Max-Planck-Institut für Biophysikalische Chemie
D-3400 Göttingen-Nikolausberg

ISBN-13:978-3-642-68595-8   e-ISBN-13:978-3-642-68594-1
DOI: 10.1007/978-3-642-68594-1

CIP-Kurztitelaufnahme der Deutschen Bibliothek
Försterling, Horst-Dieter:
Moleküle und Molekülanhäufungen : e. Einf. in d. physikal. Chemie / H.-D. Försterling ; H. Kuhn.
– Berlin ; Heidelberg ; New York : Springer, 1982.

NE: Kuhn, Hans

Satz: K + V Fotosatz, 6124 Beerfelden

2153/3130-5 4 3 2 1 0

Vorwort

Eine der faszinierendsten Erkenntnisse im Bemühen um ein Verständnis der Naturvorgänge ist die Feststellung, daß stoffliche Prozesse als Veränderungen in Molekülanhäufungen beschrieben werden können und daß das Zustandekommen der Moleküle aus Elementarteilchen bei Zugrundelegung weniger Postulate verstanden werden kann. Diese Tatsache einsichtig zu machen, erscheint uns daher als ein Hauptanliegen eines einführenden Lehrbuchs der physikalischen Chemie. Wir möchten zu einem Verständnis für das stoffliche Geschehen auf molekularer Grundlage hinführen, also eine konkrete Vorstellung der intra- und intermolekularen Wechselwirkung und ein lebhaftes Bild der molekularen Vorgänge vermitteln.

Die Schwierigkeit dieses Unternehmens liegt darin, daß eine exakte Anwendung der Grundpostulate schon bei einfachsten Systemen nicht mehr möglich ist, und es wird daher üblicherweise in einführenden Lehrbüchern der physikalischen Chemie von einer phänomenologischen Beschreibung ausgegangen, in der die Hauptsätze der Thermodynamik als Postulate im Mittelpunkt stehen und an die sich dann eine Betrachtung der Struktur der Materie anschließt. Bei diesem Vorgehen ist es schwierig, auf elementarer Stufe verständlich zu machen, wie die Postulate der Thermodynamik deduktiv aus dem Verhalten von Molekülanhäufungen folgen.

Wir gehen daher hier so vor, daß wir im ersten Teil ein elementares Verständnis der chemischen Bindung aus den Postulaten der Quantentheorie zu erreichen versuchen und im zweiten Teil bestrebt sind, die phänomenologischen Prozesse aus dem Verhalten von Molekülanhäufungen zu erklären. Im Mittelpunkt des ersten Teils steht also das Bestreben, die Grundkonzepte der Quantentheorie einsichtig zu machen und zu zeigen, wie man die Vielfalt der stofflichen Strukturen auf dieser Grundlage verstehen kann. Der zweite Teil soll ein Verständnis für den Ablauf chemischer Reaktionen vermitteln sowie in die Probleme der chemischen Reaktionskinetik einführen.

Indem wir von Experimenten (z. B. von Beugungsexperimenten mit Elektronen) ausgehen, die auf den ersten Blick vom behandelten Thema (z. B. der Betrachtung chemischer Gleichgewichte) weit entfernt erscheinen, zeigen wir, wie man über die Postulate der Quantentheorie schlagartig zu einem einheitlichen Bild für das materielle Geschehen gelangt. Mit diesem Vorgehen möchten wir dem Leser das faszinierende Ereignis des Eingreifen der Quantentheorie in die Chemie deutlich machen und veranschaulichen, wie im Prozeß naturwissenschaftlicher Erkenntnisfindung immer wieder weit entfernt erscheinende Entwicklungen zu einem völligen Umschwung in anderen Wissensgebieten führen können.

Bei Zusammenhängen, die sich aus längeren mathematischen Ableitungen ergeben, hat der Anfänger oft große Mühe, den physikalischen Kern herauszuschälen, auch wenn er die Ableitung nachvollziehen kann. Er muß versuchen, sich wichtige Zusammenhänge von verschiedenen Seiten her verständlich zu machen. Daher versuchen wir immer wieder, ihm an einfachen Modellfällen die wesentlichen physikalischen Inhalte anschaulich zu machen.

So verwenden wir als nützliches Hilfsmittel zum physikalischen Verständnis der chemischen Bindung das Kastenmodell. Dieses Modell ist von hervorragendem didaktischen Wert; es hilft Unklarheiten auszuräumen, die auch heute noch vielfach über die Natur der chemischen Bindung bestehen. Ein besonders wichtiges Ziel sehen wir darin, zu erreichen, daß der Leser Erfahrungen im Entwerfen sinnvoll vereinfachender Modellvorstellungen gewinnt. Denkmodelle und Gedankenexperimente sind nicht nur in den gewohnten Gebieten der physikalischen Chemie wichtig. Sie sind in dem Bemühen um ein Verständnis komplexer physikalisch-chemischer Vorgänge von zentraler Bedeutung, und man darf erwarten, daß dieses Bemühen für zukünftige Zielsetzungen besonders wichtig sein wird. Wir erstreben immer wieder ein Verständnis der Phänomene durch detailliertes Verfolgen der physikalischen Vorgänge und möchten daher die vielfach gebräuchliche black box-Denkweise vermeiden, bei der sich der Leser allein auf das Ergebnis schwer durchschaubarer Rechnungen verlassen muß.

Wir legen großen Wert darauf, daß bei allen diskutierten Problemen die physikalische Fragestellung und der Lösungsweg im Vordergrund der Betrachtung stehen; deshalb sind Ableitungen, die mehr mathematischen Charakter besitzen, in den Anhang oder in die Aufgaben eingearbeitet worden. Für die praktische Anwendung ist die Durcharbeitung dieser Teile des Buches wichtig. Ein Lösungsheft zu den Aufgaben kann bei den Autoren mit der am Buchende abgedruckten Anforderungskarte bezogen werden.

Wir haben uns bemüht, durch Literaturhinweise den direkten Bezug zu den Quellen herzustellen. Wir möchten dadurch zur kritisch abwägenden Haltung des Lesers beitragen.

Der Anfänger soll für ein Verständnis grundsätzlicher Fragestellungen in die Denkweise der physikalischen Chemie eingeführt werden. Durch das gewählte Vorgehen, mit dem man in erster Linie zu einem Verständnis der materiellen Vorgänge hinführen möchte, muß eine Betrachtung physikalisch-chemischer Meßverfahren im Hintergrund stehen. Wichtige Gebiete müssen in der vorliegenden Einführung unberührt bleiben. Viele dieser Gebiete werden im Buch der Autoren „Physikalische Chemie in Experimenten" behandelt.

Wir danken Herrn Dr. H. Schreiber für die kritische Durchsicht des Manuskripts, Herrn Professor W. Lüttke und Herrn Professor J. Waser für nützliche Hinweise. Die Zeichnungen wurden von Frau S. Meyer-Hildmann und Frau H. Birkefeld angefertigt, die Schreibarbeiten führten Fräulein R. Pohlenz und Frau B. Schubert aus. Ihnen allen danken wir für ihre hohe Einsatzbereitschaft sehr herzlich. Dem Springer-Verlag, insbesondere Herrn Dr. H. Lotsch und Herrn R. Michels, sind wir für die vertrauensvolle Zusammenarbeit dankbar.

Marburg, Göttingen im Sommer 1982   *H.-D. Försterling   H. Kuhn*

Inhaltsverzeichnis

Aufbau von Atomen und Molekülen

Molekülanhäufungen

Zwischenmolekulares Wechselspiel und Temperatur

Größen zur Beschreibung des makroskopischen Verhaltens von Molekülanhäufungen

Energetik und Kinetik chemischer Reaktionen

Anhang

Liste der verwendeten Symbole

Die eingeklammerten Zahlen beziehen sich auf die Seite, auf der das betreffende Symbol erstmalig benutzt wird.

a	Koeffizient, Abstand
a_0	Bohrscher Radius (25, 46)
b	Koeffizient
c	Konzentration (134)
	Lichtgeschwindigkeit (6)
d, d_0	Kernabstand, Gleichgewichtsabstand (38)
e	Zahl 2,7182...
e_0	Elementarladung (3)
g	Zahl der Quantenzustände (155)
	Erdbeschleunigung (140)
h	Plancksche Konstante (6)
i, j	Laufzahlen
k	Boltzmannkonstante (133)
	Geschwindigkeitskonstante (264)
l	Länge
m	Elektronenmasse (7)
n	Teilchenzahldichte (134)
	Quantenzahl (11)
$\mathbf{n}$	Stoffmenge (130)
p	Druck (129)
$^{\mathrm{osm}}p$	osmotischer Druck (225)
q	Ladung (54)
r	Abstand (25)
r_+, r_-	Ionenradius (119)
s	Weg
t	Zeit
u, v	Geschwindigkeit
x, y, z	kartesische Koordinaten
z	Stoßzahl (136)
A, A_{rev}	Arbeit, reversible Arbeit (168, 183)
C	Gleichgewichtskonzentration (226)
$C_V, \boldsymbol{C}_V$	Wärmekapazität, molare Wärmekapazität bei konstantem Volumen (164)
$C_p, \boldsymbol{C}_p$	Wärmekapazität, molare Wärmekapazität bei konstantem Druck (168)
D	Diffusionskonstante (139)
	Kraftkonstante (58)
E, E^0	Gleichgewichtsspannung, Standardpotential (244, 249)
E	Energie (3)
$E_{\mathrm{Akt}}, \boldsymbol{E}_{\mathrm{Akt}}$	Aktivierungsenergie, molare Aktivierungsenergie (262)
$F, \boldsymbol{F}$	Freie Energie, molare freie Energie (220)
$\boldsymbol{F}$	Faradaykonstante (244)
F	elektrische Feldstärke (124)
$G, \boldsymbol{G}$	freie Enthalpie, molare freie Enthalpie (220)
$H, \boldsymbol{H}$	Enthalpie, molare Enthalpie (198)
$\mathcal{H}, H$	Hamiltonoperator, Hamiltonfunktion (20, 47)
I	Stromstärke (3)
	Lichtintensität (91)
K	Kraft (58)
K_p, K_c, K	Gleichgewichtskonstante (durch Druck bzw. Konzentration ausgedrückt) (214, 226)
L	Länge
M	Atom-, Molekülmasse (103)
$\boldsymbol{M}$	Molare Masse (130)
$N, \boldsymbol{N}$	Teilchenzahl, molare Teilchenzahl ($=$ Avogadrosche Konstante) (129, 131)
P	Gleichgewichtsdruck (209)
	Bindungsordnung (88, 89)

^{osm}P osmotischer Druck im Gleichgewicht (226)

Q, Q_{rev} Wärmemenge, reversibel zugeführte Wärmemenge
(163, 183)

R Gaskonstante (133)

$S, \mathbf{S}$ Entropie, molare
Entropie (180, 186)

T Kinetische Energie (11)
Absolute Temperatur (133)

$U, \mathbf{U}$ Innere Energie, molare Innere
Energie (163, 165)

U Elektrische Spannung (242)

$V, \mathbf{V}$ Volumen, molares Volumen
(130, 134)

V potentielle Energie (12)

W Wahrscheinlichkeit (15)

Z Zustandssumme (149)
Stoßzahl (261)

α Sterischer Faktor (264)
Winkel
Polarisierbarkeit (124)
Stöchiometrischer
Faktor (203)
Lagranger Multiplikator (319)

β Stöchiometrischer
Faktor (203)
Lagranger Multiplikator (319)

γ Kubischer Ausdehnungskoeffi-
zient (169)
Stöchiometrischer
Faktor (251)

δ Änderung

ε Energie (34)

ε_0 Influenzkonstante (25)

κ Kompressibilität (169)

λ Wellenlänge des Lichtes (6)
Mittlere freie Weglänge (136)

μ Reduzierte Masse (106)
Dipolmoment (54)

ν Frequenz (6)

ρ Dichte (121)
Wahrscheinlichkeitsdichte (16)

σ Stoßquerschnitt (136)

τ Zeit für einen
Platzwechsel (266)

ξ Laufzahl

η Viskosität (140)
Wirkungsgrad (189)

ω Anzahl der
Mikrozustände (158)
Kreisfrequenz (11)

φ Drehwinkel (46)
Atomfunktion (41)
Zeitabhängige Wellenfunk-
tion (11)

Δ Änderung (z. B. in ΔU, ΔH,
ΔF, ΔG, ΔC_p)
Laplace-Operator (20)

Λ de Broglie-Wellenlänge (7)

Ω Anzahl der Realisierungsmöglichkeiten (159)

Φ Testfunktion, Wellenfunktion (34)

Ψ Wellenfunktion (4)

$\{c\} = \dfrac{c}{\text{mol}\,l^{-1}}$ (227)

$\{C\} = \dfrac{C}{\text{mol}\,l^{-1}}$ (227)

$\{K\} = \dfrac{K}{(\text{mol}\,l^{-1})^{(\alpha' + \beta' + \ldots - \alpha - \beta - \ldots)}}$
bei Gleichgewicht
$\alpha A + \beta B + \ldots \rightleftarrows \alpha' A' + \beta' B' + \ldots$

$\{p\} = p/(1{,}013\ \text{bar})$ (215)

$\Delta H^0, \Delta G^0$ ΔH, ΔG für Standardbedingungen

$\Delta H_B^0, \Delta G_B^0$ Bildungsenthalpie, freie
Bildungsenthalpie für Stan-
dardbedingungen (202, 220)

S^0 Entropie unter Standardbedingungen (203)

$\Delta G^{0'}$ ΔG für Reaktionen in gepufferter Lösung unter
Standard-
bedingungen (237)

$E^{0'}$ E für Reaktionen in gepufferter Lösung unter
Standard-
bedingungen (251)

Atome und Moleküle

In den Naturwissenschaften versucht man, beobachtbare Phänomene auf Grund einer Theorie zu verstehen, d. h. eine Vielzahl von Beobachtungsergebnissen auf wenige Grundannahmen zurückzuführen. Stoffliche Vorgänge können als molekulare Prozesse gedeutet werden; man nimmt an, daß die Kräfte, die im Innern der Moleküle und zwischen den Molekülen wirken, aus wenigen Grundannahmen (Coulombsches Gesetz, Postulate der Quantentheorie) berechnet werden können. Daraus ergibt sich unsere Aufgabenstellung: verständlich zu machen, wie die Natur der chemischen Bindung zu erklären ist und wie man aus dem atomaren Geschehen das beobachtbare stoffliche Verhalten verstehen kann.

Beim Versuch, chemische Erscheinungen exakt aus den Postulaten der Quantentheorie vorauszusagen, ergeben sich nun allerdings schon in den einfachsten Fällen nicht zu überwindende Schwierigkeiten; diese Schwierigkeiten sind von ähnlicher Art wie z. B. beim Schachspiel, wo zwar die Regeln genau festliegen, die Frage nach der besten Strategie wegen der Komplexität der Aufgabe jedoch nicht zu beantworten ist. Im Fall der stofflichen Vorgänge können nun aber, anders als beim Schachspiel, die interessierenden Fragen durch Vereinfachung des Problems beantwortet werden. Wie man etwa einen Apfel als Kugel von bestimmtem Durchmesser beschreibt, um seine ungefähre Größe anzugeben, können wir bei der Beschreibung atomarer Systeme von vereinfachenden Annahmen ausgehen und versuchen, damit die wesentlichen Gesetzmäßigkeiten für das Verhalten dieser Systeme zu erfassen.

Dieses Vorgehen wird uns ein Verständnis des Aufbaues von Atomen und Molekülen vermitteln und die faszinierende Tatsache deutlich machen, daß das vielfältige chemische Geschehen im Prinzip auf wenige Grundannahmen zurückführbar ist.

Nach den Vorstellungen in der Quantentheorie verhalten sich atomare Systeme in gewissem Sinn grundsätzlich verschieden von den Gegenständen unserer gewohnten Umgebung. Dieses ungewohnte Verhalten wird auch im Fall von Licht- und Elektronenstrahlen beobachtet; es ist daher sinnvoll (wenn auch vielleicht zunächst nicht einleuchtend), sich bei Betrachtungen zur chemischen Bindung nicht sofort chemischen Substanzen zuzuwenden, sondern mit der Untersuchung von Licht- und Elektronenstrahlen zu beginnen und erst danach auf einfachste und zunehmend komplexere atomare und molekulare Systeme überzugehen.

1. Wellen-Partikel-Dualität

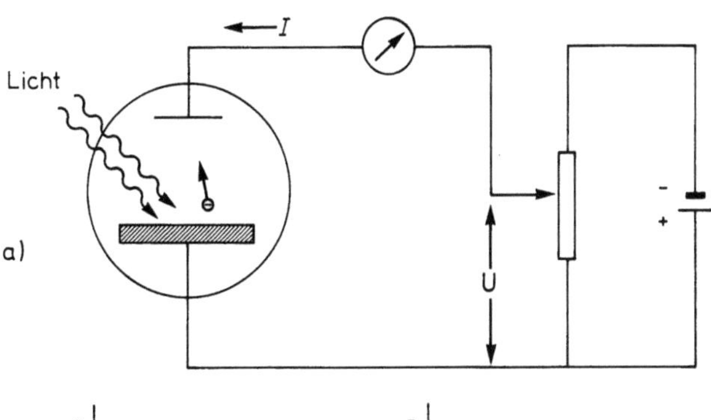

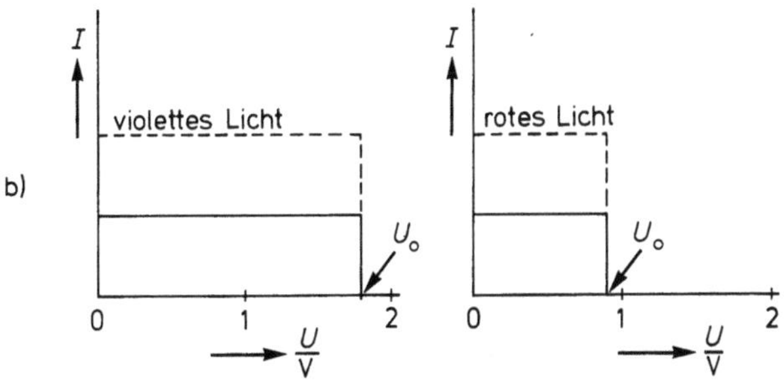

Abb. 1.2a, b. Meßanordnung zum Photoeffekt. **(a)** Aufbau der Photozelle mit Verzögerungsspannung. **(b)** Vom Strommesser angezeigter Strom I in Abhängigkeit von der Verzögerungsspannung U (stark vereinfacht). Gestrichelte Linie bei doppelter Lichtintensität

1.1 Licht

Wir stellen uns die Frage: besteht Licht aus Teilchen (Partikel) oder handelt es sich um eine Wellenerscheinung? Je nach dem Experiment, das wir zu dieser Frage anstellen, fällt die Antwort verschieden aus. Die Partikelnatur zeigt sich bei jeder Nachweismethode des Lichts (z. B. Photoeffekt, photochemischer Vorgang bei der Schwärzung einer Photoplatte, Sehvorgang). Auf eine Wellennatur des Lichts schließen wir aus den Interferenzerscheinungen (z. B. Beugung an einer Kante oder an einem Spalt).

1.1.1 Partikelnatur von Licht: Photoeffekt

Bestrahlt man ein Metall (z. B. Cs) mit Licht, dann beobachtet man, daß aus der Metalloberfläche Elektronen austreten (Photoeffekt [1.1]). Stellt man das Experiment mit violettem Licht an, dann ist die Geschwindigkeit u der austretenden Elektronen groß, bei rotem Licht ist sie klein (Abb. 1.1). Die Austrittsgeschwindigkeit hängt nur von der Farbe des eingestrahlten Lichts ab, nicht aber von dessen Intensität (Intensität = Leistung/Fläche); dagegen nimmt die Zahl der austretenden Elektronen mit der Lichtintensität zu. Die Meßanordnung ist in Abb. 1.2a dargestellt.

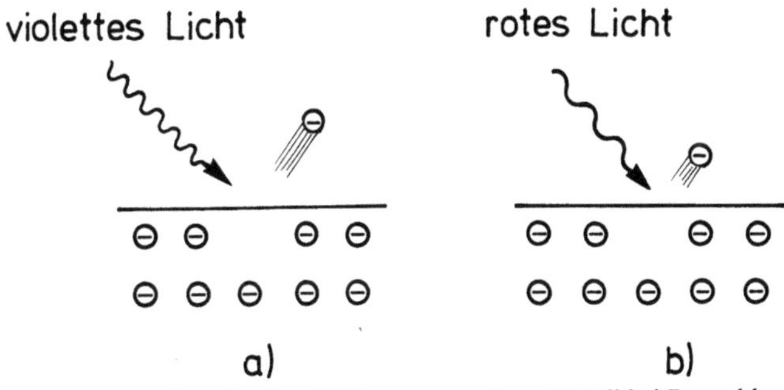

Abb. 1.1a, b. Austritt eines Elektrons aus einem Metall bei Bestrahlen mit Licht. **(a)** Violettes Licht, austretendes Elektron schnell. **(b)** Rotes Licht, austretendes Elektron langsam

In einem evakuierten Glaskolben befindet sich das Cs-Metall; gegenüber ist eine zweite Metallelektrode angeordnet, und zwischen beiden Metallen liegt eine Spannung U an. Die Polarität von U wird so gewählt, daß ein austretendes Elektron auf dem Weg zur Gegenelektrode verzögert wird. Die Energie, die zum Durchlaufen der Gegenspannung U benötigt wird, ist $e_0 U$ (e_0: elektrische Elementarladung); solange U so klein ist, daß $e_0 U$ kleiner ist als die kinetische Energie ($\frac{1}{2} m u^2$) der austretenden Elektronen, dann gelangen alle Elektronen zur Gegenelektrode: der Strom I besitzt unabhängig von U denselben Wert. Bei der Spannung U_0 ist gerade

$$E_{\text{kin}} = \tfrac{1}{2} m u^2 = e_0 U_0 . \tag{1.1}$$

Bei höherer Spannung können keine Elektronen mehr die Gegenelektrode erreichen, und I sinkt plötzlich auf Null ab (Abb. 1.2b). Bei violettem Licht findet man $U_0 = 1{,}80$ V, also mit $e_0 = 1{,}60 \cdot 10^{-19}$ C

$$E_{\text{kin}} = 1{,}60 \cdot 10^{-19} \text{ C} \cdot 1{,}80 \text{ V} = 2{,}88 \cdot 10^{-19} \text{ J} .$$

Da zur Ablösung des Elektrons aus dem Metallverband $2{,}08 \cdot 10^{-19}$ J nötig sind (Austrittsarbeit), ist auf das

Elektron von dem violetten Licht insgesamt die Energie $(2,88 + 2,08) \cdot 10^{-19}$ J $= 4,96 \cdot 10^{-19}$ J übertragen worden. Entsprechend erhält man für gelbes Licht den Wert $3,31 \cdot 10^{-19}$ J und für rotes Licht $2,48 \cdot 10^{-19}$ J. Der Versuch zeigt, daß Licht in Energiepaketen (Lichtquanten oder Photonen) mit Materie in Wechselwirkung tritt; die Energie eines Lichtquants hängt mit der Farbe des Lichtes zusammen [1.2].

1.1.2 Wellennatur von Licht: Beugung

Als einfaches Beispiel zur Erläuterung von Welleneigenschaften betrachten wir zunächst Wasserwellen, die auf eine kleine Öffnung auftreffen (Abb. 1.3). Von dieser Öffnung gehen neue Kreiswellen aus. Diese Erscheinung bezeichnet man als *Beugung*. Bringt man in der Barriere 2 Öffnungen an (Abb. 1.4), dann gehen von jeder dieser Öffnungen Kreiswellen aus. Diese Wellen überlagern sich; es gibt Stellen, an denen sie sich durch Überlagerung verstärken, und andere Stellen, an denen sie sich auslöschen. Diese Erscheinung nennt man *Interferenz*.

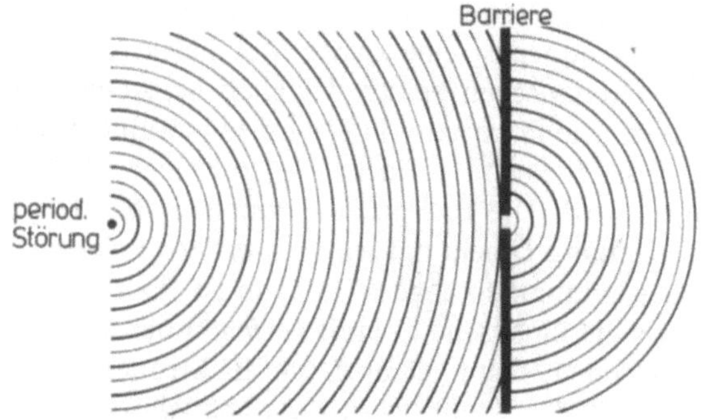

Abb. 1.3. Ausbildung neuer Kreiswellen an einer kleinen Öffnung (Wasserwellen; die Wasseroberfläche wird durch periodisches Ein- und Austauchen eines Stabes in Wellenbewegung versetzt). Kämme der Wellenberge: stark ausgezogene Kreise. Reflexion der Primärwellen und Störung der Sekundärwellen an der Barriere vernachlässigt

Jedem Punkt der Wasseroberfläche können wir eine Maximalauslenkung, mit der er nach oben oder unten schwingt, zuordnen; diese Maximalauslenkung wollen wir als Amplitude ψ des Punktes P bezeichnen. In Abb. 1.5 ist dargestellt, wie groß ψ (erhalten durch Überlagerung beider Kreiswellen) an den einzelnen Punkten auf der Wasseroberfläche ist (siehe Aufgabe 1.1).

Nun wollen wir die Welleneigenschaft von Licht untersuchen. Läßt man Licht auf eine Spaltblende bzw. auf ei-

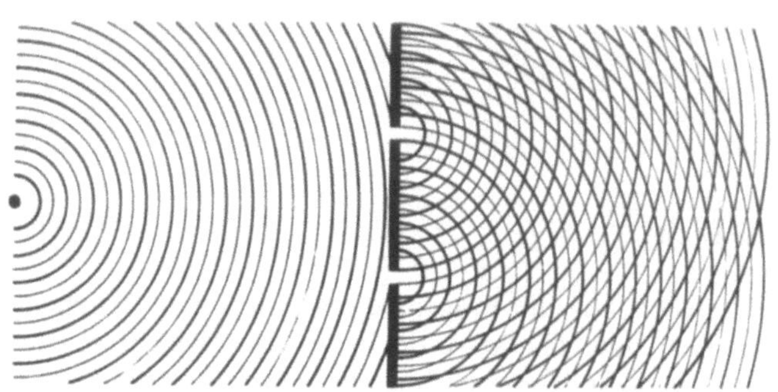

Abb. 1.4. Ausbilden neuer Kreiswellen an 2 kleinen Öffnungen

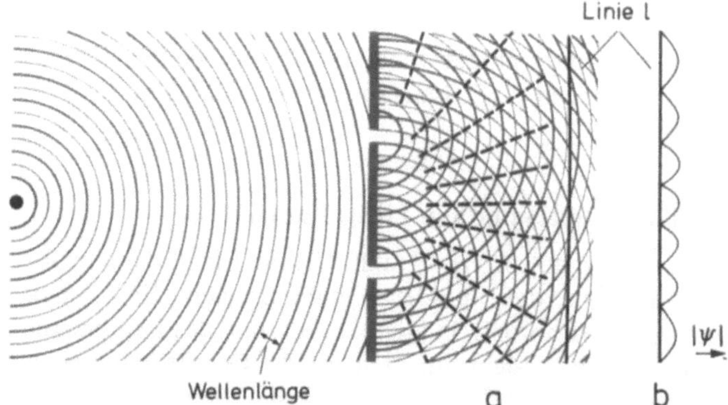

Abb. 1.5. (**a**) Interferenz von 2 Wasserwellen; die gestrichelten Linien verbinden die Amplitudenmaxima. (**b**) Betrag der maximalen Auslenkung ψ entlang der Linie *l*

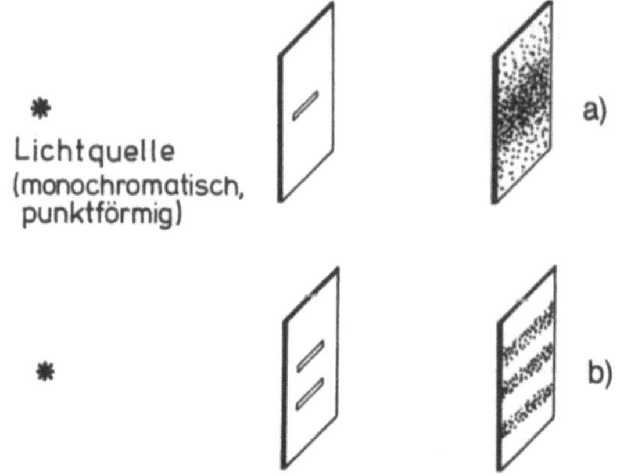

Abb. 1.6. (**a**) Beugung von Licht an einer Spaltblende. (**b**) Interferenz von Licht an einer Doppelspaltblende

ne Doppelspaltblende fallen, so beobachtet man auf einem Schirm eine Lichtintensitätsverteilung gemäß Abb. 1.6. Dieses Versuchsergebnis können wir so interpretieren, daß von der Lichtquelle Wellen ausgehen, die wie bei den Wasserwellen interferieren. Durch Ausmessen der Abstände zwischen den Stellen mit der Intensität Null auf dem Bildschirm (Abb. 1.6b) können wir auf die Wellenlänge λ schließen (Aufgabe 1.1). Man findet für das bereits beim Photoeffekt untersuchte violette Licht $\lambda = 400$ nm, für das gelbe Licht $\lambda = 600$ nm und für das rote Licht $\lambda = 800$ nm.

Vergleicht man den gemessenen Intensitätsverlauf von Beugungs- und Interferenzbildern mit dem berechneten Verlauf von ψ, dann wird Übereinstimmung festgestellt, wenn man die Intensität proportional zu ψ^2 setzt; in Abb. 1.7 ist der Vergleich zwischen gemessenem und berechnetem Intensitätsverlauf für die Beugung an einer Kante durchgeführt. Man sieht deutlich, daß der gemessene Intensitätsverlauf nur durch ψ^2, nicht aber durch ψ oder ψ^4 wiedergegeben wird. Da Licht in Quanten wirkt, ist die Intensität ein Maß für die Zahl der Quanten, die an der entsprechenden Stelle auftreten.

1.1.3 Deutung der Experimente

Die beobachteten Erscheinungen können wir bei Zugrundelegung folgender Annahmen (Postulate) beschreiben:

Postulat: Licht verhält sich so, als ob Wellen der Wellenlänge λ von der Lichtquelle ausgingen.

Postulat: Die Wahrscheinlichkeit, daß an einer Stelle x, y, z ein Lichtquant auftritt, ist proportional zu ψ^2, wobei ψ die Amplitude der postulierten Lichtwelle an der Stelle x, y, z ist.

Das erste Postulat besagt keinesfalls, daß Licht eine Wellenerscheinung *ist* (dagegen spricht ja das Ergebnis des Photoeffektes), sondern lediglich, daß sich Licht bei bestimmten Experimenten genau so verhält, wie man es bei einer Welle erwarten würde. Die Angabe der Wellenlänge λ bedeutet entsprechend auch nicht, daß tatsächlich eine Welle mit dieser Wellenlänge vorliegt, sondern nur, daß die Beugungsexperimente in diesem Bild quantitativ beschrieben werden können. Das zweite Postulat ergibt sich auf Grund der Abb. 1.7, wenn wir berücksichtigen, daß die Intensität proportional zur Zahl der Lichtquanten ist, die in einem bestimmten Zeitintervall an einer betrachteten Stelle des Schirms anzutreffen sind.

In Tabelle 1.1 sind die Energien E (bezogen auf ein Lichtquant) und die zugehörigen Wellenlängen λ für Licht verschiedener Farbe zusammengestellt

In der 4. Spalte von Tabelle 1.1 ist versuchsweise das Produkt aus E und λ gebildet worden. Man sieht, daß in

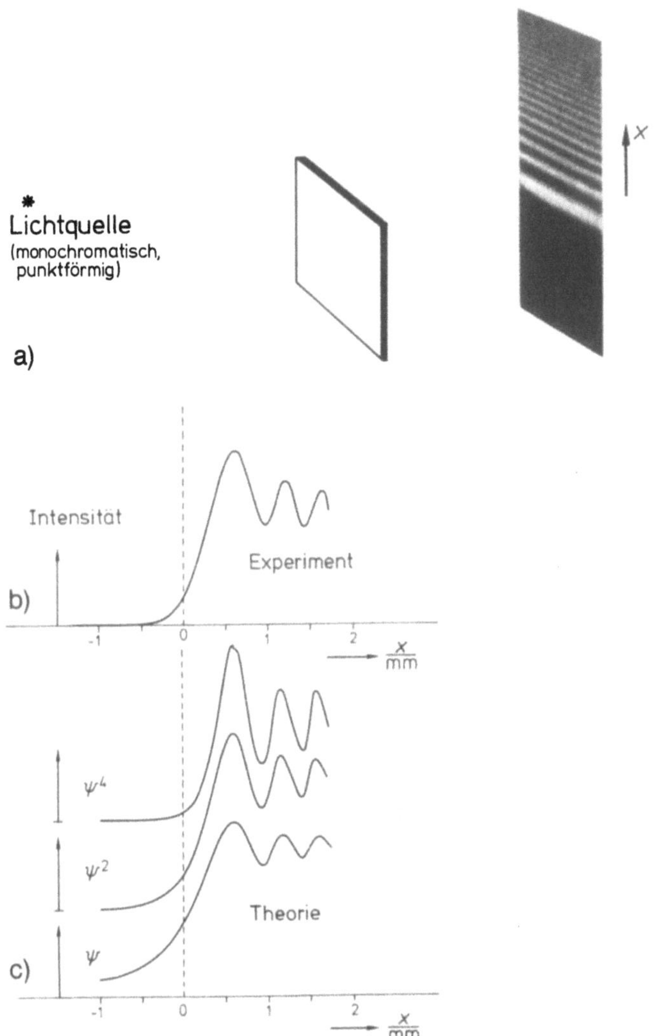

Abb. 1.7a–c. Beugung von Licht an einer Kante. **(a)** Versuchsanordnung und Interferenzstreifen auf dem Schirm. **(b)** Gemessener Intensitätsverlauf auf dem Schirm in Abhängigkeit vom Abstand x von der geometrischen Schattengrenze [1.3]. **(c)** Berechnete Verläufe von ψ, ψ^2, ψ^4

Tabelle 1.1. Energien (pro Quant) und Wellenlängen für Licht verschiedener Farbe, ermittelt aus dem Photoeffekt bzw. Beugungsversuch

Farbe	$\dfrac{E}{10^{-19}\,\text{J}}$	$\dfrac{\lambda}{\text{nm}}$	$\dfrac{E \cdot \lambda}{10^{-28}\,\text{J m}}$
Violett	4,96	400	1986
Gelb	3,31	600	1985
Rot	2,48	800	1986

allen drei Fällen praktisch der gleiche Wert erhalten wird. Wir können also vermuten, daß hier ein Naturgesetz vorliegt; prüft man mit Licht anderer Farbe genauer nach, dann findet man diese Vermutung bestätigt. Es gilt

$$E\lambda = 19{,}86 \cdot 10^{-26}\ \text{J m}. \tag{1.2}$$

Über diese Beziehung können wir einem Lichtquant, dessen Energie wir aus dem Photoeffekt bestimmt haben, die Wellenlänge λ zuordnen. Gleichung (1.2) können wir noch etwas umformen, wenn wir die Wellenlänge λ durch die Frequenz v der Welle ausdrücken. Für Wellen gilt ganz allgemein (Abb. 1.8)

$$v\lambda = c, \tag{1.3}$$

wobei c die Fortpflanzungsgeschwindigkeit der Welle bedeutet. Bei Licht ist $c = 2{,}998 \cdot 10^{8}\ \text{m s}^{-1}$, also gilt für violettes Licht

$$v = \frac{c}{\lambda} = \frac{2{,}998 \cdot 10^{8}\ \text{m s}^{-1}}{400 \cdot 10^{-9}\ \text{m}} = 0{,}748 \cdot 10^{15}\ \text{s}^{-1}.$$

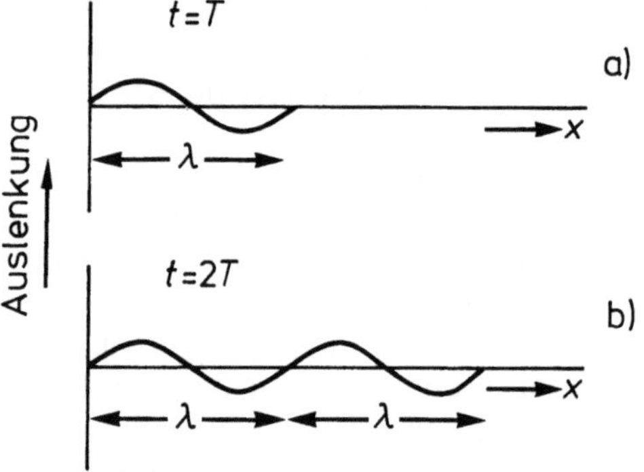

Abb. 1.8a, b. Zusammenhang zwischen λ, v und c bei einer fortschreitenden Welle. **(a)** Eine unendlich lange Saite wird angeregt; die Störung pflanzt sich als fortschreitende Welle mit der Geschwindigkeit c nach rechts fort. **(b)** Nach der Zeit T (T: Periodendauer) hat sich die Wellenfront um die Strecke $\lambda = cT$ weiterbewegt. Nun ist $T = 1/v$ (v: Schwingungsfrequenz) und damit $\lambda = c/v$ bzw. $\lambda v = c$

Aus (1.2) und (1.3) folgt

$$E = (19{,}86 \cdot 10^{-26}\ \text{J} \cdot \text{m}) \cdot \frac{v}{c}$$
$$= (6{,}62 \cdot 10^{-34}\ \text{J} \cdot \text{s}) \cdot v = h v.$$

Die Konstante h nennt man *Plancksches Wirkungsquantum* [1.4]. Genaue Messungen ergaben für h den Wert

$$h = 6{,}626176 \cdot 10^{-34}\ \text{J s}.$$

Unser Naturgesetz lautet also

$$\boxed{E = h v}. \tag{1.4}$$

Nach der Relativitätstheorie [1.5] ist einem Teilchen der Masse μ die Energie

$$\boxed{E = \mu c^{2}} \tag{1.5}$$

zuzuschreiben. Beispielsweise entspricht eine Masse $\mu = 1$ g etwa der Energie $E = 1\ \text{g} \cdot (3 \cdot 10^{8}\ \text{m s}^{-1})^{2} = 9 \cdot 10^{13}$ J. (Der Jahresbedarf der Erdbevölkerung [1.6] beträgt 10^{20} J, das entspricht also etwa der Masse von 1 m³ Wasser). Einem Lichtquant kann daher in gewissem Sinn die Masse $\mu = E/c^{2}$ zugeschrieben werden, und wir erhalten aus (1.4) und (1.5)

$$E = \mu c^{2} = h v = h\frac{c}{\lambda} \tag{1.6}$$

$$\boxed{\lambda = \frac{h}{\mu c}}. \tag{1.7}$$

Die Gleichungen (1.2), (1.4) und (1.7) sind verschiedene Ausdrucksformen desselben Zusammenhangs. In (1.4) ist λ durch die nach (1.3) definierte Frequenz v ersetzt, in (1.7) ist μ statt E eingeführt.

Nach dem Vorangehenden ist es nicht möglich, die Eigenschaften von Licht allein im Wellenbild oder allein im Teilchenbild zu beschreiben. Da erst beide Beschreibungsweisen zusammengenommen alle beobachteten Phänomene erklären können, spricht man von „Wellen-Partikel-Dualismus".

1.2 Elektronen

1.2.1 Partikelnatur von Elektronen

Die Partikelnatur des Elektrons zeigt sich bei jeder Nachweismethode [Wilsonkammer (Abb. 1.9), Zählrohr, Scintillation auf dem Leuchtschirm]. Aus der Ablenkung im elektrischen und magnetischen Feld findet man für die Ladung des Elektrons den Wert $-e_0$ (Elementarladung $e_0 = 1{,}6021892 \cdot 10^{-19}$ C) und für die Masse den Wert $m = 9{,}109534 \cdot 10^{-31}$ kg.

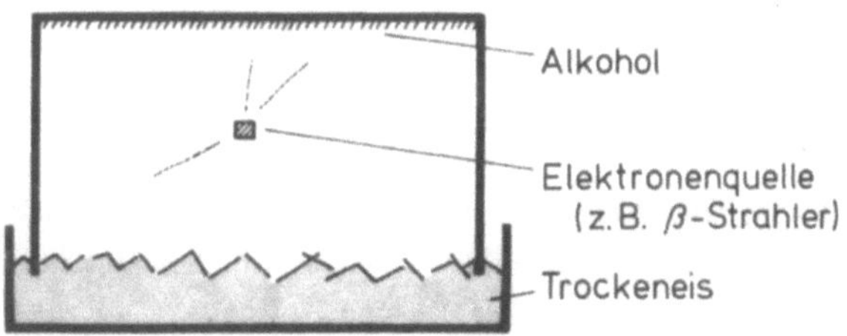

Abb. 1.9. Prinzip der Wilsonkammer. Übersättigter Dampf geht bevorzugt an solchen Stellen in den flüssigen Zustand über, an denen kleine Partikel vorhanden sind (Keimbildung). Solche Partikel können die von einer β-Strahlungsquelle ausgehenden Elektronen sein: längs der Bahn eines Elektrons bildet sich eine Nebelspur von kleinen Alkoholtröpfchen (ähnlich dem Kondensstreifen hinter einem Flugzeug)

1.2.2 Wellennatur von Elektronen

Die Wellennatur von Elektronen kann analog wie beim Licht über Beugungsexperimente nachgewiesen werden [1.7]. Dazu erzeugt man einen Elektronenstrahl von einer bestimmten Geschwindigkeit u, indem man die aus einem Glühdraht austretenden Elektronen im elektrischen Feld beschleunigt (Abb. 1.10). Ein Elektron, das ruhend aus dem Glühdraht kommt, besitzt nach Durchlaufen der Beschleunigungsspannung U_B die kinetische Energie

$$E_{\text{kin}} = \tfrac{1}{2} m u^2 = e_0 U_B . \qquad (1.8)$$

Daraus erhalten wir für die Geschwindigkeit

$$u = \sqrt{\frac{2 e_0 U_B}{m}} . \qquad (1.9)$$

Im Fall $U_B = 100$ V ergibt sich beispielsweise

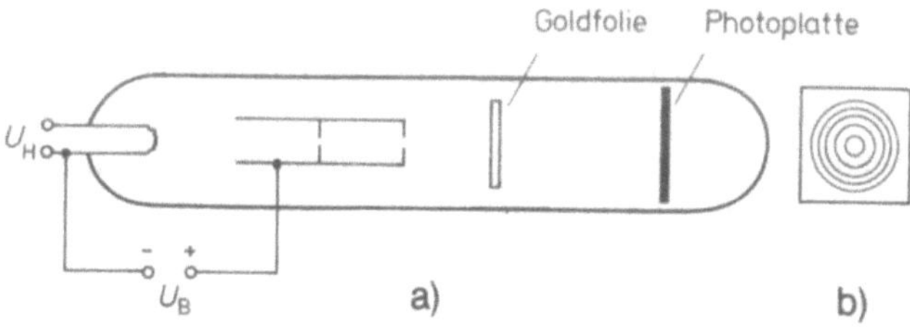

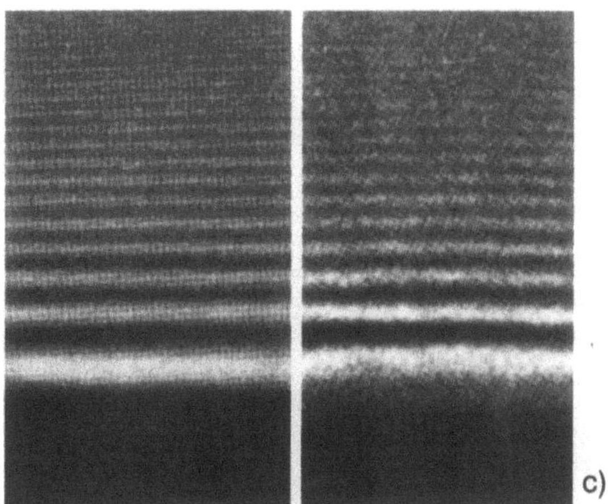

Abb. 1.10. (a) Herstellung eines Elektronenstrahls (U_H: Heizspannung, U_B: Beschleunigungsspannung) und Beugung an einer Goldfolie. (b) Beugungsringe auf der Photoplatte. (c) Interferenzstreifen bei Beugung an einer Kante (vgl. Abb. 1.7a). Vergleich des Ergebnisses mit Licht (*links*) und Elektronen (*rechts*). Die Photos sind so vergrößert, daß in beiden Fällen der Abstand vom ersten zum zweiten Maximum gleich ist

$$u = \sqrt{\frac{2 \cdot 1{,}602 \cdot 10^{-19}\,\text{C} \cdot 100\,\text{V}}{9{,}109 \cdot 10^{-31}\,\text{kg}}} = 5{,}93 \cdot 10^6 \,\text{m s}^{-1} .$$

Läßt man einen Elektronenstrahl auf eine Doppelspaltblende fallen, dann beobachtet man (wie in Abb. 1.6b) auf einem Leuchtschirm oder einer Photoplatte helle und dunkle Streifen. Aus dem Abstand dieser Streifen kann man wie beim Licht die Wellenlänge bestimmen. Wir bezeichnen sie mit Λ, um sie von der Lichtwellenlänge λ deutlich zu unterscheiden. Experimentell einfacher ist der entsprechende Versuch, wenn wir anstelle der Doppelspaltblende eine dünne Goldfolie verwenden (Abb. 1.10a). Das Kristallgitter wirkt dann wie bei Röntgenstrahlen als Beugungsgitter. Aus dem Abstand der Beugungsringe (Abb. 1.10b) ergibt sich Λ. Um Elektroneninterferenzen wie beim Licht am Doppelspalt praktisch nachzuweisen, muß der Spaltabstand sehr klein sein, und die Herstellung einer solchen Blende erfordert spezielle Techniken [1.8]. Einfacher ist der Nachweis der Beugung an einer Kante (Abb. 1.10c) [1.7].

In Tabelle 1.2 sind die Wellenlängen Λ von Elektronenstrahlen für verschiedene Beschleunigungsspannungen U_B aufgeführt.

Tabelle 1.2. Geschwindigkeiten und Wellenlängen für Elektronen, die mit verschiedenen Spannungen U_B beschleunigt wurden [1.9]

$\dfrac{U_B}{V}$	$\dfrac{u}{\mathrm{m\,s^{-1}}}$	$\dfrac{\Lambda}{\mathrm{m}}$	$\dfrac{u \cdot \Lambda}{\mathrm{m^2\,s^{-1}}}$
35	$3{,}51 \cdot 10^6$	$2{,}05 \cdot 10^{-10}$	$7{,}20 \cdot 10^{-4}$
100	$5{,}93 \cdot 10^6$	$1{,}22 \cdot 10^{-10}$	$7{,}24 \cdot 10^{-4}$

In der letzten Spalte ist versuchsweise das Produkt aus u und Λ gebildet worden. Man sieht, daß in beiden Fällen der gleiche Wert

$$u\Lambda = 7{,}2 \cdot 10^{-4}\ \mathrm{m^2\,s^{-1}}$$

erhalten wird; prüft man mit Elektronen anderer Geschwindigkeiten nach, dann wird dieser Zusammenhang bestätigt. Wir versuchen jetzt noch, ob wir den Zahlenwert $7{,}2 \cdot 10^{-4}\ \mathrm{m^2\,s^{-1}}$ durch irgendwelche Naturkonstanten ausdrücken können; da nach (1.7) für Licht $c\lambda = h/\mu$ gilt, machen wir den Versuch mit

$$u\Lambda = \frac{h}{m} = \frac{6{,}63 \cdot 10^{-34}\ \mathrm{J\,s}}{9{,}109 \cdot 10^{-31}\ \mathrm{kg}} = 7{,}27 \cdot 10^{-4}\ \mathrm{m^2\,s^{-1}}.$$

Tatsächlich läßt sich der fragliche Zahlenwert im Rahmen der Meßfehler durch h/m ausdrücken! Wir können unser neues Naturgesetz für Elektronen also formulieren

$$\boxed{\Lambda = \frac{h}{mu}}. \qquad (1.10)$$

Diese Beziehung nennt man *de Broglie-Beziehung*. De Broglie [1.10] hat sie zuerst analog (1.7) postuliert; die Experimente mit der Elektronenbeugung, die (1.10) bestätigen, wurden erst später ausgeführt.

1.2.3 Deutung der Experimente

Wir können somit die Postulate, die wir für Licht aufgestellt haben, auf Elektronen übertragen.

Postulat: Elektronen verhalten sich so, als ob Wellen der Wellenlänge Λ von der Elektronenquelle ausgingen.

Postulat: Die Wahrscheinlichkeit, ein Elektron an einer Stelle $x,\ y,\ z$ anzutreffen, ist proportional zu $\psi^2(x, y, z)$. ψ ist die Amplitude der postulierten Elektronenwelle an der Stelle $x,\ y,\ z$.

Trotz der formalen Ähnlichkeit von (1.7) und (1.10) bestehen zwischen Photonen und Elektronen grundsätzliche Unterschiede.

Photonen: die Geschwindigkeit c ist eine Naturkonstante, die Masse μ hängt von der Wellenlänge λ ab. Wir können nur vom bewegten Photon sprechen und ihm in gewissem Sinn eine Masse zuschreiben; die Ruhemasse des Photons ist Null. Bei einem Stoß mit einem gebundenen Elektron kann das gesamte Energiequant übertragen werden, und das Photon hört auf zu existieren.

Elektronen: die Masse m ist eine Naturkonstante, die Geschwindigkeit u hängt von der Wellenlänge Λ ab.[1]

Zusammenfassung

Licht bzw. bewegte freie Elektronen verhalten sich einerseits wie Wellen der Wellenlänge $\lambda = h/(\mu c)$ (Licht) bzw. $\Lambda = h/(mu)$ (Elektron), andererseits wie Teilchen. Die Wahrscheinlichkeit, ein Lichtquant bzw. ein Elektron an der Stelle $x,\ y,\ z$ nachzuweisen, ist proportional zu $\psi^2(x, y, z)$ (Abb. 1.11).

---

[1] Im Vorangehenden wurde angenommen, daß die Masse des Elektrons von der Geschwindigkeit u unabhängig sei. Das ist nicht ganz richtig, da mit zunehmender Geschwindigkeit die Energie und damit nach der Relativitätstheorie die Masse ansteigt [1.5]. Der Effekt spielt aber erst eine Rolle, wenn die Geschwindigkeit u mit der Lichtgeschwindigkeit vergleichbar wird. Wir vernachlässigen hier relativistische Effekte.

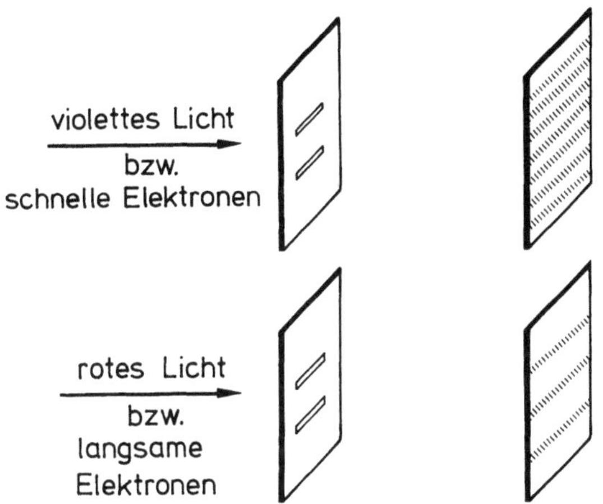

Abb. 1.11. Beugung bei Licht und bei Elektronen

Es ist nützlich, sich an dieser Stelle genau darüber klar zu werden, wie die Kette der Schlußfolgerungen von jedem Schritt zum nächsten führt. Grundsätzlich sollte man lernen, wie man aus Experimenten Schlüsse zieht und neue Experimente entwirft. Dies ist in der physikalischen Chemie noch wichtiger als das Aneignen von Fakten.

Einzelereignis und Gesamtverhalten

Zu den Interferenzbildern in Abb. 1.11 führen Versuche mit sehr vielen Lichtquanten bzw. Elektronen (Abb. 1.12a). Denken wir uns entsprechende Versuche mit nur ganz wenigen Teilchen durchgeführt, dann können diese Bilder jedoch sehr verschieden aussehen: beispielsweise könnten durch Zufall alle Teilchen im Bereich des obersten Interferenzstreifens auftreten (Abb. 1.12b). Mit wachsender Teilchenzahl werden Abweichungen der tatsächlich beobachteten Interferenzbilder von Bildern bei

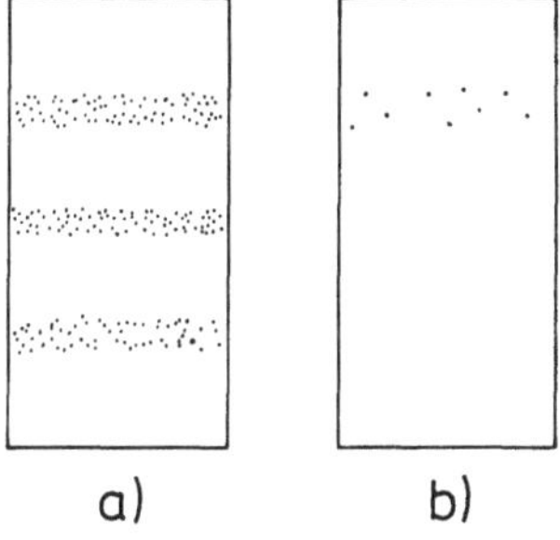

Abb. 1.12a, b. Interferenzbild. **(a)** mit sehr vielen Teilchen (statistisches Verhalten); **(b)** mit wenigen Teilchen, die alle durch Zufall im Bereich des obersten Streifens angetroffen werden (starke Abweichung vom statistischen Verhalten)

hoher Teilchenzahl aus statistischen Gründen immer unwahrscheinlicher. Wenn wir vereinfachend annehmen, daß ein Teilchen im Bereich jedes der 3 Interferenzstreifen mit gleicher Wahrscheinlichkeit von 1/3 auftritt, so ist bei N Teilchen die Wahrscheinlichkeit, daß alle Teilchen beispielsweise im oberen Streifen auftreten, $(1/3)^N$; das ist 1/9 für $N=2$, 1/81 für $N=4$ und $2 \cdot 10^{-48}$ für $N=100$.

Während also über das *Einzelereignis* („Wo wird sich das nächste Teilchen auf dem Schirm manifestieren?") nur Wahrscheinlichkeitsaussagen gemacht werden können, ist das Interferenzbild bei sehr großen Teilchenzahlen reproduzierbar: über das Gesamtverhalten ergeben sich bestimmte Aussagen. Mit anderen Worten: nur für das Gesamtverhalten bei großen Teilchenzahlen, nicht aber für das Einzelereignis ist eine streng kausale Beschreibung möglich.

Wird im Versuch von Abb. 1.3 die Wellenlänge zunehmend verkleinert, dann macht sich die Beugung immer weniger bemerkbar. Entsprechend geht bei Lichtwellen und Elektronenwellen das Beugungsbild mit abnehmender Wellenlänge allmählich in das Schattenbild über: bei kleiner Wellenlänge gehen Wellenoptik bzw. Wellenmechanik in Strahlenoptik bzw. klassische Mechanik über. Wir können bei energiereichen Lichtquanten oder sehr schnellen Elektronen praktisch mit Bestimmtheit sagen, daß sich das Teilchen auf dem Schirm innerhalb der geometrisch konstruierten Schattengrenze manifestieren wird; es sind also in diesem Fall bestimmte Aussagen auch über Einzelereignisse möglich [1.11].

Die betrachteten Experimente zwingen zum Verlassen alter Denkgewohnheiten; es ist daher von grundsätzlicher Bedeutung, über den Weg, auf dem man zu neuer Erkenntnis gelangt, nachzudenken. Wir weisen einzelne Lichtquanten oder Elektronen auf dem Schirm in Abb. 1.11 als Teilchen nach. Wir dürfen aber nicht sagen, daß einzelne Teilchen entweder durch den einen oder durch den anderen Spalt gelaufen sind. Denn wenn man den einen oder den anderen Spalt schließt, wird auf dem Schirm etwas ganz Neues beobachtet: es treten Lichtquanten oder Elektronen an Stellen auf dem Schirm auf, wo sie vorher nie zu beobachten waren (an den Stellen, wo sich im Falle des Doppelspalts die Wellen durch Interferenz auslöschen, während sie beim Einzelspalt hingelangen). Es ist also sinnlos, nach der Bahn des Elektrons zu fragen. Ebenso sinnlos ist es, nach einem Medium zu suchen, in dem sich die Wellen bewegen. Ein solches Medium hat man ja nur als Behelf eingeführt, um den mathematischen Formalismus, wie ψ^2 gewonnen wird, sinnfällig auszudrücken. (Beispiel der Wasserwelle in Abschn. 1.1.2). Teilchen und Wellen sind also Hilfsmittel, die gesamthaft den Versuchsablauf anschaulich beschreiben.

In der Physik versucht man, die Sinneswahrnehmung auf ein einfaches Ordnungsschema zurückzuführen. Dieses Ordnungsschema hat sich im Verlauf der Zeit ergeben, indem immer wieder neue Entwürfe ausprobiert wurden, um die Erfahrung möglichst umfassend und möglichst einfach einzuordnen, sich also von einer Summe von Tatsachen ein logisches Bild (Denkschema) zu machen.

Dieser Prozeß unterscheidet sich nicht von dem, was in jedem Menschen seit der Geburt und der ersten Bezugnahme zur Welt stattfindet. Der Säugling verbindet gewisse Erscheinungen, erkennt des Bestehen von Sachverhalten (Abb. 1.13). Er versucht, Sachverhalte zu verallgemeinern, sich ein Bild der Tatsachen zu machen. Bilder der Tatsachen, die immer weitere Sachverhalte richtig beschreiben (also Sachverhalte vorauszusagen gestatten) werden zum Modell der Wirklichkeit, das sich zunehmend erweitert. Es werden immer neue Hypothesen aufgestellt und Prognosen gemacht und an der Erfahrung geprüft, und je nach Ergebnis wird die Hypothese beibehalten, modifiziert oder wieder verworfen.

Es muß als ein wichtiger Schritt in der Entwicklung des Modells der Wirklichkeit angesehen werden, daß eine Abfolge von Sinneseindrücken als Wahrnehmung von Gegenständen im Raum erlebt wird, die ihre Lage und Form verändern. Dieser Schritt führt zu einer enormen Vereinfachung: das Erleben von Vorgängen in Raum und Zeit. Dieses Bild bewährt sich zur Beschreibung der Alltagserfahrung und ist daher in uns tief verwurzelt. Im Fall der betrachteten Experimente stößt man aber an eine Grenze im gewohnten Bild der Wirklichkeit.

Aufgaben

1.1 *Wellenlänge von Wasserwellen*
Man berechne die in Abb. 1.5 dargestellte Amplitudenverteilung im einzelnen und zeige, wie aus dem Abstand der Nullstellen auf die Wellenlänge geschlossen werden kann.

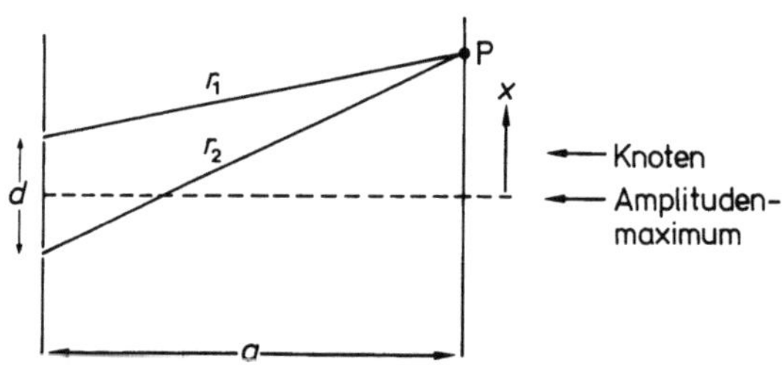

1.2 *Beugung von Photonen, Elektronen und Neutronen*
Gegeben ist eine Lochblende vom Durchmesser d; d sei 1 cm bzw. 10^{-7} cm.
a) Wir richten einen Lichtstrahl auf die Blende; wie groß muß dessen Frequenz sein, damit Beugung beobachtet werden kann?
b) Wir richten einen Elektronenstrahl auf die Blende; wie groß muß die Geschwindigkeit der Elektronen sein, damit Beugung beobachtet werden kann?
c) Wir nehmen an, daß die de Broglie-Beziehung nicht nur für Elektronen, sondern für beliebige Teilchen gilt. Was ergibt sich in b) für einen Neutronenstrahl?
Man darf sich bei dieser Übung nicht daran stören, daß die betrachteten Fälle zum Teil in einem Bereich liegen, der für jede experimentelle Nachprüfung unzugänglich ist. Die Übung soll helfen, sich über den Inhalt von (1.7) und (1.10) klar zu werden.

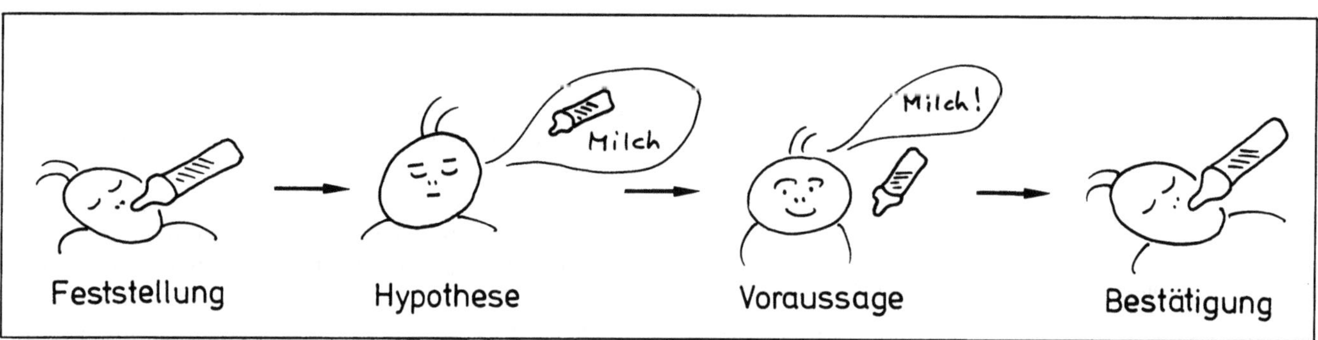

Abb. 1.13. Erkennen eines Sachverhaltes

2. Stehende Elektronenwellen

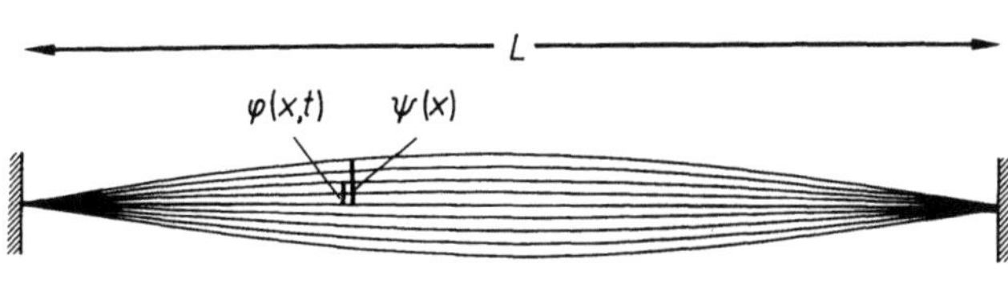

Abb. 2.2. Auslenkung $\varphi(x, t)$ und Amplitude $\psi(x)$ einer schwingenden Saite. Jede Kurve stellt die Auslenkung zu einer bestimmten Zeit dar (Grundschwingung: $\Lambda = 2L$)

2.1 Eindimensionale stehende Wellen

In Atomen und Molekülen sind die Elektronen durch Coulombsche Anziehung an die Kerne gebunden; sie können den Bereich der Kerne nicht verlassen und verhalten sich annähernd so, als ob sie in einem Kasten molekularer Dimension eingesperrt wären. Wir überlegen uns deshalb zunächst, wie sich ein Elektron verhalten muß, das sich zwischen zwei parallelen Wänden befindet und sich mit der Geschwindigkeit u senkrecht auf die Wände zu bewegt (Abb. 2.1).

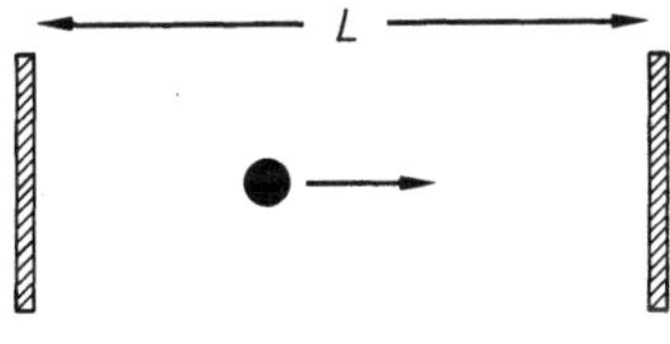

Abb. 2.1. Elektron, das zwischen zwei parallelen Wänden im Abstand L hin und her reflektiert wird

Nach (1.10) können wir es durch eine Welle der Wellenlänge $\Lambda = h/(mu)$ beschreiben. Diese Welle wird an den Wänden reflektiert, so daß die ursprüngliche Welle mit der reflektierten Welle interferiert. Beide Wellen löschen sich im allgemeinen gegenseitig aus; Auslöschung der Wellen bedeutet aber, daß die Amplitude ψ Null ist, also das Elektron nirgends festgestellt werden kann. Nur für bestimmte Werte von Λ tritt Verstärkung der Wellen ein. Diese Werte finden wir, wenn wir das analoge Modell einer schwingenden Saite betrachten, die an beiden Enden eingespannt ist (Abb. 2.2). Hier bilden sich stehende Wellen aus (d. h. Knoten und Bäuche der Wellen bleiben an derselben Stelle), wenn die Bedingung

$$\frac{\Lambda}{2} = L \tag{2.1}$$

erfüllt ist. Die Auslenkung $\varphi(x, t)$ der stehenden Welle in Abb. 2.2 ist mit $\omega = 2\pi v$ gegeben durch (Aufgabe 2.1)

$$\varphi(x, t) = \text{const } \sin(\omega t) \sin\frac{\pi x}{L}. \tag{2.2}$$

Die Amplitude $\psi(x)$ ergibt sich aus (2.2), wenn wir

$$\sin(\omega t) = \pm 1 \tag{2.3}$$

setzen (dies ist für $\omega t = \frac{1}{2}\pi, \frac{3}{2}\pi \ldots$ der Fall):

$$\psi(x) = \text{const } \sin\frac{\pi x}{L}. \tag{2.4}$$

Für das betrachtete Elektron zwischen 2 parallelen Wänden können wir aus $\Lambda = 2L$ über die de Broglie-Beziehung die Geschwindigkeit und damit die kinetische Energie T_1 im untersten Elektronenzustand berechnen:

$$T_1 = \frac{1}{2} m u^2 = \frac{1}{2} m \left(\frac{h}{m\Lambda}\right)^2$$
$$= \frac{1}{2} m \left(\frac{h}{m2L}\right)^2 = \frac{h^2}{8mL^2}. \tag{2.5}$$

Diese Ergebnisse können wir verallgemeinern, wenn wir andere mögliche Schwingungszustände der schwingenden Saite betrachten (Abb. 2.3) und die Ergebnisse auf Elektronen übertragen:

$$\frac{\Lambda}{2} = \frac{L}{n} \qquad n = 1, 2, 3 \ldots \tag{2.6}$$

$$\psi_n = \text{const } \sin\frac{n\pi x}{L} \tag{2.7}$$

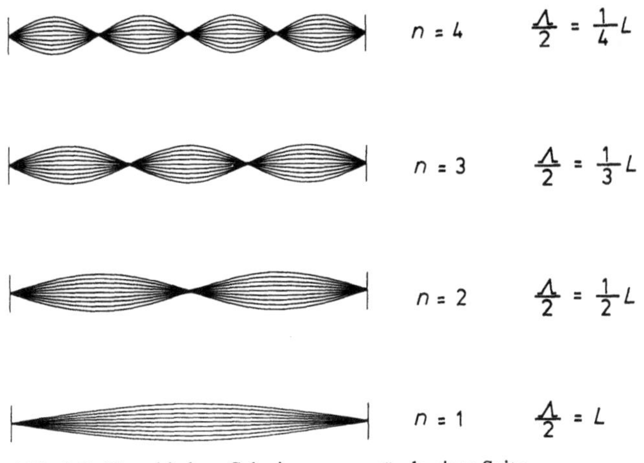

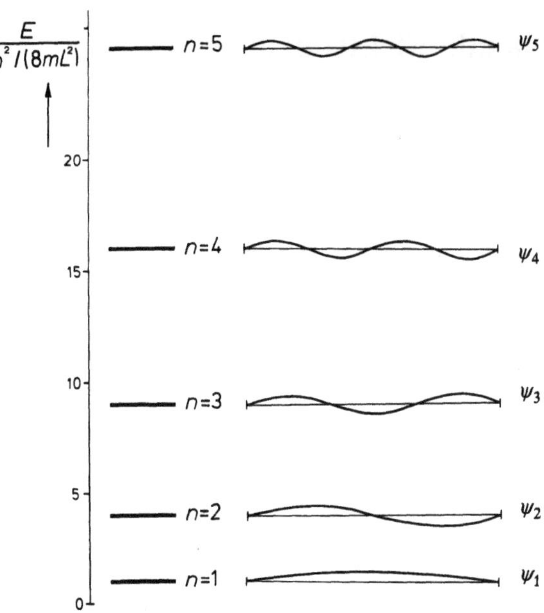

Abb. 2.3. Verschiedene Schwingungszustände einer Saite

$$T_n = \frac{m}{2}\, u^2 = \frac{m}{2}\left(\frac{h}{m\Lambda}\right)^2$$

$$= \frac{m}{2}\left(\frac{h}{m2L}\,n\right)^2 = \frac{h^2}{8mL^2}\,n^2. \tag{2.8}$$

Die Gesamtenergie E des Elektrons ist gegeben durch

$$E = T + V. \tag{2.9}$$

Die potentielle Energie V des Elektrons hängt in unserem Fall nicht vom Ort ab; wir setzen willkürlich $V = 0$ und erhalten damit für ein Elektron zwischen 2 parallelen Wänden das Energieschema in Abb. 2.4. Ein wesentliches Resultat dieser Betrachtung ist, daß ein Elektron auch im energieärmsten Zustand noch kinetische Energie besitzt, also nicht ruhen kann. In diesem Zustand beträgt seine Energie nach (2.5)

$$E_1 = 6{,}0 \cdot 10^{-18}\,\text{J} \quad \text{für} \quad L = 1\,\text{Å}$$

$$E_1 = 6{,}0 \cdot 10^{-34}\,\text{J} \quad \text{für} \quad L = 1\,\text{cm}$$

Die Aufenthaltswahrscheinlichkeit eines Teilchens ist nach Abschn. 1.2 proportional zu ψ^2. In Abb. 2.5 ist ψ^2 für ein Elektron zwischen zwei parallelen Wänden für $n = 1$, $n = 2$ und $n = 20$ dargestellt. Während man klassisch erwartet, daß die Aufenthaltswahrscheinlichkeit überall zwischen den Wänden gleich groß ist (da ja die Geschwindigkeit überall dieselbe ist), findet man in der wellenmechanischen Betrachtung ausgeprägte Maxima und Minima.

Abb. 2.4. Energieschema und Amplitudenfunktionen ψ eines Elektrons zwischen zwei parallelen Wänden

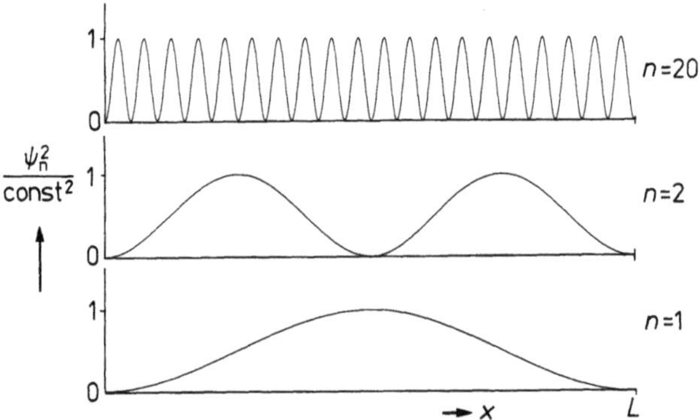

Abb. 2.5. ψ^2 (proportional zur Aufenthaltswahrscheinlichkeit des Elektrons) in Abhängigkeit von x für ein Elektron zwischen zwei parallelen Wänden im Abstand L

Es stellt sich hierbei die Frage, wie ein Elektron im Fall $n = 2$ von einem zum anderen Bereich großer Wahrscheinlichkeit gelangen kann, obwohl dazwischen an einer bestimmten Stelle $\psi^2 = 0$ ist. An dieser Frage lassen sich die Grundannahmen der Quantentheorie nochmals beleuchten. Sie stellen ein Schema dar, durch das sich Naturvorgänge beschreiben lassen; Fragen, die über die Grenzen dieses Schemas hinausgehen, sind nicht beantwortbar und daher im Rahmen der Theorie sinnlos. Die Grundannahmen der Quantentheorie lassen sich so umschreiben, daß man das Elektron in gewissem Sinn als Welle, in anderem Sinn als Teilchen betrachtet. Man darf aber nicht sagen, das Elektron sei ein Teilchen, und daher ist auch die Frage, wie dieses Teilchen von einem zum anderen dieser Bereiche kommt, ein Scheinproblem[2.1].

2.2 Zwei- und dreidimensionale stehende Wellen

Wir übertragen jetzt unsere Überlegungen vom eindimensionalen Fall (Elektron zwischen 2 parallelen Wänden) auf den zweidimensionalen (Elektron zwischen 4 Wänden, Abb. 2.6a) und dreidimensionalen Fall (Elektron im Quaderkasten Abb. 2.6b). Dazu betrachten wir die entsprechenden stehenden Wellen in mechanischen Schwingungssystemen: an Stelle der schwingenden Saite untersuchen wir die Schwingungen einer rechteckigen Membran bzw. die stehenden akustischen Druckwellen in einem quaderförmigen Hohlraumresonator (Abb. 2.7). Wie in Aufgabe 2.7 näher gezeigt wird, gilt für die Wellenlängen dieser stehenden Wellen im zweidimensionalen Fall

$$\frac{1}{\Lambda^2} = \frac{n_x^2}{4L_x^2} + \frac{n_y^2}{4L_y^2} \qquad \begin{matrix} n_x = 1, 2, 3, \ldots \\ n_y = 1, 2, 3, \ldots \end{matrix} \qquad (2.10)$$

und im dreidimensionalen Fall

$$\frac{1}{\Lambda^2} = \frac{n_x^2}{4L_x^2} + \frac{n_y^2}{4L_y^2} + \frac{n_z^2}{4L_z^2} \qquad \begin{matrix} n_x = 1, 2, 3, \ldots \\ n_y = 1, 2, 3, \ldots \\ n_z = 1, 2, 3, \ldots \end{matrix} \quad (2.11)$$

Im eindimensionalen Fall wäre analog

$$\frac{1}{\Lambda^2} = \frac{n_x^2}{4L_x^2} \qquad n_x = 1, 2, 3, \ldots \quad (2.12)$$

was mit (2.6) identisch ist.

Für die kinetische Energie eines Elektrons erhalten wir daraus zusammen mit der de Broglie-Beziehung

$$T = \frac{h^2}{8m} \frac{n_x^2}{L_x^2} \qquad \text{(eindimensional)} \quad (2.13)$$

$$T = \frac{h^2}{8m} \left(\frac{n_x^2}{L_x^2} + \frac{n_y^2}{L_y^2} \right) \qquad \text{(zweidimensional)} \quad (2.14)$$

$$T = \frac{h^2}{8m} \left(\frac{n_x^2}{L_x^2} + \frac{n_y^2}{L_y^2} + \frac{n_z^2}{L_z^2} \right) \quad \text{(dreidimensional)} . \quad (2.15)$$

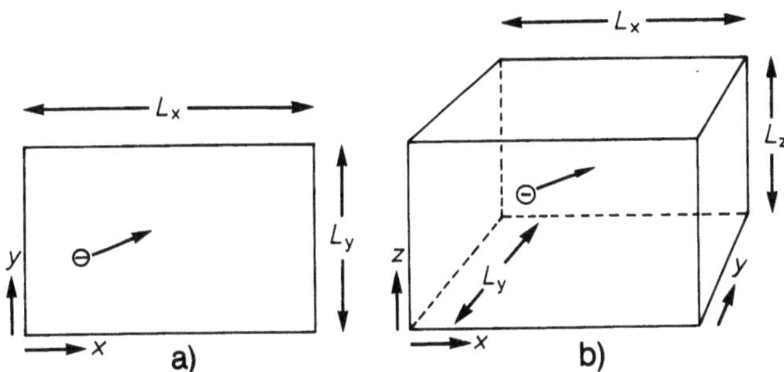

Abb. 2.6. (a) Elektron zwischen 4 Wänden, (b) Elektron im Quaderhohlraum

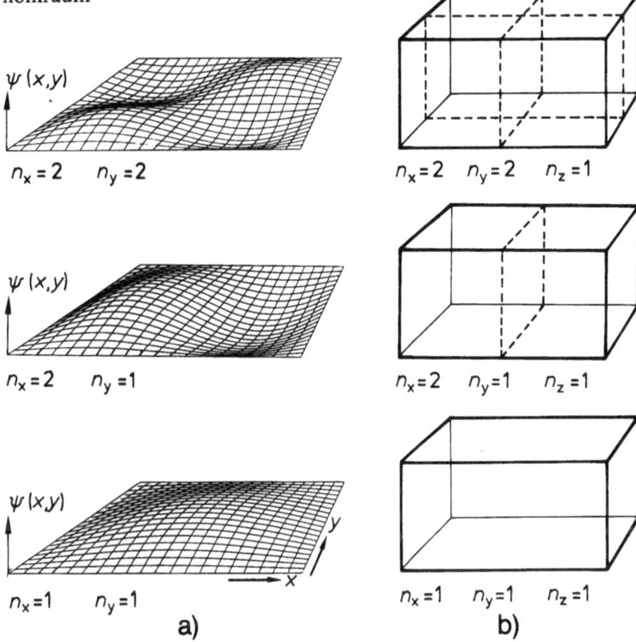

Abb. 2.7a, b. Stehende Wellen (a) einer rechteckigen Membran (b) in einem Quaderhohlraum (hier sind lediglich die Knotenebenen der Wellen dargestellt). Die Laufzahlen n_x, n_y, n_z beziehen sich auf (2.10) und (2.11)

In Abb. 2.8 sind diese Energien für den Spezialfall $L_x = L_y = L_z = L$ dargestellt.

Entsprechend gilt für die Amplitudenfunktionen

$$\psi(x) = \text{const} \, \sin \frac{n_x \pi x}{L_x} \qquad (2.16)$$

$$\psi(x, y) = \text{const} \, \sin \frac{n_x \pi x}{L_x} \sin \frac{n_y \pi y}{L_y} \qquad (2.17)$$

$$\psi(x, y, z) = \text{const} \, \sin \frac{n_x \pi x}{L_x} \sin \frac{n_y \pi y}{L_y} \sin \frac{n_z \pi z}{L_z} . \qquad (2.18)$$

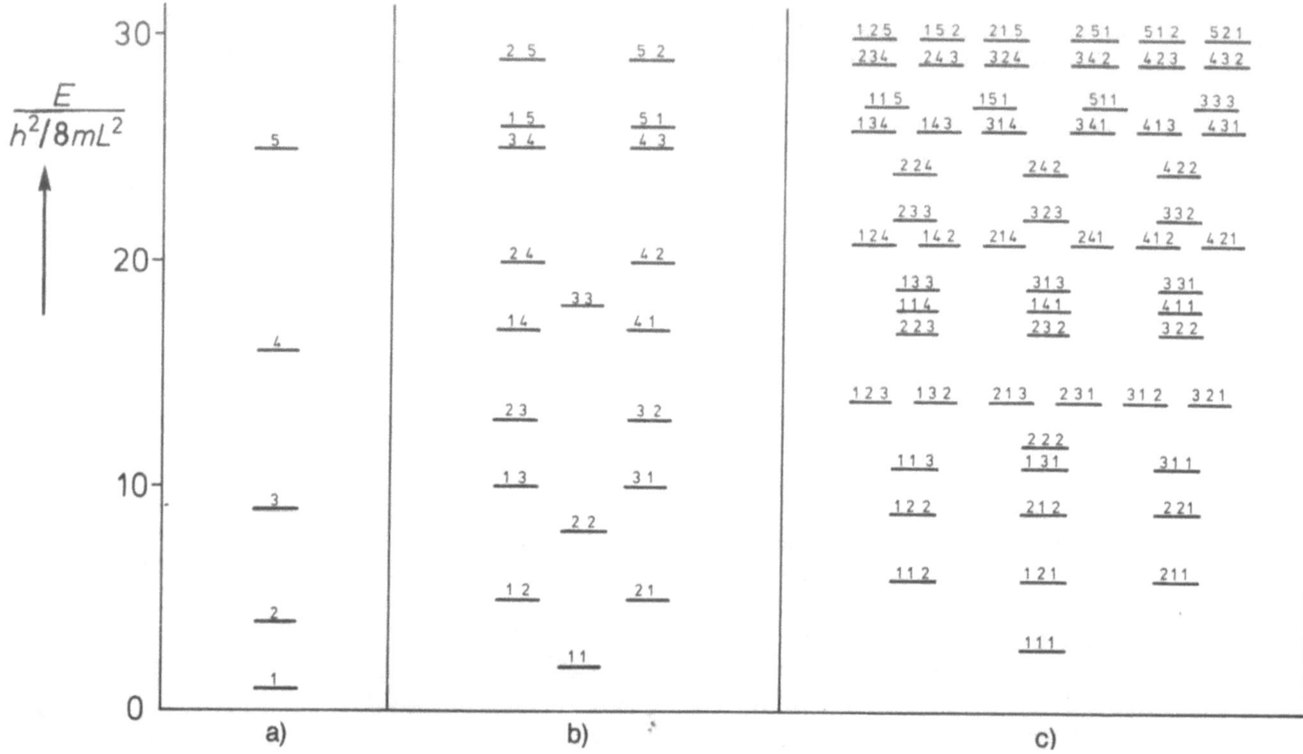

Abb. 2.8 a – c. Energieschemata für: (a) Elektron zwischen zwei parallelen Wänden: $E = h^2/(8mL^2)\,n^2$. (b) Elektron zwischen vier parallelen, quadratisch angeordneten Wänden: $E = h^2/(8mL^2)(n_x^2 + n_y^2)$.

(c) Elektron im würfelförmigen Hohlraum:
$E = h^2/(8mL^2)(n_x^2 + n_y^2 + n_z^2)$. Es sind jeweils die zugehörigen Quantenzahlen n_x bzw. n_x, n_y bzw. n_x, n_y, n_z aufgeführt

Um den Funktionsverlauf zu diskutieren, betrachten wir zunächst den zweidimensionalen Fall mit $n_x = 2$ und $n_y = 1$ und stellen uns eine Wertetabelle mit Funktionswerten auf (Tabelle 2.1).

Stellen wir diese Funktionswerte so dar, daß wir $\psi(x, y)$ senkrecht zur xy-Ebene auftragen, dann erhalten wir das mittlere Bild in Abb. 2.7a.

Im Fall des Quaderhohlraumes sind die Funktionswerte für den Fall $n_x = 1$, $n_y = 1$, $n_z = 2$ in Abb. 2.9 dargestellt. In diesem Fall ist eine Darstellung wie in Abb. 2.7a

Tabelle 2.1. Wertetabelle der Funktion

$$\frac{\psi(x, y)}{\text{const}} = \sin\frac{2\pi x}{L_x}\sin\frac{\pi y}{L_y}$$

y \ x	0	$\tfrac{1}{8}L_x$	$\tfrac{1}{4}L_x$	$\tfrac{3}{8}L_x$	$\tfrac{1}{2}L_x$	$\tfrac{5}{8}L_x$	$\tfrac{3}{4}L_x$	$\tfrac{7}{8}L_x$	L_x
0	0	0	0	0	0	0	0	0	0
$\tfrac{1}{8}L_y$	0	0,27	0,38	0,27	0	−0,27	−0,38	−0,27	0
$\tfrac{1}{4}L_y$	0	0,50	0,71	0,50	0	−0,50	−0,71	−0,50	0
$\tfrac{3}{8}L_y$	0	0,65	0,92	0,65	0	−0,65	−0,92	−0,65	0
$\tfrac{1}{2}L_y$	0	0,71	1,00	0,71	0	−0,71	−1,00	−0,71	0
$\tfrac{5}{8}L_y$	0	0,65	0,92	0,65	0	−0,65	−0,92	−0,65	0
$\tfrac{3}{4}L_y$	0	0,50	0,71	0,50	0	−0,50	−0,71	−0,50	0
$\tfrac{7}{8}L_y$	0	0,27	0,38	0,27	0	−0,27	−0,38	−0,27	0
L_y	0	0	0	0	0	0	0	0	0

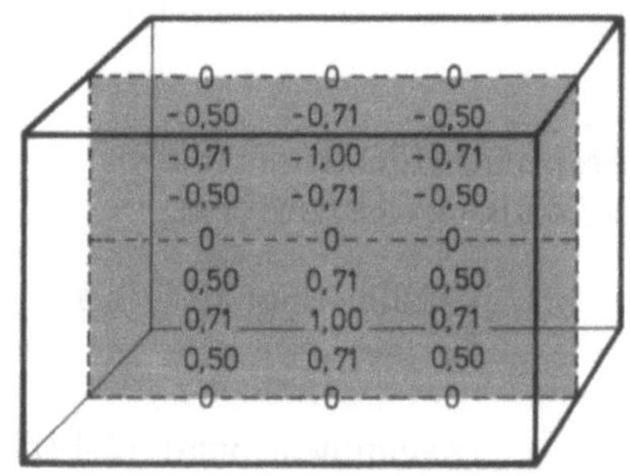

Abb. 2.9. Amplitudenfunktion ψ/const für $n_x = 1$, $n_y = 1$, $n_z = 2$ auf der gestrichelt umrandeten senkrechten Ebene. Für diese Ebene ist $y = L_y/2$ und somit $\sin(n_y\pi y/L_y) = 1$, also $\psi/\text{const} = \sin(\pi x/L_x)\cdot\sin(2\pi z/L_z)$. Auf der gestrichelten Linie ist $\psi = 0$

nicht möglich, da hierzu eine 4. Koordinate nötig wäre; in Abb. 2.7b sind deshalb auch nicht die Funktionen selbst dargestellt, sondern es sind lediglich die Knotenebenen eingezeichnet.

2.3 Normierung der Amplitudenfunktionen

Nach den Postulaten in Kap. 1 ist die Wahrscheinlichkeit dW, ein Teilchen in einem Volumenelement $d\tau$ an einer Stelle x, y, z im Raum anzutreffen, proportional zu $\psi^2(x, y, z)$. Betrachten wir beispielsweise ein Elektron zwischen zwei parallelen Wänden im Quantenzustand $n = 1$, so ist (Abb. 2.10)

$$\psi(x) = \text{const} \sin \frac{\pi x}{L} \tag{2.19}$$

und

$$\psi^2(x) = \text{const}^2 \sin^2 \frac{\pi x}{L}. \tag{2.20}$$

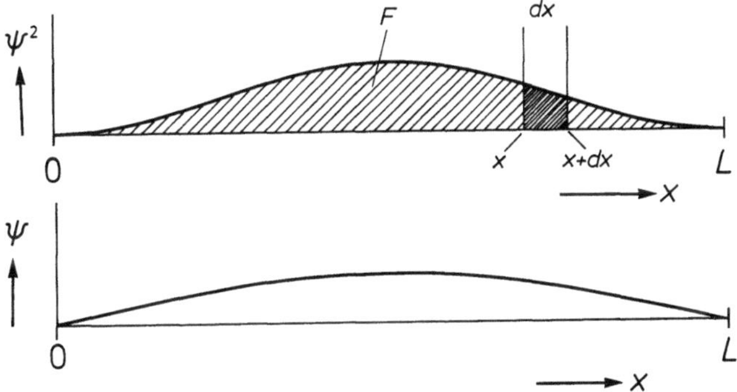

Abb. 2.10. Amplitudenfunktion $\psi(x)$ und das Quadrat $\psi^2(x)$ für ein Elektron zwischen zwei Wänden im Abstand L

Wir fragen jetzt nach der Wahrscheinlichkeit dW, das Elektron zwischen x und $x + dx$ anzutreffen. Diese Wahrscheinlichkeit muß um so größer sein, je größer dx ist, also

$$dW = C \psi^2(x) \, dx. \tag{2.21}$$

C ist eine Konstante, die noch näher festgelegt werden muß. Dazu betrachten wir die Wahrscheinlichkeit W_{gesamt}, das Elektron irgendwo zwischen $x = 0$ und $x = L$ anzutreffen. W_{gesamt} erhalten wir, indem wir alle Teilwahrscheinlichkeiten dW von 0 bis L aufsummieren,

also

$$W_{\text{gesamt}} = C \int_{x=0}^{x=L} \psi^2(x) \, dx. \tag{2.22}$$

Da man unter der Wahrscheinlichkeit das Verhältnis

$$W = \frac{\text{Anzahl der günstigen Fälle}}{\text{Anzahl der möglichen Fälle}} \tag{2.23}$$

versteht, ist

$$W_{\text{gesamt}} = 1, \tag{2.24}$$

weil in diesem Fall die Anzahl der günstigen Fälle gleich der Anzahl der möglichen Fälle ist. Also ist

$$W_{\text{gesamt}} = C \int_0^L \psi^2(x) \, dx = 1. \tag{2.25}$$

Damit erhalten wir für die Konstante C

$$C = \left[\int_0^L \psi^2(x) \, dx \right]^{-1} \tag{2.26}$$

und somit für dW

$$dW = \left[\int_0^L \psi^2(x) \, dx \right]^{-1} \psi^2(x) \, dx. \tag{2.27}$$

In unserem Beispiel entspricht das Integral in (2.27) der schraffiert eingezeichneten Fläche F in Abb. 2.10. Die zugehörige Funktion (2.19) enthält noch die willkürliche Konstante const. Da in dem Ausdruck für dW in (2.27) $\psi^2(x)$ sowohl im Zähler wie im Nenner vorkommt, fällt die Konstante bei der Berechnung der Antreffwahrscheinlichkeit heraus; wir dürfen sie also ganz beliebig wählen. Die Konstante, die im Analogiefalle mechanischer Wellen von der Stärke der Erregung abhängt, hat also hier keine physikalische Bedeutung. Es ist jedoch besonders bequem, const so zu wählen, daß C in (2.21) gerade gleich 1 wird, also

$$\boxed{\int_0^L \psi^2(x) \, dx = 1}. \tag{2.28}$$

Dann vereinfacht sich (2.27) zu

$$\boxed{dW = \psi^2(x)\,dx}\;.\qquad(2.29)$$

Funktionen, die die Bedingung (2.28) erfüllen, nennt man *normiert*. Um unsere Funktion (2.19) zu normieren, bilden wir

$$\int_0^L \psi^2(x)\,dx = \text{const}^2 \int_0^L \sin^2(\pi x/L)\,dx = 1\;.\qquad(2.30)$$

Damit erhalten wir (Aufgabe 2.3)

$$\text{const}^2 = \left[\int_0^L \sin^2(\pi x/L)\,dx\right]^{-1} = \frac{2}{L}\;.\qquad(2.31)$$

Die Größe

$$\varrho(x) = \frac{dW}{dx} = \psi^2(x)\qquad(2.32)$$

bezeichnet man als *Wahrscheinlichkeitsdichte*.

Im folgenden wollen wir nur noch normierte Wellenfunktionen verwenden. ψ ist dann bis auf das Vorzeichen festgelegt. Das Vorzeichen ist frei wählbar; z. B. kann für ein Elektron zwischen zwei Wänden, das sich im Zustand $n = 1$ befindet, $\psi = -\sqrt{2/L}\,\sin(\pi x/L)$ statt $\psi = \sqrt{2/L}\,\sin(\pi x/L)$ gesetzt werden. Dagegen liegt die Größe ψ^2 eindeutig fest: in beiden Fällen ist $\psi^2 = (2/L)\sin^2(\pi x/L)$.

Gehen wir vom eindimensionalen Fall zum dreidimensionalen Fall über, dann gilt an Stelle von (2.29) und (2.32)

$$dW = \psi^2(x, y, z)\,d\tau\qquad(2.33)$$

$$\varrho(x, y, z) = \frac{dW}{d\tau} = \psi^2(x, y, z)\qquad(2.34)$$

mit $d\tau = dx\,dy\,dz$ (Volumenelement, Abb. 2.11).

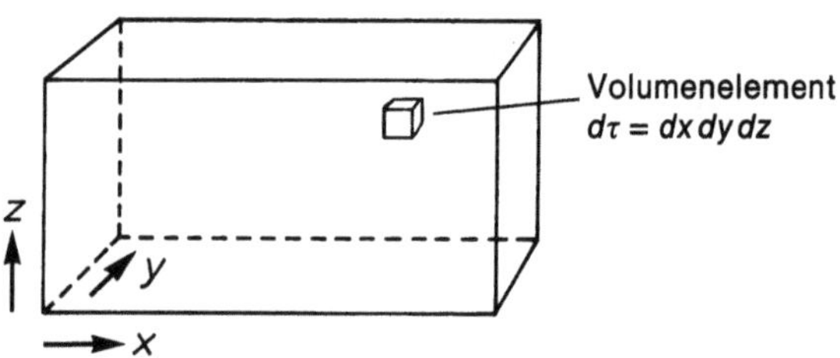

Abb. 2.11. Volumenelement $d\tau$ zur Berechnung der Antreffwahrscheinlichkeit

Für ein Elektron im Quaderkasten lautet die Normierungsbedingung

$$\int_0^{L_x} \int_0^{L_y} \int_0^{L_z} \psi^2(x, y, z)\,dx\,dy\,dz = 1\;.$$

Im allgemeinen Fall kann sich eine Wellenfunktion über den gesamten Raum erstrecken (z. B. H-Atom, Kap. 3). Die Normierungsbedingung lautet dann:

$$\int_{x=-\infty}^{+\infty} \int_{y=-\infty}^{+\infty} \int_{z=-\infty}^{+\infty} \psi^2(x, y, z)\,dx\,dy\,dz = 1\;.\qquad(2.35)$$

Es ist üblich, hier vereinfachend

$$\int \psi^2 d\tau = 1\qquad(2.36)$$

zu schreiben. Das Integralzeichen deutet also nicht wie sonst ein unbestimmtes Integral an, sondern ein Integral, das sich über den gesamten Raum erstreckt.

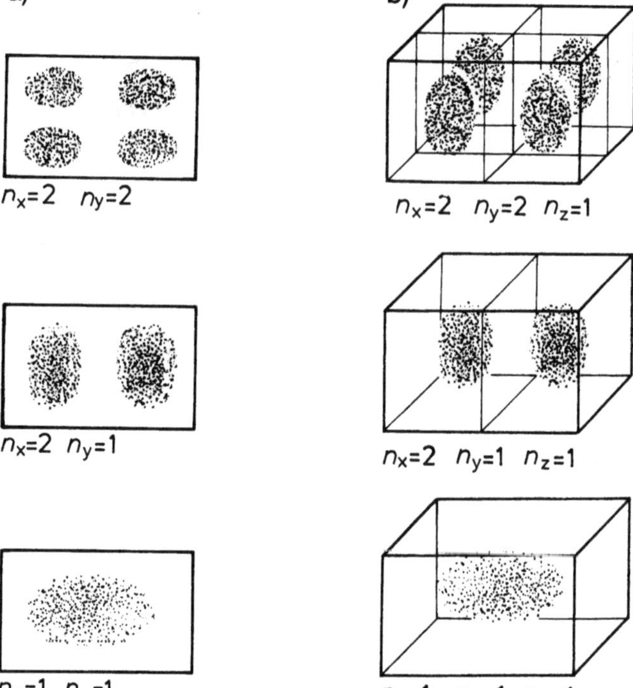

Abb. 2.12a, b. Wolkendarstellung für die Wahrscheinlichkeitsdichte ϱ einiger stehender Wellen, (**a**) zweidimensionaler Fall, (**b**) dreidimensionaler Fall. Die Quantenzahlen der Zustände sind wie in Abb. 2.7 gewählt

Die Wahrscheinlichkeitsdichte $\varrho = \psi^2$ kann man als Wolke darstellen. Dabei werden Stellen im Raum, an denen die Funktion ϱ große Werte besitzt, dicht gepunktet dargestellt und Stellen mit kleinen Funktionswerten schwach gepunktet (Abb. 2.12).

Das Integral (2.35) kann nur dann einen endlichen Wert annehmen, wenn ψ im Unendlichen Null wird. Es muß also für jede normierbare Amplitudenfunktion gelten

$$\lim_{x,y,z \to \pm \infty} \psi = 0 \, . \tag{2.37}$$

2.4 Orthogonalität der Amplitudenfunktionen

Wir betrachten Amplitudenfunktionen der Schwingungszustände einer Saite, z. B. die Funktionen

$$\psi_1 = \text{const } \sin \frac{\pi x}{L}$$
$$\psi_2 = \text{const } \sin \frac{2\pi x}{L} \tag{2.38}$$

und bilden versuchsweise die Produktfunktion $\psi_1 \psi_2$ (Abb. 2.13a). Die beiden schraffierten Flächen sind aus Symmetriegründen gleich groß, es ist also

$$\int_0^L \psi_1 \psi_2 \, dx = 0 \, . \tag{2.39}$$

Ersetzen wir in unserer Betrachtung die Funktion ψ_2 durch die Funktion

$$\psi_3 = \text{const } \sin \frac{3\pi x}{L} \, , \tag{2.40}$$

dann können wir gemäß Abb. 2.13b vermuten, daß auch

$$\int_0^L \psi_1 \psi_3 \, dx = 0 \tag{2.41}$$

ist; in Aufgabe 2.5 wird nachgewiesen, daß diese Beziehung tatsächlich gilt.

Eine entsprechende Beziehung gilt auch für die Amplitudenfunktionen der Schwingungen in einem Quaderkasten. Betrachten wir etwa die Funktionen ψ_{111} und ψ_{112}

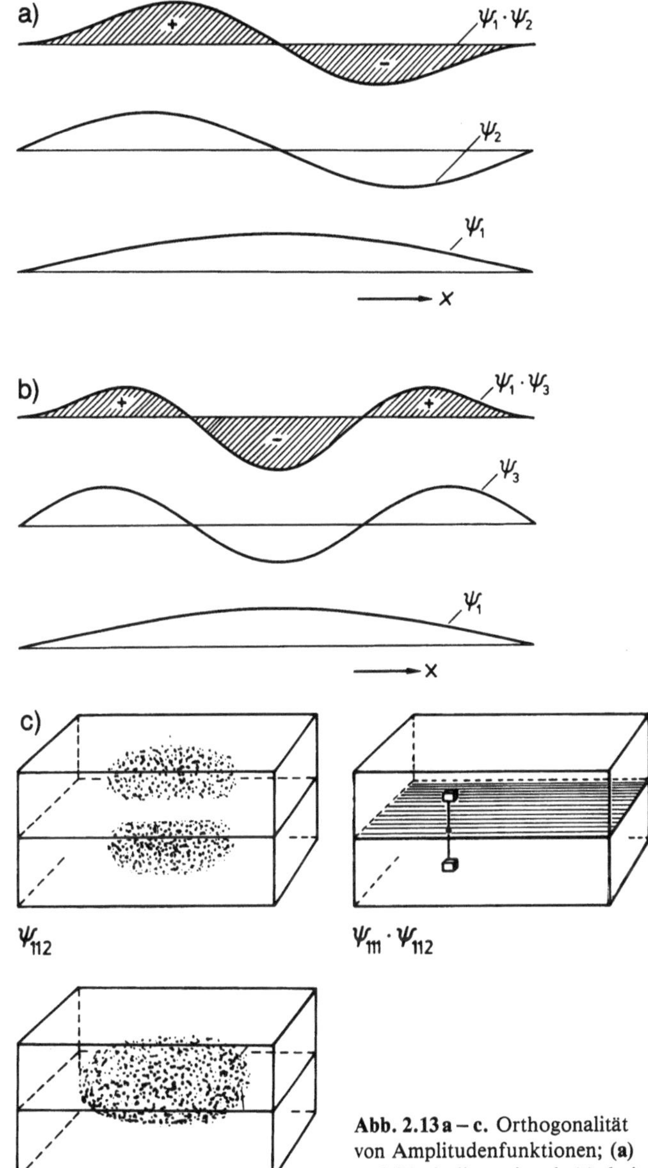

Abb. 2.13a–c. Orthogonalität von Amplitudenfunktionen; (a) und (b) eindimensional; (c) dreidimensional

in Abb. 2.13c. Jedes Volumenelement unter der schraffierten Ebene ist einem spiegelbildlichen Element über der Ebene zuzuordnen. Im Integral

$$\int \psi_{111} \psi_{112} \, dx \, dy \, dz$$

steuern beide Elemente denselben Beitrag mit umgekehrten Vorzeichen bei, wie man aus Symmetriegründen sofort sieht. Das Integral hat also den Wert Null. Man kann zeigen, daß die gefundene Beziehung für Amplitudenfunktionen allgemein gilt (Anhang B, Orthogonalitätsbeziehung). Die Beziehung ist für das Verständnis der Elektronenstruktur von Molekülen wichtig (Abschn. 3.3.1).

2.5 Wellengleichung und Schrödinger-Gleichung

Bisher haben wir die grundlegenden Experimente besprochen, die zu den Postulaten der Wellenmechanik geführt haben, und wir haben an Hand einfacher Beispiele stehende Elektronenwellen diskutiert. Da in komplizierteren Fällen (z. B. stehende Elektronenwellen in Atomen) die Betrachtung so einfach nicht mehr durchführbar ist, wollen wir jetzt ein allgemeineres Rezept kennenlernen, nach dem wir die Amplitudenfunktionen und die Energien von Elektronenzuständen berechnen können. Wir betrachten zunächst wiederum mechanische Schwingungszustände und gehen vom Problem der schwingenden Saite aus (Abb. 2.2). Wird die Saite irgendwo angeschlagen, so breitet sich von dort die Störung mit der Geschwindigkeit v aus; v hängt von der Spannkraft K und vom Verhältnis Masse/Länge ab.

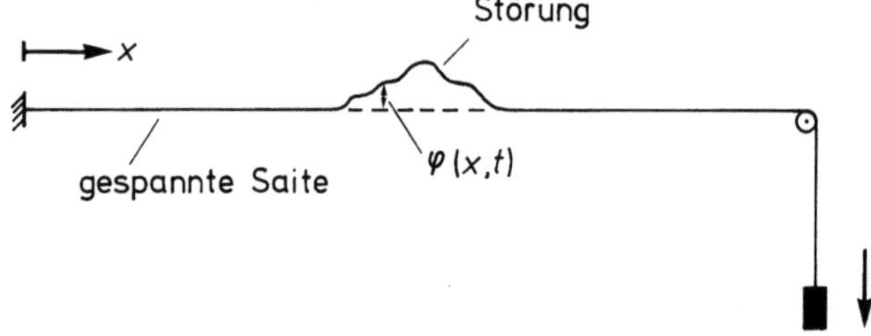

Abb. 2.14. Ausbreitung einer Störung entlang einer gespannten Saite (K: Spannkraft)

Erzeugen wir eine beliebige Auslenkung (Abb. 2.14) und überlassen wir danach die Saite sich selber, so ist die Auslenkung φ an der Stelle x eine komplizierte Funktion von der Zeit t. Bei Vernachlässigung von Reibungseffekten gilt für $\varphi(x, t)$, wie im Anhang A näher gezeigt wird, die Wellengleichung

$$\frac{\partial^2 \varphi}{\partial x^2} = \frac{1}{v^2}\,\frac{\partial^2 \varphi}{\partial t^2}\,. \tag{2.42}$$

Gleichung (2.42) stellt eine partielle Differentialglei-

chung dar. Wir interessieren uns für den Spezialfall einer Anfangsauslenkung, die zu einer stehenden Welle führt, in der also $\varphi(x, t)$ aus einem nur von x und einem nur von t abhängigen Faktor besteht. Wir versuchen den Lösungsansatz

$$\varphi(x, t) = \psi(x)\sin(\omega t)\,. \tag{2.43}$$

Es ist dann

$$\frac{\partial \varphi}{\partial t} = \psi(x)\,\omega\cos(\omega t) \quad \frac{\partial^2 \varphi}{\partial t^2} = -\psi(x)\,\omega^2\sin(\omega t) \tag{2.44}$$

$$\frac{\partial^2 \varphi}{\partial x^2} = \sin(\omega t)\,\frac{d^2 \psi}{dx^2} \tag{2.45}$$

und durch Einsetzen in (2.42) folgt:

$$\frac{d^2 \psi}{dx^2} = -\frac{\omega^2}{v^2}\,\psi\,. \tag{2.46}$$

Nun gilt für die Kreisfrequenz $\omega = 2\pi v$, und mit der Beziehung

$$\Lambda v = v \tag{2.47}$$

(vgl. Abb. 1.8) folgt

$$\frac{\omega}{v} = \frac{2\pi v}{\Lambda v} = \frac{2\pi}{\Lambda}\,. \tag{2.48}$$

Damit ergibt sich aus (2.46)

$$\boxed{\frac{d^2 \psi}{dx^2} = -\frac{4\pi^2}{\Lambda^2}\,\psi}\,. \tag{2.49}$$

Nun gehen wir zu einem Elektron zwischen zwei parallelen Wänden über. In diesem Fall können wir Λ über die de Broglie-Beziehung durch die Gesamtenergie E ausdrücken

$$E = T + V = \frac{1}{2}mu^2 + V = \frac{1}{2}m\left(\frac{h}{m\Lambda}\right)^2 + V \tag{2.50}$$

$$\Lambda^2 = \frac{h^2}{2m(E - V)}\,. \tag{2.51}$$

Durch Einsetzen von (2.51) in (2.49) folgt

$$-\frac{h^2}{8\pi^2 m}\frac{d^2\psi}{dx^2}+\psi V=E\psi\;. \qquad (2.52)$$

Gleichung (2.52) ist vorerst nur eine andere Schreibweise für die Wellengleichung (2.49). Sie bezieht sich auf den Fall, daß sich ein Elektron zwischen den beiden Wänden frei bewegen kann. Es ist also V in diesem Bereich konstant, außerhalb dieses Bereiches unendlich.

Gleichung (2.52) können wir in diesem Fall mit dem allgemeinen Ansatz

$$\psi = A\sin(ax)+B\cos(bx) \qquad (2.53)$$

lösen. An den Stellen $x=0$ und $x=L$ muß $\psi=0$ sein, also

$$\psi(0)=A\sin(a0)+B\cos(b0)=B=0$$
$$\psi(L)=A\sin(aL)+B\cos(bL)=A\sin(aL)=0\;. \qquad (2.54)$$

Diese Beziehung kann nur gelten, wenn

$$aL=0,\pi,2\pi\ldots \qquad (2.55)$$

ist. Dem Fall $aL=0$ würde allerdings eine Wellenfunktion entsprechen, deren Amplitude überall Null ist: die Wahrscheinlichkeit, das Elektron irgendwo zwischen 0 und L anzutreffen, ist Null. Deshalb scheidet dieser Fall aus, und wir erhalten

$$\psi = A\sin\frac{n\pi x}{L} \qquad n=1,2,3\ldots\,. \qquad (2.56)$$

Zur Berechnung der Energie E setzen wir diese Funktion in (2.52) ein

$$-\frac{h^2}{8\pi^2 m}\left[-A\left(\frac{n\pi}{L}\right)^2\sin\frac{n\pi}{L}x\right]+VA\sin\frac{n\pi}{L}x$$
$$=EA\sin\frac{n\pi}{L}x\;. \qquad (2.57)$$

Damit erhalten wir für die Energie des Elektrons

$$E=V+\frac{h^2}{8\pi^2 m}\left(\frac{n\pi}{L}\right)^2=V+\frac{h^2}{8mL^2}n^2 \qquad n=1,2,3\ldots \qquad (2.58)$$

Dieses Resultat ist mit (2.8) identisch, wenn wir $V=0$ setzen. Stationäre Zustände des Elektrons werden nur er-

halten, wenn bestimmte Randbedingungen erfüllt sind (in unserem Fall muß ψ an den Stellen $x=0$ und $x=L$ Null sein). Für diese Randbedingungen werden ganz bestimmte Werte der Energie E erhalten. Diese Energien nennt man deshalb auch *Eigenwerte* und die zugehörigen Funktionen *Eigenfunktionen* der Differentialgleichung.

Schrödinger [2.2] hat versuchsweise angenommen, daß (2.52) auch für den Fall gilt, daß $V=V(x)$ eine beliebige Funktion von x ist. Diese Verallgemeinerung ist ein Postulat, also eine Annahme, die frei erfunden ist, sich also nicht weiter begründen läßt. Ob sie sinnvoll ist und aufrechterhalten werden kann oder nicht, läßt sich durch Vergleich der Folgerungen aus diesem Postulat mit dem Experiment prüfen. Wir werden sehen, daß (2.52) die Grundlage für das Verständnis des gesamten chemischen Tatsachenbereiches ist. Damit unser Postulat sinnvoll wird, müssen wir als Zusatzpostulat annehmen, daß geeignete Randbedingungen erfüllt sind. Entsprechend den Überlegungen zu (2.37) müssen wir annehmen, daß ψ im Unendlichen verschwindet. Im Fall des Elektrons zwischen zwei Wänden ist für $x<0$ und $x>L$ die potentielle Energie V unendlich groß. Es muß also ψ an diesen Punkten Null sein, um dem Zusatzpostulat zu genügen, d. h. unser Spezialfall wird durch das Zusatzpostulat richtig beschrieben. Man sieht das besonders anschaulich, wenn man V für $x<0$ und $x>L$ nicht unendlich, aber größer als die Gesamtenergie E macht (Aufgabe 2.8).

Es ist wichtig, sich an dieser Stelle das Vorgehen grundsätzlich klar zu machen, das für die naturwissenschaftliche Erkenntnisfindung kennzeichnend ist: man versucht, eine Vielzahl von Phänomenen auf eine Theorie zurückzuführen, d. h. aus möglichst wenigen Grundannahmen abzuleiten. Eine Theorie gewinnt an Zuversicht, wenn es gelingt, einen immer weiteren Bereich von Tatsachen auf diese Theorie zurückzuführen. Ergeben sich Widersprüche oder wird der Tatsachenbereich durch eine andere Theorie erfolgreicher gedeutet, so wird sie durch diese andere Theorie ersetzt. In dieser Weise gelingt es, immer größere Tatsachenbereiche durch gemeinsame Theorien zu beschreiben. Umfassende Theorien sind meist durch geschicktes Probieren, Verallgemeinern und Erweitern vorhandener Ansätze gefunden worden. Die Grundannahmen einer Theorie sind nicht anders zu begründen als durch den Erfolg, damit in einem möglichst weiten Bereich beobachtbare Phänomene zu deuten und neue Phänomene vorauszusagen.

Gleichung (2.52) gilt für den Fall, daß es sich um eine eindimensionale Welle handelt, ψ also nur von x abhängt. Die Auslenkung, die der Welle eines Elektrons zuzuschreiben ist, hängt jedoch von allen 3 Raumkoordinaten x, y und z ab. Geht man statt vom Problem der schwingenden Saite vom Problem des schwingenden Hohlraumes aus, dann gilt analog

$$-\frac{h^2}{8\pi^2 m}\left(\frac{\partial^2}{\partial x^2}+\frac{\partial^2}{\partial y^2}+\frac{\partial^2}{\partial z^2}\right)\psi + V\psi = E\psi\,. \quad (2.59)$$

Diese Beziehung nennt man *Schrödinger-Gleichung*. Den Differentialoperator

$$\Delta = \frac{\partial^2}{\partial x^2}+\frac{\partial^2}{\partial y^2}+\frac{\partial^2}{\partial z^2} \quad (2.60)$$

bezeichnet man auch als Laplace-Operator. Also ist

$$\left(-\frac{h^2}{8\pi^2 m}\Delta + V\right)\psi = E\psi\,. \quad (2.61)$$

Mit der weiteren Abkürzung

$$\mathcal{H} = -\frac{h^2}{8\pi^2 m}\Delta + V \quad (2.62)$$

($\mathcal{H}$: Hamiltonoperator) vereinfacht sich (2.59) zu

$$\boxed{\mathcal{H}\psi = E\psi}\,. \quad (2.63)$$

Die Amplitudenfunktion ψ nennt man auch „Wellenfunktion". Man darf sie nicht mit der zeitabhängigen Wellenfunktion φ in (2.42) verwechseln.

Man kann zeigen (Anhang B), daß für Eigenfunktionen der Schrödinger-Gleichung, welche zu verschiedenen Werten der Energie E gehören, ganz allgemein die Orthogonalitätsrelation erfüllt ist. Wir hatten das in Abschn. 2.4 nur für die Wellenfunktionen des Elektrons zwischen zwei Wänden und im Quaderhohlraum nachgewiesen.

Aufgaben

2.1 *Stehende Welle durch Überlagerung fortschreitender Wellen*

Man zeige, daß sich durch Überlagerung einer fortschreitenden Welle und einer entgegenlaufenden reflektierten Welle bei geeigneter Wellenlänge eine stehende Welle gemäß (2.2) mit Knoten an den vorgegebenen Stellen $x = 0$ und $x = L$ ausbildet.

2.2 *Zweidimensionale stehende Wellen*

Zwei entgegengesetzt laufende gerade Wellen der Wellenlänge Λ überlagern sich zu stehenden Wellen. Senkrecht dazu sollen zwei andere gerade Wellen der Wellenlänge Λ entgegengesetzt zueinander laufen. Die vier Wellenzüge überlagern sich zu stehenden Wellen. Wie liegen die Knotenlinien? Welchen Abstand haben sie voneinander? Man überlege sich am Ergebnis die Bedeutung von Λ in (2.10).

2.3 *Normierung von Amplitudenfunktionen*
1) Man zeige, daß für const in (2.19) der Wert $\sqrt{2/L}$ erhalten wird.
2) Man verallgemeinere für die Funktion (2.16)

2.4 *Normierung für ein Teilchen im Quaderkasten*
Man normiere die Funktionen für ein Elektron im Quaderkasten.

2.5 *Orthogonalität der Amplitudenfunktionen*
Man begründe die Orthogonalitätsrelation für die Funktionen ψ_1 und ψ_3 in Abb. 2.13.

2.6 *Lösen der Schrödinger-Gleichung* (eindimensionaler Fall)

Man löse (2.63) für den Fall eines Elektrons zwischen zwei parallelen Wänden im Abstand L; man zeige, daß dasselbe Resultat wie in (2.4) erhalten wird.

2.7 *Lösen der Schrödinger-Gleichung* (zwei- und dreidimensionaler Fall)

Man leite (2.13 − 18) aus der Schrödinger-Gleichung im einzelnen her.

2.8 *Elektron im Potentialkasten mit endlich hohen Wänden*

Die Schrödinger-Gleichung für ein Elektron, das sich zwischen 2 parallelen Wänden befindet, kann man formulieren, indem man die potentielle Energie $V(x)$ im Bereich $-L/2 < x < +L/2$ gleich Null setzt und außerhalb dieses Bereiches unendlich groß wählt (Elektron im Potentialkasten mit unendlich hohen Wänden: die Aufenthaltswahrscheinlichkeit außerhalb der Wände ist Null). Man zeige, daß für die Wellenfunktion eines Elektrons im Potentialkasten mit endlich hohen Wänden im energieärmsten Zustand der Verlauf in nebenstehender Abbildung gefunden wird, wenn

$$V(x) = 0 \quad \text{für} \quad -\frac{L}{2} < x < +\frac{L}{2}$$

$$V(x) = V_0 \quad \text{für} \quad x < -\frac{L}{2} \quad \text{und} \quad x > +\frac{L}{2} \quad \text{ist.}$$

$[V_0 = 2h^2/(8mL^2)]$ V_0 ist also größer als die Gesamtenergie E.

2.9 Lösungsansätze für die Schrödinger-Gleichung

Man versuche, die Schrödinger-Gleichung für ein Elektron im Würfelkasten mit dem Ansatz $\psi(x, y, z) = X(x) + Y(y) + Z(z)$ zu lösen. Man diskutiere, ob eine solche Lösung physikalisch sinnvoll ist.

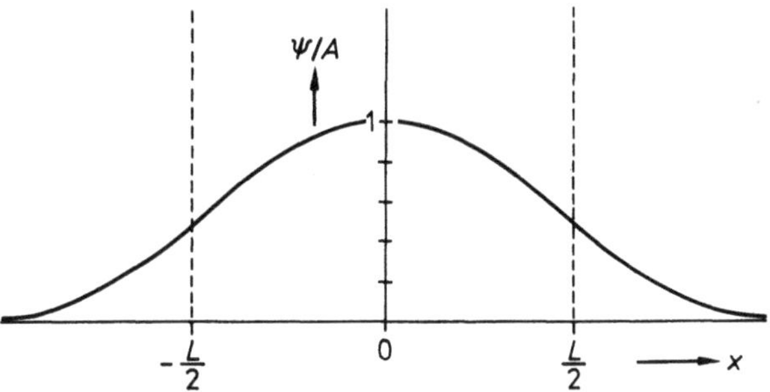

2.10 Heisenbergsche Unbestimmtheitsrelation [2.3]

Ein Elektron zwischen zwei Wänden muß mindestens die Geschwindigkeit $u = h/(2mL)$ besitzen. Da es auf die linke oder rechte Wand zulaufen kann, ist die Unbestimmtheit Δu seiner Geschwindigkeit $\Delta u = 2u = h/(mL)$, also die Unbestimmtheit seines Impulses $(p = mu)$ gleich $\Delta p = h/L$. Da es sich irgendwo zwischen den Wänden befinden kann, ist die Unbestimmtheit seines Orts (die Unbestimmtheit in der Angabe seiner x-Koordinate) $\Delta x = L$. Das Produkt dieser Unbestimmtheiten ist $\Delta p \cdot \Delta x = (h/\Delta x) \cdot \Delta x = h$ (Heisenbergsche Unbestimmtheitsrelation). Man überlege sich für ein Elektron (Proton), dessen Ortskoordinaten auf 1 Å genau festliegen, wie groß die Unbestimmtheit seiner Geschwindigkeit sei.

3. Einfachste Atome und Moleküle

Das Verhalten makroskopischer Körper läßt sich durch die Gesetze der klassischen Mechanik beschreiben; nach diesen Gesetzen kann sich die Geschwindigkeit, also auch die Energie kontinuierlich ändern; im Gegensatz dazu kann ein Elektron in einem Atom oder Molekül wie im Würfelhohlraum (Kap. 2) nur ganz bestimmte Energien annehmen, die den betrachteten Quantenzuständen entsprechen. Diese diskreten (unterscheidbaren) Energiezustände nennt man auch stationäre Zustände, weil ein Teilchen in einem solchen Zustand verbleibt, wenn es nicht durch eine Störung (z. B. Einstrahlung von Licht) in einen anderen Zustand gebracht wird. Normalerweise befindet sich ein Atom oder Molekül im energieärmsten Zustand (Grundzustand); durch Zufuhr von Energie kann es in energiereichere Zustände (angeregte Zustände) übergehen. Experimentell lassen sich diese Zustände beispielsweise durch Messung der Lichtabsorption (Atom- und Molekülspektren) und über Stoßversuche mit Elektronen (Franck-Hertz-Versuch) nachweisen.

3.1 Experimentelle Grundtatsachen

3.1.1 Atomspektren

Bringt man ein Elektron in einem Atom durch Einstrahlen von Licht oder durch Stöße in einer Gasentladung in einen angeregten Zustand, dann kann es unter Abstrahlung von Licht in den Grundzustand zurückkehren. Diesen Vorgang bezeichnet man als *Emission* von Licht (Abb. 3.1). Man findet im Emissionsspektrum scharfe Linien, die nur dann zu erklären sind, wenn man annimmt, daß im Atom diskrete Energieniveaus vorliegen. Dann muß nämlich die Energie des austretenden Lichtquants gleich der Energiedifferenz ΔE zwischen dem energiereichen und dem energiearmen Zustand sein; das Lichtquant besitzt also die Wellenlänge

$$\lambda = \frac{hc}{\Delta E} . \tag{3.1}$$

3.1.2 Franck-Hertz Versuch

Wir betrachten die Anordnung [3.1] in Abb. 3.2. In einer mit Na-Dampf gefüllten Röhre werden Elektronen, die aus der geheizten Kathode austreten, zwischen Kathode und Gitter durch Anlegen einer Spannung U_1 beschleunigt. Diejenigen Elektronen, die durch die Maschen des Gitters hindurchfliegen, besitzen dann die kinetische Energie

$$E_{\text{kin}} = e_0 U_1 . \tag{3.2}$$

Sie gelangen zur Anode, wenn U_1 größer als die Gegenspannung U_2 (etwa 0,5 V) zwischen Gitter und Anode ist. Auf dem Weg zur Anode können die Elektronen mit Na-Atomen zusammenstoßen. Ist E_{kin} kleiner als die Anregungsenergie ΔE der Na-Atome, dann sind die Zusammenstöße elastisch, und die Elektronen gelangen nach wie vor zur Anode. Ist jedoch

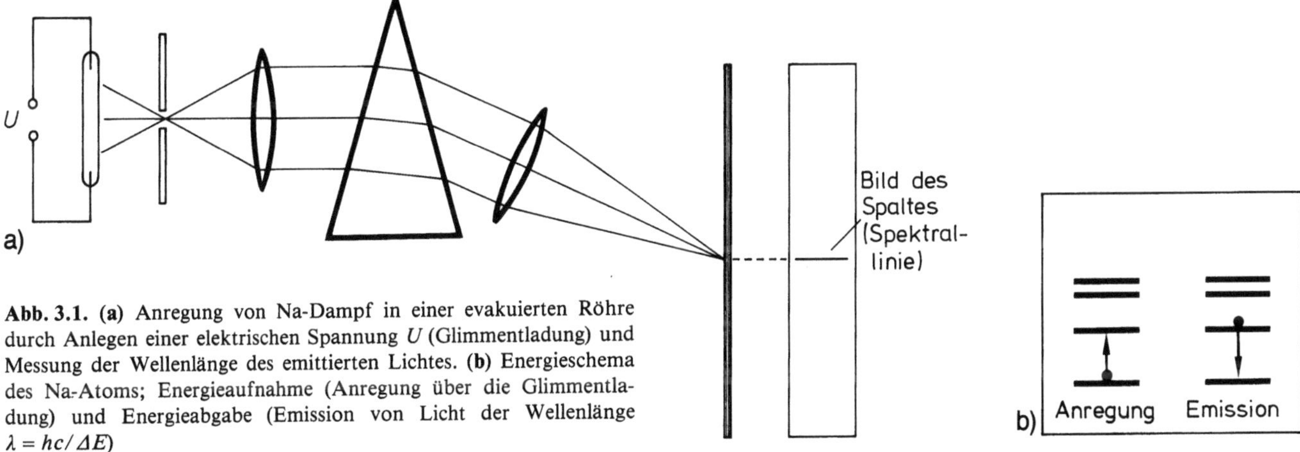

Abb. 3.1. (a) Anregung von Na-Dampf in einer evakuierten Röhre durch Anlegen einer elektrischen Spannung U (Glimmentladung) und Messung der Wellenlänge des emittierten Lichtes. **(b)** Energieschema des Na-Atoms; Energieaufnahme (Anregung über die Glimmentladung) und Energieabgabe (Emission von Licht der Wellenlänge $\lambda = hc/\Delta E$)

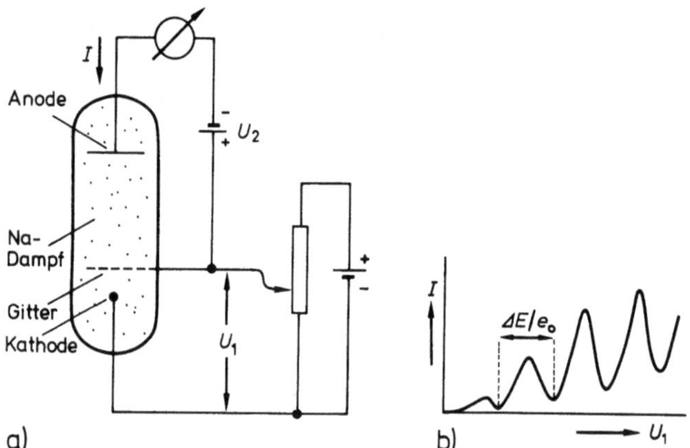

Abb. 3.2a, b. Franck-Hertz-Versuch. (**a**) Versuchsanordnung. (**b**) Anodenstrom I in Abhängigkeit von der Gitterspannung U_1; ΔE ist die Anregungsenergie der Na-Atome

$$E_{\mathrm{kin}} = \Delta E, \tag{3.3}$$

dann gibt das stoßende Elektron seine kinetische Energie ganz an das Na-Atom ab und kommt zur Ruhe; da seine kinetische Energie jetzt Null ist, kann es gegen die Gegenspannung U_2 nicht mehr anlaufen und nicht mehr zum Strom I beitragen. Dies macht sich so bemerkbar, daß der Strom I beim Erreichen der Spannung

$$U_1 = \frac{\Delta E}{e_0} \tag{3.4}$$

plötzlich abnimmt (Abb. 3.2b). Bei weiterem Erhöhen von U_1 kommen die Elektronen nach Abgabe der Energie ΔE nicht zur Ruhe, sondern besitzen noch die kinetische Energie $(e_0 U_1 - \Delta E)$; sie können also wieder die Anode erreichen, so daß I wiederum ansteigt. Dieser Anstieg dauert so lange, bis

$$e_0 U_1 = 2\Delta E \tag{3.5}$$

geworden ist; dann kann ein Elektron nämlich bei zwei aufeinanderfolgenden Stößen die Energie ΔE auf zwei Na-Atome übertragen. Man erhält damit für I eine Kurve mit ausgeprägten Minima, deren Abstand gerade der Anregungsenergie ΔE der Na-Atome entspricht. Die Na-Atome geben die durch die Stöße aufgenommene Energie durch Abstrahlung von Licht wieder ab (gelbe Na-Linie, Wellenlänge gemäß Abb. 3.1 experimentell feststellbar; es ist $\lambda = 589$ nm bzw. $\Delta E = 3{,}37 \cdot 10^{-19}$ J).

3.2 H-Atom

3.2.1 Grundzustand

Das Wasserstoffatom besteht aus einem Proton (Masse: $1{,}6726485 \cdot 10^{-27}$ kg, Ladung: $+e_0$) und einem Elektron. Es ist das einfachste von allen Atomen und deshalb

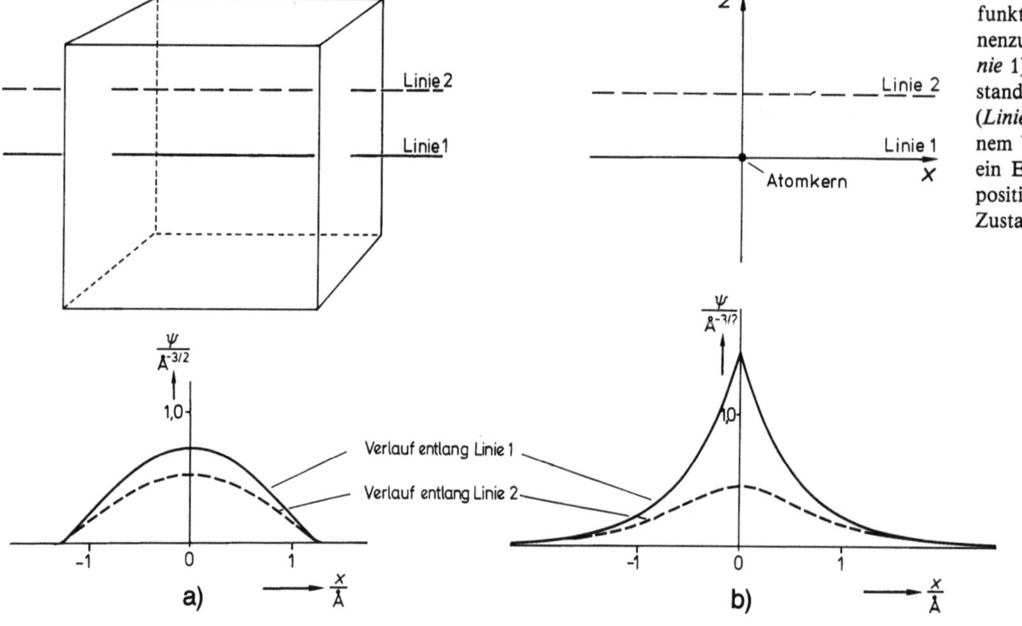

Abb. 3.3a, b. Verlauf der Wellenfunktion des energieärmsten Elektronenzustandes längs der x-Achse (*Linie* 1) und längs einer Linie im Abstand 0,625 Å oberhalb der x-Achse (*Linie* 2). (**a**) Für ein Elektron in einem Würfelkasten (Kap. 2). (**b**) Für ein Elektron im Coulombfeld einer positiven Ladung (H-Atom, 1s-Zustand)

noch verhältnismäßig leicht theoretisch zu verstehen. Die Resultate, die beim H-Atom erhalten werden, lassen sich, wie wir später sehen werden, in einfacher Weise auf komplizierter gebaute Atome übertragen; damit können wir den Aufbau der übrigen Elemente verstehen. Weiter läßt sich die Bildung des einfachsten Moleküls, des H_2^+-Ions, begreifen und damit das Grundprinzip erkennen, auf das die chemische Bindung zurückzuführen ist.

Wir fragen danach, wie die stehenden Wellen eines Elektrons aussehen, das von einem positiv geladenen Atomkern angezogen wird. In Abschn. 2.1 sind wir davon ausgegangen, daß sich ein Elektron im Coulombfeld eines Atomkerns ähnlich verhält wie ein Elektron, das in einem Würfelhohlraum der Kantenlänge L eingeschlossen ist (Abb. 3.3a).

Wir denken uns jetzt die Kastenwände entfernt und die positive Kernladung in den Ursprung des Koordinatensystems gebracht. Dann wirkt auf das Elektron die Coulombsche Anziehungskraft

$$K = -\frac{1}{4\pi\varepsilon_0}\frac{e_0^2}{r^2} \qquad (3.6)$$

mit $r^2 = x^2 + y^2 + z^2$ (r: Abstand Elektron-Kern); ε_0 ist die *Influenzkonstante* ($\varepsilon_0 = 8{,}854 \cdot 10^{-12}\,\mathrm{C^2\,J^{-1}\,m^{-1}}$). Die potentielle Energie $V(r)$ des Elektrons im Feld des Kernes beträgt daher

$$V = \int_\infty^r -K\,dr = -\frac{1}{4\pi\varepsilon_0}\frac{e_0^2}{r}. \qquad (3.7)$$

Diesen Ausdruck setzt man in die Schrödinger-Gleichung (2.63) ein; als Lösung dieser Schrödinger-Gleichung erhält man für den energieärmsten Zustand des Elektrons eine Wellenfunktion[1], die nur von r abhängt (Anhang C, Aufgabe 3.3):

$$\psi(r) = \mathrm{const}\ e^{-r/a_0} \qquad (3.8)$$

$$a_0 = 4\pi\varepsilon_0\frac{h^2}{4\pi^2 m e_0^2} = 0{,}529 \cdot 10^{-10}\,\mathrm{m} = 0{,}529\,\text{Å}. \qquad (3.9)$$

Mit der Normierungsbedingung folgt (Aufgabe 3.2)

$$\mathrm{const} = (\pi a_0^3)^{-1/2}. \qquad (3.10)$$

Diese Funktion ist in den Abb. 3.3b, 3.4a dargestellt (da r von 0 bis ∞ läuft, entspricht die Kurve in Abb. 3.4a der ausgezogenen Kurve in Abb. 3.3b). Abbildung 3.4 enthält außerdem den Verlauf der Wahrscheinlichkeitsdichte $\rho = \psi^2$ in Abhängigkeit von r sowie eine „Wolken"-Darstellung von ρ. Nach (3.8) gilt für ρ an der Stelle $r = a_0/2 = 0{,}265\,\text{Å}$

$$\rho = \mathrm{const}^2 \cdot e^{-1} = \mathrm{const}^2 \cdot 0{,}368; \qquad (3.11)$$

ρ ist also nur noch etwa $\frac{1}{2}$ so groß wie an der Stelle $r = 0$;

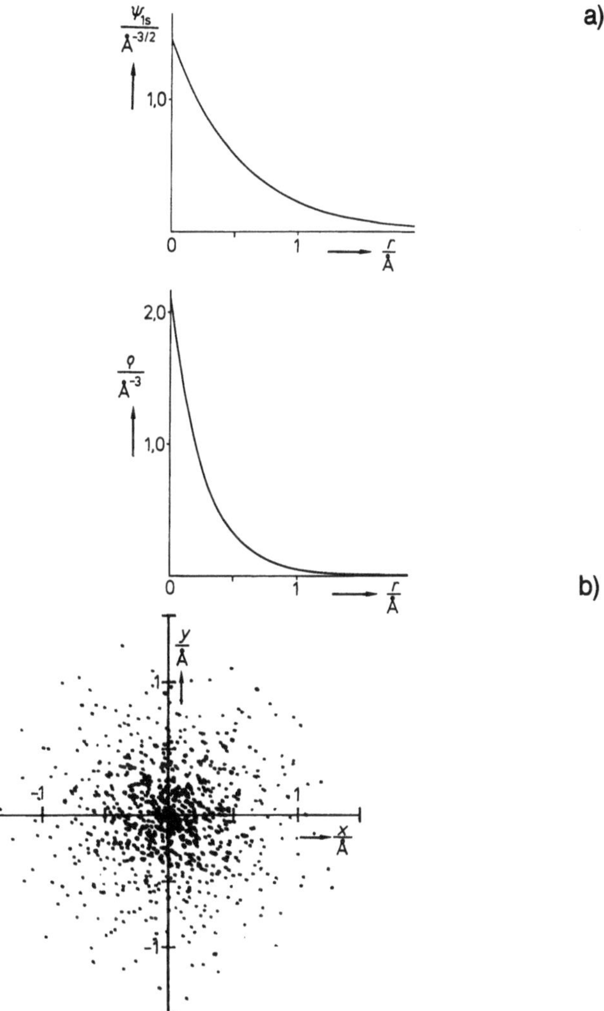

Abb. 3.4a, b. Energieärmster Zustand des Elektrons im Wasserstoffatom. (a) Wellenfunktion $\psi(r)$. (b) Wahrscheinlichkeitsdichte ρ und Wolkendarstellung von ρ in der xy Ebene

---

[1] Bei schwereren Atomen besitzt der Kern die Ladung Ze_0 (z. B. $Z = 2$ bei He). In diesen Fällen ergibt sich ψ, indem in (3.8) a_0 durch a_0/Z ersetzt wird. Dies gilt entsprechend für die in (3.26) und (3.27) aufgeführten Wellenfunktionen.

im Abstand $r = 1,25$ Å vom Kern ist ρ bereits auf 1% des Wertes bei $r = 0$ abgesunken.

In Aufgabe 3.3 wird weiter gezeigt, daß man für die Gesamtenergie E des energieärmsten Zustandes im H-Atom den Ausdruck

$$E = -\frac{1}{4\pi\varepsilon_0}\frac{e_0^2}{2a_0} = -21,79 \cdot 10^{-19}\,\text{J} \qquad (3.12)$$

erhält. Dieser Wert stimmt mit der experimentell bestimmten *Ionisierungsenergie* des H-Atoms (d. h. der Energie, die nötig ist, um das Elektron im H-Atom in unendliche Entfernung vom Atomkern zu bringen) genau überein (experimenteller Wert[2]: $21,787 \cdot 10^{-19}$ J). Die Voraussage, die sich aus den Postulaten der Quantentheorie ergibt, steht also mit dem Experiment in Einklang. Wie wir in (3.23) zeigen werden, ergibt sich für die mittlere kinetische Energie $\bar{T}$ des Elektrons im H-Atom

$$\bar{T} = \frac{m}{2}u^2 = \frac{1}{4\pi\varepsilon_0}\frac{e_0^2}{2a_0} = 21,79 \cdot 10^{-19}\,\text{J} . \qquad (3.13)$$

Dies entspricht einer mittleren Geschwindigkeit $u = 2,2 \cdot 10^6\,\text{m s}^{-1}$.

Wir wollen nun überlegen, ob dieses Ergebnis plausibel sei. Im Abstand von 1,25 Å vom Kern ist die Elektronendichte bereits auf 1% des Wertes in Kernnähe abgefallen. Wir können uns also vorstellen, daß sich das Elektron praktisch so verhält, als ob es wie nach Abb. 3.3 in einen Würfel mit der Kantenlänge $L = 2r = 2,5$ Å eingeschlossen sei. Nach (2.11) wäre dann im energieärmsten Zustand ($n_x = n_y = n_z = 1$)

$$\frac{1}{\Lambda^2} = \frac{1}{4L^2} + \frac{1}{4L^2} + \frac{1}{4L^2} = \frac{3}{4L^2} .$$

Dem Elektron wäre also die Wellenlänge

$$\Lambda = L \cdot 2/\sqrt{3} = 2,5\,\text{Å} \cdot 2/\sqrt{3} = 2,9\,\text{Å}$$

zuzuschreiben und nach der deBroglie-Beziehung die Geschwindigkeit $u = 2,5 \cdot 10^6\,\text{m s}^{-1}$. Der Wert stimmt mit dem oben erhaltenen praktisch überein.

Die Geschwindigkeit $u = 2 \cdot 10^6\,\text{m s}^{-1}$ ist groß gegenüber der Geschwindigkeit, mit der sich Atome und Mole-

küle bewegen ($\approx 10^3\,\text{m s}^{-1}$ bei Zimmertemperatur). Wenn sich zwei H-Atome aufeinanderzubewegen, verhalten sich die Elektronen so, als ob sie in der Zeit, in der die Atome $\frac{1}{10}$ Å zurücklegen $[(10^{-11}\,\text{m})/(10^3\,\text{m s}^{-1}) = 10^{-14}\,\text{s}]$, einige 100 mal den Bereich um das Atom durchlaufen. Sie verhalten sich also so, als ob sie über eine Ladungswolke (Elektronenhülle) verschmiert wären. Zwei aufeinanderprallende H-Atome stoßen sich wegen der Coulombschen Abstoßungskräfte ab, sobald sich die Hüllen zu durchdringen beginnen. Die H-Atome können wir deshalb näherungsweise als starre Kugeln mit einem Radius von 1,25 Å betrachten. Dieser Wert (der stoßkinetische Radius des H-Atoms) ergibt sich auch experimentell (s. Tabelle 10.1). In einem Abstand, in dem die Dichte der Elektronenwolke auf 1% von der Dichte in Kernnähe abgefallen ist, reicht die Hüllenabstoßung bei Zimmertemperatur also noch aus, eine weitere Annäherung der aufeinanderprallenden H-Atome zu verhindern. Man kann fragen, in welchem Bereich um den Kern das Elektron vorwiegend anzutreffen ist. Man findet (s. Aufgabe 3.5), daß die Wahrscheinlichkeit, das Elektron innerhalb einer Kugel vom Radius $r = a_0$ anzutreffen, 32% ist. Für $r = 2a_0$ ergibt sich entsprechend 76%, für $r = 1,25$ Å $= 2,36\,a_0$ erst 85%, obwohl ρ an dieser Stelle nur noch 1% des Wertes für $r = 0$ besitzt.

Weiter interessiert die Wahrscheinlichkeit $dW_{r,r+dr}$, das Elektron in einer Kugelschale vom Radius r und der Dicke dr anzutreffen. Es ist (Abb. 3.5)

$$dW_{r,r+dr} = \rho\,4\pi r^2 dr = \frac{4}{a_0^3}\,\text{e}^{-2r/a_0}r^2 dr . \qquad (3.14)$$

Die Dichte

$$P = \frac{dW_{r,r+dr}}{dr} = \frac{4}{a_0^3}r^2\text{e}^{-2r/a_0} \qquad (3.15)$$

ist in Abb. 3.6 dargestellt.

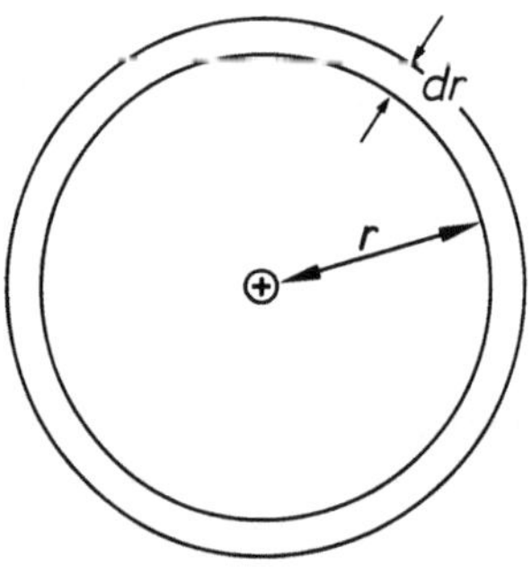

Abb. 3.5. Schnitt durch eine Kugel vom Radius r mit einer Kugelschale der Dicke dr (Kugeloberfläche: $4\pi r^2$)

---

[2] Dieser Wert ergibt sich aus spektroskopischen Daten als Seriengrenze der Lyman-Serie (3.30).

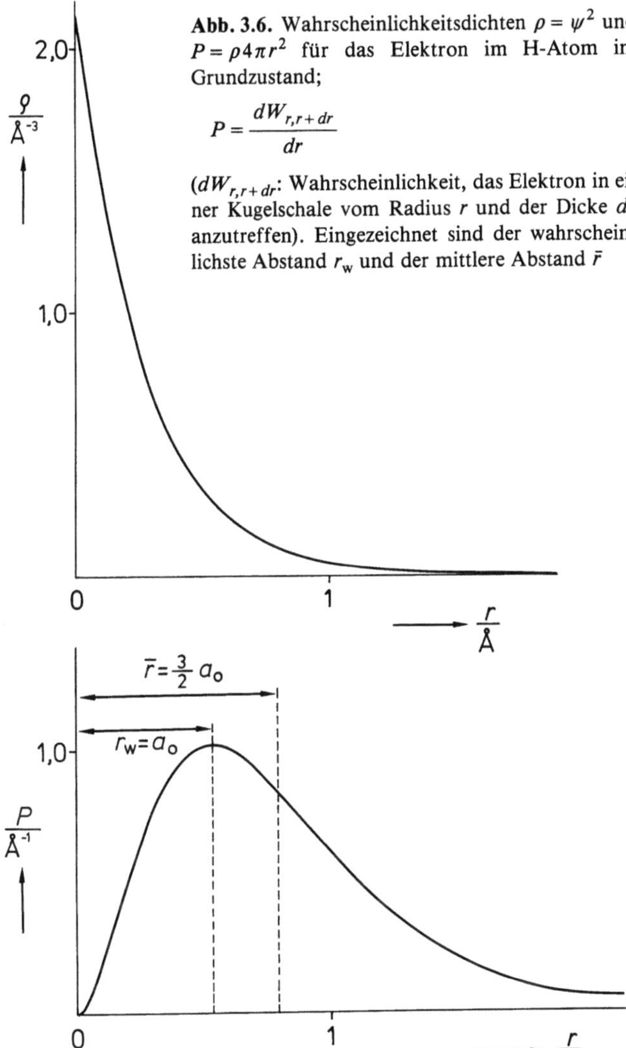

Abb. 3.6. Wahrscheinlichkeitsdichten $\rho = \psi^2$ und $P = \rho 4\pi r^2$ für das Elektron im H-Atom im Grundzustand;

$$P = \frac{dW_{r,r+dr}}{dr}$$

($dW_{r,r+dr}$: Wahrscheinlichkeit, das Elektron in einer Kugelschale vom Radius r und der Dicke dr anzutreffen). Eingezeichnet sind der wahrscheinlichste Abstand r_w und der mittlere Abstand $\bar{r}$

Während die Elektronendichte ρ am Kern am größten ist und dann exponentiell abfällt, ist die Antreffwahrscheinlichkeit des Elektrons in einer Kugelschale direkt am Kern ($r = 0$) Null, weil das Volumen dieser Kugelschale Null ist; P durchläuft ein Maximum (einerseits nimmt ρ selbst exponentiell ab, andererseits steigt das Volumen des Volumenelementes $4\pi r^2 dr$ quadratisch mit r an). Bei großen Werten von r geht P gegen Null (der exponentielle Abfall von ρ überwiegt den quadratischen Anstieg bei dem Volumenelement). Die Antreffwahrscheinlichkeit $dW_{r,r+dr} = \rho 4\pi r^2 dr = P\,dr$ ist also zu unterscheiden von der Wahrscheinlichkeit $dW = \rho\,d\tau$, das Elektron in einem fest vorgegebenen Volumenelement $d\tau$, das sich in verschiedenen Abständen vom Kern befin-

den kann, anzutreffen. Während im letzten Fall $d\tau$ konstant gehalten wird, hält man im ersten Fall nur dr konstant; mit wachsendem r wächst auch das betrachtete Volumenelement an.

Wahrscheinlichster Abstand

Mit (3.15) können wir leicht den *wahrscheinlichsten Abstand* r_w des Elektrons vom Kern berechnen: für diesen Abstand ist P maximal, die Ableitung nach r also Null:

$$\frac{dP}{dr} = \frac{4}{a_0^3}\left(-\frac{2}{a_0} r^2 \mathrm{e}^{-2r/a_0} + 2r\,\mathrm{e}^{-2r/a_0}\right) = 0\,. \quad (3.16)$$

Daraus folgt

$$r_\mathrm{w} = a_0\,. \quad (3.17)$$

Mittlerer Abstand

Nach Abb. 3.6 ist die Fläche zwischen der Kurve P und der Abszisse von $r = 0$ bis $r = r_\mathrm{w}$ kleiner als zwischen $r = r_\mathrm{w}$ und $r = \infty$. Es ist also wahrscheinlicher, das Elektron irgendwo zwischen r_w und ∞ anzutreffen (68% Wahrscheinlichkeit nach Seite 26) als zwischen Null und r_w (32% Wahrscheinlichkeit). Das heißt aber, daß der Abstand des Elektrons im Mittel größer sein muß als der wahrscheinlichste Abstand. Wir wollen den *mittleren Abstand* $\bar{r}$ berechnen. Für den Mittelwert von r gilt

$$\bar{r} = \frac{r_1 n_1 + r_2 n_2 + \ldots r_n n_n}{n} = \frac{\sum r_i n_i}{n}\,, \quad (3.18)$$

falls wir uns vorstellen, daß der Ort des Elektrons n mal bestimmt wird und das Elektron n_i mal in einem kleinen Intervall zwischen r_i und $r_i + \Delta r_i$ beobachtet wird. Nun ist n_i/n gleich der Wahrscheinlichkeit $dW_{r,r+dr}$, das Elektron zwischen r und $r + dr$ anzutreffen; außerdem können wir die Summe in (3.18) als Integral schreiben, also ist

$$\bar{r} = \int\limits_{r=0}^{\infty} r\,dW_{r,r+dr} \quad (3.19)$$

oder

$$\bar{r} = \int\limits_{0}^{\infty} rP\,dr = \frac{1}{\pi a_0^3} \int\limits_{0}^{\infty} r\,\mathrm{e}^{-2r/a_0} 4\pi r^2 dr\,. \quad (3.20)$$

Damit erhalten wir (mit der Substitution $\zeta = 2r/a_0$)

$$\bar{r} = \frac{4}{a_0^3} \left(\frac{a_0}{2}\right)^3 \frac{a_0}{2} \int_0^\infty e^{-\xi} \xi^3 d\xi = \frac{3}{2} a_0 . \tag{3.21}$$

Der mittlere Abstand $\bar{r}$ ist also tatsächlich größer als der wahrscheinlichste Abstand (Abb. 3.6).

Mittlere potentielle Energie

Analog wie im Fall des mittleren Abstandes gilt hier (Aufgabe 3.6)

$$\bar{V} = \int_0^\infty - \frac{1}{4\pi\varepsilon_0} \frac{e_0^2}{r} P \, dr = - \frac{1}{4\pi\varepsilon_0} \frac{e_0^2}{a_0} . \tag{3.22}$$

Aus $\bar{V}$ und der Gesamtenergie E können wir die mittlere kinetische Energie $\bar{T}$ berechnen.

$$\bar{T} = E - \bar{V} = - \frac{1}{4\pi\varepsilon_0} \frac{e_0^2}{2a_0} + \frac{1}{4\pi\varepsilon_0} \frac{e_0^2}{a_0} = \frac{1}{4\pi\varepsilon_0} \frac{e_0^2}{2a_0} . \tag{3.23}$$

Die Beträge von $\bar{T}$ und E sind gleich groß, nur die Vorzeichen sind umgekehrt:

$$\boxed{E = - \bar{T}} \tag{3.24a}$$

$$\boxed{\bar{V} = - 2\bar{T}} . \tag{3.24b}$$

Man kann zeigen, daß diese Beziehung für alle Systeme gilt, bei denen die Anziehungs- bzw. Abstoßungskräfte proportional zu $1/r^2$ verlaufen; man bezeichnet (3.24) als das *Virialtheorem* [3.2] (Abb. 3.7).

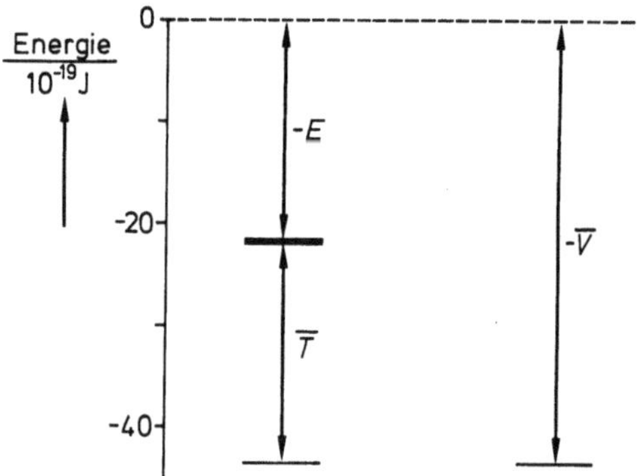

Abb. 3.7. Virialtheorem beim H-Atom: $E = - \bar{T}$ bzw. $\bar{V} = - 2\bar{T}$

3.2.2 Angeregte Zustände

Wir haben bereits festgestellt, daß Atome durch Zufuhr von Energie, z. B. durch Stöße, in angeregte Zustände überführt werden können. Aus diesen können sie unter Aussendung von Licht in den Grundzustand zurückkehren. Aus der Lage der Spektrallinien kann man auf die Energien der angeregten Zustände schließen.

Wir wollen jetzt die Energien und Wellenfunktionen der angeregten Zustände des H-Atoms berechnen, um zu sehen, ob sich das Wasserstoffspektrum auf Grund der Schrödinger-Gleichung deuten läßt.

Allgemein erhält man für das H-Atom aus der Schrödinger-Gleichung (Anhang C) die Energien

$$E_n = - \frac{1}{4\pi\varepsilon_0} \frac{e_0^2}{2a_0} \frac{1}{n^2} \qquad n = 1, 2, 3, \ldots . \tag{3.25}$$

Der Fall $n = 1$ entspricht dem bereits besprochenen Grundzustand. Zur Quantenzahl $n = 2$ findet man außer einer kugelsymmetrischen Amplitudenfunktion noch drei weitere Funktionen, zu denen jeweils dieselbe Energie E_2 gehört (Abb. 3.8, 9).

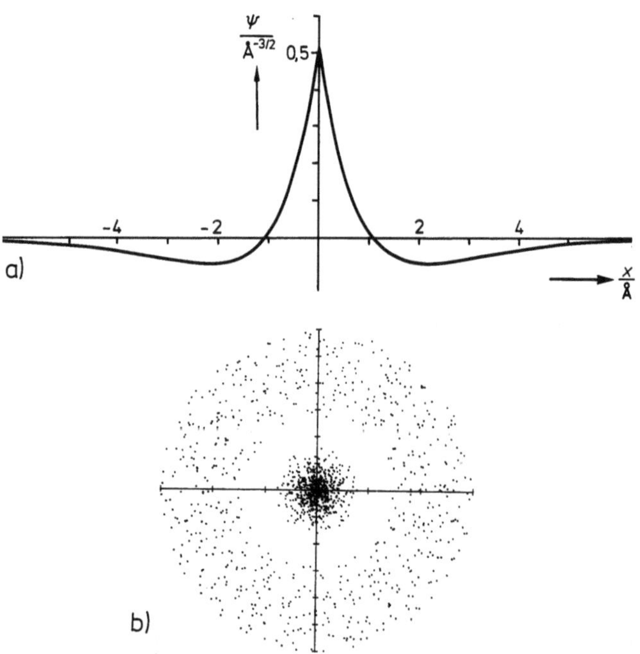

Abb. 3.8a, b. 2s-Funktion vom Wasserstoffatom ($n = 2$). (a) Verlauf von ψ_{2s} längs der Abszisse. (b) Wolkendarstellung von $\rho = \psi^2$

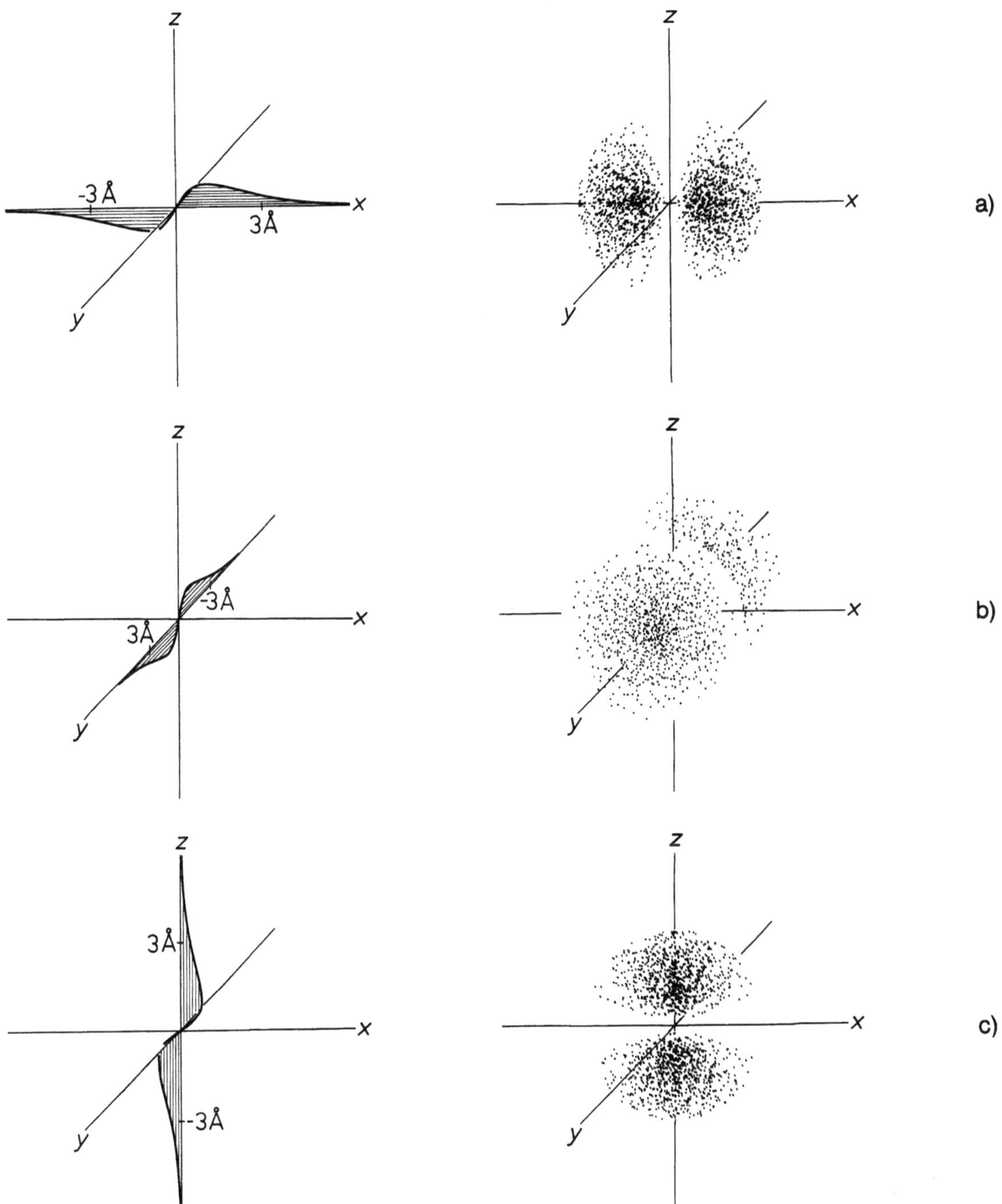

Abb. 3.9a–c. 2p-Funktionen vom Wasserstoffatom ($n = 2$). (a) $2p_x$; (b) $2p_y$; (c) $2p_z$

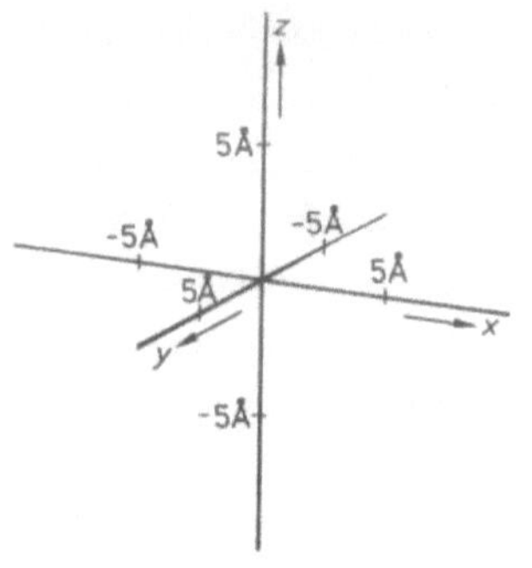

z
5Å
-5Å
-5Å
5Å
5Å
x
y
-5Å

$3d_{xy}$

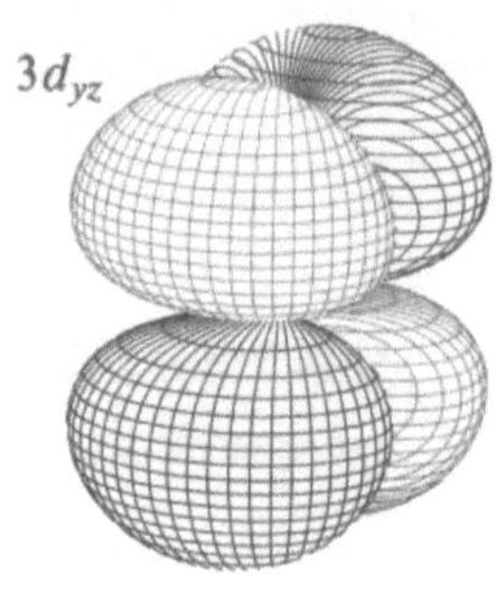

$3d_{yz}$

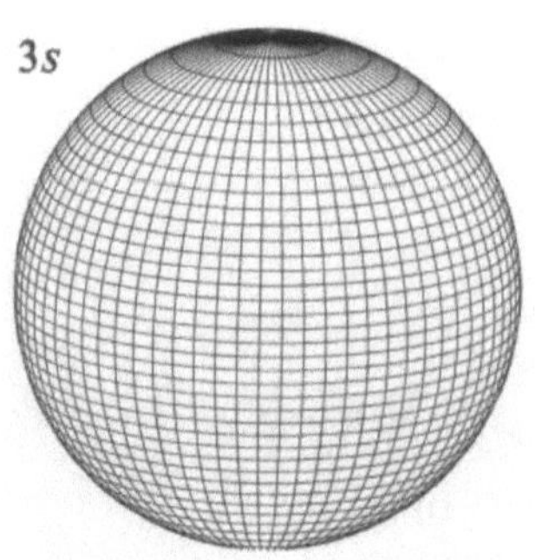

$3s$

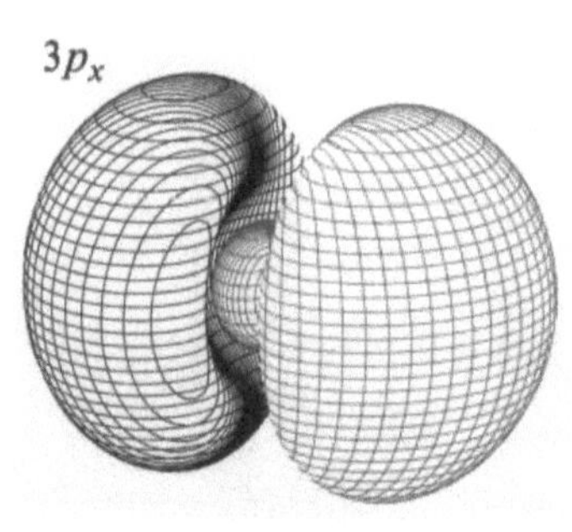

$3p_x$

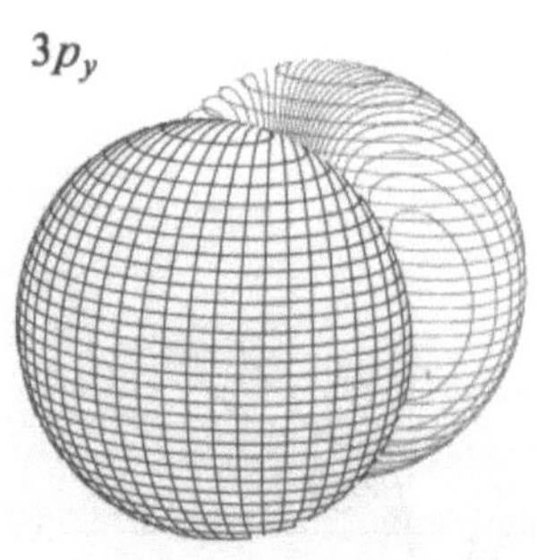

$3p_y$

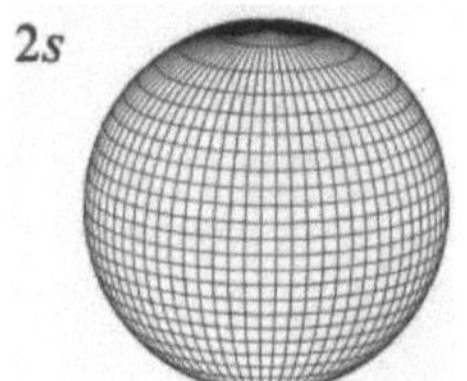

$2s$

$2p_x$

$2p_y$

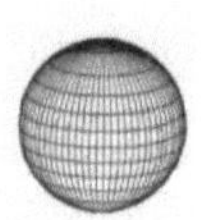

$1s$

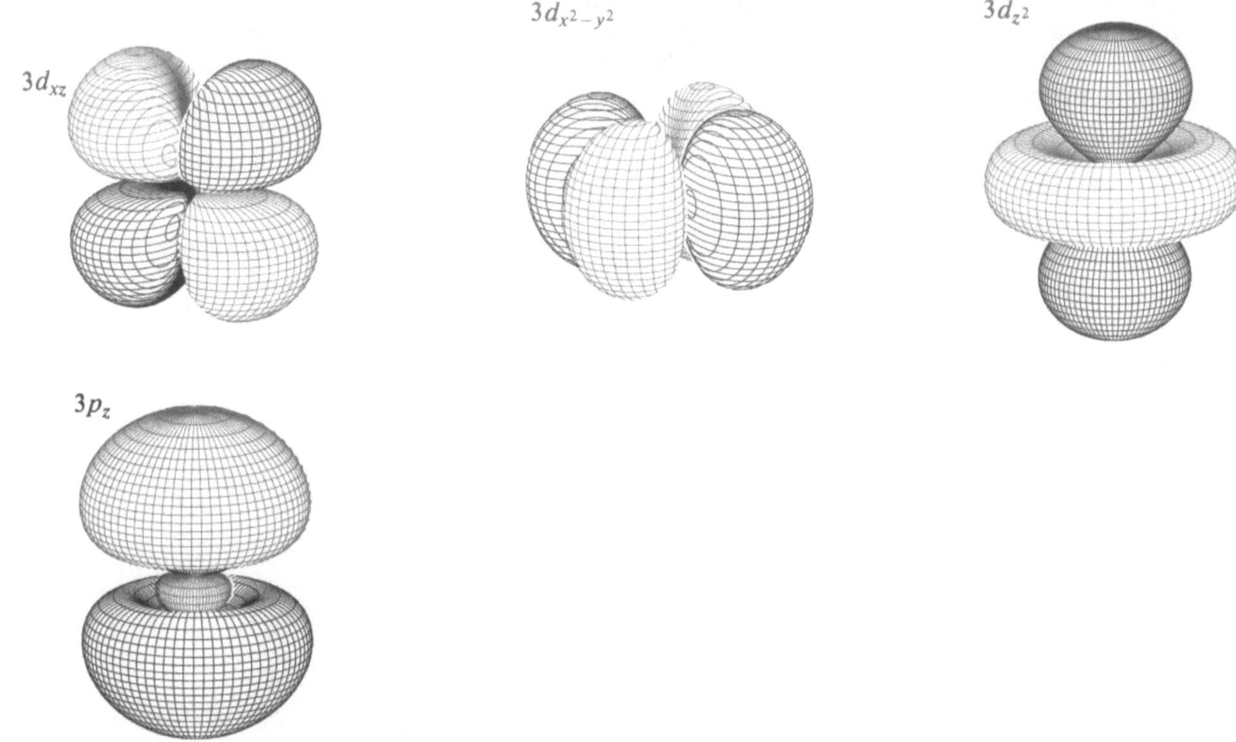

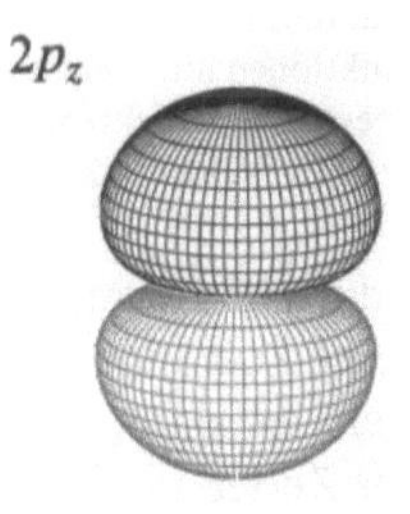

Abb. 3.10. Räumliche Darstellung der Wasserstoff-Funktionen mit den Quantenzahlen 1 (1 *s*), 2 (2*s*, 2*p*) und 3 (3*s*, 3*p*, 3*d*). Die einzelnen Bildpunkte entsprechen denjenigen Stellen im Raum, an denen der Funktionswert der normierten Funktionen $\pm 0{,}01$ Å$^{-3/2}$ beträgt (Fisch-netz-Darstellung der Orbitale). (*Schwarze Linien*) positive Funktionswerte; (*rote Linien*) negative Funktionswerte. Funktionen mit höheren Quantenzahlen siehe [3.3]

Zur Unterscheidung erhält die kugelsymmetrische Funktion den Index $2s$, die weiteren Funktionen die Indices $2p_x$, $2p_y$, $2p_z$. Damit erhalten wir für $n = 2$ die Funktionen (s. Fußnote 1 auf Seite 25)

$$\psi_{2s} = \frac{1}{4\sqrt{2\pi a_0^3}}\left(2 - \frac{r}{a_0}\right)e^{-r/(2a_0)}$$

$$\psi_{2p_x} = \frac{1}{4\sqrt{2\pi a_0^3}}\,\frac{x}{a_0}\,e^{-r/(2a_0)}$$

$$\psi_{2p_y} = \frac{1}{4\sqrt{2\pi a_0^3}}\,\frac{y}{a_0}\,e^{-r/(2a_0)} \qquad (3.26)$$

$$\psi_{2p_z} = \frac{1}{4\sqrt{2\pi a_0^3}}\,\frac{z}{a_0}\,e^{-r/(2a_0)}$$

Zur Quantenzahl $n = 3$ findet man 9 Funktionen (s. Fußnote 1 auf Seite 25), und zwar eine kugelsymmetrische ($3s$), 3 achsensymmetrische ($3p_x$, $3p_y$, $3p_z$) und 5 weitere ($3d_{xy}$, $3d_{xz}$, $3d_{yz}$, $3d_{z^2}$, $3d_{x^2-y^2}$)

$$\psi_{3s} = \frac{1}{81\sqrt{3\pi a_0^3}}\left(27 - 18\frac{r}{a_0} + 2\frac{r^2}{a_0^2}\right)e^{-r/(3a_0)}$$

$$\psi_{3p_x} = \frac{\sqrt{2}}{81\sqrt{\pi a_0^3}}\left(6 - \frac{r}{a_0}\right)\frac{x}{a_0}\,e^{-r/(3a_0)}$$

$$\psi_{3p_y} = \frac{\sqrt{2}}{81\sqrt{\pi a_0^3}}\left(6 - \frac{r}{a_0}\right)\frac{y}{a_0}\,e^{-r/(3a_0)}$$

$$\psi_{3p_z} = \frac{\sqrt{2}}{81\sqrt{\pi a_0^3}}\left(6 - \frac{r}{a_0}\right)\frac{z}{a_0}\,e^{-r/(3a_0)}$$

$$\psi_{3d_{xy}} = \frac{\sqrt{2}}{81\sqrt{\pi a_0^3}}\,\frac{x}{a_0}\,\frac{y}{a_0}\,e^{-r/(3a_0)} \qquad (3.27)$$

$$\psi_{3d_{xz}} = \frac{\sqrt{2}}{81\sqrt{\pi a_0^3}}\,\frac{x}{a_0}\,\frac{z}{a_0}\,e^{-r/(3a_0)}$$

$$\psi_{3d_{yz}} = \frac{\sqrt{2}}{81\sqrt{\pi a_0^3}}\,\frac{y}{a_0}\,\frac{z}{a_0}\,e^{-r/(3a_0)}$$

$$\psi_{3d_{z^2}} = \frac{1}{81\sqrt{6\pi a_0^3}}\left[3\left(\frac{z}{a_0}\right)^2 - \left(\frac{r}{a_0}\right)^2\right]e^{-r/(3a_0)}$$

$$\psi_{3d_{x^2-y^2}} = \frac{1}{81\sqrt{2\pi a_0^3}}\left[\left(\frac{x}{a_0}\right)^2 - \left(\frac{y}{a_2}\right)^2\right]e^{-r/(3a_0)}.$$

Alle Funktionen mit den Quantenzahlen $n = 1$, 2, 3 sind in Abb. 3.10 räumlich dargestellt.

Allgemein gehören zu einem Zustand mit der Quantenzahl n jeweils n^2 verschiedene Funktionen. Das sich somit ergebende Energieschema eines Elektrons im H-Atom ist in Abb. 3.11 aufgeführt.

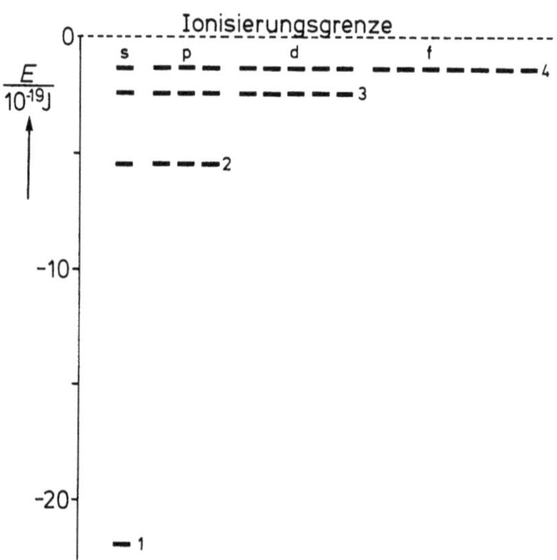

Abb. 3.11. Energieschema des Elektrons im H-Atom mit den Quantenzahlen 1, 2, 3 und 4. Zur Quantenzahl $n = 4$ gehören eine s-Funktion, drei p-Funktionen, fünf d-Funktionen und sieben f-Funktionen (s. Anhang C). Im Grundzustand besetzt das Elektron den $1s$-Zustand

In einer Glimmentladung kann man das Elektron im H-Atom in hoch angeregte Zustände bringen; unter Ausstrahlung von Licht geht es dann in tiefere Zustände über. Man findet bei der Zerlegung in einem Spektralapparat, daß dieses Licht nur Anteile ganz bestimmter Wellenlängen enthält. Je nachdem, von welchem angeregten Zustand aus die Emission erfolgt, erhält man verschiedene Serien von Spektrallinien (Abb. 3.12).
Die Wellenlängen dieser Linien können wir aus (3.1) und (3.25) berechnen. Beispielsweise gilt für die Energie ΔE der Lichtquanten, die Übergängen von höheren Niveaus auf das Niveau mit $n = 2$ entsprechen (*Balmer-Serie*)

$$\Delta E = E_n - E_2 = \frac{1}{4\pi\varepsilon_0}\frac{e_0^2}{2a_0}\left(\frac{1}{4} - \frac{1}{n^2}\right) \quad n = 3, 4, 5\ldots \qquad (3.28)$$

Damit erhalten wir für die Wellenlänge λ des emittierten Lichts mit (3.1) und (3.9)

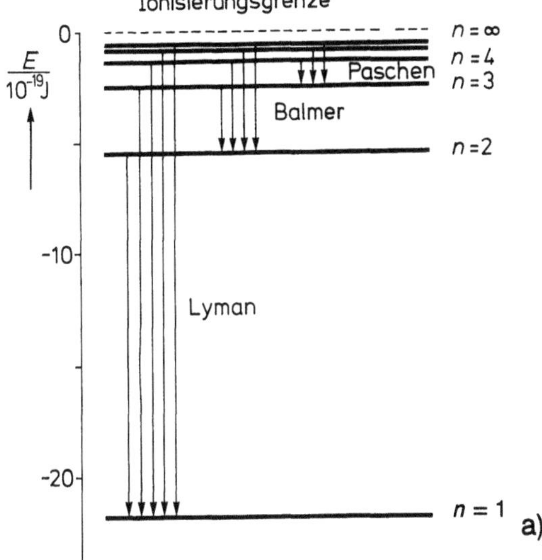

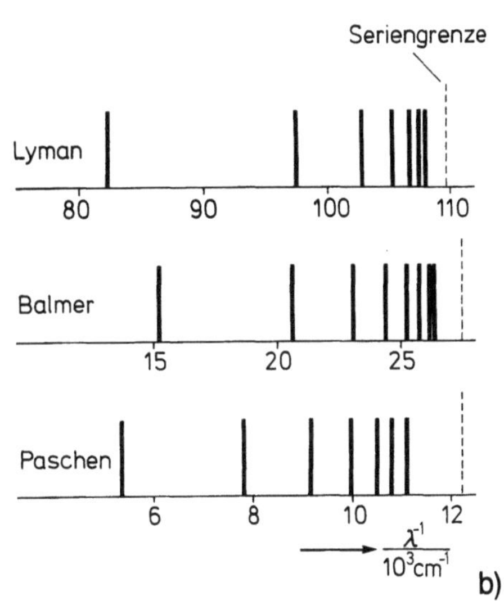

Abb. 3.12a, b. Serien von Spektrallinien beim H-Atom. (a) Energieschema mit Übergängen, (b) Darstellung der zugehörigen Spektrallinien: Lyman-Serie (im Ultravioletten), Balmer-Serie (im Sichtbaren) und Paschen-Serie (im Infraroten)

$$\lambda = \frac{hc}{\Delta E} = 4\pi\varepsilon_0 \frac{2ha_0c}{e_0^2} \frac{1}{\frac{1}{4} - \frac{1}{n^2}} \tag{3.29}$$

$$= (4\pi\varepsilon_0)^2 \frac{ch^3}{2\pi^2 m e_0^4} \frac{1}{\frac{1}{4} - \frac{1}{n^2}} = \frac{1}{R_\infty} \frac{1}{\frac{1}{4} - \frac{1}{n^2}}.$$

Die Konstante R_∞ bezeichnet man als *Rydberg-Konstante* (der Index ∞ soll andeuten, daß bei dieser Betrachtung der Atomkern als ruhend angenommen wird). In Tabelle 3.1 werden berechnete und gemessene Wellenlängen miteinander verglichen; wir stellen fest, daß (nach Anbringen von 2 geringfügigen Korrekturen) eine ganz ausgezeichnete Übereinstimmung besteht. Dies werten wir als einen weiteren Hinweis dafür, daß die Schrödinger-Gleichung ein sinnvolles Postulat darstellt.

Aus der *Lyman-Serie* [3.4] (Übergänge auf das Niveau mit $n = 1$) läßt sich die Ionisierungsenergie E_{Ion} bestimmen. Wegen

$$\Delta E = h\nu = hcR_\infty \left(1 - \frac{1}{n^2}\right) \tag{3.30}$$

ist mit $n \to \infty$

$$\Delta E_{\text{Ion}} = hcR_\infty = 2{,}1799 \cdot 10^{-18}\,\text{J}\,.$$

Berücksichtigt man die Mitbewegung des Wasserstoffkerns (Tabelle 3.1), dann ergibt sich $\Delta E_{\text{Ion}} = 2{,}1787 \cdot 10^{-18}\,\text{J}$.

Tabelle 3.1. Wellenlängen für Übergänge im Wasserstoffatom von $n = 3$, 4, 5 und 6 auf $n = 2$ (Balmer-Serie) experimentell [3.5] und theoretisch nach (3.29). Bei einem genauen Vergleich mit den experimentellen Werten sind noch 2 Korrekturen bei den berechneten Wellenlängen anzubringen. *Korrektur 1:* an Stelle der Elektronenruhemasse m ist die reduzierte Masse $m_{\text{red}} = mM/(m + M)$ (M: Protonenmasse) einzusetzen (Mitbewegung des Atomkerns); es ist $m_{\text{red}} = m \cdot 0{,}9994557$. *Korrektur 2:* da die experimentellen Werte für Messungen in Luft gelten, ist an Stelle der Vakuumlichtgeschwindigkeit c der entsprechende Wert für Luft einzusetzen, also $c_{\text{Luft}} = c/n_{\text{Luft}}$ (n_{Luft}: mittlerer Brechungsindex von Luft: 1,000283 zwischen 700 und 400 nm unter den experimentellen Meßbedingungen). Mit den Korrekturen 1 und 2 wird ein verbesserter Wert der Rydberg-Konstanten erhalten:

$$R_\infty = 1{,}097373 \cdot 10^7\,\text{m}^{-1} \quad \text{nach (3.29)}$$

$$R_{\text{H}} = 0{,}9994557 \cdot R_\infty = 1{,}096776 \cdot 10^7\,\text{m}^{-1}$$
(Kernbewegung berücksichtigt)

$$R_{\text{H,Luft}} = R_{\text{H}} \cdot 1{,}000286 = 1{,}097090 \cdot 10^7\,\text{m}^{-1}$$
(Kernbewegung und Brechzahl der Luft berücksichtigt)

| n | λ/nm | | | |
	Experimentell (in Luft gemessen)	Berechnet nach (3.29)	mit Korrektur 1	mit Korrekturen 1 und 2
3	656,280	656,112	656,469	656,281
4	486,133	486,009	486,274	486,135
5	434,047	433,937	434,173	434,049
6	410,174	410,070	410,293	410,176

3.3 Variationsprinzip

Im letzten Abschnitt wurden die Energien und die Wellenfunktionen des Elektrons im Wasserstoffatom durch direktes Lösen der Schrödinger-Gleichung erhalten. Da man die Schrödinger-Gleichung nur in wenigen Fällen exakt lösen kann (bereits beim H_2-Molekül treten unüberwindliche mathematische Schwierigkeiten auf), ist man in praktisch allen Fällen darauf angewiesen, sich mit Näherungslösungen zu begnügen.

3.3.1 Begründung des Variationsprinzips

Allgemein können wir die Energie E, die zu einer gegebenen Wellenfunktion gehört, unter Zuhilfenahme der Schrödinger-Gleichung

$$\mathscr{H}\psi = E\psi \tag{3.31}$$

auf die folgende Art und Weise berechnen. Wir multiplizieren auf beiden Seiten mit $\psi \, d\tau$ (es ist $d\tau = dx \, dy \, dz$) und integrieren von $x, y, z = -\infty$ bis $x, y, z = +\infty$

$$\int_{x=-\infty}^{+\infty} \int_{y=-\infty}^{+\infty} \int_{z=-\infty}^{+\infty} (\mathscr{H}\psi)\psi \, d\tau = E \int_{x=-\infty}^{+\infty} \int_{y=-\infty}^{+\infty} \int_{z=-\infty}^{+\infty} \psi^2 d\tau . \tag{3.32}$$

Hierbei wurde E als Konstante (E hängt nicht von den Koordinaten x, y, z ab) vor das Integralzeichen gezogen. Wir lösen nach E auf, kürzen das Dreifachintegral ab mit $\int$ und berücksichtigen die Normierungsbedingung (2.36); damit erhalten wir

$$\boxed{E = \int \psi \, \mathscr{H} \, \psi \, d\tau} . \tag{3.33}$$

Gleichung (3.33) gibt das Rezept an, nach dem zu verfahren ist, wenn aus einer bekannten Wellenfunktion die zugehörige Gesamtenergie zu berechnen ist. Beispielsweise gilt für die Funktion ψ_1 des untersten Quantenzustandes des H-Atoms

$$E_1 = \int \psi_1 \, \mathscr{H} \, \psi_1 \, d\tau . \tag{3.34}$$

Nun können wir versuchsweise an Stelle der exakten Wellenfunktion ψ_1 eine andere Funktion ϕ_1 (Testfunktion), die wiederum der Normierungsbedingung ($\int \phi_1^2 \, d\tau = 1$) genügen soll, einsetzen; dann ergibt sich an

Stelle der exakten Energie E_1 die Energie ε_1:

$$\varepsilon_1 = \int \phi_1 \, \mathscr{H} \, \phi_1 \, d\tau . \tag{3.35}$$

Man kann nachweisen (Anhang D), daß ε_1 für beliebige Funktionen ϕ_1 größer als die wahre Energie E_1 des untersten Quantenzustandes sein muß. Es ist also $\varepsilon_1 \geqslant E_1$.

Der Grenzwert $\varepsilon_1 = E_1$ wird erreicht, wenn ϕ_1 die exakte Wellenfunktion des untersten Quantenzustandes ist. In der Natur ist also gerade diejenige Elektronenverteilung realisiert, die dem kleinstmöglichen Wert von ε_1 (also $\varepsilon_1 = E_1$) entspricht (*Variationsprinzip*). Die Testfunktion ϕ_1 ist somit eine um so bessere Näherung an die exakte Wellenfunktion des Grundzustandes, je niedriger die zugehörige Energie ε_1 ist (Abb. 3.13).

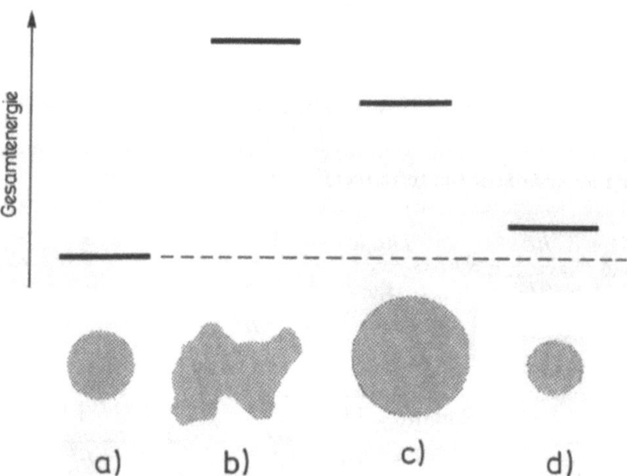

Abb. 3.13a – d. Gesamtenergie des Elektrons im H-Atom. **(a)** Exakte Energie bei Lösen der Schrödinger-Gleichung (exakte Wellenfunktion ψ). **(b – d)** Näherungswert ε für die Energie nach der Beziehung (3.35) für verschiedene Testfunktionen ϕ (dargestellt durch Elektronenwolken, schematisiert).

Von allen denkbaren normierten Testfunktionen ist somit diejenige am wenigsten von der wahren Wellenfunktion verschieden, für die ε_1 in dem Ausdruck (3.35) ein Minimum annimmt. Für die Auswahl der besten Testfunktion gilt also die Bedingung

$$\boxed{\varepsilon_1 = \int \phi_1 \, \mathscr{H} \, \phi_1 \, d\tau = \text{Minimum}} . \tag{3.36}$$

Praktisch geht man so vor, daß man von einer beliebigen Funktion ϕ_1 ausgeht und diese Funktion so lange variiert, bis das Minimum von ε_1 erreicht ist. Dieses Verfahren nennt man deshalb *Variationsmethode*.

Für die Wellenfunktion ψ_2 und die Energie E_2 des nächsthöheren Zustandes gilt nach (3.33)

$$E_2 = \int \psi_2 \mathscr{H} \psi_2 d\tau . \tag{3.37}$$

Gleichzeitig muß die Orthogonalitätsbeziehung

$$\int \psi_1 \psi_2 d\tau = 0 \tag{3.38}$$

erfüllt sein.

Wir betrachten nun eine Testfunktion ϕ_2, die normiert und orthogonal zu ϕ_1 ist, die also den Bedingungen

$$\int \phi_1 \phi_2 d\tau = 0 \quad \text{und} \quad \int \phi_2^2 d\tau = 1 \tag{3.39}$$

genügt. Man kann zeigen (Anhang D), daß dann

$$\varepsilon_2 = \int \phi_2 \mathscr{H} \phi_2 d\tau \tag{3.40}$$

nicht kleiner als E_2 sein kann, wenn ϕ_1 mit ψ_1 übereinstimmt. Ganz entsprechend wie für den untersten Quantenzustand läßt sich also durch Variation von ϕ_2 eine Näherung von E_2 gewinnen. Eine Näherung für ψ_3 und E_3 ergibt sich in analoger Weise, indem man Testfunktionen ϕ_3 betrachtet, die orthogonal zu den nach diesem Verfahren ermittelten besten Testfunktionen ϕ_1 und ϕ_2 sind: man bestimmt ε_3 und ermittelt durch Variation von ϕ_3 die beste Näherung. Entsprechend geht man für alle weiteren Wellenfunktionen vor.

Wie erwähnt, kann das Variationsprinzip aus den Eigenschaften von Eigenfunktionen der Schrödinger-Gleichung abgeleitet werden. Umgekehrt kann man auch an Stelle der Schrödingergleichung das Variationsprinzip und die Orthogonalitätsbeziehung als Postulate betrachten; diese Betrachtungsweise ist äquivalent mit der Beschreibung durch die Schrödingergleichung.

3.3.2 Beispiele für die Anwendung des Variationsprinzips

Wir betrachten das Elektron im H-Atom und wählen als Testfunktion für den Grundzustand

$$\phi_1 = \text{const} \ e^{-r/C}, \tag{3.41}$$

wobei C eine willkürliche Konstante sein soll. Aus der Normierungsbedingung folgt analog zu (3.10) const. $= 1/\sqrt{\pi C^3}$.

Ist C groß, dann fällt die Exponentialfunktion flach ab; ist C klein, dann ist der Abfall steil. Für verschiedene Werte von C erhalten wir somit verschiedene Durchmesser der Elektronenwolke (Abb. 3.14).

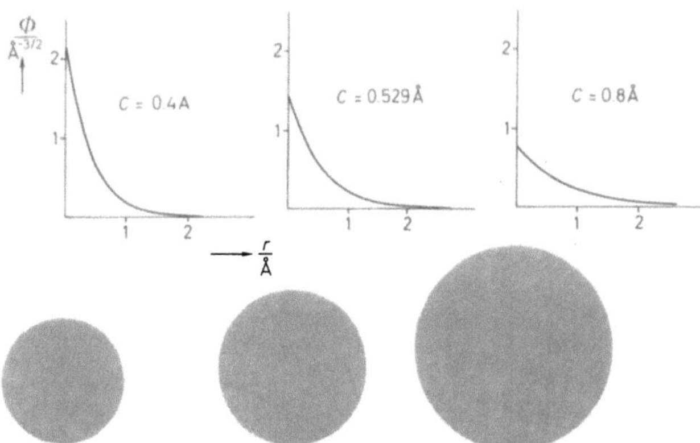

Abb. 3.14. Funktionsverlauf und Elektronenwolke (schematisiert) bei Zugrundelegung der Testfunktion $\exp(-r/C)$ (3.41) für das Elektron im H-Atom. Am Rand der Grauzone ist ϕ^2 auf 1% vom Maximalwert abgesunken

Wir wollen jetzt die Energie des Grundzustandes berechnen und feststellen, für welchen Wert von C das Minimum von ε_1 erreicht wird. Da wir in den folgenden Beispielen nur den Grundzustand betrachten, lassen wir den Index 1 fort. Nach (3.36, 2.62, 60, 3.7) ist

$$\varepsilon = \int \phi \left[-\frac{h^2}{8\pi^2 m} \left(\frac{\partial^2}{\partial x^2} + \frac{\partial^2}{\partial y^2} + \frac{\partial^2}{\partial z^2} \right) \right.$$
$$\left. - \frac{1}{4\pi\varepsilon_0} \frac{e_0^2}{r} \right] \phi \, dx \, dy \, dz . \tag{3.42}$$

Der erste Summand

$$\bar{T} = \int \phi \left[-\frac{h^2}{8\pi^2 m} \left(\frac{\partial^2}{\partial x^2} + \frac{\partial^2}{\partial y^2} + \frac{\partial^2}{\partial z^2} \right) \right] \phi \, dx \, dy \, dz \tag{3.43}$$

würde der mittleren kinetischen Energie, der zweite Summand

$$\bar{V} = -\frac{1}{4\pi\varepsilon_0} \int \phi \frac{e_0^2}{r} \phi \, dx \, dy \, dz \tag{3.44}$$

der mittleren potentiellen Energie des Elektrons entsprechen, wenn wir ϕ mit der wahren Wellenfunktion gleichsetzen könnten. Durch Einsetzen der Testfunktion (3.41) in (3.43) und (3.44) und Auswertung der Integrale ergibt sich analog wie in Aufgabe 3.8

$$\bar{T} = \frac{h^2}{8\pi^2 m} \frac{1}{C^2} \qquad \bar{V} = -\frac{1}{4\pi\varepsilon_0} \frac{e_0^2}{C} . \tag{3.45}$$

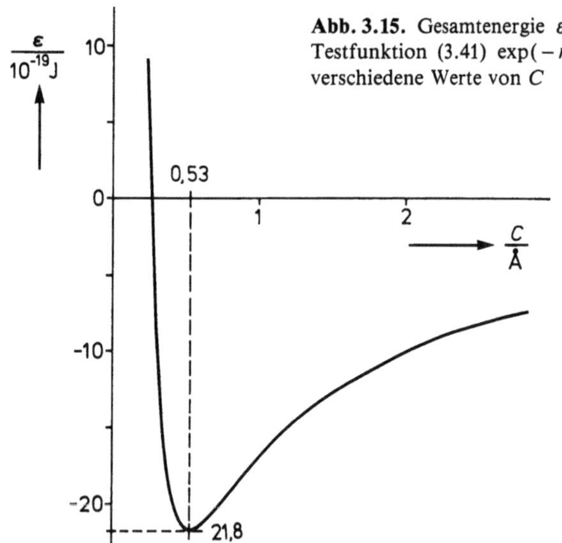

Abb. 3.15. Gesamtenergie ε für die Testfunktion (3.41) $\exp(-r/C)$ für verschiedene Werte von C

Die Energie $\varepsilon = \bar{T} + \bar{V}$ hängt also von C ab; tragen wir ε in Abhängigkeit von C auf, dann erhalten wir die in Abb. 3.15 dargestellte Kurve mit einem Minimum bei $C = 0{,}53$ Å und $\varepsilon = -21{,}8 \cdot 10^{-19}$ J.

Wir können die Lage des Minimums auch rechnerisch bestimmen, indem wir

$$\frac{d\varepsilon}{dC} = -\frac{h^2}{8\pi^2 m}\,\frac{2}{C^3} + \frac{1}{4\pi\varepsilon_0}\,\frac{e_0^2}{C^2} = 0 \tag{3.46}$$

setzen. Daraus folgt

$$C_{\text{Min}} = 4\pi\varepsilon_0 \frac{h^2}{4\pi^2 m e_0^2} = a_0$$

$$\varepsilon_{\text{Min}} = -\left(\frac{1}{4\pi\varepsilon_0}\right)^2 \frac{1}{2}\,\frac{4\pi^2 m e_0^4}{h^2} = -\frac{1}{4\pi\varepsilon_0}\,\frac{e_0^2}{2a_0}. \tag{3.47}$$

Das Minimum liegt also vor, wenn C gerade gleich a_0 ist. Die potentielle Energie allein wäre um so kleiner, je kleiner die Elektronenwolke (je größer $1/C$) wäre, die kinetische Energie wäre um so kleiner, je größer die Wolke (je kleiner $1/C^2$) wäre. Das Minimum der Gesamtenergie entspricht einem Kompromiß zwischen den beiden entgegengesetzten Tendenzen.

Bei der praktischen Anwendung des Variationsprinzips auf kompliziertere Systeme erreicht man nicht die wahre Wellenfunktion, weil man sich damit begnügen muß, möglichst einfache Formen von Testfunktionen zu

variieren. Wir wollen dieses Verfahren wiederum am H-Atom veranschaulichen. In Aufgabe 3.5 wurde gezeigt, daß sich 99% der Elektronenladung im H-Atom innerhalb einer Kugel von wenigen Å Radius befinden. Deshalb ist es vernünftig, eine Testfunktion auszuprobieren, die bereits in endlicher Entfernung vom Kern auf Null absinkt. Dazu bietet sich die Funktion an, die wir für ein Teilchen im Würfelkasten mit der Kantenlänge L und $n_x = n_y = n_z = 1$ erhalten haben [3.6]. Legen wir den Koordinatennullpunkt in die Mitte des Würfels, dann ist

$$\phi = \sqrt{\left(\frac{2}{L}\right)^3}\,\cos\frac{\pi x}{L}\cos\frac{\pi y}{L}\cos\frac{\pi z}{L}, \tag{3.48}$$

wobei x, y und z von $-L/2$ bis $+L/2$ zu erstrecken sind. In diesem Fall ist die mittlere kinetische Energie wie bei einem Elektron im Würfelkasten gleich $3h^2/(8mL^2)$. Für die mittlere potentielle Energie, also für den Mittelwert der Energie des Elektrons im Feld des Kerns ergibt sich nach Aufgabe 3.9 der Wert $(4\pi\varepsilon_0)^{-1}\alpha(e_0^2/L)$ mit $\alpha = 4{,}18$.

Somit gilt

$$\varepsilon = \frac{3h^2}{8mL^2} - \frac{1}{4\pi\varepsilon_0}\,\frac{e_0^2}{L}\,\alpha. \tag{3.49}$$

Wir suchen das Minimum auf

$$\frac{d\varepsilon}{dL} = -\frac{6h^2}{8mL^3} + \frac{1}{4\pi\varepsilon_0}\,\frac{e_0^2}{L^2}\,\alpha = 0. \tag{3.50}$$

Auflösen nach L und Berechnen von ε ergibt

$$L = 4\pi\varepsilon_0\frac{3h^2}{4me_0^2\alpha} = \frac{3\pi^2}{\alpha}a_0 = 7{,}10\,a_0 = 3{,}76\,\text{Å} \tag{3.51}$$

$$\bar{T} = \frac{3h^2}{8mL^2} = \frac{1}{4\pi\varepsilon_0}\,\frac{\alpha^2}{3\pi^2}\,\frac{e_0^2}{2a_0} \tag{3.52}$$

$$\bar{V} = -\frac{1}{4\pi\varepsilon_0}\,\frac{e_0^2}{L}\,\alpha = -\frac{1}{4\pi\varepsilon_0}\,\frac{\alpha^2}{3\pi^2}\,\frac{e_0^2}{a_0} \tag{3.53}$$

$$\varepsilon = \frac{1}{4\pi\varepsilon_0}\,\frac{\alpha^2}{3\pi^2}\,\frac{e_0^2}{a_0}\left(-1 + \frac{1}{2}\right)$$

$$= -\frac{1}{4\pi\varepsilon_0}\,0{,}59\,\frac{e_0^2}{2a_0} = -12{,}9 \cdot 10^{-19}\,\text{J}. \tag{3.54}$$

Die optimale Kantenlänge beträgt also 3,76 Å, ist also etwas größer als in Abb. 3.3 angenommen wurde. In Aufgabe 3.5 wurde gezeigt, daß sich bei der exakten Lösung 99% der Elektronenladung innerhalb einer Kugel vom Radius $r = 4,2\,a_0$ befinden; damit ist ein Wert von $7,10\,a_0$ für die Kantenlänge vernünftig. Vergleichen wir die Energie mit dem exakten Wert $-(4\pi\varepsilon_0)^{-1}e_0^2/(2a_0)$, dann sehen wir, daß sie zwar zu hoch, aber immerhin in der richtigen Größenordnung liegt. Wie bei der exakten Lösung ist auch hier das Virialtheorem erfüllt. Beschränkt man die Variation der vorgegebenen Testfunktion nicht, wie wir es getan haben, auf die Kantenlänge L, sondern läßt man jede beliebige Variation der Testfunktion zu, die zu einer tieferen Energie führt, dann gelangt man auch in diesem Fall schließlich zu der exakten Funktion (3.8); es gibt keine Testfunktion, die zu einer noch tieferen Energie führen würde.

Aus unseren Überlegungen folgt, daß sich die Wolkengröße aus einem Kompromiß zwischen mittlerer kinetischer und mittlerer potentieller Energie ergibt: würde sich das Elektron meist sehr nahe am Kern befinden, dann würde seine mittlere potentielle Energie wegen der starken Kernanziehung stark negativ, seine mittlere kinetische Energie aber wegen des kleinen Wolkendurchmessers (also der kleinen de Broglie-Wellenlänge) außerordentlich groß. Wäre die Wolke andererseits ausgedehnt, dann wäre das Elektron im Mittel weit weg vom Kern, seine potentielle Energie also nur schwach negativ; trotz der geringen kinetischen Energie wäre ein solcher Zustand energetisch ungünstig. Die kleinste Gesamtenergie wird bei einer Wolke mittlerer Ausdehnung erreicht.

Bei praktisch allen quantenchemischen Problemen ist man darauf angewiesen, nach dem Variationsprinzip aus einer Vielzahl von Phantasietestfunktionen die beste herauszufinden und diese Funktion als Näherung für die wahre Wellenfunktion anzusehen. In der Quantenchemie kommt es also wie in der präparativen Chemie auf Phantasie an. Die beste Idee, eine möglichst einfache und gute Näherung für die wahre Wellenfunktion zu finden, führt weiter.

3.4 He$^+$-Ion

Das He$^+$-Ion unterscheidet sich vom H-Atom dadurch, daß der Atomkern 2fach positiv geladen ist (Abb. 3.16). Dadurch wird das Elektron vom Kern stärker angezogen; wir erwarten deshalb, daß sich das Elektron im Mittel

Abb. 3.16. Aufbau von He$^+$; ein Elektron befindet sich im Feld von einem zweifach positiv geladenen Atomkern

dichter am Kern aufhält, daß seine Ladungswolke also komprimierter ist. Man findet für die Wellenfunktion im Grundzustand, wenn man analog wie beim H-Atom vorgeht (Aufgabe 3.10)

$$\psi = \text{const}\ e^{-2r/a_0}. \tag{3.56}$$

Da das Elektron einerseits im Mittel näher am Kern ist und andererseits von einer doppelt so großen Kernladung wie beim H-Atom angezogen wird, ist die mittlere potentielle Energie dem Betrage nach wesentlich größer. Man findet (Aufgabe 3.10) $\bar{V} = -(4\pi\varepsilon_0)^{-1}4(e_0^2/a_0) = 4\bar{V}_{\text{H-Atom}}$. Nach dem Virialtheorem ist dann die Gesamtenergie gegeben durch

$$E = -\frac{1}{4\pi\varepsilon_0}\ \frac{2e_0^2}{a_0} = 4E_{\text{H-Atom}}. \tag{3.57}$$

Tatsächlich ist die experimentell erhaltene Ionisierungsenergie [3.7] viermal so groß[3] wie beim H-Atom ($87,184 \cdot 10^{-19}$ J).

3.5 H$_2^+$-Molekülion

Nachdem uns die Bindung eines Elektrons an einen Atomkern am Beispiel der einfachsten Atome (H-Atom, He$^+$-Ion) auf Grund der Postulate der Wellenmechanik verständlich geworden ist, fragen wir jetzt nach dem Zustandekommen der chemischen Bindung, also der Bindung verschiedener Atome untereinander. Wir wählen als Beispiel das einfachste Molekül, das H$_2^+$-Ion, das aus zwei einfach positiv geladenen H-Atomkernen und einem Elektron besteht. H$_2^+$ entsteht beim Beschießen von H$_2$-Molekülen mit Elektronen

---

[3] Genau ist $87,184 \cdot 10^{-19}$ J $= 4,0016 \times 21,787 \cdot 10^{-19}$ J; die Ionisierungsenergie von He$^+$ ist also etwas größer als das 4fache der Ionisierungsenergie des H-Atoms. Das liegt daran, daß der He-Kern schwerer ist als der H-Kern und sich daher bei der Elektronenbewegung weniger stark mitbewegt (Aufgabe 3.14).

$$H_2 + 1\ \text{Elektron} \rightarrow H_2^+ + 2\ \text{Elektronen} .$$

Wir denken uns bei unserer Betrachtung H_2^+ aus einem H-Atom und einem Proton entstanden (Abb. 3.17). Wir gehen wieder nach der Variationsmethode vor, variieren also die Form der Elektronenwolke und den Abstand der beiden Atomkerne, bis die Gesamtenergie des Moleküls zum Minimum wird.

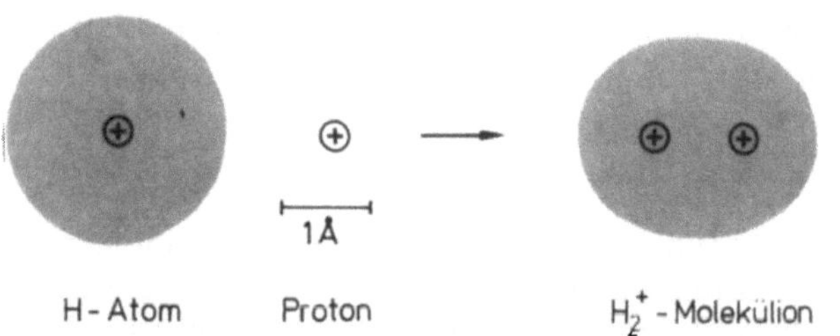

Abb. 3.17. Entstehung eines H_2^+-Molekülions aus einem H-Atom und einem Proton. Innerhalb der Grauzone ist die Ladungsdichte größer als $e_0 \cdot 0{,}0215\ \text{Å}^{-3}$, also größer als 1% des Wertes am Kern des H-Atoms

3.5.1 Beschreibung durch Kastenwellenfunktionen

Als einfachste Testfunktion für den Grundzustand verwenden wir ähnlich wie beim H-Atom die Wellenfunktion eines Elektrons in einem Quaderkasten [3.8] der Abmessungen L_x, L_y und L_z. L_y und L_z müssen aus Symmetriegründen gleich groß sein; daher setzen wir gemäß Abb. 3.18 $L_y = L_z = L$ und $L_x = bL$ sowie $n_x = n_y = n_z = 1$.

Legen wir den Koordinatenursprung in die Quadermitte, dann ist

$$\phi = \sqrt{\frac{1}{b}\left(\frac{2}{L}\right)^3}\ \cos\frac{\pi x}{bL}\ \cos\frac{\pi y}{L}\ \cos\frac{\pi z}{L}, \qquad (3.58)$$

wobei x von $-bL/2$ bis $+bL/2$ und y und z von $-L/2$ bis $+L/2$ zu erstrecken sind. Für die mittlere kinetische Energie des Elektrons erhalten wir dann gemäß (2.15)

$$\bar{T} = \frac{h^2}{8m}\left[\frac{1}{(bL)^2} + \frac{1}{L^2} + \frac{1}{L^2}\right] = \frac{h^2}{8mL^2}\left(\frac{1}{b^2} + 2\right). \qquad (3.59)$$

Wir denken uns die beiden Atomkerne symmetrisch zum Koordinatenursprung auf der Abszisse (Abb. 3.18).

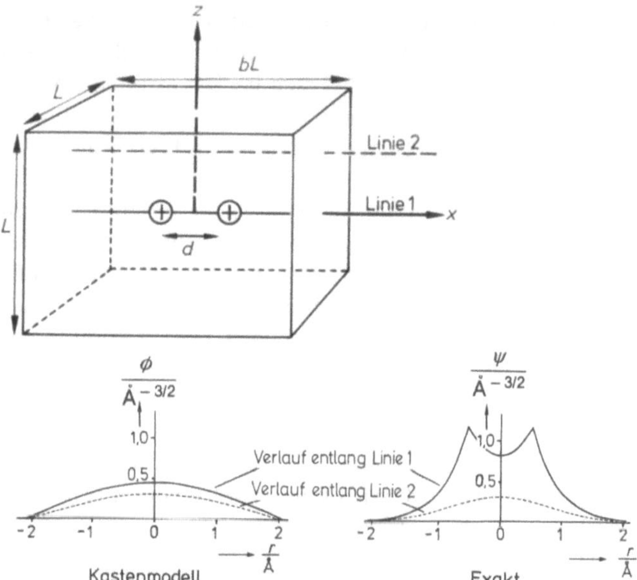

Abb. 3.18. Testfunktionen für das H_2^+-Ion. Verlauf der Wellenfunktion des energieärmsten Zustandes längs der x-Achse (*Linie 1*) und längs einer Linie im Abstand 0,75 Å oberhalb (*Linie 2*). Kastenmodell (Funktion ϕ). Exakt (Wellenfunktion ψ, siehe Anhang E)

Die potentielle Energie des Systems setzt sich zusammen aus der Abstoßungsenergie der beiden Atomkerne, der Anziehungsenergie zwischen Elektron und Atomkern 1 und der Anziehungsenergie zwischen Elektron und Atomkern 2. Es gilt also für die mittlere potentielle Energie $\bar{V}$

$$\bar{V} = \frac{1}{4\pi\varepsilon_0}\frac{e_0^2}{d} - \frac{1}{4\pi\varepsilon_0}\int\left[\frac{e_0^2}{\sqrt{(x+\frac{d}{2})^2 + y^2 + z^2}}\right.$$
$$\left. + \frac{e_0^2}{\sqrt{(x-\frac{d}{2})^2 + y^2 + z^2}}\right]\phi^2\,dx\,dy\,dz, \qquad (3.60)$$

Die Gesamtenergie $\varepsilon = \bar{T} + \bar{V}$ hängt somit vom Kernabstand d und von den Parametern L und b ab; im Gegensatz zum entsprechenden Problem beim H-Atom müssen wir also nicht einen, sondern drei Parameter variieren. Diese Variation wird numerisch ausgeführt; man variiert für eine Reihe von Kernabständen jeweils L und b so lange, bis der jeweils energieärmste Zustand gefunden ist (Tabelle 3.2). In Abb. 3.19 sind die so berechneten Werte $\bar{T}$, $\bar{V}$ und ε in Abhängigkeit vom Kernabstand d dargestellt. Der Tabelle 3.2 und der Abb. 3.19 entnehmen wir, daß der energieärmste Zustand beim Kernabstand

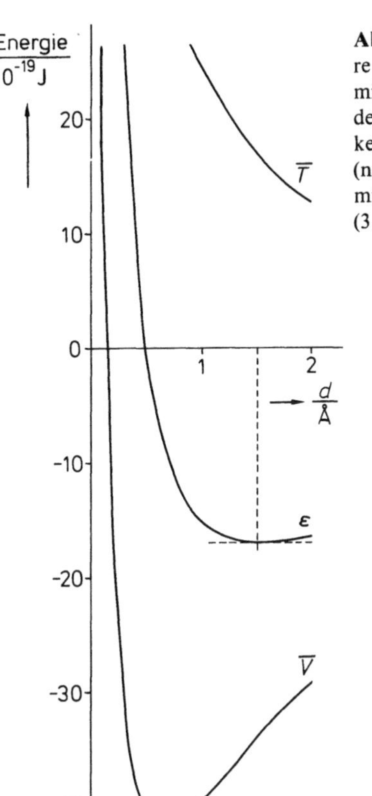

Abb. 3.19. Energie ε, mittlere kinetische Energie $\bar{T}$ und mittlere potentielle Energie $\bar{V}$ des H$_2^+$-Ions in Abhängigkeit vom Kernabstand d (nach der Variationsmethode mit der Kastentestfunktion (3.58) berechnet)

Tabelle 3.2. Energie ε von H$_2^+$, berechnet nach der Variationsmethode (Kastenwellenfunktion) für verschiedene Kernabstände d. Das Integral in (3.60) wurde wie in Aufgabe 3.9 numerisch berechnet (Unterteilung des Quaders in $60^3 = 216\,000$ Stützpunkte). Das Energieminimum wird erreicht für $d = 1,5$ Å, $L = 3,0$ Å und $b = 1,3$. Bei Verfeinerung des Verfahrens ergibt sich das Energieminimum für $d = 1,52$ Å, $L = 3,01$ Å und $b = 1,36$

$\dfrac{d}{\text{Å}}$	$\dfrac{L}{\text{Å}}$	b	$\dfrac{\varepsilon}{10^{-19}\,\text{J}}$
1,4	2,8	1,3	$-16{,}795$
		1,4	$-16{,}809$
		1,5	$-16{,}622$
	2,9	1,2	$-16{,}681$
		1,3	$\boxed{-16{,}858}$
		1,4	$-16{,}801$
	3,0	1,2	$-16{,}763$
		1,3	$-16{,}842$
		1,4	$-16{,}696$
1,5	2,9	1,3	$-16{,}828$
		1,4	$-16{,}886$
		1,5	$-16{,}768$
	3,0	1,2	$-16{,}696$
		1,3	$\boxed{-16{,}914}$
		1,4	$-16{,}888$
	3,1	1,2	$-16{,}768$
		1,3	$-16{,}893$
		1,4	$-16{,}810$
1,6	2,9	1,3	$-16{,}627$
		1,4	$-16{,}809$
		1,5	$-16{,}783$
	3,0	1,3	$-16{,}798$
		1,4	$\boxed{-16{,}900}$
		1,5	$-16{,}806$
	3,1	1,3	$-16{,}866$
		1,4	$-16{,}881$
		1,5	$-16{,}739$

$d = d_0 = 1,52$ Å und den Kastenparametern $L = 3,01$ Å, $b = 1,36$ erreicht wird.

Die günstigste Wolkenform ist also bei einem Kasten mit den Abmessungen $L_x = 7,74\,a_0 = 4,09$ Å, $L_y = L_z = 5,68\,a_0 = 3,01$ Å gegeben. Die Wolke besitzt eine größere Längsausdehnung und eine kleinere Querausdehnung als beim H-Atom ($L = 7,10\,a_0 = 3,76$ Å).

Auf diese Weise erhalten wir[4]

$$\varepsilon = -16,9 \cdot 10^{-19}\,\text{J} .$$

Diese Energie ist niedriger als die in (3.54) durch Beschreibung mit der Kastenwellenfunktion berechnete Gesamtenergie $\varepsilon = -12,9 \cdot 10^{-19}$ J des Elektrons im H-Atom. Bei der Reaktion eines H-Atoms mit einem Proton wird also Energie frei, das H$_2^+$-Ion ist somit ein stabiles Molekül (Abb. 3.20). Um die Bindung wieder auseinanderzureißen, muß die Energie $(16,9 - 12,9) \cdot 10^{-19}$ J $= 4,0 \cdot 10^{-19}$ J zugeführt werden[5]; dieser Betrag entspricht etwa $\frac{1}{3}$ der Bindungsenergie von N$_2$, einer der stärksten Bindungen. Experimentell [3.9] findet man $4,2 \cdot 10^{-19}$ J.

Bei Verwendung immer besserer Testfunktionen wird der experimentelle Wert für die Bindungsenergie erreicht, und der Kernabstand ergibt sich dann zu

---

[4] In [3.8] wurden die numerischen Integrationen mit weniger Stützpunkten (1000 statt 216000) ausgeführt; daher weichen die dort gegebenen Zahlenwerte für L, b, d und ε von den hier berechneten geringfügig ab.

[5] Bei genauerer Betrachtung ist zu berücksichtigen, daß die Energie eines H$_2^+$-Ions infolge der Schwingungsbewegung der Kerne (Abschn. 8.2) um $0,2 \cdot 10^{-19}$ J höher liegt; die Energie, die nötig ist, um die Bindung auseinanderzureißen, müßte somit um diesen Betrag kleiner sein, also $3,8 \cdot 10^{-19}$ J.

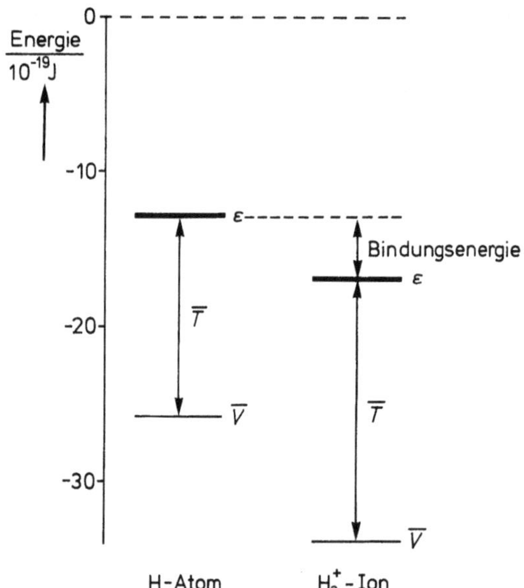

Abb. 3.20. H-Atom und H_2^+-Ion; mittlere potentielle Energie $\overline{V}$, mittlere kinetische Energie $\overline{T}$ und Gesamtenergie ε nach dem Kastenmodell. Als Energienullpunkt ist der Zustand getrennter Ladungen angenommen (Kerne und Elektron jeweils unendlich weit voneinander entfernt)

$d = 1,06$ Å, was ebenfalls mit experimentellen Daten übereinstimmt. Nach Abb. 3.18 (exakte Wellenfunktion ψ) ist die Elektronendichte $\rho = \psi^2$ in Kernnähe wie beim H-Atom maximal; in der Mitte zwischen den Kernen beträgt sie 47% des Maximalwertes, das Elektron ist also häufig zwischen den Kernen anzutreffen; dadurch werden die Kerne nach dem Coulombschen Gesetz zusammengehalten.

Wir müssen uns vorstellen, daß die beiden positiven Kerne in die negative Wolke des Elektrons hineingezogen werden, bis die Kraft, die die Kerne in die Wolke hineinzieht, mit der Abstoßungskraft zwischen den Kernen im Gleichgewicht steht. Die Wolke hat deshalb die in Abb. 3.17 angedeutete Größe, und der Kernabstand spielt sich auf 1,06 Å ein. Durch die Coulombsche Anziehung des Elektrons durch beide Kerne wird die Wolke quer zur Kernverbindungslinie gegenüber der Wolke im H-Atom komprimiert (Querkontraktion). Die mittlere Elektronendichte in Kernnähe nimmt zu, wenn man von einem H-Atom ($\rho = 2,15$ Å^{-3}) und einem Proton ($\rho = 0$) zum H_2^+-Ion ($\rho = 1,39$ Å^{-3}) übergeht; es ist nämlich der Mittelwert $(2,15 + 0)/2$ Å$^{-3} = 1,07$ Å^{-3} kleiner als der Wert 1,39 Å^{-3} beim H_2^+-Ion. Im Kastenmodell äußert sich die Querkontraktion in der Weise, daß der Kasten ($L = 7,10 a_0$ beim H-Atom) beim Übergang zum H_2^+-Ion

zwar in Längsrichtung ausgedehnt ($L_x = 7,74 a_0$), in Querrichtung jedoch komprimiert wird ($L_y = L_z = 5,68 a_0$). Dadurch nimmt die Elektronendichte in der Kastenmitte von $[2/(7,10 a_0)]^3 = 0,151$ Å^{-3} beim H-Atom auf $[2/(5,68 a_0)]^2 [2/(7,74 a_0)] = 0,214$ Å^{-3} beim H_2^+-Ion zu.

Diese Überlegungen zeigen, daß die Elektronendichte in der Nähe der Kerne ansteigt. Die Coulombsche Energie nimmt dadurch ab, und dieser Effekt ist die Ursache der chemischen Bindung.

Nach Abb. 3.20 ist die Bindungsenergie von H_2^+ gegenüber dem H-Atom nur halb so groß wie der Unterschied der mittleren potentiellen Energie beider Systeme. Das ist auf den ersten Blick überraschend, da die Wolke sich in Bindungsrichtung ausdehnt, grob betrachtet also die de Broglie-Wellenlänge zunimmt (Abb. 3.21), die kinetische Energie also abnehmen sollte. Da gleichzeitig aber die Wellenlänge quer zur Kernverbindungslinie kleiner wird, vergrößert sich die kinetische Energie; diese Vergrößerung fällt stärker ins Gewicht als die Verkleinerung auf Grund der Längsausdehnung, so daß die kinetische Energie beim Übergang von H nach H_2^+ insgesamt zunimmt.

Wir wollen nachprüfen, ob für unsere Kastentestfunktion auch das Virialtheorem erfüllt ist; mit den oben erhaltenen Werten für L und b ergibt sich nach (3.59) $\overline{T} = 16,9 \cdot 10^{-19}$ J, es ist also $\varepsilon = -1,00\,\overline{T}$. Das Virialtheorem ist also erfüllt. Tatsächlich läßt sich die Gültigkeit des Virialtheorems auch allgemein zeigen ([3.2], siehe auch Anhang E.1).

Um abschließend möglichst anschaulich das Zustandekommen des Zusammenhalts der beiden Kerne durch die Elektronenwolke zu sehen, denken wir uns die Kerne in einem Abstand, der etwas größer ist als der Gleichgewichtsabstand. Beide Kerne werden durch die Coulombsche Anziehung an jedes Ladungselement zwischen den Ebenen 1 und 2 (Abb. 3.21) in Richtung der Kernverbindungslinie zum anderen Kern hingezogen. Diese Anziehungskraft übertrifft die in umgekehrter Richtung wirkenden Kräfte (Coulombsche Abstoßung der Kerne, Resultierende der Coulombschen Anziehung der Kerne an die Ladungselemente außerhalb der beiden Ebenen 1 und 2).

Die Kerne nähern sich daher, bis im Gleichgewichtsabstand Kompensation dieser Kräfte eintritt. Mit dieser Kernverschiebung vergrößert sich das von den Kernen ausgeübte Feld, und das führt zu einer gewissen Kompression der Elektronenwolke und damit zu einer Zunahme der kinetischen Energie des Elektrons. Dadurch ist

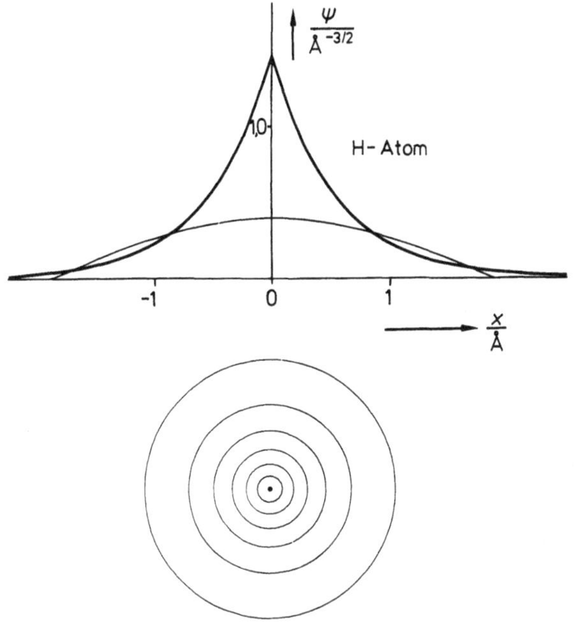

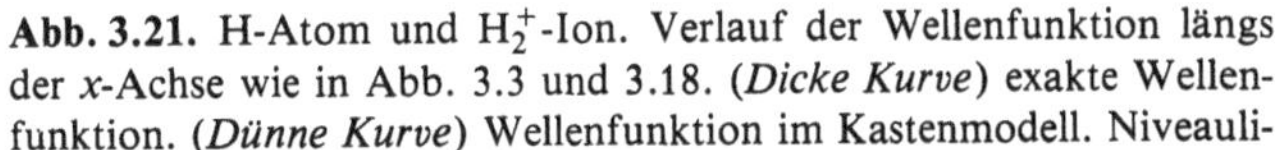

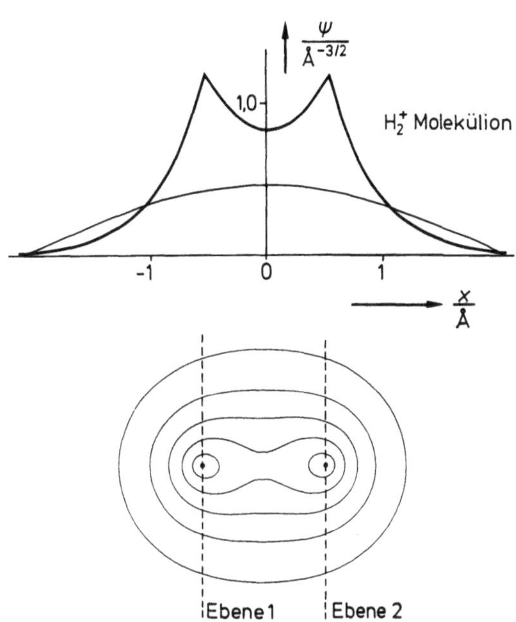

Abb. 3.21. H-Atom und H$_2^+$-Ion. Verlauf der Wellenfunktion längs der x-Achse wie in Abb. 3.3 und 3.18. (*Dicke Kurve*) exakte Wellenfunktion. (*Dünne Kurve*) Wellenfunktion im Kastenmodell. Niveauli-nien für exakte Wellenfunktion in der x, y-Ebene. Auf der äußeren Niveau-Linie hat ψ den Wert 0,2 Å$^{-3/2}$, auf der nächsten 0,4 Å$^{-3/2}$, usw.

die Bindungsenergie kleiner (nach Abb. 3.20 gerade halb so groß), als man bei alleiniger Berücksichtigung der Coulombschen Energie erwarten würde.

3.5.2 Beschreibung durch Atomfunktionen

Bei der Anwendung des Variationsprinzips auf das H$_2^+$-Ion können wir an Stelle von Kastentestfunktionen auch andere Funktionen probieren. Ein sehr häufig bei Molekülen angewandtes Verfahren besteht darin, daß man sich die Wellenfunktionen des Moleküls aus Wellenfunktionen der beteiligten Atome zusammengesetzt denkt. Im Fall des H$_2^+$-Ions überlagern wir die $1s$-Funktionen

$$\varphi_a = \frac{1}{\sqrt{\pi a_0^3}}\, e^{-r_a/a_0} \qquad \varphi_b = \frac{1}{\sqrt{\pi a_0^3}}\, e^{-r_b/a_0} \qquad (3.61)$$

zweier Wasserstoffatome, die sich im Abstand d befinden (Abb. 3.22), zu der Testfunktion

$$\phi = a \cdot \varphi_a + b \cdot \varphi_b; \qquad (3.62)$$

a und b sind zunächst beliebige Konstanten, die auf Grund des Variationsprinzips näher festzulegen sind. Die Methode, eine Testfunktion durch Kombination von Atomfunktionen aufzustellen, bezeichnet man allgemein als *LCAO-Methode* [3.10] (Linear Combination of Atomic Orbitals). Nach (3.35) ist:

$$\varepsilon = \int \phi \mathcal{H} \phi \, d\tau . \qquad (3.63)$$

Da zu der Energie des Moleküls nicht nur die Energie des Elektrons beiträgt, sondern auch die Abstoßungsenergie der beiden Kerne, ist wie in Abschn. 3.5.1 im Ausdruck für $\mathcal{H}$ das Glied $(4\pi\varepsilon_0)^{-1} e_0^2/d$ zu berücksichtigen.

Da im H$_2^+$-Molekül die Atomkerne 1 und 2 völlig gleichwertig sind, sind die Konstanten a und b gleich, es ist also

$$\phi = a(\varphi_a + \varphi_b) . \qquad (3.64)$$

Diese Testfunktion ist symmetrisch zur yz-Ebene wie die bereits diskutierte Kastentestfunktion (3.58). Die Konstante a läßt sich durch die Normierungsbedingung näher festlegen; es ist

$$\int \phi^2 d\tau = a^2 \left(\int \varphi_a^2 d\tau + 2 \int \varphi_a \varphi_b d\tau + \int \varphi_b^2 d\tau \right) = 1 . \qquad (3.65)$$

Da die Atomfunktionen als normiert vorausgesetzt wurden, ist $\int \varphi_a^2 d\tau = \int \varphi_b^2 d\tau = 1$; kürzen wir das Integral $\int \varphi_a \varphi_b d\tau$ mit

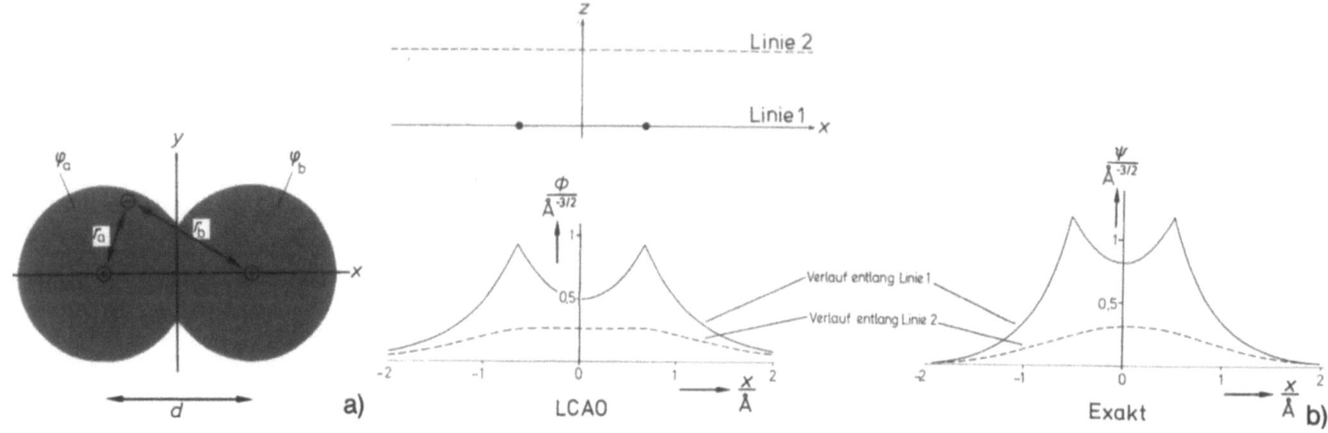

Abb. 3.22. (a) Atomfunktionen φ_a und φ_b zweier Wasserstoffatome a und b, die im Gleichgewichtsabstand d nebeneinander liegen. **(b)** Verlauf der Wellenfunktion entlang der Kernverbindungslinie (*Linie 1*) und entlang der Linie 2 im Abstand 0,75 Å. (*Linke Kurven*) LCAO-Ansatz (Wellenfunktion ϕ; $d = 1{,}32$ Å), (*rechte Kurven*) exakt (Wellenfunktion ψ; $d = 1{,}06$ Å)

$$S_{ab} = \int \varphi_a \varphi_b \, d\tau \qquad (3.66)$$

ab, dann folgt

$$a = \frac{1}{\sqrt{2(1 + S_{ab})}} \, . \qquad (3.67)$$

Für das Integral in (3.63) gilt mit der Testfunktion (3.64)

$$\int \phi \, \mathcal{H} \, \phi \, d\tau = a^2 \int (\varphi_a + \varphi_b) \, \mathcal{H} (\varphi_a + \varphi_b) \, d\tau$$
$$= a^2 \big(\int \varphi_a \mathcal{H} \varphi_a d\tau + \int \varphi_a \mathcal{H} \varphi_b d\tau + \int \varphi_b \mathcal{H} \varphi_a d\tau$$
$$+ \int \varphi_b \mathcal{H} \varphi_b d\tau \big) \, . \qquad (3.68)$$

Da die beiden Atomfunktionen φ_a und φ_b bis auf ihre räumliche Lage identisch sind, müssen die Integrale $\int \varphi_a \mathcal{H} \varphi_b d\tau$ und $\int \varphi_b \mathcal{H} \varphi_a d\tau$ ebenfalls identisch sein; außerdem ist $\int \varphi_a \mathcal{H} \varphi_a d\tau = \int \varphi_b \mathcal{H} \varphi_b d\tau$. Kürzen wir die verbleibenden Integrale ab mit

$$\int \varphi_a \mathcal{H} \varphi_a d\tau = H_{aa} \qquad (3.69)$$
$$\int \varphi_a \mathcal{H} \varphi_b d\tau = \int \varphi_b \mathcal{H} \varphi_a d\tau = H_{ab} \, ,$$

dann ist

$$\varepsilon = \frac{H_{aa} + H_{ab}}{1 + S_{ab}} \qquad (3.70)$$

Die Energie ε hängt in komplizierter Weise vom Kernabstand d ab, weil H_{aa}, H_{ab} und S_{ab} Funktionen von d sind.

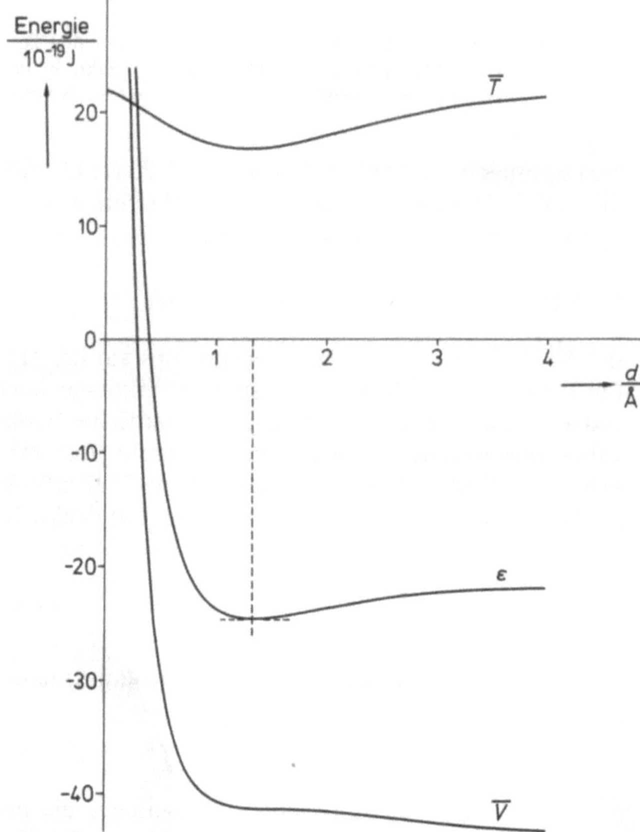

Abb. 3.23. H_2^+-Ion nach der LCAO-Methode. $\bar{T}$, $\bar{V}$ und ε in Abhängigkeit vom Kernabstand d

In Aufgabe 3.13 wird gezeigt, wie ε im einzelnen von d abhängt; als Resultat sind $\bar{T}$, $\bar{V}$ und ε in Abb. 3.23 in Abhängigkeit von d dargestellt. Für den energieärmsten Zustand entnehmen wir der Abb. 3.23 die Werte

$$\bar{V} = -41,3 \cdot 10^{-19}\,\text{J}; \quad \bar{T} = 16,7 \cdot 10^{-19}\,\text{J};$$

$$\varepsilon = -24,6 \cdot 10^{-19}\,\text{J}; \quad d = d_0 = 1,32\,\text{Å}.$$

Dies entspricht gegenüber dem H-Atom einer Erniedrigung um $(24,6 - 21,8) \cdot 10^{-19}\,\text{J} = 2,8 \cdot 10^{-19}\,\text{J}$. Nach dem Kastenmodell findet man $4,0 \cdot 10^{-19}\,\text{J}$, experimentell $4,2 \cdot 10^{-19}\,\text{J}$.

Bei einer genaueren Überprüfung der Abb. 3.23 sehen wir, daß in diesem Fall das Virialtheorem nicht erfüllt ist ($\varepsilon = -1,47\,\bar{T}$). Außerdem durchläuft die Kurve für $\bar{T}$ in der Nähe des Gleichgewichtsabstandes ein Minimum, während wir wie im Fall der Abb. 3.19 erwarten, daß $\bar{T}$ mit abnehmendem d monoton ansteigt. Dafür steigt $\bar{V}$ mit abnehmendem d an, statt ein Minimum zu durchlaufen. Diese Diskrepanzen sind darauf zurückzuführen, daß bei Zugrundelegung der Atomfunktionen (3.61) die Querabmessung der Elektronenwolke unabhängig vom Kernabstand immer genau so groß wie in den isolierten Atomen ist. Dadurch verschiebt sich nach dem LCAO-Ansatz beim Übergang von den isolierten Atomen zum Molekül Ladung aus Kernnähe in den Überlappungsbereich. Die Ladungsdichte in Kernnähe nimmt also ab, während sie in Wirklichkeit durch die Querkontraktion zunimmt (Abschn. 3.5.1).

Mit modifizierten Ansätzen für die Funktionen φ_a und φ_b lassen sich diese Schwierigkeiten beheben [3.11 – 13]. Man kann beispielsweise so vorgehen, daß man anstelle einer Linearkombination von Atomfunktionen

$$\phi = \text{const}\ (e^{-r_1/a_0} + e^{-r_2/a_0})$$

die Testfunktion

$$\phi = \text{const}\ (e^{-\eta r_1/a_0} + e^{-\eta r_2/a_0})$$

verwendet und η, einen zunächst frei verfügbaren Parameter, durch die Variationsmethode festlegt. Man findet [3.11] für den Gleichgewichtsabstand den Wert $\eta = 1,24$. Die Wellenfunktion ist also quer zur Kernverbindungslinie gegenüber dem ursprünglichen Ansatz stärker komprimiert. Dadurch ergibt sich die erwartete Zunahme der Ladungsdichte in Kernnähe. Über bestehende Schwierigkeiten in der physikalischen Interpretation der chemischen Bindung siehe Anhang E 2.

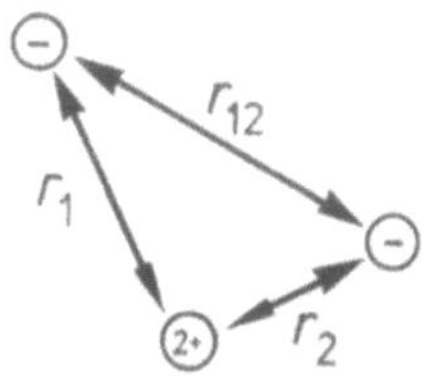

Abb. 3.24. Aufbau des He-Atoms aus einem zweifach positiv geladenen Kern und zwei Elektronen

3.6 He-Atom

Das He-Atom besteht aus einem zweifach positiv geladenen Kern und 2 Elektronen (Abb. 3.24). Würden sich die Elektronen nicht gegenseitig abstoßen, dann würden sich beide Elektronen innerhalb der gleichen Wolke befinden wie das eine Elektron im He^+-Ion; da an Stelle von einem Elektron zwei Elektronen verteilt sind, müßte die Wahrscheinlichkeitsdichte ρ an jeder Stelle doppelt so groß sein, und die Gesamtenergie müßte ebenfalls den doppelten Wert besitzen. Da sich die beiden Elektronen abstoßen, weichen sie sich jedoch gegenseitig aus, so daß das Minimum der Gesamtenergie bei einem etwas höheren Wert und bei einer etwas ausgedehnteren Ladungswolke erreicht wird. Wäre die Ladung des zweiten Elektrons am Ort des Atomkerns lokalisiert (also erstes Elektron im Feld von nur einer positiven Ladung), dann würde eine Wolke wie beim H-Atom resultieren. Tatsächlich wird eine Wolke erhalten, deren Ausdehnung kleiner als beim H-Atom und größer als beim He^+-Ion ist (Abb. 3.25). Experimentell findet man tatsächlich für den stoßkinetischen Radius [3.14] von He $1,10\,\text{Å}$ (Tabelle 10.1) an Stelle von $1,25\,\text{Å}$ beim H-Atom. Aus entsprechenden Überlegungen ergeben sich die Wolkenabmessungen von He-ähnlichen Ionen (Abb. 3.26). Nach einer einfachen quantenmechanischen Störungsrechnung, die die Elektronenabstoßung berücksichtigt, aber den Effekt des gegenseitigen Ausweichens der Elektronen vernachlässigt (Anhang F), findet man für die Gesamtenergie von He

Abb. 3.25. Ladungswolken von He^+, He und H. Innerhalb der Grauzone ist die Elektronendichte größer als 1% der Dichte am Kern

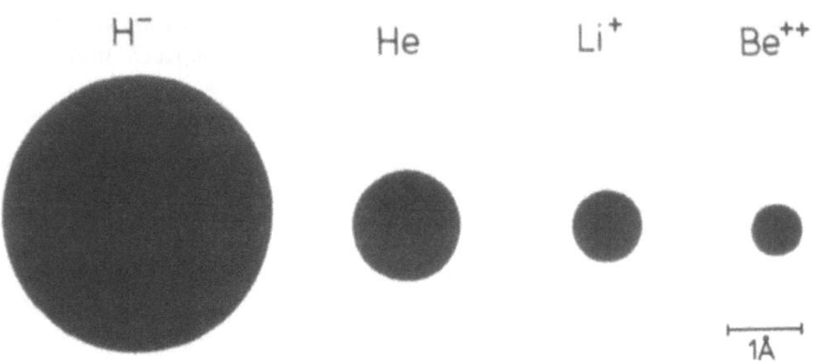

Abb. 3.26. Wolkengröße von He-ähnlichen Atomen mit 2 Elektronen

$$\varepsilon_{\mathrm{He}} = -\frac{1}{4\pi\varepsilon_0}\,\frac{11}{4}\,\frac{e_0^2}{a_0}\,. \tag{3.71}$$

Ziehen wir davon die in Abschn. 3.4 berechnete Energie von He$^+$ ab, dann erhalten wir für die Ionisierungsenergie von He

$$E_{\mathrm{Ion}} = E_{\mathrm{He}^+} - E_{\mathrm{He}} = \frac{1}{4\pi\varepsilon_0}\left(\frac{11}{4}\,\frac{e_0^2}{a_0} - 2\,\frac{e_0^2}{a_0}\right)$$

$$= \frac{1}{4\pi\varepsilon_0}\,\frac{3}{4}\,\frac{e_0^2}{a_0} = 32{,}7 \cdot 10^{-19}\,\mathrm{J}\,.$$

Nach genaueren Methoden [3.15], die auch den Ausweicheffekt und die durch die Elektronenabstoßung bedingte Aufweitung der Elektronenwolken gegenüber He$^+$ berücksichtigen, wird

$$E_{\mathrm{Ion}} = 39{,}39 \cdot 10^{-19}\,\mathrm{J}$$

erhalten (Abb. 3.27). Dieser Wert stimmt gut mit dem experimentellen Wert [3.16] (39,391 $\cdot$ 10^{-19} J) überein.

3.7 H$_2$-Molekül (2 Elektronen)

Das H$_2$-Molekül besteht aus 2 Protonen und 2 Elektronen. Die Wolke dieser beiden Elektronen ist ähnlich wie beim H$_2^+$-Ion; wegen der Abstoßung beider Elektronen wäre sie jedoch, wenn wir die Kerne im gleichen Abstand festhalten könnten, ausgedehnter. Der Abstand der Atomkerne von 0,74 Å [3.9] ist aber kleiner als beim H$_2^+$, weil die Kerne in eine Wolke von 2 Elektronen hineingesaugt werden. Dadurch wird die Elektronenwolke wieder stärker komprimiert, so daß sie schließlich in H$_2^+$ und H$_2$ sehr ähnlich ist (Abb. 3.28). Würden sich beide Elektronen nicht abstoßen und wäre der Kernabstand genau so groß wie bei H$_2^+$, dann müßte die Bindungsenergie des H$_2$-Moleküls doppelt so groß sein wie beim H$_2^+$-Ion; wegen der Abstoßung beider Elektronen ist sie aber

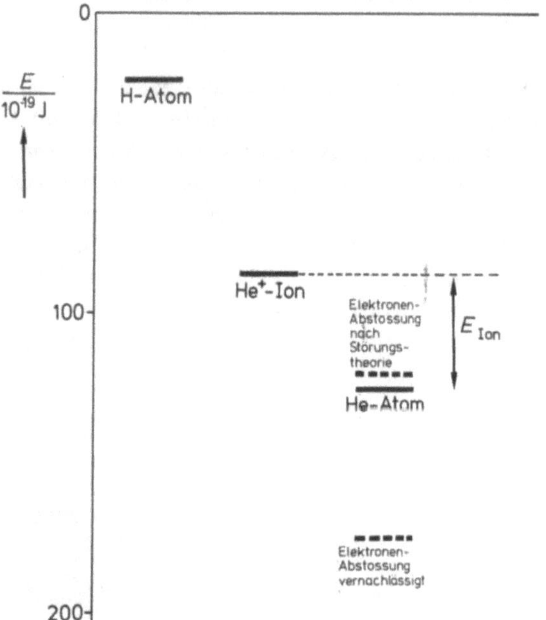

Abb. 3.27. Gesamtenergie des H-Atoms, des He$^+$-Ions und des He-Atoms

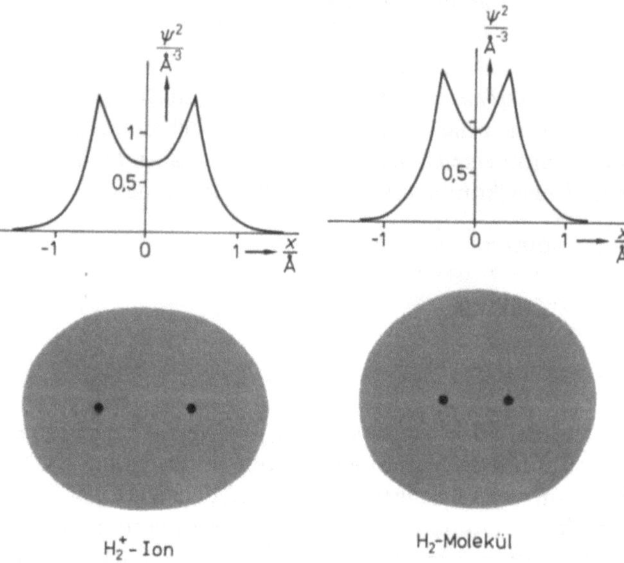

Abb. 3.28. H$_2^+$-Ion und H$_2$-Molekül. Verlauf von ψ^2 (Wahrscheinlichkeitsdichte pro Elektron) in Richtung der Kernverbindungslinie sowie Ladungswolken [3.17, 18]. Innerhalb der Grauzone ist die Ladungsdichte pro Elektron größer als $e_0 \cdot 0{,}0215$ Å^{-3}, also größer als 1% der Ladungsdichte am Kern des H-Atoms

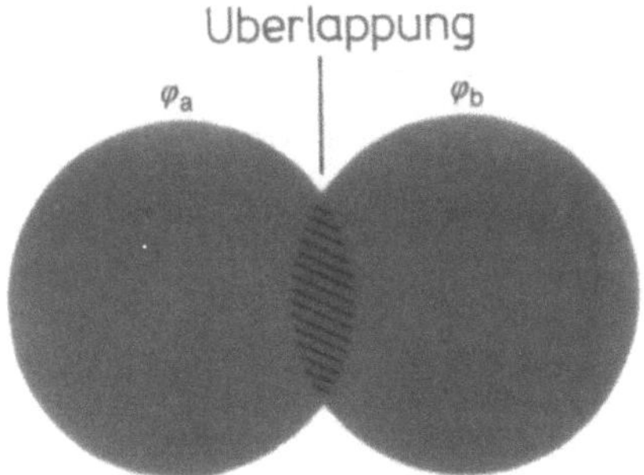

Abb. 3.29. Wolke des H_2-Moleküls durch Überlagerung der Wolken von zwei H-Atomen angenähert (*schraffiert:* Überlappungsbereich)

etwas niedriger (H_2^+: $4{,}2 \cdot 10^{-19}$ J, H_2: $7{,}1 \cdot 10^{-19}$ J). Die unter Zugrundelegung des Variationsprinzips berechnete Bindungsenergie stimmt sehr genau mit experimentellen Werten überein [3.19]; dieses Resultat zeigt wiederum, wie gut Probleme der chemischen Bindung auf die Postulate der Wellenmechanik zurückgeführt werden können.

Näherungsweise sieht die Wolke im H_2-Molekül so aus wie eine Wolke, die man durch Überlagerung der Wolken der beiden H-Atome erhält (Abb. 3.29). Den Bereich, in dem sich beide Wolken überlappen, bezeichnet man als *Überlappungsbereich*; in diesem Bereich stehen die Elektronen im starken Coulombschen Anziehungsfeld beider Atomkerne. Bei Atombindungen (kovalente Bindungen) ist deshalb die Bindungsenergie um so größer, je größer der Überlappungsbereich ist.

3.8 Nichtexistenz von He₂

Analog wie beim H_2-Molekül müßte es möglich sein, aus zwei He-Kernen und 4 Elektronen ein He_2-Molekül aufzubauen. In der Wolke von He_2 würden sich 4 Elektronen befinden. He_2 konnte jedoch experimentell nicht nachgewiesen werden. Dies ist auf Grund der Postulate, die sich in allen bis jetzt betrachteten Fällen als nützlich erwiesen haben, nicht zu verstehen. Die Schwierigkeit hängt offenbar damit zusammen, daß He_2 mehr als 2 Elektronen in derselben Wolke enthalten muß. Um diese Schwierigkeit zu überwinden, führen wir versuchsweise ein weiteres Postulat ein.

Postulat: In einem Atom oder Molekül können höchstens 2 Elektronen dasselbe Orbital besetzen.

Man bezeichnet dieses Postulat auch als *Pauli-Verbot* [3.20]. Aus diesem Postulat folgt, daß in zwei He-Atomen, die zusammenkommen, nicht alle 4 Elektronen eine gemeinsame Wolke bilden. Es kann dann nicht, wie im Fall zweier H-Atome, eine Bindung auftreten.

Es wäre jedoch noch die Möglichkeit zu diskutieren, daß 2 Elektronen eine entsprechende Wolke bilden wie im Fall des H_2-Moleküls (angenähert durch den untersten Zustand von Abb. 2.12), die beiden anderen Elektronen eine Wolke, die dem zweiten Quantenzustand im Kasten von Abb. 2.12 entspricht, der in der Kastenmitte eine Knotenebene hat.

Während die beiden ersten Elektronen die Kerne zusammenhalten (bindendes Orbital), wirken die beiden anderen abstoßend (antibindendes Orbital); beide Effekte kompensieren sich, so daß keine Bindung auftritt. Befinden sich zwei Elektronen im bindenden Orbital, und nur eines im antibindenden, so überwiegt die Anziehung, und He_2^+ ist daher als Molekül bekannt [3.21]. Die Bindungsenergie ist etwa gleich groß wie beim H_2^+, und das ist auch plausibel, da die bindende Wirkung der beiden ersten Elektronen durch die abstoßende des dritten etwa zur Hälfte kompensiert wird.

3.9 Li⁺H⁻ (Ionenkristall)

Li^+ und H^- enthalten in ihren Wolken wie das He-Atom je zwei Elektronen, also sollte nach dem Pauli-Prinzip keine Bindung zwischen beiden Ionen möglich sein. Beide Ionen tragen jedoch entgegengesetzte Ladungen und ziehen sich deshalb nach dem Coulombschen Gesetz gegenseitig an. Die beiden Ionen nähern sich so lange, bis die Anziehungskraft mit der Kraft, die von der Hüllenabstoßung herrührt, im Gleichgewicht steht (Abb. 3.30); der Gleichgewichtsabstand liegt wiederum etwa dort, wo die Elektronendichte ρ nur noch etwa 1% des Wertes in Kernnähe beträgt. An das Gebilde aus 2 Ionen können sich weitere Ionen unter Gewinn von potentieller Energie anlagern (Abb. 3.30b). Der denkbar größte Gewinn an Coulombscher Energie ergibt sich bei der Bildung eines Kristalles mit Kochsalzgitterstruktur (Abb. 3.30c). Experimentell findet man tatsächlich, daß LiH als Ionenkristall stabil ist. Die Ionenradien (Abb. 3.26) von Li^+ bzw. H^- sind 0,58 bzw. 1,54 Å; der Ionenabstand im Gitter sollte also etwa 2 Å sein; experimentell findet man 2,04 Å [3.22]. Wir haben also auf

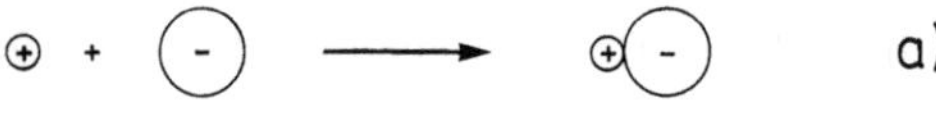

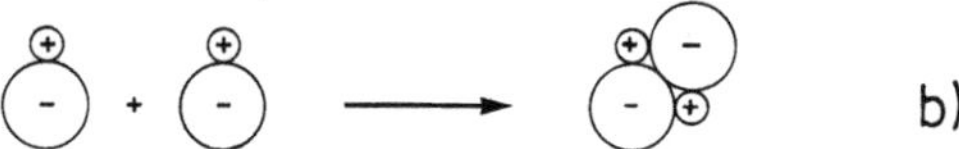

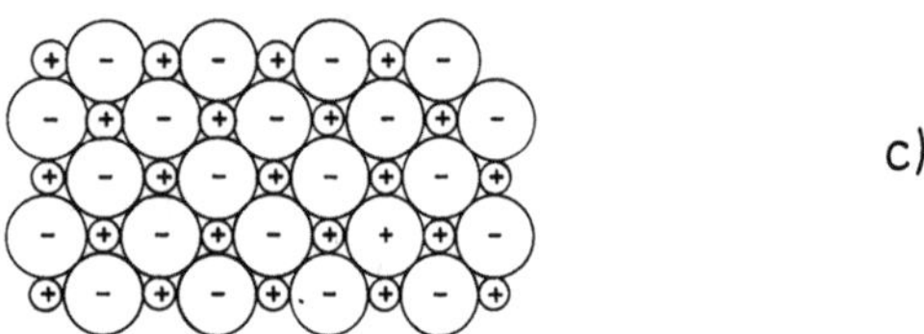

Abb. 3.30a – c. Zusammenlagerung von Li^+ und H^-. (**a**) Gebilde aus 2 Ionen. (**b**) Gebilde aus 4 Ionen. (**c**) Kristallgitter, das durch weitere Anlagerung von Ionen gebildet wird

Grund unserer Postulate den einfachsten Fall einer Ionenbindung verstanden.

3.10 Bohrsches Atommodell und Korrespondenzprinzip

Wir haben gesehen, daß wir die Eigenschaften einfacher Atome verstehen können, wenn wir die Postulate der Wellenmechanik zugrunde legen. Vor Einführung der Wellenmechanik hat Bohr [3.23] versucht, ein Atommodell aufzustellen. Er ging davon aus, daß das Elektron im H-Atom als lokalisierbares Teilchen im Abstand r um den Atomkern rotiert (Abb. 3.31); die elektrostatische Anziehung stellt die Zentripetalkraft dar, die das Elektron auf dem Kreis hält. Ist u die Geschwindigkeit bzw. $d\varphi/dt$ die Winkelgeschwindigkeit des Elektrons, dann gilt für die Zentripetalkraft

$$\frac{mu^2}{r} = mr\left(\frac{d\varphi}{dt}\right)^2 = \frac{1}{4\pi\varepsilon_0}\frac{e_0^2}{r^2}. \tag{3.72}$$

Zur Festlegung von u postulierte Bohr intuitiv, daß der Drehimpuls des Elektrons gerade gleich $h/2\pi$ ist, also

$$mr^2\frac{d\varphi}{dt} = \frac{h}{2\pi}. \tag{3.73}$$

Aus (3.72) und (3.73) erhalten wir u und r

$$u = \frac{1}{4\pi\varepsilon_0}\frac{2\pi e_0^2}{h} \qquad r = 4\pi\varepsilon_0\frac{h^2}{4\pi^2 me_0^2}. \tag{3.74}$$

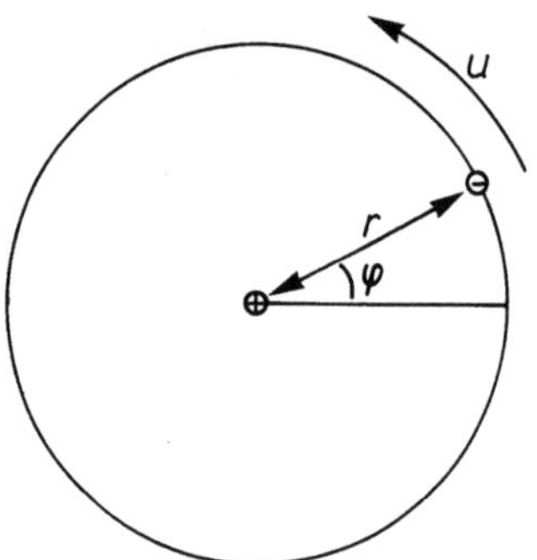

Abb. 3.31. Bohrsches Atommodell; das Elektron kreist im Abstand r mit der Geschwindigkeit u um den Kern

Für den Radius ergibt sich also derselbe Ausdruck wie für den wahrscheinlichsten Abstand a_0; man bezeichnet a_0 deshalb auch als Bohrschen Radius. Aus u und r können wir die kinetische und die potentielle Energie ausrechnen. Wir erhalten

$$T = \frac{1}{2}mu^2 = \frac{1}{2}m\left(\frac{1}{4\pi\varepsilon_0}\frac{2\pi e_0^2}{h}\right)^2 = \frac{1}{4\pi\varepsilon_0}\frac{e_0^2}{a_0}$$

$$V = -\frac{1}{4\pi\varepsilon_0}\frac{e_0^2}{r} = -\frac{1}{4\pi\varepsilon_0}\frac{e_0^2}{a_0} \tag{3.75}$$

wie im Fall der wellenmechanischen Betrachtung.

Trotz dieser Übereinstimmung führt die Bohrsche Theorie zu einer falschen Aussage: Kern und kreisendes Elektron stellen zusammen einen rotierenden elektrischen Dipol dar, und nach der Theorie des Elektromagnetismus müßte dieser Dipol elektromagnetische Strahlung der Frequenz

$$\nu = \frac{u}{2\pi r} = \frac{1}{4\pi\varepsilon_0}\frac{2\pi e_0^2}{h2\pi a_0} = \frac{1}{4\pi\varepsilon_0}\frac{e_0^2}{ha_0} = 6{,}7\cdot 10^{15}\,s^{-1}$$

aussenden; diese Frequenz entspricht der Wellenlänge $\lambda = 45$ nm. Ein Gas aus Wasserstoffatomen müßte also Licht im Vakuum-UV ausstrahlen; dies ist aber nicht der Fall. Eine weitere Konsequenz wäre die, daß das Atom bei der Strahlung Energie abgibt, die Gesamtenergie des Atoms müßte also absinken; dadurch aber würde der Radius r immer kleiner und schließlich Null werden. Dies steht ebenfalls im Widerspruch zur Erfahrung.

Durch Einführen entsprechender Verbotspostulate hat Bohr diesen Widerspruch provisorisch aufgehoben. Im Bohrschen Modell wird dem Elektron eine bestimmte Bahn zugeschrieben, was im Gegensatz zum Ergebnis der

Elektroneninterferenzversuche (Kap. 1) steht. Das Bohrsche Modell ist jedoch trotz dieser Widersprüche als Vorläufer der Quantenmechanik historisch von größter Bedeutung.

Die Feststellung, daß Vorstellungen der klassischen Physik zu sinnvollen Aussagen führen, obgleich sie grundsätzlich falsch sind (*Bohrsches Korrespondenzprinzip*), ist für die Atomphysik von großer Bedeutung. Diese Korrespondenz beruht darauf, daß Quantenmechanik und klassische Mechanik einander in ihrer Begriffsstruktur entsprechen. Das äußert sich darin, daß man die Schrödinger-Gleichung, statt sie als Postulat zu betrachten, nach dem folgenden Rezept, das dann das Postulat darstellt, herleiten kann: man beschreibt die Energie eines Teilchens der Masse m, dessen potentielle Energie $V(x, y, z)$ vom Ort abhängt und das die Gesamtenergie E besitzt, nach der klassischen Mechanik durch die Gleichung

$$H = \frac{1}{2m}(p_x^2 + p_y^2 + p_z^2) + V(x, y, z) = E \,, \qquad (3.76)$$

wobei p_x, p_y und p_z die Komponenten des Impulses in den drei Raumrichtungen sind. Der erste Summand ist also die kinetische Energie. H nennt man die Hamiltonsche Funktion. Aus der klassischen Gleichung

$$H = E \qquad (3.77)$$

ergibt sich die Schrödinger-Gleichung

$$\mathcal{H}\psi = E\psi \,, \qquad (3.78)$$

indem man von der Hamiltonschen Funktion zum Hamiltonschen Operator $\mathcal{H}$ übergeht. Dazu ersetzt man p_x durch den Operator $\dfrac{h}{2\pi i}\dfrac{\partial}{\partial x}$, den man auf die Wellenfunktion ψ anwendet ($i = \sqrt{-1}$). Statt p_x^2 ergibt sich dann der Operator

$$\frac{h}{2\pi i}\frac{\partial}{\partial x}\left(\frac{h}{2\pi i}\frac{\partial}{\partial x}\right) = \frac{h^2}{4\pi^2 i^2}\frac{\partial^2}{\partial x^2} = -\frac{h^2}{4\pi^2}\frac{\partial^2}{\partial x^2} \,. \qquad (3.79)$$

Entsprechend geht man bei p_y und p_z vor. V ist mit dem Operator V identisch, und damit erhält man den Hamiltonschen Operator

$$\mathcal{H} = -\frac{h^2}{8m\pi^2}\left(\frac{\partial^2}{\partial x^2} + \frac{\partial^2}{\partial y^2} + \frac{\partial^2}{\partial z^2}\right) + V(x, y, z) \,, \qquad (3.80)$$

den wir schon in Abschn. 2.5 betrachtet haben. Durch dieses Vorgehen wird die Schrödinger-Gleichung natürlich nicht begründet; es wird nur ein Postulat durch ein anderes ersetzt, das gewisse Strukturzusammenhänge besser erkennen läßt.

Aufgaben

3.1 *Franck-Hertz-Versuch*

Der Abstand zweier Minima beim Franck-Hertz-Versuch mit Natrium beträgt 2,1 V. Welchen Wert erwarten wir daraus für die Wellenlänge der gelben Na-Linie?

3.2 *Normierung*

Man begründe den Normierungsfaktor in (3.10).

3.3 *Schrödinger-Gleichung*

Man zeige durch Einsetzen in die Schrödinger-Gleichung, daß (3.8) tatsächlich eine Lösung der Schrödinger-Gleichung für das H-Atom darstellt. Wie groß ist die Energie E des energieärmsten Zustandes?

3.4 *Wahrscheinlichkeitsdichte ρ*

Bei welchem Abstand r ist ρ beim H-Atom auf $1/1000$ des Maximalwertes abgesunken?

3.5 *Antreffwahrscheinlichkeit des Elektrons im H-Atom*

Man berechne die Wahrscheinlichkeit, das Elektron im H-Atom im Innern einer Kugel mit dem Radius $r = a_0$, $r = 2a_0$ und $r = 1,25$ Å anzutreffen, und berechne den Radius der Kugel, innerhalb derer die Antreffwahrscheinlichkeit für das Elektron 99% beträgt.

3.6 *Mittlere potentielle Energie beim H-Atom*

Man berechne $\bar{V}$.

3.7 *Orthogonalität und Normierung*

Man zeige, daß die Funktionen (3.26) normiert und zueinander orthogonal sind. Man berechne den mittleren Abstand $\bar{r}$ eines Elektrons in einem 2s- und einem 2p-Zustand. Man vergleiche mit dem Ergebnis für den 1s-Zustand.

3.8 *Variationsprinzip*

Man berechne die Energie des H-Atoms im Grundzustand nach (3.33) mit

$$\psi = \frac{1}{\sqrt{a_0^3 \pi}}\, e^{-r/a_0}.$$

Man vergleiche mit dem Resultat in Aufgabe 3.3.

3.9 *Variationsprinzip mit Kastenfunktion*

Man zeige, daß für die mittlere potentielle Energie des H-Atoms mit der Testfunktion 3.48 der Ausdruck $\bar{V} = \alpha e_0^2/L$ erhalten wird ($\alpha = 4{,}18$).

3.10 *Schrödinger-Gleichung für He$^+$*

Man zeige, daß (3.56) eine Lösung der Schrödinger-Gleichung für das He$^+$-Ion darstellt. Man leite den Ausdruck (3.57) für die Gesamtenergie E ab. Man verallgemeinere für eine beliebige Kernladungszahl Z.

3.11 *He$^+$-Ion*

Für das He$^+$-Ion stelle man die Wahrscheinlichkeitsdichten ρ und P graphisch dar; man berechne die mittlere potentielle Energie, den mittleren und den wahrscheinlichsten Abstand. Wie groß ist der Radius der Kugel, innerhalb derer 99% der Ladung des Elektrons anzutreffen ist?
Man vergleiche mit dem H-Atom.

3.12 *Längs- und Querausdehnung der Wolke im H$_2^+$-Ion*

Wie groß ist beim H$_2^+$-Ion die Änderung der kinetischen Energie gegenüber dem H-Atom, die allein durch Änderung der Längsausdehnung zustande kommt? Wie wirkt sich die Querkontraktion aus?
Man lege das Kastenmodell zugrunde.

3.13 *Auswertung der in der LCAO-Näherung auftretenden Integrale*

Man berechne für das H$_2^+$-Ion unter Zugrundelegung des LCAO-Ansatzes die Gesamtenergie ε, die mittlere potentielle Energie $\bar{V}$ und die mittlere kinetische Energie $\bar{T}$ in Abhängigkeit vom Kernabstand d. Bei dieser Aufgabe hängt der Wert einiger Integrale vom Kernabstand ab. Es gilt für diese Integrale [3.24]

$$S_{ab} = \int \varphi_a \varphi_b \, d\tau = \left[1 + \frac{d}{a_0} + \frac{1}{3}\left(\frac{d}{a_0}\right)^2 \right] e^{-d/a_0}$$

$$H_{ab} = \int \varphi_a \mathscr{H} \varphi_b \, d\tau$$

$$= -\frac{1}{4\pi\varepsilon_0}\,\frac{e_0^2}{a_0}\left[\left(\frac{1}{2} - \frac{a_0}{d}\right) S_{ab} + \left(1 + \frac{d}{a_0}\right) e^{-d/a_0} \right]$$

$$H_{aa} = \int \varphi_a \mathscr{H} \varphi_a \, d\tau$$

$$= \frac{1}{4\pi\varepsilon_0}\,\frac{e_0^2}{a_0}\left[-\frac{1}{2} + \left(1 + \frac{a_0}{d}\right) e^{-2d/a_0} \right]$$

3.14 *Bohrsches Atommodell*

In Abschn. 3.10 wurde die Energie des H-Atoms nach dem Bohrschen Atommodell berechnet; dabei wurde angenommen, daß der Atomkern in Ruhe bleibt. Tatsächlich muß aber der Schwerpunkt des Atoms in Ruhe bleiben. Was ändert dies an der Überlegung?

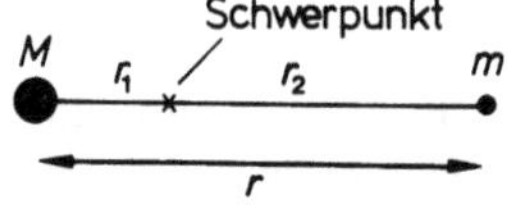

4. Periodensystem der Elemente

Wir haben bisher den Aufbau leichter Elemente (Wasserstoff, Helium und Lithium) kennengelernt. Elemente bestehen aus Atomen mit jeweils gleicher Kernladungszahl Z (Anzahl der Protonen). Durch Hinzufügen je eines Protons und eines Elektrons sind wir von Wasserstoff ($Z = 1$) zum Helium ($Z = 2$) und schließlich zum Lithium ($Z = 3$) gelangt. In entsprechender Weise können wir uns den Aufbau schwererer Elemente vorstellen (Tabelle 4.1).

Tabelle 4.1. Zuordnung von Kernladungszahlen Z und Elementen

Z	Element	Z	Element
1	H	6	C
2	He	7	N
3	Li	8	O
4	Be	9	F
5	B	10	Ne

Bei Vernachlässigung der gegenseitigen Abstoßung der Elektronen würden wir für alle Elemente im atomaren Zustand im Prinzip das gleiche Energieschema wie beim H-Atom erwarten, nur müßten die Abstände zwischen Niveaus mit verschiedenen Quantenzahlen n mit wachsender Kernladungszahl größer werden. Wie wir beim He-Atom gesehen haben, macht sich jedoch bereits bei 2 Elektronen die Elektronenabstoßung stark in der Ausdehnung der Elektronenwolke und in der Gesamtenergie des Atoms bemerkbar; bei den schwereren Elementen würde die Vernachlässigung der Elektronenabstoßung deshalb zu falschen Voraussagen führen. Die Berücksichtigung dieses Abstoßungseffektes stellt ein schwieriges Problem dar, das sich auch bei großem mathematischen Aufwand nur näherungsweise lösen läßt. Da wir zunächst nicht so sehr an genauen Energiewerten für die einzelnen Elemente interessiert sind, sondern vielmehr das allgemeine Bauprinzip verstehen wollen, werden wir uns mit einer möglichst einfachen Beschreibung der schweren Elemente begnügen. Unser Modell sollte die Elektronenstruktur der Elemente so weit wiedergeben, daß das chemische Erfahrungsmaterial befriedigend damit gedeutet werden kann; dazu gehört die Periodizität von Eigenschaften wie Ionisierungsenergie, Wertigkeit, Tendenz zu kovalenter oder ionischer Bindung, Atom- und Ionenradien, Komplexbildung und vieles andere.

Wir betrachten zunächst die Ionisierungsenergien der bisher untersuchten Atome und Ionen. Für die Reaktion

$$H \rightarrow H^+ + e^-$$

ist nach (3.12) eine Energie $(4\pi\varepsilon_0)^{-1} e_0^2/(2a_0) = 21{,}79 \cdot 10^{-19}$ J aufzuwenden. Befände sich das H-Atom im $2s$-Orbital, dann wäre die Ionisierungsenergie nach Abschn. 3.2.2 nur $\frac{1}{4} \cdot 21{,}79 \cdot 10^{-19}$ J $= 5{,}45 \cdot 10^{-19}$ J. Beim He-Atom müssen wir die Ionisierung des ersten (Ionisierungsenergie I_1) und des zweiten Elektrons (Ionisierungsenergie I_2) unterscheiden.

$$He \xrightarrow{I_1} He^+ + e^- \xrightarrow{I_2} He^{2+} + 2e^-$$

In Abschn. 3.6 haben wir $I_1 = 39{,}39 \cdot 10^{-19}$ J berechnet (experimenteller Wert $39{,}391 \cdot 10^{-19}$ J), und nach (3.57) ist $I_2 = 87{,}18 \cdot 10^{-19}$ J.

Es ist also für die Ablösung des ersten Elektrons eine viel kleinere Energie aufzuwenden als für die Ablösung des zweiten Elektrons, obwohl beide Elektronen dasselbe $1s$-Orbital besetzen. Das liegt daran, daß bei der Ablösung des ersten Elektrons das zweite Elektron am Kern verbleibt, also nicht die gesamte Ladung des Kerns auf das erste Elektron einwirkt; in großen Abständen vom Kern wirkt auf das erste Elektron nur 1 positive Ladung (Kernladung vermindert um die Ladung des zweiten Elektrons), bei ganz kleinen Abständen vom Kern wirkt die volle Kernladung (Abb. 4.1).

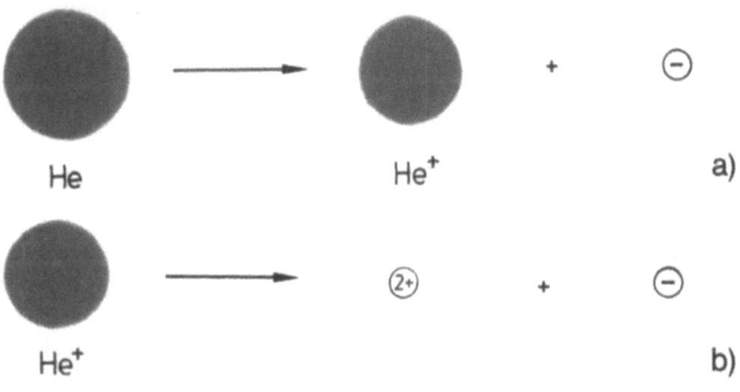

Abb. 4.1a, b. Ablösung des ersten Elektrons (**a**) und des zweiten Elektrons (**b**) aus dem He-Atom. Wegen der Abstoßung beider Elektronen ist die Elektronenwolke im He ausgedehnter als im He$^+$

Wir wollen diese Überlegung auf das Lithium-Atom übertragen. Li besteht aus einem 3fach positiv geladenen Kern und 3 Elektronen, von denen 2 gemeinsam ein $1s$-Orbital besetzen. Das dritte Elektron muß wegen des Pauli-Prinzips (Abschn. 3.8) ein anderes Orbital besetzen; dafür käme ein $2s$- oder ein $2p$-Orbital in Frage, da die entsprechenden Zustände nach Abb. 3.11 die nächsthöhere Energie besitzen:

$$\text{Li} \xrightarrow{I_1} \text{Li}^+ + e^- \xrightarrow{I_2} \text{Li}^{2+} + 2e^- \xrightarrow{I_3} \text{Li}^{3+} + 3e^-.$$

Für Li erwarten wir also 3 verschiedene Ionisierungsenergien. Man findet experimentell [4.1] $I_1 = 8{,}64 \cdot 10^{-19}$ J, $I_2 = 121{,}2 \cdot 10^{-19}$ J und $I_3 = 196{,}1 \cdot 10^{-19}$ J. I_3 entspricht der Ionisierung eines Systems, das aus einem 3fach positiv geladenen Kern und einem Elektron besteht, also erwarten wir $I_3 = 9 \cdot 21{,}79 \cdot 10^{-19}$ J $= 196{,}1 \cdot 10^{-19}$ J. I_2 ist kleiner, weil die Kernladung durch das zweite Elektron teilweise abgeschirmt wird, aber wegen der größeren Kernladung größer als I_2 beim He-Atom. I_1 ist dagegen wesentlich kleiner als I_1 bei He. Dies liegt daran, daß ein Elektron in einem $2s$- oder $2p$-Orbital im Mittel weiter vom Kern entfernt ist als ein Elektron im $1s$-Orbital (Aufgabe 4.1); beim H-Atom ist für die Ionisierung aus einem $2s$-oder $2p$-Zustand die Energie $\frac{1}{4} \cdot 21{,}79 \cdot 10^{-19}$ J $= 5{,}45 \cdot 10^{-19}$ J aufzuwenden; da die Kernladung beim Li von beiden übrigen Elektronen nur teilweise abgeschirmt wird, ist I_1 verständlicherweise etwas größer als dieser Wert. Wir müssen jetzt noch entscheiden, ob das 3. Elektron im Li-Atom ein $2s$- oder ein $2p$-Orbital besetzt oder ob beide Möglichkeiten gleichermaßen offenstehen. Beide Orbitale unterscheiden sich darin, daß beim $2s$-Orbital die Elektronendichte in Kernnähe sehr

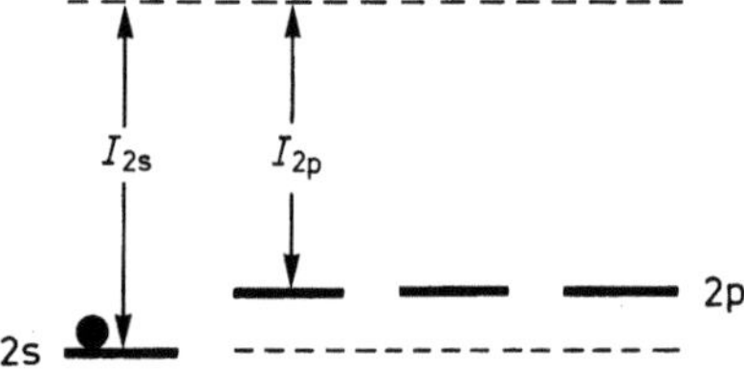

Abb. 4.2. Besetzungsschema für das Li-Atom; die Energie für eine Ionisierung aus dem $2s$-Zustand (I_{2s}) ist größer als die entsprechende Energie für den $2p$-Zustand (I_{2p}), weil ein $2p$-Elektron durch die $1s$-Elektronen stärker vom Kern abgeschirmt wird als ein $2s$-Elektron. Aus diesem Grund besetzt das dritte Elektron im Li-Atom ein $2s$-Orbital und nicht ein $2p$-Orbital

groß ist, während sie beim $2p$-Orbital am Kern den Wert Null besitzt (Abb. 3.8 und 3.9). Ein $2p$-Elektron hält sich also seltener als ein $2s$-Elektron in dem Bereich auf, in dem das nicht abgeschirmte Feld des Kerns wirkt. Es wird deshalb besser als ein $2s$-Elektron von den restlichen $1s$-Elektronen abgeschirmt. Daraus ergibt sich, daß die Gesamtenergie eines $2p$-Elektrons größer sein muß als die eines $2s$-Elektrons. Wegen dieses Abschirmeffektes liegen also die $2s$- und $2p$-Niveaus nicht mehr wie beim H-Atom auf gleicher Höhe. Nach dem Variationsprinzip muß somit das dritte Elektron im Li-Atom das $2s$-Orbital besetzen (Abb. 4.2).

Damit können wir angeben, in welchen Orbitalen die Elektronen der einzelnen Elemente bis hin zum Bor untergebracht werden müssen:

H $1s$

He $1s1s = 1s^2$

Li $1s^2 2s$

Be $2s^2 2s^2$

B $2s^2 2s^2 2p_x$

Im Fall des Bor-Atoms könnte das letzte Elektron natürlich auch ein $2p_y$- oder $2p_z$-Orbital besetzen, da alle drei Orbitale völlig gleichwertig sind.

Bei dem nächsten Element, dem Kohlenstoff mit 6 Elektronen, taucht allerdings ein neues Problem auf: das 6. Elektron kann entweder ebenfalls ein $2p_x$-Orbital (gemeinsam mit dem 5. Elektron) besetzen oder aber ein freies $2p_y$- oder $2p_z$-Orbital.

Im ersten Fall wären die Elektronen im Mittel näher beisammen als im zweiten, so daß die Energie größer wäre. Somit gilt für die weiteren Elemente das Besetzungsschema

C $1s^2 2s^2 2p_x 2p_y$

N $1s^2 2s^2 2p_x 2p_y 2p_z$

O $1s^2 2s^2 2p_x^2 2p_y 2p_z$

F $1s^2 2s^2 2p_x^2 2p_y^2 2p_z$

Ne $1s^2 2s^2 2p_x^2 2p_y^2 2p_z^2$

Dieses Vorgehen entspricht der *Regel von Hund* [4.2]: Sind mehrere energiegleiche Zustände durch mehrere Elektronen zu besetzen, dann ist so zu verfahren, daß möglichst viele Orbitale einfach besetzt werden.

Entsprechendes gilt für die beim H-Atom energiegleichen Zustände $3s$, $3p$ und $3d$ sowie $4s$, $4p$, $4d$ und $4f$:

$$\text{Energie von } s < \text{Energie von } p < \text{Energie von } d$$
$$< \text{Energie von } f.$$

Im Neon hat man eine kugelsymmetrische Ladungsverteilung um den Kern. Die $1s$- und $2s$-Elektronen sind kugelsymmetrisch verteilt, und die $2p$-Elektronen bilden zusammen eine kugelsymmetrische Wolke, da nach (3.26)

$$\psi_{2p_x}^2 + \psi_{2p_y}^2 + \psi_{2p_z}^2 = \frac{1}{32\pi a_0^5}\, e^{-r/a_0}(x^2 + y^2 + z^2)$$

und der letzte Faktor gleich r^2 ist.

In Abb. 4.3 sind die Elemente in ein Schema eingetragen, das sich in der beschriebenen Weise aus dem H-Atom-Energieschema ergibt. Dieses Schema bezeichnet man als das *Periodensystem der Elemente* [4.3].

Bei dieser Beschreibung der Elektronenstruktur der Atome haben wir wasserstoffähnliche Atomfunktionen angenommen. Bei einer genauen Betrachtung ist dies allerdings nicht zulässig, da beim H-Atom-Problem das Verhalten von nur einem Elektron im Feld des Kerns untersucht wird, bei einem höheren Atom aber mehrere Elektronen im Feld des Kerns vorliegen. Wir müßten also eigentlich eine Wellenfunktion berechnen, die von den Koordinaten sämtlicher Elektronen abhängt (Mehrelektronenproblem). Näherungsweise können wir aber im Rahmen einer Einelektronentheorie bleiben, wenn wir eines der vielen Elektronen im Feld des Kerns und im gemittelten Feld der übrigen Elektronen betrachten. Diese Näherung können wir weiter vereinfachen, wenn wir das herausgegriffene Elektron in einem effektiven Kernfeld annehmen, dessen Größe durch die übrigen Elektronen mitbestimmt wird. Das Kernfeld ist dann wie beim H-Atom kugelsymmetrisch, und die Funktionen besitzen die gleiche Symmetrie wie beim H-Atom, unterscheiden sich aber darin, daß an Stelle der Kernladungszahl Z eine effektive Kernladungszahl Z_{eff} steht. Von Slater [4.4] wurden Regeln aufgestellt, nach denen Z_{eff} zu berechnen ist,

$$Z_{\text{eff}} = Z - \sigma. \tag{4.1}$$

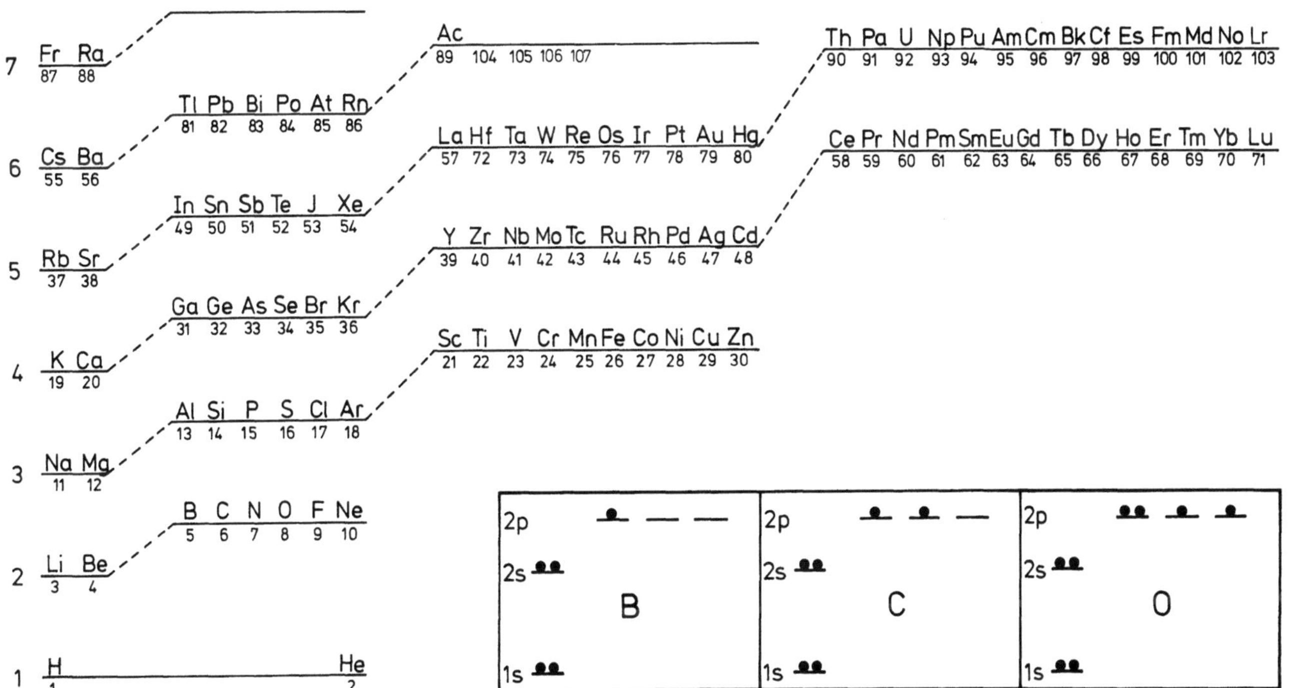

Abb. 4.3. Periodensystem der Elemente. Die Elemente sind nach steigender Elektronenzahl geordnet in ein Schema eingetragen, das sich aus dem H-Atom-Termschema unter Berücksichtigung der Kernabschirmung ergibt. Bei der Besetzung der p-, d- und f-Niveaus ist die Hundsche Regel zu beachten (Beispiele für B, C und O in den eingerahmten Feldern) [4.3]

Man bezeichnet σ als die Abschirmungskonstante, sie setzt sich aus Einzelbeiträgen der Elektronen in den Gruppen $1s$; $2s, 2p$; $3s, 3p$; $3d$; $4s, 4p$; $4d, 4f \dots$ gemäß Abb. 4.4 zusammen.

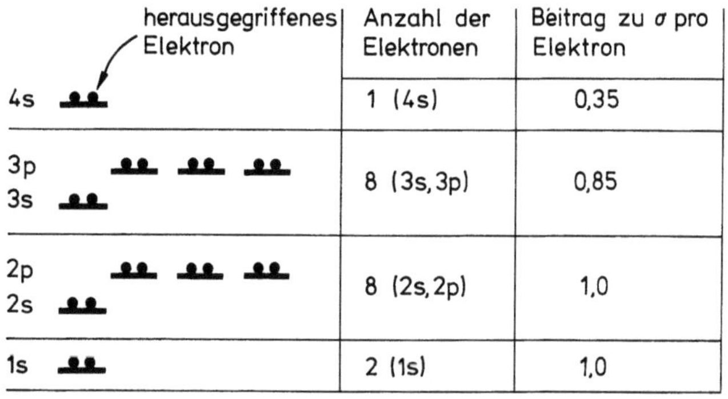

herausgegriffenes Elektron	Anzahl der Elektronen	Beitrag zu σ pro Elektron
4s	1 (4s)	0,35
3p / 3s	8 (3s, 3p)	0,85
2p / 2s	8 (2s, 2p)	1,0
1s	2 (1s)	1,0

Abb. 4.4. Berechnung von σ aus Einzelbeiträgen

In diesem Schema ist das herausgegriffene Elektron ein $4s$-Elektron (Ca-Atom). Die verbleibenden Elektronen in derselben Gruppe tragen 0,35 bei (Ausnahme $1s$-Gruppe: 0,30). Die d, f-Gruppen tragen je 1,0 bei; die s, p-Gruppen tragen je 0,85 bei, wenn sie direkt unterhalb der Gruppe des betrachteten Elektrons liegen, die

Tabelle 4.2. Berechnung der Abschirmkonstanten σ und der effektiven Kernladungszahlen Z_{eff} für die Valenzelektronen einiger Atome

Atom	σ	Z_{eff}
He	0,30	$2 - 0{,}30 = 1{,}70$
Li	$2 \cdot 0{,}85 = 1{,}70$	$3 - 1{,}70 = 1{,}30$
Be	$0{,}35 + 2 \cdot 0{,}85 = 2{,}05$	$4 - 2{,}05 = 1{,}95$
B	$2 \cdot 0{,}35 + 2 \cdot 0{,}85 = 2{,}40$	$5 - 2{,}40 = 2{,}60$
C	$3 \cdot 0{,}35 + 2 \cdot 0{,}85 = 2{,}75$	$6 - 2{,}75 = 3{,}25$
N	$4 \cdot 0{,}35 + 2 \cdot 0{,}85 = 3{,}10$	$7 - 3{,}10 = 3{,}90$
O	$5 \cdot 0{,}35 + 2 \cdot 0{,}85 = 3{,}45$	$8 - 3{,}45 = 4{,}55$
F	$6 \cdot 0{,}35 + 2 \cdot 0{,}85 = 3{,}80$	$9 - 3{,}80 = 5{,}20$
Ne	$7 \cdot 0{,}35 + 2 \cdot 0{,}85 = 4{,}15$	$10 - 4{,}15 = 5{,}85$
Na	$8 \cdot 0{,}85 + 2 \cdot 1{,}00 = 8{,}80$	$11 - 8{,}80 = 2{,}20$
Mg	$1 \cdot 0{,}35 + 8 \cdot 0{,}85 + 2 \cdot 1{,}00 = 9{,}15$	$12 - 9{,}15 = 2{,}85$

noch tiefer liegenden tragen 1,0 bei. Es ist also in unserem Beispiel $\sigma = 2 + 8 + 6{,}80 + 0{,}35 = 17{,}15$ und somit ist $Z_{\mathrm{eff}} = 20 - 17{,}15 = 2{,}85$. Im einzelnen erhalten wir damit für ein Valenzelektron (Elektron im höchsten besetzten Zustand) die Werte in Tabelle 4.2.

Mit diesen Annahmen werden die gleichen Funktionen wie in (3.8, 26, 27) erhalten mit dem einzigen Unterschied, daß Z durch Z_{eff} zu ersetzen ist. Um mit diesen Funktionen besser rechnen zu können, wurde von Slater vorgeschlagen, die im Radialanteil dieser Funktionen vorkommenden Polynome von r durch eine einfache Potenz r^{n-1} zu ersetzen, also z. B. an Stelle von

$$\psi_{2s} \sim \left(2 - \frac{rZ_{\mathrm{eff}}}{a_0}\right) e^{-rZ_{\mathrm{eff}}/(2a_0)} \tag{4.2}$$

und

$$\psi_{3s} \sim \left[27 - 18\,\frac{rZ_{\mathrm{eff}}}{a_0} + 2\left(\frac{rZ_{\mathrm{eff}}}{a_0}\right)^2\right] e^{-rZ_{\mathrm{eff}}/(3a_0)} \tag{4.3}$$

die vereinfachten Funktionen

$$\psi_{2s,\mathrm{Slater}} \sim r\, e^{-rZ_{\mathrm{eff}}/(2a_0)} \tag{4.4}$$

$$\psi_{3s,\mathrm{Slater}} \sim r^2 e^{-rZ_{\mathrm{eff}}/(3a_0)} \tag{4.5}$$

zu verwenden. Diese Funktionen unterscheiden sich von den „richtigen" Funktionen dadurch, daß sie keine Knotenflächen besitzen. Man nennt sie *Slater-Funktionen*.

Aufgabe

4.1 *Abschirmung der Kernladung*

Beim Li-Atom wird die Kernladung durch die beiden $1s$-Elektronen so weit abgeschirmt, daß auf das 3. Elektron im Mittel eine effektive Kernladung $Z_{\mathrm{eff}} \cdot e_0$ wirkt. Wie groß muß Z_{eff} sein, damit die experimentelle Ionisierungsenergie erhalten wird?

5. Bau einfacher Moleküle

5.1 Beschreibung durch einfache Bindungsmodelle

Die Bindung beim H_2-Molekül kommt durch die Überlappung der $1s$-Orbitale zweier H-Atome zustande. Da jedes der beiden Atome 1 Elektron zur Bindung beisteuert, also 2 Elektronen paarweise an der Bindung beteiligt sind, nennt man eine solche Bindung *Elektronenpaarbindung*. In entsprechender Weise können sich auch andere Orbitale, z. B. p-Orbitale, überlappen. Wir betrachten als Beispiel das F_2-Molekül. Das F-Atom besitzt die Elektronenkonfiguration $1s^2 2s^2 2p_y^2 2p_z^2 2p_x$; im $2p_x$-Zustand liegt also ein ungepaartes Elektron vor (die Wahl von p_x ist natürlich willkürlich, genau so gut könnten wir p_y oder p_z wählen). Während die s-Orbitale und die $2p_y$- und $2p_z$-Orbitale jeweils doppelt besetzt sind und wegen des Pauli-Prinzips nicht zur Bindung beitragen können, überlappen die beiden $2p_x$-Orbitale unter Bildung des F_2-Moleküls (Abb. 5.1). Daraus folgt zwangsläufig, daß das Fluor-Atom einbindig ist.

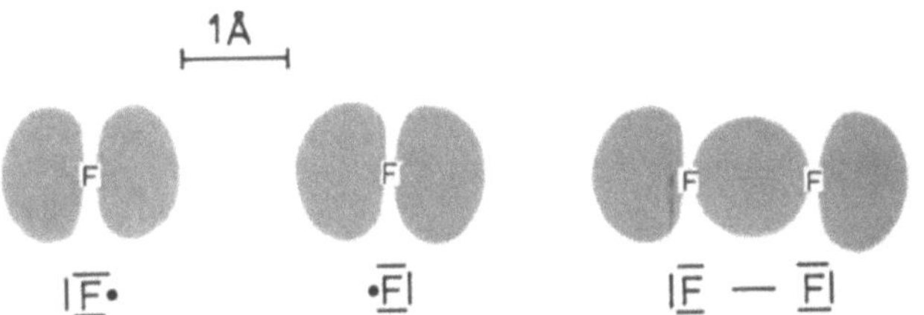

Abb. 5.1. Elektronenpaarbindung des F_2 (Überlappung der $2p_x$-Orbitale). In der Formelschreibweise bedeutet ein Punkt ein einsames Elektron, ein Strich ein Elektronenpaar; es werden nur die Elektronenpaare der äußersten Schale angegeben. Innerhalb der Grauzone ist die Ladungsdichte dieser Elektronen [5.1] größer als $e_0 \cdot 0{,}02 \, \text{Å}^{-3}$

Die Elektronenverteilung in einem Molekül läßt sich auch schematisch durch eine Strichformel wiedergeben, die ebenfalls in Abb. 5.1 dargestellt ist. Dabei entspricht ein Strich einem Elektronenpaar und ein Punkt einem ungepaarten Elektron.

Im H_2O-Molekül erfolgt die Bindung durch Überlappung eines p_z- und eines p_x-Orbitals des Sauerstoffatoms mit den $1s$-Orbitalen der Wasserstoffatome (Abb. 5.2). Das Sauerstoffatom ist also 2-bindig; das H_2O-Molekül kann nur in einer gewinkelten Form existieren. Das N-Atom schließlich ist dreibindig. Das N_2-Molekül wird durch eine formale Dreifachbindung beschrieben, im NH_3-Molekül stehen die N−H-Bindungen senkrecht zueinander (Abb 5.3).

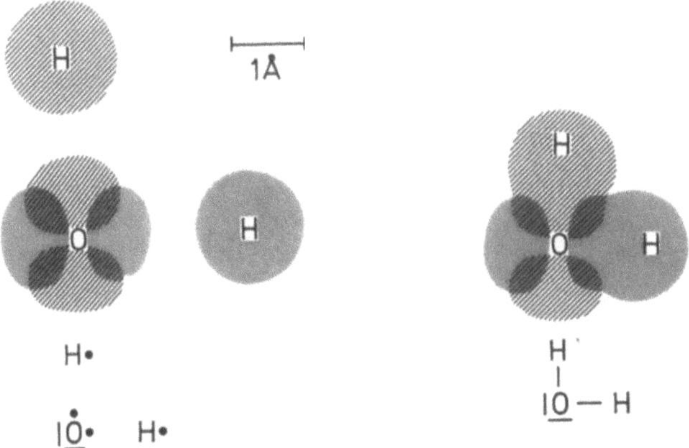

Abb. 5.2. Zustandekommen der Elektronenpaarbindung im H_2O-Molekül. Innerhalb der Grauzone ist die Ladungsdichte der Bindungselektronen [5.1] größer als $e_0 \cdot 0{,}02 \, \text{Å}^{-3}$

Diese rohe Beschreibungsweise gibt die tatsächlichen Bindungsverhältnisse noch nicht ganz richtig wieder; darauf wird in Abschn. 6.2 noch näher eingegangen.

5.2 Polarität von Bindungen und Elektronegativität

Ein Molekül aus zwei gleichen Atomen, z. B. F_2, besitzt eine völlig symmetrische Elektronenverteilung. Dies ist nicht mehr der Fall, wenn ein Molekül aus verschiedenen Atomen aufgebaut ist. Als Beispiel betrachten wir das F−Cl-Molekül, das sich vom F_2-Molekül dadurch unterscheidet, daß ein F-Atom durch das im Periodensystem genau 1 Zeile höher angeordnete Cl-Atom ersetzt ist. Die Elektronenpaarbindung ist im Prinzip die gleiche wie bei F_2 (Abb. 5.1). Beim Cl-Atom besetzt das Bindungselektron jedoch ein $3p$-Orbital, so daß es im Mittel weiter vom Kern entfernt ist als beim F-Atom; es wird also nicht so stark vom Kern angezogen. Die Folge davon ist, daß in der Elektronenpaarbindung bei F−Cl die Elektronenwolke zum Fluor hin verschoben ist (Abb. 5.4).

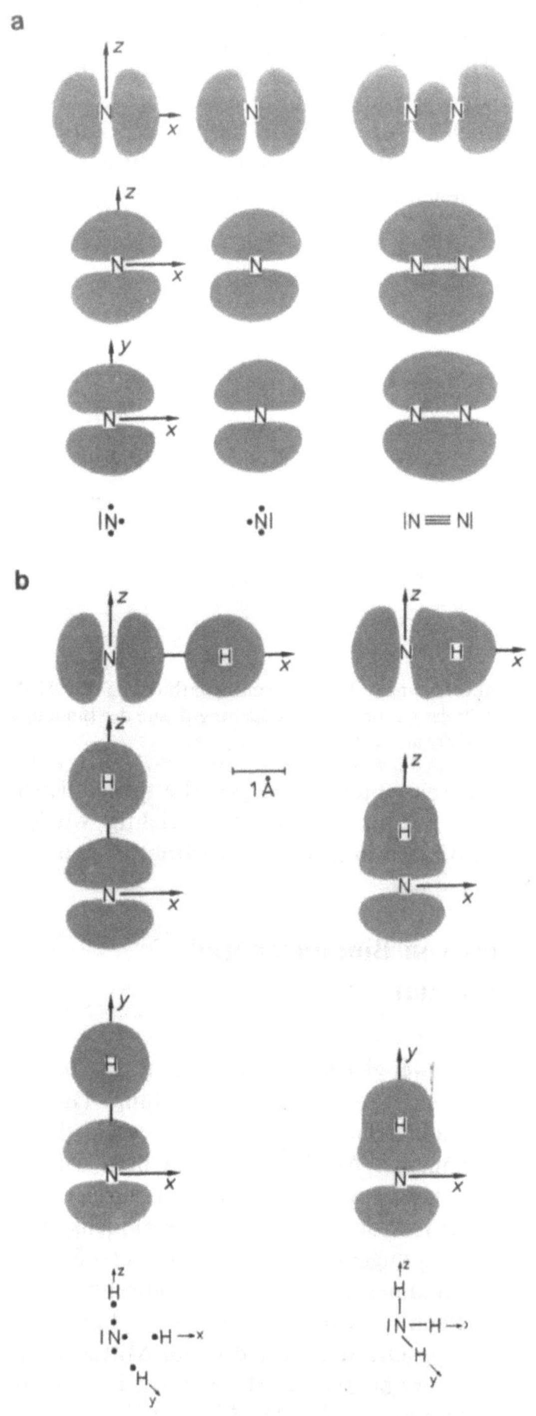

Abb. 5.3 a, b. Elektronenpaarbindung bei N_2 (a) und NH_3 (b). Darstellung in der *xy*- und in der *xz*-Ebene. Innerhalb der Grauzone ist die Ladungsdichte der Bindungselektronen [5.1] größer als $e_0 \cdot 0{,}02\ \text{Å}^{-3}$

Damit besitzt F – Cl ein Dipolmoment

$$\mu = qa, \tag{5.1}$$

wobei q der Betrag der am F-Atom bzw. Cl-Atom angehäuften Ladung und a der Abstand der Ladungsschwerpunkte ist.

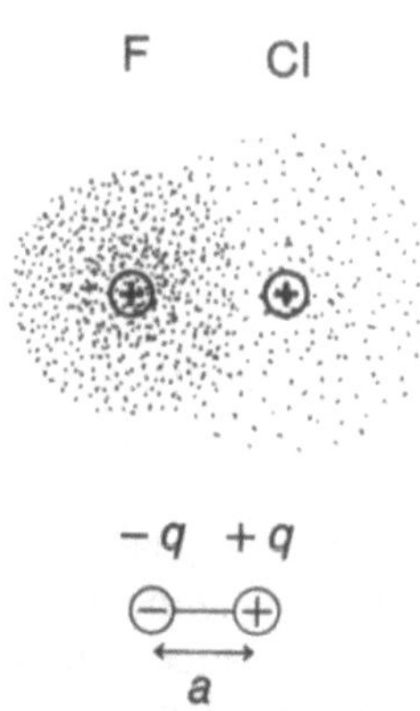

Abb. 5.4. Polarität der Elektronenpaarbindung bei F – Cl. Beschreibung des Dipolmomentes über eine positive und eine negative Punktladung im Abstand a: $\mu = qa$

Zur Beschreibung der verschieden starken Anziehung eines Bindungselektrons an einen Kern führt man den Begriff der *Elektronegativität* ein. Ein Atom ist um so elektronegativer, je stärker es ein Bindungselektron zu sich heranzieht. Vergleichen wir verschiedene Atome im Periodensystem, dann finden wir steigende Elektronegativität in Richtung einer Zeile

Li Be B C N O F,

weil von links nach rechts die Kernladungszahl ansteigt; in Richtung einer Spalte

F Cl Br J

sinkt die Elektronegativität ab, weil das Bindungselektron im Mittel immer weiter vom Kern entfernt ist. Somit ist F das elektronegativste aller Elemente (Tabelle 5.1).

Tabelle 5.1. Elektronegativität im Periodensystem

Zunahme der Elektronegativität							
Li	Be	B	C	N	O	F	Zunahme der Elektronegativität
			Si	P	S	Cl	
				As	Se	Br	

Eine Bindung ist um so polarer, je größer die Differenz der Elektronegativitäten der Bindungspartner ist, z. B.

$|\overline{\underline{F}} - \overline{\underline{F}}|$ reine homöopolare Bindung

$|\overline{\underline{F}} - \overline{\underline{Cl}}|$ ↓ zunehmende Polarität

$|\overset{\ominus}{\overline{\underline{F}}}|$ $\overset{\oplus}{Li}$ reine heteropolare Bindung (Ionenbindung)

Zur quantitativen Beschreibung der Elektronegativität eines Atoms könnte man von den experimentellen Dipolmomenten von Molekülen ausgehen und versuchen, diese Meßwerte aus Atomanteilen zusammenzusetzen. Es ist jedoch schwierig, genügend viele experimentelle Daten über die Größe und die Richtung des Dipolanteils, der auf eine einzelne Bindung entfällt, zu erhalten. Es ist aber möglich, die nötigen Informationen über theoretische Überlegungen zu erhalten. Dazu berechnet man die Gesamtenergie von Hydriden H – A der interessierenden Atome A nach dem Variationsprinzip unter Verwendung möglichst guter Testfunktionen. Diese Testfunktionen werden aus 3 Anteilen zusammengesetzt, aus zwei atomaren Anteilen φ_H bzw. φ_A mit Schwerpunkt um die Atome H bzw. A (analog wie im Fall von Abschn. 3.5.2, (3.62)) und einem Bindungsanteil φ_{HA} mit Schwerpunkt auf der Kernverbindungslinie im Abstand δ_A vom H-Atom (Abb. 5.5).

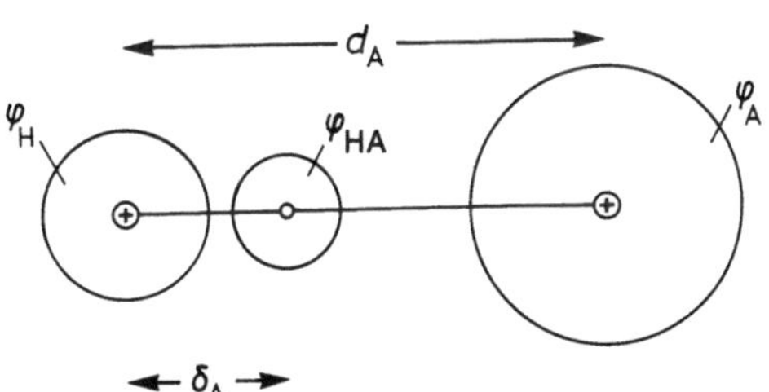

Abb. 5.5. Testfunktion für Bindungselektronen von Hydriden HA

Der letzte Anteil ist maßgebend für die Elektronenverteilung im Bereich der Bindung. Für diese Testfunktion gilt (Abb. 5.5)

$$\phi = \alpha \varphi_H + \beta \varphi_{HA} + \gamma \varphi_A \,. \tag{5.2}$$

Diese Konstanten α, β, γ sowie die Größe δ_A werden so lange variiert, bis sich das Energieminimum einstellt. Besitzen die Atome H und A die gleiche Elektronegativität, dann wird der Schwerpunkt des Bindungsanteils etwa in der Mitte zwischen beiden Kernen lokalisiert sein, es ist also nach Abb. 5.5

$$\delta_A = d_A/2 \,. \tag{5.3}$$

Bei größerer oder kleinerer Elektronegativität wird δ_A größer oder kleiner sein als $d_A/2$. Es ist deshalb vernünftig, die Größe $(\delta_A/d_A - \frac{1}{2})$ als Maß für den Elektronegativitätsunterschied zwischen H und A zu verwenden. Bezeichnen wir die Elektronegativität des Atoms A mit x_A, dann ist unter der Annahme direkter Proportionalität (C: Proportionalitätskonstante)

$$x_A - x_H = C \left(\frac{\delta_A}{d_A} - \frac{1}{2} \right) \,. \tag{5.4}$$

Eine entsprechende Beziehung gilt auch für ein anderes Hydrid HB, so daß wir durch Differenzbildung

$$x_B = x_A + C \left(\frac{\delta_B}{d_B} - \frac{\delta_A}{d_A} \right) \tag{5.5}$$

erhalten. Man legt nun x für Li und für F willkürlich so fest, daß $x_{Li} = 1,0$ und $x_F = 4,0$ ist. Dann kann man eine Elektronegativitätsskala für alle übrigen Elemente aufstellen. Die so erhaltenen Zahlenwerte sind in Tabelle 5.2 aufgeführt [5.2]. Diese Skala stimmt gut mit älteren Ska-

Tabelle 5.2. Elektronegativitäten [5.2] der Elemente von Li bis Br, berechnet nach (5.5). Zum Vergleich sind die Elektronegativitätswerte von Pauling (in Klammern) hinzugefügt

Li	Be								B	C	N	O	F
1,00	1,48								1,84	2,35	3,16	3,52	4,00
(0,98)	(1,57)								(2,04)	(2,55)	(3,04)	(3,44)	(3,98)
Na	Mg								Al	Si	P	S	Cl
0,89	1,24								1,40	1,64	2,11	2,52	2,84
(0,93)	(1,31)								(1,61)	(1,90)	(2,19)	(2,58)	(3,16)
K	Ca	Sc	Ti	V	Cr	Mn	Cu	Zn	Ga	Ge	As	Se	Br
0,73	0,96	1,14	1,27	1,42	1,72	1,88	1,10	1,40	1,54	1,69	1,99	2,40	2,52
(0,82)	(1,00)	(1,36)	(1,54)	(1,63)	(1,66)	(1,55)	(1,90)	(1,65)	(1,81)	(2,01)	(2,18)	(2,55)	(2,96)

len überein, die auf empirischen Daten (z. B. Bindungsenergien, Ionisierungsenergien und Elektronenaffinitäten) beruhen; zum Vergleich sind die Werte von Pauling [5.3] mit in Tabelle 5.2 aufgeführt.

5.3 Bindungslängen, Bindungswinkel

Die Länge einer Bindung hängt von der Elektronenverteilung im Bereich dieser Bindung ab und damit von der Art der Bindungspartner. Es zeigt sich weiter, daß bei mehratomigen Molekülen die Bindungslänge praktisch nicht von der Art der Substituenten abhängt (Tabelle 5.3). Beim Übergang von $N-H$ zu $O-H$ wird wegen der größeren Kernladung des Sauerstoffs die Bindungslänge kleiner; in der Reihe der Halogenwasserstoffe steigt die Bindungslänge von HF zu HJ an, da im Jod zusätzliche Orbitale mit Elektronen besetzt sind.

Da die Bindungslänge offensichtlich von der Ausdehnung der Atomorbitale abhängt, können wir versuchen, die Länge einer beliebigen Bindung aus Atomanteilen zusammenzusetzen. Wir gehen davon aus, daß jedem Atom die Hälfte der Bindungslänge als Bindungsradius zuzuordnen ist (Abb. 5.6). So ergibt sich der HCl-Abstand als Summe der Radien von H und Cl.

$$d_{HCl} = r_H + r_{Cl} = 0{,}37\ \text{Å} + 0{,}99\ \text{Å} = 1{,}36\ \text{Å}.$$

Dieser Abstand stimmt mit dem experimentellen Abstand in HCl (1,27 Å) ungefähr überein. Entsprechend erhält man die weiteren in Tabelle 5.4 aufgeführten Bindungsradien.

Tabelle 5.3. Bindungslängen [5.4] d_0 und Kraftkonstanten [5.5] D für einige Moleküle

Zweiatomige Moleküle	$d_0/\text{Å}$	D/Nm^{-1}
H_2^+	1,05	160
H_2	0,74	574
O_2	1,21	1177
N_2	1,10	2296
F_2	1,42	471
Cl_2	1,99	328
Br_2	2,28	246
J_2	2,67	173
HF	0,92	966
HCl	1,27	516
HBr	1,41	412
HJ	1,61	314
CO	1,13	1903
NO	1,15	1600

Mehratomige Moleküle		$d_0/\text{Å}$	D/Nm^{-1}
	NH_3	1,01	635
	H_2O	0,96	780
	H_2S	1,34	390
	SiH_4	1,48	
	CO_2	1,16	1500
	NO_2	1,19	
	F_2O	1,42	
	SO_2	1,43	956
$C-C$	CH_3-CH_3	1,54	434
	CH_3-CH_2Cl	1,55	
	$CH_3-CH_2CH_3$	1,54	
	$CH_3-C{<}^{CH_3}_{CH_2}$	1,53	
	Diamant	1,54	
$C=C$	$CH_2=CH_2$	1,33	1080
	$CH_3CH=CHCH_3$	1,34	
	$BrCH=CHBr$	1,34	
$C\equiv C$	$HC\equiv CH$	1,20	1490
	$HC\equiv CCl$	1,20	
$C-H$	CH_4	1,09	480
	C_2H_4	1,07	
	C_2H_2	1,06	

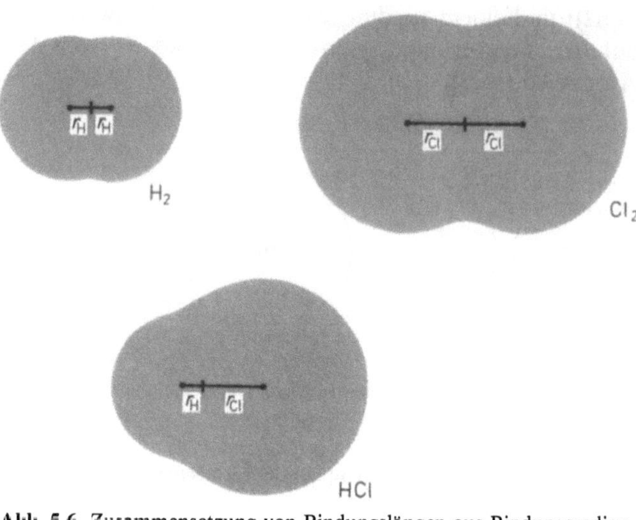

Abb. 5.6. Zusammensetzung von Bindungslängen aus Bindungsradien

Aus der Raumbeanspruchung von J_2-Molekülen im Kristall ergibt sich, daß die Kerne zweier J_2-Moleküle etwa 4 Å voneinander entfernt sind [5.7] (Abb. 5.7), während der Kernabstand innerhalb eines Moleküls nach Tabelle 5.3 2,67 Å beträgt, also wesentlich kleiner ist. Dies liegt daran, daß es innerhalb eines Moleküls zu einer Überlappung der Atomorbitale kommt; diese Überlap-

Tabelle 5.4. Bindungsradien r_B (aus Tabelle 5.3 berechnet) und van der Waals-Radien [5.6] r_V verschiedener Atome

Atom	$r_B/\text{Å}$	$r_V/\text{Å}$
F	0,72	1,35
Cl	0,99	1,80
Br	1,14	1,95
J	1,33	2,15
C	0,77	1,6
N	0,55	1,4
O	0,60	1,4
H	0,37	1,2

pung ist zwischen zwei verschiedenen Molekülen nicht möglich, weil ein Orbital dann von mehr als 2 Elektronen besetzt sein müßte; dies ist jedoch wie beim He-Atom wegen des Pauli-Prinzips nicht möglich. Deshalb muß man zwischen den *kovalenten Bindungsradien* und den *Atomradien* im Kristall unterscheiden; letztere nennt man auch *van der Waals-Radien*. Diese Radien sind in Tabelle 5.4 den Bindungsradien gegenübergestellt. Aus Bindungs- und van der Waals-Radien lassen sich Atommodelle konstruieren; man geht dazu von einer Kugel mit dem van der Waals-Radius aus und schneidet dann eine Kugelkalotte so ab, daß sich beim Aneinanderlegen zweier solcher Modelle der richtige Kernabstand ergibt. Ein solches „Kalottenmodell" [5.8] ist in Abb. 5.8 dargestellt.

Moleküle aus mehr als 2 Atomen werden außer durch Bindungsabstände durch die Angabe von Bindungswinkeln beschrieben. Wie in Abschn. 5.1 bereits erläutert wurde, erwartet man für Moleküle wie H_2S, H_2O und F_2O, die durch Überlappung mit 2 freien p-Orbitalen des Sauerstoffs bzw. des Schwefels zustande kommen, einen Bindungswinkel von genau 90°. Wie aus Abb. 5.9 hervorgeht, findet man experimentell etwas größere Werte. Dies liegt im wesentlichen daran, daß sich die H-Atome bzw. F-Atome elektrostatisch abstoßen und dadurch der Winkel aufgeweitet wird (Aufgabe 5.3).

Die Molekülorbitale von Einfachbindungen sind rotationssymmetrisch zur Kernverbindungslinie (Bindungsachse). Bei einer Drehung um diese Achse ändert sich das Bindungsorbital nicht; damit können wir verstehen, daß das Molekül um diese Achse frei drehbar ist (Abb. 5.10).

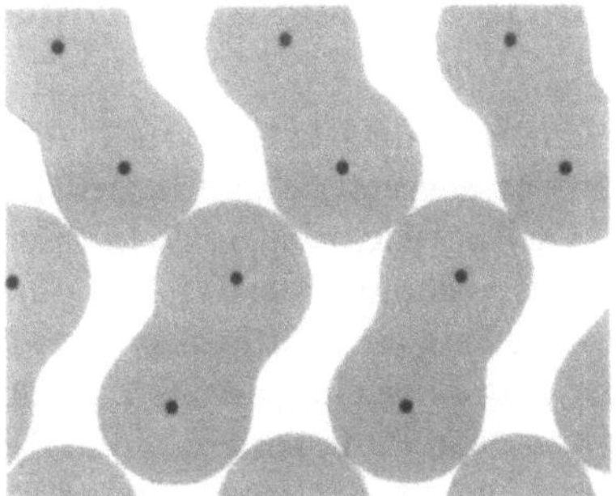

Abb. 5.7. Anordnung von J_2-Molekülen im Kristallverband. Der kleinste Abstand der Kerne verschiedener Moleküle ist größer als der Kernabstand innerhalb eines Moleküls [5.7]

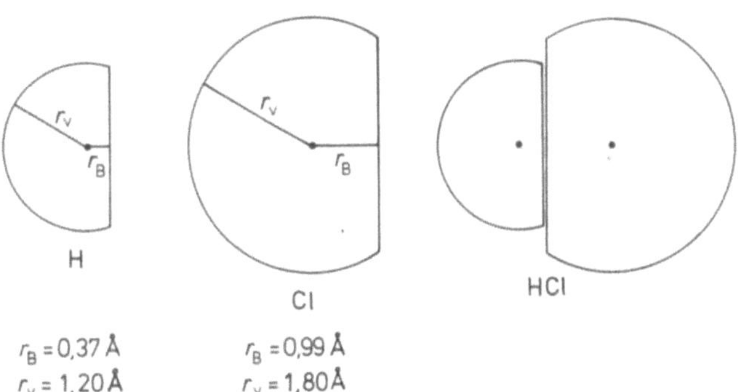

Abb. 5.8. Kalottenmodelle von H_2 und Cl_2 (r_B: kovalenter Bindungsradius, r_V: van der Waals-Radius)

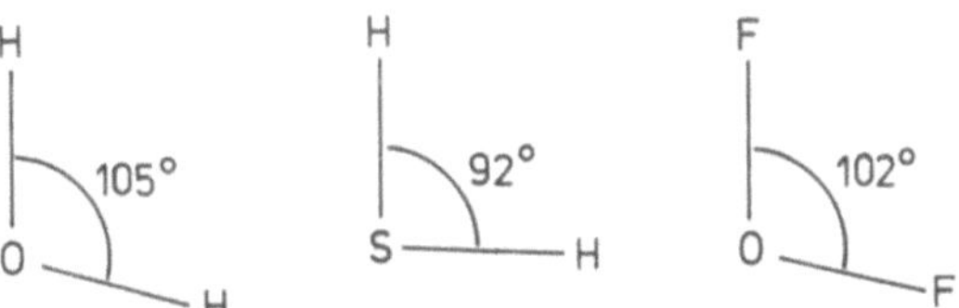

Abb. 5.9. Bindungswinkel bei H_2O, H_2S und F_2O

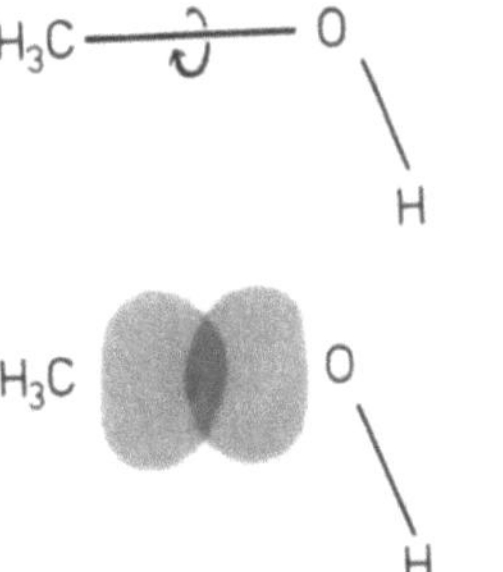

Abb. 5.10. Freie Drehbarkeit der C–O-Bindung in CH_3OH

5.4 Kraftkonstanten, Deformationskonstanten

Die bisher betrachteten Bindungsabstände und Bindungswinkel gelten für den energetisch günstigsten Zustand des Moleküls (Gleichgewichtslage). Vergrößern oder verkleinern wir diese Abstände oder Winkel, dann steigt die Energie des Moleküls an. Wir können das so verstehen, daß bei einer Abstandsverkleinerung die Hüllenabstoßung und die Kernabstoßung ansteigen und daß bei einer Abstandsvergrößerung die Überlappung im Bindungsbereich abnimmt. In Abb. 3.19 und 3.23 ist die Gesamtenergie ε eines H_2^+-Moleküls in Abhängigkeit vom Kernabstand dargestellt; ε hängt in sehr komplizierter Weise vom Kernabstand d ab. Für kleine Auslenkungen der Kerne können wir jedoch annehmen, daß die Kraft, die zur Verlängerung x der Bindung erforderlich ist, proportional zu x ist:

$$K = Dx = D(d - d_0) \, . \tag{5.6}$$

Diese Annahme entspricht dem Hookeschen Gesetz bei der Auslenkung einer Feder (D: Kraftkonstante). Aus (5.6) erhalten wir für die Energie $\Delta\varepsilon$, die zur Verlängerung der Bindung zuzuführen ist,

$$\Delta\varepsilon = \varepsilon - \varepsilon_{Gl} = \int_0^x K\,dx = \int_0^x Dx\,dx = \tfrac{1}{2}Dx^2 \tag{5.7}$$

(ε: Gesamtenergie beim Kernabstand d; ε_{Gl}: Gesamtenergie beim Gleichgewichtsabstand).

Diese Beziehung erscheint qualitativ plausibel, weil die Energiekurven in Abb. 3.19 und 3.23 für kleine Auslenkungen eine parabel-ähnliche Gestalt besitzen (Abb. 5.11).

In Aufgabe 5.2 wird aus Abb. 5.11 für das H_2^+-Ion der Wert

$D = 160\,\text{N}\,\text{m}^{-1}$ (exakte Berechnung) bzw.

$D =\ \ 85\,\text{N}\,\text{m}^{-1}$ (Kastenmodell) bzw.

$D = 102\,\text{N}\,\text{m}^{-1}$ (LCAO-Modell)

gefunden; experimentell [5.5] erhält man $D = 160\,\text{N}\,\text{m}^{-1}$. Theorie und Experiment stimmen also sehr gut überein. Für eine Reihe weiterer Moleküle ist D in Tabelle 5.3 aufgeführt. Im Fall der $C-C$-Bindung von Äthan ist $D = 434\,\text{N}\,\text{m}^{-1}$; eine Kraft $K = 10^{-9}\,\text{N}$ bewirkt also einer Verlängerung der Bindung um

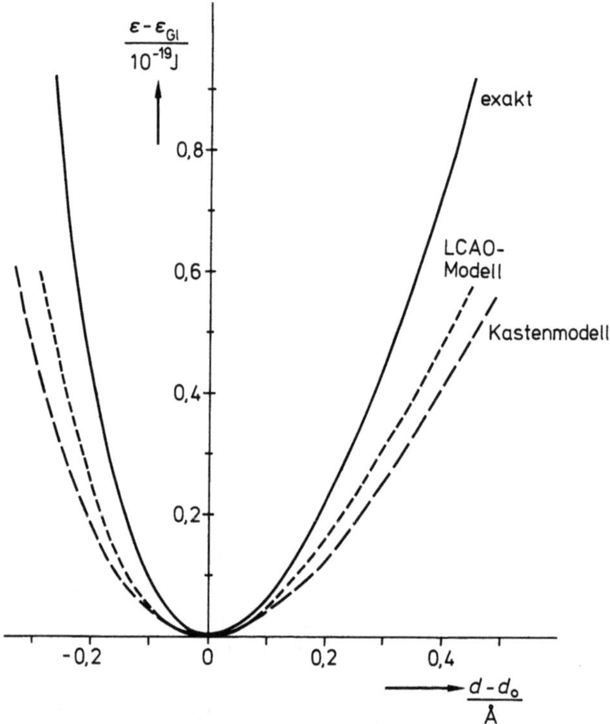

Abb. 5.11. Energie $\varepsilon - \varepsilon_{Gl}$ des H_2^+-Ions in Abhängigkeit vom Kernabstand d (s. Aufgabe 5.2) bei kleinen Auslenkungen (ε_{Gl}: Energie im Gleichgewichtsabstand)

$$x = \frac{K}{D} = \frac{10^{-9}\,\text{N}}{434\,\text{N}\,\text{m}^{-1}} = 2 \cdot 10^{-12}\,\text{m} = 0{,}02\,\text{Å}$$

(Abb. 5.12). Dies entspricht einer Bindungsverlängerung um 1%.

Bei größeren Kräften gilt das Hookesche Gesetz nicht mehr; bei Bindungsverlängerung verläuft die Kurve der

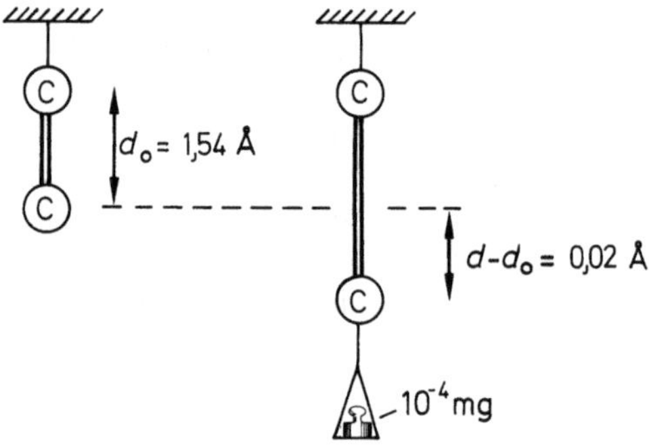

Abb. 5.12. Verlängerung der $C-C$-Bindung im Äthan-Molekül durch Belastung mit einem Gewicht von $10^{-4}\,\text{mg}$ (Gewicht von 10 Bleiwürfeln von $\frac{1}{100}$ mm Kantenlänge)

Gesamtenergie ε flacher, bei Bindungsverkürzung steiler (Abb. 5.11). Bei großen Abständen geht ε in die Energie der getrennten Bindungspartner über (beispielsweise dissoziiert H_2^+ in ein H-Atom und ein Proton), also entspricht ($\varepsilon - \varepsilon_{Gl}$) dann der Bindungsenergie B. Näherungsweise läßt sich der Kurvenverlauf durch

$$\varepsilon - \varepsilon_{Gl} = B(1 - e^{-\sqrt{D/(2B)}\,(d - d_0)})^2 \tag{5.8}$$

beschreiben (Morsefunktion, Abb. 5.13). Das Minimum liegt bei $d = d_0$, und für $d = \infty$ geht die Funktion in B über; in der Nähe des Minimums (bei kleinen Werten von $x = d - d_0$) geht (5.8) in (5.7) über. Die Funktion hat einen Wendepunkt bei $x = \ln 2 \sqrt{2B/D}$. In diesem Abstand besitzt die Rückstellkraft ihren Maximalwert:

$$K_{max} = \tfrac{1}{2}\sqrt{DB/2}\;.$$

Im Fall von H_2^+ ist mit $B = 4{,}4 \cdot 10^{-19}\,J$ (Abschn. 3.5.1) und $D = 160\,Nm^{-1}$

$$K_{max} = 3{,}0 \cdot 10^{-9}\,N \quad \text{bei} \quad x = 0{,}51\,\text{Å}.$$

Im Fall einer $C - C$ Bindung ist mit $D = 434\,Nm^{-1}$ (Tabelle 5.3) und $B = 5{,}8 \cdot 10^{-19}\,J$ (Tabelle 7.1)

$$K_{max} = 5{,}6 \cdot 10^{-9}\,N \quad \text{bei} \quad x = 0{,}36\,\text{Å}.$$

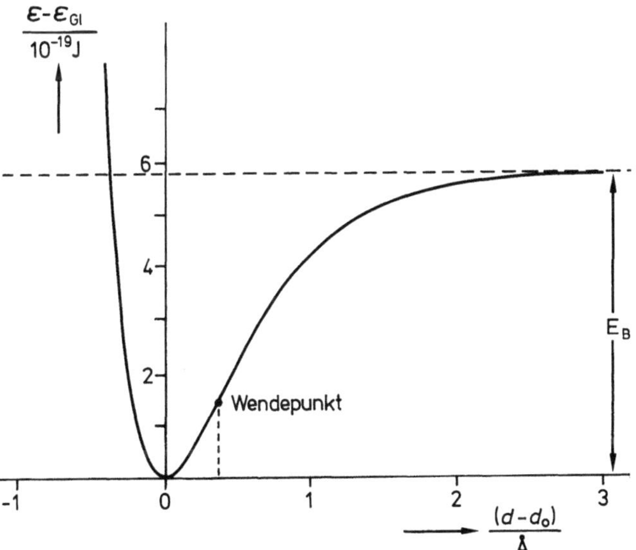

Abb. 5.13. Energie eines zweiatomigen Moleküls (Morsefunktion) nach (5.8); es wurde $B = 5{,}8 \cdot 10^{-19}\,J$ und $D = 434\,Nm^{-1}$ gesetzt.

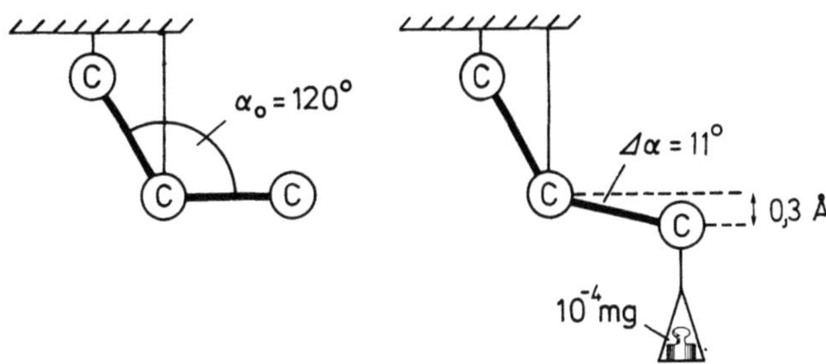

Abb. 5.14. Winkeldeformation an einer $C - C - C$-Bindung

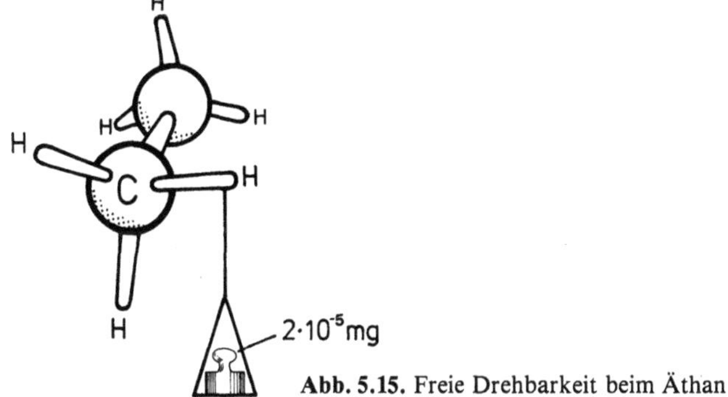

Abb. 5.15. Freie Drehbarkeit beim Äthan

Die Kraft zum Zerreißen der $C - C$ Bindung ist also etwa 6mal so groß wie die Kraft zur Streckung der Bindung um 1%. Die Bindung zerreißt bei einer Verlängerung um 0,36 Å, also um 20% der Bindungslänge im Gleichgewicht.

Bei mehratomigen Molekülen tritt zur Dehnung einer Bindung noch die Deformation von Bindungswinkeln hinzu. Da sich die Überlappung der Bindungsorbitale bei einer Änderung des Bindungswinkels viel weniger ändert als bei einer Dehnung einer Bindung, sind zur Winkeldeformation viel kleinere Kräfte bei vergleichbaren Verschiebungen der Atome erforderlich. Ändert man den Bindungswinkel α um $\Delta\alpha$, dann führt das zu einer Verschiebung der Atome um $x = d_0 \Delta\alpha$. Dazu ist die Kraft

$$K = D'x \tag{5.9}$$

aufzuwenden. Für die Deformation des $C - C - C$-Bindungswinkels im Propan-Molekül findet man experimentell [5.9] $D' = 36\,N\,m^{-1}$. Nach Abb. 5.14 entspricht dies einer Verschiebung eines C-Atoms um

$$x = d_0 \Delta\alpha = \frac{K}{D'} = \frac{10^{-9}\,N}{36\,N\,m^{-1}} = 0{,}3\,\text{Å},$$

wenn auf dieses Atom eine Kraft von 10^{-9} N einwirkt. Diese Verschiebung ist etwa um den Faktor 15 größer als bei einer Verlängerung des Bindungsabstandes (Abb. 5.12).

Entsprechendes gilt für die Überwindung der Energiebarriere beim Drehen der Methylgruppen im Äthan-Molekül. Hier reicht schon eine Kraft von $2 \cdot 10^{-10}$ N aus (Abb. 5.15).

Aufgaben

5.1 *Teilladungen und Dipolmoment*

Das Dipolmoment eines HCl-Moleküls beträgt $3,4 \cdot 10^{-30}$ C m $= 1,03$ Debye. Wie groß sind die Teilladungen am H- bzw. Cl-Atom, wenn wir annehmen, daß die Schwerpunkte dieser Ladungen mit den Atomkernen zusammenfallen? Der Kernabstand in HCl beträgt $1,27$ Å.

5.2 *Potentialkurve H_2^+-Ion*

Für die Gesamtenergie ε des H_2^+-Ions in Abhängigkeit vom Kernabstand d werden die folgenden Werte erhalten (d_0: Gleichgewichtsabstand, ε_{Gl}: Energie beim Gleichgewichtsabstand)

$\dfrac{d-d_0}{\text{Å}}$	$\dfrac{\varepsilon-\varepsilon_{Gl}}{10^{-19}\,\text{J}}$		
	Exakt [5.10]	Kastenmodell	LCAO-Modell
$-0,20$	0,44	0,15	0,25
$-0,15$	0,23	0,08	0,13
$-0,10$	0,09	0,03	0,05
$-0,05$	0,02	0,00	0,01
0	0	0	0
0,05	0,02	0,01	0,01
0,10	0,07	0,03	0,05
0,15	0,15	0,07	0,10
0,20	0,24	0,12	0,16

Man berechne aus diesen Daten die Kraftkonstante der $H-H$-Bindung im H_2^+-Ion.

5.3 *Bindungswinkel bei H_2O*

Man überlege sich, ob die elektrostatische Abstoßung der H-Atome im H_2O-Molekül ausreicht, um den Bindungswinkel von 90° auf 105° auszuweiten. Das Dipolmoment von H_2O beträgt $6,16 \cdot 10^{-30}$ C m $= 1,85$ Debye, die Kraftkonstante D' für die Änderung des Bindungswinkels ist 68 N m^{-1}, und der Bindungsabstand $0,96$ Å.

6. Hybrid- und Molekülorbitale

Bei der Betrachtung der chemischen Bindung sind wir bis jetzt davon ausgegangen, daß eine Bindung durch Überlappung von atomaren Orbitalen zustande kommt, indem je zwei Elektronen Elektronenpaarbindungen bilden. Eine solche paarweise Zuordnung von Elektronen zu bestimmten Bindungen ist allerdings willkürlich, weil Elektronen prinzipiell nicht unterscheidbar sind und daher auch nicht einzeln zugeordnet werden können. Dieses Vorgehen besitzt jedoch den großen Vorteil, daß man sich sehr anschaulich klarmachen kann, wie die unterschiedlichen Eigenschaften einzelner Bindungen zustande kommen; aus diesem Grund haben wir im Vorangehenden diese Betrachtungsweise angewandt und werden sie in den Abschn. 6.1 bis 6.3 weiter vertiefen.

Es ist aber nicht weniger gerechtfertigt, die Elektronenwolken eines Moleküls durch Beiträge von Elektronen zu beschreiben, die über das ganze Molekül verteilt sind. Dieses Verfahren (Methode der Molekülorbitale) wird uns in den Abschn. 6.4 bis 6.5 und vor allem in Kap. 7 nützlich sein. Beide Möglichkeiten stellen Wege zur näherungsweisen Beschreibung desselben Systems dar.

Im Vorangehenden (Abschn. 5.5) haben wir bei der Anwendung des ersten Verfahrens nicht berücksichtigt, daß sich verschiedene atomare Wellenfunktionen miteinander vermischen können. Deshalb untersuchen wir im folgenden die Eigenschaften gemischter Orbitale und wenden die Ergebnisse auf das Problem der Valenzwinkelung an.

6.1 Entartung von Energieniveaus

Zunächst untersuchen wir die Mischung von einfachen Kastenwellenfunktionen, und zwar wollen wir uns auf den zweidimensionalen Fall beschränken.

Für ein Elektron, das sich zwischen 4 parallelen Wänden mit den Begrenzungen L_x und L_y bewegt, gilt nach (2.14) und (2.17)

$$\bar{T} = \frac{h^2}{8m}\left(\frac{n_x^2}{L_x^2} + \frac{n_y^2}{L_y^2}\right) \qquad (6.1)$$

$$\psi(x, y) = \text{const } \sin\frac{n_x \pi x}{L_x} \sin\frac{n_y \pi y}{L_y}. \qquad (6.2)$$

Wir wollen jetzt den speziellen Fall untersuchen, daß die Wandabstände L_x und L_y gleich groß, nämlich gleich L sind. In diesem Fall ist

$$\bar{T} = \frac{h^2}{8mL^2}(n_x^2 + n_y^2) \qquad (6.3)$$

$$\psi(x, y) = \text{const } \sin\frac{n_x \pi x}{L} \sin\frac{n_y \pi y}{L}.$$

Jeder Quantenzustand mit unterschiedlichen Werten von n_x und n_y ist dann energiegleich mit dem Zustand, den man durch Vertauschen der Quantenzahlen erhält (Abb. 6.1). Beispielsweise ergeben die Quantenzahlkom-

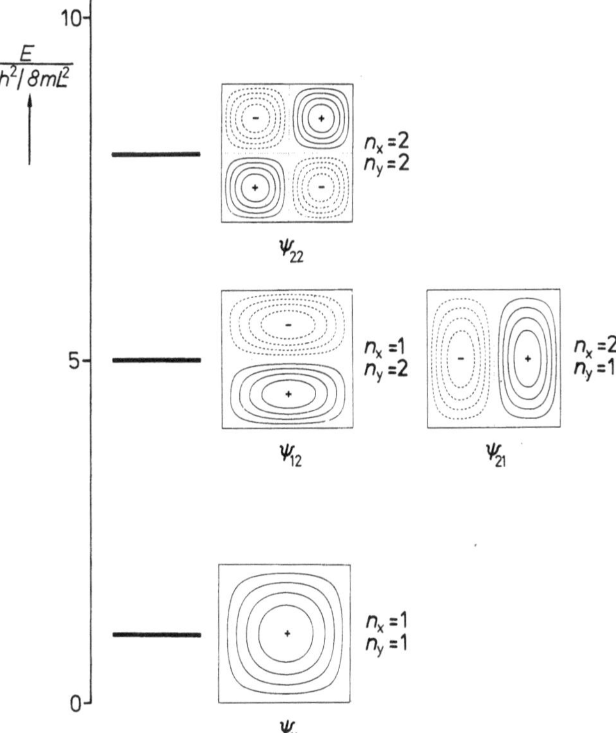

Abb. 6.1. Entartung von Elektronenzuständen im zwei-dimensionalen Kasten. Energieschema und Darstellung der Wellenfunktion durch Niveaulinien; (*ausgezogen*) Funktion positiv, (*gestrichelt*) Funktion negativ

binationen $n_x = 1$ und $n_y = 2$ bzw. $n_x = 2$ und $n_y = 1$ dieselbe Energie

$$T_{1,2} = T_{2,1} = \frac{h^2}{8mL^2}\, 5\, , \tag{6.4}$$

aber die unterschiedlichen Funktionen

$$\psi_{1,2} = \text{const}\ \sin\frac{\pi x}{L}\sin\frac{2\pi y}{L} \tag{6.5}$$

$$\psi_{2,1} = \text{const}\ \sin\frac{2\pi x}{L}\sin\frac{\pi y}{L}\, . \tag{6.6}$$

Solche Elektronenzustände nennt man *entartet*; in unserem Fall handelt es sich um eine 2fache *Entartung*. Nicht entartete Wellenfunktionen sind bis auf das Vorzeichen durch die Schrödinger-Gleichung, die Randbedingungen und die Normierungsbedingung festgelegt; dagegen sind die angeführten entarteten Wellenfunktionen nicht eindeutig, weil jede beliebige Linearkombination

$$\psi = a\,\psi_{1,2} + b\,\psi_{2,1} \tag{6.7}$$

ebenfalls eine Lösung der Schrödinger-Gleichung darstellt (Aufgabe 6.1). Solche Linearkombinationen nennt man auch *Hybridfunktionen*. Durch Änderung von a und b können wir beliebig viele Kombinationsfunktionen ψ bilden. Am Modell einer schwingenden quadratischen Membran kann man leicht sehen, wie bei gleicher Frequenz beim Verschieben der Knotenlinie die verschiedenen Schwingungszustände auftreten. Wir fragen uns jetzt, ob alle diese Kombinationen zueinander orthogonal sind. Dazu betrachten wir zwei beliebige Hybridfunktionen

$$\psi = a\,\psi_{1,2} + b\,\psi_{2,1}\qquad \psi' = a'\,\psi_{1,2} + b'\,\psi_{2,1} \tag{6.8}$$

und bilden

$$\begin{aligned}
\int \psi\psi'd\tau &= \int(a\,\psi_{1,2} + b\,\psi_{2,1})(a'\,\psi_{1,2} + b'\,\psi_{2,1})\,d\tau\\
&= aa'\!\int \psi_{1,2}^2 d\tau + ab'\!\int \psi_{1,2}\psi_{2,1}d\tau\\
&\quad + ba'\!\int \psi_{1,2}\psi_{2,1}d\tau + bb'\!\int \psi_{2,1}^2 d\tau\, . \tag{6.9}
\end{aligned}$$

Da die Funktionen $\psi_{1,2}$ und $\psi_{2,1}$ zueinander orthogonal sind und zudem normiert sein sollen, folgt aus (6.9):

$$\int \psi\psi'd\tau = aa' + bb'\, . \tag{6.10}$$

Orthogonal zueinander sind alle diejenigen Funktionen ψ und ψ', für die der Ausdruck (6.10) gleich Null wird. Es sind also nur solche Kombinationen orthogonal zueinander, für die

$$\frac{b'}{a'} = -\frac{a}{b} \tag{6.11}$$

gilt. Es gibt also jeweils Paare von Hybridfunktionen, die zueinander orthogonal sind. Sollen die Hybridfunktionen auch normiert sein, dann muß zusätzlich wegen $\int \psi^2 d\tau = \int(\psi')^2 d\tau = 1$

$$a^2 + b^2 = 1 \qquad (a')^2 + (b')^2 = 1 \tag{6.12}$$

gelten. Damit wird

$$\boxed{\begin{aligned}
\psi &= a\,\psi_{1,2} + \sqrt{1-a^2}\,\psi_{2,1}\\
\psi' &= \sqrt{1-a^2}\,\psi_{1,2} - a\,\psi_{2,1}
\end{aligned}}\ . \tag{6.13}$$

Paare von normierten Funktionen mit $a = 0$; $0,5$; $1/\sqrt{2}$; $0,8$; $1,0$ sind in Abb. 6.2 dargestellt. Für $a = 0$ bzw. $a = 1$ erhalten wir Funktionen mit horizontal bzw. vertikal verlaufender Knotenlinie, für $a = 1/\sqrt{2}$ ergeben sich diagonale Knotenlinien. Die übrigen Fälle liegen dazwischen.

Wir fragen uns jetzt weiter, ob alle diese Hybridfunktionen auch zu anderen Wellenfunktionen, z. B. zu $\psi_{1,1}$, orthogonal sind. Dazu bilden wir

$$\begin{aligned}
&\int \psi_{1,1}(a\,\psi_{1,2} + \sqrt{1-a^2}\,\psi_{2,1})\,d\tau\\
&= a\!\int \psi_{1,1}\psi_{1,2}d\tau + \sqrt{1-a^2}\!\int \psi_{1,1}\psi_{1,2}d\tau\, . \tag{6.14}
\end{aligned}$$

Dieser Ausdruck ist Null, weil $\psi_{1,1}$, $\psi_{1,2}$ und $\psi_{2,1}$ als orthogonal zueinander vorausgesetzt wurden. Es ist also jede beliebige Kombination von $\psi_{1,2}$ und $\psi_{2,1}$ orthogonal zu $\psi_{1,1}$; wir finden somit

1) Jede beliebige Kombination von entarteten Funktionen ist orthogonal zu jeder Wellenfunktion des Systems, die zu einer anderen Energie gehört.
2) Zu einer Kombination von zweifach entarteten Funktionen gibt es nur eine einzige weitere Kombination, die dazu orthogonal ist. Bei höherer Entartung ist diese Anzahl entsprechend größer.

Wir übertragen diese Verhältnisse auf die Funktionen des Wasserstoffatoms; beispielsweise sind die Funktionen ψ_{2s}, ψ_{2p_x}, ψ_{2p_y} und ψ_{2p_z} entartet. Somit ist eine beliebige Linearkombination

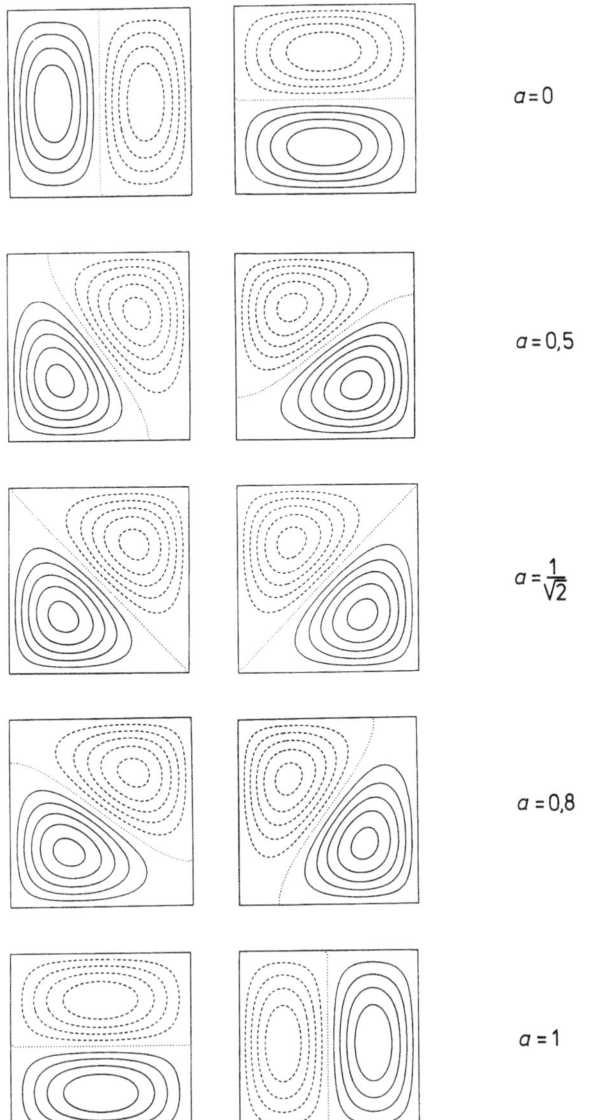

Abb. 6.2. Paare von orthogonalen Hybridfunktionen gemäß (6.13); Funktionen $\psi_{1,2}$ und $\psi_{2,1}$ aus Abb. 6.1. Der Parameter a kann Werte von 0 bis 1 annehmen

$$\psi = a\psi_{2s} + b\psi_{2p_x} + c\psi_{2p_y} + d\psi_{2p_z} \qquad (6.15)$$

zur Beschreibung des Zustandes mit der Hauptquantenzahl $n = 2$ geeignet. Da hier 4 Funktionen miteinander kombiniert werden, gibt es unendlich viele Möglichkeiten, je 4 zueinander orthogonale Funktionen dieses Kombinationstyps zu bilden. Wir diskutieren einige dieser Möglichkeiten:

1. Möglichkeit

$$\psi = \psi_{2s} \quad \psi' = \psi_{2p_x} \quad \psi'' = \psi_{2p_y} \quad \psi''' = \psi_{2p_z} \quad (6.16)$$

Dies ist der Spezialfall der unvermischten Funktionen.

2. Möglichkeit

$$\psi = \sqrt{\tfrac{1}{2}} \cdot (\psi_{2s} + \psi_{2p_x}) \quad \psi' = \sqrt{\tfrac{1}{2}}(\psi_{2s} - \psi_{2p_x})$$
$$\psi'' = \psi_{2p_y} \qquad\qquad \psi''' = \psi_{2p_z} \qquad (6.17)$$

In diesem Fall werden die Funktionen ψ_{2s} und ψ_{2p_x} analog wie bei den vorangehend betrachteten Kastenfunktionen miteinander kombiniert (mit $a = b = 1/\sqrt{2}$), die Funktionen ψ_{2p_y} und ψ_{2p_z} bleiben unverändert. In Abb. 6.3 sind die aus ψ_{2s} und ψ_{2p_x} entstehenden beiden Linearkombinationen dargestellt. Beide Kombinationen sind wie die $2p_x$-Funktion in x-Richtung ausgedehnt. Man bezeichnet diese Funktionen deshalb als *lineare Hybridfunktionen.*

3. Möglichkeit

$$\psi \ = \sqrt{\tfrac{1}{3}}(\psi_{2s} + \sqrt{2}\,\psi_{2p_y})$$
$$\psi' \ = \sqrt{\tfrac{1}{3}}(\psi_{2s} + \sqrt{\tfrac{3}{2}}\,\psi_{2p_x} - \sqrt{\tfrac{1}{2}}\,\psi_{2p_y})$$
$$\psi'' \ = \sqrt{\tfrac{1}{3}}(\psi_{2s} - \sqrt{\tfrac{3}{2}}\,\psi_{2p_x} - \sqrt{\tfrac{1}{2}}\,\psi_{2p_y})$$
$$\psi''' = \psi_{2p_z}. \qquad (6.18)$$

Diese Kombinationen ψ, ψ' und ψ'' sind in Abb. 6.4 dargestellt; die Symmetrieachsen dieser Funktionen sind um jeweils 120° gegeneinander verdreht, liegen jedoch alle in der x/y-Ebene. Deshalb bezeichnet man diese Funktionen als *trigonal planare Hybridfunktionen.*

4. Möglichkeit

$$\psi = (\psi_{2s} + \psi_{2p_x} + \psi_{2p_y} + \psi_{2p_z})/2$$
$$\psi' = (\psi_{2s} - \psi_{2p_x} - \psi_{2p_y} + \psi_{2p_z})/2$$
$$\psi'' = (\psi_{2s} + \psi_{2p_x} - \psi_{2p_y} - \psi_{2p_z})/2$$
$$\psi''' = (\psi_{2s} - \psi_{2p_x} + \psi_{2p_y} - \psi_{2p_z})/2. \qquad (6.19)$$

Diese Kombinationen sind in Abb. 6.5 dargestellt; die Symmetrieachsen dieser Funktionen sind wie die Drehachsen eines Tetraeders im Raum angeordnet. Deshalb bezeichnet man diese Funktionen als *Tetraeder-Hybridfunktionen.*

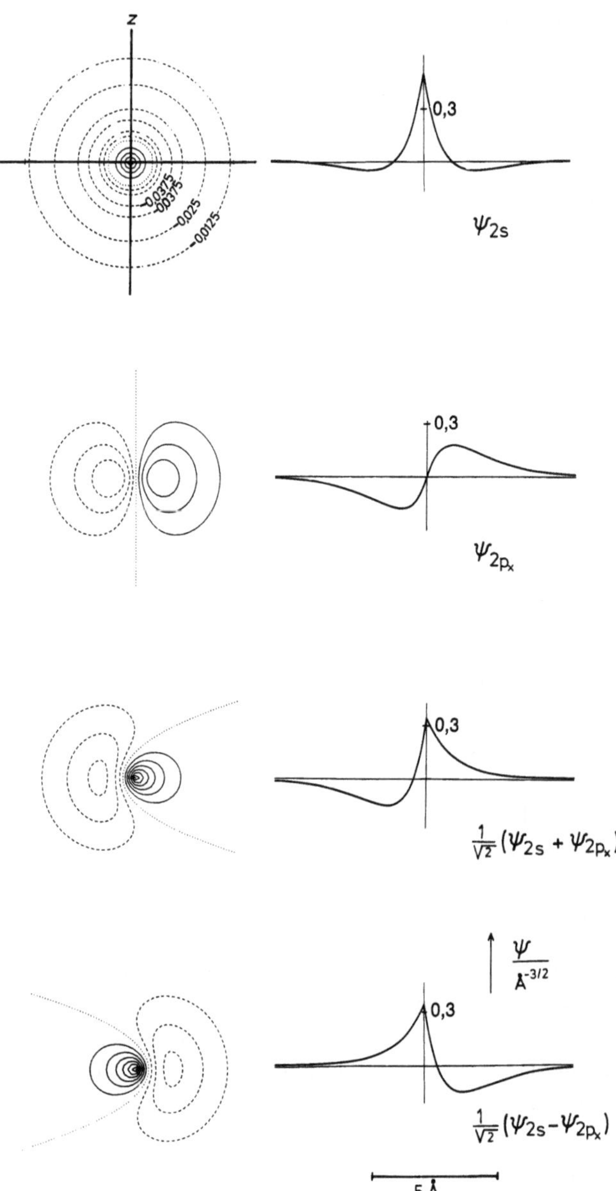

Abb. 6.3. Lineare Hybridfunktionen des H-Atoms. Bildung der beiden Kombinationen ψ und ψ' in (6.17) aus ψ_{2s} und ψ_{2p_x}. Links sind die Funktionswerte (in $\text{Å}^{-3/2}$) durch Niveaulinien dargestellt (*gestrichelt:* negativ, *ausgezogen:* positiv, *punktiert:* Null) 2s: $-0{,}0125$; $-0{,}025$; $-0{,}0375$; $-0{,}0375$; $-0{,}025$; $-0{,}0125$; $0{,}05$; $0{,}10$; $0{,}15$ … . Übrige Funktionen: $-0{,}05$; $-0{,}10$; $-0{,}15$; $0{,}05$; $0{,}10$; $0{,}15$ …

Diese 4 näher betrachteten Hybridtypen zeichnen sich gegenüber den übrigen unendlich vielen Möglichkeiten dadurch aus, daß sie besonders hohe Symmetrie besitzen und dadurch wichtige Extremfälle darstellen [6.1].

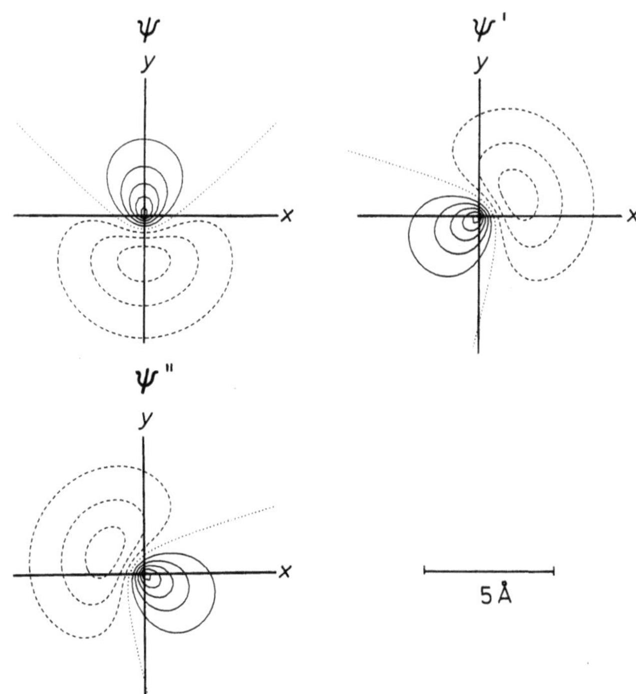

Abb. 6.4. Trigonal planare Hybridfunktionen des H-Atoms nach (6.18). (———) Niveaulinien $0{,}05$; $0{,}10$ …; ($---$) Niveaulinien $-0{,}05$; $-0{,}10$; $-0{,}15$; ($\cdots\cdots$) Niveaulinie 0

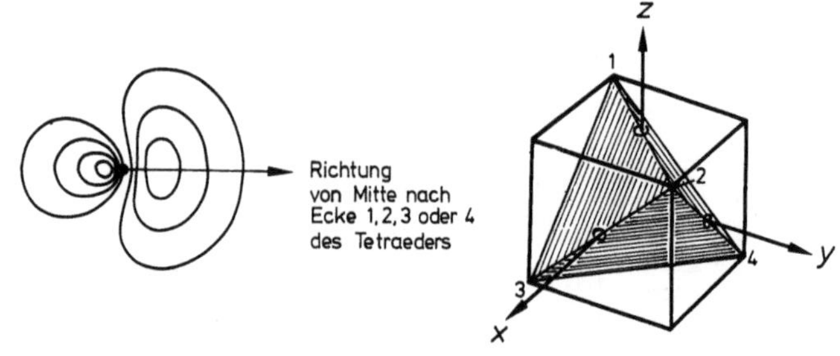

Abb. 6.5. Tetraeder-Hybridfunktionen des H-Atoms nach (6.19) (Abstand der Niveaulinien: $0{,}05\ \text{Å}^{-3/2}$)

6.2 Hybridfunktionen in Atomen und Molekülen mit mehreren Elektronen

Nur beim Wasserstoffatom und beim H_2^+-Molekülion kann man die Energien und die Wellenfunktionen direkt durch Lösen der Schrödinger-Gleichung erhalten. In allen anderen Fällen müssen wir nach dem Variationsprinzip geeignete Näherungsfunktionen suchen. Wie bei den vorangehend betrachteten einfachen Atomen und Mole-

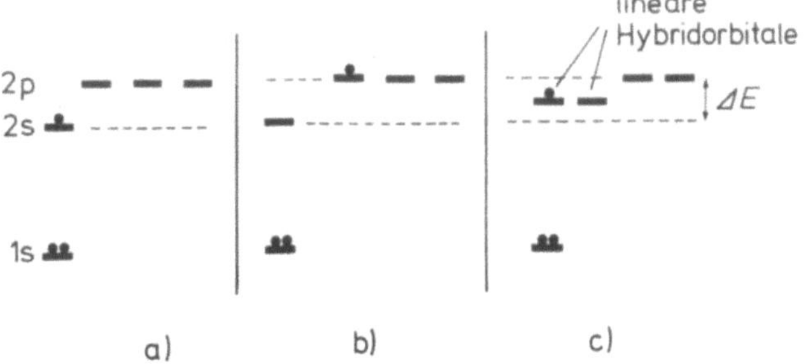

Abb. 6.6a–c. Li-Atom; das dritte Elektron besetzt (a) einen 2s-Zustand, (b) einen 2p-Zustand, (c) einen linearen Hybridzustand

külen ist es sinnvoll, die Testfunktionen auf H-Atom-ähnliche Funktionen zu beschränken. Eine nützliche Erweiterung stellen wasserstoffähnliche Hybridfunktionen dar. Als erstes Beispiel betrachten wir das Li-Atom. Wegen der Abschirmung der positiven Kernladung durch die 1s-Elektronen sind die 2s- und die 2p-Zustände nicht mehr wie beim Wasserstoffatom energiegleich, so daß das dritte Elektron den 2s-Zustand besetzt (Abb. 6.6a). Ein Li-Atom, bei dem das dritte Elektron einen 2p-Zustand besetzt (Abb. 6.6b), müßte eine höhere Energie besitzen und kann nach dem Variationsprinzip nicht den energieärmsten Zustand darstellen. Nun denken wir uns das dritte Elektron eines Li-Atoms in einem Zustand, der durch die Testfunktion

$$\phi = 1/\sqrt{2}\,(\psi_{2s} \pm \psi_{2p_x}) \tag{6.20}$$

(lineare Hybridfunktion) gegeben ist und fragen nach der zugehörigen Energie ε.

Im Fall des Wasserstoffatoms würde für diese Funktion gelten

$$\begin{aligned}
\varepsilon_{\text{H-Atom}} &= \int \phi \mathcal{H} \phi \, d\tau \\
&= \tfrac{1}{2}\Big(\int \psi_{2s} \mathcal{H} \psi_{2s} d\tau \pm 2 \int \psi_{2s} \mathcal{H} \psi_{2p_x} d\tau \\
&\quad + \int \psi_{2p_x} \mathcal{H} \psi_{2p_x} d\tau\Big)\,. \tag{6.21}
\end{aligned}$$

Nach der Schrödinger-Gleichung

$$\mathcal{H}\psi_{2s} = E_{2s}\psi_{2s} \qquad \mathcal{H}\psi_{2p_x} = E_{2p_x}\psi_{2p_x} \tag{6.22}$$

können wir diesen Ausdruck umformen in

$$\begin{aligned}
\varepsilon_{\text{H-Atom}} &= \tfrac{1}{2}\big(E_{2s}\int \psi_{2s}^2 d\tau \pm 2E_{2p_x}\int \psi_{2s}\psi_{2p_x} d\tau \\
&\quad + E_{2p_x}\int \psi_{2p_y}^2 d\tau\big) \\
&= \tfrac{1}{2}(E_{2s}+E_{2p_x}) = E_{2s} = E_{2p_x}\,. \tag{6.23}
\end{aligned}$$

Beim Li-Atom ist die potentielle Energie eines Elektrons im 2s-Zustand niedriger als im 2p-Zustand, weil ein 2p-Elektron durch die 1s-Elektronen stärker abgeschirmt wird als ein 2s-Elektron; somit ist die Energie im 2s-Zustand von der Energie im 2p-Zustand verschieden, also

$$E_{2p_x} = E_{2s} + \Delta E\,. \tag{6.24}$$

Somit ist

$$\varepsilon_{\text{Hybrid,Li}} = \tfrac{1}{2}(E_{2s}+E_{2p_x}) = E_{2s}+\tfrac{1}{2}\Delta E\,. \tag{6.25}$$

Die Energie des linearen Hybridzustandes liegt also in der Mitte zwischen dem 2s- und dem $2p_x$-Niveau (Abb. 6.6c). Dieser Zustand ist energiereicher als der 2s-Zustand; daraus folgt, daß Hybridzustände bei Atomen (mit Ausnahme von H) nicht realisiert sein können.

6.2.1 LiH⁺, LiH

Wir denken uns nun in die Nähe des Li-Atoms die Ladung eines Protons gebracht (Bildung eines LiH⁺-Ions, Abb. 6.7a). Dabei verschiebt sich die Wolke des Außenelektrons des Li-Atoms zum Proton hin. Wir können sie durch eine Hybridfunktion

$$\phi = \frac{1}{\sqrt{2}}\,(\psi_{2s}+\psi_{2p_x}) \tag{6.26}$$

approximieren. Die Wolke, die dieser Hybridfunktion entspricht, hat am Ort des Protons eine größere Dichte als die Wolke eines 2s- oder eines $2p_x$-Elektrons (Abb. 6.3), also entspricht sie einer kleineren Energie

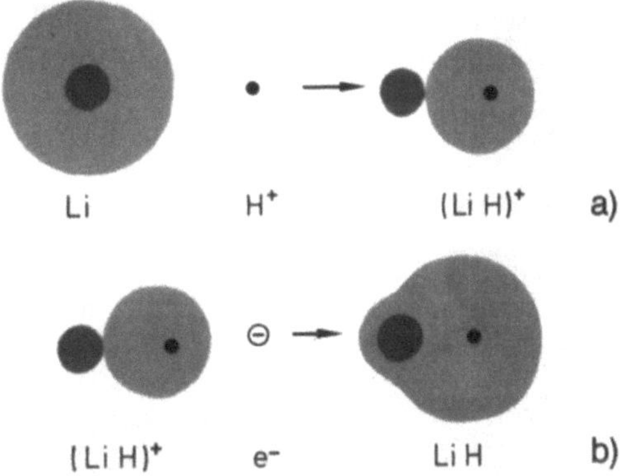

Abb. 6.7. Bildung von LiH⁺ (a) und LiH (b). Innerhalb der Grauzone ist die Ladungsdichte [6.2] größer als $e_0 \cdot 0{,}02\ \text{Å}^{-3}$

und stellt somit eine bessere Testfunktion dar als ψ_{2s} oder ψ_{2p_x}, weil sie einer Ladungsverteilung entspricht, die um das Proton konzentriert ist. Das Elektron kann daher näherungsweise auch als $1s$ Elektron des H-Atoms (Testfunktion $\phi' = \psi_{1sH}$) beschrieben werden oder noch besser, als Linearkombination von ϕ und ϕ'. Die Betrachtung können wir noch weiter verfeinern, indem wir statt von (6.26) von einer beliebigen Linearkombination

$$\phi = a\,\psi_{2s} + \sqrt{1 - a^2}\,\psi_{2p_x} \tag{6.27}$$

ausgehen und den Wert von a so festlegen, daß nach dem Variationsprinzip das Energieminimum erhalten wird. An dieser Überlegung ändert sich nichts Wesentliches, wenn wir durch den Einbau eines zusätzlichen Elektrons zum ebenfalls bekannten LiH-Molekül [6.2] (Abb. 6.7b) übergehen; das Hybridorbital wird dann von 2 Bindungselektronen besetzt.

6.2.2 BeH₂

In entsprechender Weise kann das BeH_2-Molekül beschrieben werden. Für die Bindungen sind 4 Elektronen (die Außenelektronen von Be und das Elektron jedes H-Atoms) verfügbar. Wie bei LiH kann man 2 Elektronen die Wellenfunktionen zuschreiben, die sich aus der Hybridfunktion (6.26) und der $1s$-Funktion an dem einen H-Atom ergibt. Entsprechend schreibt man den anderen beiden Elektronen die Wellenfunktion zu, die aus der zu (6.26) orthogonalen Hybridfunktion

$$\phi = \sqrt{\tfrac{1}{2}}\,(\psi_{2s} - \psi_{2p_x}) \tag{6.28}$$

und der $1s$-Funktion des anderen H-Atoms entsteht (Abb. 6.8). BeH₂ sollte also linear gebaut sein. Wir haben das Beispiel zur Illustration der Überlegung betrach-

tet, obgleich BeH₂ nicht bekannt ist, weil eine polymere Form [6.3] noch energieärmer ist. Sie tritt als Festkörper auf, in dem jedes Be von 4 H-Atomen umgeben ist (näheres s. Abschn. 6.3).

6.2.3 H₂S

Nun untersuchen wir das H₂S-Molekül daraufhin, ob Hybridfunktionen sinnvolle Näherungsfunktionen sein können. Beispielsweise können die beiden Wasserstoffatome an die $2p_x$- bzw. $2p_y$-Orbitale des Schwefelatoms (Abb. 6.9a), an lineare Hybridorbitale (Abb. 6.9b) oder an Tetraeder-Hybridorbitale (Abb. 6.9c) gebunden sein. Nun müssen wir berücksichtigen, daß beim Knüpfen der Bindung mit den H-Atomen Energie frei wird; Tetraeder-Hybridfunktionen überlappen mit den Wasserstoff-Funktionen besser als die $2p$-Funktionen, so daß im Fall der Abb. 6.9c eine größere Überlappungsenergie frei wird als im Fall der Abb. 6.9a. Trotzdem reicht dieser Unterschied nicht aus, um den Energieaufwand von $\tfrac{1}{2}\Delta E$ zur Bildung der Tetraeder-Hybridorbitale auszugleichen. Die lineare Hybridbindung scheidet ebenfalls aus, weil der Energieaufwand noch größer ist. Es sollte also eine Bindung nach Abb. 6.9a realisiert sein. Beim H₂O-Molekül dagegen stoßen sich die positiv geladenen H-Atome stark ab; beim Übergang von einer reinen p-Bindung zu einer Hybridbindung wird der Bindungswinkel vergrößert und damit die Coulombsche Abstoßungsenergie kleiner. Dieser Energiegewinn könnte den Energieaufwand zur Bildung des Hybridorbitals kompensieren, so daß in diesem Fall das Vorliegen einer Hybridbindung möglich wäre. Im Einklang damit steht, daß der Bindungswinkel [5.4] im H₂O-Molekül (105°) wesentlich größer als bei H₂S (92°) ist.

6.2.4 CH₄

Nach Abb. 6.10 ist die Bindung von 2H-Atomen an $2p$-Orbitale (a) oder die Bindung von 4H-Atomen an 2 lineare Hybrid- und $2p$-Orbitale (b) bzw. an 4 Tetraeder-Hybridorbitale (c) vorstellbar. Zur Bildung der Hybridorbitale sind die Energien

$$E_H = 2 \cdot \tfrac{1}{2}\Delta E \quad \text{(lineares Hybridorbital)}$$

$$E_H = 2 \cdot \tfrac{3}{4}\Delta E - 2 \cdot \tfrac{1}{4}\Delta E = \Delta E$$
$$\text{(Tetraeder-Hybridorbital)}$$

aufzuwenden. Bei (a) ist keine Energie zuzuführen, dafür

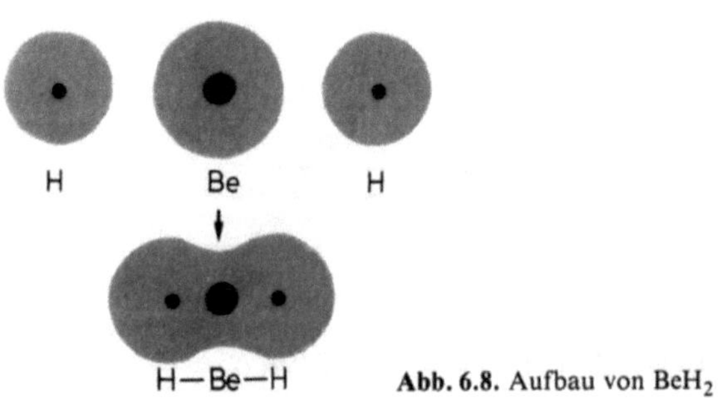

Abb. 6.8. Aufbau von BeH₂

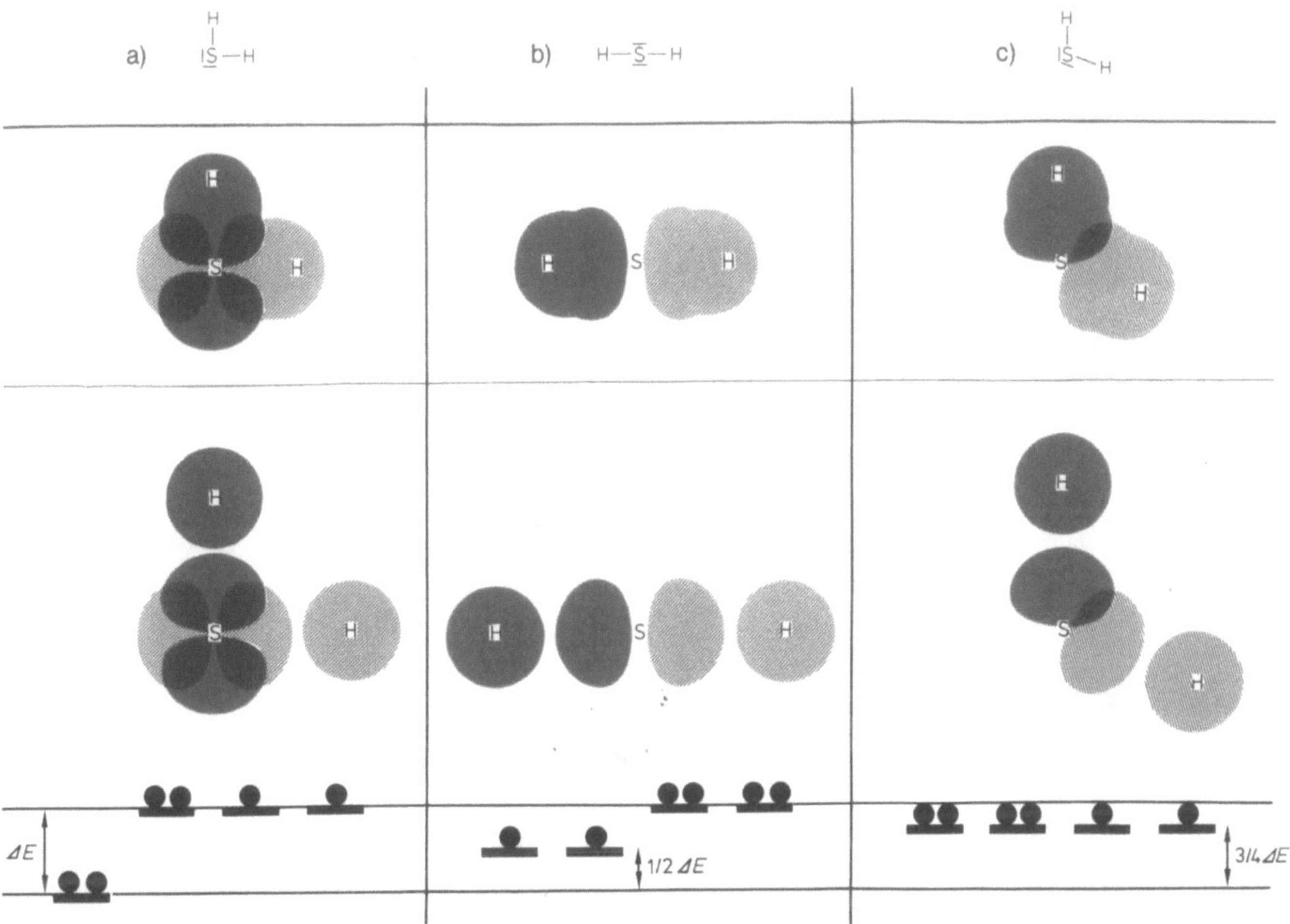

Abb. 6.9a–c. H_2S-Molekül; Diskussion verschiedener Möglichkeiten für die Elektronenkonfigurationen. Die Elektronen mit der Hauptquantenzahl $n = 2$ besetzen (a) ein $2s$- und drei $2p$-Orbitale, (b) zwei lineare Hybrid- und zwei $2p$-Orbitale, (c) vier Tetraeder-Hybridorbitale. Gezeichnet sind nur die Orbitale, die für die Bindung mit den H-Atomen verwendet werden

werden aber nur 2 Bindungen geknüpft. Bei (b) und (c) ist die Energie ΔE aufzuwenden, dafür werden aber 4 Bindungen geknüpft. Bei (c) ist die Überlappung über die Hybridorbitale besser als bei (b) über die $2p$-Orbitale. Es wird deshalb die Bindung über die Tetraeder-Hybridorbitale realisiert. Experimentell findet man tatsächlich eine tetraedrische Anordnung der H-Atome um das C-Atom und bei Methanderivaten Bindungswinkel, die dem Tetraederwinkel (109° 28′) sehr nahe kommen [6.4]:

Ähnliche Verhältnisse liegen bei Siliziumverbindungen vor:

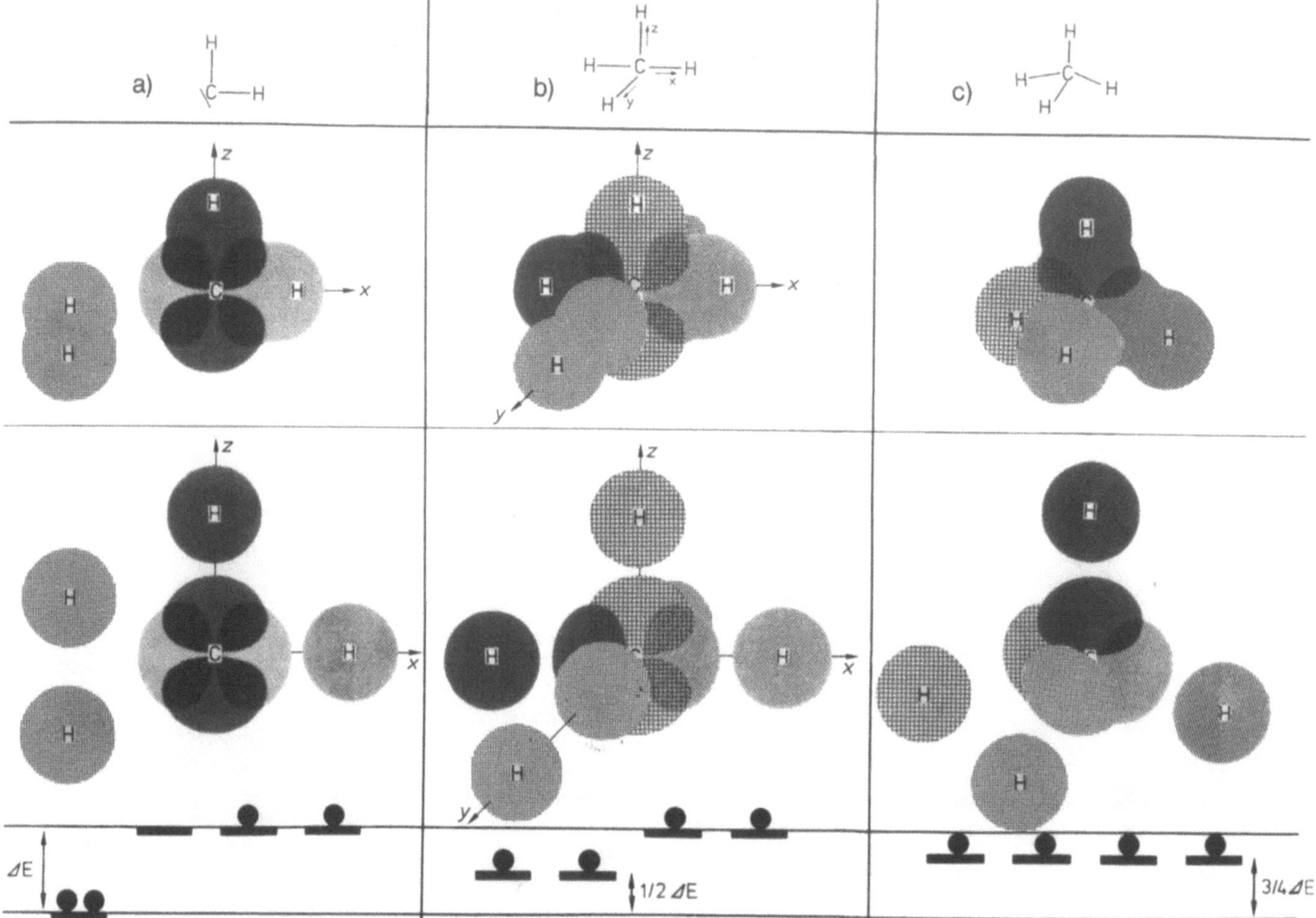

Abb. 6.10a – c. 4 H-Atome und ein C-Atom. (a) 2 H-Atome bilden H_2, die anderen CH_2 (Bindung über 2p-Orbitale des C) (b) – (c): 4 H-Atome bilden CH_4, (b) Bindung über lineare Hybridorbitale des C (x-Achse) und über 2p Orbitale (y- und z-Achse), (c) Bindung über Tetraeder-Hybridorbitale des C

6.3 Eigenschaften von Elektronenpaarbindungen

Wir fassen kurz zusammen, welche Bedingungen für das Zustandekommen einer Elektronenpaarbindung wesentlich sind.

1. Es sind brauchbare Orbitale an beiden Bindungspartnern erforderlich. Diese Orbitale dürfen nicht von anderen Elektronen besetzt sein, und sie müssen eine genügend tiefe Energie besitzen (Abb. 6.11).
2. Es sind 2 Elektronen für die Bindung erforderlich. Dabei ist es gleichgültig, ob sie von den beiden Bindungspartnern stammen oder von nur einem Partner eingebracht werden (Abb. 6.12).

Bindungen, zu denen der eine Partner 2 Elektronen, der zweite dagegen gar kein Elektron beiträgt, nennt man *dative Bindungen*. Beispiele dafür sind NH_4^+ und $NH_3 - B(CH_3)_3$ (Abb. 6.13). Den Bindungspartner, welcher die Bindungselektronen liefert, nennt man Donor (hier das NH_3-Molekül), den anderen Akzeptor.

Denkt man sich bei einer Elektronenpaarbindung das Elektronenpaar formal auf die beiden Bindungspartner aufgeteilt, dann werden im Fall von dativen Bindungen formale Ladungen erhalten (Abb. 6.14); diese formalen Ladungen sind von den effektiven Ladungen zu unterscheiden: die Bindungselektronen sind ja nicht gleichmäßig zwischen den Bindungspartnern verteilt, sondern zum stärker elektronegativen Partner hin verschoben; so

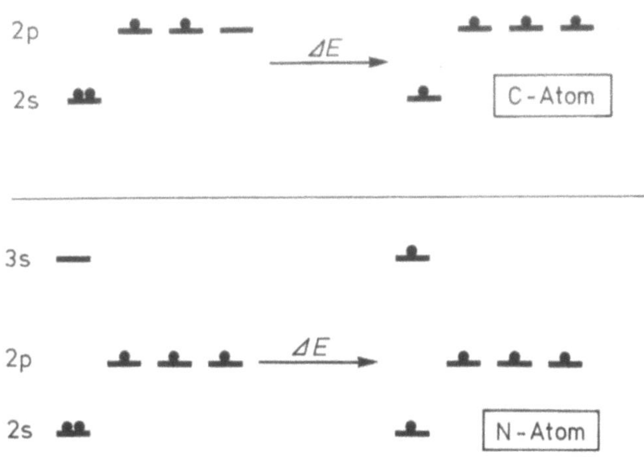

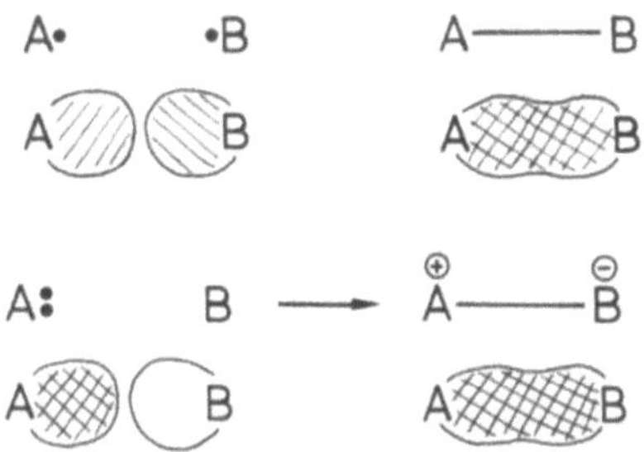

Abb. 6.11. Bindende Orbitale von C und N. Beim C-Atom ist ΔE genügend klein, so daß das C-Atom 4-bindig sein kann. Beim N-Atom müßte ein $2s$-Elektron auf ein $3s$-Niveau angehoben werden; dafür ist jedoch eine so große Energie ΔE aufzuwenden, daß ein solcher Zustand nicht realisiert werden kann: N kann nicht 5-bindig sein

Abb. 6.12 a, b. Zustandekommen einer Elektronenpaarbindung. (**a**) Beide Bindungspartner steuern je 1 Elektron bei. (**b**) Bindungspartner A liefert 2 Bindungselektronen (Donor), Partner B steuert ein leeres Orbital bei (Akzeptor)

wird die formal positive Ladung am N-Atom in NH_4^+ dadurch verkleinert, daß sich die Bindungselektronen im Mittel näher am N als an den H-Atomen aufhalten (Abb. 6.15). Zur Klärung der Frage, welcher Bindungstyp bei einer dativen Bindung vorliegt, geht man von dem formalen Ladungszustand des betrachteten Atoms aus. So sind im N-Atom in NH_4^+ formal 4 Elektronen vorhanden, die sich wie im neutralen C-Atom auf $2s$-und $2p$-Zustände verteilen; daraus folgt, daß das N-Atom in NH_4^+ genauso wie das C-Atom in CH_4 tetraedrisch hybridisiert sein muß. In $NH_3 - B(CH_3)_3$ ist das Bor-Atom formal 1fach negativ geladen, besitzt also die gleiche Elektronenanordnung wie beim C-Atom: gleichfalls tetraedrische Hybridisierung im Gegensatz zu dem trigonal planar gebauten BH_3-Molekül.

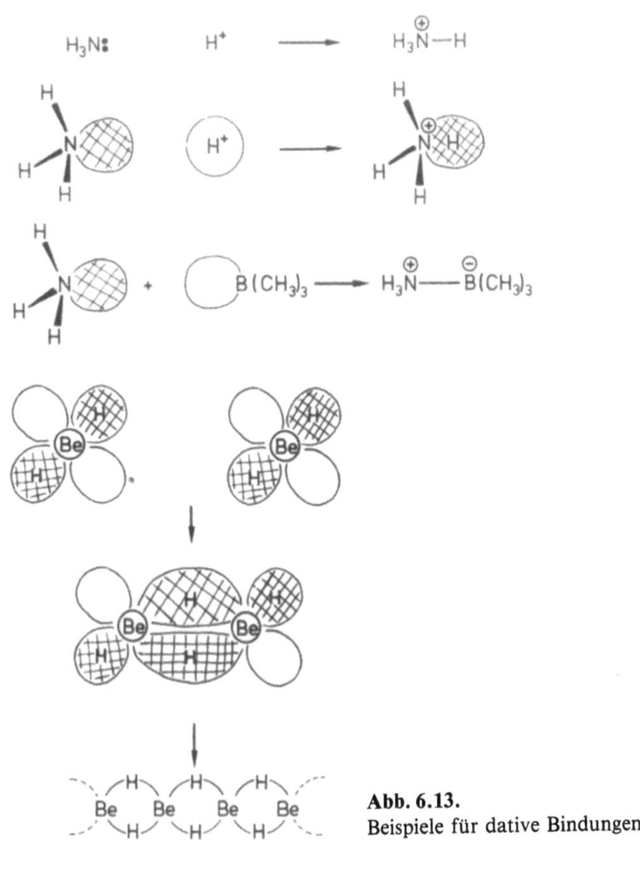

Abb. 6.13. Beispiele für dative Bindungen

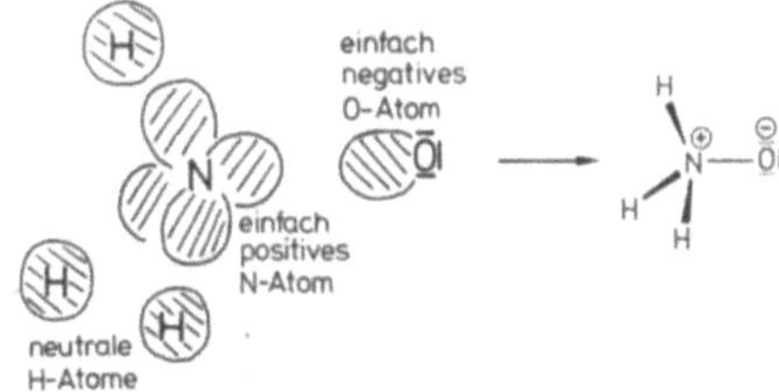

Abb. 6.14. Beispiel für formale Ladungen

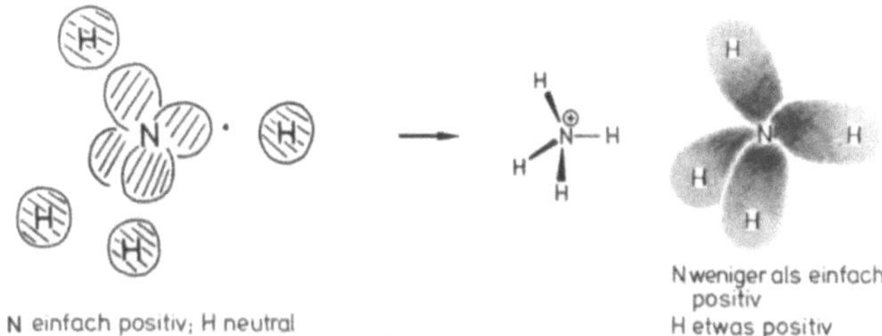

Abb. 6.15. Formale und effektive Ladung bei NH_4^+

Bei $(BeH_2)_n$ liegt ein besonderer Fall vor. Die beiden Bindungselektronenpaare in BeH_2 benutzen die beiden leeren Orbitale eines anderen BeH_2-Moleküls, und es entstehen Elektronenpaarbindungen zwischen Be-Atomen, die beiden Protonen werden in die Ladungswolken der beiden Elektronenpaare hineingezogen und stabilisieren das System. Das erste BeH_2 ist Donor, das zweite Akzeptor, aber gleichzeitig Donor für ein drittes BeH_2 usw. Bei einer unbegrenzten Kette gehen von jedem Be-Atom 4 gleiche Bindungen aus, und es werden daher Tetraeder-Hybridorbitale benützt. Da sich in der Wolke jedes Elektronenpaares ein Proton befindet, spricht man von Dreizentren-Elektronenpaarbindungen [6.3].

6.4 Kastenwellenfunktionen

Zur Beschreibung der Bindung in LiH, BeH_2, H_2O und CH_4 haben wir das Konzept der Hybridisierung verwandt. Beispielsweise gingen wir beim BeH_2 (4 Bindungselektronen) so vor, daß wir uns je 1 Elektronenpaar in den Bindungsorbitalen zum einen bzw. zum anderen H-Atom hin lokalisiert dachten (Abb. 6.16a).

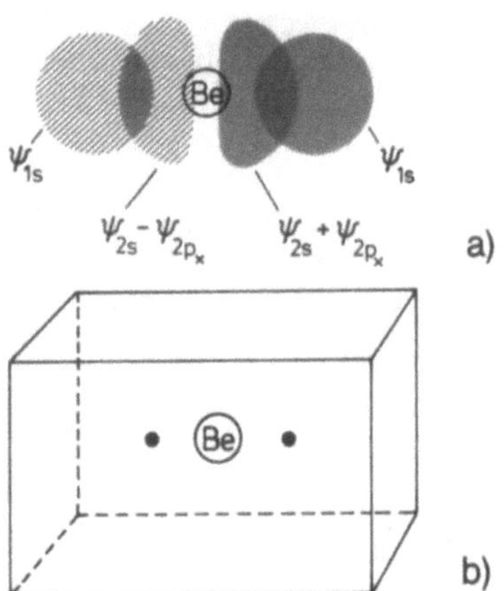

Abb. 6.16a, b. Bindung im BeH_2-Molekül. (a) Beschreibung durch Hybridbindungen, (b) Beschreibung durch Molekülorbitale, die sich für einen Kasten ergeben, in dem sich das Be^{2+}-Ion und 2 Protonen befinden

Wir können die Bindung aber auch auf eine ganz andere Weise beschreiben, indem wir von Molekülorbitalen ausgehen. Als Molekülorbitale wollen wir zunächst Kastenwellenfunktionen verwenden.

Wir denken uns einen Kasten, der den Be-Kern und die beiden H-Atomkerne enthält (Abb. 6.16b). Die beiden

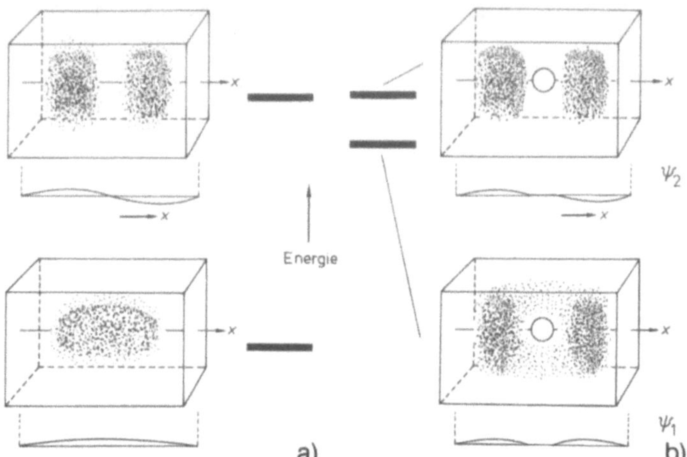

Abb. 6.17a, b. Wellenfunktionen und Energien im einfachen Quaderkasten (a) und in einem Quaderkasten unter Berücksichtigung der Forderung, daß die Funktion in einem kugelförmigen Bereich im Kasten Null sein soll (b)

$1s$-Elektronen des Be denken wir uns am Be-Kern lokalisiert (sie tragen zur Bindung nicht bei); wir fragen nach der Verteilung der übrigen 4 Elektronen in dem Kasten, wobei wir davon ausgehen, daß der Bereich um den Be-Kern, der von den $1s$-Elektronen eingenommen wird, für die übrigen Elektronen undurchdringbar ist; dadurch erfüllen die übrigen Elektronen die Orthogonalitätsbeziehung mit den $1s$-Elektronen des Be.

In Abb. 6.17a sind die Wellenfunktionen der beiden untersten Zustände für den einfachen Quaderkasten dargestellt. Diese Funktionen ändern sich, wenn wir die Undurchdringlichkeit des $1s$-Bereiches berücksichtigen, in der in Abb. 6.17b dargestellten Weise. Die beiden Ladungswolken unterscheiden sich dann nur noch wenig, so daß der Energieunterschied zwischen beiden Zuständen klein wird. Diese Zustände werden mit 4 Elektronen paarweise besetzt; damit erhält man die Elektronenwolke in Abb. 6.18.

Wir sehen, daß die Elektronenverteilung der Verteilung in Abb. 6.16a sehr ähnlich ist. Dabei spielt es keine Rolle, daß in der Hybridbeschreibung 2 Elektronen das eine und 2 Elektronen das andere Hybridorbital besetzen: die Elektronen sind prinzipiell nicht unterscheidbar und deshalb in gleicher Weise auf beide Hybridorbitale verteilt (Beschreibung durch lokalisierte bzw. delokalisierte Orbitale).

Die folgende Betrachtung zeigt, daß die beiden Modelle praktisch äquivalent sind: die beiden Molekülorbitale ψ_1 und ψ_2 (Abb. 6.17b) sind in der Energie nur wenig

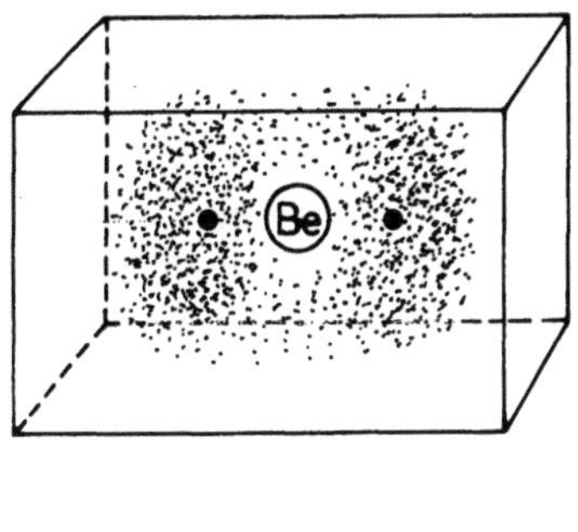

Abb. 6.18. Kastenmodell für das BeH_2-Molekül und Elektronenwolke für 4 Elektronen in einem Kasten

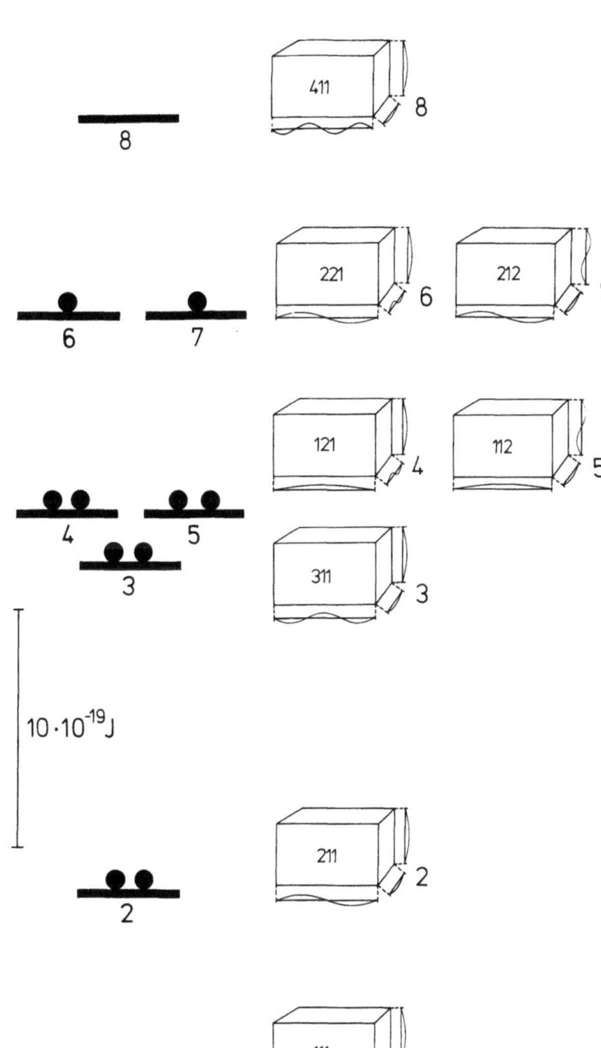

Abb. 6.19 a, b. Kastenmodelle für O_2. (a) Besetzungsschema. Es wurde ein Kasten mit $L_x = 5$ Å, $L_y = L_z = 3$ Å zugrunde gelegt. (b) Darstellung der 8 energieärmsten Kastenwellenfunktionen

verschieden. Vernachlässigen wir diesen Energieunterschied, dann können wir zueinander orthogonale Hybridfunktionen

$$\psi = \psi_1 + \psi_2 \qquad \psi' = \psi_1 - \psi_2 \qquad (6.29)$$

bilden; diese Hybridfunktionen entsprechen völlig den Bindungsorbitalen in Abb. 6.16a.

Mit einem entsprechenden Kastenmodell können wir auch das Verhalten der Valenzelektronen von anderen kleinen Molekülen wie O_2 beschreiben. Wir denken uns wiederum die $1s$-Elektronen an den Kernen lokalisiert.

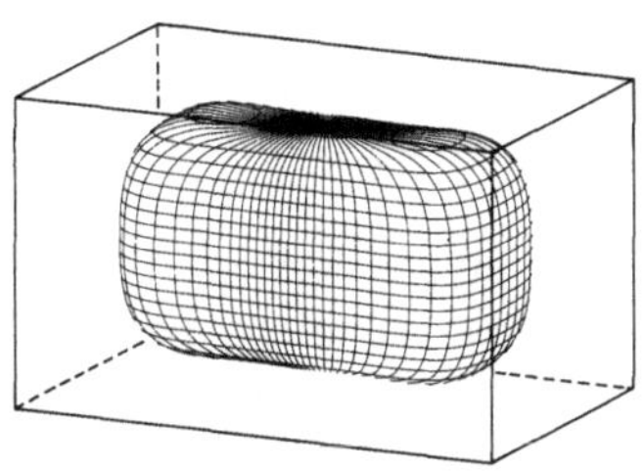

Abb. 6.20. Ladungswolke im O_2-Molekül, berechnet aus den Wellenfunktionen Abb. 6.19a, 6.22a. Die Niveaulinien verbinden Punkte im Raum, an denen die Ladungsdichte $e_0 \cdot 0{,}5$ Å^{-3} beträgt

Beim O_2 sind dann insgesamt 12 Valenzelektronen auf Molekülorbitale zu verteilen. Verfahren wir wie beim BeH_2, dann erhalten wir die in Abb. 6.19b (s. ebenso Abb. 6.22a) dargestellten 8 energieärmsten Kastenwellenfunktionen, wenn wir einen Kasten mit $L_x = 5$ Å, $L_y = L_z = 3$ Å wählen; Abb. 6.19a gibt die zugehörigen Orbitalenergien wieder. Diese Orbitale sind beim O_2 der Reihe nach mit je 2 Elektronen zu besetzen. Addieren wir die Quadrate der Wellenfunktionen der besetzten Zustände, dann erhalten wir die Ladungswolke in Abb. 6.20. Die besetzten Molekülorbitale 2, 6, 7 besitzen einen Knoten in der Bindungsmitte, tragen also zur Bindung nichts bei (nichtbindende Orbitale); die Orbitale 1, 3, 4 und 5 besitzen in der Bindungsmitte einen Bauch, sind also bindend. Es stehen somit 4 bindenden Orbitalen 3 nichtbindende gegenüber. 2 Elektronen sind auf die energiegleichen Niveaus 6 und 7 zu verteilen, O_2 enthält also 2 ungepaarte Elektronen. Daraus erklärt sich die Tatsache, daß O_2 paramagnetisch ist.

6.5 LCAO-Wellenfunktionen

Statt der Kastenfunktionen können wir zum Aufbau der Molekülorbitale auch Linearkombinationen von atomaren Orbitalen (LCAO-Funktionen) verwenden. Die untersten 2 Molekülorbitale ergeben sich durch Linearkombination zweier 2s-Atomfunktionen, von denen das eine bindend, das zweite antibindend ist. Entsprechendes gilt für die Kombinationen der 2p-Atomfunktionen. Damit erhalten wir für O_2 das Schema in Abb. 6.21, 22b; es entspricht dem Schema in Abb. 6.19.

Molekülorbitale, die in der Kernverbindungslinie Wellenbäuche besitzen, nennt man σ-Orbitale (Orbitale 1, 2, 3, 8 in Abb. 6.19, 21 und 6.22); Orbitale, bei denen die Kernverbindungslinie in einer Knotenebene liegt, nennt man π-Orbitale (Orbitale 4, 5, 6, 7 in Abb. 6.19, 21 und 6.22). Antibindende Orbitale bezeichnet man zur Unterscheidung von bindenden Orbitalen mit einem (*). σ-Orbitale entstehen aus Atomorbitalen, die sich in Bindungsrichtung überlappen (σ-Bindungen); bei π-Bindungen erfolgt die Überlappung quer zur Bindungsrichtung (Aufgabe 6.10).

Damit haben wir zwei Beschreibungsweisen für die Verteilung der Bindungselektronen diskutiert, nämlich die Beschreibung über lokalisierte Hybridorbitale einerseits und über Molekülorbitale (am Beispiel der Kastenund der LCAO-Funktion) andererseits. Beide Beschreibungsweisen stellen vereinfachte Denkmodelle dar. Über Hybridorbitale lassen sich σ-Bindungen besonders anschaulich den Bindungsstrichen der Strichformeln zuord-

nen; Molekülorbitale sind besonders gut zur Beschreibung von π-Bindungen geeignet.

Es sei darauf hingewiesen, daß die in diesem Kapitel besprochenen Ansätze zum Verständnis der Bindung stark vereinfachte Modelle darstellen; wir dürfen daher nicht erwarten, daß die erhaltenen Resultate auch in quantitativer Hinsicht mit dem Experiment übereinstimmen. So wurden für zweiatomige Moleküle die Energieniveauschemata in den Abb. 6.19 und 6.21 erhalten; darin besitzt der Zustand 3 eine kleinere Energie als die Zustände 4 und 5. Im Fall von O_2 findet man jedoch experimentell, daß der Zustand 3 knapp oberhalb der Zustände 4 und 5 liegt. Diese Reihenfolge hätte sich im Kastenmodell bei etwas veränderten Parametern auch ergeben (Kasten gegenüber Abb. 6.19 etwas verkürzt und verbreitert).

Im Fall der LCAO-Methode müssen wir beachten, daß bei der Molekülbildung nicht nur reine s- und reine p-Zustände miteinander kombiniert werden dürfen, sondern auch Hybridzustände. So könnten wir den Zustand 1 in Abb. 6.21 auch durch die Kombination

---

Abb. 6.22 a, b. Räumliche Darstellung der Wellenfunktionen des O_2-Moleküls. (a) Kastenmodell (Kastenlänge 5 Å, Kastenbreite 3 Å). (b) LCAO-Modell (Slater-Funktionen mit der effektiven Ladungszahl 4,55, Kernabstand 1,21 Å). Die Niveaulinien verbinden Punkte im Raum, an denen der Wert der Wellenfunktion 0,25 Å$^{-3/2}$ beträgt

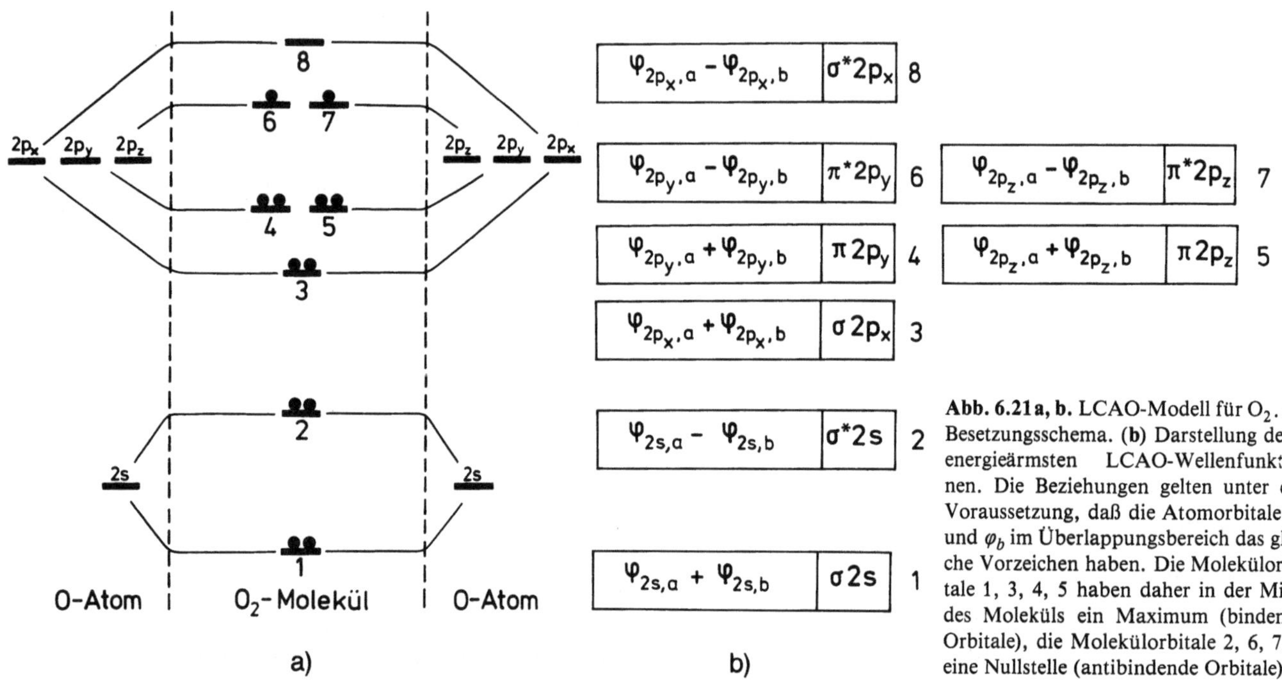

Abb. 6.21 a, b. LCAO-Modell für O_2. (a) Besetzungsschema. (b) Darstellung der 8 energieärmsten LCAO-Wellenfunktionen. Die Beziehungen gelten unter der Voraussetzung, daß die Atomorbitale φ_a und φ_b im Überlappungsbereich das gleiche Vorzeichen haben. Die Molekülorbitale 1, 3, 4, 5 haben daher in der Mitte des Moleküls ein Maximum (bindende Orbitale), die Molekülorbitale 2, 6, 7, 8 eine Nullstelle (antibindende Orbitale)

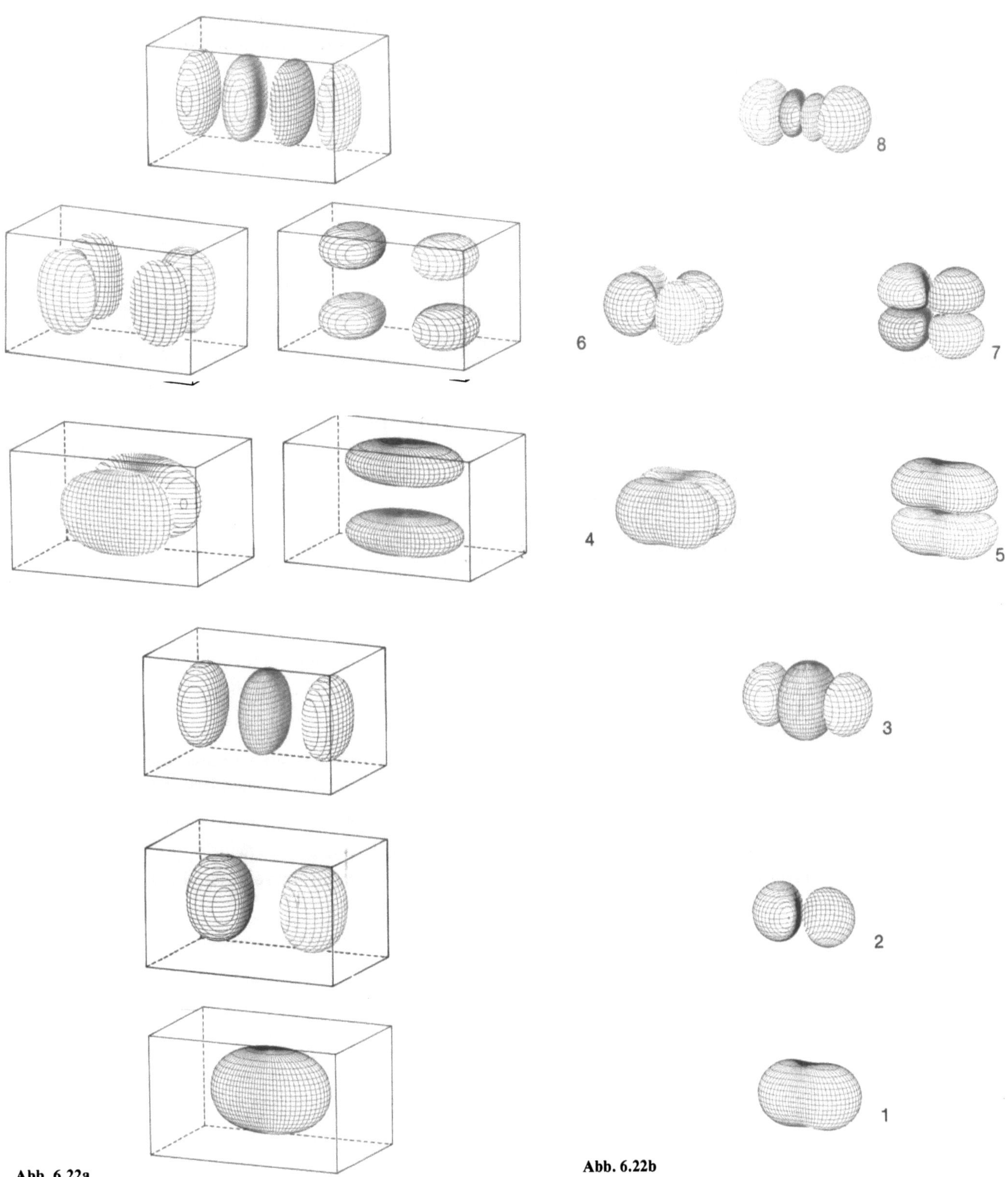

Abb. 6.22a

Abb. 6.22b

$$\phi_1 = c_1(\varphi_{2s,a} + \varphi_{2s,b}) + c_2(\varphi_{2p_x,a} + \varphi_{2p_x,b}) \qquad (6.30)$$

beschreiben, wobei die Konstanten c_1 und c_2, die durch die Normierungsbedingung verknüpft sind, nach dem Variationsprinzip festzulegen wären; der Fall $c_1 = 1$ und $c_2 = 0$ würde unserem vereinfachten Modell entsprechen. Eine Zumischung von $2p_x$-Orbitalen ergäbe wegen der besseren Überlappung eine Abnahme der Energie des betrachteten Zustandes. Geht man entsprechend bei den höheren Zuständen vor, dann stimmt die Reihenfolge der Zustände mit dem Experiment überein [6.4].

Aufgaben

6.1 *Linearkombinationen*

Man zeige durch Einsetzen der Linearkombination (6.7) in die Schrödinger-Gleichung, daß eine beliebige Linearkombination von entarteten Amplitudenfunktionen eine Lösung der Schrödinger-Gleichung darstellt. Man zeige, daß dies nicht für eine Kombination von zwei Funktionen gilt, die zu verschiedenen Energien gehören.

6.2 *Entartung und Hybridisierung von Kastenfunktionen*

Man diskutiere die Entartung und Hybridisierung im Falle eines Elektrons im Würfelkasten.

6.3 *Orthogonalität und Normierung von Hybridfunktionen*

Man zeige, daß die Kombinationen in (6.17) und (6.18) normiert und orthogonal zueinander sind.

6.4 *Symmetrieeigenschaften linearer Hybridfunktionen*

Man zeige, daß die 2 Hybridfunktionen in (6.17) durch die Bedingung erhalten werden, daß sie bei Drehung um 180° um die z-Achse ineinander überführt werden und sich bei Drehung um die x-Achse nicht ändern.

6.5 *Energie von Hybridfunktionen*

Man zeige, daß für eine Hybridfunktion

$$\phi = a\,\psi_{2s} + b\,\psi_{2p_x} + c\,\psi_{2p_y} + d\,\psi_{2p_z} \text{ allgemein gilt:}$$

$$\varepsilon_{\text{Hybrid}} = E_s + (b^2 + c^2 + d^2)\,\Delta E$$

und berechne daraus ε für den Tetraederhybridzustand.

6.6 *Bau von* $B(CH_3)_3$ *und* Hg_2Cl_2

Man überlege sich den Bau von $B(CH_3)_3$, Hg_2Cl_2, $Hg(Phenyl)_2$ und $O(Phenyl)_2$; beim Hg gehe man davon aus, daß ein Hybrid aus $6s$- und $6p$-Zuständen gebildet wird.

6.7 *Dative Bindung*

Man zeige, daß bei der Bildung von Amin-oxid $H_3N - \overset{\oplus}{\underset{}{}}\overset{\ominus}{O}|$ ein NH_3-Molekül den Donor, ein O-Atom den Akzeptor darstellt.

6.8 *Bildung von* CH_5^+

In stark saurer Lösung bilden sich aus Methan gemäß

$$CH_4 + H^+ \rightarrow CH_5^+ \rightarrow CH_3^+ + H_2$$

das Carboniumion CH_5^+ und das Carbeniumion CH_3^+. Man diskutiere die Struktur dieser Ionen [6.5].

6.9 LCAO-*Modell für* O_2

Man überlege sich, warum die Linearkombinationen mit $2p_x$ energetisch weiter auseinanderliegen als die Kombinationen mit $2p_y$ und $2p_z$.

6.10 *Molekülorbitalschemata*

Man stelle Molekülorbitalschemata für Li_2, Be_2, B_2, C_2, N_2 und F_2 auf.

7. Beschreibung von Molekülen mit Mehrfachbindungen

Bisher haben wir im wesentlichen Moleküle betrachtet, deren Bindungen in der Strichformelsymbolik durch einen einzigen Bindungsstrich dargestellt werden können (Einfachbindungen), z. B.

$$H-\underset{\underset{H}{|}}{\overset{\overset{H}{|}}{C}}-H \qquad \underset{CH_3}{\overset{CH_3\quad CH_3}{B}} \qquad H-H \qquad H-Cl$$

Neben solchen Bindungen gibt es Bindungen, die sich nur durch mehrfache Bindungsstriche darstellen lassen, z. B.

$$\underset{H}{\overset{H}{>}}C=C\underset{H}{\overset{H}{<}} \qquad \underset{H}{\overset{H}{>}}C=C-C=C\underset{H}{\overset{H}{<}} \qquad$$

Äthylen · Butadien · Benzol

$$H-C\equiv C-H \qquad H-C\equiv C-C\equiv C-H \qquad H-C\equiv N$$

Acetylen · Diacetylen · Blausäure

Kleinere Moleküle wie O_2 wurden bereits im Kap. 6 besprochen. Wir wollen uns jetzt mit den Eigenschaften größerer Moleküle mit Mehrfachbindungen beschäftigen.

7.1 Eigenschaften von π-Bindungen

Als erstes Beispiel betrachten wir das Äthylenmolekül. Jedes C-Atom hat 3 Nachbarn, das bestgeeignete Bindungsorbital ist also ein trigonal planares Hybridorbital (Abb. 7.1a).

Die C-Atome werden also durch eine σ-Bindung (trigonal-planares Hybridorbital) und durch eine π-Bindung zusammengehalten (Abb. 7.2); dadurch wird verständlich, daß die Energie, die nötig ist, um die C – C-Bindung im Äthylen auseinanderzureißen, größer sein muß als beim Äthanmolekül; aus demselben Grund ist die Kraftkonstante größer und die Bindungslänge kleiner (Tabelle 7.1). Versuchen wir, die C – C-Bindung im Äthylen um

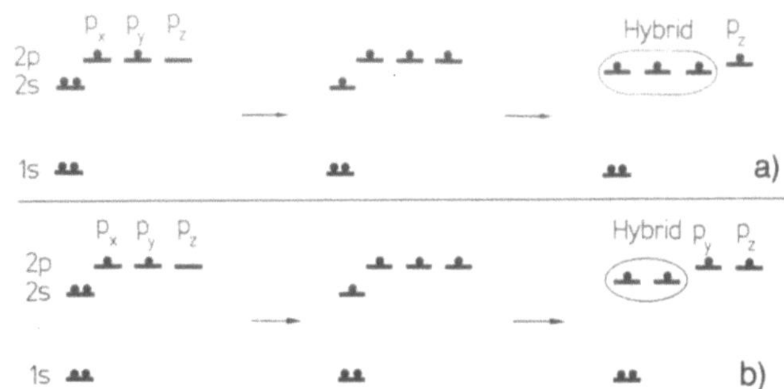

Abb. 7.1a, b. Bildung eines trigonal planaren (**a**) und eines linearen Hybridzustandes (**b**) beim Kohlenstoffatom

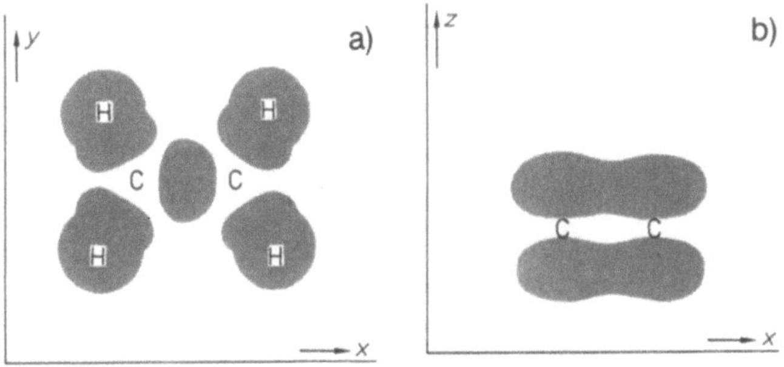

Abb. 7.2a, b. Trigonal planare Hybridorbitale (**a**) und $2p_z$-Orbitale (**b**) im Äthylenmolekül [7.1]. Innerhalb der Grauzone ist die Ladungsdichte größer als $e_0 \cdot 0{,}02\ \text{Å}^{-3}$

die Moleküllängsachse zu verdrehen, dann nimmt die Überlappung der π-Orbitale stark ab (Abb. 7.3), das Molekül wird also in einen energetisch sehr ungünstigen Zustand gebracht; dadurch ist eine freie Drehbarkeit, wie

Tabelle 7.1. Bindungsenergien, Kraftkonstanten und Bindungslänge von C – C-Bindungen (H_2^+-Ion und H_2 zum Vergleich) [7.2]

	Bindungsenergie 10^{-19} J	Kraftkonstante N m^{-1}	Bindungslänge Å
$\underset{H}{\overset{H}{>}}C-C\underset{H}{\overset{H}{<}}$	5,8	434	1,54
$\underset{H}{\overset{H}{>}}C=C\underset{H}{\overset{H}{<}}$	10,2	1080	1,33
$H-C\equiv C-H$	13,5	1490	1,20
$[H-H]^+$	4,2	160	1,05
$H-H$	7,2	574	0,74

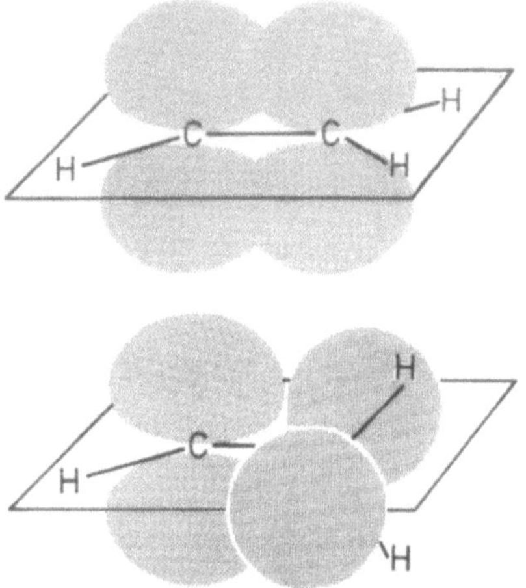

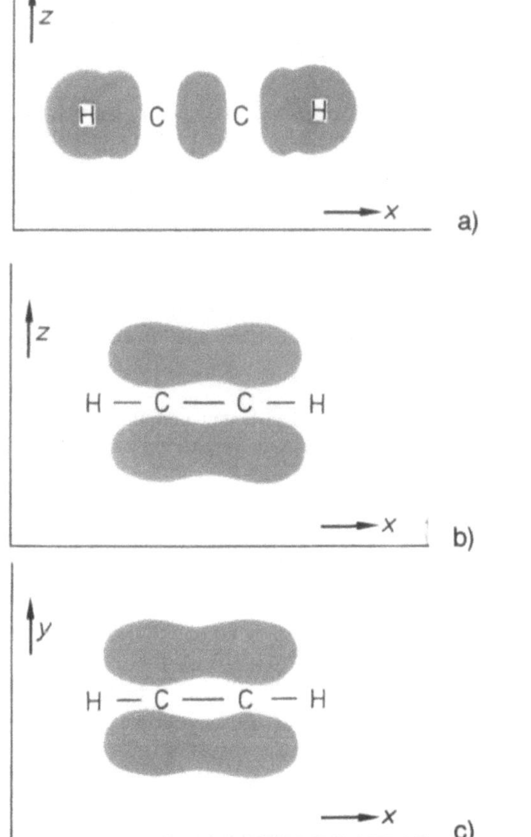

Abb. 7.3. Abnahme der Überlappung der π-Orbitale bei einer Verdrehung des Äthylenmoleküls

Abb. 7.4a – c. Lineare Hybridorbitale (**a**) und $2p_z$-, $2p_y$-Orbitale (**b, c**) im Acetylenmolekül [7.1]. Innerhalb der Grauzone ist die Ladungsdichte der betrachteten Elektronen größer als $e_0 \cdot 0,02\ \text{Å}^{-3}$

wir sie beim Äthanmolekül kennengelernt haben, nicht mehr möglich.

Im Acetylenmolekül besitzt jedes C-Atom zwei Nachbarn; das bestgeeignete σ-Bindungsorbital ist deshalb ein lineares Hybridorbital (Abb. 7.1 b). In diesem Fall bleiben zwei einfach besetzte π-Orbitale übrig ($2p_y$ und $2p_z$), die beide jeweils eine π-Bindung eingehen können (Abb. 7.4). Deshalb sind die Bindungsenergie und die Kraftkonstante der $C \equiv C$-Bindung noch größer als bei der $C = C$-Bindung, und der Bindungsabstand ist entsprechend kleiner (Tabelle 7.1).

7.2 Elektronengasmodell für unverzweigte Moleküle

Bereits beim H_2^+-Ion haben wir das Kastenmodell erfolgreich zur Beschreibung der Bindung herangezogen. Wir übertragen das Modell auf das Äthylenmolekül, indem wir uns die Atomrümpfe der beiden C-Atome (Atomkern mit zwei $1s$-Elektronen) und die Atomkerne der 4 Wasserstoffatome (Protonen) gemäß Abb. 7.5 in einem Quaderkasten mit den Kantenlängen $L_x = 5$ Å, $L_y = 4$ Å und $L_z = 3$ Å (diese Abmessungen sind in der Länge und der Breite um etwa je 1Å größer gewählt als beim H_2^+-Ion) angeordnet denken. Wir nehmen an, daß sich die 12 Bindungselektronen innerhalb dieses Kastens frei bewegen können, daß ihre Wellenfunktionen also dreidimensionale Sinusfunktionen sind. Die 12 Elektronen werden gemäß Abb. 7.6 auf die unteren 6 Energieniveaus verteilt. Die 5 untersten Orbitale besitzen in der Molekülebene einen Bauch ($n_z = 1$: σ-Elektronen). Das oberste besetzte Orbital besitzt in der Molekülebene einen Knoten ($n_z = 2$: π-Elektronen); das gleiche gilt für das nächsthöhere, unbesetzte Orbital (Abb. 7.7). In dieser Näherung bleibt unberücksichtigt, daß sich die Valenzelektronen wegen der Orthogonalität mit den $1s$-Elektronen der bei-

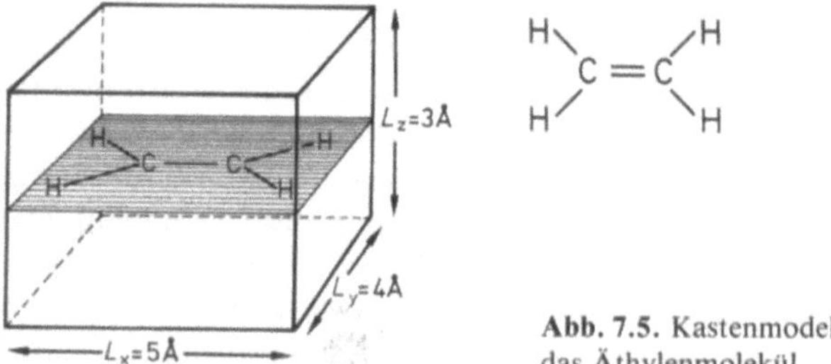

Abb. 7.5. Kastenmodell für das Äthylenmolekül

den C-Atome praktisch nicht in der Nähe der C-Kerne aufhalten können. Um der Orthogonalitätsbedingung Rechnung zu tragen, kann man sich um beide C-Kerne eine undurchdringbare kleine Kugel angebracht denken.

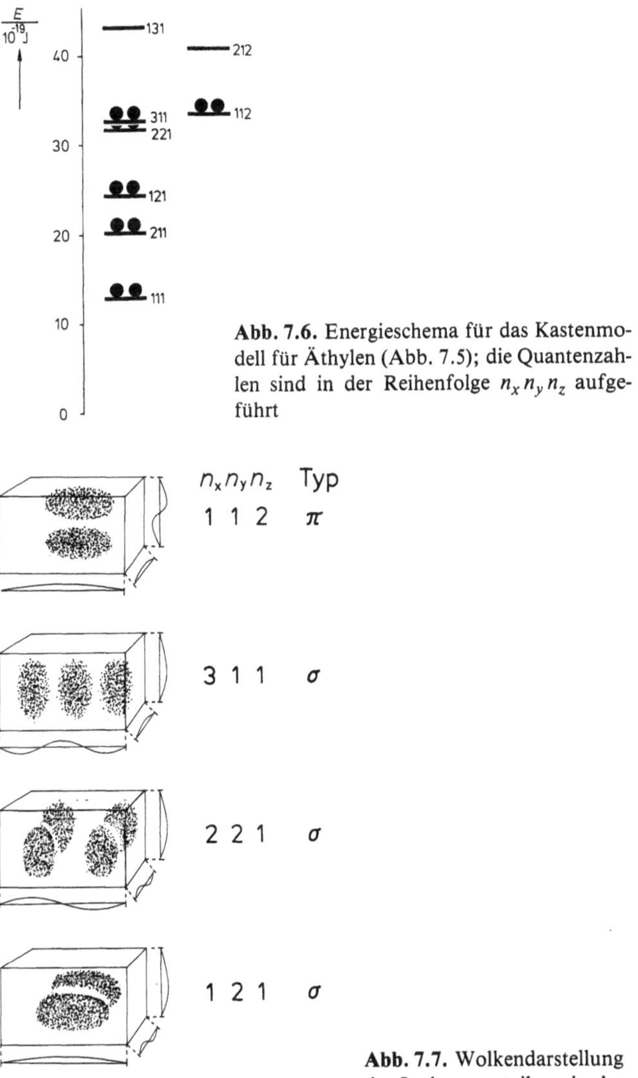

Abb. 7.6. Energieschema für das Kastenmodell für Äthylen (Abb. 7.5); die Quantenzahlen sind in der Reihenfolge $n_x n_y n_z$ aufgeführt

$n_x n_y n_z$	Typ
1 1 2	π
3 1 1	σ
2 2 1	σ
1 2 1	σ
2 1 1	σ
1 1 1	σ

Abb. 7.7. Wolkendarstellung der Ladungsverteilung in den 6 untersten Molekülorbitalen im Kastenmodell des Äthylenmoleküls ($L_x = 5$ Å, $L_y = 4$ Å, $L_z = 3$ Å). In der Theorie der π-Elektronensysteme bezeichnet man Elektronen, deren Wellenfunktion in der Molekülebene einen Bauch der Wellenfunktion besitzen, als σ-Elektronen

Das führt zu einer Verschiebung der Energieniveaus (vgl. Abb. 6.17). Bei den π-Orbitalen, bei denen die Wellenfunktionen in der Molekülebene einen Knoten besitzen, ist die Korrektur gering.

Diese π-Orbitale wollen wir jetzt etwas genauer betrachten. In Abb. 7.8a sind sie für das Äthylenmolekül gesondert dargestellt (Wolkendarstellung). Von der Wolkendarstellung gelangen wir zu der Niveaukurvendarstellung in Abb. 7.8b, wenn wir den Verlauf der Wellenfunktionen in einer Ebene im Abstand von $L_z/4 = 0{,}75$ Å oberhalb der Molekülebene betrachten. Die eindimensionale Darstellung in Abb. 7.8c wird erhalten, wenn wir den Verlauf der Wellenfunktion längs der Kernverbindungslinie im Abstand 0.75 Å von der Molekülebene auftragen (gestrichelte Linie in Abb. 7.8b).

Beim Butadien sind 4 Elektronen in π-Orbitalen unterzubringen; entsprechend dem gewinkelten Aufbau des Moleküls denken wir uns einen gewinkelten Kasten, in dem sich diese 4 Elektronen frei bewegen sollen. Diejenigen Elektronenwolken, die in der Molekülebene eine Knotenebene besitzen (also die π-Orbitale), sind in Abb. 7.8d für die untersten 4 Niveaus dargestellt. Der Verlauf der Wellenfunktion senkrecht zur Molekülebene und senkrecht zur Kernverbindungslinie ist in allen π-Orbitalen nahezu gleich; längs der Kernverbindungslinie dagegen unterscheiden sich die Orbitale in der Anzahl der Knoten und Bäuche. Es ist also naheliegend, die π-Orbitale durch stehende eindimensionale Wellen längs der Kernverbindungslinie zu approximieren; dieses vereinfachte Verfahren bezeichnet man als *Elektronengasmodell*[1,2]. In diesem Modell ist die Energie durch

$$E = \frac{h^2}{8mL^2}\, n^2 \tag{7.1}$$

---

[1] Das Elektronengasmodell wird häufig mißverstanden. Sein physikalischer Hintergrund wird übersehen. So wird gesagt [E.13], daß das Elektronengasmodell den Virialsatz völlig ignoriere, und seine Zulässigkeit darauf beruhe, daß man bei alleiniger Betrachtung der kinetischen Energie wesentliche Züge der chemischen Bindung richtig erfasse. Es wird dabei übersehen, daß $\bar{V}$ (und damit der Boden der Potentialwanne im Elektronengasmodell) bei Verschiebung der Kerne durchaus nicht auf gleichem Niveau bleibt. Dieses Niveau verändert sich vielmehr in dem Sinn, wie es vom Virialtheorem gefordert wird [3.6, 3.8]. Im folgenden wird der Energienullpunkt willkürlich so festgelegt, daß $\bar{V} = 0$ ist.

[2] In dieser Näherung werden die π-Elektronenorbitale durch die Quantenzustände eines Elektrons beschrieben, bei dem der Verlauf der potentiellen Energie vorgegeben ist. Diese Einzel-π-Elektronenzustände sind zu unterscheiden vom Zustand des Moleküls, also vom Quantenzustand des Moleküls als Ganzem.

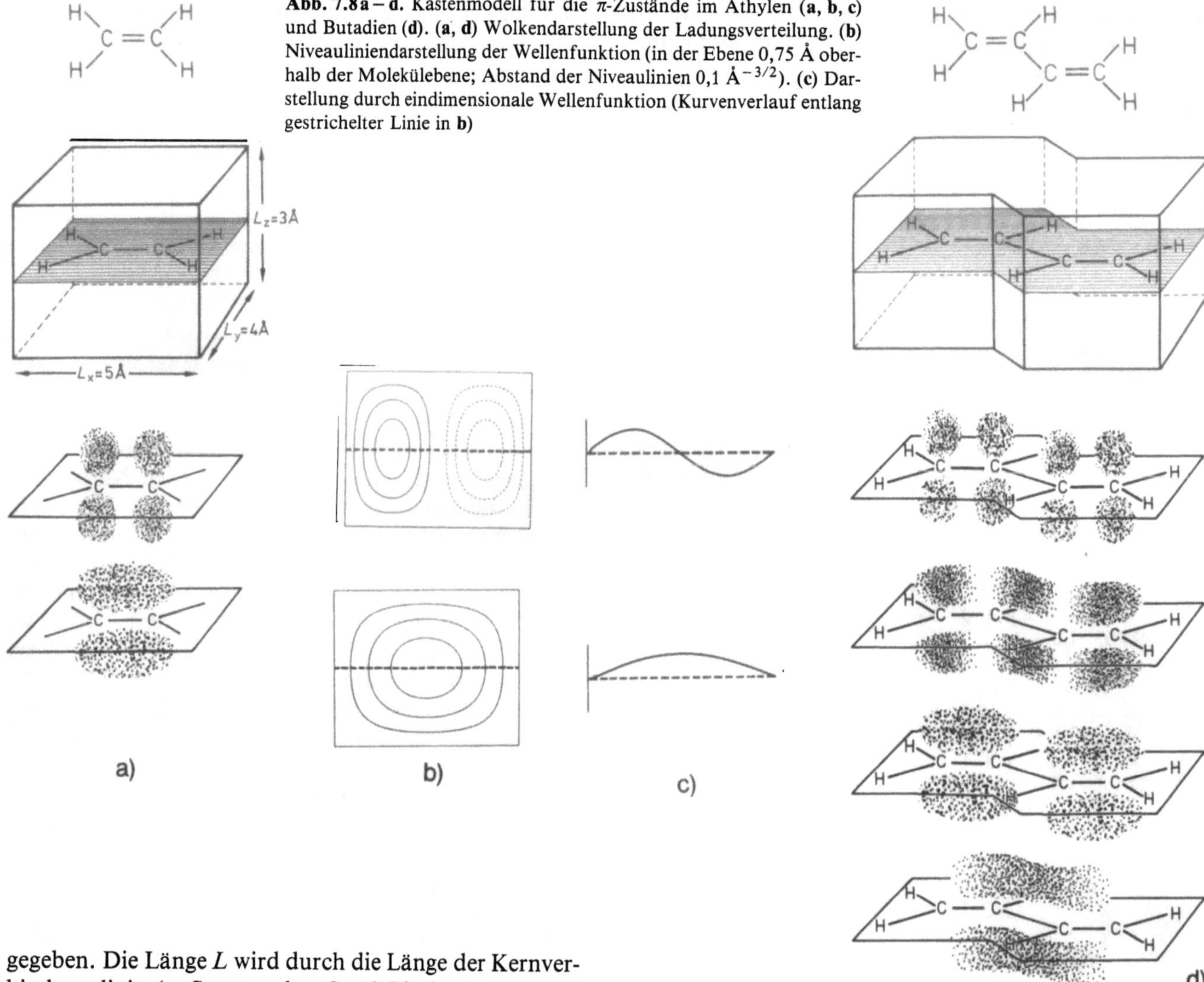

Abb. 7.8a – d. Kastenmodell für die π-Zustände im Äthylen (**a, b, c**) und Butadien (**d**). (**a, d**) Wolkendarstellung der Ladungsverteilung. (**b**) Niveauliniendarstellung der Wellenfunktion (in der Ebene 0,75 Å oberhalb der Molekülebene; Abstand der Niveaulinien 0,1 Å$^{-3/2}$). (**c**) Darstellung durch eindimensionale Wellenfunktion (Kurvenverlauf entlang gestrichelter Linie in **b**)

gegeben. Die Länge L wird durch die Länge der Kernverbindungslinie (= Summe der C – C-Bindungsabstände) bestimmt; um zu berücksichtigen, daß das „Elektronengas" über die äußeren C-Atomkerne hinausragt, addieren wir zu der Summe der C – C-Bindungsabstände an jedem Molekülende je 1 C – C-Abstand.

Die Bindungslängen in konjugierten Systemen liegen zwischen 1,48 Å und 1,33 Å; als Mittelwert rechnen wir mit 1,4 Å. Damit ergibt sich für kettenförmige Moleküle

$$L = (j + 2) \cdot 1,4 \text{ Å} \tag{7.2}$$

(j: Anzahl der C – C-Bindungen). Für Äthylen erhalten wir damit $L = 4,2$ Å. Entsprechend gilt $L = 7,0$ Å für Butadien. Die damit berechneten Energien und Wellenfunktionen sind in Abb. 7.9 dargestellt.

Nun wollen wir zur Beschreibung von ringförmigen π-Elektronensystemen übergehen. Als Beispiel betrachten wir das Benzolmolekül. Im Elektronengasmodell (Abb. 7.10) erhalten wir die einzelnen π-Elektronenzustände, indem wir die stehenden Wellen längs einer ringförmig geschlossenen Saite untersuchen. Sie stellen angenähert den Verlauf der Wellenfunktionen eines Elektrons in einem Hohlraum dar, der sich über das Molekülgerüst erstreckt. Regen wir ein Modell einer solchen Saite zum Schwingen an, dann erfolgt bei der niedrigsten Eigenfrequenz ein Auf- und Niederschwingen der ganzen Saite (Abb. 7.10b); die Schwingungsamplitude ist also längs der Saite konstant. Der nächsthöhere Schwingungszu-

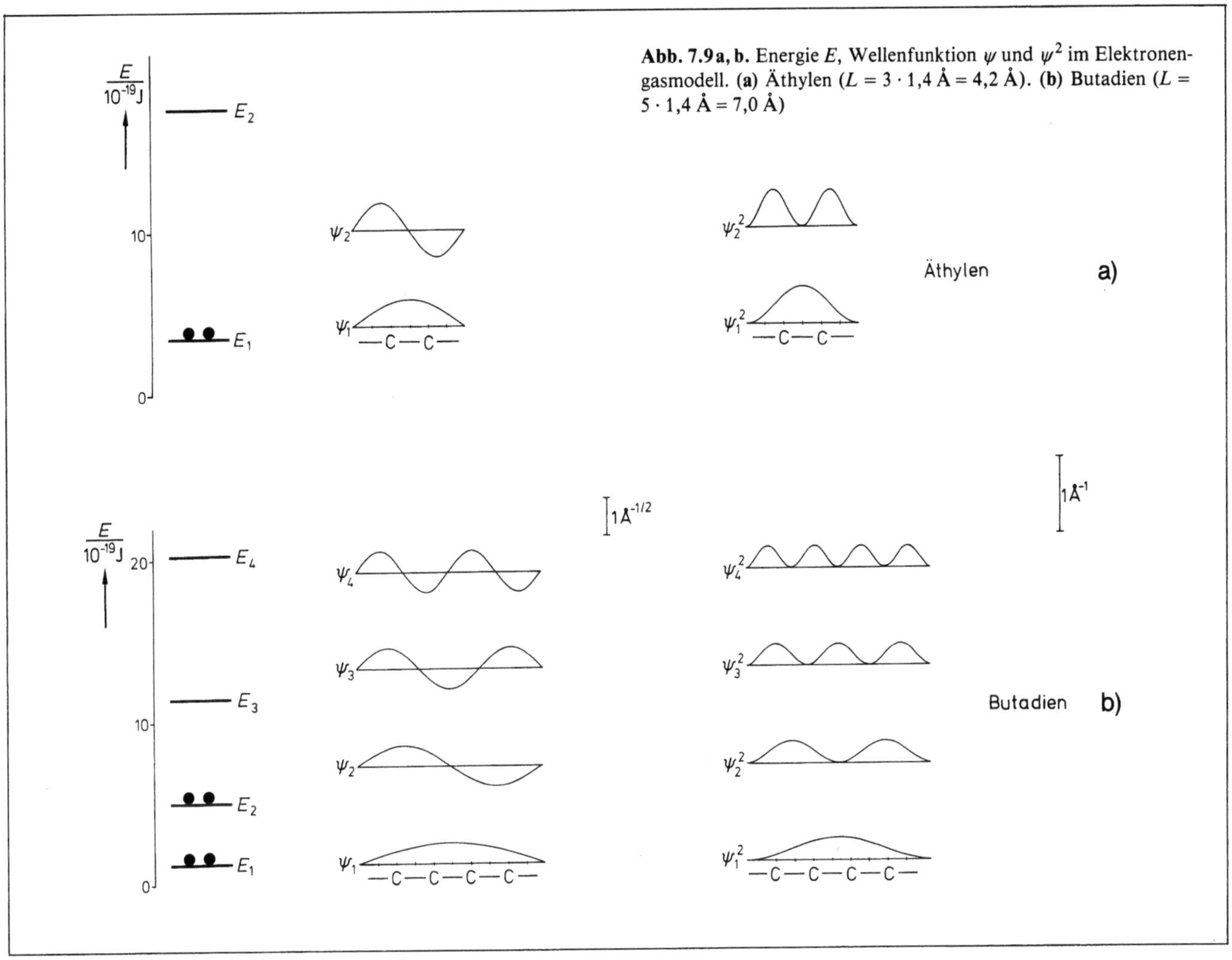

Abb. 7.9 a, b. Energie E, Wellenfunktion ψ und ψ^2 im Elektronengasmodell. (a) Äthylen ($L = 3 \cdot 1{,}4\ \text{Å} = 4{,}2\ \text{Å}$). (b) Butadien ($L = 5 \cdot 1{,}4\ \text{Å} = 7{,}0\ \text{Å}$)

stand ist zweifach entartet, die Schwingungsamplitude besitzt zwei Knotenstellen (Abb. 7.11).

Die Energien und Wellenfunktionen von Benzol ergeben sich, wenn wir fordern, daß sich eine Anzahl n ganzer Wellen über den Umfang U erstreckt, die Wellenlänge Λ also durch

$$\Lambda = \frac{U}{n} \qquad n = 0, 1, 2, \ldots \qquad (7.3)$$

gegeben ist. Der Fall $n = 0$ entspricht $\Lambda = \infty$, also einem

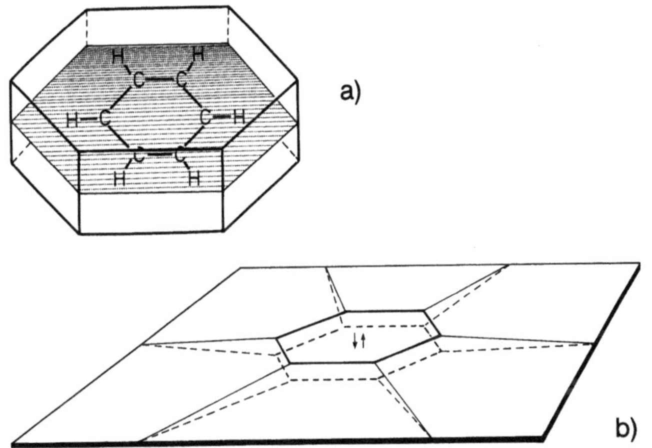

Abb. 7.10 a, b. Elektronengasmodell von Benzol. (a) Kastenmodell, (b) eindimensionales Saitenmodell (Grundschwingung)

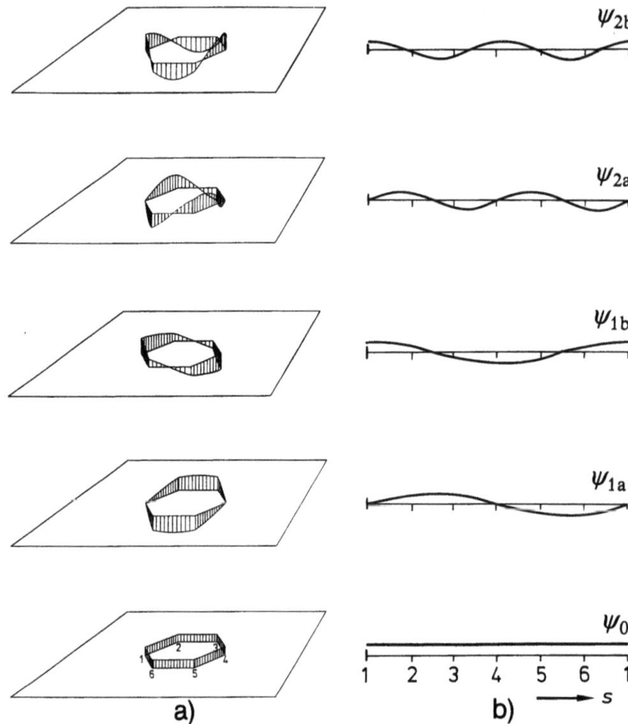

Abb. 7.11a, b. Schwingungszustände einer sechseckigen geschlossenen Saite. (**a**) Maximal- und Minimalauslenkung der Saite. (**b**) Amplitude längs der Koordinate s

konstanten Wert der Wellenfunktion (die Knoten der Welle liegen unendlich weit auseinander); in den übrigen Fällen werden Cosinus- bzw. Sinusfunktionen erhalten.

Bezeichnen wir die Koordinate längs der Kernverbindungslinie mit s, dann erhalten wir für diese Wellenfunktionen

$$\psi_0 = \text{const} \qquad\qquad \text{für } n = 0$$

$$\psi_1 = \text{const} \cos\frac{2\pi s}{U} + \text{const}' \sin\frac{2\pi s}{U} \qquad \text{für } n = 1 \quad (7.4)$$

$$\psi_2 = \text{const} \cos\frac{2\pi 2 s}{U} + \text{const}' \sin\frac{2\pi 2 s}{U} \quad \text{für } n = 2 \,.$$

In den Fällen $n > 0$ treten jeweils 2 Konstanten auf, von denen wir nur eine durch die Normierungsbedingung festlegen können; die zweite ist frei wählbar, so daß wir unendlich viele Funktionen zu einer Quantenzahl n erhalten. Betrachten wir wie in Abschn. 6.1 nur Funktionen, die untereinander orthogonal sind, dann ergeben sich die normierten Funktionen

$$\psi_0 = \frac{1}{\sqrt{U}}$$

$$\psi_{1a} = \sqrt{\frac{2}{U}}\,\sin\frac{2\pi s}{U} \qquad \psi_{1b} = \sqrt{\frac{2}{U}}\,\cos\frac{2\pi s}{U}$$

$$\psi_{2a} = \sqrt{\frac{2}{U}}\,\sin\frac{4\pi s}{U} \qquad \psi_{2b} = \sqrt{\frac{2}{U}}\,\cos\frac{4\pi s}{U} \quad (7.5)$$

$$\psi_{3a} = \sqrt{\frac{2}{U}}\,\sin\frac{6\pi s}{U} \qquad \psi_{3b} = \sqrt{\frac{2}{U}}\,\cos\frac{6\pi s}{U}\,.$$

Aus (7.3) erhalten wir mit der de Broglie-Beziehung für die Energie

$$E = \frac{1}{2}mu^2 = \frac{1}{2}m\left(\frac{h}{m\Lambda}\right)^2 = \frac{h^2}{2mU^2}n^2$$

$$n = 0, 1, 2, \ldots \qquad\qquad (7.6)$$

Im Fall von Benzol ist $U = 6 \cdot 1{,}4$ Å $= 8{,}4$ Å. Für diesen Wert sind die Elektronenwolken und die Energien von Benzol in Abb. 7.12 dargestellt.

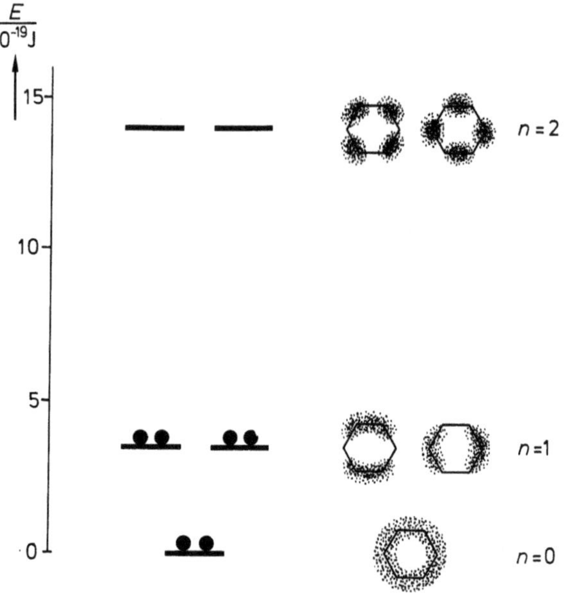

Abb. 7.12. Energie E und Wolkendarstellung der π-Elektronenzustände für Benzolmoleküle im Elektronengasmodell

7.3 Elektronenverteilung und Mesomerie

Wir fragen uns jetzt, wie die π-Elektronen in den bisher behandelten Molekülen verteilt sind. Dazu berechnen wir aus der Wellenfunktion ψ die Elektronenladung $-dq$, die sich zwischen s und $s+ds$ befindet, indem wir über alle besetzten Zustände aufsummieren:

$$dq = e_0 \sum_k N_k \psi_k^2(s)\, ds \, . \qquad (7.7)$$

Darin ist N_k die Anzahl der π-Elektronen im Zustand k. Beispielsweise erhalten wir für Äthylen

$$\frac{dq}{ds} = e_0 2 \left[\frac{2}{L} \left(\sin \frac{\pi s}{L} \right)^2 \right] \qquad (7.8)$$

und für Butadien

$$\frac{dq}{ds} = e_0 2 \left[\frac{2}{L} \left(\sin \frac{\pi s}{L} \right)^2 + \frac{2}{L} \left(\sin \frac{2\pi s}{L} \right)^2 \right] . \qquad (7.9)$$

In Abb. 7.13 ist dq/ds für Äthylen, Butadien, Amidiniumion und Benzol in Abhängigkeit von s dargestellt. Bei Äthylen finden wir ein Maximum von dq/ds in der Bindungsmitte. Beim Butadien ist dq/ds in der Mitte der Bindungen, die in der Strichformel durch Doppelbindungen beschrieben werden, größer als in der Mitte der Einfachbindung; dq/ds ist an der Einfachbindung aber keineswegs Null (wie man bei einer „echten" Einfachbindung $= \sigma$-Bindung erwarten würde), und an den Doppelbindungen ist dq/ds in beiden Bindungen gleich groß.

Je größer in einer Bindung dq/ds ist, um so fester ist die Bindung und um so kleiner ist der Bindungsabstand. Wir erwarten also, daß beim Butadien die C – C-Bindung länger ist als die C = C-Bindung und diese wiederum länger als beim Äthylen. Nach Tabelle 7.2 ist dies tatsäch-

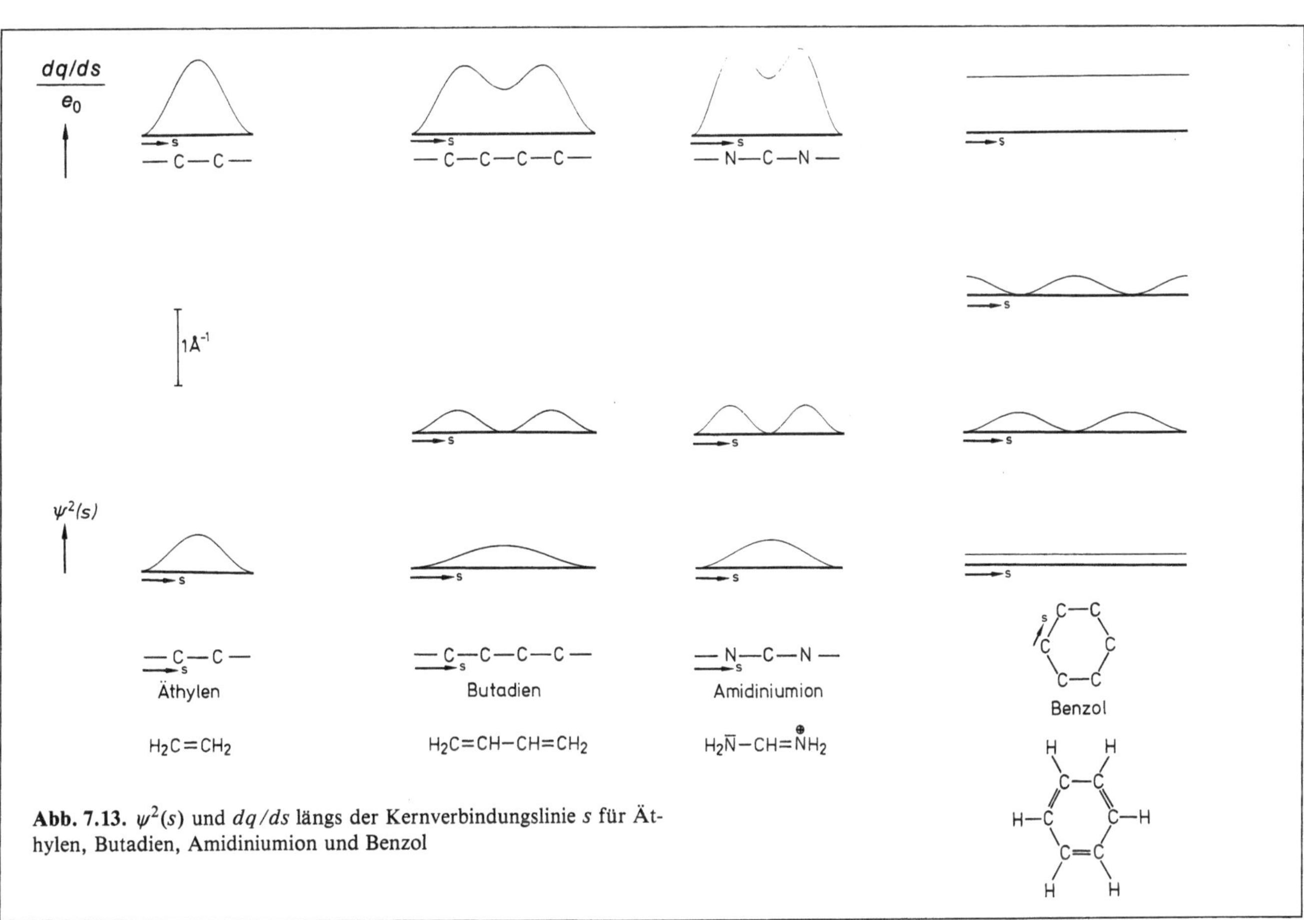

Abb. 7.13. $\psi^2(s)$ und dq/ds längs der Kernverbindungslinie s für Äthylen, Butadien, Amidiniumion und Benzol

Tabelle 7.2. dq/ds in der Bindungsmitte und Bindungslängen [7.3] für einige π-Bindungen

Molekül	Bindung	$\left(\dfrac{dq/ds}{e_0}\right)_{\text{Bindungsmitte}}$ $\dfrac{}{\text{Å}^{-1}}$	Bindungslänge $\dfrac{}{\text{Å}}$
Äthylen	C = C	0,952	1,33
Butadien	C − C	0,571	1,48
	C = C	0,891	1,34
Amidinium	C⁓N	0,967	
Guanidinium	C⁓N	0,883	
Benzol	C⁓C	0,714	1,40

lich der Fall. Bei Benzol ist dq/ds über den gesamten Ring konstant, die Elektronenverteilung ist also völlig gleichmäßig, so daß wir eine mittlere Bindungslänge von 1,40 Å erhalten (Länge einer „$1\frac{1}{2}$-fach-Bindung"). Auch beim Amidiniumion ist dq/ds über beiden C − N-Bindungen gleich.

Daraus sehen wir, daß in der Symbolik der Bindungsstriche die tatsächliche Elektronenverteilung nicht richtig wiedergegeben wird. Man behilft sich deshalb dadurch, daß man Moleküle mit gleichmäßig verteilten π-Elektronen durch Grenzstrukturen beschreibt, also z. B.

Es läßt sich experimentell zeigen, daß auch die Bindungsenergie von Molekülen wie Benzol größer ist als in einem vergleichbaren System, das gleich viele isolierte formale Doppelbindungen enthält. Dazu betrachten wir die Energien E_1 und E_2, die bei der Hydrierung von Benzol und Cyclohexen

zugeführt werden müssen. Gemäß den Strichformeln wird im zweiten Falle eine C = C-Bindung hydriert, im ersten Fall sind es drei; wir würden demnach erwarten, daß

$$E_1 = 3E_2$$

gilt. Man findet aus kalorimetrischen Messungen (Aufgabe 15.3) $E_1 = -3{,}420 \cdot 10^{-19}\,\text{J}$ und $E_2 = -1{,}926 \cdot 10^{-19}\,\text{J}$. Nach Abb. 7.14 ist Benzol also um $\varepsilon_M = (3 \cdot 1{,}926 - 3{,}420) \cdot 10^{-19}\,\text{J} = 2{,}36 \cdot 10^{-19}\,\text{J}$ energieärmer, als es seiner Strichformel entspricht. Die Energiedifferenz ε_M nennt man *Mesomerieenergie*. ε_M ist um so größer, je stärker das Molekül dadurch stabilisiert wird, daß die tatsächliche Elektronenverteilung in einem konjugierten System von der durch die Bindungsstriche angenäherten Struktur (lokalisierte Einfach- und Doppelbindungen) abweicht.

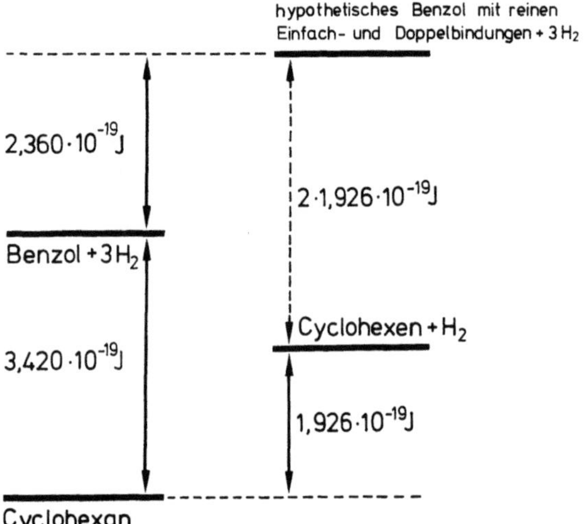

Abb. 7.14. Energieänderung bei der Hydrierung von Benzol und Cyclohexen; für das hypothetische Benzol (gemäß Strichformel wäre der Wert $-5{,}778 \cdot 10^{-19}$ J zu erwarten. Aus kalorimetrischen Messungen findet man $-3{,}420 \cdot 10^{-19}$ J; Benzol ist also um $\varepsilon_M = 2{,}36 \cdot 10^{-19}$ J energieärmer, als es der Strichformel entspricht

Die gute Stabilisierung von Benzol hängt damit zusammen, daß mit der Auffüllung der Orbitale mit $n = 1$ (Abb. 7.12) durch vier Elektronen ein besonders stabiles System erreicht ist. Die Verhältnisse sind damit ähnlich wie bei den abgeschlossenen Schalen der Edelgase. Dies gilt nicht nur für Benzol, sondern für beliebige cyclische Systeme mit 6 π-Elektronen, z. B.

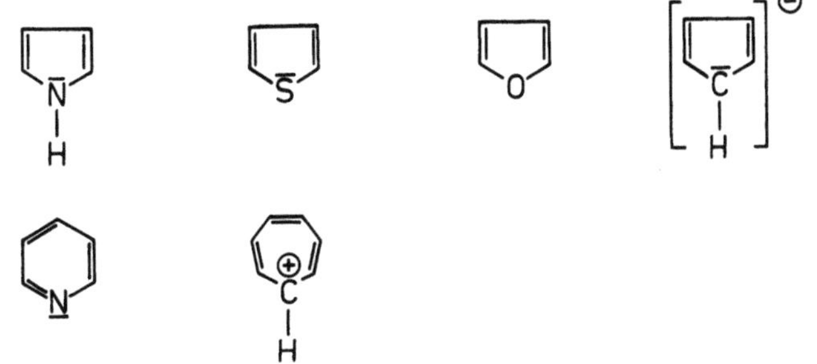

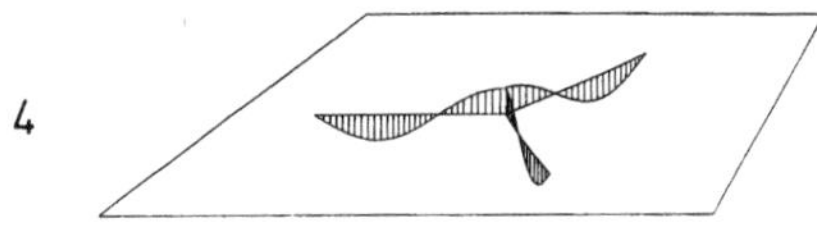

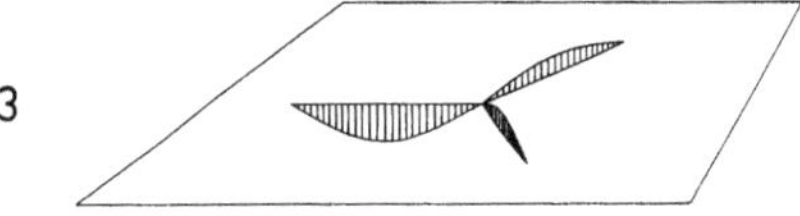

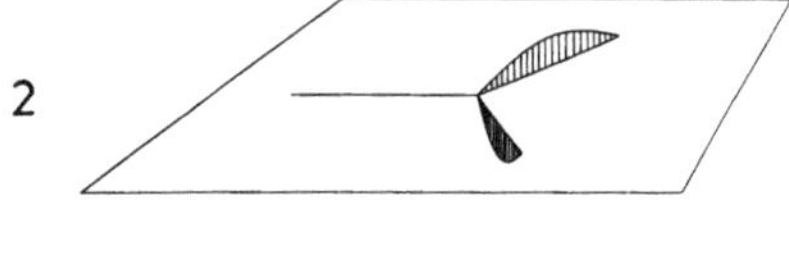

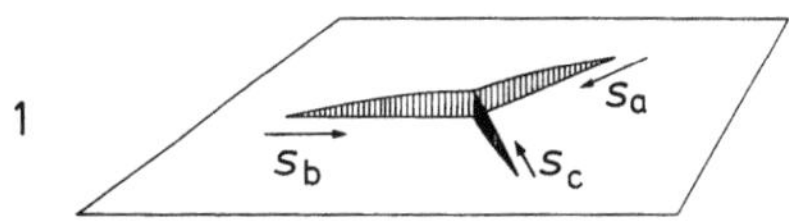

Abb. 7.15. Schwingungsbilder einer verzweigten Saite (Analogie zum Guanidinium-Ion)

7.4 Elektronengasmodell für verzweigte Moleküle

Da ein trigonal planar hybridisiertes C-Atom 3 Nachbarn besitzt, sind auch Moleküle mit einem verzweigten Elektronengas möglich. Als erstes Beispiel betrachten wir das Guanidinium-Ion, für das wir in der Strichformelsymbolik die folgenden 3 Grenzstrukturen schreiben können:

Dieses Ion enthält 6 π-Elektronen. Man kann die π-Elektronenzustände wiederum durch die Zustände eines Elektrons beschreiben, das sich in einem Hohlraum befindet, der sich über das π-Elektronensystem erstreckt. Betrachten wir den Verlauf der Wellenfunktionen längs der Kernverbindungslinie, dann erhalten wir analoge Bilder wie für die Amplitude einer entsprechenden verzweigten Saite (Abb. 7.15). Die Zustände 2 und 3 werden bei derselben Frequenz angeregt, entsprechen also beim Guanidinium-Ion derselben Energie (zweifache Entartung; von den unendlich vielen Schwingungszuständen sind willkürlich zwei zueinander orthogonale herausgegriffen).

Zur quantitativen Berechnung der Energien und Wellenfunktionen verzweigter Moleküle gehen wir so vor, daß wir für jeden der 3 Zweige eigene Koordinaten s_a, s_b und s_c einführen (Abb. 7.16), und fordern, daß auf jeden dieser Zweige die Schrödinger-Gleichung anzuwenden ist:

Zweig a: $\quad -\dfrac{h^2}{8\pi^2 m}\,\dfrac{d^2\psi_a}{ds_a^2} = E\,\psi_a$

Zweig b: $\quad -\dfrac{h^2}{8\pi^2 m}\,\dfrac{d^2\psi_b}{ds_b^2} = E\,\psi_b \qquad (7.10)$

Zweig c: $\quad -\dfrac{h^2}{8\pi^2 m}\,\dfrac{d^2\psi_c}{ds_c^2} = E\,\psi_c\,.$

Die Wellenfunktion eines Zustandes mit der Energie E setzt sich also aus den Anteilen ψ_a, ψ_b und ψ_c zusammen; diese Anteile hängen jeweils von den Koordinaten s_a, s_b bzw. s_c ab. Wie bei unverzweigten Molekülen ist auch hier die Wellenfunktion an den Enden des Moleküls Null, also

$$\psi_{a,\,s_a=0} = 0 \qquad \psi_{b,\,s_b=0} = 0 \qquad \psi_{c,\,s_c=0} = 0\,. \qquad (7.11)$$

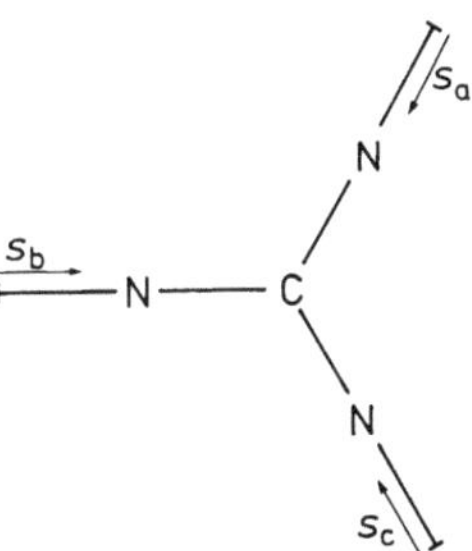

Abb. 7.16. Koordinaten s_a, s_b und s_c bei einem verzweigten System (Guanidinium-Ion). Das Elektronengas erstreckt sich jeweils eine Bindungslänge über die endständigen Atome hinaus

Darüber hinaus müssen die Funktionen an dem Verzweigungspunkt ($s_a = s_b = s_c = 2d_0$, wobei d_0 die Bindungslänge ist) denselben Wert besitzen

$$\psi_{a,\,s_a=2d_0} = \psi_{b,\,s_b=2d_0} = \psi_{c,\,s_c=2d_0} \tag{7.12}$$

und ohne Knickstelle ineinander übergehen; diese letzte Bedingung ist bei 2 Zweigen erfüllt, wenn die Steigungen beider Funktionszweige gleich groß sind, also $d\psi_a/ds_a + d\psi_b/ds_b = 0$ gilt. Entsprechend soll bei 3 Zweigen die Bedingung

$$\left(\frac{d\psi_a}{ds_a}\right)_{s_a=2d_0} + \left(\frac{d\psi_b}{ds_b}\right)_{s_b=2d_0} + \left(\frac{d\psi_c}{ds_c}\right)_{s_c=2d_0} = 0 \tag{7.13}$$

gelten [H.1]. Die Modellvorstellung, daß die Elektronenzustände den Schwingungszuständen einer dem Molekülgerüst entlang gespannten verzweigten Saite entsprechen, läßt sich durch Vergleich mit den Lösungen der Schrödinger-Gleichung im entsprechenden Kastenhohlraum näher begründen [H.3].

Nach Aufgabe 7.6 erhalten wir damit für die 4 untersten Zustände des Guanidinium-Ions die in Tabelle 7.3

Tabelle 7.3. Wellenfunktionen und Energien des Guanidinium-Ions nach dem verzweigten Saitenmodell [$L = 4d_0$; $A_1 = A_4 = (3d_0)^{-1/2}$; $A_2 = (2d_0)^{-1/2}$; $A_3 = (6d_0)^{-1/2}$]

Zustand	ψ_a	ψ_b	ψ_c	E
1	$A_1 \sin \dfrac{\pi s_a}{L}$	$A_1 \sin \dfrac{\pi s_b}{L}$	$A_1 \sin \dfrac{\pi s_c}{L}$	$\dfrac{h^2}{8mL^2}$
2	$A_2 \sin \dfrac{2\pi s_a}{L}$	0	$-A_2 \sin \dfrac{2\pi s_c}{L}$	$\dfrac{4h^2}{8mL^2}$
3	$A_3 \sin \dfrac{2\pi s_a}{L}$	$-2A_3 \sin \dfrac{2\pi s_b}{L}$	$A_3 \sin \dfrac{2\pi s_c}{L}$	$\dfrac{4h^2}{8mL^2}$
4	$A_4 \sin \dfrac{3\pi s_a}{L}$	$A_4 \sin \dfrac{3\pi s_b}{L}$	$A_4 \sin \dfrac{3\pi s_c}{L}$	$\dfrac{9h^2}{8mL^2}$

aufgeführten und in Abb. 7.17 dargestellten Wellenfunktionen und Energien. Sie lassen sich anschaulich durch die Angabe der de Broglie-Wellenlängen der stehenden Wellen interpretieren. Für die einzelnen Zustände gilt:

$$\Lambda = 8d_0 \text{ (Zustand 1): } \tfrac{1}{2} \text{ Welle über 2 Zweige}$$

$$\Lambda = 4d_0 \text{ (Zustände 2,3): 1 Welle über 2 Zweige} \tag{7.14}$$

$$\Lambda = \tfrac{8}{3}d_0 \text{ (Zustand 4): } 1\tfrac{1}{2} \text{ Wellen über 2 Zweige .}$$

Die in Abb. 7.17 dargestellten Funktionen für die zweifach entarteten Zustände 2 und 3 entsprechen nicht der Symmetrie des Kerngerüstes (dreizählige Symmetrieachse); addieren wir jedoch die Quadrate dieser Funktionen

$$\text{Zweig } a:\ \psi_{a,2}^2 + \psi_{a,3}^2 = (A_2^2 + A_3^2)\sin^2 \frac{2\pi s_a}{L} \tag{7.15}$$

$$\text{Zweig } b:\ \psi_{b,2}^2 + \psi_{b,3}^2 = 4A_3^2 \sin^2 \frac{2\pi s_b}{L} \tag{7.16}$$

$$\text{Zweig } c:\ \psi_{c,2}^2 + \psi_{c,3}^2 = (A_2^2 + A_3^2)\sin^2 \frac{2\pi s_c}{L}, \tag{7.17}$$

dann finden wir für jeden der 3 Zweige denselben Verlauf, da

$$A_2^2 + A_3^2 = \frac{1}{2d_0} + \frac{1}{6d_0} = \frac{2}{3d_0} \quad \text{und}$$

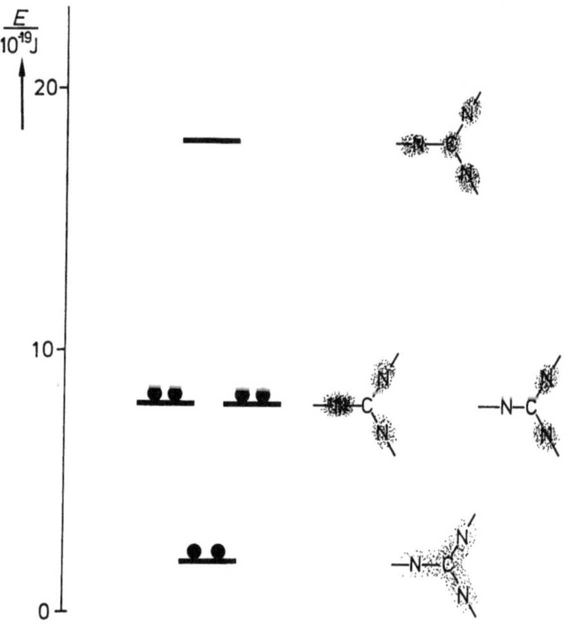

Abb. 7.17. Guanidinium-Ion; Energieschema und Ladungsverteilung der einzelnen Zustände

$$4A_3^2 = 4 \cdot \frac{1}{6d_0} = \frac{2}{3d_0}$$

ist; die Elektronenladung, auf die es wegen der Nichtunterscheidbarkeit der Elektronen allein ankommt, ist also entsprechend der Symmetrie des Kerngerüstes verteilt.

Bei genauerer Betrachtung zeigt es sich, daß eine Verzweigung im Molekülgerüst auf die π-Elektronen wie eine Potentialsenke wirkt. Man findet, daß die Ladungsdichte an einem Verzweigungspunkt etwa um einen Faktor $\frac{3}{2} = (1 + \frac{1}{2})$ größer ist als nach der hier gegebenen einfachen Betrachtung; entsprechendes gilt für die Ladungsdichte in der Mitte einer Bindung, die zwei Verzweigungspunkte verknüpft. Für Bindungen, die nur einen Verzweigungspunkt enthalten, ist die Ladungsdichte um den Faktor $(1 + \frac{1}{4}) = 1,25$ größer [7.10].

7.5 HMO-Modell

Statt mit dem Kastenmodell (bzw. dem eindimensionalen Elektronengasmodell) können wir die Wolke der π-Elektronen auch mit der LCAO-Methode beschreiben, die wir bereits beim H_2^+-Ion angewandt haben; als Atomorbitale verwenden wir an Stelle der $1s$-Wasserstoff-Funktionen jetzt $2p_z$-Slaterfunktionen des Kohlenstoffes (Kap. 4).

$$\varphi_{2p_z} = A \, r \, z \, e^{-3,25\,r/(2a_0)} \, . \tag{7.18}$$

Im Fall des Äthylenmoleküls erhalten wir mit

$$\phi = a\,\varphi_a + b\,\varphi_b \tag{7.19}$$

formal das gleiche Resultat wie beim H_2^+-Ion

$$\phi_1 = \frac{1}{\sqrt{2(1+S_{ab})}} (\varphi_a + \varphi_b) \quad \varepsilon_1 = \frac{H_{aa}+H_{ab}}{1+S_{ab}}. \tag{7.20a}$$

Die Wellenfunktion und Energie des nächsthöheren Zustandes erhalten wir, indem wir entsprechend wie in Abschn. 3.3 das Energieminimum einer Testfunktion suchen, die zu ϕ_1 orthogonal ist. Nach Aufgabe 7.7 ist

$$\phi_2 = \frac{1}{\sqrt{2(1-S_{ab})}} (\varphi_a - \varphi_b) \quad \varepsilon_2 = \frac{H_{aa}-H_{ab}}{1-S_{ab}}. \tag{7.20b}$$

Anders als beim H_2^+-Ion sind in den Integralen H_{aa}, H_{ab} und S_{ab} Slater-$2p_z$-Funktionen an Stelle von $1s$-Funktionen einzusetzen; außerdem ist der Hamiltonoperator zu verwenden, der das Verhalten der π-Elektronen im Feld der positiven Atomrümpfe beschreibt. Dieser Hamiltonoperator ist für jedes Molekül ein anderer, so daß die betrachteten Integrale auch bei analogen Molekülen mit vergleichbaren Bindungsabständen verschieden sind. Um eine Vielzahl von π-Elektronensystemen leichter (wenn auch mehr qualitativ) beschreiben zu können, führt man mehrere drastische Vereinfachungen ein:

1. Es wird lediglich die Energie der π-Elektronen betrachtet, die Abstoßungsenergie der Atomrümpfe also außer acht gelassen.

2. Das Integral S_{ab}, das von der Überlappung der benachbarten Atomorbitale a und b abhängt, wird vernachlässigt.

3. Die Integrale H_{aa} (wesentlich bestimmt durch das Atomorbital a) und H_{ab} (wesentlich bestimmt durch die Überlappung der benachbarten Atomorbitale a und b) werden nicht explizit berechnet, sondern als anpassungsfähige Parameter behandelt. Man nimmt an, daß H_{aa} nur von der Art des Atoms a und H_{ab} nur von der Art und dem Abstand der Atome a und b abhängen.

Diese Näherungen wurden von Hückel [7.4] erstmals eingeführt. Die Rechenmethode bezeichnet man deshalb als *Hückel-Methode oder HMO-Methode* (Hückel-Molecular-Orbital-Methode). Damit vereinfacht sich das Resultat beim Äthylenmolekül zu

$$\phi_1 = \frac{1}{\sqrt{2}} (\varphi_a + \varphi_b) \qquad \varepsilon_1 = H_{aa} + H_{ab}$$
$$\phi_2 = \frac{1}{\sqrt{2}} (\varphi_a - \varphi_b) \qquad \varepsilon_2 = H_{aa} - H_{ab}. \tag{7.21}$$

Diese Energien und Wellenfunktionen sind in Abb. 7.18 dargestellt und mit den nach der Elektronengasmethode berechneten verglichen. ϕ_1 nennt man ein bindendes Orbital (die Elektronendichte in der Bindungsmitte ist groß), ϕ_2 nennt man ein antibindendes Orbital (es liegt eine Knotenebene der Elektronendichte in der Bindungsmitte vor).

Bei größeren Molekülen geht man entsprechend vor. Man setzt

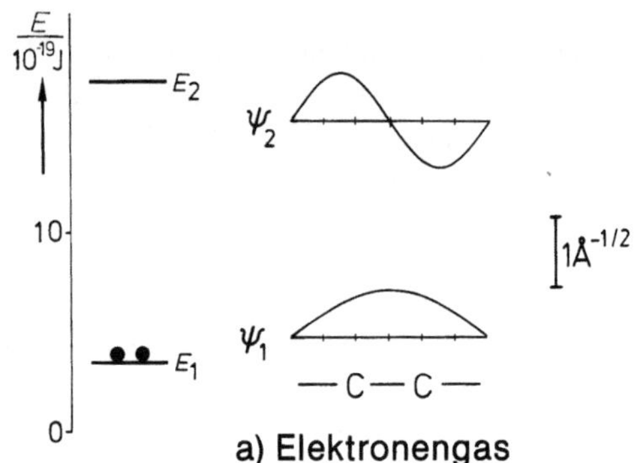

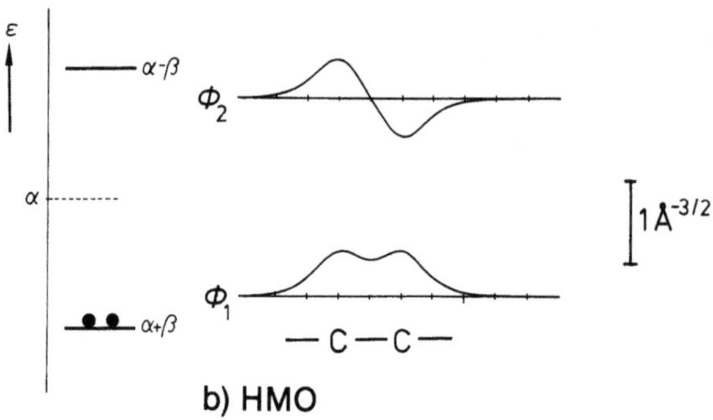

Abb. 7.18a, b. Energien und Wellenfunktionen beim Äthylenmolekül (**a**) nach dem Elektronengasmodell (gemäß Abb. 7.9), (**b**) nach der HMO-Methode (7.21); Verlauf der Wellenfunktion längs der Kernverbindungslinie im Abstand 0,75 Å von der Molekülebene

$$\phi = c_1 \varphi_1 + c_2 \varphi_2 \ldots = \sum_{i=1}^{\xi} c_i \varphi_i \qquad (7.22)$$

(ξ: Anzahl der Atome, i: Laufzahl für das Atom i). Nimmt man vereinfachend an, daß das π-System aus gleichartigen Atomen (C-Atome) aufgebaut ist ($H_{ii} = \alpha$) und daß alle Bindungslängen gleich groß sind ($H_{ij} = \beta$ für benachbarte Atome i und j, andernfalls $H_{ij} = 0$), dann ergibt sich mit der Abkürzung

$$x = \frac{\alpha - \varepsilon}{\beta} \qquad (7.23)$$

das lineare Gleichungssystem (siehe Anhang G)

$$
\begin{aligned}
c_1 x &+ c_2 \delta_{12} + c_3 \delta_{13} + \ldots + c_\xi \delta_{1\xi} = 0 \\
c_1 \delta_{21} &+ c_2 x + c_3 \delta_{23} + \quad + c_\xi \delta_{2\xi} = 0 \\
&\vdots \quad\quad \vdots \quad\quad \vdots \quad\quad \vdots \\
&\vdots \quad\quad \vdots \quad\quad \vdots \quad\quad \vdots \\
c_1 \delta_{\xi 1} &+ c_2 \delta_{\xi 2} + c_3 \delta_{\xi 3} + \quad + c_\xi x = 0 .
\end{aligned}
\qquad (7.24)
$$

Darin ist $\delta_{ij} = 1$, falls die Atome i und j Nachbarn sind; anderenfalls ist $\delta_{ij} = 0$.

Im Fall des Äthylenmoleküls folgt aus (7.24)

$$
\begin{aligned}
c_1 x + c_2 &= 0 \\
c_1 + c_2 x &= 0 .
\end{aligned}
\qquad (7.25)
$$

Lösen wir diese beiden Gleichungen auf, dann erhalten wir

$$
\begin{aligned}
x &= -1 & c_1 &= +c_2 \\
x &= 1 & c_1 &= -c_2 .
\end{aligned}
\qquad (7.26)
$$

Dies entspricht den Energien

$$\varepsilon = \alpha - x\beta = \alpha \pm \beta \qquad (7.27)$$

und den Funktionen

$$\phi = c_1(\varphi_a \pm \varphi_b) \qquad (7.28)$$

bzw. nach Normierung ($c_1^2 + c_2^2 = 1$)

$$\phi_1 = \frac{1}{\sqrt{2}}(\varphi_a + \varphi_b) \qquad \phi_2 = \frac{1}{\sqrt{2}}(\varphi_a - \varphi_b) . \qquad (7.29)$$

Dieses Resultat stimmt mit dem bereits früher erhaltenen Ergebnis (7.21) überein.

Als nächstes Beispiel betrachten wir Butadien.

$$
\begin{matrix}
1 & 2 & 3 & 4 \\
\end{matrix}
$$
$$- C - C - C - C - .$$

Wir erhalten aus (7.24) die Gleichungen

$$
\begin{aligned}
c_1 x + c_2 & & & = 0 \\
c_1 &+ c_2 x + c_3 & & = 0 \\
& c_2 &+ c_3 x + c_4 &= 0 \\
& & c_3 &+ c_4 x = 0 .
\end{aligned}
\qquad (7.30)
$$

Die daraus resultierenden Energien ε_1 bis ε_4 und Wellenfunktionen ϕ_1 bis ϕ_4 (Aufgabe 7.8) sind in Abb. 7.19 dargestellt und mit dem Ergebnis der Elektronengasmethode

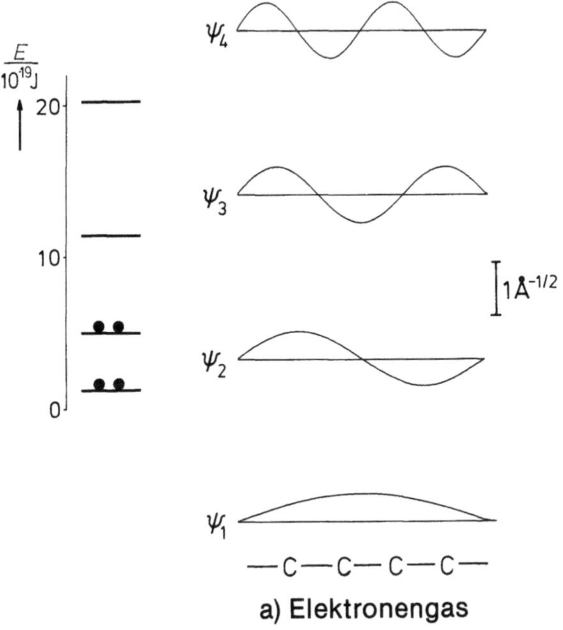

a) Elektronengas

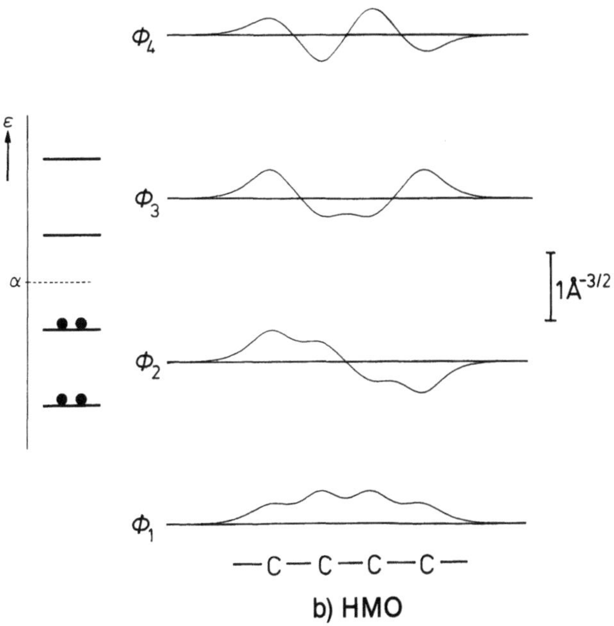

b) HMO

Abb. 7.19a, b. Energien und Wellenfunktionen beim Butadienmolekül (**a**) nach der Elektronengasmethode (gemäß Abb. 7.9), (**b**) nach der HMO-Methode; Verlauf der Wellenfunktion längs der Kernverbindungslinie in einem Abstand 0,75 Å von der Molekülebene

verglichen. Man sieht, daß die erhaltenen Wellenfunktionen in der Zahl der Knoten und Bäuche bei beiden Methoden übereinstimmen.

Zur quantitativen Beschreibung der Elektronenverteilung gehen wir davon aus, daß sich im Volumenelement $d\tau$ die Ladung $-dq$ befindet, wobei

$$dq = e_0 \sum_k N_k \phi_k^2(x, y, z)\, d\tau \qquad (7.31)$$

ist. $\phi_k^2(x, y, z)$ ist die Wahrscheinlichkeitsdichte eines Elektrons im Zustand k und N_k ist die Anzahl der Elektronen in diesem Zustand. Nach der HMO-Näherung gilt für Äthylen (Zustand 1 mit 2 Elektronen besetzt)

$$\frac{dq}{d\tau} = e_0 2\, \phi_1^2 \qquad (7.32)$$

und für Butadien

$$\frac{dq}{d\tau} = e_0 2\, (\phi_1^2 + \phi_2^2)\,, \qquad (7.33)$$

wobei ϕ_1 und ϕ_2 durch die entsprechenden Atomfunktionen auszudrücken ist.

In Abb. 7.20 ist die Ladungsdichte $dq/d\tau$ für Äthylen und Butadien längs der Kernverbindungslinie (Koordina-

te s) in einer Ebene, die 0,75 Å oberhalb der Molekülebene liegt, dargestellt und mit dem Ergebnis der Elektronengasmethode verglichen, wonach

$$\left(\frac{dq}{d\tau}\right)_s = \frac{4}{L_y L_z} \frac{dq}{ds}$$

ist, mit $L_y = 4$ Å, $L_z = 3$ Å (Abb. 7.5).

Bei größeren Molekülen ist die Berechnung der Energien und Wellenfunktionen nach der HMO-Methode sehr mühsam. Deshalb geht man praktisch so vor, daß man das Gleichungssystem (7.24) nicht analytisch, son-

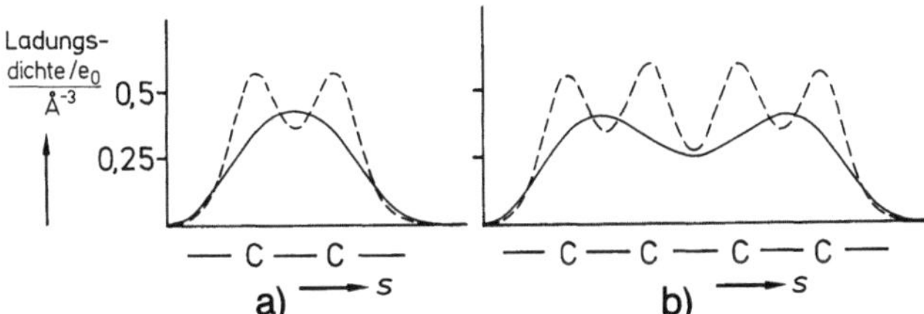

Abb. 7.20a, b. Ladungsdichte $\left(\dfrac{dq}{d\tau}\right)_s$ der π-Elektronen nach (7.32) und (7.33) längs der Kernverbindungslinie im Abstand 0,75 Å oberhalb der Molekülebene. (———) Elektronengasmethode, (– – –) HMO-Methode. (**a**) Äthylen; (**b**) Butadien

dern unter Anwendung numerischer Verfahren löst; dieses Vorgehen hat den Vorteil, daß sich die einzelnen Rechenschritte leicht programmieren lassen, so daß die eigentliche Rechenarbeit in einem Computer ausgeführt werden kann. Analog können wir in der Elektronengasmethode verfahren (Anhang H).

7.6 Bindungslängen, Dipolmomente

Nach Tabelle 7.2 sind die Bindungslängen d_0 in π-Elektronensystemen um so größer, je kleiner dq/ds in der Mitte der Bindung ist. Um bei komplizierteren Molekülen den Vergleich zwischen der Länge d_0 und der Ladungsdichte in der Bindungsmitte zu erleichtern, betrachten wir die Größe

$$P = \frac{(dq/ds)_{\text{Bindungsmitte}}}{(dq/ds)_{\text{Bindungsmitte von Äthylen}}} . \qquad (7.34)$$

P ergibt sich für Äthylen, Butadien und Benzol aus Tabelle 7.2. In Abb. 7.21 ist P in Abhängigkeit von der Bindungslänge d_0 aufgetragen. Die einzelnen Punkte in Abb. 7.21 lassen sich durch eine gekrümmte Kurve verbinden. Diese Kurve kann man nun umgekehrt benutzen, um die Bindungslängen von Molekülen vorauszusagen. Dazu berechnet man zunächst dq/ds in der Bindungsmitte und entnimmt der Abb. 7.21 die zugehörige Länge d_0. Nach Abschn. 7.4 müssen wir bei verzweigten Molekülen die nach unserem vereinfachten Verfahren berechneten Ladungsdichten in den Mitten der Bindungen, die 2 Verzweigungspunkte verknüpfen (z. B. die Bindung 9 – 10 bei Naphthalin) mit 1,5 multiplizieren, um dq/ds zu erhalten. Bei Bindungen, die nur 1 Verzweigungspunkt enthalten (z. B. die Bindung 1 – 9 bei Naphthalin)

Tabelle 7.4. Elektronendichte in Bindungsmitte und Bindungslänge

	Elektronengas-Modell	HMO-Modell	experimentelle Bindungslänge [7.3] in Å
	P	P	
Äthylen	1	1	1,33
Butadien	0,94	0,89	1,34
	0,60	0,45	1,48
Benzol	0,75	0,67	1,40

ist entsprechend mit 1,25 zu multiplizieren. Es folgen also im Fall von Naphthalin die nachstehend aufgeführten Werte für P und die Bindungslängen (Numerierung der Atome siehe Tabelle 7.5):

Bindung	$\left(\dfrac{(dq/ds)/e_0}{\text{Å}^{-1}}\right)_{\text{Bindungsmitte}}$		P nach (7.34) und Tabelle 7.2	Bindungslänge aus P nach Abb. 7.21 in Å
	nach (7.7)	mit Korrektur für Verzweigungspunkt		
1 – 2	0,770	0,770	0,808	1,38
2 – 3	0,669	0,669	0,702	1,42
1 – 9	0,568	0,710	0,746	1,40
9 – 10	0,453	0,680	0,714	1,42

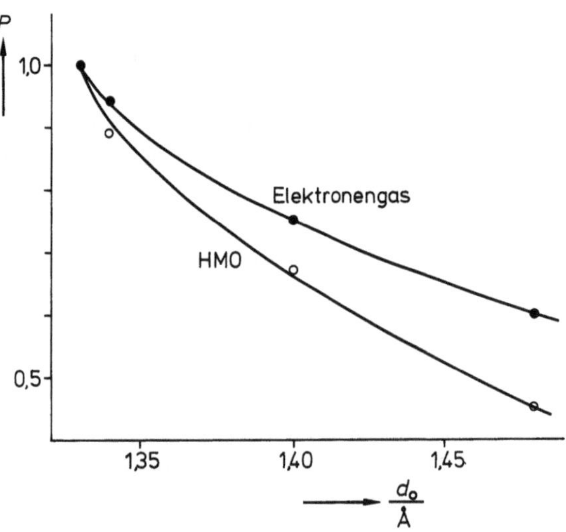

Abb. 7.21. $P = \dfrac{(dq/ds)_{\text{Bindungsmitte}}}{(dq/ds)_{\text{Bindungsmitte von Äthylen}}}$ nach der Elektronengas-Methode (●) und Bindungsordnung P nach der HMO-Methode (○) für Äthylen, Butadien und Benzol in Abhängigkeit von der Bindungslänge d_0. Zahlenwerte siehe Tabelle 7.4

Die so berechneten Bindungslängen sind in Tabelle 7.5 den gemessenen gegenübergestellt. In der HMO-Methode setzt man vereinfachend

$$P = \sum_{k=1}^{\xi} N_k c_{ik} c_{jk} \qquad (7.35)$$

c_{ik} und c_{jk} sind die HMO-Koeffizienten an den Atomen i und j und N_k ist wieder die Anzahl der Elektronen im Quantenzustand k. Im Fall von Äthylen ist also

$$P = 2c_1 c_2 = 2\,\frac{1}{\sqrt{2}}\,\frac{1}{\sqrt{2}} = 1\;.$$

Tabelle 7.5. Vergleich von experimentell bestimmten und berechneten Bindungslängen d_0 einiger π-Elektronensysteme

Molekül	Bin-dung	Bindungslängen/Å berechnet Elektronengas	HMO	experimentell [7.5]
Naphthalin	1–2	1,38	1,38	1,36
	2–3	1,42	1,42	1,42
	1–9	1,40	1,44	1,42
	9–10	1,42	1,45	1,42
Anthracen	1–2	1,37	1,38	1,37
	2–3	1,43	1,43	1,42
	1–11	1,41	1,44	1,44
	9–11	1,37	1,42	1,40
	11–12	1,43	1,47	1,43
Triphenylen	1–2	1,39	1,39	1,38
	1–14	1,38	1,42	1,42
	2–3	1,41	1,41	1,40
	14–15	1,39	1,43	1,42
	13–14	1,45	1,49	1,45
Chrysen	1–2	1,38	1,39	1,38
	2–3	1,42	1,42	1,39
	1–14	1,39	1,43	1,41
	3–4	1,38	1,39	1,36
	4–15	1,40	1,43	1,43
	5–15	1,42	1,45	1,42
	5–6	1,37	1,37	1,37
	6–16	1,41	1,44	1,43
	13–16	1,39	1,43	1,40
	13–14	1,43	1,47	1,47
	14–15	1,41	1,44	1,41
Fulven	1–2	1,38	1,37	1,34
	2–3	1,41	1,48	1,44
	3–4	1,35	1,37	1,35
	4–5	1,42	1,45	1,44
Azulen	1–2	1,37	1,40	1,39
	1–9	1,35	1,42	1,41
	8–9	1,41	1,43	1,38
	7–8	1,41	1,40	1,40
	6–7	1,43	1,41	1,39
	9–10	1,46	1,50	1,48

Die Größe P nennt man in der HMO-Methode Bindungsordnung. In Tabelle 7.5 sind die nach der HMO-Methode berechneten Bindungslängen ebenfalls aufgeführt. Bei Verfeinerung des Elektronengasmodells [7.6] bzw. der HMO-Methode [7.7] wird eine noch bessere Übereinstimmung mit dem Experiment erreicht.

Nach Tabelle 7.5 können die Bindungslängen in π-Elektronensystemen Werte zwischen 1,34 Å und 1,48 Å annehmen; wir haben verstanden, daß diese Unterschiede auf die ungleichmäßige Verteilung der Elektronenladung in den einzelnen Bindungen zurückgeführt werden können. Das hat zur Folge, daß die Kerne in die Anhäufungsstellen der Elektronenwolke hineingezogen werden; das wiederum bewirkt, daß die potentielle Energie im Bereich der Kerne, die einander nähergerückt sind, absinkt:

starke Anziehung des π-Elektrons   schwache Anziehung des π-Elektrons

Das hat zur Folge, daß sich die Elektronen an diesen Stellen verstärkt anhäufen.

Diesen Effekt haben wir bisher vernachlässigt. Er wirkt sich bei langkettigen Polyenen besonders stark aus, wo nach der vorangehenden Betrachtung der Unterschied zwischen der Ladungsdichte an den formalen Doppelbindungen gegenüber der Ladungsdichte an den formalen Einfachbindungen mit zunehmender Kettenlänge abnimmt (Abb. 7.22 a). Durch den jetzt betrachteten Effekt tritt eine Zusammenballung der Elektronenwolke an den formalen Doppelbindungen auf, der bewirkt, daß die Bindungsalternanz bei den langkettigen Polyenen gleich groß ist wie bei Butadien. Berücksichtigt man, daß sich $V(s)$ längs der Koordinate s ändert, und löst man die Schrödinger-Gleichung für diesen Verlauf der potentiellen Energie, dann zeigt sich, daß auch bei einem langen Polyen die Alternanz der Bindungslängen erhalten bleibt (Abb. 7.22 b) [7.8].

Fallen die Schwerpunkte der Ladungen der π-Elektronen nicht mit den positiven Ladungen der Atomrümpfe zusammen, dann kann daraus ein Dipolmoment resultieren. Bilden wir an jedem Atom die Überschußladung, die sich als Summe der Rumpfladung ($+e_0$ beim C-Atom) und der Elektronenladung $-q_i$ im Bereich dieses Atoms ergibt, dann gilt nach Abb. 7.23 für die x-Komponente des Dipolmoments

$$\mu_x = \sum_i (e_0 - q_i)\,x_i \qquad (7.36)$$

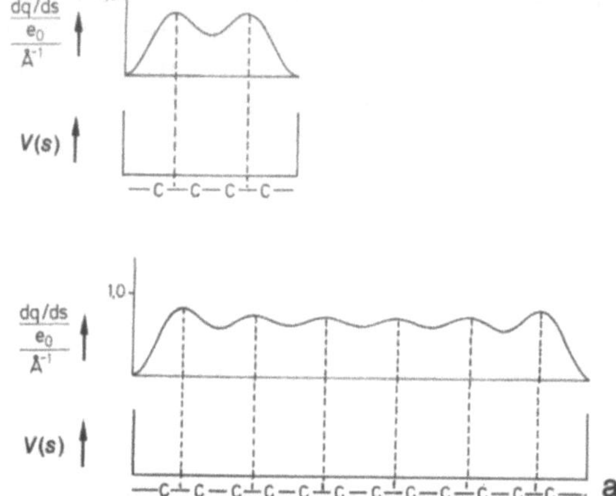

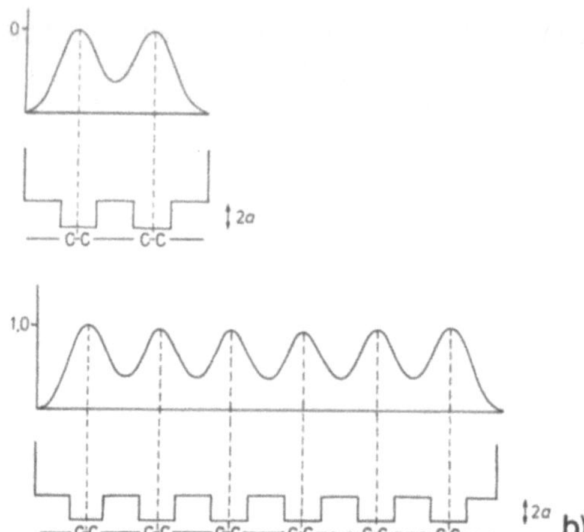

Abb. 7.22 a, b. Ladungsdichteverteilung der π-Elektronen längs der Kernverbindungslinie für Butadien und Dodekahexaen. (**a**) Potentielle Energie $V(s)$ als konstant angenommen. (**b**) Potentielle Energie $V(s)$ an den Doppelbindungen tiefer als an den Einfachbindungen angenom-

men. Für $V(s)$ wurde vereinfachend ein rechteckförmiger Verlauf zugrunde gelegt; die Amplitude a dieses Rechteckpotentials wird in Abschn. 7.7.2 näher abgeschätzt

(x_i ist die x-Koordinate des Atoms i, es ist über alle Atome zu summieren). Die Ladungen q_i berechnen wir, indem wir die Ladungen dq im Bereich des Atoms i von Bindungsmitte bis Bindungsmitte in den Richtungen senkrecht zur Bindung aufsummieren.

Im Fall der Elektronengasmethode ist q_i näherungsweise proportional zu dem Wert $(dq/ds)_i$ an einem betrachteten Atom i. Damit erhalten wir für die Ladung q_i

$$q_i = \text{const} \ (dq/ds)_i . \tag{7.37}$$

Wenn insgesamt N π-Elektronen vorhanden sind, dann muß $\sum q_i = Ne_0$ sein (die Summe erstreckt sich über alle Atome); somit ist const $\cdot \sum (dq/ds)_i = Ne_0$.

Mit den Zahlenwerten in Anhang G und H ergeben sich daraus im Fall des Fulven-Moleküls die in Tabelle 7.6 aufgeführten Überschußladungen $(e_0 - q_i)$, aus denen wir nach (7.36) das Dipolmoment μ_x berechnen können.

Nach Aufgabe 7.10 werden für μ_x die Werte $13 \cdot 10^{-30}$ C m = 4,0 Debye (nach der Elektronengasmethode) und $16 \cdot 10^{-30}$ C m = 4,8 Debye (nach der HMO-Methode) erhalten. Die Richtung des berechneten Dipolmomentes (Schwerpunkt der negativen Ladung im Fünfring) stimmt mit dem Experiment überein. Die Werte sind deutlich größer als der experimentelle Wert von $\mu_x = 7 \cdot 10^{-30}$ C m = 2,1 Debye [7.9]. Dies liegt daran, daß beide Methoden sehr starke Vereinfachungen enthalten; bei

Tabelle 7.6. Überschußladung $(e_0 - q_i)$ für die einzelnen Atome des Fulven-Moleküls (Numerierung der Atome siehe Tabelle 7.5)

Atom	Überschußladung/e_0	
	Elektronengas	HMO
1	+0,326	+0,378
2	−0,098	−0,047
3	−0,042	−0,093
4	−0,072	−0,073
5	−0,072	−0,073
6	−0,042	−0,092

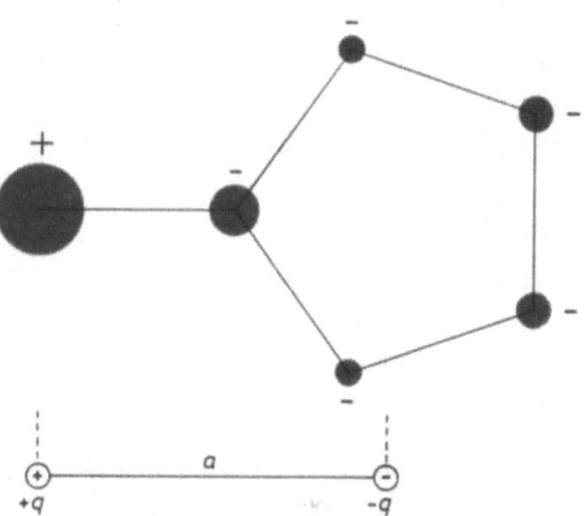

Abb. 7.23. Dipolmoment im Fulven-Molekül

genauer Betrachtung müßte berücksichtigt werden, daß die σ-Elektronen im Feld dieses Dipols polarisiert werden, und dadurch wird die Dipolladung teilweise neutralisiert, μ_x müßte also tatsächlich kleiner sein als hier berechnet.

7.7 Lichtabsorption: Experimentelle Grundtatsachen

Bisher haben wir die Eigenschaften von Molekülen mit π-Elektronen im elektronischen Grundzustand betrachtet. Wie beim H-Atom können wir Moleküle auch in elektronisch angeregte Zustände bringen. Bei π-Elektronensystemen ist dies leicht möglich, wenn wir die Moleküle mit Licht im sichtbaren oder ultravioletten Spektralbereich bestrahlen. Die Aufnahme von Energie aus dem elektromagnetischen Feld der Lichtwelle können wir in einer Meßanordnung nach Abb. 7.24a verfolgen. Wir schicken durch eine Küvette mit einer Lösung der zu untersuchenden Substanz (z. B. eines Farbstoffes) das Licht einer Glühlampe; dieses Licht wird anschließend mit einem Prisma oder einem Beugungsgitter spektral zerlegt und auf einem Schirm betrachtet. Wäre die Farbstofflösung nicht vorhanden, dann würden wir auf dem Schirm eine Intensitätsverteilung bei den einzelnen Wellenlängen feststellen, die der Intensitätsverteilung des Lichtes der Glühlampe entspricht; stellen wir die Farbstofflösung in den Strahlengang, dann absorbieren die Farbstoffmoleküle Licht in einem engen Wellenlängenbereich, so daß die Lichtintensität an den entsprechenden Stellen auf dem Schirm kleiner wird. Das Verhältnis I/I_0 (I: durchgelassene Lichtintensität mit Farbstoff, I_0: durchgelassene Lichtintensität ohne Farbstoff) ist der Bruchteil des vom Farbstoff durchgelassenen Lichtes (Transmission); bei den Wellenlängen, bei denen der Farbstoff das Licht maximal absorbiert ($\lambda = \lambda_{max}$) ist die Transmission minimal. I und I_0 können wir quantitativ mit einer Photozelle oder einem Photomultiplier messen, so daß wir I/I_0 in Abhängigkeit von λ auftragen können (Abb. 7.24b). Diese Kurve bezeichnet man als *Absorptionsspektrum*. Die Absorption ist mit der Elektronenanregung verknüpft, und die Lage des Absorptionsmaximums λ_{max} hängt empfindlich von der Elektronenstruktur der untersuchten Moleküle ab.

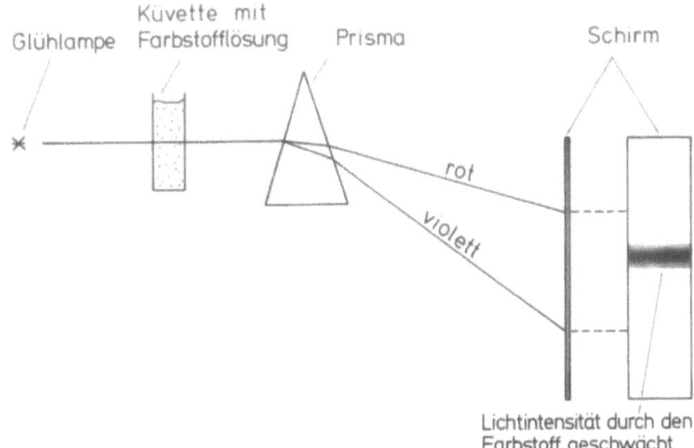

Abb. 7.24a, b. Lichtabsorption der Lösung eines Farbstoffes. (a) Meßanordnung; (b) Transmissionsspektrum des Farbstoffs (7.40) mit $k = 1$

(Konzentration $6 \cdot 10^{-6}$ mol l^{-1}; Schichtdicke 1 cm)

Bei den Farbstoffen

$$k = 0, 1, 2, 3, \ldots \qquad (7.40)$$

nimmt die Wellenlänge λ_{max} mit der Kettenlänge zu. Die Farbe der Farbstofflösung ändert sich von gelb ($k = 0$) über rot ($k = 1$) und blau ($k = 2$) auf grün ($k = 3$). Ähnlich verhalten sich Moleküle, die aus konjugierten Kohlenwasserstoffketten bestehen. Die einfachsten solcher Ketten stellen die Moleküle der Polyenreihe

$$CH_2 = CH - CH)_k CH_2 \qquad k = 0, 1, 2, \ldots \qquad (7.41)$$

dar. Die Verbindungen mit $k = 0$ (Äthylen) und $k = 1$ (Butadien) haben wir bei der Behandlung der π-Bindung bereits kennengelernt; beide sind farblos. Erst die Verbindungen mit $k > 8$ sind farbig (Abb. 7.25). Ersetzen wir bei den Polyenen die endständigen CH_2-Gruppen durch die Gruppen

$$\begin{array}{cc} CH_3 \\ \searrow \overline{N}-CH= & \text{bzw.} & =\overset{\oplus}{N}\diagup^{CH_3} \\ CH_3 & & CH_3 \end{array}$$

dann gelangen wir zu Cyaninfarbstoffen

$$\begin{array}{c} CH_3 \\ \searrow \overline{N}(CH=CH)_k CH=\overset{\oplus}{N}\diagup^{CH_3} \\ CH_3 \qquad\qquad\qquad CH_3 \end{array}$$

$$k = 0, 1, 2, \ldots \qquad (7.42)$$

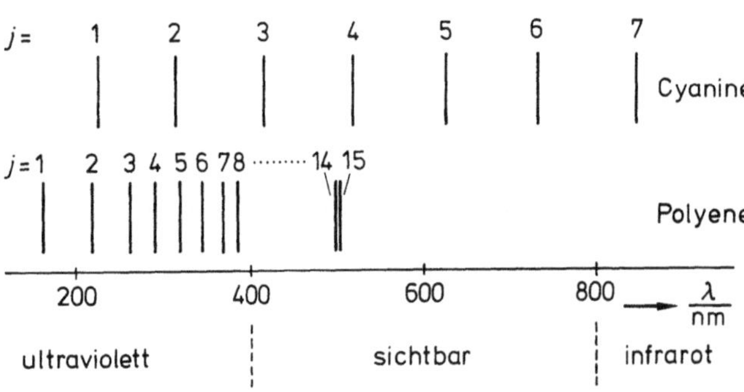

Abb. 7.25. Lage der Absorptionsmaxima λ_{max} von Polyenen (7.41) und Cyaninen (7.42) für verschiedene Werte von j (Anzahl der konjugierten Doppelbindungen). Genaue Zahlenwerte siehe Tabellen 7.7 und 7.9

Die Verbindung mit $k = 0$ kennen wir ebenfalls schon (Amidiniumion, Abschn. 7.3). Die symmetrischen Cyanine können wir noch in einer zweiten Grenzstruktur schreiben, in der die positive Ladung am linken N-Atom sitzt:

$$\begin{array}{c} CH_3 \quad \oplus \qquad\qquad\qquad CH_3 \\ \searrow N = CH(CH=CH)_k \overline{N}\diagup \\ CH_3 \qquad\qquad\qquad\qquad CH_3 \end{array} \qquad (7.43)$$

Die Lagen der längstwelligen Absorptionsmaxima der symmetrischen Cyanine sind in Abb. 7.25 mit denen der Polyene verglichen. Wir sehen, daß die symmetrischen Cyanine im Vergleich mit den entsprechenden Polyenen wesentlich längerwellig absorbieren. Außerdem fällt auf,

daß die Absorptionsmaxima der Polyene mit wachsender Kettenlänge immer dichter zusammenrücken und einem Grenzwert zustreben, während die Maxima der Cyanine in gleichen Abständen von etwa 100 nm liegen.

Die Verschiebung der Lichtabsorption durch Endgruppen hängt von der Art der Endgruppen ab; bei den betrachteten Cyaninen handelt es sich um

$$\overset{\oplus}{\underset{}{\rangle N}} = \text{einerseits (Elektronenakzeptorgruppe) und}$$

$$\overline{\rangle N} - \text{andererseits (Elektronendonorgruppe)}.$$

In den beiden möglichen Grenzstrukturen sind diese Gruppen einfach miteinander vertauscht; deshalb spricht man auch von *symmetrischen Cyaninfarbstoffen*. Die Endgruppen müssen aber nicht symmetrisch sein; z.B. steht bei den Merocyaninen der Aminogruppe eine Carbonylgruppe gegenüber

$$\begin{array}{cccc} & H & H & H \\ & | & | & | \\ \overline{\rangle N} - C & = C & - C & = \overline{\underline{O}}| \end{array}$$

Hier können wir den Stickstoff als Elektronendonor, den Sauerstoff als Elektronenakzeptor ansehen. In der Grenzstruktur

$$\begin{array}{cccc} & H & H & H \\ & | & | & | \\ \overset{\oplus}{\rangle N} = C & - C & = C & - \overset{\ominus}{\underline{O}}| \end{array}$$

ist es gerade umgekehrt. Beide Grenzstrukturen sind jedoch nicht gleichwertig. In der empirischen Farbentheorie bezeichnet man Elektronendonorgruppen als Auxochrome und Elektronenakzeptorgruppen als Antiauxochrome. Ein Farbstoff läßt sich also durch das Schema

$$\begin{array}{ccccc} & H & H & H & H & H \\ & | & | & | & | & | \\ \text{Donor} - C & = C & - C & = C & - C & = \text{Akzeptor} \end{array}$$

charakterisieren.

Eine erstaunliche Feststellung machen wir, wenn wir die Absorptionsmaxima von symmetrischen Cyaninen mit denen von Azacyaninen

$$\begin{array}{c} CH_3 \qquad\qquad\qquad\qquad\qquad CH_3 \\ \searrow \overline{N}-CH = N - CH = \overset{\oplus}{N}\diagup \\ CH_3 \qquad\qquad\qquad\qquad CH_3 \end{array} \qquad (7.44)$$

$$\begin{array}{c} CH_3 \qquad\qquad\qquad\qquad\qquad\qquad CH_3 \\ \searrow \overline{N}-CH = CH - N = CH - CH = \overset{\oplus}{N}\diagup \\ CH_3 \qquad\qquad\qquad\qquad\qquad CH_3 \end{array} \qquad (7.45)$$

vergleichen. Im Azacyanin ist die mittlere CH-Gruppe des Cyanins durch ein N-Atom ersetzt. Dies führt dazu, daß λ_{max} bei ungerader Anzahl konjugierter Doppelbindungen um etwa 100 nm nach längeren Wellen, bei gerader Anzahl konjugierter Doppelbindungen um etwa 100 nm nach kürzeren Wellen verschoben wird (Abb. 7.26).

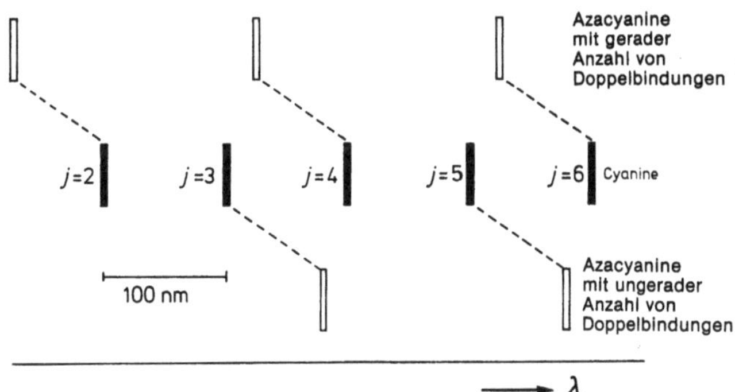

Abb. 7.26. Vergleich von λ_{max} der symmetrischen Cyanine mit den entsprechenden Azacyaninen (schematisch). Die Numerierung entspricht der Anzahl j der konjugierten Doppelbindungen. Genaue Zahlenwerte siehe Tabelle 7.8

7.8 Theoretische Deutung der Lage der Absorptionsmaxima

7.8.1 Farbstoffe mit linearem Elektronengas

Wir versuchen jetzt, dieses Tatsachenmaterial mit einem theoretischen Modell zu erklären. Wir betrachten zunächst einen symmetrischen Cyaninfarbstoff. Bereits früher haben wir gesehen, daß die C – C-Bindungen dieser Moleküle alle gleich lang sind; das hängt damit zusammen, daß 2 völlig symmetrische Grenzstrukturen angegeben werden können. Daraus ergibt sich, daß die potentielle Energie $V(s)$ eines π-Elektrons an allen Bindungen gleich groß ist. Für die Wellenfunktionen des Cyanins

$$\rangle\overline{N}-CH=CH-CH=CH-CH=CH-CH=\overset{\oplus}{N}\langle \qquad (7.46)$$

erhalten wir daher nach dem Elektronengasmodell die in Abb. 7.27a dargestellten Sinusfunktionen. In Abb. 7.27b ist das zugehörige Energieschema gemäß

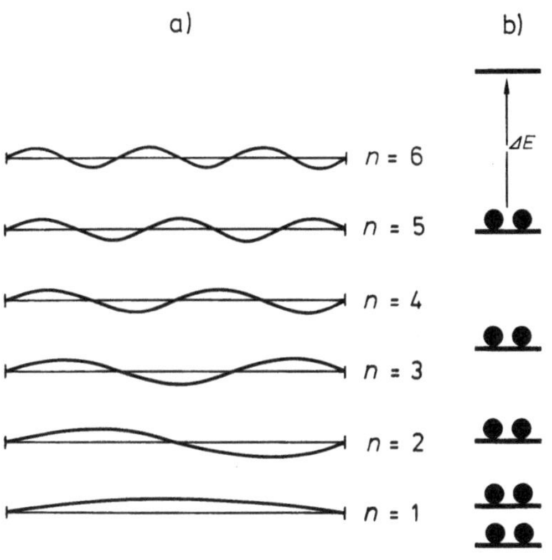

Abb. 7.27. (a) Wellenfunktionen und (b) Energien des symmetrischen Cyanins (7.46) nach dem Elektronengasmodell

$$E = \frac{h^2}{8mL^2} n^2 \qquad n = 1, 2, 3 \ldots \qquad (7.47)$$

aufgeführt. Der Farbstoff besitzt 4 konjugierte Doppelbindungen und 1 freies π-Elektronenpaar am Stickstoffatom, also insgesamt 10 π-Elektronen. Diese π-Elektronen verteilen wir paarweise auf die 5 unteren Energieniveaus. Das Niveau 5 ist also das höchste besetzte Niveau (HOMO: highest occupied molecular orbital), das Niveau 6 ist das niedrigste unbesetzte Niveau (LUMO: lowest unoccupied molecular orbital).

Bestrahlen wir das Farbstoffmolekül mit Licht, dann kann das Molekül Energie aus dem elektromagnetischen Feld der Lichtwelle aufnehmen. Wegen der Quantelung der Energie sind nur diskrete Molekülzustände möglich. In unserem Beispiel erhalten wir den nächst höheren Energiezustand unseres Farbstoffes, wenn wir 1 π-Elektron vom Niveau 5 auf das Niveau 6 bringen. Besitzt ein Lichtquant, das wir auf das Molekül einwirken lassen, gerade die Energie ΔE, die dem Übergang von $n = 5$ nach $n = 6$ entspricht, dann ist die Absorption eines solchen Lichtquantes energetisch möglich:

Molekül + Lichtquant → (Molekül)* .

Der Stern soll andeuten, daß sich das Molekül nach der Bestrahlung in einem angeregten Zustand befindet. Ein Lichtquant, das von dem Molekül absorbiert wurde, kann in der Meßanordnung in Abb. 7.24 auf dem Schirm nicht mehr registriert werden; es ist also I kleiner als I_0. Diese Absorption ist energetisch nur möglich, wenn die Bedingung

$$h\nu = \Delta E \qquad (7.48)$$

erfüllt ist (ν: Frequenz des eingestrahlten Lichtes). Aus der Frequenz ν erhalten wir die Wellenlänge λ_{max} der Absorptionsbande über

$$\lambda_{max} = \frac{c}{\nu} = \frac{hc}{\Delta E} . \qquad (7.49)$$

Nun wollen wir auf Grund des Elektronengasmodells die Anregungsenergie unseres Farbstoffes berechnen. Nach (7.47) ist[3]

$$\Delta E = \frac{h^2}{8mL^2} (n_{LUMO}^2 - n_{HOMO}^2) . \qquad (7.49)$$

Darin ist n_{LUMO} die Quantenzahl des ersten unbesetzten und n_{HOMO} die Quantenzahl des obersten besetzten Niveaus. Diese Quantenzahlen hängen in einfacher Weise mit der Anzahl j von konjugierten Doppelbindungen zusammen. Da jedes Niveau mit 2 Elektronen besetzt ist, gilt

$$n_{HOMO} = (j+1) \quad \text{und} \quad n_{LUMO} = (j+2) . \qquad (7.50)$$

(In unserem Beispiel ist $j = 4$ und somit $n_{HOMO} = 5$ und $n_{LUMO} = 6$). Mit (7.50) wird

$$\Delta E = \frac{h^2}{8mL^2} [(j+2)^2 - (j+1)^2]$$
$$= \frac{h^2}{8mL^2} (2j+3) . \qquad (7.51)$$

Andererseits erhalten wir L als Summe aller Bindungslängen d_0 im konjugierten System plus zweimal die Länge, um die sich das Elektronengas über jede der beiden

Endgruppen hinaus erstreckt; wie im Abschn. 7.1 nehmen wir an, daß diese Länge gleich einer Bindungslänge ist, d. h.

$$L = (2j+2)\,d_0 = 2(j+1)\,d_0 . \qquad (7.52)$$

In unserem Beispiel ist $j = 4$ und damit $L = 10 \cdot d_0$. Mit (7.52) erhalten wir

$$\Delta E = \frac{h^2}{8m\,4d_0^2} \frac{2j+3}{(j+1)^2} . \qquad (7.53)$$

Für die Wellenlänge λ_{max} folgt daraus

$$\lambda_{max} = \frac{hc}{\Delta E} = \frac{32md_0^2c}{h} \frac{(j+1)^2}{2j+3} . \qquad (7.54)$$

Ist $j \gg 1$, dann können wir diese Beziehung näherungsweise diskutieren, indem wir $2j+3$ durch $2j+2 = 2(j+1)$ ersetzen (bei $j = 4$ ist der Fehler 10%).

$$\lambda_{max} \approx \frac{32md_0^2c}{h} \frac{1}{2}(j+1) \qquad \text{für} \quad j \gg 1 . \qquad (7.55)$$

Mit $d_0 = 1{,}4$ Å erhalten wir daraus

$$\lambda_{max} \approx 129(j+1) \text{ nm} . \qquad (7.56)$$

Tabelle 7.7. Berechnete und experimentelle Absorptionsmaxima der symmetrischen Cyanine

$$(CH_3)_2\bar{N}{+}CH{=}CH{)}_k CH{=}\overset{\oplus}{N}(CH_3)_2$$

mit $k = 0$ bis $k = 6$. Die Größe j bezeichnet die Anzahl konjugierter Doppelbindungen. Die nach (7.56) berechneten Werte gelten nur näherungsweise. Die Farbe der Lösung ist komplementär zur Farbe des absorbierten Lichtes. Wird z. B. Rot absorbiert, dann ist die Lösung grün.

k	j	$\lambda_{max}/$nm		experimentell [7.10]	Farbe
		berechnet nach			
		(7.56)	(7.54)		
0	1	258	206	224	farblos
1	2	387	332	313	farblos
2	3	516	459	416	gelb
3	4	645	587	519	rot
4	5	774	716	625	blau
5	6	903	844	735	grün
6	7	1032	973	848	farblos

---

[3] Es wird vorausgesetzt, daß die Kerne in der Zeit, in der die Elektronenanregung stattfindet, in Ruhe bleiben. Die Elektronenverteilung quer zur Kernverbindungslinie wird daher bei der Anregung praktisch nicht verändert, wie durch Lösen der 3 dimensionalen Schrödinger-Gleichung begründet wurde [7.8]. Damit bleibt auch $V(s)$ konstant. ΔE ist dann durch den Energieunterschied der Zustände eines Elektrons im Potential $V(s)$ gegeben. Im betrachteten Spezialfall ($V(s) = $ const) ist also ΔE einfach durch den Unterschied in der kinetischen Energie von zwei Zuständen eines Elektrons im eindimensionalen Potentialkasten gegeben.

Wir erwarten also, daß λ_{max} mit wachsender Kettenlänge linear ansteigt; bei Verlängerung der Kette um 1 Doppelbindung sollte λ_{max} um 129 nm zunehmen. In Tabelle 7.7 ist λ_{max}, das nach den Beziehungen (7.54) und (7.56) berechnet ist, den experimentellen Werten gegenübergestellt. Die experimentellen λ_{max}-Werte nehmen tatsächlich auch linear mit der Kettenlänge zu, nur ist der Zuwachs mit etwa 100 nm pro Doppelbindung etwas kleiner als der berechnete Zuwachs von 129 nm. Angesichts der Tatsache, daß wir der Berechnung ein sehr einfaches Modell zugrunde gelegt haben, ist die Übereinstimmung von Theorie und Experiment erstaunlich gut[4].

7.8.2 Heteroatome als Sonden für Elektronenverteilung

Als nächstes Beispiel betrachten wir die Azacyanine (7.44) und (7.45). Das mittlere N-Atom ist wie jedes C-Atom in der Kette trigonal planar hybridisiert; während beim C-Atom eines der Hybridorbitale für eine $C-H$-Bindung benutzt wird, ist dieses Orbital beim N mit 2 Elektronen besetzt (freies Elektronenpaar). Da sich dieses Orbital innerhalb der Molekülebene erstreckt, handelt es sich bei dem freien Elektronenpaar um σ-Elektronen. Daraus ersehen wir, daß ein Azacyanin genau so viele π-Elektronen wie ein Cyanin gleicher Kettenlänge enthält. Nach dem Elektronengasmodell werden also für Cyanine und für Azacyanine im Prinzip dieselben Wellenfunktionen erhalten.

Nun müssen wir jedoch beachten, daß ein N-Atom elektronegativer als ein C-Atom ist, also die Elektronen im π-Elektronengas von einem N-Atomrumpf stärker angezogen werden. Während wir bei den Cyaninen da-

---

[4] Nach unserem theoretischen Modell erwarten wir, daß ein Farbstoffmolekül exakt bei einer ganz bestimmten, durch ΔE gegebenen Wellenlänge Licht absorbiert; danach müßte im experimentellen Absorptionsspektrum bei λ_{max} eine schmale Absorptionsbande auftreten, deren Breite durch die Spaltbreite des verwendeten Monochromators (z. B. der Prismenanordnung in Abb. 7.24a) bestimmt wäre. Typische Werte für die spektrale Bandbreite des Lichtes, das durch den Spalt auf die Probe fällt, sind 0,1 bis 1,0 nm. Dagegen beträgt die Halbwertsbreite der Thiacarbocyaninspektren in Abb. 7.24b etwa 40 nm. Wie können wir diese große Diskrepanz verstehen? Eine starke Vereinfachung im Modell besteht darin, daß wir isolierte Moleküle betrachten. In einer Lösung lagern sich Lösungsmittelmoleküle an die Farbstoffmoleküle an. Da die umgebenden Lösungsmittelmoleküle verschieden verteilt sein können, besitzt jedes Farbstoffmolekül eine etwas andere Anregungsenergie ΔE. Daraus resultiert ein breiter Absorptionsbereich.

von ausgehen konnten, daß die potentielle Energie $V(s)$ längs der Kohlenstoffkette konstant ist (alle Kettenatome sind gleichartig), ist die potentielle Energie in der Mitte eines Azacyanins deutlich tiefer als in den übrigen Bereichen der Kette. Dies führt dazu, daß im Prinzip die Energien aller Quantenzustände in einem Azacyanin kleiner sein müssen als bei dem vergleichbaren Cyanin. Um welchen Betrag die einzelnen Energien absinken, hängt entscheidend davon ab, wie groß die Wahrscheinlichkeit $dW = \psi^2 ds$ ist, ein Elektron in einem Bereich ds am N-Atom anzutreffen. Ist ψ^2 dort groß, dann wird auch der Energieunterschied groß sein. Ist $\psi^2 = 0$, hält sich also des Elektron im Bereich des N-Atoms nie auf, ist der Energieunterschied Null. Wir vergleichen zunächst das Cyanin (7.46) mit dem entsprechenden Azacyanin

$$\text{\textgreater}\bar{N}-CH=CH-CH=\underline{N}-CH=CH-CH=\overset{\oplus}{N}\text{\textless} \qquad (7.57)$$

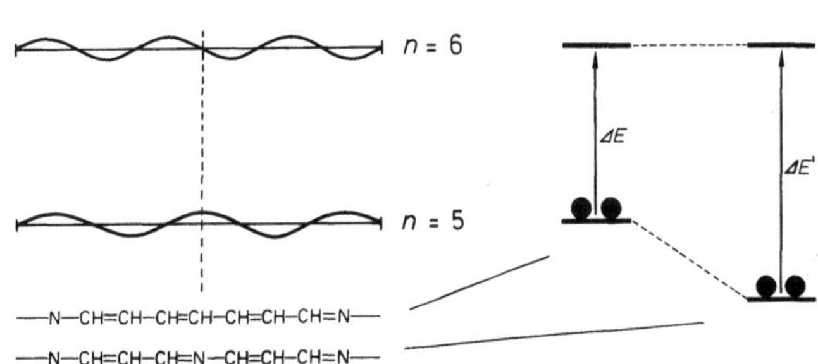

Abb. 7.28. Zustände 5 und 6 des Cyanins (7.46) und des Azacyanins (7.57): Absenkung des Niveaus 5 beim Azacyanin ($\Delta E' > \Delta E$)

In Abb. 7.28 sind die Zustände 5 und 6 dieser Farbstoffe dargestellt. Der oberste besetzte Zustand besitzt in der Mitte einen Bauch, der nächste besitzt einen Knoten der Wellenfunktion. Im Zustand 5 ist also ψ^2 im Bereich des mittleren N-Atoms sehr groß, im Zustand 6 ist $\psi^2 = 0$. Daraus folgt zwangsläufig, daß der Zustand 5 im Azacyanin eine kleinere Energie besitzen muß als im Cyanin; die Energie des Zustandes 6 ändert sich dagegen beim Übergang vom Cyanin zum Azacyanin praktisch nicht. Damit wird die Anregungsenergie von ΔE auf $\Delta E'$ vergrößert: der Farbstoff (7.57) absorbiert kürzerwellig als der Farbstoff (7.46). Bei dem Cyanin bzw. dem Azacyanin

$$\text{\textgreater}\bar{N}-CH=CH-CH=CH-CH=\overset{\oplus}{N}\text{\textless} \qquad (7.58)$$

$$\text{\textgreater}\bar{N}-CH=CH-\underline{N}=CH-CH=\overset{\oplus}{N}\text{\textless} \qquad (7.59)$$

liegen die Verhältnisse gerade umgekehrt. Nach Abb. 7.29 wird hier der erste unbesetzte Zustand energetisch abgesenkt, und der oberste besetzte Zustand ändert sich nicht. Dieser Azafarbstoff absorbiert also bei längeren Wellen als das entsprechende Cyanin.

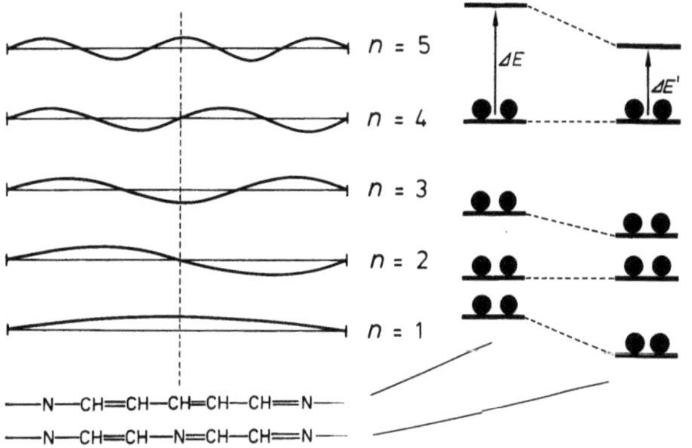

Abb. 7.29. Zustände des Cyanins (7.58) und des Azacyanins (7.59). Hier ist $\Delta E' < \Delta E$

Allgemein stellen wir fest, daß λ_{max} dann nach kürzeren Wellen verschoben wird, wenn der oberste besetzte Zustand einen Bauch in der Molekülmitte aufweist. Dies ist immer dann der Fall, wenn der Farbstoff eine ungerade Anzahl von besetzten Zuständen bzw. eine gerade Anzahl von konjugierten Doppelbindungen besitzt. Bei einer ungeraden Anzahl von konjugierten Doppelbindungen erwarten wir umgekehrt eine Verschiebung nach längeren Wellen. Dies stimmt genau mit dem experimentellen Ergebnis, das in Abb. 7.26 dargestellt ist, überein.

Zur quantitativen Berechnung der Wellenlängenverschiebung gehen wir wie bei der Berechnung der mittleren potentiellen Energie des Elektrons im H-Atom (Abschn. 3.2.1) vor; in unserem Fall müssen wir die mittlere potentielle Energie $\bar{V}$ eines π-Elektrons im elektrischen Feld der Rumpfladung des Aza-Stickstoffatoms berechnen

$$\bar{V} = \int_0^L V_N \psi^2 dx \,. \tag{7.60}$$

V_N ist die potentielle Energie eines π-Elektrons im Feld des N-Atoms (genauer: die Differenz der potentiellen Energien von N und C). Wir approximieren V_N dadurch, daß wir annehmen, daß die potentielle Energie eines Elektrons im Bereich eines N-Atoms um einen konstanten Betrag tiefer liegt, als es der konstanten potentiellen

Energie der Kohlenstoffkette entspricht. Nach Abb. 7.30 ist näherungsweise mit $x_1 = \frac{1}{2}L - \frac{1}{2}d_0$ und $x_2 = \frac{1}{2}L + \frac{1}{2}d_0$

$$V_N = -a \quad \text{für} \quad x_1 < x < x_2 \tag{7.61}$$

$V_N = 0$ im übrigen Bereich.

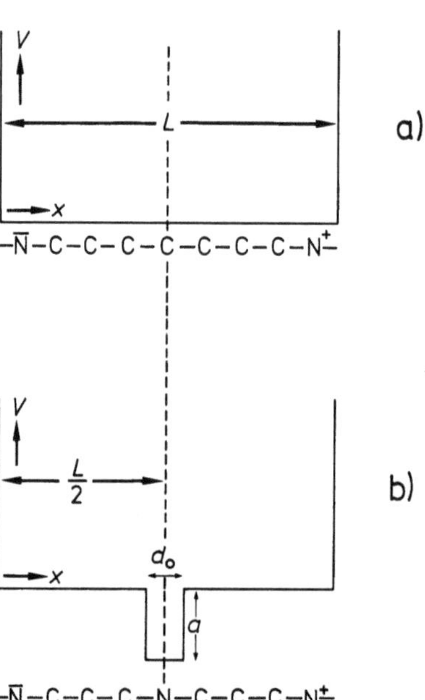

Abb. 7.30a, b. Potentielle Energie V längs der Kette eines Cyanins (**a**) und eines Azacyanins (**b**): in der Molekülmitte denken wir uns einen „Potentialtopf" der Tiefe a und der Breite d_0 (der Topf reicht von Bindungsmitte zu Bindungsmitte)

Damit wird

$$\bar{V} = \int_{x_1}^{x_2} - a\, \psi^2 dx \tag{7.62}$$

Bei den Zuständen mit einem Knoten in der Molekülmitte ist ψ^2 in dem gesamten Bereich des N-Atoms praktisch Null, so daß $\bar{V} = 0$ wird. Bei den Zuständen mit einem Bauch in der Molekülmitte ist ψ^2 in dem Bereich des N-Atoms nur wenig verschieden von dem Maximalwert in der Mitte, also

$$\psi^2 = \frac{2}{L} \sin^2 \frac{n\pi}{L} x \approx \frac{2}{L} \,. \tag{7.63}$$

Damit erhalten wir für diese Zustände näherungsweise

$$\bar{V} = -a\frac{2}{L}\int_{x_1}^{x_2} dx = -a\frac{2}{L}d_0 . \tag{7.64}$$

Näherungsweise werden also die Energien aller Zustände eines Moleküls mit einem Bauch in der Molekülmitte um den gleichen Betrag abgesenkt. Vergleichen wir verschiedene Farbstoffe miteinander, dann nimmt dieser Betrag mit wachsender Kettenlänge L ab. Für den längstwelligen Übergang gilt also nach (7.53) und (7.64), wenn wir außerdem L gemäß (7.52) durch j ausdrücken.

$$\Delta E = \frac{h^2}{32\,m\,d_0^2}\,\frac{2j+3}{(j+1)^2} + \frac{a}{j+1} \quad \text{für } j \text{ gerade} \tag{7.65}$$

$$\Delta E = \frac{h^2}{32\,m\,d_0^2}\,\frac{2j+3}{(j+1)^2} - \frac{a}{j+1} \quad \text{für } j \text{ ungerade} . \tag{7.66}$$

Die Konstante a sollte etwa dem Energieunterschied eines Elektrons in einem p-Orbital an einem Kohlenstoff- und einem Stickstoffatom entsprechen. Aus den Ionisierungsenergien [7.11] von C ($17{,}2 \cdot 10^{-19}$ J) und N ($20{,}7 \cdot 10^{-19}$ J) folgt $a = (20{,}7 - 17{,}2) \cdot 10^{-19} = 3{,}5 \cdot 10^{-19}$ J.

Für mehrere Cyanine sind die Verschiebungen, die mit diesem Wert berechnet wurden, in Tabelle 7.8 aufgeführt. Sie stimmen befriedigend mit experimentellen Werten überein.

Tabelle 7.8. Nach (7.65) und (7.66) berechnete sowie experimentell bestimmte Azaverschiebungen für verschiedene Cyanine mit j konjugierten Doppelbindungen. Für die Konstante a wurde der Wert $3{,}5 \cdot 10^{-19}$ J eingesetzt

j	Verschiebung/10^{-19} J	
	berechnet nach (7.65, 66)	experimentell [7.12]
1	$-1{,}75$	
2	$+1{,}17$	$+0{,}79$
3	$-0{,}88$	$-0{,}93$
4	$+0{,}70$	$+0{,}53$
5	$-0{,}58$	$-0{,}59$
6	$+0{,}50$	$+0{,}62$

7.8.3 Niveauaufspaltung durch Bindungsalternanz

Nun wenden wir uns den Absorptionsspektren der Polyene zu. Obwohl ein Polyen einfacher aufgebaut ist als ein

Cyanin, macht die theoretische Behandlung doch größere Schwierigkeiten, weil in den Polyenen Einfach- und Doppelbindungen alternieren (Abb. 7.22). Dies führt dazu, daß wir die potentielle Energie $V(s)$ längs der Kohlenstoffkette nicht mehr als konstant ansehen dürfen. Nach Abb. 7.31 ist die potentielle Energie an einer Doppelbindung kleiner als an einer Einfachbindung, weil dort die positiven Kernladungen dichter benachbart sind als an der Einfachbindung und das Elektron dort deshalb stärker angezogen wird. Dieser Tatsache können wir näherungsweise analog wie bei der Behandlung der Azacyanine dadurch Rechnung tragen, daß wir die potentielle Energie im Bereich der Doppelbindung um den Betrag a tiefer, im Bereich der Einfachbindung um den Betrag a höher annehmen als bei Bindungslängenausgleich (Abb. 7.31 b). An der Doppelbindung liegt also ein „Potentialtopf", an der Einfachbindung ein „Potentialberg" vor. Nach (7.62) erhalten wir für die Korrekturenergie $\bar{V}$ im Fall von Butadien, wenn wir wieder vereinfachend den Verlauf von ψ^2 durch den Wert in der Bindungsmitte ersetzen,

$$\bar{V} = -2a\,\psi^2_{C=C}d_0 + a\,\psi^2_{C-C}d_0 \tag{7.67}$$

(eigentlich müßten wir zwischen $d_{C=C} = 1{,}34$ Å und $d_{C-C} = 1{,}48$ Å unterscheiden; wir begehen jedoch keinen

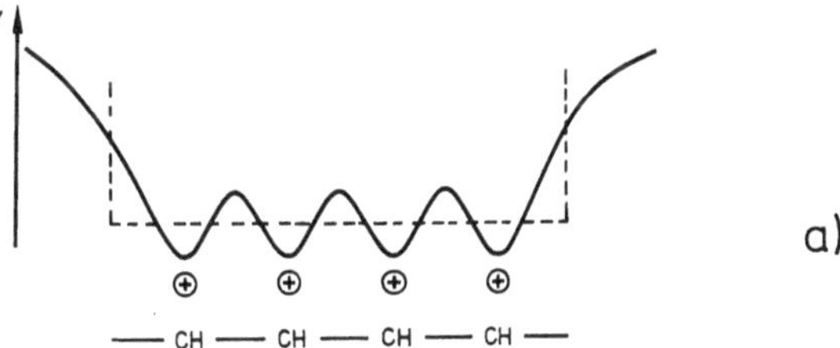

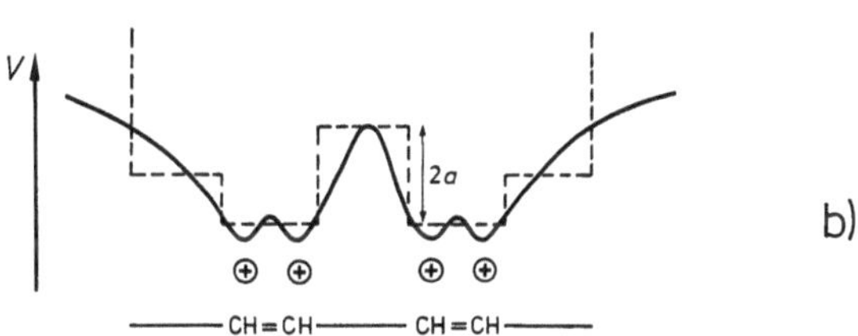

Abb. 7.31a, b. Potentielle Energie $V(s)$ eines π-Elektrons, das längs einer Kohlenstoffkette geführt wird. (**a**) Alle C–C-Bindungen gleich lang, (**b**) bei alternierenden Bindungslängen (Polyen). (———) tatsächlicher Verlauf, (– – –) näherungsweise Beschreibung

großen Fehler, wenn wir wiederum den Wert $d_0 = 1,40$ Å einsetzen). Nach Abb. 7.32 gilt für den Zustand mit $n = 2$ näherungsweise

$$\psi^2_{C=C} = \frac{2}{L} \qquad \psi^2_{C-C} = 0 \tag{7.68}$$

und für den Zustand mit $n = 3$

$$\psi^2_{C=C} = 0 \qquad \psi^2_{C-C} = \frac{2}{L} . \tag{7.69}$$

Im Zustand mit $n = 2$ ist also nur der Potentialtopf wirksam (Erniedrigung der Energie), im Zustand mit $n = 3$ ist der Potentialberg maßgebend (Erhöhung der Energie). Für die korrigierte Anregungsenergie $\Delta E'$ gilt demnach

$$\Delta E' = \Delta E + 2 a d_0 \frac{2}{L} + a d_0 \frac{2}{L}$$
$$= \Delta E + \frac{6 d_0}{L} a = \Delta E + \frac{6}{5} a . \tag{7.70}$$

(Im letzten Schritt wurde nach entsprechender Überlegung wie bei den Cyaninfarbstoffen $L = 5 d_0$ gesetzt.) Die Topftiefe a können wir berechnen, indem wir die berechnete Anregungsenergie mit der experimentellen vergleichen.

$$\frac{6}{5} a = \Delta E'_{exp} - \Delta E$$
$$= \Delta E'_{exp} - \frac{h^2}{8 m (5 d_0)^2} (3^2 - 2^2) . \tag{7.71}$$

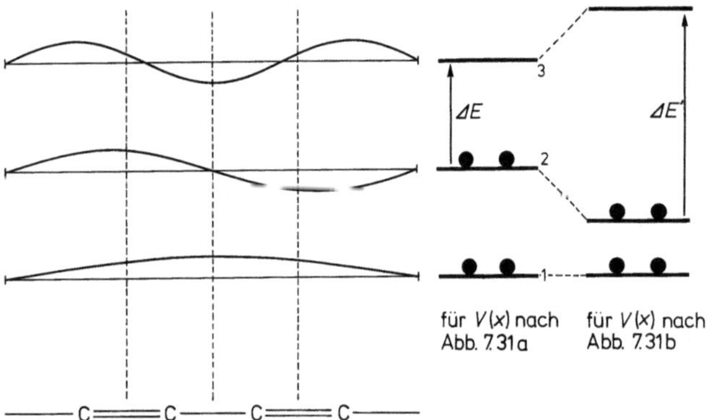

Abb. 7.32. Wellenfunktionen und Energieschema von Butadien. Infolge der Bindungslängenalternation wird der Zustand 2 nach unten, der Zustand 3 nach oben verschoben

$\Delta E'_{exp}$ erhalten wir aus $\lambda_{max,exp} = 217$ nm zu $\Delta E'_{exp} = 9,15 \cdot 10^{-19}$ J, ΔE ergibt sich zu $6,15 \cdot 10^{-19}$ J; also ist

$$a = \tfrac{5}{6} 3,00 \cdot 10^{-19} \text{ J} = 2,5 \cdot 10^{-19} \text{ J} .$$

Geht man entsprechend bei den höheren Polyenen vor, dann findet man, daß der Unterschied zwischen $\Delta E'$ und ΔE näherungsweise gleich groß ist (einerseits steigt die Anzahl der zu der Korrektur in (7.70) beitragenden Glieder an, andererseits nimmt in demselben Maß die Länge L zu). Es gilt somit näherungsweise für alle Moleküle in der Reihe der Polyene

$$\Delta E' = \Delta E + 3,0 \cdot 10^{-19} \text{ J} . \tag{7.72}$$

Während bei den Cyaninen die Anregungsenergie mit wachsender Kettenlänge allmählich gegen Null strebt (λ_{max} nimmt pro zusätzlicher Doppelbindung um 129 nm zu, strebt also gegen Unendlich), strebt $\Delta E'$ bei den Polyenen mit wachsender Kettenlänge gegen $3,0 \cdot 10^{-19}$ J, also gegen einen endlichen Grenzwert (λ_{max} strebt gegen den endlichen Grenzwert 662 nm). Damit ist der große Unterschied zwischen Cyaninen und Polyenen (Abb. 7.25) auf die starken Bindungslängenunterschiede bei den Polyenen zurückgeführt. In Tabelle 7.9 sind für die Polyene die experimentellen und die nach (7.72) berechneten Absorptionswellenlängen zusammengestellt.

Tabelle 7.9. Lichtabsorption von Polyenen mit j konjugierten Doppelbindungen. ΔE und $\Delta E'$ nach (7.72); $\lambda_{max, berechnet} = h c / \Delta E$

j	$\dfrac{\Delta E}{10^{-19} \text{ J}}$	$\dfrac{\Delta E'}{10^{-19} \text{ J}}$	$\lambda_{max}/$nm berechnet	experimentell [7.10]
1	10,4	13,4	148	162
2	6,2	9,2	215	217
3	4,5	7,5	265	257
4	3,5	6,5	305	290
5	2,8	5,8	342	317
6	2,4	5,4	368	344
7	2,1	5,1	389	368
8	1,8	4,8	414	386
9	1,6	4,6	432	413
10	1,5	4,5	441	420
11	1,4	4,4	451	453
12	1,2	4,2	473	461
13	1,2	4,2	473	471
14	1,1	4,1	484	500
15	1,0	4,0	497	504

Mit diesen Überlegungen kann man die typischen Farbänderungen bei Indikatorfarbstoffen verstehen. Beispiel:

Benzaurin (violett).

Protonieren wir das Benzaurin, dann erhalten wir den Farbstoff

Saure Form von Benzaurin (gelb).

Hierbei handelt es sich um ein unsymmetrisches Cyanin, bei dem die Bindungslängen nicht völlig ausgeglichen sind. Der Farbstoff ist also zwischen den Cyaninen und den Polyenen einzuordnen, er muß deshalb kürzerwellig als das Benzaurin und längerwellig als das entsprechende Polyen ($j = 5$) absorbieren.

7.8.4 Farbstoffe mit ringförmigem Elektronengas

Beim Cu^{2+}-Phthalocyanin

sind die Benzolringe durch Einfachbindungen mit dem inneren Ring verbunden, so daß wir den inneren Ring allein als maßgebendes π-Elektronensystem betrachten können. In dem Innenring gibt jedes C- und N-Atom je 1 π-Elektron ab; dazu kommen noch 2 Elektronen, die vom Cu-Atom abgegeben werden. Somit befinden sich $16 + 2 = 18$ π-Elektronen in dem Ring. Durch die Strichformelschreibweise

wird die Tatsache, daß die Benzolzweige abgekoppelt sind, nicht richtig wiedergegeben. Analog wie im Fall von Benzol (Abschn. 7.2) erhalten wir für die Energien, falls wir die potentielle Energie längs des Rings als konstant betrachten,

$$E_n = \frac{h^2}{2mU^2}\, n^2 \qquad n = 0, 1, 2, \ldots \qquad (7.73)$$

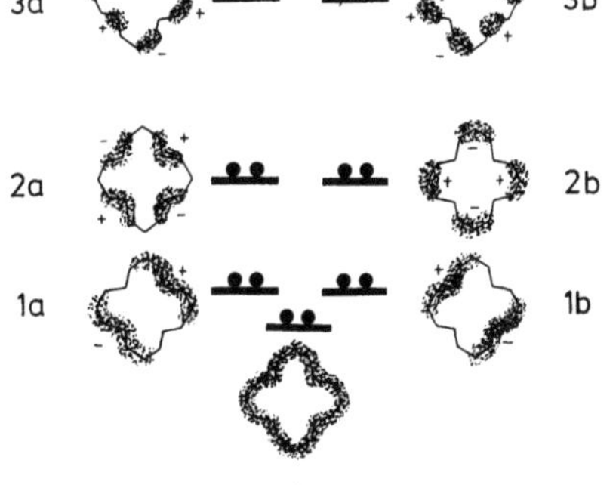

Abb. 7.33. Wellenfunktion für ein Phthalocyaninmolekül (Benzolringe als abgekoppelt betrachtet). Die Vorstellung, daß die Benzolringe abgekoppelt sind, ist theoretisch begründet [7.13] worden; sie steht im Einklang mit dem experimentellen Befund, daß die Längen der CC-Bindungen, die den Innenring mit den Benzolringen verknüpfen, 1,49 Å betragen

(U: Umfang des Ringes) und die Wellenfunktionen in Abb. 7.33.

Die längstwelligen Übergänge sind gemäß Abb. 7.33

$$4a \rightarrow 5a, \qquad 4b \rightarrow 5b \qquad\qquad 4a \rightarrow 5b \qquad 4b \rightarrow 5a.$$

Diese Übergänge entsprechen alle demselben Energieunterschied

$$\Delta E = \frac{h^2}{2mU^2}(25 - 16) = \frac{9h^2}{2mU^2}. \tag{7.74}$$

Nun müssen wir aber noch berücksichtigen, daß die N-Atome elektronegativer sind als die C-Atome in dem Ring. Wir zeichnen die Wellenfunktionen der Zustände 4 und 5 deshalb noch einmal gesondert aus.

Im Zustand $4a$ sitzt an jedem N-Atom ein Bauch der Wellenfunktion, die Energie dieses Zustandes wird also stark erniedrigt; der Zustand $4b$ bleibt unverändert (Knoten an den Stellen der N-Atome). Die Zustände $5a$ und $5b$ werden je um den gleichen Betrag erniedrigt (Abb. 7.35).

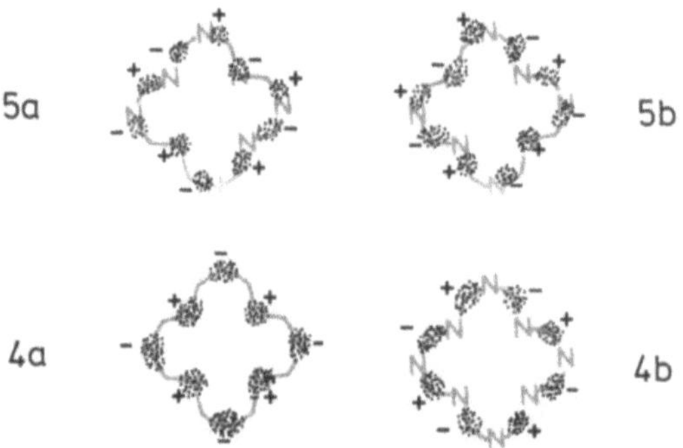

Abb. 7.34. Wellenfunktionen im Phthalocyaninmolekül, Funktionen $4a, b$ und $5a, b$ mit N-Atomen

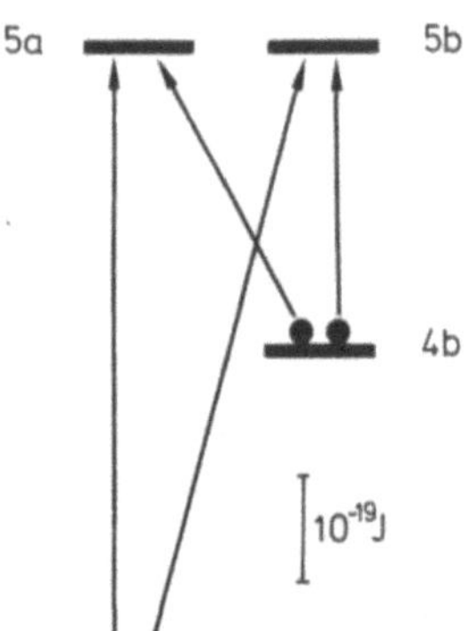

Abb. 7.35. Verschiebung der Energien im Phthalocyaninmolekül unter dem Einfluß der N-Atome

An Stelle von nur 1 Absorptionsbande erwarten wir also 2 Banden, wobei die längerwellige dem Übergang $4b \rightarrow 5a$ bzw. $4b \rightarrow 5b$ entspricht[5].

Zur quantitativen Berechnung der Energieerniedrigung gehen wir wie bei den Azacyaninen vor. Wie in Aufgabe 7.17 näher gezeigt wird, erhalten wir für den Übergang $4b \rightarrow 5b$ 700 nm und für $4a \rightarrow 5b$ 340 nm; experimentell [7.13] findet man 675 nm bzw. 344 nm.

Aufgaben

7.1 *Kastenmodell für Acetylen und Diacetylen*

Man beschreibe die Struktur von Acetylen $HC \equiv CH$ und Diacetylen $HC \equiv C - C \equiv CH$ im Rahmen des Kastenmodells.

7.2 *Wellenfunktionen beim Benzolmolekül*

Man begründe, warum beim Benzolmolekül keine Wellenfunktionen möglich sind, bei denen sich wie im Fall eines Elektrons im Quaderkasten eine Anzahl n halber Wellen über den Umfang erstreckt (in diesem Fall wäre $n\Lambda/2 = U$ mit $n = 0, 1, 2, \ldots$).

Man begründe die Normierungsfaktoren in (7.5).

7.3 *Mesomerie cyclischer π-Systeme*

Man zeige, daß allgemein cyclische Systeme mit $(n+2)$ π-Elektronen besonders gut mesomeriestabilisiert sind, nicht aber Systeme mit $4n$ π-Elektronen ($n = 1, 2, 3 \ldots$).

7.4 *Mesomerie-Energie von Benzol*

Man versuche, die Mesomerie-Energie von Benzol theoretisch abzuschätzen, indem man von der π-Elektronenenergie dieses Moleküls die Energie eines hypothetischen, aus reinen Einfach- und Doppelbindungen bestehenden Referenzmoleküls abzieht.

7.5 *Elektronendichte*

Man zeige, daß für dq/ds von Äthylen, Butadien und Benzol die in Tabelle 7.2 aufgeführten Werte erhalten werden.

---

[5] Neben den in diesem Kapitel betrachteten Übergängen von den höchsten besetzten in die nächsthöheren Orbitale müßten weitere Übergänge von besetzten in unbesetzte Orbitale stattfinden, die aber keine Rolle spielen. Das ergibt sich daraus, daß für diese Übergänge das Übergangsmoment (eine Größe, die sich aus den Wellenfunktionen des Elektrons vor und nach dem Sprung ergibt) klein ist [7.14].

7.6 *Verzweigtes Saitenmodell*

Man löse die Differentialgleichungen (7.10) mit den Randbedingungen (7.11) und (7.12) und der Verzweigungsbedingung (7.13) für das Guanidinium-Ion.

7.7 *Angeregte Zustände im LCAO-Modell*

Man suche mit dem Ansatz (7.19) für das Äthylenmolekül nach einer Funktion ϕ_2, die orthogonal zu ϕ_1 in (7.20) ist und dem Variationsprinzip genügt.

7.8 *Anwendung der HMO-Methode*

Man berechne die Energien und Wellenfunktionen von Butadien nach der HMO-Methode.

7.9 *Bindungslängen, Bindungsordnungen*

Man berechne die Bindungslängen von Fulven aus den Bindungsordnungen mit Hilfe der Abb. 7.21. Die HMO-Koeffizienten von Fulven entnehme man dem Anhang G.

7.10 *Berechnung von Dipolmomenten*

Nach (7.36) berechne man μ_x für das Fulven-Molekül. Wie groß sind q und a bei dem äquivalenten Dipol in Abb. 7.23?

Man zeige, daß für μ_x nach (7.36) bei einer beliebigen Verschiebung des Koordinatensystems derselbe Wert erhalten wird.

7.11 *Bindungslängen von Cyclobutadien* [7.15]

Man berechne die Energien, Wellenfunktionen und die Ladungsdichten an den Atomen und in den Bindungsmitten für das Cyclobutadien-Molekül nach der Elektronengas- und nach der HMO-Methode. Man diskutiere eine quadratische und eine rechteckige Form des Moleküls und diskutiere die zu erwartenden Bindungslängen.

7.12 *Lichtabsorption von Polyenen und Cyaninen*

Man trage in einem Diagramm λ_{max} für die Polyene und die Cyanine in Abhängigkeit von der Anzahl j der konjugierten Doppelbindungen auf. Man ermittle den Grenzwert der Absorption der Polyene (unendlich langes Polyen). Zahlenwerte siehe Tabelle 7.7 und 7.9.

7.13 *Absorption und Emission von Licht*

Moleküle können aus dem angeregten Zustand durch Abgabe von Lichtenergie (Emission) wieder in den Grundzustand zurückkehren. Wird dadurch nicht die Aussage der experimentellen Meßmethode in Frage gestellt?

7.14 *Freies Elektronenpaar am Stickstoff*

Das freie Elektronenpaar eines N-Atoms in einem konjugierten System trägt nicht immer zum π-Elektronengas bei. Man diskutiere unter diesem Gesichtspunkt die folgenden Beispiele und gebe jeweils die Gesamtzahl der π-Elektronen an.

7.15 *Potentielle Energie an den* N-*Atomen*

Nach den Überlegungen zu den Azacyaninen müßten wir natürlich auch bei den Cyaninen selbst berücksichtigen, daß die potentielle Energie an den endständigen C-Atomen erniedrigt ist.

Was würde sich an unseren Resultaten ändern?

7.16 *Lichtabsorption verschiedener Farbstoffklassen*

Man versuche, die Farbigkeit der Farbstoffe A bis Q (s. nächste Seite) zu verstehen, indem man λ_{max} unter Vernachlässigung der Verzweigungen in der Kette konjugierter Doppelbindungen zwischen Auxochrom und Antiauxochrom berechnet. Die Farbstoffe sind wie Cyanine bzw. wie Azacyanine zu beschreiben. Man berechne die Verschiebung durch die Azagruppe und vergleiche die Ergebnisse mit den bei den Formeln angegebenen experimentellen Werten.

Diese Beispiele sind Vertreter wichtiger Klassen künstlicher Farbstoffe (Diphenylmethanfarbstoffe, Indamine, Xanthenfarbstoffe, Oxazine, Thiopyronine, Thiazine, Acridine, Azine, Carbothiacyanine) [7.12, 16].

7.17 *Energieerniedrigung bei Phthalocyanin*

Man berechne die Energieerniedrigung der Niveaus 4 und 5 beim Phthalocyanin, indem man analog wie bei den Azacyaninen vorgeht.

A Thiacyanin (422 nm)

B Azathiacyanin (368 nm)

C Thiadicarbocyanin (648 nm)

D Azathiadicarbocyanin (554 nm)

E Michler's Hydrolblau (603 nm)

F Indamin (725 nm)

G Pyroninrot (550 nm)

H Oxazin (648 nm)

I Acridinorange (491 nm)

K Diazinviolett (565 nm)

L Phenolphthalein (555 nm)

M Indophenol (630 nm)

N Eosin (516 nm)

O Irisblau (609 nm)

P Fluorescein (489 nm)

Q Pelargonidin (655 nm)

8. Stehende Atomkernwellen in Molekülen

Bisher haben wir das Verhalten der Elektronen in Molekülen untersucht; wir sind davon ausgegangen, daß die Masse der Atomkerne viel größer ist als die Elektronenmasse (beim H-Atom 2000mal größer), so daß wir die Kerne als ruhend betrachten konnten. Tatsächlich bewegen sich aber auch die Atomkerne, und zwar können wir drei Arten der Bewegung unterscheiden:

1. *Translation;* dabei bewegen sich alle Kerne des Moleküls in derselben Richtung und mit derselben Geschwindigkeit. Diese Bewegung können wir allein durch die Bewegung des Molekülschwerpunktes beschreiben (Abb. 8.1a). Bei der Translation bleiben die Kernabstände und Bindungswinkel konstant.
2. *Rotation;* dabei erfolgt eine Drehung aller Kerne um den Schwerpunkt des Moleküls. Alle Kernabstände und Bindungswinkel bleiben praktisch erhalten (Abb. 8.1b).

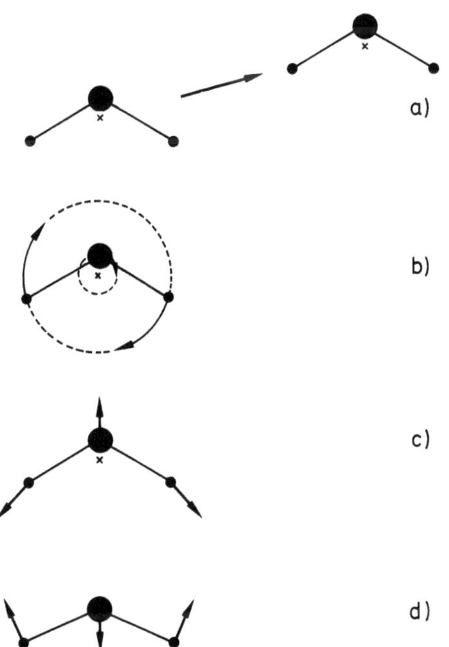

Abb. 8.1a – d. Mögliche Bewegungen der Atomkerne. (a) Translation, (b) Rotation, (c) Valenzschwingung, (d) Deformationsschwingung. Das Kreuz markiert den Schwerpunkt des Moleküls

3. *Schwingung;* dabei ändern sich Bindungslängen (Valenzschwingungen) oder Bindungswinkel (Deformationsschwingungen) des Moleküls. Der Schwerpunkt des Moleküls bleibt wie bei der Rotation erhalten (Abb. 8.1c, d).

Da sich die Elektronen sehr viel schneller als die Kerne bewegen, machen die Elektronen praktisch alle Kernbewegungen mit. Bei der Translation und der Rotation ändert sich daher die Elektronenverteilung im Molekül nicht, die Bindungsenergie bleibt konstant.

Bei der Schwingungsbewegung ändern sich Bindungslängen oder Valenzwinkel, es ändern sich also kinetische und potentielle Energie gleichzeitig. Die Aufteilung der Kernbewegung in Translations-, Rotations- und Schwingungsanteil bedeutet natürlich nicht, daß das Molekül zu einer bestimmten Zeit nur eine dieser Bewegungen ausführt; tatsächlich erfolgen diese 3 Bewegungen gleichzeitig und auch nicht völlig unabhängig voneinander, so daß die Kernbewegung insgesamt außerordentlich kompliziert sein kann. Die Aufteilung hat jedoch den Vorteil, daß man die wesentlichen Gesichtspunkte klarer erkennen kann.

Die Translationsbewegung können wir durch die Bewegung des Molekülschwerpunktes beschreiben; dafür reicht zunächst die klassische Beschreibung durch die kinetische Gastheorie (Kap. 10) aus, so daß wir uns hier auf die Betrachtung der Rotations- und Schwingungsbewegung beschränken wollen.

8.1 Rotationsbewegung der Kerne

Wir betrachten als Beispiel ein HCl-Molekül. Das Cl-Atom ist 35mal so schwer wie das H-Atom, so daß bei der Rotationsbewegung das Cl-Atom praktisch in Ruhe bleibt und nur das H-Atom rotiert, und zwar im Gleichgewichtsabstand d_0 um das Cl-Atom (Abb. 8.2). Mit der Rotation ist die kinetische Energie

$$E = Mu^2/2 \tag{8.1}$$

verbunden, wobei M die Masse und u die Geschwindigkeit des H-Atoms ist. Nach Kap. 1 müssen wir nicht nur den Elektronen, sondern allen Molekülbausteinen Wellennatur zuschreiben. Das bedeutet, daß wir den H-Kern durch eine stehende Welle der Wellenlänge Λ längs eines Kreisringes vom Umfang $2\pi d_0$ beschreiben müs-

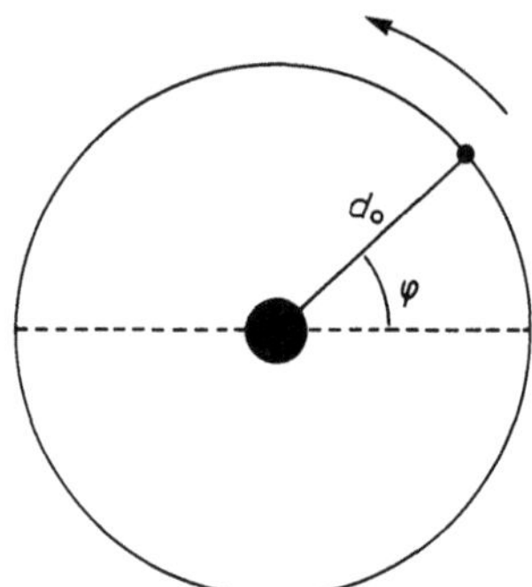

Abb. 8.2. Rotationsbewegung eines HCl-Moleküls. Die Masse von Cl ist 35 mal so groß wie die Masse von H, so daß das Cl-Atom praktisch in Ruhe bleibt und das H-Atom im Abstand d_0 um das Cl-Atom rotiert

sen, wobei Λ nach der de Broglie-Beziehung

$$\Lambda = \frac{h}{Mu} \tag{8.2}$$

mit der Geschwindigkeit u zusammenhängt. Λ ergibt sich wie im Falle eines Elektrons im Benzolmolekül (Abschn. 7.2) zu

$$\Lambda = \frac{2\pi d_0}{n} \qquad n = 0, 1, 2, \dots \tag{8.3}$$

Damit erhalten wir für die Energie

$$E = \frac{h^2}{8\pi^2 M d_0^2}\, n^2 \qquad n = 0, 1, 2, \dots \tag{8.4}$$

und für die Wellenfunktionen

$$\psi_0 = \frac{1}{\sqrt{2\pi}}$$

$$\psi_{1a} = \frac{1}{\sqrt{\pi}}\sin\varphi \qquad \psi_{1b} = \frac{1}{\sqrt{\pi}}\cos\varphi \tag{8.5}$$

$$\psi_{2a} = \frac{1}{\sqrt{\pi}}\sin 2\varphi \qquad \psi_{2b} = \frac{1}{\sqrt{\pi}}\cos 2\varphi,$$

wenn wir die Koordinate s beim Benzol hier durch den Drehwinkel φ ersetzen. Dieses Resultat ist in Abb. 8.3 graphisch dargestellt. Diese Betrachtung ist richtig, solange die Rotation des H-Atoms nur in einer einzigen Ebene stattfindet. Tatsächlich rotiert das H-Atom aber im Raum, und zwar auf der Oberfläche einer Kugel mit dem Radius d_0. Um die Energien und Wellenfunktionen für diesen allgemeinen Fall zu erhalten, müssen wir die Schrödinger-Gleichung für ein Teilchen der Masse M lösen, dessen potentielle Energie konstant und dessen Be-

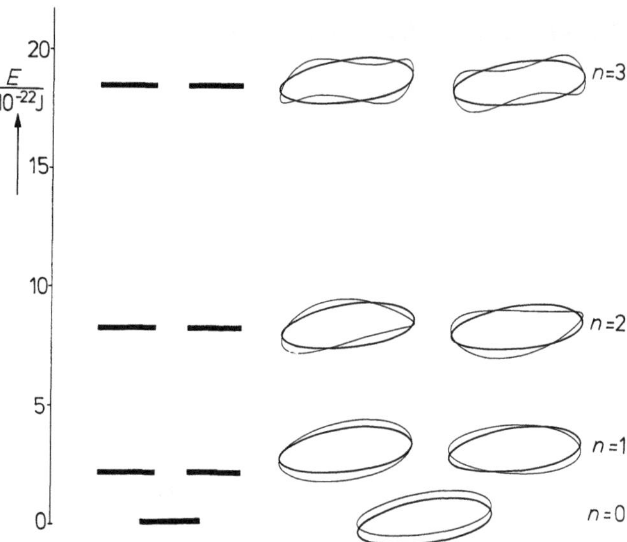

Abb. 8.3. Energieniveaus und Wellenfunktionen des rotierenden H-Atomkernes im HCl-Molekül (Rotation in 1 Ebene)

wegung auf die Oberfläche einer Kugel mit dem Radius d_0 beschränkt ist. Der Lösungsansatz ist ähnlich wie im Fall des Wasserstoffatom-Problems (Anhang I). Wir erhalten für die Energie den Ausdruck

$$\boxed{E = \frac{h^2}{8\pi^2 M d_0^2}\, n(n+1) \qquad n = 0, 1, 2, \dots} \tag{8.6}$$

Die Wellenfunktionen entsprechen den winkelabhängigen Anteilen der Wasserstoffatom-Wellenfunktionen (Winkel φ und ϑ siehe Anhang C)

$$\psi_0 = \frac{1}{2\sqrt{\pi}} \qquad\qquad\qquad (n=0)$$

$$\psi_{1a} = \sqrt{\tfrac{3}{4\pi}}\cos\vartheta \qquad\qquad \psi_{1b} = \sqrt{\tfrac{3}{4\pi}}\sin\vartheta\sin\varphi \qquad (n=1)$$
$$\psi_{1c} = \sqrt{\tfrac{3}{4\pi}}\sin\vartheta\cos\varphi$$

$$\psi_{2a} = \sqrt{\tfrac{5}{16\pi}}(3\cos^2\vartheta - 1) \qquad \psi_{2b} = \sqrt{\tfrac{15}{4\pi}}\sin\vartheta\cos\vartheta\sin\varphi \qquad (n=2)$$
$$\psi_{2c} = \sqrt{\tfrac{15}{4\pi}}\sin\vartheta\cos\vartheta\cos\varphi \qquad \psi_{2d} = \sqrt{\tfrac{15}{16\pi}}\sin^2\vartheta\sin 2\varphi$$
$$\psi_{2e} = \sqrt{\tfrac{15}{16\pi}}\sin^2\vartheta\cos 2\varphi$$

Diese Energien und Wellenfunktionen sind in Abb. 8.4 dargestellt. Wegen der mathematischen Ähnlichkeit des Rotatorproblems mit dem Wasserstoffatom-Problem ist auch die Entartung der Energieniveaus verständlich: wir erhalten 1 Zustand für $n = 0$, 3 Zustände für $n = 1$, 5 Zustände für $n = 2$ usw. in Analogie zu dem einen $1s$-Zustand, den drei $2p$-Zuständen und den fünf $3d$-Zuständen beim Wasserstoffatom-Problem. Allgemein sind die Niveaus also $g_n = (2n+1)$-fach entartet.

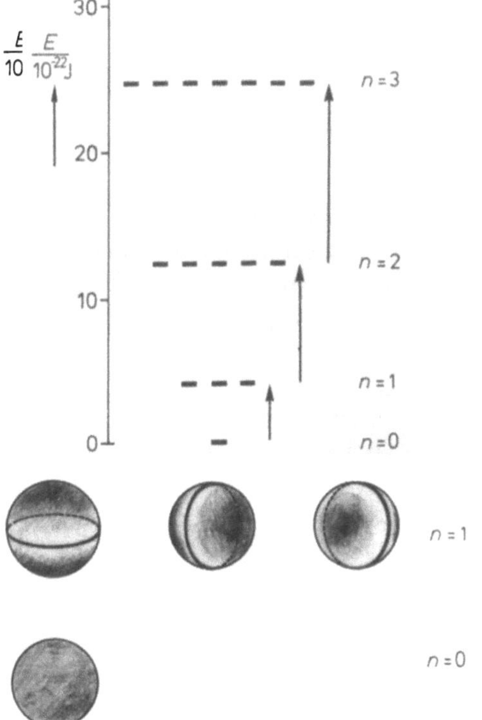

Abb. 8.4. Energieniveaus für $n = 0$ bis 3 und Wellenfunktionen für $n = 0,1$ des rotierenden H-Atomkerns im HCl-Molekül (Rotation im Raum)

Die Rotationsquantelung läßt sich experimentell eindrucksvoll nachweisen, wenn wir eine Küvette, die mit gasförmigem HCl gefüllt ist, mit elektromagnetischen Wellen im fernen Infrarotbereich durchstrahlen. Mißt man die Intensität der von der Probe durchgelassenen Strahlung analog wie in Abb. 7.24, dann erhält man das in Abb. 8.5 dargestellte Absorptionsspektrum von HCl. Es ergaben sich schmale Absorptionslinien, die in der Wellenzahldarstellung gleiche Abstände aufweisen. Wir schließen daraus, daß es mehrere Möglichkeiten gibt, Rotationen anzuregen.

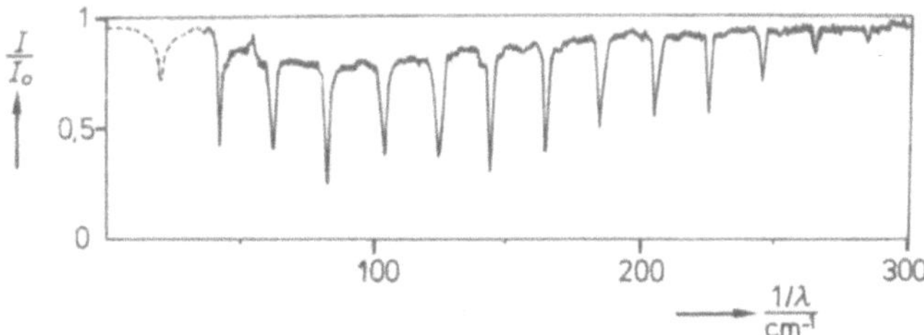

Abb. 8.5. Absorptionsspektrum von gasförmigem HCl im fernen Infrarotbereich; es ist die Transmission I/I_0 gegen die Wellenzahl $1/\lambda$ aufgetragen [8.1]

Für diese Rotationsanregungen gelten strenge *Auswahlregeln* (vgl. Fußnote 5 auf Seite 100). Sie besagen, daß ein Rotationsübergang nur dann erfolgen kann, wenn sich die Rotationsquantenzahl n um 1 ändert. Nehmen wir an, daß sich vor dem Bestrahlen alle HCl-Moleküle im energieärmsten Zustand ($n = 0$) befinden, dann wäre nur eine einzige Anregung nach $n = 1$ mit der Anregungsenergie

$$\Delta E = \frac{h^2}{8\pi^2 M d_0^2}[1 \cdot (1+1) - 0] = \frac{2h^2}{8\pi^2 M d_0^2} \tag{8.8}$$

möglich, und wir würden dann im Absorptionsspektrum nur eine einzige Linie erwarten. Nun ist aber der Abstand der Rotationsniveaus sehr viel kleiner als der Abstand der Energieniveaus von Bindungselektronen: während in dem Ausdruck (7.49) für die Anregungsenergie eines π-Elektrons im Nenner die Elektronenmasse auftritt, müssen wir bei dem entsprechenden Ausdruck für die Rotationsanregung die 2000 mal so große Protonenmasse einsetzen, so daß die Abstände der Energieniveaus in diesem Maße kleiner werden. Während sich die Bindungselektronen in einem Molekül normalerweise im energieärmsten Zustand befinden, können die Kerne durch thermische Stöße (Kap. 10) soviel Energie aufnehmen, daß sich ein erheblicher Teil aller Moleküle in Rotationszuständen mit den Quantenzahlen $n = 1, 2, 3, \ldots$ usw. befindet. Bei der Anregung im Spektralbereich des fernen Infrarot sind also viele Übergänge mit $\Delta n = +1$ möglich, die in Abb. 8.4 durch Pfeile gekennzeichnet sind. Damit erfolgt für die möglichen Anregungsenergien bei der Anregung aus einem Zustand mit der Quantenzahl n

$$\Delta E = \frac{h^2}{8\pi^2 M d_0^2}[(n+1)(n+2) - n(n+1)]$$

$$= \frac{2h^2}{8\pi^2 M d_0^2}(n+1) \qquad n = 0, 1, 2, \ldots \tag{8.9}$$

ΔE nimmt also tatsächlich in Übereinstimmung mit Abb. 8.5 linear zu, der Abstand je zweier Linien $\Delta(\Delta E)$ ist konstant:

$$\Delta(\Delta E) = \Delta E_{n+1} - \Delta E_n = \frac{2h^2}{8\pi^2 M d_0^2}. \qquad (8.10)$$

Der Linienabstand hängt somit außer von der Masse M nur noch von dem Gleichgewichtsabstand d_0 ab. Rechnen wir die Wellenzahlen $1/\lambda$ in Abb. 8.5 in die Anregungsenergie

$$\Delta E = h\nu = hc\frac{1}{\lambda} \qquad (8.11)$$

um, dann erhalten wir nach Abb. 8.5 und Tabelle 8.1 für den Mittelwert von $\Delta(\Delta E)$ den Wert $40{,}85 \cdot 10^{-23}$ J; damit ergibt sich für den Gleichgewichtsabstand d_0

$$d_0 = \sqrt{\frac{h^2}{4\pi^2 M}\frac{1}{\Delta(\Delta E)}} = 1{,}28 \text{ Å}.$$

Die Auswertung von Rotationsspektren stellt somit eine wichtige Methode zur Ermittlung von Atomabständen dar.

Tabelle 8.1. Auswertung der Lage der Absorptionslinien im Rotationsspektrum [8.1] von HCl gemäß (8.10)

n	$\dfrac{1/\lambda}{\text{cm}^{-1}}$	$\dfrac{\Delta E}{10^{-23}\text{ J}}$	$\dfrac{\Delta(\Delta E)}{10^{-23}\text{ J}}$
0	20,8	41,3	–
1	41,6	82,6	41,3
2	62,3	123,7	41,1
3	83,0	164,8	41,1
4	104,1	206,7	41,9
5	124,3	246,9	40,2
6	145,0	288,0	41,1
7	165,5	328,7	40,7
8	185,9	369,2	40,5
9	206,4	409,9	40,7
10	226,5	449,8	39,9

In unserem Beispiel des HCl-Moleküls konnten wir näherungsweise das Cl-Atom als ruhend annehmen, weil der H-Atomkern sehr viel leichter als der Cl-Atomkern ist. Dies ist aber bei der Mehrzahl von zweiatomigen Molekülen nicht der Fall. Betrachten wir ein beliebiges zweiatomiges Molekül, das aus den Atomen A und B besteht, dann gilt (siehe Aufgabe 8.4) für die kinetische Energie der Rotation anstelle von (8.6)

$$E = \frac{h^2}{8\pi^2 \mu d_0^2} n(n+1) \quad \text{mit} \quad \mu = \frac{M_A M_B}{M_A + M_B}. \qquad (8.12)$$

Es wird also dasselbe Resultat wie in (8.6) erhalten, nur ist M durch μ zu ersetzen; μ bezeichnet man als *reduzierte Masse*; die Größe μd_0^2 stellt das Trägheitsmoment des Rotators dar. In unserem Fall des HCl-Moleküls ist

$$\mu = \frac{M_{Cl} M_H}{M_{Cl} + M_H} = \frac{35}{36} M_H = 0{,}972\, M_H \qquad (8.13)$$

praktisch gleich der Masse des H-Atoms. Ist $M_A = M_B$, dann rotieren beide Kerne um die Bindungsmitte (Abb. 8.6); die kinetische Energie, die mit dieser Bewegung verknüpft ist, ist genauso groß wie bei der Rotation der Masse $(M_A + M_B) = 2M_A$ auf einem Kreis mit dem Radius $d_0/2$. Also ist das Trägheitsmoment gleich $2M_A(d_0/2)^2 = M_A d_0^2/2$ in Übereinstimmung mit (8.12). Bei mehratomigen Molekülen werden für das Trägheitsmoment kompliziertere Ausdrücke erhalten.

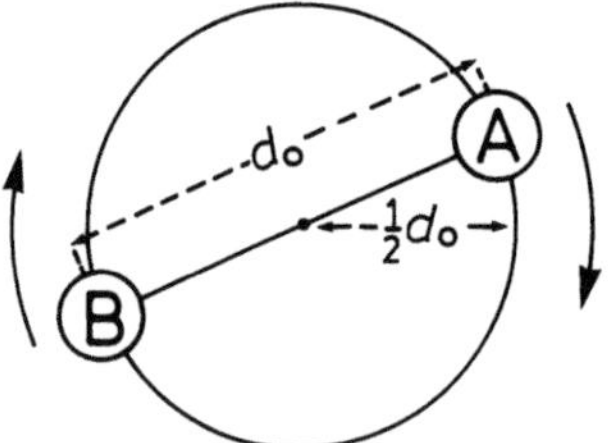

Abb. 8.6. Rotationsbewegung eines zweiatomigen Moleküls aus 2 Kernen mit gleichen Massen

8.2 Schwingungsbewegung der Kerne

Wir betrachten wiederum ein HCl-Molekül im Gleichgewichtsabstand d_0 und denken uns die Bindung um eine kleine Strecke x auseinandergezogen oder zusammengedrückt (Abb. 8.7a). In beiden Fällen steigt die Energie des Moleküls an, da der Kernabstand und die Verteilung der Bindungselektronen dann gegenüber dem energetisch günstigsten Zustand verändert ist. Wie wir bei der Betrachtung des H_2^+-Ions gesehen haben, ist die Energie des Moleküls eine sehr komplizierte Funktion des Kernabstandes. Beschränken wir uns jedoch auf sehr kleine Auslenkungen x, dann können wir diese Energie proportional zu x^2 ansetzen (Aufgabe 5.2). Daher läßt sich die

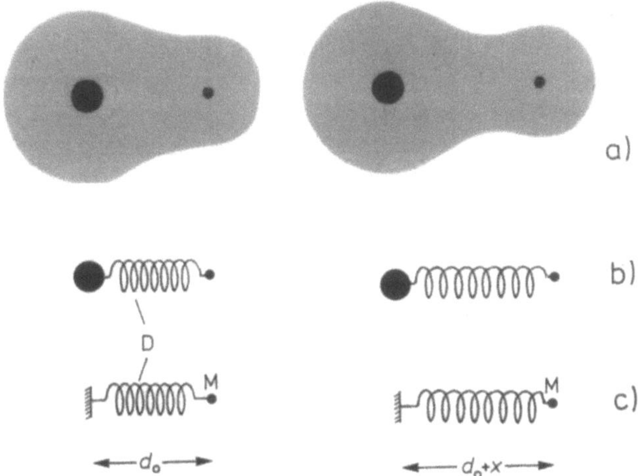

Abb. 8.7a – c. Auslenkung eines HCl-Moleküls um die Strecke x aus dem Gleichgewichtsabstand. **(a)** Deformation der Elektronenwolke beim Auslenken; **(b)** Federmodell des HCl-Moleküls; **(c)** Federmodell des HCl-Moleküls, Cl als ruhend angenommen

Schwingungsbewegung näherungsweise so beschreiben, als wenn die beiden Atome in HCl-Molekül durch eine Feder der Kraftkonstanten D miteinander verbunden wären (Abb. 8.7b). Im HCl-Molekül ist die Masse des Cl-Kerns viel größer als die Masse des Protons, so daß der Schwerpunkt des Moleküls praktisch mit dem Cl-Kern zusammenfällt, der Cl-Kern bei der Bewegung des Protons also in Ruhe bleibt. Damit können wir die Schwingungsbewegung des H-Atoms näherungsweise durch die Schwingungsbewegung eines Federpendels der Masse M und der Kraftkonstanten D beschreiben; ein solches System nennt man einen *linearen harmonischen Oszillator*. In der klassischen Beschreibung kann dieser Oszillator beliebige Energien annehmen, nach der Quantenmechanik jedoch nur ganz bestimmte Energien. Diese Energien erhalten wir, wenn wir die Schrödinger-Gleichung für ein Teilchen der Masse M (Masse des Atoms) lösen, das sich in x-Richtung bewegen kann und dessen potentielle Energie durch

$$V(x) = \tfrac{1}{2}Dx^2 \tag{8.15}$$

gegeben ist:

$$-\frac{h^2}{8\pi^2 M}\frac{d^2\psi}{dx^2} + \frac{1}{2}Dx^2\psi = E\psi. \tag{8.16}$$

Zum besseren Verständnis des physikalischen Geschehens wollen wir die Energie des 1. Quantenzustandes des Oszillators abschätzen, indem wir davon ausgehen, daß

sich der Oszillator, der an seine Gleichgewichtslage gebunden ist, ähnlich verhält wie ein Teilchen zwischen zwei Wänden (Abb. 8.8). Wir approximieren daher die Wellenfunktion ψ_1 durch die Testfunktion

$$\phi_1 = \sqrt{\tfrac{2}{L_1}}\cos\frac{\pi}{L_1}x \qquad -\frac{L_1}{2} < x < \frac{L_1}{2}. \tag{8.17}$$

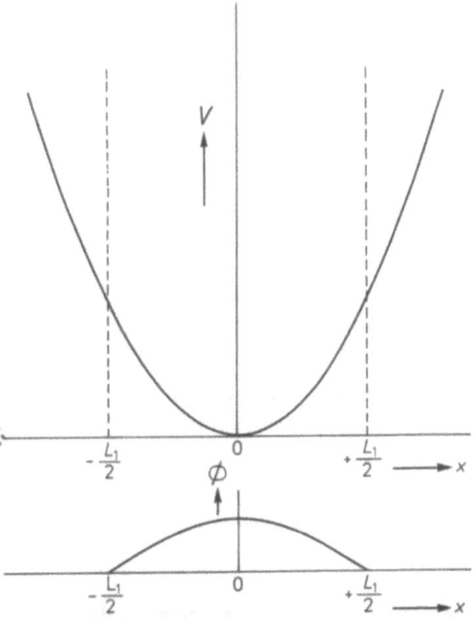

Abb. 8.8. Potentielle Energie $V = \tfrac{1}{2}Dx^2$ für einen harmonischen Oszillator und Testfunktion ϕ_1 zur Abschätzung der Energie im Grundzustand

Die Länge L_1 ist zunächst noch unbestimmt; wir wollen sie über das Variationsprinzip festlegen. Dazu berechnen wir die Gesamtenergie ε_1

$$\varepsilon_1 = \bar{T}_1 + \bar{V}_1 = \frac{h^2}{8ML_1^2} + \int\frac{1}{2}Dx^2\phi_1^2\,dx. \tag{8.18}$$

Dabei ist das Integral von $-L_1/2$ bis $+L_1/2$ zu erstrecken.

Nach dem Variationsprinzip muß ε_1 ein Minimum erreichen, also muß

$$\frac{d\varepsilon_1}{dL_1} = 0 \tag{8.19}$$

sein; daraus folgt (Aufgabe 8.2)

$$L_1^2 = \frac{h}{\sqrt{DM}}\,\alpha \qquad \alpha = 2{,}77 \tag{8.20}$$

$$\bar{T}_1 = \bar{V}_1 = h\,\sqrt{\frac{D}{M}}\,\frac{1}{8\alpha} \tag{8.21}$$

sowie

$$\varepsilon_1 = h\,\sqrt{\frac{D}{M}}\,\frac{1}{4\alpha} = 0{,}57 \cdot \frac{h}{2\pi}\,\sqrt{\frac{D}{M}}\,. \tag{8.22}$$

Bei der exakten Lösung der Schrödinger-Gleichung (8.16) wird der Ausdruck

$$E_1 = \frac{1}{2}\,\frac{h}{2\pi}\,\sqrt{\frac{D}{M}} \tag{8.23}$$

erhalten, der sich nur wenig in dem Zahlenfaktor von ε_1 unterscheidet (Anhang J).

Die Wellenfunktion ϕ_2 des nächsthöheren Quantenzustandes muß orthogonal zu ϕ_1 sein; eine solche Funktion können wir durch

$$\phi_2 = \sqrt{\tfrac{2}{L_2}}\,\sin\frac{2\pi}{L_2}\,x \qquad -\frac{L_2}{2} < x < \frac{L_2}{2} \tag{8.24}$$

approximieren, wobei jetzt der Parameter L_2 durch das Variationsprinzip festzulegen ist (alle Funktionen ϕ_2 mit beliebigem L_2 sind aus Symmetriegründen orthogonal zu ϕ_1). Wir gehen analog wie im ersten Fall vor und erhalten für das Energieminimum (Aufgabe 8.2)

$$L_2^2 = \frac{h}{\sqrt{DM}}\,\beta \qquad \beta = 3{,}76 \tag{8.25}$$

sowie

$$\varepsilon_2 = h\,\sqrt{\frac{D}{M}}\,\frac{1}{\beta} = 1{,}67 \cdot \frac{h}{2\pi}\,\sqrt{\frac{D}{M}}\,. \tag{8.26}$$

Bei der exakten Lösung der Schrödinger-Gleichung wird wiederum ein nur unwesentlich verschiedener Ausdruck, nämlich

$$E_2 = \frac{3}{2}\,\frac{h}{2\pi}\,\sqrt{\frac{D}{M}} \tag{8.27}$$

erhalten.

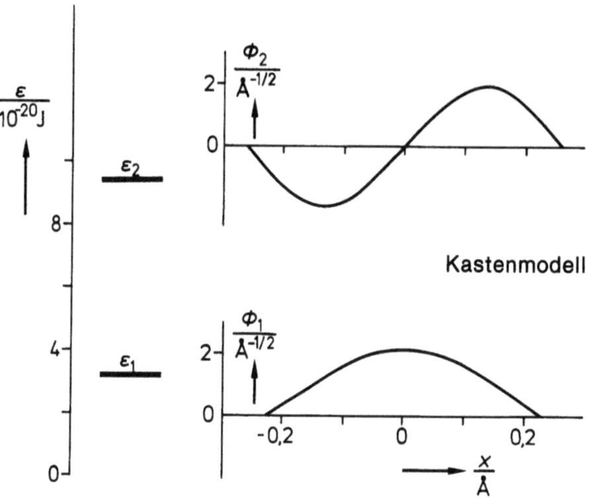

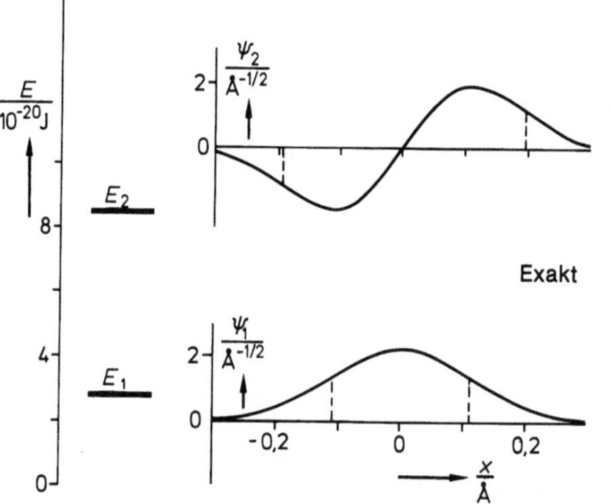

Abb. 8.9. Vergleich von näherungsweise und exakt berechneten Energien und Wellenfunktionen des quantenmechanischen Oszillators

In Abb. 8.9 sind die näherungsweise berechneten Energien und Wellenfunktionen den exakten Lösungen der Schrödinger-Gleichung

$$E_1 = \frac{1}{2}\,\frac{h}{2\pi}\,\sqrt{\frac{D}{M}} \qquad \psi_1 = A\,\mathrm{e}^{-ax^2/2}$$

$$E_2 = \frac{3}{2}\,\frac{h}{2\pi}\,\sqrt{\frac{D}{M}} \qquad \psi_2 = A\,x\,\mathrm{e}^{-ax^2/2} \tag{8.28}$$

$(a = (2\pi/h)\,\sqrt{DM})$ gegenübergestellt.

Die exakten Wellenfunktionen unterscheiden sich im wesentlichen nur darin von den Näherungsfunktionen, daß sie bei großen Auslenkungen des Oszillators allmählich auf Null auslaufen. Für die Energie zu einer beliebigen Quantenzahl n wird aus der Schrödinger-Gleichung der Ausdruck

$$E = h \frac{1}{2\pi} \sqrt{\frac{D}{M}} \left(\frac{1}{2} + n \right) \qquad n = 0, 1, 2, \ldots \quad (8.29)$$

erhalten. Die Energien und die zugehörigen Wellenfunktionen (s. Anhang J) für $n = 0$ bis 5 sind in Abb. 8.10 dargestellt. Wir sehen aus Abb. 8.10, daß bei einem Oszillator in der quantenmechanischen Beschreibung der Atomkern auch an Stellen angetroffen werden kann, an denen er sich bei klassischer Betrachtung niemals aufhalten könnte. Die Wendepunkte der Wellenfunktionen liegen an den Umkehrpunkten des entsprechenden klassischen Oszillators, der dieselbe Energie E wie der betrachtete Quantenzustand besitzt. Dies hängt damit zusammen, daß an den Umkehrpunkten des klassischen Oszillators (Koordinate x_0) die Gesamtenergie E gleich der potentiellen Energie ist,

$$E = h \frac{1}{2\pi} \sqrt{\frac{D}{M}} \left(\frac{1}{2} + n \right) = \frac{1}{2} D x_0^2 \qquad (8.30)$$

An diesen Punkten ist nach (8.16)

$$\left(\frac{d^2 \psi}{dx^2} \right)_{x_0} = \frac{8\pi^2 M}{h^2} \left(E - \frac{1}{2} D x_0^2 \right) \psi = 0 ; \qquad (8.31)$$

$\psi(x)$ muß also an dieser Stelle einen Wendepunkt aufweisen (gestrichelte Linien in Abb. 8.10).

Nach Aufgabe 8.3 ist $(1/2\pi)\sqrt{D/M}$ identisch mit der Eigenfrequenz ν_0, die man dem Oszillator in der klassischen Physik zuschreiben würde. Deshalb ist es üblich, (8.29) in der Form

$$E = h\nu_0(\tfrac{1}{2} + n) \qquad (8.32)$$

zu schreiben. Im Grundzustand besitzt der Oszillator die Energie $\frac{1}{2} h\nu_0$ (er kann also wie ein Teilchen im Kasten nicht ruhen); die Energien nehmen proportional mit der Quantenzahl n zu (im Gegensatz zum Teilchen im Ka-

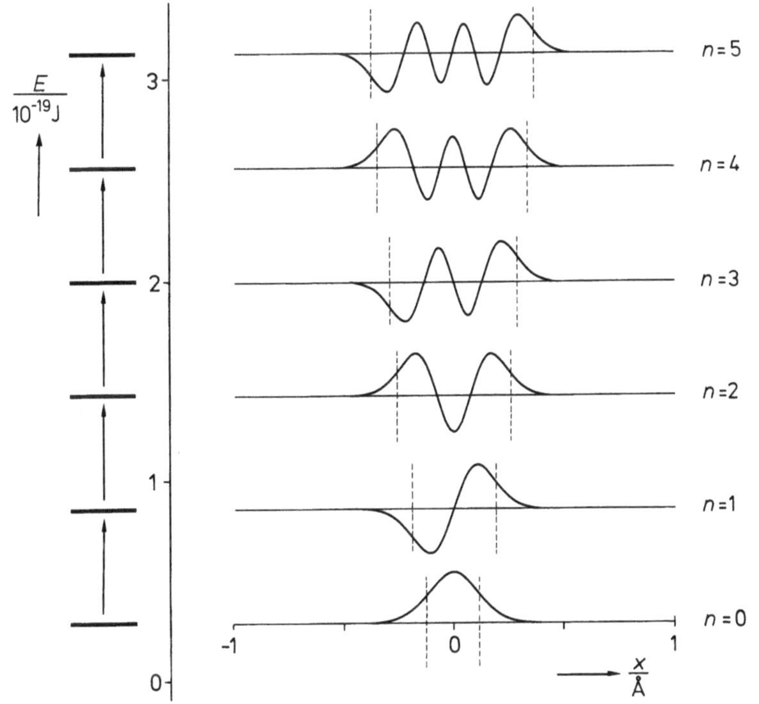

Abb. 8.10. Energien und Wellenfunktionen des quantenmechanischen Oszillators für die Quantenzahlen $n = 0$ bis $n = 5$ (HCl-Molekül). (Die gestrichelten Linien markieren die Umkehrpunkte des jeweils energiegleichen klassischen Oszillators)

sten, bei dem E mit n^2 anwächst; dies liegt daran, daß mit steigender Quantenzahl die Ausdehnung der stehenden Welle zunimmt, während sie beim Teilchen im Kasten durch den Abstand der Wände festgelegt ist, E muß also schwächer als quadratisch mit n ansteigen).

Zum Schluß wollen wir noch die Antreffwahrscheinlichkeit des Oszillators genauer diskutieren. In der quantenmechanischen Beschreibung ist

$$dW = \psi^2 dx$$

die Wahrscheinlichkeit, den Oszillator zwischen x und $x + dx$ anzutreffen. In der klassischen Beschreibung können wir dW ebenfalls angeben. Wir gehen davon aus, daß sich der Oszillator um so länger in einem kleinen Bereich dx aufhält, je kleiner seine klassische Geschwindigkeit u ist; also setzen wir

$$dW_{\text{klass}} = \text{const}\,\frac{1}{u}\,dx\,; \qquad (8.33)$$

u berechnen wir aus der Auslenkung x

$$x = x_0 \sin(2\pi\nu_0 t) \qquad (8.34)$$

$$u = \frac{dx}{dt} = x_0 2\pi\nu_0 \cdot \cos(2\pi\nu_0 t)\,. \qquad (8.35)$$

Drücken wir $\cos(2\pi\nu_0 t)$ durch x aus, dann erhalten wir u in Abhängigkeit von der Auslenkung x

$$\cos(2\pi\nu_0 t) = \sqrt{1 - \sin^2(2\pi\nu_0 t)} = \sqrt{1 - (x/x_0)^2} \qquad (8.36)$$

$$u = x_0 \omega \sqrt{1 - (x/x_0)^2}\,. \qquad (8.37)$$

Damit erhalten wir für die klassische Antreffwahrscheinlichkeit

$$dW_{\text{klass}} = \text{const}\,\frac{1}{x_0\omega}\,\frac{1}{\sqrt{1 - (x/x_0)^2}}\,dx\,. \qquad (8.38)$$

Nun muß

$$\int_{-x_0}^{+x_0} dW_{\text{klass}} = 1 \qquad (8.39)$$

sein; mit dieser Bedingung können wir die Konstante in (8.33) berechnen und erhalten

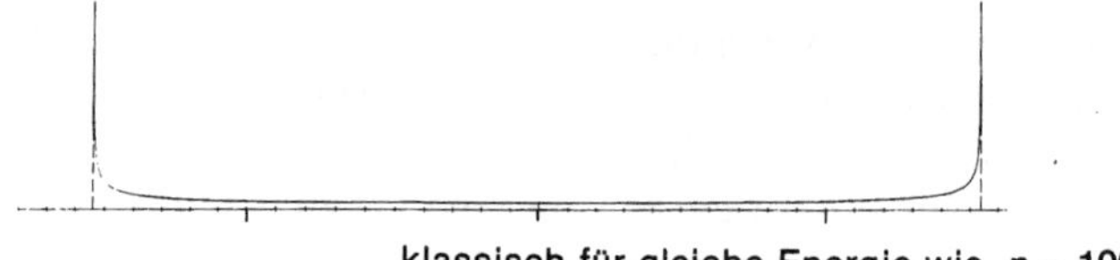

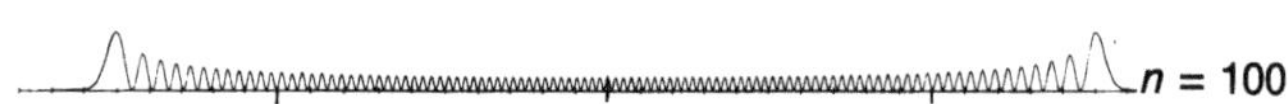

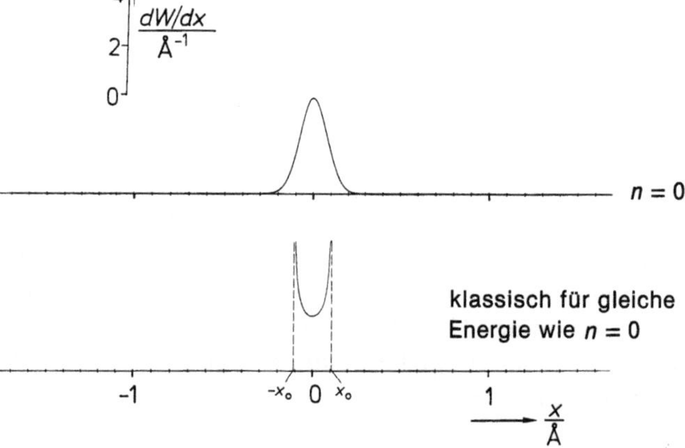

Abb. 8.11. Wahrscheinlichkeitsdichte dW/dx des quantenmechanischen Oszillators für die Quantenzahlen $n = 0$ und 100 verglichen mit klassischem Oszillator ($D = 480\,\text{Nm}^{-1}$, $M = 1{,}67 \cdot 10^{-24}$ g)

$$dW_{\text{klass}} = \frac{1}{\pi x_0}\,\frac{1}{\sqrt{1 - (x/x_0)^2}}\,dx\,. \qquad (8.40)$$

In Abb. 8.11 sind die Wahrscheinlichkeitsdichten

$$\frac{dW}{dx} = \psi^2 \qquad (8.41)$$

für die Quantenzahlen $n = 0$ und $n = 100$ dargestellt und mit dem klassischen Wert

$$\frac{dW_{\text{klass}}}{dx} = \frac{1}{\pi x_0}\,\frac{1}{\sqrt{1 - (x/x_0)^2}} \qquad (8.42)$$

verglichen. Im Fall $n = 0$ erwarten wir auf Grund der klassischen Betrachtung ein Minimum von dW/dx in der Ruhelage des Oszillators, während bei der quantenmechanischen Betrachtung an dieser Stelle ein Maximum erhalten wird. Bei $n = 100$ entspricht der klassische Verlauf

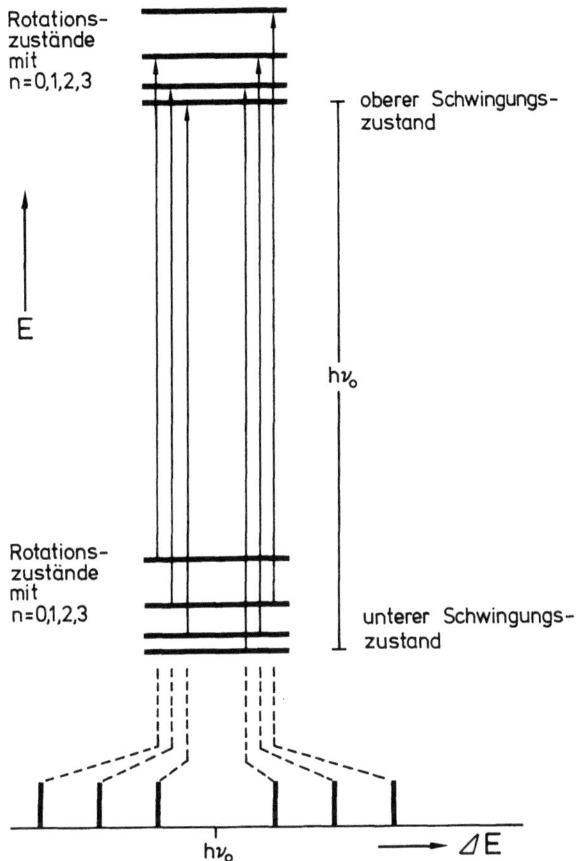

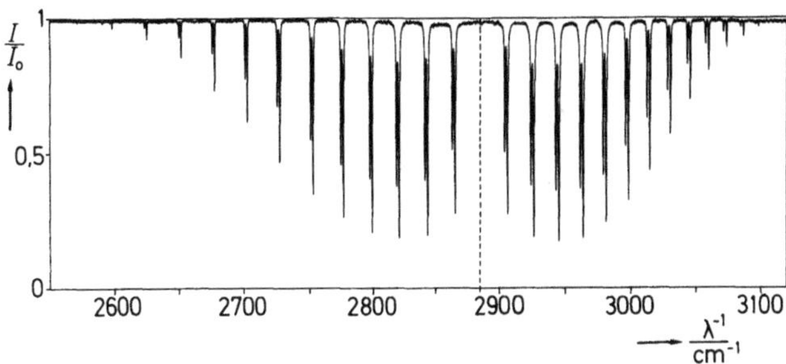

Abb. 8.13. Absorptionsspektrum von gasförmigem HCl im infraroten Spektralbereich [8.2]. Die Schichtdicke ist 10 cm, Temperatur 25 °C, der HCl-Druck ist 65 mbar

$$\Delta E = h\nu_0 + \frac{2h^2}{8\pi^2\mu d_0^2}(n+1) \qquad n = 0, 1, 2, 3 \ldots$$
$$(8.43a)$$

im zweiten Fall

$$\Delta E = h\nu_0 - \frac{2h^2}{8\pi^2\mu d_0^2}n \qquad n = 1, 2, 3, 4 \ldots \quad (8.43b)$$

Man erwartet ein System äquidistanter Absorptionslinien um die Wellenzahl $1/\lambda = \nu_0/c$. Die Linien müßten sich im Abstand 21 cm^{-1} befinden (Tabelle 8.1). Ein entsprechendes Absorptionsspektrum wird tatsächlich beobachtet (Abb. 8.13).

Die Wellenzahlen in der Mitte des Liniensystems in Abb. 8.13 (gestrichelte Linie) entspricht der Anregungsenergie der HCl-Schwingung. Aus Abb. 8.13 entnehmen wir $1/\lambda = 2885$ cm^{-1}. Daraus können wir die Kraftkonstante D in (8.23) berechnen. Es ist

$$D = \left(\frac{2\pi\,\Delta E}{h}\right)^2 M = \left(2\pi c\,\frac{1}{\lambda}\right)^2 M = 494\,\mathrm{N\,m^{-1}}\,.$$

Bei einer genaueren Betrachtung müssen wir berücksichtigen, daß im HCl-Molekül auch das Chlor-Atom an den Schwingungen beteiligt ist. Da bei der Schwingung der Schwerpunkt erhalten bleibt, gilt für die Auslenkungen x_H und x_{Cl} von H und Cl

$$x_H M_H = x_{Cl} M_{Cl}\,.$$

Es ist also

$$x_{Cl} = x_H\,\frac{M_H}{M_{Cl}} = x_H\,\frac{1}{35} = x_H \cdot 0{,}029$$

Abb. 8.12. (*Oberes Bild*) Energieschema eines zweiatomigen Moleküls (Schwingungs- und Rotationsniveaus) mit Übergängen, die durch Einstrahlen von Infrarotlicht angeregt werden können. (*Unteres Bild*) Erwartete Absorptionslinien im Infrarotspektrum

jedoch bereits recht gut dem quantenmechanisch berechneten.

Den Fall $n = 100$ haben wir hier nur aus prinzipiellen Gründen betrachtet, um den Zusammenhang von klassischen und quantenmechanischen Betrachtungen zu illustrieren. Bei Molekülen sind nur die untersten Schwingungsquantenzustände von Interesse.

Ein HCl-Molekül befindet sich normalerweise (siehe Kap. 11) im tiefsten Schwingungsquantenzustand, besitzt aber Rotationsenergie. Bei Bestrahlen mit Licht im nahen Infrarot kann es in den nächsten Schwingungsquantenzustand (Anregungsenergie $h\nu_0$) übergehen, wobei sich gleichzeitig seine Rotationsenergie ändert (Abb. 8.12). Entweder wird ein Quant Rotationsenergie aufgenommen (die Rotationsquantenzahl n nimmt um 1 zu) oder abgegeben (n nimmt um 1 ab). Nach (8.9) und (8.12) ist im ersten Fall

und es wird für die Eigenfrequenz v_0 der Ausdruck

$$v_0 = \frac{1}{2\pi} \sqrt{\frac{D}{\mu}} \qquad (8.44)$$

erhalten, wobei

$$\mu = \frac{M_H M_{Cl}}{M_H + M_{Cl}} = M_H \frac{M_{Cl}}{M_H + M_{Cl}} = M_H \cdot 0{,}972 \qquad (8.45)$$

die reduzierte Masse ist (siehe Aufgabe 8.4). Ein zweiatomiges Molekül läßt sich somit als ein harmonischer Oszillator mit der Kraftkonstanten D und der reduzierten Masse μ beschreiben. Damit ergibt sich dann für die Kraftkonstante von HCl der Wert $0{,}972 \cdot 494 \, \text{Nm}^{-1} = 480 \, \text{N m}^{-1}$. Berücksichtigt man schließlich, daß die Schwingungen von HCl nicht streng harmonisch sind, dann wird der in Tabelle 5.3 aufgeführte Wert $D = 516 \, \text{N m}^{-1}$ erhalten.

Die Absorptionslinien in Abb. 8.13 sind nicht genau im Abstand $21 \, \text{cm}^{-1}$, wie wir zunächst erwartet hatten; der Abstand ist bei kleinen Wellenzahlen größer, bei großen Wellenzahlen kleiner. Das hängt mit der Abweichung der Potentialkurve von der eines harmonischen Oszillators zusammen. Ferner ist jede Linie von einer schwächeren begleitet; die erste ist dem Isotop ^{35}Cl, die zweite ^{37}Cl zuzuschreiben.

Bei mehratomigen Molekülen bestehen, wie bereits in Abb. 8.1 angedeutet, mehrere Schwingungsmöglichkeiten. So können beispielsweise die Atome im CO_2-Molekül die in Abb. 8.14 dargestellten Schwingungen (symmetrische und antisymmetrische Valenzschwingung sowie Deformationsschwingung) ausführen. Diese verschiedenen Schwingungsmöglichkeiten nennt man *Normalschwingungen*. Jede dieser Normalschwingungen erfolgt mit einer etwas anderen Schwingungsfrequenz. So bleibt im Fall der symmetrischen Valenzschwingung das C-Atom in Ruhe; die Schwingungsfrequenz $v_{0,\text{sym}}$ ergibt sich also aus (8.44) mit $\mu = M_O$ (M_O = Masse des O-Atoms)

$$v_{0,\text{sym}} = \frac{1}{2\pi} \sqrt{\frac{D}{M_O}} \, . \qquad (8.46)$$

Die antisymmetrische Valenzschwingung wird durch (M_C = Masse des C-Atoms)

$$v_{0,\text{anti}} = \frac{1}{2\pi} \sqrt{\frac{D}{\mu}} \quad \text{mit} \quad \mu = \frac{M_O M_C}{2M_O + M_C} \qquad (8.47)$$

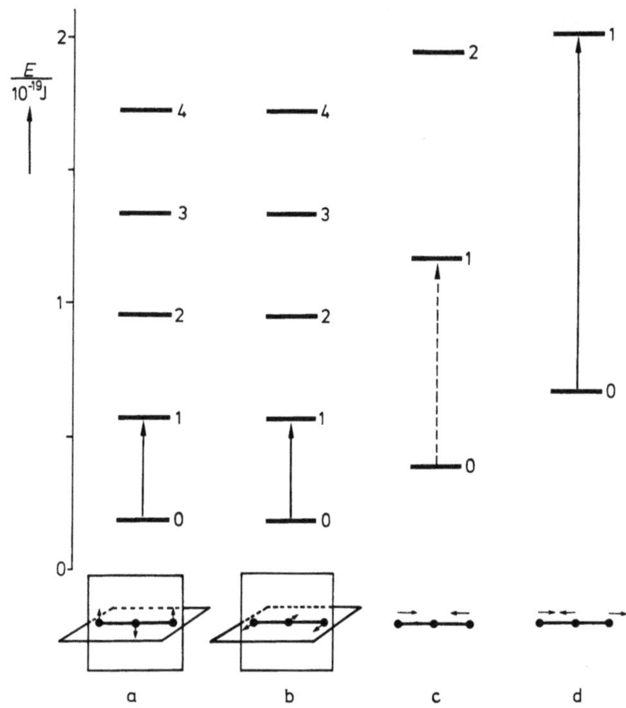

Abb. 8.14a – d. Energieschema für die einzelnen Normalschwingungen des CO_2-Moleküls. **(a, b)** Deformationsschwingung; diese Schwingung kann in zwei senkrecht zueinander stehenden Ebenen erfolgen, sie ist daher zweifach entartet. **(c)** Symmetrische Valenzschwingung. **(d)** Antisymmetrische Valenzschwingung. Der Darstellung liegen die Schwingungsfrequenzen $v_{0,\text{Def}} = 0{,}29 \cdot 10^{14} \, \text{s}^{-1}$, $v_{0,\text{sym}} = 0{,}59 \cdot 10^{14} \, \text{s}^{-1}$ und $v_{0,\text{anti}} = 1{,}01 \cdot 10^{14} \, \text{s}^{-1}$ zugrunde; diese Werte ergeben sich aus dem Schwingungsspektrum von CO_2 (Abb. 8.14). (———) Übergänge aus dem untersten Quantenzustand, die im Infrarotspektrum beobachtet werden können. (– – –) dieser Übergang kommt im Infrarotspektrum nicht vor, jedoch im Raman-Spektrum

beschrieben [8.3]. Im Fall der Deformationsschwingung ergibt sich

$$\mu = \frac{M_O M_C}{2(2M_O + M_C)} \, , \qquad (8.48)$$

wobei D in (8.44) durch die Winkeldeformationskonstante D' zu ersetzen ist.

Wir erhalten also 3 verschiedene Schwingungen, die sich in der Schwingungsfrequenz v_0 unterscheiden. Entsprechend müssen wir bei der quantenmechanischen Betrachtung davon ausgehen, daß sich die Energie eines CO_2-Moleküls als Summe der Energien ergibt, die den einzelnen Normalschwingungen zuzuschreiben ist.

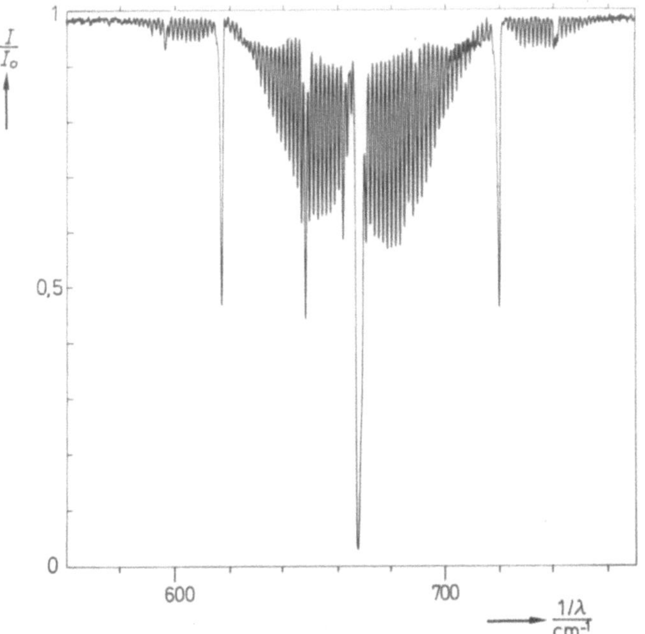

Abb. 8.15. Teil des Absorptionsspektrums von CO_2 im infraroten Spektralbereich [8.2]. Die Schichtdicke ist 10 cm, die Temperatur 25 °C. Der CO_2-Druck beträgt 50 mbar. Es ist wie in Abb. 8.5 I/I_0 gegen $1/\lambda$ aufgetragen. Die vier starken Absorptionsbanden entsprechen (von links nach rechts) den Übergängen (0,0,0,1) → (0,0,0,2), (0,0,0,2) → (0,0,1,2), (0,0,0,0) → (0,0,1,0) und (0,0,0,1) → (1,0,0,0); dabei sind die Quantenzahlen in der Reihenfolge n_{sym}, n_{anti}, $n_{\text{Def},1}$, $n_{\text{Def},2}$ aufgeführt. Nach (8.49) müßten die drei ersten Übergänge bei derselben Wellenzahl liegen; tatsächlich sind die einzelnen Schwingungen miteinander gekoppelt, so daß sich verschiedene Wellenzahlen ergeben. [8.4]

$$E = h \, v_{0,\text{sym}}(\tfrac{1}{2} + n_{\text{sym}}) + h \, v_{0,\text{anti}}(\tfrac{1}{2} + n_{\text{anti}})$$
$$+ h \, v_{0,\text{Def}}(\tfrac{1}{2} + n_{\text{Def},1} + \tfrac{1}{2} + n_{\text{Def},2}) \, . \tag{8.49}$$

Dabei entsprechen die Quantenzahlen n_{sym} und n_{anti} der symmetrischen bzw. antisymmetrischen Valenzschwingung; die Deformationsschwingung ist nach Abb. 8.14 zweifach entartet und ist deshalb durch 2 Quantenzahlen ($n_{\text{Def},1}$ und $n_{\text{Def},2}$) zu charakterisieren. In Abb. 8.14 sind die Energien, die den einzelnen Normalschwingungen zuzuschreiben sind, dargestellt. Bei genügend tiefer Temperatur sind jeweils die untersten Zustände besetzt. Bei Anregung im infraroten Spektralbereich können CO_2-Moleküle auf höhere Energie gebracht werden (Pfeile in Abb. 8.14). Wir erwarten daher im Infrarotspektrum von CO_2 mehrere Absorptionsbanden. Die Betrachtung wird noch dadurch komplizierter, daß neben den in Abb. 8.14 eingezeichneten Übergängen auch Übergänge möglich sind,

bei denen sich mehrere Quantenzahlen gleichzeitig ändern, z. B.

n_{sym}	$= 0$		n_{sym}	$= 1$
n_{anti}	$= 0$	$\longrightarrow$	n_{anti}	$= 1$
$n_{\text{Def},1}$	$= 0$		$n_{\text{Def},1}$	$= 0$
$n_{\text{Def},2}$	$= 0$		$n_{\text{Def},1}$	$= 0 \, .$

Die Anregungsenergie dieses Überganges ist gleich der Summe der Anregungsenergien für die symmetrische und die antisymmetrische Valenzschwingung. Entsprechend sind viele weitere solcher Kombinationen möglich, so daß im Infrarotspektrum von CO_2 außerordentlich viele Absorptionsbanden beobachtet werden, die ähnlich wie im Fall HCl eine ausgeprägte Rotationsstruktur besitzen. Als Beispiel ist der Bereich des CO_2-Spektrums von $580 - 760$ cm^{-1} in Abb. 8.15 wiedergegeben.

Aufgaben

8.1 Entartung beim Rotator

Beim räumlichen Rotator sind die Funktionen ψ_1 dreifach und die Funktionen ψ_2 fünffach entartet. Man zeige, daß

$$\psi_{1a}^2 + \psi_{1b}^2 + \psi_{1c}^2 = \text{const}$$
$$\psi_{2a}^2 + \psi_{2b}^2 + \psi_{2c}^2 + \psi_{2d}^2 + \psi_{2e}^2 = \text{const}$$

ist (s. auch Kap. 4).

8.2 Näherungsfunktion für den Oszillator

Man führe die Berechnung von L, $\bar{T}$ und ε für den Grundzustand und den untersten angeregten Zustand des harmonischen Oszillators gemäß (8.18, 19) mit den Testfunktionen (8.17) und (8.24) im einzelnen aus.

8.3 Wellenfunktionen des harmonischen Oszillators

Man zeige durch Einsetzen in die Schrödinger-Gleichung (8.16), daß die Wellenfunktionen für $n = 0$ und $n = 1$ Eigenfunktionen sind und daß die Energie tatsächlich durch (8.29) gegeben ist.

Man zeige, daß der Ausdruck $1/(2\pi) \cdot \sqrt{D/M}$ mit der Eigenfrequenz v_0 eines klassischen harmonischen Oszillators identisch ist.

8.4 Reduzierte Masse

Man zeige, daß für die reduzierte Masse bei der Rotation und Schwingung eines zweiatomigen Moleküls der Ausdruck $\mu = M_A M_B/(M_A + M_B)$ erhalten wird.

Molekülanhäufungen

Bisher haben wir uns mit den Eigenschaften einzelner Atome und Moleküle beschäftigt. Im folgenden wollen wir das Verhalten von Systemen untersuchen, die eine Vielzahl von Molekülen enthalten (Molekülanhäufungen). Wir wollen versuchen, die stofflichen Erscheinungen als molekulare Vorgänge zu verstehen. Bei der großen Komplexität materieller Systeme ist eine Beschränkung auf einfache Fälle nötig, für die das phänomenologische Verhalten noch ausreichend exakt beschrieben werden kann.

Wir betrachten zwischenmolekulare Kräfte und einfache Formen der Aggregation, die sich auf Grund dieser Kräfte ergeben, insbesondere Anhäufungen weniger Molekülsorten. Eine besondere Rolle spielen Gase, bei denen die Wechselwirkung zwischen den Molekülen eine untergeordnete Bedeutung besitzt, und hochverdünnte Lösungen, bei denen allein die Wechselwirkung zwischen dem gelösten Molekül und den es umgebenden Lösungsmittelmolekülen betrachtet werden muß.

In dieser Beschränkung auf einfachste Molekülanhäufungen, deren Verhalten noch ausreichend exakt überblickt werden kann, liegt die Ursache für den Erfolg der Betrachtungsweise der physikalischen Chemie. Man entwickelt an übersichtlichen Fällen Methoden, die dann auf beliebige stoffliche Prozesse übertragen werden können.

Die sorgfältige Untersuchung einfacher Fälle, auf die wir uns im folgenden beschränken, führt zu einem grundsätzlichen Verständnis für das stoffliche Geschehen und bildet damit den Einstieg zum Verständnis komplexer stofflicher Vorgänge, wie sie beispielsweise in biologischen Systemen ablaufen. Die Frage, wie hier das Geschehen als physikalisch-chemischer Vorgang besser verstanden werden kann, gehört sicher zu den wichtigsten Zukunftsaufgaben der physikalischen Chemie. Das physikalisch-chemische Verständnis für stoffliche Vorgänge hilft auch im Suchen nach neuen Zielen. Die an einfachen Fällen entwickelten Denkmodelle sind Ansatzpunkte zum Auffinden neuer Wege, das stoffliche Geschehen zu lenken, z. B. in der Entwicklung neuer Verfahren zur Herstellung künstlicher Molekülsysteme, die wie biologische Systeme im molekularen Bereich organisiert sind und die dadurch ganz neue Funktionalitäten haben können. Dadurch eröffnet sich eine unabsehbare Fülle neuer lohnender Aufgaben, und solche molekular organisierten Systeme werden sicher in zukünftigen Technologien große Bedeutung haben.

In den vorangehenden Kapiteln mußten wir die schwierige Frage, was vor sich geht, wenn Teilchen (Atomkerne, Elektronen) miteinander in Wechselwirkung treten, stark vereinfachend behandeln. Jedes Elektron dachten wir uns im Feld der restlichen Kerne und im gemittelten Feld der restlichen Elektronen.

Für das Verständnis von Molekülanhäufungen wird eine weitere drastische Vereinfachung von Nutzen sein. Bei der vorhandenen Vielzahl von Molekülen braucht man zur Beschreibung der Phänomene nicht die Bewegung jedes einzelnen Moleküls zu kennen. Wir werden daher Größen zur Beschreibung des Globalverhaltens einführen und durch Untersuchung der Eigenschaften dieser Größen Kriterien zur Frage finden, ob eine chemische Reaktion im Prinzip möglich sei. Diese Kriterien werden zum Verständnis des chemischen Gleichgewichts führen und die Behandlung elektrochemischer Vorgänge erlauben. Schließlich werden wir die prinzipiellen molekularen Prozesse untersuchen, die zu chemischen Reaktionen führen.

9. Zwischenmolekulare Kräfte und Aggregation

Zunächst wollen wir die Gesetzmäßigkeiten betrachten, die zur Bildung von kondensierten und geordneten Molekülanhäufungen (z. B. Kristallen) führen; im nächsten Kapitel werden wir dann auf das Verhalten verdünnter und ungeordneter Molekülanhäufungen näher eingehen. Zur Bildung von kondensierten und geordneten Molekülanhäufungen ist es nötig, daß die einzelnen Bausteine Kräfte aufeinander ausüben. Wir wollen diese Kräfte an Aggregaten aus geladenen Bausteinen (Beispiel: Ionenkristalle und Metalle) sowie an Aggregaten aus ungeladenen Bausteinen (Beispiel: Molekülkristalle) untersuchen.

9.1 Aggregation geladener Bausteine

9.1.1 Ionenkristalle

Wie bereits in Abschn. 3.9 am Beispiel von LiH gezeigt wurde, wirkt zwischen zwei entgegengesetzt geladenen Ionen (Ladung $+e_0$ und $-e_0$) eine Anziehungskraft, die durch das Coulombsche Gesetz

$$K = \frac{1}{4\pi\varepsilon_0} \frac{(+2e_0)(-e_0)}{d^2} = -\frac{1}{4\pi\varepsilon_0} \frac{e_0^2}{d^2} \tag{9.1}$$

gegeben ist (d: Ionenabstand, ε_0: Influenzkonstante).

Infolge dieser Anziehung nimmt der Abstand zweier entgegengesetzt geladener Ionen so lange ab, bis die elektrostatische Anziehungskraft genau so groß ist wie die abstoßende Kraft beim Durchdringen der Elektronenhüllen. Die Energie, die zwei einfach geladene Ionen zuzuführen ist, um sie vom Unendlichen auf den Abstand d zu bringen, ergibt sich aus (9.1) zu

$$E_{\text{Anziehung}} = \int_{\infty}^{d} -K\, dr = -\frac{1}{4\pi\varepsilon_0} \frac{e_0^2}{d}. \tag{9.2}$$

Die Energie zur Hüllenabstoßung ist theoretisch nicht einfach zu beschreiben, doch können wir den empirischen Ansatz

$$E_{\text{Abstoßung}} = C\,\frac{1}{d^n} \tag{9.3}$$

zugrunde legen, wobei C und n Konstanten sind; n läßt sich experimentell aus der Messung der Kompressibilität von Ionenkristallen ermitteln; man findet für n Werte zwischen 6 und 12. Die Energie E eines Ionenpaares ist somit

$$E = E_{\text{Anziehung}} + E_{\text{Abstoßung}} = -\frac{1}{4\pi\varepsilon_0} \frac{e_0^2}{d} + C\,\frac{1}{d^n}. \tag{9.4}$$

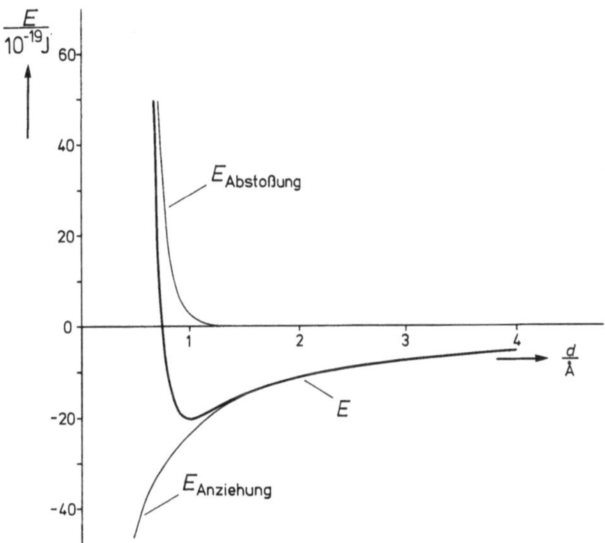

Abb. 9.1. Energie eines Ionenpaares in Abhängigkeit vom Ionenabstand d gemäß (9.4) (mit $n = 9$; die Konstante C wurde so gewählt, daß sich nach (9.6) der Gleichgewichtsabstand $d_0 = 1$ Å ergibt)

In Abb. 9.1 ist E in Abhängigkeit von d dargestellt. Bei großen Abständen überwiegt die Anziehungsenergie, E ist also negativ; bei kleinen Abständen überwiegt die Energie der Hüllenabstoßung, und E wird dann positiv. Für einen bestimmten Abstand d_0 (Gleichgewichtsabstand) wird E minimal; das Ionenpaar wird also diesen Gleichgewichtsabstand anstreben. Im Gleichgewicht ist die Ableitung von E nach d gleich Null, also

$$\frac{1}{4\pi\varepsilon_0} \frac{e_0^2}{d^2} - Cn\,\frac{1}{d^{n+1}} = 0. \tag{9.5}$$

Daraus folgt für den Gleichgewichtsabstand d_0

$$(d_0)^{n-1} = \frac{nC4\pi\varepsilon_0}{e_0^2}. \tag{9.6}$$

Damit können wir die Konstante C durch d_0 ausdrücken, und es ergibt sich aus (9.4) für die Energie E

$$E = -\frac{1}{4\pi\varepsilon_0}\,\frac{e_0^2}{d}\left[1 - \frac{1}{n}\left(\frac{d_0}{d}\right)^{n-1}\right]. \tag{9.7}$$

Im Gleichgewicht ist $d = d_0$, und wir erhalten somit für die Energie im Gleichgewichtsabstand E_{Gl}

$$E_{\mathrm{Gl}} = -\frac{1}{4\pi\varepsilon_0}\,\frac{e_0^2}{d_0}\left(1 - \frac{1}{n}\right). \tag{9.7a}$$

Da n zwischen 6 und 12 liegt, stellt $1/n$ gegenüber 1 nur eine kleine Korrektur dar; das bedeutet, daß die Elektronenhülle bei der Ionenpaarbildung nur ganz wenig deformiert wird. Die Energie, die nötig ist, um die Ionen vom Gleichgewichtsabstand d_0 unendlich weit zu entfernen, ist also im wesentlichen durch die Coulombsche Anziehung der Ionen gegeben.

An das betrachtete Ionenpaar können sich weitere Ionenpaare unter Energiegewinn anlagern (Abb. 3.30). Die energetisch günstigste Anordnung ist dann erreicht, wenn ein dreidimensionales Gitter entstanden ist. Im Fall von Na$^+$-Ionen und Cl$^-$-Ionen wird das in Abb. 9.2 dargestellte Gitter realisiert. Darin sitzen die Kationen (bzw. die Anionen) an den Ecken und in den Flächenmitten von Würfeln.

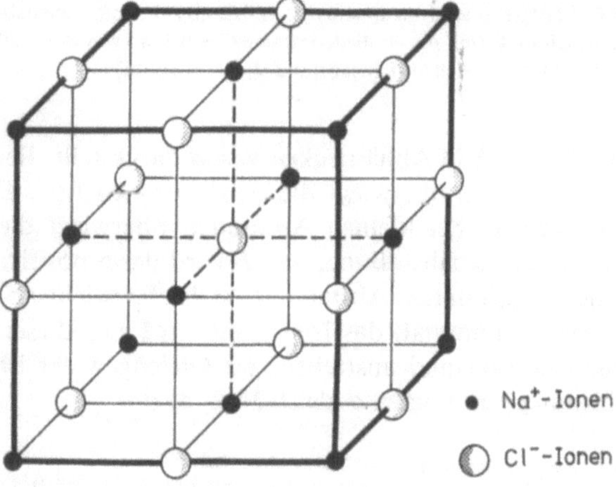

Abb. 9.2. Anordnung von Ionen im Kochsalzgitter

Abb. 9.3. Spalten eines NaCl-Kristalls ergibt würfelförmige Bruchstücke

Wegen dieser Struktur ergeben sich beim Spalten von NaCl-Kristallen würfelförmige Bruchstücke (Abb. 9.3).

Die Gitterstruktur ist gegenüber isolierten Ionenpaaren energetisch begünstigt, weil die Ionen eines Ionenpaares jeweils von Ionen mit entgegengesetzter Ladung umgeben sind. Der Energiegewinn pro Ionenpaar im NaCl-Kristall ist, wie aus Aufgabe 9.2 hervorgeht, gleich dem 0,748fachen der Energie der isolierten Ionenpaare: Dieser Wert ist trotz der sehr großen Anzahl von Nachbarionen kleiner als die Ionenpaarenergie selbst; dies liegt daran, daß die Nachbarionen abwechselnd positiv und negativ geladen sind, und sich daher nur die Differenz aus den Anziehungs- und Abstoßungsenergien auswirkt. Die Energie E' eines Ionenpaares im Kristallverband kann somit durch

$$E' = -\frac{1}{4\pi\varepsilon_0}\,\frac{e_0^2}{d}\cdot 1{,}748 + C'\frac{1}{d^n} \tag{9.8}$$

ausgedrückt werden (C': Konstante). Daraus folgt für die Energie im Gleichgewichtsabstand d_0

$$E'_{\mathrm{Gl}} = -\frac{1}{4\pi\varepsilon_0}\,\frac{e_0^2}{d_0}\cdot 1{,}748\left(1 - \frac{1}{n}\right). \tag{9.9}$$

Den Faktor 1,748 nennt man *Madelung-Konstante* [9.1]. Diese Konstante hängt allein von der Geometrie des Kristallgitters ab. Im Fall von NaCl ist nach Abb. 9.2 jedes

Na$^+$-Ion von 6 gleichwertigen Cl$^-$-Ionen als nächsten Nachbarn umgeben (Koordinationszahl 6). Diesen Gittertyp bezeichnet man als *Kochsalz-Typ*; er ist für die Na$^+$- und Cl$^-$-Ionen besonders günstig, weil sich die Ionen in diesem Fall gerade berühren (Abb. 9.4a). Betrachten wir an Stelle von NaCl ein Ionenpaar, das aus größeren Anionen und kleineren Kationen besteht (z. B. BeO), dann berühren sich zwar die Anionen untereinander, aber zwischen Anionen und Kationen ist bei Annahme dieses Gittertyps keine Berührung möglich (Abb. 9.4b). In diesem Fall könnte die Energie des Kristalls erniedrigt werden, wenn man den Kationen und Anionen die Möglichkeit gibt, noch näher aneinanderzurücken. Dies ist in einem Kochsalzgitter nicht möglich, wohl aber in einem Gitter vom *Zinkblende-* oder *Wurtzit-Typ*, in dem jedes Kation tetraedrisch von Anionen umgeben ist (Abb. 9.5).

In diesen Gittern ist jedes Ion nur von 4 nächsten Nachbarn umgeben, so daß die Madelung-Konstante kleiner ist als beim NaCl-Gitter (1,639 statt 1,748); dafür sitzen die Ionen aber dichter beieinander, d_0 ist also kleiner. Beispielsweise sind die Ionenradien von BeO $r_+ = 0,35$ Å und $r_- = 1,40$ Å, im Zinkblende- oder Wurtzitgitter ist daher mit $d_0 = r_+ + r_- = 1,75$ Å

$$E'_{\text{BeO}} = -\frac{1}{4\pi\varepsilon_0}\frac{4e_0^2}{d}\cdot 1,639\left(1-\frac{1}{n}\right). \qquad (9.10)$$

(der Faktor 4 im Zähler rührt daher, daß es sich hier um zweifach geladene Ionen handelt). Würde BeO im NaCl-Gitter kristallisieren, dann wäre der Ionenabstand d in einem Ionenpaar gemäß Abb. 9.4b gleich $d = \sqrt{2}\,r_- = \sqrt{2}\cdot 1,40$ Å $= 1,98$ Å, und es wäre dann

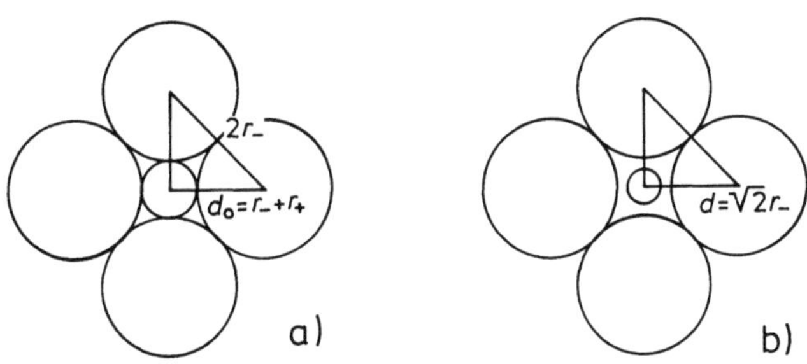

Abb. 9.4a, b. NaCl-Gitter. (a) Anionen und Kationen berühren sich. (b) Die Anionen berühren sich untereinander, aber zwischen Anionen und Kationen ist keine Berührung möglich. Falls sich Anionen und Kationen mit den Radien r_+ bzw. r_- berühren, ist der Abstand d_0 der Ionen im Ionenpaar gleich $(r_- + r_+)$, also $d_0 = r_- + r_+ = \sqrt{2}\,r_-$. Falls sich Anionen und Kationen nicht berühren, ist der Ionenpaarabstand d größer als $(r_- + r_+)$, also $d = \sqrt{2}\,r_- > r_+ + r_-$

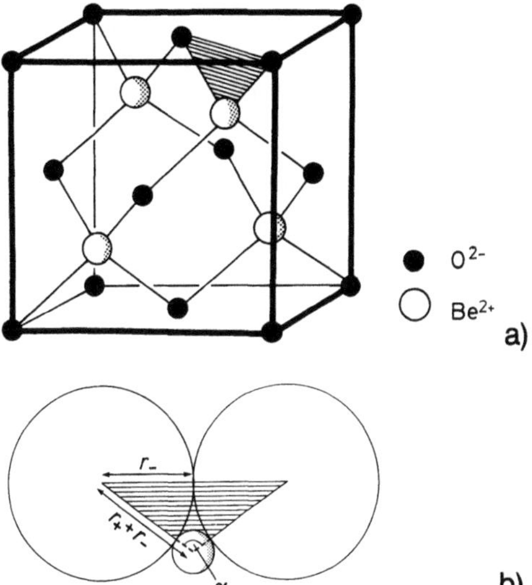

Abb. 9.5. (a) Räumliche Anordnung von Ionen im Zinkblendegitter. (b) Schnitt durch die in (a) eingezeichnete Ebene für den Fall, daß sich Kationen und Anionen berühren. Das Radienverhältnis ergibt sich über die Beziehung $r_-/(r_- + r_+) = \sin \alpha/2$, wobei $\alpha = 109,47°$ der Tetraederwinkel ist, zu $r_+/r_- = 0,225$

$$E'_{\text{BeO}} = -\frac{1}{4\pi\varepsilon_0}\frac{4e_0^2}{d}\cdot 1,748\left(1-\frac{1}{n}\right). \qquad (9.11)$$

Damit wird

$$\frac{E'_{\text{BeO(Zinkblende-Gitter)}}}{E'_{\text{BeO(Kochsalz-Gitter)}}}\;\frac{d}{d_0}\;\frac{1,639}{1,748} = \frac{\sqrt{2}\cdot 1,40\cdot 1,639}{1,75\cdot 1,748}$$

$$= 1,06. \qquad (9.12)$$

Der berechnete Energiegewinn ist also beim BeO für ein Zinkblende- oder Wurtzitgitter um 6% größer als für ein Kochsalzgitter; daher kristallisiert das BeO im Wurtzitgitter. Nach Abb. 9.4a ist eine Berührung von Anionen und Kationen eben gerade möglich, wenn

$$2(r_+ + r_-)^2 = (2r_-)^2 \qquad (9.13)$$

gilt. Daraus ergibt sich für das Radienverhältnis

$$\frac{r_+}{r_-} = \sqrt{2} - 1 = 0,414 \text{ (Kochsalzgitter)} . \qquad (9.14)$$

Ist das Radienverhältnis kleiner als 0,414, dann können sich Anionen und Kationen nicht mehr berühren, und es wird das Zinkblende- oder Wurtzitgitter realisiert. Entsprechend gilt nach Abb. 9.5 für das minimale Radienverhältnis im Zinkblende- oder Wurtzitgitter

$$\frac{r_+}{r_-} = 0{,}225 \text{ (Zinkblende- oder Wurtzitgitter)} . \qquad (9.15)$$

Wird das Radienverhältnis größer als 0,414, dann wird im Prinzip immer noch das Kochsalzgitter am günstigsten sein, weil sich Anionen und Kationen berühren, die jeweils benachbarten Anionen aber weiter voneinander entfernt sind, sich also weniger stark abstoßen. Wird das Radienverhältnis größer als 0,732, dann ist es möglich, daß ein Kation von 8 nächsten Nachbarn umgeben wird. Es bildet also ein Gitter mit größerer Madelung-Konstante die energieärmste Möglichkeit (Abb. 9.6, CsCl-Gitter).

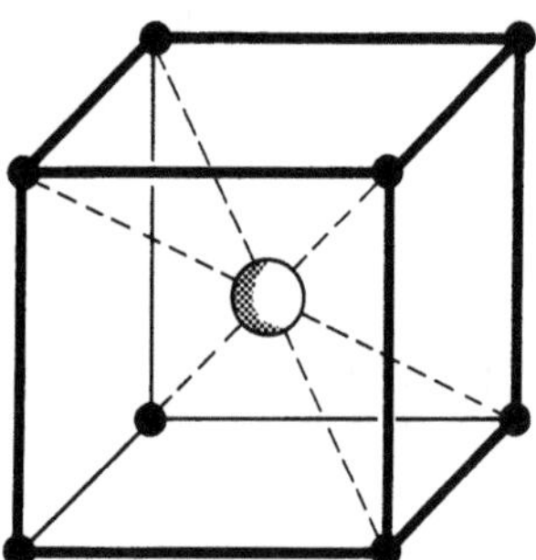

Abb. 9.6. CsCl-Gitter

In Tabelle 9.1 sind Beispiele für die besprochenen Gittertypen aufgeführt. Im Fall des Kochsalz- und des CsCl-Gitters ist bis auf wenige Ausnahmen (s. Aufgabe 9.4) derjenige Kristalltyp realisiert, der zu dem Radienverhältnis der betreffenden Ionen paßt. Die größeren Abweichungen beim Wurtzit- bzw. Zinkblendegitter beruhen auf Zusatzeffekten [9.2].

Unsere Betrachtungen gelten zunächst nur für Kristalle, die aus Ionen gleicher Ladungszahl aufgebaut sind; die kleinste elektrisch neutrale Einheit ist also ein Ionenpaar (allgemeine Zusammensetzung AB). Bci Bausteinen mit verschiedenen Ladungszahlen (Zusammensetzung A_nB_m) ist ganz entsprechend vorzugehen, nur führt in diesen Fällen die Forderung, daß die Ionen im Kristall im Verhältnis $n:m$ verteilt sein müssen, zu komplizierteren Strukturen; beispielsweise kristallisieren AB_2-Verbindungen je nach dem Radienverhältnis im Fluorit-, Rutil- oder Quarzgitter. Noch komplizierter wird die Betrachtung, wenn die Ionen nicht mehr als Kugeln approximiert werden können, z. B. bei CH_3COO^-, CN^-, CO_3^{2-}.

Tabelle 9.1. Gittertyp und Radienverhältnis für eine Reihe von Kristallen vom Typ AB [9.2]

Gittertyp	Wurtzit- oder Zinkblende	NaCl	CsCl
Koordinationszahl	4	6	8
Bereich des Radienverhältnisses	0,225 – 0,414	0,414 – 0,732	>0,732
Madelung-Konstante	1,638	1,748	1,763

ZnO	0,56	NaF	0,74	CsCl	0,91
ZnS	0,42	NaCl	0,54	CsBr	0,84
BeO	0,26	NaBr	0,50	CsJ	0,75
BeS	0,20	NaJ	0,44	RbCl	0,81
BeSe	0,18	KF	1,00	TlCl	0,81
MgTe	0,37	KCl	0,73	TlJ	0,67
AgJ	0,57	KBr	0,68		
CdS	0,56	KJ	0,60		
CdSe	0,51	LiF	0,59		
		LiCl	0,43		
		LiBr	0,40		
		LiJ	0,35		
		CaO	0,80		
		CaS	0,61		

Dann wird die Struktur durch die spezielle Geometrie im Einzelfall bestimmt.

9.1.2 Metalle

Metalle wie Lithium kristallisieren in einfachen Gittern. Die Bausteine liegen ähnlich wie in einem Ionenkristall als Ionen vor: beispielsweise gibt jedes Li-Atom im metallischen Lithium das äußerste Elektron ab, so daß der Kristall aus Li^+-Ionen und Valenz-Elektronen besteht (Abb. 9.7). Wir wollen vereinfachend annehmen, daß die Li-Ionen in einem einfachen Würfelgitter angeordnet sind (in Wirklichkeit liegt ein raumzentriertes Gitter vor), und uns zunächst vorstellen, daß in der Mitte jedes Würfels ein Elektron sitzt, daß sich also ein CsCl-Gitter ausbildet, nur daß die Cl^--Ionen durch Elektronen ersetzt sind.

Dieses Modell veranschaulicht, wie die Elektronen durch ihre negative Ladung die positiven Ionen zusammenhalten, was für das Zustandekommen der metalli-

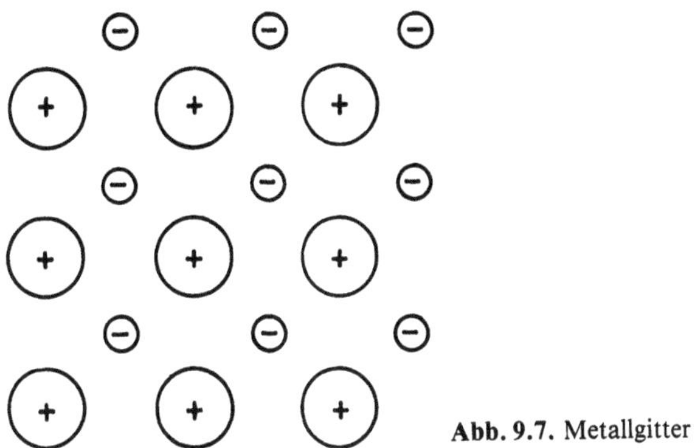

Abb. 9.7. Metallgitter

schen Bindung entscheidend ist; es ist aber in einem wichtigen Punkt falsch. Nach dem Wellenteilchenbild der Materie entspricht nämlich eine Anordnung, bei der die Elektronen in einem engen Raum lokalisiert sind, stehenden Wellen mit extrem kleiner Wellenlänge Λ und gemäß (2.50)

$$E_{\text{kin}} = \frac{1}{2}\,\frac{h^2}{m\Lambda^2} \tag{9.16}$$

einer sehr großen kinetischen Energie (m: Elektronenmasse). Für die Elektronen ist es jedoch energetisch sehr viel günstiger, sich auf einen größeren Raum zu verteilen. Wir müssen also davon ausgehen, daß die Elektronen im Metallinneren durch stehende Wellen zu beschreiben sind.

Wir betrachten ein würfelförmiges Metallstück (Kantenlänge L). Nach (2.15) ist die kinetische Energie eines Elektrons in einem Würfel der Kantenlänge L durch

$$E_{\text{kin}} = \frac{h^2}{8mL^2}\,(n_x^2 + n_y^2 + n_z^2) \tag{9.17}$$

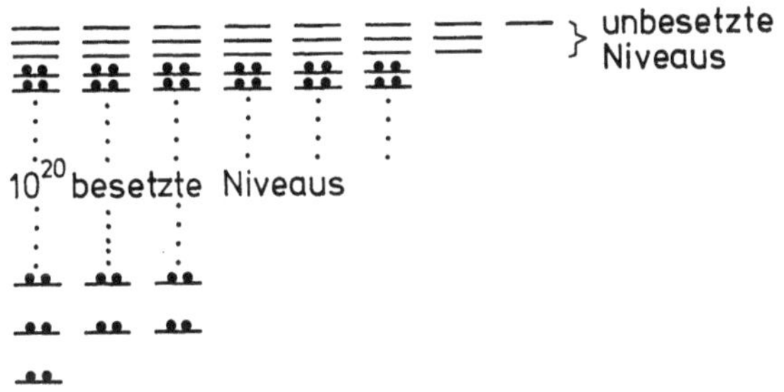

Abb. 9.8. Verteilung der frei beweglichen Elektronen in einem würfelförmigen Metallstück (Kantenlänge etwa 1 cm) auf die einzelnen Quantenzustände

gegeben, wobei n_x, n_y und n_z die möglichen Quantenzahlen sind.

Man denkt sich nun die N Elektronen paarweise auf die untersten Quantenzustände verteilt (Abb. 9.8). Durch Summation über die kinetischen Energien aller besetzten Orbitale und anschließende Division durch N erhält man die mittlere kinetische Energie $\bar{E}_{\text{kin}}$ eines Elektrons. Für diese Energie ergibt sich (Aufgabe 11.8) der Ausdruck (Fermi-Energie)

$$\boxed{\bar{E}_{\text{kin}} = \frac{1}{5}\left(\frac{3}{\pi}\right)^{2/3}\frac{3h^2}{8m}\left(\frac{\rho}{M}\right)^{2/3}.} \tag{9.18}$$

Darin ist ρ die Dichte des Metalls und M die Masse eines Metallatoms. Im Fall von Li ist $\rho = 0{,}534\,\text{g cm}^{-3}$ und $M = 1{,}151 \cdot 10^{-23}\,\text{g}$; damit ergibt sich $\bar{E}_{\text{kin}} = 4{,}38 \cdot 10^{-19}\,\text{J}$.

Wir wollen den Ausdruck (9.18) mit der Energie eines Elektrons vergleichen, das in einem Würfel vom Volumen L^3/N (dies entspricht dem Volumen, das 1 Li-Atom zur Verfügung steht) eingesperrt ist und sich im untersten Orbital befindet; die Kantenlänge eines solchen Würfels ist

$$l = \sqrt[3]{\frac{L^3}{N}} = \sqrt[3]{\frac{NM}{N\rho}} = \sqrt[3]{\frac{M}{\rho}} = 2{,}8\,\text{Å} \tag{9.19}$$

und daher ist

$$E_{\text{kin}}(\text{Würfel}) = \frac{3h^2}{8ml^2} = \frac{3h^2}{8m}\left(\frac{\rho}{M}\right)^{2/3}. \tag{9.20}$$

Dieser Ausdruck unterscheidet sich von (9.18) nur in dem Zahlenfaktor. $E_{\text{kin}}(\text{Würfel})$ ist größer als $\bar{E}_{\text{kin}}$, weil jedes Elektron als Elektron in einem der kleinen Würfel (Kantenlänge l) beschrieben wird und die Würfelflächen Knotenflächen sind; damit sind in dem einfachen Modell die Elektronen im Inneren des großen Würfels nicht gleichmäßig verteilt. Für eine gleichmäßige Verteilung wäre es nötig, daß sich die kleinen Würfel überlappen, also l größer ist, als hier angenommen wurde.

Die mittlere potentielle Energie des Systems aus positiven Ionen und dem Elektronengas, das den Zwischenraum gleichmäßig erfüllt, können wir gemäß Tabelle 9.1 (CsCl-Gitter) durch den Ausdruck

$$\bar{E}_{\text{pot}} = -\frac{1}{4\pi\varepsilon_0}\,\frac{e_0^2}{d_0}\cdot 1{,}763 \tag{9.21}$$

annähern, wobei gemäß Abb. 9.6 $d_0 = \frac{1}{2}\sqrt{3}\,l = \frac{1}{2}\sqrt{3}\sqrt[3]{M/\rho} = 2{,}41$ Å ist. Damit ergibt sich $\bar{E}_{\mathrm{pot}} = -16{,}8 \cdot 10^{-19}$ J. Die Energie, die nötig ist, um ein Li^+-Ion und ein Elektron aus dem Metall herauszuholen, ist also $(16{,}8 \cdot 10^{-19}\,\mathrm{J} - 4{,}38 \cdot 10^{-19}\,\mathrm{J}) \approx 12 \cdot 10^{-19}$ J. Experimentell findet man für Li $11 \cdot 10^{-19}$ J [Summe aus Sublimationsenergie $(2{,}32 \cdot 10^{-19}\,\mathrm{J})$ und Ionisationsenergie $(8{,}64 \cdot 10^{-19}\,\mathrm{J})$].

Eine Folge der gleichmäßigen Verteilung der Valenzelektronen ist, daß die Ionen auch nach einer Verschiebung im Gitter noch gut in dem Elektronengas eingebettet sind; ein Metall setzt deshalb einer äußeren Deformierung einen sehr viel kleineren Widerstand entgegen als ein Kristall mit gerichteten Bindungen (z. B. Diamant).

In unserer Überlegung haben wir den Gitterabstand l zugrunde gelegt, der sich aus der Dichte von Lithium ergibt; wir könnten aber auch auf Grund unseres einfachen Modells l ausrechnen, indem wir das Minimum der Energie $E = (\bar{E}_{\mathrm{kin}} + \bar{E}_{\mathrm{pot}})$ suchen. Es ist nach (9.18, 21)

$$E = A/l^2 - B/l \tag{9.22}$$

mit

$$A = \frac{1}{5}\left(\frac{3}{\pi}\right)^{2/3}\frac{3h^2}{8m}$$

$$B = \frac{1}{4\pi\varepsilon_0}\frac{2}{\sqrt{3}}e_0^2 \cdot 1{,}763 \,.$$

Es folgt

$$l = \frac{2A}{B} = 4\pi\varepsilon_0\frac{\sqrt[3]{3}}{40}\left(\frac{3}{\pi}\right)^{2/3}\frac{3h^2}{me_0^2} = 1{,}5 \text{ Å} \tag{9.23}$$

in größenordnungsmäßiger Übereinstimmung mit dem tatsächlichen Wert 2,41 Å.

Eine weitere Folge der gleichmäßigen Verteilung der Valenzelektronen im Elektronengas ist die hohe elektrische Leitfähigkeit von Metallen. Legen wir an ein Metall eine elektrische Spannung an, dann werden die Metallelektronen beschleunigt; andererseits werden die Elektronen durch Stöße mit den Gitterionen wieder abgebremst. Die Elektronen gehen unter dem Einfluß der elektrischen Spannung in energiereichere Zustände über. Dies ist bei den Metallelektronen leicht möglich, weil oberhalb des obersten besetzten Zustandes noch beliebig viele, dicht benachbarte unbesetzte Quantenzustände vorhanden sind.

Dagegen sind die Ionen in einem Ionenkristall unbeweglich: Ionenkristalle sind Isolatoren. Entsprechendes gilt für Kristalle aus kovalent gebundenen Bausteinen, z. B. für Diamant.

9.2 Aggregation ungeladener Bausteine

9.2.1 Dipolkräfte

Wir denken uns gemäß Abb. 9.9a zwei Dipole hintereinander angeordnet und fragen nach der Kraft K, mit der sich diese Dipole anziehen. Diese Kraft ergibt sich als Summe der Anziehungs- und Abstoßungskräfte zwischen den Punktladungen, die unterschiedlichen Dipolen angehören:

$$K = \frac{1}{4\pi\varepsilon_0}\left[\frac{(+q)(+q)}{r^2}+\frac{(-q)(-q)}{r^2}\right.$$
$$\left.+\frac{(+q)(-q)}{(r+a)^2}+\frac{(-q)(+q)}{(r-a)^2}\right]$$
$$= \frac{1}{4\pi\varepsilon_0}q^2\left[\frac{2}{r^2}-\frac{1}{(r+a)^2}-\frac{1}{(r-a)^2}\right]. \tag{9.24}$$

Diesen Ausdruck formen wir um, indem wir die einzelnen Brüche auf einen gemeinsamen Nenner bringen:

$$K = -\frac{1}{4\pi\varepsilon_0}q^2\frac{-2(r+a)^2(r-a)^2+r^2(r-a)^2+r^2(r+a)^2}{r^2(r+a)^2(r-a)^2}$$
$$= -\frac{1}{4\pi\varepsilon_0}q^2\frac{6a^2\left(1-\dfrac{1}{3}\dfrac{a^2}{r^2}\right)}{r^4\left[1-\left(\dfrac{a}{r}\right)^2\right]^2}$$
$$= -\frac{1}{4\pi\varepsilon_0}\frac{6\mu^2}{r^4}\cdot\frac{1-\dfrac{1}{3}\left(\dfrac{a}{r}\right)^2}{\left[1-\left(\dfrac{a}{r}\right)^2\right]^2}. \tag{9.25}$$

Darin ist $\mu = qa$ das Dipolmoment eines der beiden Dipole. Sind die beiden Dipole genügend weit voneinander entfernt, ist also $a/r \ll 1$, dann können wir näherungsweise schreiben

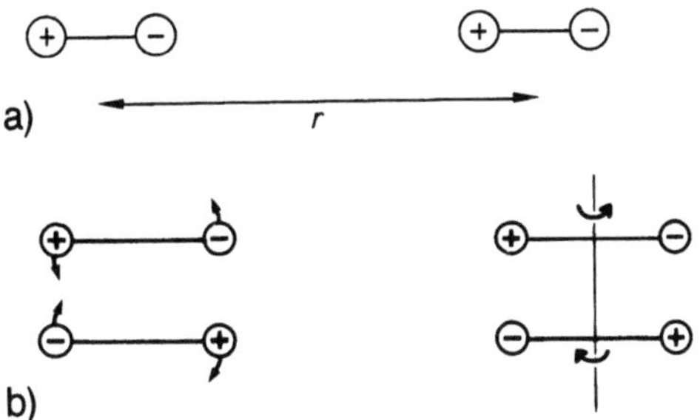

Abb. 9.9a, b. Anziehung zweier Dipole (Ladung q, Dipollänge a). (a) Dipole hintereinander. (b) Dipole nebeneinander; (*links*) Kippschwingung, (*rechts*) Torsionsschwingung

$$K = -\frac{1}{4\pi\varepsilon_0}\,\frac{6\mu^2}{r^4}\quad\text{(Punktdipolnäherung)}.\qquad(9.26)$$

In dieser Näherung ist der Fehler kleiner als 10%, wenn $a/r < 0{,}25$ ist. Die Energie, die zwei Dipolen zuzuführen ist, um sie vom Unendlichen auf den Abstand r zu bringen, ist

$$E_{\text{Dipol}} = \int\limits_{\infty}^{r} -K\,dr = \frac{6\mu^2}{4\pi\varepsilon_0}\int\limits_{\infty}^{r}\frac{dr}{r^4} = -\frac{1}{4\pi\varepsilon_0}\,\frac{2\mu^2}{r^3}.$$

$$(9.27)$$

Die Energie zwischen zwei Dipolen hängt also viel empfindlicher vom Abstand r ab als die Energie zwischen zwei Punktladungen.

Entsprechende Beziehungen gelten für den Fall, daß beide Dipole unterschiedlich sind (Dipolmomente: μ_1 und μ_2); dann ist μ^2 durch $\mu_1\mu_2$ zu ersetzen. Es ergibt sich also beispielsweise anstelle von (9.26)

$$K = -\frac{1}{4\pi\varepsilon_0}\,\frac{6\mu_1\mu_2}{r^4}.\qquad(9.28)$$

Als Beispiel betrachten wir zwei Moleküle CH_3CN, die wegen ihres großen Dipolmomentes ein Molekülpaar gemäß Abb. 9.9b bilden, das, in festem Argon eingeschlossen, untersucht werden kann. Die Moleküle schwingen gegeneinander in verschiedener Weise. Mit Infrarotlicht kann man nur solche Normalschwingungen anregen, die mit einer Gesamtdipolmomentänderung verbunden sind. Das sind die beiden in Abb. 9.9b angedeuteten Schwingungen. Tatsächlich findet man die den beiden Schwingungen entsprechenden Absorptionsbanden bei $1/\lambda = 80\,\text{cm}^{-1}$ und $130\,\text{cm}^{-1}$ [9.3].

9.2.2 Wasserstoffbrücken

Wenn polare Molekülteile eng benachbart sind, ist die Wechselwirkung durch die Punktdipolnäherung nicht mehr sinnvoll zu beschreiben. Dieser Fall tritt insbesondere in Molekülen auf, die Wasserstoffatome an stark elektronegativen Atomen (z. B. bei NH_3, H_2O) gebunden haben. Einerseits tragen die elektronegativen Atome eine hohe negative Ladung, andererseits ist der van der Waals-Radius eines H-Atoms sehr klein. Dadurch ist die Dipolwechselwirkung so stark, daß ein H-Atom des einen Moleküls vorzugsweise zum freien Elektronenpaar am zweiten Molekül hin orientiert ist (Wasserstoffbrücke):

$$O-H\cdots O\overset{H}{\underset{H}{}}$$

Es tritt eine starke Verformung der Elektronenwolken auf, so daß beispielsweise im Dimeren $H_2O\cdots HOH$ der Abstand $O\cdots H$ (1,8 Å) viel kleiner ist als die Summe der van der Waalsradien von O und H (1,40 Å + 1,2 Å = 2,6 Å), aber größer als der OH-Bindungsabstand (0,97 Å).

Der Energiegewinn ist in diesem Beispiel etwa $0{,}5\cdot10^{-19}\,$J; allgemein beträgt die Bindungsenergie von Wasserstoffbrücken $(0{,}1-1\cdot10^{-19}\,\text{J})$ 5–10% der Bindungsenergie typischer kovalenter Bindungen (Tabelle 7.1). $F-H$ bildet mit F^- eine so starke Wasserstoffbrücke (Bindungsenergie $4\cdot10^{-19}\,$J), daß das Energieminimum des H-Kerns in der Mitte zwischen den F-Kernen liegt. Der H-Kern ist in diesem Fall in guter Näherung als harmonischer Oszillator zu betrachten, der nach Kap. 8 mit Infrarotlicht angeregt werden kann. Man findet Absorptionsbanden bei $1/\lambda = 1364\,\text{cm}^{-1}$ (Anregung in Richtung der Kernverbindungslinie: antisymmetrische Valenzschwingung) und $1217\,\text{cm}^{-1}$ (Anregung senkrecht zur Kernverbindungslinie: Deformationsschwingung). Ersetzt man H durch D (doppelte Masse), so ist zu erwarten, daß sich diese Banden nach $1364/\sqrt{2}\,\text{cm}^{-1} = 964\,\text{cm}^{-1}$ bzw. $1217/\sqrt{2} = 861\,\text{cm}^{-1}$ verschieben, was tatsächlich auch beobachtet wird (experimentelle Werte 969 bzw. $880\,\text{cm}^{-1}$) [9.4].

Wasserstoffbrücken machen sich in vielen Eigenschaften von Stoffen bemerkbar: hoher Siedepunkt, große Verdampfungswärme, lockere Struktur (wegen der gerichteten Wechselwirkung ist keine dichte Packung möglich). Beispielsweise läßt sich die geringe Dichte von Eis dadurch erklären, daß die Wasserstoffbrücken im Eiskristall besonders gut ausgebildet sind. Beim Schmelzen wird ein Teil dieser Brücken zerstört, so daß die H_2O-Moleküle dichter gepackt werden können, die Dichte des flüssigen Wassers somit größer wird als die Dichte des Eises [9.5].

9.2.3 Induktionskräfte

Anziehungskräfte treten nicht nur zwischen Molekülen mit permanenten Dipolmomenten auf, sondern auch dann, wenn in einem Molekül ohne permanentes Dipolmoment ein Moment durch ein zweites Molekül induziert wird (Abb. 9.10). Solche Kräfte nennt man *Induktionskräfte*. Ist F die elektrische Feldstärke (vom permanenten Dipol herrührend) am Ort des polarisierbaren Moleküls, dann ist

$$\mu_{\text{ind}} = \alpha F \tag{9.29}$$

(α: Polarisierbarkeit).

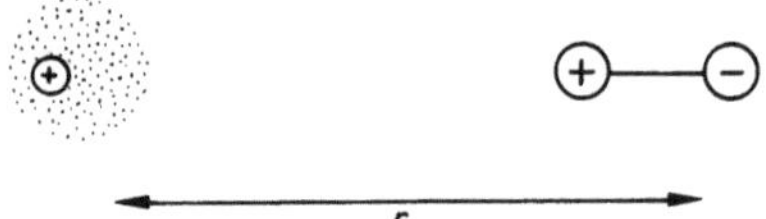

Abb. 9.10. Kraft zwischen einem Dipol und einem polarisierbaren Molekül

Die Elektronenhüllen der Atome werden im elektrischen Feld deformiert, so daß der Schwerpunkt der negativen Ladung gegenüber der Kernladung verschoben wird. Es tritt ein ähnlicher Effekt auf wie beim Einbringen einer Metallkugel vom Radius r in ein elektrisches Feld; hier ist $\alpha = 4\pi\varepsilon_0 r^3$ (Aufgabe 9.7). Dies können wir uns leicht klarmachen, wenn wir die Polarisierbarkeit eines Atoms mit der Polarisierbarkeit einer Metallkugel von der Größe dieses Atoms vergleichen, also etwa im Fall des H-Atoms mit einer Metallkugel vom Radius $1{,}25$ Å $= 2{,}4\,a_0$ (stoßkinetischer Radius des H-Atoms). Danach wäre $\alpha = 4\pi\varepsilon_0 \cdot 1{,}95$ Å$^3 = 4\pi\varepsilon_0 \cdot 14\,a_0^3$. Tatsächlich findet man experimentell für die Polarisierbarkeit von H den Wert $\alpha = 4\pi\varepsilon_0 \cdot 0{,}67 \cdot 10^{-24}$ cm$^3 = 4\pi\varepsilon_0 \cdot 4{,}5\,a_0^3$, also etwa $\frac{1}{3}$ des nach unserem einfachen Modell berechneten Wertes.

Bei He^+ ist α kleiner, weil auf das $1s$-Elektron eine größere Kernladung als bei H einwirkt und das Elektron deshalb im Mittel näher am Kern ist: der mittlere Abstand vom Kern beträgt nach Aufgabe 9.7 beim He^+-Ion

$\frac{3}{4}a_0$; beim He-Atom ist er wegen der Abschirmung der Kernladung durch das zweite Elektron größer, nämlich $1{,}12\,a_0$, aber immer noch kleiner als der mittlere Abstand des Elektrons vom Kern des H-Atoms ($1{,}5\,a_0$ nach Abschn. 3.2.1). Setzen wir α proportional zur 3. Potenz dieses mittleren Abstandes, dann ist

$$\frac{\alpha_{\text{He}}}{\alpha_{\text{H}}} = \left(\frac{1{,}12\,a_0}{1{,}5\,a_0}\right)^3 = 0{,}42\,.$$

Dieser Wert stimmt mit dem Verhältnis der experimentellen Werte (Tabelle 9.2) $0{,}21/0{,}67 = 0{,}31$ befriedigend überein. Aus der gleichen Argumentation wird verständlich, daß die Polarisierbarkeit in der Reihe der Edelgase von $4\pi\varepsilon_0 \cdot 0{,}21 \cdot 10^{-24}$ cm^3 (He) auf $4\pi\varepsilon_0 \cdot 4{,}0 \cdot 10^{-24}$ cm^3 (Xe) zunimmt: die Valenzelektronen befinden sich in Orbitalen, die in immer größerem Abstand vom Kern lokalisiert sind.

Nun wollen wir die Kraft, die ein Dipol auf ein polarisierbares Molekül ausübt, berechnen; dazu gehen wir davon aus, daß die Feldstärke F im Abstand r von einer Punktladung q durch $(4\pi\varepsilon_0)^{-1}q/r^2$ gegeben ist; somit gilt für die Feldstärke des Dipols in Abb. 9.10 am Ort des polarisierbaren Moleküls

$$
\begin{aligned}
F &= \frac{1}{4\pi\varepsilon_0}\left[\frac{(+q)}{(r-a/2)^2} + \frac{(-q)}{(r+a/2)^2}\right] \\[2mm]
&= \frac{1}{4\pi\varepsilon_0}\,\frac{q}{r^2}\left[\frac{1}{\left(1-\dfrac{a}{2r}\right)^2} - \frac{1}{\left(1+\dfrac{a}{2r}\right)^2}\right] \\[2mm]
&= \frac{1}{4\pi\varepsilon_0}\,\frac{q}{r^2}\,\frac{1+\dfrac{a}{r}+\left(\dfrac{a}{2r}\right)^2 - 1 + \dfrac{a}{r} - \left(\dfrac{a}{2r}\right)^2}{\left(1+\dfrac{a}{2r}\right)^2\left(1-\dfrac{a}{2r}\right)^2} \\[2mm]
&= \frac{1}{4\pi\varepsilon_0}\,\frac{q}{r^2}\,\frac{2\dfrac{a}{r}}{\left[1-\left(\dfrac{a}{2r}\right)^2\right]^2} \\[2mm]
&= \frac{1}{4\pi\varepsilon_0}\,\frac{2\mu}{r^3}\,\frac{1}{\left[1-\dfrac{1}{4}\left(\dfrac{a}{r}\right)^2\right]^2}\,.
\end{aligned}
\tag{9.30}
$$

Betrachten wir wieder den Fall $a/r \ll 1$, dann erhalten wir daraus

$$F = \frac{1}{4\pi\varepsilon_0} \frac{2\mu}{r^3} \qquad (9.31)$$

und mit (9.29)

$$\mu_{\text{ind}} = \frac{1}{4\pi\varepsilon_0} \frac{2\mu}{r^3} \alpha \quad (\alpha = \text{Polarisierbarkeit}). \qquad (9.32)$$

Aus (9.28) folgt mit $\mu_1 = \mu$, $\mu_2 = \mu_{\text{ind}}$ für die Anziehungskraft

$$K = -\frac{1}{4\pi\varepsilon_0} \frac{6\mu\mu_{\text{ind}}}{r^4} = -\frac{1}{(4\pi\varepsilon_0)^2} \frac{12\mu^2}{r^7} \alpha. \qquad (9.33)$$

Daraus erhalten wir die Anziehungsenergie zu

$$E_{\text{Ind}} = \int_\infty^r -K \, dr = -\frac{1}{(4\pi\varepsilon_0)^2} \frac{2\mu^2\alpha}{r^6}. \qquad (9.34)$$

9.2.4 Dispersionskräfte

Nach unseren Überlegungen erscheint es verständlich, daß sich zwei HCl-Moleküle oder ein HCl-Molekül und ein H_2-Molekül gegenseitig anziehen. Experimentell findet man darüber hinaus, daß sich beispielsweise auch zwei He-Atome gegenseitig anziehen, obwohl keines dieser Atome ein permanentes Dipolmoment aufweist; die beiden Elektronen im He besetzen jeweils ein kugelsymmetrisches $1s$-Orbital, so daß die Schwerpunkte der positiven und negativen Ladungen zusammenfallen, nach außen also kein permanentes Dipolmoment in Erscheinung treten kann.

Bei Prozessen, die langsam erfolgen (etwa die Verschiebung der Kerne um Strecken von der Größe eines Atoms), verhält sich ein Elektron so, als ob es über eine Wolke verteilt wäre (Abschn. 3.2). Betrachten wir aber schnelle Prozesse (etwa die Verschiebung zweier Elektronen gegeneinander), so ist die momentane Lage der Elektronen entscheidend. Wir haben das bereits im Fall eines He-Atoms gesehen (Abschn. 3.6): jedes Elektron befindet sich im Feld des Kerns und des anderen Elektrons, das die Kernladung zum Teil abschirmt. Es verhält sich so, als ob es dem herausgegriffenen Elektron ausweichen

würde. Wir haben in Abschn. 3.6 diesen Effekt, der sich durch Lösen der Schrödinger-Gleichung exakt beschreiben läßt, nur qualitativ betrachtet und begnügen uns auch jetzt mit einer einfachen Modellbetrachtung.

Das He-Atom 2 (Abb. 9.11) steht im momentanen Feld des He-Atoms 1, also im Feld des Kerns und der beiden lokalisierten Elektronen. Im Feld dieses momentanen Dipols $\mu_{\text{mom},1}$ wird das Atom polarisiert, es entsteht ein induzierter Dipol $\mu_{\text{ind},2}$. Es wirkt also auch hier eine anziehende Kraft wie im Fall der Induktionswechselwirkung. Man beachte, daß K, wie immer das momentane Dipolmoment $\mu_{\text{mom},1}$ auch gerichtet ist, eine Anziehungskraft darstellt, denn in jedem Fall wird das Nachbarmolekül so polarisiert, daß eine Anziehung resultieren muß (Abb. 9.11).

Abb. 9.11a, b. He-Atom 2 in verschiedenen momentanen Dipolfeldern von He-Atom 1

Um diese Kraft berechnen zu können, müssen wir eine Aussage über $\mu_{\text{mom},1}$ machen. Dazu betrachten wir vereinfachend als Atom 1 anstelle des He-Atoms ein H-Atom. Der mittlere Abstand des Elektrons vom Kern beträgt $\frac{3}{2}a_0$. Nach Abb. 9.11 kommt es genau so häufig vor, daß sich das Elektron in diesem Abstand links vom Kern wie rechts vom Kern befindet. Im Mittel ist die Ladung des Elektrons kugelförmig verschmiert, momentan können aber Dipolmomente in der Größenordnung von $\mu_{\text{mom},1} = \frac{3}{2}e_0 a_0$ auftreten.

Somit ist nach (9.33) mit $\mu = \mu_{\text{mom},1}$ und $\alpha = \alpha_2$

$$K = -\frac{1}{(4\pi\varepsilon_0)^2} \frac{12\mu_{\text{mom},1}^2 \alpha_2}{r^7}. \qquad (9.35)$$

Es ist vorteilhaft, $\mu_{\text{mom},1}^2 = \frac{9}{4}e_0^2 a_0^2$ durch die Polarisierbarkeit α_1 und die Ionisierungsenergie I_1 auszudrücken. Wie bereits gezeigt wurde, ist die Polarisierbarkeit α_1 des H-Atoms etwa gleich $4\pi\varepsilon_0 \cdot 4{,}5 \, a_0^3$ und nach Abschn. 3.2 ist

$$I_1 = \frac{1}{4\pi\varepsilon_0} \frac{e_0^2}{2a_0}, \quad \text{also} \quad \alpha_1 I_1 = 4{,}5 \frac{e_0^2}{2} a_0^2,$$

somit

$$\mu_{\text{mom},1}^2 = \frac{9}{4}\,\frac{2\,\alpha_1 I_1}{4,5} = \alpha_1 I_1 \,. \tag{9.36}$$

Es läßt sich also für die Kraft K in (9.35) schreiben

$$K = -\frac{1}{(4\pi\varepsilon_0)^2}\,\frac{12\,\alpha_1 I_1\,\alpha_2}{r^7} \,. \tag{9.37}$$

Daraus folgt für die Anziehungsenergie

$$E_{\text{Disp}} = \int_\infty^r -K\,dr = -\frac{1}{(4\pi\varepsilon_0)^2}\,\frac{2\,\alpha_1\alpha_2}{r^6}\,I_1 \,. \tag{9.38}$$

Bei genauerer Betrachtung findet man den Ausdruck [9.6]

$$E_{\text{Disp}} = -\frac{1}{(4\pi\varepsilon_0)^2}\,\frac{3}{2}\,\frac{\alpha_1\alpha_2}{r^6}\,\frac{I_1 I_2}{I_1+I_2} \,. \tag{9.39}$$

Tabelle 9.2. μ, α und I für einige Atome und Moleküle [9.6]. Die Dipolmomente sind außer in der SI-Einheit in der Einheit Debye (1 Debye = $3,33 \cdot 10^{-30}$ C m) angegeben

	$\dfrac{\mu}{10^{-30}\,\text{C m}}$	$\dfrac{\mu}{\text{Debye}}$	$\dfrac{\alpha/(4\pi\varepsilon_0)}{\text{Å}^3}$	$\dfrac{I}{10^{-19}\,\text{J}}$
H	0	0	0,67	21,8
He	0	0	0,21	39,2
Ne	0	0	0,39	41,2
Ar	0	0	1,63	28,0
Kr	0	0	2,46	23,5
Xe	0	0	4,0	19,5
H_2	0	0	0,81	23,2
HCl	3,42	1,03	2,63	21,5
HJ	1,26	0,38	5,4	16,8
NH_3	4,97	1,5	2,24	18,7
H_2O	6,11	1,84	1,48	28,8

In Tabelle 9.2 sind für einige Atome und Moleküle das Dipolmoment μ, die Polarisierbarkeit α und die Ionisierungsenergie I aufgeführt.

Da im Ausdruck für die Dispersionsenergie α^2 eingeht, ist diese Energie beim He trotz der doppelt so großen Ionisierungsenergie viel kleiner als bei Wasserstoffatomen oder H_2-Molekülen. Dies ist im Einklang mit der Tatsache, daß He im Gegensatz zu H_2 auch bei den tiefsten zugänglichen Temperaturen unter Atmosphärendruck nicht in den festen Zustand überführt werden kann und

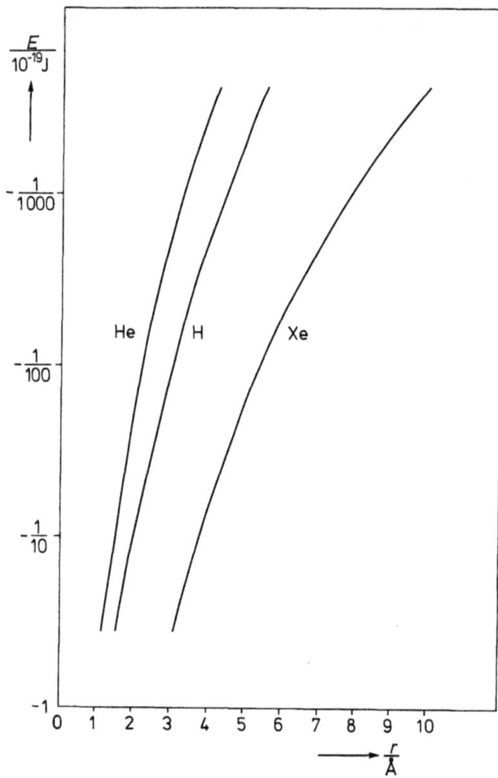

Abb. 9.12. Dispersionsenergie E in Abhängigkeit vom Abstand r

He bei tiefen Temperaturen eine einzigartige Stellung einnimmt. In Abb. 9.12 ist die Dispersionsenergie für H, He und Xe in Abhängigkeit vom Abstand aufgetragen. Diese Energie nimmt mit steigendem Abstand rasch ab. In Abb. 9.13 werden für NH_3 die Beiträge von Dipol-Energie, Induktionsenergie und Dispersionsenergie miteinander verglichen. Trotz des großen Dipolmoments von NH_3 ist bis zu Abständen von 2,5 Å der Dispersionsbeitrag größer als der Dipolbeitrag; erst bei größeren Abständen wird der Dipolbeitrag merklich, weil die Dipolenergie weiterreichend als die Dispersionsenergie ist.

9.2.5 Molekülkristalle

Für den Aufbau von Kristallen aus ungeladenen Molekülen gelten die gleichen Bauprinzipien wie für den Aufbau von Ionenkristallen. Bei vergleichbaren Gleichgewichtsabständen ist der Energiegewinn bei der Bildung eines Molekülkristalls jedoch viel kleiner als bei der Bildung eines Ionenkristalls. Nach (9.7) ist die Energie eines Ionenpaares mit dem Abstand $d = 2$ Å $E = -12 \cdot 10^{-19}$ J. Bringen wir 2 NH_3-Moleküle in Kontakt, dann ist d etwa

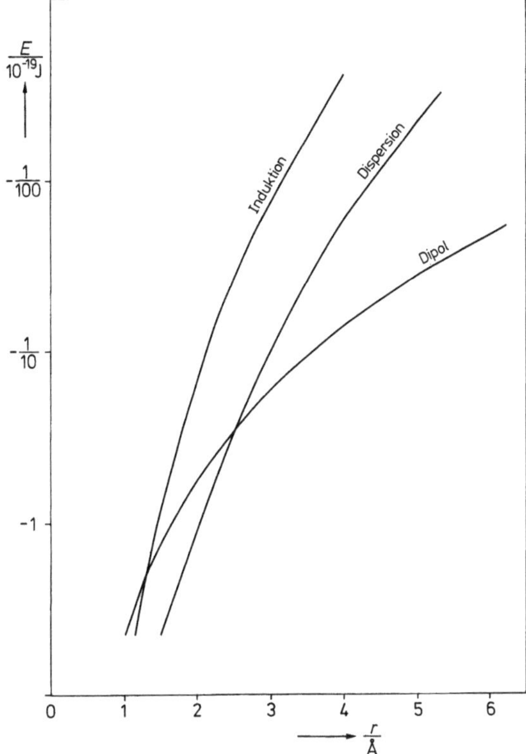

Abb. 9.13. Anziehungsenergie in Abhängigkeit vom Abstand r; Vergleich der Beiträge der Dipol-Energie, Induktionsenergie und der Dispersionsenergie am Beispiel von NH_3

3 Å, wenn wir die Dipollänge mit 1 Å ansetzen; für $d = 3$ Å ist nach Abb. 9.13 $E = E_{Dipol} + E_{Ind} + E_{Disp} = -(0{,}17 + 0{,}01 + 0{,}10) \cdot 10^{-19}$ J $= -0{,}28 \cdot 10^{-19}$ J. Ein NH_3-Molekülkristall ist daher viel weniger stabil als etwa ein NaCl-Kristall, und NH_3 liegt deshalb bei Raumtemperatur nicht als Festkörper, sondern als Gas vor. Nach unseren Überlegungen nimmt die Polarisierbarkeit α mit der Größe eines Moleküls stark zu; daraus können wir verstehen, daß große organische Moleküle (z. B. Naphthalin, Anthracen) bei Raumtemperatur tatsächlich einen Kristall bilden, und zwar auch dann, wenn sie kein permanentes Dipolmoment besitzen.

Der Komplex aus einem Molekül mit Eigenschaften eines Elektronendonors und einem Elektronenacceptor-Molekül (z. B. in Chinhydron, einem Molekülkristall aus Chinon und Hydrochinon) kann durch teilweise Ladungsübertragung zusätzlich stabilisiert werden (Charge-Transfer-Komplex [9.7].

Aufgaben

9.1 Energie von Ionenpaaren

Man schätze ab, welche Energie zuzuführen ist, um den Abstand der Ionen in einem Ionenpaar um 1% kleiner oder größer als d_0 zu machen ($d_0 \approx 1$ Å, $n = 10$).

Wie groß wird E, wenn wir annehmen, daß die Elektronenhüllen der Ionen bei der Ionenpaarbildung überhaupt nicht deformiert werden können (Modell harter Kugeln)? Man skizziere für diesen Fall E in Abhängigkeit von d.

9.2 Coulombsche Energie im Ionenkristall

Man berechne den Energiegewinn eines NaCl-Ionenpaares in einer eindimensionalen, bzw. zweidimensionalen und in einer dreidimensionalen Anordnung (Abb. 9.3). Daraus ermittle man die Madelungs-Konstante für das NaCl-Gitter.

9.3 Ionenkontakt und Gittertyp

Man zeige anhand der Abb. 9.5 und 9.6, daß das kleinstmögliche Radienverhältnis beim Zinkblendetyp 0,225 und beim CsCl-Typ 0,732 beträgt.

9.4 Radienverhältnis und Gittertyp

Nach Tabelle 9.1 kristallisiert LiJ im NaCl-Gitter, obwohl es nach dem Radienverhältnis im Zinkblende- oder Wurtzitgitter kristallisieren müßte. Man überlege sich, warum in diesem Fall die NaCl-Struktur energetisch günstiger sein könnte ($r_{Li^+} = 0{,}78$ Å, $r_{J^-} = 2{,}19$ Å).

9.5 Dipol-Dipol-Wechselwirkung

Wie groß sind Anziehungsenergie und Anziehungskraft, wenn die beiden Dipole in der folgenden Weise zueinander orientiert sind:

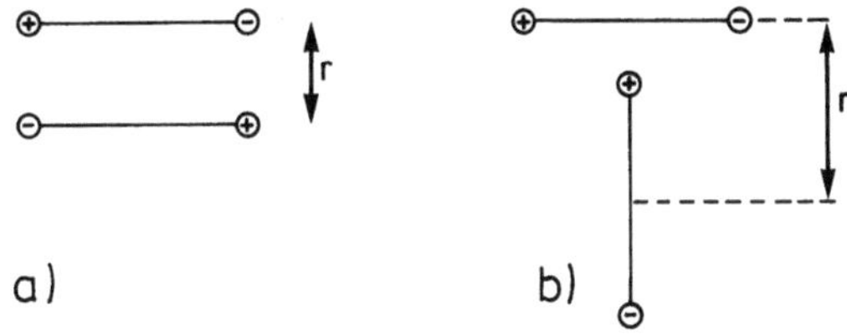

Welches ist die energetisch günstigste Orientierung zweier Dipole?

9.6 Polarisierbarkeit einer leitenden Platte

Man berechne die Polarisierbarkeit einer elektrisch leitenden Platte. Dazu denke man sich eine Platte in einem homogenen elektrischen Feld und berechne das in der Platte induzierte Dipolmoment. Man vergleiche mit der Polarisierbarkeit einer Kugel vom gleichen Volumen.

10. Temperatur und Wärmebewegung der Moleküle

Im folgenden befassen wir uns mit dem Verhalten verdünnter und ungeordneter Molekülanhäufungen (Gase). Wir untersuchen, wie sich die Moleküle bewegen und zusammenstoßen, und fragen nach dem Zusammenhang zwischen dieser Bewegung und dem phänomenologischen Begriff der Temperatur. Wir untersuchen dann die Bewegung in dichten Molekülanhäufungen (Flüssigkeiten).

10.1 Kinetische Gastheorie und Temperaturbegriff

Wir wollen uns jetzt mit der einfachsten Form einer Molekülanhäufung beschäftigen, nämlich mit einem Gas, dessen Teilchen voneinander soweit entfernt sind, daß die in Kap. 9 diskutierten Anziehungskräfte vernachlässigbar klein sind. Bei genauer Betrachtung erfolgt die Bewegung dieser Teilchen nach den Gesetzen der Quantenmechanik. Wir haben aber früher bereits gezeigt, daß die quantenmechanische Betrachtungsweise unter bestimmten Bedingungen in die klassische übergeht. Solche Bedingungen liegen hier vor. Beispielsweise findet man experimentell, daß Wasserstoff bei Zimmertemperatur gasförmig vorliegt, und daß das Gas auf die Behälterwände einen Druck ausübt, der von der Teilchenzahl und von der Temperatur abhängt. In der klassischen Betrachtungsweise können wir uns leicht vorstellen, daß der Druck durch die Stöße der Moleküle auf die Behälterwände zustande kommt; die Moleküle werden dabei als Teilchen der Masse M betrachtet, die sich in dem Behälter mit der Geschwindigkeit u bewegen. In der quantenmechanischen Betrachtungsweise würden wir den Teilchen gemäß (1.10) die de Broglie-Wellenlänge

$$\Lambda = \frac{h}{Mu} \qquad (10.1)$$

zuschreiben; für Wasserstoffmoleküle ist $M \approx 3 \cdot 10^{-24}$ g, und für u findet man bei Zimmertemperatur etwa den Wert 10^3 m s^{-1}; damit wird $\Lambda \approx 2 \cdot 10^{-10}$ m. Die-

se Wellenlänge ist klein gegenüber den Abmessungen eines makroskopischen Behälters (Länge ≈ 1 cm), so daß wir die Moleküle gut als Teilchen beschreiben können, die den Gesetzen der klassischen Mechanik folgen.

Zunächst wollen wir den Druck berechnen, den die Moleküle in dem Gas auf die Wände des Behälters, in dem sie eingeschlossen sind, ausüben. Damit die Behandlung des Problems nicht zu kompliziert wird, müssen wir einige vereinfachende Modellannahmen machen:

1) Die Moleküle werden als Massenpunkte ohne Eigenvolumen betrachtet.
2) Alle Moleküle bewegen sich mit der gleichen Geschwindigkeit.
3) Die Stöße der Moleküle mit der Wand des Behälters erfolgen elastisch.
4) Es wirken zwischen den Molekülen keine Anziehungskräfte.
5) Die Bewegung der Moleküle ist völlig regellos.

Wir denken uns N Gasteilchen in einem würfelförmigen Behälter mit der Kantenlänge L (Abb. 10.1a)

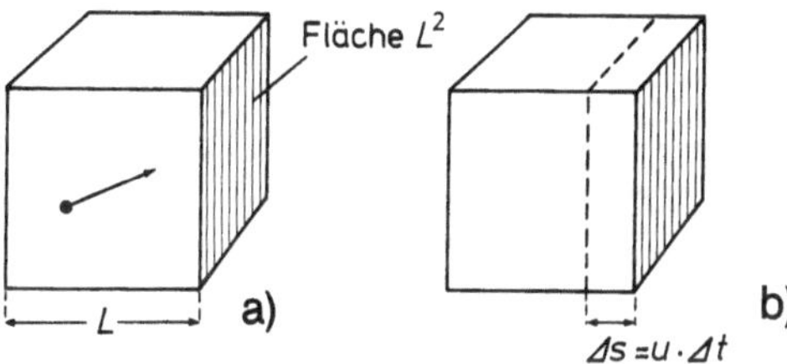

Abb. 10.1a, b. Gasteilchen in einem würfelförmigen Behälter mit der Kantenlänge L

und gehen vereinfachend davon aus, daß sich jeweils $\frac{1}{6}N$ Gasteilchen senkrecht auf eine der 6 Würfelflächen (Fläche L^2) zubewegen und beim Anprall auf diese Flächen eine Kraft K ausüben. Der Druck p auf die Behälterwände ist dann durch

$$p = \frac{\text{Kraft}}{\text{Fläche}} = \frac{K}{L^2} \qquad (10.2)$$

gegeben. Zur Berechnung von K gehen wir von dem Newtonschen Gesetz aus:

$$\text{Kraft} = \text{Masse} \cdot \text{Beschleunigung} = M_{\text{Gas}} \frac{\Delta u}{\Delta t} \qquad (10.3)$$

M_{Gas} ist die Masse und Δu ist die Geschwindigkeitsände-

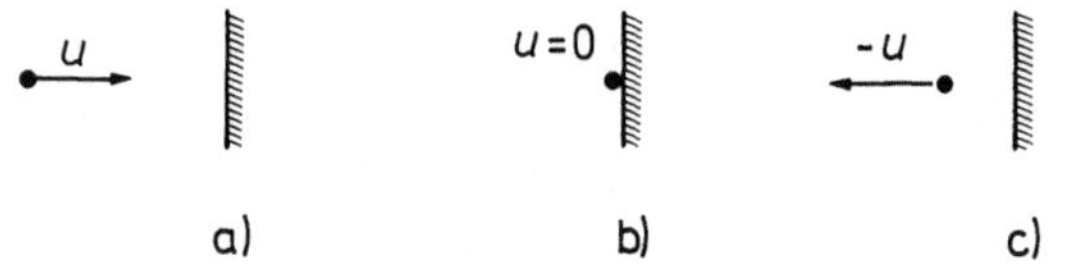

a)   b)   c)

Abb. 10.2a–c. Elastischer Stoß eines Teilchens mit der Wand (**a**) vor dem Stoß, (**b**) im Augenblick des Stoßes, (**c**) nach dem Stoß

rung sämtlicher Gasteilchen, die in der Zeit Δt auf die Wand prallen. Nach den Gesetzen des elastischen Stoßes fliegt ein Teilchen nach dem Stoß mit gleicher Geschwindigkeit, aber in die entgegengesetzte Richtung weiter (Abb. 10.2). Damit erhalten wir

$$\Delta u = u_{\text{Ende}} - u_{\text{Anfang}} = -u - (+u) = -2u \qquad (10.4)$$

und, da die Kraft auf die Wand entgegengesetzt zur Kraft gerichtet ist, die auf das Teilchen wirkt,

$$K = M_{\text{Gas}}\frac{2u}{\Delta t}. \qquad (10.5)$$

Treffen in der Zeit Δt insgesamt ΔN Gasteilchen auf die Wand, dann ist

$$M_{\text{Gas}} = M \cdot \Delta N \qquad (10.6)$$

(M: Masse eines einzelnen Gasteilchens). Zur Festlegung von ΔN gehen wir davon aus, daß nur diejenigen Moleküle in der Zeit Δt die Wand erreichen können, deren Abstand von der Wand kleiner als $\Delta s = u\Delta t$ (Abb. 10.1 b) ist und die sich in Richtung auf die betrachtete Wand hin bewegen; dies sind $\frac{1}{6}$ aller Teilchen, die sich in dem Volumen

$$\Delta V = L^2 \Delta s = L^2 u\Delta t \qquad (10.7)$$

befinden. Somit ist

$$\Delta N = \frac{1}{6}N\frac{\Delta V}{V} = \frac{1}{6}\frac{N}{V}L^2 u\Delta t. \qquad (10.8)$$

Damit erhalten wir schließlich

$$p = \frac{K}{L^2} = \frac{M\frac{1}{6}NL^2 u\Delta t\, 2u}{VL^2\Delta t} = \frac{1}{3}\frac{N}{V}Mu^2. \qquad (10.9)$$

Da

$$E_{\text{Trans}} = \tfrac{1}{2}Mu^2 \qquad (10.10)$$

die kinetische Energie der Translationsbewegung eines Gasteilchens ist, können wir (10.9) auch in der Form

$$p = \left(\frac{2}{3}\frac{N}{V}\right)\left(\frac{M}{2}u^2\right) = \frac{2}{3}\frac{N}{V}E_{\text{Trans}} \qquad (10.11)$$

oder

$$\boxed{pV = \tfrac{2}{3}NE_{\text{Trans}}} \qquad (10.12)$$

schreiben. Wir erhalten also das Ergebnis, daß bei vorgegebener kinetischer Energie das Produkt pV konstant sein muß.

Dasselbe Resultat wird erhalten, wenn wir anstelle unserer einfachen Betrachtung berücksichtigen, daß die Teilchen unterschiedliche Geschwindigkeiten besitzen (Geschwindigkeitsverteilung). Es ist dann lediglich u^2 durch den Mittelwert $\overline{u^2}$ und E_{Trans} durch den Mittelwert $\bar{E}_{\text{Trans}} = \frac{1}{2}M\overline{u^2}$ zu ersetzen (Kap. 11).

Die Teilchenzahl N können wir auch durch die Stoffmenge **n** des Gases ausdrücken. Unter der Stoffmenge 1 mol versteht man eine Atom- oder Molekülanhäufung, die genau so viele Atome oder Moleküle enthält wie 12 g des Kohlenstoffisotops ^{12}C. Aus dieser Definition erhalten wir beispielsweise die Stoffmenge eines Vorrates an Wasserstoffgas, indem wir die chemische Reaktion

$$2\,H_2 + C \rightarrow CH_4$$

untersuchen. Man findet experimentell, daß 12 g des Kohlenstoffisotops ^{12}C mit 4,032 g H_2 reagieren; da für ein ^{12}C-Atom zwei H_2-Moleküle benötigt werden, entsprechen der Stoffmenge $\mathbf{n}_{H_2} = 1$ mol genau 2,016 g H_2.

Die Größe

$$M = \frac{\text{Masse der Molekülanhäufung}}{\mathbf{n}} \qquad (10.13)$$

nennt man molare Masse[1]; für ^{12}C ist $M = 12$ g mol^{-1}, für H_2 ist $M = 2{,}016$ g mol^{-1}. Für andere Molekülsorten wird M in entsprechender Weise berechnet. Die Teilchenzahl N wiederum ist zur Stoffmenge **n** proportional:

$$N = \mathbf{N}\mathbf{n}. \qquad (10.14)$$

---

[1] Molare Größen werden im folgenden stets durch Fettdruck gekennzeichnet, Stoffmengen durch das Symbol **n**.

Den Proportionalitätsfaktor N nennt man Avogadrosche Konstante. Man kann N bestimmen, indem man die Gitterabstände von kristallinem Kohlenstoff des Istotops ^{12}C ausmißt; daraus ergibt sich die Anzahl der Gitterplätze in 12 g Kohlenstoff. Man erhält den Wert

$$N = 6{,}022045 \cdot 10^{23}\,\text{mol}^{-1}\,.$$

Somit können wir die Beziehung (10.12) auch in der Form

$$\boxed{p V = \tfrac{2}{3}\,\mathbf{n}N\,\bar{E}_{\text{Trans}}} \qquad (10.15)$$

angeben.

Wir wollen jetzt unser Resultat (10.12) bzw. (10.15) genauer mit experimentellen Befunden vergleichen. Dazu füllen wir einen Zylinder, der sich in einem Bad mit schmelzendem Eis befindet, bei einem Druck[2] von $p_1 =$ 1 bar mit 1 mol Wasserstoffgas (also mit 2,016 g H_2). Wir stellen fest, daß sich ein Volumen $V_1 = 22{,}710\,\text{l}$ einstellt. Ändern wir den Druck auf $p_2 = 2$ bar bzw. $p_3 = \frac{1}{2}$ bar, dann ändert sich das eingeschlossene Gasvolumen auf $V_2 = \frac{1}{2} V_1$ bzw. $V_3 = 2 V_1$ (Abb. 10.3).

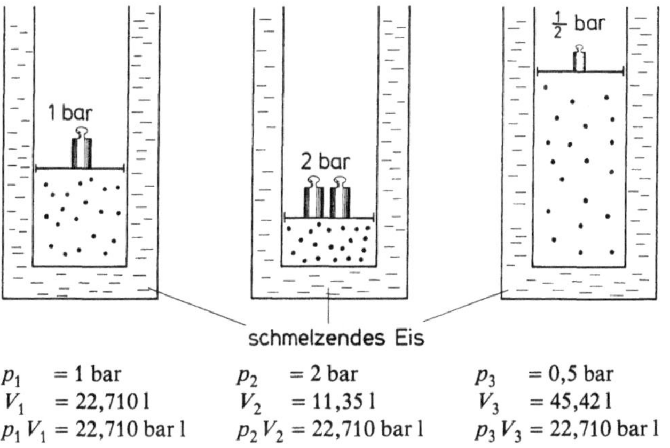

p_1 = 1 bar	p_2 = 2 bar	p_3 = 0,5 bar
V_1 = 22,710 l	V_2 = 11,35 l	V_3 = 45,42 l
$p_1 V_1$ = 22,710 bar l	$p_2 V_2$ = 22,710 bar l	$p_3 V_3$ = 22,710 bar l

Abb. 10.3. Kompression und Expansion eines Gases, das sich in einem Bad mit schmelzendem Eis befindet ($\mathbf{n}$ = 1 mol). Oberhalb des Stempels herrscht Vakuum.

---

[2] Im SI-System ist das Newton (N) die Einheit der Kraft und 1 m^2 die Einheit der Fläche, so daß sich für die Einheit des Druckes 1 Pascal = 1 N/m^2 ergibt; 1 bar = 10^5 Pascal entspricht dem Druck, den eine Masse von 1,02 kg im Schwerefeld der Erde auf eine Fläche von 1 cm^2 ausübt, und ist ungefähr gleich dem atmosphärischen Druck in Meereshöhe.

Aus diesen Experimenten schließen wir, daß für unser Gas die Beziehung

$$p V = \text{const} = 22{,}710\ \text{bar l} \qquad (10.16)$$

gilt (Abb. 10.4); das Volumen unseres Gases ist also umgekehrt proportional zum Druck: *Gesetz von Boyle (1664) und Mariotte (1676)*.

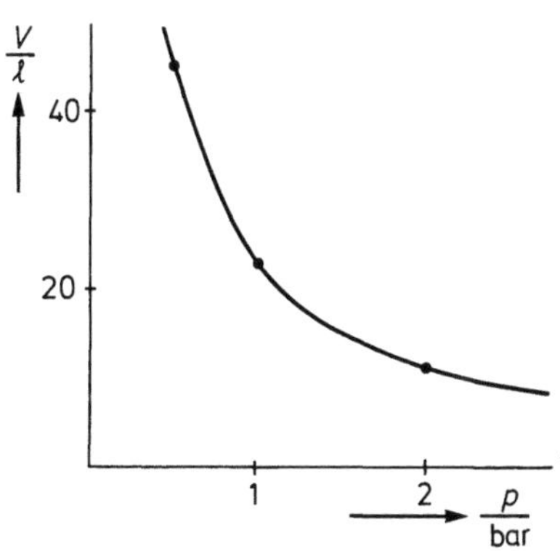

Abb. 10.4. Volumen eines Gases, das sich in einem Bad mit schmelzendem Eis befindet, in Abhängigkeit vom Druck ($\mathbf{n}$ = 1 mol)

Nun können wir leicht die mittlere kinetische Energie eines Wasserstoffmoleküls nach (10.15) berechnen:

$$\bar{E}_{\text{Trans}} = \frac{p V}{\tfrac{2}{3}\mathbf{n}N} = \frac{22{,}710\ \text{bar l}}{\tfrac{2}{3} \cdot \text{mol}\ 6{,}022 \cdot 10^{23}\,\text{mol}^{-1}}$$
$$= 5{,}66 \cdot 10^{-23}\ \text{bar l} = 5{,}66 \cdot 10^{-23} \cdot 10^5\,\text{N m}^{-2}$$
$$\cdot 10^{-3}\,\text{m}^3 = 5{,}66 \cdot 10^{-21}\ \text{J}\,. \qquad (10.17)$$

Unsere bisherigen Betrachtungen beziehen sich auf die Eigenschaften des Wasserstoffgases. Mißt man bei gleicher Stoffmenge für verschiedene Gase (z. B. N_2, CO_2, O_2, H_2) das Volumen eines Mols bei einem Druck von 1 bar im Eisbad, dann stellt man fest, daß in allen Fällen das Volumen gleich groß ist: *Avogadrosches Gesetz (1811)*. Können wir diesen überraschenden experimentellen Befund auf Grund der kinetischen Gastheorie verstehen? Dazu betrachten wir ein Eisbad mit einem Behälter mit H_2-Molekülen der Masse M_1, die sich mit der mittleren Geschwindigkeit u_1 bewegen. Dann bringen wir ein CO_2-Molekül der Masse M_2 hinzu, das sich anfänglich in Ruhe befinden soll (Abb. 10.5). Die H_2-Moleküle stoßen auf das CO_2-Molekül. Nach den Gesetzen des elastischen Stoßes wird dabei von den H_2-Molekülen Energie auf das CO_2-Molekül übertragen, so daß seine Geschwindigkeit

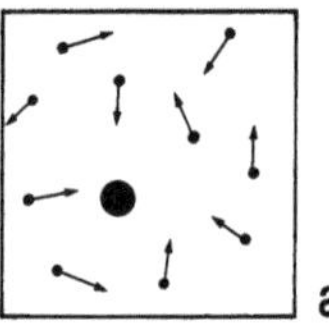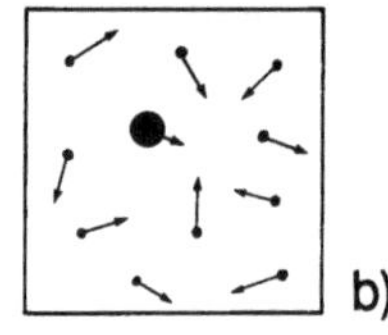

Abb. 10.5a, b. CO_2-Molekül inmitten eines Gases aus H_2-Molekülen. (a) CO_2-Molekül am Anfang in Ruhe; (b) Bewegung des CO_2-Moleküls nach Einstellung des thermischen Gleichgewichts

auf Kosten der Geschwindigkeit der H_2-Moleküle zunimmt. Dies geht so lange, bis sich ein dynamisches Gleichgewicht einstellt: von den H_2-Molekülen wird im zeitlichen Mittel genau so viel Energie auf das CO_2-Molekül übertragen wie umgekehrt von dem CO_2-Molekül auf die H_2-Moleküle. Es läßt sich zeigen [10.1], daß dieser Zustand dann erreicht ist, wenn

$$\tfrac{1}{2} M_1 \overline{(u_1)^2} = \tfrac{1}{2} M_2 \overline{(u_2)^2} \tag{10.18}$$

ist. Teilchen mit kleiner Masse bewegen sich danach im Mittel viel schneller als Teilchen mit großer Masse. Man kann das anschaulich einsehen, wenn man zwei Teilchen mit sehr verschiedenen Massen mit entgegengesetzt gleicher Geschwindigkeit u aufeinanderstoßen läßt (Abb. 10.6). Das schwere Teilchen hat nach dem Stoß die praktisch unveränderte Geschwindigkeit u, das leichte Teilchen die Geschwindigkeit $3u$ (Aufgabe 10.2).

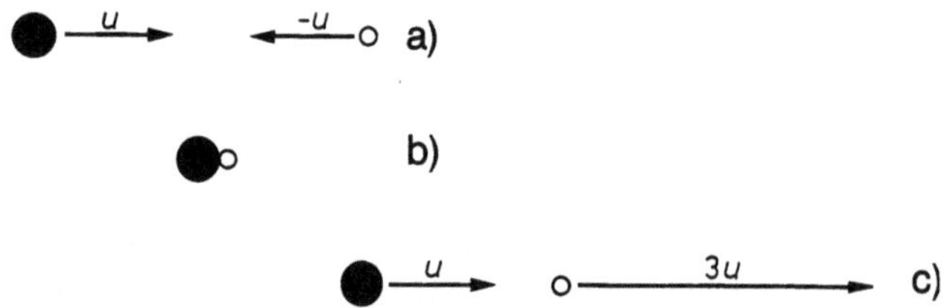

Abb. 10.6a–c. Stoß zweier Teilchen mit sehr verschiedenen Massen. (a) Vor dem Stoß; (b) beim Stoß; (c) nach dem Stoß

Nach den Gesetzen der Mechanik sind also die mittleren kinetischen Energien beider Molekülsorten im dynamischen Gleichgewicht gleich groß. An der ganzen Überlegung ändert sich nichts, wenn wir zwei getrennte Behälter mit verschiedenen Molekülsorten im Eisbad betrachten (Abb. 10.7). Auch in diesem Fall müssen die mittleren kinetischen Energien beider Molekülsorten gleich groß sein. Daraus folgt mit (10.12)

$$\frac{1}{2} M_1 \overline{u_1^2} = \frac{1}{2} M_2 \overline{u_2^2} = \frac{3}{2} \frac{p_1 V_1}{N_1} = \frac{3}{2} \frac{p_2 V_2}{N_2} . \tag{10.19}$$

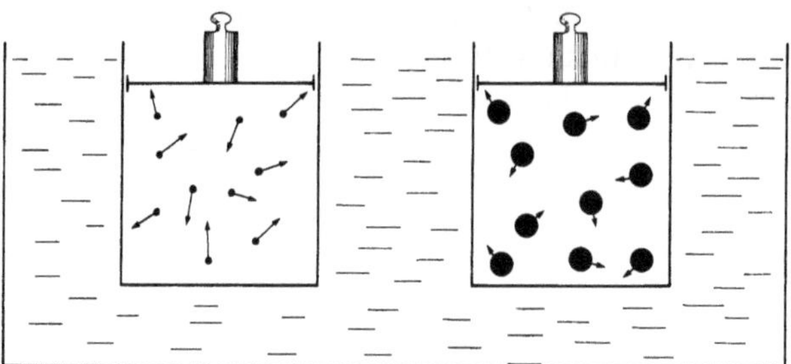

Abb. 10.7. 2 Behälter mit verschiedenen Molekülsorten in einem Bad mit schmelzendem Eis

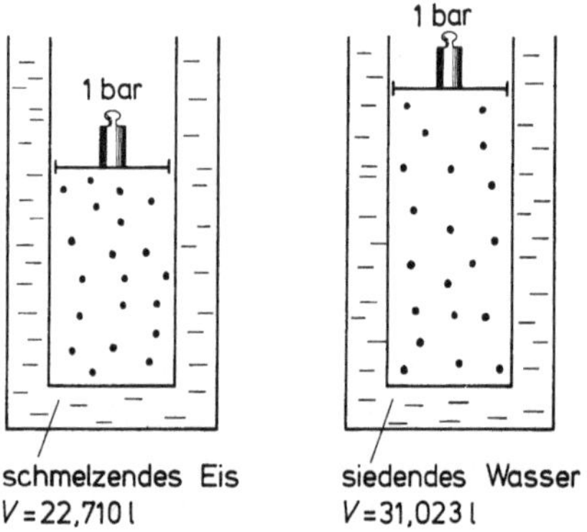

Abb. 10.8. Ausdehnung eines Gases bei Erhöhung der Temperatur

Vergleichen wir zwei verschiedene Gase, die gleich viele Moleküle enthalten ($N_1 = N_2$) und die sich bei demselben Druck ($p_1 = p_2$) in einem Eisbad befinden ($M_1 u_1^2/2 = M_2 u_2^2/2$), dann ist $V_1 = V_2$. Unter sonst gleichen Bedingungen besitzen Gase aus verschiedenen Molekülsorten also das gleiche Volumen (Satz von Avogadro).

Nehmen wir den Zylinder mit dem Gas in Abb. 10.3 aus dem Bad mit schmelzendem Eis heraus und stellen ihn in ein Bad mit siedendem Wasser (das sich unter Atmosphärendruck befindet), dann nimmt das Gasvolumen zu, und zwar bei 1 bar auf 31,023 l, also auf das 1,36605fache (Abb. 10.8). Beim Übergang vom Eisbad zum Bad mit siedendem Wasser unter Atmosphärendruck, also mit steigender Temperatur, nimmt somit das Produkt pV zu:

$$(pV)_{\text{siedendes Wasser}} = (pV)_{\text{schmelzendes Eis}} \cdot 1,36605 .$$

$$\tag{10.20}$$

Der tiefen Temperatur entspricht ein kleiner Wert von pV; in unserem Modell des Gases bedeutet das gemäß (10.15), daß die Gasteilchen eine kleine kinetische Energie besitzen, sich also nur langsam bewegen. Die hohe

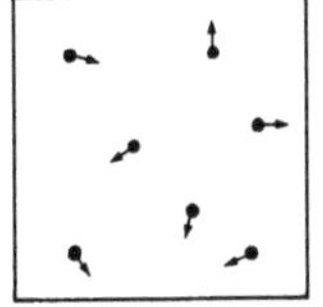 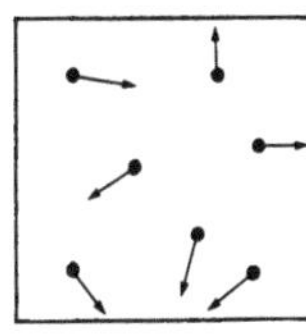

Abb. 10.9. Temperaturbewegung der Gasmoleküle. Kleine Geschwindigkeit bei tiefer Temperatur, große Geschwindigkeiten bei hoher Temperatur

Temperatur entspricht dagegen einer großen kinetischen Energie, also einer schnellen Bewegung der Moleküle (Abb. 10.9).

Auf Grund dieser Überlegungen ist es naheliegend, die Bewegung der Moleküle zur Festlegung der Temperatur heranzuziehen. Wir definieren deshalb, daß die mittlere Translationsenergie und damit pV proportional zur Temperatur T sein soll:

$$\bar{E}_{\mathrm{Trans}} = \text{const} \cdot T. \tag{10.21}$$

Mit (10.15) folgt daraus für pV

$$pV = \tfrac{2}{3}\,\mathbf{n}\mathbf{N}\,\text{const} \cdot T. \tag{10.22}$$

Unsere Temperaturskala legen wir willkürlich so fest, daß die Temperatur des Eisbades [genau genommen eines Eisbades in einem luftleer gepumpten Gefäß (Tripelpunkt des Wassers)] $T = 273{,}160$ Temperatureinheiten beträgt, und nennen diese Einheiten Kelvin (K). Somit ist die Temperatur T durch die Meßvorschrift

$$T = 273{,}160\ \mathrm{K} \cdot \frac{(pV)_T}{(pV)_{\text{Tripelpunkt vom Wasser}}} \tag{10.23}$$

definiert[3]. T hängt linear von pV ab (Abb. 10.10); man

---

[3] Diese Festlegung wurde so getroffen, damit der Temperaturunterschied zwischen schmelzendem Eis (luftgesättigt bei 1 atm = 1,013 bar, Temperatur 273,15 K) und siedendem Wasser (bei 1 atm, Temperatur 273,16 K · 1,36605 = 373,15 K) gleich 100 K wird. Diese beiden Temperaturen sind die Fixpunkte der früher festgelegten und im Alltagsleben gebräuchlichen Celsius-Skala (Temperatur t). Es gilt

$$\frac{t}{°\mathrm{C}} = \frac{T - 273{,}15\ \mathrm{K}}{\mathrm{K}}.$$

Danach entsprechen sich 273,15 K und 0°C sowie 373,15 K und 100°C. Der Tripelpunkt von Wasser (273,160 K) liegt also bei 0,01°C.

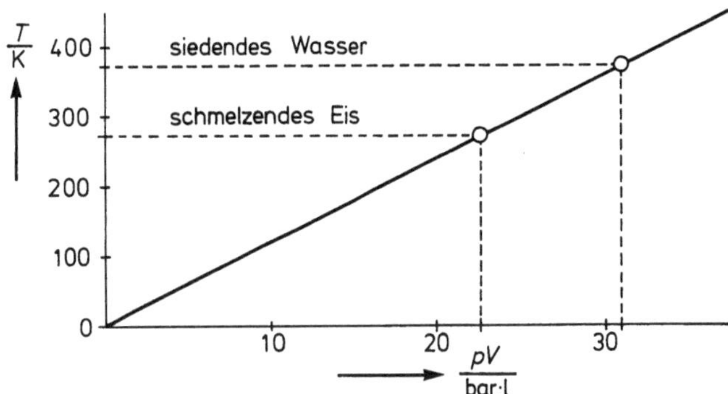

Abb. 10.10. Absolute Temperatur T in Abhängigkeit von pV

nennt T auch absolute Temperatur, weil es nicht vorstellbar ist, daß pV kleiner als Null werden kann.

Jetzt sind wir auch in der Lage, die Konstante in (10.21) und (10.22) anzugeben. Mit dem Wert für $\bar{E}_{\mathrm{Trans}}$ in (10.17) erhalten wir

$$\text{const} = \frac{\bar{E}_{\mathrm{Trans}}}{T} = \frac{5{,}66 \cdot 10^{-23}\ \mathrm{bar\,l}}{273{,}160\ \mathrm{K}}$$
$$= 2{,}072 \cdot 10^{-25}\ \mathrm{bar\,l}.$$

Nun ist es üblich, an Stelle von const den Ausdruck $\tfrac{3}{2}k$ zu verwenden:

$$\boxed{\bar{E}_{\mathrm{Trans}} = \text{const}\ T = \tfrac{3}{2}k \cdot T} \,. \tag{10.24}$$

Die Größe k nennt man *Boltzmann-Konstante*; für k erhalten wir

$$k = \tfrac{2}{3}\,\text{const} = 1{,}381 \cdot 10^{-25}\ \mathrm{bar\,l\,K}^{-1}$$
$$= 1{,}381 \cdot 10^{-23}\ \mathrm{J\,K}^{-1}$$

(genauerer Wert: $k = 1{,}380662 \cdot 10^{-23}\ \mathrm{J\,K}^{-1}$). Entsprechend schreiben wir an Stelle von (10.22)

$$\boxed{pV = \mathbf{n}\mathbf{N}kT = \mathbf{n}\mathbf{R}T} \,. \tag{10.25}$$

Die Konstante

$$\mathbf{R} = \mathbf{N}k = 6{,}022 \cdot 10^{23} \cdot 1{,}381 \cdot 10^{-25}\ \mathrm{bar\,l\,(K\,mol)}^{-1}$$
$$= 8{,}314 \cdot 10^{-2}\ \mathrm{bar\,l\,(K\,mol)}^{-1}$$
$$= 8{,}314\ \mathrm{J\,(K\,mol)}^{-1} \tag{10.26}$$

nennt man Gaskonstante (genauerer Wert: $R = 8{,}31441$ J K^{-1} mol^{-1}). Die Beziehung (10.25) heißt *ideales Gasgesetz* (Abb. 10.11). Man kann dieses Gesetz auch in der Form

$$p = nkT = cRT = RT/V \qquad (10.27)$$

schreiben, wobei

$$n = N/V \qquad (10.28)$$

die Teilchenzahldichte und

$$c = \frac{n}{V} \quad \text{und} \quad V = \frac{V}{n} \qquad (10.29)$$

die Konzentration bzw. das molare Volumen bedeuten. n ist die auf Seite 130 definierte Stoffmenge.

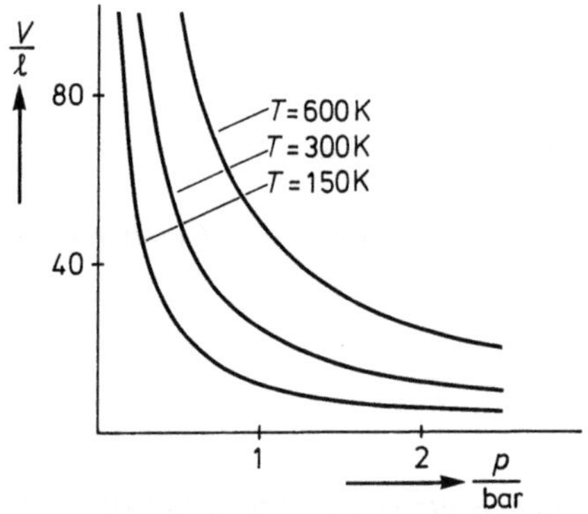

Abb. 10.11. Ideales Gas V in Abhängigkeit von p (Isothermen) für mehrere Temperaturen T nach (10.25)

Unsere Vorschrift zur Temperaturmessung müssen wir an dieser Stelle noch etwas präzisieren. Beim Auftragen von pV in Abhängigkeit von p würden wir nach (10.25) erwarten, daß sich eine Parallele zur p-Achse ergibt. Tatsächlich treten aber bei größeren Drücken Abweichungen auf (Abb. 10.12); sie hängen damit zusammen, daß sich die Gasmoleküle gegenseitig anziehen, und daß ihr Eigenvolumen nicht vernachlässigbar klein ist. Diese Abweichungen liegen bei $p = 1$ bar in der Größenordnung von etwa 1 %. Da sich aber für $p \to 0$ alle Kurven in Abb. 10.12 im selben Punkt schneiden, brauchen wir unsere Überlegungen nur in der Weise zu modifizieren, daß wir in unseren Gleichungen die Größe pV durch $\lim\limits_{p \to 0}(pV)$ ersetzen. Beispielsweise gilt dann an Stelle von (10.25)

$$\lim_{p \to 0}(pV) = nRT, \qquad (10.30)$$

Erst diese Form erlaubt es uns, die Temperatur exakt zu definieren.

$$T = \frac{\lim\limits_{p \to 0}(pV)}{\lim\limits_{p \to 0}(pV)_{\text{Tripelpunkt vom Wasser}}} \cdot 273{,}160 \text{ K} \qquad (10.31)$$

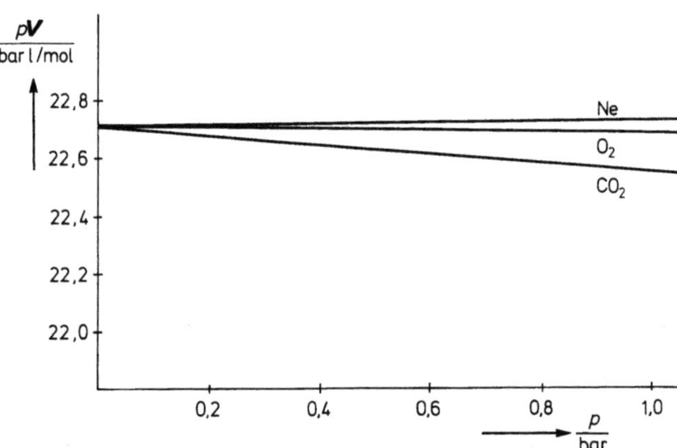

Abb. 10.12. pV in Abhängigkeit von p bei $T = 273{,}160$ K [10.2]

10.2 Anwendungen der kinetischen Gastheorie

10.2.1 Geschwindigkeit der Moleküle

Aus der kinetischen Energie E_{kin} können wir leicht die Geschwindigkeiten u der Gasmoleküle berechnen. Nach (10.10) und (10.24) ist

$$u^2 = \frac{2E_{\text{Trans}}}{M} = \frac{3kT}{M} = \frac{3RT}{M}. \qquad (10.32)$$

(Bei Berücksichtigung der Geschwindigkeitsverteilung ist u^2 durch $\overline{u^2}$ zu ersetzen.) Dabei haben wir die Molekülmasse M gemäß (10.13) durch die molare Masse M

$$M = \frac{NM}{n} = NM \qquad (10.33)$$

ausgedrückt. Beispielsweise gilt für H_2 bei $T = 300$ K mit

$$M = 2{,}016 \text{ g mol}^{-1}$$

$$u = \sqrt{\frac{3 \cdot 8{,}314 \text{ J} \cdot 300 \text{ K}}{\text{mol K} \cdot 2{,}016 \text{ g mol}^{-1}}} = \sqrt{3709 \text{ J g}^{-1}}$$

$$= \sqrt{3709 \text{ N m g}^{-1}}$$

$$= \sqrt{3709 \, \frac{\text{kg} \cdot \text{m} \cdot \text{m}}{\text{s}^2 \, \text{g}}} = 1{,}93 \cdot 10^3 \text{ m s}^{-1}$$

$$= 1{,}93 \cdot \text{km s}^{-1} \simeq 7000 \text{ km h}^{-1} .$$

Die H_2-Moleküle bewegen sich also bei Zimmertemperatur mit einer außerordentlich großen Geschwindigkeit. Je tiefer wir das Gas abkühlen, um so langsamer werden die Moleküle:

Temperatur/K	Molekülgeschwindigkeit/m s^{-1}
100	1110
1	111
10^{-2}	11,1

Am absoluten Nullpunkt wird $u = 0$, jede Bewegung der Moleküle hört auf. Da u^2 nach (10.32) umgekehrt proportional zur Molekülmasse ist, fliegen schwere Moleküle bei gleicher Temperatur viel langsamer als leichte; so ist für Br_2 ($M = 159{,}8$ g mol^{-1}) bei 300 K $u = 220$ m s^{-1}, die Moleküle besitzen also gegenüber den H_2-Molekülen nur noch etwa $\frac{1}{10}$ der Geschwindigkeit.

Experimentell lassen sich Molekülgeschwindigkeiten ermitteln, wenn man im Hochvakuum einen Strom von Gasteilchen auf ein System von 2 rotierenden Scheiben schießt (Abb. 10.13). Die erste dieser Scheiben besitzt an einer Stelle einen Schlitz, durch den die Moleküle hindurchfliegen können. Zum Durchfliegen des Zwischenraumes zwischen beiden Scheiben benötigen die Moleküle eine endliche Zeit, so daß sich die zweite Scheibe bis

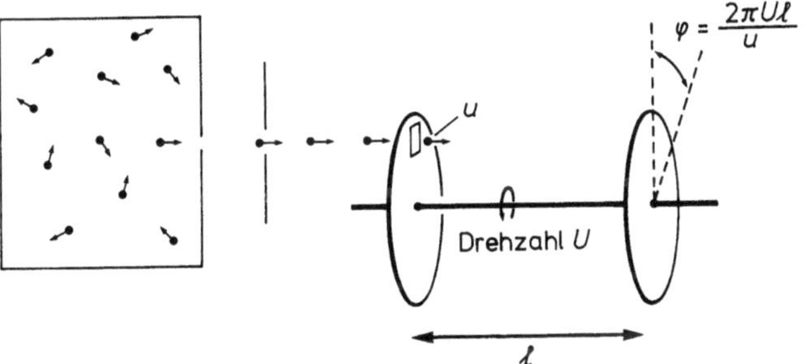

Abb. 10.13. Apparatur zur Messung der Molekülgeschwindigkeit

zum Aufprall der Moleküle um einen Winkel φ weitergedreht hat. Aus dem Winkel φ, der Drehzahl der Scheiben und dem Scheibenabstand l kann man u bestimmen. Man findet, daß die so ermittelte mittlere Geschwindigkeit mit der berechneten gut übereinstimmt [10.3].

10.2.2 Mittlere freie Weglänge

Trotz der hohen Geschwindigkeit kann sich ein Molekül in einem Gas nur langsam vorwärtsbewegen, weil es nach kurzen Wegstrecken immer wieder durch Stöße mit anderen Molekülen aus seiner Flugbahn abgelenkt wird (Abb. 10.14).

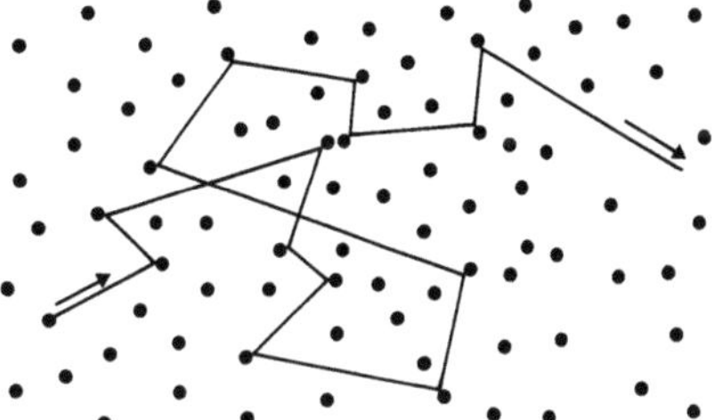

Abb. 10.14. Zickzackförmige Flugbahn eines Moleküls

Nach unseren vorangegangenen Überlegungen enthalten 22,710 l eines Gases bei 1 bar und 273,160 K insgesamt $6{,}022 \cdot 10^{23}$ Moleküle, das sind $2{,}65 \cdot 10^{19}$ Moleküle in 1 cm^3; denken wir uns diese Moleküle in einem Würfel von 1 cm Kantenlänge gleichmäßig verteilt (Abb. 10.15), dann müßten die Moleküle im Mittel den Abstand $a = 1 \text{ cm} \cdot (2{,}65 \cdot 10^{19})^{-1/3} = 3{,}3 \cdot 10^{-7} \text{ cm} = 33$ Å voneinander besitzen. Der Weg, den ein Molekül zwischen zwei Zusammenstößen zurücklegt, kann jedoch viel größer sein, weil die Flugbahn zwischen vielen Nachbarmolekülen hindurchführen kann (Abb. 10.14). Diesen im Mittel zurückgelegten Weg nennt man die mittlere freie Weglänge λ. Zur Berechnung von λ betrachten wir wie in Abb. 10.14 ein leichtes Teilchen, das sich zwischen vielen schweren Teilchen bewegt (z. B. ein H_2-Molekül in Br_2-Dampf); die schweren Teilchen können wir dann näherungsweise als ruhend ansehen. Alle Teilchen approximieren wir durch Kugeln. Ein Stoß findet immer dann statt, wenn das leichte Teilchen (Radius r_1) ein schweres (Radius r_2) mindestens berührt (Abb. 10.16). Diese Bedingung ist für alle schweren Teilchen erfüllt, deren Mittelpunkte auf der Oberfläche eines Zylinders mit dem Durchmesser $2(r_1 + r_2)$ liegen; natürlich führen auch diejenigen Teilchen Stöße aus, deren Mittelpunkte näher an der Flugbahn liegen, nicht aber die weiter entfernten.

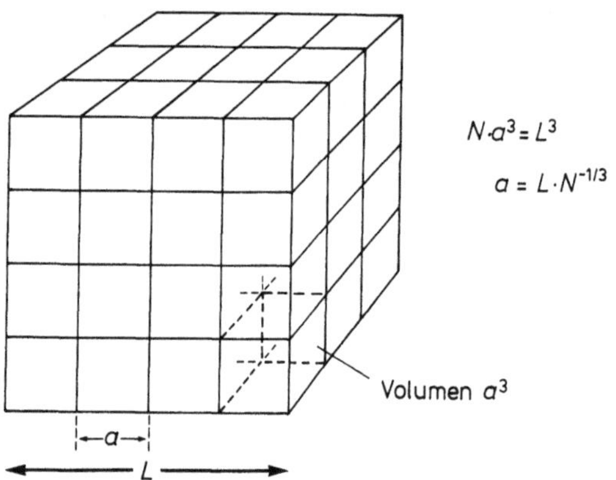

Abb. 10.15. Gasmoleküle in einem Würfel bei gleichmäßiger Verteilung; a ist der mittlere Abstand zwischen 2 Molekülen

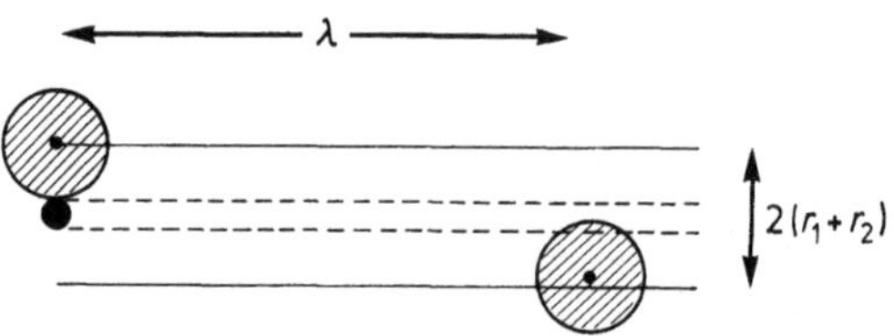

Abb. 10.16. Berechnung der mittleren freien Weglänge λ; ein Stoß erfolgt dann, wenn sich die stoßenden Moleküle mindestens berühren

Insgesamt stoßen also alle diejenigen schweren Teilchen mit dem leichten Teilchen zusammen, deren Mittelpunkte im Inneren, bzw. auf der Oberfläche des betrachteten Zylinders liegen.

Nach Abb. 10.16 findet nach dem Durchfliegen der Wegstrecke λ gerade 1 Stoß statt; das bedeutet, daß sich in dem betrachteten Zylinder vom Volumen

$$V_{\text{Zyl}} = \pi (r_1 + r_2)^2 \lambda \qquad (10.34)$$

genau 1 schweres Molekül befindet, das in die Flugbahn des leichten Teilchens hineinragt. Wenn im Volumen V_{Zyl} 1 Teilchen ist und sich im gesamten Gasvolumen V insgesamt N Teilchen befinden, dann ist

$$V_{\text{Zyl}} = \frac{V}{N}, \qquad (10.35)$$

und wir erhalten

$$\pi (r_1 + r_2)^2 \lambda = \frac{V}{N} \qquad \text{bzw.}$$

$$\lambda = \frac{V}{\pi (r_1 + r_2)^2 N}. \qquad (10.36)$$

In unserer Überlegung mußten wir voraussetzen, daß die schweren Moleküle praktisch in Ruhe sind. Betrachten wir den Fall, daß sämtliche Moleküle dieselbe Masse besitzen (z. B. Bewegung eines H_2-Moleküls im Wasserstoffgas), dann ist dieser Ausdruck durch $\sqrt{2}$ zu teilen [10.4]; führen wir noch die Teilchenzahldichte $n = N/V$ und den Stoßquerschnitt $\sigma = \pi(r_1 + r_2)^2$ ein, dann erhalten wir

$$\lambda = \frac{1}{\sqrt{2}\,\sigma n}. \qquad (10.37)$$

$r_1 + r_2$ ist in der Größenordnung von 5 Å, so daß wir für $p = 1$ bar und $T = 273{,}160\,\text{K}$ sowie $n = N/V = 6{,}022 \cdot 10^{23}/22{,}710\,\text{l} = 2{,}65 \cdot 10^{19}\,\text{cm}^{-3}$

$$\lambda = \frac{1}{\sqrt{2}\,\pi \cdot 25 \cdot 10^{-16}\,\text{cm}^2 \cdot 2{,}65 \cdot 10^{19}\,\text{cm}^{-3}} = 300\,\text{Å}$$

erhalten. λ ist also etwa 10mal so groß wie der mittlere Abstand der Gasmoleküle. Aus λ und der Geschwindigkeit u können wir die Anzahl der Zusammenstöße z berechnen, die ein herausgegriffenes Molekül in der Zeit Δt erleidet. Es ist $\lambda \cdot z$ der insgesamt in der Zeit Δt zurückgelegte Weg, also gleich $u \cdot \Delta t$. Damit wird

$$z = \frac{u \Delta t}{\lambda}. \qquad (10.38)$$

Für die Stoßfrequenz

$$\nu = \frac{z}{\Delta t} = \frac{u}{\lambda} \qquad (10.39)$$

erhalten wir dann mit $u = 10^3\,\text{m s}^{-1}$ und $\lambda = 300\,\text{Å}$

$$\nu = \frac{10^3\,\text{m s}^{-1}}{3 \cdot 10^{-8}\,\text{m}} = 10^{10}\,\text{s}^{-1}.$$

In 1 s stößt ein herausgegriffenes Molekül also etwa 10^{10} mal mit anderen Molekülen zusammen.

10.2.3 Diffusion

Wir wollen uns jetzt fragen, wie weit sich ein Gasmolekül in einer Zeit Δt in einer bestimmten Richtung von seinem

Ausgangspunkt entfernen kann. Dazu denken wir uns das Molekül zur Zeit $t = 0$ am Ursprung eines xyz-Koordinatensystems und fragen danach, wie weit es sich nach der Zeit Δt in x-Richtung fortbewegt hat (Diffusionsweg, Abb. 10.17). Erfolgt während der Zeit Δt kein Stoß mit anderen Molekülen, dann könnte Δx maximal gleich $u\,\Delta t$ sein; erfolgen in der Zeit Δt viele Stöße in der Weise, daß das Molekül nach der mittleren freien Wegstrecke λ hin- und herreflektiert wird, dann kann Δx maximal gleich λ sein. Wir erwarten also, daß Δx im Mittel zwischen $u\,\Delta t$ und λ liegt. Da die Verschiebung im Einzelfall vom Zufall abhängt, müssen wir nach dem Mittelwert von Δx fragen, indem wir über eine größere Anzahl von Einzelprozessen mitteln. Bei dem Mitteln müssen wir jedoch aufpassen: da sich die Moleküle völlig regellos bewegen, kommt es im Mittel genau so oft vor, daß sich ein Molekül nach der Zeit Δt um ein Stück Δx nach rechts oder nach links bewegt hat; bei der Mittelung würden wir also stets den Wert Null erhalten. Aus diesem Grund gehen wir so vor, daß wir über die Quadrate Δx^2 mitteln.

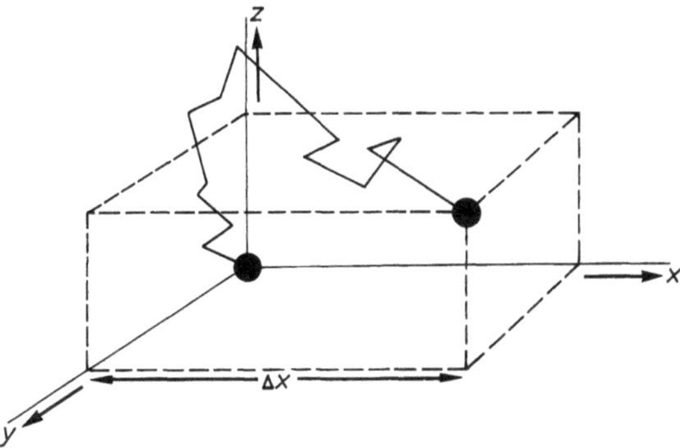

Abb. 10.17. Zickzackförmige Flugbahn eines Moleküls. Nach der Zeit Δt hat sich das Teilchen in x-Richtung um die Strecke Δx fortbewegt

Wir wollen uns das Vorgehen für den Fall überlegen, daß sich das Teilchen nur in x-Richtung bewegen kann (1-dimensionale Bewegung). Nach dem Zurücklegen der mittleren freien Weglänge soll jeweils ein Stoß erfolgen; wir wollen annehmen, daß die Flugrichtung dabei entweder beibehalten wird oder daß sie sich umkehrt. Der Zufall entscheidet, ob der eine oder der andere Prozeß stattfindet. Beispielsweise kann nach 7 Stößen der Weg

$$\Delta x = \lambda + \lambda + \lambda - \lambda + \lambda - \lambda + \lambda = 3\lambda \qquad (10.40)$$

zurückgelegt sein (5 mal um λ in der $+x$-Richtung, 2 mal in der $-x$-Richtung). Es ist also in diesem Einzelfall $\Delta x^2 = 9\lambda^2$. Zur Bestimmung von $\overline{\Delta x^2}$ muß man über vie-

le Einzelfälle mitteln. Bei j Stößen gilt im Mittel

$$\overline{\Delta x^2} = j\lambda^2 . \qquad (10.41)$$

Diese Beziehung ergibt sich auf Grund der Überlegung, daß sich Δx beim j-ten Stoß um $+\lambda$ oder $-\lambda$ ändern kann, es ist also im ersten Fall

$$(\Delta x_j)^2 = (\Delta x_{j-1} + \lambda)^2 = \Delta x_{j-1}^2 + 2\Delta x_{j-1}\lambda + \lambda^2 , \qquad (10.42a)$$

im zweiten Fall

$$(\Delta x_j)^2 = (\Delta x_{j-1} - \lambda)^2 = \Delta x_{j-1}^2 - 2\Delta x_{j-1}\lambda + \lambda^2 . \qquad (10.42b)$$

Da beide Fälle gleich wahrscheinlich sind, ist im Mittel

$$\overline{(\Delta x_j)^2} = \overline{(\Delta x_{j-1})^2} + \lambda^2 , \qquad (10.43)$$

weil beim Mitteln die Glieder $(2\Delta x_{j-1})\lambda$ und $(-2\Delta x_{j-1})\lambda$ gleich häufig vorkommen und deshalb herausfallen.

In entsprechender Weise ist

$$\overline{(\Delta x_{j-1})^2} = \overline{(\Delta x_{j-2})^2} + \lambda^2 \qquad (10.44)$$

also

$$\overline{(\Delta x_j)^2} = \overline{(\Delta x_{j-2})^2} + 2\lambda^2 \qquad (10.45)$$

und schließlich

$$\overline{(\Delta x_j)^2} = \overline{(\Delta x_1)^2} + (j-1)\lambda^2 . \qquad (10.46)$$

Nun ist

$$\overline{(\Delta x_1)^2} = \lambda^2 \qquad (10.47)$$

und damit folgt (10.41).

Bei dreidimensionaler Bewegung des Moleküls führt im Mittel nur jeder 3. Stoß zu einer Verschiebung in x-Richtung, so daß wir für $\overline{x^2}$ nur $\frac{1}{3}$ des in (10.41) berechneten Wertes erhalten; da $j\lambda$ der von dem Molekül in der Zeit Δt insgesamt zurückgelegte Weg ist, gilt weiter

$$j\lambda = u\,\Delta t \qquad (10.48)$$

und somit ist

$$\boxed{\overline{\Delta x^2} = \tfrac{1}{3}\lambda u\,\Delta t} . \qquad (10.49)$$

Die mittlere Verschiebung $\sqrt{\overline{\Delta x^2}}$ liegt also, wie erwartet, zwischen λ und $u\,\Delta t$. Das Quadrat dieser Verschiebung nimmt proportional mit der Zeit zu. Beispielsweise gilt für die Verschiebung eines Br_2-Moleküls, das sich in Luft bewegt, mit $\lambda = 1000\ \text{Å}$ und $u = 220\ \text{m s}^{-1}$ nach $\Delta t = 15\ \text{s}$

$$\overline{\Delta x^2} = \tfrac{1}{3}\,1000 \cdot 10^{-10}\,\text{m} \cdot 220\,\text{m s}^{-1} \cdot 15\,\text{s} = 1,1 \cdot 10^{-4}\,\text{m}^2 .$$

Das Br_2-Molekül hat sich also in 15 s um $\sqrt{1,1 \cdot 10^{-4}\,\text{m}^2}$ $= 1,05\ \text{cm}$ in x-Richtung bewegt; nach der Zeit $\Delta t = 150\ \text{s}$ ist das Br_2-Molekül um 3,3 cm in x-Richtung weitergekommen. Die Verschiebung wächst also in der 10-fachen Zeit nicht auf das 10fache, sondern nur auf das $\sqrt{10}$fache, also etwa auf das 3fache. Es ist somit

$$\frac{\overline{\Delta x^2}}{\Delta t} = \frac{1,1 \cdot 10^{-4}\,\text{m}^2}{15\,\text{s}} = 0,073\ \text{cm}^2\,\text{s}^{-1} .$$

Experimentell können wir dieses Ergebnis nachprüfen, indem wir auf den Boden eines mit Luft gefüllten Zylinders einige Tropfen flüssiges Brom bringen und das Fortschreiten der braun gefärbten Zone verfolgen (Abb. 10.18). Tragen wir die gemessenen Verschiebungsquadrate in Abhängigkeit von der Zeit auf, dann erhalten wir die in Abb. 10.19 dargestellte Gerade; der Steigung entnehmen wir

$$\frac{\overline{\Delta x^2}}{\Delta t} = 0,06\ \text{cm}^2\,\text{s}^{-1} .$$

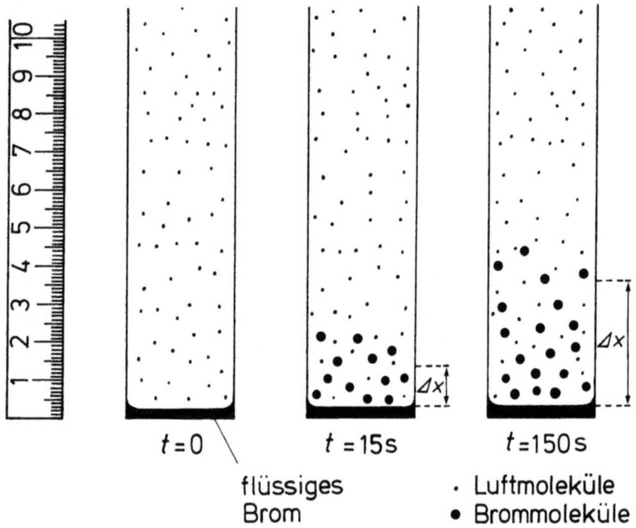

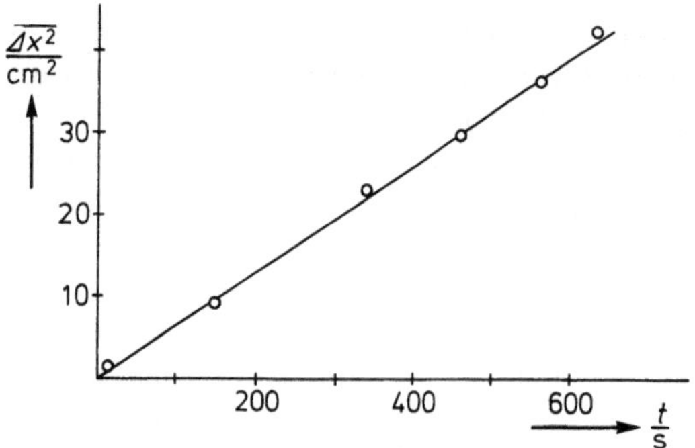

Abb. 10.19. Mittleres Verschiebungsquadrat für die Diffusion von Br_2 in Luft

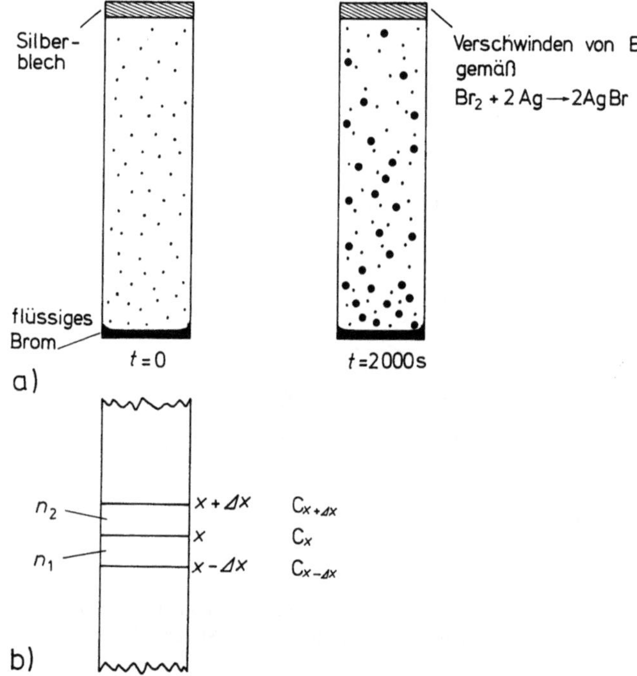

Abb. 10.20a, b. Diffusion von gasförmigem Brom durch einen mit Luft gefüllten Zylinder. Am Boden wird Br_2 durch Verdampfen von flüssigem Brom nachgeliefert, und an der Öffnung wird das ankommende Brom von einem Silberblech eingefangen. In dem Zylinder stellt sich ein lineares Konzentrationsgefälle ein (die Konzentration fällt von c_0 am Boden auf 0 an der Öffnung ab)

Wir wollen uns jetzt noch fragen, welche Menge an Bromdampf aus der Öffnung des Zylinders in Abb. 10.18 in einer bestimmten Zeit Δt austritt; dabei wollen wir voraussetzen, daß der Bromdampf am Boden stetig zugeführt wird (etwa durch Verdampfen von flüssigem Brom), und daß die Brommoleküle an der Öffnung sofort weggefangen werden (etwa durch eine chemische Reaktion mit einem Silberblech, mit dem die Öffnung ver-

Abb. 10.18. Fortschreiten der braunen Zone von Br_2-Gas in einem mit Luft gefüllten Zylinder

deckt wird). Unter diesen Umständen stellt sich in dem Zylinder ein gleichbleibendes Konzentrationsgefälle von unten nach oben ein, und durch einen an beliebiger Stelle gelegten Querschnitt des Zylinders diffundiert in der Zeit Δt dieselbe Menge $\Delta \mathbf{n}$ an Br_2 (Abb. 10.20a).

Wir betrachten einen Querschnitt an der Stelle x; dort soll die Konzentration c_x an Brom herrschen. An den Stellen $(x+\Delta x)$ bzw. $(x-\Delta x)$ liegen entsprechend die Konzentrationen $c_{x+\Delta x}$ bzw. $c_{x-\Delta x}$ vor (Abb. 10.20b). Von allen Molekülen, die sich zwischen den Stellen x und $(x-\Delta x)$ befinden, diffundiert im Mittel die Hälfte nach oben und die andere Hälfte nach unten. Wir warten eine Zeit Δt ab, in der die Moleküle, die sich in diesem Bereich ursprünglich befunden haben, durch Diffusion verschwunden sind. Da von allen Molekülen nur die Hälfte nach oben diffundiert, tritt in der Zeit Δt durch den Querschnitt Q an der Stelle x die Hälfte aller Moleküle, die in dem Volumen $Q\Delta x$ waren, dies sind

$$N_1 = \tfrac{1}{2} n_1 Q \Delta x \tag{10.50}$$

Moleküle. Darin ist n_1 die Teilchenzahldichte in dem betrachteten Bereich. Da sich die Konzentration in dem Bereich von $c_{x-\Delta x}$ auf c_x ändert, setzen wir für n_1 die mittlere Teilchenzahldichte

$$n_1 = \frac{1}{2} N (c_x + c_{x-\Delta x}) = \frac{1}{2} N \left[c_x + \left(c_x - \frac{dc}{dx} \Delta x \right) \right]$$

$$= N \left(c_x - \frac{1}{2} \frac{dc}{dx} \Delta x \right) \tag{10.51}$$

ein. (c nimmt mit wachsendem x ab, also ist dc/dx negativ!) Es ist somit die Teilchenzahl N_1, die den Querschnitt bei x in der Zeit Δt von unten nach oben passiert, gleich

$$N_1 = \frac{1}{2} Q \Delta x N \left(c_x - \frac{1}{2} \frac{dc}{dx} \Delta x \right). \tag{10.52}$$

Entsprechend diffundiert die Teilchenzahl

$$N_2 = \frac{1}{2} Q \Delta x N \left(c_x + \frac{1}{2} \frac{dc}{dx} \Delta x \right) \tag{10.53}$$

in der Zeit Δt von oben durch den Querschnitt Q. Insgesamt diffundiert also die Teilchenzahl

$$\Delta N = N_1 - N_2$$

$$= \frac{1}{2} Q \Delta x N \left(c_x - \frac{1}{2} \frac{dc}{dx} \Delta x - c_x - \frac{1}{2} \frac{dc}{dx} \Delta x \right)$$

$$= -\frac{1}{2} N Q \frac{dc}{dx} (\Delta x)^2 \tag{10.54a}$$

durch den Querschnitt Q. Damit gilt für die Stoffmenge $\Delta \mathbf{n} = \Delta N / N$, die in der Zeit Δt durch den Querschnitt Q diffundiert,

$$\Delta \mathbf{n} = -\frac{1}{2} Q \frac{dc}{dx} (\Delta x)^2. \tag{10.54b}$$

Den Weg Δx, der in der Zeit Δt zurückgelegt wird, können wir nach (10.49) durch Δt ausdrücken. Damit erhalten wir

$$\Delta \mathbf{n} = -\frac{1}{2} Q \frac{dc}{dx} \frac{1}{3} \lambda u \Delta t, \tag{10.55}$$

und es folgt in differentieller Schreibweise

$$\frac{d\mathbf{n}}{dt} = -Q \frac{1}{6} \lambda u \frac{dc}{dx}. \tag{10.56}$$

Es ist also (*Ficksches Gesetz*, 1855)

$$\boxed{\frac{d\mathbf{n}}{dt} = -Q D \frac{dc}{dx}} \tag{10.57}$$

mit $D = \tfrac{1}{6} \lambda u$. Wird bei genauerer Betrachtung die Verteilung der freien Weglängen berücksichtigt, so ergibt sich der Zahlenfaktor $\tfrac{1}{2}$ statt $\tfrac{1}{6}$

$$D = \tfrac{1}{2} \lambda u. \tag{10.58}$$

D nennt man Diffusionskonstante.

Die Geschwindigkeit, mit der das Brom aus der Öffnung des Zylinders austritt, hängt also in einfacher Weise vom Zylinderquerschnitt Q und von dem Konzentrationsgefälle dc/dx ab. Nehmen wir an, daß das Brom am Boden unter dem Druck von 0,1 bar aus der Flüssigkeit entsteht, dann ist $c_0 = (1/227) \, \text{mol} \, l^{-1}$; am oberen Ende des Zylinders ist $c = 0$. Nehmen wir die Länge des Zylinders mit 10 cm an, dann ist $dc/dx = -(1/2270) \, \text{mol} \, l^{-1}$

cm^{-1}. Mit den Werten für λ und u auf Seite 138 folgt weiter $D = 0,037\ cm^2\ s^{-1}$. Ist $Q = 1\ cm^2$, dann erhalten wir

$$\Delta n = 1\ cm^2 \cdot 0,037\ cm^2\ s^{-1} \cdot \tfrac{1}{2270}\ mol\ l^{-1}\ cm^{-1} \cdot \Delta t$$
$$= 1,6 \cdot 10^{-8}\ mol\ s^{-1} \cdot \Delta t\ .$$

In 1 s tritt also die Stoffmenge $n = 1,6 \cdot 10^{-8}$ mol an Bromdampf durch jeden Querschnitt.

Es ist üblich, das mittlere Verschiebungsquadrat $\overline{\Delta x^2}$ durch die Diffusionskonstante D auszudrücken; nach (10.57) ist $\Delta n = -QD(dc/dx)\Delta t$, und durch Vergleich mit (10.54b) folgt

$$\boxed{\overline{\Delta x^2} = 2D\Delta t}\ . \tag{10.59}$$

Gleichung (10.59) nennt man die *Gleichung von Einstein und Smoluchowski* [10.5, 6].

In dieser Überlegung wurde die Wirkung der Schwerkraft auf die Br_2-Moleküle vernachlässigt. Würden die Br_2-Moleküle unter der Wirkung der Schwerkraft stehen, so müßte sich im Zylinder, den wir uns nun sehr groß vorstellen, eine atmosphärische Verteilung ausbilden. Jedes Molekül wird mit der Kraft $K = Mg$ nach unten gezogen und diffundiert infolge der Temperaturbewegung nach oben. Die ungefähre Dicke d der Atmosphäre ist dadurch gegeben, daß in der Höhe d die potentielle Energie im Schwerefeld Kd der thermischen Energie kT gleichzusetzen ist. Mit den Werten $M = 2,7 \cdot 10^{-22}$ g (Masse des Br_2-Moleküls), $g = 9,81\ m\ s^{-2}$ (Erdbeschleunigung) und $T = 300$ K wird $d = kT/Mg = 1,3$ km. Genauer gilt für die atmosphärische Verteilung (Aufgabe 10.4)

$$c(x) = c_0 e^{-Kx/(kT)}\ ; \tag{10.60}$$

d ist die Höhe x, bei der die Konzentration auf $1/e$ des Werts bei $x = 0$ abgefallen ist.

Das Beispiel zeigt, daß in einem Diffusionsexperiment im Labor ($d \approx 10$ cm) die Wirkung der Schwerkraft vernachlässigbar klein ist. Im künstlichen Schwerefeld einer Ultrazentrifuge kann d auf Labordimension gebracht und die Abhängigkeit von der Molekülmasse zur Isotopentrennung verwendet werden.

10.2.4 Viskosität

Wir betrachten ein Gas, das sich in einem quaderförmigen Behälter befindet. Wir denken uns in der Mitte des Behälters eine quadratische Platte der Kantenlänge L, die wir parallel zur Unterseite des Quaders verschieben können (Abb. 10.21). Wir beobachten, daß wir eine Kraft K aufwenden müssen, wenn wir die Platte mit einer konstanten Geschwindigkeit v verschieben wollen. Es wird vorausgesetzt, daß v genügend klein ist, so daß sich keine Wirbel bilden können. Dann ist K proportional zu v und zu der Plattenoberfläche L^2 und umgekehrt proportional zum Abstand d der Platte von der Behälterwand, also

$$K = \eta v\, \frac{2L^2}{d}\ . \tag{10.61}$$

Den Proportionalitätsfaktor η nennt man Viskosität; der Faktor 2 kommt daher, daß $2L^2$ die gesamte Oberfläche der Platte (Ober- und Unterseite) ist. Wären die Gasmoleküle in Ruhe, würden sie also nicht auf die Platte stoßen, dann dürfte auf die Platte keine Kraft ausgeübt werden. Die Kraft muß also eine Folge der Wärmebewegung der Moleküle sein.

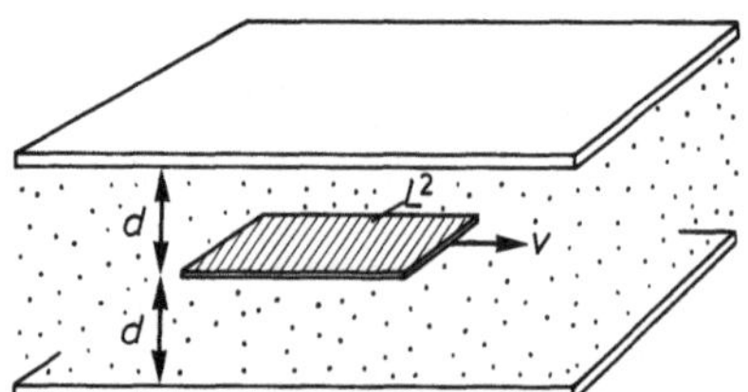

Abb. 10.21. Gasgefüllter Behälter mit verschiebbarer Platte

Ein Molekül, das senkrecht auf die bewegte Platte stößt, wird kurzzeitig an der Plattenoberfläche festgehalten und nimmt dabei die Geschwindigkeit v in Bewegungsrichtung der Platte an. Bei diesem Vorgang wird das Molekül beschleunigt; die Platte würde daher entsprechend verzögert werden, wenn nicht durch die äußere Kraft K dafür gesorgt würde, daß die Plattengeschwindigkeit v konstant bleibt. Beim Aufprall auf die ruhende Behälterwand wird das Molekül in entsprechender Weise wieder abgebremst (Abb. 10.22).

Wenn das betrachtete Molekül auf seinem Weg zwischen bewegter Platte und ruhender Behälterwand mit anderen Molekülen zusammenstößt, gibt es dabei einen Teil seiner zusätzlichen Geschwindigkeitskomponente an

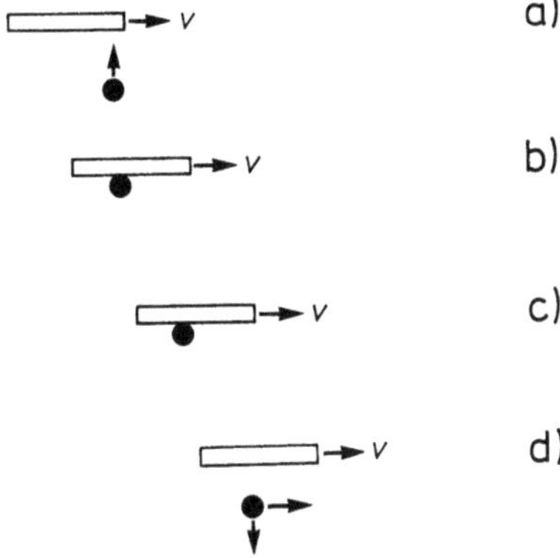

Abb. 10.22a–d. Zustandekommen der Viskosität im Gas. Ein Molekül, das zwischen der bewegten Platte und der ruhenden Behälterwand hin- und herfliegt, wird an der bewegten Platte beschleunigt. Nach dem Aufprall (**a, b**) wird das Teilchen kurzzeitig an der Plattenoberfläche festgehalten und auf die Geschwindigkeit v gebracht (**c**); nach dem Wegfliegen (**d**) behält es diese Geschwindigkeitskomponente bei

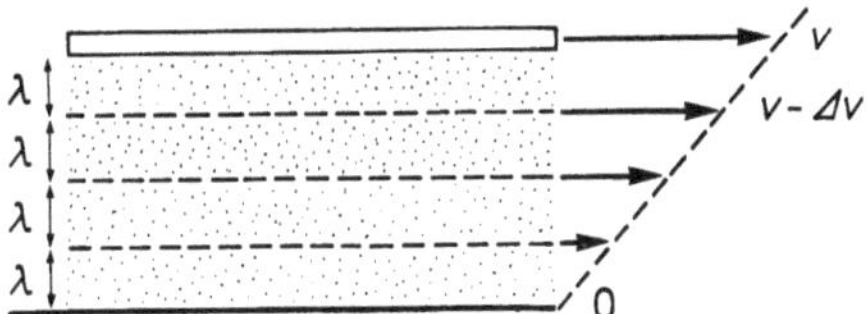

Abb. 10.23. Bewegte Platte im Abstand $d = 5\lambda$ von der ruhenden Behälterwand; die Zusatzgeschwindigkeit in den einzelnen Gasschichten nimmt linear von v auf Null ab

diese Moleküle ab, so daß auch Moleküle, die selbst keine Zusammenstöße mit der bewegten Platte hatten, eine Zusatzgeschwindigkeit in Bewegungsrichtung der Platte (x-Richtung) erhalten. Diese Zusatzgeschwindigkeit nimmt von der bewegten Platte bis zur Behälterwand linear von v auf Null ab.

Nun betrachten wir Moleküle, die sich im Abstand λ, $2\lambda\ldots$ von der bewegten Platte befinden (Abb. 10.23), wobei λ die mittlere freie Weglänge der Moleküle sein soll. An den gestrichelten Linien passieren in der modellmäßigen Vereinfachung Zusammenstöße eines betrachteten Moleküls mit anderen Molekülen, dazwischen fliegt das Molekül frei hindurch. Bei den Stößen mit Molekülen in einer angrenzenden Schicht nimmt die x-Komponente der Geschwindigkeit eines nach oben fliegenden Moleküls um Δv zu, eines nach unten fliegenden Moleküls um Δv ab; Δv ergibt sich daraus, daß die Geschwindigkeitskomponente in der x-Richtung nach dem Durchfliegen der Strecke d um v zunimmt, also ist

$$\Delta v = v\,\frac{\lambda}{d}\,. \tag{10.62}$$

Nun schauen wir uns an, was passiert, wenn Moleküle mit der Geschwindigkeit $(v - \Delta v)$ auf die bewegte Platte stoßen. Sie werden dabei auf die Geschwindigkeit v gebracht, also um Δv beschleunigt. Stoßen in der Zeit Δt insgesamt ΔN Moleküle auf die Platte, dann wird (analog wie in Abschn. 10.1) auf die Platte eine Kraft

$$K' = -\Delta NM\,\frac{\Delta v}{\Delta t} = -\Delta NMv\,\frac{\lambda}{d}\,\frac{1}{\Delta t} \tag{10.63}$$

ausgeübt. (Das Minuszeichen deutet an, daß K' die umgekehrte Richtung wie v besitzt.) Nach (10.8) gelangen in der Zeit Δt

$$\Delta N = \tfrac{1}{6}\,nL^2 u\,\Delta t \tag{10.64}$$

Moleküle auf die Platte, und damit ist

$$K' = -\tfrac{1}{6}\,nu\lambda M\,\frac{vL^2}{d}\,. \tag{10.65}$$

$-K'$ ist gleich der Gegenkraft K, die von außen aufgebracht werden muß, um die Platte auf konstanter Geschwindigkeit zu halten. Würden wie in Abb. 10.20 auch noch von oben her Gasmoleküle auf die Platte stoßen, dann müßte K doppelt so groß sein. Vergleichen wir mit dem Ausdruck (10.61), dann ergibt sich

$$\eta = \tfrac{1}{6}\,nu\lambda M\,. \tag{10.66}$$

In unserer Modellbetrachtung (nur $\tfrac{1}{6}$ aller Moleküle bewegen sich auf die Platte zu) haben wir die Kraft, die auf die Platte ausgeübt wird, sicherlich unterschätzt. Bei einer genaueren Betrachtung muß man die Verteilungsfunktion der freien Weglängen berücksichtigen: ein Teil der Moleküle stößt nicht nach Durchlaufen der mittleren freien Weglänge λ, sondern erst viel später mit anderen Molekülen zusammen, kann also in weiter entfernte Schichten gelangen. Dadurch erhöht sich die Kraft K' im Mittel um einen Faktor 2. Weiter ist zu beachten, daß die Moleküle nach einem Stoß nicht statistisch in beliebiger Richtung, sondern häufiger in der ursprünglichen Richtung statt in der Gegenrichtung weiterfliegen; dadurch gelangen noch mehr Moleküle in weiter entfernte Schichten, und die Kraft K' erhöht sich nochmals um einen Faktor 1,5; sie ist also insgesamt dreimal so groß wie in (10.65) berechnet [10.7]. Es ist also an Stelle von (10.66)

$$\boxed{\eta = \tfrac{1}{2}\,nu\lambda M}\,. \tag{10.67}$$

Setzen wir für λ den Ausdruck (10.37) ein, dann folgt für η

$$\eta = \frac{1}{2} \frac{1}{\sqrt{2}\,\sigma}\, uM . \qquad (10.68)$$

Es überrascht zunächst, daß η nicht von der Teilchenzahldichte abhängt. Das liegt daran, daß bei einer Verkleinerung von n gemäß (10.63) zwar die Anzahl der Stöße auf die bewegte Platte kleiner wird, andererseits aber die mittlere freie Weglänge λ in gleicher Weise ansteigt, so daß der pro Stoß übertragene Impuls entsprechend größer ist. Sinkt die Teilchenzahldichte aber soweit ab, daß λ nach (10.37) größer wird als der Abstand d der Platte vom Boden des Behälters, dann fliegen die Moleküle ohne Zusammenstöße mit anderen Molekülen auf die Platte und übertragen immer denselben Impuls; es ist dann in (10.67) λ durch d zu ersetzen:

$$\eta = \tfrac{1}{2}\, nudM . \qquad (10.69)$$

Infolgedessen nimmt η bei sehr kleinen Teilchenzahldichten linear mit n zu (Abb. 10.24). Mit steigender Temperatur nimmt η zu, weil mit der Temperatur die Molekülgeschwindigkeit u größer wird und damit in der gleichen Zeit mehr Teilchen auf die Platte stoßen.

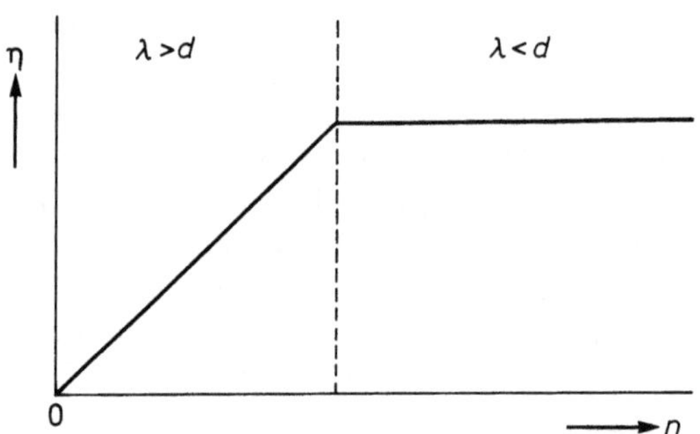

Abb. 10.24. Viskosität η eines Gases in Abhängigkeit von der Teilchenzahldichte

Experimentell bestimmt man die Viskosität eines Gases, indem man es durch eine Kapillare strömen läßt und die Strömungsgeschwindigkeit mißt (Abb. 10.25). Ist $(p_2 - p_1)$ der Druckunterschied zwischen den Enden der Kapillare, l und r die Länge und der Innenradius, dann strömt in der Zeit Δt das Gasvolumen

$$\Delta V = \frac{1}{\eta}\, \frac{\pi (p_1 - p_2)\, r^4 (p_1 + p_2)}{16\, l\, p_1}\, \Delta t \qquad (10.70)$$

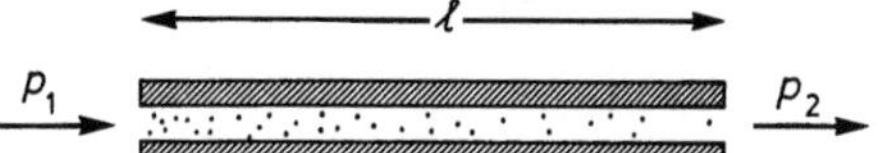

Abb. 10.25. Strömung eines Gases durch eine Kapillare

auf der linken Seite in die Kapillare hinein (das Volumen des rechts ausströmenden Gases ist größer, weil p_2 kleiner als p_1 ist); (10.70) nennt man *Hagen-Poiseuillesches Gesetz* [10.8].

Die Beziehung (10.68) kann dazu benutzt werden, die Stoßdurchmesser der Gasmoleküle zu bestimmen (Tabelle 10.1); dabei ist für u die mittlere Geschwindigkeit $\bar{u}$ gemäß (11.47) einzusetzen.

Tabelle 10.1. Viskosität η [10.9], mittlere Geschwindigkeit $\bar{u}$, mittlere freie Weglänge λ bei $p = 1$ bar und Stoßdurchmesser $2r$ einiger Gase. Zur Berechnung von $\bar{u}$, λ und $2r$ wurden die Beziehungen (11.47), (10.67) und (10.68) zugrunde gelegt

	T	η	M	$\bar{u}$	λ	$2r$
	K	$10^{-6}\,\mathrm{g\,cm^{-1}\,s^{-1}}$	$\mathrm{g\,mol^{-1}}$	$\mathrm{m\,s^{-1}}$	Å	Å
H	273	69	1,008	2390	1300	2,56
H_2	273	84	2,016	1690	1120	2,76
CO_2	273	137	44,01	362	390	4,66
O_2	273	192	32,00	425	642	3,64
N_2	273	166	28,02	454	593	3,79
He	273	186	4,003	1200	1760	2,20
Br_2	286	152	159,8	199	218	6,25

10.3 Wärmebewegung in Flüssigkeiten

Während in einem Kristall die Gitterbausteine an ihren Plätzen sitzen, ist in einer Flüssigkeit ähnlich wie in einem Gas ein Platzwechsel der Moleküle möglich. Wir können einem Molekül in der Flüssigkeit die Translationsenergie $\tfrac{3}{2} kT$ zuschreiben; bei gleicher Temperatur besitzt daher ein Molekül in einer Flüssigkeit die gleiche mittlere Geschwindigkeit wie in der Gasphase. Allerdings ist seine mittlere freie Weglänge viel kleiner, weil die Moleküle in einer Flüssigkeit viel dichter gepackt sind als im Gas. Nach Abschn. 10.2.2 sind die Moleküle in einem Gas bei 1 bar und 273,16 K im Mittel 33 Å voneinander entfernt; nach der gleichen Überlegung ergibt sich für eine Flüssigkeit wie Wasser ein mittlerer Abstand von 3 Å, wenn wir davon ausgehen, daß sich in 1 cm^3 Wasser

$\frac{1}{18} \cdot 6{,}022 \cdot 10^{23} = 3{,}3 \cdot 10^{22}$ Moleküle befinden. Dieser Abstand liegt in der Größenordnung der Moleküldurchmesser, so daß ein Teilchen nicht mehr wie beim Gas in freiem Flug zwischen mehreren Molekülen hindurchfliegen kann. Es ist daher in einer Flüssigkeit die mittlere freie Weglänge λ kleiner als der mittlere Abstand der Moleküle, also $\lambda \approx 1$ Å. Infolgedessen stößt ein Molekül in einer Flüssigkeit viel häufiger mit einem anderen Molekül zusammen als in einem Gas. So gilt für die Stoßfrequenz

$$v = \frac{u}{\lambda} = \frac{10^3 \, \mathrm{m\,s}^{-1}}{10^{-10} \, \mathrm{m}} = 10^{13} \, \mathrm{s}^{-1} \,,$$

während für Gase in Abschn. 10.2.2 $v = 10^{10} \, \mathrm{s}^{-1}$ berechnet wurde; es finden in derselben Zeit also etwa 1000 mal soviele Stöße statt wie in einem Gas. Infolgedessen dauert es viel länger, bis ein Teilchen innerhalb einer Flüssigkeit eine bestimmte Strecke durch Diffusion zurückgelegt hat. Das Teilchen muß mehrmals mit einem Flüssigkeitsteilchen zusammenstoßen, bevor es zu einem Platzwechsel kommen kann (Abb. 10.26). Bei einem Platzwechsel legt das Teilchen den Weg a zurück (a: mittlerer Abstand zweier Flüssigkeitsmoleküle). Findet ein Platzwechsel immer nach jeweils ξ Stößen statt, dann ist $(v/\xi)\Delta t$ die Anzahl der Platzwechsel in der Zeit Δt, und es ist das mittlere Verschiebungsquadrat $\overline{\Delta x^2}$ in der Zeit Δt analog zu (10.41) (a entspricht λ, $\Delta t \cdot v/\xi$ entspricht j)

$$\overline{\Delta x^2} = \frac{1}{3}\left(\frac{v}{\xi}\Delta t\right)a^2 = \frac{1}{3}\frac{v}{\xi}a^2 \Delta t \,.$$

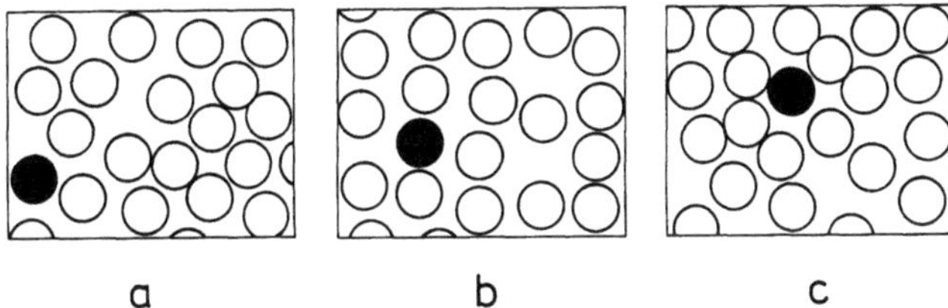

Abb. 10.26a–c. Platzwechselvorgänge eines Moleküls, das sich innerhalb einer Flüssigkeit fortbewegt

Durch den Faktor $\frac{1}{3}$ wird wie in (10.49) berücksichtigt, daß die Diffusion in alle drei Raumrichtungen erfolgt. Da nach (10.59)

$$\overline{\Delta x^2} = 2D\Delta t \tag{10.72}$$

gilt, ergibt sich daraus

$$D = \frac{1}{6}\frac{v}{\xi}a^2 \quad \text{bzw.} \quad \xi = \frac{1}{6}\frac{v}{D}a^2 \,. \tag{10.73}$$

Bei einer Flüssigkeit wie Wasser ist $D = 5 \cdot 10^{-5} \, \mathrm{cm}^2 \, \mathrm{s}^{-1}$, und es ist

$$\xi = \frac{1}{6}\frac{10^{13}\,\mathrm{s}^{-1}}{5 \cdot 10^{-5}\,\mathrm{cm}^2\,\mathrm{s}^{-1}} \cdot 9 \cdot 10^{-16}\,\mathrm{cm}^2 = 30 \,.$$

Danach müssen etwa 30 Stöße abgewartet werden, bis ein Platzwechsel erfolgen kann. Die Häufigkeit der Platzwechsel hängt von den zwischenmolekularen Kräften ab, die durch die spezifische Umgebung des Moleküls bestimmt sind. Die Größe D hat daher bei Flüssigkeiten anders als bei Gasen spezifische Werte. Das gilt auch für die Viskosität, die wegen der dichteren Packung der Moleküle bei Flüssigkeiten viel größer ist als bei Gasen, und bei Wasser beispielsweise $\eta = 0{,}0089 \, \mathrm{g\,(s\,cm)}^{-1}$ bei Glyzerin $\eta = 9{,}54 \, \mathrm{g\,(s\,cm)}^{-1}$ (bei 300 K) beträgt.

Ein Molekül diffundiert in einer Flüssigkeit um so leichter, je kleiner es ist und je kleiner die Viskosität der Flüssigkeit ist. Zur Abschätzung von D betrachten wir das gelöste Molekül als Kugel vom Radius r, und wir nehmen an, daß die Kraft K, die am Molekül angreifen muß, um es mit der Geschwindigkeit v durch die Flüssigkeit zu ziehen, so groß ist, wie nach der Hydrodynamik zu erwarten wäre. Nach dem Stokeschen Gesetz ist

$$K = 6\pi\eta r v \,. \tag{10.74}$$

Wir betrachten also das Lösungsmittel als Kontinuum und vernachlässigen seine Molekularstruktur. In dieser Näherung ist D durch die *Stokes-Einstein-Gleichung* gegeben.

$$\boxed{D = \frac{kT}{6\pi\eta r}} \,. \tag{10.75}$$

Sie ist um so besser gerechtfertigt, je größer das Teilchen ist, aber auch für Moleküle brauchbar, die nicht viel größer sind als Lösungsmittelmoleküle.

Um diese Gleichung zu begründen, betrachten wir gelöste Teilchen, die sich in einem Kraftfeld befinden, etwa im künstlichen Schwerefeld einer Ultrazentrifuge. Jedes Molekül wird mit der Kraft K nach unten gezogen, und wegen der Temperaturbewegung bildet sich eine Häufigkeitsverteilung im stationären Zustand, die nach (10.60) durch

$$c(x) = c_0\, e^{-Kx/(kT)} \qquad (10.76)$$

gegeben ist.

Andererseits können wir sagen, daß sich jedes Teilchen unter der Wirkung der Kraft K mit der Geschwindigkeit $v = K/(6\pi\eta r)$ nach unten bewegt, gleichzeitig aber entgegen dem Konzentrationsgefälle $-dc/dx$ nach oben diffundiert. Durch einen Querschnitt Q in der Höhe x wandert in der Zeit Δt unter der Wirkung der Kraft K die Stoffmenge

$$\Delta \mathbf{n}_K = -Qcv\Delta t = -Qc\,\frac{K}{6\pi\eta r}\,\Delta t, \qquad (10.77)$$

sowie durch Diffusion nach (10.56) die Stoffmenge

$$\Delta \mathbf{n}_D = -QD\,\frac{dc}{dx}\,\Delta t. \qquad (10.78)$$

Im stationären Zustand ist $\Delta \mathbf{n}_K + \Delta \mathbf{n}_D = 0$ und somit

$$D\,\frac{dc}{dx} = -\frac{Kc}{6\pi\eta r}. \qquad (10.79)$$

Durch Integration folgt

$$c = c_0\, e^{-Kx/(6\pi\eta r D)}. \qquad (10.80)$$

Durch Vergleich von (10.80) und (10.76) ergibt sich $6\pi\eta r D = kT$ und damit (10.75).

Die Beziehung (10.75) ist sehr wichtig zur Abschätzung der Bewegungen in molekularen Systemen. Beispielsweise ist der Zusammenbau biologischer Systeme letzten Endes immer mit dem Prozeß verbunden, daß Moleküle infolge ihrer Wärmebewegung herumdiffundieren. Die ineinanderpassenden Komponenten finden sich zusammen und bleiben miteinander verknüpft, während unpassende Komponenten wieder auseinander diffundieren. So bauen sich komplexe Systeme von selbst zusammen.

Aufgaben

10.1 *Elastischer Stoß auf eine Wand*
Statt von (10.3) müßten wir genauer von der Gleichung

$$\text{Kraft} = M_{\text{Gas}}\,\frac{du}{dt} \qquad (10.3\,\text{a})$$

ausgehen. Man zeige, daß der Ausdruck (10.5) die im zeitlichen Mittel wirkende Kraft darstellt.

10.2 *Elastischer Stoß von 2 Kugeln*
2 Kugeln (Massen m_1, m_2; Geschwindigkeiten u_1, u_2) stoßen elastisch aufeinander (zentraler Stoß). Was passiert in den Fällen
a) $m_1 = m_2$, $u_1 = 0$,
b) $m_1 \gg m_2$, $u_1 = -u_2$?

10.3 *Gasgesetz*
Am Boden eines 10 m tiefen Sees bildet sich ein Bläschen mit Methangas (Durchmesser 1 cm). Wie groß ist der Durchmesser der Blase, wenn sie an die Oberfläche des Sees steigt? Die Wassertemperatur im See steigt von $5\,°C$ am Grund auf $25\,°C$ an der Oberfläche an.

10.4 *Gasgesetz*
Man berechne die Dichteverteilung eines Gases in einem Zylinder, der sich in einem Temperaturbad befindet, falls auf jedes Molekül eine konstante Kraft in Richtung der Zylinderachse wirkt (Idealfall der atmosphärischen Verteilung).

10.5 *Gasgesetz*
Die Luft im Inneren eines Kühlschrankes (Volumen 100 l) wird nach dem Schließen der Tür von $20°C$ auf $0°C$ abgekühlt. Wie groß ist die Kraft, die zum Öffnen der Tür (Fläche 1 m^2) nötig ist? Der Kühlschrank wird als völlig dicht angenommen.

10.6 *Gasgesetz*
Zwei gleichgroße Behälter, die durch ein Rohr miteinander verbunden sind, sind mit N_2 gefüllt. Werden beide Behälter in ein Bad mit kochendem Wasser gestellt, dann mißt man in jedem der Behälter einen Druck von 0,5 bar. Sodann stellt man den einen Behälter in ein Eisbad, während der andere im kochenden Wasser bleibt. Welcher Druck wird jetzt gemessen?

10.7 *Gasthermometer*

Für SO_2 findet man experimentell die folgenden Molvolumina **V**, wenn man das Gas bei verschiedenen Drücken *p* untersucht:

p	V
bar	$1\,mol^{-1}$
0,253	89,13
0,506	44,30
0,660	33,83
1,013	21,89

Man ermittle die Temperatur des Gases.

10.8 *Molekülgeschwindigkeit und Isotopentrennung*

Man läßt eine Mischung von $^{235}UF_6$ (0,1%) und $^{238}UF_6$ (99,9%) aus einem Gefäß durch eine kleine Öffnung eine kurze Zeit im Vakuum ausströmen. Wie stark reichert sich das leichtere Isotop dabei an?

10.9 *Verschiebungsquadrat*

Bei einer eindimensionalen Diffusionsbewegung ist der nach j Stößen in x-Richtung zurückgelegte Weg

$$\Delta x = \lambda \sum_{i=1}^{j} \delta_i ,$$

wobei δ_i je nach Zufall $+1$ oder -1 sein kann. Führen wir den Versuch m-mal hintereinander aus, dann werden wir jedes Mal einen anderen Wert für Δx erhalten. Ist m genügend groß, dann ist es sinnvoll, nach dem Mittelwert $\overline{(\Delta x^2)}$ zu fragen:

$$\overline{(\Delta x)^2} = \frac{1}{m} \sum_{k=1}^{m} (\Delta x_k)^2 .$$

Man zeige, daß für $\overline{(\Delta x)^2}$ auf Grund dieser Überlegung (10.41) erhalten wird.

10.10 *Brownsche Bewegung*

Ein Teilchen führte in einer bestimmten Zeit, in der Projektion auf die xy-Ebene betrachtet, die folgende Zickzackbewegung aus:

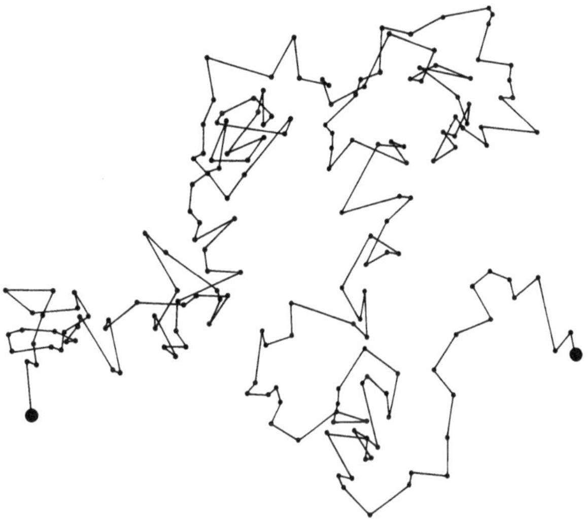

Man berechne:
a) die mittlere freie Weglänge
b) das Verschiebungsquadrat in x-Richtung
Der Abstand von Anfangs- zu Endpunkt ist 3 μm

11. Energieverteilung in Molekülanhäufungen

11.1 Boltzmannsches Verteilungsgesetz

Bisher haben wir vereinfachend angenommen, daß alle Moleküle in einer Molekülanhäufung die gleiche Energie besitzen; alle Moleküle eines Gases müßten dann mit derselben Geschwindigkeit herumfliegen. Wir können uns aber leicht klarmachen, daß ein solcher Zustand nicht lange erhalten bleiben kann. Während bei einem zentralen Stoß zwischen 2 Molekülen lediglich die Geschwindigkeiten ausgetauscht werden, werden bei nicht zentralen Stößen die Geschwindigkeiten geändert. In Abb. 11.1 ist ein nicht zentraler Stoßvorgang zwischen 2 Molekülen dargestellt, die sich gleich schnell, aber senkrecht zueinander bewegen. Nach dem Stoß ist das untere Molekül in Ruhe, das obere bewegt sich mit der resultierenden Geschwindigkeit $\sqrt{u_1^2 + u_2^2} = \sqrt{2}\,u$. Da nicht zentrale Stöße viel häufiger vorkommen als zentrale, wird es – ausgehend von gleichen Geschwindigkeiten – nach kurzer Zeit viele Moleküle geben, deren Geschwindigkeiten größer oder kleiner als die mittlere Geschwindigkeit sind. Es stellt sich also eine bestimmte Geschwindigkeitsverteilung ein (Abb. 11.2).

Bevor wir die Translationsenergie von Gasen näher untersuchen, wollen wir zunächst Fälle betrachten, in denen

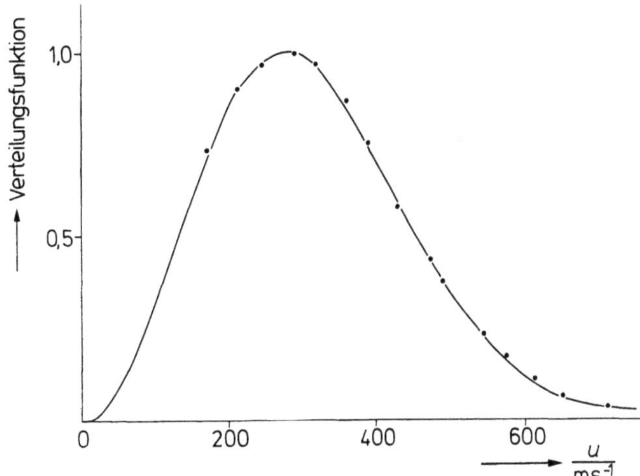

Abb. 11.2. Verteilungsfunktion der Geschwindigkeiten eines Gases aus Thalliumatomen bei 944 K; der Ordinatenwert für das Maximum wurde willkürlich gleich 1 gesetzt. (●) Experiment [11.2]; (———) nach (11.42) berechnet

die Energiequantelung wesentlich ist, in denen also nur ganz bestimmte Energieniveaus besetzt werden können. Als erstes Beispiel denken wir uns gasförmiges Natrium in einem Temperaturbad der Temperatur T; die Na-Atome können im elektronischen Grundzustand (Energie E_1) oder im elektronisch angeregten Zustand (Energie E_2) existieren (Abb. 11.3).

Liegen in dem Na-Dampf insgesamt N Atome vor, dann können N_1 Atome im Quantenzustand 1 und N_2 Atome im Quantenzustand 2 sein. Uns interessiert jetzt, wie groß N_1 bzw. N_2 ist. Wie wir in Abschn. 11.3 begründen werden, sind die Besetzungszahlen N_i in einem Quantenzustand i durch den *Boltzmannschen* e-*Satz* [11.1] gegeben:

$$N_i = C\,\mathrm{e}^{-E_i/(kT)} \quad i = 1, 2, 3, \ldots \qquad (11.1)$$

N_i nimmt also mit wachsender Energie E_i des Quantenzustandes ab (Abb. 11.4); C ist bei gegebener Temperatur eine Konstante.

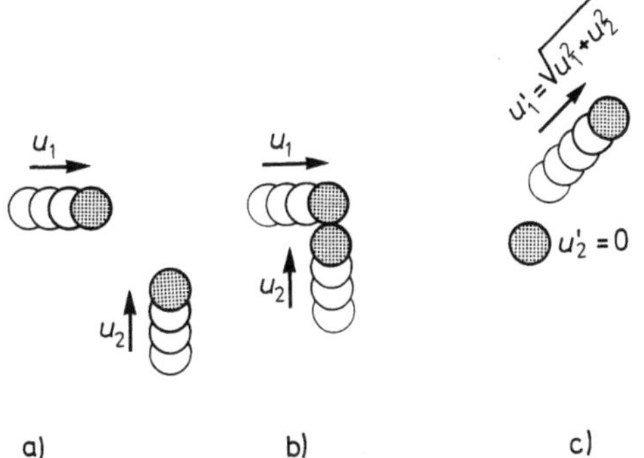

Abb. 11.1a – c. Stoß zweier gleicher Moleküle, die sich senkrecht zueinander bewegen. (a) Geschwindigkeiten kurz vor dem Stoß, (b) Geschwindigkeiten beim Stoß, (c) Geschwindigkeiten kurz nach dem Stoß

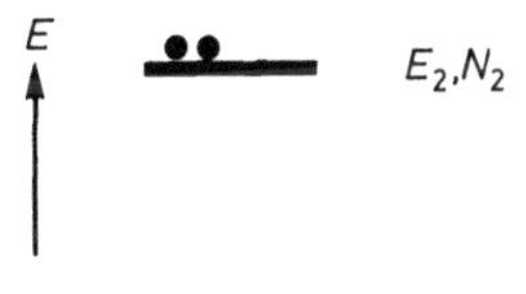

Abb. 11.3. Energien von Na-Atomen (E_1: Grundzustand, E_2: elektronisch angeregter Zustand)

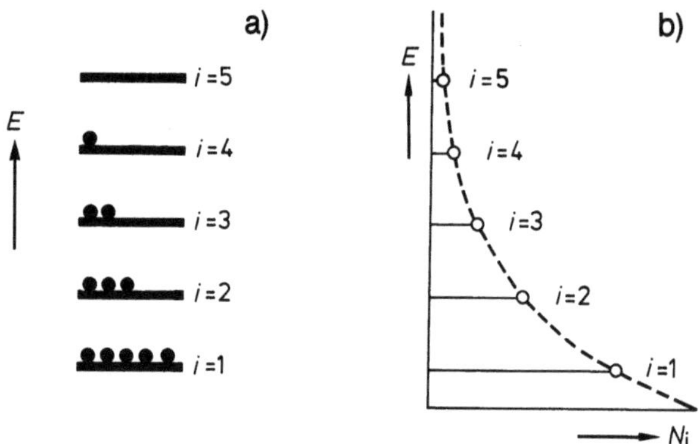

Abb. 11.4a, b. N_i in Abhängigkeit von E_i bei konstanter Temperatur. **(a)** Besetzungsschema, **(b)** Graphische Darstellung der Boltzmann-Verteilung (11.1)

Für die Na-Atome gilt also

$$N_1 = C\,e^{-E_1/(kT)} \qquad N_2 = C\,e^{-E_2/(kT)} \tag{11.2}$$

und mit $\Delta E = E_2 - E_1$

$$\frac{N_2}{N_1} = e^{-\Delta E/(kT)} . \tag{11.3}$$

Andererseits ist

$$N_1 + N_2 = N . \tag{11.4}$$

Daraus ergibt sich

$$N_1 = N\,\frac{1}{1 + e^{-\Delta E/(kT)}}$$

$$N_2 = N\,\frac{1}{1 + e^{\Delta E/(kT)}} . \tag{11.5}$$

Am absoluten Nullpunkt ($T = 0$) ist demnach $N_1 = N$ und $N_2 = 0$: alle Atome sind im Grundzustand. Für

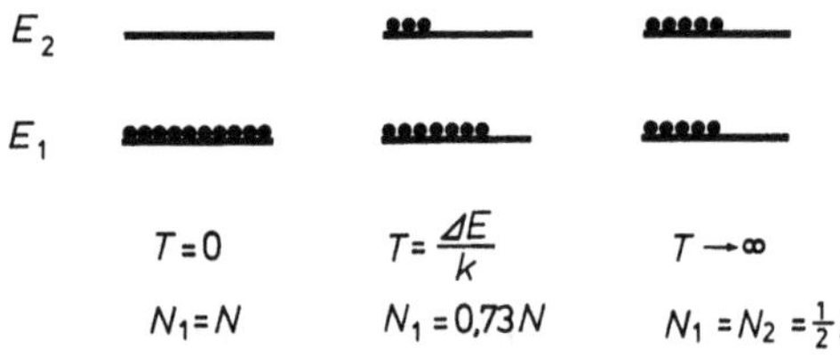

$$E_2 \quad \rule{2em}{0.4pt} \qquad \rule{2em}{0.4pt} \qquad \rule{2em}{0.4pt}$$

$$E_1 \quad \rule{2em}{0.4pt} \qquad \rule{2em}{0.4pt} \qquad \rule{2em}{0.4pt}$$

Abb. 11.5. Besetzungszahlen von 2 Quantenzuständen bei verschiedenen Temperaturen ($\Delta E = E_2 - E_1$)

$T \to \infty$ wird $N_1 = N_2 = N/2$, es befinden sich also in beiden Quantenzuständen gleich viele Atome. Ist $\Delta E = kT$, dann wird $N_1 = 0,73\,N$ und $N_2 = 0,27\,N$ (Abb. 11.5). Nach Abschn. 3.1 ist die elektronische Anregungsenergie von Na $\Delta E = 3,37 \cdot 10^{-19}$ J. Damit erhalten wir für den Bruchteil der angeregten Na-Atome die Werte

T/K	N_2/N
300	$3 \cdot 10^{-36}$
1000	$3 \cdot 10^{-11}$
2000	$5 \cdot 10^{-6}$
20000	0,23

2000 K ist größenordnungsmäßig die Temperatur vom heißesten Teil der Flamme eines Bunsenbrenners; erhitzen wir ein Körnchen Kochsalz auf diese Temperatur, dann wird die Flamme intensiv gelb gefärbt. Das kommt daher, daß Na aus dem Kristallgitter entweicht und zu einem kleinen Bruchteil elektronisch angeregt wird; beim Übergang in den Grundzustand wird Licht (Natrium D-Linie) abgestrahlt. In Abb. 11.6 ist N_1 bzw. N_2 in Abhängigkeit von T dargestellt.

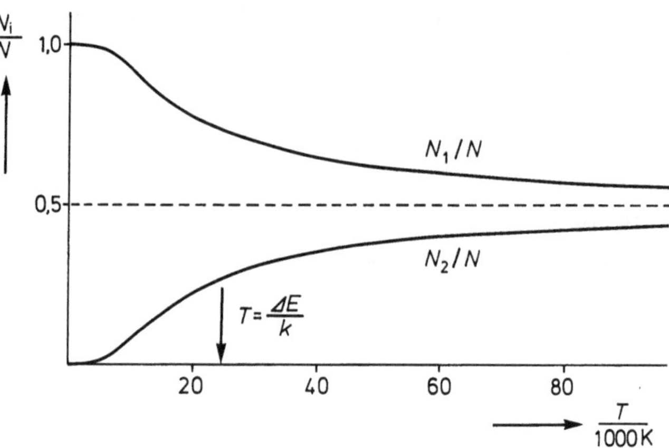

Abb. 11.6. Abhängigkeit von N_1 und N_2 von T gemäß (11.5); es ist der Wert $\Delta E = 3,37 \cdot 10^{-19}$ J zugrunde gelegt. Die Temperatur, für die $\Delta E = kT$ wird, ist 24000 K

Wir wollen uns jetzt noch an einem einfachen Modell klarmachen, warum beide Quantenzustände bei hoher Temperatur gleich stark besetzt sein müssen. Dazu denken wir uns einen Behälter, dessen Boden stufenförmig aufgebaut ist (Abb. 11.7). Auf den Boden legen wir Stahlkugeln. Solange der Behälter in Ruhe ist, sammeln

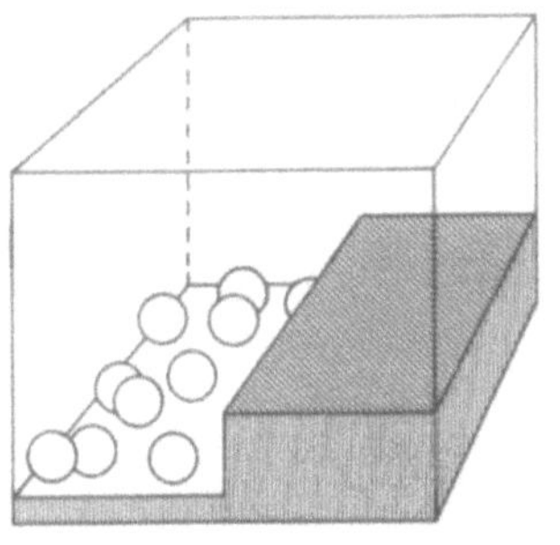

Abb. 11.7a – c. Modellversuch zur Demonstration der Verteilung von Molekülen auf 2 Energieniveaus (**a**) Behälter in Ruhe, (**b**) Behälter schwach geschüttelt, (**c**) Behälter stark geschüttelt

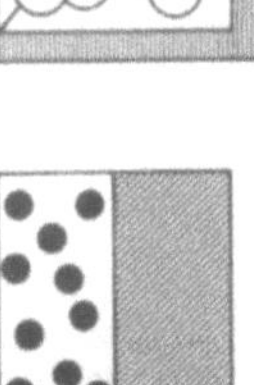 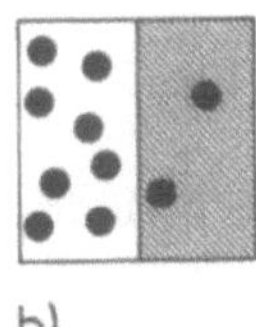 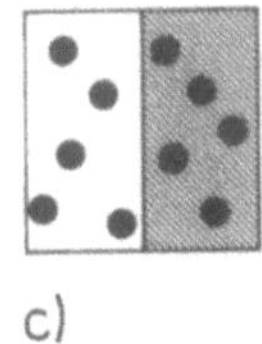

a)   b)   c)

sich alle Kugeln auf der linken Seite an (Stelle der niedrigsten potentiellen Energie, Abb. 11.7a). Nun schütteln wir den Behälter, und zwar zunächst schwach. Dadurch führen wir den Stahlkugeln kinetische Energie zu. Schwaches Schütteln entspricht einer kleinen kinetischen Energie und damit einer niedrigen Temperatur. Wir beobachten, daß ab und zu eine Kugel von der unteren Stufe auf die obere (Zustand großer potentieller Energie) fliegt. Machen wir nacheinander mehrere Momentaufnahmen, dann können wir feststellen, daß im zeitlichen Mittel die meisten Kugeln unten und einige oben sind (Abb. 11.7b). Je stärker wir schütteln, um so mehr Kugeln gelangen auf die obere Stufe; je mehr Kugeln oben sind, um so häufiger kommt es aber auch vor, daß eine Kugel von oben nach unten fällt. Befinden sich oben genauso viele Kugeln wie unten, dann ist die Wahrscheinlichkeit dafür, daß eine Kugel herunterfällt, genau so groß wie dafür, daß eine andere Kugel hochfliegt (Abb. 11.7c). Es kann also nicht vorkommen, daß sich die Kugeln alle oben anhäufen. Wir können auch noch anders argumentieren: schütteln wir nur heftig genug, dann können wir die kinetische Energie der Kugeln viel größer machen, als es dem Unterschied der potentiellen Energien auf den beiden Stufen entspricht. Die Kugeln sehen dann keinen Unterschied mehr zwischen beiden Bereichen in dem Behälter und verteilen sich deshalb gleichmäßig.

Gehen wir von einem System mit 2 Quantenzuständen über zu Systemen mit vielen Quantenzuständen, dann gilt anstelle von (11.4)

$$N_1 + N_2 + \ldots = \sum_{i=1}^{\infty} N_i = N \, . \tag{11.6}$$

Mit dieser Bedingung können wir die Konstante C in (11.1) allgemein festlegen

$$\sum_{i=1}^{\infty} N_i = \sum_{i=1}^{\infty} C \, e^{-E_i/(kT)} = C \sum_{i=1}^{\infty} e^{-E_i/(kT)} \, . \tag{11.7}$$

Die Größe

$$Z = \sum_{i=1}^{\infty} e^{-E_i/(kT)} \tag{11.8}$$

nennt man *Zustandssumme*. Damit wird

$$C = \frac{N}{Z} \tag{11.9}$$

und

$$\boxed{N_i = \frac{N}{Z} \, e^{-E_i/(kT)}} \, . \tag{11.10}$$

Die Größe

$$\boxed{W_i = \frac{N_i}{N} = \frac{1}{Z} \, e^{-E_i/(kT)}} \tag{11.11}$$

stellt die Wahrscheinlichkeit dar, ein herausgegriffenes Teilchen bei der Temperatur T im i-ten Quantenzustand anzutreffen.

11.2 Anwendungen des Boltzmannschen e-Satzes

11.2.1 Schwingungsenergie

Nach Kap. 8 sind die Schwingungen eines Moleküls gequantelt. Die einzelnen Quantenzustände sind durch Quantenzahlen n charakterisiert; für die Schwingungsenergie E_n eines Moleküls mit der Quantenzahl n gilt

$$\boxed{E_n = (\tfrac{1}{2} + n)\, h\, \nu_0 \qquad n = 0, 1, 2, \ldots} \tag{11.12}$$

mit

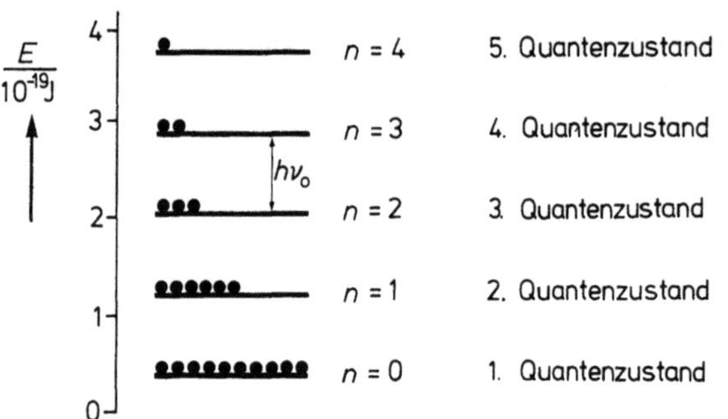

Abb. 11.8. Quantenzustände eines Oszillators für den Fall $v_0 = 1{,}25 \cdot 10^{14}\,\mathrm{s}^{-1}$ (Schwingungsfrequenz von H_2)

$$v_0 = \frac{1}{2\pi} \sqrt{\frac{D}{\mu}}$$

(μ: reduzierte Masse und D: Kraftkonstante der Bindung). Die Abstände benachbarter Quantenzustände sind gleich groß (Abb. 11.8).

Wir betrachten jetzt ein Gas, das aus N zweiatomigen Molekülen besteht (z. B. H_2, N_2, J_2, HCl), und fragen zunächst danach, wie diese Moleküle auf die einzelnen Quantenzustände verteilt sind.

Der Boltzmannsche e-Satz (11.10) gibt uns an, wie groß die Anzahl N_i der Teilchen im i-ten Quantenzustand ist; in unserem Fall ist es zweckmäßiger, nach der Anzahl N_n der Teilchen zu fragen, welche die Energie E_n besitzen. Da die Werte $i = 1, 2, 3, \ldots$ den Quantenzahlen $n = 0, 1, 2, \ldots$ entsprechen, gilt:

$$N_n = \frac{N}{Z}\mathrm{e}^{-(1/2+n)hv_0/(kT)} \qquad n = 0, 1, 2, \ldots . \quad (11.13)$$

Nach Aufgabe 11.2 ist mit $x = hv_0/(kT)$

$$\frac{N}{Z} = N(\mathrm{e}^{x/2} - \mathrm{e}^{-x/2}) . \quad (11.14)$$

Damit erhalten wir aus (11.13)

$$\boxed{N_n = \frac{N}{Z}\mathrm{e}^{-x/2}\,\mathrm{e}^{-nx} = N(1 - \mathrm{e}^{-x})\mathrm{e}^{-nx}} . \quad (11.15)$$

Beispielsweise gilt für den ersten Quantenzustand ($n = 0$)

$$N_0 = N(1 - \mathrm{e}^{-x}) = N(1 - \mathrm{e}^{-hv_0/(kT)}) . \quad (11.16)$$

Für $T \to 0$ wird daraus $N_0 = N$: alle Moleküle besetzen den untersten Quantenzustand. Für hohe Temperatur wird

$$N_0 \approx N(1 - 1 + x) = N\frac{hv_0}{kT} .$$

N_0 ist dann proportional zu $1/T$.

Für H_2 ist $hv_0 = 83 \cdot 10^{-21}$ J; damit ist bei Zimmertemperatur ($T = 300$ K)

$$\frac{hv_0}{kT} = \frac{83 \cdot 10^{-21}\,\mathrm{J}}{1{,}38 \cdot 10^{-23}\,\mathrm{J\,K}^{-1} \cdot 300\,\mathrm{K}} = 20$$

also $N_0 = N \cdot (1 - \mathrm{e}^{-20}) \approx N$; es befinden sich also praktisch alle Moleküle im Schwingungsgrundzustand. Erst wenn kT in die Größenordnung von hv_0 kommt, also bei Temperaturen um

$$T = \frac{hv_0}{k} = \frac{83 \cdot 10^{-21}\,\mathrm{J}}{1{,}38 \cdot 10^{-23}\,\mathrm{J\,K}^{-1}} \approx 6000\,\mathrm{K} ,$$

werden auch höhere Schwingungszustände besetzt (Abb. 11.9).

Wenn wir die Besetzungszahlen N_n kennen, können wir auch die gesamte Schwingungsenergie U_{Osz} aller Moleküle berechnen. Gehen wir davon aus, daß keine Kräfte zwischen den einzelnen Molekülen wirken, dann ergibt sich U_{Osz} als Summe der Energien der einzelnen Moleküle.

$$U_{\mathrm{Osz}} = N_0 E_0 + N_1 E_1 + \ldots = \sum_{n=0}^{\infty} N_n E_n$$

$$= N(1 - \mathrm{e}^{-hv_0/(kT)}) \sum_{n=0}^{\infty} (\tfrac{1}{2} + n)\,hv_0\,\mathrm{e}^{-nhv_0/(kT)}$$

$$(11.17)$$

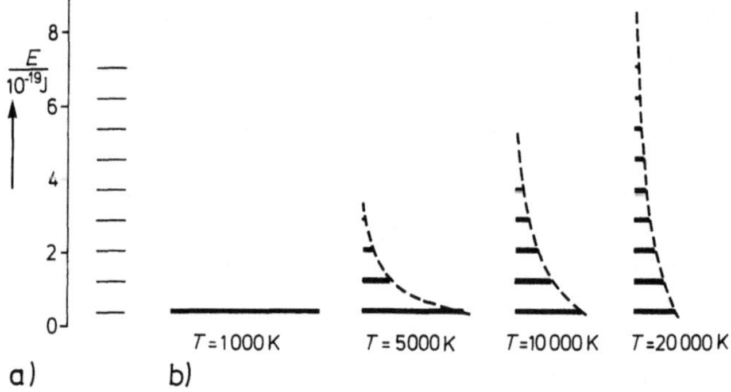

Abb. 11.9a, b. Besetzungszahlen von H_2 auf den Schwingungsniveaus E_n bei verschiedenen Temperaturen. (a) Energieniveaus, (b) Verteilung der Teilchen auf die einzelnen Quantenzustände; die Längen der Balken in den einzelnen Niveaus sind zu den Teilchenzahlen proportional

Im Anhang K wird gezeigt, daß man für die Summe in (11.17) den Wert

$$\frac{h\nu_0}{1-e^{-h\nu_0/(kT)}}\left(\frac{1}{2}+\frac{1}{e^{h\nu_0/(kT)}-1}\right)$$

erhält.

Damit können wir die Oszillationsenergie U_{Osz} angeben:

$$\boxed{U_{\mathrm{Osz}}=Nh\nu_0\left(\frac{1}{2}+\frac{1}{e^{h\nu_0/(kT)}-1}\right)}\,. \qquad (11.18)$$

Am absoluten Nullpunkt verschwindet das zweite Glied in der Klammer, und es wird

$$U_{\mathrm{Osz}}=\tfrac{1}{2}Nh\nu_0\,. \qquad (11.19)$$

Das ist die Energie von N Oszillatoren, die sich im untersten Quantenzustand befinden. Für hohe Temperatur erhalten wir über eine Reihenentwicklung der e-Funktion mit $h\nu_0/(kT)=x$

$$
\begin{aligned}
U_{\mathrm{Osz}}&=Nh\nu_0\left(\frac{1}{2}+\frac{1}{1+x+\frac{1}{2}x^2+\ldots-1}\right)\\
&=Nh\nu_0\left(\frac{1}{2}+\frac{1}{x}\,\frac{1}{1+\frac{1}{2}x+\ldots}\right)\\
&=Nh\nu_0\left(\frac{1}{2}+\frac{1}{x}\left(1-\frac{1}{2}x-\ldots\right)\right)\\
&=Nh\nu_0\left(\frac{1}{2}+\frac{1}{x}-\frac{1}{2}-\ldots\right)\approx Nh\nu_0\frac{1}{x}\,.
\end{aligned}
\qquad (11.20)
$$

Damit erhalten wir für großes T

$$U_{\mathrm{Osz}}=Nh\nu_0\cdot\frac{kT}{h\nu_0}=NkT \qquad (11.21)$$

bzw. für die mittlere Energie eines Oszillators

$$\bar{E}_{\mathrm{Osz}}=U_{\mathrm{Osz}}/N=kT\,. \qquad (11.22)$$

Man kann diesen Wert vergleichen mit dem Wert, der sich ergibt, wenn wir das Molekül vereinfachend als klas-

sischen Oszillator betrachten. Diese Annahme müßte bei hohen Temperaturen, wenn sehr viele Quantenzustände angeregt sind, gerechtfertigt sein. Wir müssen also danach fragen, wie groß im Mittel die kinetische Energie eines klassischen Oszillators ist, der sich im thermischen Gleichgewicht mit anderen Gasmolekülen befindet (Abb. 11.10).

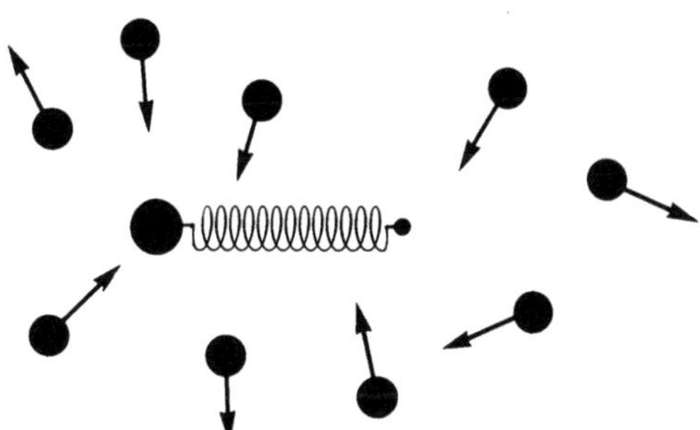

Abb. 11.10. Oszillator im thermischen Gleichgewicht mit Gasmolekülen

Wir betrachten zur Vereinfachung ein Molekül wie HCl, bei dem der Schwerpunkt praktisch im schweren Kern liegt. Das leichte Atom wird im Mittel dieselbe kinetische Energie $\frac{3}{2}kT$ haben wie die Gasmoleküle, von denen es beklopft wird. Sie verteilt sich zu gleichen Teilen auf die Bewegung in der Richtung der Atomverbindungslinie und in den beiden Raumrichtungen senkrecht dazu. Es wird also im Mittel $\frac{1}{2}kT$ als kinetische Energie der Schwingung gespeichert. Der Oszillator speichert außerdem aber noch potentielle Energie (Spannen der Feder), die im Mittel genau so groß wie seine kinetische Energie ist. Somit gilt klassisch:

$$
\begin{aligned}
U_{\mathrm{Osz,klassisch}}&=U_{\mathrm{Osz,kin.}}+U_{\mathrm{Osz,pot.}}\\
&=N(2\cdot\tfrac{1}{2}kT)=NkT\,.
\end{aligned}
\qquad (11.23)
$$

Entsprechendes gilt für die Rotation von Molekülen (Abschn. 11.2.2)[1]. Bei genügend hoher Temperatur geht die quantenmechanische Betrachtungsweise in die klassische über; nach Tabelle 11.1 und Abb. 11.11 geschieht dies bei HCl erst bei Temperaturen von weit über 2000 K. Bei tieferen Temperaturen sind die Abweichungen gegenüber dem klassischen Verhalten erheblich.

---

[1] Die Feststellung, daß im klassischen Grenzfall auf die 3 Raumrichtungen der Translation und die 2 Raumrichtungen der Rotation je die kinetische Energie $\frac{1}{2}kT$ entfällt und Entsprechendes für die kinetische und potentielle Energie der Schwingung gilt, läßt sich verallgemeinern: *Gleichverteilungssatz* [11.3].

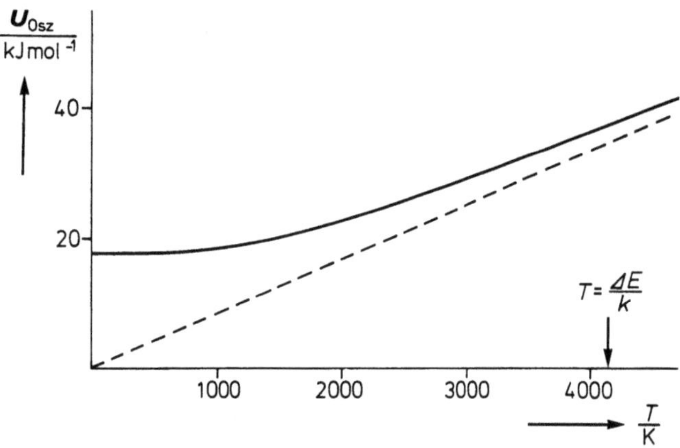

Abb. 11.11. Schwingungsenergie U_{Osz} von HCl-Molekülen in Abhängigkeit von der Temperatur nach (Tabelle 11.1). Die gestrichelte Linie entspricht dem klassisch erwarteten Verlauf ($U_{\mathrm{Osz}} = RT$). Die Temperatur, für die $\Delta E = kT$ wird, ist 4300 K

Tabelle 11.1. Relative Besetzungszahlen N_n/N der Schwingungsniveaus von HCl bei verschiedenen Temperaturen gemäß (11.15) und Gesamtenergie U_{Osz} der Schwingung gemäß (11.18); es ist
$\nu_0 \;\;= 8,97 \cdot 10^{13}\,\mathrm{s}^{-1}$
$E_n \;\;= 0,593 \cdot 10^{-19}\,\mathrm{J} \cdot (\tfrac{1}{2} + n)$
$U_{\mathrm{Osz}} = U_{\mathrm{Osz}}/\mathbf{n}$

Quanten-zahl n	$\dfrac{E_n}{10^{-19}\,\mathrm{J}}$	Relative Besetzungszahlen N_n/N bei den Temperaturen		
		1000 K ($Z = 0{,}12$)	2000 K ($Z = 0{,}39$)	4000 K ($Z = 0{,}89$)
0	0,30	0,99	0,88	0,66
1	0,89	0,01	0,10	0,22
2	1,48	0,00	0,01	0,08
3	2,08		0,00	0,03
4	2,67			0,01
5	3,26			0,00
	$U_{\mathrm{Osz}}/\mathrm{kJ\,mol}^{-1}$			
		18,2	22,0	35,9

Bei mehratomigen Molekülen sind mehrere Normalschwingungen möglich. Die Bewegung eines Moleküls mit j Atomen wird durch $3j$ Koordinaten beschrieben; davon sind 3 Koordinaten nötig, um die Translationsbewegung zu beschreiben; bei linearen Molekülen kommen für die Rotationsbewegung 2, bei nichtlinearen Molekülen 3 Koordinaten hinzu. Damit bleiben für die Schwingungsbewegung

$(3j-5)$ Normalschwingungen (lineare Moleküle)
$(3j-6)$ Normalschwingungen (nichtlineare Moleküle)

übrig. Jede dieser Normalschwingungen trägt im klassischen Bild nach (11.23) NkT zur Gesamtenergie bei.

11.2.2 Rotationsenergie

Nach Kap. 8 ist die Rotationsenergie E_n eines zweiatomigen Moleküls durch die Quantenzahl n charakterisiert:

$$E_n = \frac{h^2}{8\pi^2\mu d_0^2}\, n\,(n+1) \quad n = 0, 1, 2, \ldots \qquad (11.24)$$

Während bei dem Oszillator zu jeder Quantenzahl n nur eine Wellenfunktion gehört, entsprechen beim Rotator jeder Quantenzahl n insgesamt $(2n+1)$ verschiedene Wellenfunktionen und damit $(2n+1)$ verschiedene Quantenzustände; das n-te Energieniveau ist also $(2n+1)$fach entartet (Abb. 11.12). Fragen wir nach der Anzahl der Teilchen, die sich in einem betrachteten Quantenzustand befinden, dann ist diese Zahl wiederum durch den Boltzmannschen e-Satz (11.10) gegeben; sie nimmt also exponentiell mit der Energie ab. Für unsere Zwecke ist es jedoch wie im Fall des Oszillators sinnvoller, nach der Anzahl N_n der Teilchen zu fragen, welche die Energie E_n besitzen; dazu müssen wir alle Teilchen, die sich in sämtlichen Quantenzuständen mit dieser Energie befinden, zusammenzählen, also ist mit $B = h^2/(8\pi^2\mu d_0^2)$

$$N_n = (2n+1)\,\frac{N}{Z}\,\mathrm{e}^{-E_n/(kT)}$$

$$= (2n+1)\,\frac{N}{Z}\,\mathrm{e}^{-Bn(n+1)/(kT)}. \qquad (11.25)$$

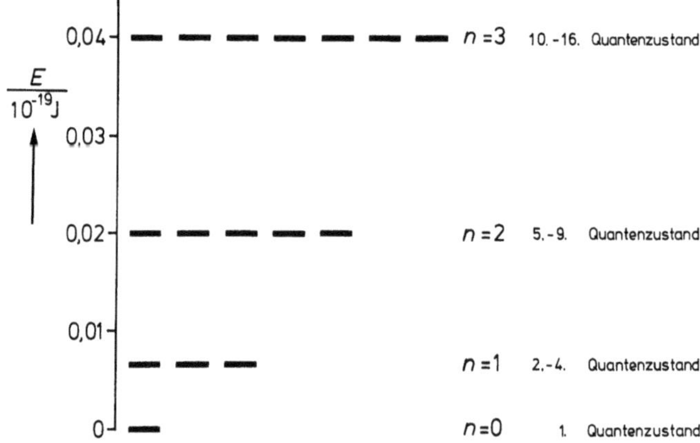

Abb. 11.12. Energieschema eines Rotators (HCl-Molekül)

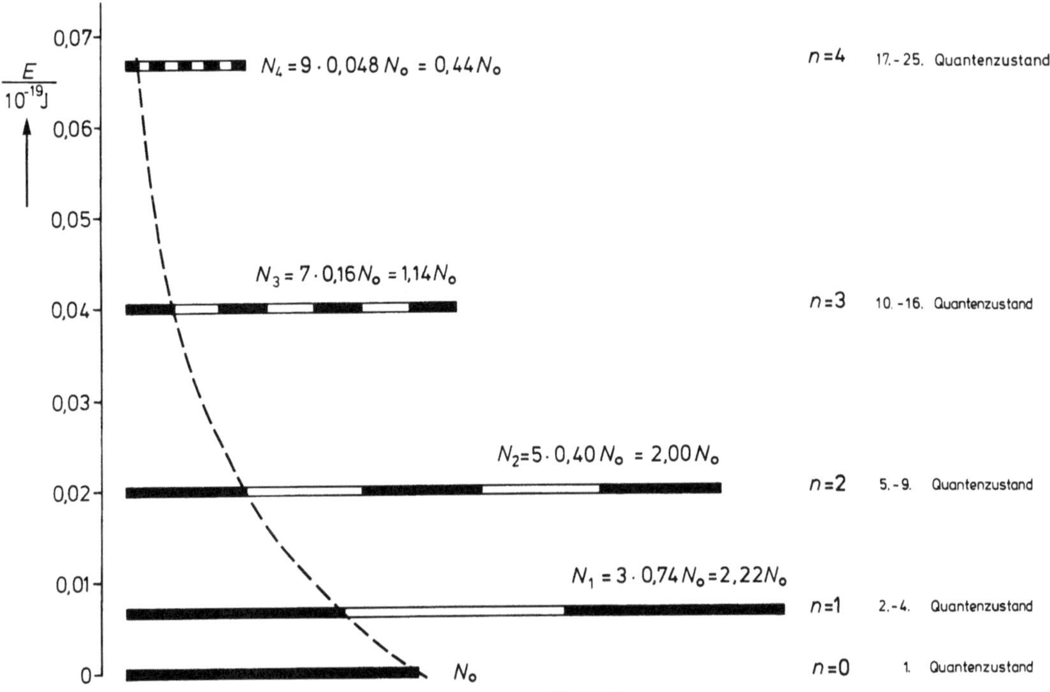

Abb. 11.13. Besetzungsschema beim Rotator (HCl) für $T = 100$ K. Die Länge der jeweils ganz links eingezeichneten Balken entspricht der Anzahl der Teilchen pro betrachtetem Quantenzustand

N_n nimmt einerseits exponentiell mit $n(n+1)$ ab, andererseits aber proportional mit $(2n+1)$ zu. Nehmen wir beispielsweise an, daß bei einer bestimmten Temperatur die Besetzungszahlen N_i im 2., 3. und 4. Quantenzustand ($n = 1$) halb so groß sind wie im 1. Quantenzustand ($n = 0$); dann ist die Anzahl N_n der Teilchen mit der Quantenzahl $n = 1$ gerade $3 \cdot 0,5 = 1,5$ mal so groß wie die Anzahl der Teilchen mit der Quantenzahl $n = 0$. Bei großen Quantenzahlen n wirkt sich der exponentielle Abfall stärker aus als der lineare Anstieg, so daß dann N_n wieder absinkt (Abb. 11.13).

Zur Berechnung der Energie U_{Rot} von N Rotatoren gehen wir entsprechend wie beim Oszillator vor:

$$U_{\mathrm{Rot}} = \sum_{n=0}^{\infty} N_n E_n$$

$$= \frac{N}{Z} \frac{h^2}{8\pi^2 \mu d_0^2} \sum_{n=0}^{\infty} n(n+1)(2n+1) \, e^{-Bn(n+1)/(kT)} . \tag{11.26}$$

Leider kann man in diesem Fall die unendliche Summe nicht wie beim Oszillator exakt angeben, so daß man U_{Rot} numerisch berechnen muß (Aufgabe 11.4, Tabelle 11.2 und Abb. 11.14). Bei genügend hoher Temperatur ist es möglich, die Summation durch eine Integration anzunähern. Nach Anhang K erhält man dann

$$U_{\mathrm{Rot}} = NkT \tag{11.27}$$

Tabelle 11.2. Numerische Berechnung (s. Aufgabe 11.4) der Besetzungszahlen und der Gesamtenergie der Rotation von HD-Molekülen nach (11.25) und (11.26). Es ist
$\mu = 1,116 \cdot 10^{-24}$ g $\qquad d_0 = 0,74 \cdot 10^{-10}$ m
$E_n = 0,00910 \cdot 10^{-19}$ J $n(n+1)$ $\qquad U_{\mathrm{Rot}} = U_{\mathrm{Rot}}/n$

Quanten-zahl n	$\dfrac{E_n}{10^{-19}\,\mathrm{J}}$	Relative Besetzungszahlen N_n/N bei den Temperaturen			
		10 K ($Z = 1,00$)	50 K ($Z = 1,22$)	100 K ($Z = 1,90$)	500 K ($Z = 7,91$)
0	0	1,00	0,82	0,53	0,13
1	0,0182	0,00	0,18	0,42	0,29
2	0,0547		0,00	0,05	0,29
3	0,109			0,00	0,18
4	0,182				0,08
5	0,274				0,03
6	0,383				0,00
	$U_{\mathrm{Rot}}/\mathrm{kJ\ mol}^{-1}$				
		0,00	0,20	0,66	3,83

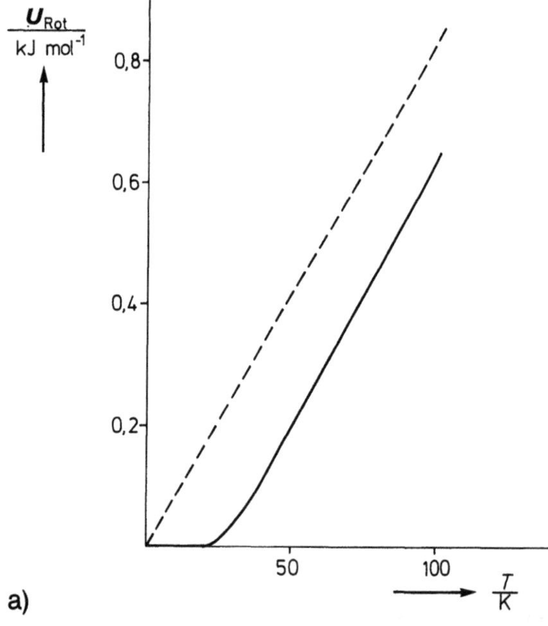

a)

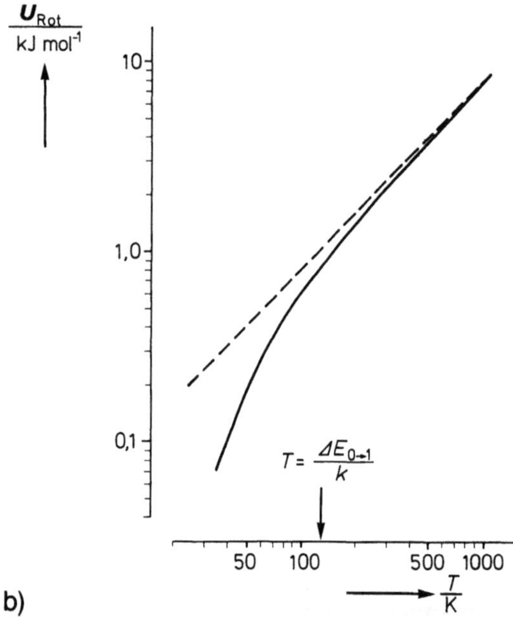

b)

Abb. 11.14. Rotationsenergie U_{Rot} von HD-Molekülen in Abhängigkeit von der Temperatur (nach Tabelle 11.2). Die gestrichelte Linie entspricht dem klassisch erwarteten Verlauf ($U = RT$). (a) Lineare Auftra-

gung; **(b)** Logarithmische Auftragung, um das Anschmiegen an die gestrichelte Kurve besser kenntlich zu machen. Warum HD und nicht H_2 als Beispiel gewählt wird, ist in Fußnote 1 auf Seite 164 erklärt

bzw. für die mittlere Energie eines Rotators

$$\bar{E}_{\text{Rot}} = U_{\text{Rot}}/N = kT. \tag{11.28}$$

Denselben Wert würden wir nach den Überlegungen in Abschn. 11.2.1 auch bei klassischer Betrachtung erwarten.

Wir ersehen aus Tabelle 11.2 und Abb. 11.14, daß der klassische Wert RT von U_{Rot} im Fall von HD bei etwa 500 K erreicht wird (R 500 K = 4,16 kJ mol^{-1}, nach Tabelle 11.2 ergibt sich für diese Temperatur $U_{\text{Rot}} =$ 3,83 kJ mol^{-1}). Bei schwereren Molekülen ist dies bereits bei Zimmertemperatur der Fall, so daß wir die Rotationsenergie von Gasmolekülen im Gegensatz zur Schwingungsenergie im allgemeinen gut durch die klassische Näherung (11.27) beschreiben können. Das hängt damit zusammen, daß der Abstand der Rotationsniveaus um etwa 1 Größenordnung kleiner ist als der Abstand von Schwingungsniveaus (s. Kap. 8); dadurch wird die Temperatur, für die die Anregungsenergie ΔE aus dem untersten Niveau in das nächsthöhere gleich der thermischen Energie kT wird, niedriger.

Für lineare mehratomige Moleküle erwarten wir den gleichen Beitrag zu U_{Rot}. Nichtlineare mehratomige Moleküle können um eine weitere Achse rotieren, so daß dann $U_{\text{Rot}} = 3 \cdot \frac{1}{2} NkT$ wird.

11.2.3 Translationsenergie, Geschwindigkeitsverteilung

Wir sind in Kap. 10 davon ausgegangen, daß die Translation der Moleküle eines Gases durch die klassische Mechanik beschrieben werden kann, da die de-Broglie-Wellenlänge eines Moleküls der Geschwindigkeit $u = 10^3$ m s^{-1} (mittlere Geschwindigkeit eines H_2-Moleküls bei Zimmertemperatur) $\Lambda = 2$ Å beträgt, also klein gegenüber der freien Weglänge ist. Die quantenmechanische Beschreibung müßte jedoch zu den gleichen Ergebnissen wie die klassische Betrachtung führen.

Nach der Quantentheorie (Kap. 1) besitzt ein Molekül der Masse M, das sich in einem würfelförmigen Behälter der Kantenlänge L aufhält, die Energie

$$E_{n_x n_y n_z} = \frac{h^2}{8ML^2}(n_x^2 + n_y^2 + n_z^2) \qquad . \tag{11.29}$$
$$n_x,\ n_y,\ n_z = 1, 2, 3, \ldots$$

Wir fragen nach der Wahrscheinlichkeit, das Molekül in einem Zustand, der durch die Quantenzahlen n_x, n_y, n_z charakterisiert ist, anzutreffen. Diese Wahrscheinlichkeit ist nach dem Boltzmannschen e-Satz (11.11)

$$W_{n_x, n_y, n_z} = \frac{1}{Z} \exp\left[-E_{n_x, n_y, n_z}/(kT)\right] , \tag{11.30}$$

wobei die Zustandssumme Z durch

$$Z = \sum_{n_x=1}^{\infty} \sum_{n_y=1}^{\infty} \sum_{n_z=1}^{\infty} \exp\left[-E_{n_x, n_y, n_z}/(kT)\right] \tag{11.31}$$

gegeben ist. Wir interessieren uns zunächst für den Mittelwert $\bar{E}_{\text{Trans}}$ des Moleküls, also für die Größe

$$\bar{E}_{\text{Trans}} = \sum_{n_x=1}^{\infty} \sum_{n_y=1}^{\infty} \sum_{n_z=1}^{\infty} E_{n_x n_y n_z} W_{n_x n_y n_z} . \tag{11.32}$$

Für $\bar{E}_{\text{Trans}}$ erhalten wir, wenn wir die Summen durch Integrale annähern, (s. Anhang K)

$$\bar{E}_{\text{Trans}} = \tfrac{3}{2} kT . \tag{11.33}$$

Es wird also tatsächlich das gleiche Ergebnis wie nach der klassischen Betrachtung erhalten, während im Fall der Rotation und Schwingung quantenmechanische und klassische Betrachtung erst bei sehr hoher Temperatur übereinstimmen. Wir wollen uns jetzt fragen, ob auch die Verteilung der Molekülgeschwindigkeiten u richtig wiedergegeben wird. Dazu überlegen wir uns zunächst, wie groß die Wahrscheinlichkeit $\Delta W_{E, E+\Delta E}$ ist, ein Molekül in einem der Quantenzustände anzutreffen, deren Energie zwischen E und $E + \Delta E$ liegt. Diese Wahrscheinlichkeit ist proportional zur Anzahl Δg der Quantenzustände zwischen E und $E + \Delta E$, und sie nimmt gemäß dem Boltzmannschen e-Satz exponentiell mit der Energie E ab:

$$\Delta W_{E, E+\Delta E} = C\, e^{-E/(kT)} \Delta g . \tag{11.34}$$

Dieses Vorgehen ist ganz analog wie beim Rotator. Δg ermitteln wir durch einfaches Abzählen der möglichen Quantenzustände im Intervall ΔE. Wie weiter unten (S. 157) gezeigt wird, gilt für die Gesamtzahl g aller Quantenzustände zwischen 0 und E

$$\boxed{g = \frac{1}{8} \frac{4}{3} \pi \left(\frac{8ML^2}{h^2}\right)^{3/2} E^{3/2}} \tag{11.35}$$

und damit wird

$$\Delta g = g(E + \Delta E) - g(E)$$
$$= \frac{1}{8} \frac{4}{3} \pi \left(\frac{8ML^2}{h^2}\right)^{3/2} ((E + \Delta E)^{3/2} - E^{3/2}) . \tag{11.36}$$

Nun ist

$$[(E + \Delta E)^{3/2} - E^{3/2}] = E^{3/2} \left[\left(1 + \frac{\Delta E}{E}\right)^{3/2} - 1\right]$$

$$= E^{3/2} \left(1 + \frac{3}{2} \frac{\Delta E}{E} + \dots - 1\right) = E^{3/2} \left(\frac{3}{2} \frac{\Delta E}{E} + \dots\right) .$$

Für $\Delta E \ll E$ geht der Klammerdruck also in $\tfrac{3}{2}\sqrt{E}\,\Delta E$ - über, und wir erhalten

$$\boxed{\Delta g = \frac{\pi}{4} \left(\frac{8ML^2}{h^2}\right)^{3/2} \sqrt{E}\,\Delta E} . \tag{11.37}$$

Die Anzahl der Quantenzustände im Intervall ΔE nimmt also mit $\sqrt{E}$ zu (Abb. 11.15). So liegen beispielsweise im Fall eines Wasserstoffmoleküls, das sich in einem Behälter mit 1000 cm^3 Inhalt befindet, in einem Energieintervall der Breite $\Delta E = 10^{-27}$ J bei $E = 10^{-23}$ J insgesamt $\Delta g = 10^{18}$ verschiedene Quantenzustände; bei $E = 10^{-19}$ J ist Δg bereits gleich 10^{20}.

Mit (11.34) erhalten wir somit

$$\boxed{\Delta W_{E, E+\Delta E} = C'\sqrt{E}\, e^{-E/(kT)} \Delta E} , \tag{11.38}$$

wenn wir alle Konstanten in C' zusammenfassen. Jetzt können wir leicht die Frage beantworten, wie groß die Wahrscheinlichkeit $\Delta W_{u, u+\Delta u}$ ist, ein Molekül anzutreffen, dessen Geschwindigkeit im Intervall zwischen u und $u + \Delta u$ liegt. Dazu drücken wir E durch u und ΔE durch Δu aus:

$$E = \tfrac{1}{2} M u^2 \tag{11.39}$$

$$\Delta E = \tfrac{1}{2} M [(u + \Delta u)^2 - u^2] = M u\, \Delta u \tag{11.40}$$

(im letzten Schritt wurde $(\Delta u)^2$ gegen $2u\Delta u$ vernachlässigt). Damit ergibt sich

$$\Delta W_{u, u+\Delta u} = C' \frac{1}{\sqrt{2}} \sqrt{Mu^2}\, e^{-Mu^2/(2kT)} M u\, \Delta u$$

$$\boxed{\Delta W_{u, u+\Delta u} = C'' u^2\, e^{-Mu^2/(2kT)} \Delta u} . \tag{11.41}$$

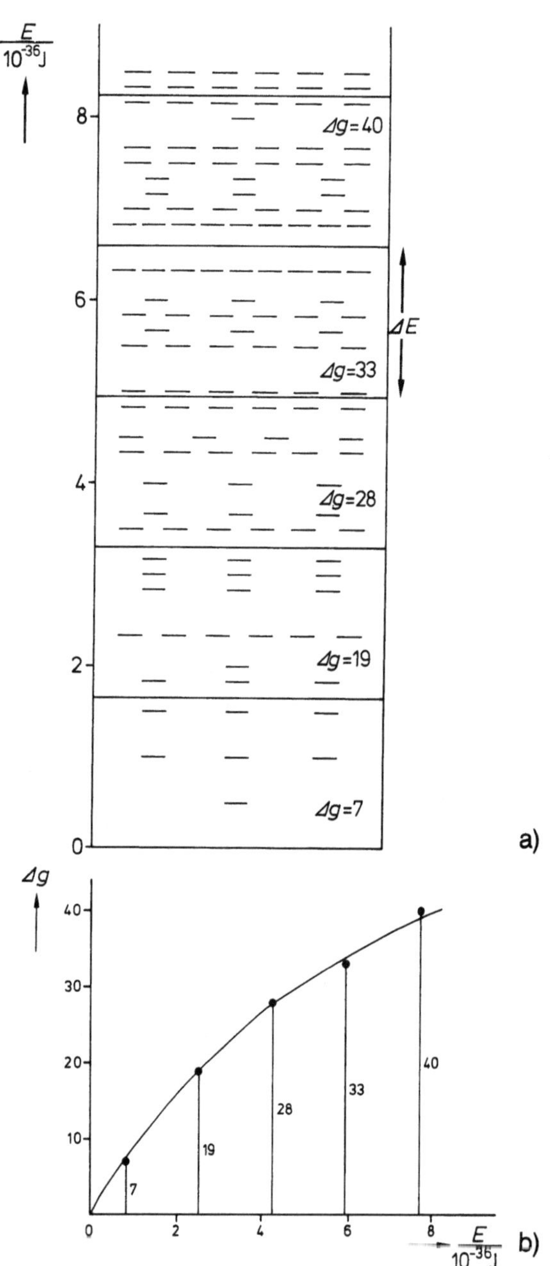

$$\boxed{\Delta N = C u^2 e^{-Mu^2/(2kT)} \Delta u}\,. \qquad (11.42)$$

Die Konstante C ist durch die Bedingung

$$\Delta N_1 + \Delta N_2 + \ldots = \sum_i \Delta N_i = N \qquad (11.43)$$

festgelegt; sie ergibt sich nach Aufgabe 11.6 zu

$$C = N\,4\pi \left(\frac{M}{2\pi kT}\right)^{3/2}. \qquad (11.44)$$

Gemäß der Verteilungsfunktion (11.42) wächst ΔN bei kleinen Geschwindigkeiten zunächst an, durchläuft ein Maximum und nimmt dann wieder ab (Abb. 11.2 und 11.16). Für den Mittelwert der Geschwindigkeitsquadrate gilt

$$\overline{u^2} = \frac{1}{N}(u_1^2 \Delta N_1 + u_2^2 \Delta N_2 + \ldots) = \frac{1}{N} \sum_i u_i^2 \Delta N_i. \qquad (11.45)$$

Daraus ergibt sich mit (11.42) $\overline{u^2} = 3kT/M$ (Aufgabe 11.6), und wir erhalten

$$\bar{E}_{\text{Trans}} = \tfrac{1}{2} M \overline{u^2} = \tfrac{3}{2} kT \qquad (11.46)$$

in Übereinstimmung mit (10.24).

Neben $\overline{u^2}$ können wir auch die mittlere Geschwindigkeit $\bar{u}$ berechnen:

$$\bar{u} = \frac{u_1 \Delta N_1 + u_2 \Delta N_2 + \ldots}{\Delta N_1 + \Delta N_2 + \ldots} = \frac{1}{N} \sum_i u_i \Delta N_i. \qquad (11.47)$$

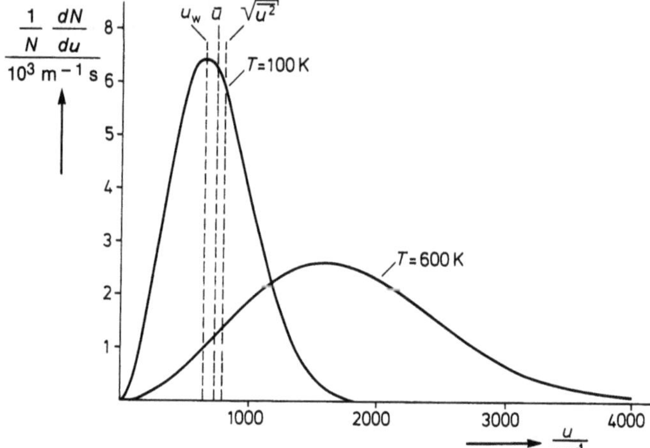

Abb. 11.16. Verteilungsfunktion der Geschwindigkeiten von H_2-Molekülen bei 100 K und 600 K. $\bar{u}$ ergibt sich durch Mittelung der Geschwindigkeiten, $\overline{u^2}$ durch Mittelung der Geschwindigkeitsquadrate; u_w entspricht der Geschwindigkeit, bei der die Verteilungsfunktion ihr Maximum besitzt

Abb. 11.15a, b. Anzahl Δg der Quantenzustände im Würfelkasten im Intervall ΔE in Abhängigkeit von der Energie (unterste Quantenzustände von H_2 in einem Würfel vom Volumen $V = 1\,\text{cm}^3$, Energie gemäß (11.29) berechnet). (a) Energieschema (entsprechend Abb. 2.8c); (b) Δg in Abhängigkeit von E (für $\Delta E = 1{,}6 \cdot 10^{-36}$ J)

Mit der Beziehung $\Delta N = N \Delta W$ ergibt sich aus (11.41) für die Anzahl ΔN der Moleküle, die Geschwindigkeiten zwischen u und $u + \Delta u$ besitzen, das *Maxwellsche Geschwindigkeitsverteilungsgesetz* [11.4]

Nach Aufgabe 11.6 ergibt sich daraus $\bar{u} = \sqrt{8kT/(M\pi)}$. $\bar{u}$ ist etwas kleiner als $\sqrt{\overline{u^2}}$, weil bei der Mittelung von u^2 die großen Geschwindigkeiten stärker gewichtet werden als bei der Mittelung von u; es ist

$$\frac{\sqrt{\overline{u^2}}}{\bar{u}} = \sqrt{\frac{3\pi}{8}} = 1{,}09 \,.$$

Zur Herleitung von (11.35) denken wir uns in einem Koordinatensystem in x-, y- und z-Richtung die Quantenzahlen n_x, n_y und n_z aufgetragen. Zu jedem Quantenzustand des Moleküls gehört eine bestimmte Kombination dieser Quantenzahlen, die einem Gitterpunkt in dem Koordinatensystem entspricht (Abb. 11.17). g ist die Anzahl der Gitterpunkte, die Kombinationen von n_x, n_y, n_z mit Energien zwischen 0 und E entsprechen; beispielsweise gehören die Kombinationen 1,1,1; 1,2,1; 2,1,1; 1,1,2 zu Zuständen, für die $n_x^2 + n_y^2 + n_z^2 \leqslant 6$ ist.

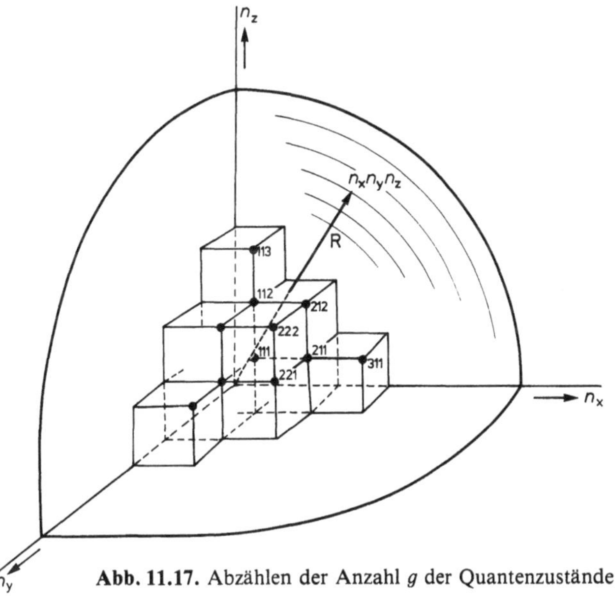

Abb. 11.17. Abzählen der Anzahl g der Quantenzustände

Da die Anzahl der Gitterpunkte in Abb. 11.17 genau so groß ist wie die Anzahl der Einheitswürfel, können wir g durch die Anzahl dieser Einheitswürfel beschreiben. Alle Würfel, die zu Kombinationen von n_x, n_y, n_z mit Energien zwischen 0 und $h^2/(8ML^2)(n_x^2 + n_y^2 + n_z^2)$ gehören, befinden sich innerhalb einer Achtelkugel mit dem Radius

$$R = \sqrt{n_x^2 + n_y^2 + n_z^2} \,. \tag{11.48}$$

Damit erhalten wir

$$g = \frac{\text{Volumen der Achtelkugel}}{\text{Volumen eines Einheitswürfels}} = \frac{1}{8} \, \frac{4}{3} \, \pi R^3$$

$$= \frac{1}{8} \, \frac{4}{3} \, \pi (n_x^2 + n_y^2 + n_z^2)^{3/2} \,. \tag{11.49}$$

Drücken wir jetzt noch die Quantenzahlen gemäß (11.29) durch die Energie E aus

$$(n_x^2 + n_y^2 + n_z^2)^{3/2} = \left(\frac{8ML^2}{h^2}\right)^{3/2} E^{3/2} \,, \tag{11.50}$$

dann erhalten wir die Beziehung (11.35).

Wir haben bei der vorangehenden Betrachtung angenommen, daß die Teilchen als unabhängig voneinander betrachtet werden können. Das setzt voraus, daß die Zahl der verfügbaren Quantenzustände groß ist gegenüber der Zahl der Moleküle. Das trifft in praktischen Fällen zu, wie die folgende Überlegung zeigt. In einem Behälter von $1000 \, \text{cm}^3$ ($L = 10 \, \text{cm}$) denken wir uns He ($M = 7 \cdot 10^{-24} \, \text{g}$) bei Zimmertemperatur ($\bar{E}_{\text{Trans}} = \frac{3}{2}kT \approx 6 \cdot 10^{-21}$ J). Die ungefähre Zahl der verfügbaren Quantenzustände ergibt sich nach (11.35) mit $E = \bar{E}_{\text{Trans}}$ zu $g = 10^{28}$. Befindet sich nun in dem Behälter Heliumgas von 1 bar ($N \approx 3 \cdot 10^{22}$ Moleküle), so stehen den Molekülen noch immer etwa 10^5 mal mehr Quantenzustände zur Verfügung als besetzt sind. Diese Überlegung gilt zunächst für die mittlere Besetzungsdichte. Aber auch in den tiefgelegenen Quantenzuständen ist die Besetzungsdichte nicht viel höher; nach dem Boltzmannschen e-Satz ist die Wahrscheinlichkeit, das Teilchen in einem Quantenzustand der Energie $E_i = \bar{E}_{\text{Trans}} = \frac{3}{2}kT$ anzutreffen, gleich

$$W_i = C \, \mathrm{e}^{-E_i/(kT)} = C \, \mathrm{e}^{-3/2} = \frac{C}{4{,}5} \,.$$

Für den untersten Quantenzustand ($E_i \ll kT$) ist die entsprechende Wahrscheinlichkeit $W_1 = C$. Der unterste Quantenzustand ist also bei Zimmertemperatur nur um den Faktor 4,5 dichter besetzt, als der Besetzungsdichte bei der mittleren Energie entspricht.

Bei tiefer Temperatur ist dies jedoch nicht mehr der Fall. So ist g/N für He-Gas bei 3 K und 1 bar gleich 1, so daß unsere Beschreibung des Gases bei tiefen Temperaturen nicht mehr zutreffen kann. Eine verfeinerte Betrachtungsweise führt jedoch auch dann zu einer Übereinstimmung mit den Beobachtungen [11.5].

11.3 Begründung des Boltzmannschen e-Satzes

Der Boltzmannsche e-Satz sagt etwas darüber aus, in welcher Weise sich Moleküle auf verschiedene Quantenzustände verteilen. Um das zugrundeliegende Verteilungsprinzip erkennen zu können, untersuchen wir zunächst anhand eines ganz einfachen Beispiels, welche Möglichkeiten überhaupt in Frage kommen, und wie man zwischen diesen verschiedenen Möglichkeiten unterscheiden kann. Wir fragen danach, wie viele Möglichkeiten es gibt, eine bestimmte Energie auf 6 Teilchen zu verteilen, von denen jedes 3 äquidistante Energiezustände annehmen kann (Abb. 11.18). Bei der Verteilung müssen wir einerseits beachten, daß insgesamt nur 6 Teilchen vorhanden sind, es muß also

$$N_1 + N_2 + N_3 = 6 \qquad (11.51)$$

sein. Wir denken uns dem System willkürlich die Energie $4a$ zugeführt. Es muß dann

$$N_1 E_1 + N_2 E_2 + N_3 E_3 = 4a \qquad (11.52)$$

gelten. Unter diesen beiden Bedingungen gibt es insgesamt nur die 3 in Abb. 11.19 dargestellten Verteilungsmöglichkeiten A, B und C.

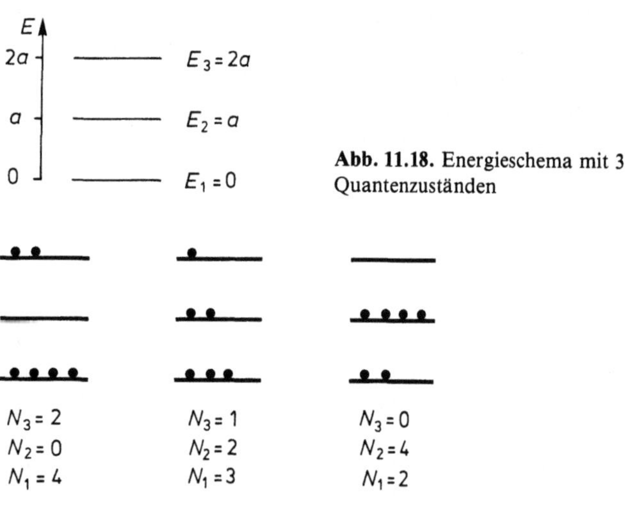

Abb. 11.18. Energieschema mit 3 Quantenzuständen

Abb. 11.19. Mögliche Besetzungszahlen der Quantenzustände in Abb. 11.18 unter Berücksichtigung der Bedingungen (11.51) und (11.52)

Wir fragen jetzt danach, welche der 3 Verteilungen A, B und C am wahrscheinlichsten ist. Wir gehen davon aus, daß wir die 6 Teilchen unterscheiden können; in einem Kristall können wir beispielsweise den einzelnen Bausteinen feste Platznummern zuordnen und damit zwischen Molekülen, die sich an verschiedenen Gitterplätzen befinden, unterscheiden. Numerieren wir die Teilchen von 1 bis 6 durch, dann sehen wir, daß die Verteilung A auf insgesamt 15 verschiedene Arten realisiert werden kann (Abb. 11.20); diese verschiedenen Möglichkeiten unterscheiden sich darin, daß jeweils verschieden numerierte Teilchen die Energien E_1 bzw. E_3 besitzen.

56	51	52	53	54	46	41	42
—	—	—	—	—	—	—	—
1234	2346	1346	1246	1236	1235	2356	1356

43	36	31	32	26	21	16
—	—	—	—	—	—	—
1256	1245	2456	1456	1345	3456	2345

Abb. 11.20. Möglichkeiten der Verteilung der Teilchen 1 bis 6 auf die Quantenzustände 1 und 3 (Verteilung A in Abb. 11.19)

Formal können wir die Anzahl dieser Realisierungsmöglichkeiten im Fall A auch dadurch berechnen, daß wir nach der Anzahl der Vertauschungsmöglichkeiten der Zahlen 1 bis 6 fragen, wobei die Vertauschungen in einer Gruppe von 2 Zahlen sowie in einer Gruppe von 4 Zahlen nicht mitgezählt werden dürfen. Nennen wir die Anzahl dieser Realisierungsmöglichkeiten ω_A, dann ist

$$\omega_A = \frac{6!}{4!\,2!} = \frac{720}{24 \cdot 2} = 15 \qquad (\text{Fall } A). \qquad (11.53)$$

Allgemein gilt für ω

$$\boxed{\omega = \frac{N!}{N_1!\,N_2!\,N_3!\dots}}\,. \qquad (11.54)$$

Damit erhalten wir in den Fällen B und C

$$\omega_B = \frac{6!}{3!\,2!\,1!} = 60 \qquad (\text{Fall } B),$$

$$\omega_C = \frac{6!}{2!\,4!} = 15 \qquad (\text{Fall } C)\,.$$

Insgesamt gibt es somit $\Omega = \omega_A + \omega_B + \omega_C = 15 + 60 + 15 = 90$ verschiedene Möglichkeiten, die Energie auf die Teilchen zu verteilen. Jede dieser 90 Möglichkeiten ist gleich wahrscheinlich. Die Wahrscheinlichkeit W, daß der Verteilungstyp A realisiert ist, ist daher $15/90 = 0{,}167$; die Wahrscheinlichkeiten für die Typen B und C sind $0{,}667$ und $0{,}167$ (Abb. 11.21).

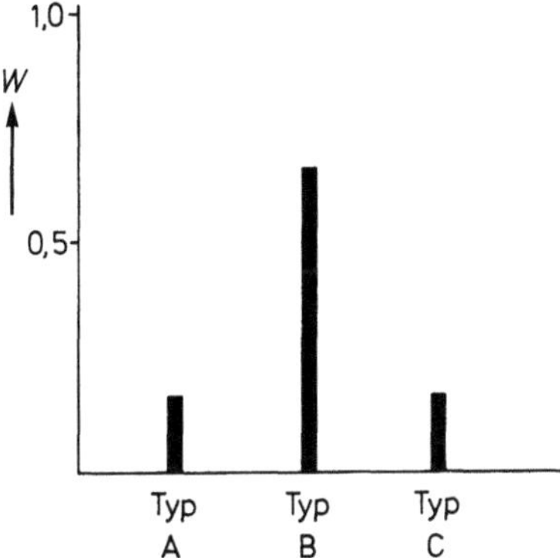

Abb. 11.21. Wahrscheinlichkeit W dafür, daß einer der Verteilungstypen A, B oder C in Abb. 11.20 realisiert ist

Wir sehen, daß die Energie vorwiegend gemäß dem Typ B über die 6 Teilchen verteilt ist; aber auch die Typen A und C können vorkommen. Wiederholen wir die gleiche Betrachtung mit 100 Teilchen, die insgesamt die Energie $40a$ besitzen, dann können wir uns 21 verschiedene Besetzungstypen denken (Tabelle 11.3). Insgesamt gibt es

$$\Omega = \omega_A + \omega_B + \ldots + \omega_U = (0{,}0 + 0{,}0 + 0{,}0 + 0{,}0 + 0{,}0$$
$$+\,0{,}0 + 0{,}1 + 0{,}4 + 1{,}5 + 4{,}3 + 8{,}8 + 13{,}4 + 15{,}0 + 12{,}6$$
$$+\,7{,}8 + 3{,}6 + 1{,}2 + 0{,}3 + 0{,}0 + 0{,}0) \cdot 10^{32} = 69{,}0 \cdot 10^{32}$$

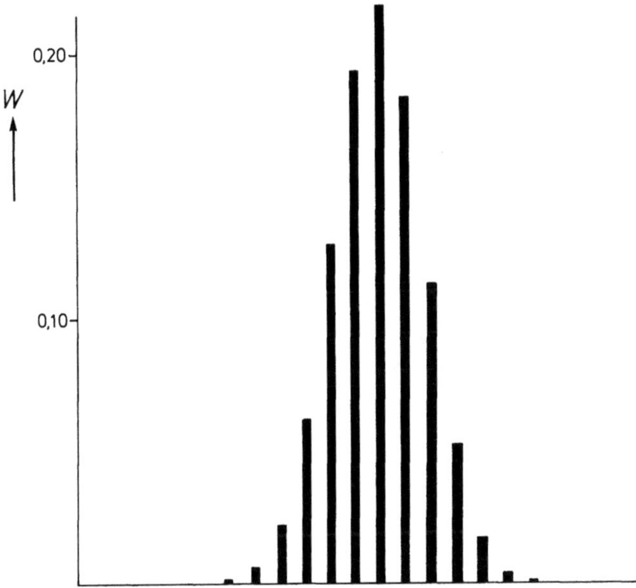

Abb. 11.22. Wahrscheinlichkeit W dafür, daß einer der Verteilungstypen A, B, C ... in Tabelle 11.3 realisiert ist

Realisierungsmöglichkeiten. ω ist in diesem Fall maximal bei dem Typ M; nur Typen, die sich in den Besetzungszahlen nur wenig von M unterscheiden, besitzen noch merkliche Werte von ω, alle anderen tragen praktisch nichts zur tatsächlichen Verteilung bei (Abb. 11.22). Je größer wir die Teilchenzahl wählen, um so enger konzentrieren sich die zu berücksichtigenden Verteilungen um diejenige mit dem maximalen Wert von ω.

In Abb. 11.23 sind die Besetzungszahlen N_i, die dem Verteilungstyp M entsprechen (Tabelle 11.3), in Abhängigkeit von der Energie E_i, also für $E_1 = 0$, $E_2 = a$ und $E_3 = 2a$ aufgetragen. Die Punkte lassen sich gut durch die Funktion

$$\boxed{N_i = C\,e^{-\beta E_i}} \tag{11.55}$$

Tabelle 11.3. Verteilungstypen für ein 3-Niveau-System gemäß Abb. 11.18 mit 100 Teilchen, die insgesamt die Energie $40a$ besitzen. Es ist $\Omega = \omega_A + \omega_B \ldots + \omega_U = 69{,}0 \cdot 10^{32}$

	A	B	C	D	E	F	G	H	I	J	K	L	M	N	O	P	Q	R	S	T	U
N_3	20	19	18	17	16	15	14	13	12	11	10	9	8	7	6	5	4	3	2	1	0
N_2	0	2	4	6	8	10	12	14	16	18	20	22	24	26	28	30	32	34	36	38	40
N_1	80	79	78	77	76	75	74	73	72	71	70	69	68	67	66	65	64	63	62	61	60
$\omega/10^{32}$	0,0	0,0	0,0	0,0	0,0	0,0	0,1	0,4	1,5	4,3	8,8	13,4	15,0	12,6	7,8	3,6	1,2	0,3	0,0	0,0	0,0

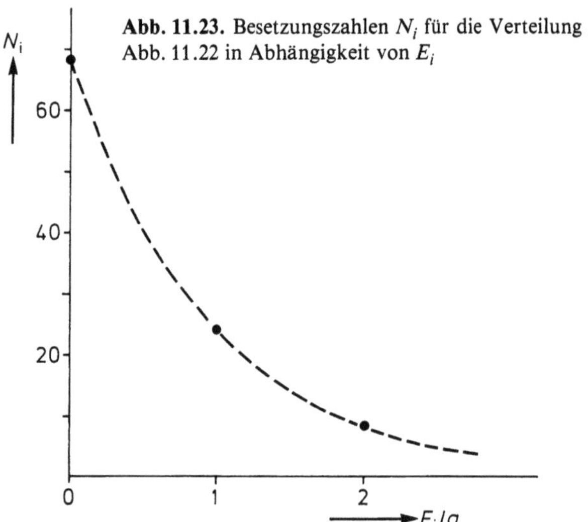

Abb. 11.23. Besetzungszahlen N_i für die Verteilung M in Abb. 11.22 in Abhängigkeit von E_i

mit $C = 68$ und $\beta = 1{,}04/a$ (gestrichelte Linie in Abb. 11.23) beschreiben. Es läßt sich zeigen, daß dieser Ausdruck bei großen Teilchenzahlen für beliebige Energieniveauschemata gilt (s. Anhang L). Um uns die Bedeutung der Konstanten β klarzumachen, denken wir uns in unserem Zahlenspiel (Tabelle 11.3) die Gesamtenergie von 40a auf 20a erniedrigt; dann wird in entsprechender Weise $C = 83$ und $\beta = 1{,}76/a$ erhalten (Aufgabe 11.9). Die Konstante β nimmt also mit zunehmender Gesamtenergie, also steigender Temperatur, ab. Die Größe β ist daher ein Maß für die Temperatur des Teilchensystems: je höher die Temperatur, je größer also die aufgenommene Energie ist, um so stärker werden die höheren Niveaus bevölkert, um so kleiner ist β. Es ist leicht einzusehen, in welcher Relation β zu unserem bisherigen Maß für die Temperatur steht. Das bisherige Maß ist die absolute Temperatur T, die durch die Gasgleichung

$$pV = NkT \tag{11.56}$$

festgelegt ist. Würden wir die mittlere Translationsenergie eines Gases mit (11.55) an Stelle von (11.30) berechnen, dann würden wir den Ausdruck

$$\bar{E}_{\text{Trans}} = \tfrac{3}{2} \cdot \tfrac{1}{\beta} \tag{11.57}$$

erhalten. Da andererseits nach Kap. 10

$$pV = \tfrac{2}{3} N \bar{E}_{\text{Trans}} \tag{11.58}$$

ist, würde sich

$$pV = N/\beta \tag{11.59}$$

ergeben. Dieser Ausdruck stimmt aber nur dann mit der Gasgleichung (11.56) überein, wenn

$$\boxed{\beta = \frac{1}{kT}} \tag{11.60}$$

ist. Damit ist unsere Beziehung (11.1) begründet.

In der vorangehenden Überlegung haben wir die Teilchen als unterscheidbar betrachtet. Sie können etwa an verschiedenen Gitterplätzen sitzen, die wir numerieren können; bei der Rotationsbewegung und der Schwingungsbewegung von Gasmolekülen können wir uns die Molekülschwerpunkte an festen Plätzen denken. Diese Unterscheidungsmöglichkeit fällt im Fall der Translationsbewegung von Gasmolekülen weg. Das hängt damit zusammen, daß die Wellenfunktionen für die Translation von Teilchen über den gesamten Raum des Behälters ausgedehnt sind.

Man kann jedoch zeigen (Anhang L), daß auch in diesem Fall die Boltzmann-Gleichung erhalten wird, obgleich dann das hier zugrunde gelegte Abzählverfahren nicht angewandt werden darf. Das hängt damit zusammen, daß die Zahl der verfügbaren Quantenzustände groß gegenüber der Teilchenzahl ist. Die Realisierungsmöglichkeiten, bei denen mehrere Teilchen im gleichen Quantenzustand sind, können daher neben allen anderen vernachlässigt werden. Jeder Realisierungsmöglichkeit bei nicht unterscheidbaren Teilchen sind $N!$ Realisierungsmöglichkeiten bei unterscheidbaren Teilchen zuzuordnen, da $N!$ die Zahl der Austauschmöglichkeiten von N numerierten Elementen ist. Die für unterscheidbare Teilchen berechneten Werte von Ω sind also bei Nichtunterscheidbarkeit lediglich durch $N!$ zu dividieren, so daß sich an der Verteilung über die Energieniveaus nichts ändert. Allerdings werden wir noch sehen, daß das Fehlen einer Unterscheidungsmöglichkeit bei anderen Eigenschaften eines Gases eine wesentliche Rolle spielt (Kap. 14).

Aufgaben

11.1 *Boltzmann-Verteilung*

Man zeige, daß (11.10) für ein System mit 2 Quantenzuständen in (11.5) übergeht. Man berechne die Besetzungszahlen für ein System, das 3 Quantenzustände mit den Energien $E_1 = 0$, $E_2 = a$ und $E_3 = 2a$ enthält. Man diskutiere N_i in Abhängigkeit von der Temperatur.

11.2 *Zustandssumme beim Oszillator*
Man berechne die Konstante N/Z in (11.13), indem man die Zustandssumme Z explizit auswertet.

11.3 *Besetzungszahlen beim Oszillator*
Bei J_2 ist $h\nu_0 = 4{,}2 \cdot 10^{-21}$ J. Welcher Bruchteil der Moleküle befindet sich bei Zimmertemperatur im untersten Schwingungszustand? Man vergleiche mit H_2.

11.4 *Zustandssumme und Besetzungszahlen beim Rotator*
Man überlege sich, bei welcher Temperatur für HCl, CO, CO_2 die Anregungsenergie $\Delta E_{0\to 1}$ gleich kT wird, die quantenmechanische Betrachtungsweise also in die klassische übergeht. Man berechne auf numerischem Wege die Zustandssumme Z sowie die Besetzungszahlen N_n.

11.5 *Gesamtenergie in Abhängigkeit von der Temperatur*
Man skizziere schematisch den Verlauf der Gesamtenergie $U = U_{\text{Trans}} + U_{\text{Rot}} + U_{\text{Osz}}$ für HCl in Abhängigkeit von der Temperatur.

11.6 *Geschwindigkeitsverteilung*
Man führe die Summationen in (11.42, 43) im einzelnen aus, indem man von den Differenzen ΔN bzw. Δu zu den Differentialen dN und du übergeht und die Summen durch Integrale ersetzt.
Man vergleiche $\sqrt{\overline{u^2}}$ und $\bar{u}$ mit der Geschwindigkeit u_{w}, für die ΔN maximal wird (wahrscheinlichste Geschwindigkeit).

11.7 *Translationsenergie, Geschwindigkeitsverteilung*
Man überlege sich den Ausdruck für die mittlere Translationsenergie und die Geschwindigkeitsverteilungsfunktion für ein 1-dimensionales und ein 2-dimensionales Modellgas.

11.8 *Energie des Elektronengases im Metall (Fermi-Energie)*
Das Elektronengas in einem Metall (Abschn. 9.1.2) kann durch das gleiche Energieniveauschema wie bei einem Atomgas beschrieben werden; es ist lediglich zu beachten, daß jedes Niveau von nur 2 Elektronen besetzt werden kann. Man berechne unter Verwendung der Beziehungen (11.35) die Energie E_{max} des obersten besetzten Niveaus sowie die mittlere Energie $\bar{E}$ des Elektronengases für $T = 0$.

11.9 *Boltzmannscher e-Satz*
Man berechne C und β in (11.60) für den Fall $u = 20a$.

11.10 *Superhelix als eingefrorene Boltzmannverteilung*
DNA-Doppelhelices können mit einem Enzym, das die Enden jedes Stranges miteinander verknüpft, zu einem Ring geschlossen werden (s. Figur, $i = 0$). Wenn der Strang beim Verknüpfen in sich verdreht ist, so entsteht

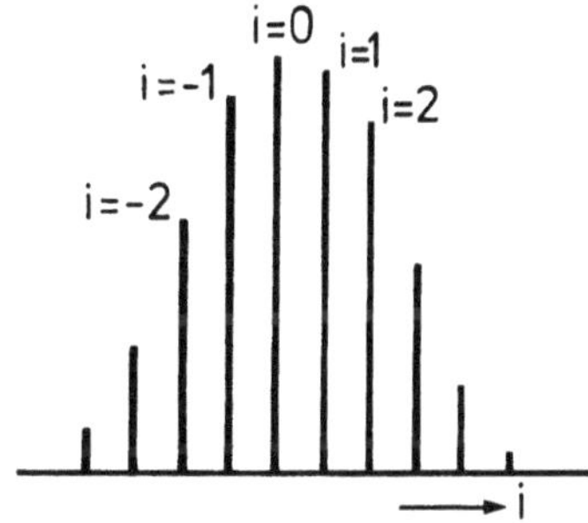

wie beim Zusammenschluß eines Kabels ein in sich verdrehter Ring (Superhelix mit $i = 1$, $i = 2$, $i = -1$; $i = -2$ usw.). Man muß für die Torsion des Strangs vor dem Zusammenschluß der Enden eine gewisse Energie E_i aufwenden, die umso größer ist, je größer die Anzahl i der Windungen in der Superhelix ist.

In einer Gesamtheit aus N gleichen DNA-Molekülen gibt es eine gewisse Anzahl N_0 Moleküle, die einen gewöhnlichen Ring bilden, sowie N_{+1}, N_{+2}, ... N_{-1}, N_{-2} ... Moleküle mit 1, 2, ... Windungen im einen oder anderen Drehsinn. Die Verteilung ist durch den Boltzmannschen e-Satz gegeben. Nach dem Ringschluß durch das Enzym hat man eine eingefrorene Boltzmannverteilung: Man kann durch Anlegen eines elektrischen Feldes die einzelnen Ringsorten voneinander trennen (sie wandern im elektrischen Feld verschieden schnell), und man findet im Fall einer DNA, die aus 9850 Basenpaaren besteht, die in der Figur dargestellte Verteilung [11.6].

Man versuche, die Energien E_i abzuschätzen und die beobachtete Verteilung zu verstehen.

Man überlege sich, in welcher Weise sich die Boltzmannverteilung ändern muß, wenn man eine DNA aus 9855 statt 9850 Basenpaaren hat (in der DNA-Doppelhelix entfallen auf eine Windung 10 Basenpaare; bei 5 zusätzlichen Basenpaaren muß der Strang also vor dem Zusammenschluß in jedem Fall in der einen oder anderen Drehrichtung tordiert werden; dasselbe gilt bei 5 Basenpaaren weniger, also bei 9845 Paaren.

12. Innere Energie U, Wärme Q und Arbeit A

Wir betrachten ein Gas aus Wasserstoffmolekülen, das sich in einem geschlossenen Gefäß in einem Temperaturbad der Temperatur T befindet (Abb. 12.1).

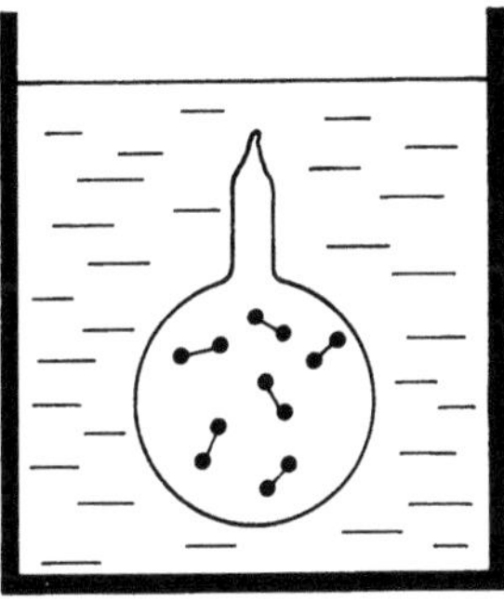

Abb. 12.1. Wasserstoffgas in einem geschlossenen Gefäß

Die Gesamtenergie aller Moleküle des Gases (Innere Energie U des Systems) ist durch die Summe von Elektronenenergie U_{El}, Translations-, Rotations-und Schwingungsenergie der Moleküle gegeben (Abb. 12.2):

$$U = U_{El} + U_{Trans} + U_{Rot} + U_{Osz} \qquad (12.1)$$

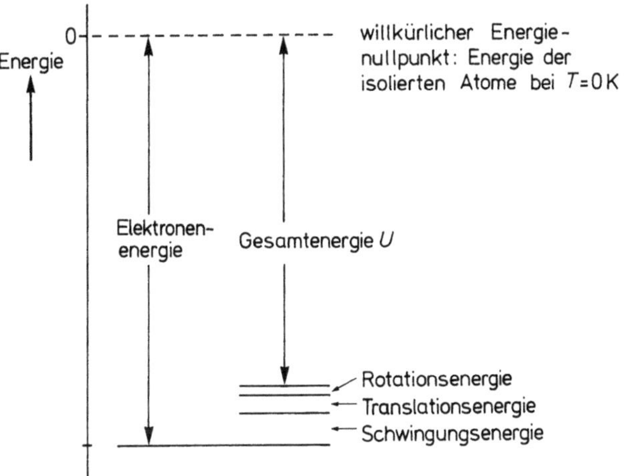

Abb. 12.2. Beiträge zur Gesamtenergie (Innere Energie) U von Wasserstoff

12.1 Zustandsänderungen bei konstantem Volumen, Wärmekapazität C_V

Wir fragen jetzt danach, was passiert, wenn wir das Wasserstoffgas aus dem Zustand in Abb. 12.1 in einen anderen Zustand bringen, indem wir beispielsweise die Temperatur, das Volumen oder den Druck des Gases ändern. Solche Vorgänge nennt man *Zustandsänderungen*.

Wir bringen ein Gas bei konstantem Volumen von dem Temperaturbad der Temperatur T_1 in ein Bad der Temperatur T_2 (Abb. 12.3). Wir wollen zunächst ein einatomiges Gas betrachten, z. B. He, und davon ausgehen, daß das Gas das ideale Gasgesetz erfüllt. Bei der Erwärmung ändert sich dann nur die Translationsenergie der Moleküle, also ändert sich U um

$$\Delta U = U_2 - U_1 = \tfrac{3}{2}NkT_2 - \tfrac{3}{2}NkT_1 = \tfrac{3}{2}Nk(T_2 - T_1)\,. \qquad (12.2)$$

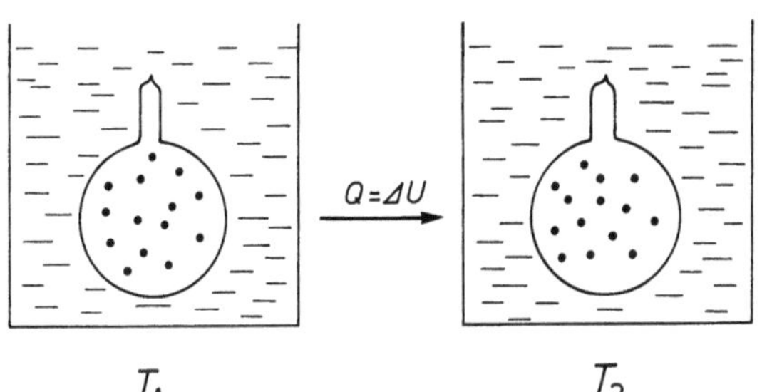

Abb. 12.3. Erwärmung eines Gases von T_1 auf T_2 bei konstantem Volumen

Diese zusätzliche Energie wird dem Temperaturbad in Form von Wärme entnommen; es wird also dem Gas die Wärmemenge

$$Q = \tfrac{3}{2}Nk(T_2 - T_1) \qquad (12.3)$$

zugeführt. In diesem Fall ist also

$$\Delta U = Q\,. \qquad (12.4)$$

Ersetzen wir die He-Atome durch Wasserstoffmoleküle, dann kann sich außer der Translationsenergie auch noch die Rotationsenergie und die Schwingungsenergie der Moleküle ändern. Nach Kap. 11 gilt für H_2 bei Zimmertemperatur $U_{Rot} = NkT$ und $U_{Osz} \simeq \tfrac{1}{2}Nh\nu_0$. Es ist somit (ebenfalls ideales Verhalten des Gases vorausgesetzt)

$$\Delta U = \tfrac{5}{2}Nk(T_2 - T_1)$$

und

$$Q = \tfrac{5}{2}Nk\,(T_2 - T_1)\,. \tag{12.5}$$

Bei diesen Überlegungen haben wir vorausgesetzt, daß die Rotationen voll angeregt sind und sich die Moleküle im Schwingungsgrundzustand befinden. Untersuchen wir U über einen größeren Temperaturbereich, dann erwarten wir einen Verlauf, der sich gemäß (12.1) aus den in Abschn. 11 diskutierten Verläufen von U_{Trans}, U_{Rot} und U_{Osz} zusammensetzt.

Experimentell leichter als U erfaßbar ist die Wärmekapazität C_V

$$C_V = \left(\frac{\partial Q}{\partial T}\right)_V\,. \tag{12.6}$$

C_V bestimmt man, indem man dem Gas bei konstantem Volumen eine kleine Wärmemenge dQ zuführt und die sich ergebende Temperaturerhöhung dT mißt. Nach (12.4) ist dann

$$\boxed{\;C_V = \left(\frac{\partial Q}{\partial T}\right)_V = \left(\frac{\partial U}{\partial T}\right)_V\;}\,. \tag{12.7}$$

Gemäß Tabelle 12.1 ist $c_V = C_V/n$ für He, HD und CO_2 in Abhängigkeit von der Temperatur in Abb. 12.4 dargestellt. Der Verlauf von c_V ist in den drei betrachteten Fällen sehr verschieden; wir können ihn jedoch auf Grund unserer früheren Überlegungen leicht verstehen.

Tabelle 12.1. Experimentelle Werte der molaren Wärmekapazität c_V für He, HD und CO_2 in Abhängigkeit von der Temperatur [12.1]

T/K	$c_V/\mathrm{J\,(mol\,K)^{-1}}$		
	He	HD	CO_2
35	12,48	19,80	
40	12,48	20,85	
45	12,48	21,48	
50	12,48	21,69	
60	12,48	21,48	
300	12,48	20,89	28,81
400	12,48	20,92	33,00
500	12,48	20,97	36,30
600	12,48	21,08	39,00
700	12,48	21,28	41,24
800	12,48	21,57	43,11
900	12,48		44,67
1000	12,48	22,38	45,98
1500	12,48	24,75	50,05
2000	12,48	26,66	52,02

He ist ein Atomgas, so daß nur die Translationsenergie zu c_V beitragen kann; es ist also

$$c_V = N\left(\frac{\partial \bar{E}_{\text{Trans}}}{\partial T}\right)_V = N\cdot \tfrac{3}{2}k = \tfrac{3}{2}R \tag{12.8}$$

in völliger Übereinstimmung mit Abb. 12.4.

Bei HD kommt zur Translationsenergie noch Rotationsenergie und Schwingungsenergie hinzu[1]. In Abb. 12.5 ist die gemäß Kap. 11 berechnete Rotationsenergie U_{Rot} sowie die daraus durch numerisches Differenzieren (Tabelle 12.2, Aufgabe 12.1) erhaltene Wärmekapazität $C_{V,\text{Rot}}$ dargestellt; die experimentell gefundene C_V-Kurve in Abb. 12.4 entspricht bis etwa 600 K der Summe des berechneten Translations- und Rotationsanteils (Grenzwert $(\tfrac{3}{2} + \tfrac{2}{2})\cdot R = \tfrac{5}{2}R$). Bei höheren Temperaturen steigt die C_V-Kurve weiter an, weil jetzt der Schwingungsbeitrag (Aufgabe 12.2) hinzukommt (Tabelle 12.3; Abb. 12.6); wir sehen, daß im Experiment (Abb. 12.4) bei 2000 K immer noch nicht der nach dem Gleichverteilungssatz erwartete Grenzwert von $(\tfrac{5}{2}R + \tfrac{2}{2}R) = \tfrac{7}{2}R$ erreicht ist.

Im Fall von CO_2 läßt sich c_V erst bei Temperaturen vergleichen, die oberhalb des Siedepunktes (195 K) lie-

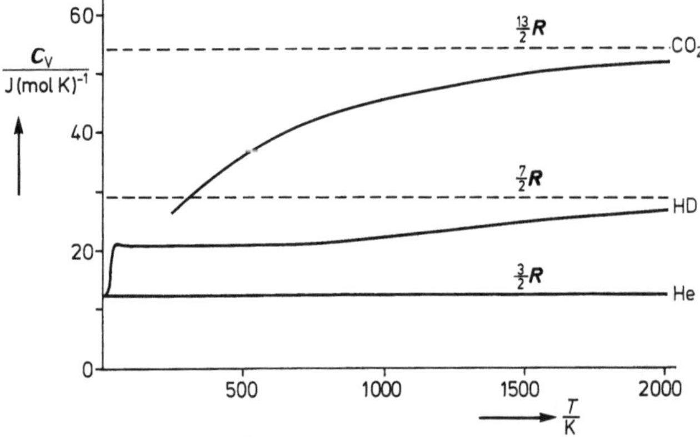

Abb. 12.4. Experimenteller Verlauf der molaren Wärmekapazität c_V einiger Gase in Abhängigkeit von der Temperatur gemäß Tabelle 12.1

---

[1] Wir wählen hier HD und nicht H_2 als Beispiel, weil bei der Berechnung des Rotationsanteils bei H_2 eine zusätzliche Komplikation durch die Nichtunterscheidbarkeit der Protonen auftritt.

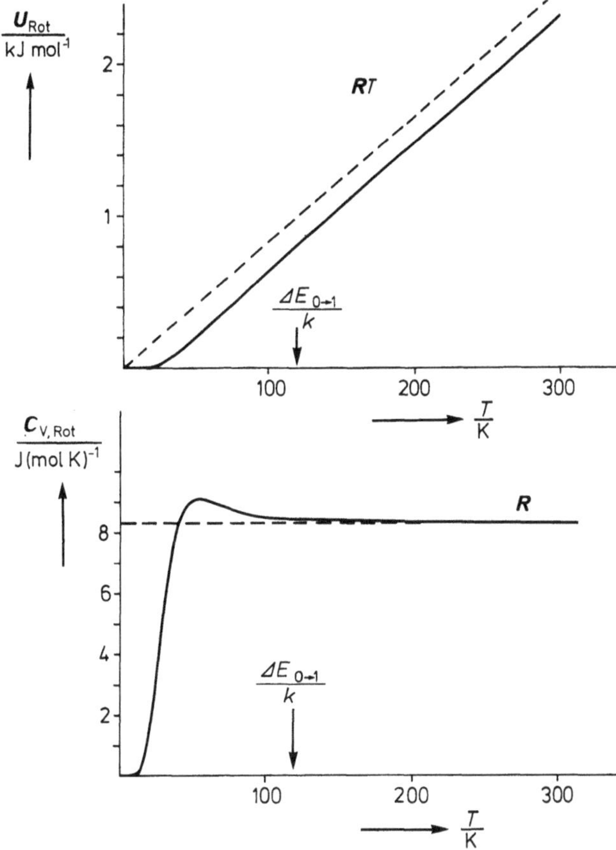

Abb. 12.5. Berechneter Verlauf für den Rotationsbeitrag zu U und C_V im Fall von HD. (———) gemäß Tabelle 12.2; (– – –) klassisch auf Grund des Gleichverteilungssatzes (Abschn. 11.2.1)

Tabelle 12.2. Numerische Berechnung des Rotationsbeitrages zur Wärmekapazität C_V von HD in Abhängigkeit von der Temperatur. Es ist $C_V \approx \Delta U/\Delta T$; ΔU ist die Differenz der für T und $T + \Delta T$ ($\Delta T = 1{,}0$ K) erhaltenen Werte für U (berechnet nach dem Schema in Tabelle 11.2)

T	$U(T)$	$U(T+\Delta T)$	ΔU	C_V
K	kJ mol^{-1}	kJ mol^{-1}	kJ mol^{-1}	J (mol K)$^{-1}$
0	0	0	0	0
10	0,00000	0,00002	0,00002	0,02
20	0,00450	0,00615	0,00165	1,65
30	0,03922	0,04496	0,00574	5,74
40	0,11044	0,11882	0,00838	8,38
50	0,19862	0,20773	0,00911	9,11
60	0,28967	0,29871	0,00904	9,04
70	0,37909	0,38792	0,00883	8,83
100	0,63773	0,64621	0,00848	8,48
200	1,47600	1,48433	0,00833	8,33
300	2,30932	2,31765	0,00833	8,33

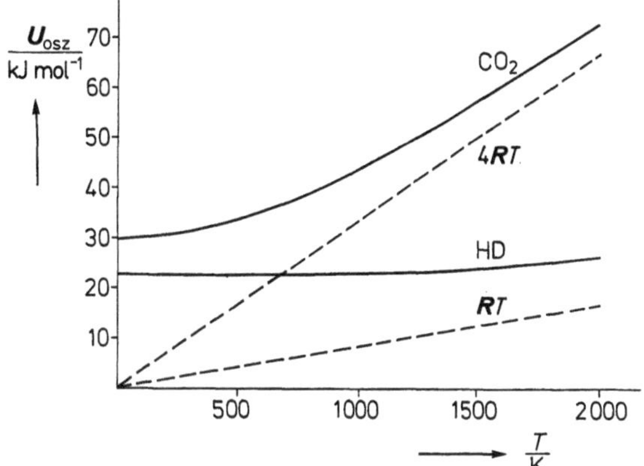

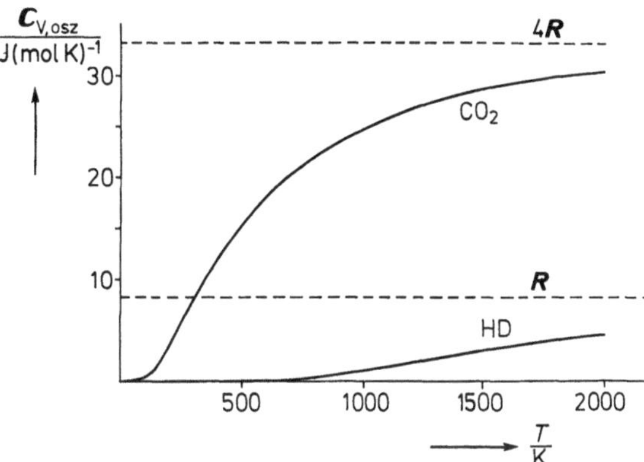

Abb. 12.6. Berechneter Verlauf für den Schwingungsbeitrag zu U und C_V im Fall von HD und CO_2. (———) gemäß Tabelle 12.3; (– – –) klassisch auf Grund des Gleichverteilungssatzes (Abschn. 11.2.1)

Tabelle 12.3. Berechnung des Schwingungsbeitrages zur molaren Wärmekapazität C_V von HD und CO_2 gemäß Aufgabe 12.2. Im Fall von HD ist $\nu_0 = 1{,}14 \cdot 10^{14}$ s^{-1}. Bei CO_2 sind die Beiträge der Deformationsschwingung ($\nu_{Def} = 0{,}29 \cdot 10^{14}$ s^{-1}), der symmetrischen Valenzschwingung ($\nu_{sym} = 0{,}59 \cdot 10^{14}$ s^{-1}) und der antisymmetrischen Valenzschwingung ($\nu_{anti} = 1{,}01 \cdot 10^{14}$ s^{-1}) zu berücksichtigen; da die Deformationsschwingung zweifach entartet ist, ist deren Beitrag doppelt zu rechnen

T/K	$C_V/[$J (mol K)$^{-1}]$			
	HD	CO_2		
		Def.	Sym.	Anti	Gesamt
200	0,0	3,2	0,0	0,0	3,2
300	0,0	7,5	0,5	0,0	8,0
400	0,0	10,5	1,4	0,1	12,0
600	0,1	13,5	3,6	1,0	18,1
800	0,4	14,8	5,1	2,2	22,1
1000	1,1	15,4	6,0	3,4	24,8
1500	3,0	16,1	7,2	5,5	28,8
2000	4,6	16,3	7,7	6,6	30,6

gen; wegen des größeren Trägheitsmomentes von CO_2 erwarten wir, daß sich der Grenzwert für die Rotation bereits bei Temperaturen eingestellt hat, die viel niedriger als bei HD liegen. Beim Siedepunkt ist C_V bereits größer als $\frac{5}{2}\boldsymbol{R}$, es müssen also bereits Molekülschwingungen zu C_V beitragen; diese Schwingungen erfolgen mit kleinerer Frequenz als beim HD, so daß der experimentelle Anstieg bereits bei tieferer Temperatur erfolgt. Da CO_2 ein 3-atomiges lineares Molekül ist, sind nach Kap. 8 $(3j-5) = 4$ Normalschwingungen möglich, von denen 2 entartet sind (Deformationsschwingungen). Der Beitrag zu U und C_V, der für die Gesamtheit dieser Normalschwingungen berechnet wird, ist in Abb. 12.6 dargestellt; dieser Verlauf stimmt im wesentlichen mit dem Experiment überein.

Ein genauer Vergleich von Theorie und Experiment zeigt jedoch, daß bei hohen Temperaturen die gemessenen C_V-Werte etwas höher liegen als die berechneten. Diese Diskrepanz hängt damit zusammen, daß wir in unserem theoretischen Modell die Molekülschwingungen als harmonisch angenommen haben (wir haben die Energien des harmonischen Oszillators verwendet); diese Annahme trifft nur näherungsweise zu. Tatsächlich rücken die Energieniveaus der Molekülschwingung mit wachsender Quantenzahl dichter zusammen, als es dem Modell des harmonischen Oszillators entspricht; dadurch können bei gegebener Temperatur mehr Moleküle auf höheren Energieniveaus untergebracht werden, und entsprechend muß die Wärmekapazität größer sein.

Auf den ersten Blick mag es überraschen, daß die C_V-Kurven für den Schwingungsbeitrag (Abb. 12.6) monoton ansteigen, während die C_V-Kurve für den Rotationsbeitrag (Abb. 12.5) ein Maximum aufweist. Dieser Unterschied läßt sich sehr leicht verstehen. Bei der Schwingung besitzen die Moleküle bei $T = 0$ die Nullpunktsenergie, und die Kurve für U schmiegt sich von oben her an die klassische Kurve an; die Steigung dieser Kurve nimmt monoton zu, so daß auch C_V monoton ansteigt. Bei der Rotation besitzen die Moleküle bei $T = 0$ die Energie Null, die Kurve für U muß sich also von unten her an die klassische Kurve anschmiegen. Dies ist aber nur möglich, wenn die Steigung zunächst größer wird als die Steigung der klassischen Geraden und dann allmählich abfällt. Das bedeutet, daß die Kurve für U einen Wendepunkt besitzen muß; die Lage dieses Wendepunktes entspricht genau der Lage des Maximums der C_V-Kurve.

Weiter fällt auf, daß beim HD die Kurve für U_{Rot} erst bei 500 K (s. Abb. 11.14) in die klassische Kurve einmündet, die Kurve für C_V aber bereits bei 200 K den klassi-

schen Grenzwert erreicht hat. Das hängt damit zusammen, daß die U_{Rot}-Kurve ab 200 K annähernd parallel zu der klassischen Kurve verläuft und sich nur sehr langsam anschmiegt. Daher weicht die Kurvensteigung so wenig von der klassischen Geradensteigung ab, daß sich der kleine Unterschied in C_V nicht bemerkbar macht.

Näherungsweise können wir auch die Wärmekapazität eines Festkörpers durch unser Modell beschreiben, wenn wir davon ausgehen, daß die einzelnen Atome Schwingungen in den drei Raumrichtungen ausführen (Translationen und Rotationen sind in einem Kristall nicht möglich). Nehmen wir vereinfachend an, daß die Atome unabhängig voneinander mit derselben Frequenz schwingen (Einsteinsches Modell des Festkörpers, Abb. 12.7), dann erwarten wir im Prinzip denselben Verlauf wie in Abb. 12.6, nur sollte C_V dreimal so groß sein wie bei linearen Oszillatoren [12.2]. Für Elemente, die im festen Zustand vorliegen, erwarten wir also bei hoher Temperatur den Wert $3\boldsymbol{R}$. Das stimmt für viele Festkörper tatsächlich gut mit den experimentellen Werten überein (Abb. 12.8). Damit läßt sich die Regel von *Dulong und Petit* [12.3] verstehen. Bei sehr hoher Temperatur ist allerdings auch in diesen Fällen die Annahme harmonischer Schwingungen nicht mehr gerechtfertigt, und C_V übersteigt den erwarteten Grenzwert von $3\boldsymbol{R}$ (z. B. Al bei $T > 600$ K).

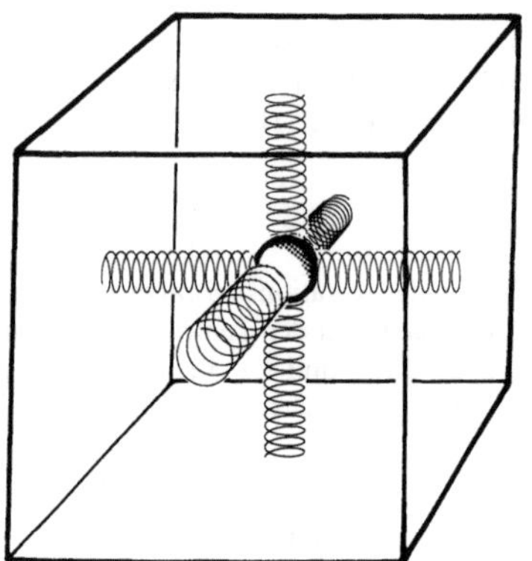

Abb. 12.7.
Dreidimensionaler Oszillator

Die bei Gasen und Festkörpern beobachtete Temperaturabhängigkeit von C_V ist ein typischer Quanteneffekt. Im Fall der Rotation und der Schwingung wird der nach der klassischen Betrachtung erwartete Beitrag zu C_V erst erreicht, wenn die Temperatur $\Delta E_{0\to1}/k$ überschritten ist. Das hängt damit zusammen, daß sich am absoluten Nullpunkt alle Moleküle im untersten Quantenzustand befinden (Abb. 12.9). Um ein Molekül in den nächsthö-

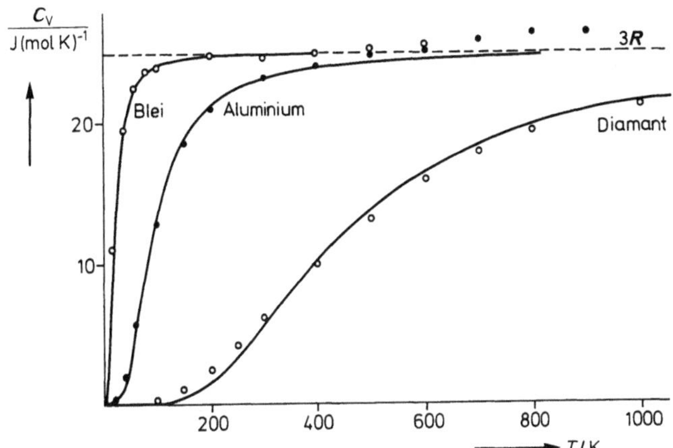

Abb. 12.8. Wärmekapazität C_V von Festkörpern in Abhängigkeit von der Temperatur (experimentell und berechnet mit den an die Meßpunkte angepaßten Schwingungsfrequenzen $v_0 = 1{,}33 \cdot 10^{12}\,\text{s}^{-1}$ (Pb), $v_0 = 6{,}00 \cdot 10^{12}\,\text{s}^{-1}$ (Al) und $v_0 = 2{,}83 \cdot 10^{13}\,\text{s}^{-1}$ (Diamant) gemäß Aufgabe 12.2). Die experimentelle Bestimmung von C_V von Festkörpern wird in Tabelle 12.4 nähert erläutert. ($\bullet$, $\circ$) experimentell; (———) gemäß Tabelle 12.4; (– – –) klassisch auf Grund des Gleichverteilungssatzes (Abschn. 11.2.1)

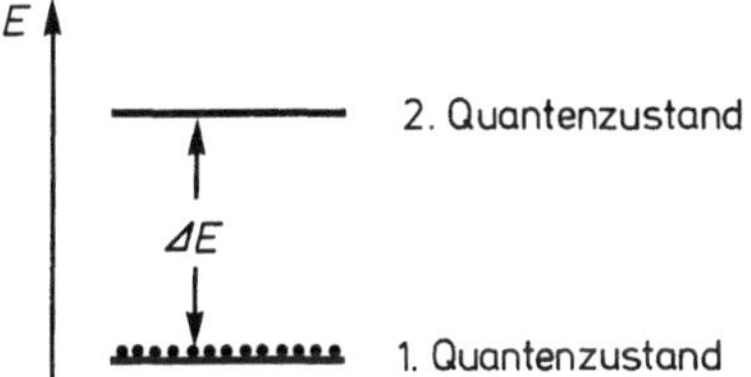

Abb. 12.9. Besetzungszahlen am absoluten Nullpunkt

heren Zustand zu bringen, ist die Anregungsenergie ΔE aufzubringen. Erwärmen wir das Gas auf die Temperatur T, dann können nur dann Moleküle angeregt werden, wenn kT in der Größenordnung von ΔE liegt. Ist $kT \ll \Delta E$, dann werden keine Moleküle angeregt, und der entsprechende Beitrag zu Q und somit C_V ist daher Null. Das Verschwinden von C_V bei tiefer Temperatur ist somit eine direkte Folge der Quantennatur der Materie. Die Temperatur, für die $kT = \Delta E$ wird, ist bei der Schwingung durch

$$T_{\text{Osz}} = \frac{h\,v_0}{k} \tag{12.9}$$

und bei der Rotation durch

$$T_{\text{Rot}} = \frac{2h^2}{8\pi^2 \mu d_0^2 k} \tag{12.10}$$

gegeben. Für HD ist $T_{\text{Rot}} = 131$ K und $T_{\text{Osz}} = 5480$ K; für CO_2 ist $T_{\text{Rot}} = 1{,}1$ K und $T_{\text{Osz}} = 960$ K (Deformationsschwingung). Bei den betrachteten Festkörpern ist die Schwingungsfrequenz v_0 von Diamant wegen der kleineren Kernmasse und der größeren Kraftkonstante viel größer als von Blei, so daß beim Blei der Wert $C_V = 3R$ bereits weit unter Zimmertemperatur, beim Diamant dagegen noch nicht einmal bei 1000 K erreicht ist.

Nach Abb. 12.4 ist bei dem Translationsbeitrag zu C_V auch bei den tiefsten Temperaturen, unter denen man die Gase experimentell untersuchen kann, kein Absinken bei tiefer Temperatur festzustellen. Das liegt daran, daß die Abstände der beiden untersten Translationsquantenzustände um viele Größenordnungen kleiner sind als bei der Rotation und der Schwingung; infolgedessen muß auch die charakteristische Temperatur viel niedriger sein.

12.2 Zustandsänderungen bei konstantem Druck, Wärmekapazität C_p

Bei den bisher besprochenen Zustandsänderungen blieb das Volumen des Gases konstant (isochore Zustandsänderung), und der Gasdruck nahm bei der Erwärmung des Gases zu. Wir können eine Zustandsänderung aber auch so durchführen, daß wir den Druck konstant halten (isobare Zustandsänderung, Abb. 12.10).

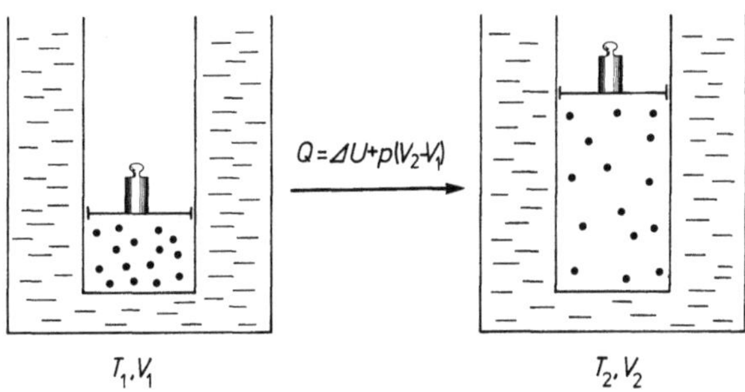

Abb. 12.10. Erwärmung eines Gases bei konstantem Druck

In diesem Fall ist ΔU genau so groß wie bei der entsprechenden isochoren Zustandsänderung (U hängt ja beim idealen Gas nur von T ab). Dem Temperaturbad wird aber eine größere Wärmemenge entzogen, weil noch Energie benötigt wird, um das Gewicht auf dem Kolben anzuheben. Zum Heben des Gewichtes (Kraft K) um die Strecke ds ist die Arbeit

$$\text{Kraft } ds = \left(\frac{\text{Kraft}}{\text{Kolbenfläche}} \right) \qquad (12.11)$$

$$\cdot (\text{Kolbenfläche} \cdot ds) = p \cdot dV$$

erforderlich (dV: Volumenänderung). Damit ergibt sich für die gesamte Arbeit, die nötig ist, um das Gewicht in Abb. 12.10 zu heben,

$$\int_{V_1}^{V_2} (p \, dV) = p \int_{V_1}^{V_2} dV = p(V_2 - V_1) \, . \qquad (12.12)$$

Die Energie, die nötig ist, um die Innere Energie des Gases zu erhöhen und gleichzeitig das Gewicht auf dem Kolben anzuheben, wird dem Gas in Form von Wärme (Wärmemenge Q) zugeführt; es ist also

$$Q = \Delta U + p(V_2 - V_1) \, . \qquad (12.13)$$

$p(V_2 - V_1)$ ist die Arbeit, die das Gas nach außen leistet; bezeichnen wir mit A die dem Gas zugeführte Arbeit, dann ist

$$A = -p(V_2 - V_1) \, . \qquad (12.14)$$

Somit gilt

$$\boxed{\Delta U = A + Q} \, . \qquad (12.15)$$

Diese Beziehung besagt, daß die dem Gas von außen zugeführten Energien (hier in Form von Wärme und Arbeit) von den Molekülen gespeichert werden (Änderung der Inneren Energie U des Systems); sie stellt einen speziellen Fall des allgemeinen Energieerhaltungsgesetzes dar.

Ähnlich wie wir in (12.6) die Wärmekapazität C_V bei konstantem Volumen eingeführt haben, können wir die Wärmekapazität C_p bei konstantem Druck

$$\boxed{C_p = \left(\frac{\partial Q}{\partial T} \right)_p} \qquad (12.16)$$

definieren.

Bei idealen Gasen hängt C_p in besonders einfacher Weise mit C_V zusammen. Um diesen Zusammenhang zu

erkennen, denken wir uns die Zustandsänderung in Abb. 12.10 auf 2 Schritte aufgeteilt; zunächst wird das Gas bei konstantem Volumen erwärmt, wobei sein Druck auf $p + dp$ ansteigt:

$$dQ_1 = C_V \, dT \, . \qquad (12.17)$$

Dann müssen wir das Gas vom Druck $p + dp$ auf den Ausgangsdruck p expandieren. Da die Innere Energie U eines idealen Gases unabhängig vom Volumen ist ($\Delta U = 0$), gilt nach (12.15) und (10.25)

$$dQ_2 = -dA = +p \, dV = p(V + dV) - pV$$

$$= \mathbf{n} \mathbf{R} (T + dT) - \mathbf{n} \mathbf{R} T = \mathbf{n} \mathbf{R} \, dT \, . \qquad (12.18)$$

In diesem Schritt ist Wärme zuzuführen, weil der Kolben angehoben werden muß, also Arbeit geleistet wird. Damit ist

$$dQ = dQ_1 + dQ_2 = C_V \, dT + \mathbf{n} \mathbf{R} \, dT = (C_V + \mathbf{n} \mathbf{R}) \, dT \, , \qquad (12.19)$$

und somit gilt

$$\boxed{C_p = \left(\frac{\partial Q}{\partial T} \right)_p = C_V + \mathbf{n} \mathbf{R}} \, . \qquad (12.20)$$

In anderen Fällen (z. B. bei Festkörpern) ist der Zusammenhang zwischen C_p und C_V komplizierter. Es läßt sich jedoch auch für diese Fälle eine Beziehung zwischen C_p und C_V begründen. Mit einer solchen Beziehung ist es beispielsweise möglich, die experimentell nur außerordentlich schwierig zu messenden C_V-Werte von Festkörpern aus den leicht zugänglichen C_p-Werten zu berechnen. Auf diese Weise wurden die C_V-Werte in Abb. 12.8 erhalten (Anhang M, Tabelle 12.4).

12.3 System und Umgebung; Zustandsgrößen

Bei der makroskopischen Beschreibung des Verhaltens von Molekülgesamtheiten ist es sinnvoll, klar zwischen den Begriffen „System" und „Umgebung" zu unterscheiden. Ein System ist ein herausgegriffener, abgegrenzter Teil des Universums (z. B. die in einem Behälter eingeschlossene Menge an O_2-Molekülen in Abb. 12.11); den Rest des Universums nennt man dann Umgebung (z. B.

Tabelle 12.4. Berechnung [12.4] von C_V für Pb, Al, Diamant aus den entsprechenden C_p-Werten gemäß der Beziehung (s. Anhang M)

$$C_V = C_p - \frac{\gamma^2 V}{\kappa} T$$

(γ: kubischer Ausdehnungskoeffizient, κ: Kompressibilität, V: molares Volumen). Bei Diamant ist bei 300 K $\gamma = 3 \cdot 10^{-6}\,K^{-1}$; $\kappa = 0{,}2 \cdot 10^{-6}$ bar^{-1} und $V = 3{,}4$ cm^3 mol^{-1}; damit ergibt sich für die Korrektur 0,005 J (mol K)$^{-1}$, also weniger als 1% der für Pb und Al berechneten Werte. Wir können in diesem Fall also C_V näherungsweise mit C_p gleichsetzen

$\dfrac{T}{K}$	$\dfrac{C_p}{\text{J (mol K)}^{-1}}$	$\dfrac{\gamma}{10^{-6}\,K^{-1}}$	$\dfrac{\kappa}{10^{-6}\,K^{-1}}$	$\dfrac{V}{\text{cm}^3\,\text{mol}^{-1}}$	$\dfrac{(\gamma^2 V/\kappa)\cdot T}{\text{J (mol K)}^{-1}}$	$\dfrac{C_V}{\text{J (mol K)}^{-1}}$
Pb: 20	11,0	70	1,9	17,5	0,09	10,9
40	19,6	72	1,9	17,5	0,18	19,4
60	22,4	73	2,0	17,5	0,27	22,1
80	23,7	74	2,0	17,6	0,36	23,3
100	24,4	75	2,0	17,6	0,49	23,9
200	25,9	81	2,1	17,7	1,10	24,8
300	26,4	87	2,3	17,9	1,76	24,6
400	27,5	93	2,5	18,1	2,49	25,0
500	28,4	99	2,8	18,2	3,18	25,2
600	29,4	105	3,1	18,4	3,91	25,5
Al: 20	0,2	10	1,0	9,6	0,00	0,2
40	2,1	16	1,0	9,6	0,01	2,1
60	5,8	22	1,1	9,6	0,03	5,8
80	9,7	29	1,1	9,6	0,06	9,7
100	13,0	36	1,2	9,7	0,11	12,9
200	21,6	60	1,3	9,8	0,53	21,1
300	24,4	69	1,3	9,9	1,08	23,3
400	25,6	74	1,4	10,0	1,56	24,0
500	26,9	79	1,5	10,1	2,10	24,8
600	28,1	84	1,5	10,2	2,87	25,2
700	29,3	89	1,6	10,3	3,57	25,7
800	30,6	94	1,7	10,4	4,45	26,1
900	31,8	99	1,7	10,5	5,44	26,4

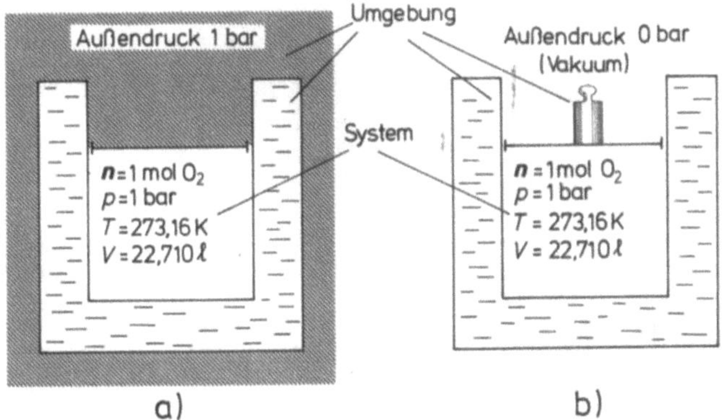

Abb. 12.11a, b. System und Umgebung. Beschreibung des Zustandes durch Zusammensetzung, Druck, Temperatur, Volumen. (a) Druck (1 bar) durch äußere Atmosphäre ausgeübt; (b) Druck (1 bar) durch Gewicht (1,02 kg bei 1 cm^2 Stempelfläche) ausgeübt

die äußere Atmosphäre und das Temperaturbad in Abb. 12.11a bzw. das Gewicht und das Temperaturbad in Abb. 12.11b).

Das in Abb. 12.11 dargestellte System läßt sich durch die Angaben $n_{O_2} = 1$ mol, $T = 273{,}16$ K, $p = 1$ bar und $V = 22{,}71$ l beschreiben; man sagt, das System befinde sich in einem bestimmten Zustand. Ein Zustand wird durch die Angabe makroskopischer Größen (stoffliche Zusammensetzung, Temperatur, Druck, Volumen) festgelegt[2]. Größen wie Temperatur, Druck und Volumen, die nur vom Zustand und nicht von dem Weg, auf dem der Zustand erreicht wird, abhängen, nennt man *Zustandsgrößen*.

Wir können weitere Eigenschaften unseres Systems zur Beschreibung seines Zustandes heranziehen, beispiels-

---

[2] Dieser Begriff des makroskopischen Zustandes einer Molekülanhäufung muß deutlich von dem Begriff des Quantenzustandes eines einzelnen Moleküls (z.B. im Kap. 11) unterschieden werden.

weise die Innere Energie U des Systems; U hängt nur von der Art des betrachteten Zustandes ab, so daß bei einer Zustandsänderung die Änderung ΔU der Inneren Energie unabhängig von dem Weg ist, auf dem die Zustandsänderung erfolgt. Den Zustand unseres O_2-Gases können wir in verschiedener Weise vollständig beschreiben, z. B. durch **n**, T und p oder **n**, T und V oder **n**, T und U usw.; die übrigen Zustandsgrößen sind dann durch eine Zustandsgleichung, z. B. durch die Gasgleichung (10.25), eindeutig festgelegt.

Während die Änderung einer Zustandsgröße durch die Angabe des Anfangs- und Endzustandes gegeben ist, gibt es andere Größen zur Beschreibung von Zustandsänderungen, die davon abhängen, auf welchem Weg wir die Zustandsänderung ausführen. Solche Größen sind die bei einer Zustandsänderung zugeführte Wärme Q und die von außen am System geleistete Arbeit A, wie wir uns leicht an Hand von Abb. 12.12 klarmachen können.

Wir bringen 1 mol Wasser vom Zustand 1 ($T = 375$ K, $p = 2$ bar, $V = 0{,}018$ l; das Wasser liegt unter diesen Be-

dingungen flüssig vor) in den Zustand 2 ($T = 375$ K, $p = 1$ bar, $V = 31{,}2$ l; das Wasser liegt unter diesen Bedingungen gasförmig vor), und zwar auf zwei verschiedenen Wegen.

Weg a: Nach Öffnen des Schiebers verdampft das Wasser, wobei das Gewicht gehoben wird; dabei wird nach außen Arbeit geleistet, es ist also A_a negativ.

Weg b: Durch das Öffnen des Schiebers lassen wir Wassermoleküle ins Vakuum austreten. Ist die Volumenänderung genau so groß wie beim Weg a, dann stellt sich auch derselbe Enddruck ein. In diesem Fall wird kein Gewicht gehoben, es ist also $A_b = 0$. Bei dem Weg a muß die dem System zugeführte Wärme größer sein als bei dem Weg b, weil ein Teil der Wärmeenergie in Arbeit umgesetzt, also zum Heben des Gewichtes verwandt wird.

Andererseits ist die Änderung $\Delta U = U_2 - U_1$ der Inneren Energie U auf beiden Wegen gleich groß:

$$\Delta U = U_2 - U_1 = Q_a + A_a = Q_b + A_b. \qquad (12.21)$$

Während also ΔU die Änderung einer Zustandsgröße darstellt, sind Q und A nicht Änderungen von Zustandsgrößen.

Die Systeme, die wir bisher untersucht haben, standen im Energieaustausch mit der Umgebung. Oft ist es nützlich, Systeme zu untersuchen, die völlig von der Umgebung isoliert sind, bei denen also weder Energie noch Materie mit der Umgebung ausgetauscht werden kann; solche Systeme nennt man *abgeschlossen* (Abb. 12.13a). Systeme, bei denen Arbeit oder Wärme ausgetauscht

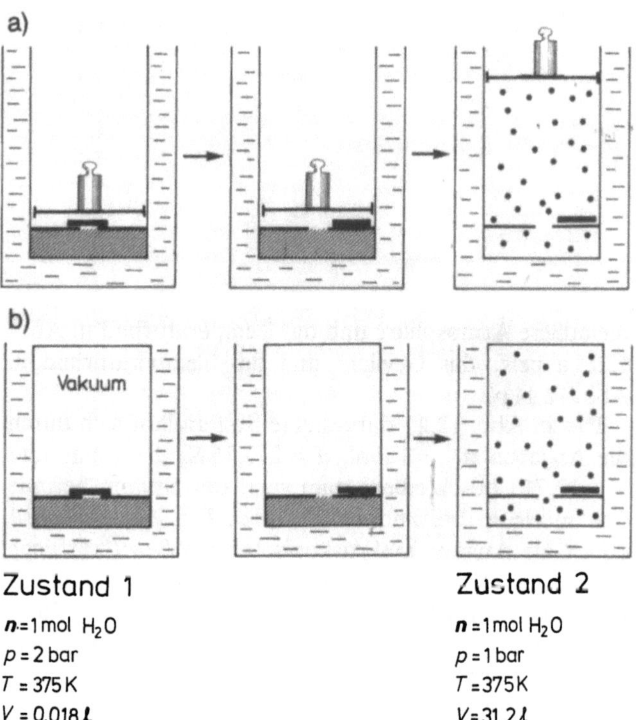

Zustand 1

$n = 1$ mol H_2O
$p = 2$ bar
$T = 375$ K
$V = 0{,}018$ l

Zustand 2

$n = 1$ mol H_2O
$p = 1$ bar
$T = 375$ K
$V = 31{,}2$ l

Abb. 12.12a, b. Übergang vom Zustand (1) zum Zustand (2) des Systems auf verschiedenen Wegen. Die Gesamtenergie des Systems ändert sich in beiden Fällen um denselben Betrag (U ist eine Zustandsgröße). Die zugeführte Wärme ist im Fall (**a**) größer als im Fall (**b**), da ein Teil der Energie zur äußeren Arbeitsleistung ($-A_a = p\Delta V$) verwendet wird: $\Delta U = \Delta Q_b = \Delta Q_a - p\Delta V$

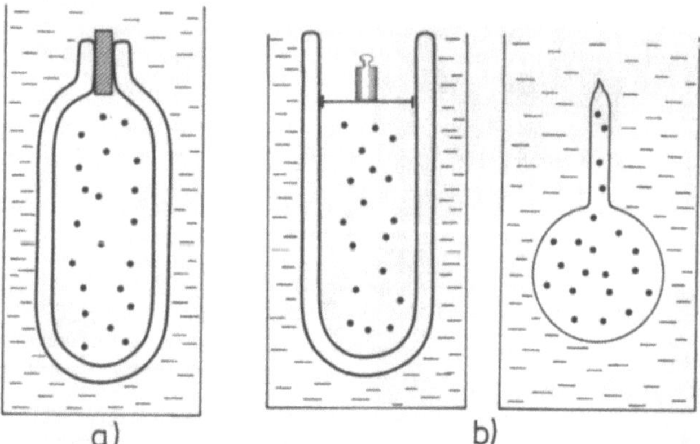

Abb. 12.13. (**a**) Abgeschlossenes System: kein Austausch von Wärme (Wärmeisolation), kein Austausch von Arbeit (Volumen konstant), kein Austausch von Materie (Gefäß geschlossen), und (**b**) nicht abgeschlossene Systeme: Austausch von Arbeit oder Wärme ist möglich

werden können, nennt man *nicht abgeschlossen* (Abb. 12.13 b).

Jede Zustandsänderung eines abgeschlossenen Systems erfolgt ohne Wärmeaustausch mit der Umgebung ($Q = 0$) und ohne äußere Arbeitsleistung ($A = 0$); damit läßt sich der Energiesatz (12.15) auch durch die Aussage

$$\Delta U = 0 \quad \text{(abgeschlossenes System)} \qquad (12.22)$$

formulieren. Diese Aussage stellt nicht etwa eine spezielle Formulierung des Energieprinzips dar, sondern gilt allgemein, da jedes beliebige System zusammen mit dem Temperaturbad und äußeren Vorrichtungen zur Speicherung von Energie zu einem neuen System zusammengefaßt werden kann, das abgeschlossen ist (Abb. 12.14).

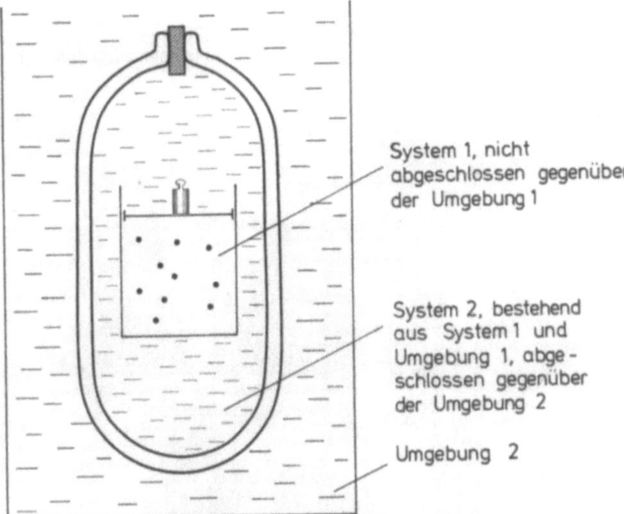

Abb. 12.14. System 2, bestehend aus System 1 und Umgebung als abgeschlossenes System

Eine Zustandsänderung, bei der das System zum Schluß im selben Zustand wie zu Anfang vorliegt, nennt man einen *Kreisprozeß* (Abb. 12.15).

Wasser wird zunächst durch Ausströmen ins Vakuum verdampft; anschließend läßt man es durch das Herabdrücken eines Stempels wieder kondensieren. Bei diesem Prozeß ist

$$\begin{aligned}
\Delta U &= \Delta U_1 + \Delta U_2 = 0 \\
Q &= Q_1 + Q_2 \quad \neq 0 \\
A &= A_1 + A_2 \quad \neq 0 .
\end{aligned} \qquad (12.23)$$

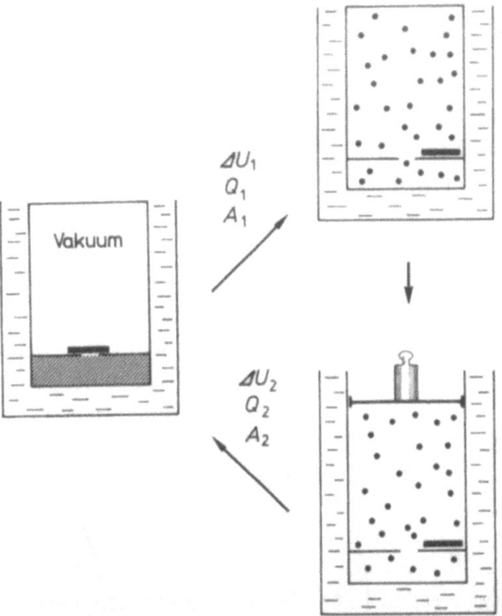

Abb. 12.15. Verdampfen und Kondensieren von Wasser als Beispiel eines Kreisprozesses

Die Innere Energie U ist nach dem Durchlaufen des Kreisprozesses natürlich genau so groß wie vorher, es gilt also

$$\boxed{\Delta U_{\text{Kreisprozeß}} = 0} \ . \qquad (12.24)$$

Diese Beziehung gilt im Gegensatz zu (12.22) auch für nicht abgeschlossene Systeme. Dagegen ist im allgemeinen $Q_{\text{Kreisprozeß}} \neq 0$ und $A_{\text{Kreisprozeß}} \neq 0$; wegen (12.15) und (12.24) ist

$$Q_{\text{Kreisprozeß}} = -A_{\text{Kreisprozeß}} \ . \qquad (12.25)$$

In unserem Beispiel wird am System Arbeit geleistet und Wärme vom System an das Temperaturbad abgegeben, es wird also insgesamt mechanische Energie in Wärme verwandelt.

Aufgaben

12.1 C_V durch numerisches Differenzieren

Man zeige, wie man die C_V-Kurve in Abb. 12.5 durch numerisches Differenzieren der entsprechenden Kurve für U erhält.

12.2 Schwingungsbeitrag zu C_V

Man stelle den Verlauf des Schwingungsbeitrages zu C_V in Abhäbgigkeit von T in analytischer Form dar, indem man von der in Kap. 11 abgeleiteten Beziehung für U ausgeht.

12.3 Elektronenbeitrag zu C_V

Das NO-Molekül besitzt im Abstand $\Delta E = 2,4 \cdot 10^{-21}$ J über dem elektronischen Grundzustand einen elektronisch angeregten Zustand, der bereits bei tiefen Temperaturen besetzt werden kann. Man skizziere den Verlauf des elektronischen Beitrages zu C_V in Abhängigkeit von der Temperatur.

12.4 Isotherme Expansion eines Gases

Beim Öffnen des Ventils strömt Gas in den oberen Zylinder und hebt den Kolben.
a) Wie groß ist das Gasvolumen nach dem Ausströmen?
b) Wie groß ist die dem System zugeführte Arbeit?

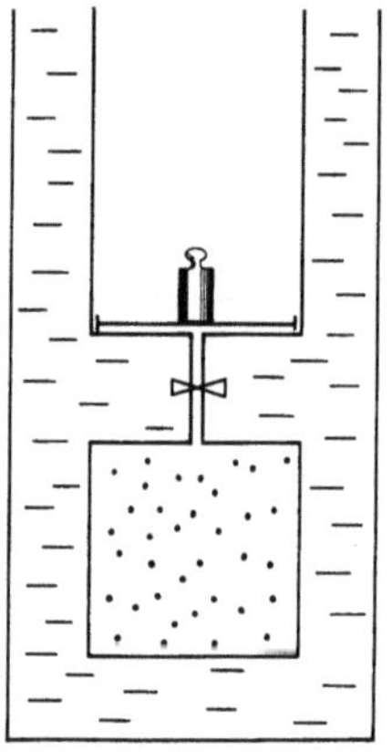

12.5 Bestimmung von C_p/C_V

Zur experimentellen Bestimmung von C_p/C_V von Gasen läßt man ein Gas adiabatisch (d. h. wärmeisoliert) vom Druck $(p + \Delta p)$ auf den Druck p expandieren $(1 \rightarrow 2)$, indem man ein Ventil kurzzeitig öffnet. Das Ventil wird anschließend wieder geschlossen $(2 \rightarrow 3)$, und man wartet

den Temperaturausgleich mit der Umgebung ab $(3 \rightarrow 4)$. Man zeige, daß C_p/C_V über die Beziehung $C_p/C_V = \Delta p / (\Delta p - \Delta p')$ berechnet werden kann.

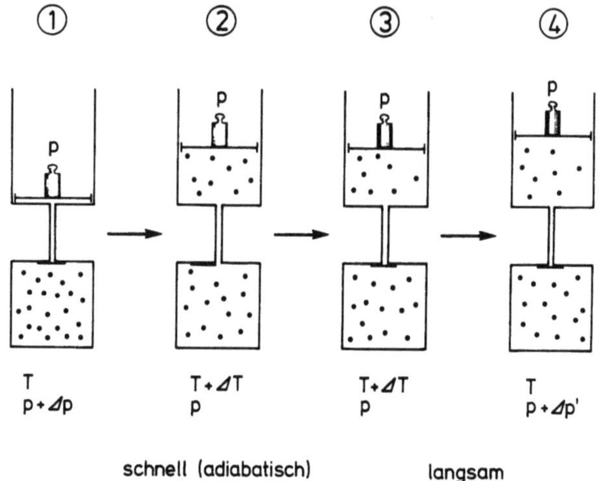

13. Entropievermehrungsprinzip

13.1 Irreversible und reversible Zustandsänderungen

Wir denken uns zwei gleiche Behälter mit gleich vielen Gasmolekülen. Die Moleküle in dem einen Behälter besitzen eine große Translationsenergie, üben also auf die Behälterwände einen großen Druck aus; die Moleküle in dem zweiten Behälter besitzen eine kleine Translationsenergie und üben einen kleinen Druck aus (Abb. 13.1).

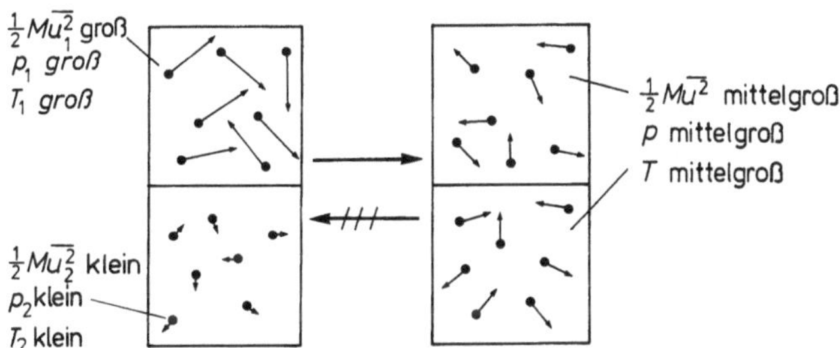

Abb. 13.1. Temperaturausgleich zwischen zwei Gasen

Bringen wir beide Behälter, deren Wärmekapazität vernachlässigt wird, miteinander in Kontakt, dann werden über die Behälterwände die Stöße der schnellen Moleküle in dem einen Behälter auf die langsamen Moleküle in dem zweiten Behälter übertragen. Wie im Kap. 10 bereits näher betrachtet, stellt sich schließlich ein Zustand ein, bei dem die mittlere Translationsenergie $M\overline{u^2}/2$ aller Moleküle gleich groß ist. Entsprechend ist dann auch der Druck p auf die Behälterwände gleich groß. Dieser Zustand bleibt beliebig lange erhalten; es kann nicht passieren, daß nach Einstellung der neuen Energieverteilung die Moleküle im oberen Behälter von selbst im Mittel eine größere Translationsenergie annehmen als im unteren.

Das Einstellen der neuen Energieverteilung können wir auch als Temperaturausgleich zwischen beiden Behältern beschreiben: bringen wir zwei Gase, die sich auf verschiedener Temperatur befinden, miteinander in Kontakt,

dann wird Wärme vom wärmeren Gas auf das kältere übertragen; sind beide Gase im thermischen Gleichgewicht, dann stellt sich eine mittlere Temperatur T ein.

Im Falle eines Atomgases ist

$$\tfrac{1}{2}M\overline{u^2} = \tfrac{1}{2}(\tfrac{1}{2}M\overline{u_1^2} + \tfrac{1}{2}M\overline{u_2^2}) \tag{13.1}$$

$$p = \tfrac{1}{2}(p_1 + p_2) \tag{13.2}$$

$$T = \tfrac{1}{2}(T_1 + T_2)\,. \tag{13.3}$$

Es ist nicht möglich, daß der umgekehrte Vorgang abläuft, daß nämlich 2 Gase, die sich auf gleicher Temperatur befinden, nach einer gewissen Zeit von selbst verschiedene Temperaturen annehmen, indem Wärme von dem einen Gas auf das andere übergeht.

Allgemein können wir also sagen:

> Wärme geht nicht von selbst (also in einem abgeschlossenen System) von einem kälteren auf einen wärmeren Körper über, obwohl dies nach dem Energieerhaltungssatz möglich wäre.

Diese Aussage wird von der Erfahrung bestätigt.

Denken wir uns die Teilchenzahlen in den beiden Behältern in Abb. 13.1 soweit verkleinert, daß sich in jedem Behälter nur je 1 Molekül befindet, dann wird im thermischen Gleichgewicht laufend Energie zwischen beiden Teilchen ausgetauscht; dabei kann es vorkommen, daß in einem bestimmten Zeitpunkt das obere Teilchen eine größere Energie als das untere Teilchen besitzt. Je größer die Anzahl der Moleküle in den beiden Behältern ist, um so unwahrscheinlicher wird es, daß alle Moleküle im oberen Behälter gleichzeitig eine größere Energie als die Moleküle im unteren Behälter annehmen, daß also die Temperatur im oberen Behälter von selbst auf Kosten der Temperatur im unteren Behälter ansteigt. In praktischen Fällen haben wir es immer mit so großen Molekülanhäufungen zu tun, daß der betrachtete Vorgang so unwahrscheinlich wird, daß wir ihn praktisch als unmöglich ansehen können. Diese Überlegung zeigt den statistischen Charakter unserer Aussage.

Vorgänge, die von selbst nur in einer bestimmten Richtung ablaufen, nennt man *irreversibel*. Beispiele für irreversible Vorgänge sind der Temperaturausgleich, das Ausströmen eines Gases ins Vakuum, das Verdampfen ins Vakuum und das Vermischen zweier Gase (Abb. 13.2).

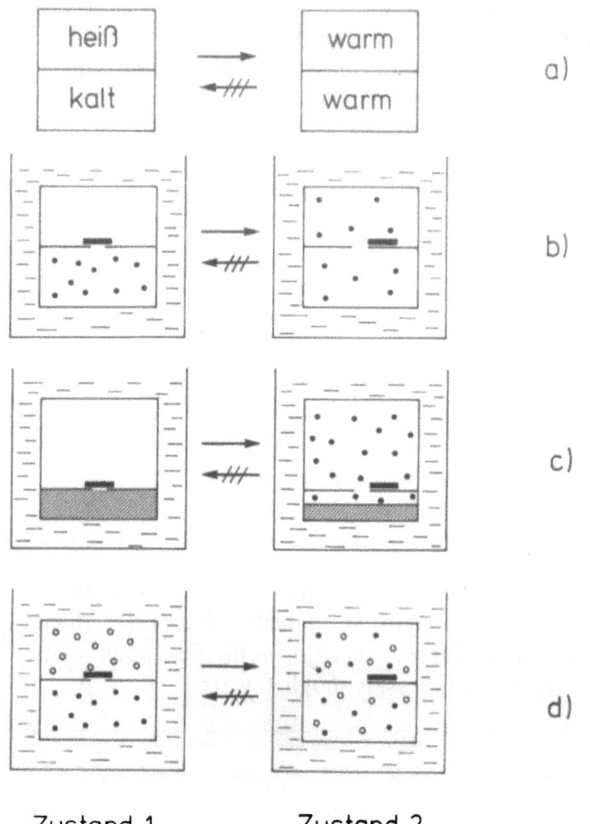

Zustand 1   Zustand 2

Abb. 13.2a–d. Beispiele für irreversible Vorgänge. (a) Temperatur-ausgleich; (b) Ausströmen eines Gases ins Vakuum; (c) Verdampfen ins Vakuum; (d) Vermischung zweier Gase

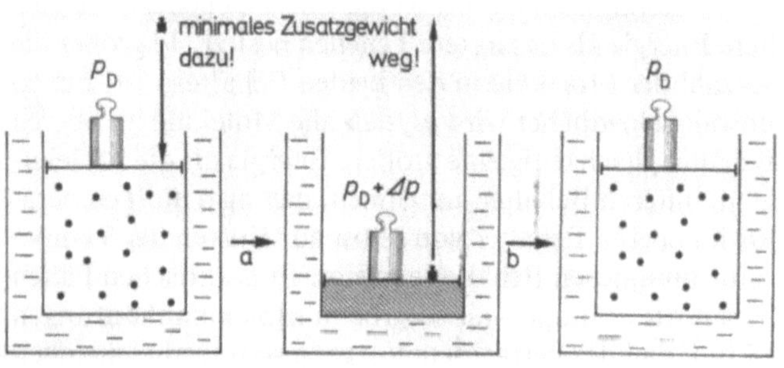

Abb. 13.3a, b. Kondensation und Verdampfung einer Flüssigkeit auf reversiblem Wege (z. B. Wasser bei 373 K, $p_D = 1$ bar). (a) Druck minimal erhöht: Kondensation des Dampfes; (b) Druck minimal erniedrigt: Verdampfen der Flüssigkeit

Die Übergänge von den Zuständen 1 in die Zustände 2 in Abb. 13.2 können wir auch auf Umwegen so ausführen, daß in jedem Augenblick praktisch Gleichgewicht herrscht. Üben wir beispielsweise auf den Dampf (Gleich-

gewichtsdampfdruck p_D) von außen einen Druck aus, der um einen ganz kleinen Betrag Δp größer ist als der Dampfdruck p_D, dann kondensiert der Dampf (Abb. 13.3a). Entfernen wir das winzige Zusatzgewicht, dann verdampft die Flüssigkeit vollständig (Abb. 13.3b). Diesen Vorgang können wir in jedem Augenblick um-kehren, indem wir das winzige Zusatzgewicht wieder auf-legen. Da das Zusatzgewicht beliebig klein sein darf, ist für die Umkehrung des Verdampfungsvorganges von au-ßen eine vernachlässigbar geringe zusätzliche Arbeit auf-zuwenden.

Vorgänge, die in der beschriebenen Weise ablaufen, nennt man *reversibel*, weil sie in jedem Moment durch ei-ne beliebig kleine Änderung einer Zustandsgröße (z. B. des Druckes) umgekehrt werden können. Im Gegensatz dazu stehen die irreversiblen Vorgänge, die sich nur durch massive Eingriffe rückgängig machen lassen, von selbst also nur in einer Richtung ablaufen.

Wir überlegen uns, wie die Zustandsänderung in Abb. 13.2b auf einem reversiblen Umweg durchgeführt wer-den könnte.

Wir betrachten dazu die reversible isotherme (also bei konstanter Temperatur erfolgende) Expansion eines Ga-ses vom Druck p_1 auf den Druck p_2. Wir denken uns den Druck in kleinen Schritten erniedrigt, indem wir nachein-ander kleine Gewichtsstücke entfernen (Abb. 13.4). Sind die Druckänderungen in den einzelnen Schritten genü-gend klein, dann können wir die dem System im einzel-nen Schritt zugeführte Arbeit dA durch

$$dA = -p\,dV \tag{13.4}$$

ausdrücken; die insgesamt zugeführte Arbeit A ergibt sich dann zu

$$A = \int_{V_1}^{V_2} dA = -\int_{V_1}^{V_2} p\,dV = -\int_{V_1}^{V_2} \mathbf{n}\mathbf{R}\,T\frac{dV}{V}. \tag{13.5}$$

Sorgen wir dafür, daß die Temperatur des Gases bei der

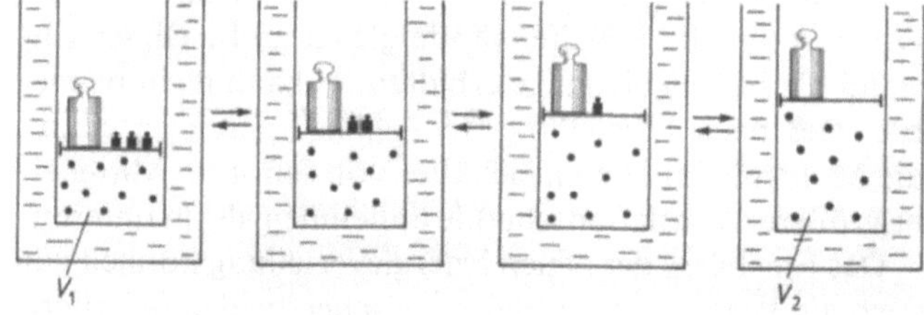

Abb. 13.4. Reversible isotherme Expansion eines Gases (Erniedrigung des Druckes durch schrittweises Wegnehmen kleiner Gewichtsstücke)

Zustandsänderung konstant bleibt (isotherme Zustandsänderung), dann können wir $\mathbf{n R} T$ vor das Integral ziehen:

$$A = -\mathbf{n R} T \int_{V_1}^{V_2} \frac{dV}{V} = -\mathbf{n R} T \,|\ln V\,|_{V_1}^{V_2} = -\mathbf{n R} T \ln \frac{V_2}{V_1}$$

$$(13.6)$$

Dieses Integral entspricht der schraffierten Fläche in Abb. 13.5. Da in diesem Fall $\Delta U = 0$ ist (ideales Gas), ist

$$Q = -A = \mathbf{n R} T \ln \frac{V_2}{V_1}, \qquad (13.7)$$

es wird dem Temperaturbad also Wärme entnommen. Durch Hinzufügen oder Wegnehmen winziger Zusatzgewichte (Abb. 13.4) können wir jederzeit erreichen, daß der Vorgang von links nach rechts oder umgekehrt verläuft.

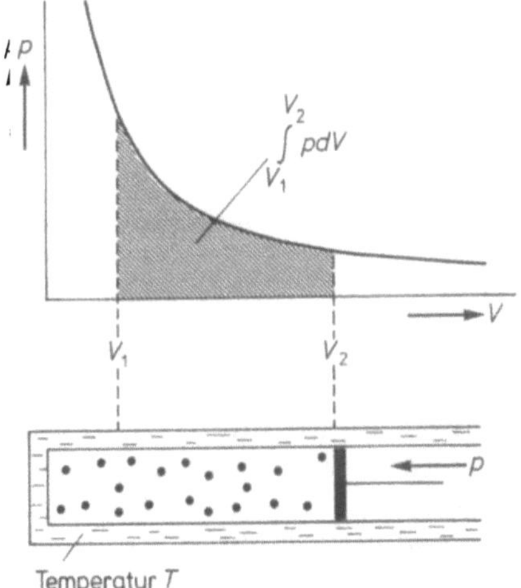

Abb. 13.5. Reversible isotherme Expansion eines idealen Gases

13.2 Entropie als Maß für die Unordnung im System

13.2.1 Zunahme der Unordnung beim irreversiblen Prozeß

Wir betrachten noch einmal den Vorgang des Mischens zweier Gase (Abb. 13.2d). Im Zustand 1 sind sämtliche Moleküle der ersten Sorte (Kreise) im Teilvolumen oben, sämtliche Moleküle der zweiten Sorte (Punkte) unten

konzentriert. Beim Öffnen des Schiebers zerstreuen sich die Moleküle über das Gesamtvolumen, das Durcheinander wird immer größer, bis der Zustand 2 (völlige Durchmischung) erreicht ist. Auch in allen anderen Fällen in Abb. 13.2 nimmt die Unordnung im Ganzen zu, wie im folgenden näher überlegt wird (Abschn. 13.2.2 – 5). Bei irreversiblen Prozessen findet insgesamt eine Zunahme der Unordnung statt. Im Grenzfall reversibler Prozesse nimmt die Unordnung im Ganzen nicht zu. Sie kann in einem Bereich zunehmen und nimmt dafür in einem anderen Bereich ab. Beispielsweise sind in Abb. 13.3 die Moleküle zuerst im Gasraum zerstreut, und sie konzentrieren sich dann in Prozeß a (Kondensation des Gases zur Flüssigkeit) in einem Teilvolumen: Die Unordnung des Systems nimmt ab. Dafür gibt das System Wärme an das Temperaturbad ab (Kondensationswärme). Die Unordnung im Temperaturbad nimmt dadurch zu, wie wir uns im Abschn. 13.2.3 überlegen werden. Die Summe der Unordnung (von System und Umgebung) ändert sich nicht. Umgekehrt nimmt in Prozeß b die Unordnung im System zu. Dafür fließt Wärme vom Temperaturbad ins System (Verdampfungswärme): Die Unordnung im Temperaturbad nimmt ab.

13.2.2 Zunahme der Realisierungsmöglichkeiten bei der Expansion eines Gases

Wir betrachten nochmals die Expansion eines Gases (Abb. 13.6). Im Zustand 1 steht den Molekülen das kleine Volumen V_1 zur Verfügung, im Zustand 2 das große Volumen V_2; je größer das Volumen ist, auf das sich die Gasmoleküle verteilen können, um so größer ist die Unordnung im System. Wir haben gesehen, daß der Vorgang nicht durch minimale Änderung der Bedingungen in umgekehrter Richtung geführt werden kann.

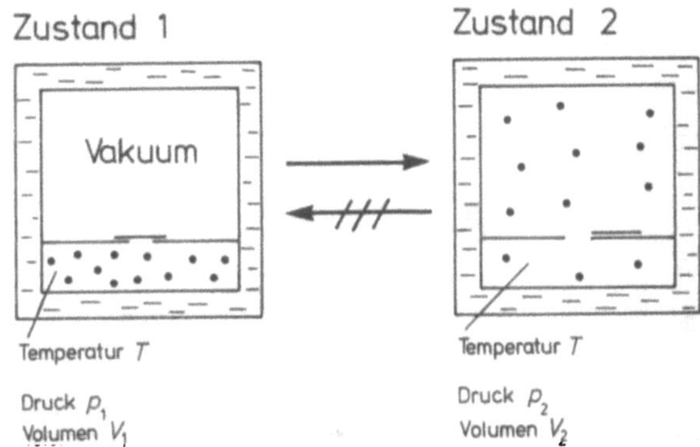

Abb. 13.6. Ausströmen eines idealen Gases ins Vakuum

Allerdings trägt diese Aussage statistischen Charakter: es ist nicht streng unmöglich, daß die Moleküle von selbst vom Zustand 2 in den Zustand 1 übergehen, es ist jedoch außerordentlich unwahrscheinlich. Die Wahrscheinlichkeit W dafür, daß sich zufälligerweise alle Gasmoleküle gleichzeitig im Teilvolumen V_1 befinden, können wir leicht berechnen. Dazu gehen wir davon aus, daß die Gasteilchen völlig unabhängig voneinander sind. Wir betrachten zunächst den einfachen Fall $V_1 = \frac{1}{2} V_2$ und stellen uns vor, daß sich nur 1 Gasteilchen in dem Behälter befindet. In diesem Fall kommt es gleich häufig vor, daß sich das Teilchen im oberen oder im unteren Teil des Behälters aufhält (Abb. 13.7).

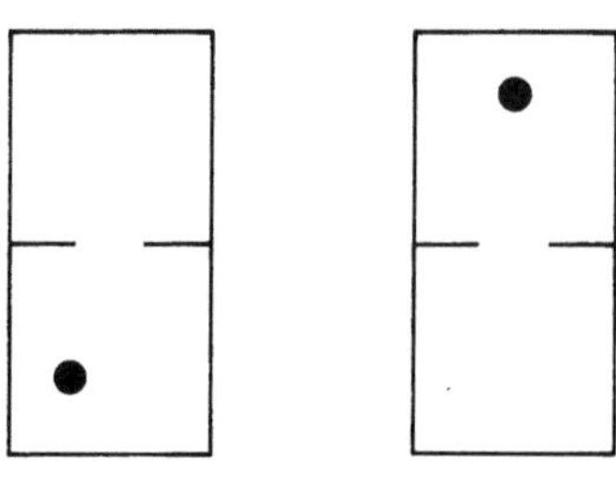

Abb. 13.7. Teilchen, das sich im oberen oder unteren Teilvolumen aufhalten kann

Es gibt also insgesamt $\Omega_2 = 2$ Realisierungsmöglichkeiten für das Teilchen; diese Möglichkeiten sind beide a priori gleich wahrscheinlich. Wir interessieren uns für die Anzahl der Realisierungsmöglichkeiten Ω_1, bei denen das Teilchen im unteren Teilvolumen zu finden ist; dieser Fall kommt nur einmal vor, es ist also $\Omega_1 = 1$. Es ist somit die Wahrscheinlichkeit W, das Teilchen im unteren Teilvolumen anzutreffen,

$$W = \frac{\Omega_1}{\Omega_2} = \frac{1}{2} . \tag{13.8a}$$

Betrachten wir 2 Teilchen, dann sind insgesamt 4 a priori gleich wahrscheinliche Realisierungsmöglichkeiten denk-

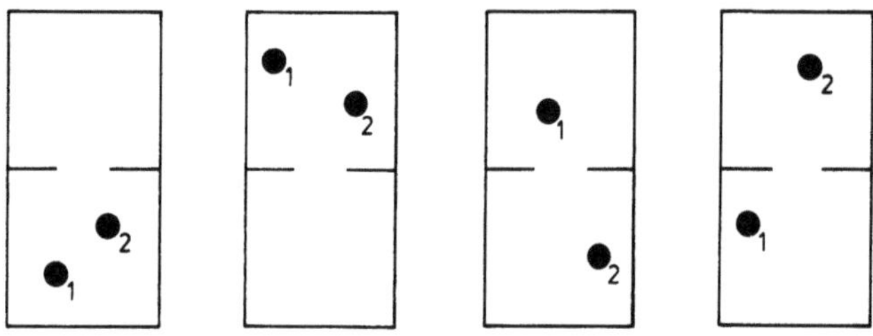

Abb. 13.8. Realisierungsmöglichkeiten für die Verteilung von 2 Teilchen auf 2 gleiche Teilvolumina

bar; nur in einem dieser Fälle sind beide Teilchen im unteren Teilvolumen (Abb. 13.8). Es ist dann also die Wahrscheinlichkeit, beide Teilchen im unteren Teilvolumen anzutreffen,

$$W = \frac{1}{4} = \left(\frac{1}{2} \right)^2 . \tag{13.8b}$$

Bei 3 Teilchen gibt es 8 Möglichkeiten; also ist die Wahrscheinlichkeit, alle drei Teilchen im unteren Teilvolumen anzutreffen,

$$W = \frac{1}{8} = \left(\frac{1}{2} \right)^3 . \tag{13.8c}$$

Betrachten wir insgesamt N Teilchen, dann erhalten wir

$$W = \frac{\Omega_1}{\Omega_2} = \left(\frac{1}{2} \right)^N . \tag{13.9}$$

In praktisch interessierenden Fällen ist N außerordentlich groß; denken wir uns in dem Behälter 1 mol eines Gases, dann ist N von der Größenordnung 10^{23}. Es ist also

$$W = \left(\frac{1}{2} \right)^{10^{23}} = \frac{1}{2^{10^{23}}} \approx \frac{1}{10^{10^{22}}} = \frac{1}{10^{10\,000\,000\,000\,000\,000\,000\,000}}$$
$$\tag{13.10}$$

Diese Wahrscheinlichkeit ist unvorstellbar klein. Wir wollen diesen Wert mit der Wahrscheinlichkeit W vergleichen, daß alle Menschen auf der Erde ($N \approx 10^{10}$) innerhalb von 1 s zufälligerweise einen Herzschlag erleiden: da die Lebenserwartung eines Menschen etwa 10^2 Jahre $\approx 10^9$ s beträgt und der Tod durch Herzschlag in etwa einem Zehntel der Fälle eintritt, ist die Wahrscheinlichkeit, daß ein herausgegriffener Mensch in einem bestimmten vorgegebenen Zeitintervall von 1 s einen Herzschlag erleidet, gleich $\frac{1}{10} \cdot 10^{-9} = 10^{-10}$; damit wird

$$W = (10^{-10})^N = (10^{-10})^{10^{10}} = \frac{1}{(10^{10})^{10^{10}}} = \frac{1}{10^{10^{11}}} .$$

Diese Wahrscheinlichkeit ist um einen riesigen Faktor größer als die Wahrscheinlichkeit, daß sich 10^{23} Moleküle zufällig im Volumen $V_1 = \frac{1}{2} V_2$ befinden. Sie ist etwa so groß wie die Wahrscheinlichkeit, alle Moleküle einer Molekülanhäufung mit $N = 10^{12}$ ($\approx 10^{-11}$ g H_2) im Teilvolumen V_1 anzutreffen.

Unser System geht also von selbst von dem Zustand 1 in den Zustand 2 (Abb. 13.6) mit der viel größeren Zahl von Realisierungsmöglichkeiten über. Wenn es einmal diesen Zustand erreicht hat, ist die Wahrscheinlichkeit W, daß es durch zufällige Fluktuation in den Zustand 1 zurückgeht, sehr klein. Es ist also praktisch unmöglich, daß der Vorgang in Abb. 13.6 von selbst umgekehrt wird.

In Aufgabe 13.3 wird gezeigt, daß im allgemeinen Fall (V_1/V_2 beliebig) an Stelle von (13.9) die Beziehung

$$W = \frac{\Omega_1}{\Omega_2} = \left(\frac{V_1}{V_2}\right)^N \qquad (13.11)$$

erhalten wird. W wird danach um so kleiner, je kleiner V_1/V_2 ist; W nimmt also ab, wenn bei einer irreversiblen Zustandsänderung das Gas immer weiter expandiert wird, seine Unordnung also zunimmt.

13.2.3 Abzählen von Realisierungsmöglichkeiten

In der vorangehenden Überlegung haben wir die Anzahl Ω der Realisierungsmöglichkeiten durch Abzählen der Möglichkeiten gewonnen, die Teilchen bei klassischer Betrachtungsweise auf bestimmte Teilvolumina zu verteilen; da die Art, die Teilvolumina festzulegen, willkürlich und nur daran gebunden ist, daß jede Verteilungsmöglichkeit a priori gleich wahrscheinlich ist, können wir zwar Ω_1/Ω_2 eindeutig festlegen, jedoch nicht Ω_1 oder Ω_2 selbst. Bei der Herleitung des Boltzmannschen e-Satzes haben wir jedoch gesehen, daß bei Berücksichtigung der Quantennatur der Materie die Anzahl Ω der Realisierungsmöglichkeiten durch die Zahl der Quantenzustände gegeben ist, die bei gegebener Temperatur besetzt werden können. Damit ist Ω eindeutig bestimmt, wenn jedem dieser Quantenzustände a priori gleiche Besetzungswahrscheinlichkeit zugeschrieben wird. Wir fragen deshalb jetzt nach der Anzahl Ω von Realisierungsmöglichkeiten für ein System aus N Teilchen, die bei vorgegebener Gesamtenergie eine bestimmte Anzahl von Quantenzuständen annehmen können. Beispielsweise gilt für ein System aus 100 Teilchen, die sich in 3 Quantenzuständen mit den Energien 0, a und 2a befinden können und die insgesamt die Gesamtenergie $U = 40a$ besitzen, nach Tabelle 11.3

$$\Omega = 69,0 \cdot 10^{32}. \qquad (13.12)$$

Würden sich alle Teilchen in dem untersten Quantenzustand aufhalten (dies wäre am absoluten Nullpunkt der Fall: $T = 0$ und $U = 0$), dann wäre

$$\Omega = 1. \qquad (13.13)$$

Mit steigender Temperatur (also steigender Gesamtenergie U) nimmt also Ω zu.

13.2.4 Zunahme der Realisierungsmöglichkeiten beim Temperaturausgleich

Wir wollen als ein einfaches Beispiel den Vorgang des Temperaturausgleichs betrachten, indem wir modellmäßig annehmen, daß den an dem Vorgang beteiligten Molekülen nur 2 Quantenzustande zur Verfügung stehen (Abb. 13.9). In dem kalten Körper besetzen alle Moleküle den untersten Quantenzustand, es ist also nach (11.54) mit $N = 4$ und $N_1 = 4$

$$\Omega_{\text{kalt}} = \frac{4!}{4!} = 1. \qquad (13.14)$$

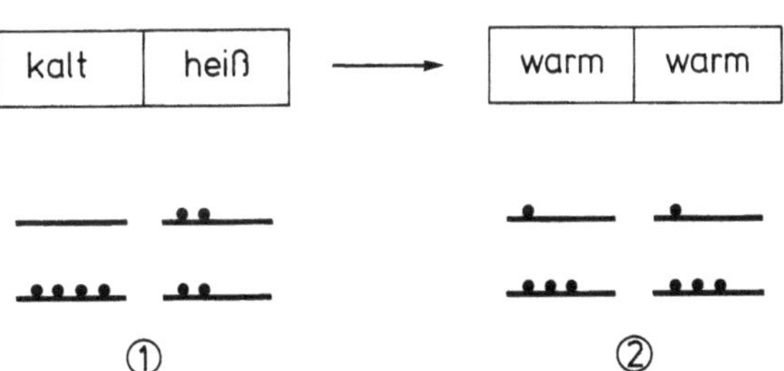

Abb. 13.9. Beschreibung des Temperaturausgleichs in einem Modellsystem, bei dem den Molekülen nur 2 Quantenzustände zur Verfügung stehen

Entsprechend liegt in dem heißen Körper eine Gleichverteilung der Moleküle auf beide Quantenzustände vor, und es ist daher mit $N = 4$, $N_1 = 2$ und $N_2 = 2$

$$\Omega_{\text{heiß}} = \frac{4!}{2!\,2!} = 6. \qquad (13.15)$$

Die erste Anordnung ist: Teilchen 1 und 2 im unteren, Teilchen 3 und 4 im oberen Zustand (1 2 | 3 4); entsprechend sind die 5 übrigen Anordnungen: 1 3 | 2 4; 1 4 | 2 3; 2 3 | 1 4; 2 4 | 1 3; 3 4 | 1 2. Die Anzahl Ω_1 der Realisierungsmöglichkeiten im Zustand 1 (kalt/heiß) ergibt sich als Produkt von Ω_{kalt} und $\Omega_{\text{heiß}}$ zu

$$\Omega_1 = \Omega_{\text{kalt}}\,\Omega_{\text{heiß}} = 6\,. \tag{13.16}$$

Gehen wir davon aus, daß bei dem Temperaturausgleich nur Wärme vom heißen Körper auf den kalten übertragen wird, also keine Wärme an die Umgebung abgegeben wird, dann muß die Gesamtenergie U bei dem Vorgang konstant bleiben; dies ist dann der Fall, wenn in dem warmen Körper 3 Moleküle den unteren und 1 Molekül den oberen Quantenzustand besetzen. Es ist somit

$$\Omega_{\text{warm}} = \frac{4!}{3!\,1!} = 4 \tag{13.17}$$

und

$$\Omega_2 = \Omega_{\text{warm}}\,\Omega_{\text{warm}} = 16\,. \tag{13.18}$$

Es ist Ω_2 größer als Ω_1. In unserem Zahlenbeipiel ist die Wahrscheinlichkeit W, das System im Zustand 1 anzutreffen,

$$W = \frac{\Omega_1}{\Omega_1 + \Omega_2} = \frac{6}{6+16} = 0{,}27 \tag{13.19}$$

noch verhältnismäßig groß. Vergrößern wir die Zahl der Moleküle, dann wird W drastisch verkleinert. Beispielsweise gilt für $N = 40$

$$\Omega_1 = \frac{40!}{20!\,20!} = 1{,}38 \cdot 10^{11}\,,$$

$$\Omega_2 = \left(\frac{40!}{30!\,10!}\right)^2 = 7{,}25 \cdot 10^{17}\,, \tag{13.20}$$

so daß wir

$$W = \frac{\Omega_1}{\Omega_1 + \Omega_2} = 1{,}9 \cdot 10^{-7} \tag{13.21}$$

erhalten. Erhöhen wir N auf 10^{23}, dann wird $W \approx 10^{-(10^{21})}$; wir erhalten also einen ähnlich kleinen Wert wie im oben betrachteten Beispiel des Ausströmens eines Gases ins Vakuum.

13.2.5 Zahl der Realisierungsmöglichkeiten eines Atomgases

In entsprechender Weise können wir Ω für ein Gas aus N Teilchen berechnen. Um die Überlegung übersichtlich zu gestalten, wollen wir uns zunächst mit einer groben Abschätzung begnügen. Wir denken uns ein Atomgas aus N Teilchen, die sich in einem Würfelhohlraum vom Volumen $V = L^3$ bei der Temperatur T befinden. Die mittlere Energie eines Teilchens ist

$$\bar{E}_{\text{Trans}} = \tfrac{3}{2} kT\,. \tag{13.22}$$

Die meisten Teilchen sind über Quantenzustände zwischen $E = 0$ und einer Energie, die etwa dem doppelten Wert der mittleren Translationsenergie entspricht ($E = 2\bar{E}_{\text{Trans}} = 3kT$) verteilt; wir wollen vereinfachend annehmen, daß in diesem Bereich alle g Quantenzustände mit gleicher Wahrscheinlichkeit besetzt sind und daß alle Zustände mit höherer Energie unbesetzt sind [in Wirklichkeit nimmt die Besetzungswahrscheinlichkeit exponentiell mit $E/(kT)$ ab]. Nach (11.35) ist mit $E = 3kT$

$$g = \frac{\pi}{6} \left(\frac{8ML^2}{h^2}\right)^{3/2} (3kT)^{3/2}\,. \tag{13.23}$$

Für 1 Teilchen ist dann $\Omega = g$. Betrachten wir 2 Teilchen, dann gehören zu jeder Realisierungsmöglichkeit des Teilchens 1 insgesamt g Realisierungsmöglichkeiten des Teilchens 2, also ist $\Omega = g^2$; für N Teilchen gilt dann $\Omega = g^N$. Beispielsweise gibt es für $g = 3$ und $N = 2$ insgesamt $\Omega = 3^2 = 9$ Realisierungsmöglichkeiten (Abb. 13.10). Wir müssen jetzt allerdings noch berücksichtigen, daß unsere N Teilchen nicht unterscheidbar (Kap. 11) sind, daß also alle Möglichkeiten, die durch Vertauschen von

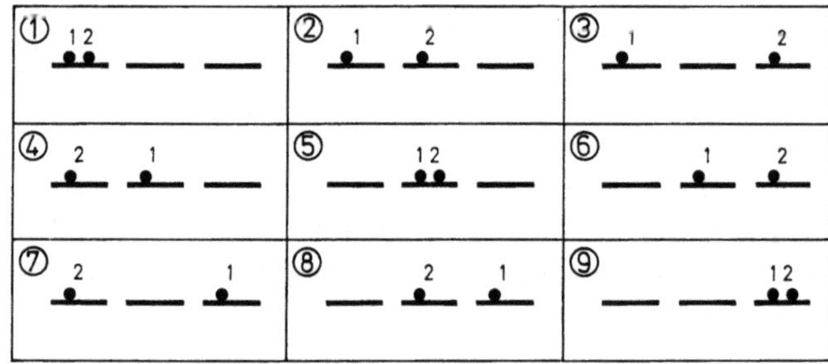

Abb. 13.10. Berechnung von Ω für $g = 3$ und $N = 2$

Teilchen zustande kommen, bei der Berechnung von Ω nicht mitgezählt werden dürfen. In unserem Zahlenbeispiel (Abb. 13.10) kommen 3 Realisierungsmöglichkeiten durch Vertauschen der Teilchen zustände (④ aus ②, ⑦ aus ③, ⑧ aus ⑥), es ist also bei Berücksichtigung der Nichtunterscheidbarkeit $\Omega = 6$ statt $\Omega = 9$.

Im Fall des Gases ist g bei genügend hoher Temperatur sehr viel größer als N (Abschn. 11.2.3), und für diesen Fall können wir Ω leicht berechnen. Es sind dann nämlich die meisten Quantenzustände unbesetzt, einige sind einfach besetzt, und Mehrfachbesetzungen spielen praktisch keine Rolle. Ω ergibt sich dann einfach, indem man die gewonnene Zahl von Realisierungsmöglichkeiten durch die Zahl der Möglichkeiten teilt, N Teilchen untereinander auszutauschen. Diese Zahl ist $N!$; das kann man sich im Fall $N = 3$ leicht klarmachen: Es gibt $3! = 6$ Austauschmöglichkeiten, nämlich 1 2 3, 1 3 2, 2 1 3, 2 3 1, 3 1 2, 3 2 1.

Es ist also:

$$\Omega = \frac{g^N}{N!} \quad \text{für} \quad g \gg N \,. \tag{13.24}$$

Ersetzen wir

$$N! = 1 \cdot 2 \cdot 3 \cdot 4 \cdot \ldots \cdot (N-1) \cdot N \tag{13.25a}$$

in grober Näherung durch

$$N \cdot N \cdot N \cdot N \cdot \ldots \cdot N \cdot N = N^N, \tag{13.25b}$$

dann wird mit $V = L^3$

$$\Omega = \left(\frac{g}{N}\right)^N = \left[\frac{4}{3}\pi 6^{3/2}\left(\frac{kM}{h^2}\right)^{3/2}\frac{V}{N}T^{3/2}\right]^N \tag{13.26a}$$

oder

$$\ln \Omega = N\ln\frac{g}{N} = N\ln\left[\frac{4}{3}\pi 6^{3/2}\left(\frac{kM}{h^2}\right)^{3/2}\frac{V}{N}T^{3/2}\right]. \tag{13.26b}$$

In einer besseren Näherung kann man $N!$ durch $N^N e^{-N}$ (Stirlingsche Formel) approximieren, und man erhält dann (Aufgabe 13.5) an Stelle des Zahlenfaktors $\frac{4}{3}\pi 6^{3/2} = 61,6$ den Faktor $\frac{4}{3}\pi 6^{3/2} e = 167,4$.

Die genaue Überlegung (s. Anhang N) führt zu dem Ausdruck

$$\ln \Omega = N\ln\left[e^{5/2}(2\pi)^{3/2}\left(\frac{kM}{h^2}\right)^{3/2}\frac{V}{N}T^{3/2}\right], \tag{13.27}$$

der sich nur wenig in dem Zahlenfaktor (142,2 statt 167,4) unterscheidet. Ω wird danach um so größer, je größer das Volumen des Gases wird. Das hängt damit zusammen, daß der Abstand benachbarter Energieniveaus um so kleiner wird, je größer die Kastenlänge L und damit das Volumen V ist; bei Vergrößerung des Volumens stehen den Molekülen also viel mehr Quantenzustände zur Verfügung, und damit nimmt Ω zu (Abb. 13.11).

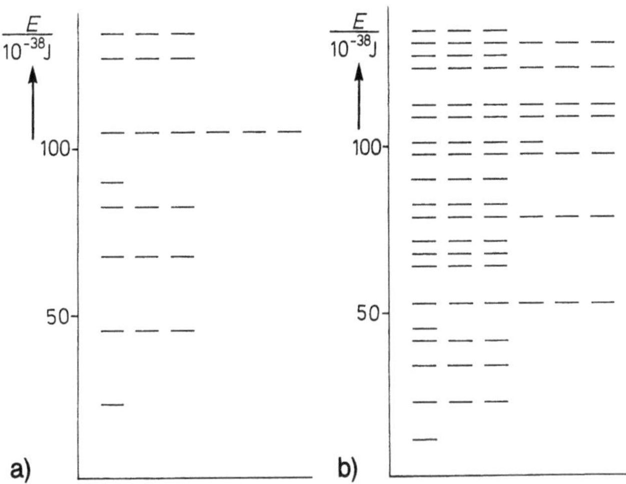

Abb. 13.11a, b. Translationsquantenzustände von He in einem Würfelkasten vom Volumen $V = 1 \text{ cm}^3$ **(a)** und $V = 2,8 \text{ cm}^3$ **(b)**

Ebenso nimmt bei Erhöhung der Temperatur T, also bei Vergrößerung der mittleren Translationsenergie, die Zahl der verfügbaren Quantenzustände und damit Ω zu.

Wir prüfen nach, ob für das Verhältnis Ω_1 / Ω_2 bei der Expansion eines idealen Gases derselbe Wert wie bei der klassischen Betrachtung erhalten wird; es ergibt sich

$$\frac{\Omega_1}{\Omega_2} = \frac{\left[e^{5/2}\left(2\pi k\frac{M}{h^2}\right)^{3/2}T^{3/2}\frac{1}{N}\right]^N V_1^N}{\left[e^{5/2}\left(2\pi k\frac{M}{h^2}\right)^{3/2}T^{3/2}\frac{1}{N}\right]^N V_2^N} = \left(\frac{V_1}{V_2}\right)^N. \tag{13.28}$$

Dieses Resultat stimmt mit unserer früheren Betrachtung überein.

13.2.6 Entropie eines Systems und Entropievermehrung im irreversiblen Prozeß

Wie erwähnt, ist Ω ein Maß für die Unordnung im System. Aus Gründen, die wir im folgenden besprechen werden, ist es jedoch zweckmäßig, die Größe

$$\boxed{S = k \ln \Omega} \tag{13.29}$$

als Maß für die Unordnung im System zu wählen. Man bezeichnet S als die *Entropie* des Systems im betrachteten Zustand. Da Ω nur vom Zustand des Systems abhängt und nicht vom Weg, auf dem der Zustand erreicht wird, ist S wie die Innere Energie U eine Zustandsgröße. Die Entropieänderung beim Übergang von einem Zustand 1 in einen Zustand 2

$$\Delta S = S_2 - S_1 = k \ln \Omega_2 - k \ln \Omega_1 \tag{13.30}$$

hängt also nicht vom Weg ab. Daraus folgt

$$\boxed{\Delta S_{\text{Kreisprozeß}} = 0} . \tag{13.31}$$

In einem abgeschlossenen System kann kein Übergang in einen Zustand stattfinden, bei dem die Zahl der Realisierungsmöglichkeiten kleiner ist als im Ausgangszustand (das abgeschlossene System kann sich nicht von selbst ordnen), also ist ein Übergang von einem beliebigen Zustand 1 in einen Zustand 2 nur möglich, wenn

$$\Omega_2 > \Omega_1 \tag{13.32}$$

gilt. Beispielsweise ist für das im Kap. 11 behandelte abgeschlossene System von 100 Teilchen, die sich auf 3 Quantenzustände verteilen, $\Omega_2 = 69{,}0 \cdot 10^{32}$; erlauben wir den Teilchen nur, sich auf die Quantenzustände 1 und 2 zu verteilen, dann ist allein die Verteilung U in Tabelle 11.3 möglich mit

$$\Omega_1 = \frac{100!}{60! \, 40!} = 1{,}38 \cdot 10^{28} ,$$

es ist also Ω_1 viel kleiner als Ω_2. Die Teilchen in einem abgeschlossenen System werden sich also mit großer Wahrscheinlichkeit so verteilen, daß der maximal mögliche Wert von Ω erreicht ist. Man sagt dann, das System befinde sich im Gleichgewichtszustand. Thermische

Gleichgewichtszustände unterscheiden sich von statischen Gleichgewichtszustanden mechanischer Systeme darin, daß sich die molekularen Fluktuationen unverändert abspielen. Sie führen aber zu keinem gerichteten makroskopischen Prozeß (dynamisches Gleichgewicht). Aus (13.30) und (13.32) folgt

$$\boxed{\Delta S \geqslant 0 \quad \text{(abgeschlossenes System)}} \tag{13.33}$$

Das Gleichheitszeichen gilt für den Grenzfall eines reversiblen Prozesses. Gleichung (13.33) nennt man den *Entropievermehrungssatz: in einem abgeschlossenen System kann die Entropie nicht abnehmen.*

Dieser Satz steht dem Energieerhaltungssatz (13.34) gegenüber:

$$\boxed{\Delta U = 0 \quad \text{(abgeschlossenes System)}} . \tag{13.34}$$

Beide Aussagen sind ganz allgemein, weil man ein System immer so wählen kann, daß es abgeschlossen ist.

Die Entropie S besitzt die interessante Eigenschaft, daß sie sich bei einem zusammengesetzten System additiv aus den Entropien von Teilsystemen ergibt; aus diesem Grund hat man S und nicht Ω als Maß für die Unordnung im System gewählt. Zur Begründung dieser Eigenschaft denken wir uns ein System willkürlich in 2 Teilsysteme I und II unterteilt (Abb. 13.12). Nach (13.29) ist

$$S_I = k \ln \Omega_I \quad S_{II} = k \ln \Omega_{II} . \tag{13.35}$$

In Aufgabe 13.6 wird gezeigt, daß sich Ω als Produkt von Ω_I und Ω_{II} ergibt. Somit ist

$$S = k \ln \Omega_I \, \Omega_{II} = k \ln \Omega_I + k \ln \Omega_{II} = S_I + S_{II} . \tag{13.36}$$

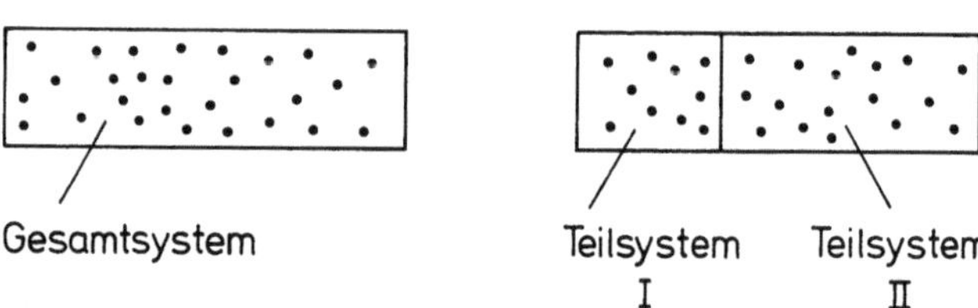

Abb. 13.12. Entropie von Teilsystemen

Aufgaben

13.1 *Reversible adiabatische Expansion*

Man überlege, wie groß die dem System zuzuführende mechanische Energie und Wärme ist, wenn ein ideales Gas auf reversiblem Weg in einem wärmeisolierten Zylinder (also adiabatisch) vom Volumen V_1 auf das Volumen V_2 gebracht wird.

13.2 *Irreversible adiabatische Expansion*

Wie groß ist die zuzuführende Arbeit, und wie groß ist die Temperaturänderung des Gases, wenn die Zustandsänderung in Aufgabe 12.4 nicht isotherm, sondern adiabatisch erfolgt?

13.3 *Wahrscheinlichkeit für die Umkehr eines irreversiblen Prozesses*

Man zeige, daß allgemein $W = (V_1/V_2)^N$ die Wahrscheinlichkeit dafür ist, daß sich alle N Moleküle im Teilvolumen V_1 befinden. Man zeige weiter, daß dieser Ausdruck unabhängig davon erhalten wird, in welcher Weise der Behälter in Teilvolumina unterteilt wird.

13.4 *Realisierungsmöglichkeiten nicht unterscheidbarer Teilchen*

Man berechne die Anzahl der Realisierungsmöglichkeiten für ein System aus 2 nicht unterscheidbaren Teilchen ($N = 2$), die sich auf $g = 10$ bzw. $g = 100$ bzw. $g = 1000$ Quantenzustände verteilen können,

a) exakt (unter Berücksichtigung von Doppelbesetzungen)

b) näherungsweise nach (13.24)

und gebe jeweils den Fehler der Näherung an.

13.5 *Realisierungsmöglichkeiten Ω im Gas*

Man wiederhole die Herleitung von (13.26b), indem man $N!$ durch die Stirlingsche Formel $\ln N! = N \ln N - N$ ausdrückt.

13.6 *Realisierungsmöglichkeiten von Teilsystemen und Gesamtsystem*

Man zeige, daß sich Ω für das Gesamtsystem in Abb. 13.12 als Produkt von Ω_I und Ω_{II} der beiden Teilsysteme ergibt.

14. Zusammenhang zwischen Entropie, reversibler Wärme und Temperatur

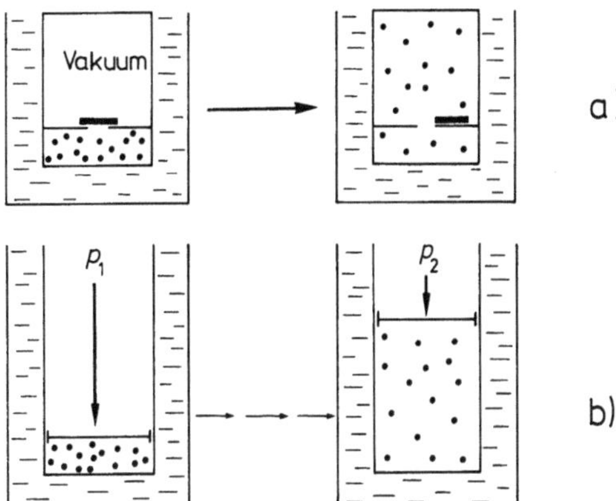

Abb. 14.1a, b. Isotherme Expansion eines idealen Gases. (a) Irreversibel (Ausströmen ins Vakuum); (b) reversibel (der Druck nimmt in vielen kleinen Schritten allmählich ab, vom Anfangswert p_1 auf p_2 [s. Abb. 13.4 und 13.5)]

14.1 Entropieänderung bei Prozessen mit idealen Gasen

Bei der einführenden Diskussion von reversiblen und irreversiblen Zustandsänderungen haben wir die makroskopischen Größen ΔU, Q und A untersucht; wir wollen jetzt feststellen, wie unsere neue Zustandsgröße S mit diesen Größen verknüpft ist. Dazu betrachten wir wiederum die isotherme Expansion eines idealen Gases, und zwar zum einen auf irreversiblem Weg und zum anderen auf reversiblem Weg (Abb. 14.1). Bei beiden Wegen ist $\Delta U = 0$ (U ist eine Zustandsgröße, und die Gesamtenergie eines idealen Gases hängt nur von der Temperatur, nicht aber vom Volumen des Gases ab). Bei dem irreversiblen Vorgang (Abb. 14.1a) ist außerdem $A = 0$ und $Q = 0$. Bei dem reversiblen Vorgang (Abb. 14.1b) ist gemäß (13.6) und (13.7)

$$A_{\mathrm{rev}} = -\mathbf{n}R T \ln \frac{V_2}{V_1}$$

$$Q_{\mathrm{rev}} = +\mathbf{n}R T \ln \frac{V_2}{V_1}. \tag{14.1}$$

Andererseits gilt für die gleiche Zustandsänderung nach (13.30) und (13.28)

$$\Delta S = k \ln \frac{\Omega_2}{\Omega_1} = kN \ln \frac{V_2}{V_1} = \mathbf{n}R \ln \frac{V_2}{V_1}. \tag{14.2}$$

Vergleichen wir diesen Ausdruck mit (14.1), dann können wir ΔS durch

$$\Delta S = \frac{Q_{\mathrm{rev}}}{T} \tag{14.3}$$

ausdrücken. Die Entropieänderung ΔS bei einer isothermen Zustandsänderung eines idealen Gases ergibt sich also aus der Wärmemenge Q_{rev}, die dem System bei reversibler Führung des Prozesses bei der Temperatur T zugeführt wird.

Wir übertragen diese Betrachtung jetzt auf Zustandsänderungen, bei denen sich die Temperatur ändert. Als Beispiel wählen wir die Erwärmung eines Atomgases bei konstantem Volumen. Wir denken uns das Gas auf reversiblem Weg von der Temperatur T_1 auf die Temperatur T_2 gebracht, indem wir das Gas nacheinander in kleinen Schritten mit einer Reihe von Temperaturbädern in Berührung bringen, deren Temperatur jeweils nur minimal von der Temperatur des Gases abweicht (Abb. 14.2). Im i-ten Schritt wird dabei dem Gas die Wärmemenge

$$Q_{\mathrm{rev},i} = C_{\mathrm{V}} \Delta T \tag{14.4}$$

zugeführt. Wir bilden jetzt die Summe über die jeweils zugeführten Wärmen $Q_{\mathrm{rev},i}$, geteilt durch die zugehörige Temperatur T_i, also

$$\sum_{T_1}^{T_2} \frac{Q_{\mathrm{rev},i}}{T_i} = \sum_{T_1}^{T_2} \frac{C_{\mathrm{V}} \Delta T}{T_i}. \tag{14.5}$$

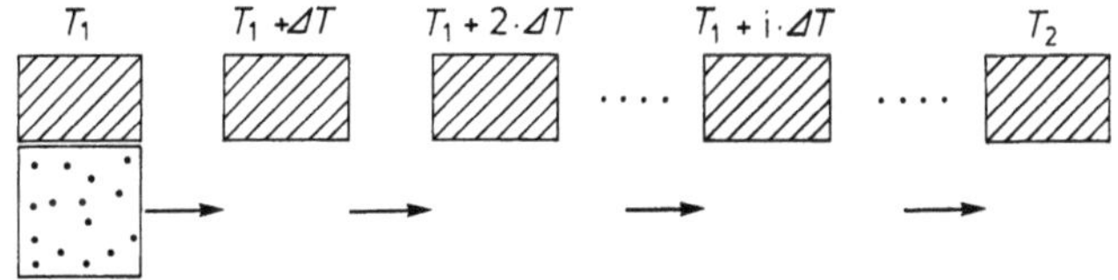

Abb. 14.2. Reversible Erwärmung eines idealen Gases bei konstantem Volumen in kleinen Schritten von der Temperatur T_1 auf die Temperatur T_2

Zur praktischen Auswertung ersetzen wir die Summation durch eine Integration:

$$\sum_{T_1}^{T_2} \frac{Q_{\mathrm{rev},i}}{T_i} = \int_{T_1}^{T_2} \frac{dQ}{T} = \int_{T_1}^{T_2} \frac{C_V dT}{T} \qquad (14.6)$$

Betrachten wir ein Atomgas, so dürfen wir C_V vor das Integral ziehen, weil C_V nicht von der Temperatur abhängt. Mit $C_V = \frac{3}{2}\mathbf{n}R$ ergibt sich in diesem Fall

$$\sum_{T_1}^{T_2} \frac{Q_{\mathrm{rev},i}}{T_i} = C_V \int_{T_1}^{T_2} \frac{dT}{T} = C_V \ln \frac{T_2}{T_1} = \frac{3}{2}\mathbf{n}R \ln \frac{T_2}{T_1} . \qquad (14.7)$$

Andererseits gilt für die gleiche Zustandsänderung nach (13.30) und (13.27)

$$\Delta S = Nk \ln \left(\frac{T_2}{T_1}\right)^{(3/2)} = \frac{3}{2} Nk \ln \frac{T_2}{T_1} = \frac{3}{2}\mathbf{n}R \ln \frac{T_2}{T_1} \qquad (14.8)$$

Beide Ausdrücke stimmen überein, wenn wir

$$\boxed{\Delta S = \sum_{T_1}^{T_2} \frac{Q_{\mathrm{rev},i}}{T_i}} \qquad (14.9)$$

setzen. Für eine Zustandsänderung bei konstanter Temperatur ($T_1 = T_2$) geht (14.9) in unsere zuerst abgeleitete Beziehung (14.3) über. Die Beziehung (14.9) ist damit für beliebige Zustandsänderungen eines Atomgases begründet, da wir ihre Gültigkeit für Volumenänderungen bei konstanter Temperatur und für Temperaturänderungen bei konstantem Volumen nachgewiesen haben und jede beliebige Zustandsänderung aus diesen Anteilen zusammengesetzt werden kann.

In Abschn. 14.3 werden wir begründen, daß die Beziehung (14.9) nicht nur für Atomgase, sondern ganz allgemein für beliebige Systeme gilt. Diese Begründung können wir nicht direkt erbringen, indem wir Ω_2/Ω_1 für eine beliebige Zustandsänderung berechnen, weil das Berechnen der Anzahl von Realisierungsmöglichkeiten Ω bei komplexen Systemen eine praktisch unlösbare Aufgabe darstellt. Wir gehen deshalb so vor, daß wir zeigen, daß die Größe

$$\sum_i \frac{Q_{\mathrm{rev},i}}{T_i}$$

dieselben Eigenschaften wie die Entropieänderung ΔS besitzt, daß also gemäß (13.31) und (13.33) gilt:

$$\boxed{\left(\sum_i \frac{Q_{\mathrm{rev},i}}{T_i}\right)_{\mathrm{Kreisprozeß}} = 0} \qquad (14.10)$$

$$\boxed{\left(\sum_i \frac{Q_{\mathrm{rev},i}}{T_i}\right)_{\mathrm{abgeschlossenes\ System}} \geqslant 0} . \qquad (14.11)$$

Zunächst wollen wir jedoch die Beziehung (14.9) noch an einigen Beispielen veranschaulichen.

14.2 Veranschaulichung des Entropiebegriffes an typischen Fällen

14.2.1 Verdampfung einer Flüssigkeit

Nach Abb. 13.3 ist in diesem Fall

$$A_{\mathrm{rev}} = -p_{\mathrm{D}}(V_{\mathrm{D}} - V_{\mathrm{F}}) \qquad (14.12)$$

(V_{D} = Volumen des Dampfes; V_{F} = Volumen der Flüssigkeit) und somit

$$Q_{\mathrm{rev}} = \Delta U - A_{\mathrm{rev}} = \Delta U + p_{\mathrm{D}}(V_{\mathrm{D}} - V_{\mathrm{F}}) . \qquad (14.13)$$

Nun ist $V_{\mathrm{D}} \gg V_{\mathrm{F}}$; drücken wir weiter V_{D} nach dem idealen Gasgesetz durch p_{D} aus, dann ist

$$\Delta S = \frac{Q_{\mathrm{rev}}}{T} = \frac{\Delta U}{T} + \mathbf{n}R . \qquad (14.14)$$

Die Änderung ΔU der Inneren Energie ist in diesem Beispiel im wesentlichen darauf zurückzuführen, daß in der Flüssigkeit im Gegensatz zum Dampf starke Anziehungskräfte zwischen den Molekülen wirken. Zur Trennung der Moleküle bei der Verdampfung muß Energie zugeführt werden; ΔU ist somit positiv, und damit ist ΔS positiv, die Unordnung im System nimmt also zu. Andererseits wird dem Temperaturbad die Wärmemenge Q_{rev} entzogen. Würden wir das Temperaturbad als System betrachten, so wäre $(\Delta S)_{\mathrm{Temperaturbad}} = -(Q_{\mathrm{rev}}/T)$. Die Entropie des Temperaturbades nimmt also in gleicher Weise ab. Betrachten wir System und Temperaturbad als neues System, so ist

$$(\Delta S)_{\text{Gesamtsystem}} = (\Delta S)_{\text{System}} + (\Delta S)_{\text{Temperaturbad}} = 0 \,. \tag{14.15}$$

Die Entropie von System + Temperaturbad bleibt also konstant. Das Gesamtsystem stellt ein abgeschlossenes System dar. Es muß also $(\Delta S)_{\text{Gesamtsystem}} \geqslant 0$ sein. Für den betrachteten reversiblen Prozeß gilt das Gleichheitszeichen.

14.2.2 Ausströmen eines Gases ins Vakuum

Beim Ausströmen eines idealen Gases ins Vakuum (Abb. 14.3) ändert sich die Innere Energie des Gases nicht; die Temperatur des Gases bleibt also (nach Abwarten des Temperaturausgleichs zwischen den beiden Teilvolumina) gleich. Zur Berechnung von Q_{rev} denkt man sich die Zustandsänderung auf einem reversiblen Umweg durchgeführt, indem man das Gas in Berührung mit einem Temperaturbad wie in Abb. 14.1b isotherm und reversibel expandiert. Nach (14.1) und (14.3) ist dann

$$\Delta S = \frac{Q_{\text{rev}}}{T} = nR \ln \frac{V_2}{V_1} \,. \tag{14.16}$$

Es ist auch in diesem Fall $\Delta S > 0$, weil $V_2 > V_1$ ist.

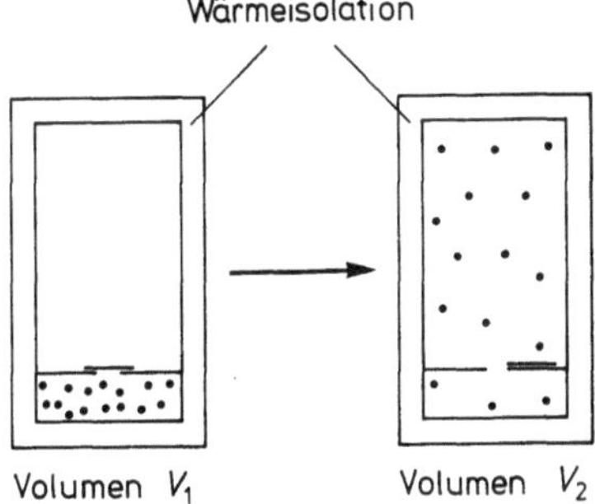

Abb. 14.3. Ausströmen eines Gases ins Vakuum (abgeschlossenes System)

14.2.3 Temperaturausgleich

Wir bringen 2 gleiche Körper, welche die Temperaturen T_1 und T_2 besitzen, in Kontakt miteinander. Dann fließt so lange Wärme vom wärmeren zum kälteren Körper, bis sich in beiden Körpern eine mittlere Temperatur T_{m} einstellt (Abb. 14.4).

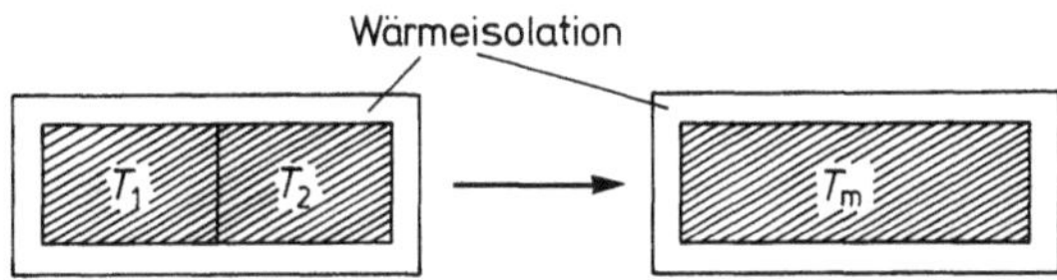

Abb. 14.4. Temperaturausgleich zwischen 2 Körpern (abgeschlossenes System)

Zur Berechnung von $Q_{\text{rev},i}$ denken wir uns die beiden Körper entsprechend wie in Abb. 14.2 durch Kontakt mit geeigneten Temperaturbädern einzeln vom Ausgangszustand in den Endzustand gebracht. Sorgen wir dafür, daß sich das Volumen der Körper dabei nicht ändert, dann ist

$$\begin{aligned}
\Delta S &= \sum_{T_1}^{T_{\text{m}}} \frac{Q_{\text{rev},i}}{T_i} + \sum_{T_2}^{T_{\text{m}}} \frac{Q_{\text{rev},i}}{T_i} \\
&= \int_{T_1}^{T_{\text{m}}} \frac{C_V \, dT}{T} + \int_{T_2}^{T_{\text{m}}} \frac{C_V \, dT}{T} = C_V \left(\ln \frac{T_{\text{m}}}{T_1} + \ln \frac{T_{\text{m}}}{T_2} \right) \\
&= C_V \ln \frac{T_{\text{m}}^2}{T_1 T_2} \,. \tag{14.17}
\end{aligned}$$

Dabei haben wir C_V als konstant betrachtet. Nun ist

$$T_{\text{m}} = \tfrac{1}{2}(T_1 + T_2) \tag{14.18}$$

und weiter ist (Aufgabe 14.2)

$$\frac{T_{\text{m}}^2}{T_1 T_2} > 1 \,. \tag{14.19}$$

Daraus folgt $\Delta S > 0$.

Beispielsweise gilt für $T_1 = 200 \text{ K}$ und $T_2 = 400 \text{ K}$

$$\frac{T_{\text{m}}^2}{T_1 T_2} = \frac{300^2}{200 \cdot 400} = \frac{9}{8} \quad \text{und}$$

$$\Delta S = C_V \ln \frac{9}{8} = 0{,}118 \cdot C_V \,.$$

14.2.4 Entropie von Stoffen

Nach (13.29) und (13.27) können wir die molare Entropie eines Atomgases, z. B. von Argon bei $T = 298{,}15 \text{ K}$ und $p = 1{,}013$ bar, berechnen (S_{298}). Andererseits müßte es möglich sein, diese Entropie nach (14.9) experimentell zu bestimmen, indem wir festes Argon erwärmen und die in kleinen Schritten zuzuführenden Wärmen $Q_{\text{rev},i}$ messen.

Dann ist

$$S_{298} = \frac{1}{\mathbf{n}} \sum_{T=0}^{T=298,15\ \text{K}} \frac{Q_{\text{rev},i}}{T_i} + S_0 \ .$$
(14.20)

S_0 ist die molare Entropie am absoluten Nullpunkt. Hier liegt Argon als Festkörper vor. Sämtliche Atome müßten sich im Schwingungsgrundzustand befinden, es müßte also $\Omega = 1$ und damit $S_0 = 0$ sein.

Der Vergleich der gemessenen Entropie mit dem berechneten Wert stellt eine direkte Prüfung für das nur quantenmechanisch begründbare Abzählverfahren zur Ermittlung der Realisierungsmöglichkeiten dar, das (13.27) zugrunde liegt.

Die Wärmezufuhr soll bei dem konstanten Druck $p = 1{,}013$ bar erfolgen. Wir erwärmen zunächst bis zum Schmelzpunkt ($T_1 = 83{,}9$ K), berücksichtigen die Entropiezunahme beim Schmelzen (Schmelzwärme $Q_1 = 1{,}18\ \text{kJ mol}^{-1}$), erwärmen dann bis zum Siedepunkt ($T_2 = 87{,}3$ K), berücksichtigen die Entropiezunahme beim Sieden (Verdampfungswärme $Q_2 = 6{,}52\ \text{kJ mol}^{-1}$) und erwärmen weiter bis $T_3 = 298{,}15$ K. Dann ist, wenn wir außerdem noch die Summationen wie in (14.6) durch Integrationen ersetzen,

$$S_{298} = \int_0^{T_1} \frac{C_p dT}{T} + \frac{Q_1}{T_1} + \int_{T_1}^{T_2} \frac{C_p dT}{T} + \frac{Q_2}{T_2} + \int_{T_2}^{T_3} \frac{C_p dT}{T} \ .$$
(14.21)

Im letzten Integral bedeutet C_p die molare Wärmekapazität des gasförmigen Argons bei konstantem Druck; betrachten wir das Argon als ideales Gas, dann ist

$$\int_{T_2}^{T_3} \frac{C_p dT}{T} = \int_{T_2}^{T_3} \frac{(\tfrac{3}{2}R + R)dT}{T} = \frac{5}{2} R \ln \frac{T_3}{T_2}$$
$$= 25{,}5\ \text{J (mol K)}^{-1} \ .$$
(14.22)

Weiter ist

$$\frac{Q_1}{T_1} + \frac{Q_2}{T_2} = 88{,}7\ \text{J (mol K)}^{-1} \ .$$
(14.23)

Die beiden verbleibenden Integrale können wir graphisch berechnen, indem wir Tabellenwerte von C_p in Abhängigkeit von T verwenden (Tabelle 14.1) und C_p/T in Abhängigkeit von der Temperatur auftragen (Abb. 14.5).

Die schraffierte Fläche in Abb. 14.5 entspricht dem Wert der beiden gesuchten Integrale. Somit ist

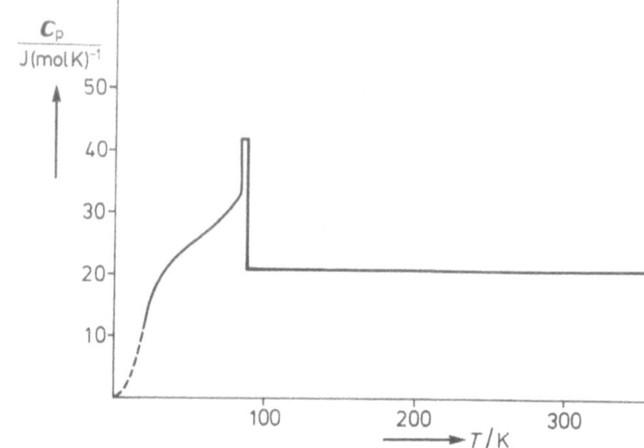

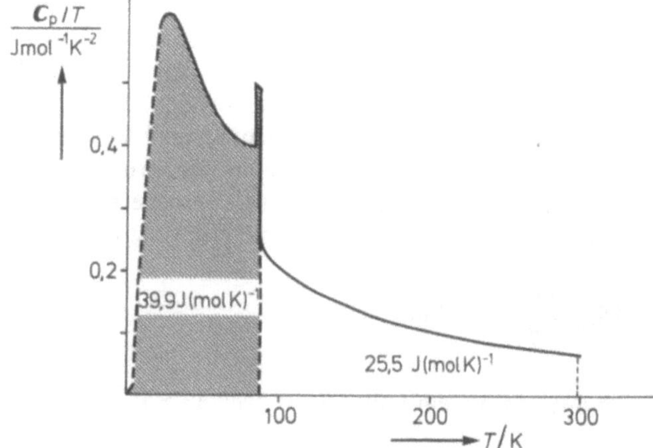

Abb. 14.5. C_p und C_p/T für Argon in Abhängigkeit von der Temperatur (Werte aus Tabelle 14.1)

$$S_{298} = (25{,}5 + 88{,}7 + 39{,}9)\ \text{J (mol K)}^{-1}$$
$$= 154{,}1\ \text{J (mol K)}^{-1} \ .$$

Andererseits ergibt sich nach (13.29) und (13.27) für $T = 298{,}15$ K, $p = 1{,}013$ bar, $M = 6{,}63 \cdot 10^{-23}$ g mit der Teilchenzahldichte

$$\frac{N}{V} = 2{,}46 \cdot 10^{19}\ \text{cm}^{-3}$$

$$S = \mathbf{n}R \ln \left[e^{5/2} (2\pi)^{3/2} \left(\frac{kM}{h^2} \right)^{3/2} \frac{V}{N} T^{3/2} \right]$$

$$= \mathbf{n}R \cdot 18{,}61 \ .$$
(14.24)

Damit ergibt sich für die molare Entropie

$$S_{298} = \frac{S}{\mathbf{n}} = R \cdot 18{,}61 = 154{,}7\ \text{J (mol K)}^{-1} \ .$$
(14.25)

Tabelle 14.1. C_p und C_p/T für Argon in Abhängigkeit von der Temperatur [14.1]

$\dfrac{T}{\text{K}}$	$\dfrac{C_p}{\text{J (mol K)}^{-1}}$	$\dfrac{C_p/T}{\text{J (mol K}^2)^{-1}}$	
20	11,76	0,588	fest
40	22,09	0,552	fest
60	26,59	0,443	fest
80	32,13	0,401	fest
83,85	33,26	0,397	fest
83,85	42,05	0,501	flüssig
87,29	42,05	0,482	flüssig
87,29	20,79	0,238	gasförmig
100	20,79	0,208	gasförmig
300	20,79	0,069	gasförmig

Beide Werte stimmen erstaunlich gut überein[1], obwohl wir im zweiten Fall nur Daten über den Endzustand des gasförmigen Argons verwendet haben und keinerlei Aussagen über sein Verhalten bei tiefen Temperaturen machen mußten. Für den theoretisch berechneten Wert war die energetische Verteilung der Translationsquantenzustände der Gaspartikel entscheidend. Das Ergebnis zeigt, wie selbst im Fall der Translationsbewegung die Quantennatur für das phänomenologische Verhalten von grundsätzlicher Bedeutung ist. In Tabelle 14.2 sind die Werte für S, die man nach beiden Verfahren erhält, für weitere, bei Zimmertemperatur gasförmige Stoffe aufge-

---

[1] Die Übereinstimmung wird noch besser, wenn berücksichtigt wird, daß sich Argon bei Atmosphärendruck nicht streng ideal verhält; die Entropie von Argon im ideal gedachten Zustand ist um 0,5 J (mol K)$^{-1}$ größer als nach (14.22) berechnet (Realgaskorrektur), also 154,6 J (mol K)$^{-1}$. Diese Korrektur ist in Tabelle 14.2 berücksichtigt.

führt. Im Fall von He und Xe finden wir innerhalb der experimentellen Meßfehler ebenfalls Übereinstimmung nach beiden Methoden. Bei den in Tabelle 14.2 aufgeführten zweiatomigen Gasen müssen wir zusätzlich zum Translationsbeitrag noch den Rotations- und Schwingungsbeitrag zur Entropie berücksichtigen. Im Anhang O wird gezeigt, daß diese Beiträge gemäß

$$\boxed{S = R \ln Z + \frac{U}{T} \quad \begin{array}{l}\text{(Schwingungs- und}\\ \text{Rotationsanteil)}\end{array}} \qquad (14.26)$$

erhalten werden (Z: Zustandssumme).

Bei genügend hoher Temperatur ist $U_{\text{Rot}} = RT$; für Z_{Rot} ergibt sich (Aufgabe 14.4) unter derselben Voraussetzung

$$Z_{\text{Rot}} = \frac{8\pi^2 \mu d_0^2 kT}{h^2}. \qquad (14.27)$$

Damit wird

$$S_{\text{Rot}} = R\left(\ln \frac{8\pi^2 \mu d_0^2 kT}{h^2} + 1\right). \qquad (14.28)$$

Entsprechend gilt für den Schwingungsanteil (Aufgabe 14.4)

$$S_{\text{Osz}} = R\left[-\ln(1 - e^{-h\nu_0/(kT)}) + \frac{h\nu_0}{kT}\frac{1}{(e^{h\nu_0/(kT)} - 1)}\right]. \qquad (14.29)$$

Mit diesen Ausdrücken ergeben sich die in Tabelle 14.2 aufgeführten Zahlenwerte für die zweiatomigen Gase.

Tabelle 14.2. Vergleich der aus dem quantenmechanischen Modell berechneten [14.2] und experimentell aus C_p-Daten bestimmten Entropien einiger Gase. Die Zahlenwerte gelten für Zimmertemperatur ($T = 298{,}15$ K) und Atmosphärendruck ($p = 1{,}013$ bar). Bei den experimentell aus C_p-Daten bestimmten Entropien ist die Realgaskorrektur (s. Fußnote 1) berücksichtigt. (M = Molekülmasse, μ = reduzierte Masse, ν_0 = Schwingungsfrequenz der Kerne, d_0 = Kernabstand)

	$\dfrac{M}{10^{-23}\,\text{g}}$	$\dfrac{\mu}{10^{-23}\,\text{g}}$	$\dfrac{h\nu_0}{10^{-20}\,\text{J}}$	$\dfrac{d_0}{\text{Å}}$	$\dfrac{S}{\text{J (K mol)}^{-1}}$ (quantenmechanisch)				$\dfrac{S}{\text{J (K mol)}^{-1}}$ (C_p-Daten)		
					Transl.	Rot.	Osz.	Gesamt	Real	Idealer Zustand	Differenz
He	0,664	–	–	–	126,0	–	–	126,0		124,7 [14.3]	$-1{,}3$
Ar	6,63	–	–	–	154,7	–	–	154,7	154,1	154,6 [14.4]	$-0{,}1$
Xe	21,8	–	–	–	169,5	–	–	169,5	169,2	169,8 [14.5]	$+0{,}3$
HD	0,501	0,111	7,58	0,741	122,5	20,8	$1{,}6 \cdot 10^{-6}$	143,3	143,8	144,2 [14.6]	$+0{,}9$
HCl	6,05	0,163	5,93	1,275	153,6	33,1	$7{,}1 \cdot 10^{-5}$	186,7	185,7	186,2 [14.7]	$-0{,}5$
CO	4,65	1,139	4,31	1,128	150,3	47,2	$2{,}7 \cdot 10^{-3}$	197,5	192,4	193,3 [14.8]	$-4{,}2$

Im Fall von HCl finden wir auch hier gute Übereinstimmung mit den experimentellen Werten. Bei CO zeigt es sich jedoch, daß die nach den Quantenmechanik berechneten Werte größer sind als die aus thermischen Daten bestimmten. Dies kann nur daran liegen, daß wir vorausgesetzt haben, daß die Moleküle bei $T = 0$ nur 1 Realisierungsmöglichkeit besitzen. Ist dies nicht der Fall, dann muß bei der experimentellen Methode ein zu kleiner Wert für S resultieren. Im Fall von CO können wir uns dies leicht vorstellen; dieses Molekül besitzt zwar ein Dipolmoment, so daß am absoluten Nullpunkt nur die energieärmere Stellung der Dipole zueinander realisiert sein sollte. Wegen des sehr kleinen Dipolmoments ist es den CO-Molekülen aber nicht möglich, bei der Bildung des Kristalles (beim Schmelzpunkt $T = 68$ K) nur diese bevorzugte Lage einzunehmen, weil der Energieunterschied beider Lagen klein gegenüber kT ist. Ist der Kristall erst einmal gebildet, und kühlt man ihn weiter ab, dann kann sich ein CO-Molekül in dem Kristall nicht mehr drehen, der ungeordnete Zustand bleibt also eingefroren. Die CO-Moleküle können im Kristall in 2 verschiedenen Stellungen eingebaut sein: CO oder OC. Wenn ein Molekül 2 Realisierungsmöglichkeiten besitzt, sind für N Moleküle $\Omega = 2^N$ verschiedene Anordnungen möglich (Abb. 14.6), also ist am absoluten Nullpunkt

$$S = \frac{1}{n} k \ln 2^N = R \ln 2 = 5{,}64 \text{ J (mol K)}^{-1}.$$

Dieser Wert stimmt gut mit der Differenz in Tabelle 14.2 überein.

Dagegen besitzt ein HCl-Molekül ein so großes Dipolmoment, daß beim Kristallisieren alle Moleküle in derselben Richtung eingebaut werden.

Die Entropie eines Kristalles ist also nur dann am absoluten Nullpunkt gleich Null, wenn die Bausteine völlig geordnet vorliegen (perfekter Kristall):

$$\boxed{S_{\text{perfekter Kristall}} = 0 \quad \text{für} \quad T = 0}. \tag{14.30}$$

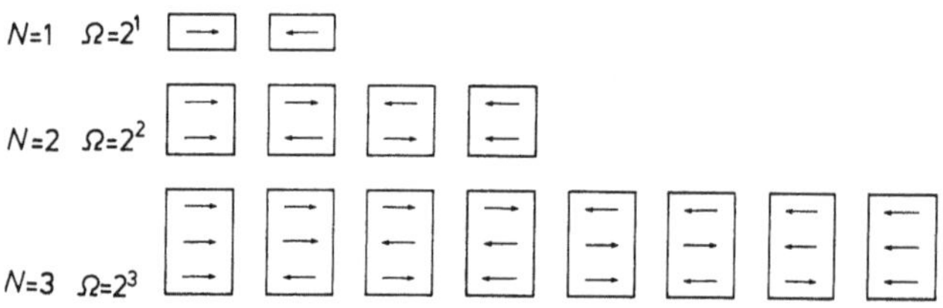

Abb. 14.6. Anordnungsmöglichkeiten von CO-Molekülen im Kristallverband. Die Richtungen der Pfeile symbolisieren die unterschiedlichen Stellungen CO bzw. OC.

14.3 Entropieänderung bei beliebigen Prozessen. Begründung der Beziehungen (14.10) und (14.11)

Wie im Abschn. 14.1 schon erwähnt wurde, müssen wir zur Begründung der allgemeinen Gültigkeit von (14.9) zeigen, daß die Beziehungen (14.10) und (14.11), die wir für Zustandsänderungen mit Atomgasen begründet haben, allgemein gelten. Zur Vorbereitung dieser Begründung betrachten wir nochmals Prozesse mit idealen Gasen.

14.3.1 Carnotscher Kreisprozeß

Wir betrachten einen reversiblen Kreisprozeß mit einem idealen Gas (Abb. 14.7). Das Gas wird zunächst vom Zustand a (T_2, p_a, V_a) durch *isotherme Expansion* (Kontakt mit einem Temperaturbad der Temperatur T_2) in den Zustand b (T_2, p_b, V_b) gebracht. Sodann denken wir uns das Gas wärmeisoliert; es soll sich dann ausdehnen, bis der Zustand c (T_1, p_c, V_c) erreicht ist; T_1 ist kleiner als T_2, weil sich das Gas dabei abkühlt. Diesen Vorgang nennt man *adiabatische Expansion*; die zugehörige Kurve im pV-Diagram bezeichnet man als *Adiabate*. Danach bringen wir das Gas in Kontakt mit einem Temperaturbad der Temperatur T_1 und komprimieren es isotherm (Zustand d: T_1, p_d, V_d). Schließlich gelangen wir über eine adiabatische Kompression zum Ausgangszustand a zurück. Diese Zustandsänderungen sind in Abb. 14.7 in einem pV-Diagramm dargestellt; den Kreisprozeß nennt man *Carnot-Prozeß* [14.9].

Wir betrachten die in den einzelnen Schritten zugeführten Wärmemengen $Q_{\text{rev},i}$. Nach Kap. 13 ist

$$Q_{\text{rev},a \to b} = nR T_2 \ln \frac{V_b}{V_a}, \tag{14.31}$$

$$Q_{\text{rev},c \to d} = nR T_1 \ln \frac{V_d}{V_c}. \tag{14.32}$$

Für die adiabatischen Schritte ist

$$Q_{\text{rev},b \to c} = Q_{\text{rev},d \to a} = 0. \tag{14.33}$$

Nach Aufgabe 14.5 gilt weiter

$$\frac{V_c}{V_d} = \frac{V_b}{V_a}. \tag{14.34}$$

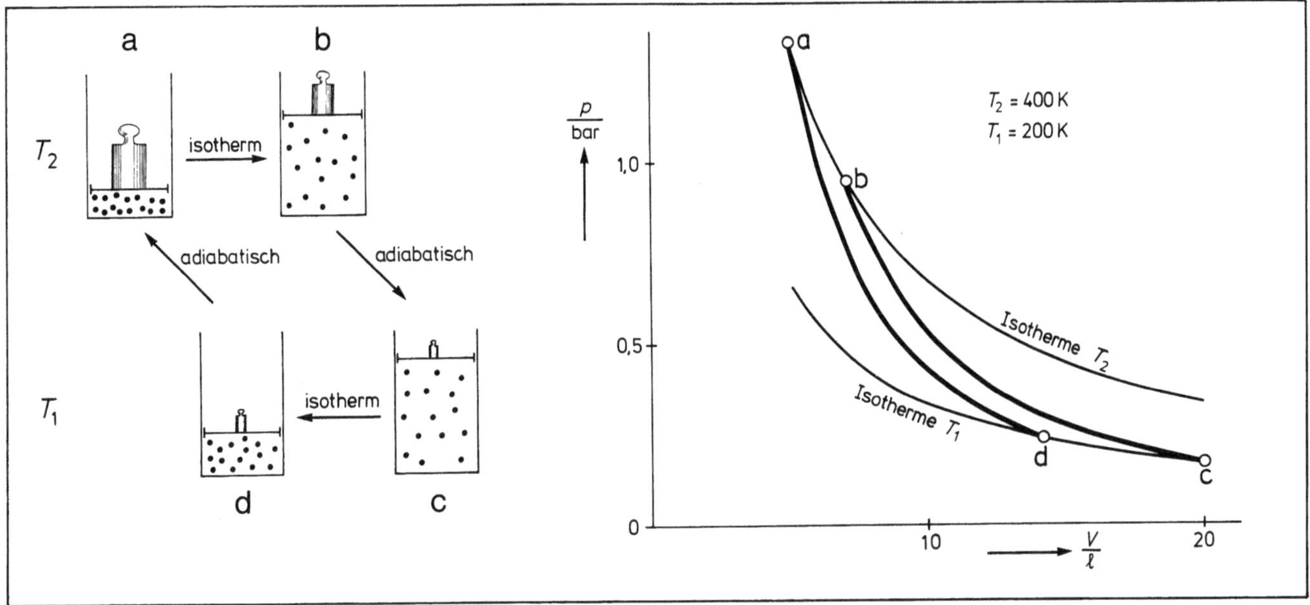

Abb. 14.7. Carnotscher Kreisprozeß; die Kurven (*schwach ausgezogen:* Isothermen, *stark ausgezogen:* Adiabaten) gelten für $T_1 = 200$ K, $T_2 = 400$ K und $\mathbf{n} = 0{,}2$ mol

Damit ist

$$\frac{Q_{\text{rev},a \to b}}{T_2} + \frac{Q_{\text{rev},c \to d}}{T_1} = \mathbf{n}R \ln \frac{V_b}{V_a} - \mathbf{n}R \ln \frac{V_b}{V_a} = 0 \,.$$

$$(14.35)$$

Also gilt

$$\boxed{\frac{Q_{\text{rev},2}}{T_2} + \frac{Q_{\text{rev},1}}{T_1} = \sum_i \frac{Q_{\text{rev},i}}{T_i} = 0} \,. \qquad (14.36)$$

Dieses Ergebnis war auf Grund der Beziehung (14.10), die wir allgemein für Kreisprozesse mit idealen Gasen abgeleitet haben, zu erwarten.

Wir können das System aber auch als Modell für eine reversibel arbeitende Wärmekraftmaschine ansehen, denn es wird bei dem Prozeß dem wärmeren Temperaturbad T_2 die Wärmemenge $Q_{\text{rev},2}$ entnommen; ein Teil dieser Wärmemenge wird an das kältere Temperaturbad abgegeben, der Rest wird in Arbeit verwandelt (Abb. 14.8). Es ist

$$A_{\text{rev}} = A_{\text{rev},a \to b} + A_{\text{rev},b \to c} + A_{\text{rev},c \to d} + A_{\text{rev},d \to a} \,. \quad (14.37)$$

Nach Aufgabe 14.1 ist

$$A_{\text{rev},b \to c} = -A_{\text{rev},d \to a} \qquad (14.38)$$

und somit

$$A_{\text{rev}} = -\mathbf{n}R(T_2 - T_1) \ln \frac{V_b}{V_a} \,. \qquad (14.39)$$

A_{rev} kann nur dann von Null verschieden sein, wenn die Temperaturen T_1 und T_2 der beiden Temperaturbäder verschieden sind. Das Verhältnis

$$\boxed{\eta = \frac{-A_{\text{rev}}}{Q_{\text{rev},2}} = \frac{\mathbf{n}R(T_2 - T_1) \ln \dfrac{V_b}{V_a}}{\mathbf{n}R T_2 \ln \dfrac{V_b}{V_a}} = \frac{T_2 - T_1}{T_2} = 1 - \frac{T_1}{T_2}}$$

$$(14.40)$$

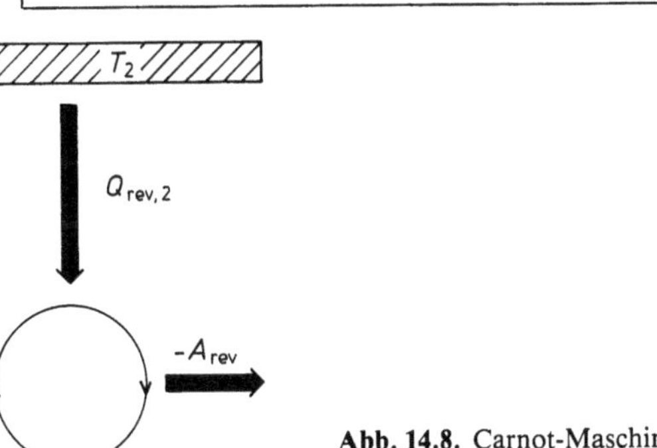

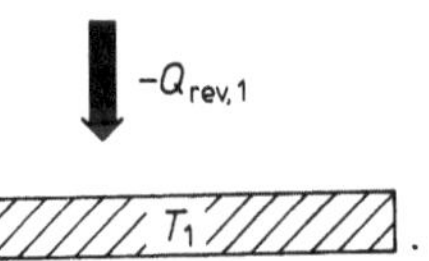

Abb. 14.8. Carnot-Maschine als Modell für eine reversibel arbeitende Wärmekraftmaschine. Es gilt

$$(-A_{\text{rev}}) + (-Q_{\text{rev},1}) = Q_{\text{rev},2} \quad \text{sowie}$$

$$\frac{-A_{\text{rev}}}{Q_{\text{rev},2}} = \frac{T_2 - T_1}{T_2}$$

nennt man den Wirkungsgrad der Wärmekraftmaschine (η kleiner als 1).

Beispielsweise ist für $T_2 = 373$ K und $T_1 = 273$ K der Wirkungsgrad $\eta = 0{,}268$, es kann also nur 26,8% der bei der höheren Temperatur zugeführten Wärmemenge in Arbeit verwandelt werden. Denken wir uns den Kreisprozeß in entgegengesetzter Richtung durchgeführt, wird also am System Arbeit geleistet und Wärme vom kälteren ins wärmere Temperaturbad gebracht, dann ist zum Transport der Wärme $-Q_2$ in das heiße Bad [2] die mechanische Energie $\eta(-Q_2)$ von außen zuzuführen (Wärmepumpe). Im betrachteten Beispiel ist also nur 26,8% der transportierten Wärmeenergie in Form von mechanischer Energie zuzuführen, die restliche Energie wird dem kalten Temperaturbad entnommen.

14.3.2 Wirkungsgrad einer beliebigen reversibel arbeitenden Wärmekraftmaschine

Jetzt wollen wir zeigen, daß der Wirkungsgrad η auch bei einer beliebigen Wärmekraftmaschine nicht größer als nach (14.40) sein kann. Dazu denken wir uns eine zweite reversibel arbeitende Wärmekraftmaschine (Phantasiemaschine), von der wir annehmen wollen, ihr Wirkungsgrad

$$\eta^{\text{Phant}} = \frac{-A_{\text{rev}}}{Q_{\text{rev},2}^{\text{Phant}}} \qquad (14.41)$$

sei größer als η in (14.40). Diese Phantasiemaschine denken wir uns mit einer Carnot-Maschine gekoppelt, und zwar in der Weise, daß wir die Phantasiemaschine als Wärmekraftmaschine arbeiten lassen; die Carnot-Maschine lassen wir dagegen in umgekehrter Richtung laufen, nämlich in der Schrittfolge $a \rightarrow d \rightarrow c \rightarrow b \rightarrow a$ (Wärmepumpe). Da der Carnot-Prozeß reversibel arbeitet, wird bei dem Kreisprozeß bei Zufuhr von mechanischer Energie Wärme vom kälteren Temperaturbad in das wärmere transportiert. Die Kopplung zwischen beiden Maschinen soll so erfolgen, daß die gesamte Arbeit, die von der Phantasiemaschine abgegeben wird, der Carnot-Maschine zugeführt wird (Abb. 14.9). Wir lassen beide Maschinen gerade den Kreisprozeß durchlaufen; dann ist die insgesamt zugeführte Arbeit gleich Null. Andererseits gilt nach (14.40) und (14.41)

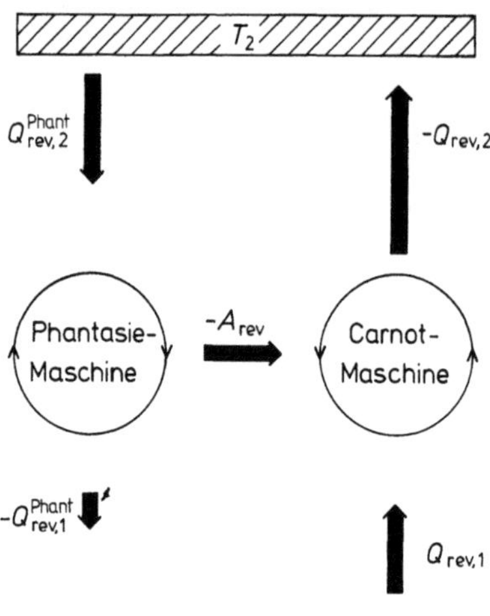

Abb. 14.9. Kopplung einer Carnot-Maschine (Wirkungsgrad η) mit einer reversibel arbeitenden Phantasiemaschine mit $\eta^{\text{Phant}} > \eta$

$$\frac{Q_{\text{rev},2}}{Q_{\text{rev},2}^{\text{Phant}}} = \frac{\eta^{\text{Phant}}}{\eta} > 1 . \qquad (14.42)$$

Bei einem Umlauf beider Maschinen wird also in das heiße Temperaturbad von der Carnot-Maschine mehr Wärme hineingepumpt, als ihm von der Phantasiemaschine entnommen wird; da die insgesamt zugeführte Arbeit Null ist, wird dem kalten Temperaturbad entsprechend mehr Wärme entzogen als zugeführt. Insgesamt wird also bei einem Umlauf der Maschine ohne Zufuhr äußerer Arbeit Wärme von einem kalten Temperaturbad auf ein heißes übertragen. Ein solches Ergebnis steht jedoch im Widerspruch mit der früher diskutierten Tatsache, daß Wärme von selbst (also in abgeschlossenen Systemen) nur von einem heißen Körper auf einen kalten Körper übergeht. Nimmt man an, daß $\eta^{\text{Phant}} < \eta$ sei, so folgt das gleiche Ergebnis, wenn man die Carnot-Maschine als Wärmekraftmaschine und die Phantasiemaschine als Wärmepumpe schaltet (Aufgabe 14.6). Daraus folgt zwangsläufig, daß es keine reversibel arbeitende Wärmekraftmaschine geben kann, die einen anderen Wirkungsgrad besitzt als die Carnot-Maschine. Es gilt also für eine beliebige, reversibel arbeitende Wärmekraftmaschine nach (14.40)

---

[2] Man beachte, daß Q_2 die dem System zugeführte Wärme ist; daher ist $(-Q_2)$ die dem Temperaturbad T_2 zugeführte Wärme (in unserem Beispiel ist $-Q_2$ positiv).

$$\eta = \frac{-A_{\text{rev}}}{Q_{\text{rev},2}} = \frac{Q_{\text{rev},2}+Q_{\text{rev},1}}{Q_{\text{rev},2}} = 1 + \frac{Q_{\text{rev},1}}{Q_{\text{rev},2}} = 1 - \frac{T_1}{T_2} \qquad (14.43)$$

bzw.

$$\boxed{\frac{Q_{\text{rev},2}}{T_2} + \frac{Q_{\text{rev},1}}{T_1} = 0 \quad (\text{Kreisprozeß})} \quad . \tag{14.44}$$

Unsere zunächst für ein ideales Gas abgeleitete Beziehung (14.10) ist also ganz allgemein gültig, falls der Kreisprozeß Zustandsänderungen bei zwei verschiedenen Temperaturen umfaßt.

14.3.3 Wirkungsgrad einer nicht reversibel arbeitenden Wärmekraftmaschine

Jetzt müssen wir noch die Allgemeingültigkeit von (14.11) beweisen. Dazu betrachten wir eine nicht reversibel arbeitende Wärmekraftmaschine. Jede praktisch realisierbare Maschine arbeitet nicht reversibel. Das bedeutet, daß eine solche Maschine bezogen auf eine bestimmte, dem Temperaturbad T_2 entnommene Wärmemenge weniger Arbeit leistet, als es bei reversibler Führung der Fall wäre. Schalten wir diese Maschine als Wärmepumpe, dann muß dem System von außen mehr Arbeit zugeführt werden, um eine bestimmte Wärmemenge in das Temperaturbad T_2 zu bringen (Abb. 14.10).

Betrachten wir als Beispiel noch einmal die Carnot-Maschine in Abb. 14.7. Lassen wir die einzelnen Zustandsänderungen in der umgekehrten Reihenfolge ($a \rightarrow d \rightarrow c \rightarrow b \rightarrow a$) ablaufen, dann arbeitet diese Maschine als reversible Wärmepumpe. Nun stellen wir uns vor, daß

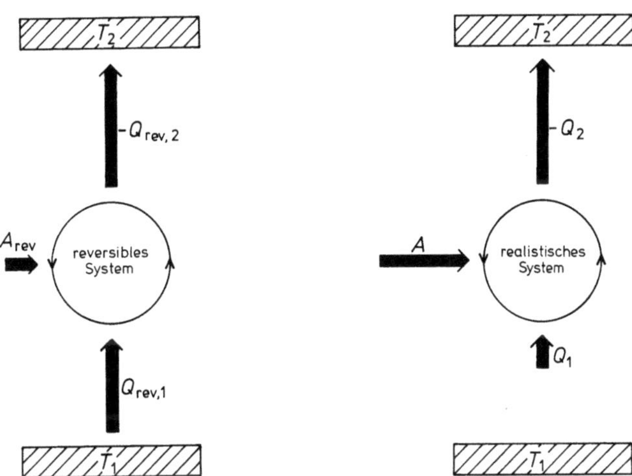

Abb. 14.10. Reversibel und nicht reversibel arbeitendes System als Wärmepumpe geschaltet

bei dem Schritt $d \rightarrow c$ zwischen Kolben und Zylinderwand Reibungskräfte auftreten. Um den Kolben wie vorher auf die alte Höhe anzuheben, müssen diese Reibungskräfte überwunden werden. Dies ist nur möglich, wenn von außen eine entsprechende zusätzliche Kraft wirkt, also beim Heben des Kolbens von außen zusätzliche Arbeit zugeführt wird. Diese zusätzliche Arbeit wird ganz in Reibungswärme verwandelt, die auf das Temperaturbad T_1 übertragen wird. Bei dem gesamten Kreisprozeß wird dann also insgesamt mehr Arbeit zugeführt, und dem Temperaturbad T_1 wird insgesamt weniger Wärme entnommen.

Bei einer praktisch realisierbaren Wärmepumpe ist also die Wärmemenge Q_1, die dem System vom Bad T_1 zugeführt wird, kleiner als die Wärmemenge $Q_{\text{rev},1}$, die im Fall des reversiblen Prozesses zuzuführen wäre ($Q_1 < Q_{\text{rev},1}$). Da wir vorausgesetzt haben, daß $Q_2 = Q_{\text{rev},2}$ sein soll (es soll in beiden Fällen die gleiche Wärmemenge in das Bad T_2 transportiert werden), gilt somit

$$\frac{Q_1}{T_1} + \frac{Q_2}{T_2} < \frac{Q_{\text{rev},1}}{T_1} + \frac{Q_{\text{rev},2}}{T_2} . \tag{14.45}$$

Da für jeden Kreisprozeß

$$\frac{Q_{\text{rev},1}}{T_1} + \frac{Q_{\text{rev},2}}{T_2} = 0 \tag{14.46}$$

gilt, folgt

$$\boxed{\frac{Q_1}{T_1} + \frac{Q_2}{T_2} \leqslant 0 \quad (\text{Kreisprozeß})} \quad . \tag{14.47}$$

Das Gleichheitszeichen gilt für den Grenzfall reversibler Führung des Kreisprozesses.

Wir fassen nun das bisherige System, und die Vorrichtung, die dem System mechanische Energie zuführt oder ihm entnimmt, und die Temperaturbäder zu einem Gesamtsystem zusammen. Dieses Gesamtsystem stellt ein abgeschlossenes System dar. Bei einem Umlauf der Wärmepumpe wird dem ursprünglichen System bei der Temperatur T_1 die Wärmemenge Q_1 und bei der Temperatur T_2 die Wärmemenge Q_2 zugeführt (Abb. 14.11). Umgekehrt können wir auch sagen, daß dem Temperaturbad T_1 dabei die Wärmemenge $Q_{\text{Bad},1}$ und dem Temperaturbad T_2 die Wärmemenge $Q_{\text{Bad},2}$ zugeführt wird. Natürlich ist

$$Q_{\mathrm{Bad},1} = -Q_1 \tag{14.48}$$

$$Q_{\mathrm{Bad},2} = -Q_2 . \tag{14.49}$$

Die Temperaturbäder haben wir als so groß vorausgesetzt, daß sich ihre Temperatur bei Zuführung oder Entnahme von Wärme nicht ändert. Haben wir dem Temperaturbad T_1 eine bestimmte Wärmemenge entnommen, dann können wir diesen Prozeß dadurch umkehren, daß wir die Wärmepumpe als Kraftmaschine laufen lassen. Daraus ersehen wir, daß die Wärmeübertragung auf die Temperaturbäder auf reversiblem Weg erfolgt, und zwar völlig unabhängig davon, ob das System selbst reversibel

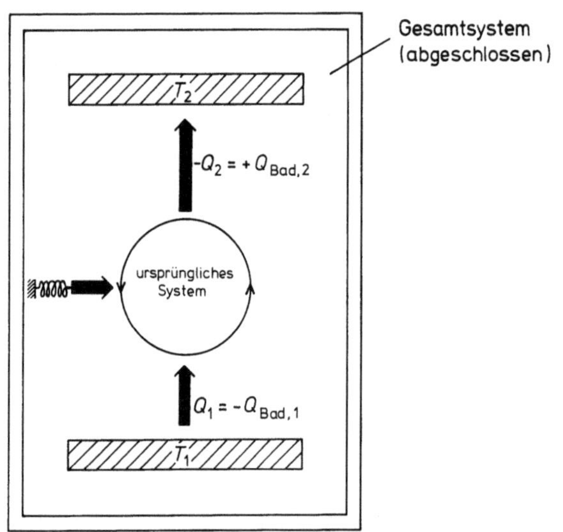

Abb. 14.11. Ursprüngliches System und Gesamtsystem (ursprüngliches System und Temperaturbäder und Speicher für mechanische Energie) Ursprüngliches System (Kreisprozeß):

$$\frac{Q_1}{T_1} + \frac{Q_2}{T_2} \leqslant 0 \qquad\qquad \frac{Q_{\mathrm{rev},1}}{T_1} + \frac{Q_{\mathrm{rev},2}}{T_2} = 0$$

Temperaturbäder:

$$Q_{\mathrm{Bad},1} = Q_{\mathrm{rev,Bad1}} = -Q_1$$

$$Q_{\mathrm{Bad},2} = Q_{\mathrm{rev,Bad2}} = -Q_2 ,$$

also

$$\frac{Q_{\mathrm{rev,Bad1}}}{T_1} + \frac{Q_{\mathrm{rev,Bad2}}}{T_2} \geqslant 0$$

Gesamtsystem (abgeschlossen):

$$\frac{Q_{\mathrm{rev},1}}{T_1} + \frac{Q_{\mathrm{rev},2}}{T_2} + \frac{Q_{\mathrm{rev,Bad1}}}{T_1} + \frac{Q_{\mathrm{rev,Bad2}}}{T_2} \geqslant 0$$

oder irreversibel arbeitet. Es ist also in jedem Fall

$$Q_{\mathrm{Bad},1} = Q_{\mathrm{rev,Bad},1} \tag{14.50}$$

$$Q_{\mathrm{Bad},2} = Q_{\mathrm{rev,Bad},2} \tag{14.51}$$

und somit ist für die Bäder

$$\frac{Q_{\mathrm{rev,Bad},1}}{T_1} + \frac{Q_{\mathrm{rev,Bad},2}}{T_2} = -\frac{Q_1}{T_1} - \frac{Q_2}{T_2} . \tag{14.52}$$

Nach (14.47) ist $\dfrac{Q_1}{T_1} + \dfrac{Q_2}{T_2} \leqslant 0$ und somit

$$\frac{Q_{\mathrm{rev,Bad},1}}{T_1} + \frac{Q_{\mathrm{rev,Bad},2}}{T_2} \geqslant 0 . \tag{14.53}$$

Das ursprüngliche System hat einen Kreisprozeß durchgeführt, und es gilt daher (14.46). Somit folgt für das Gesamtsystem (abgeschlossenes System) durch Addition von (14.46) und (14.53)

$$\boxed{\begin{aligned} &\frac{Q_{\mathrm{rev},1}}{T_1} + \frac{Q_{\mathrm{rev},2}}{T_2} + \frac{Q_{\mathrm{rev,Bad},1}}{T_1} + \frac{Q_{\mathrm{rev,Bad},2}}{T_2} \geqslant 0 \\ &\text{(abgeschlossenes System)} \end{aligned}} \tag{14.54}$$

Das Gleichheitszeichen gilt für den Grenzfall, daß die Zustandsänderungen in dem ursprünglichen System reversibel erfolgen, also $Q_1 = Q_{\mathrm{rev},1}$, $Q_2 = Q_{\mathrm{rev},2}$ ist. Dieser Ausdruck entspricht der zu beweisenden Beziehung (14.11), wenn wir uns auf Systeme beschränken, die mit 2 Temperaturbädern in Kontakt stehen.

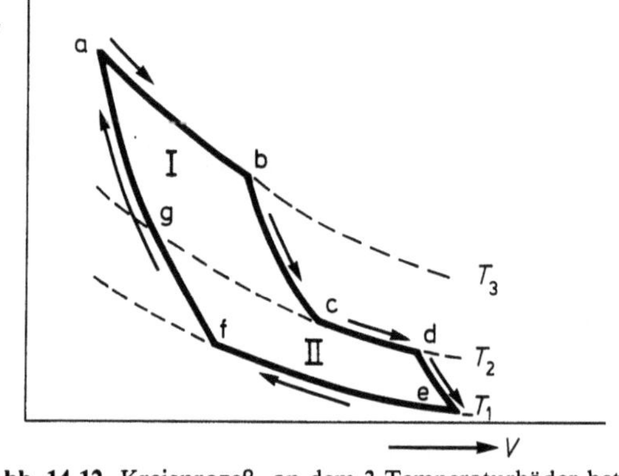

Abb. 14.12. Kreisprozeß, an dem 3 Temperaturbäder beteiligt sind

Diese Überlegungen lassen sich leicht auf Prozesse übertragen, bei denen Zustandsänderungen bei beliebig vielen Temperaturen vorkommen. Dazu betrachten wir einen reversiblen Kreisprozeß, der über Zustände mit 3 Temperaturen abläuft (Abb. 14.12). Diesen Kreisprozeß können wir uns aus den beiden Teil-Kreisprozessen I und II zusammengesetzt denken ($a \rightarrow b \rightarrow c \rightarrow g \rightarrow a$ bzw. $g \rightarrow d \rightarrow e \rightarrow f \rightarrow g$). Die Summe der bei den Teilkreisprozessen dem System bei den isothermen Schritten zugeführten Wärmen ist genau so groß wie bei dem Gesamtprozeß: die Schritte $a \rightarrow b$, $c \rightarrow d$ und $e \rightarrow f$ stimmen überein, und die Schritte $c \rightarrow g$ (bei I) sowie $g \rightarrow c$ (bei II) liefern jeweils entgegengesetztes Vorzeichen für Q_{rev}, so daß sich diese Beiträge aufheben. Somit ist, da für beide Teilkreisprozesse

$$\sum_i \frac{Q_{\text{rev},i}}{T_i} = 0 \qquad \text{(2 Temperaturbäder)}$$

ist, auch für den gesamten Prozeß

$$\sum_i \frac{Q_{\text{rev},i}}{T_i} = 0 \qquad \text{(3 Temperaturbäder)}. \qquad (14.55)$$

Diese Überlegung gilt in entsprechender Weise, wenn wir an Stelle von 3 Temperaturbädern beliebig viele Temperaturbäder vorgeben; die Beziehung (14.52) ist also tatsächlich allgemein erfüllt, und damit ist (14.10) begründet. Der Übergang zu der Beziehung (14.54) kann entsprechend verallgemeinert werden, und damit erhält man die zu begründende Beziehung (14.11).

14.4 Thermodynamische Temperaturskala

In Abschn. 14.3.3 haben wir gesehen, daß wir eine Wärmekraftmaschine als Wärmepumpe betreiben können, um Wärme aus einem kalten Temperaturbad in ein heißes Temperaturbad zu überführen. Für einen Umlauf der Wärmepumpe gilt nach (14.36)

$$\frac{Q_{\text{rev},1}}{Q_{\text{rev},2}} = -\frac{T_1}{T_2}. \qquad (14.56)$$

Diese Beziehung gilt unabhängig von der Art des Arbeitsmediums der Maschine, also nicht nur für Zustandsänderungen mit idealen Gasen. Aus diesem Grunde können

wir (14.56) als eine nicht an die Eigenschaften idealer Gase gebundene Meßvorschrift zur Messung der Temperatur auffassen: legen wir die Temperatur T_1 willkürlich fest (beispielsweise über den Tripelpunkt des Wassers), dann können wir durch Messen von $Q_{\text{rev},1}$ und $Q_{\text{rev},2}$ mit einer beliebigen reversiblen Wärmekraftmaschine T_2 ermitteln (thermodynamische Temperaturskala). Für ideale Gase geht die Meßvorschrift (14.56) in unsere alte Vorschrift (10.31) über, wenn wir die Carnot-Maschine in Abb. 14.7 als Wärmepumpe laufen lassen:

$$T_2 = -T_1 \frac{Q_{\text{rev},2}}{Q_{\text{rev},1}} = -T_1 \frac{-\mathbf{n}R\,T_2 \ln \dfrac{V_a}{V_b}}{-\mathbf{n}R\,T_1 \ln \dfrac{V_c}{V_d}}$$

$$= -T_1 \frac{\mathbf{n}R\,T_2}{\mathbf{n}R\,T_1} = -T_1 \frac{\lim_{p \to 0} (pV)_{T_2}}{\lim_{p \to 0} (pV)_{T_l}}. \qquad (14.57)$$

Die Vorschrift (14.56) läßt sich aber darüber hinaus noch in Temperaturbereichen anwenden, in denen das Arbeiten mit idealen Gasen praktisch nicht mehr möglich ist [14.10].

14.5 Hauptsätze der Thermodynamik

Wir haben im Vorangehenden aus dem Verhalten von Molekülanhäufungen auf die Eigenschaften von U und S geschlossen. Historisch wurden diese Zusammenhänge im Bemühen um das Verständnis der Wirkungsweise von Wärmekraftmaschinen gewonnen, und in der klassischen Thermodynamik werden die Zusammenhänge daher ohne Bezugnahme auf die atomistische Struktur der Materie betrachtet. Man geht von mehreren Postulaten (Hauptsätze der Thermodynamik) aus und leitet daraus weitere Zusammenhänge ab.

Wir sind hier so vorgegangen, daß wir die Hauptsätze nicht als Postulate betrachtet haben, sondern uns bemühten, sie deduktiv aus dem Verhalten von Molekülanhäufungen zu verstehen (Betrachtungsweise der statistischen Thermodynamik).

Wir haben den Begriff der Temperatur als Maß für die mittlere kinetische Energie der Moleküle in einer Molekülanhäufung, die sich im thermodynamischen Gleichgewicht befindet, eingeführt und uns überlegt, daß bei der

Berührung von zwei Systemen mit unterschiedlicher Temperatur Temperaturausgleich stattfindet, weil aus statistischen Gründen die Moleküle im System mit der höheren Temperatur an die Moleküle im System mit der tieferen Temperatur Energie abgeben (Abb. 13.1). Es ist uns klar geworden, daß die Temperatur eine Zustandsgröße ist, die für Systeme, die im thermischen Gleichgewicht stehen, denselben Wert besitzt, und daß Wärme eine Form der Energie ist. Die für mechanische Systeme geltende Aussage, daß Energie erhalten bleibt, konnten wir also sofort auf Prozesse übertragen, in denen eine Umwandlung von mechanischer Energie in Wärme oder das Umgekehrte stattfindet. Die Aussage, daß Wärme ohne Zufuhr von mechanischer Energie nicht vom kalten zum warmen Körper übergeht, konnten wir in der Form ausdrücken, daß die Entropie im abgeschlossenen System nicht abnehmen kann. Weiter haben wir aus der Tatsache, daß ein ideal geordneter Körper beim Temperaturnullpunkt nur eine Realisierungsmöglichkeit besitzt, geschlossen, daß die Entropie eines solchen Körpers beim Temperaturnullpunkt Null sein muß.

In der klassischen Thermodynamik werden diese Aussagen als Postulate betrachtet [14.11]:

Nullter Hauptsatz: „Es gibt eine Zustandsgröße, die Temperatur T, die in allen Systemen, die miteinander im thermischen Gleichgewicht stehen, denselben Wert besitzt."

Erster Hauptsatz: „Wenn gleiche Menge mechanischer Arbeit aus thermischen Quellen erzeugt oder in thermischen Effekten vernichtet werden, so verschwinden oder entstehen gleiche Mengen Wärme" oder „In einem abgeschlossenen System ist $\Delta U = 0$ (Energieerhaltungssatz)."

Zweiter Hauptsatz: „Es ist unmöglich, daß Wärme von selbst (d. h. in einem abgeschlossenen System) aus einem kälteren auf einen heißeren Körper übergeht" oder „In einem abgeschlossenen System ist $\sum Q_{\mathrm{rev},i}/T_i > 0$ (Entropievermehrungssatz)"; in der klassischen Thermodynamik ist ΔS durch $\Delta S = \sum Q_{\mathrm{rev},i}/T_i$ definiert; andererseits haben wir in Kap. 13 die Entropie S durch $S = k \ln \Omega$ (13.29) definiert und sind dann sofort zum Entropievermehrungssatz gelangt. Erst danach haben wir in diesem Kapitel festgestellt, daß $\sum Q_{\mathrm{rev},i}/T_i$ alle Eigenschaften der Entropieänderung ΔS hat.

Dritter Hauptsatz: „Die Entropie eines perfekten Kristalls ist beim absoluten Nullpunkt der Temperatur Null."

Aufgaben

14.1 ΔS und A_{rev} bei adiabatischer Expansion

Man berechne gemäß (14.9) die Entropieänderung bei der adiabatischen Expansion eines Atomgases vom Volumen V_1 auf das Volumen V_2 und vergleiche mit dem Resultat der quantenmechanischen Rechnung. Man gebe die reversibel zugeführte Arbeit A_{rev} an.

14.2 ΔS beim Temperaturausgleich

Man zeige, daß in (14.17) $T_{\mathrm{m}}^2/(T_1 T_2) > 1$ ist.

14.3 Mischungsentropie

In zwei gleichen Behältern befinden sich zwei verschiedene ideale Gase A und B unter demselben Druck p und derselben Temperatur T. Nach dem Öffnen des Schiebers vermischen sich die beiden Gase. Der neue Zustand ist weniger geordnet als der alte. Man berechne die Mischungsentropie sowie die reversible Arbeit, die nötig ist, um die Gase wieder zu entmischen.

Die Entmischung können wir auf reversiblem Weg durchführen, wenn wir in den Behälter 2 Kolben anbringen, von denen der eine für die Teilchen A und der andere für die Teilchen B durchlässig ist:

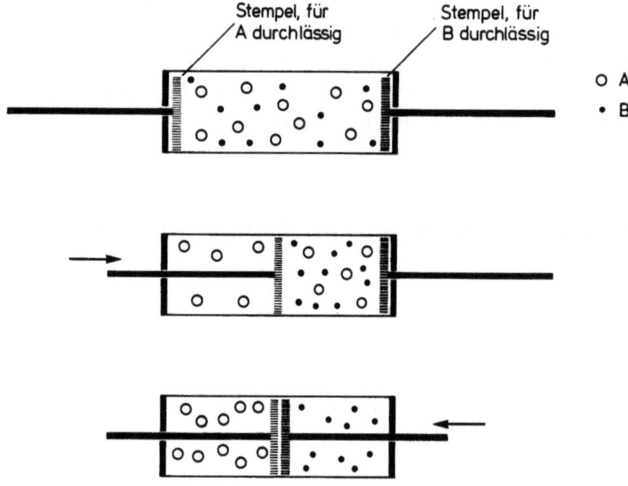

14.4 Berechnung von Entropien aus Zustandssummen

Man berechne die Zustandssummen Z_{Rot} und Z_{Osz} sowie gemäß (14.26) die Entropiebeiträge der Rotation und Schwingung.

14.5 *Volumenänderung bei der adiabatischen Expansion*
Man zeige mit Hilfe der Adiabatengleichung (s. Aufgabe 13.1), daß bei dem Carnot-Prozeß $V_d/V_c = V_b/V_a$ ist.

14.6 *Carnot-Wirkungsgrad*
Man wiederhole die Betrachtung des in Abb. 14.9 dargestellten Vorganges für den Fall, daß $\eta^{\text{Phant}} < \eta$ ist.

14.7 *Wirkungsgrad verschiedener Wärmekraftmaschinen*
Man vergleiche die Wirkungsgrade
a) einer Niederdruckdampfmaschine
   ($T_2 = 400\,\text{K}$, Dampfdruck etwa 5 bar)
b) einer Hochdruckdampfmaschine
   ($T_2 = 600\,\text{K}$, Dampfdruck etwa 100 bar)
c) eines Benzinmotors ($T_2 = 1500\,\text{K}$)
unter der Annahme, daß es sich um reversibel arbeitende Wärmekraftmaschinen handelt und $T_1 = 300\,\text{K}$ beträgt.

14.8 *Wirkungsgrad bei einem Kraftwerk*
Welche Wärmemenge muß bei einem Kraftwerk mit einer elektrischen Leistung von 1 000 MW pro Tag über die Kühltürme abgegeben werden, wenn eine Dampfturbine mit $T_2 = 600\,\text{K}$ und $T_1 = 300\,\text{K}$ verwendet wird?

14.9 *Wärmepumpe*
Ein Raum soll mit einer Wärmepumpe bei einer Außentemperatur von $-20°$ auf $+20°\text{C}$ erwärmt werden. Welche elektrische Leistung ist zuzuführen, wenn die Wärmepumpe einen 2 kW-Heizofen ersetzen soll?

14.10 *Maxwellscher Dämon*
In einem Behälter, der in 2 gleiche Teilvolumina unterteilt ist (s. Abb. 13.8), denken wir uns N Moleküle gleichmäßig verteilt ($N/2$ im oberen, $N/2$ im unteren Teilvolumen). Nun denken wir uns einen Automaten, der in der Mitte einen Schieber immer dann kurzzeitig öffnet, wenn gerade ein Molekül von oben her ankommt und der den Schieber sofort wieder schließt, sobald das Molekül die Öffnung passiert hat (Maxwellscher Dämon). Auf diese Weise sammeln sich alle Moleküle im unten Teilvolumen an. Durch eine anschließende isotherme Expansion könnte man dann Wärme aus der Umgebung entnehmen und vollständig in Arbeit umwandeln. Widerspricht dieser Vorgang dem Entropieerhaltungssatz?

15. Wärmeaustausch bei chemischen Reaktionen

Wir haben uns bisher mit den Prinzipien beschäftigt, die für das Verständnis von Energieänderungen bei Prozessen wichtig sind. Jetzt wollen wir diese Prinzipien auf den Ablauf chemischer Reaktionen anwenden.

15.1 Wärmeaustausch bei konstantem Volumen

Wir betrachten ein geschlossenes Gefäß, in dem sich ein Gemisch aus Wasserstoff und Sauerstoff befindet, in einem Temperaturbad der Temperatur T (Abb. 15.1). Zünden wir das Gemisch, z. B. durch einen Zündfunken, dann läuft in dem Gefäß die chemische Reaktion

$$2H_2 + O_2 \rightarrow 2H_2O \qquad (15.1)$$

(Knallgasreaktion) ab. Wir warten ab, bis der Temperaturausgleich mit der Umgebung stattgefunden hat. Wenn das Temperaturbad genügend groß ist, herrscht am Schluß praktisch dieselbe Temperatur wie am Anfang. Man spricht dann von einer *Reaktion bei konstanter Temperatur*, obgleich unmittelbar nach der Zündung und vor dem Temperaturausgleich die Temperatur im Gefäß stark erhöht ist. Bei dieser Reaktion werden zwischen den Reaktionspartnern neue Bindungen geknüpft; die entstehenden Wassermoleküle besitzen eine kleinere elektronische Energie als die Ausgangsstoffe, es ist also ΔU kleiner als Null. Da wir die *Reaktion bei konstantem*

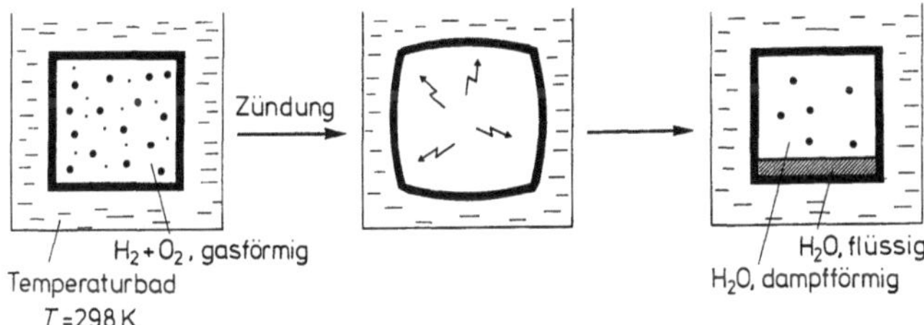

Abb. 15.1. Ablauf der Knallgasreaktion bei T = const. und V = const.

Volumen ausführen, wird dem System keine Arbeit zugeführt, und es ist daher

$$\boxed{\Delta U = Q \quad \text{(Reaktion bei konstantem Volumen)}}\ .$$

$$(15.2)$$

Die dem System zugeführte Wärme ist in diesem Fall negativ, es wird also Wärme an das Temperaturbad abgegeben (exotherme Reaktion). Diese Wärme läßt sich mit einer geeigneten Meßanordnung (Bomben-Kalorimeter, Abb. 15.2) messen, und nach (15.2) können wir daraus ΔU experimentell bestimmen. Für T = 298 K findet man $\Delta U = \Delta U/n_{O_2} = 564{,}4$ kJ mol^{-1}.

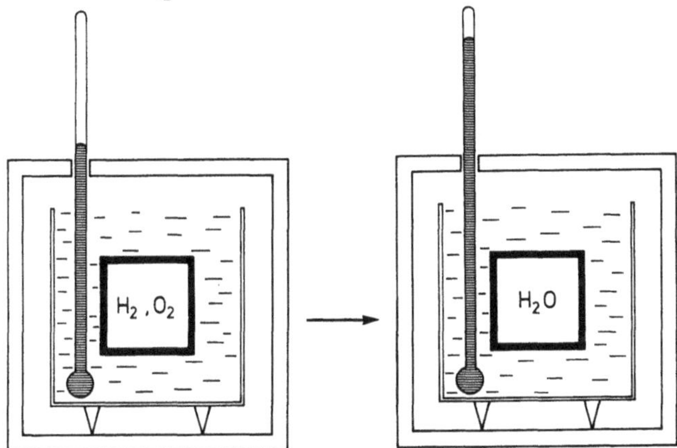

Abb. 15.2. Bomben-Kalorimeter zur Messung von Q. Die Wärme Q wird auf ein Wasserbad übertragen, und dessen Temperaturerhöhung wird gemessen

Nicht alle chemischen Reaktionen lassen sich in einem Kalorimeter direkt untersuchen, wohl aber indirekt. Soll beispielsweise eine Reaktion $1 \rightarrow 2$ untersucht werden, so kann man 2 Umwegreaktionen $1 \rightarrow 3$ und $2 \rightarrow 3$ zu Hilfe nehmen. Die Reaktionsfolge

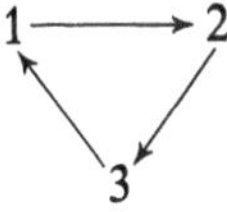

stellt einen Kreisprozeß dar, für den nach dem Energieprinzip

$$\Delta U_{1 \rightarrow 2} + \Delta U_{2 \rightarrow 3} + \Delta U_{3 \rightarrow 1} = 0 \qquad (15.3)$$

ist, so daß wir $\Delta U_{1 \rightarrow 2}$ indirekt über

$$\Delta U_{1 \rightarrow 2} = -\Delta U_{2 \rightarrow 3} - \Delta U_{3 \rightarrow 1} = \Delta U_{1 \rightarrow 3} - \Delta U_{2 \rightarrow 3} \quad (15.4)$$

berechnen können (*Hess'scher Satz, 1840*). Als Beispiel betrachten wir die Hydrierung von Äthylen:

$$1\rightarrow2:\ C_2H_4 + H_2 \rightarrow C_2H_6$$

sowie die Umwegreaktionen

$$1\rightarrow3:\ C_2H_4 + H_2 + 3\tfrac{1}{2}O_2 \rightarrow 2CO_2 + 3H_2O$$

$$2\rightarrow3:\ C_2H_6 + \tfrac{7}{2}O_2 \rightarrow 2CO_2 + 3H_2O\,.$$

Die Umwegreaktionen sind so gewählt, daß in beiden Fällen dieselben Endprodukte entstehen; die Differenz der Reaktionsgleichungen $1\rightarrow3$ und $2\rightarrow3$ ergibt genau die Gleichung für $1\rightarrow2$. Nun ist

$$\Delta U_{1\rightarrow3} = \frac{\Delta U_{1\rightarrow3}}{n_{C_2H_4}} = -1688{,}4\ \text{kJ mol}^{-1}$$

$$\Delta U_{2\rightarrow3} = \frac{\Delta U_{2\rightarrow3}}{n_{C_2H_6}} = -1554{,}0\ \text{kJ mol}^{-1}.$$

Daraus erhalten wir nach (15.4)

$$\Delta U_{1\rightarrow2} = (-1688{,}4 + 1554{,}0)\ \text{kJ mol}^{-1}$$

$$= -134{,}4\ \text{kJ mol}^{-1}.$$

15.2 Wärmeaustausch bei konstantem Druck, Enthalpie H, Enthalpieänderung ΔH

Normalerweise führt man chemische Reaktionen nicht in einem geschlossenen Gefäß, sondern in offenen Gefäßen (z. B. Reagenzglas, Erlenmeyerkolben, Rundkolben) aus, wobei die Reaktanden unter dem äußeren Luftdruck stehen. Bei der Reaktion bleibt dann der Druck konstant, und das Volumen der Reaktionspartner ändert sich (Reaktion bei konstantem Druck). In Abb. 15.3 ist der Ab-

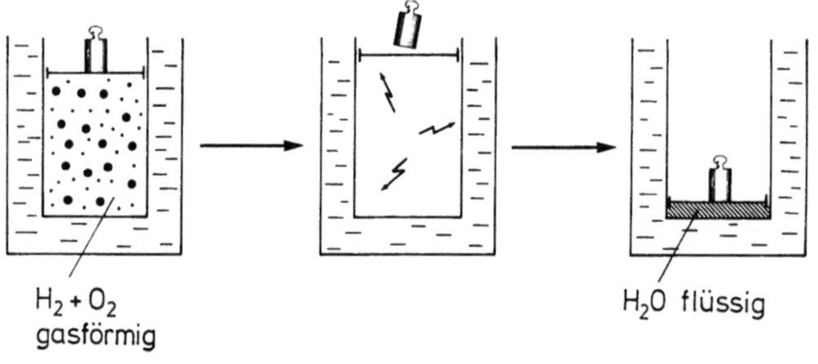

Abb. 15.3. Ablauf der Knallgasreaktion bei T = const. und p = const.

lauf der Knallgasreaktion unter konstantem Druck dargestellt, wobei der äußere Luftdruck durch das Gewicht auf dem Kolben ersetzt ist. Bei der Reaktion

$$2H_2 + O_2\ \rightarrow\ 2H_2O$$

entsteht aus gasförmigem H_2 und O_2 flüssiges Wasser; dabei nimmt das Volumen der Reaktanden ab; das Gewicht sinkt, es wird dem System Arbeit zugeführt, und es ist daher

$$\boxed{\Delta U = Q + A = Q - p\Delta V \quad\text{(Reaktion bei konstantem Druck)}}$$

$$(15.5)$$

Dem System wird also die Wärmemenge

$$Q = \Delta U + p\Delta V = \Delta U + p(V_{H_2O} - V_{H_2} - V_{O_2}) \quad (15.6)$$

zugeführt; Q ist in unserem Beispiel kleiner als ΔU. Während bei einer Reaktion bei konstantem Volumen die zugeführte Wärme gleich der Änderung ΔU der Gesamtenergie ist, ist die bei konstantem Druck zuzuführende Wärme gleich $\Delta U + p\Delta V$. Da die meisten Reaktionen bei konstantem Druck ausgeführt werden, erweist es sich als zweckmäßig, neben der Inneren Energie U eine neue Größe

$$\boxed{H = U + pV} \qquad (15.7)$$

einzuführen, die man *Enthalpie* nennt. H ist eine Zustandsgröße, da sie sich aus Zustandsgrößen zusammensetzt, also aus Größen, deren Werte nicht vom Weg abhängen, auf dem ein Zustand des Systems erreicht werden kann. Bei einer chemischen Reaktion ist die Änderung ΔH durch

$$\boxed{\Delta H = H_2 - H_1 = U_2 - U_1 + p_2 V_2 - p_1 V_1} \qquad (15.8)$$

gegeben; bei einer Reaktion bei konstantem Druck p vereinfacht sich dieser Ausdruck zu

$$\boxed{\Delta H = \Delta U + p(V_2 - V_1) = \Delta U + p\Delta V \quad (p = \text{const.})}.$$

$$(15.9)$$

Nach (15.6) ist für eine Reaktion bei konstantem Druck

$$\boxed{Q = \Delta U + p\Delta V = \Delta H \quad (p = \text{const})}. \qquad (15.10)$$

Es ist also die Änderung der Enthalpie identisch mit der dem System bei konstantem Druck zugeführten Wärme. In unserem Beispiel ist das Volumen des flüssigen Wassers viel kleiner als das Volumen des H_2 und O_2. Vernachlässigen wir das Volumen der Flüssigkeit und behandeln wir H_2 und O_2 als ideale Gase, dann ist

$$p\Delta V = -RT(n_{H_2} + n_{O_2}) = -RT(2n_{O_2} + n_{O_2})$$
$$= -3n_{O_2}RT, \qquad (15.11)$$

so daß

$$\Delta H = \Delta U - 3n_{O_2}RT \qquad (15.12)$$

bzw.

$$\Delta H = \frac{\Delta H}{n_{O_2}} = \Delta U - 3RT \qquad (15.13)$$

wird. In diesem Fall ist $3RT = 7,4\ \text{kJ mol}^{-1}$ (für $T = 298$ K); es wird also mehr Wärme an das Temperaturbad abgegeben, als wenn wir die gleiche Reaktion bei konstantem Volumen ausgeführt hätten.

Bei genauerer Betrachtung müssen wir berücksichtigen, daß die Endzustände der beiden Reaktionen in den Abb. 15.1 und 15.3 nicht identisch sind. Wir überblicken die Zusammenhänge am besten, wenn wir die Reaktion zuerst bei konstantem Volumen durchführen und dann das Volumen soweit ändern, daß sich wieder derselbe Druck wie am Anfang einstellt (Abb. 15.4). Die Zustände 1 und 3 entsprechen dem Anfangs- und Endzustand in Abb. 15.3 (Reaktion bei konstantem Druck); die Zustände 1 und 2 entsprechen dem Anfangs- und Endzustand in Abb. 15.1 (Reaktion bei konstantem Volumen). Es ist also

$$\Delta U = \Delta U_{1\to 2} \qquad (15.14)$$
(Reaktion bei konstantem Volumen)

$$\Delta U = \Delta U_{1\to 3} = \Delta U_{1\to 2} + \Delta U_{2\to 3} \qquad (15.15)$$
(Reaktion bei konstantem Druck).

ΔU ist also bei beiden Vorgängen verschieden groß; $\Delta U_{2\to 3}$ stellt in unserem Beispiel die Änderung von U dar, wenn wir den Wasserdampf, der sich bei der Temperatur T im Gleichgewicht mit dem flüssigen Wasser befindet, in flüssiges Wasser verwandeln und außerdem die

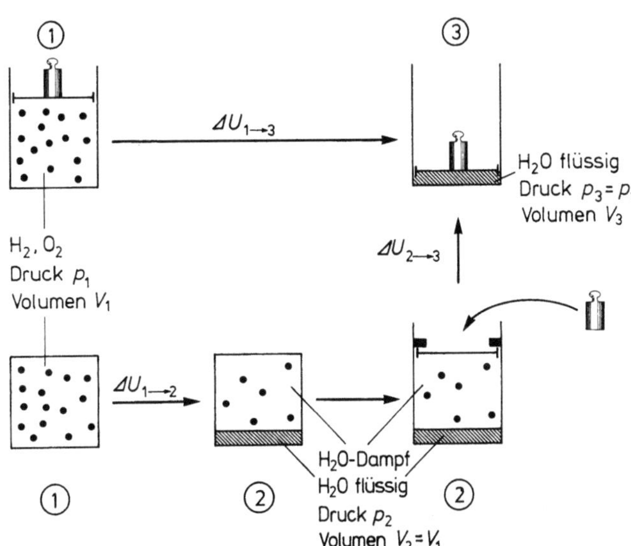

Abb. 15.4. Durchführung einer Reaktion in 2 Teilschritten, bei denen zuerst V konstant gehalten und dann p so geändert wird, daß sich wieder der Ausgangsdruck einstellt

gesamte Flüssigkeit, die vorher unter dem Dampfdruck ($p_2 \approx 20$ mbar) stand, komprimieren. Nun liegt aber im Zustand 2 nur ein winziger Bruchteil des Wassers als Dampf vor, und das flüssige Wasser läßt sich nur wenig komprimieren, so daß $\Delta U_{2\to 3}$ außerordentlich klein ist. Wären sämtliche Reaktionsendprodukte im Zustand 2 gasförmig und könnten wir sie als ideale Gase betrachten, dann wäre $\Delta U_{2\to 3} = 0$, weil die Gesamtenergie eines idealen Gases nicht vom Volumen abhängt. In praktischen Fällen brauchen wir daher meist nicht zwischen $\Delta U_{1\to 2}$ und $\Delta U_{1\to 3}$ zu unterscheiden.

15.3 Temperaturabhängigkeit von ΔU und ΔH

Die Innere Energie U setzt sich aus Beiträgen der Bindungsenergie, der Translationsenergie, der Rotationsenergie und der Schwingungsenergie zusammen. Erhöhen wir die Temperatur, dann erhöht sich nach unseren früheren Überlegungen auch U. Wir fragen jetzt danach, wie sich ΔU bei einer chemischen Reaktion ändert, wenn wir die Reaktion bei konstantem Volumen und konstanter Temperatur durchführen, die Temperatur aber höher oder niedriger wählen. Als Beispiel betrachten wir wieder die Knallgasreaktion, und wir gehen davon aus, daß wir

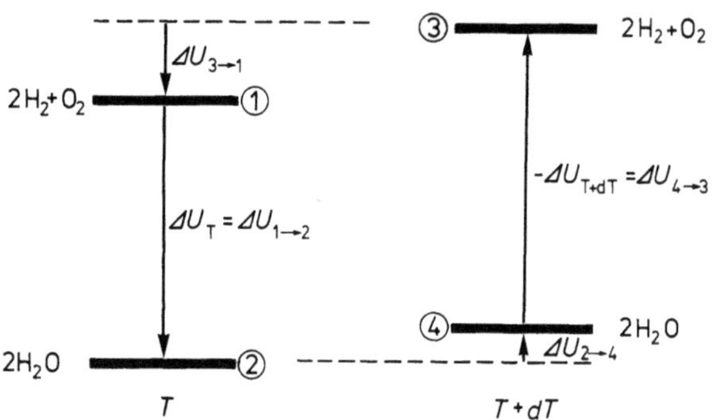

Abb. 15.5. Kreisprozeß zur Berechnung der Temperaturabhängigkeit von ΔU

ΔU bei 298 K kennen; wie groß wird ΔU sein, wenn wir die Reaktion beispielsweise bei 350 K ablaufen lassen? Zur Beantwortung dieser Frage denken wir uns die Temperatur zunächst um einen kleinen Betrag dT erhöht (Abb. 15.5). Der Weg $1 \rightarrow 2$ entspricht der Reaktion bei der Temperatur T, der Weg $3 \rightarrow 4$ entspricht der Reaktion bei $T + dT$. Wir führen jetzt einen Kreisprozeß $1 \rightarrow 2 \rightarrow 4 \rightarrow 3 \rightarrow 1$ durch, für den

$$\Delta U_{1 \rightarrow 2} + \Delta U_{2 \rightarrow 4} + \Delta U_{4 \rightarrow 3} + \Delta U_{3 \rightarrow 1} = 0 \qquad (15.16)$$

ist. Nun ist

$$\Delta U_{1 \rightarrow 2} = \Delta U_T, \quad \Delta U_{4 \rightarrow 3} = - \Delta U_{T+dT} \qquad (15.17)$$

und

$$\Delta U_{2 \rightarrow 4} = C_{V,H_2O} dT, \quad \Delta U_{3 \rightarrow 1} = - C_{V,H_2+O_2} dT. \qquad (15.18)$$

Damit erhalten wir

$$\Delta U_{T+dT} = \Delta U_T + (C_{V,H_2O} - C_{V,H_2+O_2}) dT$$
$$= \Delta U_T + \Delta C_V dT, \qquad (15.19)$$

wenn wir unter ΔC_V allgemein die Differenz

$$\Delta C_V = C_{V,\text{Endprodukte}} - C_{V,\text{Ausgangsstoffe}} \qquad (15.20)$$

verstehen. Bei der Temperaturänderung um dT ändert sich ΔU also um

$$\boxed{d(\Delta U) = \Delta U_{T+dT} - \Delta U_T = \Delta C_V dT.} \qquad (15.21)$$

Bei einer endlichen Temperaturerhöhung von T_1 nach T_2 gilt dann

$$\boxed{\Delta U_{T_2} = \Delta U_{T_1} + \int_{T_1}^{T_2} d(\Delta U) = \Delta U_{T_1} + \int_{T_1}^{T_2} \Delta C_V dT.}$$

$$(15.22)$$

Im allgemeinen hängt C_V und damit auch ΔC_V von der Temperatur ab. Ist jedoch der Temperaturunterschied $T_2 - T_1$ genügend klein, dann können wir ΔC_V in diesem Bereich als praktisch konstant ansehen und vor das Integral ziehen. Dann gilt näherungsweise

$$\Delta U_{T_2} = \Delta U_{T_1} + \Delta C_V \int_{T_1}^{T_2} dT = \Delta U_{T_1} + \Delta C_V (T_2 - T_1).$$

$$(15.23)$$

Zu dem gleichen Ergebnis können wir auch auf formalem Weg gelangen. Bezeichnen wir die Gesamtenergie der Reaktionsendprodukte mit U_E und die Gesamtenergie der Ausgangsstoffe mit U_A, dann ist nach (12.7)

$$\left(\frac{\partial U_E}{\partial T} \right)_V = C_{V,E} \quad \text{und} \quad \left(\frac{\partial U_A}{\partial T} \right)_V = C_{V,A}. \qquad (15.24)$$

Somit ist

$$\left(\frac{\partial \Delta U}{\partial T} \right)_V = \left(\frac{\partial U_E}{\partial T} \right)_V - \left(\frac{\partial U_A}{\partial T} \right)_V$$

$$= C_{V,E} - C_{V,A} = \Delta C_V. \qquad (15.25)$$

Daraus folgt sofort (15.21).

In entsprechender Weise können wir bei der Temperaturabhängigkeit von ΔH vorgehen, also bei der Berechnung der Reaktionswärme, die auftritt, wenn wir die Reaktion bei konstantem Druck und konstanter Temperatur durchführen, die Temperatur aber höher oder niedriger wählen. Nach (12.16) und (15.7) ist

$$C_p = \left(\frac{\partial Q}{\partial T} \right)_p = \left(\frac{\partial U}{\partial T} \right)_p + p \left(\frac{\partial V}{\partial T} \right)_p = \left(\frac{\partial H}{\partial T} \right)_p$$

$$(15.26)$$

und

$$\left(\frac{\partial \Delta H}{\partial T} \right)_p = \left(\frac{\partial H_E}{\partial T} \right)_p - \left(\frac{\partial H_A}{\partial T} \right)_p$$

$$= C_{p,E} - C_{p,A} = \Delta C_p \qquad (15.27)$$

bzw.

$$d(\Delta H) = \Delta C_p dT \qquad (15.28)$$

und

$$\Delta H_{T_2} = \Delta H_{T_1} + \int_{T_1}^{T_2} \Delta C_p dT \qquad (15.29)$$

(*Kirchhoffscher Satz, 1858*). Hängt ΔC_p im betrachteten Temperaturbereich nur wenig von der Temperatur ab, dann gilt näherungsweise

$$\Delta H_{T_2} = \Delta H_{T_1} + \Delta C_p(T_2 - T_1) \, . \qquad (15.30)$$

Im Fall der Knallgasreaktion ist

$$C_{p,\text{Endprodukte}} = C_{p,H_2O} = n_{H_2O} C_{p,H_2O} \qquad (15.31)$$

$$C_{p,\text{Ausgangsstoffe}} = C_{p,H_2+O_2} = n_{H_2} C_{p,H_2} + n_{O_2} C_{p,O_2} \, .$$

Damit wird

$$\Delta C_p = n_{H_2O} C_{p,H_2O} - n_{H_2} C_{p,H_2} - n_{O_2} C_{p,O_2}$$
$$= n_{O_2}(2 C_{p,H_2O} - 2 C_{p,H_2} - C_{p,O_2}) \, . \qquad (15.32)$$

In dem betrachteten Temperaturbereich gilt

$C_p/(\text{J mol}^{-1}\,\text{K}^{-1})$

	bei 298,15 K	bei 350 K	Mittelwert
H_2O (flüssig)	75,3	75,6	75,5
H_2	28,8	29,0	28,9
O_2	29,4	29,7	29,6

Setzen wir die Mittelwerte von C_p ein, dann wird

$$\Delta C_p = n_{O_2}(2 \cdot 75,5 - 2 \cdot 28,9 - 29,6) \, \text{J (mol K)}^{-1}$$
$$= n_{O_2} \cdot 63,6 \, \text{J (mol K)}^{-1} \, ,$$

und es ergibt sich

$$\Delta H_{350} = \Delta H_{298} + \Delta C_p \Delta T = -571,8 \, \text{kJ mol}^{-1}$$
$$+ 3,2 \, \text{kJ mol}^{-1} = -568,6 \, \text{kJ mol}^{-1} \, .$$

Bei der um $(350\,\text{K} - 298\,\text{K}) = 52$ K höheren Temperatur

ist ΔH also um 0,6% größer. Bei Reaktionen mit $\Delta C_p = 0$ ist ΔH unabhängig von der Temperatur, bei Reaktionen mit $\Delta C_p < 0$ muß ΔH mit wachsender Temperatur kleiner werden. Unsere Näherung in (15.23) und (15.30) gilt nur, wenn ΔC_V bzw. ΔC_p im Temperaturbereich zwischen T_1 und T_2 praktisch nicht von der Temperatur abhängt. Bei großen Temperaturdifferenzen ist dies sicherlich nicht mehr der Fall. Man kann dann in praktischen Fällen so vorgehen, daß man die Wärmekapazität in dem betrachteten Temperaturbereich durch eine Reihenentwicklung annähert:

$$C_p = a + bT + cT^2 \, . \qquad (15.33)$$

Dann ist

$$\Delta H_{T_2} = \Delta H_{T_1} + \int_{T_1}^{T_2} (\Delta a + \Delta b T + \Delta c T^2)\,dT$$
$$= \Delta H_{T_1} + \Delta a(T_2 - T_1) + \tfrac{1}{2}\Delta b(T_2^2 - T_1^2)$$
$$+ \tfrac{1}{3}\Delta c(T_2^3 - T_1^3) \, , \qquad (15.34)$$

wenn wir $\Delta a = \sum n_E a_E - \sum n_A a_A$ (Δb, Δc entsprechend) setzen. In Abb. 15.6 ist C_p für eine Anzahl von Stoffen in Abhängigkeit von der Temperatur dargestellt, und in Tabelle 15.1 sind die Koeffizienten der zugehörigen Reihenentwicklung aufgeführt. Findet im betrachteten Temperaturbereich eine Phasenumwandlung statt, so muß dem entsprechenden Enthalpieanteil ebenfalls Rechnung getragen werden (s. Aufgabe 15.2).

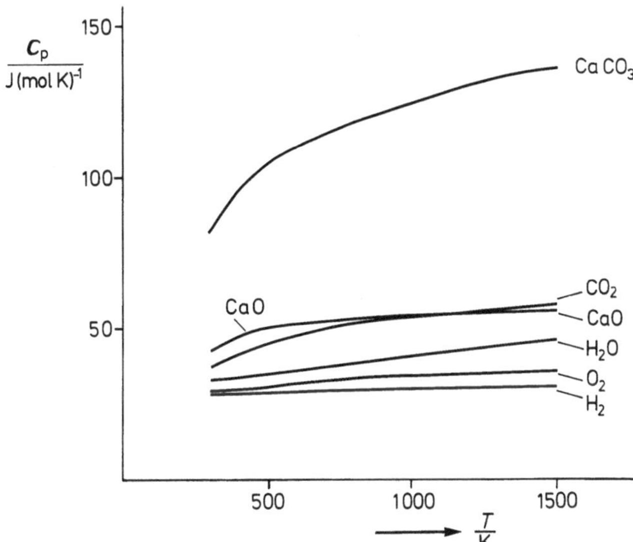

Abb. 15.6. C_p einiger Stoffe in Abhängigkeit von der Temperatur [15.1]

Tabelle 15.1. Koeffizienten a, b und c in der Reihenentwicklung (15.33) für die Wärmekapazität C_p einiger Stoffe bei Atmosphärendruck [15.2]. Die Zahlenwerte gelten im Bereich zwischen 298 K und 1500 K [bei H_2O (flüssig) 298 – 373 K]

	a	b	c
	$J\,(mol\,K)^{-1}$	$J\,(mol\,K^2)^{-1}$	$J\,(mol\,K^3)^{-1}$
H_2	29,04	$-0,0008$	$0,197 \cdot 10^{-5}$
O_2	25,61	$0,0132$	$-0,397 \cdot 10^{-5}$
N_2	27,20	$0,00535$	$-0,0121 \cdot 10^{-5}$
NH_3	24,15	$0,0392$	$-0,738 \cdot 10^{-5}$
CO_2	26,47	$0,0425$	$-1,440 \cdot 10^{-5}$
HJ	27,91	$0,00314$	$0,119 \cdot 10^{-5}$
J_2 (gasförmig)	36,39	$0,00233$	$-0,077 \cdot 10^{-5}$
J	20,87	$-0,00033$	$0,025 \cdot 10^{-5}$
H_2O (gasförmig)	30,15	$0,0100$	$0,091 \cdot 10^{-5}$
H_2O (flüssig)	90,00	$-0,0957$	$15,56 \cdot 10^{-5}$
CaO	36,58	$0,0296$	$-1,128 \cdot 10^{-5}$
$CaCO_3$	60,38	$0,0991$	$-3,305 \cdot 10^{-5}$

15.4 Bildungsenthalpie ΔH^0_{298} unter Standardbedingungen

Im Abschn. 15.1 haben wir gezeigt, daß man ΔU für eine betrachtete Reaktion über beliebige Umwege ermitteln kann; entsprechendes gilt für ΔH. Diesen Umstand nutzt man aus, um das experimentelle Tatsachenmaterial für Anwendungen leicht verfügbar zu haben. Man geht so vor, daß man auf entsprechenden Umwegen aus gemessenen Enthalpieänderungen die Enthalpieänderung für die Bildung eines Stoffes aus den Elementen bei konstanter Temperatur und konstantem Druck berechnet. Im einzelnen denkt man sich die Reaktion so ausgeführt, daß die Reaktanden vor und nach der Reaktion in getrennten Behältern und unter dem Standardatmosphärendruck (= 1,013 bar) vorliegen; meist werden die Werte für die Temperatur $T = 298,15\,K$ (dies entspricht $25\,°C$) tabelliert. In Abb. 15.7 ist das Verfahren am Beispiel der Bildung von H_2O dargestellt. Die so gewonnenen Enthalpieänderungen nennt man Standardbildungsenthalpien $\Delta H^0_{B,298}$; die hochgestellte Null bedeutet „unter Standarddruck 1,013 bar, Ausgangsstoffe und Endprodukte getrennt", B bedeutet „Bildung aus den Elementen" und die tiefgestellte Zahl 298 bedeutet „bei konstanter Temperatur $T = 298,15\,K$". Entsprechend der Definition von $\Delta H^0_{B,298}$ ist die Bildungsenthalpie der Elemente gleich Null. In Anhang Q (Tabelle Q.1) sind die molaren Bildungsenthalpien $\Delta H^0_{B,298}$ für eine Anzahl von Stoffen aufgeführt.

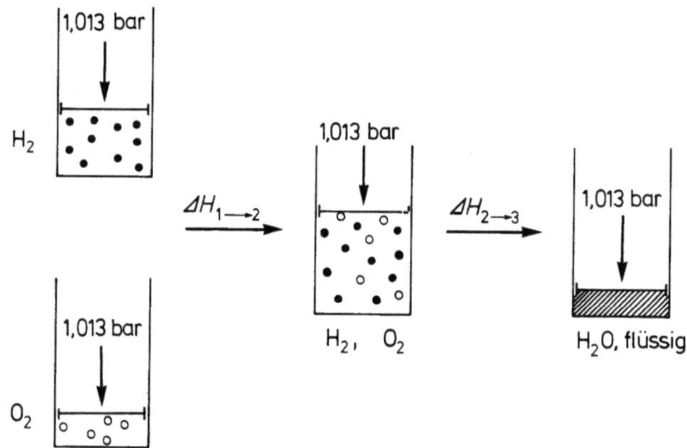

Abb. 15.7. Bildung von H_2O aus den getrennten Elementen H_2 und O_2 bei $p = 1,013$ bar und $T = 298$ K; die getrennt vorliegenden Elemente werden zunächst gemischt und dann zur Reaktion gebracht

Mit Hilfe einer solchen Tabelle lassen sich die Enthalpieänderungen für beliebige chemische Reaktionen angeben. Beispielsweise erhalten wir für die Reaktion

$$CO + \tfrac{1}{2}O_2 \rightarrow CO_2 \tag{15.35}$$

$$\Delta H^0_{298} = \frac{\Delta H^0_{298}}{n_{CO_2}} = \Delta H^0_{B,298}(CO_2) - \Delta H^0_{B,298}(CO)$$
$$- \tfrac{1}{2}\Delta H^0_{B,298}(O_2) = -283,0\ \text{kJ mol}^{-1}\quad,$$

wenn vor der Reaktion CO und O_2 in getrennten Behältern und unter dem Druck 1,013 bar vorliegen. Solange wir diese Gase als ideal ansehen können, macht es keinen Unterschied, ob wir die Reaktanden als getrennt oder gemischt vorliegen haben, weil ΔU bei der Mischung zweier idealer Gase Null ist (die Moleküle sollen ja keine Anziehungskräfte aufeinander ausüben). Auch bei Reaktanden, die in kondensierter Form vorliegen und sich nicht vermischen, spielt es keine Rolle, ob sie sich in getrennten Behältern oder in einem gemeinsamen Behälter befinden. Dies ist beispielsweise bei der Verbrennungsreaktion von Rohrzucker (fest) zu Wasser (flüssig) und CO_2 (gasförmig) der Fall:

$$C_{12}H_{22}O_{11} + 12\,O_2 \rightarrow 11\,H_2O + 12\,CO_2 \tag{15.36}$$

$$\Delta H^0_{298} = \frac{\Delta H^0_{298}}{n_{Zucker}} = 11\,\Delta H^0_{B,298}(H_2O) + 12\,\Delta H^0_{B,298}(CO_2)$$
$$- \Delta H^0_{B,298}(C_{12}H_{22}O_{11}) - 12\,\Delta H^0_{B,298}(O_2)$$
$$= -5646\ \text{kJ mol}^{-1}.$$

Bei nichtidealen Gasen und bei Lösungen können jedoch beträchtliche Unterschiede auftreten. So ist nach Tabelle Q.1 die molare Bildungsenthalpie für C_2H_5OH gleich $-277{,}6\ \text{kJ mol}^{-1}$; für eine Mischung von C_2H_5OH in H_2O (Grenzfall einer ideal verdünnten Lösung von C_2H_5OH in H_2O) finden wir dagegen (durch das Symbol aq. gekennzeichnet) $-278{,}7\ \text{kJ mol}^{-1}$; die Enthalpieänderung bei der Auflösung von Alkohol in Wasser beträgt also $-1{,}1\ \text{kJ mol}^{-1}$ (beim Mischen wird Wärme frei). Die Enthalpieänderung beim Auflösen von Natriumsulfat ($Na_2SO_4 \cdot 10\,H_2O$) in Wasser beträgt $+78{,}5\ \text{kJ mol}^{-1}$; in diesem Fall wird beim Mischen Wärme verbraucht, die Lösung kühlt sich also ab.

Für die Berechnung der Temperaturabhängigkeit von Reaktionsenthalpien benötigt man Werte für die Wärmekapazität der Reaktanden; solche Werte, die unter Standardbedingungen gemessen wurden, sind in Tabelle Q.1 aufgeführt (C^0_p). Wie wir im folgenden noch sehen werden, spielt auch die Entropieänderung ΔS bei der Beurteilung chemischer Reaktionen eine wichtige Rolle. Daher sind in Tabelle Q.1 zusätzlich noch die molaren Entropien S^0_{298} unter Standardbedingungen und bei 298 K angegeben.

An dieser Stelle sei darauf hingewiesen, daß bei einer chemischen Reaktion der Begriff der molaren Enthalpieänderung zunächst nicht eindeutig definiert ist, da die einzelnen Reaktionsteilnehmer an der Reaktion mit unterschiedlichen Stoffmengen beteiligt sind. Man bezieht nun definitionsgemäß ΔH auf die umgesetzte Stoffmenge n desjenigen Reaktionsteilnehmers, der den stöchiometrischen Faktor 1 besitzt.

Im Beispiel der Knallgasreaktion

$$2H_2 + O_2 \rightarrow 2H_2O \tag{15.37}$$

ist dann

$$n = \tfrac{1}{2}n_{H_2} = n_{O_2} = \tfrac{1}{2}n_{H_2O}\,. \tag{15.38}$$

Dies stimmt mit unserem früheren Vorgehen überein.

Würden wir die Knallgasreaktion statt durch (15.37) durch die Gleichung

$$H_2 + \tfrac{1}{2}O_2 \rightarrow H_2O \tag{15.39}$$

beschreiben, dann wäre $n = n_{H_2} = 2n_{O_2} = n_{H_2O}$ zu setzen; in diesem Fall wird ΔH nur halb so groß wie im ersten Fall. Wir sehen also, daß ΔH (und entsprechend ΔU,

ΔC_p usw.) davon abhängt, in welcher Form die Reaktionsgleichung geschrieben wird. Eine Angabe von ΔH ist also nur dann eindeutig, wenn auch die zugehörige Reaktionsgleichung explizit angegeben wird.

Bei einer chemischen Reaktion

$$\alpha A + \beta B + \ldots \rightarrow \alpha' A' + \beta' B' + \ldots \tag{15.40}$$

gilt also

$$\Delta H = \frac{\Delta \mathcal{H}}{n}, \tag{15.41}$$

wobei n durch die Beziehung

$$n = \frac{1}{\alpha}n_A = \frac{1}{\beta}n_B = \ldots = \frac{1}{\alpha'}n_{A'} = \frac{1}{\beta'}n_{B'} = \ldots \tag{15.42}$$

festgelegt ist.

Zum Schluß wollen wir noch kurz auf die Verdampfungsreaktion

$$\text{Flüssigkeit} \rightarrow \text{Dampf}$$

eingehen, weil in diesem Fall begriffliche Schwierigkeiten bei der Anwendung der Werte in Tabelle Q.1 auftreten können. Beispielsweise liegt Wasser unter dem Standarddruck von 1,013 bar und der Temperatur 298 K flüssig vor, und es erscheint zunächst unsinnig, die Bildungsenthalpie des Dampfes unter diesen Bedingungen anzugeben. Tatsächlich möchte man mit dieser Angabe auch keinen realen Zustand des Wassers, sondern einen fiktiven Zustand beschreiben, der in einem Gedankenexperiment aus einem realen Zustand erhalten wird (Abb. 15.8). Man geht von flüssigem Wasser aus, das unter dem Standarddruck von 1,013 bar steht, erniedrigt den Druck bis auf den Dampfdruck p_D bei 298 K (dabei dehnt sich das Wasser etwas aus) und läßt die Flüssigkeit

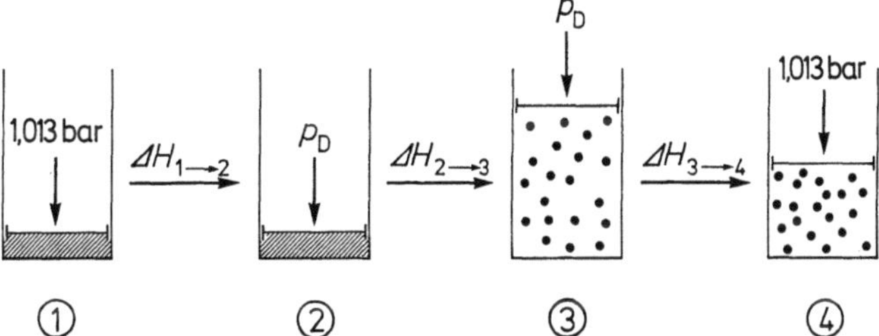

Abb. 15.8. Verdampfungsenthalpie von Wasser unter Standardbedingungen

unter diesem Druck verdampfen. Nun denkt man sich den Dampf soweit komprimiert (ohne daß Kondensation eintritt, „übersättigter" Dampf), bis der Dampf unter dem Standarddruck von 1,013 bar steht. Die Enthalpieänderung $\Delta H_{1\to 4}$ bei diesem Vorgang ist

$$\Delta H_{1\to 4} = \Delta H_{1\to 2} + \Delta H_{2\to 3} + \Delta H_{3\to 4}. \qquad (15.43)$$

Solange wir den Dampf als ideales Gas betrachten können, ist nach Aufgabe 15.1 $\Delta H_{3\to 4} = 0$; sehen wir die Flüssigkeit als inkompressibel an, dann ist $\Delta H_{1\to 2} = 0$ und es wird

$$\Delta H^0_{\text{Verd}} = \Delta H_{1\to 4} = \Delta H_{2\to 3}. \qquad (15.44)$$

Die Verdampfungsenthalpie von Wasser unter Standardbedingungen ist daher näherungsweise gleich der Verdampfungsenthalpie bei dem Gleichgewichtsdruck und derselben Temperatur.

Die begrifflichen Schwierigkeiten, die wir hier am Beispiel des Verdampfungsvorganges diskutiert haben, hängen damit zusammen, daß die Umwandlung flüssig $\to$ dampfförmig spontan erfolgt, sobald Druck oder Temperatur des Systems in geeigneter Weise verändert werden. Der Übergang vom flüssigen Wasser zum Wasserdampf erfolgt in dem Moment, in dem der von außen ausgeübte Druck nur wenig kleiner wird als der Dampfdruck des Wassers bei der betrachteten Temperatur. Wir können also nicht beliebig Druck und Temperatur ändern, wenn wir das Wasser als Flüssigkeit oder als Dampf untersuchen wollen.

Zur Berechnung der Temperaturabhängigkeit der Verdampfungsenthalpie dürfen wir aus diesen Gründen nicht einfach die Beziehung (15.27) anwenden, weil dort p = const. vorausgesetzt wurde, bei der Erwärmung einer Flüssigkeit aber gleichzeitig der Dampfdruck ansteigt. Wir können uns aber vorstellen, daß wir die Verdampfung zunächst unter dem Standarddruck ablaufen lassen. Dann gilt nach (15.27)

$$\Delta H^0_{\text{Verd}, T+dT} = \Delta H^0_{\text{Verd}, T} + \Delta C^0_p \, dT. \qquad (15.45)$$

Nach (15.44) ist die Verdampfungsenthalpie ΔH^0_{Verd} unter Standardbedingungen näherungsweise gleich der tatsächlichen Verdampfungsenthalpie ΔH_{Verd}, so daß auch die Temperaturabhängigkeit praktisch die gleiche sein muß:

$$\Delta H_{\text{Verd}, T+dT} = \Delta H_{\text{Verd}, T} + \Delta C^0_p \, dT. \qquad (15.46)$$

15.5 Anwendungen

15.5.1 Temperatur von Flammen

Bisher haben wir chemische Reaktionen betrachtet, die bei konstanter Temperatur ablaufen; die Reaktionswärme wird dabei vollständig an das Temperaturbad abgegeben. Sorgen wir dafür, daß die erzeugte Wärme nicht nach außen abgegeben wird, dann muß die Temperatur des Reaktionsgemisches ansteigen. Diese Tatsache kann man dazu benutzen, um auf chemischem Wege hohe Temperaturen zu erzeugen. Beispielsweise läuft in einem Gebläsebrenner, der mit H_2 und Luft gespeist wird (Abb. 15.9) die Reaktion

$$2H_2 + O_2 \to 2H_2O \;(\text{Dampf}) \qquad (15.47)$$

ab. Wir wollen annehmen, daß die Verbrennung praktisch adiabatisch abläuft, daß also die Reaktionswärme ausschließlich zur Aufheizung der Flammengase verwendet wird. Nun liegen in unserem Fall zwar die Ausgangsstoffe bei 298 K vor, die Endprodukte aber bei der Temperatur der Flammengase (T_{Fl}). Wir können uns jedoch vorstellen, daß wir den Verbrennungsvorgang in 2 Schritten ablaufen lassen: zunächst denken wir uns die Ausgangsstoffe auf T_{Fl} erwärmt (Kontakt mit einem Temperaturbad dieser Temperatur, dem Temperaturbad wird Wärme entzogen); anschließend lassen wir die Reaktion bei dieser Temperatur ablaufen. Die dabei erzeugte Wärme wird dem Temperaturbad wieder zugeführt. Da der interessierende Vorgang adiabatisch ablaufen soll, muß

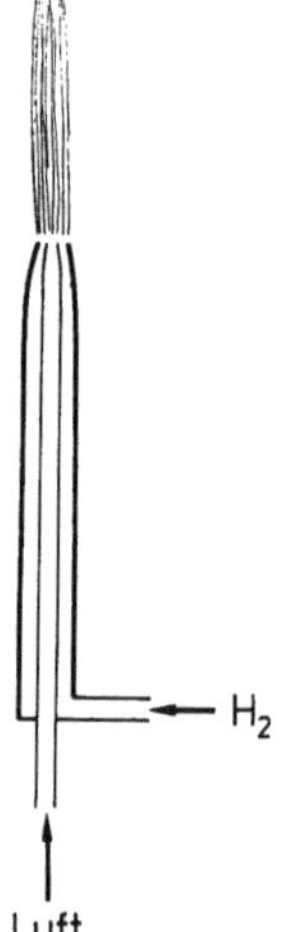

Abb. 15.9. Funktionsweise eines Gebläsebrenners

$$\int_{298\,\mathrm{K}}^{T_{\mathrm{Fl}}} C_{\mathrm{p,A}}\,dT + \Delta H^0_{T_{\mathrm{Fl}}} = 0 \qquad (15.48)$$

($C_{\mathrm{p,A}}$: Wärmekapazität der Ausgangsstoffe)

sein. Zu den Ausgangsstoffen zählen der Wasserstoff, der Sauerstoff sowie der Stickstoff aus der Luft. Für 2 mol H_2 wird 1 mol O_2 benötigt; da Luft zu 80% aus N_2 besteht, müssen also noch 4 mol N_2 erwärmt werden. Es ist also

$$C^0_{\mathrm{p,A}} = C^0_{\mathrm{p,H_2}} + C^0_{\mathrm{p,O_2}} + C^0_{\mathrm{p,N_2}} . \qquad (15.49)$$

Vernachlässigen wir die Temperaturabhängigkeit von ΔH^0 und C^0_{p}, dann folgt aus (15.48)

$$\Delta T = \frac{-\Delta H^0_{298}}{C^0_{\mathrm{p,A,298}}} . \qquad (15.50)$$

Nach Tabelle Q.1 ist für die Bildung von 2 mol gasförmigen Wassers $\Delta H^0_{298} = -2 \cdot 241{,}8$ kJ, und es ist weiter

$$C^0_{\mathrm{p,A,298}} = (2 \cdot 28{,}8 + 29{,}4 + 4 \cdot 29{,}1)\ \mathrm{J\,K^{-1}}$$
$$= 203{,}4\ \mathrm{J\,K^{-1}} .$$

Damit erhalten wir

$$\Delta T = \frac{483{,}6 \cdot 10^3\ \mathrm{J}}{203{,}4\ \mathrm{J\,K^{-1}}} = 2380\ \mathrm{K} \qquad (15.51)$$

und für die Flammentemperatur $T_{\mathrm{Fl}} = (2380 + 298)$ K = 2678 K.

Bei einer genaueren Betrachtung müssen wir die Temperaturabhängigkeit von ΔH^0 und C^0_{p} berücksichtigen. Dazu drücken wir $\Delta H^0_{T_{\mathrm{Fl}}}$ gemäß (15.29) durch

$$\Delta H^0_{T_{\mathrm{Fl}}} = \Delta H^0_{298} + \int_{298\,\mathrm{K}}^{T_{\mathrm{Fl}}} (C^0_{\mathrm{p,H_2O}} - C^0_{\mathrm{p,H_2}} - C^0_{\mathrm{p,O_2}})\,dT \qquad (15.52)$$

aus. Aus (15.48), (15.49) und (15.52) folgt

$$\int_{298\,\mathrm{K}}^{T_{\mathrm{Fl}}} (C^0_{\mathrm{p,H_2O}} + C^0_{\mathrm{p,N_2}})\,dT + \Delta H^0_{298} = 0 . \qquad (15.53)$$

Approximieren wir die Wärmekapazitäten gemäß Tabelle 15.1 durch die Mittelwerte zwischen 298 K und 1500 K, dann ist

$$\int_{298\,\mathrm{K}}^{T_{\mathrm{Fl}}} (C^0_{\mathrm{p,H_2O}} + C^0_{\mathrm{p,N_2}})\,dT = (2 \cdot 40 + 4 \cdot 31)\ \mathrm{J\,K^{-1}} \cdot \Delta T,$$
$$(15.54)$$

und es wird

$$\Delta T = \frac{283{,}6 \cdot 10^3\ \mathrm{J}}{204\ \mathrm{J\,K^{-1}}} = 2360\ \mathrm{K}$$

also praktisch der gleiche Wert wie bei der einfachen Betrachtung erhalten. Tatsächlich wird ein Teil der Reaktionswärme an die Luft in der Umgebung der Flamme abgegeben; dadurch ist die erreichbare Flammentemperatur niedriger ($T \approx 2100$ K) [15.3].

15.5.2 Neutralisationsreaktion

Wir betrachten zwei getrennte wäßrige Lösungen, die H^+-Ionen und OH^--Ionen in großer Verdünnung enthalten (z. B. HCl und NaOH). Beim Mischen der Lösungen wird gemäß

$$\mathrm{HCl} + \mathrm{NaOH} \rightarrow \mathrm{H_2O} + \mathrm{NaCl}$$

Wasser gebildet (Abb. 15.10). Für die Reaktionsenthalpie findet man aus Tabelle Q.1

$$\Delta H^0_{298} = \Delta H^0_{\mathrm{B,298}}(\mathrm{H_2O}) + \Delta H^0_{\mathrm{B,298}}(\mathrm{NaCl, aq.})$$
$$- \Delta H^0_{\mathrm{B,298}}(\mathrm{HCl, aq.}) - \Delta H^0_{\mathrm{B,298}}(\mathrm{NaOH, aq.})$$
$$= (-285{,}9 - 407{,}2 + 167{,}5 + 469{,}7)\ \mathrm{kJ\,mol^{-1}}$$
$$= -55{,}9\ \mathrm{kJ\,mol^{-1}} .$$

Wir wollen versuchen, die Größe der Neutralisationsenthalpie abzuschätzen, und denken uns dazu die Lösungen gemischt, wobei noch keine Reaktion stattfinden soll (dabei ist die Enthalpieänderung Null, solange die Lösungen hochverdünnt sind, die unmittelbare Umgebung jedes Ions also unverändert bleibt). Danach sollen H^+ und OH^- miteinander zur Reaktion gelangen. Die En-

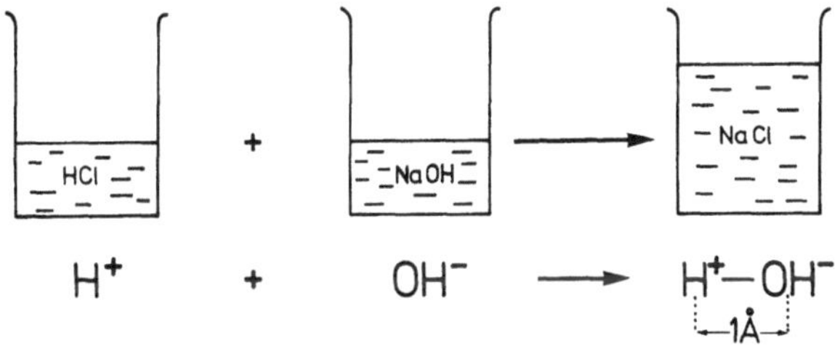

Abb. 15.10. Neutralisationsreaktion

thalpieänderung in diesem Schritt ist im wesentlichen darauf zurückzuführen, daß die H^+- und OH^--Ionen von der bei hoher Verdünnung praktisch unendlichen Entfernung in einen Abstand von nur noch etwa 1 Å im H_2O-Molekül gebracht werden müssen.

Dabei ändert sich die Coulombsche Anziehungsenergie um

$$\Delta E_{Coul} = -\frac{1}{4\pi\varepsilon_0}\,\frac{e_0^2}{\varepsilon d}\,. \qquad (15.55)$$

Darin ist e_0 die Elementarladung, ε_0 die Influenzkonstante, ε die Dielektrizitätskonstante des Mediums und d der Bindungsabstand im H_2O-Molekül.

Setzen wir $\varepsilon = 80$ und $d = 1$ Å, dann ist die Änderung der Coulombschen Energie bei der Bildung von 1 mol H_2O gleich

$$6{,}02 \cdot 10^{23} \cdot \Delta E_{Coul}$$

$$= -\frac{6{,}02 \cdot 10^{23} \cdot (1{,}60 \cdot 10^{-19}\,C)^2}{80 \cdot 4\pi\, 8{,}854 \cdot 10^{-12}\,C^2\,(J\,m)^{-1}\,10^{-10}\,m}$$

$$= -17{,}3\,kJ\,.$$

Dieser Wert liegt etwa in der Größenordnung von ΔH^0_{298}, ist aber wesentlich kleiner; das ist auch zu erwarten, da zu dem betrachteten elektrostatischen Anteil eine zusätzliche Stabilisierung durch die Verschiebung der Elektronenwolke von OH^- hinzutritt (etwa $6 \cdot 10^{23}\,mol^{-1} \cdot 0{,}5 \cdot 10^{-19}\,J = 30\,kJ\,mol^{-1}$ nach Abschn. 9.2.2).

Aufgaben

15.1 *Unterschied zwischen ΔU und ΔH*

Man gebe ΔU und ΔH für eine isotherme und eine adiabatische Expansion eines idealen Gases an.

15.2 *Temperaturabhängigkeit von ΔH*

Man berechne ΔH für die Knallgasreaktion bei $T = 350$ K und $T = 1500$ K bei 1 bar. Man beachte, daß bei 373 K das Wasser vom flüssigen in den gasförmigen Zustand übergeht (Verdampfungsenthalpie $\Delta H = 43{,}9$ $J\,mol^{-1}$).

15.3 *Reaktionsenthalpie aus Standardbildungsenthalpien*

a) Für die Verbrennung von Diamant ist $\Delta H^0_{298} = -395{,}4\,kJ\,mol^{-1}$, für die Verbrennung von Graphit ist $\Delta H^0_{298} = -393{,}5\,kJ\,mol^{-1}$. Welche Wärmemenge muß man zuführen, um Graphit in Diamant umzuwandeln?

b) Man berechne ΔH^0_{298} für die Reaktion

$$2\,Ag + Cl_2 \rightarrow 2\,AgCl$$

aus den Werten der Standardbildungsenthalpien in Tabelle 15.2.

c) Man berechne ΔH für die Hydrierung von Benzol und von Cyclohexen aus den Standardbildungsenthalpien in Tabelle Q.1.

15.4 *Flammentemperaturen*

Man schätze die maximale Temperatur einer Wasserstoff-Sauerstoff-Flamme sowie einer Acetylen-Sauerstoff-Flamme ab.

15.5 *Verbrennungsvorgänge und Temperaturregelung im Organismus*

Der tägliche Energiebedarf eines Menschen wird durch die Aufnahme von ca. 300 g Traubenzucker gedeckt, der im Körper zu CO_2 und H_2O verbrannt wird. a) Welche Wärmemenge wird dabei erzeugt? b) Wie groß wäre der tägliche Temperaturanstieg des Menschen, wenn er von der Umgebung völlig wärmeisoliert wäre? c) Tatsächlich wird die Körpertemperatur durch Verdunsten von Wasser konstant gehalten. Welche Wassermenge ist dazu erforderlich? d) Wir denken uns den Menschen in einem Dewargefäß (Wärmedurchlässigkeit etwa $2 \cdot 10^{-5}$ J $(K\,cm^2\,s)^{-1}$). Wie tief darf die Außentemperatur absinken, damit die Körpertemperatur allein durch die Wärmeabgabe nach außen aufrechterhalten bleibt?

15.6 *Explosive Gemische*

Ein Glasrohr von 5 cm Durchmesser und 1 m Länge wird auf einer Seite verschlossen. Von der anderen Seite her wird ein leicht beweglicher Kolben aus Styropor so eingeführt, daß ein Luftvolumen von 1 l eingeschlossen wird. Sodann gibt man in den Luftraum 0,1 g Benzin, vermischt den Benzindampf mit der Luft und zündet das Gemisch durch einen Zündfunken. Man überlege sich, was passiert.

Man wiederhole die Überlegung für den Fall, daß das eingeschlossene Luftvolumen nur 0,5 l und die Benzinmenge nur 0,05 g beträgt. Die Wärmeleitung zur Wand sei zu vernachlässigen.

16. Kriterien für den Ablauf chemischer Reaktionen

Im vorigen Kapitel haben wir die Enthalpieänderungen von chemischen Reaktionen, die von selbst (evtl. nach einer Initialzündung) in eine bestimmte Richtung ablaufen, untersucht. Wir wollen uns jetzt die weitergehende Frage stellen, warum eigentlich eine Reaktion von selbst nur in einer bestimmten Richtung abläuft, warum also beispielsweise bei Zimmertemperatur und Atmosphärendruck zwar die Reaktion

$$2H_2 + O_2 \rightarrow 2H_2O \,, \tag{16.1}$$

nicht aber die umgekehrte Reaktion

$$2H_2O \rightarrow 2H_2 + O_2 \tag{16.2}$$

möglich ist. Dazu gehen wir zunächst von einer beliebigen Zustandsänderung bei konstanter Temperatur aus; das System soll also nach Ablauf der Zustandsänderung die gleiche Temperatur besitzen wie am Anfang (es hat Temperaturausgleich mit dem umgebenden Bad stattgefunden); dabei soll dem System die Wärme Q aus dem Temperaturbad zugeführt werden. Betrachten wir das Gesamtsystem aus System und Temperaturbad, dann liegt ein abgeschlossenes System vor; dafür gilt nach (13.33)

$$\boxed{\Delta S_{\text{abgeschl. System}} = \Delta S_{\text{System}} + \Delta S_{\text{Temperaturbad}} \geqslant 0} \,. \tag{16.3}$$

Da wir vorausgesetzt haben, daß die Zustandsänderung bei konstanter Temperatur erfolgen soll, ist die Wärmeübertragung auf das Temperaturbad ein reversibler Prozeß (s. Abschn. 14.3.3), und wir erhalten daher

$$\Delta S_{\text{Temperaturbad}} = -\frac{Q}{T} \,. \tag{16.4}$$

(Q ist die dem System, $-Q$ ist die dem Temperaturbad zugeführte Wärme.)

Damit erhalten wir, wenn wir die Entropieänderung im System mit ΔS bezeichnen,

$$\Delta S - \frac{Q}{T} \geqslant 0 \quad \text{für Reaktion bei } T = \text{const} \tag{16.5}$$

Beschränken wir uns weiter darauf, daß die Reaktion bei konstantem Volumen (beispielsweise in einem Bombenkalorimeter) ausgeführt wird, dann ist die dem System von außen zugeführte Arbeit gleich Null, und nach dem Energieerhaltungssatz ist

$$Q = \Delta U \,. \tag{16.6}$$

Damit erhalten wir

$$\boxed{\Delta U - T \Delta S \leqslant 0 \quad \begin{array}{l} \text{für Reaktion bei} \\ T = \text{const und } V = \text{const} \end{array}} \,. \tag{16.7}$$

Entsprechend gilt für eine Reaktion, die bei konstanter Temperatur und bei konstantem Druck ausgeführt wird,

$$Q = \Delta U - A = \Delta U + p\Delta V = \Delta H \tag{16.8}$$

und somit

$$\boxed{\Delta H - T \Delta S \leqslant 0 \quad \begin{array}{l} \text{für Reaktion bei} \\ T = \text{const und } p = \text{const} \end{array}} \,. \tag{16.9}$$

Die Beziehungen (16.7) und (16.9) stellen grundsätzliche Bedingungen dar, die erfüllt sein müssen, wenn eine chemische Reaktion in einer bestimmten Richtung ablaufen soll. Ob die Reaktion dann tatsächlich abläuft, hängt noch von speziellen Gegebenheiten ab; z. B. wird sie erst nach Initialzündung oder durch Zugabe eines geeigneten Katalysators ausgelöst, also eines Stoffes, der die Reaktion beschleunigt und am Schluß im selben Zustand vorliegt wie am Anfang.

Betrachten wir eine Reaktion, die bei konstanter Temperatur und bei konstantem Druck durchgeführt werden soll. Ist diese Reaktion exotherm, dann ist $\Delta H < 0$, es wird also Wärme an das Temperaturbad abgegeben: die Entropie des Temperaturbades nimmt zu. Ist außerdem $\Delta S > 0$, nimmt also auch die Entropie des Systems zu, dann steigt die Entropie von System + Temperaturbad an, und die Reaktion ist prinzipiell möglich, z. B. die Verbrennung von Kohle zu CO_2:

$$C + O_2 \rightarrow CO_2 \,. \tag{16.10}$$

Ist die Reaktion endotherm, dann ist $\Delta H > 0$, es wird also dem Temperaturbad Wärme entzogen: die Entropie des Temperaturbades nimmt ab. Ist außerdem $\Delta S < 0$, nimmt also auch die Entropie des Systems ab, dann muß die Entropie von System + Temperaturbad bei der Reaktion insgesamt abnehmen. Dies ist aber nach dem Entropievermehrungssatz unmöglich; eine solche Reaktion ist also ohne äußeren Eingriff prinzipiell unmöglich, z. B. die spontane Bildung von Kohle aus CO_2:

$$CO_2 \rightarrow C + O_2 . \qquad (16.11)$$

Bei Reaktionen, bei denen $\Delta H < 0$ und $\Delta S < 0$ bzw. $\Delta H > 0$ und $\Delta S > 0$ ist, kommt es darauf an, welcher der beiden Anteile überwiegt. Beispielsweise ist die Auflösung von $Na_2SO_4 \cdot 10\ H_2O$ in Wasser ein endothermer Vorgang, die Entropie des Systems nimmt jedoch so stark zu, daß $(\Delta H - T\Delta S)$ insgesamt negativ wird und die Reaktion spontan abläuft. Andererseits kann sich aus einer verdünnten wäßrigen Natriumsulfatlösung nicht von selbst kristallisiertes Natriumsulfat abscheiden, obwohl ΔH für diese Reaktion negativ ist. Die Entropie der Lösung ist viel größer als die Summe der Entropien von Wasser und kristallisiertem Natriumsulfat, so daß die Entropieabnahme im System größer als die Entropiezunahme im Temperaturbad wäre. Ein eindrucksvolles Beispiel für die Anwendung dieser Prinzipien stellt die Ammoniaksynthese

$$N_2 + 3\,H_2 \rightarrow 2\,NH_3 \qquad (16.12)$$

dar; bei dieser Reaktion haben Überlegungen, unter welchen Bedingungen die Größe $(\Delta H - T\Delta S)$ negativ ist (das Suchen nach Katalysatoren also aussichtsreich ist), zum Auffinden geeigneter Katalysatoren und zu einem wichtigen technischen Prozeß geführt.

Wir wollen diese Zusammenhänge im folgenden an Hand von Beispielen quantitativ untersuchen. Zur Diskussion von (16.9) müssen wir ΔH und ΔS für die betrachtete Reaktion kennen. Dies ist am einfachsten bei Reaktionen möglich, bei denen vor der Reaktion die Ausgangsstoffe und nach der Reaktion die Endprodukte getrennt vorliegen; in diesem Fall setzen sich H und S additiv aus den Anteilen der einzelnen Reaktanden zusammen. Untersuchen wir die Reaktion außerdem bei 1,013 bar und 298 K, dann können wir ΔH und ΔS aus den Werten in Tabelle Q.1 berechnen. So ist für die Reaktion

$$CaCO_3 \rightarrow CaO + CO_2 . \qquad (16.13)$$

(Herstellung von gebranntem Kalk, Abb. 16.1)

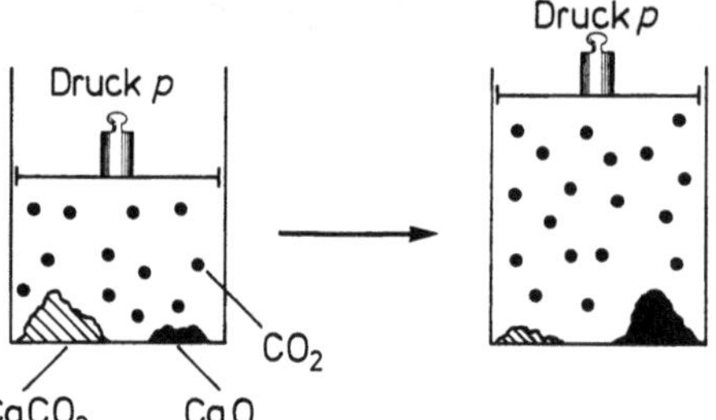

Abb. 16.1. Bildung von CO_2 und CaO aus $CaCO_3$ (Brennen von Kalk bei p = const)

$$\begin{aligned}
\Delta H^0_{298} &= \Delta H^0_{B,298}(CaO) + \Delta H^0_{B,298}(CO_2) \\
&\quad - \Delta H^0_{B,298}(CaCO_3) \\
&= (-635,1 - 393,5 + 1206)\ \text{kJ mol}^{-1} \\
&= 177,4\ \text{kJ mol}^{-1}
\end{aligned} \qquad (16.14)$$

$$\begin{aligned}
\Delta S^0_{298} &= S^0_{298}(CaO) + S^0_{298}(CO_2) - S^0_{298}(CaCO_3) \\
&= (39,7 + 213,6 - 92,9)\ \text{J (mol K)}^{-1} \\
&= 160,4\ \text{J (mol K)}^{-1} .
\end{aligned} \qquad (16.15)$$

Die Reaktion ist also endotherm, und die Entropie des Systems nimmt zu (Bildung gasförmiger Stoffe!). Wir erhalten

$$\begin{aligned}
\Delta H^0_{298} - T\Delta S^0_{298} &= (177,4 - 298 \cdot 0,160)\ \text{kJ mol}^{-1} \\
&= +129,7\ \text{kJ mol}^{-1} .
\end{aligned} \qquad (16.16)$$

Dieser Ausdruck ist positiv; die betrachtete Reaktion kann also bei 1,013 bar und 298 K nicht von allein ablaufen.

Mit steigender Temperatur sollte der Term $T\Delta S^0$ jedoch zunehmen, und wir können erwarten, daß er schließlich größer wird als ΔH^0. Erhöhen wir die Temperatur auf 1200 K, dann ist

$$\begin{aligned}
\Delta H^0_{1200} &= \Delta H^0_{298} + \int\limits_{298\,K}^{1200\,K} \Delta C^0_p\, dT \\
&= (177,4 - 11,7)\ \text{kJ mol}^{-1} \\
&= 165,7\ \text{kJ mol}^{-1} .
\end{aligned} \qquad (16.17)$$

Dabei wurden die Ausdrücke für C^0_p in Tabelle 15.1 zugrunde gelegt. Entsprechend ist analog zu (14.6)

$$\begin{aligned}
\Delta S^0_{1200} &= \Delta S^0_{298} + \int\limits_{298\,K}^{1200\,K} \frac{\Delta C^0_p}{T}\, dT \\
&= (160,4 - 15,7)\ \text{J (mol K)}^{-1} = 145\ \text{J (mol K)}^{-1}
\end{aligned}$$
$$\qquad (16.18)$$

Damit wird

$$\Delta H^0_{1200} - T\Delta S^0_{1200} = (165{,}7 - 1200 \cdot 0{,}145) \text{ kJ mol}^{-1}$$
$$= -8{,}3 \text{ kJ mol}^{-1} . \qquad (16.19)$$

Dieser Ausdruck ist negativ, die Reaktion läuft also bei 1200 K tatsächlich in der gewünschten Richtung ab.

Nun wollen wir uns noch fragen, welchen Einfluß es hat, wenn wir die Reaktion nicht unter dem Standarddruck 1,013 bar ablaufen lassen, sondern unter einem beliebigen Druck p. Dazu müssen wir die Enthalpieänderung ΔH_{1200} und die Entropieänderung ΔS_{1200} bei diesem Druck berechnen. In unserem Beispiel können wir die Festkörper $CaCO_3$ und CaO als inkompressibel ansehen, bei einer Änderung des Druckes bleiben die Enthalpien und die Entropien dieser Stoffe also gleich. Betrachten wir das entstehende CO_2 als ideales Gas, dann ändert sich seine Enthalpie nach Aufgabe 15.1 nicht, wohl aber seine Entropie; nach (14.2) gilt für den Translationsbeitrag zu S

$$S_{\text{Trans},1200} = S^0_{\text{Trans},1200} + R \ln \frac{1{,}013 \text{ bar}}{p} , \qquad (16.20)$$

wenn wir die Volumina in (14.2) nach dem Gasgesetz durch die Drücke ersetzen; da die Rotations- und Schwingungsbeiträge eines idealen Gases nicht vom Druck abhängen, erhalten wir

$$\Delta H_{1200} - T\Delta S_{1200} = \Delta H^0_{1200} - T\Delta S^0_{1200}$$
$$- RT \ln \frac{1{,}013 \text{ bar}}{p} . \qquad (16.21)$$

Ist p größer als der Standarddruck von 1,013 bar, dann wird $\Delta H_{1200} - T\Delta S_{1200}$ größer als $\Delta H^0_{1200} - T\Delta S^0_{1200}$; erhöhen wir p immer weiter, dann wächst $\Delta H_{1200} - T\Delta S_{1200}$ ebenfalls an und erreicht bei einem bestimmten Druck $p = P$ den Wert Null:

$$\Delta H_{1200} - T\Delta S_{1200} = \Delta H^0_{1200} - T\Delta S^0_{1200}$$
$$- RT \ln \frac{1{,}013 \text{ bar}}{P} = 0 . \qquad (16.22)$$

Damit wird

$$P = 1{,}013 \text{ bar} \exp\left[-(\Delta H^0_{1200} - T\Delta S^0_{1200}/(RT)\right] . \qquad (16.23)$$

Mit unseren oben berechneten Zahlenwerten erhalten wir

$$P = 1{,}013 \; e^{0{,}832} \text{ bar} = 2{,}32 \text{ bar} .$$

Unter diesem Druck (Gleichgewichtsdruck) läuft unsere Reaktion bei 1200 K gerade eben nicht mehr ab; erniedrigen wir den Druck geringfügig, dann läuft die Reaktion wieder in die gewünschte Richtung; erhöhen wir den Druck geringfügig, dann findet die Gegenreaktion statt (chemisches Gleichgewicht).

Diese Betrachtung gilt nicht nur im Fall $T = 1200$ K, sondern für beliebige Temperatur. Statt (16.22) können wir also allgemein schreiben

$$\boxed{\Delta H^0 - T\Delta S^0 = -RT \ln \frac{P}{1{,}013 \text{ bar}}} . \qquad (16.24)$$

Mit dieser Beziehung können wir den CO_2-Gleichgewichtsdruck bei der Reaktion (16.13) aus ΔH^0 und ΔS^0 für beliebige Temperaturen berechnen (Aufgabe 16.3).

Aufgaben

16.1 *Spontaner Ablauf chemischer Reaktionen*

Man überlege unter Zuhilfenahme der Tabelle Q.1, ob die Reaktionen

$$\begin{aligned}
Fe + S &\rightarrow FeS \\
2\,AgJ + Pb &\rightarrow PbJ_2 + 2\,Ag \\
2\,Al + Fe_2O_3 &\rightarrow Al_2O_3 + 2\,Fe \text{ (Thermitreaktion)} \\
C_2H_4 &\rightarrow (C_2H_4)_n \text{ (Polyäthylenbildung)}
\end{aligned}$$

bei Atmosphärendruck und 298 K spontan ablaufen können.

16.2 *Einfluß von Temperatur und Druck auf den Ablauf chemischer Reaktionen*

Man überlege sich, ob die in Aufgabe 16.1 aufgeführten Reaktionen sowie die Reaktionen

$$2\,H_2 + O_2 \rightarrow 2\,H_2O \qquad H_2 + Cl_2 \rightarrow 2\,HCl$$

bei Atmosphärendruck und $T = 1000$ K spontan ablaufen können. Man wiederhole die Übung mit einem Druck $p = 10$ bar und $T = 298$ K.

Bei welchem Druck P ist die Polyäthylenbildung aus Äthylen gerade eben noch möglich?

16.3 *Gleichgewichtsdruck*

Man berechne den Gleichgewichtsdruck des CO_2 für die Reaktion (16.13) im Temperaturbereich $298 - 2000$ K gemäß (16.24).

17. Chemisches Gleichgewicht

17.1 Massenwirkungsgesetz und Gleichgewichtskonstante

In unserer bisherigen Betrachtung chemischer Reaktionen haben wir uns vorgestellt, daß die untersuchte Reaktion isotherm und im allgemeinen irreversibel abläuft, und wir haben dafür die Bedingungen

$$\Delta U - T\Delta S \leqslant 0 \ (T = \text{const}, \ V = \text{const}) \tag{16.7}$$

$$\Delta H - T\Delta S \leqslant 0 \ (T = \text{const}, \ p = \text{const}) \tag{16.9}$$

erhalten. Wir können aber genau so gut versuchen, die Reaktion auf einem isotherm reversiblen Umweg durchzuführen. Die bei diesem Umweg zugeführte reversible Arbeit A_{rev} muß kleiner sein als die auf irreversible Weise zugeführte Arbeit A. Bei isotherm reversibler Führung der Reaktion gilt

$$\Delta U = Q_{\text{rev}} + A_{\text{rev}} = T\Delta S + A_{\text{rev}}. \tag{17.1}$$

Somit ist

$$A_{\text{rev}} = \Delta U - T\Delta S \tag{17.2}$$

und bei einer Reaktion bei konstantem Druck wegen

$$\Delta H = \Delta U + p\Delta V = T\Delta S + A_{\text{rev}} + p\Delta V \tag{17.3}$$

$$A_{\text{rev}} + p\Delta V = \Delta H - T\Delta S. \tag{17.4}$$

Die Bedingungen (16.7) und (16.9) können wir deshalb auch in der Form

$$\boxed{\begin{array}{ll} A_{\text{rev}} \leqslant 0 & \text{für Reaktion bei} \\ & T = \text{const und } V = \text{const} \end{array}} \tag{17.5}$$

$$\boxed{\begin{array}{ll} A_{\text{rev}} + p\Delta V \leqslant 0 & \text{für Reaktion bei} \\ & T = \text{const und } p = \text{const} \end{array}} \tag{17.6}$$

angeben. Die Beziehungen sind wegen $A_{\text{rev}} < A$ sofort einsichtig, da bei einer Reaktion bei konstantem Volumen $A = 0$ ist und bei einer Reaktion bei konstantem Druck $A = -p\Delta V$ (das System leistet gegen den äußeren Druck die Arbeit $p\Delta V$). Gleichung (17.5) besagt, daß die Reaktion nur dann spontan stattfinden kann, wenn bei derselben Zustandsänderung, auf einem isotherm reversiblen Umweg durchgeführt, nach außen Arbeit geleistet wird. Im Fall von (17.6) muß diese Arbeit mindestens so groß sein, daß sie dazu reicht, daß sich das System gegen den äußeren Druck ausdehnen kann.

17.1.1 Reversible Arbeit bei chemischen Reaktionen mit einer gasförmigen Komponente

Wir fragen uns jetzt, wie wir die Arbeit A_{rev} bei reversibler Führung der Reaktion berechnen können. Dazu betrachten wir noch einmal als Beispiel die Reaktion

$$CaCO_3 \rightarrow CaO + CO_2 \tag{17.7}$$

und zwar bei $V = \text{const}$ (Abb. 17.1). Wir denken uns die Reaktanden in einem großen Behälter unter dem Druck p vorliegen. Dann lassen wir eine kleine Menge **n** an $CaCO_3$ reagieren; **n** soll so klein sein, daß sich der Druck im Behälter praktisch nicht ändert. Um zu erfahren, ob der beschriebene Prozeß spontan ablaufen kann, denken wir uns dieselbe Zustandsänderung auf einem isotherm reversiblen Umweg durchgeführt, und wir berechnen A_{rev}; dieser Umweg muß so aussehen, daß die Reaktion jederzeit durch minimale Änderung des Drucks in die eine oder in die andere Richtung gelenkt werden kann. Nach unseren obigen Überlegungen ist dies dann der Fall, wenn sich die Reaktanden in der Nähe des CO_2-Gleichgewichtsdruckes befinden. Wir gehen deshalb so

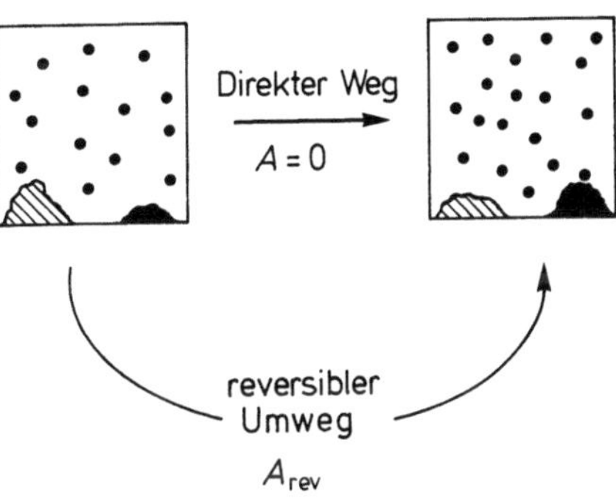

Abb. 17.1. Reaktion von wenig $CaCO_3$ (Stoffmenge **n**) zu CaO und CO_2 bei $T = \text{const}$ und $V = \text{const}$

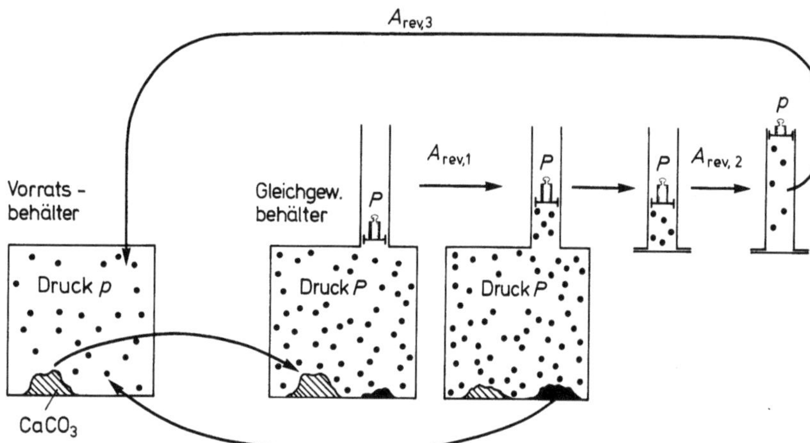

Abb. 17.2. Stoffumsatz nach Abb. 17.1 auf isotherm reversiblem Umweg über den Gleichgewichtsbehälter

vor, daß wir uns einen zweiten Behälter vorstellen, in dem sich die Reaktanden im Gleichgewicht befinden; in diesem Behälter soll sich bei Zugabe oder Wegnahme von CO_2 das Gleichgewicht (durch Vorhandensein eines geeigneten Katalysators) laufend einstellen (Gleichgewichtsbehälter), und das CO_2 liegt dann unter dem Gleichgewichtsdruck P vor (Abb. 17.2). Wir entnehmen unserem Vorratsbehälter die Stoffmenge $\mathbf{n}$ an $CaCO_3$ und bringen sie in den Gleichgewichtsbehälter; da das $CaCO_3$ in fester Form vorliegt, ist hierzu keine Arbeit zuzuführen. Sodann entnehmen wir dem Gleichgewichtsbehälter auf reversiblem Weg die entsprechende Menge an CO_2; dazu ist die Arbeit

$$A_{rev,1} = -P\Delta V = -\mathbf{n}RT \tag{17.8}$$

zuzuführen. Damit wir dieses Gas reversibel in unseren Vorratsbehälter überführen können, müssen wir es auf reversiblem Weg vom Druck P auf den Druck p im Vorratsbehälter bringen. Dazu ist die Arbeit

$$A_{rev,2} = \mathbf{n}RT \ln (p/P) \tag{17.9}$$

zuzuführen. Schließlich bringen wir das CO_2 unter dem Druck p unter Zuführung der Arbeit

$$A_{rev,3} = \mathbf{n}RT \tag{17.10}$$

in den Vorratsbehälter. Zum Schluß müssen wir noch die zugehörige Menge an CaO in den Vorratsbehälter überführen, was wie beim $CaCO_3$ ohne Arbeitsleistung erfolgt. Man sieht, daß alle Schritte bei minimaler Änderung der Bedingungen in umgekehrter Richtung erfolgen

würden, der ganze Vorgang also tatsächlich einen reversiblen Prozeß darstellt. Die Arbeiten $A_{rev,1}$ und $A_{rev,3}$ heben sich gegenseitig auf, so daß sich für die isotherm reversible Arbeit für den gesamten Prozeß

$$A_{rev} = \mathbf{n}RT \ln \frac{p}{P} \qquad \text{für } V = \text{const} \tag{17.11}$$

ergibt. Diesem Ausdruck entnehmen wir, daß A_{rev} für $p < P$ negativ ist (die Reaktion kann im Vorratsbehälter spontan ablaufen) und für $p > P$ positiv (spontaner Ablauf ist unmöglich, Gegenreaktion kann spontan ablaufen).

Wollen wir die Reaktion bei konstantem Druck durchführen, dann müssen wir die Reaktanden statt in einem geschlossenen Vorratsbehälter in einem Zylinder mit einem beweglichen Kolben unterbringen. Der einzige Unterschied zu der Betrachtung für $V = \text{const}$ ist der, daß beim Einfüllen des im Gleichgewichtsbehälter gebildeten CO_2 in den Zylinder (Schritt 3) der Kolben hochgehoben wird; dabei wird dem System die zusätzliche Arbeit $-\mathbf{n}RT$ zugeführt. Es ist dann also

$$A_{rev} = \mathbf{n}RT \ln \frac{p}{P} - \mathbf{n}RT \qquad \text{für } p = \text{const} . \tag{17.12}$$

In diesem Fall muß nach (17.6) die Bedingung

$$A_{rev} + p\Delta V = A_{rev} + \mathbf{n}RT = \mathbf{n}RT \ln \frac{p}{P} \leqslant 0 \tag{17.13}$$

erfüllt sein, wenn die Reaktion spontan ablaufen soll; dies ist dann der Fall, wenn $p < P$ ist.

Diese Resultate stellen im Prinzip nichts Neues gegenüber den vorangehenden Überlegungen in Kap. 16 dar, die sich auf eine Diskussion der Größe $(\Delta U - T\Delta S)$ bzw. $(\Delta H - T\Delta S)$ gründeten; es sind lediglich diese Größen durch die reversible Arbeit ausgedrückt worden. Die Betrachtung über die reversible Arbeit hat jedoch den Vorteil, daß wir sofort anschaulich sehen können, worauf es ankommt, wenn die betrachtete Reaktion spontan ablaufen soll. Der wesentliche Schritt ist in unserem Fall die reversible isotherme Expansion des CO_2 vom Gleichgewichtsdruck P auf den vorgegebenen Druck p.

17.1.2 Reversible Arbeit bei chemischer Gasreaktion und Gleichgewichtskonstante

Als zweites Beispiel betrachten wir die Chlorknallgasreaktion

$$H_2 + Cl_2 \rightarrow 2\,HCl\,. \tag{17.14}$$

Wir gehen davon aus, daß in einem Behälter H_2, Cl_2 und HCl unter den Drücken p_{H_2}, p_{Cl_2} und p_{HCl} vorliegen (Abb. 17.3). Wir denken uns eine kleine Menge Wasserstoff mit Chlor zu Chlorwasserstoff umgesetzt. Um zu untersuchen, ob der Prozeß spontan stattfinden kann, führen wir dieselbe Zustandsänderung auf einem isotherm reversiblen Umweg durch. Wir denken uns einen Gleichgewichtsbehälter, in dem sich H_2, Cl_2 und HCl bei derselben Temperatur unter den Gleichgewichtsdrücken

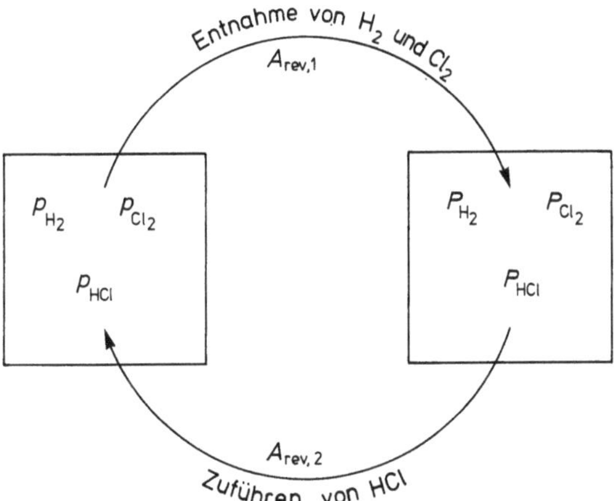

Abb. 17.3. Reversible Durchführung der Chlorknallgasreaktion bei konstanter Temperatur und konstantem Volumen, Reaktionsteilnehmer gemischt (Gesamtdruck im Vorratsbehälter $p = p_{H_2} + p_{Cl_2} + p_{HCl}$)

P_{H_2}, P_{Cl_2} und P_{HCl} befinden. Wir müssen jetzt auf reversible Weise die kleine Menge H_2 und die entsprechende Menge Cl_2 dem Vorratsbehälter entnehmen und in den Gleichgewichtsbehälter bringen; in gleicher Weise entnehmen wir das im Gleichgewichtsbehälter gebildete HCl und bringen es in den Vorratsbehälter. Um das Entscheidende zu sehen, denken wir uns die Gase in dem Vorratsbehälter unter dem Druck $p_{H_2} = p_{Cl_2} = p_{HCl} = 1$ bar vorliegen. Da H_2 und Cl_2 bei Zugabe eines geeigneten Katalysators fast vollständig zu HCl reagieren, das Gleichgewicht also ganz auf der Seite des HCl liegt, müssen im Gleichgewichtsbehälter die Drücke von H_2 und Cl_2 winzig klein sein, wenn p_{HCl} ebenfalls 1 bar beträgt. Wir müssen dann H_2 und Cl_2 sehr stark expandieren, um auf die Gleichgewichtsdrücke P_{H_2} und P_{Cl_2} zu kommen, dabei wird also sehr viel Arbeit nach außen abgegeben. Andererseits entsteht HCl bei 1 bar, so daß zur Überführung in den Vorratsbehälter keine zusätzliche Arbeit nötig ist. A_{rev} ist also stark negativ. Somit müßte die Reaktion im Vorratsbehälter bei Zugabe eines Katalysators spontan ablaufen.

Für beliebige Ausgangsdrücke p_{H_2}, p_{Cl_2}, p_{HCl} gilt bei Umwandlung von H_2 (Stoffmenge **n**) und Cl_2 (Stoffmenge **n**) in HCl (Stoffmenge **2n**)

$$A_{\mathrm{rev}} = \mathbf{n}RT \ln \frac{P_{H_2}}{p_{H_2}} + \mathbf{n}RT \ln \frac{P_{Cl_2}}{p_{Cl_2}} + 2\,\mathbf{n}RT \ln \frac{p_{HCl}}{P_{HCl}}\,. \tag{17.15}$$

Die drei Summanden stellen die Arbeiten dar, um H_2 von p_{H_2} auf P_{H_2}, Cl_2 von p_{Cl_2} auf P_{Cl_2}, HCl von P_{HCl} auf p_{HCl} zu bringen. Die Arbeiten, die den Schritten 1 und 3 in Abb. 17.2 entsprechen, kompensieren sich wie dort. Es ist hier aber zu beachten, daß beispielsweise bei der Entnahme von H_2 nicht auch Cl_2 und HCl abgezapft werden. Die Schwierigkeit umgehen wir, indem wir uns am Entnahmezylinder ein Filter denken, das nur H_2-Moleküle durchläßt (semipermeable Membran; z.B. läßt ein dünnes Palladiumblech Wasserstoff gut durch, nicht aber andere Gase, Abb. 17.4). Entsprechendes gilt für die Entnahme und die Zufuhr der übrigen Gase. Hier müßte es im Prinzip ebenfalls möglich sein, die Gase auf Grund ihrer individuellen Eigenschaften durch eine Membran zu trennen. Dies läßt sich zwar im allgemeinen praktisch nicht realisieren; in unseren Überlegungen, die typisch für ein Gedankenexperiment sind, ist jedoch lediglich die prinzipielle Realisierbarkeit jedes Schrittes möglich, die praktische Realisation aber unwichtig. Gedankenexperimente spielen in der physikalischen Chemie

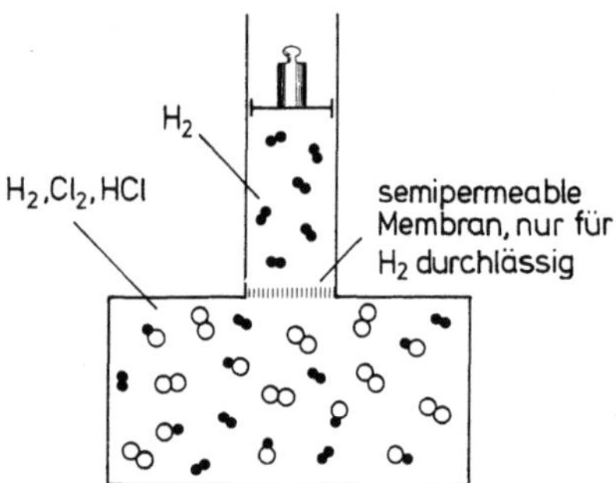

Abb. 17.4. Entnahme von H$_2$ durch eine semipermeable Membran (z. B. ein Palladiumblech)

eine außerordentliche Rolle, und es ist daher wichtig, sich an einem solchen Beispiel das Wesentliche daran klar zu machen.

Gleichung (17.15) kann in der Form geschrieben werden:

$$A_{\mathrm{rev}} = \mathbf{n}RT \ln \frac{P_{\mathrm{H}_2}P_{\mathrm{Cl}_2}p_{\mathrm{HCl}}^2}{P_{\mathrm{HCl}}^2 p_{\mathrm{H}_2}p_{\mathrm{Cl}_2}} = \mathbf{n}RT \ln \left(\frac{1}{K_{\mathrm{p}}} \, \frac{p_{\mathrm{HCl}}^2}{p_{\mathrm{H}_2}p_{\mathrm{Cl}_2}} \right). \tag{17.16}$$

Darin ist

$$K_{\mathrm{p}} = \frac{P_{\mathrm{HCl}}^2}{P_{\mathrm{H}_2}P_{\mathrm{Cl}_2}}. \tag{17.17}$$

Der Index p an der Größe K_{p} soll andeuten, daß das Gleichgewicht durch die Drücke der Reaktionspartner beschrieben wird. Man kann nun drei Fälle unterscheiden. Die Größe $p_{\mathrm{HCl}}^2/(p_{\mathrm{H}_2}p_{\mathrm{Cl}_2})$ kann entweder kleiner, gleich bzw. größer als K_{p} sein. Es ist dann nach (17.16) A_{rev} kleiner, gleich bzw. größer als Null. Im ersten Fall

$$\frac{p_{\mathrm{HCl}}^2}{p_{\mathrm{H}_2}p_{\mathrm{Cl}_2}} < K_{\mathrm{p}}, \quad \text{also } A_{\mathrm{rev}} < 0 \tag{17.18}$$

kann die Reaktion von H$_2$ mit Cl$_2$ zu HCl im betrachteten Vorratsbehälter spontan stattfinden. Im letzten Fall

$$\frac{p_{\mathrm{HCl}}^2}{p_{\mathrm{H}_2}p_{\mathrm{Cl}_2}} > K_{\mathrm{p}}, \quad \text{also } A_{\mathrm{rev}} > 0 \tag{17.19}$$

ist eine spontane Reaktion nicht möglich, die Gegenreaktion kann spontan stattfinden. Im zweiten Fall

$$\frac{p_{\mathrm{HCl}}^2}{p_{\mathrm{H}_2}p_{\mathrm{Cl}_2}} = K_{\mathrm{p}} \tag{17.20}$$

herrscht im Vorratsbehälter Gleichgewicht. Es folgt aus (17.20), daß das chemische Gleichgewicht auf sehr verschiedene Weise zu verwirklichen ist. Stets wenn $p_{\mathrm{HCl}}^2/(p_{\mathrm{H}_2}p_{\mathrm{Cl}_2}) = K_{\mathrm{p}}$ ist, herrscht im Vorratsbehälter Gleichgewicht, wie auch p_{H_2}, p_{Cl_2} und p_{HCl} im einzelnen gewählt werden (Massenwirkungsgesetz). Man nennt daher K_{p} die *Gleichgewichtskonstante*.

Diese Überlegungen können wir leicht auf beliebige Reaktionen übertragen, bei denen alle Reaktanden gasförmig vorliegen. Betrachten wir das allgemeine Schema

$$\alpha A + \beta B + \ldots \rightarrow \alpha' A' + \beta' B' + \ldots, \tag{17.21}$$

dann ist für eine Reaktion bei $V = \mathrm{const}$

$$A_{\mathrm{rev}} = \mathbf{n}RT \ln \left(\frac{1}{K_{\mathrm{p}}} \, \frac{p_{A'}^{\alpha'}p_{B'}^{\beta'}\cdots}{p_A^{\alpha}p_B^{\beta}\cdots} \right) \tag{17.22}$$

mit

$$K_{\mathrm{p}} = \frac{P_{A'}^{\alpha'} P_{B'}^{\beta'}\cdots}{P_A^{\alpha} P_B^{\beta}\cdots} \tag{17.23}$$

und [siehe (15.42)]

$$\mathbf{n} = \frac{1}{\alpha}\mathbf{n}_A = \frac{1}{\beta}\mathbf{n}_B = \ldots = \frac{1}{\alpha'}\mathbf{n}_{A'} = \frac{1}{\beta'}\mathbf{n}_{B'} = \ldots. \tag{17.24}$$

Bei Reaktionen, bei denen ein Teil der Reaktanden kondensiert und nicht ineinander löslich vorliegt, erscheinen in dem Ausdruck für A_{rev}, wie wir am Beispiel der Carbonatreaktion bereits gesehen haben, nur die Drücke der gasförmigen Reaktanden. So gilt beispielsweise für die Reaktion

$$C_6H_6(\text{flüssig}) + \frac{15}{2}O_2 \rightarrow 6\,CO_2 + 2\,H_2O\,(\text{flüssig}) \tag{17.25}$$

$$A_{\mathrm{rev}} = \mathbf{n}RT \ln \left(\frac{1}{K_{\mathrm{p}}} \, \frac{p_{\mathrm{CO}_2}^6}{p_{\mathrm{O}_2}^{15/2}} \right) \tag{17.26}$$

mit

$$K_{\mathrm{p}} = \frac{P_{\mathrm{CO}_2}^6}{P_{\mathrm{O}_2}^{15/2}}, \tag{17.27}$$

wenn wir Benzol und Wasser als inkompressible Flüssigkeiten auffassen und die Löslichkeit der Gase in diesen Flüssigkeiten unberücksichtigt lassen (dies gilt nur, wenn p_{CO_2} genügend klein ist, so daß die Löslichkeit in Wasser vernachlässigt werden kann).

17.2 Berechnung der Gleichgewichtskonstanten aus ΔH^0 und ΔS^0

Im vorangehenden Abschnitt haben wir eine chemische Reaktion in einem großen Vorratsbehälter betrachtet und die gleiche Zustandsänderung auf isotherm reversiblem Umweg vorgenommen *(Reaktion bei konstanter Temperatur, Reaktanden gemischt)*.

Wir betrachten nun den Fall, daß zu Beginn die Reaktionsteilnehmer in getrennten Vorratsbehältern und unter den Drücken p_A, p_B..., $p_{A'}$, $p_{B'}$... vorliegen. Die Stoffe A, B, ... werden also Vorratsbehältern bei konstantem Druck entnommen und zur Reaktion gebracht; die entstehenden Stoffe A', B', ... werden bei konstantem Druck den Vorratsbehältern hinzugefügt (*Reaktion bei konstanter Temperatur und konstantem Druck, Reaktanden getrennt*, Abb. 17.5). Wir denken uns die Zustandsänderung auf einem isotherm reversiblen Weg durchgeführt, indem wir die getrennt vorliegenden Ausgangsstoffe in reversiblen Schritten in einen Gleichgewichtsbehälter bringen, die Reaktion ablaufen lassen, die Endprodukte dem Gleichgewichtsbehälter entnehmen und auf den vorgegebenen Druck bringen. Es ist dann nach den Überlegungen zu (17.13)

$$A_{\mathrm{rev}} = \mathbf{n}RT \ln \left(\frac{1}{K_p} \frac{p_{A'}^{\alpha'} p_{B'}^{\beta'} \cdots}{p_A^{\alpha} p_B^{\beta} \cdots} \right) - p\Delta V. \qquad (17.28)$$

(Reaktion bei konstanter Temperatur und konstantem Druck, Reaktanden vor und nach der Reaktion getrennt).

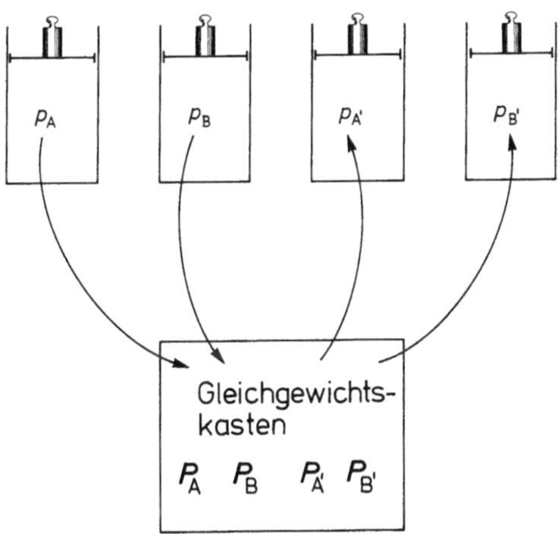

Abb. 17.5. Reversible Durchführung einer Reaktion bei konstanter Temperatur und konstanten Drücken, Reaktionsteilnehmer getrennt

Der erste Summand ergibt sich wie im Fall von Abschn. 17.1 aus den Expansions- bzw. Kompressionsarbeiten der Gase, der zweite Summand rührt von den Arbeiten zum Einführen der Ausgangsprodukte in den Gleichgewichtsbehälter und zur Entnahme der Endprodukte aus dem Gleichgewichtsbehälter her.

Betrachten wir etwa die Reaktion

$$N_2 + 3\,H_2 \rightarrow 2\,NH_3 , \qquad (17.29)$$

so ist mit

$$\mathbf{n} = \mathbf{n}_{N_2}$$
$$A_{\mathrm{rev}} = \mathbf{n}RT \ln \left(\frac{1}{K_p} \frac{p_{NH_3}^2}{p_{N_2} p_{H_2}^3} \right) - p\Delta V \qquad (17.30)$$

mit

$$K_p = \frac{P_{NH_2}^2}{P_{H_2} P_{H_2}^3} \qquad (17.31)$$

und

$$p\Delta V = \mathbf{n}(2 - 1 - 3)\,\mathbf{R}T \qquad (17.32)$$

Es ist nun nützlich, im folgenden an Stelle der Drücke dimensionslose Größen zu verwenden; deshalb setzen wir

$$\{p_A\} = p_A / p_{\mathrm{Standard}} \cdot \qquad (17.33)$$

$\{p\}$ gibt an, welches Vielfache der Partialdruck von A vom Druck bei Standardbedingungen ($p_{\mathrm{Standard}} = 1{,}013$ bar, siehe Abschn. 15.4) darstellt. Entsprechend definieren wir $\{p_B\}$, $\{p_{A'}\}$, $\{p_{B'}\}$ sowie $\{P_A\}$; $\{P_B\}$; $\{P_{A'}\}$ und $\{P_{B'}\}$. Damit ergibt sich

$$A_{\mathrm{rev}} = \mathbf{n}RT \ln \left(\frac{1}{\{K_p\}} \frac{\{p_{A'}\}^{\alpha'}\{p_{B'}\}^{\beta'} \cdots}{\{p_A\}^{\alpha}\{p_B\}^{\beta} \cdots} \right) - p\Delta V$$
$$(17.34)$$

mit

$$\{K_p\} = \frac{\{P_{A'}\}^{\alpha'}\{P_{B'}\}^{\beta'} \cdots}{\{P_A\}^{\alpha}\{P_B\}^{\beta} \cdots} . \qquad (17.35)$$

Es ist nun von besonderem Interesse, A_{rev} für den Spezialfall zu betrachten, daß die Ausgangsstoffe und die Endprodukte unter Standardbedingungen vorliegen. Dann ist

$$\{p_A\} = \{p_B\} = \ldots = \{p_{A'}\} = \{p_{B'}\} = \ldots = 1 , \qquad (17.36)$$

Es ist also

$$\boxed{\begin{array}{c} A_{\text{rev}} + p\Delta V = -\mathbf{n}\mathbf{R}T\ln\{K_{\text{p}}\} \\ \text{Reaktionsteilnehmer im Standardzustand} \\ \text{(getrennt, } p = 1{,}013 \text{ bar)} \end{array}}$$

$$(17.37)$$

Nach (17.4) und für Standardbedingungen ($\Delta H = \Delta H^0$, $\Delta S = \Delta S^0$) ist

$$A_{\text{rev}} + p\Delta V = \Delta H^0 - T\Delta S^0 \,. \qquad (17.38)$$

Damit ergibt sich aus (17.37)

$$\boxed{\Delta \mathbf{H}^0 - T\Delta \mathbf{S}^0 = -\mathbf{R}T\ln\{K_{\text{p}}\}} \,. \qquad (17.39)$$

Nach Abschn. 15.4 setzen sich ΔH^0 und ΔS^0 aus Einzelbeiträgen der Reaktionsteilnehmer zusammen (Standardbildungsenthalpien und Standardentropien). Die Beziehung (17.39) gestattet, die Gleichgewichtskonstante K_{p} für beliebige Reaktionen zu berechnen, wenn die Standardbildungsenthalpien und Standardentropien aller Reaktionsteilnehmer bekannt sind.

Beispielsweise ist nach Tabelle Q.1 für die Bildung von NH_3 aus N_2 und H_2

$$N_2 + 3\,H_2 \rightarrow 2\,NH_3 \qquad (17.40)$$

$$\Delta \mathbf{H}^0_{298} = 2\,\Delta H^0_{B,298}(NH_3) - \Delta H^0_{B,298}(N_2) - 3\,\Delta H^0_{B,298}(H_2)$$
$$= -92{,}38 \text{ kJ mol}^{-1} \,, \qquad (17.41)$$

$$\Delta \mathbf{S}^0_{298} = 2\,S^0_{298}(NH_3) - S^0_{298}(N_2) - 3\,S^0_{298}(H_2)$$
$$= -198{,}3 \text{ J (mol K)}^{-1} \,. \qquad (17.42)$$

Damit ergibt sich für die Gleichgewichtskonstante K_{p} bei 298 K

$$\{K_{\text{p},298}\} = \frac{\{P_{NH_3}\}^2}{\{P_{N_2}\}\{P_{H_2}\}^3} = 6{,}60 \cdot 10^5 \,. \qquad (17.43)$$

Das Gleichgewicht liegt also ganz auf der Seite von NH_3. Erhöhen wir die Temperatur auf 700 K, dann finden wir analog wie in Kap. 16 $\Delta \mathbf{H}^0_{700} = -106{,}3$ kJ mol^{-1} und $\Delta \mathbf{S}^0_{700} = -229{,}0$ J (mol K)$^{-1}$ und somit ist

$$\{K_{\text{p},700}\} = 9{,}34 \cdot 10^{-5} \,. \qquad (17.44)$$

Es ist also $K_{\text{p},700} = 9{,}34 \cdot 10^{-5} \cdot (1/1{,}013 \text{ bar})^2 = 9{,}10 \cdot 10^{-5}$ bar^{-2}. Ist also beispielsweise $P_{N_2} = 50$ bar, $P_{H_2} = 150$ bar, so ist $P_{NH_3} = 124$ bar. In diesem Fall (Gesamtdruck 324 bar) liegen also im Gleichgewicht 38% NH_3 vor, bei einem Gesamtdruck von 1 bar dagegen nur $6 \cdot 10^{-4}$%. In der technischen NH_3-Synthese arbeitet man daher bei hohen Drücken (400 – 600 bar).

Bereits bei der Diskussion von ΔH und ΔS wurde darauf hingewiesen, daß diese Größen davon abhängen, in welcher Form die zugehörige Reaktionsgleichung geschrieben wird. Würden wir die Gleichung für das Ammoniakgleichgewicht in der Form

$$\tfrac{1}{2}N_2 + \tfrac{3}{2}H_2 \rightarrow NH_3 \qquad (17.45)$$

schreiben, dann wäre $\Delta H^0 - T\Delta S^0$ nur halb so groß wie im oben betrachteten Fall, und nach (17.39) hätte dann die Gleichgewichtskonstante bis 298 K den Wert

$$\{K_{\text{p}}\} = \frac{\{P_{NH_3}\}}{\{P_{N_2}\}^{1/2}\{P_{H_2}\}^{3/2}} = \sqrt{6{,}60 \cdot 10^5} = 812 \,. \qquad (17.46)$$

Schreiben wir die Reaktion in der umgekehrten Richtung

$$NH_3 \rightarrow \tfrac{1}{2}N_2 + \tfrac{3}{2}H_2 \,, \qquad (17.47)$$

dann ist

$$\{K_{\text{p}}\} = \frac{\{P_{N_2}\}^{1/2}\{P_{H_2}\}^{3/2}}{\{P_{NH_3}\}} = \frac{1}{812} \,. \qquad (17.48)$$

Bei diesen Überlegungen haben wir vorausgesetzt, daß sich die Gase unter dem Standarddruck wie ideale Gase verhalten, die Wechselwirkungen der Gasmoleküle untereinander also noch vernachlässigt werden können. Dies ist für die meisten Gase nur näherungsweise der Fall, und die Betrachtung muß verfeinert werden.

17.3 Temperaturabhängigkeit der Gleichgewichtskonstante

Nach (17.39) ist

$$\ln\{K_{\text{p}}\} = -\frac{\Delta \mathbf{H}^0}{\mathbf{R}T} + \frac{\Delta \mathbf{S}^0}{\mathbf{R}} \,. \qquad (17.49)$$

Die Größen ΔH^0 und ΔS^0 sind für Zustandsänderungen bei dem Standarddruck $p = 1,013$ bar definiert; sie hängen deshalb nur von der Temperatur ab. Infolgedessen ist auch K_p allein durch die Temperatur festgelegt. Um auf einfache Weise feststellen zu können, ob K_p mit T zunimmt oder abnimmt, bildet man

$$\frac{d \ln \{K_p\}}{dT} = \frac{1}{R} \left(- \frac{1}{T} \frac{d \Delta H^0}{dT} + \frac{1}{T^2} \cdot \Delta H^0 \right.$$
$$\left. + \frac{d \Delta S^0}{dT} \right). \tag{17.50}$$

Nach (15.27) und analog zu (16.18) ist

$$\frac{d \Delta H^0}{dT} = \Delta C_p^0 \qquad \frac{d \Delta S^0}{dT} = \frac{\Delta C_p^0}{T}. \tag{17.51}$$

Somit ergibt sich

$$\boxed{\frac{d \ln \{K_p\}}{dT} = \frac{\Delta H^0}{R T^2}} \tag{17.52}$$

(*Gleichung von van't Hoff, 1885*).

Ist $\Delta H^0 > 0$ (endotherme Reaktion), dann wird $d \ln \{K_p\}/dT$ positiv, K_p nimmt also mit steigender Temperatur zu, das Gleichgewicht wird also mit steigender Temperatur zu den Endprodukten hin verschoben. Entsprechend wird das Gleichgewicht bei einer exothermen Reaktion mit steigender Temperatur zu den Ausgangsstoffen hin verschoben („Prinzip des kleinsten Zwanges").

Dieses Verhalten läßt sich auch direkt auf Grund der Energiequantelung verstehen. Betrachten wir die Isomerisierungsreaktion

$$CH_3-\overset{\overset{\displaystyle H}{|}}{\underset{\underset{\displaystyle CH_3}{|}}{C}}-CH_3 \quad \longrightarrow \quad CH_3-CH_2-CH_2-CH_3$$

$$\qquad\; i\text{-Butan} \qquad\qquad\qquad n\text{-Butan}$$

$$K_p = \frac{P_{n\text{-Butan}}}{P_{i\text{-Butan}}}$$

i-Butan ist starrer aufgebaut als n-Butan, so daß beim i-Butan nur Normalschwingungen mit großer Anregungsenergie möglich sind, während beim n-Butan auch Normalschwingungen mit kleiner Anregungsenergie vorkommen; die Schwingungsquantenzustände liegen deshalb beim i-Butan viel weiter auseinander als beim n-Butan. Andererseits ist die Elektronenenergie von i-Butan kleiner als beim n-Butan (Abb. 17.6). Soll die betrachtete Reaktion ablaufen, dann muß von außen Energie zugeführt werden, es ist also $\Delta H > 0$. Bei tiefer Temperatur bevorzugen die Moleküle den energetisch günstigsten Zustand, es liegen also fast alle Moleküle im untersten Schwingungszustand der i-Butan-Form vor: das Gleichgewicht liegt ganz auf der Seite des i-Butans, K_p ist also winzig klein. Erhöhen wir die Temperatur, dann können in beiden Formen höhere Schwingungszustände besetzt werden. Da aber diese Zustände beim n-Butan viel dichter beisammen liegen, werden bei ausreichend hoher Temperatur viel mehr Moleküle in der n-Butan-Form vorliegen: das Gleichgewicht liegt auf der Seite des n-Butans, es ist also $K_p > 1$. Die Gleichgewichtskonstante nimmt, wie nach (17.52) zu erwarten, mit steigender Temperatur zu.

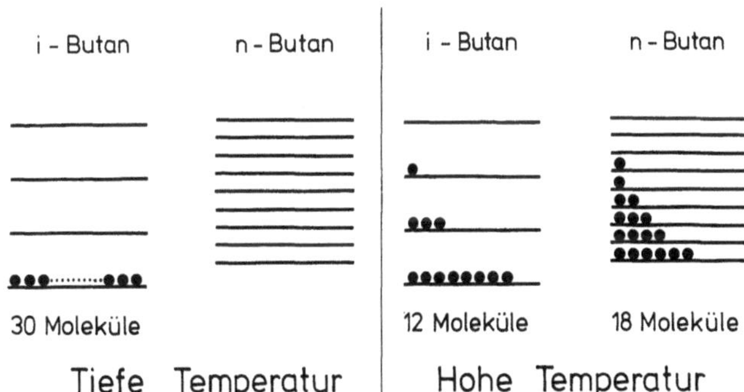

Abb. 17.6. Elektronen- und Schwingungsenergie von i-Butan und n-Butan; Besetzungszahlen bei tiefer und hoher Temperatur (schematisch). Tiefe Temperatur: alle 30 Moleküle liegen in der i-Form vor. Hohe Temperatur: 12 Moleküle liegen in der i-Form, 18 liegen in der n-Form vor

Im betrachteten Fall ist die Anzahl Ω der Realisierungsmöglichkeiten beim n-Butan größer als beim i-Butan, es ist also $\Delta S > 0$, so daß in Übereinstimmung mit (17.49) K_p im Prinzip bei steigender Temperatur beliebig groß werden kann. Denken wir uns einen Vorgang, bei dem ebenfalls $\Delta H > 0$ ist, die Quantenzustände des Endproduktes aber weiter auseinanderliegen als diejenigen des Ausgangsstoffes, dann ist $\Delta S < 0$, und K_p kann mit steigender Temperatur in Übereinstimmung mit (17.49)

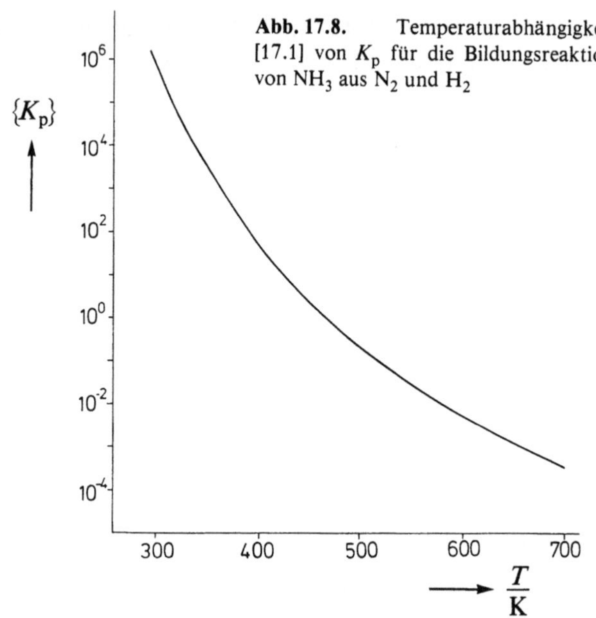

Abb. 17.8.   Temperaturabhängigkeit [17.1] von K_p für die Bildungsreaktion von NH_3 aus N_2 und H_2

a) b) c) d)

A	B	A	B	A	B	A	B

$\Delta H > 0$ $\Delta H > 0$ $\Delta H < 0$ $\Delta H < 0$

$\Delta S > 0$ $\Delta S < 0$ $\Delta S > 0$ $\Delta S < 0$

Tiefe Temp: $K_p < 1$ Bei jeder   Bei jeder   Tiefe Temp: $K_p > 1$

Hohe Temp: $K_p > 1$ Temp: $K_p < 1$ Temp: $K_p > 1$ Hohe Temp: $K_p < 1$

Abb. 17.7. Temperaturabhängigkeit eines Gleichgewichtes zwischen zwei Molekülsorten A und B. Es wird die Gleichgewichtskonstante $K_p = P_B/P_A$ für verschiedene Werte von ΔH und ΔS betrachtet (s. Abb. 17.6)

den Wert 1 niemals erreichen. Entsprechende Überlegungen gelten für die Fälle $\Delta H < 0$ und $\Delta S > 0$ sowie $\Delta H < 0$ und $\Delta S < 0$ (Abb. 17.7).

Kennt man K_p bei einer bestimmten Temperatur T_1, z. B. bei 298 K, dann ergibt sich K_p bei einer beliebigen Temperatur T nach (17.52) zu

$$\ln\{K_{p,T}\} = \ln\{K_{p,T_1}\} + \int_{T_1}^{T} \frac{\Delta H^0}{RT^2}\, dT \,. \qquad (17.53a)$$

Ist ΔH^0 in dem betrachteten Temperaturbereich annähernd konstant, dann gilt näherungsweise

$$\ln\{K_{p,T}\} = \ln\{K_{p,T_1}\} - \frac{\Delta H^0}{R}\left(\frac{1}{T} - \frac{1}{T_1}\right) \qquad (17.53b)$$

bzw.

$$K_{p,T} = K_{p,T_1} \exp\left[-\frac{\Delta H^0}{R}\left(\frac{1}{T} - \frac{1}{T_1}\right)\right].$$

So gilt für die Ammoniaksynthese nach (17.41, 43)

$$\{K_{p,298}\} = 6{,}60 \cdot 10^5 \text{ und } \Delta H^0_{298} = -92{,}38 \text{ kJ mol}^{-1}.$$

Daraus ergibt sich beispielsweise

$$\ln\{K_{p,700}\} = \ln 6{,}60 \cdot 10^5 + \left(\frac{1}{700} - \frac{1}{298}\right) \cdot \frac{92{,}38 \cdot 1000}{8{,}314}$$

$$= 13{,}4 - 21{,}3 = -7{,}94$$

und damit $\{K_{p,700}\} = 3{,}5 \cdot 10^{-4}$. Dieser Wert stimmt befriedigend mit dem in (17.44) genau berechneten Wert überein, wenn man berücksichtigt, daß sich K_p bei der betrachteten Temperaturänderung um 9 Größenordnungen ändert. Für einen größeren Temperaturbereich ist K_p in Abb. 17.8 dargestellt.

Tabelle 17.1. Gleichgewichtskonstante

$$K_p = \frac{P_{HJ}^2}{P_{H_2} P_{J_2}}$$

für die Reaktion $H_2 + J_2 \rightarrow 2HJ$ in Abhängigkeit von der Temperatur [17.2]

T/K	K_p	$\ln\{K_p\}$	T^{-1}/K^{-1}
667	61,0	4,12	0,00150
699	55,2	4,02	0,00143
731	49,9	3,92	0,00137
764	45,9	3,84	0,00132

Andererseits ist es möglich, durch direkte Messung der Gleichgewichtskonstanten bei verschiedenen Temperaturen Aussagen über ΔH^0 und ΔS^0 zu machen. Trägt man $\ln\{K_p\}$ in Abhängigkeit von T auf, dann läßt sich aus der Steigung der erhaltenen Kurve nach (17.52) ΔH^0 für eine beliebige Temperatur in dem untersuchten Temperaturbereich berechnen. Nach Tabelle 17.1 und Abb. 17.9 ergibt sich damit für die Jodwasserstoffreaktion $\Delta H^0_{700} = -12{,}3$ kJ mol^{-1}.

$$K_p = P_D, \tag{17.54}$$

wobei P_D der Dampfdruck ist. Somit ist nach (17.49)

$$\ln\{P_D\} = -\frac{\Delta H^0}{RT} + \frac{\Delta S^0}{R}. \tag{17.55}$$

Darin ist ΔH^0 die Verdampfungsenthalpie und ΔS^0 die Verdampfungsentropie unter Standardbedingungen. Nach Tabelle Q.1 gilt für die Verdampfung von Wasser bei 298 K

$$\Delta H^0_{298} = \Delta H^0_{B,298}(\text{Dampf}) - \Delta H^0_{B,298}(\text{Flüssigkeit})$$

$$= 44{,}1 \text{ kJ mol}^{-1}$$

$$\Delta S^0_{298} = S^0_{298}(\text{Dampf}) - S^0_{298}(\text{Flüssigkeit})$$

$$= 118{,}7 \text{ J (mol K)}^{-1}.$$

Daraus ergibt sich $\ln\{P_D\} = -3{,}51$ und $P_{D,298} = 0{,}0302$ bar; dies stimmt mit dem direkt gemessenen Wert 0,031 bar gut überein.

Im betrachteten Fall stellen die Bildungsenthalpie und die Entropien unter Standardbedingungen und bei 298 K reine Rechengrößen dar, da ja Wasserdampf unter diesen Bedingungen sofort in flüssiges Wasser übergehen würde. In Abschn. 15.4 wurde gezeigt, daß man in praktischen Fällen ΔH^0 mit der Verdampfungsenthalpie ΔH_{Verd} bei dem tatsächlich vorliegenden Dampfdruck gleichsetzen kann; dagegen ist die Verdampfungsentropie ΔS^0 verschieden von der Verdampfungsentropie ΔS unter dem Gleichgewichtsdampfdruck, da man sich den Dampf noch vom Dampfdruck P_D auf den Standarddruck gebracht denken muß. Analog zu (16.20) gilt

$$\Delta S^0 = \Delta S - nR \ln \frac{1{,}013 \text{ bar}}{P_D}.$$

Die Temperaturabhängigkeit des Dampfdruckes ergibt sich aus (17.52), wenn wir wieder wie in Abschn. 15.4 ΔH^0_{Verd} näherungsweise durch die tatsächliche Verdampfungsenthalpie ΔH_{Verd} ersetzen:

$$\boxed{\frac{d\ln\{P_D\}}{dT} = \frac{\Delta H_{\text{Verd}}}{RT^2}} \tag{17.56}$$

(Gleichung von *Clausius* und *Clapeyron, 1834*). Da bei

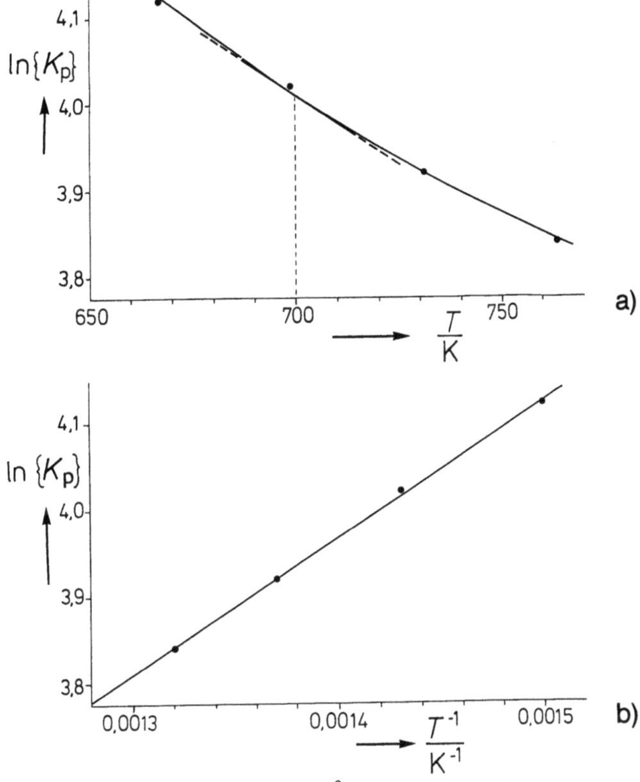

Abb. 17.9 a, b. Bestimmung von ΔH^0 für die Reaktion $H_2 + J_2 \rightarrow 2HJ$ bei der Temperatur $T = 700$ K (gemäß Tabelle 17.1). (a) Auftragung von $\ln\{K_p\}$ in Abhängigkeit von T; (b) Auftragung von $\ln\{K_p\}$ in Abhängigkeit von $1/T$

Setzt man diesen Wert in (17.49) ein, dann folgt für die Entropieänderung $\Delta S^0_{700} = 15{,}8$ J (mol K)$^{-1}$. Ändern sich ΔH^0 und ΔS^0 in dem untersuchten Temperaturbereich nur wenig, dann erwarten wir beim Auftragen von $\ln\{K_p\}$ in Abhängigkeit von $1/T$ nach (17.49) eine Gerade; aus der Steigung dieser Geraden ergibt sich ΔH^0, aus dem Achsenabschnitt wird ΔS^0 erhalten (Abb. 17.9 b); es ergibt sich $\Delta H^0_{700} = -11{,}9$ kJ mol^{-1} und $\Delta S^0_{700} = 16{,}4$ J (mol K)$^{-1}$. Die direkte Berechnung in Aufgabe 17.3 ergab $\Delta H^0_{298} = -10{,}4$ kJ mol^{-1} und $\Delta H^0_{700} = -13{,}2$ kJ mol^{-1} sowie $\Delta S^0_{298} = +21{,}4$ J (mol K)$^{-1}$ und $\Delta S^0_{700} = +15{,}4$ J (mol K)$^{-1}$.

Ein spezieller Fall eines Gleichgewichtes liegt bei der Verdampfung vor:

Flüssigkeit $\rightarrow$ Dampf .

Hier tritt wie im Beispiel der $CaCO_3$-Reaktion nur 1 gasförmiger Stoff auf, und es ist daher

dem Verdampfungsprozeß Wärme zugeführt werden muß ($\Delta H_{\text{Verd}} > 0$), nimmt der Dampfdruck mit steigender Temperatur zu.

17.4 Freie Energie F und freie Enthalpie G

Es erweist sich als nützlich, neue Zustandsgrößen F („freie Energie") und G („freie Enthalpie") einzuführen, die durch

$$F = U - TS \qquad (17.57)$$

$$G = H - TS \qquad (17.58)$$

definiert sind. F und G sind Zustandsgrößen, weil U, H, S und T ebenfalls Zustandsgrößen sind. Betrachten wir isotherme Zustandsänderungen, dann ist

$$\Delta F = F_2 - F_1 = (U_2 - TS_2) - (U_1 - TS_1) = \Delta U - T\Delta S \qquad (17.59)$$

$$\Delta G = G_2 - G_1 = (H_2 - TS_2) - (H_1 - TS_1) = \Delta H - T\Delta S$$
$$(T = \text{const}) . \qquad (17.60)$$

Andererseits ist nach (17.2)

$$A_{\text{rev}} = \Delta U - T\Delta S \qquad (T = \text{const}) . \qquad (17.61\text{a})$$

Daraus sehen wir, daß ΔF in diesem speziellen Fall ($T = \text{const}$) mit der reversibel zugeführten Arbeit A_{rev} identisch ist. Für eine Zustandsänderung bei konstanter Temperatur und konstantem Druck gilt nach (17.4)

$$A_{\text{rev}} + p\Delta V = \Delta H - T\Delta S \qquad (T, p = \text{const}) . \qquad (17.61\text{b})$$

Somit ist ΔG in diesem speziellen Fall ($T = \text{const}$ und $p = \text{const}$ identisch mit der reversibel zugeführten Arbeit, vermindert um die dem System zugeführte Druckvolumenarbeit

$$A_{\text{rev}} + p\Delta V = A_{\text{rev}} - (-p\Delta V) . \qquad (17.62)$$

Damit können wir die Kriterien für die Beurteilung der prinzipiellen Möglichkeit einer Reaktion in der Form

$$\boxed{\Delta F = A_{\text{rev}} \leqslant 0 \quad \text{für Reaktion bei} \\ T = \text{const} \ \text{und} \ V = \text{const}} , \quad (17.63)$$

$$\boxed{\Delta G = A_{\text{rev}} + p\Delta V \leqslant 0 \quad \text{für die Reaktion bei} \\ T = \text{const} \ \text{und} \ p = \text{const}} . \qquad (17.64)$$

schreiben. Entsprechend ergibt sich aus (17.39)

$$\boxed{\Delta G^0 = -RT\ln\{K_{\text{p}}\}} , \qquad (17.65)$$

sowie aus (17.34)

$$\boxed{\begin{aligned} \Delta G &= RT\ln \frac{\{p_{A'}\}^{\alpha'}\{p_{B'}\}^{\beta'}\cdots}{\{p_A\}^{\alpha}\{p_B\}^{\beta}\cdots} - RT\ln\{K_{\text{p}}\} \\ &= \Delta G^0 + RT\ln \frac{\{p_{A'}\}^{\alpha'}\{p_{B'}\}^{\beta'}\cdots}{\{p_A\}^{\alpha}\{p_B\}^{\beta}\cdots} \end{aligned}} . \quad (17.66)$$

Mit den neu eingeführten Zustandsgrößen ist es möglich, Aussagen über chemische Gleichgewichte in übersichtlicher Form zu formulieren.

Bei Vorgängen, bei denen die Temperatur oder der Druck nicht konstant bleiben, hängen die Größen ΔF und ΔG allerdings nicht mehr in einfacher Weise mit der reversiblen Arbeit zusammen.

So ist für eine beliebige Reaktion

$$\Delta F = (U_2 - T_2 S_2) - (U_1 - T_1 S_1) = \Delta U - T_2 S_2 + T_1 S_1 , \qquad (17.67)$$

$$\Delta G = (H_2 - T_2 S_2) - (H_1 - T_1 S_1) = \Delta H - T_2 S_2 + T_1 S_1$$

und für eine isotherme Reaktion

$$\begin{aligned} \Delta G &= (H_2 - TS_2) - (H_1 - TS_1) = (U_2 + p_2 V_2 - TS_2) \\ &\quad - (U_1 + p_1 V_1 - TS_1) \\ &= \Delta U - T\Delta S + p_2 V_2 - p_1 V_1 . \qquad (17.68) \end{aligned}$$

Am Beispiel der Verdampfungsreaktion können wir uns die Bedeutung der Größen ΔG, ΔG^0, ΔF und A_{rev} veranschaulichen. Führen wir die Verdampfung auf isotherm reversiblem Weg aus, dann herrscht in jedem Moment Gleichgewicht, es muß also nach (17.64) $\Delta G = 0$ sein. Wir können dies leicht nachprüfen, denn es ist

$$\Delta S = \frac{\Delta H_{\text{Verd}}}{T} \qquad (17.69)$$

und somit

$$\Delta G = \Delta H_{\mathrm{Verd}} - T\Delta S = \Delta H_{\mathrm{Verd}} - T\frac{\Delta H_{\mathrm{Verd}}}{T} = 0\,. \tag{17.70}$$

Das bedeutet, daß durch minimale Änderung des Druckes die Flüssigkeit weiter verdampft oder der Dampf kondensiert werden kann (Abb. 13.3).

Andererseits ist

$$\Delta F = A_{\mathrm{rev}} = -P_{\mathrm{D}}(V_{\mathrm{D}} - V_{\mathrm{F}}) \tag{17.71}$$

(D: Dampf; F: Flüssigkeit) gleich der dem System zugeführten Druckvolumenarbeit, und ΔG^0 ist nach (17.65) und (17.54) durch

$$\Delta G^0 = -\mathbf{n}\mathbf{R}T\ln\{P_{\mathrm{D}}\} \tag{17.72}$$

gegeben. Diese Beziehung können wir leicht einsehen. Um den Dampf in den Standardzustand zu überführen, müssen wir ihn vom Druck P_{D} auf den Standarddruck 1,013 bar bringen. Ist P_{D} kleiner als der Standarddruck, dann ist der Dampf zu komprimieren, es ist also Arbeit zuzuführen.

Es ist also

$$\Delta G = \Delta G^0 + \mathbf{n}\mathbf{R}T\ln\frac{1{,}013\ \mathrm{bar}}{P_{\mathrm{D}}} = -\mathbf{n}\mathbf{R}T\ln\{P_{\mathrm{D}}\} \tag{17.73}$$

in Übereinstimmung mit (17.72).

Da wir die Temperaturabhängigkeit von U, H und S bereits kennen, können wir leicht berechnen, wie F und G von der Temperatur abhängen. Mit

$$\left(\frac{\partial U}{\partial T}\right)_{\mathrm{V}} = C_{\mathrm{V}} \qquad \left(\frac{\partial H}{\partial T}\right)_{\mathrm{p}} = C_{\mathrm{p}}$$

$$\left(\frac{\partial S}{\partial T}\right)_{\mathrm{V}} = \frac{C_{\mathrm{V}}}{T} \qquad \left(\frac{\partial S}{\partial T}\right)_{\mathrm{p}} = \frac{C_{\mathrm{p}}}{T} \tag{17.74}$$

nach (12.7, 16), (15.10), (14.3) und (14.4) erhalten wir

$$\left(\frac{\partial F}{\partial T}\right)_{\mathrm{V}} = \left(\frac{\partial U}{\partial T}\right)_{\mathrm{V}} - \left(\frac{\partial(TS)}{\partial T}\right)_{\mathrm{V}}$$

$$= \left(\frac{\partial U}{\partial T}\right)_{\mathrm{V}} - S - T\left(\frac{\partial S}{\partial T}\right)_{\mathrm{V}}$$

$$= C_{\mathrm{V}} - S - T\frac{C_{\mathrm{V}}}{T} = -S\,, \tag{17.75}$$

$$\left(\frac{\partial G}{\partial T}\right)_{\mathrm{p}} = \left(\frac{\partial H}{\partial T}\right)_{\mathrm{p}} - \left(\frac{\partial(TS)}{\partial T}\right)_{\mathrm{p}}$$

$$= \left(\frac{\partial H}{\partial T}\right)_{\mathrm{p}} - S - T\left(\frac{\partial S}{\partial T}\right)_{\mathrm{p}}$$

$$= C_{\mathrm{p}} - S - T\frac{C_{\mathrm{p}}}{T} = -S\,. \tag{17.76}$$

Für Zustandsänderungen bei konstantem Volumen bzw. bei konstantem Druck ist somit

$$\left(\frac{\partial \Delta F}{\partial T}\right)_{\mathrm{V}} = -\Delta S \qquad \left(\frac{\partial \Delta G}{\partial T}\right)_{\mathrm{p}} = -\Delta S\,. \tag{17.77}$$

Führen wir Zustandsänderungen aus, bei denen sich T und V bzw. p gleichzeitig ändern (z. B. Erwärmung einer Flüssigkeit, die im Gleichgewicht mit dem Dampf steht), dann ändern sich die Zustandsgrößen in komplizierter Weise. So ist

$$dU = \left(\frac{\partial U}{\partial T}\right)_{\mathrm{V}}dT + \left(\frac{\partial U}{\partial V}\right)_{\mathrm{T}}dV = C_{\mathrm{V}}dT + \left(\frac{\partial U}{\partial V}\right)_{\mathrm{T}}dV\,,$$

$$dH = \left(\frac{\partial H}{\partial T}\right)_{\mathrm{p}}dT + \left(\frac{\partial H}{\partial p}\right)_{\mathrm{T}}dp = C_{\mathrm{p}}dT + \left(\frac{\partial H}{\partial p}\right)_{\mathrm{T}}dp\,. \tag{17.78}$$

Entsprechend ist

$$dS = \left(\frac{\partial S}{\partial T}\right)_{\mathrm{V}}dT + \left(\frac{\partial S}{\partial V}\right)_{\mathrm{T}}dV = \frac{C_{\mathrm{V}}}{T}dT + \left(\frac{\partial S}{\partial V}\right)_{\mathrm{T}}dV$$

$$dS = \left(\frac{\partial S}{\partial T}\right)_{\mathrm{p}}dT + \left(\frac{\partial S}{\partial p}\right)_{\mathrm{T}}dp = \frac{C_{\mathrm{p}}}{T}dT + \left(\frac{\partial S}{\partial p}\right)_{\mathrm{T}}dp$$

$$dF = \left(\frac{\partial F}{\partial T}\right)_V dT + \left(\frac{\partial F}{\partial V}\right)_T dV = -SdT + \left(\frac{\partial F}{\partial V}\right)_T dV$$

$$dG = \left(\frac{\partial G}{\partial T}\right)_p dT + \left(\frac{\partial G}{\partial p}\right)_T dp = -SdT + \left(\frac{\partial G}{\partial p}\right)_T dp. \tag{17.79}$$

Wir können

$$\left(\frac{\partial F}{\partial V}\right)_T \quad \text{und} \quad \left(\frac{\partial G}{\partial p}\right)_T \quad \text{berechnen,}$$

wenn wir nach (17.57) und (17.58)

$$dF = dU - TdS - SdT,$$
$$dG = dH - TdS - SdT \tag{17.80}$$

bilden und dU bzw. dH durch dA und dQ ausdrücken

$$dU = dA + dQ = -pdV + TdS, \tag{17.81}$$
$$dH = dU + pdV + Vdp = Vdp + TdS.$$

Damit ergibt sich

$$dF = -pdV + TdS - TdS - SdT = -SdT - pdV,$$
$$\tag{17.82}$$
$$dG = Vdp + TdS - TdS - SdT = -SdT + Vdp.$$

Vergleichen wir diese Ausdrücke mit (17.79), dann finden wir

$$\left(\frac{\partial F}{\partial V}\right)_T = -p \qquad \left(\frac{\partial G}{\partial p}\right)_T = V.$$

Beispielsweise ergibt sich daraus für die isotherme Expansion eines idealen Gases

$$dF = -pdV = -\mathbf{n}RT\frac{dV}{V},$$

$$dG = Vdp = \mathbf{n}RT\frac{dp}{p} = -\mathbf{n}RT\frac{dV}{V} \tag{17.83}$$

bzw.

$$F_2 = F_1 - \mathbf{n}RT\ln\frac{V_2}{V_1},$$

$$\tag{17.84}$$

$$G_2 = G_1 + \mathbf{n}RT\ln\frac{p_2}{p_1} = G_1 - \mathbf{n}RT\ln\frac{V_2}{V_1}.$$

Betrachten wir das Gas vor der Expansion im Standardzustand, dann ist $G_1 = G^0$ und $p_1 = 1{,}013$ bar. Nun untersuchen wir eine chemische Reaktion

$$\alpha A + \beta B \rightarrow \alpha' A' + \beta' B'. \tag{17.85}$$

In einem großen Gefäß, in dem Gleichgewicht herrscht, sollen die Stoffe A und B (Stoffmengen $\mathbf{n}_A = \alpha\mathbf{n}$, $\mathbf{n}_B = \beta\mathbf{n}$) zu A' und B' ($\mathbf{n}_{A'} = \alpha'\mathbf{n}$, $\mathbf{n}_{B'} = \beta'\mathbf{n}$) reagieren. Damit die Reaktion unter Gleichgewichtsbedingungen ablaufen kann ($\Delta G = 0$), müssen die Stoffe A und B unter ihren Gleichgewichtsdrücken P_A und P_B vorliegen, und die Endprodukte A' und B' müssen unter ihren Gleichgewichtsdrücken $P_{A'}$ und $P_{B'}$ entnommen werden. Dann ist

$$\Delta G = G_{A'} + G_{B'} - G_A - G_B$$
$$= (G_{A'}^0 + \mathbf{n}_A RT\ln\{P_{A'}\}) + (G_{B'}^0 + \mathbf{n}_B RT\ln\{P_{B'}\})$$
$$- (G_A^0 + \mathbf{n}_A RT\ln\{P_A\}) - (G_B^0 + \mathbf{n}_B RT\ln\{P_B\})$$
$$= \Delta G^0 + \mathbf{n}RT\ln\frac{\{P_{A'}\}^{\alpha'}\{P_{B'}\}^{\beta'}}{\{P_A\}^{\alpha}\{P_B\}^{\beta}} = 0. \tag{17.86}$$

Dieses Resultat ist identisch mit unserer Gleichgewichtsbeziehung (17.65).

Im speziellen Fall der Verdampfungsreaktion

Flüssigkeit $\rightarrow$ Dampf

gilt im Gleichgewicht bei einer gegebenen Temperatur (D: Dampf, F: Flüssigkeit)

$$\Delta G_T = G_{D,T} - G_{F,T} = 0. \tag{17.87}$$

Ändern wir die Temperatur um dT, dann ändert sich gleichzeitig der Dampfdruck um dP_D, und es ist nach Einstellung des neuen Gleichgewichts

$$\Delta G_{T+dT} = \Delta G_T + dG_D - dG_F = 0. \tag{17.88}$$

Mit (17.82) und (17.87) erhalten wir daraus

$$-S_D dT + V_D dP_D = -S_F dT + V_F dP_D \tag{17.89}$$

bzw.

$$\frac{dP_D}{dT} = \frac{S_D - S_F}{V_D - V_F} = \frac{\Delta S}{\Delta V}. \tag{17.90}$$

Nun ist $\Delta S = \Delta H_{\text{Verd}}/T$ und, wenn wir den Dampf als ideales Gas betrachten sowie das Volumen der Flüssigkeit gegenüber dem Dampfvolumen vernachlässigen,

$$\frac{dP_D}{dT} = P_D \frac{\Delta H_{Verd}}{\mathbf{n}\mathbf{R}T^2}. \tag{17.91}$$

Daraus ergibt sich mit $dP_D/P_D = d\ln\{P_D\}$ unsere frühere Beziehung (17.56).

Aufgaben

17.1 Massenwirkungsgesetz

Für die Dissoziationsreaktion von Jod [17.5]

$$J_2 \rightarrow 2J$$

ist $K_p = 0{,}167$ bar bei $T = 1273$ K. Wie groß ist der Anteil der Jodatome, wenn sich das Jod in einem Gefäß unter dem Druck $p = \frac{1}{10}$ bar bzw. $p = 1$ bar befindet? Das J_2 liegt unter diesen Bedingungen gasförmig vor.
Man stelle die entsprechende Überlegung für die Jodwasserstoffreaktion

$$H_2 + J_2 \rightarrow 2\,HJ$$

mit $K_p = 55{,}2$ bei $T = 699$ K an. Was passiert, wenn man den Druck in dem Gefäß durch Einleiten von zusätzlichem Wasserstoff von $\frac{1}{10}$ bar auf 1 bar erhöht?
Man überlege sich, auf welche Weise man die für beide Reaktionen angegebenen Gleichgewichtskonstanten experimentell ermitteln kann.

17.2 Lage des chemischen Gleichgewichts

Man berechne den Anteil des bei der Ammoniaksynthese gebildeten Ammoniaks, wenn die Reaktion bei 700 K und den Drücken 1, 30, 100 bzw. 200 bar ausgeführt wird. Man gehe davon aus, daß die Ausgangsstoffe im stöchiometrischen Verhältnis vorliegen.

17.3 Gleichgewichtskonstante aus ΔH^0 und ΔS^0

Man zeige, daß sich die in Aufgabe 17.1 angegebenen Zahlenwerte der Gleichgewichtskonstanten für die J_2-Dissoziation und für die Jodwasserstoffreaktion aus ΔH^0 und ΔS^0 ergeben. Man beachte, daß J_2 bei den angegebenen Temperaturen gasförmig vorliegt.

17.4 Gleichgewicht bei der Chlorknallgasreaktion

Bei der Chlorknallgasreaktion reagiert praktisch alles H_2 und Cl_2 zu HCl; man bestimme, wie stark das entstandene HCl bei 298 K im Gleichgewicht mit unvollständig umgesetztem H_2 und Cl_2 verunreinigt ist.

17.5 Druckabhängigkeit der Schmelztemperatur

Die Beziehung (17.90) kann auch auf Schmelzgleichgewichte angewandt werden, wenn wir sinngemäß für ΔS bzw. ΔV die Entropieänderung bzw. die Volumenänderung beim Schmelzen einsetzen. Für Wasser ist $\Delta H_{Schmelz} = 6{,}01$ kJ mol^{-1} und $\Delta V_{Schmelz} = -1{,}62$ cm^3 mol^{-1}. Bei welcher Temperatur schmilzt Eis, wenn wir es unter einem Druck von 400 bar untersuchen?

18. Chemische Reaktionen in verdünnten Lösungen

In Kap. 17 haben wir Gleichgewichte untersucht, an denen ideale Gase und nicht ineinander lösliche kondensierte Reaktionspartner beteiligt waren. Die dabei gewonnenen Ergebnisse können wir leicht auf Gleichgewichte in ideal verdünnten Lösungen übertragen, d. h. auf Lösungen, in denen die Reaktionspartner in so großer Verdünnung vorliegen, daß sie sich ähnlich wie die Teilchen in einem idealen Gas gegenseitig nicht beeinflussen.

18.1 ΔG bei Reaktionen in Lösung und osmotischer Druck

Wir wollen eine Lösung von Zucker in Wasser näher betrachten. Wir denken uns die Lösung in einem Gefäß mit einem Stempel, der für die Wassermoleküle durchlässig, für die Zuckermoleküle aber undurchlässig sein soll (Abb. 18.1). Da die Zuckermoleküle zwar von unten, nicht aber von oben auf den Stempel stoßen, wirkt insgesamt auf den Stempel eine Kraft nach oben. Wir gehen nun so vor, daß wir von außen eine gleichgroße Kraft ausüben, indem wir den Stempel mit einem entsprechenden Gewicht belasten. Den auf den Stempel ausgeübten Druck $^{\mathrm{osm}}p$ nennt man *osmotischen Druck*. Würden wir

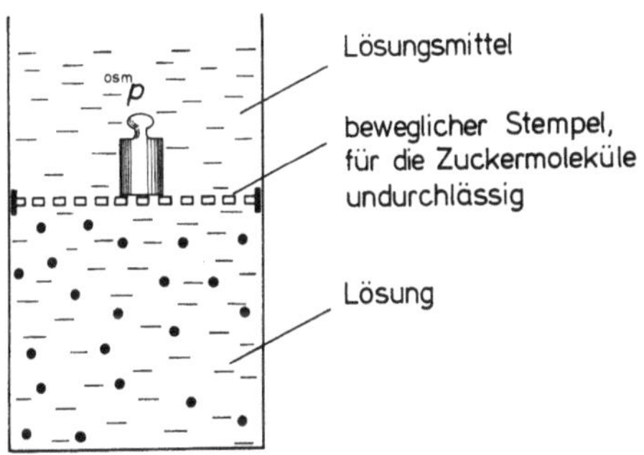

Abb. 18.1. Osmotischer Druck einer Zuckerlösung. Für den teildurchlässigen Stempel kann man feinporige Membranen verwenden (z. B. Fritten, die mit Cu(II)-Hexacyanoferrat(II) getränkt sind)

das Gewicht verkleinern, dann würde der Stempel von den Zuckermolekülen so lange weiter emporgehoben, bis der von den Molekülen ausgeübte Druck infolge der Verdünnung der Lösung (die Zuckermoleküle verteilen sich dann auf ein größeres Volumen) dem Druck des verkleinerten Gewichtes entspricht.

Wir wollen jetzt den osmotischen Druck $^{\mathrm{osm}}p$ berechnen. Erhöhen wir den Druck $^{\mathrm{osm}}p$ auf $^{\mathrm{osm}}p + dp$, dann sinkt der Stempel mit dem Gewicht ab, es wird dem System also die Arbeit

$$dA = -\,^{\mathrm{osm}}p\,dV \tag{18.1}$$

zugeführt. Andererseits ist nach (17.2), wenn wir diesen Prozeß isotherm ausführen (System in einem Temperaturbad),

$$dA = dU - T\,dS \tag{18.2}$$

und somit

$$^{\mathrm{osm}}p = -\frac{1}{dV}(dU - T\,dS)\,. \tag{18.3}$$

Bei dieser Zustandsänderung nehmen die Zuckermoleküle nachher ein kleineres Volumen ein als vorher (dV ist negativ); dabei ändert sich ihre Gesamtenergie U nicht, wenn wir die gelösten Teilchen als unabhängig annehmen, es ist also $dU = 0$ und daher

$$^{\mathrm{osm}}p = T \cdot \frac{dS}{dV} \quad \text{für} \quad T = \text{const.} \tag{18.4}$$

Bei der Volumenverkleinerung nimmt die Ordnung des Systems zu, es muß also $dS < 0$ sein.

dS ergibt sich aus (14.2) zu

$$dS = \mathbf{n}\mathbf{R} \ln \frac{V + dV}{V} = \mathbf{n}\mathbf{R}\,\frac{dV}{V} \tag{18.5}$$

(mit der Umformung $\ln[(x + dx)/x] = \ln(x + dx) - \ln x = d\ln x = dx/x$) und damit erhalten wir

$$\boxed{^{\mathrm{osm}}p = \mathbf{n}\mathbf{R}T\,\frac{1}{V} = c\mathbf{R}T}\,, \tag{18.6}$$

wobei

$$c = \frac{\mathbf{n}}{V}$$

die Konzentration der Zuckermoleküle in der Lösung darstellt. Der osmotische Druck hängt also direkt mit der Konzentration des Gelösten zusammen. Für eine Zuckerlösung der Konzentration $c = 0,1\ \mathrm{mol}\,\mathrm{l}^{-1}$ ergibt sich nach (18.6) bei 298 K ein osmotischer Druck $^{\mathrm{osm}}p = 0,1$ $\mathrm{mol}\,\mathrm{l}^{-1} \cdot 0,0831\ \mathrm{bar}\,\mathrm{l}\,(\mathrm{mol}\,\mathrm{K})^{-1} \cdot 298\ \mathrm{K} = 2,48\ \mathrm{bar}$. Dies stimmt mit dem experimentellen Wert [18.1] 2,66 bar innerhalb der Meßfehler überein; bei größeren Konzentrationen des Gelösten sind die Abweichungen größer, weil die gelösten Teilchen untereinander in Wechselwirkung treten, wir aber bei der Ableitung von (18.6) von der Unabhängigkeit der Teilchen ausgegangen sind.

Durch Ändern des von außen ausgeübten Druckes können wir das Gelöste auf reversible Weise konzentrieren oder verdünnen, ähnlich wie wir ein Gas komprimieren oder expandieren können. Daher können wir die Beziehungen, die wir bisher für ideale Gase abgeleitet haben, auf verdünnte Lösungen übertragen, wenn wir nur an Stelle der Drücke der Gase die osmotischen Drücke (bzw. die Konzentrationen) der gelösten Reaktionspartner verwenden.

So ist beispielsweise die Arbeit, die zur isotherm reversiblen Konzentrierung unserer Zuckerlösung zuzuführen ist, gleich

$$A_{\mathrm{rev}} = \mathbf{n}\boldsymbol{R}T \ln \frac{^{\mathrm{osm}}p_2}{^{\mathrm{osm}}p_1} = \mathbf{n}\boldsymbol{R}T \ln \frac{c_2}{c_1}. \tag{18.7}$$

Die dabei zuzuführende Wärmemenge ist

$$Q_{\mathrm{rev}} = -\mathbf{n}\boldsymbol{R}T \ln \frac{c_2}{c_1} \tag{18.8}$$

und die Entropieänderung

$$\Delta S = \frac{Q_{\mathrm{rev}}}{T} = -\mathbf{n}\boldsymbol{R} \ln \frac{c_2}{c_1}. \tag{18.9}$$

Jetzt wollen wir eine chemische Reaktion in wäßriger Lösung untersuchen.

Wir fragen danach, wie wir diese Reaktion isotherm reversibel ausführen können. Dazu gehen wir davon aus, daß die Reaktionsteilnehmer vor und nach der Reaktion in getrennten Behältern in wäßriger Lösung unter vorgegebenen Konzentrationen c vorliegen. Nun müssen wir diesen Behältern eine bestimmte Menge der Ausgangsstoffe entnehmen, sie auf die Gleichgewichtskonzentra-

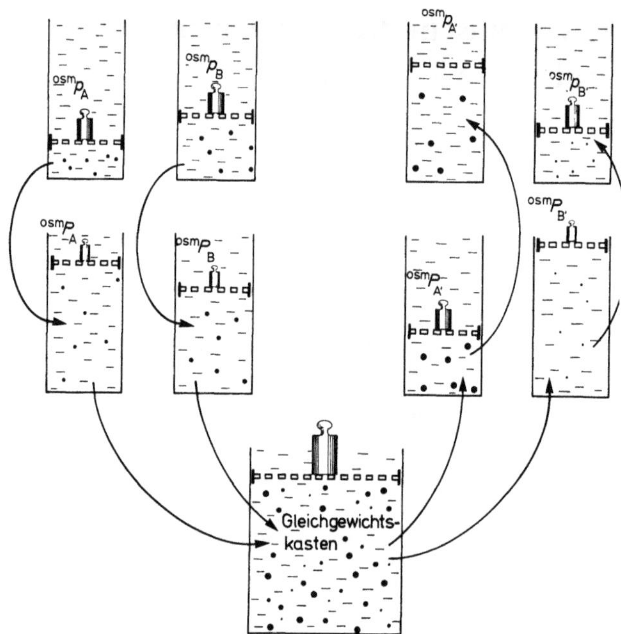

Abb. 18.2. Isotherm reversible Durchführung einer Reaktion $A + B \to A' + B'$ in Lösung

tion C bringen und sie in einem Gleichgewichtskasten reagieren lassen; entsprechend gehen wir bei den Endprodukten vor (Abb. 18.2).

Ganz analog wie bei einer Reaktion im Gaszustand erhalten wir dann für das Reaktionsschema

$$A + B \to A' + B' \tag{18.10}$$

$$\Delta G = \mathbf{n}\boldsymbol{R}T \ln \left(\frac{^{\mathrm{osm}}P_A \, ^{\mathrm{osm}}P_B \, ^{\mathrm{osm}}p_{A'} \, ^{\mathrm{osm}}p_{B'}}{^{\mathrm{osm}}P_{A'} \, ^{\mathrm{osm}}P_{B'} \, ^{\mathrm{osm}}p_A \, ^{\mathrm{osm}}p_B} \right). \tag{18.11}$$

Die osmotischen Drücke ersetzen wir nach (18.7) durch die Konzentrationen; damit folgt

$$\Delta G = \mathbf{n}\boldsymbol{R}T \ln \frac{C_A C_B c_{A'} c_{B'}}{C_{A'} C_{B'} c_A c_B}. \tag{18.12}$$

Da durch die Wahl von den Konzentrationen c Anfangs- und Endzustand vollständig festgelegt sind, darf ΔG als Änderung einer Zustandsgröße nicht davon abhängen, wie groß die Konzentrationen C im einzelnen sind, es muß also bei gegebener Temperatur die Größe

$$K_{\mathrm{c}} = \frac{C_{A'} C_{B'}}{C_A C_B} \tag{18.13}$$

eine Konstante sein. Damit gilt

$$\Delta G = \mathbf{n}\mathbf{R}T \ln \left(\frac{1}{K_c} \cdot \frac{c_{A'}c_{B'}}{c_A c_B} \right). \qquad (18.14)$$

Führen wir ähnlich wie im Fall der Gase die dimensionslosen Größen

$$\{c\} = c/(1 \text{ mol } l^{-1}) \qquad (18.15)$$

ein, so ergibt sich

$$\Delta G = -\mathbf{n}\mathbf{R}T \ln\{K_c\} + \mathbf{n}\mathbf{R}T \ln \frac{\{c_{A'}\}\{c_{B'}\}}{\{c_A\}\{c_B\}} \qquad (18.16)$$

mit

$$\{K_c\} = \frac{\{C_{A'}\}\{C_{B'}\}}{\{C_A\}\{C_B\}}. \qquad (18.17)$$

Im betrachteten Fall verdünnter Lösungen ist es einfacher, Konzentrationen als osmotische Drücke zu messen. Das ist der Grund, weshalb in (18.12) Konzentrationen und nicht osmotische Drücke eingeführt wurden. Aus dem gleichen Grund ist es sinnvoll, als Standardzustand der Lösung von A den Zustand mit $c_A = 1 \text{ mol } l^{-1}$ zu betrachten. Für die Reaktion unter diesen neuen Standardbedingungen (alle Stoffe einzeln gelöst in der Konzentration 1 mol l^{-1} vorliegend) gilt dann

$$\boxed{\Delta G^0 = -\mathbf{n}\mathbf{R}T \ln\{K_c\}} \qquad (18.18)$$

Bei Lösungsreaktionen ist es üblich, den Index c der Einfachheit halber wegzulassen; wir schreiben daher im folgenden K statt K_c.

Bei diesen Überlegungen haben wir vorausgesetzt, daß sich die Lösungen unter der Standardkonzentration von 1 mol l^{-1} wie bei idealer Verdünnung verhalten, die Wechselwirkungen der gelösten Moleküle untereinander also vernachlässigt werden können. Das ist nur näherungsweise der Fall, und die Betrachtung muß an späterer Stelle noch verfeinert werden.

Als Beispiel betrachten wir die Bildung eines Molekülkomplexes zwischen Jod und Dioxan in n-Heptan

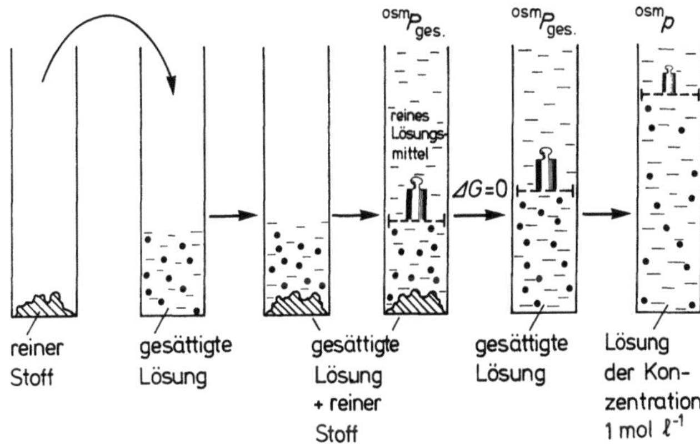

Aus der Lichtabsorption des Komplexes im Sichtbaren

kann die Konzentration bestimmt werden. Man findet für die Gleichgewichtskonstante [18.2] bei 298 K

$$K = \frac{C_{\text{Komplex}}}{C_{J_2} \cdot C_{\text{Dioxan}}} = 9{,}3$$

und daraus folgt

$$\Delta G^0_{298} = -5{,}5 \text{ kJ mol}^{-1}.$$

18.2 ΔG bei Reaktionen in Lösung aus freien Bildungsenthalpien

18.2.1 Lösung neutraler Teilchen

ΔG für Reaktionen in Lösung können wir uns, ähnlich wie bei Reaktionen von Gasen und nicht mischbaren kondensierten Reaktionsteilnehmern, aus den freien Bildungsenthalpien der Reaktionsteilnehmer zusammengesetzt denken. Die freie Bildungsenthalpie eines in Wasser gelösten Stoffes, $\Delta G^0_{B,aq}$ ergibt sich aus der freien Bildungsenthalpie des reinen Stoffes (ΔG^0_B, Tabelle Q.1) und der Änderung der freien Enthalpie bei der Überführung des Stoffes in eine wäßrige Lösung der Konzentration von 1 mol l^{-1} (Abb. 18.3).

Zur Berechnung dieses Beitrages denken wir uns ein Gefäß, das eine gesättigte Lösung des Stoffes (Sättigungskonzentration C) enthält; zu dieser Lösung geben wir eine bestimmte Menge des Stoffes hinzu. Da es sich um eine gesättigte Lösung handelt, bleibt der Stoff als Bodenkörper liegen, so daß bei diesem Vorgang keine

Abb. 18.3. Isotherm reversible Auflösung eines reinen Stoffes in einem Lösungsmittel

Arbeit zuzuführen ist. Nun bringen wir einen semipermeablen Stempel an, belasten ihn mit einem Gewicht (Sättigungsdruck ^{osm}P) und füllen darüber reines Lösungsmittel ein. Dann lassen wir den Stempel so weit hochsteigen, bis der Bodenkörper gerade aufgelöst ist; bei diesem Schritt ist $\Delta G = 0$, weil der Prozeß isotherm reversibel und bei konstantem Druck erfolgt. Schließlich wird die gesättigte Lösung isotherm reversibel auf die Konzentration $c = 1\ \mathrm{mol\,l^{-1}}$ gebracht. Für diesen Schritt ist

$$\Delta G = \mathbf{n}\mathbf{R}T \ln \frac{1\ \mathrm{mol\,l^{-1}}}{C}, \qquad (18.19)$$

wenn die Einflüsse durch die Wechselwirkung der gelösten Teilchen vernachlässigt werden. Es ist somit

$$\Delta G^0_{\mathrm{B,aq}} = \Delta G^0_{\mathrm{B}} + \mathbf{n}\mathbf{R}T \ln \frac{1\ \mathrm{mol\,l^{-1}}}{C}. \qquad (18.20)$$

Beispielsweise gilt für eine Lösung von Glucose in Wasser [18.3]

$$C = 3{,}4\ \mathrm{mol\,l^{-1}}$$

bei $T = 298$ K. Damit wird

$$\Delta \mathbf{G}^0_{\mathrm{B,aq}} = -910{,}56\ \mathrm{kJ\,mol^{-1}} - 3{,}03\ \mathrm{kJ\,mol^{-1}}$$
$$= -913{,}59\ \mathrm{kJ\,mol^{-1}}.$$

Dieser Wert unterscheidet sich etwas von dem in Tabelle Q.1 für α-D-Glucose angegebenen Wert $-914{,}54$ kJ mol^{-1}; dies liegt daran, daß die Beziehung (18.20) bei großen Konzentrationen nur näherungsweise gilt.

Dieses Verfahren ist nicht möglich, wenn der untersuchte Stoff in dem Lösungsmittel unbegrenzt löslich ist (z.B. Alkohol in Wasser). In diesem Fall gehen wir so vor, daß wir uns den Alkohol auf reversible Weise über die Dampfphase in das Lösungsmittel Wasser gebracht denken. Dazu müssen wir den Alkoholdampf vom Dampfdruck P_0 reversibel auf den Partialdruck P bringen, der über einer wäßrigen Alkohollösung der Konzentration $1\ \mathrm{mol\,l^{-1}}$ herrscht (Abb. 18.4). Der Dampf (Druck P) wird sodann über eine Membran, die nur für die Alkoholmoleküle durchlässig ist, in den Dampfraum über der Lösung gebracht. In dem Maße, in dem dieser Dampf zugeführt wird, gehen Alkoholmoleküle in die Lösung über; für diesen Vorgang ist $\Delta G = 0$, weil der Lösungsvorgang unter dem Gleichgewichtsdampfdruck

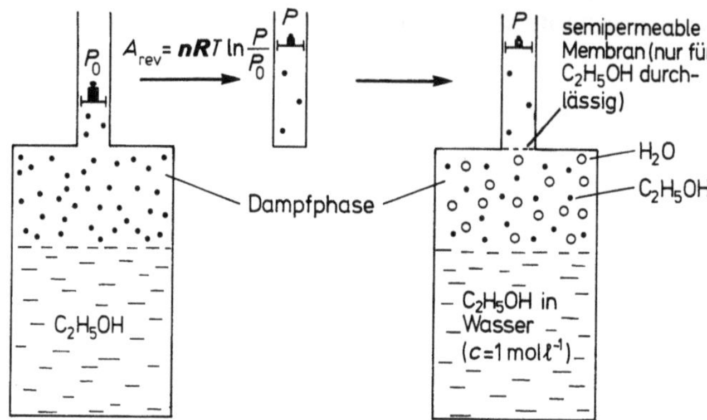

Abb. 18.4. Isotherm reversible Auflösung eines Stoffes, der im Lösungsmittel unbegrenzt löslich ist

abläuft. Es ist somit

$$\Delta G^0_{\mathrm{B,aq}} = \Delta G^0_{\mathrm{B}} + \mathbf{n}\mathbf{R}T \ln \frac{P}{P_0}. \qquad (18.21)$$

Die Dampfdrücke P_0 (reine Substanz) und P (Partialdruck über der Lösung, sind direkt meßbar, so daß $\Delta G^0_{\mathrm{B,aq}}$ auch in diesem Fall leicht angegeben werden kann. Beispielsweise ist im Fall von Äthanol [18.4] bei 298 K $P_0 = 0{,}079$ bar und $P = 0{,}0044$ bar. Damit wird

$$\Delta \mathbf{G}^0_{\mathrm{B,aq}} = -174{,}8\ \mathrm{kJ\,mol^{-1}}$$
$$-7{,}2\ \mathrm{kJ\,mol^{-1}} = -182{,}0\ \mathrm{kJ\,mol^{-1}}$$

in Übereinstimmung mit Tabelle Q.1.

Die so bestimmten freien Bildungsenthalpien in Lösung sind in Tabelle Q.1 neben ΔG^0_{B} aufgeführt. Wir können daraus für beliebige Reaktionen zwischen den tabellierten Stoffen ΔG^0 berechnen. Beispielsweise ergibt sich für die Reaktion

Glyzyl-Alanin → Glyzin + Alanin

in wäßriger Lösung $\Delta G^0 = [(-379{,}9) + (-371{,}3) - (-733{,}9)]$ kJ mol$^{-1} = -17{,}3$ kJ mol^{-1}. Die Reaktion ist mit einer Abnahme von ΔG verbunden, sie findet also bei Vorliegen eines geeigneten Katalysators spontan statt. Entsprechendes gilt für die Hydrolyse von Proteinen.

18.2.2 Lösung von Ionen

Bisher haben wir nur undissoziierte Moleküle in Lösung betrachtet. Wenn man sich überlegt, welchem Prozeß ΔG^0 bei der Reaktion von Ionen zuzuschreiben ist, treten gedankliche Schwierigkeiten insofern auf, daß wir keine Lösungen von Einzelionen in Wasser herstellen können. Dieses Problem wollen wir am Beispiel der Reaktion

$$(HAc)_{aq} + (NaCl)_{aq} \rightarrow (NaAc)_{aq} + (HCl)_{aq}$$

näher diskutieren. Da sich bei dieser Reaktion c_{Na^+} und c_{Cl^-} nicht ändern, können wir uns diese Reaktion auch in der Form

$$HAc \rightarrow Ac^- + H^+ \tag{18.22}$$

geschrieben denken.

Zur Ermittlung von ΔG^0 für diese Reaktion denken wir uns Lösungen von HAc und NaCl, die unter den Konzentrationen $1\,\mathrm{mol}\,l^{-1}$ vorliegen, in den Gleichgewichtskasten gebracht; sodann entnehmen wir dem Gleichgewichtskasten Lösungen von NaAc und HCl und bringen sie auf die Konzentration $1\,\mathrm{mol}\,l^{-1}$ (Abb. 18.5).

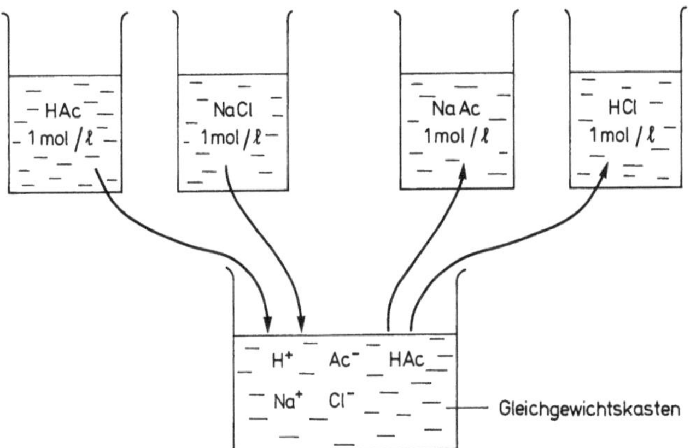

Abb. 18.5. Ausführung der Reaktion $HAc \rightarrow Ac^- + H^+$ unter Standardbedingungen (alle Reaktionsteilnehmer in getrennten Lösungen bei der Konzentration $1\,\mathrm{mol}\,l^{-1}$ vorliegend). Im Gleichgewichtsbehälter liegen die Reaktanden unter den Gleichgewichtskonzentrationen vor

Bei dieser Überlegung ergibt sich eine Schwierigkeit dadurch, daß die Na^+- und Cl^--Ionen im Vorratsgefäß in gleicher Konzentration vorliegen, im Gleichgewichtskasten aber im allgemeinen unterschiedliche Konzentrationen (C_{Na^+}, C_{Cl^-}) besitzen. Aus Gründen der Elektroneutralität können wir nicht die Na^+- bzw. Cl^--Ionen einzeln auf diese neuen Konzentrationen bringen, sondern nur gemeinsam. Dies erreichen wir auf folgende Weise. In einem ersten Schritt bringen wir Na^+- und Cl^--Ionen aus der NaCl-Lösung reversibel von $1\,\mathrm{mol}\,l^{-1}$ auf die Konzentration

$$c_{Na^+} = c_{Cl^-} = \sqrt{(C_{Na^+})(C_{Cl^-})}\,, \tag{18.23}$$

sodann verbinden wir das Gefäß mit dieser neuen Lösung über eine semipermeable Membran, die für Na^+ und Cl^- durchlässig ist, mit dem Gleichgewichtskasten und drücken Na^+- und Cl^--Ionen in den Gleichgewichtskasten hinein (Abb. 18.6). Dieser Prozeß ist reversibel; er erfolgt bei Wegnahme eines kleinen Zusatzgewichtes in umgekehrter Richtung. Diese Aussage können wir leicht begründen; wir müssen nur zeigen, daß bei dem Prozeß neben der Druckvolumenarbeit keine zusätzliche Arbeit zuzuführen ist. Ist z. B. $c_{Na^+} < C_{Na^+}$, so muß Arbeit zugeführt werden, um die Na^+-Ionen zu transportieren; andererseits ist dann wegen (18.23) $c_{Cl^-} > C_{Cl^-}$, so daß beim Transport der Cl^--Ionen Arbeit frei wird. Beide Arbeiten heben sich gegenseitig auf, weil der Ausdruck

$$\mathbf{n}\boldsymbol{R}T\ln\frac{C_{Na^+}}{c_{Na^+}} + \mathbf{n}\boldsymbol{R}T\ln\frac{C_{Cl^-}}{c_{Cl^-}} = \mathbf{n}\boldsymbol{R}T\ln\frac{C_{Na^+}C_{Cl^-}}{c_{Na^+}c_{Cl^-}} \tag{18.24}$$

durch die Festlegung (18.23) gerade Null wird.

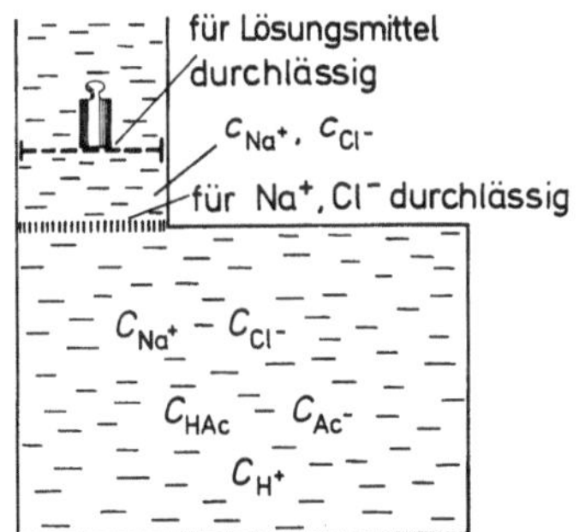

Abb. 18.6. Überführung von NaCl (Konzentration $c_{Na^+} = c_{Cl^-}$) in den Gleichgewichtskasten (Konzentrationen C_{Na^+}, C_{Cl^-}). Der Prozeß erfolgt reversibel, wenn die Konzentrationen gemäß (18.23) festgelegt sind

Um die Ausgangsstoffe in den Gleichgewichtskasten zu bringen, ist somit insgesamt die Arbeit

$$\mathbf{n}\boldsymbol{R}T\ln\frac{C_{Na^+}}{1\,\mathrm{mol}\,l^{-1}} + \mathbf{n}\boldsymbol{R}T\ln\frac{C_{Cl^-}}{1\,\mathrm{mol}\,l^{-1}}$$

$$+ \mathbf{n}\boldsymbol{R}T\ln\frac{C_{HAc}}{1\,\mathrm{mol}\,l^{-1}}$$

$$= \mathbf{n}\boldsymbol{R}T\ln\left(\frac{C_{Na^+}}{1\,\mathrm{mol}\,l^{-1}}\cdot\frac{C_{Cl^-}}{1\,\mathrm{mol}\,l^{-1}}\cdot\frac{C_{HAc}}{1\,\mathrm{mol}\,l^{-1}}\right) \tag{18.25}$$

zuzuführen. Entsprechendes gilt für die Entnahme der Endprodukte, so daß wir schließlich für ΔG den Ausdruck

$$\Delta G^0 = \mathbf{n}\mathbf{R}T \ln \left(\frac{\{C_{Na^+}\}\{C_{Cl^-}\}\{C_{HAc}\}}{\{C_{Na^+}\}\{C_{Ac^-}\}\{C_{H^+}\}\{C_{Cl^-}\}} \right)$$

$$= -\mathbf{n}\mathbf{R}T \ln \left(\frac{\{C_{AC^-}\}\{C_{H^+}\}}{\{C_{HAc}\}} \right) \qquad (18.26)$$

erhalten.

Bei üblichen Konzentrationen dissoziiert die Essigsäure in Wasser nur sehr wenig, es liegt also in dem Gleichgewichtsbehälter HAc in großer Konzentration, Ac^- dagegen in kleiner Konzentration vor. Es wird daher nur wenig Energie frei, wenn HAc von der Ausgangskonzentration $1 \, mol \, l^{-1}$ auf die Gleichgewichtskonzentration gebracht wird; dagegen ist eine sehr große Energie aufzuwenden, um Ac^- von der winzigen Gleichgewichtskonzentration auf die Konzentration $1 \, mol \, l^{-1}$ zu bringen; ΔG^0 ist also positiv.

Obwohl wir im Prinzip ΔG^0 jeder Ionenreaktion über einen entsprechenden Umweg bestimmen können, ist es nützlich, auch für Einzelionen in Lösung freie Bildungsenthalpien zu tabellieren.

Beispielsweise läßt sich $\Delta G^0_{B,aq}$ von NaCl und von HCl formal als

$$\Delta G^0_{B,aq}(NaCl) = \Delta G^0_{B,aq}(Na^+) + \Delta G^0_{B,aq}(Cl^-) \quad (18.27)$$

$$\Delta G^0_{B,aq}(HCl) = \Delta G^0_{B,aq}(H^+) + \Delta G^0_{B,aq}(Cl^-) \quad (18.28)$$

schreiben. Nun legt man willkürlich fest, daß

$$\Delta G^0_{B,aq}(H^+) = 0 \qquad (18.29)$$

ist. Dann erhält man

$$\Delta G^0_{B,aq}(Cl^-) = \Delta G^0_{B,aq}(HCl) \qquad (18.30)$$

$$\Delta G^0_{B,aq}(Na^+) = \Delta G^0_{B,aq}(NaCl) - \Delta G^0_{B,aq}(HCl) . \qquad (18.31)$$

Auf diese Weise wurden die Zahlenwerte für die Einzelionen in Tabelle Q.1 berechnet.

Als ein Beispiel betrachten wir die Reaktion

$$Zn + 2H^+ \rightarrow Zn^{2+} + H_2 .$$

Nach Tabelle Q.1 ist

$$\Delta G^0_B(Zn) = 0, \; \Delta G^0_{B,aq}(H^+) = 0,$$
$$\Delta G^0_{B,aq}(Zn^{2+}) = -147,2 \, kJ \, mol^{-1}$$

und

$$\Delta G^0_B(H_2) = 0.$$

Somit ist für die betrachtete Reaktion $\Delta G^0 = -147,2 \, kJ \, mol^{-1}$. Dieses Ergebnis bedeutet, daß sich Zink in Säure (Konzentration $1 \, mol \, l^{-1}$) spontan auflöst, wenn der Wasserstoff unter dem Druck von 1,013 bar entweichen kann und die Zink-Ionen in einer Konzentration von $1 \, mol \, l^{-1}$ entstehen.

Zn^{2+}-Ionen bilden mit Cyanid den Tetracyanokomplex $[Zn(CN)_4]^{2-}$

$$Zn^{2+} + 4CN^- \rightarrow [Zn(CN)_4]^{2-} .$$

Mit

$$\Delta G^0_{B,aq}(Zn^{2+}) = -147,2 \, kJ \, mol^{-1},$$
$$\Delta G^0_{B,aq}(CN^-) = 165,7 \, kJ \, mol^{-1} \quad und$$
$$\Delta G^0_{B,aq}(Zn(CN)_4^{2-}) = 446,9 \, kJ \, mol^{-1}$$

erhalten wir für diese Reaktion $\Delta G^0 = -68,7 \, kJ \, mol^{-1}$. Diese Reaktion läuft also unter Standardbedingungen ebenfalls freiwillig ab. Aus ΔG^0 können wir die Komplexbildungskonstante

$$K = \frac{C_{Zn(CN)_4^{2-}}}{C_{Zn^{2+}} \, C_{CN^-}^4}$$

berechnen; es ist

$$\{K\} = e^{-\Delta G^0/(\mathbf{R}T)} = 5,5 \cdot 10^{16}$$

und somit

$$K = 5,5 \cdot 10^{16} \, mol^{-4} \, l^4 .$$

18.3 Protonenübertragungsreaktionen

18.3.1 Dissoziation einer schwachen Säure (Essigsäure)

Reaktionen vom Typ

$$AH \rightarrow A^- + H^+ \qquad (18.32)$$

haben wir bereits am Beispiel der Dissoziation der Essigsäure kennengelernt; bei diesen Reaktionen wird von dem Molekül AH ein Proton abgegeben, das auf ein anderes Molekül (hier H_2O) übertragen werden kann (Protonenübertragungsreaktionen). Für die Gleichgewichtskonstante K gilt in diesem Fall

$$K = \frac{C_{A^-} C_{H^+}}{C_{AH}} \tag{18.33}$$

(C_{A^-}, C_{H^+} und C_{AH} sind die Gleichgewichtskonzentrationen der Reaktionspartner).

Aus Zweckmäßigkeitsgründen führt man zur Beschreibung dieses Gleichgewichtes den Begriff des pK-Wertes

$$pK = -\lg\{K\} \tag{18.34}$$

und des pH-Wertes

$$pH = -\lg\{C_{H^+}\} \tag{18.35}$$

ein. Damit ergibt sich aus (18.33)

$$pK = -\lg\frac{\{C_{A^-}\}\{C_{H^+}\}}{\{C_{AH}\}} = -\lg\frac{C_{A^-}}{C_{AH}} + pH . \tag{18.36}$$

Dissoziation schwacher Säuren

Beispielsweise ist für die Dissoziation von Essigsäure HAc

$$HAc \rightarrow Ac^- + H^+ \tag{18.37}$$

pK = 4.62. Dieser Wert läßt sich leicht durch Messen der Gleichgewichtskonzentrationen der Reaktionspartner ermitteln.

Lösen wir Essigsäure in Wasser auf, dann entstehen genauso viele Ac^--Ionen wie H^+-Ionen; bezeichnen wir die Einwaagekonzentration an Essigsäure mit c_0, dann ist

$$K = \frac{C_{H^+}^2}{c_0 - C_{H^+}} . \tag{18.38}$$

Es gilt dann

$$C_{H^+} = -\tfrac{1}{2}K + \sqrt{c_0 K + \tfrac{1}{4}K^2} . \tag{18.39}$$

Beispielsweise ist für $c_0 = 1 \ mol \ l^{-1}$ $C_{H^+} = 10^{-2,31} \ mol \ l^{-1}$ und somit pH = 2,31.

Bei diesem Beispiel liegt nur ein geringer Teil der Essigsäure dissoziiert vor. Lösen wir gleiche Mengen von Essigsäure und Acetat in Wasser auf, dann ist praktisch $C_{HAc} = C_{Ac^-}$, und wir erhalten aus (18.36)

$$pH = pK + \lg\frac{C_{Ac^-}}{C_{HAc}} = pK = 4,62 . \tag{18.40}$$

Der pH-Wert ist in diesem Fall unabhängig von c_0. Bei Zugabe einer kleinen Menge einer starken Säure oder Base zu einer solchen Lösung ändert sich der pH nur wenig, wenn c_0 genügend groß (z. B. 0,1 $mol \ l^{-1}$) ist; solche Lösungen nennt man Pufferlösungen.

Lösen wir die Essigsäure nicht in Wasser auf, sondern in einer Pufferlösung mit einem festgelegten pH-Wert, dann gilt (falls die zugegebene Menge so klein ist, daß sich der pH-Wert der Pufferlösung dabei nicht ändert) nach (18.33)

$$\frac{C_{Ac^-}}{C_{HAc}} = K \frac{1}{C_{H^+}} = 10^{(pH - pK)} . \tag{18.41}$$

Für pH = pK finden wir $C_{Ac^-}/C_{HAc} = 1$, die Essigsäure ist also gerade zur Hälfte dissoziiert; in saurer Lösung ist pH klein, und deshalb ist der Exponent stark negativ: die Säure liegt praktisch undissoziiert vor; in alkalischer Lösung ist pH groß, damit wird der Exponent stark positiv: die Säure liegt praktisch völlig dissoziiert vor.

Für quantitative Betrachtungen ist es zweckmäßiger, anstelle des Verhältnisses C_{Ac^-}/C_{HAc} den Bruchteil α der Einwaagekonzentration an Essigsäure anzugeben, der als Ac^- vorliegt (Dissoziationsgrad). Es ist

$$\alpha = \frac{C_{Ac^-}}{c_0} = \frac{c_0 - C_{HAc}}{c_0} = 1 - \frac{C_{HAc}}{c_0} \tag{18.42}$$

und somit nach (18.33)

$$K = \frac{c_0 \alpha C_{H^+}}{c_0(1 - \alpha)} = \frac{\alpha}{1 - \alpha} C_{H^+} . \tag{18.43}$$

Damit wird

$$\alpha = \frac{1}{1 + 10^{(pK - pH)}} . \tag{18.44}$$

In Abb. 18.7 ist der Dissoziationsgrad α für Essigsäure (pK = 4,62) in Abhängigkeit vom pH-Wert der Lösung dargestellt. Bemerkenswert ist der sehr steile Anstieg der Kurve im Bereich pH $\approx$ pK. Nimmt man an Stelle der Essigsäure eine Säure, deren Anion farbig ist, z.B. Phenolphthalein

$$\text{Phenolphthalein} \rightleftharpoons \text{Phenolphthalein-Anion}$$
$$\text{farblos} \qquad\qquad \text{rot}\,,$$

dann ergibt sich in diesem Bereich ein plötzlicher Farbumschlag; solche Säuren lassen sich daher als Indikatoren bei Säure-Base-Titrationen verwenden.

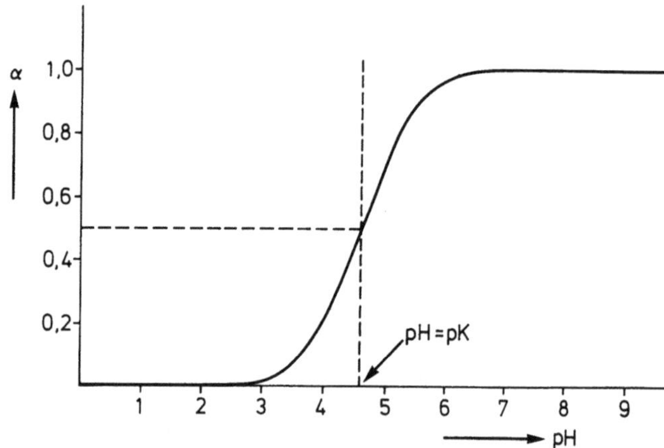

Abb. 18.7. Dissoziationsgrad von Essigsäure in Abhängigkeit vom pH-Wert der Lösung (pK = 4,62)

Titrationskurven schwacher Säuren

Geben wir zu einer Lösung von Essigsäure in Wasser steigende Mengen an Natronlauge (Säuretitration), dann steigt der pH-Wert von dem Anfangswert pH = 2,31 (bei $c_0 = 1\ \text{mol}\,l^{-1}$) aus an, weil über die Reaktion

$$H^+ + OH^- \rightarrow H_2O \tag{18.45}$$

Protonen von der Essigsäure auf die OH^--Ionen übertragen werden. Bezeichnen wir die Gleichgewichtskonstante für die Dissoziationsreaktion des Wassers mit K_W, dann ist

$$K_W = C_{H^+} C_{OH^-} = 10^{-14}\,(\text{mol}\,l^{-1})^2\,. \tag{18.46}$$

Zusammen mit der Beziehung

$$K = \frac{C_{Ac^-}\,C_{H^+}}{C_{HAc}} \tag{18.47}$$

und den Bilanzgleichungen

$$C_{HAc} + C_{Ac^-} = c_0 \qquad \text{(Stoffbilanz)} \tag{18.48}$$

$$C_{H^+} + C_{Na^+} = C_{OH^-} + C_{Ac^-} \tag{18.49}$$
(Neutralitätsbedingung)

ist es im Prinzip möglich, für beliebige Zugaben von NaOH (die zugegebene Menge $\mathbf{n}_{NaOH}$ ist gleich der Menge an gebildeten Na^+-Ionen) den pH-Wert der Lösung zu berechnen. Durch Kombination dieser Beziehungen erhalten wir mit $C_{Na^+} = \mathbf{n}_{NaOH}/V$ (V: Volumen der Lösung)

$$K = \frac{C_{H^+}\left(C_{H^+} + C_{Na^+} - \dfrac{K_W}{C_{H^+}}\right)}{c_0 - \left(C_{H^+} + C_{Na^+} - \dfrac{K_W}{C_{H^+}}\right)}$$

$$= C_{H^+}\left[\frac{c_0}{C_{H^+} + \dfrac{\mathbf{n}_{NaOH}}{V} - \dfrac{K_W}{C_{H^+}}} - 1\right]^{-1}. \tag{18.50}$$

Bei der Auflösung dieses Ausdrucks nach C_{H^+} ergibt sich eine kubische Gleichung; es ist daher für die weitere Auswertung vorteilhafter, den Ausdruck nach $\mathbf{n}_{NaOH}$ aufzulösen:

$$\mathbf{n}_{NaOH} = V\left[\frac{Kc_0}{C_{H^+} + K} - \left(C_{H^+} - \frac{K_W}{C_{H^+}}\right)\right]. \tag{18.51}$$

Es lassen sich dann leicht die zugehörigen Wertepaare von $\mathbf{n}_{NaOH}$ und C_{H^+} berechnen, so daß man den pH-Wert in Abhängigkeit von $\mathbf{n}_{NaOH}$ auftragen kann (Tab. 18.1 und Abb. 18.8). Wir können einige spezielle Werte leicht überschauen. So ist vor der Zugabe der Natronlauge $\mathbf{n}_{NaOH} = 0$, und K_W/C_{H^+} ist gegenüber C_{H^+} vernachlässigbar klein; damit resultiert der Ausdruck (18.39), und es ist pH = 2,31 für $c_0 = 1\ \text{mol}\,l^{-1}$. Ist $\mathbf{n}_{NaOH}/V = \tfrac{1}{2}c_0$, dann kann man C_{H^+} und K_W/C_{H^+} im Nenner vernachlässigen, und es wird $K = C_{H^+}$ (also pH = 4,62). Ist

Tabelle 18.1. Titration von Essigsäure ($c_0 = 1\ \mathrm{mol\,l^{-1}}$) mit Natronlauge. Berechnung von Wertepaaren pH/n_{NaOH} gemäß (18.51) ($K = 10^{-4,62}\ \mathrm{mol\,l^{-1}}$, $K_W = 10^{-14}\ \mathrm{mol^2\,l^{-2}}$, $V = 1\ \mathrm{l}$). Es wurde

$$A = \frac{Kc_0}{C_{H^+} + K}; \qquad B = C_{H^+} - \frac{K_W}{C_{H^+}}$$

gesetzt

pH	$\dfrac{C_{H^+}}{\mathrm{mol\,l^{-1}}}$	$\dfrac{A}{\mathrm{mol\,l^{-1}}}$	$\dfrac{B}{\mathrm{mol\,l^{-1}}}$	$\dfrac{n_{\mathrm{NaOH}}}{\mathrm{mol}}$
2,31	$4,9 \cdot 10^{-3}$	0,005	$4,9 \cdot 10^{-3}$	0,000
3	$1,0 \cdot 10^{-3}$	0,024	$1,0 \cdot 10^{-3}$	0,023
4	$1,0 \cdot 10^{-4}$	0,193	$1,0 \cdot 10^{-4}$	0,193
4,5	$3,2 \cdot 10^{-5}$	0,426	$3,2 \cdot 10^{-5}$	0,426
4,62	$2,3 \cdot 10^{-5}$	0,500	$2,4 \cdot 10^{-5}$	0,500
5	$1,0 \cdot 10^{-5}$	0,705	$1,0 \cdot 10^{-5}$	0,705
6	$1,0 \cdot 10^{-6}$	0,960	$1,0 \cdot 10^{-6}$	0,960
7	$1,0 \cdot 10^{-7}$	1,000	0,0	1,000
8	$1,0 \cdot 10^{-8}$	1,000	$-1,0 \cdot 10^{-6}$	1,000
9	$1,0 \cdot 10^{-9}$	1,000	$-1,0 \cdot 10^{-5}$	1,000
10	$1,0 \cdot 10^{-10}$	1,000	$-1,0 \cdot 10^{-4}$	1,000
11	$1,0 \cdot 10^{-11}$	1,000	$-1,0 \cdot 10^{-3}$	1,001
12	$1,0 \cdot 10^{-12}$	1,000	$-1,0 \cdot 10^{-2}$	1,010
13	$1,0 \cdot 10^{-13}$	1,000	$-1,0 \cdot 10^{-1}$	1,100
13,25	$5,6 \cdot 10^{-14}$	1,000	$-0,178$	1,178
13,5	$3,2 \cdot 10^{-14}$	1,000	$-0,313$	1,313
13,75	$1,8 \cdot 10^{-14}$	1,000	$-0,555$	1,555
14	$1,0 \cdot 10^{-14}$	1,000	$-1,000$	2,000

$n_{\mathrm{NaOH}}/V = c_0$, dann ist

$$K = C_{H^+}\frac{c_0 + C_{H^+} - K_W/C_{H^+}}{K_W/C_{H^+} - C_{H^+}}$$

$$\approx C_{H^+}\frac{c_0}{K_W/C_{H^+} - C_{H^+}}, \qquad (18.52)$$

da wir in diesem Fall ($C_{H^+} - K_W/C_{H^+}$) wiederum gegenüber c_0 vernachlässigen können; daraus folgt

$$C_{H^+} = \sqrt{\frac{KK_W}{c_0 + K}} = 10^{-9,31} \cdot \mathrm{mol\ l^{-1}}, \qquad (18.53)$$

also pH = 9,31 für $c_0 = 1\ \mathrm{mol\,l^{-1}}$.

Schließlich liegt für $n_{\mathrm{NaOH}}/V = 2\,c_0$ ein Überschuß an Natronlauge vor, und es ist dann $C_{H^+} \approx K_W/c_0$, also pH = 14 für $c_0 = 1\ \mathrm{mol\,l^{-1}}$.

18.3.2 Mehrstufige Dissoziation (Aminosäure)

Ein etwas komplizierterer Fall liegt bei der Dissoziation einer Aminosäure vor. Beispielsweise sind beim Glycin

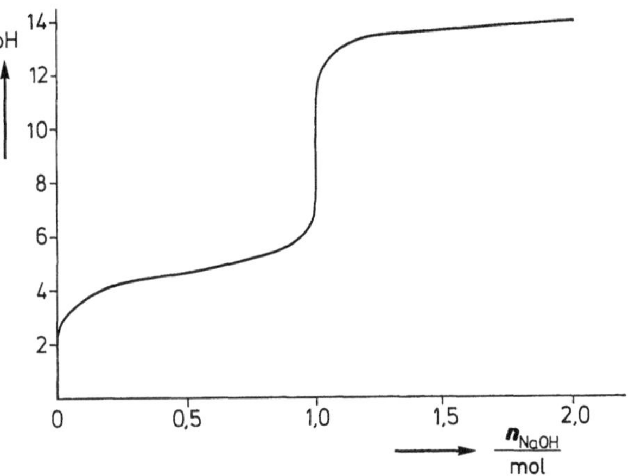

Abb. 18.8. Titration von Essigsäure ($c_0 = 1\ \mathrm{mol\,l^{-1}}$) mit Natronlauge; pH in Abhängigkeit von n_{NaOH} (Menge der zugegebenen Natronlauge). Das Volumen V wurde als konstant angenommen ($V = 1\ \mathrm{l}$)

zwei verschiedene Protonenübertragungsreaktionen möglich, nämlich an der Carboxylgruppe und an der Aminogruppe:

$$
\overset{\oplus}{H_3N}-CH_2-C{\small\begin{smallmatrix}O\\ \\OH\end{smallmatrix}} \xrightarrow{K_1} \overset{\oplus}{H_3N}-CH_2-C{\small\begin{smallmatrix}O\\ \\O^{\ominus}\end{smallmatrix}} +H^+ \qquad (18.54)
$$

$$
\underset{B}{\overset{\oplus}{H_3N}-CH_2-C{\small\begin{smallmatrix}O\\ \\O^{\ominus}\end{smallmatrix}}} \xrightarrow{K_2} \underset{C}{H_2N-CH_2-C{\small\begin{smallmatrix}O\\ \\O^{\ominus}\end{smallmatrix}}} +H^+
$$

Die Form A (Kation) ist in saurer Lösung, die Form C (Anion) ist in alkalischer Lösung stabil; die Form B (Zwitterion) existiert bei einem mittleren pH-Wert (isoelektrischer Punkt). Bei einem beliebigen pH-Wert müssen die Gleichgewichtsbedingungen

$$K_1 = \frac{C_{H^+} C_B}{C_A} \qquad K_2 = \frac{C_{H^+} C_C}{C_B} \qquad (18.55)$$

($K_1 = 10^{-2,4}\ \mathrm{mol\,l^{-1}}$, $K_2 = 10^{-9,8}\ \mathrm{mol\,l^{-1}}$) gleichzeitig erfüllt sein; man spricht daher auch von *gekoppelten Reaktionen*. Für eine vollständige Beschreibung des Systems müssen die weiteren Beziehungen

$$
\begin{aligned}
C_A + C_B + C_C &= c_0 \quad &\text{(Stoffbilanz)}\\
C_{H^+} + C_A &= C_C \quad &\text{(Elektroneutralität)}
\end{aligned}
\qquad (18.56)
$$

gelten, wenn wir die Eigendissoziation des Wassers vernachlässigen. Damit können wir angeben, welcher pH-Wert sich beim Auflösen der Aminosäure in Wasser einstellt. Gehen wir davon aus, daß die Hauptmenge der Aminosäure in der Form B vorliegt, dann können wir näherungsweise $C_B = c_0$ setzen, und es folgt dann aus (18.55) und (18.56)

$$K_1 = \frac{C_{H^+} c_0}{C_A} \qquad K_2 = \frac{C_{H^+}(C_{H^+} + C_A)}{c_0} . \qquad (18.57)$$

Aus diesen Gleichungen eliminieren wir C_A:

$$C_A = \frac{C_{H^+} c_0}{K_1} = \frac{c_0}{C_{H^+}}\left(K_2 - \frac{C_{H^+}^2}{c_0}\right). \qquad (18.58)$$

Ist weiter $C_{H^+}^2 / c_0 \ll K_2$, dann folgt daraus:

$$C_{H^+}^2 = K_1 K_2 \qquad (18.59)$$

bzw.

$$pH = \tfrac{1}{2}(pK_1 + pK_2) = \tfrac{1}{2}(2{,}4 + 9{,}8) = 6{,}1 , \qquad (18.60)$$

sowie $C_A \approx c_0 \cdot 10^{-3,7}$; weiter ist $C_C \approx C_A$ für $C_A \gg C_{H^+}$.

Es muß nachträglich geprüft werden, wieweit die Voraussetzung $C_{H^+}^2 / c_0 \ll K_2$ erfüllt ist. Es ist

$$C_{H^+}^2 = (10^{-6,1})^2 \,(\text{mol}\,l^{-1})^2 = 10^{-12,2}\,(\text{mol}\,l^{-1})^2;$$

mit $c_0 = 1\,\text{mol}\,l^{-1}$ bzw. $\tfrac{1}{50}\,\text{mol}\,l^{-1}$

ergibt sich also

$$C_{H^+}^2 / c_0 = 10^{-12,2}\ \text{bzw.}\ 10^{-10,5}\,\text{mol}\,l^{-1}.$$

In beiden Fällen ist der Wert klein gegen $K_2 = 10^{-9,8}\,\text{mol}\,l^{-1}$. Bei höherer Verdünnung trifft das nicht mehr zu. Wäre nur die Dissoziation $B \to C + H^+$ möglich, dann würde sich analog wie beim Beispiel der Essigsäure nach (18.40)

$$pH = -\lg\left(-\tfrac{1}{2}K_2 + \sqrt{c_0 K_2 + \tfrac{1}{4}K_2^2}\right)$$

(pH = 4,9 für $c_0 = 1\,\text{mol}\,l^{-1}$) ergeben; wäre nur die Assoziation $B + H^+ \to A$ möglich, dann wäre entsprechend $C_A = C_{OH^-}$ zu setzen, weil für jedes dem Wasser entnommene H^+-Ion ein OH^--Ion nachgeliefert wird; mit (18.55) und (18.57) ist dann

$$K_1 = \frac{C_B C_{H^+}}{C_A} = \frac{C_B C_{H^+}}{C_{OH^-}} = \frac{C_B C_{H^+}}{K_W / C_{H^+}} \qquad (18.61)$$

und somit, wenn wir wieder C_B durch c_0 annähern,

$$pH = \tfrac{1}{2}(pK_1 + pK_W - \lg\{c_0\})$$

(pH = 8,2 für $c_0 = 1\,\text{mol}\,l^{-1}$) zu erwarten. An diesem Beispiel ist deutlich zu erkennen, wie sich die Konkurrenz beider Gleichgewichte auf den pH-Wert auswirkt.

18.3.3 Kopplung der Dissoziation mehrerer schwacher Säuren (Essigsäure und Phenol)

Durch die Gleichgewichtskonstante sind die ΔG^0-Werte der Dissoziationsreaktion gegeben. Beispielsweise gilt im Fall der Essigsäure bei 298 K

$$\Delta G^0 = -RT \ln\{K\} = 2{,}303\,RT\,pK = 26{,}4\,\text{kJ}\,\text{mol}^{-1}$$

und für die Dissoziation von Phenol (pK = 9,89)

$$\text{C}_6\text{H}_5\text{OH} \longrightarrow \text{C}_6\text{H}_5\text{O}^- + \text{H}^+ \qquad (18.64)$$

$\Delta G^0 = +56{,}5\,\text{kJ}\,\text{mol}^{-1}$. Aus diesen Werten können wir beispielsweise schließen, ob die Reaktion

$$\text{C}_6\text{H}_5\text{O}^- + \text{HAc} \longrightarrow \text{C}_6\text{H}_5\text{OH} + \text{Ac}^- \qquad (18.65)$$

spontan ablaufen kann. Es ist hierfür, da diese Reaktion als Differenz beider Teilreaktionen (18.37) und (18.64) aufgefaßt werden kann,

$$\Delta G^0 = +26{,}4\,\text{kJ}\,\text{mol}^{-1} - 56{,}5\,\text{kJ}\,\text{mol}^{-1}$$
$$= -30{,}1\,\text{kJ}\,\text{mol}^{-1} .$$

ΔG^0 ist negativ, diese Reaktion läuft also unter Standardbedingungen spontan ab. Für die Gleichgewichtskonstante gilt

$$\ln\{K\} = \ln\frac{\{C_{Ac^-}\}\{C_{Phenol}\}}{\{C_{HAc}\}\{C_{Phenolat}\}} = -\frac{\Delta G^0}{RT} = 12{,}1 \qquad (18.66)$$

bzw.

$$\frac{C_{Ac^-} C_{Phenol}}{C_{HAc} C_{Phenolat}} = 10^{+5,3} .$$

Dieser Ausdruck ist sehr groß, es liegt im Gleichgewicht also praktisch alles Phenol undissoziiert vor.

18.4 Elektronenübertragungsreaktionen (Redoxreaktionen)

18.4.1 Auflösen von Metallen in Säure

Stellen wir einen Zinkstab in ein Becherglas mit verdünnter Säure, dann läuft die Reaktion

$$\tfrac{1}{2}Zn + H^+ \rightarrow \tfrac{1}{2}Zn^{2+} + \tfrac{1}{2}H_2 \qquad (18.67)$$

spontan ab. Bei dieser Reaktion gibt das metallische Zink Elektronen ab und überträgt sie auf die Protonen in der Lösung

$$\boxed{\tfrac{1}{2}Zn \rightarrow \tfrac{1}{2}Zn^{2+} + e^-} \quad \boxed{e^- + H^+ \rightarrow \tfrac{1}{2}H_2} . \qquad (18.68)$$

Solche Reaktionen nennt man deshalb *Elektronenübertragungsreaktionen* oder auch *Redoxreaktionen*. In dem betrachteten Fall ist $\Delta G^0_{298} = \tfrac{1}{2}\Delta G_{B,aq}(Zn^{2+}) = -73{,}6\ kJ\ mol^{-1}$, die Reaktion läuft also unter Standardbedingungen spontan ab. Würden wir die Reaktion in einem geschlossenen Gefäß ablaufen lassen, dann würde der H_2-Druck in dem Gefäß ansteigen, und zwar so lange, bis $\Delta G = 0$ wird. Zur Berechnung dieses maximalen Druckes gehen wir von der Beziehung

$$\Delta G = \Delta G^0 + \mathbf{n}\mathbf{R}T \ln \frac{\{c_{Zn^{2+}}\}^{1/2} \{p_{H_2}\}^{1/2}}{\{c_{H^+}\}} \qquad (18.69)$$

aus; nehmen wir an, daß die Konzentrationen an Zn^{2+}- und H^+-Ionen in dem Gefäß während der Reaktion auf $1\ mol\ l^{-1}$ gehalten werden (dies können wir dadurch erreichen, daß wir den Zinkstab in ein großes Volumen einer Lösung stellen, die 1 molar an H^+- und Zn^{2+}-Ionen ist), dann wird im Gleichgewicht ($\Delta G = 0$)

$$\{p_{H_2}\} = \{P_{H_2}\} = \exp\left[-2\Delta G^0/(\mathbf{R}T)\right]$$
$$= \exp(2 \cdot 73{,}6 \cdot 10^3/2480) \approx 10^{26} .$$

Die Reaktion würde also erst bei einem Druck von $1{,}013 \cdot \{P_{H_2}\}\ bar \approx 10^{26}\ bar$ zum Stillstand kommen.

Andererseits findet man für die Reaktion

$$\tfrac{1}{2}Cu + H^+ \rightarrow \tfrac{1}{2}Cu^{2+} + \tfrac{1}{2}H_2 \qquad (18.70)$$

$\Delta G^0 = +32{,}5\ kJ\ mol^{-1}$, das metallische Kupfer geht also unter Standardbedingungen nicht von allein in Lösung (es ist $P_{H_2} \approx 10^{-12}\ bar$, Abb. 18.9).

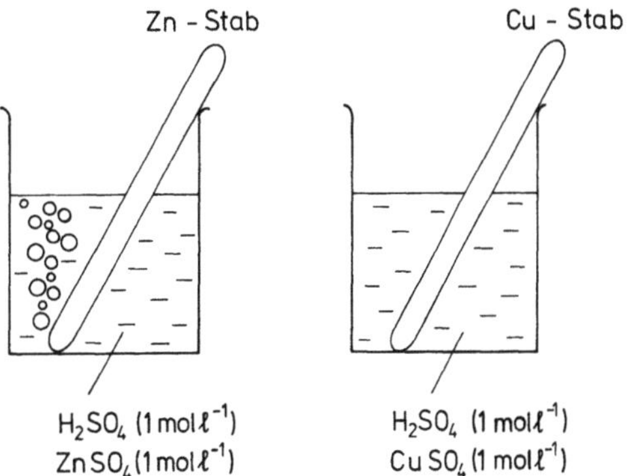

Abb. 18.9. Unterschiedliches Verhalten eines Zinkstabes und eines Kupferstabes in einer schwefelsauren Lösung

18.4.2 Gekoppelte Redoxreaktionen

Nun fragen wir uns, was passiert, wenn wir einen Zinkstab in eine $CuSO_4$-Lösung stellen. Dann sollte die Reaktion

$$\tfrac{1}{2}Zn + \tfrac{1}{2}Cu^{2+} \rightarrow \tfrac{1}{2}Zn^{2+} + \tfrac{1}{2}Cu \qquad (18.71)$$

ablaufen. Da sich diese Reaktion als Differenz der beiden Teilreaktionen (18.67) und (18.70) darstellen läßt, erhalten wir ΔG für diese Reaktion als Differenz aus ΔG_1 und ΔG_2 der Teilreaktionen. Nun ist

$$\Delta G_1 = \Delta G^0_1 + \mathbf{n}\mathbf{R}T \ln \frac{\{c_{Zn^{2+}}\}^{1/2}\{p_{H_2}\}^{1/2}}{\{c_{H^+}\}} \qquad (18.72)$$

$$\Delta G_2 = \Delta G^0_2 + \mathbf{n}\mathbf{R}T \ln \frac{\{c_{Cu^{2+}}\}^{1/2}\{p_{H_2}\}^{1/2}}{\{c_{H^+}\}} . \qquad (18.73)$$

Damit ist

$$\Delta G = \Delta G_1 - \Delta G_2$$
$$= \Delta G^0_1 - \Delta G^0_2 + \mathbf{R}T \ln \frac{\{c_{Zn^{2+}}\}^{1/2}}{\{c_{Cu^{2+}}\}^{1/2}} . \qquad (18.74)$$

Zu Beginn der Umsetzung ist $c_{Zn^{2+}}$ winzig klein (geringe Spuren von Zn^{2+}-Ionen in der $CuSO_4$-Lösung); infolgedessen ist der logarithmische Term so stark negativ, daß ΔG auf jeden Fall negativ wird, die Reaktion also spontan abläuft. Im Laufe der Zeit wird immer mehr Zn^{2+} gebildet, und die Konzentration der Cu^{2+}-Ionen nimmt ab; dadurch wird der logarithmische Term immer größer, und ΔG steigt an. Wenn $\Delta G = 0$ geworden ist, herrscht Gleichgewicht in dem Gefäß, es findet also keine weitere Umsetzung mehr statt. In diesem Fall ist

$$\Delta G_1^0 - \Delta G_2^0 + \frac{RT}{2} \ln \frac{c_{Zn^{2+}}}{c_{Cu^{2+}}} = 0 \qquad (18.75)$$

bzw.

$$\frac{c_{Zn^{2+}}}{c_{Cu^{2+}}} = \exp\left[\frac{2(\Delta G_1^0 - \Delta G_2^0)}{RT}\right]$$

$$= \exp\left[\frac{2 \cdot (73{,}6 + 32{,}5)}{2{,}48}\right] \approx 10^{37}.$$

Die Reaktion hört also erst dann auf, wenn praktisch alles Cu^{2+} als metallisches Kupfer abgeschieden ist. Für $c_{Zn^{2+}} = 1\ \text{mol}\,l^{-1}$ ergibt sich $c_{Cu^{2+}} \approx 10^{-37}\ \text{mol}\,l^{-1}$; in $1\,l$ Lösung würde danach weniger als ein einziges Cu^{2+}-Ion vorliegen. Die Konzentrationsangabe $10^{-37}\ \text{mol}\,l^{-1}$ verliert daher in diesem Zusammenhang ihren eigentlichen Sinn.

In einem solchen Fall, in dem das Gleichgewicht praktisch ganz auf der einen Seite liegt, kann ΔG^0 nicht durch Bestimmung der Gleichgewichtskonzentrationen und Berechnen von K ermittelt werden, läßt sich aber leicht in anderer Weise bestimmen (Kap. 19).

Redoxreaktion mit Protonenübertragung

Ein Beispiel, bei dem eine Elektronenübertragungsreaktion mit einer Protonenübertragung gekoppelt ist, stellt die Umsetzung von Hydrochinon mit Fe^{3+} dar:

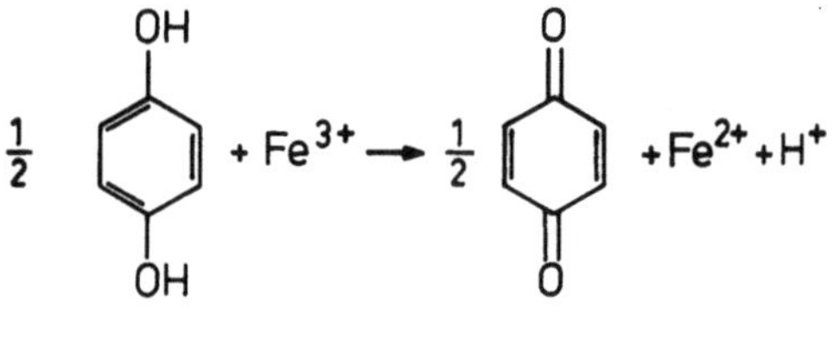

$$\tfrac{1}{2}\ \text{(Hydrochinon)} + Fe^{3+} \longrightarrow \tfrac{1}{2}\ \text{(Chinon)} + Fe^{2+} + H^+ \qquad (18.76)$$

Diese Reaktion können wir als Differenz der Teilreaktionen

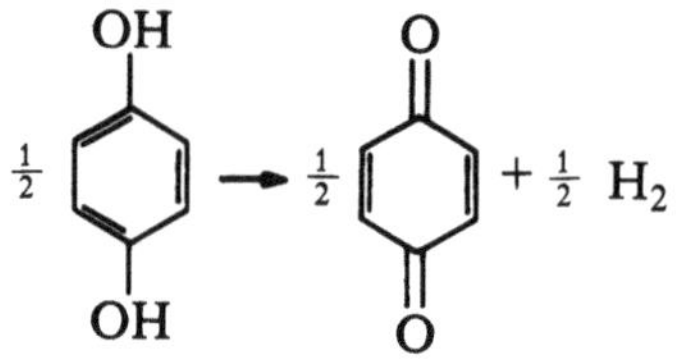

$$\tfrac{1}{2}\ \text{(Hydrochinon)} \longrightarrow \tfrac{1}{2}\ \text{(Chinon)} + \tfrac{1}{2}\ H_2 \qquad \Delta G_1^0 = +33{,}8\ \text{kJ mol}^{-1} \qquad (18.77)$$

$$Fe^{2+} + H^+ \rightarrow Fe^{3+} + \tfrac{1}{2}H_2 \qquad \Delta G_2^0 = +74{,}4\ \text{kJ mol}^{-1}$$

auffassen. Es ist also (Ch: Chinon, H_2Ch: Hydrochinon):

$$\Delta G = \Delta G_1 - \Delta G_2$$
$$= (\Delta G_1^0 - \Delta G_2^0) + RT \ln \frac{\{c_{H^+}\}\{c_{Fe^{2+}}\}\{c_{Ch}\}^{1/2}}{\{c_{Fe^{3+}}\}\{c_{H_2Ch}\}^{1/2}}. \qquad (18.78)$$

Im Gleichgewicht ist $\Delta G = 0$, und es stellen sich die Gleichgewichtskonzentrationen C ein.

$$\frac{\{C_{Fe^{2+}}\}\{C_{Ch}\}^{1/2}\{C_{H^+}\}}{\{C_{Fe^{3+}}\}\{C_{H_2Ch}\}^{1/2}} = \exp\left(\frac{\Delta G_2^0 - \Delta G_1^0}{RT}\right)$$
$$= 1{,}31 \cdot 10^7. \qquad (18.79)$$

Wir sehen, daß es in diesem Fall stark von der H^+-Ionenkonzentration in der Lösung abhängt, wie weit das Fe^{3+} zu Fe^{2+} reduziert wird. In stark saurer Lösung wird weniger Fe^{3+} zu Fe^{2+} reduziert als in neutraler Lösung [das Gleichgewicht (18.76) wird mit steigender H^+-Konzentration nach links verschoben].

18.4.3 Berechnung von Redox-Gleichgewichtskonstanten aus Tabellenwerten

Damit man den Ablauf von Reaktionen in Lösung leichter beurteilen kann, hat man ΔG-Werte für das allgemeine Reaktionsschema

$$\text{Ausgangsstoffe} + H^+ \rightarrow \text{Endprodukte} + \tfrac{1}{2}H_2 \qquad (18.80)$$

bestimmt. Aus diesen Werten kann man leicht auf die Umsetzungen der verschiedenen Stoffe untereinander schließen. In Tabelle Q.2 sind solche Werte für Standardbedingungen (also Reaktanden getrennt, Konzentrationen 1 mol l^{-1}, Drücke 1,013 bar) und für 298 K für wichtige Reaktionen aufgeführt. Aus diesen Werten können wir ΔG für andere Versuchsbedingungen, soweit ideal verdünnte Lösungen vorliegen, berechnen.

Bei der Behandlung vieler Fragestellungen hat man es mit Reaktionen zu tun, die in Pufferlösungen, also in Lösungen mit konstantem pH-Wert, ablaufen. Die H$^+$-Konzentration ist dann eine Konstante, so daß C_{H^+} in den Ausdrücken für die Gleichgewichtskonstante nicht mehr auftritt. Bezeichnen wir diese neue Gleichgewichtskonstante mit K', dann gilt an Stelle von (18.18)

$$\Delta \boldsymbol{G}^{0'} = -\boldsymbol{R}T\ln\{K'\}.$$

Beispielsweise ist für die Reaktion

$$\tfrac{1}{2}\mathrm{Cu} + \mathrm{H}^+ \rightarrow \tfrac{1}{2}\mathrm{Cu}^{2+} + \tfrac{1}{2}\mathrm{H}_2 \tag{18.81}$$

$$K = \frac{C_{\mathrm{Cu}^{2+}}^{1/2}\,P_{\mathrm{H}_2}}{C_{\mathrm{H}^+}} \quad \text{und} \quad K' = C_{\mathrm{Cu}^{2+}}^{1/2}\cdot P_{\mathrm{H}_2}^{1/2}.$$

Nach (18.70) ist $\Delta \boldsymbol{G}^0 = 32,5\ \mathrm{kJ\ mol}^{-1}$, und es ist daher für pH $= 7$

$$\begin{aligned}
\Delta \boldsymbol{G}^{0'} &= \Delta \boldsymbol{G}^0 - \boldsymbol{R}T\ln\{c_{\mathrm{H}^+}\} \\
&= 32,5\ \mathrm{kJ\ mol}^{-1} - \boldsymbol{R}T\ln 10^{-7} \tag{18.82} \\
&= (32,5 + 40,0)\ \mathrm{kJ\ mol}^{-1} = 72,5\ \mathrm{kJ\ mol}^{-1}.
\end{aligned}$$

Der Unterschied zwischen $\Delta G^{0'}$ und ΔG^0 hängt damit zusammen, daß in einer Pufferlösung vom pH 7 die H$^+$-Ionen in der Konzentration 10^{-7} mol l^{-1} vorliegen, während wir bisher von der Standardkonzentration 1 mol l^{-1} ausgegangen sind. Infolgedessen ergibt sich $\Delta G^{0'}$ aus ΔG^0, wenn wir uns die H$^+$-Ionen von der Standardkonzentration 1 mol l^{-1} auf die Konzentration 10^{-7} mol l^{-1} im Puffer verdünnt denken. Dazu ist die reversible Arbeit $\boldsymbol{n}\boldsymbol{R}T\ln 10^{-7}/1 = -\boldsymbol{n}\cdot 40,0\ \mathrm{kJ\ mol}^{-1}$ zuzuführen. Die freie Enthalpie der Ausgangsstoffe ist in der Pufferlösung also um $\boldsymbol{n}\cdot 40,0\ \mathrm{kJ\ mol}^{-1}$ erniedrigt (Abb. 18.10). $\Delta G^{0'}$ ist in diesem Fall also größer als ΔG^0. In anderen Fällen kann das zur Vorzeichenumkehr führen. Im Fall

$$\tfrac{1}{2}\mathrm{Cd} + \mathrm{H}^+ \rightarrow \tfrac{1}{2}\mathrm{Cd}^{2+} + \tfrac{1}{2}\mathrm{H}_2$$

ist $\Delta \boldsymbol{G}^0 = -38,8\ \mathrm{kJ\ mol}^{-1}$, $\Delta \boldsymbol{G}^{0'} = -38,8 + 40,0\ \mathrm{kJ\ mol}^{-1} = +1,2\ \mathrm{kJ\ mol}^{-1}$. Bei $C_{\mathrm{Cd}^{2+}} = 1\ \mathrm{mol\ l}^{-1}$ kann sich Cd in Säure unter Entwicklung von H$_2$ von 1,013 bar auflösen, in Wasser nicht.

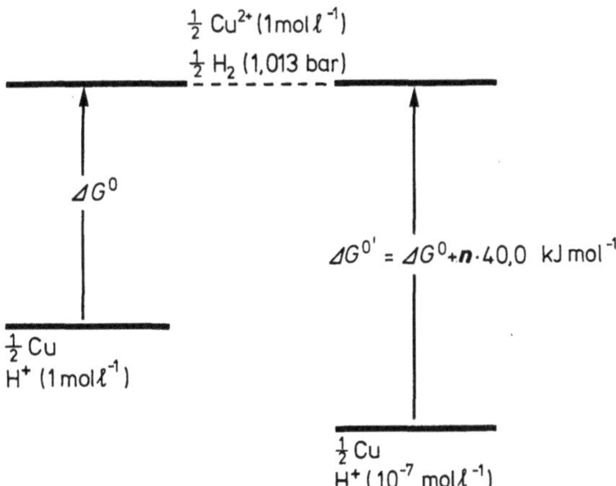

Abb. 18.10. Zusammenhang zwischen ΔG^0 und $\Delta G^{0'}$ für das Reaktionsschema (18.81)

Für andere Reaktionen ist ΔG^0 mit $\Delta G^{0'}$ identisch, beispielsweise für

$$\tfrac{1}{2}\ \text{[Hydrochinon]} \rightarrow \tfrac{1}{2}\ \text{[Chinon]} + \tfrac{1}{2}\ \mathrm{H}_2$$

Das liegt daran, daß bei dieser Umsetzung keine H$^+$-Ionen verbraucht werden. Für eine Reihe von Reaktionen ist $\Delta \boldsymbol{G}^{0'}$ neben $\Delta \boldsymbol{G}^0$ im Anhang Q (Tabelle Q.2) aufgeführt.

18.5 Gruppenübertragungsreaktionen in der Biochemie

Wir betrachten die Reaktion von Adenosin-Triphosphat (ATP) zu Adenosin-Diphosphat (ADP) und Phosphorsäure (P)

$$\mathrm{ATP}^{4-} + \mathrm{H}_2\mathrm{O} \rightarrow \mathrm{ADP}^{3-} + \mathrm{HPO}_4^{2-} + \mathrm{H}^+. \tag{18.83}$$

Führen wir die Reaktion in einer Pufferlösung, also bei konstantem pH-Wert durch, dann können wir dafür abgekürzt schreiben

$$\mathrm{ATP} \rightarrow \mathrm{ADP} + \mathrm{P}. \tag{18.84}$$

Für die Änderung der freien Enthalpie dieser Reaktion gilt gemäß (18.14)

$$\Delta G' = \mathbf{n} \mathbf{R} T \ln \left[\frac{1}{\{K'\}} \frac{\{c_{ADP}\}\{c_P\}}{\{c_{ATP}\}} \right] \qquad (18.85)$$

mit

$$K' = \frac{c_{ADP}\, c_P}{c_{ATP}} . \qquad (18.86)$$

Darin ist K' wie in (18.81) durch

$$\Delta \mathbf{G}^{0'} = -\mathbf{R} T \ln \{K'\} \qquad (18.87)$$

gegeben. $\Delta G^{0'}$ stellt die Änderung der freien Enthalpie der Reaktion unter Standardbedingungen (Teilnehmer getrennt und unter 1,013 bar, Konzentrationen 1 mol l^{-1} in gepufferter Lösung) dar. H_2O und H^+ treten in den Beziehungen nicht auf, da sie unter den zugrundeliegenden Voraussetzungen (ideal verdünnte Lösungen, pH konstant) keine Variablen sind. In diesem Fall ist für pH 7

$$\Delta \mathbf{G}^{0'} = -30,5 \text{ kJ mol}^{-1} \text{ und damit}$$
$$K' \quad = 2,22 \cdot 10^5 \text{ mol l}^{-1} .$$

Das Gleichgewicht liegt ganz auf der rechten Seite; ATP nennt man daher eine energiereiche Verbindung.

Die $\Delta G^{0'}$-Werte der Hydrolyse bei pH 7 sind für eine Anzahl biochemisch wichtiger Substanzen in Tabelle Q.3 zusammengestellt. Mit ihrer Hilfe können wir angeben, welche biochemischen Reaktionen spontan ablaufen können.

Beispielsweise ist es von Interesse, die Frage zu beantworten, ob eine Substanz mit ATP phosphoryliert werden kann. Phosphorylierte Verbindungen sind wichtige Zwischenprodukte in biochemischen Synthese- und Abbauprozessen. Man kann etwa fragen, ob die Reaktion

$$\text{ATP} + \text{Glucose} \rightarrow \text{ADP} + \text{Glucose-6-Phosphat} \quad (18.88)$$

in wäßriger Lösung bei pH 7 spontan stattfinden kann.

Für die Hydrolyse von Glucose-6-Phosphat

$$\text{Glucose-6-Phosphat} + H_2O \rightarrow \text{Glucose} + \text{Phosphat}$$
$$(18.89)$$

gilt $\Delta \mathbf{G}^{0'} = -13,8 \text{ kJ mol}^{-1}$. Die Reaktion (18.88) er-

gibt sich durch Kopplung der Reaktion (18.84) und (18.89), es ist also für diese Reaktion bei pH 7

$$\Delta \mathbf{G}^{0'} = -30,5 \text{ kJ mol}^{-1} - (-13,8 \text{ kJ mol}^{-1})$$
$$= -16,7 \text{ kJ mol}^{-1} .$$

Die Reaktion (18.88) ist also unter Standardbedingungen spontan möglich. Die Gleichgewichtskonstante ist gegeben durch

$$\{K'\} = e^{-\Delta \mathbf{G}^{0'}/(\mathbf{R}T)} = e^{+6,74} = 845 .$$

Bei dieser Reaktion wird eine Phosphatgruppe vom ATP auf die Glucose übertragen; solche Reaktionen nennt man daher *Gruppenübertragungsreaktionen*.

Neben ATP gibt es andere Substanzen, die die Phosphatgruppe übertragen. Je größer $(-\Delta G^{0'})$ bei der Abspaltung der Phosphatgruppe ist, um so eher läßt sich die Gruppe auf andere Moleküle übertragen. Man bezeichnet daher $-\Delta G^{0'}$ (z. B. für die Reaktion (18.84)) als das Gruppenübertragungspotential. Beispielsweise gilt für die Hydrolyse von Acetylphosphat $\Delta G^{0'} = -43,9$ kJ mol^{-1} (pH 7). Das Gruppenübertragungspotential (43,9 kJ mol^{-1}) ist also hier größer als das von ATP (30,5 kJ mol^{-1}). ATP kann somit unter Standardbedingungen nicht zur Phosphorylierung von Essigsäure verwendet werden; umgekehrt ist es möglich, mit Acetylphosphat spontan ADP in ATP zurückzuverwandeln: für die Reaktion

$$\text{Acetylphosphat} + \text{ADP} \rightarrow \text{Essigsäure} + \text{ATP} \quad (18.90)$$

ist $\Delta \mathbf{G}^{0'} = [-43,9 - (-30,5)] \text{ kJ mol}^{-1} = -13,4 \text{ kJ}$ mol^{-1}, $\Delta G^{0'}$ ist also negativ.

Enzyme können spezifische Reaktionen, bei denen $\Delta G > 0$ ist, mit anderen koppeln, bei denen $\Delta G < 0$ ist. Wir betrachten z. B. die Oxidation von 3-Phosphoglyzerinaldehyd $R - CHO$ (mit $R = {}^{2-}O_3P - OCH_2 - CHOH-$) zu 3-Phosphoglyzerinsäure $R - COOH$; sie spielt eine wichtige Rolle im Abbau der Kohlehydrate. Würde der Aldehyd mit O_2 zur Säure verbrannt, so würde ΔG stark negativ sein. Es ist nämlich $\Delta G^{0'} = -263$ kJ mol^{-1} für die Reaktion

$$R - CHO + \tfrac{1}{2} O_2 \rightarrow R - COOH . \qquad (18.91)$$

Der überwiegende Teil der freien Enthalpie, die in dieser Reaktion verbraucht würde, bleibt im biologischen System durch Koppelung mit einem Reduktionsprozeß, nämlich der Bildung von NADH aus NAD^+, erhalten und gleichzeitig wird ATP aus ADP hergestellt. Nach Tabelle Q.3 gilt für die Reaktion

$$NADH + H^+ + \tfrac{1}{2}O_2 \rightarrow NAD^+ + H_2O \qquad (18.92)$$

$\Delta G^{0'} = -220 \text{ kJ mol}^{-1}$ und für die Reaktion

$$ATP \rightarrow ADP + P \qquad (18.93)$$

$\Delta G^{0'} = -30,5 \text{ kJ mol}^{-1}$. Die enzymatisch ablaufende Reaktion ist die Summe von (18.91) und der Umkehrreaktionen von (18.92) und (18.93)

$$R - CHO + NAD^+ + H_2O + ADP + P \rightarrow R - COOH$$
$$+ NADH + ATP + H^+ .$$

Es ist also

$$\Delta G^{0'} = \Delta G^{0'} \text{ (Reaktion 18.91)}$$
$$- \Delta G^{0'} \text{ (Reaktion 18.92)}$$
$$- \Delta G^{0'} \text{ (Reaktion 18.93)}$$
$$= -13 \text{ kJ mol}^{-1} .$$

Die Reaktion verläuft so, daß mit Hilfe eines Enzyms der Aldehyd zur Säure oxidiert und diese an der 1-Stellung phosphoryliert wird. Ein zweites Enzym überträgt die 1-Phosphatgruppe auf ADP, und es bildet sich ATP.

Die freie Enthalpie nimmt also immer noch ab, aber viel weniger als in der Reaktion (18.91). Die gebildeten Substanzen (NADH und ATP) dienen im Organismus als Reduktionsmittel bzw. Energieträger, indem sie in viele andere Reaktionen eingreifen. Auf solchen Kopplungen mit Reaktionen, in denen die freie Enthalpie in jedem Einzelfall nur wenig abnimmt, beruhen alle Prozesse, die den biochemischen Energiehaushalt bestimmen [18.5].

18.6 Bioenergetik

In allen biologischen Systemen müssen 3 Typen von Polymeren (Proteine, Nukleinsäuren, Polysaccharide) sowie Lipide (für die Membranstrukturen) aufgebaut werden. Die Verknüpfung der Monomeren zu den Biopolymeren ist mit einer Zunahme der freien Enthalpie um $15 - 20 \text{ kJ mol}^{-1}$ pro Bindung verbunden. Beispielsweise

ist für die Synthese der Peptidbindung zwischen Alanin und Glycin in wäßriger Lösung $\Delta G^{0'} = 17,3 \text{ kJ mol}^{-1}$. Die Synthese der Lipide aus Zucker erfordert ebenfalls einen Zufluß an freier Enthalpie. Für diese Syntheseleistungen stehen den Biosystemen als primäre Baustoffe im wesentlichen CO_2, H_2O, N_2 und anorganisches Phosphat zur Verfügung. Mit Hilfe des Sonnenlichts wird NADPH aus $NADP^+$ und ATP aus ADP und P aufgebaut. NADPH dient zur Reduktion von CO_2 (und in bestimmten Bakterien auch von N_2), wobei ATP als zusätzlicher Lieferant von freier Enthalpie notwendig ist.

Als Beispiel betrachten wir die Synthese von Glucose aus CO_2 [18.6]. Für die direkte Reaktion

$$6CO_2 + 6H_2O \rightarrow C_6H_{12}O_6 + 6O_2 \qquad (18.94)$$

ist $\Delta G^{0'}$ positiv ($\Delta G^{0'} = 2872 \text{ kJ mol}^{-1}$), die Reaktion läuft also unter Standardbedingungen nicht von alleine ab.

In der Natur erfolgt dieser Prozeß in vielen Stufen, indem die Reaktion (18.94) mit der Reaktion

$$12\,NADPH + 12\,H^+ + 6O_2 \rightarrow 12\,NADP^+ + 12\,H_2O$$
$$(18.95)$$

$[\Delta G^{0'} = -2640 \text{ kJ mol}^{-1}$ (Tabelle Q.3)] gekoppelt wird. Für die Summenreaktion

$$6CO_2 + 12\,NADPH + 12\,H^+ \rightarrow C_6H_{12}O_6$$
$$+ 12\,NADP^+ + 6H_2O \qquad (18.96)$$

ergibt sich somit

$$\Delta G^{0'} = (2872 - 2640) \text{ kJ mol}^{-1} = 232 \text{ kJ mol}^{-1} .$$

Für diese Reaktion ist $\Delta G^{0'}$ immer noch positiv, so daß sie unter Standardbedingungen nicht von alleine ablaufen kann. Tatsächlich werden für den Ablauf der Reaktion noch 18 ATP-Moleküle benötigt, die in einzelnen enzymatischen Zwischenschritten gemäß (18.84) in ADP und P zerfallen und dabei ihre Energie auf Zwischenprodukte übertragen; dafür ist nach Abschn. 18.5

$$\Delta G^{0'} = 18 \cdot (-30,5) \text{ kJ mol}^{-1} = -549 \text{ kJ mol}^{-1} .$$

Für die Gesamtreaktion

$$6CO_2 + 12\,NADPH + 18\,ATP + 12\,H^+$$
$$\longrightarrow C_6H_{12}O_6 + 12\,NADP^+ + 18\,ADP + 18\,P + 6H_2O$$
$$(18.97)$$

ist somit $\Delta G^{0'} = (232 - 549)\,\text{kJ mol}^{-1} = -317$ kJ mol^{-1}, die Reaktion läuft also unter Standardbedingungen von selbst ab. (Energetisch müßten dafür schon $\frac{232}{30,5} \approx 8$ statt 18 ATP Moleküle ausreichen.)

Die erforderliche Synthese von ATP und NADPH erfolgt im Photosyntheseapparat der Pflanzen. Für die Bildung von 18 ATP-Molekülen durch Umkehrung von (18.83) und 12 NADPH-Molekülen durch Umkehrung von (18.95) ($\Delta G^{0'} = 3189\,\text{kJ mol}^{-1}$) müssen etwa 50 Lichtquanten absorbiert werden. Da jedes Lichtquant etwa die Energie von $2{,}8 \cdot 10^{-19}\,\text{J}$ besitzt (entsprechend dem langwelligen Absorptionsmaximum von Chlorophyll bei 700 nm), steuern 50 mol Lichtquanten somit eine Energie von etwa 8500 kJ bei. Davon wird nur etwa ein Drittel (3210 kJ) zur Erhöhung der freien Enthalpie des Systems ausgenutzt. Die schlechte Energieausbeute im Primärprozeß der Photosynthese hängt mit der Schwierigkeit zusammen, eine elektrische Ladungstrennung aufrechtzuerhalten [18.7].

In der gebildeten Glucose ist freie Enthalpie gespeichert. Sie kann bei Bedarf umgesetzt werden, wobei ATP aus ADP aufgebaut wird. Das erfolgt in vielen kleinen Schritten, von denen wir einen in Abschn. 18.5 betrachtet haben (die Oxidation von 3-Phosphoglyzerinaldehyd in 3-Phosphoglyzerinsäure).

Die Verbrennung der Glucose mit O_2 zu CO_2 und H_2O erfolgt also nicht in einer Stufe ($\Delta G^{0'} = -2872\,\text{kJ}$ mol^{-1}), sondern in vielen kleinen Stufen, die alle mit einer entsprechend kleinen Abnahme von ΔG verknüpft sind. Durch enzymatische Kopplung mit Reaktionen, in denen ATP aus ADP und P synthetisiert wird, wird etwa die Hälfte der freien Enthalpie zurückgewonnen (39%; die ursprüngliche in der Glucose verfügbare freie Enthalpie von 2872 kJ mol^{-1} reicht zur Bildung von 94 Molekülen ATP aus ADP und P aus; es werden aber nur 38 Moleküle gebildet).

Ein Schema dieses Energieübertragungsprozesses ist in Abb. 18.11 dargestellt.

Jeder Schritt ist ein Oxidationsprozeß einer Verbindung, also ein Entzug eines Elektrons, das auf das Oxidationsmittel (z.B. NAD$^+$) übergeht, und das danach selber Reduktionsmittel wird, also das Elektron auf ein stärkeres Oxidationsmittel weiterleitet, zuletzt auf ein O_2-Molekül. Die anfänglich durch Elektronenentzug entstandenen H$^+$-Ionen können mit den mit Elektronen beladenen O_2-Molekülen zu Wasser reagieren. Durch enzymatische Kopplung der einzelnen Schritte mit der Phosphorylierung von ADP nimmt die freie Enthalpie in jedem Schritt nur wenig ab.

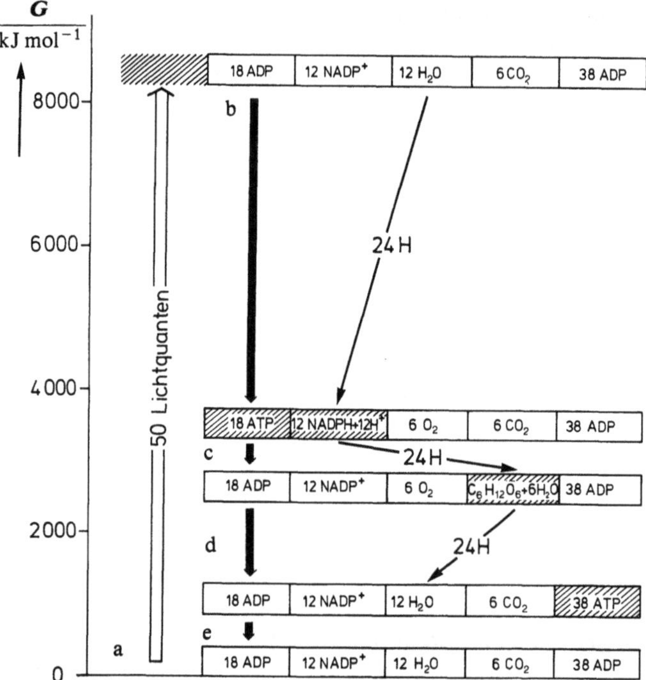

Abb. 18.11. Umwandlung der bei der Photosynthese absorbierten Lichtenergie (**a**) in chemische Energie (ATP, NADPH) (**b**); Bildung von Glucose als Energiespeicher (**c**); Abbau von Glucose unter Bildung von ATP (**d**); ATP (Energielieferant für Aufbau von Biopolymeren (Proteine, Nukleinsäuren usw.) und Aufrechterhaltung der Lebensvorgänge) geht in ADP über (**e**). Energieträger schraffiert

Ein herausgegriffener Schritt in dieser Kette gekoppelter Reaktionen ist der Übergang des Elektrons von Cytochrom b [Cyt b (Fe^{2+})] auf das oxidierte Cytochrom c_1 [Cyt c_1 (Fe^{3+})]. Es ist für die Reaktion

$$\text{Cyt } c_1(\text{Fe}^{2+}) + \text{H}^+ \rightarrow \text{Cyt } c_1(\text{Fe}^{3+}) + \tfrac{1}{2}\text{H}_2 \qquad (18.98)$$

$\Delta G^{0'} = 21\,\text{kJ mol}^{-1}$. Für die Reaktion

$$\text{Cyt } b(\text{Fe}^{2+}) + \text{H}^+ \rightarrow \text{Cyt } b(\text{Fe}^{3+}) + \tfrac{1}{2}\text{H}_2 \qquad (18.99)$$

ist $\Delta G^{0'} = 4\,\text{kJ mol}^{-1}$. Also gilt für die betrachtete Reaktion

$$\text{Cyt } b(\text{Fe}^{2+}) + \text{Cyt } c_1(\text{Fe}^{3+}) \rightarrow \text{Cyt } b(\text{Fe}^{3+})$$
$$+ \text{ Cyt } c_1(\text{Fe}^{2+}) \qquad (18.100)$$

$\Delta G^{0'} = (4 - 21)\,\text{kJ mol}^{-1} = -17\,\text{kJ mol}^{-1}$.

Im biologischen System (Atmungskette) wird die Reaktion mit (18.93) (ATP Bildung) so gekoppelt, daß der

Umsatz von 3 Molekülen Cyt b Fe^{2+} mit 3 Molekülen Cyt c_1 Fe^{3+} zur Bildung von etwa 1 Molekül ATP aus ADP und P führt.

Aufgaben

18.1 *Meerwasserentsalzung*
Im Meerwasser sind verschiedene Salze in einer Konzentration von etwa 1 mol l^{-1} gelöst. Aus diesem Wasser soll auf reversiblem Weg (Osmosezelle) salzfreies Trinkwasser hergestellt werden. Welche Arbeit A_{rev} ist zuzuführen, um 1 m^3 Trinkwasser zu gewinnen? Wie groß wäre der Wärmebedarf, wenn man das Wasser durch Destillieren entsalzen würde?

18.2 *Pufferwirkung*
Man gibt 1 ml einer HCl-Lösung (Konzentration 1 mol l^{-1})
a) zu 100 ml Wasser
b) zu 100 ml eines Acetatpuffers (Konzentration 0,1 mol l^{-1}).
Wie stark ändert sich in beiden Fällen der pH-Wert?

18.3 *Titrationskurve*
Man überlege sich den Verlauf der Titrationskurve in Abb. 18.7 für den Fall, daß sich das Lösungsvolumen bei der Titration ändert (z. B. Titration einer Essigsäure (0,1 mol l^{-1}) mit Natronlauge (0,1 mol l^{-1}, bzw. 0,01 mol l^{-1}).

18.4 *Titrationskurve*
Man überlege sich den Verlauf des pH-Wertes bei der Titration von Salzsäure mit Natronlauge.

18.5 *Reduktion von* Fe(III) *zu* Fe(II)
Eine Lösung von $FeCl_3$ in Wasser wird mit Zinkstaub geschüttelt. Man berechne, bis zu welcher Konzentration das Fe^{2+} reduziert wird, wenn man genügend lange schüttelt. Für die Reaktion $Fe^{2+} + H^+ \rightarrow Fe^{3+} + \frac{1}{2}H_2$ ist $\Delta G^0_{298} = 74{,}4$ kJ mol^{-1}.

18.6 *Auflösen eines Kupferstabes*
Zu einer Lösung von $CuSO_4$ in Wasser geben wir einen Überschuß an KCN, so daß gemäß

$$Cu^{2+} + 4CN^- \rightarrow [Cu(CN)_4]^{2-}$$

die Kupferionen komplexiert werden. Für die Gleichgewichtskonstante dieser Komplexbildung gilt pK = 27,3. Löst sich ein Kupferstab in dieser Lösung auf?

18.7 *Auflösen von Silber und Gold* [18.8]
Silber löst sich in konzentrierter Salpetersäure unter Bildung von NO auf:

$$3Ag + NO_3^- + 4H^+ \rightarrow 3Ag^+ + NO + 2H_2O \, .$$

Gold löst sich nicht in Salpetersäure, wohl aber in Königswasser auf:

$$Au + NO_3^- + 4H^+ + 4Cl^- \rightarrow [AuCl_4]^- + NO + 2H_2O \, .$$

Man zeige anhand von Tabelle Q.1, daß ΔG für beide Reaktionen negativ ist.

19. Ablauf chemischer Reaktionen in elektrochemischen Zellen

In den Kap. 17 – 18 haben wir Fälle betrachtet, in denen die reversible Arbeit bei einer chemischen Reaktion in Form von mechanischer Energie zugeführt wurde. Im folgenden wollen wir uns damit beschäftigen, daß die Arbeit in Form von elektrischer Energie zugeführt wird. Diese Fälle sind von großem Interesse; einerseits können elektrische Größen sehr viel genauer als mechanische Größen gemessen werden (damit werden Werte von ΔG direkt zugänglich), andererseits ist es möglich, elektrische Energie in chemische Energie (Elektrolyse) oder chemische Energie direkt, also ohne den Umweg über eine Wärmekraftmaschine, in elektrische Energie (Brennstoffzelle) umzuwandeln.

19.1 ΔG und Spannung einer elektrochemischen Zelle

In Abb. 19.1 ist der Aufbau einer elektrochemischen Zelle dargestellt, in der die Reaktion

$$AgJ + \tfrac{1}{2}Pb \rightarrow Ag + \tfrac{1}{2}PbJ_2 \qquad (19.1)$$

auf reversible Weise ablaufen kann.

In ein Becherglas mit einer Lösung von KJ und einem Vorrat von festem PbJ_2 und AgJ tauchen eine Blei-und eine Silberelektrode ein. Das PbJ_2 und das Ag bzw. das AgJ und das Pb befinden sich an getrennten Stellen in dem Gefäß, so daß die Reaktion (19.1) nicht direkt ablaufen kann. Am Silberstab findet jedoch die Teilreaktion

$$Ag^+ + e^- \rightarrow Ag \qquad (19.2a)$$

und am Bleistab die Teilreaktion

$$\tfrac{1}{2}Pb \rightarrow \tfrac{1}{2}Pb^{2+} + e^- \qquad (19.2b)$$

statt. Die entstehenden Pb^{2+}-Ionen bilden mit den J^--Ionen in der Lösung festes PbJ_2

$$\tfrac{1}{2}Pb^{2+} + J^- \rightarrow \tfrac{1}{2}PbJ_2 \qquad (19.3a)$$

und an der Silberelektrode löst sich festes AgJ gemäß

$$AgJ \rightarrow Ag^+ + J^- \qquad (19.3b)$$

auf. Die Summe dieser Reaktionen ergibt die Reaktion (19.1); nach Tabelle Q.1 ist ΔG^0 für diese Reaktion ne-

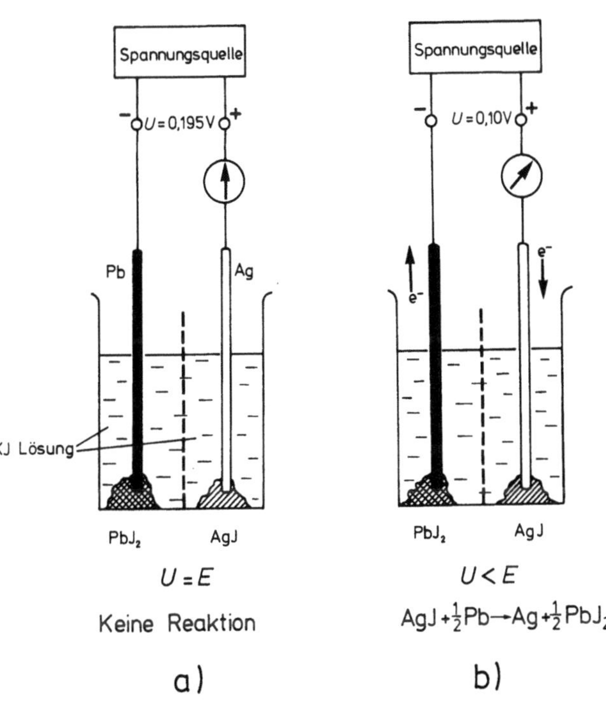

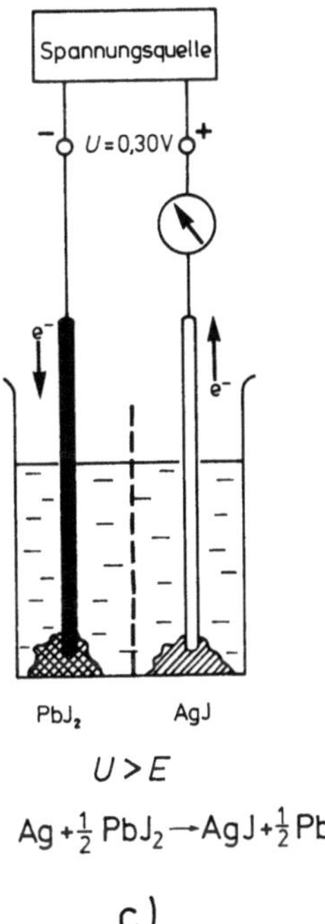

Abb. 19.1a – c. Elektrochemische Zelle, in der die Reaktion (19.1) auf reversiblem Weg ablaufen kann. Der Zahlenwert von E bezieht sich auf den Fall, daß die Lösung die Temperatur 298 K besitzt und unter Atmosphärendruck steht. Die gestrichelte Linie symbolisiert eine poröse Trennwand, welche die Durchmischung beider Teillösungen verhindern soll. Außen angelegte Spannung U: (a) $U = E$; (b) $U < E$ (Zelle entlädt sich); (c) $U > E$ (Zelle wird aufgeladen)

gativ, sie läuft unter Standardbedingungen also spontan ab. Die Teilreaktionen (19.2) und (19.3) kommen aber zum Stillstand, sobald sich der Ag-Stab genügend positiv und der Pb-Stab genügend negativ aufgeladen hat: dann können wegen der elektrischen Anziehungskräfte keine Pb^{2+}-Ionen mehr aus dem Pb-Stab austreten, und der Ag-Stab kann keine Ag^+-Ionen mehr aufnehmen. Dieser Zustand ist dadurch gekennzeichnet, daß sich zwischen beiden Stäben eine elektrische Spannung E („elektromotorische Kraft") ausbildet, die in unserem Fall gleich 0,195 V ist. An diesen Verhältnissen ändert sich nichts, wenn wir die Stäbe mit einer Spannungsquelle verbinden, die genau die Spannung $U = E$ besitzt: das Amperemeter (Abb. 19.1a) zeigt keinen Strom an. Ändern wir jetzt die Spannung U so, daß U kleiner als E wird (0,1 V statt 0,195 V), dann können die Elektronen über die Spannungsquelle vom Pb-Stab zum Ag-Stab fließen, die Reaktion (19.1) läuft ab, und das Amperemeter schlägt nach rechts aus (Abb. 19.1b). Wählen wir umgekehrt U größer als E (0,3 V statt 0,195 V, Aufladen der Zelle), dann werden Elektronen in den Pb-Stab hineingedrückt und aus dem Ag-Stab abgesaugt; die Gegenreaktion zu (19.1) findet statt, und das Amperemeter schlägt nach links aus (Abb. 19.1c). Durch minimale Änderung von U ist es möglich, die Reaktion in der einen oder in der anderen Richtung, also reversibel ablaufen zu lassen. Wir wollen jetzt zeigen, daß die elektrische Spannung E direkt durch ΔG, die Änderung der freien Enthalpie der Gegenreaktion zu (19.1),

$$Ag + \tfrac{1}{2}PbJ_2 \rightarrow AgJ + \tfrac{1}{2}Pb \qquad (19.4)$$

ausgedrückt werden kann.

Dazu denken wir uns U um so wenig verschieden von E, daß gerade die Reaktion (19.4) stattfindet, daß also dem System elektrische Energie von außen zugeführt wird (Abb. 19.1c), aber nur ein winziger Strom fließt. Da die elektrochemische Zelle unter Atmosphärendruck steht und bei der Reaktion eine Volumenänderung ΔV stattfindet, wird außerdem noch Druckvolumenarbeit geleistet. Die dem System insgesamt zugeführte reversible Arbeit (A_{rev}) ist also gleich der Summe der zugeführten elektrischen Energie und der zugeführten Druckvolumenarbeit ($-p\Delta V$), also

$$A_{rev} = \text{zugeführte elektrische Energie} - p\Delta V. \qquad (19.5)$$

Für die zugeführte elektrische Energie gilt

$$\text{Zugeführte elektrische Energie} = EIt, \qquad (19.6)$$

wenn während der Zeit t der Strom I fließt.

Nun ist für eine Zustandsänderung bei konstanter Temperatur und konstantem Druck nach (17.4) und (17.60)

$$A_{rev} + p\Delta V = \Delta G \qquad (19.7)$$

und somit erhalten wir für die Reaktion (19.4)

$$\Delta G = E \cdot I \cdot t \qquad (19.8)$$

Die Größe $I \cdot t$ ist die Ladung, die während der Zeit t durch den Stromkreis transportiert wird; lassen wir N Elektronen hindurchgehen, dann ist $I \cdot t = N \cdot e_0$, und daher ist (n_E = Stoffmenge der transportierten Elektronen)

$$\boxed{\begin{array}{l} \Delta G = ENe_0 = En_E Ne_0 = n_E FE \\ (\Delta G \text{ für die Reaktion (19.4), die stattfindet,} \\ \text{falls die Zelle aufgeladen wird).} \end{array}}$$

$$(19.9)$$

Die Größe

$$F = Ne_0 = 96485 \text{ C mol}^{-1} \qquad (19.10)$$

nennt man Faraday-Konstante.

Die Beziehung (19.9) können wir dazu benutzen, um aus der gemessenen Spannung E die Größe ΔG für die Reaktion (19.4) zu ermitteln.

$$\Delta G = \frac{\Delta G}{n_E} = FE = 96485 \text{ C mol}^{-1}\, 0{,}195 \text{ V}$$
$$= 18{,}8 \text{ kJ mol}^{-1}.$$

Bei dem Zahlenwert von ΔG müssen wir beachten, daß in dem Ausdruck (19.9) die Stoffmenge n_E der transportierten Elektronen auftritt. Läuft in einer elektrochemischen Zelle eine Reaktion ab und werden dabei pro Formelumsatz γ Elektronen durch den äußeren Stromkreis transportiert, dann ist mit der Festlegung von n in Kap. 10

$$n_E = \gamma n. \qquad (19.11)$$

n_E wird mit n identisch, wenn wir die Reaktionsgleichung so schreiben, daß $\gamma = 1$ wird, daß also in den Gleichungen für die Elektrodenreaktionen nur 1 Elektron auftritt. Im folgenden werden wir daher immer in dieser Weise vorgehen.

Weitere Aussagen können wir machen, wenn wir E bei verschiedenen Temperaturen messen; nach (17.77) ist

$$\left(\frac{\partial \Delta G}{\partial T}\right)_p = -\Delta S \qquad (19.12)$$

bzw. mit (19.9)

$$\Delta S = -F\left(\frac{\partial E}{\partial T}\right)_p . \qquad (19.13)$$

Tragen wir die gemessene Spannung E in Abhängigkeit von T auf, dann können wir ΔS aus der Steigung der erhaltenen Kurve bei der gewünschten Temperatur berechnen. Aus Abb. 19.2 folgt $\Delta S = -15{,}5\ \mathrm{J\,(K\,mol)^{-1}}$ für die Reaktion (19.4), die beim Aufladen der Zelle stattfindet. Schließlich ergibt sich noch ΔH gemäß

$$\begin{aligned}
\Delta H &= \Delta G + T\Delta S \\
&= (18{,}8 - 298 \cdot 15{,}5 \cdot 10^{-3})\ \mathrm{kJ\,mol^{-1}} \\
&= 14{,}1\ \mathrm{kJ\,mol^{-1}} . \qquad (19.14)
\end{aligned}$$

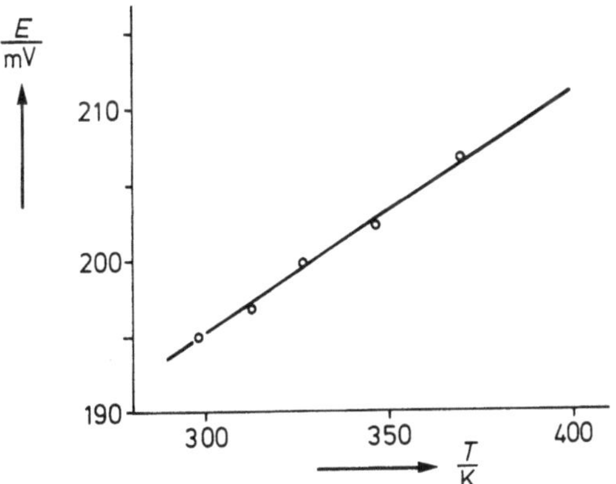

Abb. 19.2. Spannung E der elektrochemischen Zelle in Abb. 19.1

Da wir die Spannung E unter dem Standarddruck 1,013 bar gemessen haben, und weil die Reaktanden am Anfang und am Schluß der Reaktion getrennt vorliegen, sind die erhaltenen Werte ΔG, ΔH und ΔS identisch mit den entsprechenden Standardwerten. Wir können sie daher mit den aus Tabelle Q.1 berechneten Werten direkt vergleichen.

Am Beispiel der Reaktion (19.4) haben wir gesehen, daß durch die Messung der Spannung E einer elektroche-

mischen Zelle die thermodynamischen Größen ΔG, ΔH und ΔS direkt zugänglich sind. Das Arbeiten mit elektrochemischen Zellen besitzt daher eine große praktische Bedeutung; im folgenden wollen wir uns deshalb mit einigen Typen von elektrochemischen Zellen näher beschäftigen.

19.2 Zellen mit zwei gleichartigen Elektroden

19.2.1 Konzentrationsketten mit Metallelektroden

In Abb. 19.3 ist eine elektrochemische Zelle dargestellt, die man als Konzentrationskette bezeichnet. Zwei Silberstäbe tauchen in $AgNO_3$-Lösungen der Konzentration c_1 bzw. c_2 ein, die durch eine Fritte voneinander getrennt sind.

Ist $c_2 > c_1$, dann würde spontan die Reaktion

$$Ag^+(c_2) \rightarrow Ag^+(c_1) \qquad (19.15)$$

ablaufen, es würden also Ag^+-Ionen von der großen auf die kleine Konzentration gebracht werden. Wir wollen

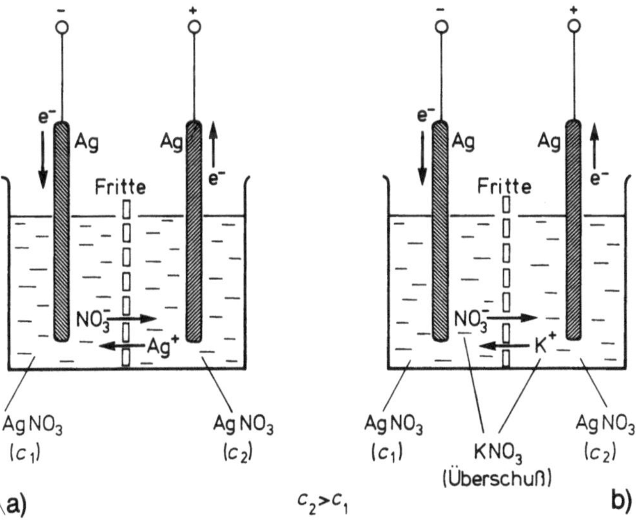

Abb. 19.3a, b. Konzentrationskette. Die eingezeichnete Polarität der Elektroden gilt für den Fall, daß c_2 größer als c_1 ist. Die eingezeichnete Stromrichtung bezieht sich auf den Fall, daß durch eine außen angelegte Spannung ($U > E$) die Gegenreaktion zu (19.15) erzwungen wird. (a) Stromtransport durch die Fritte durch Ag^+- und NO_3^--Ionen der Konzentration c_1 und c_2. (b) Stromtransport durch die Fritte durch K^+- und NO_3^--Ionen, die im Überschuß vorhanden sind und auf beiden Seiten in praktisch gleicher Konzentration vorliegen

davon ausgehen, daß diese Umsetzung auf direktem Weg (Diffusion der Ag^+-Ionen durch die Fritte) so langsam abläuft, daß sie vernachlässigbar ist. Die Umsetzung kann aber auf elektrischem Weg über die Elektrodenreaktionen

$$Ag^+(c_2) + e^- \rightarrow Ag \qquad \text{(rechts)} \qquad (19.16)$$
$$Ag \qquad \rightarrow Ag^+(c_1) + e^- \quad \text{(links)}$$

erfolgen; dabei lädt sich der rechte Silberstab positiv gegenüber dem linken Silberstab auf. Wie in Abb. 19.1 können wir nun durch Anlegen einer äußeren Spannung U, die nur wenig größer als E ist, einen Elektronentransport zwischen beiden Stäben erreichen; lassen wir N Elektronen in der in Abb. 19.3 gezeichneten Richtung durch den äußeren Stromkreis fließen, dann werden auf diese Weise N Ag^+-Ionen aus der linken Lösung entnommen, und N Ag^+-Ionen werden in die rechte Lösung gebracht; es läuft also die Gegenreaktion zu (19.15) ab. Dazu ist dieselbe reversible Arbeit zuzuführen, als wenn wir N Ag^+-Ionen von der kleineren Konzentration c_1 auf die größere Konzentration c_2 gebracht hätten:

$$A_{\text{rev},1} = NkT \ln \frac{c_2}{c_1}. \qquad (19.17)$$

Da hierbei durch den gesamten Stromkreis ein Strom fließt, muß auch durch die Fritte hindurch ein Ladungstransport stattfinden. Um die Verhältnisse möglichst einfach zu gestalten, denken wir uns zu den beiden $AgNO_3$-Lösungen einen Fremdsalzüberschuß (KNO_3) gegeben (Abb. 19.3b). Dann tragen im wesentlichen die K^+-Ionen und NO_3^--Ionen zum Ladungstransport bei. Da die Konzentration dieser Ionen auf beiden Seiten der Fritte praktisch gleich groß ist, ist zur Überführung dieser Ionen durch die Fritte hindurch keine Arbeit aufzuwenden. Gehen wir weiter davon aus, daß ideal verdünnte Lösungen vorliegen, dann ist auch die Druckvolumenarbeit gleich Null, und es ist

$$\Delta G = A_{\text{rev},1} = NkT \ln \frac{c_2}{c_1}. \qquad (19.18)$$

Nach (19.9) folgt daraus für die Spannung E der galvanischen Kette

$$\boxed{E = \frac{\Delta G}{\mathbf{n}F} = \frac{\mathbf{R}T}{F} \ln \frac{c_2}{c_1}}. \qquad (19.19)$$

(Kette in Abb. 19.3b; Fremdsalzüberschuß)

Die Spannung E hängt also nur von dem Konzentrationsverhältnis c_2/c_1 ab. Für $T = 298$ K ist $\mathbf{R}T/F = 25{,}7 \cdot 10^{-3}$ J $C^{-1} = 25{,}7$ mV und somit ist

$$E_{298} = 25{,}7 \text{ mV} \ln \frac{c_2}{c_1} = 59{,}1 \text{ mV} \lg \frac{c_2}{c_1}. \qquad (19.20)$$

E_{298} ändert sich also jeweils um 59,1 mV, wenn sich c_2 um 1 Zehnerpotenz ändert.

Meist verwendet man die Ausdrücke (19.19) und (19.20) dazu, um die Konzentration einer Ionensorte experimentell zu bestimmen. Als Beispiel betrachten wir die Messung der Ag^+-Konzentration über einem Niederschlag von AgCl.

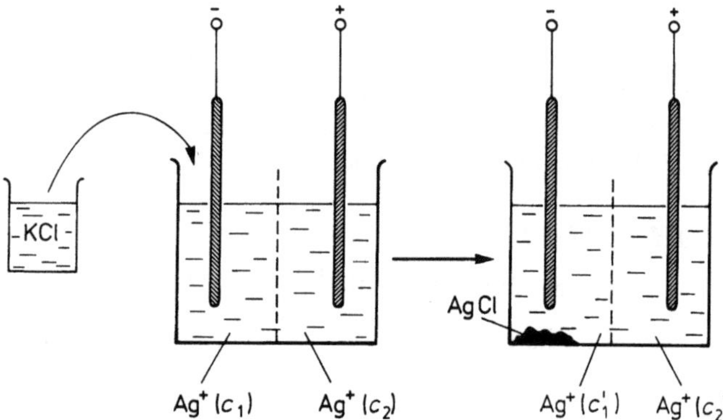

Abb. 19.4. Messung der Ag^+-Konzentration nach der Zugabe einer KCl-Lösung. Stromtransport durch die Fritte durch K^+ und NO_3^--Ionen, die in Überschuß vorhanden sind

Dazu gießen wir in die linke Hälfte der Konzentrationskette soviel KCl-Lösung, daß nach dem Ausfallen des AgCl-Niederschlages ein Überschuß an Cl^--Ionen (0,1 mol l^{-1}) vorliegt (Abb. 19.4). Dabei zeigt es sich, daß die rechte Elektrode weiterhin positiv gegenüber der linken Elektrode bleibt. Für die Spannung findet man dann $E = 0{,}461$ V (bei $T = 298$ K), wenn $c_2 = 0{,}1$ mol l^{-1} gewählt wird. Damit erhalten wir nach (19.20)

$$c_1 = c_2 \cdot 10^{-E/(59{,}1 \text{ mV})} = 1{,}58 \cdot 10^{-9} \text{ mol } l^{-1}.$$

Obwohl also praktisch alles Ag^+ als AgCl ausgefällt wurde, läßt sich trotzdem die winzige Menge an noch gelöstem Ag^+ sehr genau messen.

19.2.2 Ionentransport in der Kette, Salzbrücke

Wir wollen uns jetzt noch klarmachen, was sich an unseren Ergebnissen ändert, wenn wir in der Konzentrationskette keinen Überschuß an KNO_3 haben, wenn also der Fall in Abb. 19.3a vorliegt. Dann wird der Stromtransport durch die Fritte durch das $AgNO_3$ besorgt. Infolge des auf die Ionen einwirkenden elektrischen Feldes wandern NO_3^--Ionen nach rechts und Ag^+-Ionen nach links (diese Ionenwanderung im elektrischen Feld dürfen wir nicht mit der oben erwähnten Diffusion der Ionen durch die Fritte verwechseln, die ja vernachlässigbar langsam vor sich gehen soll); es werden also auf diesem Wege noch NO_3^--Ionen von der Konzentration c_1 auf die Konzentration c_2 gebracht und umgekehrt Ag^+-Ionen von c_2 auf c_1. Würden beide Ionensorten im elektrischen Feld gleich schnell wandern, dann würden in der gleichen Zeit gleich viele NO_3^--Ionen nach rechts und Ag^+-Ionen nach links gelangen. Tatsächlich wandern sie aber mit verschiedenen Geschwindigkeiten u_- und u_+. Fließen N Elektronen durch den äußeren Stromkreis, dann wandern $[Nu_-/(u_+ + u_-)]$ Nitrationen von links nach rechts und $[Nu_+/(u_+ + u_-)]$ Silberionen von rechts nach links. Dazu ist die reversible Arbeit

$$A_{\mathrm{rev},2} = +N\,\frac{u_-}{u_+ + u_-}\,kT\ln\frac{c_2}{c_1} - N\,\frac{u_+}{u_+ + u_-}\,kT\ln\frac{c_2}{c_1}$$

$$= N\,\frac{u_- - u_+}{u_+ + u_-}\,kT\ln\frac{c_2}{c_1} \qquad (19.21)$$

zuzuführen. Betrachten wir die Lösungen als ideal, dann ist die Druckvolumenarbeit wieder Null, und es ergibt sich ΔG als Summe von $A_{\mathrm{rev},2}$ und der in (19.17) bereits berechneten Arbeit $A_{\mathrm{rev},1}$.

$$\Delta G = A_{\mathrm{rev},1} + A_{\mathrm{rev},2}$$

$$= N\,\frac{2u_-}{u_+ + u_-}\,kT\ln\frac{c_2}{c_1}. \qquad (19.22)$$

Nach (19.9) folgt daraus für die Spannung E der Kette

$$E = \frac{2u_-}{u_+ + u_-}\,\frac{RT}{F}\ln\frac{c_2}{c_1} \qquad (19.23)$$

(Kette in Abb. 19.3a ohne Fremdsalz).

Dieser Ausdruck unterscheidet sich durch den Faktor $2u_-/(u_+ + u_-)$ von unserer Beziehung (19.19). Ist zufälligerweise die Wanderungsgeschwindigkeit des Anions genau so groß wie die des Kations, dann ist dieser Faktor gleich 1, und die Ionenwanderung durch die Fritte wirkt sich nicht auf E aus. Ist $u_- = 0$, trägt also nur das Kation

zum Stromtransport bei, dann wird $E = 0$; ist $u_+ = 0$, trägt also nur das Anion zum Stromtransport bei, dann wird E doppelt so groß wie nach (19.19). Wir können die Beziehung (19.23) also dazu verwenden, durch Messen der Zellenspannung Aussagen über die Wanderungsgeschwindigkeit der Ionen zu erhalten, wenn wir von bekannten Konzentrationen c_1 und c_2 ausgehen.

Andererseits macht die Ionenwanderung durch die Fritte die Messung von unbekannten Konzentrationen kompliziert, und man möchte das Verfahren gern vereinfachen. Eine Möglichkeit dazu haben wir bereits diskutiert, nämlich die Zugabe eines Überschusses von einem Salz, dessen Ionen nicht an der Elektrodenreaktion beteiligt sind. Eine andere Möglichkeit besteht darin, die beiden Teilreaktionen in getrennten Behältern auszuführen und die Behälter durch eine Salzbrücke (Abb. 19.5) miteinander zu verbinden. Die Salzbrücke besteht aus einem Glasrohr, das mit einer konzentrierten Lösung eines Elektrolyten gefüllt ist, dessen Ionen praktisch gleich schnell wandern und an den Elektroden nicht mit den in den Zellen untersuchten Ionen reagieren. Die mit einer solchen Anordnung gemessenen Spannungen E weichen meist nur um wenige mV von den nach (19.19) erwarteten Werten ab; ein solcher Fehler ist bei den meisten Anwendungen ohne Bedeutung [19.1].

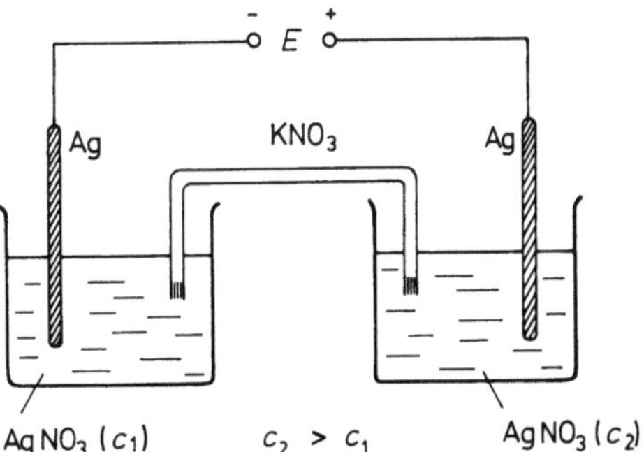

Abb. 19.5. Konzentrationskette mit Salzbrücke; die Salzbrücke ist mit einer konzentrierten Lösung von KNO_3 gefüllt

19.2.3 Konzentrationskette mit Gaselektroden

Als ein weiteres Beispiel für eine Konzentrationsbestimmung wollen wir die Messung der Gleichgewichtskonzentration an H^+-Ionen in Natronlauge betrachten. Dazu lassen wir in der elektrochemischen Zelle in Abb. 19.6 die Reaktion

$$H^+(c_2) \rightarrow H^+(c_1) \qquad (19.24)$$

ablaufen, indem wir ein von H_2 umspültes Platinblech in eine NaOH-Lösung (Konzentration c_0) und ein zweites von H_2 umspültes Platinblech in eine HCl-Lösung (Konzentration c_0) eintauchen (Wasserstoffelektroden). An den Platinblechen finden beim Schließen des äußeren Stromkreises die Teilreaktionen

$$H^+(c_2) + e^- \rightarrow \tfrac{1}{2}H_2 \tag{19.25}$$

$$\tfrac{1}{2}H_2 \rightarrow H^+(c_1) + e^- \tag{19.26}$$

statt; die Summe dieser Teilreaktionen ergibt die Reaktion (19.24).

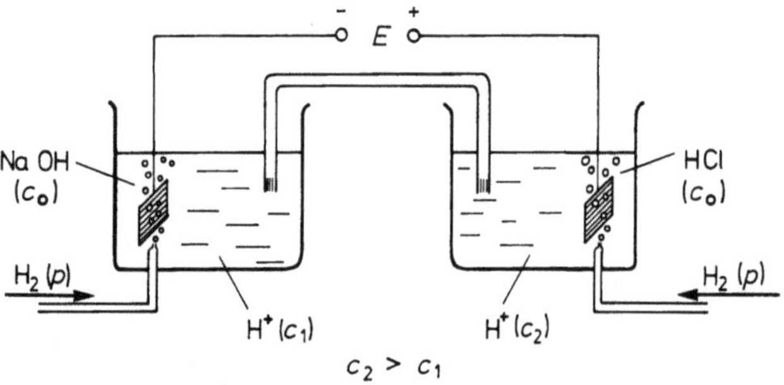

Abb. 19.6. Konzentrationskette zur Bestimmung der H^+-Konzentration einer wäßrigen NaOH-Lösung (Wasserstoffelektroden)

Die Reaktionen des H_2 an den Platinelektroden können wir uns folgendermaßen vorstellen. Die Lösung ist in der Umgebung der Elektrode mit Wasserstoff gesättigt, und es diffundieren daher Wasserstoffmoleküle in der Lösung an die Platinoberfläche. Sie können dort ihre Elektronen an das Metall abgeben und als Wasserstoffionen wieder von der Elektrodenoberfläche wegdiffundieren. Umgekehrt können Wasserstoffionen aus dem Metall Elektronen aufnehmen und in Wasserstoffmoleküle übergehen. Beide Prozesse laufen nebeneinander ab. Sie können am Platin so schnell stattfinden, daß sich ein dynamisches Gleichgewicht einstellt. Es wird daher unter den Meßbedingungen eine praktisch reversible Reaktionsführung erreicht. Platin ist praktisch unangreifbar, hat also die Eigenschaft, daß sich neben dem Elektronenaustausch keine anderen Elektrodenreaktionen einstellen.

In der HCl-Lösung ist c_{H^+} viel größer als in der NaOH-Lösung, also laden sich die beiden Platinelektroden in der in Abb. 19.6 eingezeichneten Weise auf, die Reaktion (19.24) läuft also spontan ab. Für die Gegenreaktion ist ΔG positiv. Für $c_0 = 0{,}01$ mol l^{-1} findet man experimentell die Spannung $E = 0{,}590$ V ($p_{H_2} = 1{,}013$ bar, $T = 298$ K). Damit folgt aus (19.20)

$$\frac{c_1}{c_2} = 10^{-590/59,1} = 1{,}04 \cdot 10^{-10} \,.$$

Da die HCl-Lösung als vollständig dissoziiert angesehen werden kann, ist $c_2 = c_0 = 0{,}01$ mol l^{-1} und somit $c_1 = 1{,}04 \cdot 10^{-12}$ mol l^{-1}. An diesem Beispiel wird besonders deutlich, welch geringe Konzentrationen an Ionen über die Messung von Zellenspannungen noch quantitativ nachgewiesen werden können.

In dem letzten Beispiel waren die H^+-Ionenkonzentrationen in beiden Gefäßen verschieden, der eingeleitete Wasserstoff stand aber unter demselben Druck p. Wir können nun auch umgekehrt vorgehen, nämlich die H^+-Konzentrationen auf beiden Seiten gleich wählen und dafür links den H_2-Druck p_1, rechts den H_2-Druck p_2 einstellen (Abb. 19.7). Das machen wir praktisch so, daß wir links H_2 von Atmosphärendruck einleiten und rechts ein Gemisch von H_2 und Argon im Verhältnis $1:9$; dadurch ist der Partialdruck des H_2 auf der rechten Seite nur $\frac{1}{10}$ so groß wie links. An den Platinelektroden laufen also beim Schließen des äußeren Stromkreises die Teilreaktionen

$$\tfrac{1}{2}H_2(p_1) \rightarrow H^+(c_0) + e^- \tag{19.27}$$

$$H^+(c_0) + e^- \rightarrow \tfrac{1}{2}H_2(p_2) \tag{19.28}$$

ab; die Gesamtreaktion lautet demnach

$$\tfrac{1}{2}H_2(p_1) \rightarrow \tfrac{1}{2}H_2(p_2) \,. \tag{19.29}$$

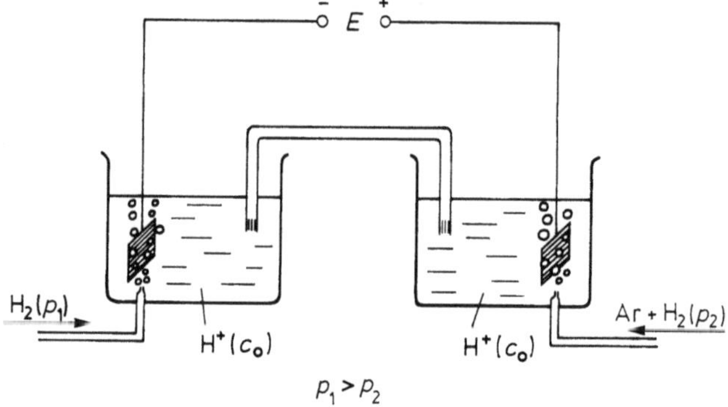

Abb. 19.7. Konzentrationskette zur Messung des H_2-Druckes (rechts wird ein H_2/Ar-Gemisch $1:9$ eingeleitet, so daß der Partialdruck p_1 gerade 10mal so groß ist wie p_2)

Da wir $p_1 > p_2$ vorausgesetzt haben, läuft diese Reaktion spontan ab, es lädt sich also die rechte Elektrode positiv gegenüber der linken Elektrode auf. ΔG der Gegenreaktion ist positiv, und für die Spannung E folgt

$$E = \frac{\Delta G}{\mathbf{n}F} = \frac{\mathbf{R}T}{F} \ln \frac{p_1^{1/2}}{p_2^{1/2}} = \frac{1}{2} 59{,}1 \text{ mV lg} \frac{p_1}{p_2}. \quad (19.30)$$

Im betrachteten Fall ($p_2 = \frac{1}{10}p_1$) wird $E = 29{,}6$ mV (bei 298 K).

19.3 Zellen mit zwei verschiedenartigen Elektroden

19.3.1 Wasserstoffelektrode, Standardpotential

Etwas komplizierter wird die Überlegung, wenn an den beiden Teilreaktionen in der elektrochemischen Zelle verschiedene Ionen oder verschiedene Gase beteiligt sind. Von großer Bedeutung sind Zellen, bei denen die eine Elektrode eine Wasserstoffelektrode ist. In Abb. 19.8 ist links eine Wasserstoffelektrode dargestellt, und im rechten Gefäß taucht ein Kupferstab in eine Cu^{2+}-Ionenlösung ein. Es finden an den Elektroden also die Teilreaktionen

$$\tfrac{1}{2}Cu^{2+} + e^- \to \tfrac{1}{2}Cu \quad (19.31a)$$

$$\tfrac{1}{2}H_2 \to H^+ + e^- \quad (19.31b)$$

statt, und somit ist die Gesamtreaktion durch

$$\tfrac{1}{2}Cu^{2+} + \tfrac{1}{2}H_2 \to \tfrac{1}{2}Cu + H^+ \quad (19.32)$$

gegeben. Diese Reaktion läuft unter Standardbedingungen spontan ab (Cu^{2+} wird durch H_2 zu Cu reduziert). Der Cu-Stab lädt sich also positiv gegenüber dem Platinblech auf. Wir betrachten wie bisher die Gegenreaktion

$$\boxed{\tfrac{1}{2}Cu + H^+ \to \tfrac{1}{2}Cu^{2+} + \tfrac{1}{2}H_2} \ . \quad (19.33)$$

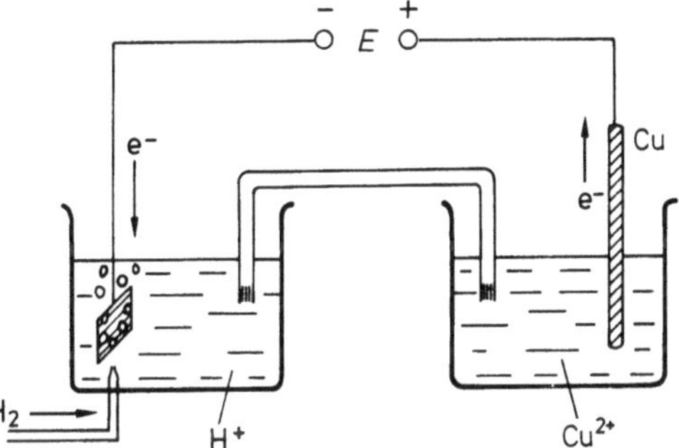

Abb. 19.8. Elektrochemische Zelle, in der durch eine außen angelegte Spannung die Reaktion (19.33) erzwungen wird

Wenn N Elektronen durch den äußeren Stromkreis geflossen sind, gilt nach (18.69) für diese Reaktion

$$\Delta G = \Delta G^0 + NkT \cdot \ln \frac{\{c_{Cu^{2+}}\}^{1/2} \cdot \{p_{H_2}\}^{1/2}}{\{c_{H^+}\}}. \quad (19.34)$$

Damit erhalten[1] wir für die Spannung E nach (19.9)

$$E = \frac{\Delta G}{\mathbf{n}F} = \frac{\Delta G^0}{\mathbf{n}F} + \frac{\mathbf{R}T}{F} \cdot \ln \frac{\{c_{Cu^{2+}}\}^{1/2} \cdot \{p_{H_2}\}^{1/2}}{\{c_{H^+}\}} .$$
$$(19.35)$$

Es ist üblich, die Abkürzung

$$E^0 = \frac{\Delta G^0}{\mathbf{n}F} \quad [\Delta G^0 \text{ für die Reaktion (19.33)}] \quad (19.36)$$

einzuführen; E^0 nennt man Standardpotential[2]. Damit erhalten wir (*Nernstsche Gleichung, 1889*)

$$E = E^0 + \frac{\mathbf{R}T}{F} \ln \frac{\{c_{Cu^{2+}}\}^{1/2} \cdot \{p_{H_2}\}^{1/2}}{\{c_{H^+}\}} . \quad (19.37)$$

Setzen wir für die Wasserstoffelektrode $p_{H_2} = 1{,}013$ bar und $c_{H^+} = 1 \text{ mol l}^{-1}$, dann ist

$$E = E^0 + \frac{\mathbf{R}T}{F} \ln\{c_{Cu^{2+}}\}^{1/2} . \quad (19.38)$$

Genau genommen ist dieses Vorgehen nicht ganz richtig, weil (19.34) bzw. (19.37) für den Fall hochverdünnter Lösungen und Gase abgeleitet wurden. Tatsächlich weicht die Spannung einer galvanischen Kette mit einer solchen Wasserstoffelektrode ($p_{H_2} = 1{,}013$ bar, $c_{H^+} = 1 \text{ mol l}^{-1}$) geringfügig von dem nach (19.38) berechneten Wert ab. Die Spannung einer galvanischen Kette mit einer Wasserstoffelektrode, die eine HCl-Lösung der Konzentration $1{,}184 \text{ mol l}^{-1}$ enthält und unter einem Wasserstoffdruck von 1,013 bar steht, stimmt jedoch genau

---

[1] Wir hätten bei dieser Betrachtung auch von (19.32) anstelle von (19.33) ausgehen können; dann hätte ΔG entgegengesetztes Vorzeichen. In diesem Fall müßten wir $\Delta G = -FE$ setzen, um (19.35) zu erhalten. Beide Betrachtungsweisen sind gleichwertig.

[2] E^0 wäre identisch mit der Spannung der betrachteten elektrochemischen Zelle, wenn sämtliche Ionen in der Konzentration 1 mol l^{-1} vorliegen und der Wasserstoff unter dem Druck von 1,013 bar steht und wenn wir bis zu dieser Konzentration die Abweichung vom Verhalten ideal verdünnter Lösungen vernachlässigen könnten.

mit (19.38) überein. Eine solche Wasserstoffelektrode nennt man *Standardwasserstoffelektrode*; man verwendet sie in der Praxis zur Messung von Standardpotentialen. Beispielsweise findet man für die Spannung der Zelle in Abb. 19.8 $E = 0{,}248$ V, falls $c_{Cu^{2+}} = 0{,}001$ mol l^{-1} gewählt wird und E gegen eine Standardwasserstoffelektrode gemessen wird. Daraus erhalten wir nach (19.38)

$$E^0 = E - \frac{RT}{F}\ln\{c_{Cu^{2+}}\}^{1/2} = +0{,}337 \text{ V} . \tag{19.39}$$

Daraus folgt $\Delta G^0 = 32{,}4$ kJ mol^{-1} (für die Reaktion, bei der aus Cu und H$^+$ Wasserstoff und Cu^{2+} gebildet wird).

Im betrachteten Fall ist die Elektrode rechts positiv gegen die Standardwasserstoffelektrode (links). Würden wir anstelle von Cu in einer Lösung mit Cu^{2+}-Ionen Zn in einer Lösung mit Zn^{2+}-Ionen betrachten, so wäre die Elektrode rechts negativ gegen die Standardwasserstoffelektrode. Konventionsgemäß ist E im ersten Fall positiv, im zweiten Fall negativ. Der Zusammenhang zwischen E und ΔG für die zu (19.33) analoge Reaktion

$$\tfrac{1}{2}\text{Zn} + \text{H}^+ \to \tfrac{1}{2}\text{Zn}^{2+} + \tfrac{1}{2}\text{H}_2 \tag{19.33a}$$

bleibt unverändert:

$$E = E_0 + \frac{RT}{F}\ln\{c_{Zn^{2+}}\}^{1/2} \tag{19.38a}$$

ΔG ist negativ [die Reaktion läuft beim Schließen des äußeren Stromkreises spontan ab und daher ist E nach (19.9) negativ]. Beispielsweise mißt man mit $c_{Zn^{2+}} = 0{,}001$ mol l^{-1} den Wert $E = -0{,}852$ V, und es folgt aus (19.38a)

$$E^0 = -0{,}852 \text{ V} - \frac{RT}{F}\ln\{c_{Zn^{2+}}\}^{1/2} = -0{,}763 \text{ V}$$

$$\Delta G^0 = -73{,}5 \text{ kJ mol}^{-1}$$

19.3.2 Redoxreaktionen

Nun untersuchen wir eine Teilreaktion, bei der H$^+$-Ionen umgesetzt werden, z. B. die Bildung von Chinon aus Hydrochinon (Abb. 19.9):

$$\tfrac{1}{2}\text{H}_2\text{Ch} \to \tfrac{1}{2}\text{Ch} + \text{H}^+ + e^- . \tag{19.40}$$

Führen wir diese Reaktion in einer elektrochemischen

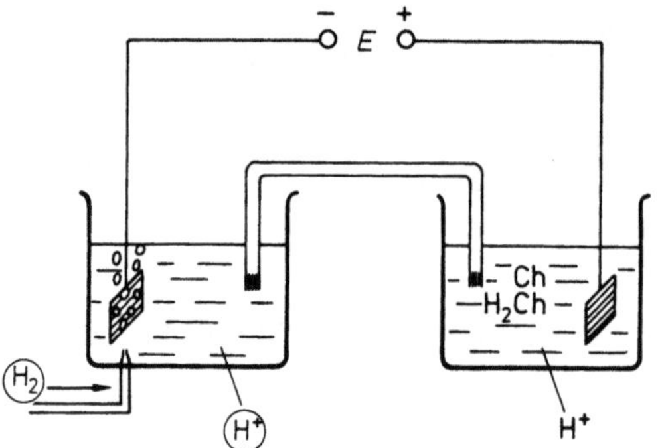

Abb. 19.9. Ausführung der Reaktion (19.40) in einer elektrochemischen Zelle; Ch: Chinon, H$_2$Ch: Hydrochinon

Zelle aus, dann muß an der Wasserstoffelektrode die Reaktion

$$\boxed{\text{H}^+} + e^- \to \tfrac{1}{2}\boxed{\text{H}_2} \tag{19.41}$$

stattfinden, wobei durch $\boxed{\text{H}^+}$ und $\boxed{\text{H}_2}$ die H$^+$-Ionen und die H$_2$-Moleküle gekennzeichnet sind, die an der Wasserstoffelektrode umgesetzt werden. Die Summe dieser Teilreaktionen ist

$$\tfrac{1}{2}\text{H}_2\text{Ch} + \boxed{\text{H}^+} \to \tfrac{1}{2}\text{Ch} + \text{H}^+ + \tfrac{1}{2}\boxed{\text{H}_2} . \tag{19.42}$$

An den Klemmen der elektrochemischen Zelle in Abb. 19.9 stellt sich daher die Spannung

$$E = E^0 + \frac{RT}{F}\ln\frac{\{c_{Ch}\}^{1/2}\{c_{H^+}\}\{p_{\boxed{H_2}}\}^{1/2}}{\{c_{H_2Ch}\}^{1/2}\{c_{\boxed{H^+}}\}} \tag{19.43}$$

ein. In diesem Fall tritt in dem Ausdruck für E neben der H-Ionenkonzentration in der Wasserstoffelektrode ($c_{\boxed{H^+}}$) die H-Ionenkonzentration in der zweiten Halbzelle (c_{H^+}) auf.

Verwenden wir eine Standardwasserstoffelektrode, so vereinfacht sich (19.43) zu

$$E = E^0 + \frac{RT}{F}\ln\frac{\{c_{Ch}\}^{1/2}\{c_{H^+}\}}{\{c_{H_2Ch}\}^{1/2}}$$

$$= E^0 + \frac{1}{2}\frac{RT}{F}\ln\frac{\{c_{Ch}\}}{\{c_{H_2Ch}\}} + \frac{RT}{F}\ln\{c_{H^+}\} . \tag{19.44}$$

Wählt man $c_{Ch} = c_{H_2Ch}$ und $c_{H^+} = 10^{-5}$ mol l^{-1} (Essigsäure-Acetat-Puffer), dann findet man $E = 0{,}404$ V. Daraus ergibt sich $E^0 = 0{,}404$ V $- 59{,}1$ mV lg $10^{-5} =$

0,404 V + 0,296 V = 0,700 V. Wir verallgemeinern die Betrachtung auf Reaktionen

$$\mathrm{Red} \to \mathrm{Ox} + z\mathrm{H}^+ + \gamma e^- \,, \qquad (19.45)$$

in denen das gelöste Teilchen Red zum gelösten Teilchen Ox oxidiert wird, wobei z Protonen und γ Elektronen frei werden. Im betrachteten Fall Red = H_2Ch, Ox = Ch ist $z = 2$ und $\gamma = 2$. Weitere Beispiele sind

$$\mathrm{NADH} \to \mathrm{NAD}^+ + \mathrm{H}^+ + 2e^- \quad z = 1 \quad \gamma = 2$$
$$\mathrm{Fe}^{2+} \to \mathrm{Fe}^{3+} + e^- \qquad\qquad z = 0 \quad \gamma = 1 \,.$$

In der elektrochemischen Zelle gemäß Abb. 19.8 oder 19.9 müssen dann die Teilreaktionen

$$\frac{1}{\gamma}\mathrm{Red} \to \frac{1}{\gamma}\mathrm{Ox} + \frac{z}{\gamma}\mathrm{H}^+ + e^- \qquad (19.46)$$

$$\textcircled{H$^+$} + e^- \to \tfrac{1}{2}\,\textcircled{H$_2$} \qquad (19.47)$$

betrachtet werden, also die Summenreaktion

$$\frac{1}{\gamma}\mathrm{Red} + \textcircled{H$^+$} \to \frac{1}{\gamma}\mathrm{Ox} + \frac{z}{\gamma}\mathrm{H}^+ + \tfrac{1}{2}\,\textcircled{H$_2$} \,. \qquad (19.48)$$

Es ist also

$$E = E^0 + \frac{RT}{F}\ln \frac{\{c_\mathrm{Ox}\}^{1/\gamma}\{c_{\mathrm{H}^+}\}^{z/\gamma}\{p_{\mathrm{H}_2}\}^{1/2}}{\{c_\mathrm{Red}\}^{1/\gamma}\{c_{\mathrm{H}^+}\}} \qquad (19.49)$$

bzw. wenn die Halbzelle mit Red und Ox gegen die Standardwasserstoffelektrode geschaltet wird

$$E = E^0 + \frac{1}{\gamma}\frac{RT}{F}\ln \frac{c_\mathrm{Ox}}{c_\mathrm{Red}} + \frac{z}{\gamma}\frac{RT}{F}\ln\{c_{\mathrm{H}^+}\} \qquad (19.50)$$

Für eine Reihe von Redoxsystemen sind die so bestimmten Standardpotentiale E^0 in Anhang Q (Tabelle Q.2) aufgeführt.

19.3.3 Redoxreaktionen in einer Pufferlösung

Bei biochemischen Fragestellungen werden häufig Reaktionen untersucht, die in einer Pufferlösung ablaufen. Deshalb wollen wir diesen speziellen Fall näher betrachten.

Denken wir uns die Teilreaktion (19.45) in einer Pufferlösung ausgeführt, dann ist die H^+-Ionenkonzentration in der entsprechenden Halbzelle konstant, so daß

wir die Zellenspannung E gemäß (19.50) durch

$$E = E^{0'} + \frac{1}{\gamma} \cdot \frac{RT}{F}\ln \frac{\{c_\mathrm{Ox}\}}{\{c_\mathrm{Red}\}} \qquad (19.51)$$

ausdrücken können. Dabei haben wir

$$E^{0'} = E^0 + \frac{RT}{F}\frac{z}{\gamma}\ln \{c_\mathrm{H}^+\}_\mathrm{Puffer}$$
$$= E^0 - 59{,}1 \ \mathrm{mV}\ \frac{z}{\gamma}\text{pH}_\mathrm{Puffer} \qquad (19.52)$$

gesetzt. $E^{0'}$ hängt also in einfacher Weise mit dem pH-Wert des Puffers zusammen (Abb. 19.10); im Fall pH = 0 geht $E^{0'}$ in E^0 über. Für biochemische Anwendungen ist es nützlich, $E^{0'}$ für pH = 7 zu tabellieren; solche Werte sind in Tabelle Q.2 neben E^0 aufgeführt.

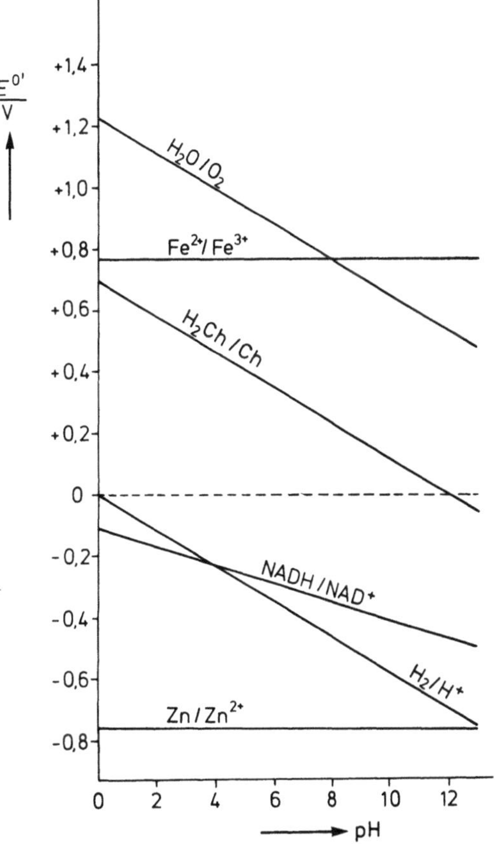

Abb. 19.10. $E^{0'}$ in Abhängigkeit vom pH-Wert des Puffers gemäß (19.52). Im Fall von H_2/H^+ und H_2O/O_2 gelten die Beziehungen (19.55, 56)

Im Fall der Wasserstoff- und Sauerstoffelektrode gilt

$$\tfrac{1}{2}H_2 + \boxed{H^+} \rightarrow H^+ + \tfrac{1}{2}\boxed{H_2} \qquad (19.53)$$

$$\tfrac{1}{2}H_2O + \boxed{H^+} \rightarrow H^+ + \tfrac{1}{4}O_2 + \tfrac{1}{2}\boxed{H_2}, \qquad (19.54)$$

und somit ist

$$E^{0'} = \frac{RT}{F}\ln\{c_{H^+}\}$$

$$= -59\ mV \cdot pH \text{ (Wasserstoffelektrode)}, \qquad (19.55)$$

$$E^{0'} = 1,23\ V + \frac{RT}{F}\ln\{c_{H^+}\}$$

$$= 1,23\ V - 59\ mV \cdot pH \text{ (Sauerstoffelektrode)}. \qquad (19.56)$$

Eine reversibel arbeitende Sauerstoffelektrode ist nicht bekannt. In diesem Fall ist also $E^{0'}$ nur eine für den Vergleich mit anderen Redoxsystemen wichtige Rechengröße. Der Wert 1,23 V folgt aus ΔG^0 für die Reaktion $H_2O \rightarrow H_2 + \tfrac{1}{2}O_2$.

19.4 ΔG^0 und $\Delta G^{0'}$ aus Standardpotentialen

19.4.1 Zusammenhang von ΔG^0 und E^0, $\Delta G^{0'}$ und $E^{0'}$

Wir haben uns im Vorangehenden klargemacht, wie die Tabellenwerte E^0 und $E^{0'}$ experimentell erhalten werden.

Diese Werte sind für die Bestimmung von ΔG^0-Werten (bzw. der in Abb. 18.10 betrachteten $\Delta G^{0'}$-Werte) chemischer Reaktionen von großer Bedeutung. Wir wollen uns daher jetzt mit der Berechnung von ΔG^0 und $\Delta G^{0'}$ aus E^0 bzw. $E^{0'}$ beschäftigen.

Für Redox-Reaktionen vom Typ (19.48),

$$\frac{1}{\gamma}Red + \boxed{H^+} \rightarrow \frac{1}{\gamma}Ox + \frac{z}{\gamma}H^+ + \frac{1}{2}\boxed{H_2} \qquad (19.57)$$

erhalten wir ΔG^0 in einfacher Weise über die Beziehung $\Delta G^0 = nFE^0$. So ist für die Reaktion

$$\tfrac{1}{2}H_2Ch + \boxed{H^+} \rightarrow \tfrac{1}{2}Ch + H^+ + \tfrac{1}{2}\boxed{H_2} \qquad (19.58)$$

$\gamma = 2$ und $z = 2$. Nach Tabelle Q.2 ist $E^0 = 0{,}700$ V und somit $\Delta G^0 = F \cdot 0{,}700\ V = 67{,}54\ kJ\ mol^{-1}$. Diese Werte sind in Tabelle Q.2 mit aufgeführt. Es spielt bei dieser Überlegung keine Rolle, daß in (19.57) zwischen H^+ und $\boxed{H^+}$ unterschieden wird, weil E^0 die Zellenspannung für den Fall $c_{H^+} = c_{\boxed{H^+}} = 1\ mol\ l^{-1}$ darstellt, also beide Konzentrationen gleich groß sind. Es findet der Übergang $1 \rightarrow 2$ (Abb. 19.11) statt. Komplizierter ist dagegen die Umrechnung von $E^{0'}$ auf $\Delta G^{0'}$. $E^{0'}$ ist ja die Zellenspannung für den Fall, daß zwar in der Wasserstoffelektrode $c_{\boxed{H^+}} = 1\ mol\ l^{-1}$ ist, aber in der zweiten Halbzelle die H^+-Konzentration des Puffers herrscht; in diesem Fall sind also die Konzentrationen von H^+ und $\boxed{H^+}$ ver-

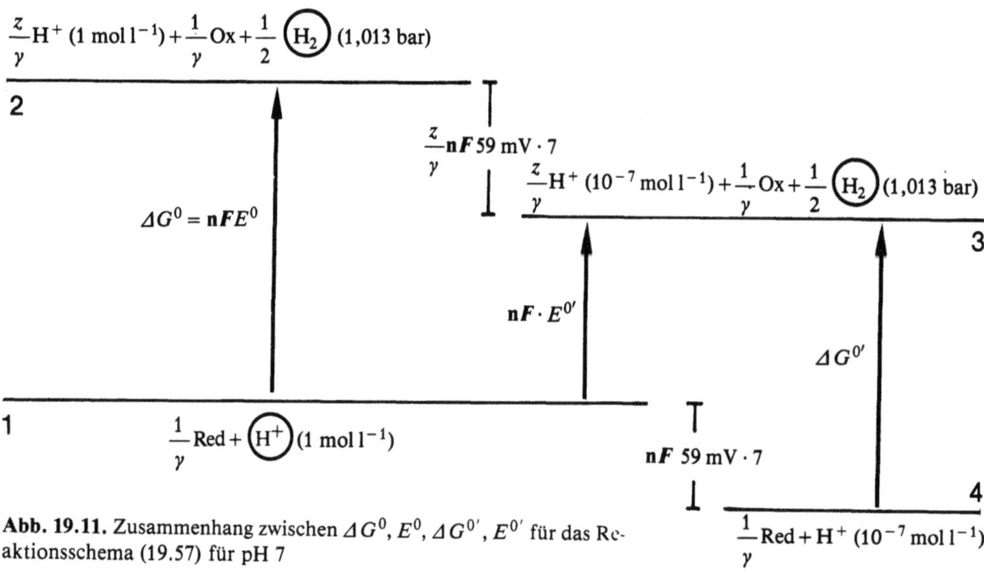

Abb. 19.11. Zusammenhang zwischen ΔG^0, E^0, $\Delta G^{0'}$, $E^{0'}$ für das Reaktionsschema (19.57) für pH 7

schieden. Es findet der Übergang $\mathbf{1}\rightarrow\mathbf{3}$ statt. Dagegen entspricht $\Delta G^{0'}$ dem Übergang $\mathbf{4}\rightarrow\mathbf{3}$: $\frac{1}{y}$Red geht in der gepufferten Lösung in $\frac{1}{y}$Ox über, und es wird Wasserstoff von 1,013 bar frei. Um von $\mathbf{4}$ nach $\mathbf{1}$ zu kommen, muß H^+ von der gepufferten Lösung in die Lösung der Konzentration $1\ mol\,l^{-1}$ gebracht werden, es muß die Arbeit $\mathbf{n}\mathbf{F}\,59{,}1\ mV\,pH$ aufgewendet werden, und somit ist für beliebiges y und z:

$$\Delta\mathbf{G}^{0'} = \mathbf{F}(E^{0'} + 59{,}1\ mV\cdot pH)\,. \tag{19.59}$$

Auch diese $\Delta G^{0'}$-Werte sind in Tabelle Q.2 für pH = 7 aufgeführt.

19.4.2 Indirekte Bestimmung von ΔG^0 bzw. $\Delta G^{0'}$

Viele Redoxreaktionen können in elektrochemischen Zellen nicht untersucht werden, weil sie zu langsam ablaufen. Während die Redoxsysteme H_2Ch/Ch ($E^{0'}$ = 0,286 V bei pH 7 (Abb. 19.10), oder Leukomethylenblau (H_2Mb)/Methylenblau (Mb) ($E^{0'}$ = 0,011 V bei pH 7) in der beschriebenen Weise untersucht werden können, ist das für das System

$$^-OOC{-}CH_2{-}CH_2{-}COO^- \rightarrow \overset{^-OOC}{\underset{H}{>}}C{=}C\overset{H}{\underset{COO^-}{<}} + H_2$$

$$\text{Succinat (}H_2Fm\text{)} \qquad \text{Fumarat (Fm)}$$

nicht der Fall. Man kann in einem solchen Fall $\Delta G^{0'}$ nicht in entsprechender Weise ermitteln. Das gelingt aber indirekt aus der Messung der Lage des Gleichgewichts der Reaktion

$$H_2Fm + Mb \rightarrow Fm + H_2Mb\,,$$

das sich mit einem Enzym (Bernsteindehydrogenase) einstellt; aus der Gleichgewichtskonstanten

$$K' = \frac{c_{Fm}c_{H_2Mb}}{c_{H_2Fm}c_{Mb}} = 0{,}23$$

folgt $\Delta\mathbf{G}^{0'} = -\mathbf{R}T\ln K' = 3{,}64\ kJ\ mol^{-1}$. Aus

$$\tfrac{1}{2}H_2Mb \rightarrow \tfrac{1}{2}Mb + \tfrac{1}{2}H_2$$
$$\Delta\mathbf{G}^{0'} = \mathbf{F}\cdot 0{,}011\ V = 41{,}0\ kJ\ mol^{-1}$$

und

$$\tfrac{1}{2}H_2Fm + \tfrac{1}{2}Mb \rightarrow \tfrac{1}{2}Fm + \tfrac{1}{2}H_2Mb$$
$$\Delta\mathbf{G}^{0'} = \frac{3{,}64}{2}\ kJ\ mol^{-1} = 1{,}82\ kJ\ mol^{-1}$$

folgt für die Reaktion

$$\tfrac{1}{2}H_2Fm \rightarrow \tfrac{1}{2}Fm + \tfrac{1}{2}H_2$$
$$\Delta\mathbf{G}^{0'} = (41{,}0 + 1{,}82)\ kJ\ mol^{-1} = 42{,}82\ kJ\ mol^{-1}\,.$$

19.5 Anwendungen von elektrochemischen Zellen

19.5.1 Bezugselektroden

Zur Bestimmung von E^0 und $E^{0'}$ mußten wir elektrochemische Zellen mit einer Wasserstoffelektrode benutzen. Da das Arbeiten mit einer solchen Elektrode umständlich ist, benutzt man meist andere Bezugselektroden und rechnet die damit gemessenen Spannungen auf die Wasserstoffelektrode um. In Abb. 19.12 sind elektrochemische Zellen mit derartigen Bezugselektroden (Kalomel-, Silberchloridelektrode) dargestellt.

In der Kalomelelektrode läuft die Teilreaktion

$$Hg \rightarrow \tfrac{1}{2}Hg_2^{2+} + e^- \tag{19.60}$$

ab, so daß die Spannung gegenüber einer Standardwasserstoffelektrode durch

$$E = E^0 + \frac{\mathbf{R}T}{\mathbf{F}}\ln\{c_{Hg_2^{2+}}\}^{1/2} \tag{19.61}$$

gegeben ist. Da in der Elektrode Chloridionen im Überschuß vorliegen, ist die Konzentration an Hg_2^{2+}-Ionen durch das Gleichgewicht

$$Hg_2^{2+} + 2Cl^- \rightleftharpoons Hg_2Cl_2 \tag{19.62}$$
$$c_{Hg_2^{2+}} \cdot c_{Cl}^2 = L_{Hg_2Cl_2} \tag{19.63}$$

gegeben; es ist also

$$E_{Kalomel} = E^0 + \frac{\mathbf{R}T}{\mathbf{F}}\ln\left(\frac{\{L_{Hg_2Cl_2}\}^{1/2}}{\{c_{Cl^-}\}}\right)\,. \tag{19.64}$$

Nach Tabelle Q.2 ist E^0 = 0,796 V; weiter ist $L_{Hg_2Cl_2}$ = $2\cdot 10^{-18}\ (mol\,l^{-1})^3$, so daß wir für $E_{Kalomel}$ bei 298 K den Wert 0,273 V (für c_{Cl^-} = 1 mol l^{-1}) berechnen. In entsprechender Weise gilt für die Silberchloridelektrode

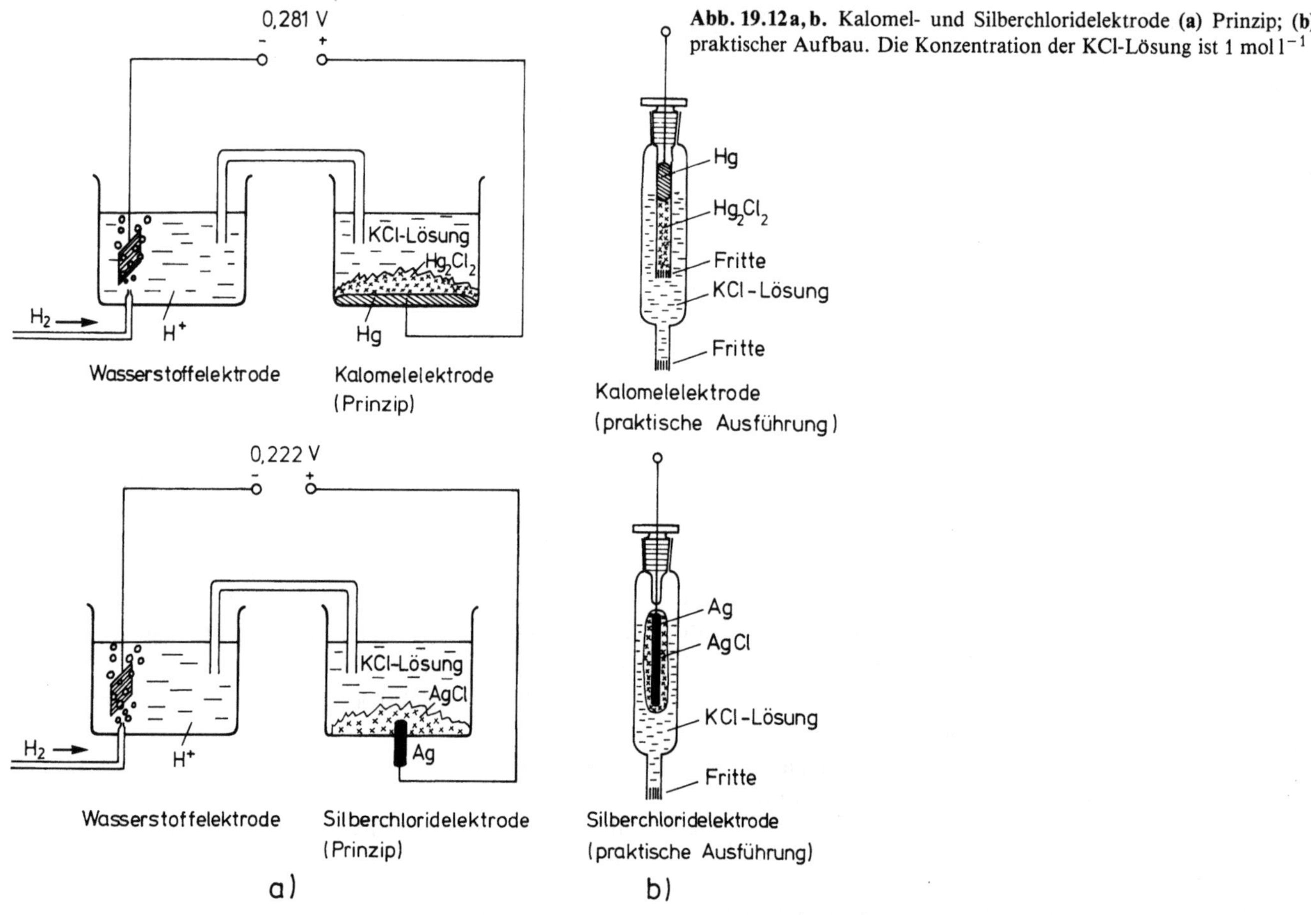

Abb. 19.12 a, b. Kalomel- und Silberchloridelektrode (**a**) Prinzip; (**b**) praktischer Aufbau. Die Konzentration der KCl-Lösung ist $1\ \mathrm{mol\,l^{-1}}$

$$E_{\text{Silberchlorid}} = E^0 + \frac{R\,T}{F} \ln \frac{\{L_{\text{AgCl}}\}}{\{c_{\text{Cl}^-}\}} . \qquad (19.65)$$

Es ist $E^0 = 0{,}800$ V und $L_{\text{AgCl}} = 1{,}58 \cdot 10^{-10}\ \mathrm{mol^2\,l^{-2}}$, also erwarten wir $E_{\text{Silberchlorid}} = 0{,}221$ V (für $c_{\text{Cl}^-} = 1\ \mathrm{mol\,l^{-1}}$). Experimentell findet man die Werte 0,281 V bzw. 0,222 V (Abb. 19.12); der kleine Unterschied hängt damit zusammen, daß (19.64) und (19.65) für große Cl^--Konzentration nicht mehr exakt gelten.

19.5.2 Glaselektrode

Zur Messung von pH-Werten haben wir im Abschn. 19.2.1 eine Zelle mit zwei Wasserstoffelektroden benutzt. Bequemer lassen sich pH-Werte mit einer Glaselektrode in Verbindung mit 2 Silberchloridelektroden messen (Abb. 19.13). Zwei Gefäße, von denen das eine H^+-Ionen in der bekannten Konzentration c_1 enthält und

das zweite H^+-Ionen in der unbekannten Konzentration c_2, sind durch eine Membran verbunden, die nur für H^+-Ionen durchlässig ist. Solche Membranen lassen sich aus geeignet vorbehandeltem Glas herstellen. In die beiden Gefäße tauchen zwei Silberchloridelektroden ein. Nach dem Durchtritt von N Elektronen durch den äußeren Stromkreis in der in Abb. 19.13a eingezeichneten Richtung sind N H^+-Ionen von rechts nach links gewandert, also von der Konzentration c_2 auf die Konzentration c_1 gebracht worden; an der rechten Silberchloridelektrode sind N Ag^+-Ionen entladen worden, an der linken ist die gleiche Menge Ag aufgelöst worden. Da beide Silberchloridelektroden identisch sind, ist für die Umsetzung der Silberionen keine Arbeit zuzuführen, und es ist daher

$$E = \frac{\Delta G}{n F} = R\,T \ln \frac{c_1}{c_2} . \qquad (19.66)$$

In der praktischen Ausführung (Abb. 19.13b) füllt man

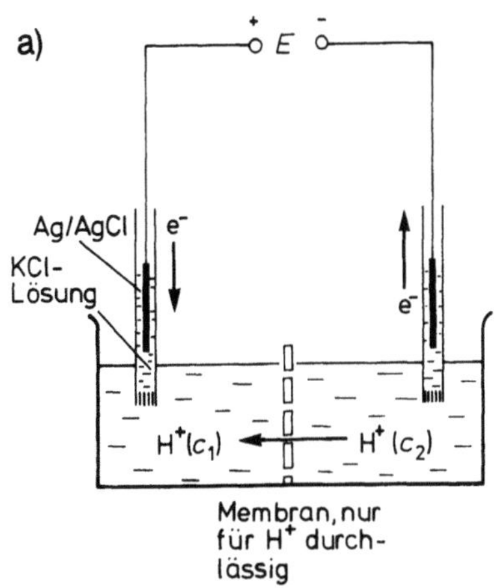

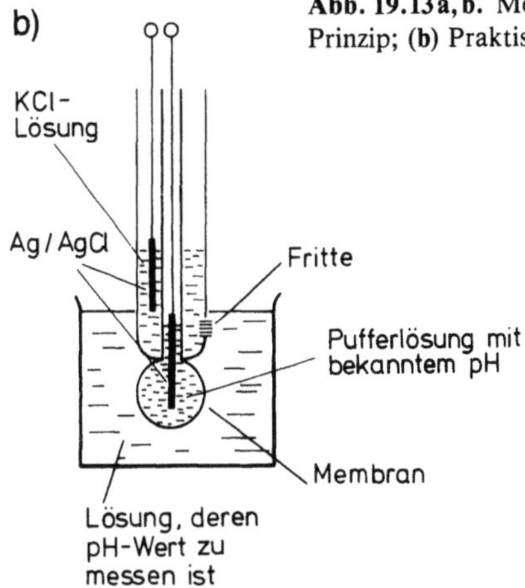

Abb. 19.13 a, b. Messung des pH-Wertes mit einer Glaselektrode (a) Prinzip; (b) Praktische Ausführung einer Einstabmeßkette

in das Innere einer Glaskugel eine Pufferlösung mit bekanntem pH-Wert und verbindet diese Lösung über eine Silberchloridelektrode; die zweite Silberchloridelektrode baut man in das gleiche Rohr mit ein (Einstabmeßkette), so daß man nur noch die ganze Anordnung in die zu untersuchende Lösung eintauchen muß. Ist c_2 die Konzentration der zu messenden Lösung, dann ist nach (19.66)

$$pH = -\lg\{c_2\} = -\lg\{c_1\} + \frac{1}{2{,}303\,RT}E. \qquad (19.67)$$

Der pH-Wert hängt also linear mit der Zellenspannung zusammen.

19.5.3 Galvanische Elemente

Bisher haben wir elektrochemische Zellen als Hilfsmittel zur Messung thermodynamischer Größen verwendet. In Batterien und Akkumulatoren finden elektrochemische Vorgänge statt, bei denen chemische Energie in elektrische Energie umgesetzt wird; diese Anordnungen lassen sich als Energiequelle bzw. als Energiespeicher verwenden (Abb. 19.14).

Das Weston-Element benutzt man als Spannungsstandard, weil seine Spannung sehr genau reproduzierbar ist und nur wenig von der Temperatur abhängt. Das Leclanché-Element stellt die am häufigsten benutzte Trockenbatterie dar; das in der Reaktionsgleichung auftretende MnO_2 soll den entstehenden Wasserstoff oxidieren, damit der H_2-Druck möglichst gering bleibt, entsprechendes gilt für das Abfangen des Zn^{2+} als Komplex. Das Quecksilberoxid-Element wird vor allem dann

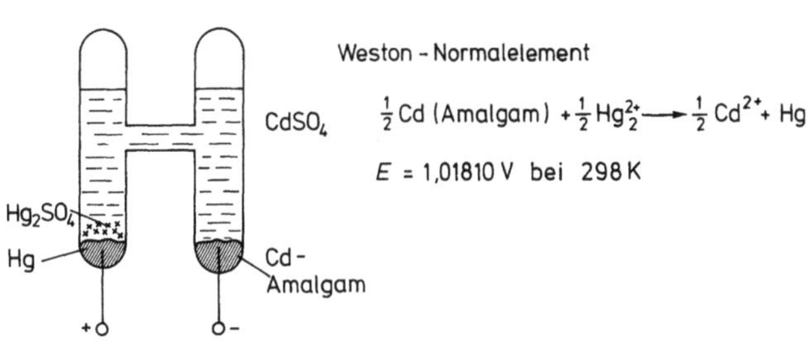

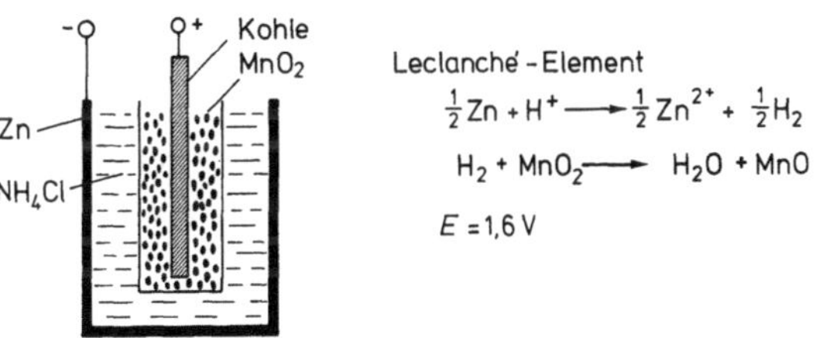

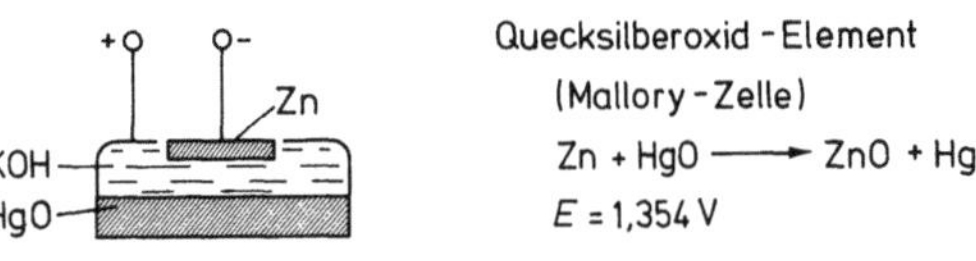

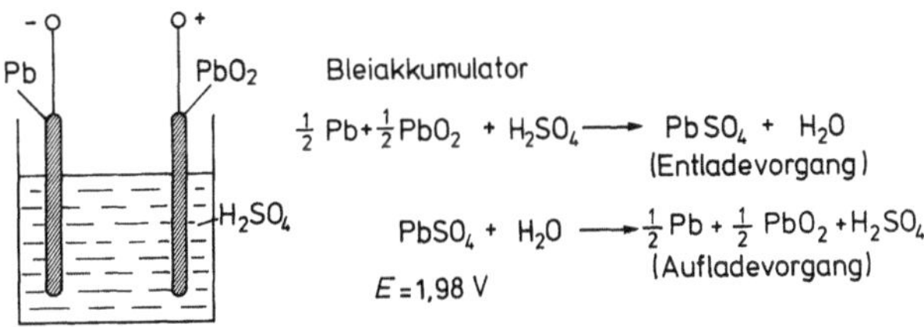

Abb. 19.14. Beispiele für elektrochemische Energiequellen und Energiespeicher

eingesetzt, wenn die abgegebene Spannung während der Lebensdauer der Batterie möglichst konstant sein muß. Im Bleiakkumulator kann elektrische Energie gespeichert werden, indem Pb zu PbO_2 oxidiert wird; diese Energie kann unter Rückbildung von Pb wieder entnommen werden.

19.5.4 Elektrolyse

Statt chemische Energie in elektrische Energie zu verwandeln oder elektrische Energie auf chemischem Wege zu speichern, können wir auch durch Zufuhr elektrischer Energie chemische Reaktionen ablaufen lassen. Als Beispiel betrachten wir die Elektrolyse einer HCl-Lösung, bei der Wasserstoff und Chlor gebildet wird. Lassen wir die Reaktion

$$HCl(aq) \rightarrow \tfrac{1}{2}Cl_2 + \tfrac{1}{2}H_2 \tag{19.68}$$

in einer elektrochemischen Zelle ablaufen, die aus einer Wasserstoff- und einer Chlorelektrode ($p_{H_2} = p_{Cl_2} = 1{,}013$ bar) in einer HCl-Lösung (1 mol l^{-1}) besteht (Abb. 19.15a), dann erwarten wir nach Tabelle Q.2 eine Zellenspannung von 1,36 V. Legen wir von außen eine etwas größere Spannung als 1,36 V an, dann können wir die Reaktion (19.68) erzwingen: es entsteht H_2 und Cl_2 unter Atmosphärendruck. Diese Gasentwicklung würden wir natürlich auch dann bekommen, wenn wir zwei Platinelektroden, an denen eine Spannung von etwas über 1,36 V liegt, in eine HCl-Lösung (1 mol l^{-1}) eintauchen (Elektrolysezelle, Abb. 19.15b).

Tragen wir den Strom in der Elektrolysezelle in Abhängigkeit von der außen angelegten Spannung U auf,

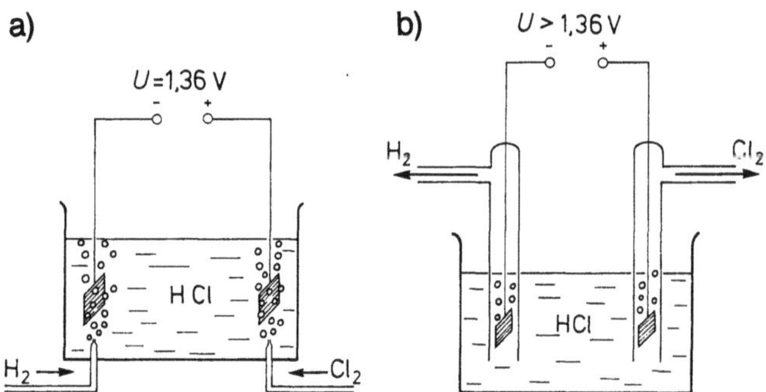

Abb. 19.15a, b. Elektrochemische Zelle, in der die Reaktion HCl → $\tfrac{1}{2}H_2 + \tfrac{1}{2}Cl_2$ ausgeführt werden kann. ($p_{H_2} = p_{Cl_2} = 1{,}013$ bar, $c_{HCl} = 1$ mol l^{-1}) Die Zelle arbeitet (a) als galvanische Zelle, (b) als Elektrolysezelle

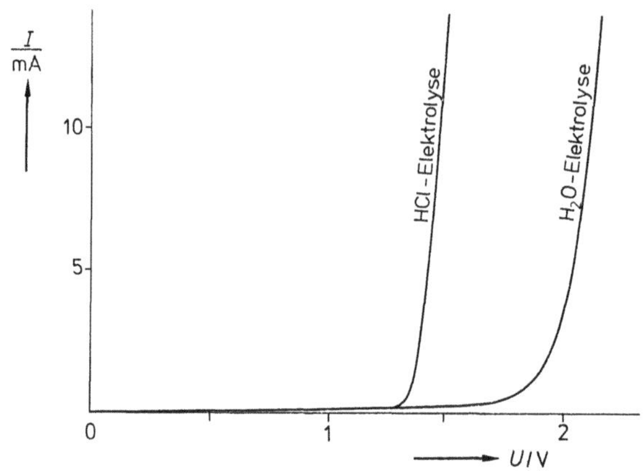

Abb. 19.16. Elektrolysestrom in Abhängigkeit von der außen angelegten Spannung U. Die HCl-Elektrolyse wurde in einer HCl-Lösung (1 mol l^{-1}), die H_2O-Elektrolyse in einer H_2SO_4-Lösung (1 mol l^{-1}) mit Platindrahtelektroden (1 mm Durchmesser, 20 mm lang, Elektrodenabstand 40 cm) bei 25 °C ausgeführt

dann erhalten wir den in Abb. 19.16 dargestellten Verlauf. Oberhalb von 1,36 V steigt der Strom linear mit U an, weil die Wanderungsgeschwindigkeiten von H^+ und Cl^- linear mit U zunehmen, in gleichen Zeiten also mehr Ionen an den Elektroden entladen werden. Unterhalb von 1,36 V würde die Gegenreaktion zu (19.68) stattfinden, wenn die Elektroden mit H_2 bzw. Cl_2 umspült würden. Strom fließt also in der umgekehrten Richtung. In der Elektrolyseapparatur werden die Elektroden nicht mit H_2 bzw. Cl_2 bespült, die betrachtete Gegenreaktion kann also unterhalb von 1,36 V nicht ablaufen. Tauchen wir zwei Elektroden in eine HCl-Lösung, dann entladen sich an der negativen Elektrode H^+-Ionen und an der positiven Elektrode Cl^--Ionen, und zwar so lange, bis sich der zu der gewählten Spannung gehörende Gleichgewichtsdruck von H_2 und Cl_2 an den Elektroden eingestellt hat. Im Fall $U < 1{,}36$ V ist dieser Druck kleiner als der Atmosphärendruck, die Gase bleiben also gelöst, und es dürfte nach der Einstellung dieses Druckes kein Strom mehr fließen. Nun verschwinden jedoch H_2 bzw. Cl_2 Moleküle von der Elektrodenoberfläche, indem sie allmählich in die Lösung hinein diffundieren; dadurch wird ihre Konzentration an den Elektroden kleiner als dem Gleichgewicht entspricht, und durch Entladung weiterer Ionen wird der alte Zustand an den Elektroden wiederhergestellt. Infolge dieses Prozesses fließt bei $U < 1{,}36$ V ein kleiner Strom (Diffusionsstrom), der mit sinkendem U abnimmt. Ist $U > 1{,}36$ V, dann wird die Lösung an der Elektrodenoberfläche mit H_2 bzw. Cl_2 übersättigt; der

Druck der entstehenden Gase ist größer als der Atmosphärendruck, die Gase entweichen also aus der Lösung. Dieser Vorgang erfolgt sehr schnell, und es müssen daher auch entsprechend schnell H_2 bzw. Cl_2 Moleküle an den Elektroden nachgeliefert werden, der Strom steigt also mit wachsendem U steil an.

19.5.5 Überspannung

Wenn wir zwei Platinbleche in eine wäßrige Lösung eintauchen und dazwischen eine genügend hohe Spannung anlegen, dann wird an der einen Elektrode Wasserstoff, an der anderen Sauerstoff entwickelt:

$$\begin{aligned} H^+ + e^- &\to \tfrac{1}{2}H_2 \\ OH^- &\to e^- + \tfrac{1}{4}O_2 + \tfrac{1}{2}H_2O \ . \\ \hline \tfrac{1}{2}H_2O &\to \tfrac{1}{2}H_2 + \tfrac{1}{4}O_2 \end{aligned} \tag{19.69}$$

Die freie Bildungsenthalpie von H_2O unter Standardbedingungen ist $-237{,}2\ \text{kJ mol}^{-1}$; für die Reaktion (19.69) gilt also $\Delta G^0 = \tfrac{1}{2} \cdot 237{,}2\ \text{kJ mol}^{-1}$, und somit ist $E^0 = \Delta G^0/F = 1{,}229\ \text{V}$. Diese Spannung liegt um $0{,}129\ \text{V}$ unter der Spannung, die zur Abscheidung von Cl_2 aus einer HCl-Lösung ($1\ \text{mol}\,l^{-1}$) nötig ist; eigentlich sollte demnach in einer solchen Lösung kein Chlorgas, sondern O_2 abgeschieden werden. Elektrolysiert man eine H_2SO_4-Lösung ($1\ \text{mol}\,l^{-1}$), dann beginnt die O_2-Entwicklung tatsächlich erst bei einer Spannung von etwa $1{,}7\ \text{V}$ (Abb. 19.16). In diesem Fall stimmt unsere theoretische Überlegung also nicht mit dem Experiment überein. Dies liegt daran, daß wir in unseren sämtlichen Betrachtungen davon ausgegangen sind, daß die Vorgänge an den Elektroden reversibel ablaufen. Dies ist bei vielen Reaktionen, so auch beim O_2-Gleichgewicht an der Platinelektrode, nicht der Fall. Verläuft die Reaktion irreversibel, dann ist die dem System zuzuführende Energie größer als im reversiblen Fall, die Elektrolysespannung muß also größer sein. Die Differenz zwischen der thermodynamisch berechneten und der gemessenen Elektrolysespannung nennt man Überspannung (Tabelle 19.1). Wegen dieser Überspannung des O_2 wird bei der Elektrolyse aus einer HCl-Lösung ($1\ \text{mol}\,l^{-1}$) Cl_2 und nicht O_2 abgeschieden. Beim Laden des Bleiakkumulators müßte H_2 und O_2 entstehen, bevor das Pb^{2+} zu PbO_2 oxidiert wird; wegen der Überspannung am Pb setzt diese störende Reaktion aber noch nicht ein, der Bleiakkumulator kann also überhaupt nur wegen dieser Überspannung funktionieren. Bereits Spuren von Platin

(Schwefelsäure wird teilweise in Platingefäßen konzentriert, so daß konzentrierte Schwefelsäure oft Platinspuren enthält) können jedoch einen Bleiakkumulator unbrauchbar machen, weil am Platin die Überspannung weitgehend aufgehoben ist.

Tabelle 19.1. Überspannung von H_2 und O_2 an einigen Metallelektroden [19.2] bei kleiner Stromdichte ($1\ \text{mA cm}^{-2}$); die Konzentrationen des Elektrolyten sind $1\ \text{mol}\,l^{-1}$ bei HCl und $0{,}5\ \text{mol}\,l^{-1}$ bei H_2SO_4

Elektroden-material	Wasserstoff		Sauerstoff	
	Elektrolyt	Über-spannung/V	Elektrolyt	Über-spannung/V
Platin, platiniert	HCl	<0,01		
Platin	HCl	0,09	H_2SO_4	0,29
Palladium	H_2SO_4	<0,01	H_2SO_4	0,30
Gold	H_2SO_4	0,08	H_2SO_4	0,45
Blei	HCl	0,67	H_2SO_4	0,64
Nickel	HCl	0,33		
Eisen	HCl	0,40		
Silber	HCl	0,44		
Quecksilber	HCl	1,04		

19.5.6 Brennstoffzellen

Bei der Diskussion des Carnotprozesses haben wir festgestellt, daß es nicht möglich ist, Wärme vollständig in mechanische Arbeit umzuwandeln. Aus diesem Grunde können wir auch die Energie, die in einem Brennstoff (z. B. Kohle oder Öl) gespeichert ist, nicht vollständig in Arbeit umwandeln, indem wir diese Energie durch Verbrennen freisetzen und mit der entwickelten Wärme eine Wärmekraftmaschine betreiben. Verbrennen wir beispielsweise Kohlenstoff zu CO_2

$$C + O_2 \to CO_2 , \tag{19.70}$$

dann gilt nach (14.40)

$$A_{\text{Kraftwerk}} = -\eta\, Q_{\text{rev},2} = \left(1 - \frac{T_1}{T_2}\right)\Delta H , \tag{19.71}$$

wobei T_1 und T_2 die Arbeitstemperaturen der Wärmekraftmaschine sind; der nicht in mechanische Arbeit (bzw. in elektrische Energie) umgesetzte Anteil der chemischen Energie wird nutzlos über die Kühltürme des Kraftwerkes abgegeben. Könnten wir die Reaktion

(19.70) reversibel in einer elektrochemischen Zelle ablaufen lassen, dann wäre

$$A_{\text{Zelle}} = \Delta G = \Delta H - T\Delta S$$

und somit (bei Vernachlässigung der Temperaturabhängigkeit von ΔH)

$$\frac{A_{\text{Zelle}}}{A_{\text{Kraftwerk}}} = \frac{\Delta H - T\Delta S}{\left(1 - \dfrac{T_1}{T_2}\right)\Delta H} = \frac{T_2}{T_2 - T_1}\left(1 - T\frac{\Delta S}{\Delta H}\right). \tag{19.72}$$

Nun ist für die Reaktion (19.70) $\Delta S^0_{298} = 2{,}9\ \text{J}\,(\text{K mol})^{-1}$ und $\Delta H^0_{298} = -394\ \text{kJ mol}^{-1}$. Setzen wir für ΔH und ΔS diese Werte ein, dann erhalten wir mit $T = 298\ \text{K}$, $T_2 = 800\ \text{K}$ und $T_1 = 300\ \text{K}$

$$\frac{A_{\text{Zelle}}}{A_{\text{Kraftwerk}}} = \frac{800}{500}\left(1 + 298\,\frac{2{,}9}{394000}\right) = 1{,}6\,.$$

Aus der gleichen Menge Kohle könnte also in einer elektrochemischen Zelle („Brennstoffzelle") etwa die Hälfte mehr an elektrischer Energie gewonnen werden als in einem herkömmlichen Kraftwerk. Leider ist es bisher noch nicht gelungen, eine Brennstoffzelle zu konstruieren, in der man Kohle oder andere technisch wichtige Brennstoffe zufriedenstellend oxidieren kann. Technisch konnten Brennstoffzellen realisiert werden, in denen die Reaktion

$$\tfrac{1}{2}\text{H}_2 + \tfrac{1}{4}\text{O}_2 \rightarrow \tfrac{1}{2}\text{H}_2\text{O}$$

abläuft; für diese Reaktion ist nach Abschn. 19.5.5 eine Zellenspannung $E = 1{,}29\ \text{V}$ zu erwarten, falls die Elektrodenreaktionen reversibel ablaufen. Bei der technischen Ausführung einer solchen Zelle ist zu beachten, daß als Elektrodenmaterial das teure Platin nicht in Frage kommt, daß die Zelle über lange Zeit kontinuierlich und wartungsfrei arbeiten muß, und daß die gasförmigen Brennstoffe nicht ungenutzt aus der Zelle entweichen dürfen. Als Elektrodenmaterial benutzt man deshalb Raney-Nickel, das eine große Porenfläche besitzt und das sowohl die Reaktion des H_2 als auch die Reaktion des O_2 katalysiert. Der Aufbau einer solchen Zelle [19.3] ist in Abb. 19.17 dargestellt.

Der Wasserstoff und der Sauerstoff werden mit einem geringen Überdruck in die Zelle geleitet und reagieren an der Grenzschicht Gas/Elektrolyt zu Wasser. Als Elektro-

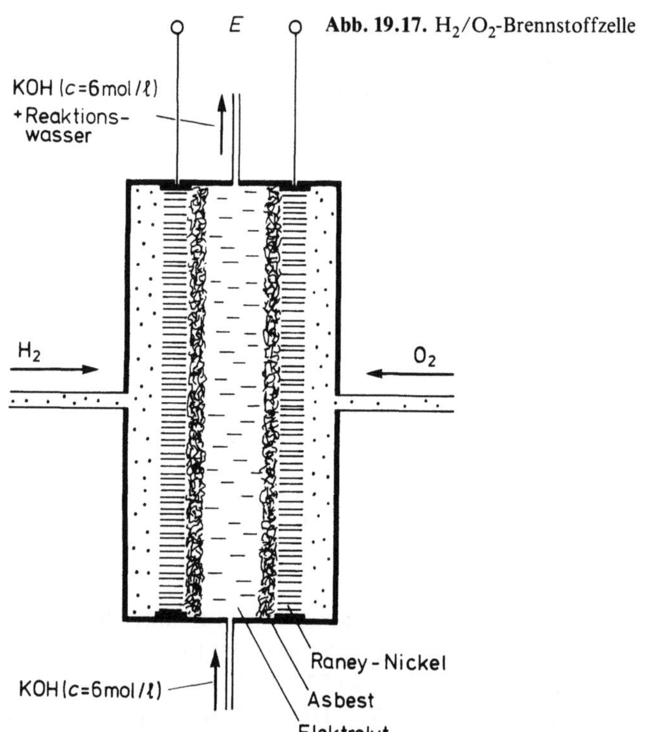

Abb. 19.17. H_2/O_2-Brennstoffzelle

lyt wählt man $6n$ wäßrige KOH, da einerseits eine genügend große elektrische Leitfähigkeit erforderlich ist und andererseits das Raney-Nickel im alkalischen Medium chemisch stabil bleibt. Da Wasser als Reaktionsendprodukt entsteht, würde der Elektrolyt allmählich verdünnt; man geht deshalb so vor, daß man die Elektrolytlösung laufend abpumpt, durch Verdampfen von Wasser konzentriert und der Zelle wieder zuführt. Die Gase müssen in gutem Kontakt mit dem Katalysator und dem Elektrolyten kommen, es darf aber kein Gas durch den Elektrolyten hindurch entweichen. Dieses Problem löst man, indem man Raney-Nickel mit zwei verschiedenen Porengrößen verwendet (Abb. 19.18). Auf der Gasseite sind die Poren so groß, daß das Gas leicht eindringen kann; auf der Elektrolytseite sind sie so eng, daß die Flüssigkeit infolge der Oberflächenspannung bei dem vorliegenden Gasdruck nicht herausgedrückt werden kann.

Mit einer solchen Anordnung konnte eine Zellenspannung von 0,73 V bei einer Stromdichte von $0{,}2\ \text{A cm}^{-2}$ erreicht werden; die nutzbare elektrische Energie entspricht also $0{,}73/1{,}229 = 59\%$ des theoretisch möglichen Wertes. Da der Wirkungsgrad einer realen Wärmekraftmaschine niedriger als der in (19.71) eingesetzte Carnotwirkungsgrad ist, wird der Brennstoff in der beschriebe-

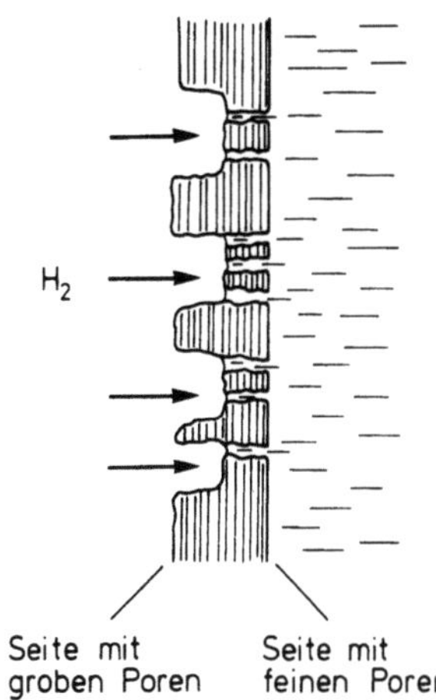

Abb. 19.18. Elektrode mit verschiedenen Porengrößen (Doppelschichtelektrode)

nen Brennstoffzelle trotz ihrer Unzulänglichkeiten besser als über eine Wärmekraftmaschine ausgenutzt.

Aufgaben

19.1 *Vergleich thermochemischer und elektrochemischer Daten*

Man zeige, daß die aus der Zellenspannung der elektrochemischen Zelle in Abb. 19.1 berechneten Werte ΔH, ΔS und ΔG mit den sich aus Tabelle Q.1 ergebenden Werten ΔH^0_{298}, ΔS^0_{298} und ΔG^0_{298} übereinstimmen.

19.2 *Komplexbildung*

Wie stark ändert sich E in Abb. 19.4, wenn man an Stelle von KCl eine KJ-Lösung zu dem $AgNO_3$ hinzugibt? Wie groß wird E, wenn man in die linke Hälfte des Gefäßes eine KCl-Lösung und in die rechte Hälfte eine KCN-Lösung gießt? In beiden Fällen soll ein Überschuß des Reagenzes $(0,1 \text{ mol l}^{-1})$ vorliegen. Für das Löslichkeitsprodukt von AgJ gilt $L = 1,6 \cdot 10^{-16} \,(\text{mol l}^{-1})^2$, und für die Komplexbildungskonstante des $[Ag(CN)_2]^-$-Komplexes ist $K = 10^{21} \,(\text{mol l}^{-1})^{-2}$.

19.3 *Berechnung von $\Delta G^{0'}$ aus $E^{0'}$*

Aus den $E^{0'}$-Werten in Tabelle Q.2 berechne man $\Delta G^{0'}$ für die Reaktionen

$$NAD^+ + H_2 \rightarrow NADH + H^+$$

und

$$Cyt\ c_1\ Fe(II) + H^+ \rightarrow Cyt\ c_1\ Fe(III) + \tfrac{1}{2}H_2$$

20. Kinetik chemischer Reaktionen

Im Vorangehenden haben wir uns mit den Bedingungen beschäftigt, unter denen eine chemische Reaktion in der gewünschten Richtung spontan ablaufen kann. Wir haben dabei nicht danach gefragt, in welcher Zeit die Einstellung des neuen Gleichgewichtes erfolgt. Diese Frage ist jedoch bei der Mehrzahl von chemischen Reaktionen von entscheidender Bedeutung, und deshalb wollen wir uns jetzt mit diesem Problem näher befassen.

Damit Moleküle reagieren können, müssen sie in Kontakt miteinander kommen. Passiert die Reaktion zwischen zwei Molekülen in dem Augenblick des Kontaktes, dann ist die Zeit zum Aneinanderdiffundieren der Moleküle geschwindigkeitsbestimmend (diffusionskontrollierte Reaktion). In der Mehrzahl der Fälle genügt jedoch der einfache Kontakt nicht; es ist vielmehr erforderlich, daß die Moleküle beim Zusammenstoß eine bestimmte Mindestenergie (kinetische Energie) besitzen und daß der Stoß sterisch richtig erfolgt. Dann ist die Zeit geschwindigkeitsbestimmend, in der sich in den Stoßpartnern genügend kinetische Energie angesammelt hat, und in der sich die Moleküle in die günstigste Stellung zueinander begeben haben.

20.1 Reaktionen, die in einer Richtung ablaufen

20.1.1 Stoßzahl zwischen Reaktionspartnern im Gas

Wir stellen uns zunächst vor, daß sich 1 Molekül der Sorte A in einem Gas bewegt, das N_B Moleküle der Sorte B enthält. Wir nehmen vereinfachend an, daß die Moleküle B eine viel größere Masse als die Moleküle A besitzen; dann können wir die Moleküle B praktisch als ruhend ansehen. Das Molekül A stößt nach dem Durchlaufen der mittleren freien Weglänge λ mit einem Molekül B zusammen; es würde also nach (10.38) in der Zeit Δt

$$z = \frac{\bar{u}\,\Delta t}{\lambda}. \tag{20.1}$$

Zusammenstöße erleiden ($\bar{u}$: mittlere Geschwindigkeit). Bewegen sich N_A Moleküle der Sorte A in einem Gas mit N_B Molekülen B, dann passieren in der Zeit Δt insgesamt

$$Z = zN_A = \frac{\bar{u}}{\lambda}N_A\,\Delta t \tag{20.2}$$

Stöße zwischen Molekülen A und B. Nach (11.47) und (10.36) ist

$$\bar{u} = \sqrt{\frac{8RT}{\pi N M_A}} \qquad \lambda = \frac{1}{\pi(r_A + r_B)^2 n_B}. \tag{20.3}$$

Damit erhalten wir mit $N_A = n_A V$ (V: Volumen des Gases, n_A = Teilchenzahldichte)

$$Z = \sqrt{\frac{8RT}{\pi N M_A}}\,\pi(r_A + r_B)^2 V n_A n_B\,\Delta t. \tag{20.4}$$

Sind die Massen M_A und M_B von vergleichbarer Größe, dann wird derselbe Ausdruck für Z erhalten, nur ist M_A durch die reduzierte Masse $\mu = M_A M_B/(M_A + M_B)$ zu ersetzen und man erhält [20.1]

$$\boxed{Z = \sqrt{\frac{8RT}{\pi N \mu}}\,\pi(r_A + r_B)^2 V n_A n_B\,\Delta t.} \tag{20.4a}$$

Dieser Ausdruck geht für $M_B \gg M_A$ in (20.4) über; im speziellen Fall $M_B = M_A$ ist Z um den Faktor $\sqrt{2}$ größer als nach (20.4).

Betrachten wir beispielsweise die Hydrierung von Äthylen:

$$H-H + \overset{H}{\underset{H}{}}\!\!>\!C = C\!<\!\overset{H}{\underset{H}{}} \;\rightarrow\; H_3C - CH_3.$$

Hier ist $M_A = 3{,}35 \cdot 10^{-24}$ g, $M_B = 4{,}66 \cdot 10^{-23}$ g, also $\mu = 3{,}11 \cdot 10^{-24}$ g, und $(r_A + r_B) \approx 3$ Å. Für die Teilchenzahldichte $n_B = 2{,}65 \cdot 10^{19}$ cm^{-3} (bei 298 K und 1 bar) ergibt sich dann

$$Z = 1{,}38 \cdot 10^{10} \cdot V \cdot n_A \cdot \Delta t \cdot \text{s}^{-1}.$$

Im Fall $n_A = 1$ cm^{-3} und $V = 1$ cm^3 (1 Molekül A bewegt sich inmitten von etwa 10^{19} Molekülen B) würden in 1 s somit $1{,}38 \cdot 10^{10}$ Stöße passieren; denken wir uns die

Teilchenzahldichte n_B auf $1\ \mathrm{cm}^{-3}$ verkleinert (d. h. das Teilchen A findet in einem Volumen von $1\ \mathrm{cm}^3$ nur 1 Stoßpartner B vor), dann wäre $Z = 5{,}2 \cdot 10^{-10}\,\Delta t\ \mathrm{s}^{-1}$, es würde also $1/(5{,}2 \cdot 10^{10})\ \mathrm{s} = 61$ Jahre dauern, bis ein Stoß erfolgt.

20.1.2 Aktivierung

Als ein einfaches Beispiel betrachten wir eine Reaktion zwischen Deuteriumatomen und Wasserstoffmolekülen

$$D + H_2 \rightarrow HD + H\,. \tag{20.5}$$

Im einzelnen müssen wir uns den Vorgang so vorstellen, daß sich das stoßende D-Atom einem H_2-Molekül so lange nähert, bis die Hüllenabstoßung (s. Kap. 3) wirksam wird. Eine weitere Annäherung ist nur möglich, wenn die Elektronenhüllen der reagierenden Moleküle deformiert werden; da aber die ursprüngliche Elektronenverteilung in den getrennten Molekülen nach dem Variationsprinzip einem Zustand minimaler Energie entspricht, muß jede

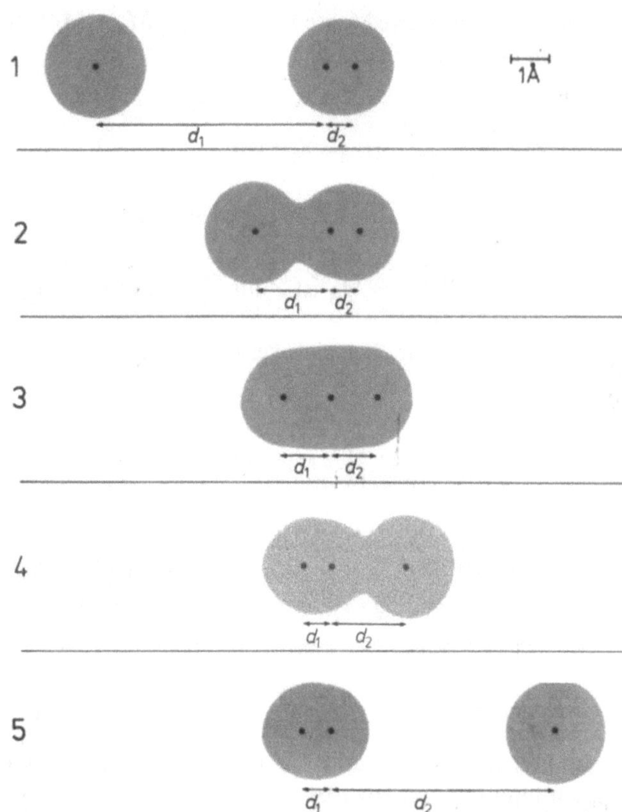

Abb. 20.1. Reaktion von D mit H_2 über einen Übergangszustand

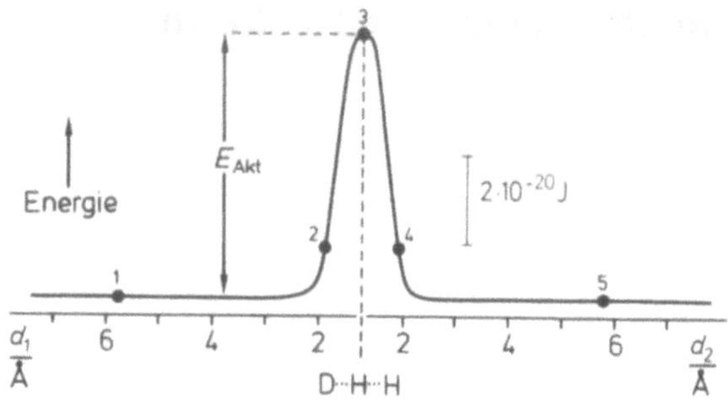

Abb. 20.2. Energie der beiden Stoßpartner D und H_2 in den verschiedenen Stadien der Reaktion [20.2]

Deformation zu einer Erhöhung der Energie des Systems führen. Diese Energie kann nur dadurch aufgebracht werden, daß die stoßenden Moleküle genügend kinetische Energie (Translationsenergie in Richtung des Stoßes) besitzen. In unserem Beispiel wird beim Stoß irgendwann ein Zustand erreicht, in dem die Abstände aller 3 Atomkerne etwa gleich groß sind; aus diesem Zustand erfolgt der Übergang in den Endzustand (Abb. 20.1).

Die verschiedenen Stadien während der Reaktion sind durch die Kernabstände d_1 und d_2 gekennzeichnet. In Abb. 20.2 ist für die verschiedenen Stadien die Energie $E(d_1, d_2)$ aufgetragen, die das System hätte, wenn die Kerne in den Abständen d_1 und d_2 festgehalten werden könnten. Die Kurve links von Punkt 3 stellt E in Abhängigkeit von d_1 dar, rechts von Punkt 3 ist E in Abhängigkeit von d_2 aufgetragen.

In unserem Beispiel ist die molare Aktivierungsenergie $E_{\mathrm{Akt}} = N E_{\mathrm{Akt}} = 36\ \mathrm{kJ\ mol}^{-1}$, also sehr viel kleiner als die Energie, die zur Spaltung der $H - H$-Bindung ($427\ \mathrm{kJ\ mol}^{-1}$ nach Abschn. 3.7) aufzubringen ist.

Im Fall einer Reaktion, bei der die Endprodukte eine kleinere Energie als die Ausgangsstoffe besitzen (exotherme Reaktion), z. B.

$$Cl + H_2 \rightarrow ClH + H$$

gilt das Energiediagramm in Abb. 20.3.

Die Aktivierungsenergie E_{Akt} vieler wichtiger chemischer Reaktionen liegt in der Größenordnung von $50\ \mathrm{kJ}$ mol^{-1}, während die mittlere kinetische Energie bei Zimmertemperatur nach Kap. 10 bei $3\ \mathrm{kJ\ mol}^{-1}$ liegt, also wesentlich kleiner ist. In Abschn. 11.1 wurde gezeigt, daß bei einem seitlichen Stoß zweier Moleküle eine Energie in der Größenordnung von kT auf ein herausgegriffenes Molekül übertragen werden kann; dieses Molekül besitzt dann also eine größere Energie als der mittleren

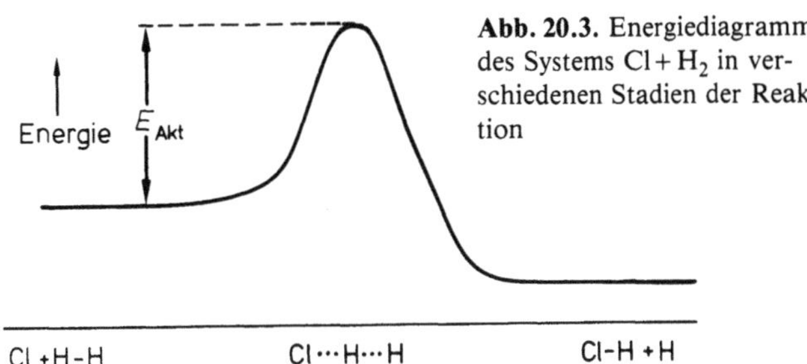

Abb. 20.3. Energiediagramm des Systems $Cl + H_2$ in verschiedenen Stadien der Reaktion

Energie entspricht. Ein solcher Prozeß kann im Prinzip mehrmals nacheinander vorkommen, so daß das Molekül nach mehreren Stößen ein Vielfaches seiner ursprünglichen Energie besitzen kann. Die Wahrscheinlichkeit dafür ist jedoch sehr gering, wie wir uns leicht überlegen können.

In Abb. 20.4 sind 3 Möglichkeiten dargestellt, wie zwei Moleküle aufeinanderstoßen können; nur bei einer dieser Möglichkeiten (Fall a) wird Energie auf das obere Molekül übertragen. Die Wahrscheinlichkeit für die Übertragung der Energie kT ist also etwa $\frac{1}{3}$. Die Wahrscheinlich-

keit, daß die Energie kT zweimal nacheinander übertragen wird, ist dann $\frac{1}{3} \cdot \frac{1}{3} = (\frac{1}{3})^2 = \frac{1}{9}$. Im Durchschnitt vergehen also 9 Stöße, bevor die Energie $2kT$ übertragen werden kann. Damit sich im Molekül kinetische Energie der Größenordnung der Aktivierungsenergie ansammeln kann, muß $[E_{Akt}/(kT)]$-mal nacheinander die Energie kT übertragen worden sein. Die Wahrscheinlichkeit dafür ist

$$W = (\tfrac{1}{3})^{E_{Akt}/(kT)} = 3^{-E_{Akt}/(kT)} = 3^{-E_{Akt}/(RT)}. \qquad (20.6)$$

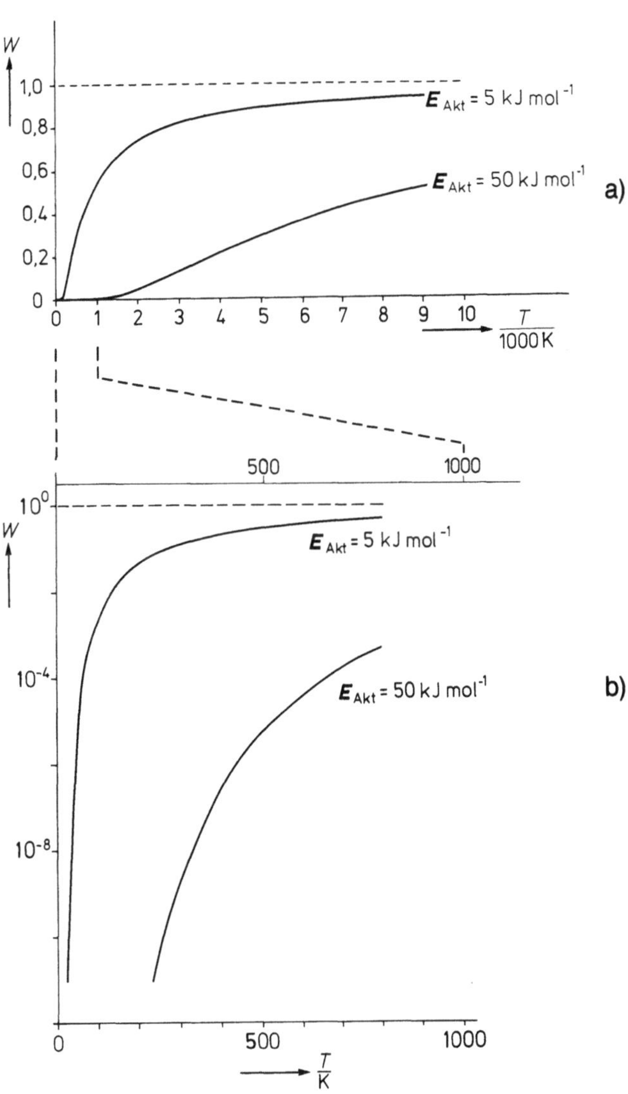

Abb. 20.5a, b. Wahrscheinlichkeit W dafür, daß die kinetische Energie eines stoßenden Moleküls mindestens gleich der Aktivierungsenergie ist (nach (20.7) für $E_{Akt} = 5\ kJ\ mol^{-1}$ bzw. $50\ kJ\ mol^{-1}$). (a) für den Temperaturbereich $0 - 10000\ K$. (b) Ausschnitt für den Bereich $0 - 1000\ K$ (Ordinate logarithmisch)

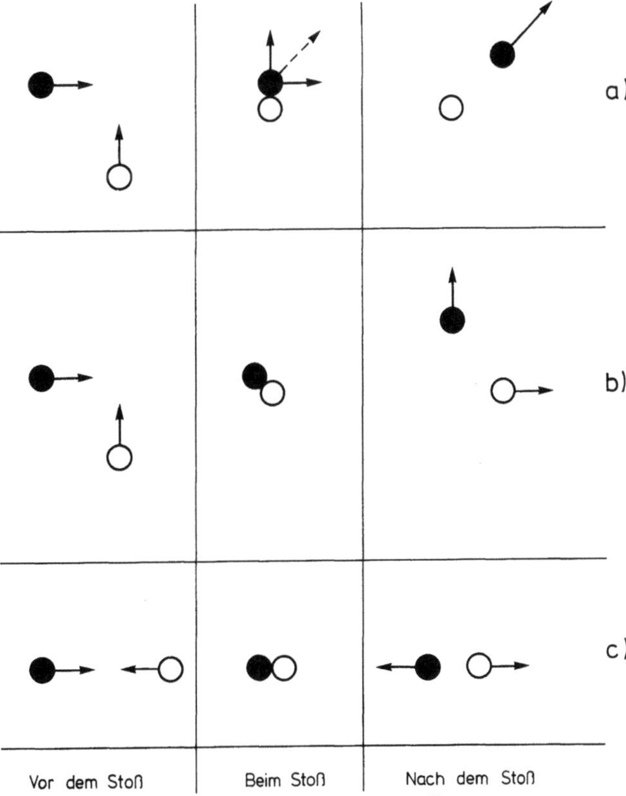

Abb. 20.4a – c. Stoß zwischen 2 Molekülen, (a) Übertragung von Energie; (b, c) ohne Energieübertragung

Eine genaue Überlegung (Anhang P) ergibt den Ausdruck

$$W = e^{-E_{Akt}/(RT)} \, .$$

(20.7)

Ist die Temperatur groß, dann sind die bei jedem Einzelprozeß übertragenen Energien groß, es wird die Aktivierungsenergie also nach wenigen Stößen erreicht; W ist somit groß. Bei niedriger Temperatur sind sehr viele Stöße nötig, W ist dann klein (Abb. 20.5).

Berücksichtigen wir weiter, daß nur ein Bruchteil α aller Moleküle beim Stoß die richtige Orientierung besitzen, dann ergibt sich die Zahl der erfolgreichen Stöße zu

$$Z_{\text{erfolgreich}} = Z \, e^{-E_{Akt}/(RT)} \, \alpha \, .$$

(20.8)

Den Faktor α nennt man *sterischen Faktor*[1] (*Arrhenius, 1889*).

20.1.3 Geschwindigkeitskonstante

Wir betrachten eine chemische Umsetzung

$$A + B \rightarrow C \, .$$

(20.9)

Da jeder erfolgreiche Zusammenstoß eines Moleküls A mit einem Molekül B zur Reaktion führt, ändert sich die Anzahl N_A der Teilchen der Molekülsorte A in der Zeit Δt um

$$\Delta N_A = - Z_{\text{erfolgreich}} \, ,$$

(20.10)

bzw. es ändert sich die Konzentration um

$$\Delta c_A = \frac{\Delta N_A}{NV} = - \frac{1}{NV} Z_{\text{erfolgreich}} \, .$$

(20.11)

Damit erhalten wir zusammen mit (20.4a, 8), wenn wir die Differenzen Δc_A und Δt durch Differentiale ersetzen,

$$\frac{dc_A}{dt} = -k c_A c_B$$

(20.12)

$$k = \sqrt{\frac{8RT}{\pi N \mu}} \, \pi (r_A + r_B)^2 N e^{-E_{Akt}/(RT)} \alpha \, .$$

(Gasreaktion über aktivierten Komplex)

(20.13)

Führt in besonderen Fällen jeder Stoß zur Reaktion (ist also keine Aktivierung nötig), so gilt:

$$k = \sqrt{\frac{8RT}{\pi N \mu}} \, \pi (r_A + r_B)^2 N \alpha$$

(Gasreaktion, diffusionskontrolliert)

(20.14)

Die Konstante k nennt man Geschwindigkeitskonstante[2]; sie kann experimentell bestimmt werden.

Beispiele

1. Hydrierung von Äthylen
Für die Reaktion

$$H_2C = CH_2 + H_2 \rightarrow H_3C - CH_3$$

ergibt sich aus der Temperaturabhängigkeit von k der Wert $E_{Akt} = 180 \, \text{kJ mol}^{-1}$; es ist also bei 298 K $W = \exp[-E_{Akt}/(RT)] = 10^{-31}$. Es müssen somit etwa 10^{31} Zusammenstöße zwischen einem Äthylen- und einem Wasserstoffmolekül erfolgen, damit die gewünschte Reaktion stattfindet. Mit den Zahlenwerten in Abschn. 20.1.1 folgt dann

$$k = 3,1 \cdot 10^{-20} \, 1 \, (\text{mol s})^{-1} \cdot \alpha \, .$$

Durch Vergleich mit dem Meßwert $k = 4 \cdot 10^{-21} \, 1 \, (\text{mol s})^{-1}$ ergibt sich der sterische Faktor $\alpha = 0,1$ [20.3]

2. Rekombination von Äthylradikalen
Die Reaktion

$$^{\bullet}CH_2CH_3 + {}^{\bullet}CH_2CH_3 \rightarrow CH_3 - CH_2 - CH_2 - CH_3$$

ist eine diffusionskontrollierte Gasreaktion. Mit $\mu = 24 \cdot 10^{-24} \, \text{g}$, $r_A + r_B = 5 \, \text{Å}$ und $T = 300 \, \text{K}$ erhalten wir aus (20.14)

$$k = 1,0 \cdot 10^{11} \, 1 \, (\text{mol s})^{-1} \, .$$

Experimentell [20.4] ergibt sich $k = 1,6 \cdot 10^{11} \, 1 \, (\text{mol s})^{-1}$ in guter Übereinstimmung mit dem berechneten Wert.

---

[1] Es besteht auch eine bestimmte Wahrscheinlichkeit, die Energiebarriere in Abb. 20.2 zu durchtunneln (s. Aufgabe 20.9).

[2] Von hier an bezeichnen wir mit k die Geschwindigkeitskonstante, während im Vorangehenden k die Boltzmann-Konstante bedeutete.

20.1.4 Reaktionen in Lösung

Wir betrachten zwei Teilchen A und B, die sich in einer Flüssigkeit bewegen [z. B. in Methanol gelöste Jodionen (A) und Methylchlorid-Moleküle (B)] (Abb. 20.6). Ist ν die Stoßfrequenz des Teilchens A (Abschn. 10.3), so finden in der Zeit Δt

$$z' = \nu \Delta t . \qquad (20.15)$$

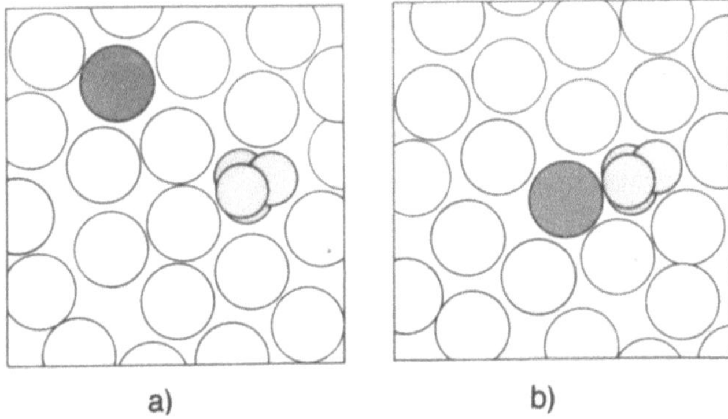

Abb. 20.6a, b. Reaktionspartner J$^-$-Ion (A) und CH$_3$Cl-Molekül (B) im Lösungsmittel Methanol
(a) durch Lösungsmittelmoleküle getrennt, **(b)** in der für die Reaktion günstigen Anordnung

Zusammenstöße des Teilchens mit irgendwelchen Molekülen in der Lösung (also mit Lösungsmittelmolekülen oder mit Stoßpartnern B) statt. Für unsere chemische Reaktion interessiert jedoch nicht z', sondern die Anzahl z der Stöße zwischen dem Molekül A und Molekülen der Sorte B. Wir erhalten z aus z', indem wir z' mit der Wahrscheinlichkeit W multiplizieren, daß sich das Molekül A an der reaktiven Stelle eines der Moleküle B befindet. Das ist im Beispiel von Abb. 20.6b der Platz links von Molekül B. Nur von diesem Platz aus kann das Molekül A (J$^-$) mit dem Molekül B (CH$_3$Cl) über den Zwischenzustand

$$\text{J} \cdots \overset{\overset{\textstyle \text{H}}{|}}{\underset{\overset{\textstyle \wedge}{\text{H}\ \ \text{H}}}{\text{C}}} \cdots \text{Cl}$$

reagieren. Wir gehen davon aus, daß ein freier Austausch zwischen Molekülen A und Lösungsmittelmolekülen stattfindet, daß also nach einer bestimmten Zahl von Stößen das Molekül A und eines der benachbarten Lösungsmittelmoleküle ihre Plätze auswechseln. Es ist dann

$$W = \frac{\text{Zahl günstiger Plätze}}{\text{Zahl möglicher Plätze}} =$$

$$= \frac{\text{Volumen der günstigsten Plätze}}{\text{Gesamtvolumen der Lösung}}$$

$$= \frac{N_B \frac{4}{3}\pi r_A^3}{V} = \frac{4}{3}\pi r_A^3 n_B . \qquad (20.16)$$

Also gilt für die Zahl z der Stöße von einem Molekül A mit Molekülen B in der Zeit Δt

$$z = W z' = \frac{4}{3}\pi r_A^3 n_B \nu \Delta t . \qquad (20.17)$$

Befinden sich insgesamt $N_A = n_A V$ Moleküle der Sorte A in der Lösung, dann gilt für die Gesamtzahl aller Stöße zwischen A und B:

$$Z = N_A z = \nu \frac{4}{3}\pi r_A^3 V n_A n_B \Delta t . \qquad (20.18)$$

Mit (20.8) und (20.11) erhalten wir

$$\boxed{\frac{dc_A}{dt} = -k c_A c_B} \qquad (20.19)$$

mit

$$\boxed{k = \nu \frac{4}{3}\pi r_A^3 \boldsymbol{N} \, e^{-E_{\text{Akt}}/(\boldsymbol{R}T)} \alpha}$$
(Reaktion in Lösung über aktivierten Komplex)

Diese Beziehung unterscheidet sich von dem entsprechenden Ausdruck (20.13) für eine Gasreaktion nur darin, daß der Faktor $\frac{4}{3}r_A^3 \nu$ an Stelle von $\bar{u}(r_A + r_B)^2$ steht. Nun ist $\nu = \bar{u}/\lambda$ ($\lambda \approx 1$ Å). Beide Faktoren liegen in der gleichen Größenordnung und sind im Fall $r_A = r_B$, $\lambda = \frac{1}{3}r_A$ (dann ist $\nu = \bar{u}/\lambda = \bar{u}/r_A$) gleich groß.

Bei einer Reaktion in Lösung kommt es seltener als bei einer Gasreaktion vor, daß die Moleküle A und B aufeinandertreffen; nachdem sie sich erstmals berührt haben, stoßen sie jedoch vielfach aufeinander, bis der nächste Platzwechsel stattfindet (Abschn. 10.3). Diese beiden Effekte kompensieren sich, und Z ist daher in beiden Fällen von ähnlicher Größe.

Diese Überlegungen gelten für Reaktionen, die über einen aktivierten Komplex ablaufen, der erst nach sehr vielen Stößen erreicht wird. Eine diffusionskontrollierte Reaktion findet dagegen bereits bei der *ersten* Bildung des Begegnungskomplexes statt. Der Umsatz ist dann nicht mehr durch die Stoßzahl Z gegeben, sondern durch die Anzahl der Begegnungskomplexe, die in der Zeit Δt gebildet werden und die wir wieder mit Z bezeichnen wollen.

Zur Berechnung von Z gehen wir in diesem Fall davon aus, daß das Molekül A in einer bestimmten Zeit τ einen Platzwechsel ausführt, sich also um die Strecke $a = 2r_A$ (Abstand zweier Plätze in der Flüssigkeit) fortbewegt. Nach (10.59) ist

$$\tau = \frac{\overline{x^2}}{2D} = \frac{a^2/3}{2D}, \qquad (20.20)$$

wenn wir die Bewegung des Moleküls als Diffusionsbewegung beschreiben. Wäre am nächsten Platz die reaktive Stelle eines Moleküls B, dann hätte das Molekül A im Zeitintervall τ bereits reagiert; nun liegt aber nur ein kleiner Bruchteil aller Plätze an der reaktiven Stelle von Stoßpartner B. Analog zu (20.16) ist dieser Bruchteil

$$W = \tfrac{4}{3}\pi r_A^3 n_B, \qquad (20.21)$$

wenn sich am Molekül B ein einziger günstiger Platz befindet. Somit ist die Zeit τ_W, die im Mittel vergeht, bis ein Molekül A mit irgendeinem der Moleküle B reagiert, durch den Ausdruck

$$\tau_W = \tau\,\frac{1}{W} = \frac{a^2}{6D}\,\frac{3}{4\pi r_A^3 n_B} = \frac{1}{2\pi}\,\frac{1}{D r_A n_B} \qquad (20.22)$$

gegeben. Betrachten wir N_A Moleküle A, dann ist die Anzahl der zu einem Begegnungskomplex führenden Platzwechsel in einer Zeit Δt

$$Z = N_A\,\frac{1}{\tau_W}\,\Delta t = 2\pi D r_A V n_A n_B \Delta t. \qquad (20.23)$$

Viele diffusionskontrollierte Reaktionen (z. B. Elektronenübertragungsreaktionen) können bei jeder Berührung der Moleküle erfolgen; es ist dann sinnvoll, auch das Molekül B als Kugel (Radius r_B) zu betrachten und anzunehmen, daß bei jeder Berührung einer Kugel A mit einer Kugel B ein Begegnungskomplex gebildet wird. Auf der rechten Seite von (20.23) ist dann r_A durch $(r_A + r_B)/2$ zu ersetzen. Weiter ist der Tatsache Rechnung zu tragen, daß sich einerseits am Molekül B nicht nur ein einziger günstiger Platz befindet, sondern daß jeder Nachbar-

platz günstig ist, andererseits aber nur diejenigen Platzwechsel zu zählen sind, durch die der Berührungskomplex zum ersten Mal gebildet wird; dies führt zu einem Faktor 4. Schließlich ist noch zu berücksichtigen, daß auch die Moleküle B diffundieren können, und es ist daher D durch $D_A + D_B$ (Diffusionskonstanten der Moleküle A und B) zu ersetzen. Damit erhält man für Z

$$Z = 4\pi(D_A + D_B)(r_A + r_B)\,V n_A n_B \Delta t. \qquad (20.24)$$

Da jeder so berechnete Platzwechsel zur Reaktion führt, ist

$$Z_{\text{erfolgreich}} = Z. \qquad (20.25)$$

Es folgt dann mit (20.11)

$$\boxed{\frac{dc_A}{dt} = -k\,c_A c_B}$$

mit

$$\boxed{\begin{array}{l} k = 4\pi(r_A + r_B)(D_A + D_B)\boldsymbol{N} \\ \text{(Diffusionskontrollierte Reaktion in Lösung)} \end{array}}$$

$$(20.26)$$

Beispiele für Reaktionen in Lösung

1. Kondensationsreaktion mit Anilin
Für die Reaktion

im Lösungsmittel Benzol ergibt sich mit $E_{\text{Akt}} = 34\,\text{kJ}$ mol^{-1}, $r_A = 3\,\text{Å}$ und $\nu = 10^{13}\,\text{s}^{-1}$ der Wert $k = 8{,}5 \cdot 10^4\,\text{l}$ $(\text{mol s})^{-1} \cdot \alpha$. Aus dem Meßwert $k = 1{,}1 \cdot 10^{-5}\,\text{l}$ $(\text{mol s})^{-1}$ und dem berechneten Wert ergibt sich $\alpha = 1 \cdot 10^{-10}$ [20.5].

Im Gegensatz zur Äthylenhydrierung kommt es bei dieser Reaktion offenbar sehr genau darauf an, daß der Stoß an der reaktivsten Stelle im Molekül erfolgt.

2. Elektronenübertragungsreaktion
Als Beispiel für eine diffusionskontrollierte Reaktion in Lösung betrachten wir die Elektronenübertragungsreaktion

Man bringt in Acetonitril gelöste Anthracenmoleküle durch Bestrahlen mit Licht in den angeregten Zustand (das Symbol * soll den angeregten Zustand kennzeichnen), die anschließend mit Diäthylanilin-Molekülen reagieren. Setzen wir $(r_A + r_B) = 7$ Å, dann erhalten wir mit $(D_A + D_B) = 3,8 \cdot 10^{-5}\,\text{cm}^2\,\text{s}^{-1}$ nach (20.26)

$$k = 2,02 \cdot 10^{10}\,\text{l(mol s)}^{-1}.$$

Dieser Wert stimmt genau mit dem experimentellen Wert [20.6] $(2,0 \pm 0,2) \cdot 10^{10}\,\text{l(mol s)}^{-1}$ überein.

3. Neutralisationsreaktion

Als weiteres Beispiel wollen wir die Neutralisationsreaktion

$$\text{H}^+ + \text{OH}^- \rightarrow \text{H}_2\text{O}$$

untersuchen. Da diese Ionen in Wasser hydratisiert vorliegen, liegt $r_A + r_B$ in der Größenordnung von einigen Å

Setzen wir $r_A + r_B = 5$ Å, dann erhalten wir mit den Diffusionskoeffizienten $D_{\text{H}^+} = 9 \cdot 10^{-5}\,\text{cm}^2\,\text{s}^{-1}$ und $D_{\text{OH}^-} = 5 \cdot 10^{-5}\,\text{cm}^2\,\text{s}^{-1}$

$$k = 5 \cdot 10^{10}\,\text{l(mol s)}^{-1}.$$

Experimentell findet man (Abschn. 20.4.2) $k = 15 \cdot 10^{10}$ l(mol s)$^{-1}$. Dieser Wert ist größer als nach unserer Rechnung, weil wir nicht berücksichtigt haben, daß die beiden Molekülsorten entgegengesetzte elektrische Ladungen besitzen, sich also gegenseitig anziehen; dadurch wird die Wahrscheinlichkeit, daß ein Molekül A an den richtigen Platz wechselt, größer.

Geben wir zu einer HCl-Lösung (1 mol l^{-1}) eine NaOH-Lösung (1 mol l^{-1}), dann ändert sich in der Zeit Δt nach dem Mischen die Konzentration an H$^+$-Ionen in der HCl-Lösung um

$$\Delta c_{\text{H}^+} = -k\,c_{\text{H}^+}\,c_{\text{OH}^-}\,\Delta t = -15 \cdot 10^{10}\,\text{mol(l s)}^{-1} \cdot \Delta t.$$

Nach der unvorstellbar kurzen Zeit $\Delta t = 3 \cdot 10^{-12}$ s ist also die Konzentration der Reaktionspartner auf die Hälfte abgesunken. Die Reaktion läuft somit in einer Zeit ab, die um viele Größenordnungen kleiner ist als die Zeit, die man zum Mischen der Reaktionspartner benötigt.

Bei vielen für den präparativ arbeitenden Chemiker wichtigen Reaktionen in Lösung liegt die Aktivierungsenergie in der Größenordnung von 50 kJ mol^{-1}. Durch Erhöhung der Reaktionstemperatur können diese Reaktionen stark beschleunigt werden. Ändern wir die Temperatur um ΔT, dann ist nach (20.13)

$$\frac{k(T + \Delta T)}{k(T)} = \frac{e^{-E_{\text{Akt}}/[R(T + \Delta T)]}}{e^{-E_{\text{Akt}}/(RT)}}, \tag{20.27}$$

wenn wir die Temperaturabhängigkeit der Stoßzahl Z vernachlässigen. Ändern wir beispielsweise die Temperatur von 300 K auf 310 K, dann ist mit $E_{\text{Akt}} = 50$ kJ mol^{-1}

$$\frac{k_{310}}{k_{300}} \approx 2.$$

Dieses Resultat steht in Einklang mit der alten Faustregel des Chemikers, daß eine Temperaturerhöhung um 10 K die Reaktionsgeschwindigkeit verdoppelt. Bei den Ausnahmen von dieser Regel handelt es sich immer um Fälle, bei denen die Aktivierungsenergie stark von dem Wert 50 kJ mol^{-1} abweicht.

20.1.5 Reaktionsordnungen

Experimentell kann man k für die Reaktion

$$A + B \rightarrow C \tag{20.28}$$

bestimmen, indem man die Konzentrationen von A, B oder C in Abhängigkeit von der Zeit mißt. Wir wollen uns das Vorgehen an Hand des speziellen Falles klarmachen, daß zur Zeit $t = 0$ die Konzentration an A genau so groß ist wie an B; da jeweils 1 Molekül A mit 1 Molekül B reagiert, ist auch zu beliebiger Zeit $c_A = c_B$, und aus (20.12) folgt

$$\boxed{\frac{dc_A}{dt} = -k c_A^2}. \tag{20.29}$$

Diese Gleichung können wir leicht integrieren:

$$\frac{dc_A}{c_A^2} = -k\,dt \tag{20.30}$$

$$-\frac{1}{c_A} = -kt + \text{const.}$$

Zur Festlegung der Integrationskonstanten gehen wir davon aus, daß zur Zeit $t = 0$ $c_A = a$ ist. Damit wird const. $= -1/a$ und wir erhalten

$$\frac{1}{c_A} = \frac{1}{a} + kt \tag{20.31}$$

bzw.

$$\boxed{c_A = \frac{1}{kt + 1/a}}. \tag{20.32}$$

In Abb. 20.7a ist c_A in Abhängigkeit von t aufgetragen. Nach der Zeit $t_{1/2}$ ist die Konzentration von A auf die Hälfte abgesunken (Halbwertszeit). Es ist somit

$$\frac{1}{2}a = \frac{1}{k t_{1/2} + 1/a}, \text{ also} \tag{20.33}$$

$$\boxed{k = \frac{1}{a t_{1/2}}}. \tag{20.34}$$

Aus a und der Halbwertszeit $t_{1/2}$ ergibt sich also sofort k. Eine genauere Auswertemethode besteht darin, gemäß (20.31) $1/c_A$ in Abhängigkeit von t aufzutragen; man erwartet dann eine Gerade (Abb. 20.7b), aus deren Steigung die Geschwindigkeitskonstante berechnet werden kann.

Ein zweiter einfacher Fall liegt vor, wenn eine der beiden Molekülsorten, beispielsweise B, in großem Überschuß vorliegt. Dann ändert sich die Konzentration an B während der Reaktion praktisch nicht, und wir können c_B in die Geschwindigkeitskonstante einbeziehen.

$$\boxed{\frac{dc_A}{dt} = -(k c_B) c_A = -k' c_A}. \tag{20.35}$$

Wir erhalten eine Differentialgleichung, die wir in entsprechender Weise wie oben integrieren können.

$$\int \frac{dc_A}{c_A} = -k' \int dt \qquad c_A = a \text{ zur Zeit } t = 0 \tag{20.36}$$

$$\ln \frac{c_A}{a} = -k' t \tag{20.37}$$

$$\boxed{c_A = a\,e^{-k't}}. \tag{20.38}$$

In Abb. 20.8a ist c_A in Abhängigkeit von t aufgetragen. In diesem Fall hängt k' mit der Halbwertszeit $t_{1/2}$ über die Beziehung

$$\frac{c_A}{a} = \frac{1}{2} = e^{-k't_{1/2}} \tag{20.39}$$

$$\boxed{k' = \frac{\ln 2}{t_{1/2}}} \tag{20.40}$$

zusammen.

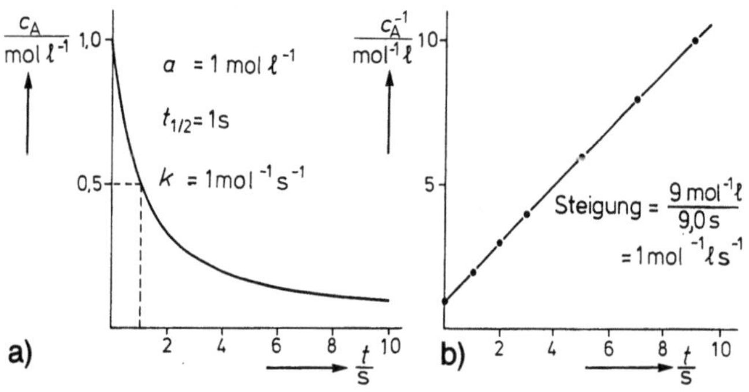

Abb. 20.7a, b. Reaktion $A + B \rightarrow C$ (Anfangskonzentrationen von A und B gleich groß); Konzentrationsverlauf der Molekülsorte A in Abhängigkeit von der Zeit, **(a)** direkte Auftragung nach (20.32); **(b)** Auftragung von $1/c_A$ nach (20.31)

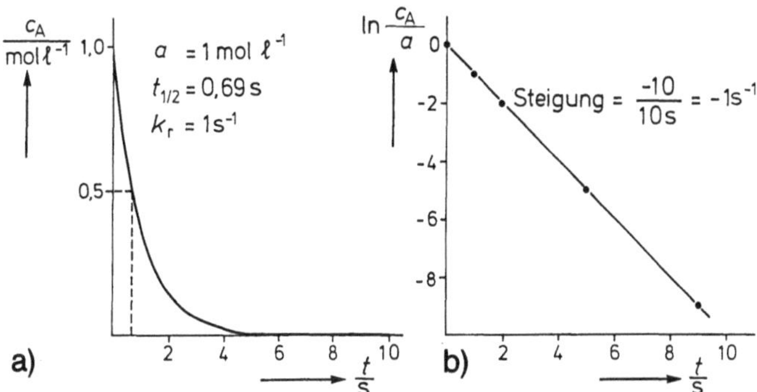

Abb. 20.8a, b. Reaktion $A + B \rightarrow C$ (B in großem Überschuß); c_A in Abhängigkeit von der Zeit, (a) direkte Auftragung nach (20.38); (b) Auftragung von $\ln(c_A/a)$ nach (20.37)

Für eine genauere Ermittlung von k' geht man von (20.37) aus. Trägt man $\ln(c_A/a)$ in Abhängigkeit von t auf, dann erwartet man eine Gerade (Abb. 20.8b), aus deren Steigung man k' entnehmen kann. Aus k' läßt sich dann k berechnen:

$$k = \frac{k'}{c_B}. \tag{20.41}$$

Ein Vergleich der Abb. 20.7 und 20.8 zeigt, daß die Kurve für c_A im ersten Fall sehr langsam (gemäß einer Hyperbelfunktion) und im zweiten Fall sehr schnell (gemäß einer Exponentialfunktion) abfällt. Das hängt damit zusammen, daß im ersten Fall die Konzentration an A und B in gleicher Weise abnehmen; ist c_A bzw. c_B beispielsweise auf die Hälfte des Anfangswertes abgesunken, dann beträgt die Reaktionsgeschwindigkeit dc/dt gemäß (20.12) nur noch $\frac{1}{4}$ des Anfangswertes. Im zweiten Fall ist c_B konstant, und es beträgt daher die Reaktionsgeschwindigkeit beim Erreichen der Konzentration $c_A = \frac{1}{2}a$ noch die Hälfte des Anfangswertes.

Entsprechend muß auch die Halbwertszeit $t_{1/2}$ im zweiten Fall kleiner sein. Im ersten Fall ist nach (20.34)

$$t_{1/2} = \frac{1}{ak} \tag{20.42}$$

und im zweiten Fall nach (20.40)

$$t_{1/2} = \frac{\ln 2}{k'} = \ln 2 \, \frac{1}{ak} = 0{,}69 \, \frac{1}{ak}, \tag{20.43}$$

wenn wir in beiden Fällen die Anfangskonzentration an B gleich a wählen. Beide Halbwertszeiten unterscheiden

sich nur wenig. Für die Zeiten $t_{1/100}$, nach denen die Konzentration von A auf 1/100 des Anfangswertes abgesunken ist (das entspricht praktisch dem quantitativen Stoffumsatz), ergibt sich auf Grund einer entsprechenden Überlegung, daß diese Zeit im ersten Fall etwa 20mal so groß ist wie im zweiten Fall.

In Aufgabe 20.1 wird gezeigt, daß im allgemeinen Fall der Reaktion (20.28) (a: Anfangskonzentration an A, b: Anfangskonzentration an B) der Ausdruck

$$c_A = (b - a) \, \frac{1}{(b/a) \exp[k(b-a)t]^{-1}} \tag{20.44}$$

erhalten wird (Abb. 20.9).

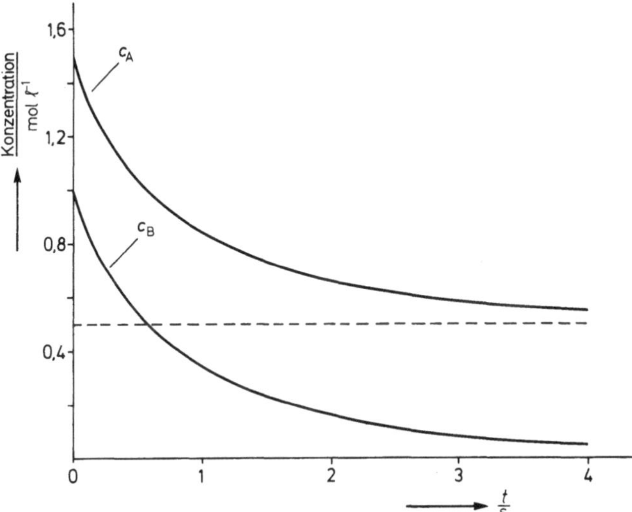

Abb. 20.9. Reaktion $A + B \rightarrow C$; zeitliche Abnahme von A gemäß (20.44) mit $k = 1\,1(\text{mol s})^{-1}$ und $a = 1{,}5\,b$

Bei diesen Überlegungen haben wir für die Reaktion

$$A + B \rightarrow C \tag{20.28}$$

die zeitliche Änderung von c_A betrachtet; genau so gut könnten wir aber auch c_B oder c_C experimentell verfolgen. Da bei jedem erfolgreichen Stoß 1 Molekül A und 1 Molekül B verschwinden und dabei 1 Molekül C gebildet wird, ist

$$\frac{dc_C}{dt} = -\frac{dc_A}{dt} = -\frac{dc_B}{dt} = k c_A c_B \tag{20.45}$$

sowie

$$c_A = a - c_C \qquad (20.46)$$

$$c_B = b - c_C . \qquad (20.47)$$

Entstehen bei der Reaktion von A mit B zwei Moleküle C gemäß

$$A + B \rightarrow 2C , \qquad (20.48)$$

dann ist entsprechend

$$\frac{dc_C}{dt} = -2\,\frac{dc_A}{dt} = -2\,\frac{dc_B}{dt} = 2k\,c_A c_B . \qquad (20.49)$$

Bei allen bisher behandelten Beispielen handelte es sich um Reaktionen, bei denen Moleküle zweier verschiedener Molekülsorten (A und B) zusammenstoßen mußten. Nun kommen aber auch Reaktionen vor, bei denen zwei gleichartige Moleküle miteinander reagieren (z. B. Dimerisationen, Disproportionierungen):

$$2A \rightarrow C . \qquad (20.50)$$

In diesem Fall verschwinden bei einem erfolgreichen Stoß zwei Moleküle A, und es ist daher die Änderung der Teilchenzahl in der Zeit Δt

$$\Delta N_A = -2\,Z_{\text{erfolgreich}} = -2\,Z\,e^{-E_{\text{Akt}}/(RT)}\,\alpha . \qquad (20.51)$$

In diesem Fall ist

$$Z = \frac{1}{2}\,\sqrt{\frac{8RT}{\pi N \mu}}\,\pi(2r_A)^2\,V n_A^2 \Delta t , \qquad (20.52)$$

wenn wir eine Reaktion in der Gasphase betrachten. Dieser Ausdruck ergibt sich analog zu (20.4a), wenn man $r_A = r_B$ setzt; der Faktor $\frac{1}{2}$ rührt daher, daß beim Abzählen der Stöße nach dem Vorgehen in (20.2) jeder Stoß zweier Moleküle A doppelt gezählt würde: der Stoß zwischen 2 Molekülen 1 und 2 würde bei den z Stößen mitgezählt, die das Molekül 1 erleidet, aber auch bei den z Stößen, die das Molekül 2 erleidet.

Damit erhalten wir

$$\frac{dc_C}{dt} = -\frac{1}{2}\,\frac{dc_A}{dt} = k\,c_A^2 , \qquad (20.53)$$

wenn wir wieder von Teilchenzahlen auf Konzentratio-

nen umrechnen und die von c_A unabhängigen Größen in der Geschwindigkeitskonstanten

$$k = \frac{1}{2}\,\sqrt{\frac{8RT}{\pi N \mu}}\,\pi(2r_A)^2\,N e^{-E_{\text{Akt}}/(RT)}\,\alpha \qquad (20.54)$$

zusammenfassen (entsprechende Ausdrücke ergeben sich für Reaktionen in Lösung).

Im Vorangehenden wurden Differentialgleichungen erhalten, in denen die Reaktionsgeschwindigkeit dc/dt proportional zu c bzw. zu c^2 ist. Im ersten Fall spricht man von einer *Reaktion 1. Ordnung*, im zweiten Fall von einer *Reaktion 2. Ordnung*. Eine *Reaktion 0. Ordnung* würde vorliegen, wenn die Reaktionsgeschwindigkeit konstant wäre (wenn man z. B. die Stoffe A und B in dem Maß, in dem sie wegreagieren, dem Reaktionsgemisch wieder zuführen würde).

20.2 Reaktionen, die zum Gleichgewicht führen

Bisher haben wir Reaktionen betrachtet, die nur in einer Richtung ablaufen. Bei der Diskussion des chemischen Gleichgewichtes haben wir jedoch gesehen, daß im allgemeinen die Ausgangsstoffe nicht völlig wegreagieren, sondern daß sich ein Gleichgewicht zwischen Ausgangsstoffen und Endprodukten einstellt. Wir können uns dies so vorstellen, daß die gebildeten Moleküle ihrerseits miteinander zusammenstoßen und daß dabei Moleküle der Ausgangsstoffe zurückgebildet werden.

$$A + B \xrightarrow{k_1} C + D \qquad (20.55)$$

$$C + D \xrightarrow{k_2} A + B . \qquad (20.56)$$

Für die Bildungsgeschwindigkeit der Moleküle A gilt dann

$$\boxed{\frac{dc_A}{dt} = -k_1 c_A c_B + k_2 c_C c_D}. \qquad (20.57)$$

Nehmen wir vereinfachend an, daß zur Zeit $t = 0$ die Moleküle A und B in gleicher Konzentration a vorliegen und keine Moleküle C und D vorhanden sind, dann wird

$$c_A = c_B \quad c_C = c_D = a - c_A \qquad (20.58)$$

und damit

$$\frac{dc_A}{dt} = -k_1 c_A^2 + k_2(a - c_A)^2$$
$$= (k_2 - k_1)c_A^2 - 2k_2 a c_A + k_2 a^2 \,. \qquad (20.59)$$

Um c_A in Abhängigkeit von t zu erhalten, integrieren wir diese Differentialgleichung. Nachdem wir die abhängige Variable in (20.59) auf die linke Seite und die unabhängige Variable auf die rechte Seite gebracht haben, erhalten wir

$$\int \frac{dc_A}{(k_2 - k_1)c_A^2 - 2k_2 a c_A + k_2 a^2} = \int dt \,. \qquad (20.60)$$

Im Fall $k_2 = k_1 = k$ läßt sich die Integration sehr leicht ausführen, weil sich der Ausdruck auf der linken Seite stark vereinfacht; es ist dann

$$\int \frac{dc_A}{-2k a c_A + k a^2} = -\frac{1}{2ka} \ln(-2k a c_A + k a^2)\,. \qquad (20.61)$$

Wir erhalten daraus

$$\ln(-2k a c_A + k a^2) = -2k a t + \text{const} \qquad (20.62)$$

bzw.

$$-2k a c_A + k a^2 = e^{\text{const.}} e^{-2kat} = \text{const}' \cdot e^{-2kat}\,. \qquad (20.63)$$

Damit ergibt sich c_A zu

$$c_A = \frac{1}{2}a - \frac{1}{2ka}\,\text{const}' \cdot e^{-2kat}\,. \qquad (20.64)$$

Die Integrationskonstante legen wir über die Bedingung fest, daß zur Zeit $t = 0$ $c_A = a$ ist. Damit wird

$$a = \frac{1}{2}a - \frac{1}{2ka}\,\text{const}' \qquad (20.65)$$

bzw.

$$\frac{1}{2ka}\,\text{const}' = -\frac{1}{2}a \qquad (20.66)$$

und wir erhalten

$$\boxed{c_A = \frac{1}{2}a(1 + e^{-2kat})}\,. \qquad (20.67)$$

Aus (20.58) folgt weiter

$$\boxed{c_C = \frac{1}{2}a(1 - e^{-2kat})}\,. \qquad (20.68)$$

Der zeitliche Verlauf von c_A und c_C ist in Abb. 20.10 dargestellt. In dem Maße, wie c_A abnimmt, nimmt c_C zu, und nach unendlich langer Zeit hat sich der Gleichgewichtswert $C_A = C_C = \frac{1}{2}a$ eingestellt.

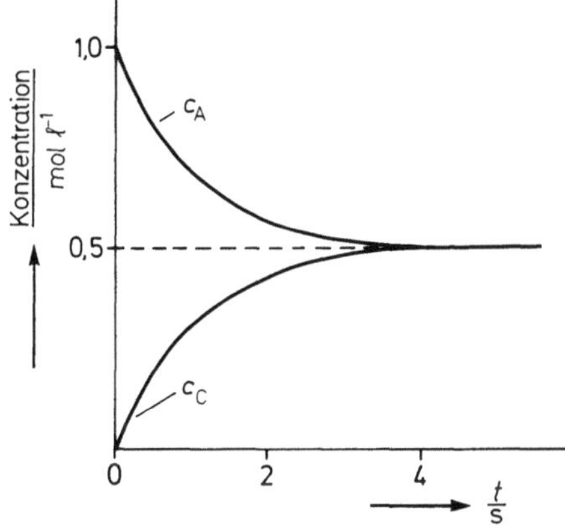

Abb. 20.10. Chemische Reaktion mit Gleichgewichtseinstellung:

$$A + B \underset{k_2}{\overset{k_1}{\rightleftarrows}} C + D$$

Konzentrationen c_A und c_C nach (20.67) und (20.68) (zur Zeit $t = 0$ ist $c_A = c_B = a = 1\ \text{mol l}^{-1}$ und $c_C = c_D = 0$; weiter ist $k = k_1 = k_2 = 0,5\ \text{l(mol s)}^{-1}$ angenommen).

Der in Abb. 20.10 dargestellte Verlauf gilt allerdings nur für den speziellen Fall, daß bei Reaktionsbeginn $c_A = c_B = a$ und $c_C = c_D = 0$ und daß weiter $k_2 = k_1 = k$ ist. Im allgemeinen Fall ist (20.57) nicht mehr so einfach zu integrieren, und wir wollen uns darauf beschränken, die Gleichgewichtskonzentrationen zu berechnen. Nach unendlich langer Zeit ändern sich die Konzentrationen der Reaktionspartner (Gleichgewichtskonzentrationen C) nicht mehr, es muß also $dc_A/dt = 0$ sein, also

$$-k_1 C_A C_B + k_2 C_C C_D = 0\,. \qquad (20.69)$$

Daraus folgt unmittelbar

$$\frac{c_C c_D}{c_A c_B} = \frac{k_1}{k_2} \, . \tag{20.70}$$

Bei der Betrachtung des chemischen Gleichgewichts haben wir die Gleichgewichtsbedingung

$$\frac{c_C c_D}{c_A c_B} = K \tag{20.71}$$

begründet. Offensichtlich besteht zwischen den Geschwindigkeitskonstanten k_1 und k_2 und der Gleichgewichtskonstanten K der Zusammenhang

$$\boxed{K = \frac{k_1}{k_2}} \, . \tag{20.72}$$

Diese Beziehung läßt sich dazu verwenden, die Gleichgewichtskonstante über eine Messung der Geschwindigkeitskonstanten zu ermitteln. Andererseits kann man über die Gleichgewichtskonstante die Geschwindigkeitskonstante der Rückreaktion berechnen, wenn die Geschwindigkeitskonstante der Hinreaktion bekannt ist.

Beispielsweise gilt für das Jodwasserstoffgleichgewicht [20.7]

$$\mathrm{H_2 + J_2} \underset{k_2}{\overset{k_1}{\rightleftarrows}} 2\,\mathrm{HJ} \tag{20.73}$$

Es ist dann nach (20.12) und (20.53)

$$\frac{dc_{\mathrm{H_2}}}{dt} = -k_1 c_{\mathrm{H_2}} c_{\mathrm{J_2}} + k_2 c_{\mathrm{HJ}}^2 \tag{20.74}$$

und im Gleichgewicht ($dc_{\mathrm{H_2}}/dt = 0$) gilt wiederum

$$\boxed{K = \frac{k_1}{k_2}} \, . \tag{20.75}$$

Die so bestimmten Gleichgewichtskonstanten stimmen gut mit den Konstanten überein, die man aus Gleichgewichtsmessungen erhält (Tabelle 20.1).

Die Jodwasserstoffreaktion ist gleichzeitig ein Beispiel dafür, daß man bei der Interpretation kinetischer Daten sehr vorsichtig sein muß. So ergibt sich zwar aus der ein-

Tabelle 20.1. Geschwindigkeitskonstanten k_1, k_2 und Gleichgewichtskonstante K für die Jodwasserstoffreaktion [20.7]

T/K	$\dfrac{k_1}{\mathrm{l/(mol\ s)}}$	$\dfrac{k_2}{\mathrm{l/(mol\ s)}}$	$K = \dfrac{k_1}{k_2}$	K aus Gleichgewichtsmessungen
667	0,0156	0,000259	60,4	61,0
699	0,0670	0,00124	54,0	55,2

gangs besprochenen einfachen Stoßtheorie (ein Stoß zwischen den Partnern A und B führt direkt zum Reaktionsprodukt), daß die Reaktionsgeschwindigkeit proportional zu $c_A c_B$ sein muß (Zeitgesetz 2. Ordnung). Umgekehrt darf man aber nicht aus der Tatsache, daß bei einer Reaktion experimentell ein Zeitgesetz 2. Ordnung erhalten wird, schließen, daß der Elementarprozeß ein Stoß zwischen den Partnern A und B ist. So hat man bei der Jodwasserstoffreaktion auf Grund des experimentell gesicherten Zeitgesetzes 2. Ordnung lange Zeit geglaubt, der Elementarprozeß sei tatsächlich ein Stoß zwischen einem $\mathrm{H_2}$ und einem $\mathrm{J_2}$ Molekül. Inzwischen hat sich jedoch herausgestellt, daß die Reaktion in der Form abläuft, daß zunächst das $\mathrm{J_2}$ thermisch dissoziiert [20.8],

$$\mathrm{J_2} \rightleftarrows 2\,\mathrm{J} \ \text{(Dissoziationskonstante } K'\text{)}, \tag{20.76}$$

und im Gleichgewicht ($dc_{\mathrm{H_2}}/dt = 0$) gilt wiederum

$$\mathrm{H_2 + 2\,J} \rightarrow 2\,\mathrm{HJ} \, . \tag{20.77}$$

Für die Bildungsgeschwindigkeit von HJ ergibt sich daraus

$$\frac{dc_{\mathrm{HJ}}}{dt} = \text{const } c_{\mathrm{H_2}} c_{\mathrm{J}}^2 = \text{const } c_{\mathrm{H_2}}(K' c_{\mathrm{J_2}})$$
$$= \text{const } K' c_{\mathrm{H_2}} c_{\mathrm{J_2}} \, . \tag{20.78}$$

Es wird angenommen, daß die Reaktion (20.77) nicht in 1 Schritt (Dreierstoß) erfolgt, sondern in 2 aufeinanderfolgenden Schritten

$$\mathrm{H_2 + J} \rightleftarrows \mathrm{H-H-J}$$

$$\mathrm{J + H-H-J} \rightarrow \mathrm{J-H-H-J} \rightarrow 2\,\mathrm{HJ}$$

abläuft. Wir erwarten also bei diesem komplizierten Vorgang dasselbe Zeitgesetz wie bei einer einfachen Stoßreaktion (wenn wir const. $K' = k_1$ setzen). Andererseits zeigt das Beispiel, daß die Beziehung (20.72) unabhängig von Annahmen über den genauen Reaktionsmechanismus gültig ist, wie aus der Beziehung zwischen K und ΔG^0 auch zu fordern ist.

Ein weiteres Beispiel dafür, daß man bei der Interpretation kinetischer Daten sehr vorsichtig sein muß, stellt die Reaktion zwischen Bromid und Bromat in saurer Lösung [20.9] dar.

$$5\,Br^- + HBrO_3 + 5\,H^+ \rightarrow 3\,Br_2 + 3\,H_2O \,. \qquad (20.79)$$

Experimentell findet man für die Reaktionsgeschwindigkeit

$$\frac{dc_{Br^-}}{dt} = -k\,c_{HBrO_3}c_{Br^-} \,, \qquad (20.80)$$

wenn die H^+-Konzentration konstant gehalten wird. Dieses Resultat kann natürlich nicht bedeuten, daß die Bildung von Br_2 bereits passiert, wenn 1 Br^- mit 1 $HBrO_3$ zusammenstößt: dem $HBrO_3$ müssen ja 5 Elektronen zugeführt werden, das Br^- kann aber nur 1 Elektron liefern. Andererseits ist es praktisch unmöglich, daß in einem Elementarschritt 5 Br^- und 1 $HBrO_3$ gleichzeitig aufeinandertreffen. Daher nimmt man an, daß die Reaktion in mehreren Teilschritten abläuft, die sich in vereinfachter Form durch die Reaktionsgleichungen

$$Br^- + HBrO_3 + H^+ \xrightarrow{k_1} HOBr + HBrO_2 \qquad (20.81)$$

$$Br^- + HBrO_2 + H^+ \xrightarrow{k_2} 2\,HOBr \qquad (20.82)$$

$$Br^- + HOBr + H^+ \xrightarrow{k_3} Br_2 + H_2O \qquad (20.83)$$

beschreiben lassen. In diesen Teilschritten sind jeweils nur Stöße zweier Reaktionspartner nötig (in allen Schritten ist eine sehr schnelle Protonierungsreaktion nachgeschaltet). Man findet, daß die Geschwindigkeitskonstanten k_2 und k_3 sehr viel größer sind als k_1 und erhält damit aus (20.81 – 83)

$$\frac{dc_{Br^-}}{dt} = -5\,k_1\,c_{HBrO_3}c_{Br^-} \,. \qquad (20.84)$$

Der Faktor 5 ergibt sich daraus, daß nach Verbrauch eines Br^- gemäß (20.81) 4 weitere Br^- in den Folgereaktionen (20.82) und (20.83) verbraucht werden. (20.84) stimmt mit der experimentell gefundenen Beziehung (20.80) überein, wenn wir $k = 5k_1$ setzen.

20.3 Zusammengesetzte Reaktionen

In den bisher betrachteten Fällen ließen sich chemische Reaktionen durch einfache kinetische Ansätze beschreiben. Meist beobachtet man aber ein viel komplizierteres Verhalten. So können zusätzlich zur gewünschten Reaktion Nebenreaktionen ablaufen, oder das Reaktionsendprodukt kann seinerseits weiterreagieren (Folgereaktion, Kettenreaktion). In anderen Fällen können Reaktionsendprodukte den Reaktionsablauf beeinflussen (autokatalytische Reaktion; oszillierende Reaktion).

20.3.1 Nebenreaktionen

Das Molekül A soll in einer Hauptreaktion mit einem Molekül B zu C reagieren:

$$A + B \xrightarrow{k_1} C \,. \qquad (20.85)$$

Gleichzeitig besteht die Möglichkeit, daß bei dieser Umsetzung ein Molekül D (z. B. ein Isomeres von C) gebildet wird:

$$A + B \xrightarrow{k_2} D \,. \qquad (20.86)$$

Für die zeitliche Abnahme der Konzentration der Molekülsorte A gilt dann

$$\boxed{\frac{dc_A}{dt} = -k_1 c_A c_B - k_2 c_A c_B = -(k_1 + k_2) c_A c_B} \,.$$

$$(20.87)$$

Der zeitliche Verlauf der Konzentration von A wird dann genau so wie bei einer einfachen Reaktion 2. Ordnung beschrieben, es ist nur die Geschwindigkeitskonstante durch $(k_1 + k_2)$ zu ersetzen. Andererseits ist die Bildungsgeschwindigkeit von C bzw. von D

$$\frac{dc_C}{dt} = k_1 c_A c_B \qquad \frac{dc_D}{dt} = k_2 c_A c_B \,. \qquad (20.88)$$

Beide Bildungsgeschwindigkeiten stehen im Verhältnis k_1/k_2 zueinander. Möchte man hauptsächlich C und nur wenig D erhalten, dann muß k_1 groß gegenüber k_2 sein. Dies läßt sich oft dadurch erreichen, daß man die Reaktionstemperatur oder das Lösungsmittel geeignet wählt; natürlich geht dies nur dann, wenn k_1 und k_2 von diesen äußeren Parametern in verschiedener Weise abhängen.

Beispiel

Synthese von 2-Formyl-3-methyl-norboren-(5) aus Cyclopentadien und Crotonaldehyd:

Dabei läuft als Nebenreaktion die Dimerisierung des Cyclopentadiens ab:

Liegen Cyclopentadien (A) und Crotonaldehyd (B) in gleichen Anfangskonzentrationen vor, dann ist die Bildungsgeschwindigkeit des Hauptproduktes (C) gleich

$$\frac{dc_C}{dt} = k_1 c_A^2$$

und die Bildungsgeschwindigkeit des Nebenproduktes (D)

$$\frac{dc_D}{dt} = k_2 c_A^2 .$$

Mit den Werten $k_1 = 6{,}6 \cdot 10^{-6}\,\mathrm{l(mol\,s)}^{-1}$ und $k_2 = 16{,}8 \cdot 10^{-6}\,\mathrm{l(mol\,s)}^{-1}$ (70 °C) ergibt sich, daß die Ausbeute am Hauptprodukt gleich

$$\frac{k_1}{k_1 + k_2} = 0{,}28 = 28\%$$

ist. Diese Ausbeute läßt sich beträchtlich erhöhen, wenn man den Crotonaldehyd im Überschuß einsetzt; dann läuft die Hauptreaktion schneller ab, während die Nebenreaktion unbeeinflußt bleibt (Aufgabe 20.4).

20.3.2 Folgereaktionen

Wir stellen uns vor, daß zunächst die Moleküle A und B zu C reagieren

$$A + B \xrightarrow{k_1} C , \qquad (20.89)$$

und daß das Molekül C anschließend zu einem Produkt D weiterreagiert

$$C \xrightarrow{k_2} D \qquad (20.90)$$

(beispielsweise über eine Umlagerung, siehe Abschn. 17.3). Für diese Reaktionsfolge ergeben sich die Bildungsgeschwindigkeiten

$$
\begin{array}{ll}
\dfrac{dc_A}{dt} = -k_1 c_A c_B & \text{Verschwinden von } A \\[2ex]
\dfrac{dc_C}{dt} = k_1 c_A c_B - k_2 c_C & \text{Bildung von } C \\[2ex]
\dfrac{dc_D}{dt} = k_2 c_C & \text{Bildung von } D
\end{array}
$$

$$(20.91)$$

Wir wollen vereinfachend annehmen, daß die Moleküle B in großem Überschuß vorliegen. Dann ist mit $k_1' = k_1 c_B$ nach (20.38)

$$c_A = a\,e^{-k_1' t} \qquad (20.92)$$

(a: Anfangskonzentration von A), und wir erhalten damit

$$\frac{dc_C}{dt} = k_1' a\,e^{-k_1' t} - k_2 c_C \qquad (20.93)$$

bzw.

$$\frac{dc_C}{dt} + k_2 c_C = k_1' a\,e^{-k_1' t} . \qquad (20.94)$$

Dies ist eine inhomogene Differentialgleichung 1. Ordnung für c_C. Man erhält daraus für c_C (s. Aufgabe 20.5)

$$c_C = a\,\frac{k_1'}{k_2 - k_1'}\left(e^{-k_1' t} - e^{-k_2 t}\right) \qquad (20.95)$$

und für c_D

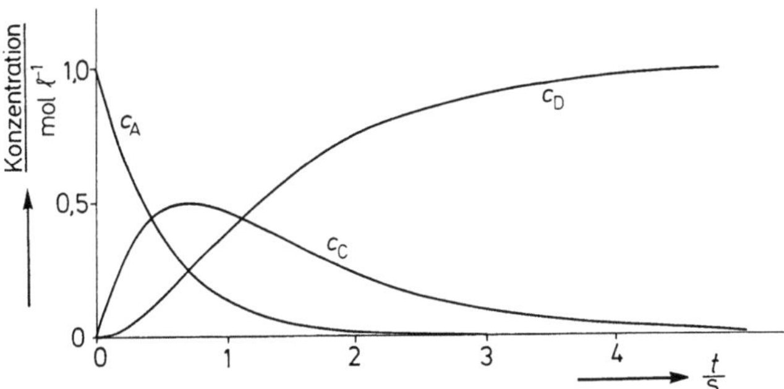

Abb. 20.11. Zeitlicher Verlauf der Konzentrationen c_A, c_C und c_D nach (20.92), (20.95) und (20.96) bei der Folgereaktion $A + B \rightarrow C \rightarrow D$. Es wurde $k_1' = 10\,\mathrm{s}^{-1}$ und $k_2 = 1\,\mathrm{s}^{-1}$ gesetzt; B soll in großem Überschuß vorliegen

$$c_D = a\,\frac{1}{k_2 - k_1'}\,[k_1'(\mathrm{e}^{-k_2 t} - 1) - k_2(\mathrm{e}^{-k_1' t} - 1)]\,.$$

$$(20.96)$$

In Abb. 20.11 ist der zeitliche Verlauf von c_A, c_B und c_C dargestellt. Wie zu erwarten, nimmt c_C zunächst zu (die Bildung aus A ist schneller als der Zerfall von C), durchläuft ein Maximum und sinkt dann wieder ab (es überwiegt der Zerfall von C). Möchte man C als Hauptprodukt isolieren, dann muß man die Reaktion zu dem Zeitpunkt stoppen, in dem c_C das Maximum erreicht hat. Diese Zeit erhalten wir, indem wir dc_C/dt Null setzen:

$$\frac{dc_C}{dt} = a\,\frac{k_1'}{k_2 - k_1'}\,[-k_1'\mathrm{e}^{-k_1' t} + k_2\mathrm{e}^{-k_2 t}] = 0\,. \qquad (20.97)$$

Daraus folgt

$$t_{\max} = \frac{\ln \dfrac{k_2}{k_1'}}{k_2 - k_1'}\,. \qquad (20.98)$$

Die Maximalkonzentration $c_{C,\max}$ an C erhalten wir, indem wir (20.98) in (20.95) einsetzen:

$$c_{C,\max} = a\left(\frac{k_1'}{k_2}\right)^{k_2/(k_2 - k_1')}\,. \qquad (20.99)$$

Beispielsweise ergibt sich daraus mit $k_1' = 10\,\mathrm{s}^{-1}$ und $k_2 = 1\,\mathrm{s}^{-1}$

$$t_{\max} = 0{,}26\,\mathrm{s} \quad \text{und} \quad c_{C,\max} = 0{,}77a\,.$$

Ein technisch wichtiges Beispiel ist die Synthese von Paraffinsulfochloriden, die als Waschmittel verwendet werden, aus Paraffinen, Schwefeldioxid und Chlor:

$$\begin{array}{l}\mathrm{R_1}\\\mathrm{R_2}\end{array}\!\!>\!\mathrm{CH_2} + \mathrm{SO_2} + \mathrm{Cl_2} \xrightarrow{k_1} \begin{array}{l}\mathrm{R_1}\\\mathrm{R_2}\end{array}\!\!>\!\mathrm{CH - SO_2 - Cl} + \mathrm{HCl}\,.$$

Das Monosulfochlorid reagiert zum Disulfochlorid weiter:

$$\begin{array}{l}\mathrm{R_1}\\\mathrm{R_2}\end{array}\!\!>\!\mathrm{CH - SO_2 - Cl} + \mathrm{SO_2} + \mathrm{Cl_2} \xrightarrow{k_2} \begin{array}{l}\mathrm{R_1}\\\mathrm{R_2}\end{array}\!\!>\!\mathrm{C}\!\!<\!\!\begin{array}{l}\mathrm{SO_2 - Cl}\\\mathrm{SO_2 - Cl}\end{array} + \mathrm{HCl}$$

Da in diesem Fall $k_1 \approx k_2$ ist, muß man die Reaktion bereits abstoppen, sobald 30% des Paraffins reagiert haben.

20.3.3 Kettenreaktionen

Die Jodwasserstoffreaktion ist ein Beispiel dafür, daß eine Reaktion über Radikale abläuft. Dabei werden in jedem Einzelprozeß genau soviele Radikale gebildet wie verbraucht. Bei der Bromwasserstoffreaktion

$$\mathrm{H_2} + \mathrm{Br_2} \rightarrow 2\,\mathrm{HBr} \qquad (20.100)$$

werden in ähnlicher Weise zunächst auf thermischem Weg Brom-Radikale gebildet:

$$\mathrm{Br_2} \xrightarrow{k_1} 2\,\mathrm{Br}\,. \qquad (20.101)$$

Der weitere Verlauf ist jedoch völlig verschieden. Es finden nämlich die Teilreaktionen

$$\mathrm{Br} + \mathrm{H_2} \underset{k_3}{\overset{k_2}{\rightleftharpoons}} \mathrm{HBr} + \mathrm{H} \qquad (20.102)$$

$$\mathrm{H} + \mathrm{Br_2} \xrightarrow{k_4} \mathrm{HBr} + \mathrm{Br} \qquad (20.103)$$

statt; die Summe dieser Reaktionen ergibt die Bruttoreaktion

$$\mathrm{Br} + \mathrm{H_2} + \mathrm{Br_2} \rightarrow 2\,\mathrm{HBr} + \mathrm{Br}\,. \qquad (20.104)$$

Das unterschiedliche Verhalten beruht darauf, daß Br-Atome reaktiver sind als J-Atome. Es können daher gemäß (20.102) H-Atome gebildet werden.

Im Gegensatz zur Jodwasserstoffreaktion werden die Brom-Radikale beim Einzelprozeß nicht verbraucht, sondern stehen anschließend für eine neue Umsetzung wieder zur Verfügung. Ein solches Reaktionsschema nennt man eine *Kettenreaktion*; die Reaktion (20.101) stellt den Kettenstart dar, die Reaktionen (20.102) und (20.103) bilden die eigentliche Kette. Ist die Reaktion erst einmal gestartet worden, dann kann sie so lange ablaufen, bis entweder alles H_2 und Br_2 verbraucht ist oder ein Kettenabbruch gemäß

$$2Br \xrightarrow{k_5} Br_2 \qquad (20.105)$$

erfolgt (dies kann allerdings nur dann geschehen, wenn die Rekombinationsenergie über einen 3. Stoßpartner oder über die Wand abgeführt wird).

Im einzelnen gilt für die Bildungsgeschwindigkeiten der einzelnen Reaktionspartner

$$\frac{dc_{HBr}}{dt} = k_2 c_{Br} c_{H_2} - k_3 c_{HBr} c_H + k_4 c_H c_{Br_2} \qquad (20.106)$$

$$\frac{dc_{Br}}{dt} = 2k_1 c_{Br_2} - k_2 c_{Br} c_{H_2} + k_3 c_{HBr} c_H$$
$$+ k_4 c_H c_{Br_2} - k_5 c_{Br}^2 \qquad (20.107)$$

$$\frac{dc_H}{dt} = k_2 c_{Br} c_{H_2} - k_3 c_{HBr} c_H - k_4 c_H c_{Br_2} . \qquad (20.108)$$

Diese Gleichungen lassen sich vereinfachen, wenn wir davon ausgehen, daß die Konzentrationen der Radikale sehr gering sind und sich während der Reaktion nur wenig ändern (Näherung des stationären Zustandes); dann ist

$$\frac{dc_{Br}}{dt} = \frac{dc_H}{dt} = 0 . \qquad (20.109)$$

Damit erhalten wir zwei Bestimmungsgleichungen, aus denen wir c_H und c_{Br} berechnen können. Setzen wir diese Werte in (20.94) ein, dann ergibt sich (Aufgabe 20.7)

$$\frac{dc_{HBr}}{dt} = 2k_2 \sqrt{\frac{2k_1}{k_5}} \frac{1}{1 + \dfrac{k_3}{k_4} \dfrac{c_{HBr}}{c_{Br_2}}} \sqrt{c_{Br_2}} \, c_{H_2} . \qquad (20.110)$$

Durch Experimente [20.10 – 12], bei denen die Bildungsgeschwindigkeit von HBr bei verschiedenen H_2- und Br_2-Konzentrationen gemessen wurden, konnte dieser Zusammenhang bestätigt werden.

Entstehen bei einer Kettenreaktion mehr Kettenträger, als verbraucht werden, dann spricht man von einer *Kettenverzweigung*. Ein solcher Fall liegt bei der Knallgasreaktion

$$2H_2 + O_2 \;\rightarrow\; 2H_2O \qquad (20.111)$$

vor. Diese Reaktion läuft in folgenden Schritten ab:

$$H_2 \;\rightarrow\; 2H \qquad\qquad \text{Kettenstart} \qquad (20.112)$$

$$\left.\begin{array}{l} H + O_2 \;\rightarrow\; OH + O \\ OH + H_2 \;\rightarrow\; H_2O + H \\ O + H_2 \;\rightarrow\; OH + H \end{array}\right\} \;\; \text{Kette} . \qquad (20.113)$$

Die Bruttoreaktion in der Kette ist somit

$$H + O_2 + 2H_2 \;\rightarrow\; H_2O + OH + 2H . \qquad (20.114)$$

In jedem Reaktionschritt wird also ein OH-Radikal und ein H-Radikal neu gebildet. Dies führt zu einem exponentiellen Anwachsen der Zahl der Kettenträger und damit des Umsatzes an Reaktanden: es findet eine Explosion statt. Der Bereich, in dem ein Gemisch explodieren kann, hängt vom Druck ab: bei hohem Druck steigt die Anzahl der Abbruchreaktionen an (obere Explosionsgrenze); bei niedrigem Druck nimmt die Zahl der Stöße mit den Gefäßwänden zu (untere Explosionsgrenze).

20.3.4 Autokatalytische Reaktionen

Bei vielen Vorgängen (z. B. oszillierende chemische Reaktionen, Abschn. 20.3.5) spielen autokatalytische Reaktionen eine wichtige Rolle. Es handelt sich dabei um Reaktionen, bei denen ein für den Ablauf der Reaktion wichtiger Ausgangsstoff B, der zu Reaktionsbeginn nur in winziger Konzentration vorliegt, als Endprodukt der Reaktion auftritt:

$$A + B \xrightarrow{k} C + 2B . \qquad (20.115)$$

Dadurch wird die zu Anfang äußerst langsame Reaktion immer schneller; erst dann, wenn der Reaktionspartner A verbraucht ist, kommt die Reaktion zum Stillstand. Die Reaktion wird durch die Differentialgleichungen

$$\frac{dc_A}{dt} = -k c_A c_B \qquad (20.116)$$

$$\frac{dc_B}{dt} = k c_A c_B \qquad (20.117)$$

beschrieben. (Zu Beginn der Reaktion liegt A im Überschuß vor; c_A kann also als konstant betrachtet werden, und c_B steigt anfänglich exponentiell an: $c_B = b\,e^{kat}$; darin bedeuten a bzw. b die Anfangskonzentrationen an A bzw. B). Die Lösung der Differentialgleichungen für beliebige Zeiten (Aufgabe 20.8) ergibt

$$c_A = \frac{a+b}{1+(b/a)\,e^{(a+b)kt}} \qquad (20.118)$$

$$c_B = \frac{a+b}{1+(a/b)\,e^{-(a+b)kt}} \,. \qquad (20.119)$$

In Abb. 20.12 sind c_A und c_B in Abhängigkeit von t dargestellt.

Ein Beispiel ist die Umwandlung von Trypsinogen in Trypsin, die durch das Endprodukt Trypsin katalysiert

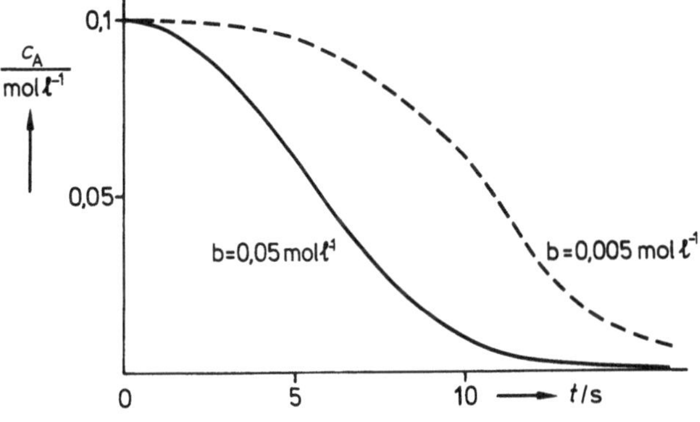

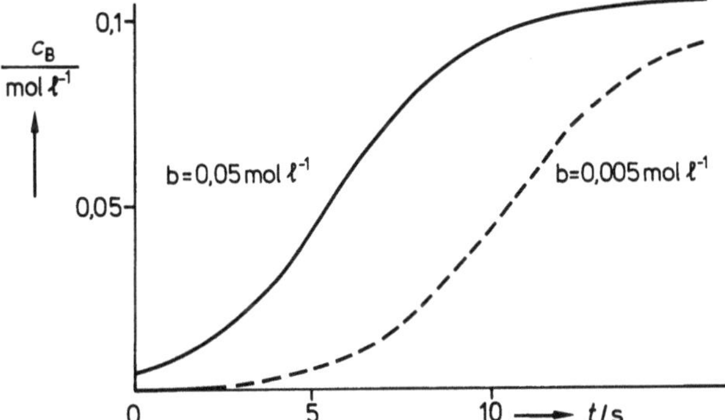

Abb. 20.12. Zeitlicher Verlauf von c_A und c_B bei der autokatalytischen Reaktion (20.115) gemäß (20.118) und (20.119) [$k = 5$ l(mol s)$^{-1}$, $a = 0{,}1$ mol l^{-1}]. (———) $b = 0{,}005$ mol l^{-1}; (– – –) $b = 0{,}0005$ mol l^{-1}

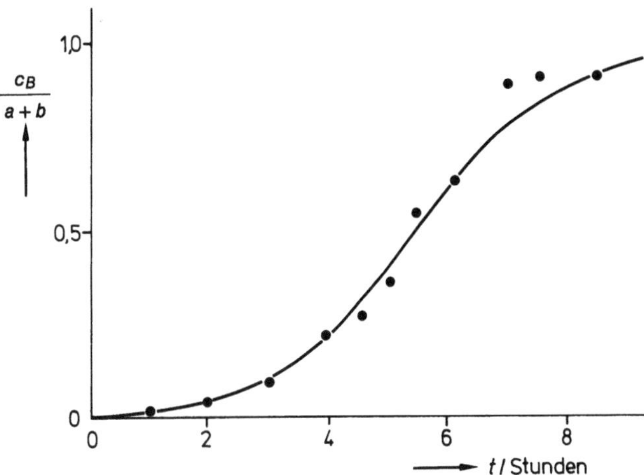

Abb. 20.13. Zeitlicher Verlauf der Trypsinkonzentration (c_B) bei der Umwandlung von Trypsinogen in Trypsin; a ist die Anfangskonzentration von Trypsinogen, b die Anfangskonzentration von Trypsin. ($\bullet$) Experiment [20.13]. (———) nach (20.119) berechnet mit $b = 0{,}004\,a$ und $(a+b)k = 1{,}05$ h^{-1}

wird [20.13]. Der zeitliche Verlauf der Trypsinkonzentration (c_B) ist in Abb. 20.13 dargestellt und mit der Theorie verglichen.

Ein weiteres Beispiel stellt die Reaktion von Ce^{3+} mit Bromat in schwefelsaurer Lösung [20.14] dar, die in den Teilschritten

$$Ce^{3+} + BrO_2 + H^+ \;\rightarrow\; Ce^{4+} + HBrO_2 \qquad (20.120)$$

$$HBrO_2 + HBrO_3 \;\rightarrow\; 2BrO_2 + H_2O \qquad (20.121)$$

autokatalytisch abläuft. Addiert man beide Gleichungen, dann erhält man die Bruttoreaktion

$$Ce^{3+} + BrO_2 + HBrO_3 + H^+ \;\rightarrow\; Ce^{4+} + 2BrO_2 + H_2O \qquad (20.122)$$

Diese Gleichung entspricht dem Schema (20.115) mit $A = Ce^{3+}$, $B = BrO_2$ und $C = Ce^{4+}$. (Bromat liegt in großem Überschuß vor, so daß die Konzentration an $HBrO_3$ als konstant angesehen werden kann; die Protonierungsreaktion läuft so schnell ab, daß sie bei der Kinetik der Gesamtreaktion keine Rolle spielt.)

Zu (20.121) treten allerdings noch Reaktionen hinzu, die allmählich zu einer Verlangsamung der Ce^{4+}-Bildung und zu einer Abnahme der BrO_2-Konzentration führen (Abb. 20.14); als Endprodukt entsteht dabei HOBr. Die Gesamtreaktion kann daher durch die Reaktionsgleichung

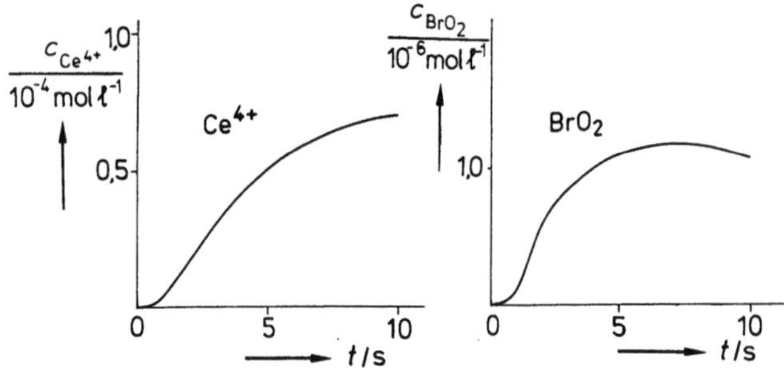

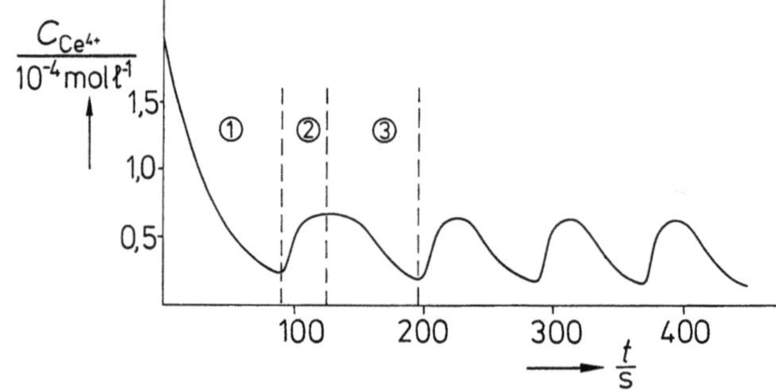

Abb. 20.14. Zeitlicher Verlauf der Konzentrationen von Ce^{4+} und BrO_2 bei der Reaktion von Ce^{3+} mit $HBrO_3$ in H_2SO_4. Anfangskonzentrationen: Ce^{3+} $2 \cdot 10^{-4}$ mol l^{-1}, $HBrO_3$ 0,1 mol l^{-1}, H_2SO_4 1 mol l^{-1}; Temperatur 20 °C

$$4\,Ce^{3+} + HBrO_3 + 4\,H^+ \;\rightarrow\; 4\,Ce^{4+} + HOBr + 2\,H_2O$$

$$(20.123)$$

beschrieben werden.

20.3.5 Oszillierende chemische Reaktionen

Bisher haben wir chemische Reaktionen betrachtet, bei denen die Konzentrationen der Ausgangsstoffe monoton abnehmen und die Konzentrationen der Endprodukte monoton zunehmen. Ein Beispiel dafür ist die in Abschn. 20.3.2 behandelte Folgereaktion. Daneben kennt man chemische Reaktionen, bei denen die Konzentrationen der Ausgangsstoffe stufenweise abnehmen, die Konzentrationen der Endprodukte stufenweise zunehmen und die Konzentrationen von Zwischenprodukten periodischen Änderungen unterworfen sind. Solche Reaktionen nennt man *oszillierende chemische Reaktionen*.

Ein Beispiel dafür ist die Belousov-Zhabotinskii-Reaktion [20.15]. Diese Reaktion läuft ab, wenn man zu einer Lösung von Brommalonsäure und Bromat in schwefelsaurer Lösung (dieses Gemisch ist über längere Zeit hinweg stabil) eine Lösung von $Ce(SO_4)_2$ hinzufügt (Brommalonsäure und Bromat müssen in großem Überschuß sein). Dann läuft zunächst die Reaktion

$$2\,Ce^{4+} + HC\underset{\underset{\textstyle COOH}{|}}{\overset{\overset{\textstyle COOH}{|}}{Br}} + H_2O \;\rightarrow\; 2\,Ce^{3+} + Prod. + Br^- + 3\,H^+$$

$$(20.124)$$

ab: Ce^{4+} wird zu Ce^{3+} reduziert, und aus der Brommalonsäure entsteht das Oxidationsprodukt Prod. Die Ce^{4+}-Konzentration nimmt dadurch zunächst ab [Bereich (1) in Abb. 20.15].

Abb. 20.15. Belousov-Zhabotinskii-Reaktion. Zeitlicher Verlauf der Ce^{4+}-Konzentration. Anfangskonzentrationen: Brommalonsäure 0,03 mol l^{-1}, Bromat 0,1 mol l^{-1}, Ce^{4+} $2 \cdot 10^{-4}$ mol l^{-1}, H_2SO_4 1 mol l^{-1}. Die Brommalonsäure wurde durch Zugabe von NaBr zu einer Mischung von Malonsäure und Bromat in schwefelsaurer Lösung erhalten; deshalb enthält die Ausgangslösung neben Brommalonsäure noch Malonsäure (0,07 mol l^{-1}). Die Ce^{4+}-Konzentration wurde durch Messung der Lichtabsorption bestimmt.

In dem Maß, in dem Ce^{3+} gebildet wird, sollte gemäß (20.123) die Reaktion

$$4\,Ce^{3+} + HBrO_3 + 4\,H^+ \;\rightarrow\; 4\,Ce^{4+} + HOBr + 2\,H_2O$$

$$(20.125)$$

in Gang kommen. Dies ist jedoch zunächst noch nicht der Fall, weil die in (20.124) entstehenden Bromidionen diese Reaktion blockieren; dies hängt damit zusammen, daß (20.125) nach Abschn. 20.3.4 nach einem autokatalytischen Mechanismus abläuft und das für die Autokatalyse wichtige Zwischenprodukt $HBrO_2$ durch die Bromidionen gemäß

$$HBrO_2 + Br^- + H^+ \;\rightarrow\; 2\,HOBr \qquad (20.126)$$

abgefangen wird. Mit abnehmender Ce^{4+}-Konzentration wird nach (20.124) immer weniger Br^- gebildet, und das noch vorhandene Bromid reagiert mit dem Bromat gemäß (20.79):

$$HBrO_3 + 5\,Br^- + 5\,H^+ \;\rightarrow\; 3\,Br_2 + 3\,H_2O\,. \qquad (20.127)$$

Sobald die Bromidkonzentration einen kritischen Wert c_{krit} unterschreitet, setzt die Reaktion (20.125) ein, und die Ce^{4+}-Konzentration steigt an [Bereich (2) in Abb. 20.15]. Mit steigender Ce^{4+}-Konzentration steigt gemäß (20.124) die Bromidkonzentration wieder an. Sie übersteigt schließlich den kritischen Wert c_{krit}, die Reaktion (20.125) wird wieder blockiert, und die Ce^{4+}-Konzentration nimmt ab (Bereich 3 in Abb. 20.15). Diese Reaktionsschritte wiederholen sich von jetzt an periodisch; die Oszillationen hören auf, sobald die Vorräte an Brommalonsäure und Bromat aufgebraucht sind. Die in (20.126) und (20.127) entstehenden Produkte HOBr und Br_2 treten nur in geringer Konzentration auf, weil sie mit Brommalonsäure weiterreagieren.

Wir wollen jetzt versuchen, das Zustandekommen der Oszillationen in einem einfachen kinetischen Modell zu beschreiben. Da Brommalonsäure und Bromat in großem Überschuß vorliegen, können wir die Reaktionen (20.124) und (20.125) als Reaktionen 1. Ordnung formulieren [dies ist im Fall von (20.125) eine sehr grobe Näherung, da es sich um einen autokatalytischen Mechanismus handelt].

$$\frac{dc_{Ce^{4+}}}{dt} = -k_1 c_{Ce^{4+}} \quad \text{für Reaktion (20.124)}$$

$$\frac{dc_{Ce^{4+}}}{dt} = k_2 c_{Ce^{3+}} \quad \text{für Reaktion (20.125)}$$

Laufen beide Reaktionen gleichzeitig ab, dann ist

$$\frac{dc_{Ce^{4+}}}{dt} = -k_1 c_{Ce^{4+}} + k_2 c_{Ce^{3+}} \quad \text{(Prozeß A)} . \quad (20.128)$$

Für die Bildungsgeschwindigkeit der Bromidionen gilt [die Geschwindigkeitskonstanten k_3 bzw. k_4 beziehen sich auf die Reaktionen (20.126) bzw. (20.127)]

$$\frac{dc_{Br^-}}{dt} = k_1 c_{Ce^{4+}} - k_3 c_{Br^-} - k_4 c_{Br^-} \quad \text{(Prozeß B)} . \quad (20.129)$$

Zur Vereinfachung der Überlegung wollen wir annehmen, daß zur Zeit $t = 0$ c_{Br^-} größer ist als c_{krit}; dann fällt in Prozeß A das zweite Glied auf der rechten Seite weg [es läuft nur die Reaktion (20.124) ab]; in Prozeß B fällt ebenfalls das 2. Glied auf der rechten Seite weg [es ist, da (20.125) gestoppt ist, kein $HBrO_2$ vorhanden].

Es gilt also für $c_{Br^-} > c_{krit}$

$$\frac{dc_{Ce^{4+}}}{dt} = -k_1 c_{Ce^{4+}} \quad (20.128a)$$

$$\frac{dc_{Br^-}}{dt} = k_1 c_{Ce^{4+}} - k_4 c_{Br^-} . \quad (20.129a)$$

Die Ce^{4+}-Konzentration nimmt also zunächst ab; gleich-

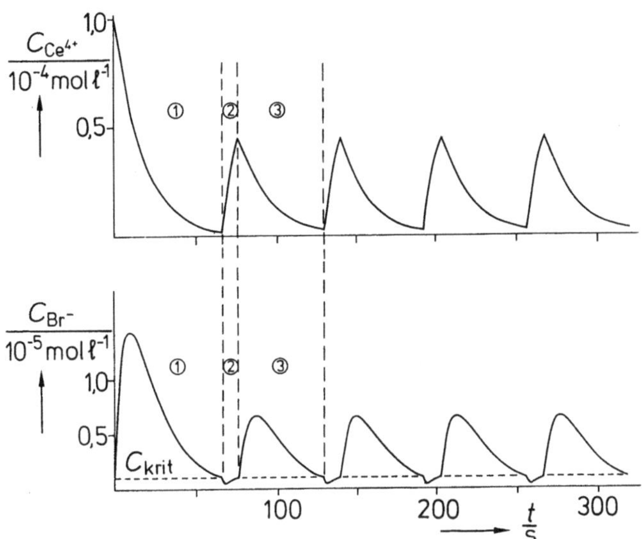

Abb. 20.16. Oszillationen von Ce^{4+} und Br^- nach dem vereinfachten Modell in (20.128) und (20.129). Die Differentialgleichungen wurden numerisch gelöst. Anfangskonzentrationen: Ce^{4+} 10^{-4} mol l^{-1}, Br^- $1{,}1 \cdot 10^{-6}$ mol l^{-1}; Geschwindigkeitskonstanten: $k_1 = 0{,}05$ s^{-1}, $k_2 = 0{,}1$ s^{-1}, $k_3 = 2{,}0$ s^{-1}, $k_4 = 0{,}2$ s^{-1}. Es wurde $c_{krit} = 10^{-6}$ mol l^{-1} gesetzt

zeitig wird noch Bromid gebildet, c_{Br^-} steigt also zunächst an und durchläuft ein Maximum [Abb. 20.16, Bereich (1)]. Sobald c_{krit} unterschritten wird, setzt die Reaktion (20.125) ein, und es laufen die Prozesse A und B ab: die Ce^{4+}-Konzentration steigt wieder an. Gleichzeitig durchläuft c_{Br^-} ein Minimum und nimmt entsprechend der steigenden Ce^{4+}-Konzentration zu [Abb. 20.16, Bereich (2)]. Sobald c_{krit} erreicht ist, nimmt die Ce^{4+}-Konzentration wieder ab (Bereich 3 in Abb. 20.16). Diese Reaktionsfolge wiederholt sich periodisch.

20.4 Experimentelle Methoden

Im Prinzip ist es möglich, zur Konzentrationsbestimmung einzelner Reaktanden Proben aus der Reaktionsmischung zu entnehmen und zu analysieren. Ein solches Vorgehen ist jedoch nur bei ganz langsamen Reaktionen möglich. Viel günstiger ist es, die Konzentration kontinuierlich über eine physikalische Größe die zur Konzentration proportional ist, zu messen. Läuft die Reaktion in einer Zeit ab, die groß gegenüber der Mischzeit ist, dann läßt sich die Reaktion durch Zusammengießen der Reaktionspartner in Gang setzen (Mischungsmethoden).

Möchte man schnellere Reaktionen verfolgen, dann muß man auf das Mischen verzichten. Man geht dann von Gemischen aus, in denen sämtliche Reaktanden bereits im Gleichgewicht vorliegen, stört dieses Gleichgewicht und beobachtet die Einstellung des neuen Gleichgewichts (Relaxationsmethoden).

20.4.1 Mischungsmethoden

Man geht so vor, daß man die Reaktionspartner vermischt und den zeitlichen Verlauf einer physikalischen Größe, die von der Konzentration eines Partners abhängt, verfolgt (z. B. Lichtabsorption, optische Drehung, elektrische Leitfähigkeit, Wärmeleitfähigkeit, Dichte, Druck).

Bei Reaktionen mit Halbwertszeiten, die größer als etwa 1 s sind, macht das Mischen der Reaktanden keine Schwierigkeiten. Durch besonders geschickte Durchführung des Mischvorganges können aber noch Reaktionen verfolgt werden, deren Halbwertszeiten in der Größenordnung von 1 ms sind. Bei der Stopped-Flow-Methode befinden sich die Reaktanden A und B in 2 Zylindern und werden in kurzer Zeit durch Kolben durch eine Mischkammer und eine Meßzelle in einen dritten Zylinder gedrückt (Abb. 20.17). Der Durchfluß wird dann plötzlich gestoppt, indem der Kolben dieses dritten Zylinders an einen Anschlag gelangt. Die zeitliche Konzentrationsänderung wird nahe der Mischkammer verfolgt (z. B. durch eine Photozelle mit angeschlossenem Oszillographen). Mit dieser Methode lassen sich Mischzeiten von etwa 1 ms erreichen (Abb. 20.18).

Statt den Fluß durch die Mischkammer plötzlich zu stoppen, kann man die Reaktionspartner auch kontinuierlich zufließen lassen. In einem *Strömungsrohr*, das

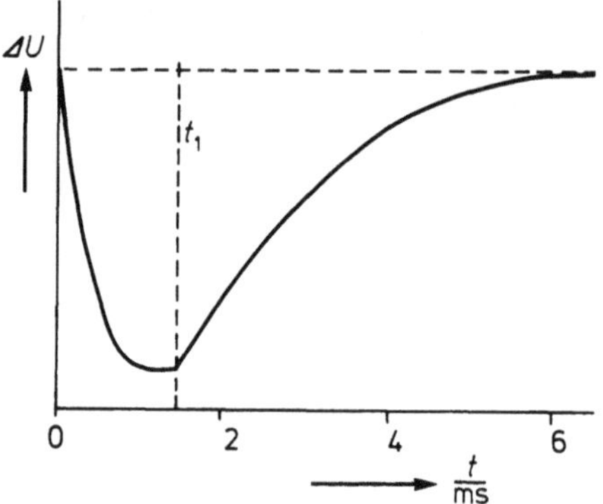

Abb. 20.18. Oszillogramm des Multipliersignals ΔU bei einem Stopped-Flow-Experiment. Zu Beginn ist nur Lösung mit dem farblosen Endprodukt B in der Meßzelle, es fällt also viel Licht auf den Multiplier und daher ist ΔU groß. Nach dem Ingangsetzen der linken Stempel (Abb. 20.17) wird frische Reaktionslösung mit dem farbigen Partner A durch die Meßzelle gepumpt. Dabei fällt ΔU schnell auf einen nahezu konstanten Wert ab. Zur Zeit t_1 wird der Zufluß der Reaktanden gestoppt, und die Konzentrationsabnahme von A kann verfolgt werden

sich an die Mischkammer anschließt, stellt sich dann an verschiedenen Stellen ein stationärer Zustand ein; strömt die Lösung mit der Geschwindigkeit u durch das Rohr, dann liegen die Reaktanden an der Stelle

$$x = u\,t \tag{20.130}$$

im Rohr unter den Konzentrationen vor, die sich zur Zeit t nach dem Mischen einstellen (Abb. 20.19). Anstatt die Konzentrationsänderung wie bei der Stopped-Flow-Methode an einer einzigen Stelle schnell zu messen, mißt man bei diesem Verfahren die stationären Konzentrationen an verschiedenen Stellen im Rohr. Das ist einfacher, doch wird für den kontinuierlichen Betrieb mehr Substanz benötigt.

Nimmt beispielsweise der Reaktand A exponentiell mit der Zeit ab, dann ist der Konzentrationsverlauf längs des Strömungsrohres durch

$$c_A = a\,e^{-kt} = a\,e^{-(k/u)x} \tag{20.131}$$

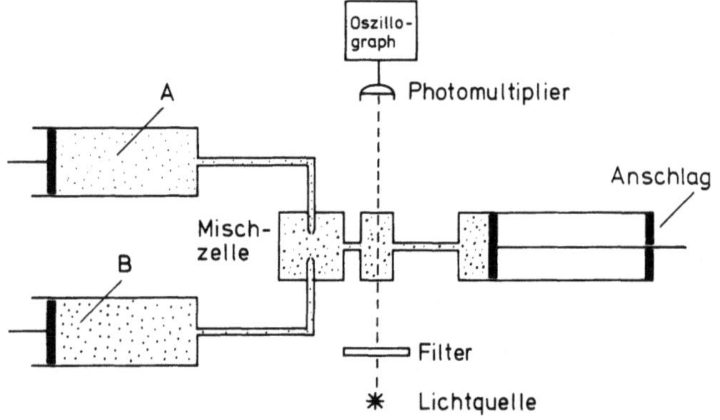

Abb. 20.17. Aufbau einer Stopped-Flow-Apparatur

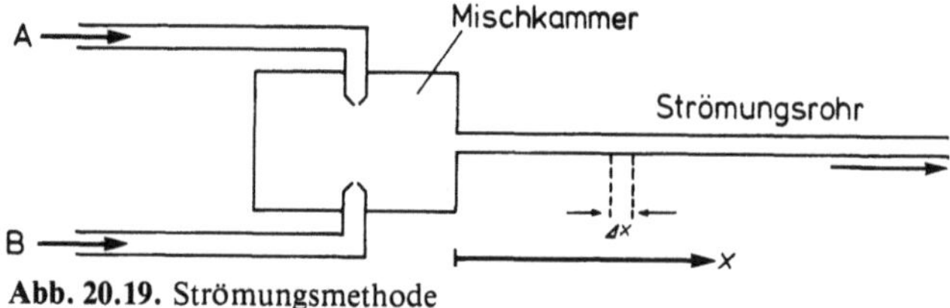

Abb. 20.19. Strömungsmethode

gegeben. Wählen wir $u = 1$ m s^{-1} und ist die Konzentration von A nach einer Strecke $x = 1$ cm auf die Hälfte abgesunken, dann ist

$$t_{1/2} = \frac{1\ \text{cm}}{1\ \text{m s}^{-1}} = 10\,\text{ms}\,.$$

20.4.2 Störung von Gleichgewichten

Wir betrachten als Beispiel das Gleichgewicht

$$A + B \underset{k_2}{\overset{k_1}{\rightleftharpoons}} C\,. \tag{20.132}$$

Entfernen wir einen der Reaktanden, z. B. C, plötzlich aus der Lösung, dann wird über die Hinreaktion C nachgeliefert, und die Bildung von C kann beobachtet werden. Dies läßt sich beispielsweise mit der Blitzlichtmethode durchführen, wenn C eine lichtempfindliche Substanz ist, die beim Auftreffen eines Photolyseblitzes zerstört wird (Abb. 20.20). Man füllt das Reaktionsgemisch in eine Küvette, neben der eine Blitzlampe angebracht ist, und über eine Kondensatorentladung wird der Blitz ausgelöst. Gleichzeitig schickt man durch die Küvette Meßlicht, mit dem die Extinktion der Lösung nach dem Blitzen verfolgt wird (Abb. 20.21). Da die Dauer des Photolyseblitzes einige µs beträgt, können Vorgänge untersucht werden, deren Halbwertszeit in dieser Größenordnung liegt [20.16].

Bei dieser Methode wurde das Gleichgewicht dadurch gestört, daß die Konzentration eines Reaktionsteilnehmers plötzlich verringert wurde (in entsprechender Weise lassen sich auch neue Reaktanden photolytisch erzeugen). Bei anderen Methoden ändert man die Konzentrationen aller Reaktanden gleichzeitig, indem man

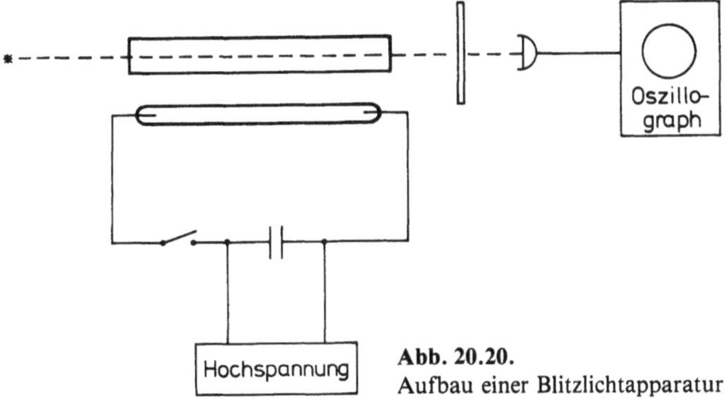

Abb. 20.20.
Aufbau einer Blitzlichtapparatur

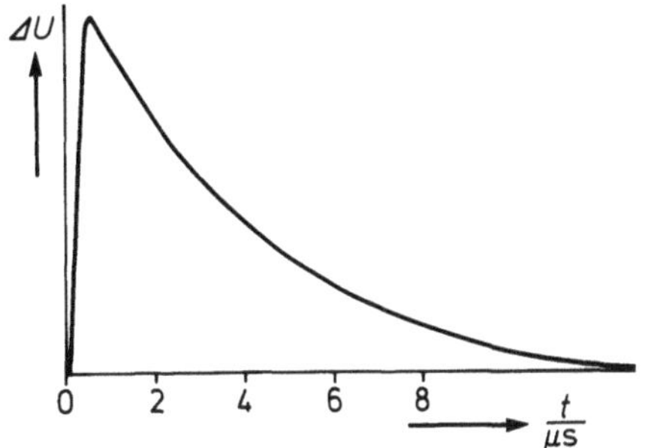

Abb. 20.21. Oszillogramm des Photomultipliersignals ΔU bei einer Messung nach der Blitzlichtmethode. Zur Zeit $t = 0$ wird der Blitz ausgelöst. Durch die Photolyse von C nimmt die Transmission der Lösung zu, es fällt also mehr Licht auf den Multiplier und ΔU nimmt zu. Nach etwa 1 µs ist das Blitzlicht abgeklungen, und infolge der Neubildung von C nimmt ΔU wieder ab

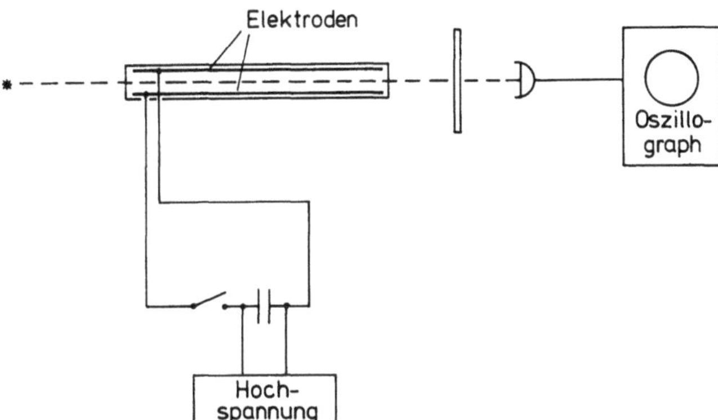

Abb. 20.22. Temperatursprungmethode. Der Kondensator wird über die Funkenstrecke entladen. Dadurch verschiebt sich das Gleichgewicht. Die Einstellung des neuen Gleichgewichtes wird optisch verfolgt

beispielsweise die Temperatur oder den Druck in dem Reaktionsgemisch plötzlich ändert und die Einstellung des neues Gleichgewichtes verfolgt (Temperatur- bzw. Drucksprungmethode). Bei der Temperatursprungmethode geht man so vor, daß man durch die Lösung hindurch einen Kondensator entlädt; durch den Stromfluß wird die Lösung homogen erwärmt (Abb. 20.22).

Nach Kap. 17 ändert sich die Gleichgewichtskonstante bei Erhöhung der Temperatur, und infolgedessen stimmen die tatsächlichen Konzentrationen nicht mehr mit den Gleichgewichtskonzentrationen überein, die dem neuen Gleichgewicht entsprechen würden. Es wird sodann verfolgt, wie sich das neue Gleichgewicht einstellt (Abb. 20.23). Die erreichbaren Konzentrationsänderungen sind meist klein. Betrachten wir eine Reaktion mit der Reaktionsenthalpie $\Delta H_{298}^0 = 10$ kJ mol^{-1}, dann wird nach (17.52)

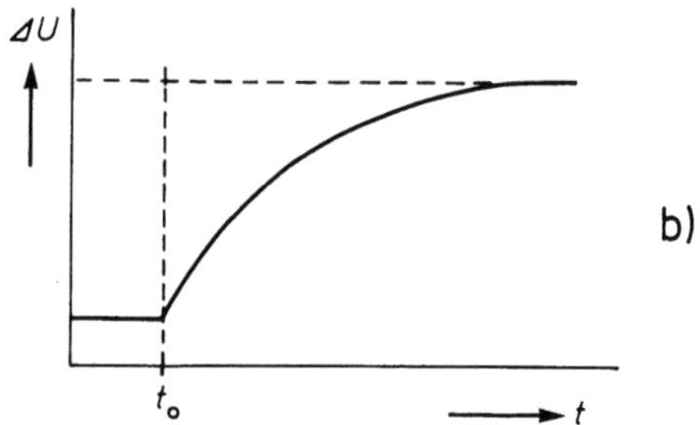

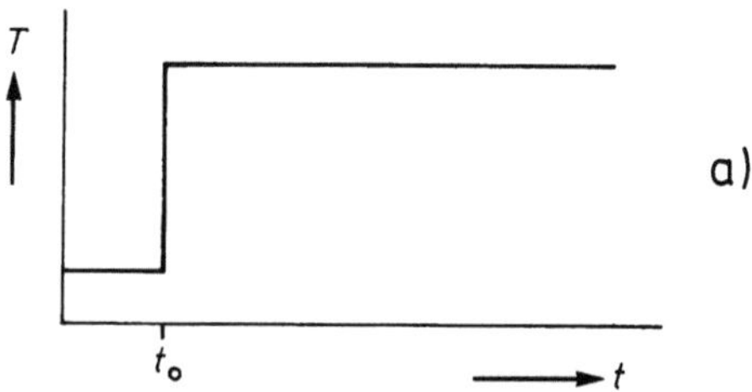

Abb. 20.23a, b. Temperatursprungmethode. Zur Zeit t_0 wird die Temperatur T plötzlich erhöht (a). Nehmen wir an, daß im neuen Gleichgewichtszustand weniger Moleküle A vorliegen und daß das Multipliersignal ΔU durch die Absorption von A bedingt ist, dann strebt c_A der kleineren Gleichgewichtskonzentration zu, ΔU steigt also an (es fällt mehr Licht auf den Photomultiplier) (b)

$$\frac{d \ln\{K_p\}}{dT} = \frac{10 \text{ kJ mol}^{-1}}{8{,}314 \text{ J (mol K)}^{-1} \cdot (298 \text{ K})^2} = 0{,}014 \text{ K}^{-1}$$

Erhöht sich die Temperatur in der Lösung um 5 K, dann wird $d \ln\{K_p\} = d\{K_p\}/\{K_p\} = 0{,}07$, die Gleichgewichtskonstante ändert sich also um etwa 7%. Entsprechend klein sind die Konzentrationsänderungen in der Lösung. Dies hat den Nachteil, daß der meßtechnische Aufwand zur Konzentrationsmessung recht groß ist.

Die Konzentrationen der Reaktanden ändern sich von C_A, C_B und C_C (vor dem Temperatursprung) auf die Gleichgewichtswerte nach der Einstellung des neuen Gleichgewichtes. In der Zwischenzeit liegen die Konzentrationen

$$c_A = C_A + x \quad c_B = C_B + x \quad c_C = C_C - x \qquad (20.133)$$

vor (c_A hat sich um x geändert, und für jedes entstehende Molekül A verschwindet nach (20.132) ein Molekül C). Nun ist

$$\frac{dc_C}{dt} = k_1 c_A c_B - k_2 c_C$$

$$= k_1(C_A + x)(C_B + x) - k_2(C_C - x)$$

$$= (k_1 C_A C_B - k_2 C_C) + k_1(C_A x + C_B x)$$

$$+ k_2 x + k_1 x^2 . \qquad (20.134)$$

Da die Konzentrationsänderungen x klein sind, können wir das Glied mit x^2 gegenüber den Gliedern, die nur x als Faktor enthalten, vernachlässigen. Andererseits ist

$$k_1 C_A C_B = k_2 C_C \quad \text{(Gleichgewicht) .} \qquad (20.135)$$

Damit vereinfacht sich (20.134) zu

$$\frac{dc_C}{dt} = [k_1(C_A + C_B) + k_2]x . \qquad (20.136)$$

Daraus erhalten wir schließlich mit (20.133)

$$\boxed{\frac{dx}{dt} = -[k_1(C_A + C_B) + k_2]x} \qquad (20.137)$$

Messen wir x in Abhängigkeit von der Zeit, dann erwarten wir, daß x wie bei einer Reaktion erster Ordnung exponentiell mit der Zeit abnimmt. Die Geschwindigkeitskonstante ist durch

$$k = [k_1(C_A + C_B) + k_2] \qquad (20.138)$$

gegeben. Von k können wir auf k_1 und k_2 schließen. Man geht dazu so vor, daß man die Messung bei verschiedenen Anfangskonzentrationen C_A und C_B ausführt und k in Abhängigkeit von $(C_A + C_B)$ aufträgt. Aus Steigung und Achsenabschnitt der dabei erhaltenen Geraden erge-

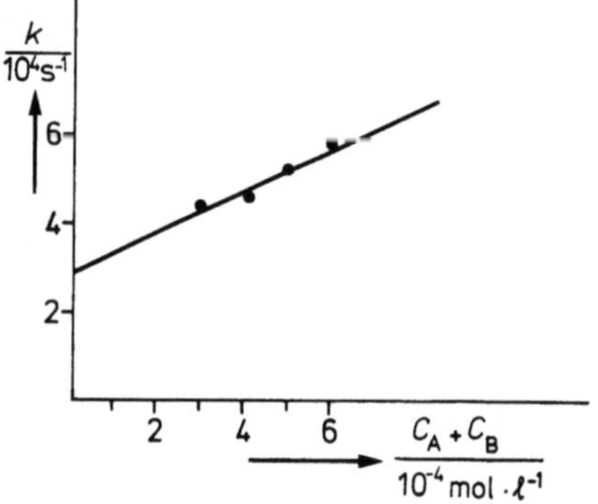

Abb. 20.24. Reaktion von Alizaringelb (A) mit OH^- (B) zur basischen Form (C); die Konzentration von A ist 10^{-4} mol l^{-1} [20.17]

ben sich die gesuchten Konstanten k_1 und k_2 (Abb. 20.24).

Man kann auch so vorgehen, daß man aus k und der Gleichgewichtskonstanten auf k_1 und k_2 schließt. Beispielsweise findet man im Fall des Dissoziationsgleichgewichtes von Wasser [20.18]

$$H^+ + OH^- \underset{k_2}{\overset{k_1}{\rightleftharpoons}} H_2O$$

den Wert $k = 2{,}9 \cdot 10^4 \, s^{-1}$ für $C_{H^+} = C_{OH^-} = 10^{-7}$ mol l^{-1}. Geschwindigkeitskonstanten in dieser Größenordnung lassen sich experimentell leicht messen. Bei diesem Beispiel ist die Gleichgewichtskonstante $K_W = C_{H^+} C_{OH^-} = 1{,}0 \cdot 10^{-14}$ $(mol\, l^{-1})^2$ bekannt; da im Gleichgewicht

$$k_1 C_{H^+} C_{OH^-} = k_2 C_{H_2O}$$

ist, gilt

$$\frac{k_1}{k_2} = \frac{C_{H_2O}}{K_W}.$$

Daraus folgt mit (20.138) und $C_{H_2O} = 55{,}5$ mol l^{-1}

$$k_1 = k \, \frac{1}{(C_{H^+} + C_{OH^-}) + K_W/C_{H_2O}}$$
$$= 1{,}5 \cdot 10^{11} \, l(mol\, s)^{-1}$$

und

$$k_2 = k_1 K_W/C_{H_2O} = 2{,}7 \cdot 10^{-5} \, s^{-1}.$$

Das bedeutet, daß es im Mittel etwa $\frac{1}{2{,}7} \cdot 10^5 \, s \approx 1$ Tag dauert, bis ein herausgegriffenes H_2O-Molekül in H^+ und OH^- dissoziiert.

Aufgaben

20.1 *Zeitgesetze*
Man zeige, daß das allgemeine Zeitgesetz (20.44) in den Fällen $a = b$ bzw. $a \ll b$ in die speziellen Zeitgesetze (20.32) bzw. (20.39) übergeht.

20.2 *Gleichgewichtseinstellung*
Man diskutiere den zeitlichen Verlauf der Gleichgewichtseinstellung bei den Reaktionen

$$A \overset{k_1}{\longrightarrow} B \qquad B \overset{k_2}{\longrightarrow} A$$

20.3 *Bestimmung der Geschwindigkeitskonstanten*
Man überlege sich, wie k bei der Verfolgung der Reaktion

$$A + B \overset{k}{\longrightarrow} C$$

durch Messung der Lichtabsorption bestimmt werden kann.

20.4 *Haupt- und Nebenreaktion*
Man untersuche das Reaktionsschema

$$A + B \overset{k_1}{\longrightarrow} C$$
$$2A \overset{k_2}{\longrightarrow} D$$

für den Fall $c_B \gg c_A$. Wie hängt die Ausbeute am Hauptprodukt C von a, k_1 und k_2 ab?

20.5 *Folgereaktion*
Man leite (20.95) und (20.96) im einzelnen ab.

20.6 *Experimentelle Bestimmung von k*
Bei der Reaktion von Kristallviolett mit OH^--Ionen (OH^- in großem Überschuß) kann die Konzentration c von Kristallviolett durch Messung der Lichtabsorption der Lösung verfolgt werden. Bei 20 °C werden die folgenden Werte erhalten:

t/s	$c/10^{-5}$ mol l^{-1}
48	0,55
96	0,50
144	0,46
192	0,42
240	0,38
288	0,34
336	0,32
432	0,26
528	0,22

Man ermittle k für diese Reaktion.

20.7 *Näherung des stationären Zustandes*
Man leite (20.110) im einzelnen ab.

20.8 *Autokatalytische Reaktion*
Man zeige, daß die Differentialgleichungen für die autokatalytische Reaktion (20.115) durch die Funktionen (20.118) und (20.119) gelöst werden.

20.9 *Durchtunneln der Energiebarriere*

Der Tunneleffekt beruht darauf, daß nach der Quantenmechanik ein Teilchen mit einer gewissen Wahrscheinlichkeit auch an Stellen außerhalb des klassischen Bereichs angetroffen werden kann (s. z. B. Abb. 8.11). Der Tunnelprozeß tritt nur in ganz speziellen Fällen und wenn in der Reaktion leichte Teilchen (Elektronen oder Protonen) verschoben werden, mit der thermisch angeregten Reaktion in Konkurrenz.

a) *Tunneleffekt bei Elektronenübertragung.* In monomolekularen Schichten kann ein Farbstoffmolekül in einem bestimmten Abstand r von einem Elektronenakzeptor festgehalten werden.

Bei Anregen des Farbstoffmoleküls kann das Elektron die Barriere zwischen Farbstoff und Akzeptor im allgemeinen nicht übersteigen (E_{Akt} ist auch bei Zimmertemperatur zu hoch), aber es kann sie durchtunneln. Das beruht darauf, daß seine Wellenfunktion am Ort des Akzeptors einen endlichen Wert hat. Es wird also dort mit einer gewissen, wenn auch kleinen Wahrscheinlichkeit angetroffen und kann dann vom Akzeptor eingefangen werden. Man kann sich das an einem H-Atom klarmachen, das sich im $1s$-Zustand befindet. Hier ist nach (3.12), (3.8) die Energie zum Abtrennen des Elektrons

$$E = \frac{1}{4\pi\varepsilon_0} e_0^2/(2a_0)$$

und die Wellenfunktion $\psi = \text{const } e^{-r/a_0}$. Mit der Beziehung (3.9) für a_0 kann auch geschrieben werden

$$E = \frac{h^2}{8\pi^2 m a_0^2}$$

und somit

$$\psi = \text{const } e^{-(2\pi/h)\sqrt{2mE}\,r}.$$

Die Beziehung ist auch im vorliegenden Fall (r groß gegen die Molekülabmessung) anwendbar, da das Elektron praktisch nur noch im Feld der Restladung im Molekül steht. Die Geschwindigkeit des Elektronentransfers ist proportional zu ψ^2 an der Stelle des Akzeptors. Man stellt in der betrachteten Anordnung experimentell fest, daß die Geschwindigkeitskonstante k mit zunehmendem r tatsächlich exponentiell abfällt [20.19]. Es ist

$$\lg \frac{k}{\mathrm{s}^{-1}} = 11{,}8 - 0{,}13\,\frac{r}{\text{Å}}\,.$$

Man berechne daraus die Barrierenhöhe E und untersuche, ob mit dieser Barrierenhöhe bei Zimmertemperatur ein thermisch angeregter Elektronentransfer neben dem Tunnelprozeß vernachlässigbar sei.

b) *Tunneleffekt bei Protonen- und Deuteronenübertragung*

Das Molekül 1 geht bei Anregung mit Licht in das Molekül 2 über, das zu 3 umgelagert wird, indem sich das Proton in Richtung des Pfeils um den Abstand $r \simeq 2$ Å verschiebt (Geschwindigkeitskonstante k). Aus der Temperaturabhängigkeit von k bei hohen Temperaturen ergibt sich die Aktivierungsenergie zu $50\;\mathrm{kJ\;mol^{-1}}$. Bei tiefen Temperaturen strebt k einem konstanten Grenzwert zu. Wird das zu übertragende H durch D ersetzt, so nimmt k bei tiefen Temperaturen stark ab, während bei hohen Temperaturen kein Isotopeneffekt auftritt. Extrapoliert man die Meßwerte nach $T \to 0$, findet man für H ein um den Faktor 10^8 größeren k-Wert als für D [20.20].

Man überlege sich anhand der Beziehung für ψ, wie dieser enorme Isotopeneffekt zu verstehen ist, und berechne das Verhältnis der Reaktionsgeschwindigkeiten mit H und D. Man beachte, daß im vorliegenden Fall in der Beziehung für ψ *die Masse M* des Protons bzw. Deuterons anstelle der Elektronenmasse m einzusetzen ist.

21. Rückblick und Ausblick

Diese Einführung in die physikalische Chemie sollte die Denkmethoden des Physiko-Chemikers deutlich machen, sein Bemühen um ein Verständnis des stofflichen Geschehens. Wir wollen abschließend nach erreichten und anzustrebenden Zielen der physikalischen Chemie fragen.

21.1 Untersuchung komplexer Systeme

Die Schwierigkeiten im Verständnis stofflicher Vorgänge liegen darin, daß eine strenge Voraussage auf Grund der Postulate der Quantentheorie auch in den einfachsten Fällen auf unüberwindbare Schwierigkeiten stößt. Die Schwierigkeiten sind von prinzipieller Natur; beim Versuch, exakte Lösungen zu finden, stößt man schon sehr bald auf Fragen, deren Beantwortung Computer erfordern würden, die die Dimension des Universums übersteigen [21.1]. Um weiter zu kommen, muß man vereinfachende Annahmen machen, also Denkmodelle erfinden. Das Suchen nach Denkmodellen, die möglichst einfach sind, aber für eine sinnvolle Beschreibung vorgegebener Sachverhalte ausreichen, steht daher im Mittelpunkt physikalisch-chemischer Betrachtungen. Mit solchen Modellen konnten wir das Zustandekommen einfacher Moleküle und Molekülanhäufungen verstehen und daraus zu einem Verständnis des stofflichen Geschehens in einfachsten Fällen gelangen.

Ganz allgemein wird man Verfahren, die sich in einem beschränkten Bereich bewährt haben, auf weitere Bereiche zu übertragen versuchen. Es ist daher naheliegend, die Denkverfahren der physikalischen Chemie auf komplexere stoffliche Vorgänge anzuwenden; in der Aufklärung von Unerforschtem und der Planung von Neuzuschaffendem liegt der wesentliche Sinn physikalisch-chemischen Bestrebens. Faszinierend ist die Frage, ob man die Erscheinung des Lebens als physikalisch-chemisches Phänomen betrachten darf, ob also das gegenüber einfachen stofflichen Systemen so ganz andersartige Verhalten lebender Systeme aus den Gesetzmäßigkeiten der physikalischen Chemie zu verstehen ist.

Bei der Untersuchung einer Vielzahl von Einzelprozessen in biologischen Systemen hat man bisher noch nie ein Verhalten festgestellt, das im Widerspruch zu den Gesetzmäßigkeiten der physikalischen Chemie steht. Diese Feststellung ermutigt zwar zur Hypothese, daß die stofflichen Prozesse in lebenden Systemen ganz allgemein physikalisch-chemischer Natur sind, beantwortet aber noch nicht die Frage, ob und wie man die Erscheinung des Lebens, die Entstehung lebender Formen, als physikalisch-chemischen Prozeß verstehen kann.

Wir wollen uns hier mit dieser Frage kurz auseinandersetzen, um die Grenzen physikalisch-chemischer Denkverfahren abzustecken und die Stellung der physikalischen Chemie im Gesamtrahmen der Bemühungen um ein Verständnis des materiellen Geschehens besser zu begreifen. Den Überlegungen zur Frage, wie Materie sich selbst organisieren kann, wie der erstaunliche Umschwung zum lebenden System physikalisch-chemisch zu fassen sei, ist auch deshalb so große Bedeutung beizumessen, weil man erwarten darf, daß ein Verständnis der physikalisch-chemischen Mechanismen zur Bildung organisierter Systeme den Chemiker zu ganz neuen lohnenden Zielsetzungen führen wird. Während es heute schwer ist, sich Verbindungen mit ganz neuen interessanten Funktionalitäten auszudenken, ergibt sich eine unabsehbare Fülle neuer Aufgaben, sobald nicht mehr das Einzelmolekül, die isolierte Verbindung, als Zielobjekt betrachtet wird, sondern das molekulare Funktionssystem aus mehreren zusammenwirkenden Molekülen, die alle einander sterisch und energetisch angepaßt sind [21.2].

Bei der Untersuchung zunehmend komplexer Systeme ist man zu immer weiterem Vereinfachen gezwungen, um den Überblick nicht zu verlieren. Wir haben diese Problematik schon bei der Diskussion einfacher Moleküle und Molekülanhäufungen angetroffen: die quantentheoretische Betrachtung wurde meistens durch ein extrem vereinfachtes deterministisches Denkschema ersetzt, von dem man annehmen kann, daß es zu praktisch denselben Schlußfolgerungen führt wie die quantenmechanische Rechnung, wenn sie durchgezogen werden könnte. So spielte das einfache (auf der klassischen Betrachtungsweise gründende) chemische Strukturmodell als Denkschema eine wichtige Rolle.

Bei der Beschreibung biochemischer Mechanismen wird dieses extrem nützliche Werkzeug wiederum viel zu kompliziert, und man verwendet Organisationsstrukturen (beispielsweise zur Beschreibung eines komplizierten Netzwerkes im biochemischen Metabolismus). Die Beschreibung wird erneut viel zu kompliziert, wenn man die allgemeinen Linien der Entstehung des Lebens zu erfassen sucht. Eine nochmalige drastische Vereinfachung ist nötig, um den Wald vor lauter Bäumen nicht aus den Augen zu verlieren. Sie muß von allem Unwesentlichen abstrahieren und auf das Grundsätzliche zu verdichten versuchen.

21.2 Kann Leben durch physikalisch-chemische Prozesse entstehen?

21.2.1 Evolution als Lernprozeß

Nach den Ergebnissen der Molekularbiologie trägt jeder lebende Organismus seinen Bauplan mit sich in der Form einer ganz spezifischen Folge von vier Sorten von Bausteinen, die entlang einer Molekülkette aufgereiht sind [21.3]. Nach dem Bauplan wird der Organismus unter Verwendung eines genau bestimmten Übersetzungsmechanismus für die Information aufgebaut, und der Bauplan wird kopiert (Abb. 21.1). Mit dem Erscheinen erster Systeme, die einen Bauplan (d. h. Information, also eine sinnvolle Botschaft) tragen, manifestiert sich eine Eigenschaft der Materie, die vorher auch nicht andeutungsweise auftrat.

Beim Kopieren kann ab und zu an der einen oder anderen Stelle ein Kopierfehler auftreten, also ein anderes Element übertragen werden. In Wirklichkeit passiert das, wie erwähnt, äußerst selten, weil der biologische Kopierprozeß äußerst genau ist. Wenn doch irgendwo ein Kopierfehler auftritt, ist der Organismus etwas verändert.

Das ist meist nachteilig (in Abb. 21.1 verwackelt symbolisiert), weil der Organismus wie ein Uhrwerk ein komplexes Funktionsgefüge darstellt, in dem viele Moleküle funktionell ineinandergreifen; winzige Änderungen können katastrophale Folgen haben.

Die veränderte Form ist also im allgemeinen nicht überlebensfähig, und dadurch ist ein wichtiger Fehlerfilter gegeben: Fehlerkopien scheiden aus und stören nicht mehr. In seltenen Fällen führt der Kopierfehler zu einer Verbesserung der Überlebenschancen des veränderten Individuums. Die besser an die Umwelt angepaßten Formen überleben. Dieser Anpassungs- oder Adaptionsprozeß setzt sich über die Generationen hinweg immer wieder fort. Der so erfolgende biologische Evolutionsprozeß stellt somit einen Lernprozeß dar, der auf dieser Ebene viele Generationen beansprucht; es erfolgt eine immer weitergehende Adaption an die Umwelt. Diese *Adaption*, die Anpassung an die Umwelt ist der biologische *Lernprozeß.*

21.2.2 Modellfall für den Lernmechanismus

Um das grundsätzlich Neue im Verhalten bestimmter Molekülsysteme, das sich auf Grund der Gesetzmäßigkeiten der physikalischen Chemie ergibt, so deutlich wie möglich zu sehen, wollen wir uns statt der Molekülstrukturen vereinfachend gezeichnete Strukturen ansehen, die so erhalten werden, daß wir von einem Punkt aus in gleichen Schritten auf einem Zickzackweg von links nach rechts voranschreiten und bei jedem Schritt durch Aufwerfen einer Münze festlegen, ob gleichzeitig der Schritt nach oben oder nach unten gehen soll (Abb. 21.2). Die Hälfte der so erhaltenen Strukturen soll nun absterben. Welche Strukturen im einzelnen absterben, wird durch das Los entschieden, jedoch wird einer Struktur um so

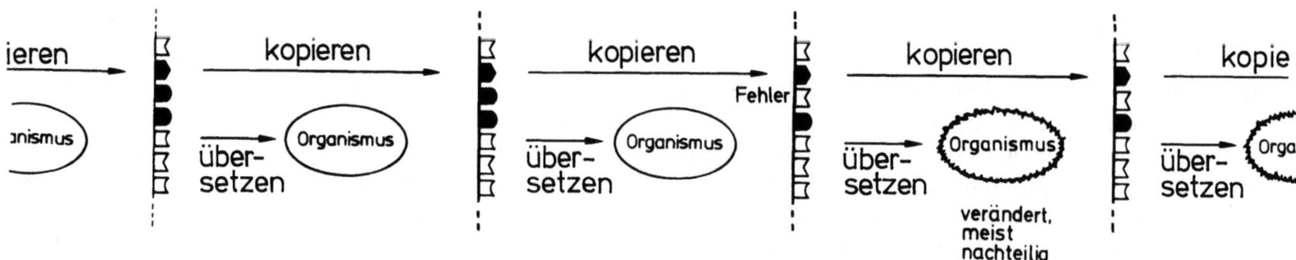

Abb. 21.1. Lebende Formen als Systeme mit Bauplan, der kopiert und übersetzt wird. Das Übersetzungsprodukt ist der Organismus, der sich mit der Umwelt in Beziehung setzt. Beim Kopieren kann ein Element falsch übertragen werden. Der Bauplan ist damit verändert, und es entsteht ein entsprechend verändertes Übersetzungsprodukt

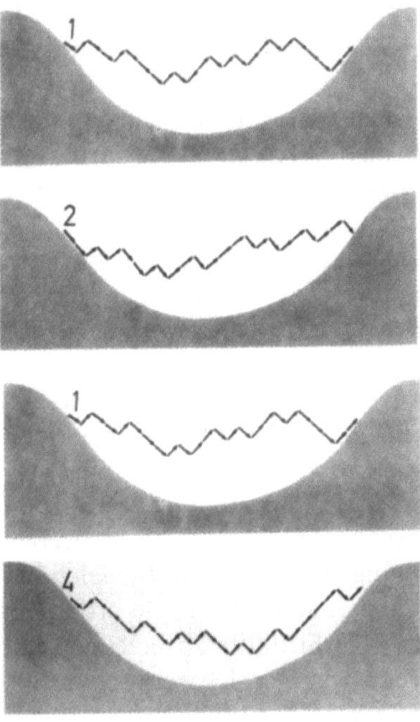

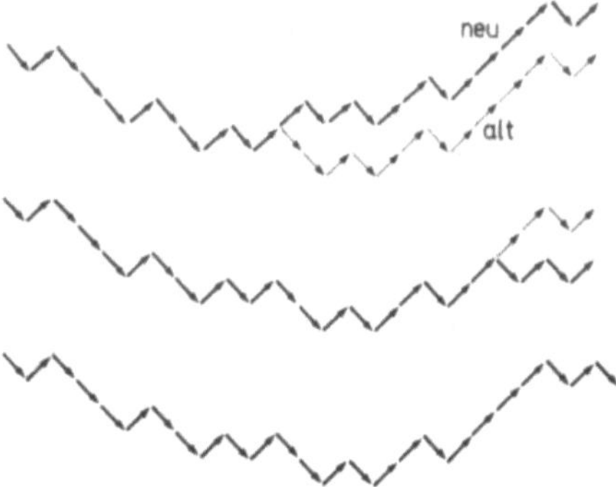

Abb. 21.3. Verschiedene Kopierfehler, die mit kleiner Wahrscheinlichkeit auftreten

Abb. 21.2. Verschiedene durch Zufallsentscheidungen entstandene Strukturen 1 – 4. Struktur 4 paßt sich am besten an vorgegebene Form an. Sie hat vermehrte Überlebenschancen

größere Überlebenschance zugeschrieben, je besser sie sich einer vorgegebenen Form anpaßt. Die unterste Struktur in Abb. 21.2 hat dann a priori die größte Überlebenschance. In der nächsten Phase werden alle überlebenden Strukturen verdoppelt, dabei soll ab und zu mit einer gewissen Wahrscheinlichkeit ein Fehler auftreten, also z. B. ein Schritt nach oben statt nach unten oder nach unten statt nach oben gemacht werden (Abb. 21.3), so daß die restliche Kette um eine Schrittbreite nach oben (im ersten Beispiel) oder unten (im zweiten Beispiel) verschoben ist, oder es soll sich auch zufällig die Kette um ein Glied verlängern (drittes Beispiel) oder verkürzen können. Danach soll wieder die Selektion nach dem gleichen Rezept wie vorher erfolgen. Der Prozeß der Verdoppelung und Selektion von Strukturen wird vielfach fortgesetzt. Es findet die Selektion von Strukturen statt, die nahe der vorgegebenen Wanne entlang laufen, weil diese Strukturen weniger häufig absterben als andere (Abb. 21.4). Wird die Form der Wanne verändert und der Prozeß der Verdoppelung und Selektion fortgesetzt, so findet man nach einer genügenden Anzahl von Generationen Strukturen, die an die geänderte Form angepaßt sind (Abb. 21.5).

An diesem Beispiel sieht man schon sehr deutlich, daß in einem adaptierenden, also lernenden System die Häufigkeit von Fehlern nicht zu groß und nicht zu klein sein darf, damit dieser Anpassungsprozeß stattfindet. Treten zu häufig Fehler auf, so geht das, was das System gelernt hat, wieder verloren, das System vergißt, was es gelernt hat. Treten zu selten Fehler auf, so ist das System nicht adaptionsfähig. Es paßt sich Veränderungen in der Wannenform, also Veränderungen in der Umwelt nicht schnell genug an. Am günstigsten ist es, etwa jedes dritte Mal beim Verdoppeln irgendwo einen Kopierfehler zu machen. Bei 30 Schritten wie hier sollte also in jedem Schritt in 99% der Fälle kein Kopierfehler passieren. Es entstehen dann immer wieder genügend fehlerfreie Kopien, damit die Information erhalten werden kann, aber auch genügend Fehlerkopien, damit die Anpassung an Umweltsveränderungen möglich ist. Bei langen Ketten muß die Kopiergenauigkeit entsprechend größer sein. Dieser einfache quantitative Zusammenhang zwischen Größe der Information und optimaler Häufigkeit von

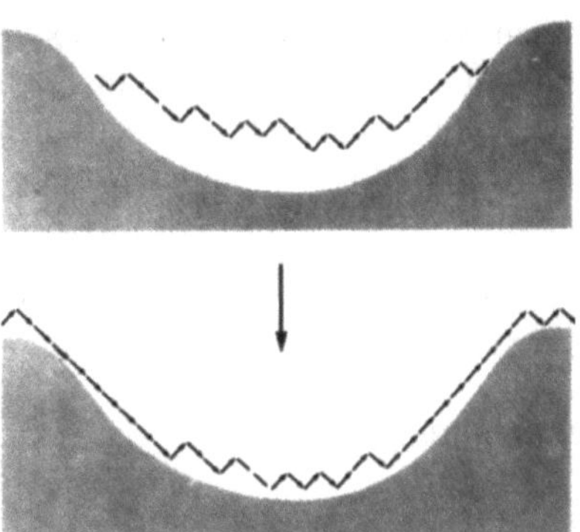

Abb. 21.4. Anpassung der Struktur an vorgegebene Form im Verlauf vieler Generationen

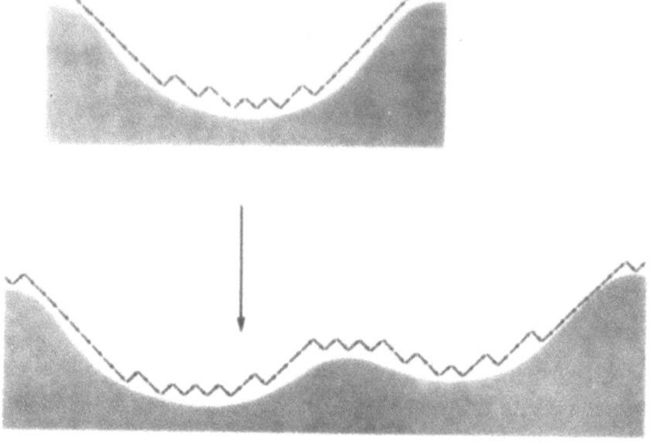

Abb. 21.5. Anpassung der Struktur bei Veränderungen der vorgegebenen Form

Kopierfehlern muß für jedes lernende System gelten, also auch für lebende Organismen, d. h. für die Übertragung der genetischen Information von Generation zu Generation, und das findet man in der Natur bei biologischen Systemen tatsächlich bestätigt. Hier ist die genetisch übertragene Information sehr groß, Kopierfehler sind also äußerst selten.

Diese Strukturen haben dadurch eine Eigenschaft, die lebende Systeme kennzeichnet: Sie passen sich an die vorgegebene Umwelt an: sie verhalten sich so, als ob sie das Ziel hätten, als Form zu überleben. Jede Struktur trägt die Information zum Aufbau der gleichen Struktur: die Strukturen verhalten sich so, als ob sie das Wissen hätten, wie dieses Ziel zu erreichen ist. Die Strukturen passen sich an eine sich allmählich verändernde Umwelt an: sie verhalten sich so, also ob sie die Fähigkeit hätten, dieses Wissen zu erhöhen.

Es besteht also kein prinzipielles Hindernis, sich vorstellen zu können, daß im Lauf der biologischen Evolution aus ersten lernenden Systemen immer komplexere Organismen entstehen konnten, also Systeme, die sich immer besser an die Umgebung anpaßten: auf der einen Seite immer raffiniertere Formen (die höheren Lebewesen), auf der anderen Seite Formen, die durch ihre Einfachheit und Robustheit Vorteile haben (Viren und Bakterien).

21.2.3 Entropievermehrung und Evolution

Im folgenden wollen wir die Frage, ob die Entstehung lebender Formen tatsächlich nach den Gesetzen der Physik und Chemie zu verstehen ist, noch etwas näher betrachten. Vielfach wird behauptet, ein solcher Prozeß stehe im Widerspruch zur Thermodynamik, da im Verlauf der Evolution biologischer Organismen immer unwahrscheinlichere Formen entstehen, während nach dem Entropievermehrungssatz das Gegenteil zu erwarten sei. Der Entropievermehrungssatz gilt aber für abgeschlossene Systeme.

In einem offenen System kann die Entropie abnehmen (Kap. 14), muß dann aber in der Umgebung entsprechend stärker zunehmen, damit der Entropiesatz nicht verletzt wird (sie muß im abgeschlossenen System, das man erhält, wenn man das ursprüngliche System und seine Umgebung zu einem neuen System zusammenfaßt (Abb. 12.14), insgesamt zunehmen). Beispielsweise nimmt die Entropie von Wasser ab, wenn es gefriert; dabei wird die Schmelzwärme an die Umgebung abgegeben, die Entropie der Umgebung nimmt also zu. In vielen Fällen muß in der Umgebung dauernd Entropie produziert werden, um im System eine Struktur zu erzeugen und aufrechtzuerhalten. Wenn wir beispielsweise eine Flüssigkeit in einer flachen Schale von unten erwärmen, entsteht im System ein Temperaturgradient. Die unten zugefügte Wärme wird oben bei niedrigerer Temperatur an die Umgebung abgegeben. Es findet also ein dauernder Wärmefluß von unten (höhere Temperatur) nach oben (tiefere Temperatur) statt, also eine Entropieproduktion in der Umgebung. Im System stellt sich bei genügend großen Temperaturgradienten eine Instabilität ein, dadurch daß sich die Flüssigkeit unten ausdehnt, also unten die Dichte der Flüssigkeit kleiner ist als oben.

Wenn auf Grund einer Fluktuation irgendwo die Flüssigkeit etwas verstärkt aufgeheizt wird, strömt dort Flüssigkeit von unten nach oben, an anderen Stellen von oben nach unten, und es bildet sich allmählich eine stationäre Wirbelstruktur (Bénard-Struktur [21.4]), die ein bienenwabenähnliches Aussehen haben kann (Abb. 21.6). Ähnliche Effekte ergeben sich bei Vorhandensein von Konzentrations-(statt Temperatur-)gradienten. Auch in homogener Lösung können sich in geeigneten Fällen Reaktionsfolgen bilden, die zu einer Strukturierung im Raum oder in der Zeit führen. Wir haben in Abschn. 20.3.5 zeitliche Strukturen (periodische Reaktion) betrachtet, die bei komplizierten Reaktionsfolgen mit autokatalytischen Teilprozessen auftreten. Von besonderem Interesse sind Reaktionen, bei denen im einfachsten Fall zwei autokatalytische Zyklen so miteinander gekoppelt sind, daß eine Substanz, die im ersten Zyklus gebildet wird, den zweiten Zyklus beschleunigt und umgekehrt (Hyperzyklen) [21.6]. Durch die hyperzykli-

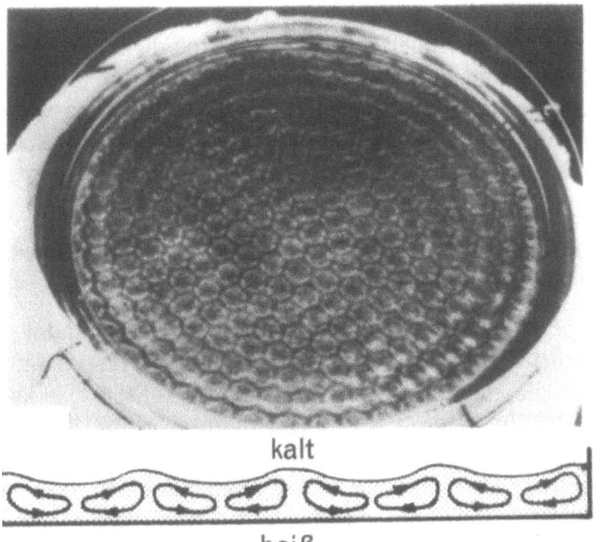

Abb. 21.6. Strukturbildung in einer mit Flüssigkeit gefüllten flachen Schale, die von unten erwärmt wird (nach [21.5])

sche Koppelung wird jede der beiden autokatalytischen Reaktionen durch die andere beschleunigt. Die Strukturbildungen erfolgen spontan und aus innerer Notwendigkeit bei stationärem Zuführen energiereicher Verbindungen, die dann zur Reaktion gelangen, und Abführen der Reaktionsprodukte.

Die Untersuchung der Mechanismen dieser erstaunlichen physikalischen und chemischen Vorgänge und der thermodynamischen Bedingungen für ihr Auftreten ist ein sehr aktuelles und wichtiges Forschungsgebiet [21.7]. Durch die Untersuchung solcher Strukturen können verschiedenartige Phänomene behandelt werden, aber es wäre nicht richtig, zu sagen, daß damit die Lücke zwischen Physik und Biologie geschlossen und der Rahmen für mögliche Wege der Selbstorganisation von Materie abgesteckt sei.

21.2.4 Vorgegebene Struktur als Anstoß zur Bildung eines Lernapparates

Die entscheidende Frage bei der Entstehung des Lebens ist, wie es zur Bildung einer ersten lernenden Maschine, also erster an die Umgebung adaptierender Systeme mit Replikations- und Übersetzungsapparat kommen konnte. Das Problem liegt nicht im Prinzipiellen, sondern darin, irgendeinen plausiblen Weg konkret zu formulieren, wie dieser rätselhafte Prozeß stattfinden könnte. Man

kann die grundsätzlichen Denkschwierigkeiten nicht dadurch überwinden, daß man nach allgemeinen Kriterien der Strukturbildung auf Grund von Instabilitäten in einem unstrukturierten Medium sucht. Man wird, im Gegenteil, nach sehr speziellen Bedingungen suchen, unter welchen ein so erstaunlicher Prozeß wie die Entstehung eines Vervielfältigungs- und Übersetzungsapparates möglich ist. Beim Suchen nach Bedingungen, die zu dem Prozeß führen könnten, wird man davon ausgehen müssen, daß die Entstehung selbstreproduzierender Maschinen eine besondere räumlich-zeitliche Strukturierung erfordert, wie sie an besonderen Stellen auf der Urerde vorgegeben sein konnte. Eine räumliche Strukturierung ist nötig, um die Makromoleküle zusammenzuhalten, die die Bestandteile des Apparates bilden, der sich im Vervielfältigungsprozeß immer wieder zusammenbauen muß. Eine zeitliche Strukturierung ist nötig, um den Wechsel zwischen Vervielfältigungs- und Selektionsphasen immer wieder anzutreiben. Der Prozeß ist also an Bedingungen außerhalb des oben betrachteten Rahmens (Strukturbildung auf Grund von Fluktuationen im homogenen System) geknüpft.

Die thermodynamischen Bedingungen können auf einem geeigneten Planeten als gegeben vorausgesetzt werden, und die allgemeinen Fragen, die sich stellen, sind somit nicht thermodynamischer Natur, sondern Fragen nach den grundsätzlichen strukturellen Voraussetzungen, die zu einer Selbstorganisation und Ausbildung lernender Systeme führen [21.8].

21.2.5 Molekulare Kooperation, Stagnations- und Durchbruchphasen

Man kann sich auf Grund bekannter Moleküleigenschaften und in Übereinstimmung mit den Gesetzen der physikalischen Chemie vorstellen, daß in einem geeignet strukturierten Bereich Molekülketten entstehen, die sich durch Replikation ab und zu vervielfältigen und wiederum bestimmte Faltungsstrukturen bilden, die miteinander aggregrieren.

Entscheidend am Prozeß des Zusammenbaus von Makromolekülen zu einem Aggregat ist folgendes: Ein im Replikationsprozeß entstandenes Makromolekül kann seinen Platz im Aggregat nur einnehmen, wenn es keinen störenden Kopierfehler trägt, also keinen Fehler, der seine Faltungsform merklich verändert und dadurch das genaue Einpassen im Aggregat unmöglich macht. Fehlerexemplare können sich also nicht anhäufen, und man hat damit einen Mechanismus zur Erhaltung der Information zum Aufbau komplexer Aggregate. Mit der Aggregatbildung setzt die Kooperation zwischen replikationsfähigen Molekülen ein: Das Aggregat stellt eine funktionelle Einheit dar, die durch Selektionsvorteile erhalten bleibt und zu immer komplexeren Systemen zusammenwirkender Moleküle evolviert.

An einem speziellen Modell (einer Folge von vielen kleinen physikalisch-chemisch plausiblen Schritten) kann man sich überlegen, wie es zur Bildung eines Replikations- und Übersetzungsapparates kommen kann. Man kann die grundsätzlichen Schwierigkeiten aufdecken und Möglichkeiten finden, wie sie zu überwinden sind.

Ein solches Modell ist als Denkansatz zu betrachten, wie man einer Lösung dieses grundsätzlichen Problems näher kommt, indem man konkrete experimentell prüfbare Schritte diskutiert. Man gelangt so zu wichtigen Einsichten, darf aber nicht erwarten, daß die Modellschritte eine genaue Beschreibung der Ereignisse geben, die tatsächlich stattgefunden haben. Die Situation ist ähnlich wie beispielsweise bei der Diskussion der chemischen Bindung unter Zugrundelegung des Kastenmodells, das trotz seiner enormen Vereinfachung gegenüber den tatsächlichen Verhältnissen das Wesentliche übersichtlich darstellt. In beiden Fällen ist es wichtig, die Verhältnisse im Rahmen des Modells detailliert zu untersuchen.

In diesem Bild ist die Entstehung von Systemen mit der für lebende Systeme typischen Eigenschaft, sich durch Vermehrung, Variation und Selektion an die vorgegebene Umwelt anzupassen, ein schlagartiger Prozeß, der mit dem Vorhandensein geeigneter physikalisch-chemischer Verhältnisse auf dem Urplaneten einsetzt. Der mit der Entstehung der ersten replikationsfähigen Form ausgelöste Lernprozeß, in einer komplexen Umwelt zunehmend besser zu überleben, setzt sich anschließend ununterbrochen fort.

Man kann am speziellen Modell die Prozesse im einzelnen durchdenken, und man sieht, daß die Evolution ruckweise erfolgen muß. Nach längeren Stagnationsphasen, in denen die Systeme auf einer bestimmten Evolutionsstufe stehenbleiben, tritt plötzlich eine geringfügige Veränderung in einer Form auf, die zufälligerweise den Durchbruch in eine neue Richtung, die Ausbreitung in eine neue ökologische Nische, ermöglicht. Die Durchbruchphasen sind mit grundsätzlichen Umstrukturierungen im Organisationsgerüst der evolvierenden Systeme verknüpft. Entscheidend sind Mechanismen zum Herab-

setzen der Fehlerrate beim Kopieren der genetischen Botschaft. Die verringerte Fehlerrate ermöglicht ein Anwachsen der genetisch übertragenen Information bis zum Erreichen einer neuen Grenze. Diese Grenze wird wiederum durchbrochen, sobald sich ein geeigneter Mechanismus zum Verbessern des Kopierprozesses gebildet hat, usw.

21.2.6 Ist die spontane Bildung eines Lernmechanismus nicht zu unwahrscheinlich?

Am speziellen Modell kann man häufige Mißverständnisse leicht entkräften. Auf einem solchen Mißverständnis beruht die Behauptung, daß eine physikalische Erklärung der Entstehung des Lebens dadurch widerlegt sei, daß die Wahrscheinlichkeit für die spontane Entstehung einfachster Systeme, die zu lebenden Systemen führen könnten, verschwindend klein ist. Am speziellen Modell kann man verfolgen, wie sich unter geeigneten plausiblen Bedingungen ein komplexes System in vielen kleinen Schritten aufbauen kann, wobei jeder Schritt mit der Wahrscheinlichkeit nahe 1 erfolgt. In größeren Schritten könnte das gleiche System nur mit winzigster Wahrscheinlichkeit entstehen.

Wir wollen uns das an einem Beispiel überlegen: Wir wollen annehmen, daß sich aus einer Mischung vieler monomerer Bausteine durch Aneinanderknüpfen der Monomeren in statistischer Reihenfolge Kettenmoleküle aufbauen. Nur wenn die gerade richtigen Monomere verknüpft werden, soll sich ein replikationsfähiger Strang bilden. Die Wahrscheinlichkeit, daß sich an einem Strang das richtige Monomere anknüpft, sei $\frac{1}{100}$. Dann ist die Wahrscheinlichkeit, einen replikationsfähigen Strang von beispielsweise 60 Monomeren anzutreffen, $(\frac{1}{100})^{60} = 10^{-120}$. Unter 10^{120} Strängen ist also nur *ein* korrektes Exemplar. Diese Wahrscheinlichkeit ist so klein, daß es, wenn wir das ganze Universum mit solchen Strängen ausfüllen könnten (jeder Strang würde $10^{-20}\,\mathrm{cm}^3$ beanspruchen), noch immer sehr unwahrscheinlich wäre, ein korrektes Exemplar zu finden.

Die Wahrscheinlichkeit, einen korrekten Strang aus 10 Monomeren zu erhalten, ist unter sonst gleichen Voraussetzungen $(\frac{1}{100})^{10} = 10^{-20}$. In einem Millimol Substanz (6×10^{20} Stränge) werden wir also durchschnittlich 6 korrekte Stränge finden. Wir müssen dann mit einer Wahrscheinlichkeit sehr nahe an 1 mindestens einen korrekten Strang antreffen. (Die entsprechende Situation ergibt sich beim Würfeln, wenn wir beispielsweise nach der Wahrscheinlichkeit fragen, 26mal nacheinander eine 6 zu würfeln. Sie ist $(\frac{1}{6})^{26} = 10^{-20}$. Würden wir mit 6×10^{20}

Würfeln gleichzeitig spielen, hätten wir jedesmal durchschnittlich 6 Erfolgsfälle.)

Dieser Strang kann sich dann durch Replikation beliebig vermehren. Solche Stränge können sich unter plausiblen Bedingungen zu Strängen von 60 Monomeren verknüpfen. Das Ergebnis, das spontan nur mit verschwindender Wahrscheinlichkeit erreicht würde, erhält man auf diesem Umweg mit einer Wahrscheinlichkeit, die praktisch bei 1 liegt.

21.3 Grenzen physikalisch-chemischer Denkansätze

Die anfangs gestellte Frage nach den Grenzen physikalisch-chemischer Denkansätze führt zur Frage, ob man bei Betrachten der Vorgänge im Zentralnervensystem von vornherein auf Widersprüche stößt zu der Vorstellung, daß das Verhalten den Gesetzen der physikalischen Chemie genügt.

Um diese Grenzfragen zu durchdenken, wollen wir wiederum so vorgehen, daß wir uns das wahre, unübersehbare komplexe System durch ein einfaches physikalisches Modell ersetzt denken, von dem man hofft, daß es trotz der drastischen Simplifikation das Grundsätzliche wiedergibt. Der Nutzen eines physikalischen Modells liegt hier besonders darin, sich Klarheit über die Bedeutung der zugrundegelegten Annahme zu verschaffen und Widersprüche aufzudecken, die im einfachen Modell so scharf wie möglich sichtbar sind.

Das Modellsystem soll ein Apparat sein, der aus einer Beobachtungsvorrichtung besteht, einer Vorrichtung zum Speichern der Beobachtungsdaten und einer Vorrichtung, die diese Daten durch einen Prozeß ordnet, der

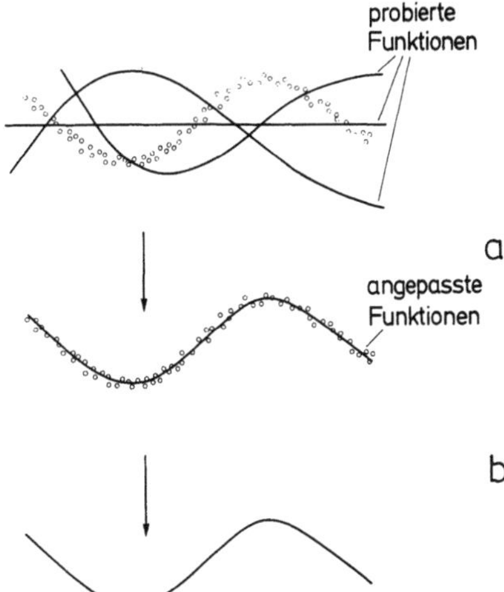

Abb. 21.8. (a) Anpassung probierter Funktionen an gespeicherte Meßdaten (Punkte). (b) Entlastung des Datenspeichers durch Löschen der Beobachtungsdaten

dem biologischen Evolutionsprozeß analog ist (Abb. 21.7): die Vorrichtung produziert Strukturen (Verschaltungen) nach einem durch die Konstruktion des Apparates vorgegebenen Rezept und wählt diejenige Struktur aus, welche zufälligerweise an eine Menge gespeicherter Beobachtungsdaten besser angepaßt ist als alle anderen. Durch Vervielfältigung der Struktur mit gelegentlichen zufälligen Reproduktionsfehlern und Selektion wird die Anpassung zunehmend besser, genau wie bei den einfachen Molekülstrukturen. Das ist in Abb. 21.8a symbolisiert. Die Kreise sind gespeicherte Beobachtungsdaten, die Kurven probierte Funktionen, aus denen dann die angepaßte Funktion evolviert. Wenn die Struktur gefunden ist, die einer Menge von Beobachtungsdaten angepaßt ist, werden die Beobachtungsdaten vom Speicher gelöscht (Abb. 21.8b), der Speicher wird entlastet. Er ist damit für die Aufnahme weiterer Beobachtungsdaten bereit. Nach demselben Mechanismus kann der Apparat eine Vielzahl so angesammelter Strukturen durch übergeordnete Strukturen ersetzen und die vorhandenen löschen. Dieser Prozeß soll in mehreren Stufen verlaufen und damit zu einer zunehmend komplexeren hierarchischen Ordnung führen. So evolviert im Apparat ein möglichst einfaches System von Strukturen, das der Gesamtheit der Beobachtungsdaten angepaßt ist, die der Apparat im Verlauf seiner Lebensdauer vorübergehend gespeichert hat. Dieses System von Strukturen stellt das interne Weltmodell des Apparates dar (Abb. 21.7).

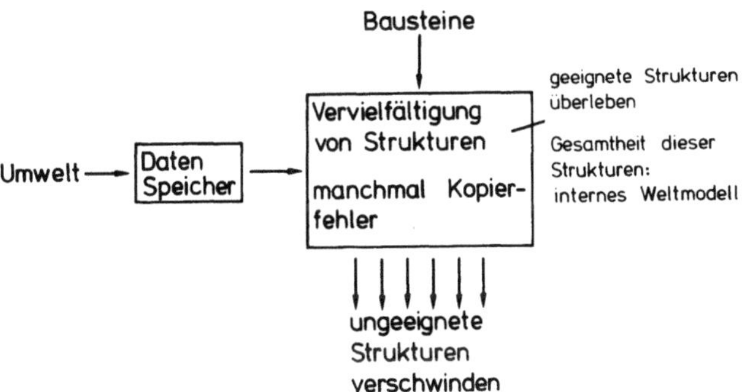

Abb. 21.7. Modell eines lernenden Systems

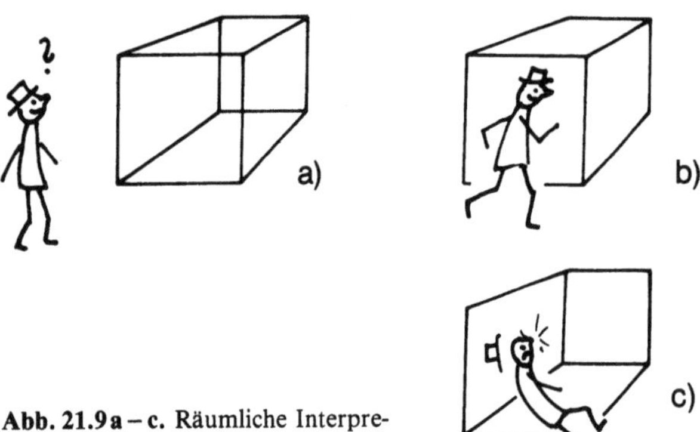

Abb. 21.9a – c. Räumliche Interpretation von Sinneseindruck

So betrachtet besteht die Funktionsweise unseres Denkapparates im Produzieren und Auswählen von Denkmodellen, also von gedanklichen Strukturen, die wieder durch Produzieren und Auswählen übergeordneter Denkmodelle zusammengefaßt werden. Das führt zur Evolution eines internen Weltmodells. An diesem werden mögliche Reaktionen auf die Umwelt durchprobiert, bevor sie als Impulse zum Handeln freigegeben werden. Die Kenntnis von der durch unsere äußeren Sinne wahrnehmbaren Welt, der physikalischen Welt, kann dann nicht mehr sein als das Verfügen über frei erfundene Strukturen, in die sich die Beobachtungsdaten einordnen lassen. Man sieht in diesem Denkmodell die Grenzen möglichen Erkennens, die ein physikalisch beschreibbares Objekt in einer physikalisch beschreibbaren Welt erreichen kann. Unser Verstand scheint uns keine prinzipiell andere Information über die objektive Welt zu liefern als die betrachtete Vorrichtung, so daß offenbar die Behauptung, unser Denkapparat arbeite wie eine äußerst raffinierte Form dieser Vorrichtung, nicht konkret widerlegt werden kann.

In diesem Bild erfolgt der Erkenntnisprozeß, wie der Prozeß der Entstehung und Evolution des Lebens, schubweise: immer wieder hält sich in einer längeren Periode eine Grundstruktur aufrecht, und diese Periode wird dann durch einen Umsturz beendet, indem sich ein neuer Strukturentwurf durchsetzt. Man kann sich an vielen Beispielen dieses plötzliche Umschwenken und Durchsetzen eines völlig neuen Denkschemas deutlich machen, etwa an den 12 Linien in Abb. 21.9a, die man plötzlich als räumliches Gebilde zu sehen beginnt, entweder als hinten liegender Quader (bei Fixieren des großen Quadrats) oder als nach vorne stoßender konischer Träger (bei Fixieren des kleinen Quadrats).

In Kap. 1 haben wir auf einen wichtigen Schritt in der Entwicklung des Modells der Wirklichkeit hingewiesen: Eine Abfolge von Sinneseindrücken wird als Wahrnehmung von Gegenständen im Raum erlebt. Dieser Umschwung im Ordnungsschema der Sinneseindrücke ist deshalb so wichtig, weil er zu einer enormen Vereinfachung im Beschreibungsmuster der Naturvorgänge führt und große Selektionsvorteile bringt und daher einen grundsätzlichen Schritt in der Evolution des Zentralnervensystems und in der Entwicklung des Säuglings darstellen muß. Die richtige räumliche Interpretation der Sinneseindrücke erleichtert das Zurechtfinden in der Umwelt (Abb. 21.9b, c).

Die Axiome der Geometrie sind bekanntlich nicht Sätze über die Natur des Raumes, sondern Konventionen über den Gebrauch von Worten wie „Gerade", und die allgemeinen Gesetze der Physik sind freie Schöpfungen des menschlichen Geistes, die willkürlich festgelegt und aufgrund ihrer Zweckmäßigkeit ausgewählt sind. Man kann also von solchen Systemen nicht sagen, ob sie wahr oder falsch sind, sondern nur, ob sie zweckmäßig oder unzweckmäßig zur Beschreibung von Tatsachen sind [21.9]. Man kann sie sich also in einer äußerst raffinierten Vorrichtung der betrachteten Art durch Probieren, zufälliges Abändern und Selektion in vielfacher Wiederholung entstanden denken.

Im Suchen nach detaillierter Kenntnis dieser Zusammenhänge liegt eine der großen Herausforderungen der Wissenschaft. Nehmen wir aber für einen Augenblick an, daß wir für jeden einzelnen Zustand des Bewußtseins die Verknüpfung im cortikalen Netzwerk kennen und die Evolution dieses Netzwerkes als Folge der Gesetze der Physik und Chemie verstehen. Wir könnten damit das Geheimnis dieser Korrelation von Empfindungen mit bestimmten Vorgängen im Zentralnervensystem nur feststellen, nicht erklären. Die Situation ist nicht anders in der Physik, wo wir die allgemeinen Gesetze kennen, aber nicht verstehen, warum sie so sind, wie sie sind. Jede Frage, die etwas betrifft, was über den Erscheinungsablauf hinausgeht, ist nicht beantwortbar und daher im Rahmen der Theorie sinnlos. Wir haben in Kap. 1 solche Scheinprobleme betrachtet. Es ist wichtig, diese Begrenzung in jeder physikalischen Theorie zu sehen.

Anhang

A. Differentialgleichung der schwingenden Saite

Wir denken uns eine Saite der Länge L, die mit der Kraft K gespannt ist und an der Stelle x zur Zeit t die Auslenkung $\varphi(x, t)$ besitzt (Abb. 2.14). Wir betrachten nun einen kleinen Bereich um diese herausgegriffene Stelle (Abb. A.1). Wir denken uns die Masse dm des Saitenstückes, das sich zwischen $x - dx/2$ und $x + dx/2$ befindet, in einem Punkt bei x konzentriert. Auf diesen Punkt wirkt die Komponente $K \sin \beta$ der Spannkraft nach oben und die Komponente $K \sin \alpha$ nach unten. Insgesamt wirkt also die Kraft

$$K \sin \beta - K \sin \alpha$$

in Richtung der Auslenkung φ. Mit dieser Kraft wird die Masse dm beschleunigt, also ist

$$dm \, \frac{\partial^2 \varphi}{\partial t^2} = K \, (\sin \beta - \sin \alpha) \,.$$

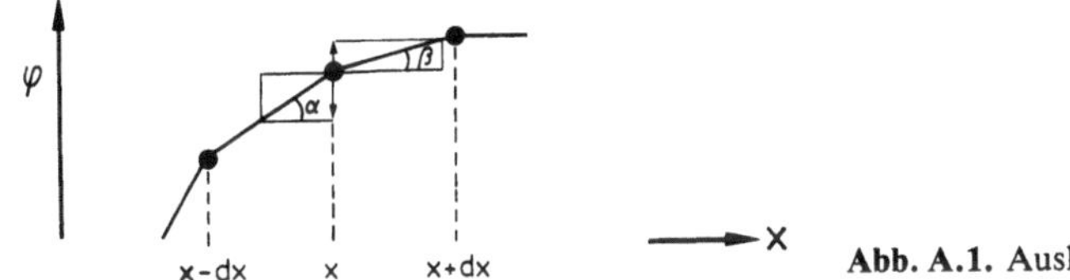

Abb. A.1. Auslenkung einer Saite

Ist die Saite nur wenig ausgelenkt, dann gilt näherungsweise für die Steigungen $\partial \varphi / \partial x$ in den Mitten zwischen zwei Massepunkten

$$\sin \beta = \operatorname{tg} \beta = \left(\frac{\partial \varphi}{\partial x} \right)_{x+dx/2} \quad \text{und} \quad \sin \alpha = \operatorname{tg} \alpha = \left(\frac{\partial \varphi}{\partial x} \right)_{x-dx/2} .$$

Außerdem ist $dm = a \, dx$, wobei $a = $ Masse der Saite$/L$ ist. Damit wird

$$a \, dx \, \frac{\partial^2 \varphi}{\partial t^2} = K \left[\left(\frac{\partial \varphi}{\partial x} \right)_{x+dx/2} - \left(\frac{\partial \varphi}{\partial x} \right)_{x-dx/2} \right] .$$

Dividieren wir durch dx, dann erhalten wir auf der rechten Seite

$$\frac{\left(\dfrac{\partial \varphi}{\partial x} \right)_{x+dx/2} - \left(\dfrac{\partial \varphi}{\partial x} \right)_{x-dx/2}}{\partial x} = \frac{\partial}{\partial x} \left(\frac{\partial \varphi}{\partial x} \right) = \frac{\partial^2 \varphi}{\partial x^2}$$

und damit die Wellengleichung

$$\boxed{\frac{\partial^2 \varphi}{\partial t^2} = \frac{K}{a}\,\frac{\partial^2 \varphi}{\partial x^2}}\;.$$

Es ist K/a identisch mit v^2 (v: Fortpflanzungsgeschwindigkeit der Welle), was wir folgendermaßen verstehen können: regen wir die Saite am linken Ende periodisch an, dann läuft eine Welle nach rechts (Abb. 1.8). (Wir denken uns die Saitenlänge L so groß, daß wir die am rechten Ende reflektierte Welle vernachlässigen können.)

Für die Auslenkung am Ort x zur Zeit t gilt dann

$$\varphi(t,x) = \varphi_0 \sin \frac{2\pi(vt-x)}{\Lambda}\;.$$

Diesen Ausdruck setzen wir in die Wellengleichung ein

$$-\varphi_0 \frac{4\pi^2}{\Lambda^2} v^2 \sin \frac{2\pi(vt-x)}{\Lambda} = -\frac{K}{a}\,\varphi_0 \frac{4\pi^2}{\Lambda^2} \sin \frac{2\pi(vt-x)}{\Lambda}\;.$$

Daraus folgt $v^2 = K/a$ [A.1]

B. Orthogonalität und Hermitizität

B.1 Orthogonalitätsbeziehung

Wir betrachten 2 Wellenfunktionen ψ_1 und ψ_2, die beide Eigenfunktionen derselben Schrödinger-Gleichung sind:

$$\mathscr{H}\psi_1 = E_1\psi_1 \qquad \mathscr{H}\psi_2 = E_2\psi_2\;.$$

Nun multiplizieren wir die linke Gleichung mit $\psi_2\,d\tau$, die rechte mit $\psi_1\,d\tau$ und integrieren auf beiden Seiten

$$\int \psi_2 \mathscr{H}\psi_1 d\tau = E_1 \int \psi_1 \psi_2 d\tau \qquad \int \psi_1 \mathscr{H}\psi_2 d\tau = E_2 \int \psi_2 \psi_1 d\tau\;.$$

Da bei einem Produkt die Reihenfolge der Faktoren beliebig ist, dürfen wir auf der rechten Seite ψ_1 und ψ_2 vertauschen:

$$\int \psi_1 \psi_2 d\tau = \int \psi_2 \psi_1 d\tau\;.$$

Nun bilden wir die Differenz beider Ausdrücke und lösen nach $\int \psi_1 \psi_2 d\tau$ auf.

$$\int \psi_1 \psi_2 d\tau = \frac{\int \psi_2 \mathscr{H}\psi_1 d\tau - \int \psi_1 \mathscr{H}\psi_2 d\tau}{E_1 - E_2}\;.$$

Im folgenden werden wir zeigen, daß

$$\int \psi_2 \mathscr{H}\,\psi_1\,d\tau = \int \psi_1 \mathscr{H}\,\psi_2\,d\tau$$

ist (*Hermitizität* des Hamiltonoperators). Für den Fall $E_1 \neq E_2$ folgt dann die Orthogonalitätsbeziehung

$$\boxed{\int \psi_1\,\psi_2\,d\tau = 0}\;.$$

Diese Relation gilt für jedes beliebig herausgegriffene Paar von Wellenfunktionen. Ist $E_1 = E_2$, sind die Wellenfunktionen ψ_1 und ψ_2 also entartet, dann erhalten wir für $\int \psi_1\,\psi_2\,d\tau$ einen unbestimmten Ausdruck; entartete Wellenfunktionen müssen also nicht orthogonal zueinander sein.

B.2 Hermitizitätsbeziehung

Wir bilden

$$\psi_2 \mathscr{H}\,\psi_1 - \psi_1 \mathscr{H}\,\psi_2 = -\frac{h^2}{8\pi^2 m}\,[(\psi_2 \varDelta\,\psi_1 - \psi_1 \varDelta\,\psi_2)] + (\psi_2 V \psi_1 - \psi_1 V \psi_2)\;.$$

Der letzte Ausdruck ist Null, weil die Faktoren ψ_1 und ψ_2 vertauscht werden dürfen. Den ersten Ausdruck diskutieren wir zunächst für den eindimensionalen Fall $\varDelta = d^2/(dx^2)$.
Dann ist

$$\psi_2 \varDelta\,\psi_1 - \psi_1 \varDelta\,\psi_2 = \psi_2 \frac{d^2\psi_1}{dx^2} - \psi_1 \frac{d^2\psi_2}{dx^2} = \frac{d}{dx}\left(\psi_2 \frac{d\psi_1}{dx} - \psi_1 \frac{d\psi_2}{dx}\right)\;.$$

Die letzte Umformung können wir uns klarmachen, wenn wir den zuletzt erhaltenen Ausdruck nach der Produktregel differenzieren. Weiter ist

$$\int \frac{d}{dx}\left(\psi_2 \frac{d\psi_1}{dx} - \psi_1 \frac{d\psi_2}{dx}\right)dx = \int d\left(\psi_2 \frac{d\psi_1}{dx} - \psi_1 \frac{d\psi_2}{dx}\right)$$

$$= \left|\psi_2 \frac{d\psi_1}{dx} - \psi_1 \frac{d\psi_2}{dx}\right|_{-\infty}^{+\infty}\;.$$

Nach (2.37) streben die Eigenfunktionen der Schrödinger-Gleichung im Unendlichen gegen Null, so daß dieser Ausdruck Null ist.
Damit ist auch

$$\int \psi_2 \mathscr{H}\,\psi_1\,d\tau - \int \psi_1 \mathscr{H}\,\psi_2\,d\tau = 0\;.$$

Gehen wir von dem dreidimensionalen Laplace-Operator aus, dann wird dasselbe Ergebnis erhalten [B.1]

C. Schrödinger-Gleichung für das H-Atom

Beim Wasserstoffatom-Problem ist nach (3.7)

$$V = - \frac{1}{4\pi\varepsilon_0} \frac{e_0^2}{r} = - \frac{1}{4\pi\varepsilon_0} \frac{e_0^2}{\sqrt{x^2+y^2+z^2}} \, . \tag{C.1}$$

Damit lautet die Schrödinger-Gleichung in kartesischen Koordinaten

$$- \frac{h^2}{8\pi^2 m} \left(\frac{\partial^2}{\partial x^2} + \frac{\partial^2}{\partial y^2} + \frac{\partial^2}{\partial z^2} \right) \psi - \frac{1}{4\pi\varepsilon_0} \cdot \frac{e_0^2}{\sqrt{x^2+y^2+z^2}} \psi = E\psi \, . \tag{C.2}$$

Diese Gleichung läßt sich jedoch nicht wie in früheren Fällen (z. B. Elektron im Quaderkasten) mit einem Lösungsansatz der Form

$$\psi(x,y,z) = X(x)\, Y(y)\, Z(z) \tag{C.3}$$

lösen. Das hängt damit zusammen, daß die potentielle Energie V kugelsymmetrisch ist und deshalb auch die Elektronenwolke im Grundzustand des H-Atoms Kugelsymmetrie aufweisen muß. Aus diesem Grunde ist es naheliegend, von den kartesischen Koordinaten x, y, z auf Kugelkoordinaten r, ϑ, φ überzugehen (Abb. C.1). Mit diesen Koordinaten ist eine Lösung mit dem Ansatz

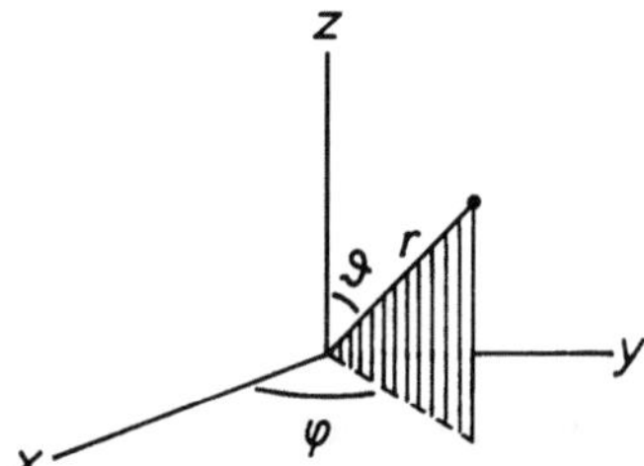

Abb. C.1. Kugelkoordinaten r, ϑ und φ

$$\psi(r,\vartheta,\varphi) = R(r)\, \Theta(\vartheta)\, \Phi(\varphi) \tag{C.4}$$

möglich. Die Schrödinger-Gleichung läßt sich auf diese Weise in 3 gewöhnliche Differentialgleichungen [C.1]

$$\frac{d^2\Phi}{d\varphi^2} = -\sqrt{k}\,\Phi$$

$$\frac{1}{\Theta} \frac{1}{\sin\vartheta} \frac{d}{d\vartheta} \left(\sin\vartheta \frac{d\Theta}{d\vartheta} \right) - \frac{\sqrt{k}}{\sin^2\vartheta} = l(l+1) \tag{C.5}$$

$$- \frac{h^2}{8\pi^2 m r^2} \left[\frac{1}{R} \frac{d}{dr} \left(r^2 \frac{dR}{dr} \right) - l(l+1) \right] - \frac{1}{4\pi\varepsilon_0} \frac{e_0^2}{r} = E \tag{C.5}$$

aufspalten. Darin sind k und l Konstanten, welche durch Randbedingungen näher festzulegen sind. Einfach ist nur die Gleichung für Φ zu lösen. Ähnlich wie im Fall des ebenen Rotators (Abschn. 8.1) erhält man die Funktionen (unnormiert):

$$\Phi_0 = 1 \qquad\qquad\qquad\qquad\qquad\qquad k = 0$$
$$\Phi_{1a} = \cos\ \varphi \quad \text{bzw.} \quad \Phi_{1b} = \sin\ \varphi \qquad\qquad k = 1$$
$$\Phi_{2a} = \cos 2\varphi \quad \text{bzw.} \quad \Phi_{2b} = \sin 2\varphi \qquad\qquad k = 2$$
$$\Phi_{3a} = \cos 3\varphi \quad \text{bzw.} \quad \Phi_{3b} = \sin 3\varphi \qquad\qquad k = 3 \ .$$

Die beiden übrigen Differentialgleichungen werden über Potenzreihenansätze gelöst. Für Θ ergibt sich

$$\Theta_{00} = 1 \qquad\qquad\qquad\qquad\qquad\qquad l = 0 \qquad k = 0$$
$$\Theta_{10} = \cos\vartheta \qquad\qquad\qquad\qquad\qquad l = 1 \qquad k = 0$$
$$\Theta_{11} = \sin\vartheta \qquad\qquad\qquad\qquad\qquad l = 1 \qquad k = 1$$
$$\Theta_{20} = 3\cos^2\vartheta - 1 \qquad\qquad\qquad l = 2 \qquad k = 0$$
$$\Theta_{21} = \sin\vartheta\cos\vartheta \qquad\qquad\qquad l = 2 \qquad k = 1$$
$$\Theta_{22} = \sin^2\vartheta \qquad\qquad\qquad\qquad\ l = 2 \qquad k = 2 \ .$$

Man kann sich durch Einsetzen dieser Funktionen in die Differentialgleichung für Θ leicht von der Richtigkeit dieser Ausdrücke überzeugen.

Entsprechend werden für R die Funktionen

$$R_{10} = \mathrm{e}^{-r/a_0} \qquad\qquad\qquad\qquad\qquad n = 1 \qquad l = 0$$

$$R_{20} = \left(2 - \frac{r}{a_0}\right)\mathrm{e}^{-r/(2a_0)} \qquad\qquad n = 2 \qquad l = 0$$

$$R_{21} = \frac{r}{a_0}\mathrm{e}^{-r/(2a_0)} \qquad\qquad\qquad n = 2 \qquad l = 1$$

$$R_{30} = \left[27 - 18\frac{r}{a_0} + 2\left(\frac{r}{a_0}\right)^2\right]\mathrm{e}^{-r/(3a_0)} \qquad n = 3 \qquad l = 0$$

$$R_{31} = r\left(6 - \frac{r}{a_0}\right)\mathrm{e}^{-r/(3a_0)} \qquad\qquad n = 3 \qquad l = 1$$

$$R_{32} = \left(\frac{r}{a_0}\right)^2\mathrm{e}^{-r/(3a_0)} \qquad\qquad\quad n = 3 \qquad l = 2$$

erhalten, wobei durch die Quantenzahl n die Energie E festgelegt wird:

$$E = -\frac{1}{4\pi\varepsilon_0}\frac{e_0^2}{2a_0}n^2 \qquad n = 1, 2, 3 \ldots . \tag{C.6}$$

Durch Einsetzen in die Differentialgleichung für R kann man sich wiederum leicht von der Richtigkeit dieser Lösungen überzeugen.

Die Wasserstoff-Funktionen ergeben sich dann gemäß (C.4), wenn wir die möglichen Kombinationen der Quantenzahlen n, l und k berücksichtigen, wobei jedoch $k \leqslant l < n$ sein muß.

ψ_{1s}	$n = 1$	$l = 0$	$k = 0$	$1 = 1^2$ Funktion
ψ_{2s}	$n = 2$	$l = 0$	$k = 0$	
ψ_{2p_z}	$n = 2$	$l = 1$	$k = 0$	$4 = 2^2$ Funktionen
ψ_{2p_x}, ψ_{2p_y}	$n = 2$	$l = 1$	$k = 1$	
ψ_{3s}	$n = 3$	$l = 0$	$k = 0$	
ψ_{3p_z}	$n = 3$	$l = 1$	$k = 0$	
ψ_{3p_x}, ψ_{3p_y}	$n = 3$	$l = 1$	$k = 1$	$9 = 3^2$ Funktionen
$\psi_{3d_{z^2}}$	$n = 3$	$l = 2$	$k = 0$	
$\psi_{3d_{yz}}$, $\psi_{3d_{xz}}$	$n = 3$	$l = 2$	$k = 1$	
$\psi_{3d_{xy}}$, $\psi_{3d_{x^2-y^2}}$	$n = 3$	$l = 2$	$k = 2$	

Nach Normierung ergeben sich dann die Wellenfunktionen in (3.8), (3.26) und (3.27); dabei wurden zur besseren Kenntlichmachung der Richtungen, in die die einzelnen Orbitale zeigen, die Koordinaten r, φ und ϑ (außer in dem Exponentialfaktor) in kartesische Koordinaten umgerechnet.

D. Variationsprinzip

Nach (3.35) gilt für die Energie ε_1 eines Moleküls, das durch die normierte Testfunktion Φ_1 beschrieben wird,

$$\varepsilon_1 = \int \Phi_1 \mathscr{H} \Phi_1 d\tau \geqslant E_1 .$$

Dabei ist E_1 die Energie, die sich bei der exakten Lösung der Schrödinger-Gleichung ergeben würde. Um diese Beziehung zu begründen, können wir die Testfunktion Φ_1 durch eine Linearkombination der normierten Wellenfunktionen ψ_1, ψ_2, ..., die zu den exakten Eigenwerten E_1, E_2, ... gehören, beschreiben; dabei soll E_1 die Energie des energieärmsten Zustandes sein

$$\Phi_1 = c_1 \psi_1 + c_2 \psi_2 + \ldots = \sum_i c_i \psi_i .$$

Diese Beziehung setzen wir in den Ausdruck für ε_1 ein

$$\varepsilon_1 = \int \left(\sum_i c_i \psi_i \right) \mathscr{H} \left(\sum_i c_i \psi_i \right) d\tau = \sum_i c_i^2 \int \psi_i \mathscr{H} \psi_i d\tau + \sum_{j \neq i} c_i c_j \int \psi_i \mathscr{H} \psi_j d\tau .$$

Nun gilt für die exakten Funktionen ψ_i wegen $\mathscr{H} \psi_i = E_i \psi_i$

$$\int \psi_i \mathscr{H} \psi_i d\tau = E_i \int \psi_i^2 d\tau = E_i \quad \text{und} \quad \int \psi_j \mathscr{H} \psi_i d\tau = E_i \int \psi_i \psi_j d\tau = 0 \,.$$

Somit ist (mit $\Delta E_i = E_i - E_1$)

$$\varepsilon_1 = \sum_i c_i^2 E_i = c_1^2 E_1 + c_2^2 E_2 + \ldots = c_1^2 E_1 + c_2^2 (E_1 + \Delta E_2) + c_3^2 (E_1 + \Delta E_3) + \ldots$$
$$= E_1 (c_1^2 + c_2^2 + \ldots) + c_2^2 \Delta E_2 + c_3^2 \Delta E_3 + \ldots \,.$$

Da auch die Testfunktion Φ_1 normiert ist, gilt weiter

$$\int \Phi_1^2 d\tau = \sum_i c_1^2 \int \psi_1^2 d\tau + \sum_{j \neq i} c_i c_j \int \psi_j \psi_i d\tau = \sum_i c_i^2 = c_1^2 + c_2^2 + \ldots = 1 \,.$$

Damit wird

$$\varepsilon_1 = E_1 + c_2^2 \Delta E_2 + c_3^2 \Delta E_3 + \ldots \,.$$

E_1 ist die Energie des energieärmsten Zustandes, also sind die Differenzen ΔE_2, $\Delta E_3 \ldots$ alle positiv. Da die Koeffizientenquadrate c_i^2 ebenfalls positiv sind, folgt

$$\boxed{\varepsilon_1 \geqslant E_1} \,.$$

Ist Φ_1 mit ψ_1 identisch, dann werden alle Koeffizienten außer c_1 Null, und es ist dann $\varepsilon_1 = E_1$; ε_1 kann jedoch nicht kleiner als E_1 werden.

In ganz entsprechender Weise kann man begründen, daß einer Testfunktion Φ_2, die orthogonal zu ψ_1 ist, eine Energie $\varepsilon_2 = \int \Phi_2 \mathscr{H} \Phi_2 d\tau$ zuzuschreiben ist, für die

$$\boxed{\varepsilon_2 \geqslant E_2}$$

gilt. Stellt man Φ_2 in der Form $\Phi_2 = \sum c_i \psi_i$ dar, so folgt

$$\int \Phi_2 \psi_1 d\tau = c_1 \int \psi_1^2 d\tau + \sum_{i \neq 1} c_i \int \psi_i \psi_1 d\tau = c_1 \,.$$

Wegen der angenommenen Orthogonalität ist $c_1 = 0$. Setzen wir $\Delta E_i = E_i - E_2$, so erhalten wir in gleicher Weise wie bei ε_1

$$\varepsilon_2 = E_2 + c_3^2 \Delta E_3 + c_4^2 \Delta E_4 + \ldots$$

und somit $\varepsilon_2 \geqslant E_2$. Entsprechendes gilt für alle weiteren Wellenfunktionen. In praktischen Fällen ist ψ_1 unbekannt, und man wählt Funktionen Φ_2, die orthogonal zu Φ_1 sind. Sie müssen dann nicht orthogonal zu ψ_1 sein, und es ist daher nicht gesagt, daß $\varepsilon_2 \geqslant E_2$ ist. Je weniger Φ_1 von ψ_1 verschieden ist, um so besser wird jedoch die Orthogonalität mit ψ_1 durch die Orthogonalität mit Φ_1 angenähert. Das Variationsverfahren führt also zu Werten von ε_1, ε_2 usw., die von E_1, E_2 usw. mit Fortschreiten des Prozesses immer weniger verschieden sind [B.1].

E. Wellenfunktion und Energie des H_2^+-Ions

E.1 Exakte Berechnung

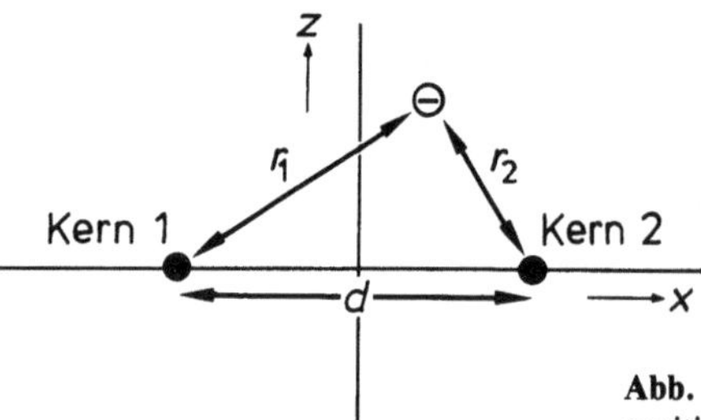

Abb. E.1. Aufbau des H_2^+-Ions. Ein Elektron im Feld von zwei positiven Ladungen

Das H_2^+-Ion stellt das einfachste Beispiel für das Zustandekommen der chemischen Bindung dar und ist daher von besonderem Interesse. Obwohl die exakte Berechnung eine mühsame Aufgabe darstellt, wird das Vorgehen hier im einzelnen gezeigt, da in der Literatur eine einfach verständliche Darstellung fehlt.

Die Schrödinger-Gleichung für das H_2^+-Ion lautet in kartesischen Koordinaten:

$$-\frac{h^2}{8\pi^2 m}\left(\frac{\partial^2\psi}{\partial x^2}+\frac{\partial^2\psi}{\partial y^2}+\frac{\partial^2\psi}{\partial z^2}\right)+\frac{1}{4\pi\varepsilon_0}\left(-\frac{e_0^2}{r_1}-\frac{e_0^2}{r_2}+\frac{e_0^2}{d}\right)\psi = E\psi\,. \tag{E.1}$$

Dabei sind r_1 und r_2 die Abstände des Elektrons von den Kernen 1 und 2. Zur Separation dieser Gleichung führt man als neue unabhängige Variable die elliptischen Koordinaten φ (Winkel zwischen xz-Ebene und Ebene von r_1 und r_2), λ und μ ein. Es ist

$$\mu = \frac{r_1-r_2}{d}\qquad \lambda = \frac{r_1+r_2}{d} \tag{E.2}$$

μ kann Werte zwischen -1 und $+1$ annehmen, λ Werte zwischen 1 und ∞. Die Bedeutung von μ und λ können wir uns leicht klarmachen, wenn wir Punkte auf der Kernverbindungslinie betrachten. Im Bereich zwischen beiden Kernen ist dann $r_1+r_2 = d$, also $\lambda = 1$; im Bereich links von Kern 1 ist $r_2-r_1 = -d$, also $\mu = -1$, im Bereich rechts vom Kern 2 ist $\mu = +1$. In der Mitte ist $r_1 = r_2 = d/2$, also $\mu = 0$. Je weiter der Punkt von den Kernen entfernt ist, um so größer wird λ. Im folgenden wird der Grundzustand des H_2^+-Ions betrachtet. In diesem Fall ist ψ rotationssymmetrisch zur Kernverbindungslinie; ψ hängt dann von φ nicht ab, und es genügt, Funktionswerte in der xz-Ebene zu berechnen. Schreibt man die Schrödinger-Gleichung mit den Koordinaten μ und λ, dann läßt sie sich (ähnlich wie im Fall des H-Atoms) mit dem Ansatz

$$\psi(\mu, \lambda) - M(\mu)\,\Lambda(\lambda) \tag{E.3}$$

separieren. Λ und M ergeben sich als Lösungen der gewöhnlichen Differentialgleichungen [E.1]

$$\frac{d^2M}{d\mu^2}+\frac{1}{\mu^2-1}\left[2\mu\frac{dM}{d\mu}+(A-\gamma\mu^2)M\right]=0 \tag{E.4}$$

$$\frac{d^2\Lambda}{d\lambda^2}+\frac{1}{\lambda^2-1}\left[2\lambda\frac{d\Lambda}{d\lambda}+(A+2\frac{d}{a_0}\lambda-\gamma\lambda^2)\Lambda\right]=0\,. \tag{E.5}$$

Darin ist a_0 der Bohrsche Radius, und die Energie E ist durch den Ausdruck

$$E = \frac{1}{4\pi\varepsilon_0}\left[-\frac{2\gamma a_0 e_0^2}{d^2} + \frac{e_0^2}{d}\right] \tag{E.6}$$

bestimmt. A und γ sind Parameter, die im folgenden näher festgelegt werden.

E.1.1 Lösung der Differentialgleichung für M

Diese Differentialgleichung soll auf numerischem Weg gelöst werden. Dazu müssen wir, ausgehend von Anfangswerten für M und für die Steigung $dM/d\mu$, schrittweise den Zuwachs von M und $dM/d\mu$ bei Änderung von μ um $\Delta\mu$ berechnen:

$$\left(\frac{dM}{d\mu}\right)_{\mu+\Delta\mu} = \left(\frac{dM}{d\mu}\right)_{\mu} + \left(\frac{d^2M}{d\mu^2}\right)_{\mu}\Delta\mu \qquad M_{\mu+\Delta\mu} = M_{\mu} + \left(\frac{dM}{d\mu}\right)_{\mu}\Delta\mu. \tag{E.7}$$

Bei diesem Vorgehen wird $(d^2M/d\mu^2)_\mu$ von (E.4) entnommen, indem man nach $d^2M/d\mu^2$ auflöst und die entsprechenden Werte für M und $dM/d\mu$ einsetzt. Zur Festlegung der Anfangswerte gehen wir davon aus, daß ψ für den Grundzustand des H_2^+-Ions symmetrisch zur yz-Ebene sein muß; aus diesem Grund muß M symmetrisch zu $\mu = 0$ sein, es muß also

$$\left(\frac{dM}{d\mu}\right)_{\mu=0} = 0 \tag{E.8}$$

gelten. Wir wollen zunächst unnormierte Funktionen betrachten und legen daher willkürlich

$$M_{\mu=0} = 1 \tag{E.9}$$

fest. Wegen der Symmetrie von M genügt es, Funktionswerte im Bereich $0 \leqslant \mu \leqslant 1$ zu berechnen. Vor Beginn der Rechnung müssen wir noch eine Aussage über die Parameter A und γ machen. Zunächst legen wir γ willkürlich fest. Damit ist aber gleichzeitig A festgelegt, wie wir uns leicht klarmachen können. Da in (E.4) für $\mu = 1$ der Nennerausdruck Null wird, kann M an der Stelle $\mu = 1$ nur dann endlich bleiben, wenn der Klammerausdruck in (E.4) gleichzeitig Null wird:

$$\left(\frac{dM}{d\mu}\right)_{\mu=1} = -\frac{1}{2}(A-\gamma)M_{\mu=1}. \tag{E.10}$$

Führen wir die numerische Integration von (E.4) mit einem willkürlichen Wert von A schrittweise so lange aus, bis wir, ausgehend von $\mu = 0$, bei dem Wert $\mu = 1$ angelangt sind, dann wird im allgemeinen die bei der Integration berechnete Steigung bei $\mu = 1$ nicht mit dem nach (E.10) erwarteten Wert übereinstimmen. Nur für einen ganz bestimmten Wert von A wird (E.10) erfüllt sein.

Wählen wir beispielsweise $\gamma = 2{,}203$ (warum wir gerade mit diesem Zahlenwert beginnen, wird am Ende dieses Anhangs näher erläutert) und $A = 0{,}8108$, dann wird für

$\mu = 0,999$ (bei der numerischen Integration können wir nicht genau bis $\mu = 1$ gehen, wir können uns diesem Wert aber beliebig nähern) $M = 1,45$ und $dM/d\mu = 0,95$ erhalten; nach (E.10) würden wir $(dM/d\mu)_{\mu=1} = 1,01$ erwarten. Wiederholen wir die Rechnung mit $A = 0,8110$, dann wird $M = 1,45$ und $dM/d\mu = 1,04$. Der wahre Wert für A muß also dazwischen liegen: $A = 0,8109$ für $\gamma = 2,203$. Die Werte M, die für diesen Fall erhalten werden, sind in Abb. E.2 als Funktion von μ dargestellt.

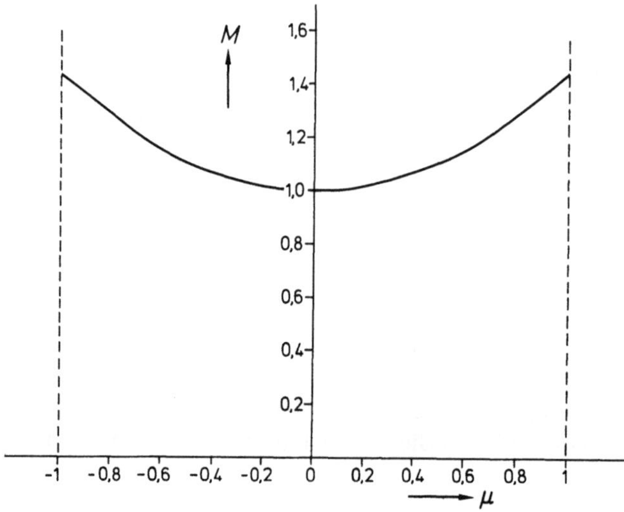

Abb. E.2. H_2^+-Ion, Funktion M in Abhängigkeit von μ

E.1.2 Lösung der Differentialgleichung für Λ

Bei dieser Differentialgleichung gehen wir entsprechend vor. Hier müssen wir von $\lambda = 1$ bis $\lambda = \infty$ integrieren. Für $\lambda = 1$ legen wir den Anfangswert für Λ willkürlich mit

$$\Lambda_{\lambda=1} = 1 \tag{E.11}$$

fest. Die Anfangssteigung $(d\Lambda/d\lambda)_{\lambda=1}$ ist durch die bereits festgelegten Werte von A und λ gegeben, da für $\lambda = 1$

$$\left(\frac{d\Lambda}{d\lambda}\right)_{\lambda=1} = -\frac{1}{2}\left(A + 2\frac{d}{a_0} - \gamma\right)\Lambda_{\lambda=1} \tag{E.12}$$

gelten muß, wenn Λ an dieser Stelle endlich bleiben soll. Wir müssen lediglich noch einen Wert für den Kernabstand d einsetzen. Führen wir die Integration mit den oben erhaltenen Werten A und γ und einem willkürlichen Wert von d aus, dann wird im allgemeinen der Funktionswert Λ bei großen Werten von λ nicht, wie wir es gemäß (2.37) fordern müssen, auf den Wert Null streben; nur für einen ganz bestimmten Wert von d wird $\lim\limits_{\lambda\to\infty}\Lambda = 0$ werden.

Wählen wir beispielsweise $d = 1,99\ a_0$ und integrieren wir von $\lambda = 1,001$ (bei der numerischen Integration können wir nicht von dem Wert 1,000 ausgehen) bis $\lambda = 10$ (wir können nicht bis ∞ integrieren, sondern müssen bei einem großen, aber endlichen λ-Wert aufhören), dann erhalten wir $\Lambda = +11,9$; wiederholen wir die Rechnung mit $d = 2,01\ a_0$, dann wird $\Lambda = -14,4$ erhalten. Der richtige Wert von d muß also dazwi-

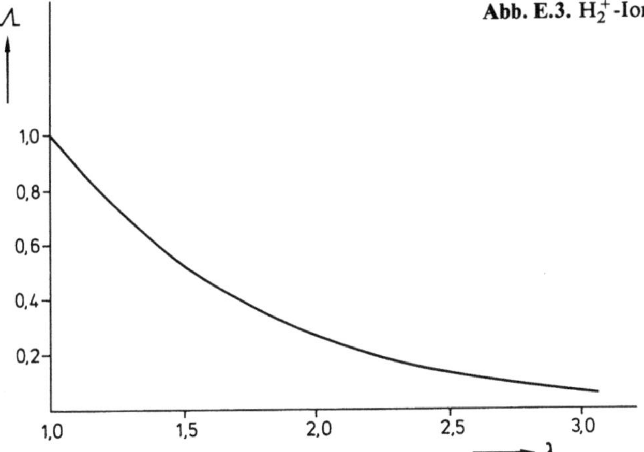

Abb. E.3. H_2^+-Ion; Funktion Λ in Abhängigkeit von λ

schen liegen:

$$d = 2{,}0\, a_0 \text{ für } A = 0{,}8109 \text{ und } \gamma = 2{,}203\,.$$

Für diese Werte ist Λ in Abb. E.3 als Funktion von λ dargestellt.

E.1.3 Energie des H_2^+-Ions

Mit unseren Werten für γ, A und d folgt aus (E.6)

$$E = \frac{1}{4\pi\varepsilon_0}\left[-\frac{2\cdot 2{,}203\cdot a_0 e_0^2}{(2a_0)^2}+\frac{e_0^2}{2a_0}\right] = -\frac{1}{4\pi\varepsilon_0}\,\frac{e_0^2}{2a_0}\cdot 1{,}203\,.$$

E.1.4 Vorgehen bei anderen Werten für γ

Bei unserem Beispiel sind wir von dem willkürlich gewählten Wert $\gamma = 2{,}203$ ausgegangen. Genauso gut hätten wir mit anderen Werten beginnen können und hätten dann andere Werte für A und d erhalten, z.B. für $\gamma = 4{,}000$:

$$A = 1{,}594,\ d = 2{,}95\, a_0\,. \qquad \text{Daraus folgt}$$

$$E = -\frac{1}{4\pi\varepsilon_0}\,\frac{e_0^2}{2a_0}\,1{,}158\,.$$

Für den Kernabstand $d = 2{,}95\, a_0$ wird also eine größere Energie erhalten als für den Kernabstand $d = 2{,}0\, a_0$. Führt man die ganze Überlegung für eine große Zahl von Werten für γ aus, dann kann man die Energie des H_2^+-Ions in Abhängigkeit vom Kernabstand angeben. Derjenige Kernabstand, für den der niedrigste Wert der Energie berechnet wird, ist der Gleichgewichtsabstand d_0; man findet $d_0 = 2a_0 = 1{,}06\,\text{Å}$, also genau den Wert in unserem ersten Beispiel. Aus diesem Grund wurde dort mit dem Zahlenwert $\gamma = 2{,}203$ begonnen.

E.1.5 Verlauf von ψ für den Gleichgewichtsabstand

Da wir M und Λ für den Fall $d = 2{,}0\ a_0$ berechnet haben, können wir auch ψ als Funktion von μ und λ gemäß (E.3) berechnen. Insbesondere können wir den Verlauf von ψ längs der Kernverbindungslinie (Koordinate x) angeben. In diesem Fall ist nach Abb. E.1

$$x = r_1 - \frac{d}{2} . \tag{E.13}$$

Bereich zwischen den Kernen

Hier ist $\lambda = (r_1 + r_2)/d = 1$ und somit nach (E.2) $r_1 = (\mu + 1)d/2$; damit wird

$$x = \frac{d}{2}(\mu + 1) - \frac{d}{2} = \frac{d}{2}\mu = a_0\mu . \tag{E.14}$$

Bereich außerhalb der Kerne

Hier ist $\mu = (r_1 - r_2)/d = 1$ und somit nach (E.2)

$$r_1 = \frac{d}{2}(\lambda + 1) ; \qquad \text{damit wird} \qquad x = \frac{d}{2}(\lambda + 1) - \frac{d}{2} = \frac{d}{2}\lambda = a_0\lambda . \tag{E.15}$$

In Tabelle E.1 sind x, μ und λ, M und Λ sowie ψ für den oben berechneten Fall aufgeführt. Wird ψ so normiert, daß $\int \psi^2 dx\, dy\, dz = 1$ ist (dieses Integral kann leicht numerisch über eine Dreifachsumme angenähert werden), dann werden die Werte in der letzten Spalte von Tabelle E.1 erhalten. Daraus ergeben sich die Kurven in Abb. 3.18, 21, 22 und 28.

Tabelle E.1. Berechnung der Funktionswerte ψ längs der Kernverbindungslinie (x-Achse) für das H_2^+-Ion mit den Parametern $\gamma = 2{,}203$, $A = 0{,}8109$ und $d = 1{,}06$ Å

$\dfrac{x}{a_0}$	$\dfrac{x}{\text{Å}}$	μ	λ	M	Λ	ψ	$\dfrac{\psi_{\text{normiert}}}{\text{Å}^{-3/2}}$
0	0	0	1	1	1	1,00	0,82
0,2	0,106	0,2	1	1,02	1	1,02	0,84
0,4	0,212	0,4	1	1,07	1	1,07	0,88
0,6	0,317	0,6	1	1,15	1	1,15	0,95
0,8	0,423	0,8	1	1,28	1	1,28	1,05
1,0	0,529	1,0	1	1,45	1	1,45	1,19
1,2	0,630	1	1,2	1,45	0,78	1,13	0,93
1,4	0,735	1	1,4	1,45	0,60	0,87	0,72
1,6	0,841	1	1,6	1,45	0,46	0,67	0,55
1,8	0,947	1	1,8	1,45	0,35	0,51	0,42
2,0	1,06	1	2,0	1,45	0,27	0,39	0,32
3,0	1,58	1	3,0	1,45	0,07	0,10	0,08

Die Ergebnisse genauer Rechungen sind in [E.2 – 10], experimentelle Untersuchungen sind in [E.11] dargestellt.

E.1.6 Energien E, $\bar{T}$ und $\bar{V}$ in Abhängigkeit vom Kernabstand d

In Abb. E.4 ist die nach Abschn. E.1.4 berechnete Energie E in Abhängigkeit vom Abstand d dargestellt, ebenso die mittlere potentielle Energie [aus der Wellenfunktion nach (3.60) berechnet] und die mittlere kinetische Energie $\bar{T}$ (gemäß $\bar{T} = E - \bar{V}$). Für den Gleichgewichtsabstand gilt, wie zu erwarten, das Virialtheorem $\bar{T} = -E$. Bei Verkleinerung des Kernabstandes d nimmt $\bar{T}$ zu (die Elektronenwolke muß sich ja durch die stärkere Anziehung an die Kerne verkleinern). Die Gesamtenergie, die natürlich im Gleichgewicht den Minimalwert hat, nimmt ebenfalls zu; die Größe $(-E)$ nimmt also ab, während $\bar{T}$ zunimmt. Das Virialtheorem kann also in diesem Fall in der obigen Form nicht mehr zutreffen. Es ist durch die allgemeinere Beziehung (E' = Ableitung von E nach d)

$$\bar{T} = -E - E' \cdot d \tag{E.16}$$

zu ersetzen, die auch für Systeme aus beliebig vielen Elektronen gilt [3.2]. Setzen wir beispielsweise $d = 0{,}5$ Å, so ist nach Abb. E.4 $E = -19 \cdot 10^{-19}$ J und $E' = -48 \cdot 10^{-19}$ J Å^{-1} und somit $\bar{T} = (19 + 48 \cdot 0{,}5) = 43 \cdot 10^{-19}$ J in Übereinstimmung mit Abb. E.4.

Bei genauer Betrachtung von Abb. E.4 fällt auf, daß die kinetische Energie bei großem Kernabstand ($d = 2{,}3$ Å) ein flaches Minimum durchläuft. Dies können wir leicht verstehen, wenn wir uns das Proton von großem Abstand an das H-Atom herangebracht denken; dabei wird die Elektronenwolke des H-Atoms in Richtung zum Proton hin deformiert, die Ausdehnung der Wolke in Richtung der Kernverbindungslinie wird

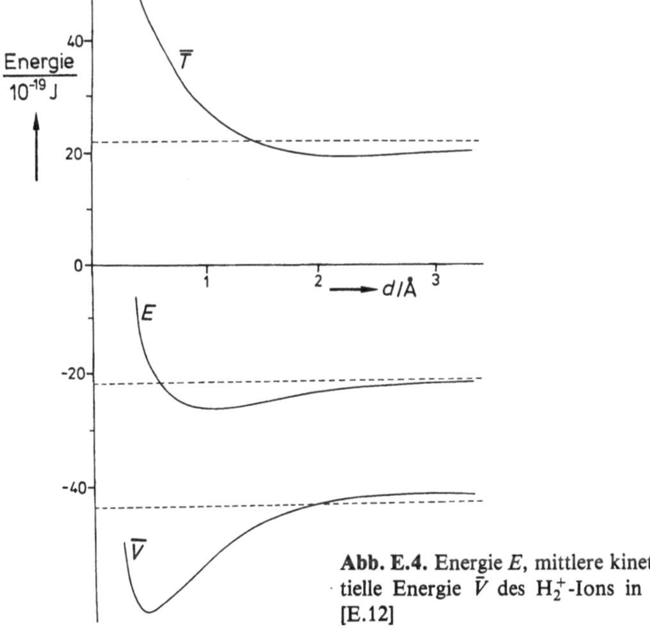

Abb. E.4. Energie E, mittlere kinetische Energie $\bar{T}$ und mittlere potentielle Energie $\bar{V}$ des H_2^+-Ions in Abhängigkeit vom Kernabstand d [E.12]

also größer (Absinken der kinetischen Energie). Bei weiterer Annäherung des Protons wirkt sich die Coulombsche Anziehung an das zweite Proton immer mehr so aus, daß die Elektronenwolke quer zur Kernverbindungslinie komprimiert wird (Ansteigen der kinetischen Energie). Bei kleinen Kernabständen ($d < 2,3$ Å) überwiegt der zweite Effekt, und die kinetische Energie steigt insgesamt an.

E.2 Schwierigkeiten beim Verständnis der chemischen Bindung

Wie in Kap. 3 am Beispiel von H_2^+ deutlich gemacht wurde, ist die chemische Bindung darauf zurückzuführen, daß die Kerne durch Coulombsche Kräfte an das Elektron gezogen werden; da bei der Molekülbildung die kinetische Energie des Elektrons erhöht wird, ist die Bindungsenergie kleiner (genau halb so groß), als es dem Gewinn an Coulombscher Energie entsprechen würde. Auf die Tatsache, daß das Zustandekommen der chemischen Bindung auf die Coulombsche Anziehung der Kerne an das Elektron zurückzuführen ist, muß deutlich hingewiesen werden, da hierüber Mißverständnisse bestehen.

Die chemische Bindung wird häufig formal korrekt beschrieben, aber mißverständlich interpretiert, so daß der Anfänger ein falsches Bild erhält. Dieser Sachverhalt sei an einem Beispiel aus neuerer Zeit [E.13] dargelegt; darin wird richtigerweise darauf hingewiesen, daß die LCAO-Methode in ihrer einfachsten Form ein falsches Bild von der chemischen Bindung gibt, weil in dieser Näherung Ladung aus der Kernnähe weggeholt und in die Bindungsmitte gebracht wird. Es wird nun aber hervorgehoben, die chemische Bindung beruhe nicht auf einer Erniedrigung der potentiellen Energie, sei also nicht elektrostatischer Natur. Das erweckt die Vorstellung, daß es falsch sei, wie in Abschn. 3.4 anzunehmen, die Coulombsche Anziehung der Kerne in die Elektronenwolke bewirke ihr gegenseitiges Zusammenhalten. Dieses Bild gibt aber die tatsächlichen Verhältnisse besonders übersichtlich und anschaulich wieder, wobei natürlich zu berücksichtigen ist, daß sich beim Übergang von H zu H_2^+ die Form der Wolke so ändert, daß am Schluß mehr Ladung in Kernnähe ist als am Anfang.

Demgegenüber wird in [E.13] im Anschluß an [E.14] in der folgenden Weise vorgegangen, um das Zustandekommen der chemischen Bindung am Beispiel von H_2^+ zu erklären. Man denkt sich in einem ersten Schritt die Wolke des Elektrons des H-Atoms künstlich komprimiert. Die in diesem Vorgang (Promotion des Atoms) aufgewendete Energie (s. Abb. 3.15) wird zur Erhöhung der kinetischen Energie des Elektrons verwendet, während seine potentielle Energie abnimmt, da negative Ladung näher an den Kern gebracht wird. In einem zweiten Schritt denkt man sich den zweiten Kern (ohne Veränderung der so präparierten Elektronenwolke, die den ersten Kern umschließt) in den Bindungsabstand gebracht (geringe Energieänderung). Schließlich läßt man sich die Elektronenwolke über beide Atome ausdehnen. Die potentielle Energie bleibt in diesem Schritt praktisch unverändert, und die kinetische Energie nimmt ab (Interferenzanteil). Dieses Vorgehen ist an sich nicht falsch. Im dritten Schritt nimmt die kinetische Energie um weniger ab, als sie im ersten Schritt anstieg, so daß, in allen drei Schritten zusammengenommen, eine Zunahme der kinetischen Energie erfolgt, während die Coulombsche Energie um das Doppelte dieses Betrages abnimmt, so daß im ganzen die Energie abnimmt, also Bindung eintritt. Die Überlegung führt zum selben Endergebnis wie die Betrachtung in Abschn. 3.5.1.

Der zweite Schritt wird nun aber als der maßgebende Schritt für das Entstehen der Bindung betrachtet. Es wird angenommen, daß „die treibende Kraft in einer Erniedrigung der kinetischen Energie liegt".

Die Aufteilung in die drei Schritte des Denkmodells ist willkürlich. Im ersten Schritt wird das System in einen fiktiven Zustand hoher kinetischer Energie gebracht. Wird dann das H_2^+-Ion gebildet, so ist die treibende Kraft dieses fiktiven Prozesses notwendigerweise die Erniedrigung der kinetischen Energie – das sagt aber nichts über die chemische Bindung aus.

Das Vorgehen hat zwar den Sinn, deutlich zu machen, warum die einfache LCAO-Methode mit dem Virialtheorem im Widerspruch steht und daß man diesen Widerspruch auflösen kann, indem man sich die Elektronen vor der Molekülbildung aus den Atomorbitalen in fiktive Orbitale gebracht denkt und dann Linearkombinationen von fiktiven Orbitalen statt von Atomorbitalen untersucht. Die willkürliche Festsetzung des Interferenzanteils, also des Anteils, der in der einfachen LCAO-Methode berücksichtigt wird, als maßgebenden Anteil führt aber zu dem falschen Bild, daß die chemische Bindung auf einem wellenmechanischen Effekt beruht, der in keinem Zusammenhang zur Coulombschen Wechselwirkung steht. In Wirklichkeit ist die Coulombsche Wechselwirkung von Kernen und Elektronen maßgebend, wobei die Form der Elektronenwolke durch das Variationsprinzip bestimmt ist.

F. Berechnung der Energie von He

In der Schrödinger-Gleichung (2.63) kommen nur die Koordinaten von einem Elektron vor. Ist ein zweites Elektron vorhanden, dann ist (2.63) entsprechend abzuändern, indem wir im Hamiltonoperator die Koordinaten beider Elektronen berücksichtigen

$$\mathscr{H} = -\frac{h^2}{8\pi^2 m}\left[\left(\frac{\partial^2}{\partial x_1^2}+\frac{\partial^2}{\partial y_1^2}+\frac{\partial^2}{\partial z_1^2}\right)+\left(\frac{\partial^2}{\partial x_2^2}+\frac{\partial^2}{\partial x_2^2}+\frac{\partial^2}{\partial z_2^2}\right)\right]+\frac{1}{4\pi\varepsilon_0}$$

$$\cdot\left(-\frac{2e_0^2}{r_1}-\frac{2e_0^2}{r_2}+\frac{e_0^2}{r_{12}}\right)=-\frac{h^2}{8\pi^2 m}(\varDelta_1+\varDelta_2)+V_1+V_2+\frac{1}{4\pi\varepsilon_0}\,\frac{e_0^2}{r_{12}}.$$

Wegen des Gliedes $(4\pi\varepsilon_0)^{-1}(e_0^2/r_{12})$, das von der Abstoßung der beiden Elektronen herrührt, läßt sich die Schrödinger-Gleichung nicht in Differentialgleichungen, die nur von x_1, y_1, z_1 bzw. x_2, y_2, z_2 abhängen, überführen. Wir betrachten deshalb zunächst den Fall, daß dieses unangenehme Glied fehlt, tun also so, als ob sich die beiden Elektronen gegenseitig nicht abstoßen würden. Wir ersetzen also $\mathscr{H}$ durch

$$\mathscr{H}^0 = -\frac{h^2}{8\pi^2 m}(\varDelta_1+\varDelta_2)+V_1+V_2$$

und lösen die vereinfachte Schrödinger-Gleichung

$$\mathscr{H}^0\,\varPsi^0 = E^0\,\varPsi^0$$

(der Index soll andeuten, daß es sich um eine Näherung handelt).
Mit dem Ansatz

$$\varPsi^0(x_1,y_1,z_1,x_2,y_2,z_2) = A(x_1,y_1,z_1)\,B(x_2,y_2,z_2)$$

ergibt sich

$$-\frac{h^2}{8\pi^2 m}(B\Delta_1 A + A\Delta_2 B) + (V_1 + V_2)AB = E^0 AB\,.$$

Wir dividieren auf beiden Seiten durch AB:

$$\left(-\frac{h^2}{8\pi^2 m}\frac{\Delta_1 A}{A} + V_1\right) + \left(-\frac{h^2}{8\pi^2 m}\frac{\Delta_2 B}{B} + V_2\right) = E^0\,.$$

Der erste Klammerausdruck hängt nur von x_1, y_1, z_1 ab, der zweite nur von x_2, y_2, z_2; dies ist nur möglich, wenn beide Ausdrücke konstant sind:

$$-\frac{h^2}{8\pi^2 m}\frac{\Delta_1 A}{A} + V_1 = C_1 \qquad -\frac{h^2}{8\pi^2 m}\frac{\Delta_2 B}{B} + V_2 = C_2 \qquad C_1 + C_2 = E^0\,.$$

Damit haben wir 2 Differentialgleichungen erhalten, die jeweils nur noch von den Koordinaten eines Elektrons abhängen: sie sind identisch mit der Differentialgleichung, die sich für 1 Elektron im Feld des He-Kerns ergibt. Somit gilt für den energieärmsten Zustand von He nach (3.56)

$$A = [8/(\pi a_0^3)]^{1/2}\,e^{-2r_1/a_0} \qquad B = [8/(\pi a_0^3)]^{1/2}\,e^{-2r_2/a_0}\,.$$

C_1 und C_2 sind die entsprechenden Einelektronenenergien, also ist E^0 nach (3.57) durch

$$E^0 = C_1 + C_2 = \frac{1}{4\pi\varepsilon_0}\left[-\frac{2e_0^2}{a_0} - \frac{2e_0^2}{a_0}\right] = -\frac{1}{4\pi\varepsilon_0}\frac{4e_0^2}{a_0}$$

gegeben, und für Ψ^0 gilt: $\Psi^0 = [8/(\pi a_0^3)]\,e^{-2r_1/a_0}\,e^{-2r_2/a_0}$.

Nun müssen wir noch berücksichtigen, daß sich die beiden Elektronen gegenseitig abstoßen; dazu berechnen wir die mittlere Abstoßungsenergie $\bar{V}_e$ dieser Elektronen analog zu (3.22).

Da $\rho_1 e_0\,d\tau_1$ die Ladung des Elektrons 1 im Volumenelement $d\tau_1$ darstellt und $\rho_2 e_0\,d\tau_2$ die Ladung des Elektrons 2 in $d\tau_2$ ist, erhalten wir für $\bar{V}_e$

$$\bar{V}_e = \frac{1}{4\pi\varepsilon_0}e_0^2\int\rho_1\frac{1}{r_{12}}\rho_2\,d\tau_2\,.$$

Mit $\quad \rho_1 = \frac{8}{\pi a_0^3}e^{-4r_1/a_0} \quad$ und $\quad \rho_2 = \frac{8}{\pi a_0^3}e^{-4r_2/a_0} \quad$ folgt [F.1] $\quad \bar{V}_e = \frac{1}{4\pi\varepsilon_0}\frac{5}{4}\frac{e_0^2}{a_0}$

und somit für die Energie des He-Atoms

$$E = E_0 + \bar{V}_e = \frac{1}{4\pi\varepsilon_0}\left(-4\frac{e_0^2}{a_0} + \frac{5}{4}\frac{e_0^2}{a_0}\right) = -\frac{1}{4\pi\varepsilon_0}\frac{11}{4}\frac{e_0^2}{a_0} = -119{,}9\cdot 10^{-19}\,\mathrm{J}\,.$$

G. HMO-Verfahren

Aus (3.36) und (7.22) folgt

$$\varepsilon = \int \left[\sum_{i=1}^{\xi} c_i \varphi_i \right] \mathscr{H} \left[\sum_{j=1}^{\xi} c_j \varphi_j \right] d\tau = \sum_{i=1}^{\xi} c_i^2 \int \varphi_i \mathscr{H} \varphi_i \, d\tau + 2 \sum_{j>i} c_i c_j \int \varphi_i \mathscr{H} \varphi_j \, d\tau$$

$$= \sum_{i=1}^{\xi} c_i^2 \alpha + 2 \sum_{j>i} c_i c_j \delta_{ij} \beta \, .$$

Darin ist $\delta_{ij} = 1$, wenn die Atome i und j benachbart sind; in allen anderen Fällen ist $\delta_{ij} = 0$. Wir müssen nun das Minimum von ε suchen; dabei müssen wir beachten, daß in (3.36) normierte Funktionen einzusetzen sind. Es muß also bei der Variation der Koeffizienten c_i die Nebenbedingung

$$\int \left(\sum_{i=1}^{\xi} c_i \varphi_i \right)^2 d\tau = \sum_{i=1}^{\xi} c_i^2 = 1$$

eingehalten werden (Vernachlässigung der Überlappungsintegrale). Dies ist möglich, wenn wir in der oberen Gleichung links mit $\sum_{i=1}^{\xi} c_i^2$ und rechts mit dem Faktor 1 multiplizieren:

$$\varepsilon \sum_{i=1}^{\xi} c_i^2 = \sum_{i=1}^{\xi} c_i^2 \alpha + 2 \sum_{j>i} c_i c_j \delta_{ij} \beta \, .$$

Zur Berechnung des Energieminimus bezüglich des Koeffizienten c_1 differenzieren wir nach c_1:

$$\frac{\partial \varepsilon}{\partial c_1} \sum_{i=1}^{\xi} c_i^2 + \varepsilon 2 c_1 = 2 c_1 \alpha + 2 \sum_{j>1}^{\xi} c_j \delta_{1j} \beta \, .$$

Am Energieminimum ist $\partial \varepsilon / \partial c_1 = 0$, also

$$\varepsilon 2 c_1 = 2 c_1 \alpha + 2 \sum_{j>1}^{\xi} c_j \delta_{1j} \beta \quad \text{bzw.} \quad c_1 (\alpha - \varepsilon) + c_2 \delta_{12} \beta + c_3 \delta_{13} \beta + \ldots c_\xi \delta_{1\xi} \beta = 0 \, .$$

Daraus folgt mit der Abkürzung (7.23)

$$c_1 x + c_2 \delta_{12} + c_3 \delta_{13} + \ldots c_\xi \delta_{1\xi} = 0 \, .$$

Dieser Ausdruck entspricht der 1. Gleichung in dem Gleichungssystem (7.24); die folgenden Gleichungen ergeben sich analog, wenn der Reihe nach bezüglich der Koeffizienten $c_2, c_3, \ldots, c_\xi$ differenziert wird [G.1]. Beispielsweise folgt im Fall von Fulven (Numerierung der Atome wie in Tabelle 7.5.)

$$
\begin{aligned}
c_1 x + c_2 &&&&&= 0 \\
c_1 &+ c_2 x + c_3 &&&+ c_6 &= 0 \\
&c_2 &+ c_3 x + c_4 &&&= 0 \\
&&c_3 &+ c_4 x + c_5 &&= 0 \\
&&&c_4 &+ c_5 x + c_6 &= 0 \\
&c_2 &&&+ c_5 + c_6 x &= 0
\end{aligned}
$$

Lösung dieses Gleichungssystems (s. Aufgabe 7.8) ergibt die folgenden Werte für x und die zugehörigen Koeffizienten:

	1.	2.	3.	4.	5.	6.
	Quantenzustand					
x	$-2{,}115$	$-1{,}000$	$-0{,}618$	$+0{,}254$	$+1{,}618$	$+1{,}861$
c_1	$0{,}247$	$-0{,}500$	$0{,}000$	$0{,}749$	$0{,}000$	$-0{,}357$
c_2	$0{,}523$	$-0{,}500$	$0{,}000$	$-0{,}190$	$0{,}000$	$0{,}664$
c_3	$0{,}429$	$0{,}000$	$0{,}602$	$-0{,}351$	$-0{,}372$	$-0{,}439$
c_4	$0{,}385$	$0{,}500$	$0{,}372$	$0{,}280$	$0{,}602$	$0{,}153$
c_5	$0{,}385$	$0{,}500$	$-0{,}372$	$0{,}280$	$-0{,}602$	$0{,}153$
c_6	$0{,}429$	$0{,}000$	$-0{,}602$	$-0{,}351$	$0{,}372$	$-0{,}439$

H. Elektronengasverfahren (verzweigte Moleküle)

Wir überlegen uns die Berechnung der Wellenfunktion im Fall verzweigter Moleküle am Beispiel des Fulvens.

Abb. H.1. Zweige s_a, s_b, s_c beim Fulven-Molekül

Aus Symmetriegründen ergeben sich Wellenfunktionen, die an der Stelle $s_a = s_b = 0$ und daher auch am Verzweigungspunkt 2 einen Knoten haben (Wellen der Wellenlänge $\lambda = 5 d_0 / n$ mit $n = 1, 2, 3 \ldots$, die sich über den Ring erstrecken), und Wellen, die bei $s_a = s_b = 0$ einen Bauch haben. Für die letzteren gilt mit $k = 2\pi/\lambda$

$$\psi_a = A \cos k s_a \qquad \psi_b = A \cos k s_b \qquad \psi_c = C \sin k s_c .$$

Am Atom 2 müssen die Funktionswerte von ψ_a und ψ_c gleich groß sein, also

$$A \cos k \tfrac{5}{2} d_0 = C \sin k 2 d_0 .$$

Ferner muß gemäß der Verzweigungsbedingung (7.13) die Summe der Steigungen an diesem Punkt Null sein:

$$-kA \sin k\tfrac{s}{2}d_0 - kA \sin k\tfrac{s}{2}d_0 + kC \cos k2d_0 = 0 \,.$$

Dividieren wir beide Gleichungen durch C, dann erhalten wir

$$\frac{A}{C}\cos k\,\tfrac{s}{2}d_0 = \sin k2d_0 \qquad 2\frac{A}{C}\sin k\,\tfrac{s}{2}d_0 = \cos k2d_0 \,.$$

Damit haben wir 2 Gleichungen gewonnen, aus denen wir A/C und k berechnen können. Eliminieren wir A/C, dann folgt

$$2\,\mathrm{tg}\,k\tfrac{s}{2}d_0 - \mathrm{ctg}\,k2d_0 = 0 \,.$$

Diese Gleichung läßt sich numerisch lösen; mit $d_0 = 1{,}4$ Å ergeben sich die Werte

$$\frac{k}{\text{Å}^{-1}} = 0{,}196;\ 0{,}794;\ 1{,}211;\ 1{,}763 \qquad \frac{\Lambda}{\text{Å}} = 32{,}06;\ 7{,}91;\ 5{,}19;\ 3{,}56 \,.$$

Für die einzelnen Werte von Λ ergeben sich dann die folgenden Werte von A/C

$$\Lambda = 32{,}06 \text{ Å} \qquad \frac{A}{C} = \frac{\sin k2d_0}{\cos k\tfrac{s}{2}d_0} = 0{,}673$$

$$\Lambda = 7{,}91 \text{ Å} \qquad \frac{A}{C} = -0{,}851$$

$$\Lambda = 5{,}19 \text{ Å} \qquad \frac{A}{C} = 0{,}545$$

$$\Lambda = 3{,}56 \text{ Å} \qquad \frac{A}{C} = -0{,}981 \,.$$

Um die Analogie zur HMO-Methode zu zeigen, betrachten wir ein zweites Verfahren zur Berechnung der Wellenfunktionen. Für eine beliebige Wellenfunktion, beispielsweise im Zweig a, gilt:

$$\psi_a(s_a) = A \sin (ks_a + \alpha) \,.$$

Gehen wir von dem Punkt mit der Koordinate s_a zu einem Punkt mit der Koordinate $s_a + d_0$ über, dann ist

$$\psi_a(s_a + d_0) = A \sin (ks_a + kd_0 + \alpha) = A \sin (ks_a + \alpha) \cos kd_0 + A \cos (ks_a + \alpha) \sin kd_0 \,.$$

Da

$$\frac{d\psi_a}{ds_a} = A k \cos (ks_a + \alpha) \qquad \text{ist, folgt daraus}$$

$$\psi_a(s_a + d_0) = \psi_a(s_a)\cos kd_0 + \frac{1}{k}\left(\frac{d\psi_a}{ds_a}\right)_{s_a}\sin kd_0\,.$$

Nun betrachten wir Funktionswerte an den Atomen. So ist beispielsweise ψ_a für $s_a = \frac{3}{2}d_0$ gleich dem Funktionswert an der Stelle des Atoms 3. Diesen Funktionswert können wir mit den Funktionswerten an den Nachbaratomen 2 und 4 in Zusammenhang bringen. Bezeichnen wir mit C_i den Funktionswert am Atom i, dann ist

$$C_2 = C_3 \cos kd_0 + \frac{1}{k}\left(\frac{d\psi_a}{ds_a}\right)_3 \sin kd_0$$

$$C_4 = C_3 \cos(-kd_0) + \frac{1}{k}\left(\frac{d\psi_a}{ds_a}\right)_3 \sin(-kd_0) = C_3 \cos kd_0 - \frac{1}{k}\left(\frac{d\psi_a}{ds_a}\right)_3 \sin kd_0\,.$$

Der Index 3 an den Klammerausdrücken steht für den Wert von s_a am Atom 3. Addition beider Gleichungen ergibt

$$\boxed{C_2 + C_4 = 2C_3 \cos kd_0}\,.$$

Entsprechend erhalten wir, wenn wir C_2 und C_0 mit C_1 verknüpfen,

$$\boxed{C_2 = 2C_1 \cos kd_0}\,,$$

weil in diesem Fall $C_0 = 0$ ist (Funktionswert am Saitenende). Schließlich betrachten wir noch die Atome 1, 3 und 6, die zu dem Verzweigungsatom 2 benachbart sind. Es ist

$$C_1 = C_2 \cos kd_0 - \frac{1}{k}\left(\frac{d\psi_c}{ds_c}\right)_2 \sin kd_0$$

$$C_3 = C_2 \cos kd_0 - \frac{1}{k}\left(\frac{d\psi_a}{ds_a}\right)_2 \sin kd_0$$

$$C_6 = C_2 \cos kd_0 - \frac{1}{k}\left(\frac{d\psi_b}{ds_b}\right)_2 \sin kd_0\,.$$

Wir addieren diese 3 Gleichungen

$$C_1 + C_3 + C_6 = 3C_2 \cos kd_0 - \frac{1}{k}\left[\left(\frac{d\psi_c}{ds_c}\right)_2 + \left(\frac{d\psi_a}{ds_a}\right)_2 + \left(\frac{d\psi_b}{ds_b}\right)_2\right]\sin kd_0\,.$$

Der Klammerausdruck ist wegen der Verzweigungsbedingung (7.13) gleich Null, also ist

$$\boxed{C_1 + C_3 + C_6 = 3C_2 \cos kd_0}\,.$$

In entsprechender Weise können wir an den Atomen 4, 5 und 6 vorgehen. Mit der Abkürzung $x = -2 \cos kd_0$ erhalten wir dann das lineare Gleichungssystem

$$
\begin{aligned}
x \cdot C_1 + \quad C_2 \qquad\qquad\qquad\qquad &= 0 \\
C_1 + \tfrac{3}{2}xC_2 + \quad C_3 \qquad\qquad + C_6 &= 0 \\
C_2 + xC_3 + \quad C_4 \qquad\qquad &= 0 \\
C_3 + xC_4 + \quad C_5 \qquad &= 0 \\
C_4 + xC_5 + \quad C_6 &= 0 \\
C_2 \qquad\qquad + \quad C_5 + xC_6 &= 0 \; .
\end{aligned}
$$

Dieses Gleichungssystem entspricht formal dem Gleichungssystem (7.24), das für die Koeffizienten in der HMO-Methode erhalten wurde; der einzige Unterschied ist der, daß an den Verzweigungspunkten $\tfrac{3}{2}x$ an Stelle von x steht. Das Gleichungssystem läßt sich entsprechender Weise, wie es im Fall der HMO-Methode gezeigt wurde (Aufgabe 7.8), lösen, und man erhält die Funktionswerte an den einzelnen Atomen:

	1.	2.	3.	4.	5.	6.
	Quantenzustand					
x	$-1,925$	$-0,888$	$-0,618$	$0,250$	$1,563$	$1,618$
c_1	$0,192$	$-0,567$	$0,000$	$0,759$	$-0,364$	$0,000$
c_2	$0,369$	$-0,504$	$0,000$	$-0,189$	$0,569$	$0,000$
c_3	$0,437$	$-0,052$	$0,602$	$-0,344$	$-0,485$	$-0,372$
c_4	$0,472$	$0,458$	$0,372$	$0,275$	$0,189$	$0,602$
c_5	$0,472$	$0,458$	$-0,372$	$0,275$	$0,189$	$-0,602$
c_6	$0,437$	$-0,052$	$-0,602$	$-0,344$	$-0,485$	$0,372$

Aus den Koeffizienten i lassen sich wieder die Amplituden sowie die Phasenglieder der Sinusfunktionen in den einzelnen Zweigen berechnen. Aus den Werten x erhalten wir die Wellenlängen Λ der einzelnen Schwingungszustände und können mit der deBroglie-Beziehung die Energie E der zugehörigen Elektronenzustände angeben [H.1 – 4].

I. Schrödinger-Gleichung für den Rotator

Wir betrachten den Fall eines zweiatomigen Moleküls, bei dem der eine Kern sehr viel schwerer als der andere ist. Die Schrödingergleichung für den leichteren Kern (Masse M) schreibt man wie beim H-Atom in Kugelkoordinaten (Anhang C). Der Lösungsansatz ist gegenüber dem Fall des H-Atoms vereinfacht, wenn wir den Kernabstand bei der Rotationsbewegung als konstant annehmen (starrer Rotator); dann ist die Funktion $R(r)$ in Anhang C eine Konstante, und die Lösungsfunktion ergibt sich zu

$$
\psi(\vartheta, \varphi) = \Theta(\vartheta)\, \Phi(\varphi) \; .
$$

Die einzelnen Zustände des Rotators sind also durch die bereits beim H-Atom diskutierten Funktionen Θ und Φ mit den Quantenzahlen k und l gegeben

$$
\begin{array}{lll}
\psi_0 & : l = 0 & k = 0 \\
\hline
\psi_{1a} & : l = 1 & k = 0 \\
\psi_{1b}, \psi_{1c}: & l = 1 & k = 1 \\
\hline
\psi_{2a} & : l = 2 & k = 0 \\
\psi_{2b}, \psi_{2c}: & l = 2 & k = 1 \\
\psi_{2d}, \psi_{2e}: & l = 2 & k = 2 \, .
\end{array}
$$

Nach Normierung ergeben sich daraus die in (8.7) aufgeführten Wellenfunktionen.

Da R konstant ist und das Glied $(4\pi\varepsilon_0)^{-1} e_0^2/r$ beim Rotator nicht vorkommt, folgt aus (C.5) in Anhang C für die Energie

$$
E = \frac{h^2}{8\pi^2 M r^2} l(l+1) \, .
$$

Alle Zustände mit der gleichen Quantenzahl l besitzen also die gleiche Energie.

J. Schrödinger-Gleichung für den harmonischen Oszillator

Die Schrödinger-Gleichung für den harmonischen Oszillator lautet

$$
-\frac{h^2}{8\pi^2 M} \frac{d^2\psi}{dx^2} + \frac{1}{2} D x^2 \psi = E\psi \, . \tag{J.1}
$$

Wir betrachten zunächst eine Näherungslösung für große Auslenkungen; dann ist $\frac{1}{2} D x^2 \gg E$, und wir erhalten

$$
\frac{d^2\psi_\infty}{dx^2} = \frac{8\pi^2 M}{h^2} \frac{1}{2} D x^2 \psi_\infty \, . \tag{J.2}
$$

Diese Differentialgleichung wird durch den Ansatz

$$
\psi_\infty = e^{-ax^2/2} \tag{J.3}
$$

gelöst, was wir durch Einsetzen direkt erkennen können:

$$
\psi_\infty' = e^{-ax^2/2} \cdot (-ax) \tag{J.4}
$$

$$
\psi_\infty'' = -a[e^{-ax^2/2} - ax^2 e^{-ax^2/2}] = -a\, e^{-(ax^2)/2}(1 - ax^2) \, . \tag{J.5}
$$

Für große Werte von x können wir $(1 - ax^2)$ durch $-ax^2$ annähern:

$$
a\, e^{-ax^2} ax^2 = \frac{8\pi^2 M}{h^2} \frac{1}{2} D x^2 e^{-ax^2/2} \, . \tag{J.6}
$$

Daraus folgt

$$a = \frac{2\pi}{h}\sqrt{DM}\ .$$ (J.7)

Für beliebige Auslenkungen versuchen wir den Ansatz

$$\psi = (c_0 + c_1(\sqrt{a}\,x) + c_2(\sqrt{a}\,x)^2 + \ldots)\,e^{-(\sqrt{a}\,x)^2/2}\ .$$ (J.8)

Die Koeffizienten in der Reihenentwicklung werden durch Einsetzen dieses Ansatzes in die Schrödinger-Gleichung festgelegt. Man findet, daß dieser Ansatz nur dann die Randbedingung ($\lim\limits_{x \to \pm\infty} \psi = 0$) erfüllt, wenn die Energie E durch

$$E = h\,\frac{1}{2\pi}\,\sqrt{\frac{D}{M}}\left(\frac{1}{2}+n\right) \qquad n = 0,1,2\ldots$$ (J.9)

gegeben ist. Für die Koeffizienten c muß aus Symmetriegründen gelten:

n geradzahlig (symmetrische Funktionen): $c_1 = c_3 = c_5 = \ldots = 0$ (J.10a)

n ungeradzahlig (antisymmetrische Funktionen): $c_0 = c_2 = c_4 = c_6 = \ldots = 0$ (J.10b)

Die übrigen Koeffizienten ergeben sich gemäß der Rekursionsformel

$$c_{j+2} = c_j\,\frac{2(j-n)}{(j+1)(j+2)} \qquad j = 0,1,2\ldots$$ (J.11)

aus c_0 bzw. c_1.

Beispiele

Für $n = 0$ ist $c_0 \neq 0$; für $n = 1$ ist $c_1 \neq 0$; für $n = -2$ ist $c_0 \neq 0$, und es gilt

$$c_2 = c_0\,\frac{2(0-2)}{1\cdot 2} = -2c_0\ .$$

Für $n = 3$ ist $c_1 \neq 0$, und es gilt

$$c_3 = c_1\,\frac{2(1-3)}{2\cdot 3} = -\frac{2}{3}c_1\ .$$

Alle übrigen Koeffizienten sind Null.

In der Tabelle J.1 sind die Werte c_j/c_0 bzw. c_j/c_1, die sich aus (J.11) ergeben, für die Quantenzahlen $n = 0$ bis $n = 10$ aufgeführt.

Tabelle J.1. Koeffizienten c_j/c_0 bzw c_j/c_1 in der Reihenentwicklung (J.8) für verschiedene Quantenzahlen n

Symmetrische Funktionen							Antisymmetrische Funktionen				
j	$n=0$	$n=2$	$n=4$	$n=6$	$n=8$	$n=10$	j	$n=1$	$n=3$	$n=5$	$n=7$	$n=9$
0	1	1	1	1	1	1	1	1	1	1	1	1
2		-2	-4	-6	-8	-10	3		$-\frac{2}{3}$	$-\frac{4}{3}$	-2	$-\frac{8}{3}$
4			$\frac{4}{3}$	4	8	$\frac{40}{3}$	5			$\frac{4}{15}$	$\frac{4}{5}$	$\frac{8}{5}$
6				$-\frac{8}{15}$	$-\frac{32}{15}$	$-\frac{16}{3}$	7				$-\frac{8}{105}$	$-\frac{32}{105}$
8					$\frac{16}{105}$	$\frac{16}{21}$	9					$\frac{16}{945}$
10						$-\frac{32}{945}$						

Damit ergeben sich folgende Wellenfunktionen:

$$n = 0:\ \psi_0 = c_0\, e^{-ax^2/2}$$

$$n = 1:\ \psi_1 = c_1\sqrt{a}\, x\, e^{-ax^2/2}$$

$$n = 2:\ \psi_2 = c_0[1 - 2(\sqrt{a}\, x)^2]\, e^{-ax^2/2}$$

$$n = 3:\ \psi_3 = c_1[\sqrt{a}\, x - \tfrac{2}{3}(\sqrt{a}\, x)^3]\, e^{-ax^2/2}\,.$$

Die Faktoren c_0 bzw. c_1 sind jeweils durch die Normierungsbedingung festzulegen [J.1].

K. Berechnung der Energie von Schwingung, Rotation und Translation

K.1 Schwingungsenergie nach (11.17)

Setzen wir

$$e^{-h\nu_0/(kT)} = x,$$

dann ergibt sich für die Summe in (11.17)

$$(\tfrac{1}{2} + \tfrac{3}{2}x + \tfrac{5}{2}x^2 + \tfrac{7}{2}x^3 + \ldots) = \tfrac{1}{2}(1 + 3x + 5x^2 + \ldots)$$

$$= \tfrac{1}{2}[(1 + x + x^2 + x^3 + \ldots) + (2x + 4x^2 + 6x^3 \ldots)]$$

$$= \frac{1}{2}\left[\frac{1}{1-x} + 2x(1 + 2x + 3x^2 + \ldots)\right].$$

Entsprechend gilt für die verbleibende Summe

$$S = (1 + 2x + 3x^2 + \ldots) = (1 + x + x^2 + \ldots) + x(1 + 2x + 3x^2 + \ldots) = \frac{1}{1-x} + xS\,.$$

Daraus folgt für S

$$S = \frac{1}{(1-x)^2} \quad \text{und für die Summe in (11.17) der Ausdruck}$$

$$\frac{1}{2}\left(\frac{1}{1-x} + \frac{2x}{(1-x)^2}\right) = \frac{1}{1-x}\left(\frac{1}{2} + \frac{x}{1-x}\right) = \frac{1}{1-x}\left(\frac{1}{2} + \frac{1}{1/x-1}\right).$$

K.2 Rotationsenergie nach (11.26)

Es ist

$$U_{\text{Rot}} = \frac{N}{Z} A \sum_{n=0}^{\infty} n(n+1)(2n+1) e^{-An(n+1)/(kT)},$$

wenn wir $\quad A = \dfrac{h^2}{8\pi^2\mu d_0^2}\quad$ setzen. Dabei ist $\quad Z = \sum\limits_{n=0}^{\infty}(2n+1)\, e^{-An(n+1)/(kT)}$.

Die Summe in U_{Rot} hängt direkt mit Z zusammen. Differenzieren wir Z nach T, dann erhalten wir

$$\frac{dZ}{dT} = \frac{A}{kT^2} \sum_{n=0}^{\infty} (2n+1)\, e^{-An(n+1)/(kT)} n(n+1).$$

Die Summe entspricht genau der interessierenden Summe im Ausdruck für U_{Rot}. Somit ist

$$U_{\text{Rot}} = \frac{N}{Z} A \frac{kT^2}{A} \frac{dZ}{dT} = NkT^2 \frac{dZ/dT}{Z}.$$

Ist T genügend groß, dann können wir Z durch Integration berechnen:

$$Z = \int_{n=0}^{\infty} (2n+1)\, e^{-An(n+1)/(kT)} dn.$$

Dieses Integral lösen wir durch die Substitution

$$u = \frac{A}{kT} n(n+1), \quad \text{also} \quad du = \frac{A}{kT}(2n+1)\, dn.$$

$$Z = \frac{kT}{A} \int_{u=0}^{\infty} (2n+1)\, e^{-u} \frac{1}{2n+1}\, du = \frac{kT}{A} \int_{u=0}^{\infty} e^{-u} du = \frac{kT}{A}.$$

Daraus ergibt sich

$$\frac{dZ}{dT} = \frac{k}{A} \quad \text{und} \quad U_{\text{Rot}} = NkT^2 \frac{k/A}{kT/A} = NkT.$$

Beispielsweise ist im Fall von HD-Molekülen nach Tabelle 11.2

$$A = 0{,}00912 \cdot 10^{-19}\,\text{J} \quad \text{und somit bei } T = 500\,\text{K}$$

$$Z = \frac{1{,}381 \cdot 10^{-23} \cdot 500}{0{,}00912 \cdot 10^{-19}} = 7{,}57 \quad \text{und}$$

$$\boldsymbol{U}_{\text{Rot}} = \boldsymbol{R}T = 8{,}314 \cdot 500\,\text{J mol}^{-1} = 4{,}16\,\text{kJ mol}^{-1}\,.$$

Die in Tabelle 11.2 durch direkte Summation erhaltenen Werte ($Z = 7{,}91$ und $\boldsymbol{U}_{\text{Rot}} = 3{,}83\,\text{kJ mol}^{-1}$) unterscheiden sich hiervon trotz der hohen Temperatur noch um mehrere Prozent. Das ist sicher nicht verwunderlich, weil bei 500 K nur Zustände mit Quantenzahlen bis $n = 5$ merklich zu Z und U_{Rot} beitragen und die Annäherung der Summation durch eine Integration daher noch nicht voll gerechtfertigt ist.

K.3 Translationsenergie nach (11.32)

Ersetzen wir in (11.32) die Summation durch eine Integration, dann ist mit (11.29) und (11.30)

$$\bar{E}_{\text{Trans}} = \frac{A}{Z} \int_{n_x} \int_{n_y} \int_{n_z} (n_x^2 + n_y^2 + n_z^2) \exp\left[-\frac{A}{kT}(n_x^2 + n_y^2 + n_z^2) \right] dn_x dn_y dn_z$$

$$= \frac{A}{Z} 3 \left(\int_{n_x=0}^{\infty} n_x^2 e^{-An_x^2/(kT)} dn_x \right) \left(\int_{n_y=0}^{\infty} e^{-An_y^2/(kT)} dn_y \right) \left(\int_{n_z=0}^{\infty} e^{-An_z^2/(kT)} dn_z \right)$$

mit $A = h^2/(8ML^2)$. Entsprechend ist

$$Z = \left[\int_{n_x=0}^{\infty} e^{-An_x^2/(kT)} dn_x \right]^3 .$$

Mit der Substitution $u^2 = An_x^2/(kT)$, also $du = \sqrt{A/(kT)}\,dn_x$ lassen sich die Integrale lösen. Es ist

$$I_1 = \int_0^{\infty} e^{-An_x^2/(kT)} dn_x = \sqrt{kT/A} \int_{u=0}^{\infty} e^{-u^2} du = \sqrt{kT/A}\,\tfrac{1}{2}\sqrt{\pi}$$

$$I_2 = \int_0^{\infty} n_x^2 e^{-An_x^2/(kT)} dn_x = \frac{kT}{A} \sqrt{kT/A} \int_{u=0}^{\infty} u^2 e^{-u^2} du = \frac{kT}{A} \sqrt{kT/A}\,\tfrac{1}{4}\sqrt{\pi}\,.$$

Damit ergibt sich

$$Z = \frac{1}{8} \sqrt{\left(\frac{\pi kT}{A} \right)^3}$$

$$E_{\text{Trans}} = \frac{A}{Z} 3 \cdot I_1^2 I_2 = \tfrac{3}{2}\,kT\,.$$

L. Boltzmannscher e-Satz

L.1 Maximum von $\ln \omega$

In Kap. 11 haben wir gezeigt, daß die Verteilung von N Teilchen auf Energieniveaus der Energien $E_1, E_2, \ldots$ bei großen Teilchenzahlen durch die Verteilung $(N_1, N_2, \ldots)$ gegeben ist, für die ω maximal wird. Um diese Verteilung zu erhalten, müssen wir also das Maximum von ω bezüglich der Teilchenzahlen $N_1, N_2, \ldots$ suchen. Aus rechentechnischen Gründen gehen wir im folgenden so vor, daß wir das Maximum von $\ln \omega$ berechnen. Es muß also

$$\delta \ln \omega = \left(\frac{\partial \ln \omega}{\partial N_1} \right) dN_1 + \left(\frac{\partial \ln \omega}{\partial N_2} \right) dN_2 + \ldots = 0 \quad \text{sein.}$$

Bei der Bildung der partiellen Ableitungen sind jeweils die übrigen Teilchenzahlen als konstant zu betrachten. Nun müssen wir noch beachten, daß bei jeder Änderung von Teilchenzahlen die Gesamtteilchenzahl N und die Gesamtenergie U gleich bleiben müssen:

$$N_1 + N_2 + N_3 + \ldots = N \qquad \sum_{i=1}^{\infty} dN_i = 0$$

$$E_1 N_1 + E_2 N_2 + E_3 N_3 + \ldots = U \qquad \sum_{i=1}^{\infty} E_i dN_i = 0 \,.$$

Das heißt aber, daß die Teilchenzahlen $N_1, N_2, \ldots$ nicht unabhängig voneinander variiert werden dürfen (deshalb wurde auch $\delta \ln \omega$ und nicht $d \ln \omega$ geschrieben, um anzudeuten, daß es sich nicht um ein vollständiges Differential handelt). Aus dieser Schwierigkeit kommen wir heraus, wenn wir die beiden Nebenbedingungen in den Ausdruck für $\delta \ln \omega$ einfügen (Verfahren von Lagrange).

Dazu multiplizieren wir beide Ausdrücke mit Konstanten α und β.

$$\alpha \sum_{i=1}^{\infty} dN_i = 0 \qquad \beta \sum_{i=1}^{\infty} E_i dN_l = 0$$

und subtrahieren diese Ausdrücke, die ja beide gleich Null sind, von $\delta \ln \omega$:

$$\delta \ln \omega = \left[\left(\frac{\partial \ln \omega}{\partial N_1} \right) - \alpha - \beta E_1 \right] dN_1 + \left[\left(\frac{\partial \ln \omega}{\partial N_2} \right) - \alpha - \beta E_2 \right] dN_2$$

$$+ \left[\left(\frac{\partial \ln \omega}{\partial N_3} \right) - \alpha - \beta E_3 \right] dN_3 + \ldots = 0 \,.$$

Da wir über den Wert der Konstanten α und β nichts ausgesagt haben, können wir sie im Prinzip beliebig festlegen. Von dieser Möglichkeit machen wir in der Weise Gebrauch, daß wir die ersten beiden Klammerausdrücke gleich Null setzen:

$$\frac{\partial \ln \omega}{\partial N_1} - \alpha - \beta E_1 = 0 \qquad \frac{\partial \ln \omega}{\partial N_2} - \alpha - \beta E_2 = 0 \,.$$

Wir können ja durch geeignete Wahl von α und β dafür sorgen, daß diese Beziehungen gerade erfüllt sind. Dann vereinfacht sich unser Variationsdruck zu

$$\delta \ln \omega = \left[\frac{\partial \ln \omega}{\partial N_3} - \alpha - \beta E_3\right] dN_3 + \left[\frac{\partial \ln \omega}{\partial N_4} - \alpha - \beta E_4\right] dN_4 + \ldots = 0 \, .$$

In diesem Ausdruck sind nun alle verbleibenden Teilchenzahlen N_i unabhängig voneinander: ändern wir beispielsweise N_3 um dN_3, dann können wir durch entsprechende Änderung von N_1 und N_2 dafür sorgen, daß unsere Nebenbedingungen erfüllt bleiben. Wenn aber beliebige Änderungen dN_i der Teilchenzahlen ($i \geqslant 3$) zulässig sind, dann kann $\delta \ln \omega$ nur dann Null werden, wenn jeder der Klammerausdrücke einzeln Null wird. Für die Verteilung mit maximalem ω muß also ganz allgemein

$$\left(\frac{\partial \ln \omega}{\partial N_i}\right) - \alpha - \beta E_i = 0 \quad i = 1, 2, 3 \ldots$$

gelten. Die Verteilung selbst erhalten wir, indem wir den Ausdruck für ω explizit einführen.

L.2 Besetzungszahlen N_i

Unterscheidbare Teilchen
In diesem Fall gilt nach (11.59)

$$\omega = \frac{N!}{N_1! N_2! N_3! \ldots} \, .$$

Mit der Stirlingschen Formel erhalten wir daraus

$$\ln \omega = N \ln N - N - N_1 \ln N_1 + N_1 - N_2 \ln N_2 + N_2 \ldots .$$

Dann ist beispielsweise

$$\left(\frac{\partial \ln \omega}{\partial N_1}\right) = - \ln N_1 - N_1 \frac{1}{N_1} + 1 = - \ln N_1$$

und somit

$$- \ln N_1 - \alpha - \beta E_1 = 0 \, .$$

Daraus folgt

$$N_1 = e^{-\alpha - \beta E_1} = e^{-\alpha} e^{-\beta E_1} = \text{const } e^{-\beta E_1} \, .$$

Entsprechend können wir für eine beliebige Teilchenzahl N_i vorgehen. Setzen wir ge-

. mäß (11.65) $\beta = 1/(kT)$, dann ist der Boltzmannsche e-Satz für unterscheidbare Teilchen bewiesen.

Nicht unterscheidbare Teilchen

Bei der Translationsbewegung in einem Gas sind die Teilchen nicht unterscheidbar. Beschränken wir uns auf ein Gas, das bei genügend hoher Temperatur vorliegt, dann ist nach Kap. 11 die Anzahl g_i der in einem Intervall ΔE zur Verfügung stehenden Energieniveaus viel größer als die Zahl N_i der darin unterzubringenden Teilchen. In diesem Fall können wir die Anzahl der Realisierungsmöglichkeiten analog zu (13.24) abzählen. Während jedoch bei (13.24) von einer Gleichverteilung aller Teilchen auf alle Niveaus ausgegangen wurde, müssen wir jetzt berücksichtigen, daß eine solche Gleichverteilung nur in jeweils kleinen Energieintervallen der Breite ΔE möglich ist. Für ein einzelnes Intervall gibt es also $g_i^{N_i}/N_i!$ Realisierungsmöglichkeiten. Die Anzahl ω der Realisierungsmöglichkeiten für sämtliche Intervalle ergibt sich als Produkt

$$\omega = \frac{g_1^{N_1}}{N_1!} \, \frac{g_2^{N_2}}{N_2!} \, \frac{g_3^{N_3}}{N_3!} \cdots$$

dieser Einzelwerte. Entsprechend wie im Fall unterscheidbarer Teilchen bilden wir

$$\ln \omega = N_1 \ln g_1 - N_1 \ln N_1 + N_1 + N_2 \ln g_2 - N_2 \ln N_2 + N_2 + \ldots$$

$$\left(\frac{\partial \ln \omega}{\partial N_1} \right) = \ln g_1 - \ln N_1 - N_1 \frac{1}{N_1} + 1 = -\ln \frac{N_1}{g_1}.$$

Somit ist

$$-\ln \frac{N_1}{g_1} - \alpha - \beta E_1 = 0 \quad \frac{N_1}{g_1} = e^{-\alpha} e^{-\beta E_1}.$$

Verallgemeinern wir wieder für ein beliebiges Intervall i und setzen wir $\beta = 1/(kT)$, dann ist die Wahrscheinlichkeit, ein Teilchen im Intervall i zu finden,

$$W_i = \frac{N_i}{N} = \text{const } g_i e^{-E_i/(kT)}.$$

Dies ist genau unsere Beziehung (11.34), wenn wir W_i, g_i und E_i durch $\Delta W_{E,E+\Delta E}$, Δg und E ersetzen.

M. Berechnung von $C_p - C_V$

Nach (12.7), (12.16) und (15.10) ist

$$C_p - C_V = \left(\frac{\partial H}{\partial T} \right)_p - \left(\frac{\partial U}{\partial T} \right)_V. \qquad (M.1)$$

Weiter unten wird gezeigt, daß dieser Ausdruck in der Form

$$C_\mathrm{p} - C_\mathrm{V} = \left[\left(\frac{\partial U}{\partial V} \right)_\mathrm{T} + p \right] \left(\frac{\partial V}{\partial T} \right)_\mathrm{p} \tag{M.2}$$

geschrieben werden kann und daß

$$\left(\frac{\partial U}{\partial V} \right)_\mathrm{T} = T \left(\frac{\partial p}{\partial T} \right)_\mathrm{V} - p \tag{M.3}$$

gilt. Damit ist

$$C_\mathrm{p} - C_\mathrm{V} = T \left(\frac{\partial p}{\partial T} \right)_\mathrm{V} \left(\frac{\partial V}{\partial T} \right)_\mathrm{p}. \tag{M.4}$$

Dieser Ausdruck läßt sich so umformen, daß $(C_\mathrm{p} - C_\mathrm{V})$ durch den thermischen Ausdehnungskoeffizienten γ und die Kompressibilität $\varkappa$ beschrieben werden kann. Es gilt nämlich für die Zustandsgröße V

$$dV = \left(\frac{\partial V}{\partial T} \right)_\mathrm{p} dT + \left(\frac{\partial V}{\partial p} \right)_\mathrm{T} dp. \tag{M.5}$$

Für einen Prozeß bei $V = $ const. ist $dV = 0$ und somit gilt

$$\left(\frac{\partial p}{\partial T} \right)_\mathrm{V} = - \left(\frac{\partial V}{\partial T} \right)_\mathrm{p} \bigg/ \left(\frac{\partial V}{\partial p} \right)_\mathrm{T}. \tag{M.6}$$

Andererseits sind γ und $\varkappa$ definiert durch

$$\gamma = \frac{1}{V} \left(\frac{\partial V}{\partial T} \right)_\mathrm{p} \qquad \varkappa = -\frac{1}{V} \left(\frac{\partial V}{\partial p} \right)_\mathrm{T}. \tag{M.7}$$

Damit erhalten wir aus (M.4)

$$\boxed{C_\mathrm{p} - C_\mathrm{V} = TV \frac{\gamma^2}{\varkappa}}. \tag{M.8}$$

Begründung von (M.2)

Nach (15.7) und (17.78) gilt für einen Prozeß bei konstantem Druck für die Zustandsgröße H (diese Größe hängt dann von T und V ab)

$$dH = dU + p\,dV = \left(\frac{\partial U}{\partial T} \right)_\mathrm{V} dT + \left(\frac{\partial U}{\partial V} \right)_\mathrm{T} dV + p\,dV. \tag{M.9}$$

Also ist

$$\left(\frac{\partial H}{\partial T}\right)_p = \left(\frac{\partial U}{\partial T}\right)_V + \left(\frac{\partial U}{\partial V}\right)_T \left(\frac{\partial V}{\partial T}\right)_p + p \left(\frac{\partial V}{\partial T}\right)_p . \tag{M.10}$$

Aus (M.1) und (M.10) folgt (M.2).

Begründung von (M.3)

Nach (14.3) und (M.9) gilt für einen Prozeß bei konstantem Druck für die Zustandsgröße S

$$dS = \frac{dQ}{T} = \frac{dH}{T} = \frac{1}{T}\left(\frac{\partial U}{\partial T}\right)_V dT + \frac{1}{T}\left[\left(\frac{\partial U}{\partial V}\right)_T + p\right] dV . \tag{M.11}$$

Andererseits ist nach (17.79)

$$dS = \left(\frac{\partial S}{\partial T}\right)_V dT + \left(\frac{\partial S}{\partial V}\right)_T dV . \tag{M.12}$$

Somit ist

$$\left(\frac{\partial S}{\partial T}\right)_V = \frac{1}{T}\left(\frac{\partial U}{\partial T}\right)_V \quad \text{und} \quad \left(\frac{\partial S}{\partial V}\right)_T = \frac{1}{T}\left[\left(\frac{\partial U}{\partial V}\right)_T + p\right] . \tag{M.13}$$

Da S eine Zustandsgröße ist, dS also ein totales Differential darstellt, muß der Schwarzsche Satz gelten:

$$\frac{\partial^2 S}{\partial T \partial V} = \frac{\partial^2 S}{\partial V \partial T} . \tag{M.14}$$

Es ist also mit (M.13)

$$\frac{1}{T}\frac{\partial^2 U}{\partial T \partial V} = -\frac{1}{T^2}\left[\left(\frac{\partial U}{\partial V}\right)_T + p\right] + \frac{1}{T}\left[\frac{\partial^2 U}{\partial V \partial T} + \left(\frac{\partial p}{\partial T}\right)_V\right] . \tag{M.15}$$

Da auch auf dU der Schwarzsche Satz anzuwenden ist, also

$$\frac{\partial^2 U}{\partial T \partial V} = \frac{\partial^2 U}{\partial V \partial T} \tag{M.16}$$

gilt, folgt daraus (M.3).

N. Anzahl Ω der Realisierungsmöglichkeiten für ein Gas

Nach Anhang L ist die Anzahl ω der Realisierungsmöglichkeiten nicht unterscheidbarer Teilchen durch

$$\omega = \frac{g_1^{N_1}}{N_1!}\ \frac{g_2^{N_2}}{N_2!}\ \frac{g_3^{N_3}}{N_3!}\cdots$$

gegeben, falls $g_i \gg N_i$ ist. Wir betrachten zunächst diejenige Verteilung, die dem maximalen Wert von ω entspricht. Diese Verteilung ist nach Anhang L durch den Boltzmannschen e-Satz gegeben:

$$\frac{N_i}{g_i} = \frac{N}{Z}\,\mathrm{e}^{-E_i/(kT)}\,.$$

Wir erhalten $\omega_{\max}$, wenn wir diese Verteilung in den Ausdruck für ω einsetzen. Zweckmäßigerweise gehen wir dazu so vor, daß wir zunächst $\ln\omega$ bilden und die Fakultäten durch die Stirlingsche Formel annähern.

$$\ln\omega = N_1 \ln g_1 - N_1 \ln N_1 + N_1 + N_2 \ln g_2 - N_2 \ln N_2 + N_2 + \ldots$$

$$= \sum_i \left(-N_i \ln\frac{N_i}{g_i} + N_i\right) = N - \sum_i N_i \ln\frac{N_i}{g_i}\,.$$

Einsetzen des Boltzmannschen e-Satzes:

$$\ln\omega_{\max} = N - \sum_i \frac{N}{Z} g_i \mathrm{e}^{-E_i/(kT)} \ln\left(\frac{N}{Z}\mathrm{e}^{-E_i/(kT)}\right)$$

$$= N - \frac{N}{Z}\sum_i \left[g_i \mathrm{e}^{-E_i/(kT)}\left(\ln\frac{N}{Z} - \frac{E_i}{kT}\right)\right]$$

$$= N - \frac{N}{Z}\ln\frac{N}{Z}\sum_i g_i \mathrm{e}^{-E_i/(kT)} + \frac{N}{Z}\frac{1}{kT}\sum_i E_i g_i \mathrm{e}^{-E_i/(kT)}\,.$$

Nun ist nach Kap. 11

$$\sum_i g_i \mathrm{e}^{-E_i/(kT)} = Z$$

$$\frac{N}{Z}\sum_i E_i g_i \mathrm{e}^{-E_i/(kT)} = U = \frac{3}{2}NkT\,.$$

Somit wird

$$\ln\omega_{\max} = N - N\ln\frac{N}{Z} + \frac{U}{kT} = N - N\ln\frac{N}{Z} + \frac{3}{2}N = N\left(\frac{5}{2} - \ln\frac{N}{Z}\right) = N\ln\left(\frac{Z}{N}\mathrm{e}^{5/2}\right)\,.$$

Die Zustandssumme der Translation wurde im Anhang K berechnet

$$Z = \left(\frac{2\pi kTML^2}{h^2}\right)^{3/2}\,.$$

Damit wird

$$\ln \omega_{\max} = N \ln \left[\left(\frac{2 \pi \, kT \, ML^2}{h^2} \right)^{3/2} \frac{e^{5/2}}{N} \right]$$

bzw.

$$\omega_{\max} = \left[e^{5/2} (2 \pi)^{3/2} \left(\frac{kM}{h^2} \right)^{3/2} \frac{V}{N} T^{3/2} \right]^N ,$$

wenn wir $L^3 = V$ setzen. Somit haben wir die Anzahl der Realisierungsmöglichkeiten für die wahrscheinlichste Verteilung berechnet. Nun sind aber auch Verteilungen häufig realisiert, die sich geringfügig von der wahrscheinlichsten Verteilung unterscheiden (Abb. 11.21, 22), und wir müssen zur Berechnung der Gesamtzahl Ω aller Realisierungsmöglichkeiten sämtliche Beiträge aufsummieren. Nach Abschn. 11.3 ist Ω durch

$$\Omega = \omega_1 + \omega_2 + \ldots + \omega_{\max} + \ldots$$

gegeben. Dieses Vorgehen ist in den Zahlenbeispielen, die den Abb. 11.21 und 11.22 zugrunde liegen, veranschaulicht worden. In diesen Beispielen ist $N = 6$ bzw. $N = 100$.

Wir entnehmen aus Abschn. 11.3 die folgenden Zahlenwerte und fügen die entsprechenden Werte für $N = 1000$ und $N = 10000$ hinzu:

N	Ω	$\omega_{\max}$	$\dfrac{\omega_{\max}}{\Omega}$	$\dfrac{\ln \omega_{\max}}{\ln \Omega}$
6	90	60	0,67	0,90
100	$69 \cdot 10^{32}$	$15 \cdot 10^{32}$	0,22	0,98
1 000	$16 \cdot 10^{349}$	$1 \cdot 10^{349}$	0,063	0,997
10 000	$164 \cdot 10^{3503}$	$3,6 \cdot 10^{3503}$	0,022	0,9995

Wir sehen, daß mit zunehmender Teilchenzahl das Verhältnis $\omega_{\max}/\Omega$ immer kleiner wird, daß also neben der wahrscheinlichsten Verteilung immer mehr Verteilungen zu Ω beitragen, die sich von der wahrscheinlichsten Verteilung unterscheiden. Vergleichen wir aber in unserer Tabelle $\ln \omega_{\max}$ mit $\ln \Omega$, dann stellen wir fest, daß sich beide Größen mit zunehmender Teilchenzahl N immer weniger unterscheiden: bei $N = 10000$ ist der Unterschied bereits nur noch 0,05%. Wir können also bei großen Teilchenzahlen

$$\ln \Omega = \ln \omega_{\max}$$

setzen. Damit ist auch (13.27) begründet. In den Kap. 13 und 14 wird gezeigt, daß sämtliche experimentell zugänglichen Größen, die mit Ω zusammenhängen, proportional zu $\ln \Omega$ sind (z. B. die Entropie S), die betrachtete Näherung zur Abzählung von Ω also ausreichend genau ist.

O. Berechnung von S aus der Zustandssumme

Für nicht unterscheidbare Teilchen wurde in Anhang N

$$\ln \Omega = \ln \omega_{\text{max}} = N + N \ln \frac{Z}{N} + \frac{U}{kT}$$

berechnet. Für die Entropie S gilt dann nach Kap. 13

$$S = k \ln \Omega = kN + kN \ln \frac{Z}{N} + \frac{U}{T}$$

bzw.

$$\boxed{S = R\,(1 + \ln Z - \ln N) + \frac{U}{T}}\,.$$

Wir übertragen das Verfahren jetzt auf unterscheidbare Teilchen. In diesem Fall müssen wir von der Beziehung

$$\omega = \frac{N!}{N_1!\,N_2!\,N_3!\,\ldots}$$

ausgehen und zur Ermittlung von ω_{max} die Teilchenzahlen durch den Boltzmannschen e-Satz ausdrücken. Es ist, wenn wir wieder die Fakultäten durch die Stirlingsche Formel ausdrücken,

$$\begin{aligned}
\ln \omega &= N \ln N - N - N_1 \ln N_1 + N_1 - N_2 \ln N_2 + N_2 \ldots \\
&= N \ln N - N + N - \sum_i N_i \ln N_i = N \ln N - \sum_i N_i \ln N_i .
\end{aligned}$$

Mit dem Boltzmannschen e-Satz

$$N_i = \frac{N}{Z}\, e^{-E_i/(kT)}$$

ergibt sich

$$\begin{aligned}
\ln \omega_{\text{max}} &= N \ln N - \sum_i \frac{N}{Z}\, e^{-E_i/(kT)} \ln \left(\frac{N}{Z}\, e^{-E_i/(kT)} \right) \\[2mm]
&= N \ln N - \frac{N}{Z} \ln \frac{N}{Z} \sum_i e^{-E_i/(kT)} + \frac{N}{Z}\, \frac{1}{kT} \sum_i E_i\, e^{-E_i/(kT)} \\[2mm]
&= N \ln N - \frac{N}{Z} \ln \frac{N}{Z}\, Z + \frac{U}{kT} = N \ln Z + \frac{U}{kT}\,.
\end{aligned}$$

Für die Entropie S gilt dann

$$S = k \ln \Omega = k \ln \omega_{\max} = kN \ln Z + U/T$$

bzw.

$$\boxed{S = R \ln Z + \frac{U}{T}}\,.$$

P. Aktivierungsfaktor bei chemischen Reaktionen

Um die Überlegung übersichtlich zu gestalten, wollen wir eine chemische Reaktion betrachten, bei der ein leichtes Teilchen A (Masse M) mit einem sehr viel schwereren Teilchen B zusammenstößt. In diesem Fall ist das Teilchen B praktisch in Ruhe, und bei einem Stoß wird der Anteil $Mu_s^2/2$ der kinetischen Energie des Teilchens A übertragen (Abb. P.1); ist diese Energie größer als die Aktivierungsenergie, dann ist der Stoß erfolgreich.

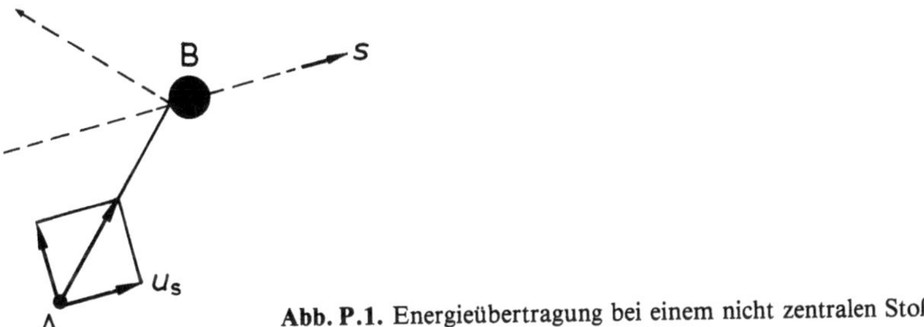

Abb. P.1. Energieübertragung bei einem nicht zentralen Stoß

Um die Wahrscheinlichkeit W für dieses Ereignis auszurechnen, betrachten wir zunächst die Wahrscheinlichkeit, daß ein herausgegriffenes Molekül in einer herausgegriffenen Richtung, z. B. der Richtung s, eine Geschwindigkeitskomponente im Intervall u_s bis $u_s + du_s$ hat. Sie ist nach Aufgabe 11.7

$$f(u_s)\,du_s = \text{const } e^{-Mu_s^2/(2kT)}\,du_s\,.$$

Bei der Berechnung der Stoßzahl Z in (20.2) wurde vorausgesetzt, daß Z proportional zur mittleren Geschwindigkeit des stoßenden Teilchens A sei. Wir müssen jedoch berücksichtigen, daß schnelle Teilchen öfter stoßen als langsame; die Stoßzahl ist also noch proportional zur tatsächlichen Geschwindigkeit u_s.

Die Wahrscheinlichkeit dW, daß beim Stoß eines Teilchens A mit einem Teilchen B die betrachtete Geschwindigkeitskomponente im Intervall zwischen u_s und $u_s + du_s$ liegt, ist also

$$dW = \frac{u_s f(u_s)\,du_s}{\displaystyle\int_0^\infty u_s f(u_s)\,du_s}\,.$$

Die Wahrscheinlichkeit W für erfolgreiche Stöße ist somit

$$W = \int\limits_{u_{s,0}}^{\infty} dW = \frac{\int\limits_{u_{s,0}}^{\infty} u_s f(u_s)\, du_s}{\int\limits_{0}^{\infty} u_s f(u_s)\, du_s},$$

wobei $u_{s,0}$ diejenige Mindestgeschwindigkeit ist, für die die kinetische Energie, die beim elastischen Stoß in potentielle Energie verwandelt wird, gleich der Aktivierungsenergie ist

$$\tfrac{1}{2} M u_{s,0}^2 = E_{\mathrm{Akt}}$$

bzw.

$$u_{s,0} = \sqrt{\frac{2 E_{\mathrm{Akt}}}{M}}\,.$$

Setzen wir den Ausdruck für $f(u_s)$ ein, dann folgt

$$W = \frac{\int\limits_{u_{s,0}}^{\infty} u_s \exp[-M u_s^2/(2kT)]\, du_s}{\int\limits_{0}^{\infty} u_s \exp[-M u_s^2/(2kT)]\, du_s}\,.$$

Zur Berechnung der beiden Integrale setzen wir

$$x = \frac{M u_s^2}{2kT}, \quad \text{also} \quad dx = \frac{M u_s}{kT}\, du_s\,.$$

Damit wird

$$\int u_s e^{-M u_s^2/(2kT)}\, du_s = \frac{kT}{M} \int e^{-x}\, dx = -\frac{kT}{M} e^{-x} = -\frac{kT}{M} e^{-M u_s^2/(2kT)}\,,$$

und wir erhalten

$$W = \frac{(kT/M)\exp[-M u_{s,0}^2/(2kT)]}{kT/M} = e^{-E_{\mathrm{Akt}}/(kT)}\,.$$

Es ist also $Z_{\mathrm{erfolgreich}} = ZW = Z e^{-E_{\mathrm{Akt}}/(kT)}$.

Damit sind die Beziehungen (20.7) und (20.8) für den Fall begründet, daß Stöße zwischen leichten Teilchen A und schweren Teilchen B stattfinden.

Q. Standardwerte von Zustandsgrößen

Tabelle Q.1. Bildungsenthalpien $\Delta H^0_{B,298}$, Entropien S^0_{298}, Freie Bildungsenthalpien $\Delta G^0_{B,298}$ und Wärmekapazität $C^0_{p,298}$ einiger Stoffe bei 298,15 K. Feste (s) und flüssige (l) Stoffe unter $p = 1,013$ bar; gasförmige (g) Stoffe unter $p = 1,013$ bar im ideal gedachten Zustand; gelöste Stoffe in Wasser (aq) unter $c = 1$ mol l^{-1} im ideal gedachten Zustand [Q.1 – 7]

Substanz	Zustand	$\Delta H^0_{B,298}$ $\overline{\text{kJ mol}^{-1}}$	S^0_{298} $\overline{\text{J K}^{-1}\text{mol}^{-1}}$	$\Delta G^0_{B,298}$ $\overline{\text{kJ mol}^{-1}}$	$C^0_{p,298}$ $\overline{\text{J K}^{-1}\text{mol}^{-1}}$
Ag	s	0	42,7	0	25,5
Ag^+	aq	105,9		77,1	
AgJ	s	$-62,4$	114,2	$-66,3$	54,4
Al	s	0	28,3	0	24,3
Al^{3+}	aq	$-524,7$		$-481,2$	
Al_2O_3	s	$-1675,3$	51,0	$-1581,9$	79,0
Ar	g	0	154,7	0	20,8
Au	s	0	47,4	0	25,2
Au^{3+}	aq			137,0	
$AuCl_4^-$	aq	$-325,5$		$-235,1$	
Br_2	l	0	152,1	0	55,7
Br^-	aq	$-120,9$		102,9	
C (Graphit)	s	0	5,7	0	8,6
C (Diamant)	s	1,9	2,4	2,9	6,1
CO	g	$-110,5$	197,9	$-137,3$	29,1
CO_2	g	$-393,5$	213,6	$-393,4$	37,1
CO_3^{2-}	aq	$-676,3$		$-528,1$	
CN^-	aq	151,0		165,7	
Ca	s	0	41,6	0	26,3
Ca^{2+}	aq	$-543,0$		$-553,0$	
CaO	s	$-635,1$	39,7	$-604,2$	42,8
$CaCO_3$ (Calzit)	s	-1206	92,9	$-1128,8$	81,9
Cd	s	0	51,8	0	26,0
Cd^{2+}	aq	$-72,4$		$-77,7$	
Cl_2	g	0	223,0	0	33,9
Cl^-	aq	$-167,5$		$-131,2$	
HCl	g	$-92,3$	186,7	$-95,3$	29,1
HCl	aq	$-167,5$		$-131,2$	
Cu	s	0	33,1	0	24,5
Cu^+	aq	51,9		50,2	
Cu^{2+}	aq	64,4		65,0	
$[Cu(NH_3)_4]^{2+}$	aq	$-334,4$		-256	
F_2	g	0	202,7	0	31,5
F^-	aq	$-329,1$		$-276,5$	
Fe	s	0	27,3	0	25,2

Tabelle Q.1 (Fortsetzung)

Substanz	Zustand	$\Delta H^0_{B,298}$	S^0_{298}	$\Delta G^0_{B,298}$	$C^0_{p,298}$
		$\overline{\text{kJ mol}^{-1}}$	$\overline{\text{J K}^{-1}\text{mol}^{-1}}$	$\overline{\text{kJ mol}^{-1}}$	$\overline{\text{J K}^{-1}\text{mol}^{-1}}$
Fe^{2+}	aq	$-87{,}9$		$-84{,}9$	
Fe^{3+}	aq	$-47{,}7$		$-10{,}5$	
Fe_2O_3	s	$-825{,}5$	$87{,}4$	$-743{,}6$	$104{,}6$
FeS	s	$-95{,}1$	$67{,}4$	$-97{,}6$	$50{,}5$
H	g	$-218{,}0$	$114{,}6$	$203{,}3$	$20{,}8$
H_2	g	0	$130{,}6$	0	$28{,}8$
H^+	aq	0		0	
Hg	l	0	$76{,}0$	0	$27{,}8$
Hg_2^{2+}	aq			$153{,}6$	
Hg^{2+}	aq			$174{,}6$	
Hg_2Cl_2	s	$-264{,}9$	$192{,}5$	$-210{,}5$	$101{,}6$
J	g	$106{,}6$	$180{,}7$		$20{,}8$
J_2	s	0	$116{,}7$	0	$55{,}0$
J_2	g	$62{,}2$	$260{,}6$		$36{,}9$
J^-	aq	$55{,}9$		$51{,}7$	
HJ	g	$25{,}9$	$206{,}3$	$1{,}3$	$29{,}2$
K	s	$64{,}7$	0	$29{,}2$	$29{,}5$
K^+	aq	$-251{,}2$		$-282{,}0$	
Li	s	0	$29{,}1$	0	$23{,}6$
Li^+	aq	$-278{,}5$		$-293{,}8$	
N_2	g	0	$191{,}5$	0	$29{,}1$
NH_3	g	$-46{,}2$	$192{,}5$	$-16{,}6$	$35{,}7$
NH_4^+	aq	$-132{,}8$		$-79{,}5$	
NO	g	$90{,}3$	$210{,}6$	$86{,}7$	$29{,}9$
NO_2	g	$33{,}1$	$240{,}0$	$51{,}2$	$37{,}9$
NO_3^-	aq	$-206{,}6$		$-110{,}5$	
Na	s	0	$51{,}4$	0	$28{,}4$
Na^+	aq	$-239{,}7$		$-261{,}9$	
$NaCl$	s	$-411{,}1$	$72{,}1$	$-384{,}0$	$49{,}7$
$NaCl$	aq	$407{,}2$			
$NaOH$	s	$-732{,}9$	$84{,}5$	$-623{,}4$	$59{,}5$
$Na_2SO_4 \cdot 10H_2O$	s	-4324	$592{,}9$	-3644	$575{,}7$
$Na_2SO_4 \cdot 10H_2O$	aq	-4245			
O	g	$249{,}2$	$161{,}0$	$231{,}8$	$21{,}9$
O_2	g	0	$205{,}0$	0	$29{,}4$
OH^-	aq	$-229{,}9$		$-157{,}3$	
H_2O	l	$-285{,}9$	$69{,}9$	$-237{,}2$	$75{,}3$
H_2O	g	$-241{,}8$	$188{,}7$	$-228{,}6$	$33{,}6$
Pb	s	0	$64{,}8$	0	$26{,}8$
Pb^{2+}	aq	$1{,}6$		$-24{,}3$	

Tabelle Q.1. (Fortsetzung)

Substanz	Zustand	$\Delta H^0_{B,298}$	S^0_{298}	$\Delta G^0_{B,298}$	$C^0_{p,298}$
		kJ mol^{-1}	J K^{-1} mol^{-1}	kJ mol^{-1}	J K^{-1} mol^{-1}
PbJ_2	s	$-175,1$	175,2	$-173,4$	81,2
PbO_2	s	$-270,1$	76,5	$-212,4$	64,4
S (rhombisch)	s	0	31,9	0	22,6
Zn	s	0	41,6	0	25,1
Zn^{2+}	aq	$-152,4$		$-147,2$	
$[Zn(CN)_4]^{2-}$	aq	343,1		446,9	
Acetylen	g	226,7	200,8	209,2	43,9
Acetation	aq	$-485,6$		$-376,9$	
Äthan	g	$-84,7$	225,5	$-32,9$	52,7
Äthanol	l	$-227,6$	161,0	$-174,8$	112,0
Äthanol	aq	$-278,7$		$-182,0$	
Äthylen	g	52,3	219,5	68,1	43,6
Alanin	s	$-563,7$		$-372,0$	
Alanin	aq	$-554,9$		$-371,3$	
Ameisensäure	l	$-409,2$	129,0	$-346,0$	99
Benzol	l	49,0	172,8	124,5	136,1
Butadien	g	111,9	278,7	152,4	79,5
Chinon	s	$-186,8$			132
Essigsäure	l	$-487,0$	159,8	$-392,5$	123,4
Essigsäure	aq	$-485,3$		$-404,1$	
Formiation	aq	$-410,0$		$-334,7$	
Glucose (α-D)	s	$-1274,5$	212,1	$-910,6$	218,9
Glucose (α-D)	aq	$-1263,1$	264,0	$-914,5$	
Glyzin	s	$-537,3$		$-377,8$	
Glyzin	aq	$-523,1$		$-379,9$	
Glyzyl-Alanin	aq			$-733,9$	
Hydrochinon	s	$-363,0$			142
Methanol	l	$-238,7$	126,8	$-166,3$	81,6
Methanol	aq	$-245,9$		$-175,2$	
Phenol	s	$-162,8$	142	$-47,5$	134,7
Polyäthylen	s	$-53,7$	45,0	14,1	51
Saccharose	s	-2221	360	-1542	425

Tabelle Q.2. Änderungen der Freien Enthalpie ΔG^0_{298} und $\Delta G^{0'}_{298}$ (bei pH 7) sowie Standardpotentiale E^0_{298} und $E^{0'}_{298}$ (bei pH 7) bei 298,15 K für Reaktionen in wäßriger Lösung, die nach dem Schema Ausgangsstoff $+$ H^+ $\to$ Endprodukt $+ \frac{1}{2}H_2$ ablaufen [Q.8–11]

Reaktion	ΔG^0_{298} kJ mol^{-1}	$\Delta G^{0'}_{298}$ kJ mol^{-1}	E^0_{298} V	$E^{0'}_{298}$ V
$Ag + H^+ \to Ag^+ + \frac{1}{2}H_2$	77,2	117,2	0,800	0,800
$\frac{1}{3}Al + H^+ \to \frac{1}{3}Al^{3+} + \frac{1}{2}H_2$	$-164,6$	$-124,6$	$-1,706$	$-1,706$
$\frac{1}{3}Au + H^+ \to \frac{1}{3}Au^{3+} + \frac{1}{2}H_2$	137,0	177,0	1,42	1,42
$\frac{1}{3}Au + \frac{4}{3}Cl^- + H^+ \to \frac{1}{3}[AuCl_4]^- + \frac{1}{2}H_2$	95,9	135,9	0,994	0,994
$Br^- + H^+ \to \frac{1}{2}Br_2 + \frac{1}{2}H_2$	104,9	144,9	1,087	1,087
$\frac{1}{2}Ca + H^+ \to \frac{1}{2}Ca^{2+} + \frac{1}{2}H_2$	$-276,9$	$-236,9$	$-2,87$	$-2,87$
$Cl^- + H^+ \to \frac{1}{2}Cl_2 + \frac{1}{2}H_2$	131,0	171,0	1,358	1,358
$Cu + H^+ \to Cu^+ + \frac{1}{2}H_2$	50,4	90,4	0,522	0,522
$\frac{1}{2}Cu + H^+ \to \frac{1}{2}Cu^{2+} + \frac{1}{2}H_2$	32,8	72,8	0,340	0,340
$\frac{1}{2}Cd + H^+ \to \frac{1}{2}Cd^{2+} + \frac{1}{2}H_2$	$-38,9$	1,1	$-0,403$	$-0,403$
$F^- + H^+ \to \frac{1}{2}F_2 + \frac{1}{2}H_2$	276,9	316,9	2,87	2,87
$\frac{1}{2}Fe + H^+ \to \frac{1}{2}Fe^{2+} + \frac{1}{2}H_2$	$-42,5$	$-2,5$	$-0,441$	$-0,441$
$\frac{1}{3}Fe + H^+ \to \frac{1}{3}Fe^{3+} + \frac{1}{2}H_2$	$-3,5$	36,5	$-0,036$	$-0,036$
$Fe^{2+} + H^+ \to Fe^{3+} + \frac{1}{2}H_2$	74,3	114,3	0,770	0,770
$\frac{1}{2}Hg + H^+ \to \frac{1}{2}Hg_2^{2+} + \frac{1}{2}H_2$	76,8	116,8	0,796	0,796
$\frac{1}{2}Hg + H^+ \to \frac{1}{2}Hg^{2+} + \frac{1}{2}H_2$	87,3	127,3	0,905	0,905
$J^- + H^+ \to \frac{1}{2}J_2 + \frac{1}{2}H_2$	51,6	91,6	0,535	0,535
$K + H^+ \to K^+ + \frac{1}{2}H_2$	$-282,1$	$-242,1$	$-2,924$	$-2,924$
$Li + H^+ \to Li^+ + \frac{1}{2}H_2$	$-293,8$	$-253,8$	$-3,045$	$-3,045$
$Na + H^+ \to Na^+ + \frac{1}{2}H_2$	$-261,6$	$-221,6$	$-2,711$	$-2,711$
$\frac{1}{2}Pb + H^+ \to \frac{1}{2}Pb^{2+} + \frac{1}{2}H_2$	$-12,2$	27,8	$-0,126$	$-0,126$
$\frac{1}{2}Zn + H^+ \to \frac{1}{2}Zn^{2+} + \frac{1}{2}H_2$	$-73,6$	$-33,6$	$-0,763$	$-0,763$
$\frac{1}{2}Zn + 2CN^- + H^+ \to \frac{1}{2}[Zn(CN)_4]^{2-} + \frac{1}{2}H_2$	$-108,0$	$-68,0$	$-1,12$	$-1,12$
$\frac{1}{2}Hydrochinon \to \frac{1}{2}Chinon + \frac{1}{2}H_2$	67,5	67,5	0,700	0,286
$\frac{1}{2}Leukomethylenblau \to \frac{1}{2}Methylenblau + \frac{1}{2}H_2$	41,0	41,0	0,425	0,011
$\frac{1}{2}NADH + \frac{1}{2}H^+ \to \frac{1}{2}NAD^+ + \frac{1}{2}H_2$	$-21,9$	18,1	0,227	0,020
$\frac{1}{2}Succinat \to \frac{1}{2}Fumarat + \frac{1}{2}H_2$	42,8	42,8	0,444	0,030
$Cyt\,b(Fe^{2+}) + H^+ \to Cyt\,b(Fe^{3+}) + \frac{1}{2}H_2$	3,9	43,9	0,04	0,04
$Cyt\,c_1(Fe^{2+}) + H^+ \to Cyt\,c_1(Fe^{3+}) + \frac{1}{2}H_2$	21,2	61,2	0,22	0,22

Tabelle Q.3. Änderungen der Freien Enthalpie $\Delta G^{0'}$ (bei pH 7) für einige biochemisch wichtige Reaktionen bei 298,15 K

	$\Delta G^{0'}$ kJ mol^{-1}	Literatur
Hydrolysen		
ATP → ADP + P	− 30,5	[Q.12]
Glucose-6-Phosphat → Glucose + P	− 13,8	[Q.13]
Acetylphosphat → Essigsäure + P	− 43,9	[Q.14]
Glyzyl-Alanin → Glyzin + Alanin	− 17,3	[Q.15]
Oxidationen		
NADH + $\frac{1}{2}$O$_2$ + H$^+$ → NAD$^+$ + H$_2$O	− 220	[Q.16]
NADPH + $\frac{1}{2}$O$_2$ + H$^+$ → NADP$^+$ + H$_2$O	− 220	[Q.16]
3-Phosphoglyzerinaldehyd + $\frac{1}{2}$O$_2$ → 3-Phosphoglyzerinsäure	− 263	[Q.17]

Literaturverzeichnis

Umschlagseiten:

Naturkonstanten aus: Manual of symbols and terminology for physicochemical quantities and units, IUPAC, Pure and Appl. Chem. **51**, 1 (1979)
Molare Massen der Elemente aus R. C. West: *CRC Handbook of Chemistry and Physics* (CRC Press, Cleveland 1977/78)

Kapitel 1

1.1 P. Lenard: Über die lichtelektrische Wirkung. Ann. Phys. **8**, 149 (1902)
1.2 R. Millikan: Quantenbeziehungen beim photoelektrischen Effekt. Phys. Z. **17**, 217 (1916)
R. Millikan: A direct photoelectric determination of Planck's „h". Phys. Rev. **7**, 355 (1916)
L. A. DuBridge, R. C. Hergenrother: The effect of temperature on the energy distribution of photoelectrons. I. Normal energies. Phys. Rev. **44**, 861 (1933)
W. W. Roehr: The effect of temperature on the energy distribution of photoelectrons, I. Normal energies, II. Total energies. Phys. Rev. **44**, 866 (1933)
1.3 Nähere Angaben zur Versuchsanordnung siehe
M. Françon, N. Krauzman, J. P. Mathieu, M. May: *Experiments in Physical Optics* (Gordon and Breach, New York 1970)
M. Cagnet, M. Françon, S. Mallik: *Atlas optischer Erscheinungen* (Springer, Berlin, Heidelberg, New York 1962) (Ergänzungsband dazu: Springer, Berlin, Heidelberg, New York 1971)
Das Beugungsexperiment wurde von Herrn Dr. U. Fischer, Max-Planck-Institut für biophysikalische Chemie, Göttingen, ausgeführt. Als Lichtquelle wurde ein HeNe-Laser benutzt, und das Beugungsbild wurde in der Filmebene einer Kleinbildkamera aufgenommen; das erhaltene Photo wurde mit einem Mikrodensitometer ausphotometriert.
Die Verläufe für ψ, ψ^2 und ψ^4 wurden nach
M. Born: *Optik* (Springer, Berlin, Heidelberg, New York 1965) bzw.
S. Flügge: *Lehrbuch der theoretischen Physik,* Bd. III (Springer, Berlin, Heidelberg, New York 1961) berechnet; die Kurven wurden so angepaßt, daß in allen drei Fällen die Höhe des ersten Maximums mit dem Experiment übereinstimmte.
Ein Vergleich von Experiment und Theorie im Fall der Beugung an einer Phasenkante wurde von K. Strohmaier [W. Kossel, K. Strohmaier: Zum Elementarvorgang der Lichtbeugung. Z. Naturforsch. **6a**, 504 (1951) sowie K. Strohmaier: Photometrische Untersuchung der Beugungs- und Abbildungsvorgänge an Phasenobjekten. Dissertation 1952, Universität Tübingen] durchgeführt; wir danken Herrn Prof. Dr. G. Möllenstedt für diesen Hinweis.

1.4   M. Planck: Über irreversible Strahlungsvorgänge. Ann. Phys. (Leipzig) **1**, 69 (1900)
      M. Planck: Über das Gesetz der Energieverteilung im Normalspektrum. Ann. Phys. (Leipzig) **4**, 553 (1901)
      M. Planck: Über die Elementarquanta der Materie und der Elektrizität. Ann. Phys. (Leipzig) **4**, 564 (1901)
      A. Einstein: Über einen die Erzeugung und Verwandlung des Lichts betreffenden heuristischen Gesichtspunkt. Ann. Phys. (Leipzig) **17**, 132 (1905)
1.5   A. Einstein: Ist die Trägheit eines Körpers von seinem Energiegehalt abhängig? Ann. Phys. (Leipzig) **18**, 639 (1905)
      A. Einstein: Das Prinzip von der Erhaltung der Schwerpunktsbewegung und die Trägheit der Energie. Ann. Phys. (Leipzig) **20**, 627 (1906)
      A. Einstein: Über die vom Relativitätsprinzip geforderte Trägheit der Energie. Ann. Phys. (Leipzig) **23**, 371 (1907)
1.6   W. Vielstich: Kohle als Basis: I. Elektrizität. Nachr. Chem. Tech. Lab. **27**, 491 (1979)
1.7   C. Davisson, L. H. Germer: Diffraction of electrons by a crystal of nickel. Phys. Rev. **30**, 705 (1927)
      G. P. Thomson: Experiments on the diffraction of cathode rays. Proc. Roy. Soc. **A117**, 600 (1928)
      H. Boersch: Fresnelsche Beugung im Elektronenmikroskop. Phys. Z. **44**, 202 (1943)
1.8   G. Möllenstedt, H. Düker: Fresnelscher Interferenzversuch mit einem Biprisma für Elektronenwellen. Naturwissenschaften 42, 41 (1955)
      H. Düker: Lichtstarke Interferenzen mit einem Biprisma für Elektronenwellen. Z. Naturforsch. **10a**, 256 (1955)
      G. Möllenstedt, H. Düker: Beobachtungen und Messungen an Bisprisma-Interferenzen mit Elektronenwellen. Z. Phys. **145**, 377 (1956)
1.9   Die Zahlenwerte ergeben sich aus Tabelle II der Arbeit von Davisson und Germer [1.7]
1.10 M. L. DeBroglie: Recherches sur la théorie des quanta. Ann. Phys. (Paris) **3**, 22 (1925)
1.11 W. Pauli: Die philosophische Bedeutung der Idee der Komplementarität. Experientia **6**, 72 (1950)

Kapitel 2

2.1   F. O. Ellison, C. A. Hollingsworth: The probability equals zero problem in quantum mechanis. J. Chem. Educ. **53**, 767 (1976)
      J. W. Moore, W. G. Davies: Illustration of some consequences of the indistinguishability of electrons. J. Chem. Educ. **53**, 426 (1976)
      K. M. Jinks: A particle in a chemical box. J. Chem. Educ. **52**, 312 (1975)
2.2   E. Schrödinger: Quantisierung als Eigenwertproblem: Ann. Phys. (Leipzig) **79**, 361, 489 (1926)
      W. Heisenberg: *The Physical Principles of Quantum Theory*. (University of Chicago Press, Chicago 1930)
2.3   W. Heisenberg: Über den anschaulichen Inhalt der quantentheoretischen Kinematik und Mechanik. Z. Phys. **43**, 172 (1927)

Kapitel 3

3.1   J. Franck, G. Hertz: Über Zusammenstöße zwischen Elektronen und den Molekülen des Quecksilberdampfes und die Ionisierungsspannung desselben. Verh. Dtsch. Phys. Ges. **16**, 457 (1914)

3.2   J. C. Slater: The viral and molecular structure. J. Chem. Phys. **1**, 687 (1935)
B. N. Finkelstein, G. E. Horowitz: Über die Energie des He-Atoms und des positiven H_2-Ions im Grundzustand. Z. Phys. **48**, 118 (1928)
J. O. Hirschfelder, J. F. Kincaid: Application of the virialtheorem to approximate molecular and metallic eigenfunctions. Phys. Rev. **52**, 658 (1937)

3.3   J. Brickmann, M. Klöffler, H. M. Raab: Atomorbitale. Chem. Unserer Zeit **12**, 23 (1978)
D. Kleppner, M. G. Littmann. M. L. Zimmermann: Highly excited atoms. Scient. Am. **244**, 108 (Mai 1981). Siehe auch: A. Bernd: Zur Gestalt und Größe von $2p$-Orbitalen, Chem. Unserer Zeit **3**, 23 (1969)

3.4   S. S. Ballard, H. E. White: The isotope effect in the Lyman series of hydrogen. Phys. Rev. **43**, 941 (1933)

3.5   G. Herzberg: Untersuchungen über die Erscheinungen bei der elektrodenlosen Ringentladung in Wasserstoff. Ann. Phys. (Leipzig) **84**, 553 (1927)
F. Paschen, R. Götze: *Seriengesetze der Linienspektren* (Springer, Berlin 1922)
R. S. Mulliken: Rydberg states and Rydbergization. Acco. Chem. Res. **9**, 7 (1976)

3.6   H. Kuhn, W. Huber: Kastentestfunktion als Näherung für die Wellenfunktion des Elektrons im Wasserstoffatom und im Wasserstoffmolekülion. Helv. Chim. Acta **35**, 1155 (1952)
H. Kuhn: Chemische Bindung I/II. Chem. unserer Zeit **1**, 4, 49 (1967)

3.7   H. G. Kuhn: *Atomic Spectra* (Longman, London 1969)
Die in dieser Monographie aufgeführten Werte sind aus spektroskopischen Daten auf Energien umgerechnet worden; dabei wurde für h der Wert $6{,}6247 \cdot 10^{-34}$ J · s zugrundegelegt. Wird der genauere Wert $h = 6{,}62618 \cdot 10^{-34}$ J · s verwendet, dann sind alle Werte mit 1,00023 zu multiplizieren.

3.8   Siehe Zitat 3.6 sowie
H. Kuhn, W. Huber, H. Engelstätter: Elektronengasmethode im Vergleich zu Molecular and Bond Orbital Methode. Untersuchung am Beispiel des Wasserstoffmolekül-Ions. Z. Phys. Chem. NF **1**, 142 (1954)
W. Huber, J. F. Hornig, H. Kuhn: Über den Potentialverlauf entlang der Molekülkette im verfeinerten eindimensionalen Elektronengasmodell. Untersuchung am Beispiel des Wasserstoffmolekül-Ions. Z. Phys. Chem. NF **9**, 1 (1956)

3.9   G. Herzberg: *Molecular Spectra and Molecular Structure, I. Spectra of Diatomic Molecules* (D. van Nostrand, New York 1950)
K. P. Huber, G. Herzberg: Molecular Spectra and Molecular Structure, IV. Constants of Diatomic Molecules (D. van Nostrand, New York 1979) Für den Kernabstand in H_2^+ findet man 1,057 Å (berechnet) bzw. 1,052 Å (experimentell)

3.10 F. Hund: Zur Deutung einiger Erscheinungen in den Molekülspektren. Z. Phys. **36**, 657 (1926)
R. S. Mulliken: Electronic structure of polyatomic molecules and valence VI. On the method of molecular orbitals. J. Chem. Phys. **3**, 375 (1935)

3.11 C. A. Coulson: The energy and screening constants of the hydrogen molecule. Trans. Faraday Soc. **33**, 1479 (1937)

3.12 B. N. Finkelstein, G. E. Horowitz: Über die Energie des He-Atoms und des positiven H_2-Ions im Grundzustand. Z. Phys. **48**, 118 (1928)

3.13 W. Kolos: Recent developments in the theory of one- and two-electron molecules. Int. J. Quantum Chem. **2**, 471 (1968)
M. Klessinger: *Elektronenstruktur organischer Moleküle* (Verlag Chemie, Weinheim 1982)

3.14 Landolt-Börnstein: *Zahlenwerte und Funktionen* 1. Bd., 1. Teil (Springer, Berlin, Göttingen, Heidelberg 1950) S. 323
P. Günther: Z. Phys. Chem. (Leipzig) **110**, 626 (1924)
M. Trautz, R. Zink: Ann. Phys. (Leipzig) **7**, 427 (1930)

3.15 E. A. Hylleraas: Über den Grundterm der Zweielektronenprobleme von H^-, He, Li^+, Be^{2+} usw. Z. Phys. **65**, 209 (1930)
J. H. Bartlett: Helium wave equation. Phys. Rev. **98**, 1067 (1955)
R. L. Snow, J. L. Bills: The Pauli principle and electronic repulsion in helium. J. Chem. Educ. **51**, 585 (1974)
Siehe auch den Redaktionsbeitrag: Spectroskopie am H^--Ion. Phys. Unserer Zeit **12**, 67 (1981)

3.16 H. G. Kuhn: *Atomic Spectra* (Longman, London 1969)
Siehe Anmerkung zu Zitat 3.7
J. F. Franklin, J. G. Dillard, H. M. Rosenstock, J. T. Herron, K. Draxl, F. H. Field: Ionisation potentials, appearance potentials, and heats of formation of gaseous positive ions. Nat. Stand. Ref. Data Ser., Nat. Bur. Stand. **26**, (1969)

3.17 H_2^+-Ion: siehe Anhang E

3.18 H_2-Molekül: ψ^2 entlang der Kernverbindungslinie nach P. Politzer, R. E. Brown: Electronic Density Distribution in Lithium Hydride. J. Chem. Phys. **45**, 451 (1966)
Ladungswolke nach A. C. Wahl: Molecular orbital densities: Pictorial studies. Science **151**, 961 (1966)

3.19 W. Kolos, L. Wolniewicz: Improved theoretical ground-state energy of the hydrogen molecule. J. Chem. Phys. **49**, 404 (1968)

3.20 W. Pauli: Über den Zusammenhang des Abschlusses der Elektronengruppen im Atom mit der Komplexstruktur der Spektren. Z. Phys. **31**, 765 (1925)

3.21 He_2^+ besitzt eine Bindungslänge von 1,08 Å; die Dissoziationsenergie beträgt $3,80 \cdot 10^{-19}$ J [3.9]

3.22 H. G. F. Winkler: *Struktur und Eigenschaften der Kristalle* (Springer, Berlin, Göttingen, Heidelberg 1955)

3.23 N. Bohr: On the constitution of atoms and molecules. Philos. Mag. **26**, 1, 476 (1913)

3.24 C. C. J. Roothaan: A study of two-center integrals useful in calculations on molecular structure I. J. Chem. Phys. **19**, 1445 (1951)

Kapitel 4

4.1 H. G. Kuhn: *Atomic Spectra* (Longman, London 1969). Siehe Anmerkung zu Zitat 3.7
Ch. Moore: Atomic energy levels. Circular of the Nat. Bur. of Stand. **467** (1949)

4.2 F. Hund: Zur Deutung verwickelter Spektren, insbesondere der Elemente Scandium bis Nickel. Z. Phys. **33**, 345 (1925)

4.3 W. Seelmann-Eggebert, G. Pfennig, H. Münzel, H. Klewe-Nebenius: *Nuklidkarte* (Gersbach u. Sohn Verlag, München 1981); die Nomenklatur der Elemente 104–107 ist noch nicht einheitlich geregelt. Für 104 wird Rf (Rutherfordium) bzw. Ku (Kurtchatovium), für 105 wird Ha (Hahnium) bzw. Ns (Nielsborium) vorgeschlagen.
U. Deker, W. Knapp: Alchemie heute; wie Darmstädter Wissenschaftler das Element 107 fanden. Bild Wiss. **19**, 69 (1982)

4.4 J. C. Slater: Atomic shielding constants. Phys. Rev. **36**, 57 (1930)
J. C. Slater: One-electron energies of atoms, molecules and solids. Phys. Rev. **98**, 1039 (1955)
R. S. Mulliken: Rydberg states and Rydbergization. Acc. Chem. Res. **9**, 7 (1976)

Kapitel 5

5.1 Elektronenwolken nach A. C. Wahl: Molecular orbital densities: Pictorial approach. Science **151**, 961 (1966). Siehe auch:
J. R. Wazar, Ilyas Absar: *Electron Densities in Molecules and Molecular Orbitals* (Academic, New York 1975)

5.2 G. Simons, M. E. Zandler, E. R. Talaty: Nonempirical electronegativity scale. J. Am. Chem. Soc. **98**, 7869 (1976)
Ch. Mande, P. Deshmukh: A new scale of electronegativity on the basis of calculations of effective nuclear charges from x-ray spectroscopic data. J. Phys. **B10**, 2293 (1977)

5.3 L. Pauling: The nature of the chemical bond, IV. The energy of single bonds and the relative electronegativities of atoms. J. Am. Chem. Soc. **54**, 3570 (1932)

5.4 *Tables of Interatomic Distances and Configuration in Molecules and Ions.* Spec. Publ. **11** (1958); **18** (1965) (The Chem. Society, London)

5.5 Zweiatomige Moleküle berechnet aus den Wellenzahlen ω_e (Grenzfall des harmonischen Oszillators) in G. Herzberg bzw. K. P. Huber und G. Herzberg in Zitat [3.9]
Mehratomige Moleküle aus Landolt-Börnstein: *Zahlenwerte und Funktionen,* 1. Bd., 2. Teil (Springer, Berlin, Göttingen, Heidelberg 1950)
Im Fall von H_2^+ wurden berechnete Wellenzahlen ω_e von
G. Hunter, H. O. Pritchard: Born-Oppenheimer separation for three-particle systems, III. Applications. J. Chem. Phys. **46**, 2153 (1967) zugrundegelegt; diese Daten sind im Fall von HD^+ in ausgezeichneter Übereinstimmung mit Infrarotspektren, die von
W. H. Wing, G. A. Ruff, W. E. Lamb, J. J. Spezeski: Observation of the Infrared Spectrum of the Hydrogen Molecular Ion HD^+. Phys. Rev. Lett. **36**, 1488 (1976) erhalten wurden.
Kraftkonstante von NH_3 aus G. Herzberg: *Molecular Spectra and Molecular Structure, II. Infrared and Raman Spectra of Polyatomic Molecules* (D. van Nostrand, New York 1945)

5.6 L. Pauling: *The Nature of the Chemical Bond* (Cornell Univ. Press, London 1945)

5.7 H. Remy: *Lehrbuch der Anorganischen Chemie* (Akad. Verlagsgesellschaft, Leipzig 1939) S. 690
Landolt-Börnstein: *Zahlenwerte und Funktionen,* 1. Bd., 4. Teil (Springer, Berlin, Göttingen, Heidelberg 1955) S. 21

5.8   H. A. Stuart: *Molekülstruktur* (Springer, Berlin, Heidelberg, New York 1967) S. 97 ff.
      R. Grüter: „Molekülgestalt" – ein sinnvoller Begriff? Nachr. Chem. Techn. Lab. **26**, 419 (1978)
      E. Keller: Kalottenmodelle. Chem. Unserer Zeit **14**, 56 (1980)
5.9   Landölt-Börnstein: *Zahlenwerte und Funktionen,* 1. Bd., 2. Teil (Springer, Berlin, Göttingen, Heidelberg 1950)
5.10 H. Wind: Electron energy for H_2^+ in the ground state. J. Chem. Phys. **42**, 2371 (1965)
      In dieser Arbeit ist die elektronische Energie von H_2^+ in Abhängigkeit vom Kernabstand tabelliert. Die nötigen Zwischenwerte wurden durch eine kubische Interpolation erhalten; durch Addition der Kernabstoßungsenergie ergibt sich ε.

Kapitel 6

6.1   Chao-Yang Hsu, M. Orchin: A simple method for generating sets of Orthonormal hybrid atomic orbitals. J. Chem. Educ. **50**, 114 (1973)
      R. Ahlrichs: Gillespie- und Pauling-Modell – ein Vergleich. Chem. Unserer Zeit **14**, 18 (1980)
6.2   R. F. W. Bader, I. Keaveny, P. E. Cade: Molecular charge distributions and chemical binding II. First row diatomic hydrids AH. J. Chem. Phys. **47**, 3381 (1967)
      W. Meyer, P. Botschwina, P. Rosmus, H. J. Werner: „Computed Physical Properties of Small Molecules", in: *Computational Methods in Chemistry,* ed. by J. Bargon, Plenum, New York 1980, p. 157
6.3   F. A. Cotton, G. Wilkinson: *Anorganische Chemie* (Verlag Chemie, Weinheim 1967) S. 192
      Ähnliche Strukturen findet man bei Be-Metallverbindungen, siehe
      R. Aumann: Verbindungen mit mehrfach metalliertem Kohlenstoff. Nachr. Chem. Tech. **30**, 771 (1982)
6.4   M. Kotani, Y. Mizuno, K. Kayama, E. Ischiguno: Electronic structure of simple homonuclear diatomic molecules. J. Phys. Soc. Jpn., **12**, 707 (1957)
      N. Knöpfel, Th. Olbricht, A. Schweig: Physikalische Methoden in der Chemie: UV-Photoelektronenmikroskopie. Chem. Unserer Zeit **5**, 65 (1971)
      J. N. Murrel, S. F. A. Kettle, J. M. Tedder: *The Chemical Bond* (Wiley, New York 1978)
6.5   A. de Meijere: Neues über Carbokationen. Chem. Unserer Zeit **9**, 35 (1975)
      H. D. Martwin: „Fünfbindiger" Kohlenstoff. Chem. Unserer Zeit **12**, 71 (1978)
      H. Volz: Carboniumionen. Chem. Unserer Zeit **4**, 101 (1970)

Kapitel 7

7.1   Elektronendichten nach A. C. Wahl: Molecular orbital densities: Pictorial approach. Science **151**, 961 (1966)
7.2   Kraftkonstanten und Bindungslängen aus Tabelle 5.3; Bindungsenergie für H_2^+ und H_2 aus [3.9], übrige Werte aus
      L. Pauling: *The Nature of the Chemical Bond* (Cornell Univ. Press, London 1945)

7.3   *Äthylen*: L. S. Bartell, R. A. Bonham: J. Chem. Phys. **31**, 400 (1959)
Butadien: A. Almenningen, C. Bastiansen, M. Traetteberg: Acta Chem. Scand. **12**, 1221 (1959)
Benzol: B. P. Stoicheff: Canad. J. Phys. **32**, 339 (1954)

7.4   E. Hückel: Zur Quantentheorie der Doppelbindung. Z. Phys. **60**, 423 (1930)
E. Hückel: Quantentheoretische Beiträge zum Benzolproblem I. Die Elektronenkonfiguration des Benzols und verwandter Verbindungen. Z. Phys. **70**, 204 (1931); **72**, 310 (1931); II. Quantentheorie der induzierten Polaritäten. Z. Phys. **76**, 628 (1932)
E. Hückel: Quantentheoretische Beiträge zum Problem der aromatischen und ungesättigen Verbindungen. Z. Phys. **76**, 628 (1932)
A. Streitwieser: *Molecular Orbital Theory for Organic Chemists* (Wiley, New York 1961); *Supplemental Tables of Molecular Orbital Calculation* (Pergamon Press, London 1965)
E. Heilbronner, H. Bock: *Das HMO-Modell und seine Anwendung* (Verlag Chemie, Weinheim 1968)
E. Heilbronner, P. A. Straub: *Hückel Molecular Orbitals* (Springer Berlin, Heidelberg, New York 1966)

7.5   *Naphthalin, Anthracen, Chrysen:* D. W. J. Cruickshank, R. A. Sparks: Proc. R. Soc. London **A 258**, 270 (1960)
Triphenylen: F. R. Ahmed, J. Trotter: Acta Cryst. **16**, 503 (1963)
Fulven: N. Norman, B. Post: Acta Cryst. **14**, 503 (1961).
Azulen: J. M. Robertson, H. M. M. Shearer, G. A. Sim, D. G. Watson: Acta Cryst. **15**, 1 (1962)

7.6   H. D. Försterling, W. Huber, H. Kuhn: Projected electron density method of π-electron systems, I. Electron distribution in the ground state. Int. J. Quant. Chem. **1**, 225 (1967)

7.7   H. D. Försterling, H. Kuhn: Über eine Erweiterung der ω-Methode. Z. Naturforsch. **22a**, 1204 (1967)
G. W. Wheland, D. E. Mann: The dipole moments of fulvene and azulene. J. Chem. Phys. **17**, 264 (1949)
A. Streitwieser: A molecular orbital study of ionization potentials of organic compounds utilizing the ω-technique. J. Am. Chem. **82**, 4123 (1960)
M. J. S. Dewar, G. J. Gleicher: Ground states of conjugated molecules, II. Allowance for molecular geometry; III. Classical polyenes. J. Am. Chem. Soc. **87**, 685, 692 (1965)

7.8   H. Kuhn: Zweidimensionales Elektronengasmodell organischer Farbstoffe. Angew. Chem. **69**, 239 (1957)
H. Kuhn: Neuere Untersuchungen über das Elektronengasmodell organischer Farbstoffe. Angew. Chem. **71**, 93 (1959)
F. Bär, W. Huber, G. Handschig, H. Kuhn: Nature of the free electron model. The case of the polyenes and polyacetylenes. J. Chem. Phys. **32**, 370 (1960)
In diesen Arbeiten wurde erstmals gezeigt, daß in langkettigen Polyenen Bindungslängenalternanz vorliegt. Vorher wurde allgemein angenommen, daß mit wachsender Länge der konjugierten Ketten Bindungsausgleich erfolgt, Einfach- und Doppelbindungsabstände also immer ähnlicher werden:
J. E. Lennard-Jones: The electronic structure of some polyenes and aromatic molecules, I. The Nature of the links by the method of molecular orbitals. Proc. R. Soc. London A **158**, 280 (1937);

C. A. Coulson: The electronic structure of some polyenes and aromatic molecules, VII. Bonds of Fractional order by the molecular orbital method. Proc. R. Soc. London A **169**, 413 (1939); The lengths of the links of unsaturated hydrocarbon molecules. J. Chem. Phys. **7**, 1069 (1939);
R. S. Mulliken: Intensities of electronic transitions in molecular spectra, VII. Conjugated polyenes and carotinoids. J. Chem. Phys. **7**, 364 (1939)

7.9 Dipolmoment von 6,6-Dimethylfulven nach Meßdaten in:
G. W. Wheland, D. E. Mann: J. Chem. Phys. **17**, 264 (1949), ausgewertet in:
H. D. Försterling, H. Kuhn: Z. Naturforsch. **22a**, 1204 (1967)

7.10 H. D. Försterling, W. Huber, H. Kuhn, H. H. Martin, A. Schweig, F. F. Seelig, W. Stratmann: „Neuere Verfahren zur Behandlung von π-Elektronensystemen", in: *Optische Anregung organischer Systeme,* Hrsg. W. Foerst (Verlag Chemie, Weinheim 1966)
Vor kurzem ist es gelungen, langkettige Cyaninfarbstoffe herzustellen, deren Absorptionsmaximum bei 1500 nm liegt und gut mit der Erwartung des Elektronengasmodells (7.56) übereinstimmt (K. H. Drexhage, M. Kussler, N. J. Marx, B. Sans: Infrarotfarbstoffe. 8. Internationales Farbensymposium, Baden-Baden, 1982)

7.11 J. Slater: One-electron energies of atoms, molecules and solids. Phys. Rev. **98**, 1039 (1955)

7.12 H. Kuhn: Elektronengasmodell zur quantitativen Deutung der Lichtabsorption von organischen Farbstoffen II. Teil B: Störung des Elektronengases durch Heteroatome. Helv. Chim. Acta **34**, 2371 (1951)
H. Kuhn: The electron gas theory of the color of natural and artifical dyes: Problems and principles; Applications and extensions. Fortschr. Chem. Org. Naturst. **16**, 169 (1958), **17**, 404 (1959)

7.13 H. Martin, H. D. Försterling, H. Kuhn: Beschreibung von π-Elektronenzuständen durch zweidimensionale Zweielektronen-Wellenfunktionen. Tetrahydron **19**, 243 (1963)
H. D. Försterling, H. Kuhn: Berechnung der Absorptionsspektren eines Phthalocyanins in verschiedenen Protonierungsstufen und eines Tetrabenzporphins. Chimia **19**, 322 (1965)

7.14 H. Kuhn: Elektronengasmodell zur quantitativen Deutung der Lichtabsorption von organischen Farbstoffen. II. Teil A Ermittlung der Intensität von Absorptionsbanden. Helv. Chim. Acta **34**, 1309 (1951)

7.15 H. Irngartinger, N. Riegler, K. D. Malsch, K. A. Schneider, G. Maier: Struktur des Tetra-tert-Butylcyclobutadiens. Angew. Chem. **92**, 214 (1980)
H. Irngartinger, L. H. Hase, K. W. Schulte, A. Schweig: Gemessene und berechnete Elektronendichteverteilung in den Bindungen eines rechteckigen Cyclobutadiens. Angew. Chem. **89**, 194 (1977)
S. Masamune, F. A. Souto-Bachiller, T. Machiguchi, J. E. Bertie: Cyclobutadiene is not square. J. Am. Chem. Soc. **100**, 4889 (1978)
G. Maier, H. O. Kalinowski, K. Euler: Cyclobutadien: Mesomerie oder Valenzisomerie? Angew. Chem. **94**, 706 (1982)

7.16 M. Klessinger: Konstitution und Lichtabsorption organischer Farbstoffe. Chem. Unserer Zeit **12**, 1 (1978)

Kapitel 8

8.1   Nach G. M. Barrow: *Physikalische Chemie,* 2. Bd., (Vieweg, Braunschweig 1971/72) S. 93
Die Zahlenwerte in Tabelle 8.1 sind aus
G. Herzberg: *Molecular Spectra and Molecular Structure I. Spectra of Diatomic Molecules* (D. van Nostrand, New York 1950) S. 58

8.2   Die IR-Spektren von HCl und CO_2 wurden von Herrn Dr. Dag Schiöberg, Fachbereich Physikalische Chemie, Universität Marburg mit einem Spektralphotometer Perkin Elmer 324 (spektrale Bandbreite 0,44 cm^{-1}) aufgenommen.
Weitere Arbeiten über Spektren von HCl und CO_2:
J. Strong: Pure rotation spectrum of the HCl flame. Phys. Rev. **45**, 877 (1934)
E. K. Plyler, E. D. Tidwell: The rotational constants of Hydrogen chloride. Z. Elektrochem. **64**, 717 (1960)
A. Kratzer: Die ultraroten Rotationsspektren der Halogenwasserstoffe. Z. Phys. **3**, 289 (1920)
M. Czerny: Messungen im Rotationsspektrum des HCl im langwelligen Ultrarot. Z. Phys. **34**, 227 (1925)
R. L. Hansler, R. A. Oetjen: The infrared spectra of HCl, DCl and NH_3 in the region from 40 to 140 microns. J. Chem. Phys. **21**, 1340 (1953)
R. B. Sanderson: Measurement of rotational line strengths in HCl by asymptotic Fourier transform techniques. Appl. Opt. **6**, 1527 (1967)
C. Schäfer, B. Philipps: Das Absorptionsspektrum der Kohlensäure und die Gestalt der CO_2-Molekel. Z. Phys. **36**, 641 (1926)

8.3   H. D. Försterling, H. Kuhn: *Physikalische Chemie in Experimenten* (Verlag Chemie, Weinheim 1971), S. 421 ff.

8.4   G. Herzberg: *Molecular Spectra and Molecular Structure, II. Infrared and Raman Spectra of Polyatomic Molecules* (D. van Nostrand, New York 1945)

Kapitel 9

9.1   E. Madelung: Das elektrische Feld in Systemen von regelmäßig angeordneten Punktladungen. Phys. Z. **19**, 524 (1918)

9.2   H. G. F. Winkler: *Struktur und Eigenschaften der Kristalle* (Springer, Berlin, Göttingen, Heidelberg 1955)
Landolt-Börnstein:*Zahlenwerte und Funktionen,* 1. Bd., 4. Teil (Springer, Berlin, Göttingen, Heidelberg 1955) S. 22 ff., 523 ff.

9.3   E. Knözinger, D. Leutloff: Far infrared spectra of strongly polar molecules in solid solution. I. Acetonitrile. J. Chem. Phys. **74**, 4812 (1981)

9.4   B. S. Ault: Matrix isolation investigation of the hydrogen bihalide anions. Acc. Chem. Rs. **15**, 103 (1982)

9.5   P. Schuster, G. Zundel, C. Sandorfy: *The Hydrogen Bond, Recent Developments in Theory and Experiments* (North-Holland, Amsterdam 1976)
R. McWeeny: *Coulson's Valence* (Oxford University Press, Oxford 1979) p. 358 ff.
P. Schuster: Intermolecular forces − an example of fruitful cooperation of theory and experiment. Angew. Chem. Int. Ed. Engl. **20**, 546 (1981)

9.6   W. Kauzmann: *Quantum Chemistry* (Academic, New York 1957)

F. London: The general theory of molecular forces. Trans. Faraday Soc. **33**, 8 (1937)

9.7 J. J. Ladik: *Charge-Transfer-Reaktionen in Biomolekülen in Biophysik*, Hrsg. W. Hoppe, W. Lohmann, H. Markl, H. Ziegler (Springer, Berlin, Heidelberg, New York 1982)

Kapitel 10

10.1 G. Joos: *Lehrbuch der theoretischen Physik* (Akad. Verlagsgesellschaft, Leipzig 1954)

10.2 L. P. Hammett: *Introduction to the Study of Physical Chemistry* (McGraw-Hill, New York 1952) p. 5

10.3 O. Stern: Eine direkte Messung der thermischen Molekulargeschwindigkeit. Z. Phys. **2**, 57 (1920)
O. Stern: Nachtrag zu meiner Arbeit: „Eine direkte Messung der thermischen Molekulargeschwindigkeit". Z. Phys. **3**, 417 (1920)

10.4 J. C. Maxwell: Illustrations of the dynamical theory of gases, Part. I. On the motions and collisions of perfectly elastic spheres. Philos. Mag. **19**, 19 (1860)

10.5 M. v. Smoluchowski: Drei Vorträge über Diffusion, Brownsche Molekularbewegung und Koagulation von Kolloidteilchen. Phys. Z. **17**, 557, 585 (1916)
M. v. Smoluchowski: Versuch einer mathem. Theorie der Koagulationskinetik kolloider Lösungen. Z. Phys. Chem. (Leipzig) **92**, 129 (1918)

10.6 A. Einstein: Elementare Theorie der Brownschen Bewegung. Z. Elektrochem. **14**, 235 (1908)

10.7 Siehe Zitat [10.4] und
S. Chapman: The kinetic theory of a gas constituted of spherically symmetrical molecules. Philos. Trans. R. Soc. London Ser. A **211**, 433 (1912)

10.8 R. D. Present: *Kinetic Theory of Gases* (McGraw-Hill, New York 1958)

10.9 Landolt-Börnstein: *Zahlenwerte und Funktionen*, 1. Bd., 1. Teil/II. Bd., 5. Teil, Bandteil a (Springer, Berlin, Göttingen. Heidelberg 1950, 1969)
H: P. Harteck: Die innere Reibung des atomaren Wasserstoffs. Z. Phys. Chem. (Leipzig) **139**, 98 (1928)
J. Amdur: Viscosity and diffusion coefficients of atomic hydrogen and atomic deuterium. J. Chem. Phys. **4**, 339 (1936)
H_2:   H. W. Wooley, R. B. Scott, F. G. Brickwedde: J. Res. Nat. Bur. Stand. **41**, 379, 475 (1948)
CO_2: H. L. Johnston, K. E. McCloskey: J. Phys. Chem. **44**, 1038 (1940)
N_2:   M. Trautz, P. B. Baumann, H. Binkele: Ann. Phys. **2**, 733 (1929)
IIc: P. Günther: Z. Phys. Chem. (Leipzig) **110**, 626 (1924)
Br_2: H. Braune, B. Basch, W. Wentzel: Z. Phys. Chem. (Leipzig) **A137**, 176, 447 (1928)

Kapitel 11

11.1 L. Boltzmann: *Vorlesungen über Gastheorie* (Barth, Leipzig 1896, 1898)

11.2 R. C. Miller, P. Kusch: Velocity distributions in potassium and thallium atomic beams. Phys. Rev. **99**, 1314 (1955). Die Meßwerte (Intensität am Detektor) wurden auf die Verteilungsfunktion umgerechnet.

11.3 G. Joos: *Lehrbuch der theoretischen Physik* (Akad. Verlagsgesellschaft Leipzig 1954)

11.4 J. C. Maxwell: Illustrations of the dynamical theory of gases Part I. On the motions and collisions of perfectly elastic spheres. Philos. Mag. **19**, 19 (1860)

11.5 J. D. Fast: *Entropie* (Philips' Technische Bibliothek, Eindhoven 1960)
J. Wilks: *Der dritte Hauptsatz der Thermodynamik* (Vieweg, Braunschweig 1963)

11.6 R. E. Depew, J. C. Wang: Conformational fluctuation of DNA helix. Proc. Nat. Acad. Sci. USA **72**, 4275 (1975)
J. C. Wang: Helical repeat of DNA in solution. Proc. Nat. Acad. Sci. USA **76**, 200 (1979)
J. C. Wang: DNA-Topoisomerasen. Spektrum der Wissenschaft, Seite 100 (Sept. 1982); DNA Topoisomerases. Sci. Am. **247**, 84 (Juli 1982)

Kapitel 12

12.1 Werte für He und CO_2 aus Landolt-Börnstein: *Zahlenwerte und Funktionen*, II. Bd., 4. Teil (Springer, Berlin, Göttingen, Heidelberg 1961)
Werte für HD für $T = 35 - 60$ K aus
K. Clusius, E. Bartholomé: Die Rotationswärme der Moleküle HD und D_2 und der Kernspin des D-Atoms. Z. Elektrochem. **40**, 524 (1934)
Die C_V-Werte sind aus den C_p-Werten gemäß (12.20) umgerechnet.

12.2 A. Einstein: Die Plancksche Theorie der Strahlung und die Theorie der spezifischen Wärme. Ann. Phys. (Leipzig) **22**, 180 (1907)
A. Einstein: Elementare Betrachtungen über die thermische Molekularbewegung in festen Körpern. Ann. Phys. (Leipzig) **35**, 679 (1911)
E. Schrödinger: Der Energiegehalt der Festkörper im Lichte der neueren Forschung. Phys. Z. **20**, 420, 450, 474, 523 (1919)
In der Einsteintheorie wird davon ausgegangen, daß alle Atome im Kristall unabhängig voneinander mit derselben Frequenz v_0 schwingen. Bei einer genaueren Betrachtung ist zu berücksichtigen, daß alle Atome miteinander gekoppelt sind, so daß eine große Anzahl von Normalschwingungen mit verschiedenen Frequenzen v zu C_V beiträgt (Debye-Theorie). Die Debye-Theorie beschreibt das Verhalten von C_V bei tiefen Temperaturen (T^3-Gesetz) besser als die Einsteintheorie.
P. Debye: Zur Theorie der spezifischen Wärmen. Ann. Phys. (Leipzig) **39**, 789 (1912)

12.3 P. L. Dulong, A. T. Petit (1819) haben gefunden, daß bei vielen Festkörpern, die aus Elementen aufgebaut sind, bei Zimmertemperatur $C_p \approx 26$ JK^{-1} mol^{-1} beträgt. Darüber hinaus gilt die Regel von F. E. Neumann (1831) und H. Kopp (1865): bei einem Festkörper ist C_p gleich der Summe der Wärmekapazitäten der Elemente, aus denen der Festkörper aufgebaut ist. Danach ist beispielsweise für CaO $C_p \approx 2 \cdot 26$ JK^{-1} mol$^{-1} = 52$ JK^{-1} mol^{-1} (s. Abb. 15.6)

12.4 Landolt-Börnstein: *Zahlenwerte und Funktionen*, II. Bd., 4. Teil (Springer, Berlin, Göttingen, Heidelberg 1961)

Kapitel 14

14.1 Landolt-Börnstein: *Zahlenwerte und Funktionen* II. Bd., 4. Teil (Springer, Berlin, Göttingen, Heidelberg 1961)

14.2 Die Werte für M, μ, $h\nu_0$ und d_0 für die zweiatomigen Gase stammen aus
G. Herzberg: *Molecular Spectra and Molecular Structure, I. Spectra of Diatomic Molecules* (D. van Nostrand, New York 1950)

14.3 Landolt-Börnstein: *Zahlenwerte und Funktionen* II. Bd., 4. Teil (Springer, Berlin, Göttingen, Heidelberg 1961)
Hier ist S am Siedepunkt ($S = 36{,}10$ J mol^{-1} K^{-1} bei 4,21 K) angegeben. Die Entropiezunahme beim Erwärmen des Gases von 4,21 K auf 298,15 K ergibt sich zu $\frac{5}{2}R \ln(298{,}15/4{,}21) = 88{,}55$ J mol^{-1} K^{-1} (ideales Atomgas). Daraus folgt der in Tabelle 14.2 angegebene Wert $S_{298} = 124{,}7$ J mol^{-1} K^{-1}. Man beachte, daß die in Landolt-Börnstein aufgeführten Entropien S^0_{298} gasförmiger Stoffe nach (14.24) berechnet sind, also keine experimentell erhaltenen Werte darstellen.
Weitere Literatur zu S von He bei tiefer Temperatur:
B. Bleany, F. Simon: The vapour pressure curve of liquid helium below the λ-point. Trans. Faraday Soc. **35**, 1205 (1939)
H. C. Kramers: Some properties of liquid helium below 1° K. Proc. Kon. Akad. Amsterdam **B58**, 366, 377, 386, 396 (1955)

14.4 K. Clusius, A. Frank: Zur Entropie des Argons. Z. Elektrochem. **49**, 308 (1943)

14.5 K. Clusius, L. Riccoboni: Atomwärme, Schmelz- und Verdampfungswärme sowie Entropie des Xenons. Z. Phys. Chem. (Leipzig) B **38**, 81 (1937)

14.6 K. Clusius, L. Popp, A. Frank: Über Umwandlungen des festen Mono- und Tetradeuteromethans. Die Entropieverhältnisse des Mono-Deuteromethans CH_3D und des Deuteriumhydrids HD. Physica **4**, 1105 (1937)

14.7 W. F. Giauque, R. Wiebe: The entropie of hydrogen chloride. Heat capacity from 16 °K to boiling point. Heat of vaporization − vapor pressures of solid and liquid. J. Am. Chem. Soc. **50**, 101 (1928)

14.8 J. O. Clayton, W. F. Giauque: The heat capacity and entropie of carbon monoxide. Heat of vaporization. Vapor pressures of solid and liquid. Free energy to 5000 °K from spectroscopic data. J. Am. Chem. Soc. **54**, 2610 (1932)

14.9 S. Carnot: Reflexions sur la Puissance Motrice du Feu (1824)

14.10 C. M. Herzfeld: „The Thermodynamic Temperature Scale", in *Temperature. Its Measurement and Control,* Vol. 3, Pt. I, ed. by F. G. Brickwedde (Reinhold, New York 1962)
D. De Kleerk, M. J. Steenland: Adiabatic Demagnetization, in *Progress in Low Temperature.* Physics, Vol. 1, ed by C. J. Gorter (North-Holland, Amsterdam 1955)

14.11 G. Kortüm, H. Lachmann: *Einführung in die chemische Thermodynamik* (Verlag Chemie, Weinheim und Vandenhoeck u. Ruprecht, Göttingen 1981)
A. Münster: *Chemische Thermodynamik* (Verlag Chemie, Weinheim 1969)
R. Reich: *Thermodynamik* (Verlag Chemie, Physik-Verlag, Weinheim 1978)

Kapitel 15

15.1 Landolt-Börnstein: *Zahlenwerte und Funktionen,* II. Bd., 4. Teil (Springer, Berlin, Göttingen, Heidelberg 1961)

15.2 Die Zahlenwerte wurden durch eine Ausgleichsrechnung aus Meßdaten [15.1] erhalten.

15.3 J. Strong: *Procedures in Experimental Physics* (Prentice-Hall, New York 1938)
W. C. Gardiner: The chemistry of flames. Scient. Am. **246**, 87 (Feb. 1982)

K. Menke: Die Chemie der Feuerwerkskörper. Chem. Unserer Zeit **12**, 13 (1978)

K. Klager: Raketentreibstoffe. Chem. Unserer Zeit **10**, 97 (1976)

J. Fricke: Energiespeicher. Phys. Unserer Zeit **13**, 2 (1982)

Kapitel 17

17.1 K_p wurde nach (17.53b) berechnet. (T_1 = 298,15 K, ΔH^0 = $-92,38$ kJ mol^{-1})

17.2 H. Taylor, R. H. Christ: Rate and equilibrium studies on the thermal reaction of hydrogen and iodine. J. Am. Chem. Soc. **63**, 1377 (1941)

Kapitel 18

18.1 Landolt-Börnstein: *Zahlenwerte und Funktionen* II. Bd., 2. Teil, Bdtl. a (Springer, Berlin, Göttingen, Heidelberg 1960) S. 933 f. Im Temperaturbereich 303 – 333 K stimmen die experimentellen Werte für ^{osm}p innerhalb von 1% mit den berechneten überein; zwischen 273 und 298 K sind die experimentellen Werte etwa 8% größer.

18.2 J. A. A. Ketelaar: *Chemical Constitution* (Elsevier, Amsterdam 1953) p. 343

18.3 Landolt-Börnstein: *Zahlenwerte und Funktionen,* II. Bd., 2. Teil, Bdtl. b, (Springer, Berlin, Göttingen, Heidelberg 1962) S. 419

18.4 N. K. Adam, E. A. Guggenheim: The thermodynamics of adsorption at the surface of solutions. Proc. R. Soc. London **A 139**, 231 (1933)

18.5 I. M. Klotz: *Energetik biochemischer Reaktionen* (Thieme, Stuttgart 1971)

18.6 A. L. Lehninger: *Biochemie* (Verlag Chemie, Weinheim 1977)
R. C. Bohinski: *Modern Concepts in Biochemistry* (Allyn and Bacon, Boston 1979)

18.7 H. T. Witt: Coupling of quanta, electrons, fields, ions and phosphorylation in the functional membrane of photosynthesis. Q. Rev. Biophys. **4**, 365 (1971)
H. T. Witt: Energy conversion in the functional membrane of photosynthesis. Analysis by light pulse and electric pulse methods. Biochim. Biophys. Acta **505**, 355 (1979)

18.8 R. Reich: *Thermodynamik* (Verlag Chemie, Physik-Verlag, Weinheim 1978) S. 274 f.

Kapitel 19

19.1 G. Kortüm: *Lehrbuch der Elektrochemie* (Verlag Chemie, Weinheim 1966) S. 282

19.2 C. H. Hamann, W. Vielstich: *Elektrochemie* II (Verlag Chemie, Weinheim 1981)

19.3 W. Vielstich: Brennstoffzellen. Naturwissenschaften **69**, 372 (1982)
W. Vielstich: *Brennstoffelemente* (Verlag Chemie, Weinheim 1965)
J. O'M. Bockris, E. W. Justi: *Wasserstoff, die Energie für alle Zeiten* (Udo Pfriemer Verlag, München 1980), S 302 ff.
K. J. Euler: *Batterien und Brennstoffzellen* (Springer, Berlin, Heidelberg, New York 1982)

Kapitel 20

20.1 A. A. Frost, R. G. Pearson: *Kinetics and Mechanism* (J. Wiley, New York 1953), p. 62

20.2 Nach H. Eyring, H. Gershinowitz, C. E. Sun: The absolute rate of homogeneous atomic reactions. J. Chem. Phys. **3**, 786 (1935)
P. Pechukas: Recent developments in transition state theory. Ber. Bunsenges. Phys. Chem. **86**, 372 (1982)

20.3 Siehe Zitat 20.1, S. 96

20.4 A. F. Trotman-Dickenson: *Gas Kinetics* (Academic, New York 1955)

20.5 H. E. Cox: The influence of the solvent on the temperature-coefficient of certain reactions. A test of the radiation hypothesis. J. Chem. Soc. **119**, 142 (1921)

20.6 D. Rehm, A. Weller: Kinetik und Mechanismus der Elektronübertragung bei der Fluoreszenzlöschung in Acetonitril. Ber. Bunsenges. Phys. Chem. **73**, 834 (1969)

20.7 H. Taylor, R. H. Christ: Rate and equilibrium studies on the thermal reaction of hydrogen and iodine. J. Am. Chem. Soc. **63**, 1377 (1941)

20.8 J. H. Sullivan: Rates of reaction of hydrogen with iodine. J. Chem. Phys. **30**, 1292 (1959)

20.9 A. Skabral, S. R. Weberitsch: Zur Kenntnis der Halogensauerstoffverbindungen. Die Kinetik der Bromat-Bromidreaktion. Monatsh. Chem. **36**, 211 (1915)
R. H. Betts, A. N. Mackenzie: Isotopic exchange reactions in the system bromine-bromate-hypobromous acid. Can. J. Chem. **29**, 666 (1951)
J. R. Clarke: The kinetics of the bromate-bromide reaction. J. Chem. Educ. **47**, 775 (1970)

20.10 M. Bodenstein, S. C. Lind: Geschwindigkeit der Bildung des Bromwasserstoffs aus seinen Elementen. Z. Phys. Chem. (Leipzig) **57**, 168 (1907)

20.11 K. F. Herzfeld: Zur Theorie der Reaktionsgeschwindigkeiten in Gasen. Ann. Phys. **59**, 635 (1919)

20.12 M. Polanyi: Reaktionsisochore und Reaktionsgeschwindigkeit vom Standpunkt der Statistik. Z. Elektroch. **26**, 50 (1920)

20.13 M. Kunitz, J. H. Northrop: Isolation from beef pancreas of crystalline trypsinogen, trypsin, trypsin inhibitor, and an inhibitor-trypsin compound. J. Gen. Physiol. **19**, 991 (1936)
A. A. Frost, R. G. Pearson: *Kinetics and Mechanism* (Wiley, New York 1953) p. 19
Die Umwandlung von Trypsinogen in Trypsin wurde inzwischen unter Verwendung reinerer Ausgangsmaterialien und besserer Analysenmethoden neu untersucht (H. Lachmann: Mehrwellenlängen-Analyse, Habilitationsschrift, Fakultät für Chemie und Pharmazie, Universität Tübingen, 1982). Während in Abb. 20.13 nur relative Konzentrationen angegeben werden konnten, wurden jetzt die Konzentrationen absolut bestimmt. Für $a = 2{,}5 \cdot 10^{-5}\,\mathrm{mol\,l^{-1}}$ und $b = 2{,}5 \cdot 10^{-7}\,\mathrm{mol\,l^{-1}}$ wurde $k = 1{,}6 \cdot 10^{3}\,\mathrm{l\,min^{-1}\,mol^{-1}}$ gefunden (bei 25 °C). Damit ist $(a+b) \cdot k = 2{,}4\,\mathrm{h^{-1}}$, also etwa doppelt so groß wie der von Kunitz erhaltene Wert $1{,}05\,\mathrm{h^{-1}}$.

20.14 C. Herbo, G. Schmitz, M. v. Grabbeke: Réaction oscillante de Belousov. Cinétique de la réaction bromate-céreux. Can. J. Chem. **54**, 2628 (1976)
S. Barkin, M. Bixon, R. M. Noyes, K. Bar-Eli: The Oxidation of cerous ions by bromate ions. Comparison of experimental data with computer calculations. Int. J. Chem. Kin. **9**, 841 (1977)

H. D. Försterling, H. Lamberz, H. Schreiber: Formation of BrO_2 in the Belousov-Zhabotinsky-system/Investigation of the Ce^{3+}/BrO_3^--Reaction. Z. Naturforsch. **35a**, 329 (1980)

20.15 U. F. Franck: Chemische Oszillationen. Angew. Chem. **90**, 1 (1978)
R. J. Field, E. Körös, R. M. Noyes: Oscillations in chemical systems. Through analysis of temporal oscillation in the bromate-cerium-malonic acid system. J. Am. Chem. Soc. **94**, 8649 (1972)
D. Edelson, R. J. Field, R. M. Noyes: Mechanistic details of the Belousov-Zhabotinskii oscillations. Int. J. Chem. Kin. **7**, 417 (1975)
R. J. Field: Das Experiment: Eine oszillierende Reaktion. Chem. Unserer Zeit **6**, 171 (1973)
J. Walker: Oszillierende chemische Reaktionen. Spektrum der Wissenschaft, **131** (Mai 1980)
J. M. Anderson: Computer simulation in chemical kinetics. J. Chem. Educ. **53**, 561 (1976)
H. D. Försterling, H. Schreiber-W. Zittlau: Nachweis von BrO_2 im Belousov-Zhabotinskii-System. Z. Naturforsch. **33a**, 1552 (1978)
20.16 R. G. W. Norrish: Untersuchungen einiger schneller Reaktionen in Gasen durch Blitzlichtphotolyse und kinetische Spektroskopie. Angew. Chem. **80**, 868 (1968) (Nobel-Vortrag)
G. Porter: Die Blitzlichtphotolyse und einige ihrer Anwendungen. Angew. Chem. **80**, 885 (1968) (Nobel-Vortrag)
20.17 M. Callaghan Rose, J. Stuehr: Kinetics of proton transfer reactions in aques solution. III. Rates of internally hydrogen-bonded-systems. J. Am. Chem. Soc. **90**, 7205 (1968)
20.18 H. Strehlow, W. Knoche: *Fundamentals of Chemical Relaxation* (Verlag Chemie, Weinheim 1977)
M. Eigen, L. DeMayer: Untersuchungen über die Kinetik der Neutralisation. Z. Elektrochem. **59**, 986 (1955)
M. Eigen, J. Schoen: Stoßspannungsverfahren zur Untersuchung sehr schnell verlaufender Ionenreaktionen in wäßriger Lösung. Z. Elektrochem. **59**, 483 (1955)
20.19 D. Möbius: Molecular cooperation in monolayer organizates. Acc. Chem. Res. **14**, 63 (1981)
Siehe auch J. Fricke: Das Tunnel-Mikroskop. Phys. Unserer Zeit **13**, 123 (1982)
20.20 K. H. Grellmann, U. Schmitt, H. Weller: Tunnel Effect on the Kinetics of sigmatropic Proton Shift. Chem. Phys. Lett. **88**, 40 (1982)

Kapitel 21

21.1 R. Landauer: In *Synergetics*, ed. by H. Haken (Teubner, Stuttgart 1973), S. 97
H. J. Bremermann: In *Physics and Mathematics of the Nervous System*, ed. by M. Conrad, W. Gottinger and M. Dal Cin, Lecture Notes in Biomathematics, Vol. 4 (Springer, Berlin, Heidelberg, New York 1974)
H. J. Bremermann: Complexity of Automata, Brains and Behavoir. *Encyclopaedia of Ignorance* (Pergamon, Oxford 1977)
21.2 Man kann an die Möglichkeit des gezielten molekular genauen Einpassens von synthetisch hergestellten Komponenten in biologische Strukturen denken oder an Molekülsysteme, die allein aus chemisch synthetischen Komponenten bestehen.

Für Versuche zum gezielten Einpassen von Molekülen mit bestimmten Funktionen in bestimmte DNA-Abschnitte, siehe

P. B. Dervan, M. M. Becker: Molecular recognition of DNA by small molecules. Synthesis of bis(methidium)spermine, a DNA polyintercalating molecule. J. Am. Chem. Soc. **100**, 1968 (1978)

M. A. Mitchell, P. B. Dervan: Interhelical DNA-DNA cross-linking. J. Am. Chem. Soc. **104**, 4265 (1982)

H. Zimmermann: Bindung von Ethidium-Bromid an DNA. Nachr. Chem. Techn. **28**, 632 (1980)

H. Wille, J. Pauluhn, H. W. Zimmermann: Bindungskonstanten, Bindungsenthalpien und Entropien für die nicht-kompetitive und die kompetitive Bindung von Acriflavin, Tetramethylacriflavin und Acridinorange an DNA. Z. Naturforsch. **37c**, 413 (1982)

Zur gezielten molekularen Architektur in Festkörpern siehe

M. Harnack: Organische Leiter. Nachr. Chem. Techn. **28**, 632 (1980)

In ersten Ansätzen zur Realisation künstlicher Funktionssysteme von Molekülen wurden die interessierenden Moleküle in monomolekulare Schichten gepackt. Die Funktionssysteme wurden dann durch Übereinanderlegen der Schichten in geplanter Sequenz hergestellt [H. Kuhn: Energieübertragung in monomolekularen Schichten. Naturwissenschaften **54**, 429 (1967)]. In der Weiterentwicklung wurden Techniken eingeführt zum Verfeinern der Kontrolle des Schichtaufbaus [D. Möbius: Molecular cooperation in monolayer organizates. Acc. Chem. Res. **14**, 63 (1981); P. Fromherz, W. Arden: pH-modulated pigment antenna in lipid bilayer on photosensitized semiconductor electrode. J. Am. Chem. Soc. **102**, 6211 (1980)] und zur Verfestigung der monomolekularen Schicht durch Polymerisation [C. Bubeck, B. Tieke, G. Wegner: Cyanine Dyes as Sensitizers of the Photopolymerization of Diacetylenes in Multilayers. Ber. Bunsenges. Phys. Chem. **6**, 499 (1982); L. Gros, H. Ringsdorf und H. Schupp, Polymere Antitumormittel auf molekularer und zellularer Basis? Angew. Chem. **93**, 311 (1981)]. Es wurde versucht, mit demselben Ziel funktionalisierte Mizellen [M. Grätzel: Artificial Photosynthesis: Water cleavage into hydrogen and oxygen by visible light. Acc. Chem. Res. **14**, 376 (1981); N. J. Turro, M. Grätzel, A. M. Braun: Photophysikalische und photochemische Prozesse in micellaren Systemen. Angew. Chem. **92**, 712 (1980)] und funktionalisierte Membranen und Vesikel herzustellen [J. Fendler: Surfactant Vesicles as membrane Mimetic Agents. Characterization and Utilization. Acc. Chem. Res. **13**, 7 (1980); T. Kunitake, Y. Okahata: Formation of stable bilayer assemblies in dilute aqueous solution from Ammonium amphiphiles with the diphenylazomethine segment. J. Am. Chem. Soc. **102**, 549 (1980); T. Kunitake, N. Nakashima, K. Takarabe, M. Nagai, A. Tsuge, N. Yanagi: Vesicles of polymeric bilayer and monolayer membranes. J. Am. Chem. Soc. **103**, 5945 (1981); J. H. Fuhrhop, H. Bartsch, D. Fritsch: Farbige, unsymmetrische und lichtzersetzliche Vesikelmembranen. Angew. Chem. **93**, 797 (1981)] sowie Adsorptionsschichten in molekular definierter Weise aufzubauen [J. Sagiv: Organized monolayers by adsorption. 1. Formation of structure of oleophobic mixed monolayers on solid surfaces. J. Am. Chem. Soc. **102**, 92 (1980). E. E. Polymeropoulos, J. Sagiv: Electrical conduction through adsorbed monolayers. J. Chem. Phys. **69**, 1836 (1978)].

21.3 J. D. Watson: *Molecular Biology of the Gene* (Benjamin, New York 1970)

21.4 M. Bénard: Les tourbillons cellulaires dans une nappe liquide transportant de la chaleur par convection en régime permanent. Ann. Chim. Phys., ser. 7, **23**, 62 (1901)

21.5 M. Paecht-Horowitz: Die Entstehung des Lebens. Angew. Chem. **85**, 422 (1973)

21.6 M. Eigen, P. Schuster: The Hypercycle. Naturwissenschaften **64**, 541 (1977)
M. Eigen: Self-Organization of matter and the evolution of biological macromolecules. Naturwissenschaften **58**, 465 (1971)

21.7 M. Eigen, R. Winkler: *Das Spiel* (Piper Verlag, München 1978)
H. Haken: *Synergetics, An Introduction,* 2nd ed. (Springer, Berlin, Heidelberg, New York 1978)
O. Nicolis, I. Prigogine: *Selforganization in Nonequilibrium Systems* (Wiley-Interscience, New York 1977)
I. Prigogine, I. Stengers: *Dialog mit der Natur* (piper, München, Zürich 1980)
E. Wicke: Instabile Reaktionszustände bei der heterogenen Katalyse. Chemie-Ingenieur-Technik **46**, 365 (1974)

21.8 H. Kuhn: Evolution biologischer Information. Ber. Bunsenges. Phys. Chem. **80**, 1209 (1976); Modellvorstellungen zur Entstehung des Lebens (I) und (II). Phys. Bl. **34**, 208, 255 (1978); „Denkmodelle für die Entstehung des Lebens" in: *Enzyklopädie Naturwissenschaft und Technik,* Jahresband 1982, (Verlag Moderne Industrie, Landsberg 1982)
H. Kuhn, J. Waser: Molekulare Selbstorganisation und Ursprung des Lebens. Angew. Chem. **93**, 495 (1981); „Selbstorganisation der Materie und Evolution früherer Formen des Lebens", in *Biophysik,* Hrsg. von W. Joppe, W. Lohmann, H. Markl und H. Ziegler, 2. Aufl. (Springer, Berlin, Heidelberg, New York 1982) S. 859

21.9 H. Poincaré: *La Science et l'Hypothèse* (Flammarion, Paris 1950)
P. Frank: Einstein's philosophy of science. Rev. Mod. Phys. **21**, 349 (1949)

Anhang

A.1 S. Flügge: *Lehrbuch der theoretischen Physik*, 1. Bd. (Springer, Berlin, Heidelberg, New York 1961)

B.1 W. Döring: *Einführung in die Quantenmechanik* (Vandenhoeck & Ruprecht, Göttingen 1955)
W. Döring: *Atomphysik und Quantenmechanik* (Walter de Gruyter, Berlin 1973)

C.1 S. Flügge: *Lehrbuch der theoretischen Physik*, 4. Bd. (Springer, Berlin, Heidelberg, New York 1964)
H. Haken, H. C. Wolf: *Atom- und Quantenphysik* (Springer, Berlin, Heidelberg, New York 1980)

E.1 Øyrind Burrau: Berechnung des Eigenwertes des Wasserstoff-molekel-Ions (H_2^+) im Normalzustand. Det. Kgl. Danske Videnskabernes Selskab. **7**, 1 (1927)
Der in dieser Arbeit dargestellte Verlauf von ψ längs der Kernverbindungslinie sowie die Höhenliniendarstellung von ψ (Fig. 3) sind nicht richtig. Der Fehler wurde vielfach übernommen, z.B. in Zitat 5.6, Fig. 4.4

E.2 E. A. Hylleraas: Über die Elektronenterme des Wasserstoffmoleküls. Z. Phys. **71**, 739 (1931)

E.3 D. R. Bates, K. Ledsham, A. L. Stewart: Wave functions of the hydrogen molecular ion. Phil. Trans. R. Soc. London Ser. A: **246**, 215 (1953)

E.4 H. Wind: Electron energy for H_2^+ in the ground state. J. Chem. Phys. **42**, 2371 (1965)

E.5 J. M. Peek: Eigenparameters for the $1s\sigma_g$ und $2p\sigma_u$ Orbitals of H_2^+. J. Chem. Phys. **43**, 3004 (1965)

E.6 G. Hunter, H. O. Pritchard: Born-Oppenheimer Separation for Three-Particle Systems III Applications. J. Chem. Phys. **46**, 2153 (1967)

E.7 O. W. Richardson: The test of the wave mechanics in molecular spectra and some recent developments in the spectrum of H_2. Nuovo Cimento **15**, 232 (1938)

E.8 Ch. L. Beckel, B. D. Hansen III: Theoretical study of H_2^+ ground electronic state spectroscopic properties. J. Chem. Phys. **53**, 3681 (1970)

E.9 H. E. Montgomery: One-electron wavefunctions. Accurate expectation values. Chem. Phys. Lett. **50**, 455 (1977)

E.10 D. M. Bishop, L. M. Cheung: „Accurate one- and two-electron Diatomic Molecular Calculations", in *Advances in Quantum Chemistry* Vol. **12**, ed by Per-Olov Löwdin (Academic, New York 1980) p. 1

E.11 G. Herzberg: Untersuchungen über die Erscheinungen bei der elektrodenlosen Ringentladung im Wasserstoff. Ann. Phys. (Leipzig) **84**, 553 (1927)
W. H. Wing, G.A. Ruff, W. E. Lamb, J. J. Spezeski: Observation of the infrared spectrum of the hydrogen molecular ion HD^+. Phys. Rev. Lett. **36**, 1488 (1976)

E.12 Nach J. Slater: *Quantum Theory of Molecules and Solids,* Vol. 1 (McGraw-Hill, New York 1963)

E.13 W. Kutzelnigg: Was ist chemische Bindung? Angew. Chem. **85**, 551 (1973); *Einführung in die Theoretische Chemie* Bd. 2: Die Chemische Bindung (Verlag Chemie, Weinheim 1978)

E.14 K. Ruedenberg: The physical nature of the chemical bond. Rev. Mod. Phys. **34**, 326 (1962)

E.15 H. Preuss: Die chemische Bindung in der Sicht der modernen theoretischen Chemie. Angew. Chem. **77**, 666 (1965)
S. W. Benson: Elektrostatik, die chemische Bindung und Stabilität von Molekülen. Angew. Chemie **90**, 868 (1978)

F.1 W. Kauzman: *Quantum Chemistry* (Academic, New York 1957)

G.1 A. Streitwieser: *Molecular Orbital Theory for Organic Chemists* (Wiley, New York 1961)
E. Heilbronner, H. Bock: *Das HMO-Modell und seine Anwendung* (Verlag Chemie, Weinheim 1968)

H.1 H. Kuhn: Quantenchemische Behandlung von Farbstoffen mit verzweigtem Elektronengas. Helv. Chim. Acta **32**, 2247 (1949)

H.2 H. Kuhn: Die Verzweigungsbedingung in der Elektronengasmethode. Z. Elektrochem. **58**, 219 (1954)

H.3 H. Kuhn: Physical basis of the free-electron gas model of branched molecules. J. Chem. Phys. **25**, 293 (1956)
H. Kuhn: Analogieversuche mit schwingenden Membranen zur Ermittlung von Elektronenzuständen in Farbstoffmolekülen mit verzweigtem Elektronengas. Z. Elektrochem. **55**, 220 (1951)

H.4 K. Ruedenberg, C. W. Scherr: Free electron network model for conjugated systems I. Theory. J. Chem. Phys. **21**, 1565 (1953)
K. Ruedenberg: Free electron network modell for conjugated systems V. Energies and electron distributions in the FE MO model and in the LCAO MO model. J. Chem. Phys. **22**, 1878 (1954)

C. W. Scherr: Free electron network model for conjugated systems IV. J. Chem. Phys. **21**, 1413 (1953)

C. W. Scherr: Free electron network model for conjugated systems II. Numerical calculations. J. Chem. Phys. **21**, 1582 (1953)

J.1 S. Flügge: *Lehrbuch der theoretischen Physik,* 4. Bd. (Springer, Berlin, Heidelberg, New York 1961)

W. Döring: *Atomphysik und Quantenmechanik* (Walter de Gruyter, Berlin 1973)

Q.1 Landolt-Börnstein: *Zahlenwerte und Funktionen*, 2. Bd., 4. Teil (Springer, Berlin, Heidelberg, New York 1961)

Q.2 F. D. Rossini, D. D. Wagman, W. H. Evans, S. Levine, I. Jaffe: Selected Values of Thermodynamic Properties; Nat. Bur. Stand. Circ. **500** (1952)

D. D. Wagman, W. H. Evans, V. B. Parker, I. Halow, S. M. Bailey, R. H. Schumm: Selected Values of Chemical Thermodynamic Properties; Technical Notes 270-3 und 270-4 (National Bureau of Standards, Washington 1968, 1969)

I. Barin, O. Knacke: *Thermochemical Properties of Inorganic Substances* (Springer, Berlin, Heidelberg, New York 1973; Supplementband 1977)

F. D. Rossini, K. S. Pitzer, R. L. Arnett, R. M. Braun, G. C. Pimentel: *Selected Values of Physical and Thermodynamic Properties of Hydrocarbons and Related Compounds* (Carnegie Press, Pittsburgh 1953)

Q.3 D. R. Stull, H. Prophet: JANAF Thermochemical Tables; Nat. Stand. Ref. Data Ser., Nat. Bur. Stand. **37** (1971)

Q.4 H. D. Brow: *Biochemical Microcalorimetry* (Academic, New York 1969) p. 305 ff.

Q.5 G. Kortüm, H. Lachmann: *Einführung in die chemische Thermodynamik* (Verlag Chemie, Weinheim und Vandenhoeck u. Ruprecht, Göttingen 1981)

Q.6 R. Chang: *Physical Chemistry with Applications to Biological Systems* (Macmillan, London 1978)

Q.7 Werte für Polyäthylen aus

H. G. Elias: *Makromoleküle* (Hüthig und Wepf, Basel, Heidelberg 1975). Die angegebenen Zahlenwerte beziehen sich auf die Stoffmenge **n** = 1 mol des Monomeren (M = 28,05 g)

Q.8 R. C. Weast: *Handbook of Physics and Chemistry* (CRC Press, Cleveland, Ohio 1977)

Q.9 D. Dobos: *Electrochemical Data* (Elsevier, Amsterdam, Oxford, New York 1975)

Q.10 I. G. Morris: *Physikalische Chemie für Biologen* (Verlag Chemie, Weinheim 1976)

Q.11 R. Reich: *Thermodynamik* (Verlag Chemie, Physik Verlag, Weinheim 1978)

Q.12 A. L. Lehninger: *Biochemie* (Verlag Chemie, Weinheim 1979) S. 324

Q.13 A. L. Lehninger [Zitat Q.12, S. 323]

Q.14 I. G. Morris: *Physikalische Chemie für Biologen* (Verlag Chemie, Weinheim 1976) S. 222

Q.15 I. Klotz: *Energy Changes in Biochemical Reactions* (Academic, New York 1967) p. 22

Q.16 R. C. Bohinski: Modern Concepts in Biochemistry (Verlag Chemie, Weinheim 1979) S. 458

Q.17 A. L. Lehninger [Zitat Q.12, S. 350]

Sachverzeichnis

S. Brandt, H. D. Dahmen

Physik
Eine Einführung in Experiment und Theorie

Band 1
Mechanik
Hochschultext

1977. 143 Abbildungen, 8 Tabellen. XVI, 426 Seiten.
DM 39,50. ISBN 3-540-08410-X

Inhaltsübersicht: Vektoren und Tensoren. – Kinematik. – Dynamik eines einzelnen Massenpunktes. – Dynamik mehrerer Massenpunkte. – Starrer Körper. Feste Achsen. – Transformationen und Bezugssysteme. – Symmetrien und Erhaltungssätze. – Starrer Körper. Bewegliche Achsen. – Schwingungen. – Mechanische Wellen. – Relativistische Mechanik. – Anhang A–C.

Band 2
Elektrodynamik
Hochschultext

1980. 219 Abbildungen, 7 Tabellen. XVII, 586 Seiten. DM 55,-.
Berlin–Heidelberg–New York: Springer-Verlag
ISBN 3-540-09947-6

Inhaltsübersicht: Einleitung. Grundlagenexperimente. Coulombsches Gesetz. – Vektoranalysis. – Elektrostatik in Abwesenheit von Materie. – Elektrostatik in Anwesenheit von Leitern. – Elektrostatik in Materie. – Elektrischer Strom als Ladungstransport. – Grundlagen des Ladungstransports in Festkörpern. Bändermodell. – Ladungstransport durch Grenzflächen. Schaltelemente. – Das magnetische Induktionsfeld des stationären Stromes. Lorentz-Kraft. – Magnetische Erscheinungen in Materie. – Quasistationäre Vorgänge. Wechselstrom. – Die Maxwellschen Gleichungen. – Elektromagnetische Wellen. – Anhang A–E. – Symbole und Bezeichnungen. – Schaltsymbole. – Sachverzeichnis.

H. Diehl, H. Ihlefeld, H. Schwegler

Physik für Biologen
Hochschultext

1981. 273 Abbildungen. XVII, 459 Seiten. DM 49,-.
ISBN 3-540-10420-8

Inhaltsübersicht: Optik. – Elektrische Geräte und Schaltungen. – Bewegung von Teilchen in Feldern. – Mechanik fester, flüssiger und gasförmiger Körper. – Atom- und Molekülphysik. Spektrometrie. – Kernphysik. – Thermodynamik. – Dissipative Prozesse. – Anhang A–F. – Sachverzeichnis.

Gerthsen/Kneser/Vogel

Physik
Ein Lehrbuch zum Gebrauch neben Vorlesungen

14. Auflage, neubearbeitet und erweitert von H. Vogel. 1982. 1028 Abbildungen, über 1000 Aufgaben. XXVIII, 874 Seiten. Gebunden DM 83,-.
ISBN 3-540-113698-X

Diese Auflage vereint in bewährter „Gerthsen"-Tradition tiefgehende Behandlung des Stoffes mit praktischer Anwendbarkeit und Knappheit. Besonders die Kapitel 2,5,6 und 7 über den starren Körper, Wärme und Elektrodynamik bieten in ihrer neuen Gestalt Haupt- und Nebenfachstudenten, speziell Ingenieuren, eine fundierte Grundlage für das weitere Studium. Total überarbeitet wurden auch die Abschnitte über Reibung (1.6) und Spinresonanzmethoden (12.7). Weitere Ergänzungen wurden bei folgenden Themen eingearbeitet: Meßfehler, Impulsraum, Knickung, Laser und Holographie, Kernmodelle, kurzlebige Kerne jenseits der Transurane, kalte Fusion, Halbleiterzähler, Teilchenstrahlen, Kosmogonie, Quarks und Gluonen. Die wesentlich vermehrten Abbildungen und Aufgaben helfen, den Stoff nachhaltiger und systematischer zu veranschaulichen und einzuüben.

H. Vogel

Probleme aus der Physik
Aufgaben mit Lösungen aus Gerthsen/Kneser Vogel, Physik, 14. Auflage

1982. 134 Abbildungen, über 1000 Aufgaben. XII, 399 Seiten. DM 37,-. ISBN 3-540-11370-3

Die vorliegende Sammlung behandelt die Aufgaben aus dem Lehrbuch Physik von Gerthsen/Kneser/Vogel mit ausführlichen Lösungen. Es zeigt dem Studenten darüberhinaus, wie er selbst Wege finden kann, um Probleme aus der Physik und ihrer technischen Anwendung, aus der Astrophysik, den Geowissenschaften wie auch den Biowissenschaften zu lösen.

Springer-Verlag
Berlin
Heidelberg
New York

H. Haken, H. C. Wolf
Atom- und Quantenphysik
Eine Einführung in die experimentellen und
theoretischen Grundlagen

1980. 228 Abbildungen, 21 Tabellen. XIV, 365 Seiten. Gebunden DM 54,-. ISBN 3-540-09889-5

Dieses Lehrbuch wendet sich an Studenten der
Physik, der Naturwissenschaften oder der Elektrotechnik ab 3. Semester. Die Atomphysik und die
dazugehörige Quantentheorie bilden die Grundlage
für viele moderne Gebiete der Physik, der Chemie,
wie auch der Elektrotechnik. Dieses Lehrbuch führt
sorgfältig und leicht verständlich in die Ergebnisse
und Methoden der empirischen Atomphysik ein.
Gleichzeitig wird dem Leser das Rüstzeug der
Quantentheorie vermittelt, wobei die Wechselwirkung zwischen Experiment und Theorie besonders
herausgearbeitet wird.
Die Autoren haben die neuesten Resultate mit
berücksichtigt und behandeln u.a. die für Grundla-
genforschung und Anwendungen gleichermaßen
wichtige Laserphysik und nichtlineare Spektroskopie.

H. Ibach, H. Lüth
Festkörperphysik
Eine Einführung in die Grundlagen

1981. 120 Abbildungen. IX, 238 Seiten.
Gebunden DM 54,-. ISBN 3-540-10454-2

Das Lehrbuch behandelt in einer kurzen und syste-
matischen Darstellung die wesentlichen Grundlagen der modernen Festkörperphysik in einer Form,
bei der ein Mittelweg zwischen Experimentalphysik
und theoretischer Physik angestrebt wird. Im Zen-
trum der Darstellung steht der periodische Festkörper in der Einteilchennäherung. Hierbei werden
insbesondere chemische Bindung, Struktur, Gitter-
eigenschaften und elektronische Eigenschaften bis
hin zur quantitativen Beschreibung des p-n-Über-
ganges behandelt. Dort, wo ein klassisches Bild
möglich und vertretbar ist, wird dieses benutzt;
andererseits wurde versucht, Begriffsbildungen,
Modelle und Bezeichnungen, deren Kenntnis für
das Verständnis gegenwärtiger Originalliteratur der
theoretischen Physik unumgänglich ist, mit in dieses Buch aufzunehmen. In gesonderten sogenann-
ten Tafeln hinter einzelnen Kapiteln werden jeweils
ausgewählte Experimente der Festkörperphysik dargestellt. Die dort auch mit experimentellen Einzel-
heiten beschriebenen Experimente sollen zeigen,
wie wichtige, für die theoretischen Modelle erforderliche Information in der Praxis gewonnen wird.
Andererseits hat der Student hier Gelegenheit, sein
bisher erarbeitetes Wissen zu überprüfen bzw.
Anregungen für sein weiteres Selbststudium zu
empfangen. Das Buch ist gedacht für Studenten der
Physik, der Metallkunde und der Elektrotechnik
mit Spezialfach Halbleitertechnologie.

H. D. Lüke
Signalübertragung
Einführung in die Theorie der Nachrichten-
übertragungstechnik

2., überarbeitete und erweiterte Auflage. 1979.
184 Abbildungen, 3 Tabellen. X, 241 Seiten.
DM 39,-. ISBN 3-540-09437-7

Das Lehrbuch wendet sich an Studierende der
Nachrichtentechnik sowie an den in der Praxis stehenden Ingenieur. Es macht den Leser mit den
wichtigsten theoretischen Methoden zur Lösung
von Problemen vertraut, die bei der Übertragung
von Signalen über störbehaftete Systeme auftreten.
Vorausgesetzt werden fundierte mathematische
Fähigkeiten und Grundkenntnisse der Nachrichtentechnik. ... Jedes der insgesamt 8 Kapitel schließt
mit einer Zusammenfassung und einer Sammlung
von Aufgaben, anhand derer der Leser seinen Lern-
erfolg kontrollieren kann. Ein zusätzliches Kapitel
mit vollständig gelösten Aufgaben deckt noch einmal das Spektrum einiger typischer Anwendungen
ab.

H. A. Stuart, G. Klages
Kurzes Lehrbuch der Physik
9., neubearbeitete Auflage. 1979. 366 Abbildungen,
21 Tabellen. XI, 292 Seiten. Gebunden DM 54.-
ISBN 3-540-09450-4

Das *Kurze Lehrbuch* will ein anschauliches Verständnis der physikalischen Grundgesetze vermitteln und ihre Anwendung auf praktische Probleme
erleichtern. Es ist sowohl zum Lernen für Anfänger
als auch zum späteren Nachlesen von speziell benö-
tigten physikalischen Zusammenhängen gedacht
und entsprechend ausgestattet. Der Stoff der ganzen Physik als Grundlagenwissenschaft wird daher
geschlossen und übersichtlich in dem Umfang
behandelt, wie ihn die anderen Naturwissenschaften, Medizin und Technik benötigen.
In der Neuauflage wurde der Text vollständig überarbeitet und um einige Abschnitte erweitert. So
werden im Haupttext nur SI-Einheiten verwendet,
die historischen, nicht mehr zulässigen Einheiten
findet man im Kleindruck.

Springer-Verlag
Berlin
Heidelberg
New York